清华大学 计算机系列教材

普通高等教育"十一五"国家级规划教材

北京高等教育精品教材
BEIJING GAODENG JIAOYU JINGPIN JIAOCAI

林福宗 编著

多媒体技术基础

（第4版）

清华大学出版社

北京

内 容 简 介

《多媒体技术基础》第 4 版教材在第 3 版的基础上,对教材内容做了较大幅度的增减。从多媒体系统角度出发,本版教材分成三个部分:(1)多媒体压缩和编码(第 2～14 章),介绍文字、声音、图像和数字电视媒体的基本知识、压缩和编码方法;(2)多媒体光盘存储技术(第 15～17 章),介绍 CD、DVD、HD-DVD 和蓝光盘的存储原理和存储格式;(3)多媒体网络(第 18～32 章),以多媒体网络应用和服务质量(QoS)为中心,介绍计算机网络的互联、宽带(有线、无线和移动)接入因特网的基础知识。每章均附有练习和思考题,用于辅助读者掌握本章的要点;每章内容的来源都列出了参考文献和站点,读者可用于加深对教材内容的理解和扩大知识面。

图书在版编目(CIP)数据

多媒体技术基础/林福宗编著. —4 版. —北京:清华大学出版社,2017(2022.12 重印)
(清华大学计算机系列教材)
ISBN 978-7-302-45471-7

Ⅰ. ①多… Ⅱ. ①林… Ⅲ. ①多媒体技术-高等学校-教材 Ⅳ. ①TP37

中国版本图书馆 CIP 数据核字(2016)第 274701 号

责任编辑:白立军 王冰飞
封面设计:傅瑞学
责任校对:时翠兰
责任印制:宋 林

出版发行:清华大学出版社
  网 址:http://www.tup.com.cn,http://www.wqbook.com
  地 址:北京清华大学学研大厦 A 座   邮 编:100084
  社 总 机:010-83470000   邮 购:010-62786544
  投稿与读者服务:010-62776969,c-service@tup.tsinghua.edu.cn
  质量反馈:010-62772015,zhiliang@tup.tsinghua.edu.cn
  课件下载:http://www.tup.com.cn,010-83470236
印 装 者:三河市龙大印装有限公司
经 销:全国新华书店
开 本:185mm×260mm   印 张:48.75   字 数:1209 千字
版 次:2009 年 1 月第 1 版 2017 年 7 月第 4 版 印 次:2022 年 12 月第 7 次印刷
定 价:99.00 元

产品编号:072430-02

作者简介

　　林福宗　清华大学计算机科学与技术系退休教授，1970 年毕业于清华大学自动控制系，留校工作直至退休。从 1989 年开始对多媒体产生兴趣，其后一直从事多媒体技术基础的教学和应用研究，曾编写并在清华大学出版社出版《英汉多媒体技术辞典》、《多媒体技术基础》等图书。

序

"清华大学计算机系列教材"已经出版发行了 30 余种,包括计算机科学与技术专业的基础数学、专业技术基础和专业等课程的教材,覆盖了计算机科学与技术专业本科生和研究生的主要教学内容。这是一批至今发行数量很大并赢得广大读者赞誉的书籍,是近年来出版的大学计算机专业教材中影响比较人的一批精品。

本系列教材的作者都是我熟悉的教授与同事,他们长期在第一线担任相关课程的教学工作,是一批很受本科生和研究生欢迎的任课教师。编写高质量的计算机专业本科生(和研究生)教材,不仅需要作者具备丰富的教学经验和科研实践,还需要对相关领域科技发展前沿的正确把握和了解。正因为本系列教材的作者们具备了这些条件,才有了这批高质量优秀教材的产生。可以说,教材是他们长期辛勤工作的结晶。本系列教材出版发行以来,从其发行的数量、读者的反映、已经获得的国家级与省部级的奖励,以及在各个高等院校教学中所发挥的作用上,都可以看出本系列教材所产生的社会影响与效益。

计算机学科发展异常迅速,内容更新很快。作为教材,一方面要反映本领域基础性、普遍性的知识,保持内容的相对稳定性;另一方面,又需要紧跟科技的发展,及时地调整和更新内容。本系列教材都能按照自身的需要及时地做到这一点。如王爱英教授等编著的《计算机组成与结构》、戴梅萼教授等编著的《微型计算机技术及应用》都已经出版了第四版,严蔚敏教授的《数据结构》也出版了三版,使教材既保持了稳定性,又达到了先进性的要求。

本系列教材内容丰富,体系结构严谨,概念清晰,易学易懂,符合学生的认知规律,适合于教学与自学,深受广大读者的欢迎。系列教材中多数配有丰富的习题集、习题解答、上机及实验指导和电子教案,便于学生理论联系实际地学习相关课程。

随着我国进一步的开放,我们需要扩大国际交流,加强学习国外的先进经验。在大学教材建设上,我们也应该注意学习和引进国外的先进教材。但是,"清华大学计算机系列教材"的出版发行实践以及它所取得的效果告诉我们,在当前形势下,编写符合国情的具有自主版权的高质量教材仍具有重大意义和价值。它与国外原版教材不仅不矛盾,而且是相辅相成的。本系列教材的出版还表明,针对某一学科培养的要求,在教育部等上级部门的指导下,有计划地组织任课教师编写系列教材,还能促进对该学科科学、合理的教学体系和内容的研究。

我希望今后有更多、更好的我国优秀教材出版。

清华大学计算机系教授,中国科学院院士

张钹

第4版前言

《多媒体技术基础》第3版教材于2008年定稿出版发行。从技术上看,当时许多新技术正处在开发和试验过程中,如 H.265/HEVC、移动多媒体等技术,现已趋成熟。从国外的多媒体技术课程来看,教学内容已不再局限于多媒体本身,已经扩展到多媒体系统。

"多媒体系统"这个名称已在科学技术文献中频繁出现,越来越多地把它作为学术杂志的名称、学术会议的名称、教科书的名称,国外许多高等院校把它作为本科生、研究生的课程名称。从多媒体系统角度考虑,本版教材在内容上做了较大幅度的增减,使《多媒体技术基础》更趋完整,可把它理解为"多媒体系统的技术基础"。

一、教材内容的组织

与第3版相比,《多媒体技术基础》第4版教材变动较大的部分如下:

(1) 增加了字符编码和字体技术,系统介绍了汉字编码的过去和现在,弥补了过去多媒体教材没有字符技术的遗憾。

(2) 参照国外多媒体系统课程的教学大纲,较系统地介绍了多媒体互联网络,包括网络互联和宽带接入因特网的技术基础。宽带接入包括有线宽带、无线宽带和移动宽带接入,技术基础包括有线和无线数据通信学科方面的知识。

(3) 为减少教材篇幅,第3版中的不少内容没有保留,但仍然有参考价值,如介绍 HTML 和 XML 的多媒体内容处理语言。

《多媒体技术基础》第4版教材的内容组织成如下三个部分。

第一部分:多媒体压缩和编码(第2~14章),介绍文字、声音、图像和数字电视媒体的基本知识、压缩技术和编码方法。

第二部分:多媒体光盘存储技术(第15~17章),介绍 CD、DVD、HD-DVD 和蓝光盘的存储原理和存储格式。

第三部分:多媒体网络(第18~32章),以多媒体网络应用和服务质量(QoS)为中心,介绍计算机网络、宽带(有线、无线和移动)接入因特网的基础知识。

每章均附有练习和思考题,用于辅助读者掌握本章的要点;每章内容的来源都列出了参考文献和站点,读者可用于加深对教材内容的理解和扩大知识面。

二、教材的使用建议

本版教材系统介绍了多媒体系统的核心技术,在内容上力求选用相对成熟和实用的新技术,在技术原理阐述和解释上力求清楚准确。

为保持多媒体技术基础教材内容的系统性和完整性,本教材不免与其他学科教材有些交集。此外,教材中包含许多技术背景和技术细节,目的是为更好地理解技术原理。在上述思想指导下,使本教材的篇幅较大。

对本教材的使用,编者还是建议,教师有所教有所不教,学生有所学有所不学。具体建议详见本教材第 3 版前言。

三、衷心感谢

　　《多媒体技术基础》由林福宗主持编写,参加编写工作的教授、专家和高级程序员有黄民德、汪健如、黄国健、林彩荣和张哲等。特别感谢中国科学院院士、清华大学张钹教授长时期的直接指导和各方面给予的实质性支持;感谢我们课题组所有老师和硕博研究生为本教材所做的贡献;感谢使用本教材的师生和技术人员给予我们的热情鼓励和提出的宝贵建议。

林福宗
退休单位:清华大学计算机科学与技术系
电子邮件地址:linfz@mail.tsinghua.edu.cn
2017 年 3 月 1 日

第 3 版前言

本教材第 2 版于 2001 年定稿,2002 年 9 月第一次印刷。当时许多新技术还没有出现或正在开发之中,如 MPEG-4 AVC/H. 264(2003 年)和 XML 1. 1(2006 年)。有些当时认为比较有前途的技术,现在已经更新,如普遍认为 2002 年公布的 SIP(RFC 3261)比 1996 年公布的 H. 323 更简单。根据笔者过去几年的科研、教学和观察,教材中的大部分内容都适合当前使用,因此确定第 3 版教材的修改方针是保留第 2 版的体系结构、更新部分章节内容和增加新内容。

一、教材的组织结构

为保持多媒体技术基础课程内容的完整性,第 3 版教材仍由多媒体压缩和编码、多媒体存储、多媒体传输和多媒体内容处理语言共四个相对独立的部分组成。

第一部分:多媒体压缩和编码(第 2~13 章),主要介绍声音、图像和数字电视的基本知识、压缩与编码方法。

第二部分:多媒体存储(第 14~16 章),主要介绍 CD、DVD、HD-DVD 和 BD(Blu-ray Disc)光盘的存储原理和多媒体在光盘上的存放格式。

第三部分:多媒体传输(第 17~20 章),主要介绍多媒体网络应用、服务质量(QoS)、因特网、TCP/IP 协议和多媒体传输的基础知识。

第四部分:多媒体内容处理语言(第 21~22 章),主要介绍 HTML 和 XML 的基础知识。

为帮助读者加深对基础知识的理解,每章后面都有练习和思考题,但这些题目没有难度,教师可增加一些有一定深度的练习和思考题。

每章后面都有参考文献和站点,列出它们有两个目的:(1)表示在编写本教材过程中访问过相关站点,参考或引用了相关内容;(2)更重要的是为读者提供进一步学习的指南,教师要鼓励学生主动上网查阅。虽然到本书截稿时每个网址都有效,但以后可能会有变化。

二、教材修改的内容

在第 2 版教材基础上,第 3 版教材做了如下修改:

(1) 考虑到视像压缩技术在多媒体产品和各种服务中的重要性,因此增加了一章专门用来介绍 MPEG-4 AVC/H. 264。此外,考虑到光盘存储器在多媒体存储方面的重要性,因此增加了 HD DVD 和 Blu-ray Disc 的内容。

(2) 考虑到网上多媒体应用如火如荼,如 IP 电视、IP 电话、即时通信和多媒体会议,因此重写了第三部分(第 17~20 章),突出了多媒体传输或称多媒体通信技术。

(3) 考虑到 20 世纪 90 年代末期开展的内容处理已成为重要的研究方向,因此在第 22 章(XML 语言)中增加了 XML 新版本的内容。HTML 和 XML 等标准已经并将继续对日益增长的包括移动通信在内的多媒体网络应用和多媒体电子出版业等行业产生深远的影响。

(4) 为降低教材篇幅,第 2 版中的部分内容没有保留,如 MIDI 系统。

(5) XHTML 是用 XML 重写的 HTML 版本,2008 年 1 月介绍的 HTML 5(也称 XHTML 5)也是用 XML 编写的。因此本版教材没有保留第 2 版中的第 23 章(XHML 语言)。

三、教材的使用建议

国内许多大学开设多媒体技术课程已有多年,在网上看到许多兄弟院校在教材建设和课程教学方面已有很多很好的经验,在学习和借鉴他们成功经验的基础上,为使用或打算使用本教材的老师和同学提出如下建议供参考。

1. 有所教有所不教

在编写本教材过程中笔者注意到,国外有些信息技术学院从本科到研究生阶段,每个年级都开设内容不同、深浅不同的多媒体课程,既有广度又有深度。考虑到我国目前的多媒体课程教学计划一般只安排一个学期,学时也不多,因此教师可采用有所教有所不教和有所学有所不学的策略。任课教师可根据自己的兴趣和专长、学生已有的基础和专业方向,有的放矢地选择其中的部分内容。对于不作为重点的教学内容,如果有需要,学生自己就会主动去钻研。

2. 教材作为参考书

对于信息技术课程的教材来说,写进正式出版的教材的内容通常是比较成熟的,即使是刚刚出版的教材,其内容也不一定新。据观察,许多大学的多媒体课程内容是当前最新的技术,教师都有自己编写的教学提纲和材料,而把正式出版的教科书列为必要的参考材料加以推荐。这不是说正式出版的教材不重要,而是通过教授新技术来带动基本原理的学习。其结果是学的内容先进,学的基础扎实。

本教材共 22 章,比较系统地介绍多媒体技术。笔者有意使本教材覆盖多方面的重要技术,努力选取相对比较新的和实用的技术,力图对多媒体技术原理解释清楚和准确。因此可把本教材作为多媒体技术课程的起点,在此基础上教授最新的技术。

3. 用课程设计驱动

凡任课教师都很清楚,教一本书不等于开设一门课程。为配合我校加强实践教学的教学改革,更好地激励学生学习基础理论和技能的积极性,清华大学出版社出版了经过多年实际使用的《多媒体技术课程设计与学习辅导》。学生对课程设计反响强烈,由于严格实施"允许参考不许抄袭"的措施,学生普遍认为真正学到了知识。

辅助教材拟了多个难易程度不同的设计题目,每个题目都有原理介绍和示例。为便于学生撰写和教师评估课程设计报告,规范了课程设计报告的格式。由于设计题目的难度不大,任课教师可根据情况,从中选择一个或两个题目,也可在辅助教材所列的"参考选题"或其他参考选题中增加或更改设计题目。课程设计要求使用 MATLAB 语言来实现,因为 MATLAB 是攻读学位的大学生、硕士生和博士生必须掌握的基本工具。

4. 用评估系统引导

评估系统是一个无形的指挥棒,可以引导学生的学习方向。教授本教材是多媒体技术基础课程中的一个部分,而课程设计是课程的另一个重要组成部分。因此笔者的课程评估采用了"基础知识书面开卷考试约占 50%,课程设计约占 50%"的方法,但对不同专业的学生可以在评估标准或在所占分数的比例上加以调整。

5．教学辅助材料

为本教材准备的电子版的辅助材料有四个部分：(1)练习与思考题参考答案；(2)课程设计参考答案；(3)正式出版的本教材中的插图，为制作电子版讲课提纲提供方便；(4)讲课提纲(PPT 格式)。这些材料可在清华大学出版社的网站上下载，也可在 http://www.csai.tsinghua.edu.cn/linfzmmc/上下载。

四、关于中文术语

随着信息科学和技术日新月异，新术语不断涌现，同时也给一些老术语赋予了新的含义，使用准确的术语有利于信息的交流。为使本教材中的中文术语尽量准确，笔者查阅了许多著名的英文词典，阅读了许多相关的科学和技术文献，参考了全国科学技术名词审定委员会 2002 年公布的《计算机科学技术名词》。

在本教材中，有几个常用术语有必要在此说明：(1)用"视频"作为 video 的释义是物理概念上的错误。video 的真实含义是由一系列图像组成的(电)视(图)像，确切的中文译名应该是"视像"。"视频(video frequency)"是电视信号频率的简称，在 ITU-R BT. 601 标准中，频率范围是 $0\sim6.75\mathrm{MHz}$。(2)不论什么场合，用"音频"作为 audio 的释义也是物理概念上的错误。audio 是指人的听觉系统可感知的声音，是声音(sound)的同义词，作名词时的确切中文术语应该是"声音"。"音频(audio frequency)"是声音信号频率的简称，频率范围通常认为是 $15\sim20\,000\mathrm{Hz}$。(3)"分组交换(packet switching)"是一个不确切的中文术语。"packet"的含义是一个由收、发送地址和实际数据组成的"数据包"，确切的术语应该是"包交换"。(4)"组播(multicast)"是一个容易被误认为"收发关系颠倒"的术语，本教材使用"多目标广播"。尽管我们习惯使用 2～3 个字构成的术语，但"多目标广播"是顾名就可思义的术语，即一个发送者向多个接收者(多目标)传送(广播)数据的意思。

五、衷心感谢

特别感谢中国科学院院士张钹教授多年来的直接指导和各方面给予的实质性支持；衷心感谢我们课题组(智能多媒体组)所有老师和硕博研究生为本教材所做的贡献；衷心感谢使用本教材的老师和学生给予我们的热情鼓励和提出的宝贵建议。

参加本教材编写工作的有林彩荣、朱高建、朱高东、黄民德和谢霄艳，他们在多媒体语言、程序设计、多媒体通信、教育技术、软件评估、科研和教学方面都有各自的专长。

林福宗

清华大学 计算机科学与技术系

智能技术与系统国家重点实验室

电子邮件地址：linfz@mail.tsinghua.edu.cn

2008 年 10 月 15 日

目　　录

第1章 多媒体技术概要

多媒体是融合两种或两种以上媒体的人-机交互式信息交流和传播媒体,多媒体系统是具有处理、存储、传输多媒体数据并可支持各种应用的系统。多媒体具有数据量大和传输速率高的特点,使用压缩技术可有效降低对存储器容量和传输带宽的要求。光盘存储器对多媒体技术的开发和应用起了巨大的推动作用,多媒体网络是最高等级的计算机互联网络,技术研究和应用开发如火如荼,多媒体内容处理已成为研究和应用开发的重要方向。

1.1 多媒体系统的概念

多媒体系统(multimedia system)这个术语在科学技术文献中频繁出现,越来越多地把它作为学术杂志的名称、学术会议的名称、教科书的名称,美欧许多高等院校把它作为本科生、研究生的课程名称,教学内容不再局限于多媒体,而是扩展到多媒体系统。

1.1.1 多媒体是什么

1. 多媒体是什么

多媒体(multimedia)是融合两种或两种以上媒体的人-机互动的信息交流和传播媒体。这个定义有如下含义:

(1) 多媒体是信息交流和传播的媒体,从这个意义上说,多媒体和电视、报纸、杂志等媒体的功能是一样的。

(2) 多媒体是人-机交互媒体,这里所指的"机",主要是指计算机、(智能)手机或是由微处理器控制的其他终端设备。计算机的一个重要特性是"交互性",使用它容易实现人-机交互功能,这是多媒体和模拟电视、报纸、杂志等传统媒体大不相同的地方。

(3) 多媒体信息是以数字形式而不是以模拟信号形式存储和传输的。

(4) 传播信息的媒体的种类很多,如文字、声音、电视图像、图形、图像、动画等。虽然融合任何两种或两种以上的媒体就可以称为多媒体,但通常认为多媒体中的连续媒体(声音和电视图像)是人-机互动的最自然的媒体。

2. 多媒体与电视

也许读者要问,电视也是使用活动画面和声音来表达和传播信息的,也使用文字、图片和图形来点缀,多媒体和电视到底有什么不同? 我们简单地回顾一下计算机和电视机所走过的历程,就可明白多媒体和传统电视在技术上的差别。计算机是20世纪40年代的伟大发明,一直沿着数字信号处理技术的方向发展,而且是沿着数值计算和金融管理的方向发展起来的。20世纪60年代文字进入计算机,70年代图像、声音进入计算机,80年代电视进入计算机,进入90年代个人计算机已经能够实时处理数据量很大的声音和影视图像。电视是20世纪20年代的伟大发明,在50年代开发电视技术时,用任何一种数字技术来传输和再现真实世界的图像和声音都是极其困难的,因此电视技术一直沿着模拟信号处理技术的方向发展,直到70

年代才开始开发数字电视。由于数字技术具有许多优越性,而且数字技术发展到足以使模拟电视向数字电视过渡的水平,电视和计算机就开始融合在一起。

由于多媒体和模拟电视采用的技术不同,对于同样内容的信息或节目,它们所表现出的特性就很不相同,对人们所产生的不同影响也引起了许多有识之士的高度重视。传统电视的特性是线性播放,就是影视节目是从头到尾播放的,而收看者是最活跃的人,人与电视之间,人是被动者而电视是主动者;多媒体是由计算机支持的,计算机的一个重要特性是交互性,就是人们可以使用像键盘、鼠标器、触摸屏、声音、数据手套等设备,通过计算机程序去控制各种媒体的播放,在人与计算机之间,人驾驭多媒体,人是主动者而多媒体是被动者。

多媒体使用具有划时代意义的"超文本"思想与技术组成了一个全球范围的超媒体空间,通过网络、光盘存储器和多媒体计算机,人们表达、获取和使用信息的方式和方法已产生了重大变革,对人类社会也产生了长远和深刻的影响。

1.1.2 超文本的概念

1965 年 Ted Nelson 在计算机上处理文本文件时想了一种方法,把文本中遇到的相关文本组织在一起,让计算机能够响应人的思维以及能够方便地获取所需要的信息。他为这种方法杜撰了一个词,称为超文本(hypertext)。实际上,这个词的真正含义是"链接",用来描述计算机中的文件的组织方法,后来人们把用这种方法组织的文本称为"超文本"。

超文本是包含指向其他文档或文档元素的指针的电子文档。与传统的文本文件相比,它们之间的主要差别是,传统文本是以线性方式组织的,而超文本是以非线性方式组织的。这里的"非线性"是指文本中遇到的一些相关内容通过链接组织在一起,用户可很方便地浏览这些相关内容。这种文本的组织方式与人们的思维方式和工作方式比较接近。

超文本的概念可用图 1-1 来说明。超文本中带有链接关系的文本通常用下画线和不同的颜色表示。文本①中的"<u>超文本</u>"与文本②中的"<u>超文本</u>"建立有链接关系,文本①中的"<u>超媒体</u>"与文本③中的"<u>超媒体</u>"建立有链接关系,文本③中的"<u>超链接</u>"与文本④中的"<u>超链接</u>"建立有链接关系,……这种文件就称为超文本文件。

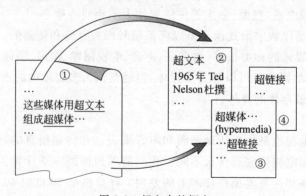

图 1-1　超文本的概念

超链接(hyper link)是两个对象或文档元素之间的定向逻辑链接,也称为热链接(hot link)或超文本链接(hypertext link)。对象或文档元素(element)通常是指一个词、短语、符号、图像、声音文件、影视文件和其他文件。超链接实际上是一个对象指向另一个对象的指针,建立互相链接的这些对象不受空间位置的限制,可在同一个文件、在不同的文件或在世界上任何一台连网计算机上。这些带指针的对象或元素通常具有下画线或与文档中其他文本有不同的颜色,用户可用鼠标器点击带有链接的对象以显示被链接的对象。

1.1.3　超媒体的概念

在 20 世纪 70 年代,用户语言接口方面的先驱者 Andries Van Dam 创造了一个新词"电子图书"(electronic book)。电子图书中自然包含有许多静态图片和图形,它的含义是你可以在计算机上去创作作品和联想式地阅读文件,它保存了用纸做存储媒体的特性,同时又加入了丰富的非线性链接,这就促使在 20 世纪 80 年代产生了超媒体(hypermedia)技术。超媒体不仅可以包含文字,而且还可以包含图形、图像、动画、声音和影视片段,这些媒体之间也是用超链接组织的,而且它们之间的链接也是错综复杂的。

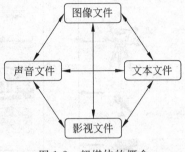

图 1-2　超媒体的概念

超媒体与超文本之间的不同之处是,超文本主要是以文字的形式表示信息,建立的链接关系主要是文句之间的链接关系。超媒体除了使用文本外,还使用图形、图像、声音、动画或影视片段等多种媒体来表示信息,建立的链接关系是文本、图形、图像、声音、动画和影视片段等媒体之间的链接关系,如图 1-2 所示。

超媒体的典型应用是万维网(Web),PPT(PowerPoint)和 PDF 文件也是超媒体文件。

1.1.4　多媒体的层次结构

多媒体的概念很直观,但涉及的知识和技术却相当庞大和复杂。为便于学习,可将多媒体大致分成 4 个层次:基础层、系统层、服务层和应用层,如图 1-3 所示,每一层都有许多要学习的内容、要深入研究的课题、要不断更新和开发的技术。

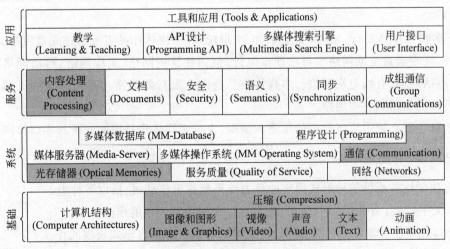

图 1-3　多媒体的层次结构

(引自 http://www.kom.tu-darmstadt.de/teaching/current-courses/lectures-on-multimedia-overview/)

1.1.5 多媒体的系统结构

经过数十年的研究和开发,多媒体已经形成一个比较完整的系统。从逻辑上划分,多媒体系统可分成三个主要部分:多媒体作品的制作、多媒体数据的压缩和存储、多媒体作品的发行,如图 1-4 所示。

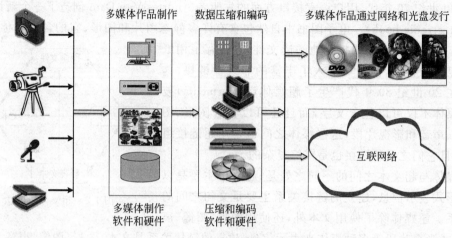

图 1-4　多媒体系统结构

(1) 多媒体作品制作:可能用到的设备包括照相机、摄像机、录音设备、扫描仪等。这些设备用于获取各种数字媒体素材。当作品的构思和素材基本就绪后,就要用各种软件和硬件进行编辑,然后直接或经过压缩后存储到盘上,或通过网络传送给用户。

(2) 多媒体数据压缩和存储:由于多媒体作品的数据量大,尤其是视像数据,为节省存储器的存储空间和降低对通信信道的带宽要求,需要使用各种有效的压缩技术,对文字、声音、图像、视像进行压缩和编码。这就需要相应的软件和硬件,如压缩和编码器、存储器、光盘刻录等设施。

(3) 多媒体作品发行:在 20 世纪末和 21 世纪初,多媒体作品主要通过光盘发行。除用光盘发行外,现在通过互联网络发行已逐步流行,包括计算机网络、无线网络、移动网络、卫星网络、有线电话网络、有线电视网络。多媒体作品在网上发行要遵循一系列网络协议和标准,这样才能可靠地发送到终端用户。

本教材主要介绍多媒体数据的压缩和编码、发行多媒体作品用的光盘和多媒体网络。

补充阅读:作品是什么?

具有独创性并能以某种形式固定的智力成果都称为作品,包括以下种类。

(1) 文字作品:小说、诗词、散文、论文等以文字形式表现的作品;

(2) 口述作品:即兴的演说、授课、法庭辩论等以口头语言形式表现的作品;

(3) 音乐作品:歌曲、交响乐等能够演唱或者演奏的带词或者不带词的作品;

(4) 戏剧作品:话剧、歌剧、地方戏等供舞台演出的作品;

(5) 曲艺作品:相声、快书、大鼓、评书等以说唱为主要形式表演的作品;

（6）舞蹈作品：通过连续的动作、姿势、表情等表现思想情感的作品；

（7）杂技艺术作品：杂技、魔术、马戏等通过形体动作和技巧表现的作品；

（8）美术作品：绘画、书法、雕塑等以线条、色彩或者其他方式构成的有审美意义的平面或者立体的造型艺术作品；

（9）实用艺术作品：具有实际用途的艺术作品；

（10）建筑作品：以建筑物或者构筑物形式表现的有审美意义的作品；

（11）摄影作品：借助器械在感光材料或者其他介质上记录客观物体形象的艺术作品；

（12）视听作品：固定在一定介质上，由一系列有伴音或者无伴音的画面组成，并且借助技术设备放映或者以其他方式传播的作品；

（13）图形作品：为施工、生产绘制的工程设计图、产品设计图，以及反映地理现象、说明事物原理或者结构的地图、示意图等作品；

（14）模型作品：为展示、试验或观测等用途，根据物体的形状和结构，按一定比例制成的立体作品；

（15）计算机程序：为了得到某种结果而可以由计算机等具有信息处理能力的装置执行的代码化指令序列，或者可以被自动转换成代码化指令序列的符号化指令序列或者符号化语句序列，同一计算机程序的源程序和目标程序为同一作品；

（16）其他文学、艺术和科学作品。

引自国家版权局 2012 年 3 月发布的《中华人民共和国著作权法（修改草案）》。

1.2　多媒体数据压缩与编码

数据压缩是取消或减少冗余数据的过程，编码是用代码表示数据的过程。

1.2.1　为什么要压缩

让我们先看下面几个使用数据压缩技术的实际例子。

（1）普通数码相机：假设它的存储卡为 64MB，如果使用 1280 像素/行×960 行/张×3 字节/像素的格式进行拍摄，一张照片的数据量为 3.6864MB，64MB 的存储卡可存储 17 张照片。使用数码相机内置的 JPEG 压缩技术，压缩比为 10∶1 时可存储 170 张，压缩后的照片连图像专家都难以区分是否经过压缩。

（2）数字音乐光盘（CD-DA）：1 秒钟的音乐数据量为 1.4112Mbps（44 100 样本/秒×16 位/样本×2（左右声道）），使用 15∶1 的 MP3 压缩技术，1 秒钟的音乐数据量可降到 96kbps，而声音质量接近于数字音乐光盘的声音质量。

（3）DVD 视像：按照 ITU-R BT.601 彩色电视信号数字化标准，使用 4∶2∶2 采样格式得到的视像数据率为 166Mbps，使用 MPEG-2 视像压缩技术，压缩比为 40∶1 时，数据率可下降到 4.15Mbps。

从以上实例可看到，多媒体数据具有数据量大和数据速率高的特点，压缩数据的目的就是要降低多媒体数据对存储器容量和网络传输带宽的要求，减少宝贵资源的消耗。

1.2.2 两种类型的压缩

多媒体数据压缩可分为无损压缩(lossless compression)和有损压缩(lossy compression)两种类型,见表 1-1。

(1) 无损压缩:使用压缩的数据重构(也称还原或解压缩)得到的数据与原来的数据完全相同的数据压缩技术。无损压缩用于要求重构的数据与原始数据完全一致的应用,如磁盘文件压缩就是一个应用实例。无损压缩算法可把普通文件的数据压缩到原来的 1/2～1/4。常用的无损压缩算法包括哈夫曼编码和 LZW 等算法。

(2) 有损压缩:使用压缩的数据重构得到的数据与原来的数据有所不同,但不影响人对原始资料表达的信息造成误解的压缩技术。有损压缩适用于重构数据不一定非要和原始数据完全相同的应用。例如,图像、视像和声音数据就可采用有损压缩,因为它们包含的数据往往多于我们的视觉系统和听觉系统所能感受的信息,丢掉一些数据而不至于对图像、视像或声音所表达的意思产生误解。

1.2.3 三种类型的编码

编码技术可分成三种类型:熵编码、源编码和混合编码,见表 1-1。

(1) 熵编码:不考虑数据源的无损数据压缩技术。它把待编码的数据看成是不具媒体特性的纯数据,不论数据代表的是文字、声音、图像还是视像,都把数据当作"符号"对待。熵编码的核心思想是按照符号出现的概率大小给符号分配长度合适的代码,对常用的符号给它分配长度较短(即位数较少)的代码,对不常用的符号给它分配长度较长(即位数较多)的代码。最常见的熵编码技术是霍夫曼编码和算术编码。

(2) 源编码:考虑数据源特性的数据压缩技术。编码时考虑信号源的特性和信号的内容,因此也称基于语义的编码(semantic-based coding)。例如,图像编码考虑相邻像素的值有可能完全相同或相近,视像编码考虑相邻的帧图像之间变化不大,也可能完全相同。为获得比较大的压缩比,源编码通常采用有损数据编码技术。

(3) 混合编码:组合源编码和熵编码的数据有损压缩技术。影视、图像和声音媒体几乎都采用这种编码方式,如 JPEG、MPEG-Video 和 MPEG-Audio。

1.2.4 压缩与编码

从减少数据量的角度来看,多媒体数据压缩是取消或减少冗余数据的过程,而多媒体编码是用代码替换文字、符号或数据的过程。根据这种观点,可将大部分压缩和编码技术归纳在表1-1 中。除矢量量化之外,其余的编码技术将在后续章节中陆续介绍。

表 1-1 压缩与编码技术

压 缩 类 型	编 码 类 型	编 码 技 术	
无损压缩 (lossless compression)	熵编码 (entropy coding)	行程长度编码(run-length coding)	
		统计编码 (statistical coding)	霍夫曼(Huffman coding)
			算术编码(arithmetic coding)

压缩类型	编码类型	编码技术	
有损压缩 (lossy compression)	源编码 (source coding)	预测 (prediction)	差分脉冲编码调制(DPCM)
			增量调制(delta modulation)
		变换 (transformation)	快速傅里叶变换(FFT)
			离散余弦变换(DCT)
			离散小波变换(DWT)
		(按重要性的) 分层编码 (layered coding)	二进制位的位置(bit position)
			子采样(subsampling)
			子带编码(subband coding)
		矢量量化 * (vector quantization, VQ)	
	混合编码 (hybrid coding)	JPEG, JPEG 2000	
		MPEG-1, MPEG-2, MPEG-4, H. 261～H. 265	
		其他专有的编码方法	

* 矢量量化是一种数据有损压缩技术,它用待编码的数据块匹配预先定义的有限数目的码字。

1.3　多媒体与光盘存储器

光盘存储器在多媒体发展史上起了相当重要的作用。多媒体的存储主要使用光盘存储器和磁盘存储器。在网络还不发达的国家和地区,许多大型软件、影视节目、教学软件、游戏软件和娱乐软件主要还是通过光盘发行。CD(compact disc)、DVD(Digital Versatile Disc)、HD DVD(High Definition DVD)、BD(Blu-ray Disc)和磁光盘统称为光盘存储器,通常简称为光盘。因为 CD 技术是光盘的基础,其他光盘都是在 CD 的基础上加以改进和提高的,因此本教材将重点介绍 CD 技术。

BD、HD DVD、DVD 和 CD 在形状、尺寸和重量方面几乎相同,都是使用塑料做衬底的金属盘。这些光盘的读写数据都使用激光,只是激光波长和读出光头的数值孔径不同而已,每片光盘的容量见表 1-2。

表 1-2　光盘的存储容量

名　　称		Blu-ray Disc	HD DVD	DVD	CD-ROM
激光波长(nm)		405(蓝紫)		650(红光)	780(红光)
数值孔径(NA)		0.85	0.65	0.6	0.45
存储容量 (单面)	单层	25GB	15GB	4.7GB	650MB
	双层	50GB	30GB	8.5GB	—

每种光盘都有很多成员,包括 XXX-ROM、XXX-Audio、XXX-Video、XXX-R(Recordable)、XXX-RAM 等。这些不同的成员用于存储不同的数据,见表 1-3。

表 1-3   DVD 与 CD 的主要成员

Blu-ray Disc	HD DVD	DVD	CD	主 要 用 途
BD-ROM	HD DVD-ROM	DVD-ROM	CD-ROM	存储数据等
BD-Video	HD DVD-Video	DVD-Video	Video-CD	存储影视节目
BD-Audio	HD DVD-Audio	DVD-Audio	CD-Audio	存储音乐节目
BD-R＊＊	HD DVD-R	DVD-R	CD-R	存储档案等
BD-RAM	HD DVD-RAM	DVD-RAM	CD-MO	随机存储器

1.4   多媒体与网络

从 20 世纪 90 年代开始,因特网对多媒体的发展起着巨大的推动作用,多媒体的传输越来越多地依靠网络。万维网是全球性的多媒体信息系统,万维网技术是多媒体网络应用设计的重大突破,一直是多媒体技术研究和开发的重点和热点。因特网和万维网是既不相同但又密不可分的两种网络,它们之间的关系犹如应用软件和计算机平台之间的关系。

移动互联网(mobile internet)是指与因特网相连的无线通信网络,是因特网的接入网络;移动万维网(Mobile Web)是指使用移动设备访问万维网,而不是另外一种万维网;移动多媒体(mobile multimedia)是指通过移动设备访问的多媒体。

1.4.1   因特网是什么

因特网(Internet)是通过网络设备把世界各国使用 TCP/IP 协议的计算机相互连接在一起的计算机网络,是世界上规模最大、用户最多的计算机网络。

因特网的雏形是美国国防部高级研究计划署(Defense Department's Advanced Research Projects Agency,ARPA) 在 1969 年开始筹建的 ARPANET 网络,它的初衷是用于在地理上相互独立的军事研究机构和大学之间实时共享计算机数据。随着 TCP/IP 协议的不断改进、开发和推广,越来越多的网络和计算机加入到这个网络,20 世纪 80 年代中期人们开始把整个集合称为 Internet。

因特网提供的服务包括万维网浏览、电子邮件、文件传输、网络电视、网络电话、信息查询、远程登录(如 Telnet)、商业应用、网络游戏和个人娱乐等。在这个网络上,使用普通的语言就可以进行相互通信、协同研究、从事商业活动、共享信息资源。

1.4.2   万维网是什么

"万维网"是英文 World Wide Web(WWW,Web,W3)的意译名称。万维网是在因特网上运行的全球性分布式多媒体信息系统,实际上就是分布在全世界所有 HTTP 服务机上相互链接的超文本文档的集合。由于它支持文本、图像、声音、影视等数据类型,而且使用超文本、超链接技术把全球范围内的信息链接在一起,所以也称为超媒体环球信息系统。

万维网是因特网最典型的应用,在服务机和客户机之间通过因特网交换多媒体文件。万维网之所以取得如此巨大的成功,主要依靠如下三个关键标准。

（1）URL(Uniform Resource Locator)/统一资源地址：指定网上信息资源地址的统一命名方法，通过它可指定访问资源时所用的协议（如 HTTP，FTP）、资源所在服务机的名称、资源的路径和资源名称。

（2）HTML（Hypertext Markup Language）/超文本标记语言：文档格式标准。在HTML 基础上，开发了包括可扩展标记语言（Extensible Markup Language，XML）、可扩展超文本标记语言（Extensible Hypertext Markup Language，XHTML）、用于移动通信的 HTML5 和其他标准语言。

（3）HTTP(Hypertext Transfer Protocol)/超文本传输协议：在服务机和客户机之间传送超文本文档的通信协议，用于建立与 Web 服务器的连接和给客户浏览器传送 HTML 网页。

万维网计划是 1989 年在欧洲高能物理实验室（European Laboratory for Particle Physics /Conseil Européen pour la Recherche Nucléaire，CERN）开始研究的，由 Timothy Berners-Lee 为该实验室开发的信息网是应用超文本和超媒体技术的典范。随着相关工具软件的普及，万维网吸引了越来越多的学校、机构及各行各业的公司竞相投入，以提供多姿多彩的教育、信息和商业服务。

万维网正在改变人们进行全球通信的方式，人们接受和使用这种新的全球性的媒体比历史上任何一种通信媒体都快。在过去的 20 多年里，万维网已经聚集有巨大的信息资源，从股票交易到寻找职业，从电子公告板到阅读新闻、观看电影、阅读名著、评论文学、欣赏音乐直到玩游戏等，凡是人们能够想到的内容和活动在万维网上几乎都可以找到。万维网上的这些应用与多媒体技术息息相关。

1.5 多媒体标准与国际标准组织

标准是由公认的非商业化组织推荐、政府组织推荐或既成事实的硬件或软件技术准则，是专家组或委员会对现有方法、步骤和技术经过反复深入细致研究后编写的详细说明。如同其他标准，多媒体标准在保证多媒体系统协同工作和资源共享等方面扮演着至关重要的角色。鉴于标准的重要性，包括 ITU、ISO、IEC 和 W3C 在内的许多国际组织单独或携手制定了并正在制定许多影响深远的多媒体标准。了解国际标准化组织的基本情况和开发的标准，对阅读多媒体技术文献、开展科学研究、开发技术和产品都非常有益。

1.5.1 ITU（国际电信联盟）

ITU(International Telecommunication Union)是总部设在瑞士日内瓦的国际组织，现为联合国中的专门机构，负责为公共和专用电信组织制定有关电话和数据通信系统的推荐标准，以促进各国之间的电信合作。其制定的标准相当于各国之间的正式条约，对成员国有约束作用。该组织于 1865 年在法国巴黎成立，当时的名称为“国际电报联盟（International Telegraph Union）”，1934 年更名为“国际电信联盟（International Telecommunication Union）”，1947 年成为联合国的专门机构。1992 年国际电信联盟进行了重组，现由三大部门组成（详见 www. itu. int）：（1）国际电信联盟标准化部（Telecommunication Standardization Sector），简称为 ITU-TSS 或 ITU-T，在 1953 —1993 年期间称为 CCITT；（2）国际电信联盟无线电通信部门（Radio communication Sector），简称为 ITU-R，由 1927 年成立的国际无线电咨询委员会（CCIR）与1947年成立的国际频率登记委员会（IFRB）合并而成；（3）国际电信联盟电信发展部（Telecommunication Development Sector），简称为 ITU-D。我国于1920年加入国际电信联盟，1947年被选为国际电信联盟行政理事会的理事国和国际频率登记委员会委员。

  ITU-T 设有许多研究小组（Study Group，SG），如2001—2004年期间就设有 SG 1，SG 2，…，SG17 研究小组，分别侧重研究某一方面的标准[1]。ITU 的专家组为多媒体标准化制定了许多非常著名的标准，包括彩色电视信号数字化标准（ITU-R BT.601）、G 系列标准（如有关声音编码的 G.711～G.731）、H 系列标准（如有关视像编码的 H.261～H.264），如图1-5所示的著名标准就是视像编码专家组（Video Coding Expert Group，VCEG）制定的。

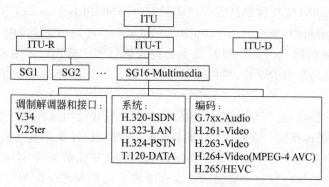

图 1-5 VCEG 开发的标准

  ITU 的专家很早就意识到，迅速发展的多媒体世界迫切需要开发多媒体标准化框架（Framework for Multimedia Standardization），以适应用户对系统的移动性、易用性、灵活性和互操作性的要求，为此制定了 MEDIACOM 2004（Multimedia Communication 2004）研究计划[2]，这个计划的目标就是要建立如图1-6所示的多媒体通信标准化框架，规划标准化的研究范围，并指定了特别研究组（SSG）和研究内容。这个框架主要由应用设计、中间件设计和网络设计共3个部分组成，对每个部分的标准化范围都做了规划。

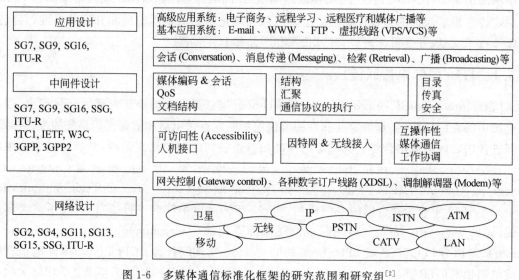

图 1-6 多媒体通信标准化框架的研究范围和研究组[2]

1.5.2 ISO/IEC(国际标准化组织/国际电工技术委员会)

1. 国际标准化组织(ISO)

ISO(International Organization for Standardization)是 1946 年成立的自愿参加和无条件约束的国际组织,主要负责制定包括计算机、通信等众多领域的国际标准,以便于国际间信息、科学、技术、经济等活动领域的相互交流合作。ISO 的总部设在瑞士日内瓦,其成员目前有 130 个国家的国家标准化组织。注意,ISO 并不是该组织英文全称的缩写,而是取自希腊词 isos,表示"平等"的意思,是前缀 iso-的词根。详见 www.iso.org。

2. 国际电工技术委员会(IEC)

IEC (International Electrotechnical Commission)是成立于 1906 年的国际性电工标准化机构,负责有关电气工程和电子工程领域中的国际标准化工作,现有 60 多个国家参加,详见 www.iec.ch。目前 IEC 的标准化工作已扩展到包括电子、电力、电磁、微电子、通信、机器人、多媒体、能源、仪器仪表等领域的技术规范以及相关的通用规范,如术语和符号、度量方法和性能、设计和开发、安全与环境等。我国已于 1957 年参加该委员会。

IEC 于 1993 年将多媒体作为未来标准化工作的最重要领域之一,并成立了多媒体研究委员会(Multimedia Research Committee),把多媒体标准模型系统(Multimedia Standardization Model Systems)、多媒体用户接口(Multimedia User Interface)和多媒体中的颜色管理(Color Management in Multimedia)等内容纳入 IEC 的研究范围。IEC 的工作促进了 IEC、ISO 和 ITU 三大国际标准化组织联合开发多媒体标准的进程。

3. ISO/IEC JTC 1

ISO/IEC JTC 1(ISO/IEC Joint Technical Committee 1)是 ISO 和 IEC 在 1987 年联合成立的技术委员会。由于 JTC 1 的研究范围是信息技术领域的标准化(Standardization in the field of Information Technology),因此常把 ISO/IEC JTC 1 称为"ISO/IEC 联合信息技术委员会"。

ISO/IEC JTC 1 下设有许多技术分会,分别负责制定各自专业范围的标准。根据需要,ISO/IEC JTC 1 设立了许多分会(subcommittee, SC),例如,

- SC 24-Computer Graphics and Image Processing(计算机图形与图像处理)
- SC 27-IT Security Techniques(信息技术的安全技术)
- SC 29-Coding of Audio, Picture, and Multimedia and Hypermedia Information(声音、图像和多媒体与超媒体信息的编码)
- SC 34-Document Description and Processing Languages(文档描述与处理语言)
- SC 36-Information Technology for Learning, Education, and Training(学习、教育和培训用的信息技术)
- SC 37-Biometrics(生物测定学)

ISO/IEC JTC 1 成立以来制定了许多非常著名的标准,如 MPEG-1、MPEG-2、MPEG-4、MPEG-7、MPEG-21、MPEG-A、MPEG-B、MPEG-C、MPEG-D、MPEG-E、MPEG-V、MPEG-M、MPEG-U、MPEG-H,对推动多媒体技术的发展和应用做出了巨大贡献。详见第 11 章 MPEG 介绍。

1.5.3 IEEE(电气和电子工程师学会)

IEEE (Institute of Electrical & Electronic Engineers,www. ieee. org)/电气和电子工程师学会是世界上最大的专业技术学会,成立于1884年,总部在美国,由工程和电子方面的工程师、科学家和学生等专业人员组成,涉及航空航天、计算机通信、电子技术、信息技术、生化技术等领域。IEEE学会不仅因其学术期刊的水平高、影响大而闻名,而且还制定了许多得到广泛应用的硬件和软件技术标准,如著名的IEEE 802 LAN/MAN系列标准。

1.5.4 ISOC(因特网协会)

1. ISOC(因特网协会)

因特网协会(Internet Society,ISOC,www. internetsociety. org)是由专业人员于1992年成立的国际性非营利组织,负责推动和支持因特网的技术发展,激励和教育科学和学术团体、工业部门和广大民众使用因特网技术和应用软件,促进网上新的应用程序的开发。ISOC负责协调的因特网标准开发工作组包括:(1)因特网体系结构研究部(Internet Architecture Board,IAB),(2)因特网工程特别工作组(Internet Engineering Task Force,IETF),(3)因特网工程指导组(Internet Engineering Steering Group,IESG),(4)因特网研究特别工作组(Internet Research Task Force,IRTF)。详见第19章计算机网络与模型。

2. 因特网技术标准

因特网标准的实际开发工作主要由IETF承担,因此也称IETF标准。从1969年开始,开发一个因特网标准时通常先公布提案,并命名为"RFC(Request for Comments)"文件。RFC(请求注释)是征求对因特网协议有何意见的系列文件,内含因特网协议提案、相关实验的描述以及其他相关信息。RFC经IESG批准后作为因特网草案,公布在因特网上(http://www.ietf.org/)公开征求意见,经过反复讨论并根据IETF的建议由IESG决定是否成为标准。因特网标准的制定过程如图1-7所示,详见RFC 2026。

到2016年8月,公布的因特网标准有80多个(https://www. rfc-editor. org/standards/),公布的RFC文件共有7940个(见 https://www. rfc-editor. org/rfc-index. html)。

图 1-7　因特网标准的制定过程

1.5.5 W3C(万维网协会)

1. W3C(万维网协会)

万维网协会(World Wide Web Consortium,W3C)是 1994 年 10 月在美国麻省理工学院计算机科学实验室成立的开发万维网技术的国际性组织。W3C 致力于分析万维网的研究状况,促进行业标准(如 HTML,XML 等语言标准)的制定,鼓励开发可协同工作的产品(如 Web 浏览器)。W3C 目前由发明万维网的 Tim Berners-Lee 领导,美国的麻省理工学院计算机科学与人工智能实验室(MIT CSAIL)、法国的欧洲信息与数学研究论坛(ERCIM)和日本的应庆大学共同管理。

2. W3C 的重要标准

1989 年 3 月,Tim Berners-Lee 提出了万维网的雏形,并在 1990 年 12 月演示了第一个使用 HTTP、HTML 和 URI 的原型,随后的万维网的迅速成长证明了这个雏形的优越性。自 1994 年以来,W3C 开发了 100 多种适合当今和将来万维网模式的设计规范,称为 W3C 推荐标准(W3C Recommendations),在图 1-8 中所示的许多标准都赢得了全球的认可和赞誉。W3C 开发的影响深远的标准包括 HTML、XHTML、层叠样式表(Cascading Style Sheets,CSS)、XML、文档对象模型(Document Object Model,DOM)和同步多媒体集成语言(Synchronized Multimedia Integration Language,SMIL)等规范。

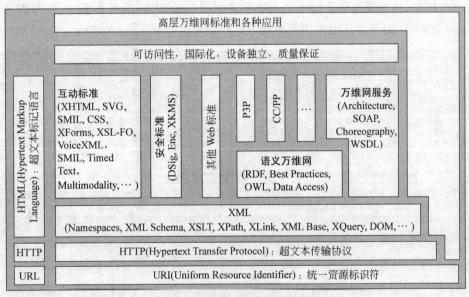

图 1-8 构建万维网的基本规范

(引自 http://www.w3.org/2004/04/w3c-flier-v1.6.3A4.pdf)

图中的若干重要标准和术语解释如下。

(1) semantic web(语义万维网):用人易读而机器易处理的语言表达数据的万维网。由 Tim Berners-Lee 杜撰的这个术语把将来的万维网看成是数据万维网,犹如一个全球的数据库。语义万维网的构件包括语义(元素的含义)、结构(元素的组织)和语法(通信),它的基础设施应该允许机器和人做推论和组织信息。语义万维网被认为是想象中的未来万维网。

（2）Web services（万维网服务）：运行在 Web 服务器上的模块集合，通过组合各种模块提供新的附加服务。Web 服务使用标准协议与其他系统建立因特网连接和协同工作，如使用超文本传输协议（HTTP）和简单对象存取协议（SOAP）作为通信协议，使用 Web 服务描述语言（WSDL）作为接口描述语言，使用统一描述、发现和集成（UDDI）进行注册和搜索服务。有时也称为 XML Web services。

（3）P3P（Platform for Privacy Preferences）——P3P 协议/隐私偏好平台：万维网协会（W3C）为在万维网上共享私有信息开发的协议，可为 Web 用户提供对隐私信息的更多控制。

（4）CC/PP（Composite Capability/Preference Profiles）——复合能力/偏好设置文件：为描述设备能力和使用者偏好而开发的描述规范。

（5）URL（Uniform Resource Locator）——统一资源地址：用于指定访问资源时所用的协议（如 HTTP、FTP）、资源所在服务机的名称、资源的路径和资源名称。

（6）URI（Uniform Resource Identifier）——统一资源标识符：标识因特网上信息资源的名称和地址的字符串。

3. W3C 的技术框架

万维网是建立在因特网上的应用软件。W3C 为实现建立同一万维网（One Web）的目标，提出了如图 1-9 所示的 W3C 技术框架，展示了万维网的基础框架及 W3C 的工作重点。"W3C 技术框架"描绘的模型是一个万维网体系结构（One Web），建立在因特网（Internet）体系结构之上的两层模型，在万维网体系结构层上所列的内容就是 W3C 的工作重点，以 URI、HTTP、HTML 和 XML 作为开发其他应用的基础。

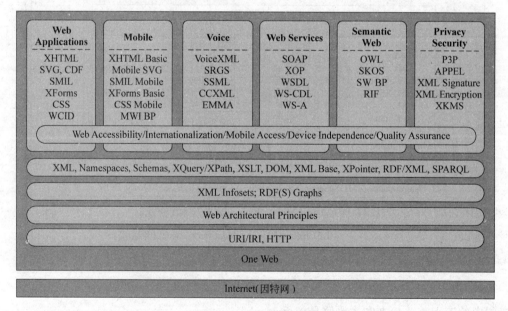

图 1-9 W3C 技术框架

（引自 http://www.w3c.gr/docs/INNOVA-W3C.pdf）

万维网体系结构分成许多子层，每一子层都建立在另一子层之上。从底至顶依次为（URI/IRI，HTTP）、（Web Architectural Principles）、（XML Infosets（Information Set）；RDF(S) Graphs）、（XML，Namespaces，Schemas，XQuery/XPath，XSLT，DOM，XML

Base，XPointer，RDF/XML，SPARQL)。其中：

(1) RDF(Resource Description Framework)——资源描述框架：W3C 在 1999 年 2 月为组织和管理网上资源而开发的元数据描述规范，目的是用计算机容易处理的方法表达术语和概念的语义。RDF 可用 XML 语言作为它的语法，用来描述实体、概念、属性和关系；

(2) XML Infosets——XML 信息集：抽象的数据集规范，是为需要参考 XML 文档的其他标准或规范提供的一套定义，包含文档、元素、属性、处理指令、未扩展的(unexpanded)实体参考、字符、注释、文档类型说明、未解析的(unparsed)实体、记法(notation)和名称空间(namespace)等多种信息项。

在万维网体系结构的顶层分成 6 个部分，分别与 W3C 主要的工作小组相对应，各部分所包含的协议如下：

(1) Web Applications(万维网应用)：XHTML，SVG，CDF，SMIL，XForms，CSS，WCID。

(2) Mobile(移动应用)：XHTML Basic，Mobile SVG，SMIL Mobile，XForms Basic，CSS Mobile，MWI BP。

(3) Voice(声音应用)：VoiceXML，SRGS，SSML，CCXML，EMMA。

(4) Web Services(万维网服务)：SOAP，XOP，WSDL，WS-CDL，WS-A。

(5) Semantic Web(语义万维网)：OWL，SKOS，RIF。

(6) Privacy(隐私应用)：P3P，APPEL，XML Encryption，XML Signature，XKMS。

W3C 技术框架以 URI、HTTP、XML 和 RDF 为基础，将融入 Web Accessibility(Web 可访问性)、Internationalization(国际化)、Mobile Access(移动访问)、Device Independence(设备无关性)和 Quality Assurance(质量保证)等特性。

W3C 技术框架中涉及许多的重要标准和术语，可看在本教材第 3 版的第 4 部分。

1.5.6　ETSI(欧洲电信标准学会)及其他组织

欧洲电信标准学会(European Telecommunication Standards Institute，ETSI)是由欧洲邮电管理局和欧共体于 1988 年建立的组织(www. etsi. org)，为欧洲制定电信标准，以无线电通信方面的标准而闻名，制定的标准用 ETS 作前缀。

电信工业协会(Telecommunications Industry Association，TIA)是 1988 年成立的组织(www. tiaonline. org)，原为电子工业联合会(EIA)中的一个工作组，致力于建立世界范围内的远程通信网络和设备标准。由于 TIA 与 EIA 有这样的关系，因此出版的标准名称通常用 EIA/TIA 或 TIA/EIA 作前缀。

美国电子工业协会(Electronic Industries Association/Electronic Industries Alliance，EIA)是由众多电子产品制造商组成的协会，总部设在华盛顿特区，以出版线路传输标准而闻名，如 RS-232-C。该协会成立于 1924 年，原名为无线电制造商协会(Radio Manufacturers' Association，RMA)。EIA 已于 2011 年 2 月 11 日起停止活动。

1.6　多媒体内容处理

在过去的数十年中，多媒体技术的研究与开发的重点一直是多媒体数据的压缩、编码和传输，现在使用人工智能技术处理多媒体内容是多媒体技术研究和开发的另一个重点。

在多媒体内容的研究开发过程中,新术语层出不穷,如多媒体数据(multimedia data)、多媒体内容(multimedia content)、多媒体信息(multimedia information)、多媒体信息与技术(multimedia information and technology)、多媒体科学与技术(multimedia science and technology)和多媒体信息科学(multimedia information science)。这些术语是在先前的术语上赋予了新的含义,如我们熟悉的数据、信息、内容和知识。为便于学术交流和阅读文献,本节主要从计算技术角度出发,介绍这些很难定义的基本术语,供读者讨论和参考。

1.6.1 内容是什么

"内容是对数据的描述,信息是对内容的描述,内容不都是信息,信息不一定包含全部内容",同样可以说"多媒体内容是对多媒体数据的描述,多媒体信息是对多媒体内容的描述,多媒体内容不都是多媒体信息,多媒体信息不一定包含全部多媒体内容"。为把"内容是什么"解释得清楚些,需把数据、消息、信息、知识及它们之间的关系作简单介绍。

1. DIKW 是什么

DIKW 是 data(数据)、information(信息)、knowledge(知识)和 wisdom(智慧)的首字母缩写词。图 1-10 描绘了数据(know-nothing)、信息(know-what)、知识(know-how)和智慧(know-why)的分层结构,这种结构已在许多研究领域都得到认可。在知识管理文献中,将这种结构称为知识层次结构(knowledge hierarchy)或知识金字塔状结构(knowledge pyramid);在信息科学领域中,将这种结构称为信息层次结构(information hierarchy)或信息金字塔状结构(information pyramid)。文献[4]和[5]对 DIKW 做了详细的解释。

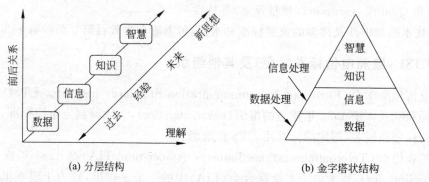

图 1-10 DIKW 的结构

1) 数据

数据是以数字、字符或图像等可读语言或其他记录方法表示的事实、概念或计算机指令,适用于人或自动装置进行通信、解释或处理。数据本身没有意义,通常需要在一定的语义环境中才有意义。

数据处理(data processing)是使用计算机对数据进行的操作,如数据的输入、检验、运算、合并、排序、编辑、修改、检索、存储、转换、传输、显示和打印等。数据处理的这种解释同样可用于对多媒体数据处理的解释。

2) 信息

信息是数据的含义。例如,用数据表示的事实、想法或概念,通常用文字、图像或声音的形式表现。当数据出现能给人传递某种含义时,数据就成为信息。计算机处理数据时,对数据表示的含义完全不理解。

信息处理(information processing)有各种不同的内涵。在计算技术中,信息处理可解释为对信息执行的操作,包括信息的获取、收集、存储、管理、传输、检索和演示等,除此之外,还包括信息处理时所需要的数据处理。信息不单纯是以文字呈现的信息,还可以是以声音、图像或视像等形式呈现的信息,因此对信息处理的解释同样可以扩展到对多媒体信息处理的解释。

信息科学(information science)是研究信息的收集、组织、处理、存储、分类、检索和传播的科学,它是由信息论、控制论、计算机科学、仿生学、系统工程与人工智能等学科相互交叉而形成的综合性科学。

3) 知识

知识是在某个感兴趣领域中的事实、概念和关系。抽象地说,知识可认为是信息、经验和洞察力的融合。用知识表示语言(knowledge representation language)表示的知识集合称为知识库(knowledge base),用于扩充或查询知识库的应用系统称为知识系统(knowledge-based system)。知识不同于信息和数据,因为可以由已有的知识经过逻辑推理得到新知识。如果认为信息是数据加含义,那么知识就是信息加处理。

知识的一般形式是一系列关于某一主题的事实和规则的集合。例如,一个家庭的知识库包含的事实可包括“John 是 David 的儿子和 Tom 是 John 的儿子”,包含的规则是“某人儿子的儿子是某人的孙子”。根据这个规则可推理出新的事实:Tom 是 David 的孙子。从广义上说,知识就是人们在改造世界过程中所获得的认识和经验的总和。

4) 智慧

智慧(wisdom)是知识累积后产生的洞察力、判断力和发明创造能力。

2. 消息是什么

消息(message,MSG)是一个常见术语,为与“内容”相区别,顺便对它做简单介绍。消息在计算技术中有多种含义。

(1) 在通信系统中,消息是在设备之间传输的信息单元(字符序列)。消息通常包含消息内容、开始和结束符、控制符、到达的目的地址、消息类型、消息标题头和检错或同步信息。消息可以通过物理链接直接从发送者传给接收者,也可以部分或全部通过交换系统传递。

(2) 在软件运行过程中,消息是应用程序或操作系统传给用户的信息,用于向用户建议采取的行为、显示状态或通知已经发生的事件。

(3) 在基于消息的操作环境(如 Windows)中,消息是在运行程序之间传输的信息单元。

3. 内容是什么

进入 21 世纪以来,在信息科学和技术文献中,内容(content)、数字内容(digital content)成了热门术语。从文学和艺术作品角度看,内容就是在文字、图像、视像和声音中包含的消息,有些汉语词典把内容定义为“事物所包含的实质性事物”。

从计算技术的角度看,内容是指用户可在网络上得到的任何资源,包括网页、文献、图书、图像、影视、音乐和软件,而且内容的组织考虑到了具有可重用、可传递和检索等特性。例如,在 SGML、HTML、XML 或其他标记语言中,内容是指出现在元素的开始标签和结束标签之间的数据。例如,“2022 年冬季奥运会和残奥会在北京举行”是一个元素,其中的“…”是成对出现的标签,表示用黑体字显示内容,“2022 年冬季奥运会和残奥会在北京举行”是内容。

要严格区分"内容"与"信息"的概念是不容易的。在计算技术中,不应该认为"内容和信息是一回事"。其实,内容和信息是有差别的,"内容是对数据的描述,信息是对内容的解释,内容不都是信息"。为便于理解和区分数据、内容和信息,笔者将 DIKW 的结构改成如图 1-11 所示的 DCIKW（data,content,information,knowledge and wisdom）结构。至于网上大量存在的"信息内容"的提法,可能是将信息论中的"信息量（information content）[①]",译成"信息内容"。

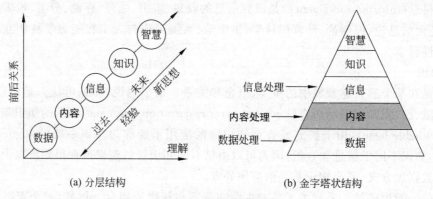

(a) 分层结构　　　　　　　　　　　　(b) 金字塔状结构

图 1-11　DCIKW 的结构

有了对数据、内容和信息这些概念的初步认识,我们也就不难理解为什么许多有关信息和内容的软件用"内容和信息管理"来命名,也不难理解为什么在信息产业中有数据提供商（data provider）→内容提供商（content provider）→信息提供商（information provider）→服务提供商（service provider）这种商业链的存在。

1.6.2　内容处理是什么

过去我们常听说数据处理和信息处理,而内容处理（content processing）却相对生疏。近年开展的视像内容摘要（video content summarization）、基于内容的视像索引和分类（content-based video indexing and classification）等课题的研究都属于内容处理,但没有上升到信息处理。本教材将"内容处理"定位在"数据处理"和"信息处理"之间的处理,因此可把内容处理理解为对内容执行的操作,包括内容的分析、分类、管理、搜索、检索、浏览、传输及其所需的数据处理。对内容处理的解释同样可扩展到对多媒体内容处理（multimedia content processing）的解释。

多媒体内容处理包含的技术大致可归纳为如下部分。

（1）多媒体内容分析（multimedia content analysis）:多媒体内容处理的核心技术,要解决的问题是用什么方法和特征来描述图像、视像或音乐等媒体,这些媒体往往没有文字描述或者难以用文字描述,而且表达它们的数据量都非常大。目前比较成熟但不太有效的描述方法是用它们的低层特性来表示一幅图像、一段视像或一段音乐,使用的低层特征包括颜色直方图、形状和轮廓等。

（2）多媒体内容分类（multimedia content classification）:对给定的多媒体内容判断它属于哪种类型。

---

① 信息量（information content）是具有确定概率事件的信息的定量度量。

（3）多媒体内容管理（multimedia content management）：在多媒体内容处理系统中控制多媒体内容的获取、保存、检索和发布等。

（4）多媒体内容搜索（multimedia content search）：查找指定的多媒体内容或多媒体数据，使用类似性度量法，通过计算和比较以判断是否匹配或者满足给定的搜索属性或条件。

（5）多媒体内容检索（multimedia content retrieval）：从存储媒体、数据库或网络服务机中获取多媒体内容的技术。

（6）多媒体内容浏览（multimedia content browsing）：粗看文字、图片、视像或听声音以寻找特定内容。

综上所述，多媒体内容处理可理解为用计算机自动或半自动地将多媒体数据表示成内容以及对内容进行操作的技术，而多媒体信息处理可理解为用计算机自动或半自动地将多媒体内容表示成信息以及对信息进行操作的技术。使用多媒体内容处理技术的主要产品是多媒体内容与信息管理（multimedia content & information management）系统和多媒体搜索引擎（multimedia search engine）。

1.6.3 内容标记语言

标记内容是内容处理的最基本方法。标记（markup）是组织和标注文档内容的一套字符集，标记语言（Markup Language，ML）是用于组织和表示数据的一套规则，在文件中体现为一系列语句或代码。使用标记语言创作多媒体作品有许多好处，如可使创作人员更集中于内容的创作，可提高作品的重复使用性能、可移植性能以及共享性能等。

1. SGML 是什么

最早出现的用于标记内容和样式的语言是 IBM 公司在 20 世纪 60 年代创造的，称为通用标记语言（Generalized Markup Language，GML），用于内部文档的标准化。其后扩展成标准通用标记语言（Standard General Markup Language，SGML），成为许多工业系统用来表达和管理信息的标准，并于 1986 年成为国际标准化组织（ISO）的正式标准（ISO 8879-1986）。SGML 规范了独立于平台和应用的文本文档的格式、索引和链接等信息，为用户提供一种类似于语法的机制，用来定义文档结构和文档内容的标签（tag）。

标记（markup）分成两种：（1）程序标记（procedural markup），用来描述文档显示的样式（style），如字体的大小、黑体、斜体和颜色等，现在市场上出售的大多数的字处理软件都内嵌有标记，而且几乎都是针对自己的软件产品而制定的标记；（2）描述标记（descriptive markup），也称为普通标记（generic markup），用来描述文档中的文句是什么，如篇、章、节、段落、列表或表格，而不是描述文句所显示的样式。

SGML 的精华是把文档的内容与样式分开处理，它的主要特点包括：

（1）可支持无数的文档结构类型，如布告、技术手册、章节目录、设计规范、各种报告、信函和备忘录等；

（2）可创建与特定的软硬件无关的文档，因此很容易与使用不同计算机系统的用户交换文档。

2. SGML 的结构

一个典型的 SGML 文档可被分成如下三层。

（1）结构（structure）：为描述文档的结构，定义了一个称为"文档类型定义（Document

Type Definition,DTD)"的文件(file)①,它为组织文档的文档元素(如章节标题)提供了一个框架,并为文档元素之间的相互关系制定了一套规则,例如,章的标题必须是在章开始后的第一个文档元素,每个列表至少要有两项。DTD定义的这些规则可确保文档的一致性。

(2) 内容(content):内容是信息本身或其中的一部分。内容可包括名称(标题)、段落、项目列表和表格中的文字、图形、图像、视像和声音。确定内容在DTD结构中的位置的方法称为"加标签(tagging)",创建SGML文档实际上就是围绕内容插入相应的标签。

(3) 样式(style):为SGML文档制定的样式标准(ISO/IEC 10179:1996)称为文档样式语义和规范语言(Document Style Semantics And Specification Language,DSSSL),它是用于说明SGML文档样式(stylesheet)的语言。用DSSSL语言写的文档是ASCII文本文档,并附加到SGML或其他文档中,用于描述文档的外观。样式文档包含指定文档的编排格式和显示格式的指令,如标题字体、正文字体、页边距、段落、行间距和页码等指令。此外,样式文档还可包含将SGML或XML编码文档转换成其他文档格式的指令。为了更好地理解SGML语言,下面举两个例子加以说明。

【例1.1】 给一个段落做标记:

<par>内容就是信息本身或其中的部分信息</par>

其中,<par>表示段落的开始,而</par>表示该段落的结束,它们是成对出现的。"<par>…</par>"这个段落可看成一个文档元素,它可以嵌入在其他文档元素中。

【例1.2】 在其他文档元素中嵌入文档元素:

<section>
    <subhead>内容</subhead>
    <par>内容是对数据的描述</par>
</section>

其中,<section>与</section>、<subhead>与</subhead>、<par>与</par>都是标签。

在创建SGML文档时,不需要从键盘上手工输入和检查这些标签,使用支持SGML的编辑软件很容易插入和检查这些标签。

3. 标记语言系列

进入20世纪90年代,随着因特网的飞速发展,在SGML基础上开发了一系列的标记语言,包括应用特别广泛的HTML、XML和XHTML,如图1-12所示。HTML是面向显示的标记语言,XML是定义标记方案的元语言,XHTML是遵照XML规范修改的语言。

HTML5(HTML Version 5)是经过了10多年的开发,W3C在2014年发布的正式标准。HTML5是用于构建和在网上展现内容的标记语言,为多媒体网页开发提供综合平台,包括用于智能手机在内的多媒体网页。HTML5有选择地综合了过去版本的HTML、XHTML和文档对象模型(DOM)的特性,增加了许多新的元素和标签,如网站导航<nav>、视像<video>和声音<audio>,免除了浏览器安装第三方插件(Java,Flash)的要求。2016年公布的版本是

① 文档(document)是由应用程序创建的作品,如文章、网页、数据表格、图像、录音、信函或报告等。给文档指定能被检索的唯一名称并保存到盘上就称文件(file)。

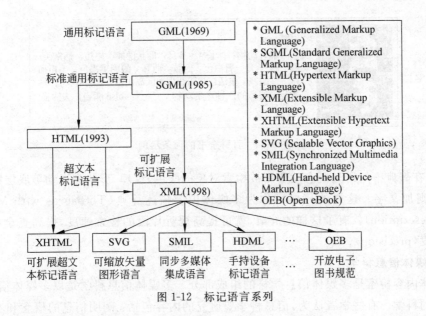

图 1-12　标记语言系列

HTML5.1,现在着手进行的版本是 HTML5.2。

1.6.4　多媒体内容检索

从 20 世纪 90 年代初期开始,电子文档的内容检索的研究和技术开发一直围绕以文字表示的内容,进入 21 世纪后,开始关注图像、影视和音乐等媒体内容的检索方法,新颖且实用的检索方法和搜索引擎不断推出。

1. 内容检索的概念

多媒体检索系统由内容分析和内容检索两部分组成,核心是内容分析。内容分析是对视听材料做索引,从中抽取文字和其他特征(如颜色,形状),进行自动或半自动标注,使用机器学习[①]和其他技术对视听材料中的语义概念(semantic concept)建立模型[②],如人群(crowd)、道路(road)、动物(animal)、小汽车(car)都是语义概念。语义概念实际上是一组实例或事件特征的抽象,并用一套规则表示,以确定概念与特征之间的隶属关系。例如,基于内容的图像检索(Content Based Image Retrieval,CBIR)就是采用这种思想。

语义概念的数量数不胜数,但可局限在某个领域,建立数量有限(如 1000～2000 个)的语义概念模型,这种模型称为大规模概念多媒体知识模型(large scale concept ontology for multimedia,LSCOM),并可将它看成为一部辞典或百科全书。在我们熟悉的辞典和百科全书中,每个词条都有文字解释,有的还有插图,如图 1-13 所示,而且几乎每个词条都可看成是一个标准。

然而,在视听媒体中,大多数图像、视像或音乐片段中都没有或仅有数量极其有限的文字

---

① 机器学习(machine learning)是计算机科学的研究领域,研究使计算机具有从过去的案例或经验中自动获取新知识以提高和改善自身性能的能力。机器学习已开始广泛应用在图像识别、文字识别、知识发现、搜索引擎和商业数据分析等方面。

② 建模(modeling):(1)用计算机描述系统的行为特性的技术。(2)用计算机和数学方法描述物体及其相互之间的空间位置关系。

猫熊 (panda)

哺乳动物，体长 4～5 尺，形状像熊，尾短，通常头、胸、腹、背、臀白色，四肢、两耳、眼圈黑褐色，毛粗而厚，性耐寒。生活在我国西南地区高山中，吃竹叶、竹笋。是我国特产的一种珍贵动物。……，also 熊猫，大熊猫，大猫熊。

图 1-13　百科全书的词条示例

描述，因此在辞典中的语义概念就要用被检索对象的颜色、纹理、形状和运动等底层特征描述，如有可能则加文字。这样的辞典可称为多媒体内容描述辞典（Thesaurus with Multimedia Content Description）。有了这样的辞典，就可提高视听片段的检索速度，提高查全率（recall）和查找精度（precision）。

2. 多媒体信息科学

多媒体内容检索是多媒体信息学科的组成部分。多媒体信息科学是以多媒体信息为主要研究对象的科学。有些学者认为，信息科学要研究的内容包括：阐明信息的概念和本质（哲学信息论），发掘信息的处理机制（智能理论与计算理论），寻找信息的传递规律（通信理论），揭示信息的调节原则（控制理论），探索信息的度量和变换（基本信息论），研究信息的提取方法（识别信息论），开发信息的再生理论（决策理论），多媒体信息科学毫无例外。

3. 多媒体信息时代

《计算机世界》（*Computerworld*）专栏作家 David C. Moschella 在 1997 年出版了一本书，名为 *Waves of Power：Dynamics of Global Technology Leadership 1964—2010*，按照他的思路，可将信息技术工业的发展分成 5 个时代：（1）1964—1981 年以大、中型机为中心（systems-centric）；（2）1981—1994 年以个人计算机为中心（PC-centric）；（3）1994—2005 年以互联网络为中心（Network-centric）；（4）2005—2015 年以内容为中心（content-centric）；（5）从 2016 年开始，进入以多媒体内容为中心（multimedia content-centric）的时代。

从 20 世纪 90 年代开始，随着互联网络的普及，信息技术已逐步渗透到人类活动的各个方面。与电视网络系统类似，当技术嵌入到系统变成不可见之后，人们的注意力将会从网络软硬件本身的研究和开发，逐步转向到软硬件的使用和服务，以网络为中心的时代将逐步过渡到以多媒体内容为中心、提供多媒体信息服务的时代，这个时代已经来到。

练习与思考题

1.1　多媒体是什么？

1.2　超链接是什么？

1.3　超文本是什么？

1.4　超媒体是什么？

1.5　多媒体系统是什么？

1.6　无损压缩是什么？

1.7　有损压缩是什么？

1.8 SGML 是什么语言？SGML 语言的精华是什么？HTML 是什么语言？HTML 语言与 SGML 语言是什么关系？

1.9 有人认为"因特网就是万维网"，这种看法对不对？为什么？

1.10 组成万维网的关键技术是什么？

1.11 H.261-H.264 和 G.711-G.731 是哪个组织制定的标准？

1.12 MPEG-1、MPEG-2 和 MPEG-4 是哪个组织制定的标准？

1.13 因特网标准是哪个组织制定的标准？

1.14 HTML5 和 XML 语言是哪个组织制定的标准？

1.15 阐述你对数据、内容、信息、知识和智慧的理解。

1.16 消息是什么？

参考文献和站点

[1] ITU-T Study Groups. http://www.itu.int/ITU-T/studygroups/areas-domain.html.

[2] MEDIACOM 2004. A Framework for Multimedia Standardization, Project Description-Version 3.0 March 2002. http://www.itu.int/itudoc/itu-t/com16/mediacom/projdesc.html.

[3] Tefko Saracevic. Information Science. Journal of the American Society for Information Science, 1999, 50 (12): 1051-1063.

[4] Jay H. Bernstein. The Data-Information-Knowledge-Wisdom Hierarchy and its Antithesis. http://inls151f14.web.unc.edu/files/2014/08/bernstein.pdf.

[5] Gene Bellinger, Durval Castro, Anthony Mills. Data, Information, Knowledge, and Wisdom. http://www.systems-thinking.org/dikw/dikw.htm.

[6] American National Standard Dictionary of Information Technology (ANSDIT). http://incits.org/html/ext/ANSDIT/Ansdit.htm.

[7] JENQ-NENG HWANG. Multimedia Networking from Theory to Practice. Cambridge University Press, 2009.

[8] Medioni, P. H. A. G.. Multimedia Systems: Algorithms, Standards, and Industry Practices. Boston, MA 02210, USA: Course Technology, 2010.

[9] Ian Devlin. HTML5 Multimedia: Develop and Design. Peachpit Press, 2012.

[10] Ze-Nian Li, Mark S, DrewJiangchuan Liu. Fundamentals of Multimedia. Springer International Publishing Switzerland, 2014.

第一部分

多媒体压缩和编码

多媒体具有数据量大和传输速率高的特点,使用压缩技术可有效降低对存储器和传输带宽的要求。数据压缩是取消或减少冗余数据的过程,而编码是用代码替换文字、符号或数据的过程。本篇主要介绍文字、声音、图像和视像的压缩和编码方法。

第 2 章　字符编码与字体

字符是指计算机使用的字母、数字、字和符号,字符编码是用代码表示字符的方法。从 20 世纪 90 年代开始,计算机科学与技术已逐步渗透到人类活动的方方面面,使我们的学习和工作方式发生了深刻变化。当科学与技术嵌入到计算机系统变成不可见时,人们更关注的是,如何用计算机上网查找信息、在网上与他人交流、从事商业活动、娱乐与游戏、编写各种类型的文档。对绝大多数读者,虽然不需要也不可能把字符编码和数字字体搞得一清二楚,但要用好计算机,就必须要具备这些基本知识,这绝对是磨刀不误砍柴工。

本章介绍两个主题,(1) 字符编码:如何用 0 和 1 表示数、数字、英文字符和汉字字符,重点是汉字的表示方法。(2) 数字字体:字体的概念、规范和标准,以及字符的度量,重点是字体的概念和度量。

2.1　数的表示法

数可以有多种表示方法,本节主要介绍二进制记数法和易于阅读的十六进制表示法。

2.1.1　记数法

1. 二进制记数法

电子数字计算机使用的数是用二进制表示的,而不是用我们习惯的十进制。二进制是以 2 为基数的记数法,一个数用 0 和 1 的组合表示,也称二进制记数法;十进制是以 10 为基数的记数法,一个数用 0,1,2,…,9 的组合表示,也称十进制记数法。十进制数 0~15 与二进制数的对应关系见表 2-1。

例如,用十进制记数法表示的数值为 98(D),用二进制记数法就表示成 1100010(B)。为区分一个数的记数法,通常用 D(decimal)、B(binary) 和 H(hexadecimal) 分别表示十进制数、二进制数和十六进制数,但在不引起误会的情况下,往往将 D 等字母省略。

表 2-1　十进制、二进制和十六进制

十进制数(D)	二进制数(B)	十六进制数(H)	十进制数(D)	二进制数(B)	十六进制数(H)
0	0	0	8	1000	8
1	1	1	9	1001	9
2	10	2	10	1010	A
3	11	3	11	1011	B
4	100	4	12	1100	C
5	101	5	13	1101	D
6	110	6	14	1110	E
7	111	7	15	1111	F

2. 十六进制记数法

二进制记数系统是数字计算的核心,但人们通常很难阅读和记忆。为便于阅读和记忆,通常使用十六进制数(hexadecimal,简写为 hex 或 H)表示二进制数。十六进制数是以 16 为基数的记数法,使用阿拉伯数字 0~9 和字母 A~F 或 a~f 表示十进制中的 0~15。一个十六进制数相当于 4 位二进制数,例如,二进制数 0101 0011 相当于十六进制的 53。为防止与十进制数相混淆,在程序或文档中通常在十六进制数后面加上 H 或 h,或者在前面加上 0x、& 或 $。十进制数 0~15 的十六进制数表示法见表 2-1。

十六进制数的加法规则是“逢十六进一”。例如,A=18(H),B=AB(H),A+B=C3(H)。十进制数与十六进制、二进制和八进制数之间的转换可用 Windows 自带的计算器进行转换。

2.1.2 计量单位

1. 位的概念

位(binary digit,简写为 bit 或 b)是计算机能够处理的最小信息单元,单元中的值是 1 或 0。在逻辑上,可用 1 和 0 表示真和假;在物理上,可用 1 和 0 表示开关的通断、电路上某点电平的高低或磁盘上某点的不同磁化方向。

2. 字节的概念

字节(byte,简写为 B)是由连续的 8 位(bit)组成的数据单元,如表 2-2 所示。

表 2-2　字节组成表

位的编号	b_7	b_6	b_5	b_4	b_3	b_2	b_1	b_0
一个字节	x	x	x	x	x	x	x	x

其中,x 可以是 1 或 0。因为 1 个字节有 $2^8=256$ 种不同的组合,因此可表示 256 种状态、256 个数值(0~255)、256 个英文字符或 256 种颜色。同样,2 个字节有 $2^{16}=65\,536$ 种不同的组合,3 个字节有 $2^{24}=16\,777\,216$ 种不同的组合。

请不要混淆:Byte 的简写是大写英文字母 B,而 bit 的简写是小写英文字母 b。

3. 字的概念

字(word)是为某种用途作为一个单位处理的字符串或位串。在计算机中,字由计算机的结构决定,一个字用二进制表示时的位数称为“字长”,通常为 16 位或 32 位。

2.2　英文字符编码

在信息处理技术中,字符是用于组织、控制和表示书面语言的基本符号,如字母、数字、符号、表意字、控制码等。一个字符不一定显示在屏幕上或打印在纸上,如空格字符、换行、回车或段落标志等。

2.2.1 英文字符

由英语使用的字符称为“英文字符”。英文字符通常包括英文字母、数字、标点符号和其他符号(如算术运算符)。相互之间有一定关系的一组字母、数字以及其他字符集合起来称为字符集(character set)。

字符集中的字符也是用二进制数表示的，如 A 用 01000001 表示，阿拉伯数字 3 用 00110011 表示。这些 0 和 1 的组合用来代表一个字符，而不是用来表示一个数，因此被称为代码（code）。代表字符集合中特定字符的代码称为字符代码（character code）。因为一个字节有 8 位，因此 8 位代码可表示 256 个字符，用十进制数表示的代码范围为 0～255。用单个字节（8 位）代码表示字符构成的字符集称为单字节字符集（single-byte character set，SBCS）。英文字符就是用这些代码表示，至于哪个字符用哪个代码表示就需要统一规定。

美国信息交换标准代码（American Standard Code for Information Interchange，ASCII）就是对字符和代码之间的对应关系所做的具体规定。ASCII 是美国国家标准协会（ANSI）[1]在 1963 年提出制定的编码方案，丁 1968 年完成并成为标准代码。制定该标准的目的是使各种类型的数据处理设备之间具有兼容性。ASCII 分成标准 ASCII 和扩展 ASCII。

2.2.2 标准 ASCII

当字节中的最高位 $b_7 = 0$ 时，其余 7 位（$b_6 \sim b_0$）产生 0～127 之间的 128 个字符的代码，见表 2-3，其中的 Dec 表示十进制，Hex 表示十六进制。这 128 个字符构成的字符集称为标准 ASCII 字符集，包括常用的字母、数字、标点符号、控制字符和其他符号。

表 2-3 ASCII 码表[2]

Dec	Hex	控制字符	Dec	Hex	字符	Dec	Hex	字符	Dec	Hex	字符
0	0	NULL	32	20	\<SPACE>	64	40	@	96	60	`
1	1	SOH(start of heading)	33	21	!	65	41	A	97	61	a
2	2	STX(start of text)	34	22	"	66	42	B	98	62	b
3	3	ETX(end of text)	35	23	#	67	43	C	99	63	c
4	4	EOT(end of transmission)	36	24	$	68	44	D	100	64	d
5	5	ENQ(end of query)	37	25	%	69	45	E	101	65	e
6	6	ACK(acknowledge)	38	26	&	70	46	F	102	66	f
7	7	BEL(beep)	39	27	'	71	47	G	103	67	g
8	8	BS(backspace)	40	28	(	72	48	H	104	68	h
9	9	HT(horizontal tab)	41	29	)	73	49	I	105	69	i
10	A	LF(line feed)	42	2A	*	74	4A	J	106	6A	j
11	B	VT(vertical tab)	43	2B	+	75	4B	K	107	6B	k
12	C	FF(form feed)	44	2C	,	76	4C	L	108	6C	l
13	D	CR(carriage return)	45	2D	-	77	4D	M	109	6D	m

---

[1] 美国国家标准协会（American National Standards Institute，ANSI）：由美国工商业界团体于 1918 年成立的非营利组织。它的职责是负责审核、开发和出版美国的标准。在计算机和通信方面，ANSI 开发的推荐标准包括 FORTRAN，C 和 COBOL 等程序设计语言。

[2] 引自 http://www.ascii-code.com/（浏览日期 2016 年 2 月 16 日）。

Dec	Hex	控制字符	Dec	Hex	字　符	Dec	Hex	字符	Dec	Hex	字符
14	E	SO (shift out)	46	2E	.	78	4E	N	110	6E	n
15	F	SI (shift in)	47	2F	/	79	4F	O	111	6F	o
16	10	DLE(data link escape)	48	30	0	80	50	P	112	70	p
17	11	DC1(device control 1)	49	31	1	81	51	Q	113	71	q
18	12	DC2(device control 2)	50	32	2	82	52	R	114	72	r
19	13	DC3(device control 3)	51	33	3	83	53	S	115	73	s
20	14	DC4(device control 4)	52	34	4	84	54	T	116	74	t
21	15	NAK(negative acknowledgement)	53	35	5	85	55	U	117	75	u
22	16	SYN(synchronize)	54	36	6	86	56	V	118	76	v
23	17	ETB(end of transmission lock)	55	37	7	87	57	W	119	77	w
24	18	CAN(cancel)	56	38	8	88	58	X	120	78	x
25	19	EM(end of medium)	57	39	9	89	59	Y	121	79	y
26	1A	SUB(substitute)	58	3A	:	90	5A	Z	122	7A	z
27	1B	ESC(escape)	59	3B	;	91	5B	[	123	7B	{
28	1C	FS(file separator) right arrow	60	3C	<	92	5C	\	124	7C	|
29	1D	GS(group separator) left arrow	61	3D	=	93	5D	]	125	7D	}
30	1E	RS(record separator) up arrow	62	3E	>	94	5E	^	126	7E	~
31	1F	US(unit separator) down arrow	63	3F	?	95	5F	_	127	7F	\<DEL\>

标准 ASCII 字符集中的字符可分成两类：(1)控制字符，也称非打印字符，其代码范围是 0～31 和 127；(2)可打印字符，也称显示字符，其代码范围是 32～126。

例如，用 ASCII 字符表示"You're a good student"时，其对应的十六进制代码如表 2-4 所示：

表 2-4　代码表 1

字母	Y	o	u	'	r	e		a		g	o	o	d		s	t	u	d	e	n	t
十六进制代码	59	6F	75	27	72	65	20	61	20	67	6F	6F	64	20	73	74	75	64	65	6E	74

又如，用 ASCII 字符表示"19450727"时，其对应的十六进制代码如表 2-5 所示：

表 2-5　代码表 2

数字	1	9	4	5	0	7	2	7
十六进制代码	31	39	34	35	30	37	32	37

2.2.3　扩展 ASCII

当字节中的最高位 $b_7=1$ 时，其余 7 位（$b_6 \sim b_0$）产生 $128 \sim 255$ 之间的 128 个字符的代码。这附加的 128 个字符构成扩展 EASCII（Extended ASCII）字符集，包括特殊字符、外文字母和图形符号。对不同的计算机系统、程序、字体或图形字符，扩展 ASCII 码指定的字符通常是不同的，表 2-6 所示的扩展 ASCII 是其中的一种编码方案。

表 2-6　EASCII 码表

Dec	Hex	字符	Dec	Hex	字符	Dec	Hex	字符	Dec	Hex	字符	Dec	Hex	字符	Dec	Hex	字符	Dec	Hex	字符	Dec	Hex	字符
128	0x80	€	144	0x90	�	160	0xA0		176	0xB0	°	192	0xC0	À	208	0xD0	Đ	224	0xE0	à	240	0xF0	ð
129	0x81	�	145	0x91	'	161	0xA1	¡	177	0xB1	±	193	0xC1	Á	209	0xD1	Ñ	225	0xE1	á	241	0xF1	ñ
130	0x82	‚	146	0x92	'	162	0xA2	¢	178	0xB2	²	194	0xC2	Â	210	0xD2	Ò	226	0xE2	â	242	0xF2	ò
131	0x83	ƒ	147	0x93	"	163	0xA3	£	179	0xB3	³	195	0xC3	Ã	211	0xD3	Ó	227	0xE3	ã	243	0xF3	ó
132	0x84	„	148	0x94	"	164	0xA4	¤	180	0xB4	´	196	0xC4	Ä	212	0xD4	Ô	228	0xE4	ä	244	0xF4	ô
133	0x85	…	149	0x95	•	165	0xA5	¥	181	0xB5	µ	197	0xC5	Å	213	0xD5	Õ	229	0xE5	å	245	0xF5	õ
134	0x86	†	150	0x96	–	166	0xA6	¦	182	0xB6	¶	198	0xC6	Æ	214	0xD6	Ö	230	0xE6	æ	246	0xF6	ö
135	0x87	‡	151	0x97	—	167	0xA7	§	183	0xB7	·	199	0xC7	Ç	215	0xD7	×	231	0xE7	ç	247	0xF7	÷
136	0x88	ˆ	152	0x98	˜	168	0xA8	¨	184	0xB8	¸	200	0xC8	È	216	0xD8	Ø	232	0xE8	è	248	0xF8	ø
137	0x89	‰	153	0x99	™	169	0xA9	©	185	0xB9	¹	201	0xC9	É	217	0xD9	Ù	233	0xE9	é	249	0xF9	ù
138	0x8A	Š	154	0x9A	š	170	0xAA	ª	186	0xBA	º	202	0xCA	Ê	218	0xDA	Ú	234	0xEA	ê	250	0xFA	ú
139	0x8B	‹	155	0x9B	›	171	0xAB	«	187	0xBB	»	203	0xCB	Ë	219	0xDB	Û	235	0xEB	ë	251	0xFB	û
140	0x8C	Œ	156	0x9C	œ	172	0xAC	¬	188	0xBC	¼	204	0xCC	Ì	220	0xDC	Ü	236	0xEC	ì	252	0xFC	ü
141	0x8D	�	157	0x9D	�	173	0xAD		189	0xBD	½	205	0xCD	Í	221	0xDD	Ý	237	0xED	í	253	0xFD	ý
142	0x8E	Ž	158	0x9E	ž	174	0xAE	®	190	0xBE	¾	206	0xCE	Î	222	0xDE	Þ	238	0xEE	î	254	0xFE	þ
143	0x8F	�	159	0x9F	Ÿ	175	0xAF	¯	191	0xBF	¿	207	0xCF	Ï	223	0xDF	ß	239	0xEF	ï	255	0xFF	ÿ

2.3　汉字字符编码

计算机处理汉字首先要解决三个基本问题：汉字的编码、汉字的输入和汉字的显示。汉字显示在 2.4 节介绍，这节主要系统介绍汉字的编码及其来龙去脉，汉字输入从简。重点是 ISO/IEC 10646、Unicode 和 UTF 编码。

2.3.1　汉字字符编码介绍

汉字的字符编码（character encoding）方法是，给字符集中的每一个字符指定一个编号或存放位置，称为"码位"，然后给它分配一个数字，称为"字符代码"，简称为"代码"，这个过程称为编码。汉字的编码过程与 ASCII 的编码过程是一样的，只是汉字的数量很多，常用汉字就有好几千个，这就需要有好的方法来组织和分配代码。

本节涉及许多字符编码的技术标准。技术标准是在当时的认识水平和技术基础上制定的。在没有标准可循的情况下，要把我们的研究成果上升为标准；在已有标准可循的情况下，要尽量采用国际标准来开发软硬件产品，在标准的执行过程中不断完善和修订。

鉴于国际和国内的标准在不断修改和扩展,因此本节主要介绍标准的编码方法,普通读者对编码过程中的细节也不一定要深究,引用的一些数据只是用于加深对编码方法的理解。本节引用的数据表格也不完整,而且随着版本的更新,数据也在不断改变,需要查找最新版本的标准文件。

为了更好地理解汉字字符的编码,先介绍容易理解的 GB 2312-80 标准的结构和常用术语,然后介绍囊括世界所有语言文字的国际标准 ISO/IEC 10646 和行业标准 Unicode。

2.3.2　GB 2312 标准

由于汉字的数目比英文字符的数目多很多,因此就不能像 ASCII 那样用单字节的编码方法。如果用两个字节的编码方法,就有 $2^{16} = 65\ 536$ 种代码,最多可表示 65 536 个字符。编码方法可表达的字符数目称为编码空间(code space)或码位空间。使用两个字节(16 位)代码表示字符构成的字符集称为双字节字符集(double-byte character set,DBCS)。GB 2312 标准就是使用双字节的编码方法。

1. GB 2312 是什么

GB 2312 是简体中文字符集国家标准:《信息交换用汉字编码字符集—基本集》。该标准是 1980 年由中国国家标准总局发布的,因此也写成 GB 2312-80 或 GB 2312-1980,于 1981 年 5 月 1 日开始实施。

以汉字使用频繁程度的高低、构词能力的强弱和实际用处的大小为原则,GB 2312 标准收录了 6763 个汉字。此外,该标准还收录了 682 个全角字符[①],包括拉丁字母、希腊字母、日文平假名和片假名字母、俄语西里尔字母和一些图形符号。

GB 2312 是我国第一个汉字编码标准,是信息技术领域内的重要标准,虽然已被 GBK 和 GB 18030 扩展和替代,但介绍 GB 2312-80 的编码方法还是很有必要。

2. 区位码

GB 2312 标准将收集的 7445 个字符组成一个 94×94 的方阵,每一行称为一个"区",编号为 01～94;每一列称为一个"位",编号为 01～94,总共可对 94×94＝8836 个字符进行编码。这种用来表示每个字符所处位置的图称为"区位图",如图 2-1 所示。用字符在区位图中的位置来表示字符的代码称为"区位码"。例如,"祝"的区位码是 5503。

GB 2312 标准收录的 6763 个汉字分成两级:第一级是常用汉字,合计 3755 个,按汉语拼音字母顺序排列;第二级汉字是不太常用的汉字,合计 3008 个,按部首笔画顺序排列。GB 2312 的区位图分成 94 个区,每个区中有 94 位,字符分布如下:

(1) 1～9 区:西文字母、数字、日文假名、图形符号。

(2) 16～87 区:汉字。其中又分为两部分。

- 16～55 区:一级汉字,合计 40×94－5=3755 个;

---

① 全角字符:一个字符用两个字节表示,要占用两个标准字符位置,汉字字符、规定的全角英文字符及国标 GB 2312-80 中的图形符号和特殊字符都是全角字符。半角字符:一个字符用一个字节表示,占用一个标准字符位置。英文字符集中的字母、数字、符号都是半角字符。全角和半角主要是针对标点符号,程序中用半角(不含字符串)。在汉字输入法中,输入的字母和数字默认为半角,标点符号默认为全角,但可通过鼠标点击输入法工具条上的相应按钮来改变。

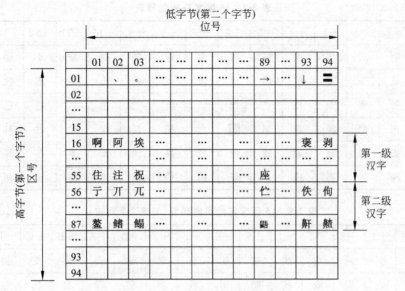

图 2-1　GB 2312 标准的区位图

- 56～87 区：二级汉字，合计 $32 \times 94 = 3008$ 个。

（3）10～15 区和 88～94 区：用户自定义。

3. 国标码

汉字字符的区位码实际上是表示字符所在位置的编号，对这些编号进行编码的结果就得到"国家标准代码"，简称"国标码"，也称"汉字交换码"。国际码是由两个字节组成的代码，其高字节和低字节的最高位（b7）都为 0，与 7 位标准 ASCII 码类似。编码方法是先将十进制表示的区码和位码转换为十六进制表示的区码和位码，再将这个代码的高字节（第一个字节）和低字节（第二个字节）分别加上 20H（100000B），就得到国标码。每个字节加 20H 的原因是为避开 ASCII 码表的 32 个控制字符。

例如，"啊"字的区码和位码合起来构成的区位码是 1601，变成十六进制表示的区位码是 0x1001，高字节（10）和低字节（01）分别加上 20 后就得到"啊"的国际码 0x3021。

4. 机内码

为解决 ASCII 码和国标码在同时使用时产生的二义性，将国标码的高字节和低字节的最高位（b_7）都变成 1，或者说每个字节都加 0x80，这样得到的代码被称为"机内码"，常被简写成"内码"。例如，"啊"字的区位码是 1601，它的国标码是 0x3021，国标码的每个字节加上 80 后得到的码为 0xB0A1，0xB0A1 就是"啊"字的机内码。

汉字的机内码、国标码和区位码三者之间有如下关系：

（1）区位码：区位码的高字节为区号，低字节为位号。

（2）国标码：区位码的高低字节分别转换为十六进制后都加 0x20 得到国标码。

（3）机内码：国标码的高低字节分别加 0x80 得到机内码，或区位码的高低字节转换为十六进制后都加 0xA0 得到机内码。

表 2-7 和表 2-8 表示了 16 区字符的位号和机内码之间的对应关系。

表 2-7 　 16 区字符的位号表

	+0	+1	+2	+3	+4	+5	+6	+7	+8	+9	+10	+11	+12	+13	+14	+15
0		啊	阿	埃	挨	哎	唉	哀	皑	癌	蔼	矮	艾	碍	爱	隘
16	鞍	氨	安	俺	按	暗	岸	胺	案	肮	昂	盎	凹	敖	熬	翱
32	袄	傲	奥	懊	澳	芭	捌	扒	叭	吧	笆	八	疤	巴	拔	跋
48	靶	把	耙	坝	霸	罢	爸	白	柏	百	摆	佰	败	拜	稗	斑
64	班	搬	扳	般	颁	板	版	扮	拌	伴	瓣	半	办	绊	邦	帮
80	梆	榜	膀	绑	棒	磅	蚌	镑	傍	谤	苞	胞	包	褒	剥	

表 2-8 　 16 区字符的机内码表(与表 2-7 对应)

机内码	+0	+1	+2	+3	+4	+5	+6	+7	+8	+9	+A	+B	+C	+D	+E	+F
B0A0		啊	阿	埃	挨	哎	唉	哀	皑	癌	蔼	矮	艾	碍	爱	隘
B0B0	鞍	氨	安	俺	按	暗	岸	胺	案	肮	昂	盎	凹	敖	熬	翱
B0C0	袄	傲	奥	懊	澳	芭	捌	扒	叭	吧	笆	八	疤	巴	拔	跋
B0D0	靶	把	耙	坝	霸	罢	爸	白	柏	百	摆	佰	败	拜	稗	斑
B0E0	班	搬	扳	般	颁	板	版	扮	拌	伴	瓣	半	办	绊	邦	帮
B0F0	梆	榜	膀	绑	棒	磅	蚌	镑	傍	谤	苞	胞	包	褒	剥	

【例 2.1】 "爸"字的区位码和机内码之间有如下关系:

(1) 区位码:区位码为 1654(区号为 16,位号为 54),见表 2-7。

- 区位码:将区号和位号分别转换为十六进制表示的代码:0x1036;
- 国标码:用十六进制加法,10+20=30,36+20=56,即 0x3056。

(2) 机内码:使用下面两种方法之一均可得到"爸"字的机内码 0xB0D6:

- 国际码高低字节分别加 0x80:30+80=B0,56+80=D6,即 0xB0D6。
- 区位码高低字节分别加 0xA0:10+A0=B0,36+A0=D6,即 0xB0D6。

【例 2.2】 用十六进制数的机内码表示"学如逆水行舟,不进则退",查表的结果如表 2-9所示。

表 2-9 　 机内码例子

学	如	逆	水	行	舟	,	不	进	则	退
D1 A7	C8 E7	C4 E6	CB AE	D0 D0	D6 DB	A3 AC	B2 BB	BD F8	D4 F2	CD CB

为进一步了解区位码和机内码之间的关系,表 2-10 和表 2-11 列出了 01 区字符的区位码和机内码之间的对应关系。例如,句号(。)的机内码为 A1A3。

需要提醒的是,还有一个与"机内码"相对应的术语叫"机外码",简称"外码"。外码是用来将汉字输入到计算机的编码,称为"汉字输入码"。因为英文字母只有 26 个,可把所有的字符都放在一个键盘上,但是把所有的汉字都放到一个键盘上是不能被用户接受的。为了能直接使用英文标准键盘输入汉字,就必须要为汉字字符集中的每个字符设计相应的编码。现在常

表 2-10　01 区字符的位号

	+0	+1	+2	+3	+4	+5	+6	+7	+8	+9	+10	+11	+12	+13	+14	+15
0		、	。	·	ˉ	ˇ	¨	〃	々	—	～	‖	…	'	'	
16	"	"	〔	〕	〈	〉	《	》	「	」	『	』	〖	〗	【	】
32	±	×	÷	∶	∧	∨	∑	∏	∪	∩	∈	∷	√	⊥	∥	∠
48	⌒	⊙	∫	∮	≡	≌	≈	∽	∝	≠	≮	≯	≤	≥	∞	∵
64	∴	♂	♀	°	′	″	℃	$	¤	¢	£	‰	§	№	☆	★
80	○	●	◎	◇	◆	□	■	△	▲	※	→	←	↑	↓	＝	

表 2-11　01 区字符的机内码(与表 2-10 对应)

机内码	+0	+1	+2	+3	+4	+5	+6	+7	+8	+9	+A	+B	+C	+D	+E	+F
A1A0		、	。	·	ˉ	ˇ	¨	〃	々	—	～	‖	…	'	'	
A1B0	"	"	〔	〕	〈	〉	《	》	「	」	『	』	〖	〗	【	】
A1C0	±	×	÷	∶	∧	∨	∑	∏	∪	∩	∈	∷	√	⊥	∥	∠
A1D0	⌒	⊙	∫	∮	≡	≌	≈	∽	∝	≠	≮	≯	≤	≥	∞	∵
A1E0	∴	♂	♀	°	′	″	℃	$	¤	¢	£	‰	§	№	☆	★
A1F0	○	●	◎	◇	◆	□	■	△	▲	※	→	←	↑	↓	＝	

用的汉字输入编码主要是拼音编码和字形(font style)编码。

GB 2312 编码主要用于中国大陆,新加坡等地也采用。中国大陆的几乎所有中文系统和国际化的软件都支持 GB 2312 标准。虽然 GB 2312 字符集基本能够满足中国大陆的使用要求,但不能处理在人名、方言、地名和古汉语等方面出现的罕用字,这就需要扩大码位空间,用于容纳更多的汉字,于是就出现了后续的 GB 13000.1、GBK、Big5 和 GB 18030 等汉字编码方案和标准。

2.3.3　GB 18030-2005 标准

GB 18030-2005 是替代先前字符编码的标准,因此首先要简单介绍 GB 13000.1-1993、GBK-1995 和 Big5-2003 标准。

1. GB 13000.1-1993

为实现世界上的所有文字都能通过计算机交换,就需要对各民族的文字统一编码。为达到这个目标,ISO/IEC JTC 1 下属分会于 1993 年颁布了"ISO/IEC 10646-1993:Universal Multiple-Octet Coded Character Set (UCS)—Part 1:Architecture and Basic Multilingual Plane"。GB 13000.1-93,简称为 GB 13000,是与此标准等同的标准,标准名称是中华人民共和国国家标准 GB 13000.1-93:《通用多八位编码字符集(UCS)第一部分:体系结构与基本多文种平面》。

2. GBK-1995

GBK 是汉字编码的扩展规范,G、B 和 K 分别是"国、标和扩展"这些字词的汉语拼音的第一个字母。GBK 是全国信息技术标准化技术委员会在 1995 年制订的汉字内码扩展规范(GBK)—Chinese Internal Code Specification,1.0 版。

GBK 可向下兼容 GB 2312-1980,支持 ISO/IEC 10646-1:1993 和 GB 13000.1-1993 中的 CJK(Chinese,Japanese,and Korean)统一汉字,约 20 902 个,包括 GB 2312 的 6763 个汉字。此外,还收录了 883 个符号。

3. Big5-2003

Big5 是繁体中文字符编码方法,共收录 13 060 个左右的汉字,其中常用字 5401 个左右,次常用字 7652 个左右。此外,Big5 还收录了 408 个符号。Big5 用于中国台湾、香港和澳门等繁体中文通行区。

1983 年 10 月,中国台湾制定了"通用汉字标准交换码"编码方法,经修订后于 1992 年 5 月公布,更名为"中文标准交换码";在 2003 年,Big5 被收录到台湾标准的附录中,因此称为 Big5-2003。由于 Big5 广泛应用于电脑行业,从而成为一种事实上的行业标准。

Big5 的名称源于 1984 年,中国台湾的"财团法人信息工业策进会"为五大中文套装软件(宏基、神通、佳佳、零壹、大众)设计的中文内码,所以称为 Big5,也称"五大码"。英文名称"Big5"被人译成"大五码",因此现在有"五大码"和"大五码"两个中文名称。

Big5 是一个双字节的字符集,一个汉字字符的代码用两个字节表示。Big5 的第一个字节称为"高位字节",使用 0x81~0xFE 表示;第二个字节称为"低位字节",使用 0x40~0x7E,以及 0xA1~0xFE 表示。Big5 传统中文码的组织见表 2-12。

表 2-12　BIG5 传统中文码的组织①

字 符 代 码	说　　明
0x8140~0xA0FE	保留给使用者自定义字符(造字区)
0xA140~0xA3BF	标点符号、希腊字母及特殊符号。其中,0xA259~0xA261 为双音节度量衡单位用字:竓兙兝竕兛嗧瓩糎
0xA3C0~0xA3FE	保留
0xA440~0xC67E	常用汉字,先按笔画再按部首排序
0xC6A1~0xC8FE	保留给使用者自定义字符(造字区)
0xC940~0xF9D5	次常用汉字,先按笔画再按部首排序
0xF9D6~0xFEFE	保留给使用者自定义字符(造字区)

4. GB 18030-2000

GB 18030-2000 是 2000 年 3 月发布的编码标准《信息技术:信息交换用汉字编码字符

---

① 参阅 https://en.wikipedia.org/wiki/Big5,http://ash.jp/code/cn/big5tbl.htm(访问日期 2016 年 2 月 16 日)。

集　基本集的扩充》。GB 18030-2000 在 GB 2312-1980 和 GBK 编码标准基础上进行了扩展，增加了四字节(32 位)的汉字编码，收录了 27 000 多个汉字，同时还收录了藏、蒙、维等主要少数民族的文字。该标准于 2000 年 12 月 31 日强制执行，现已终止。

5. GB 18030-2005

GB 18030 是简体中文字符集 GB 18030-2000 和 GB 18030-2005 的标准号。GB 18030-2005 的标准名称是"中华人民共和国国家标准 GB 18030-2005：《信息技术：中文编码字符集(Chinese National Standard GB 18030-2005：Chinese coded character set)》"。GB 18030-2005 替代 GB 2312、GB 1300、GBK、GB 18030-2000 和 Big5 标准，支持 Unicode 的 CJK 统一汉字，共收录 70 244 个汉字。GB 18030 编码在码位空间上与 Unicode 标准对应。

GB 18030-2005 的主要特点是在 GB 18030-2000 基础上增加了 CJK 统一汉字扩充 B 的汉字，增加了 42 711 个汉字和多种我国少数民族文字的编码。

2.3.4　ISO/IEC 10646 标准

1. ISO/IEC 10646 是什么

ISO/IEC 10646 是 ISO/IEC[①] 在 1989 年开始开发的"通用字符集(Universal Character Set,UCS)"字符编码标准，目的是便于计算机处理多种语言文字，并于 1990 年出版了 ISO/IEC 10646 草案，Hugh McGregor Ross 是该草案的主要设计师之一。在开发这个标准的过程中发布了至少有 18 个版本和修改文件，ISO/IEC 10646：2014(E)，Information technology—Universal Coded Character Set (UCS)[1]是最近发布的标准文件。

在 ISO/IEC 10646：2003 中，标准名用"Universal Multiple-Octet Coded Character Set(通用多八位编码字符集)"，现在使用"Universal Coded Character Set(通用编码字符集)"，不过它们的英文名称缩写都是 UCS。在表达一个 UCS 字符的码位时，通常在十六进制数的前面加上"U+"，如"U+0041"代表字符"A"。

ISO/IEC 10646 定义的字符集包含了已知语言的所有字符以及大量的图形、印刷、数学和科学符号。在 ISO/IEC 10646 的字符集中，除了包含拉丁语、希腊语、斯拉夫语、希伯来语、阿拉伯语、亚美尼亚语、格鲁吉亚语外，还包含中文、日文、韩文等这样的象形文字，或称表意文字。此外，还可包含古埃及的象形文字和不常见的汉字。

2. ISO/IEC 10646 的结构

ISO/IEC 10646 定义了字符集的编排结构，如图 2-2 所示。通用字符集(UCS)的整个编码空间共有 128 个组(group)，每组有 256 个平面(plane)，每个平面由 256 行(row)×256 个码位(cell)组成，合计 $128 \times 256^3 = 2\ 147\ 483\ 648$ 个码位。0x00～0x1F 平面中的 0x80～0x9F 码位作为控制字符，可用作编码字符的位置只有 $(128-32) \times (256-2 \times 32)^3 = 679\ 477\ 248$ 个。

---

① (1)ISO (International Organization for Standardization)：国际标准化组织。(2)IEC(International Electrotechnical Commission)：国际电工技术委员会，成立于 1906 年，负责有关电气工程和电子工程领域的国际标准化工作，包括电子、电力、电磁、微电子、通讯、机器人、多媒体、能源、仪器仪表等领域的技术规范。现有 60 多个国家参加，我国于 1957 年参加该委员会。(3)JTC(Joint Technical Committee)——ISO 和 IEC 的联合技术委员会。

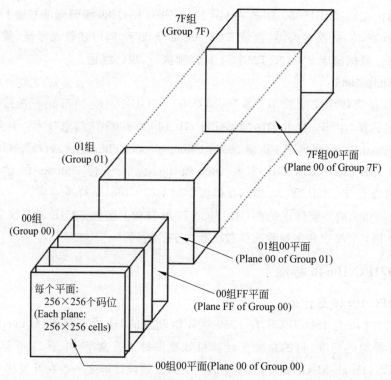

图 2-2　通用多八位编码字符集(UCS)的整个编码空间①

ISO/IEC 10646 字符的码位主要有两种编码方案：UCS-4 和 UCS-2。

（1）UCS-4(Universal Character Set coded in 4 octets)：每个字符的码位用 4 个字节表示，分别表示组（G）、平面（P）、行（R）和码位（C），其结构如表 2-13 所示。

表 2-13　UCS-4 字节

第 1 个字节	第 2 个字节	第 3 个字节	第 4 个字节
组-八位	平面-八位	行-八位	码位-八位
G(Group-octet)	P(Plane-octet,P-octet)	R(Row-octet,R-octet)	C(Cell-octet,C-octet)

例如，00 00 00 30H 表示数字"0"，00 00 00 41H 表示字母"A"。

（2）UCS-2(Universal Character Set coded in 2 octets)：每个字符的码位用 2 个字节表示。

ISO/IEC 10646 将 00 组 00 平面称为"基本多文种平面（Basic Multilingual Plane，BMP）"，如图 2-3 所示。在此平面上用行、列两个八位可表示一个字符，使得人们对 BMP 格外青睐。例如，00 30H 表示数字"0"，00 41H 表示字母"A"。在 BMP 中的大部分码位用于 CJK 字符[4]。ISO/IEC 10646 对 00 组的 BMP 和其他平面的用途和字符存放位置都做了详细的规定，详见 ISO/IEC 10646 标准[1]。

使用可变字节长度（1～5）对每个字符的码位进行编码是一种编码方案，但由于这种方案的编码和检索都很困难，因此没有被采纳。

---

① 引自 ISO/IEC 10646 First edition：2003. Universal Multiple-Octet Coded Character Set (UCS).

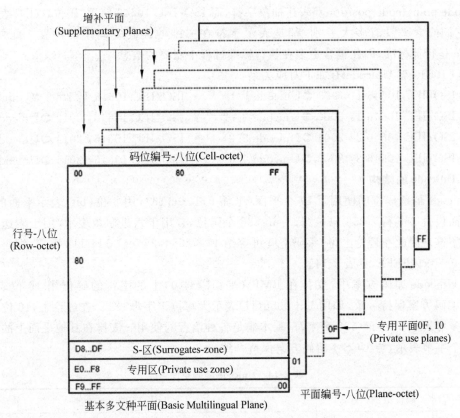

图 2-3　通用编码字符集(UCS)的 00 组[①]

2.3.5　Unicode 标准

　　UCS 是 国 际 标 准 化 组 织 （ISO/IEC JTC1/SC2）开 发 的 单 一 字 符 集,Unicode 是 Unicode 联盟开发的单一字符集。在 1991 年前后,两个标准的参与者都认识到,世界不需要两个不兼容的字符集。于是,他们开始合并双方的工作成果,从 Unicode 2.0 开始保持两个标准码表的兼容性,共同调整未来的扩展工作。现在两个项目仍然存在,并独立公布各自的标准。

1. Unicode 是什么

　　Unicode(万国码或统一码)是计算工业中的国际字符集标准,为所有书面语言字符分配一个唯一的号码。Unicode 是 Unicode 联盟（The Unicode Consortium）[②]在 1988 年开始开发的字符编码标准。Unicode 发起人 Joseph D. Becker 将 Unicode 解释为唯一的(unique)、统一的(unified)、通用的(universal)字符编码体系。

　　Unicode 是字符集的行业标准,ISO/IEC 10646 是字符集的国际标准。这两个字符集中的字符代码和名称都相同,但两个标准所用的术语有些差别。例如,在 Unicode 使用"码点或

---

①　引自 ISO/IEC 10646：2014. Information technology—Universal Coded Character Set（UCS）。

②　Unicode 联盟是非营利组织,主要成员包括 Adobe Systems、苹果、惠普、IBM、微软和 Xerox 等计算机软硬件厂商。

码位(code point/code position)"表达抽象字符,而 ISO/IEC 10646 使用"码位(cell)"表达抽象字符,它们的含义没有多大差别,都是表示字符在三维的编码空间中的位置。此外,由于 Unicode 是行业标准,因此包含更多在执行标准过程中需要的信息。

ISO 10640 与 Unicode 有如下对应关系:

- ISO/IEC 10646-1:1993 ➲Unicode 1.1
- ISO/IEC 10646-1:2000 ➲Unicode 3.0
- ISO/IEC 10646-2:2001 ➲Unicode 3.2
- ISO/IEC 10646-3:2003 ➲Unicode 4.0
- ISO/IEC 10646-4:2008 ➲Unicode 5.1
- ISO/IEC 10646:2012 ➲Unicode 6.1
- ISO/IEC 10646:2014 ➲Unicode 8.0
- ISO/IEC 10646:2014 ➲Unicode 9.0

2. Unicode 的结构

Unicode 的编码空间使用了 17 个平面(平面 0,1,…,16),用 5 位(bit)表示平面的编号。每个平面包含 256 行×256 码位/行＝65 536 个码位,并用十六进制数表示,用于表达有含义的抽象字符。因此在理论上说,编码空间可容纳 $17×256×256＝1\ 114\ 112$ 字符,编码空间的范围为 0~0x10FFFF,见表 2-14。

在 Unicode 编码方案中,安排在 BMP(平面编号 0)上的字符的码位用 16 位表示,与 UCS-2 编码方案保持一致,如用 U＋0058(H)表示大写拉丁字母"X"。在理论上,16 位的编码空间最多可表示 $2^{16}＝65\ 536$ 个字符,基本满足各种语言的使用。安排在其他平面上的字符码位用四个字节表示,与 UCS-4 编码方案保持一致。

表 2-14　Unicode 编码空间[①]

平面编号	码位范围(HEX)	说　　明
0	0000-FFFF	基本多文种平面(Basic Multilingual Plane,BMP)
1	10000-1FFFF	多文种增补平面(Supplementary Multilingual Plane,SMP)
2	20000-2FFFF	表意词增补平面(Supplementary Ideographic Plane,SIP)
3~13	30000-DFFFF	当前未分配
14	E0000-EFFFF	特殊用途增补平面(Supplementary Special-purpose Plane,SSP)
15	F0000-FFFFF	专用区增补平面-A(Supplementary Private Use Area-A)
16	100000-10FFFF	专用区增补平面-B(Supplementary Private Use Area-B)

2.3.6　Unicode 中的 CJK 汉字编码

2009 年 10 月发布了 Unicode 5.2.0 版本,定义了 107 361 个字符的码位。由于汉字的数目很大,有些汉字现在已不太常用,同时也考虑要节省文件的存储空间,因此汉字的码位不是放置在连续的编码空间里,而是分散在编码空间的不同地方,见表 2-15,并用文字和符号构成的字符集或称字符块作为名称。根据表 2-15 提供的数据,可计算得到 Unicode 5.2.0 定义的中日韩 CJK 统一汉字(CJK Unified Ideographs)总数为 75 942 个。

---

① 引自 http://en.wikipedia.org/wiki/Basic_Multilingual_Plane. 2016。

表 2-15　Unicode 5.2 标准中的汉字[①]

字符集名称	编码范围(十六进制数)	字符数
CJK 统一汉字	4E00～9FCB	20 940
CJK 统一汉字扩充 A	3400～4DFB	6652
CJK 统一汉字扩充 B	20000～2A6DF	42 720
CJK 统一汉字扩充 C	2A700～2B73F	4160
CJK 兼容汉字	F900～FAFF	512
CJK 兼容汉字补充	2F800～2FA1D	542
CJK 部首/康熙字典部首	2F00～2FDF	224
CJK 字根补充	2E80～2EFF	128
CJK 笔画	31C0～31EF	48
CJK 描述字符	2FF0～2FFF	16

不计扩充 A、扩充 B 和扩充 C 的汉字,CJK 统一汉字的编码范围为 4E00～9FCB,每个汉字的码位用十六进制数表示,在习惯上,这个十六进制数被称为"编码"或代码。每个 CJK 汉字的代码见表 2-16。其中,Unicode 5.2 增加的汉字放在 9FA6～9FCB 的位置。

表 2-16　中日韩汉字 Unicode 编码表[②]

一	丁	丂	七	丄	丅	丆	万	丈	三	上	下	丌	不	与	丏
4E00	4E01	4E02	4E03	4E04	4E05	4E06	4E07	4E08	4E09	4E0A	4E0B	4E0C	4E0D	4E0E	4E0F
丐	丑	丒	专	且	丕	世	丗	丘	丙	业	丛	东	丝	丞	丟
4E10	4E11	4E12	4E13	4E14	4E15	4E16	4E17	4E18	4E19	4E1A	4E1B	4E1C	4E1D	4E1E	4E1F
北	両	丢	丣	两	严	並	丧	丨	丩	个	丫	丬	中	丮	丯
4E20	4E21	4E22	4E23	4E24	4E25	4E26	4E27	4E28	4E29	4E2A	4E2B	4E2C	4E2D	4E2E	4E2F
丰	丱	串	丳	临	举	丶	丷	丸	丹	为	主	丼	丽	举	丿
4E30	4E31	4E32	4E33	4E34	4E35	4E36	4E37	4E38	4E39	4E3A	4E3B	4E3C	4E3D	4E3E	4E3F
…	…	…	…	…	…	…	…	…	…	…	…	…	…	…	…
9F80	9F81	9F82	9F83	9F84	9F85	9F86	9F87	9F88	9F89	9F8A	9F8B	9F8C	9F8D	9F8E	9F8F
龐	龑	龒	龓	龔	龕	龖	龗	龘	龙	龚	龛	龜	龝	龞	龟
9F90	9F91	9F92	9F93	9F94	9F95	9F96	9F97	9F98	9F99	9F9A	9F9B	9F9C	9F9D	9F9E	9F9F
龠	龡	龢	龣	龤	龥	*									
9FA0	9FA1	9FA2	9FA3	9FA4	9FA5	9FA6	9FA7	9FA8	9FA9	9FAA	9FAB	9FAC	9FAD	9FAE	9FAF
9FB0	9FB1	9FB2	9FB3	9FB4	9FB5	9FB6	9FB7	9FB8	9FB9	9FBA	9FBB	9FBC	9FBD	9FBE	9FBF
9FC0	9FC1	9FC2	9FC3	9FC4	9FC5	9FC6	9FC7	9FC8	9FC9	9FCA	9FCB	9FCC	9FCD	9FCE	9FCF

① 引自 http://www.unicode.org/versions/Unicode5.2.0/ch12.pdf.（浏览日期：2016）。
② 引自 http://www.chi2ko.com/tool/CJK.htm.2004.（浏览日期：2016）。

2015 年 7 月 17 日发布的版本是 Unicode 8.0.0,主要是增加了数千个字符的编码。2016 年 6 月 21 日发布了 Unicode 9.0.0[3],CJK 统一汉字总数达到 81 774,见表 2-17。

表 2-17　Unicode 9.0 标准中的汉字①

字符集(script)名称	编码范围(十六进制数)	字符数
CJK 统一汉字	4E00～9FD5	20 950
CJK 统一汉字扩充 A	3400～4DB5	6582
CJK 统一汉字扩充 B	20000～2A6D6	42 711
CJK 统一汉字扩充 C	2A700～2B734	4149
CJK 统一汉字扩充 D	2B740～2B81D	222
CJK 统一汉字扩充 E	2B820～2CEA1	5763
CJK 兼容汉字	F900～FAD9	477
CJK 兼容汉字补充	2F800～2FA1D	542
CJK 部首/康熙字典部首	2F00～2FD5	214
CJK 字根扩展	2E80～2EF3	116
CJK 笔画	31C0～31E3	32
表意文字描述	2FF0～2FFB	12
汉语注音	3105～3120	4
注音扩展	3A10～3ABA	27

2.3.7　UTF 编码

在 Unicode 标准中,表示字符位置的码点(编号)长度是固定的,为节省文件的存储空间,尤其是以 7 位 ASCII 字符为主的西文,并考虑到要与先前的字符编码兼容,因此 Unicode 定义了 1 字节(8 位)、2 字节(16 位)和 4 字节(32 位)的三种 Unicode 转换格式(Unicode Translation Format 或 Universal Character Set Transformation Format,UTF),分别称为 UTF-8、UTF-16 和 UTF-32 编码,用来表示一个字符的代码。为与 Unicode 字符编码相区别,本教材将 Unicode 字符编码使用 UTF 转换后得到的编码称为"UTF 转换码"。

现在,大多数新版应用软件都支持 UTF 转换码。因特网邮件联盟(Internet Mail Consortium,IMC)建议所有电子邮件软件都要支持 UTF-8 转换码。因特网工程特别工作组(IETF)②要求所有互联网协议都必须支持 UTF-8 转换码,详见 RFC 3629/STD 63(2003): UTF-8,a transformation format of ISO 10646。(http://www.rfc-editor.org/info/rfc3629)。

---

① 引自 http://www.unicode.org/charts/(2016 年)。
② 因特网工程特别工作组(Internet Engineering Task Force,IETF)是从事研究与因特网有关的技术问题并给因特网体系结构研究部提出解决方案的组织,由因特网工程指导小组负责管理,成立于 1986 年。

1. UTF-8

UTF-8（8-bit UCS/Unicode Transformation Format）是代码长度可变的转换格式，也是 ISO/IEC 10646 字符的转换格式，其含义是，Unicode 字符集中的字符编码用由 8 位构成的 1、2、3 或 4 个字节表示。UTF-8 转换码可以表示 Unicode 标准中的任何字符。

在 Unicode 编码字符集中，UTF-8 转换码的长度有如下四种情况，见表 2-18。

（1）1 字节码：用于 U+0000～U+007F 的字符，对 ASCII 字符集中的 128 个字符进行编码，可使原来处理 ASCII 字符的软件无须或只做少量修改就可继续使用。

（2）2 字节码：用于 U+0080～U+07FF 的 1920 个字符，对拉丁文、希腊文、西里尔字母、亚美尼亚语、希伯来文和阿拉伯文等文种的字符进行编码。

（3）3 字节码：用于 U+000800～U+00D7FF 和 U+00E000～U+00FFFF 的 61 440 个字符，对大部分常用字符，包括 CJK 统一汉字进行编码。

（4）4 字节码：用于 U+010000～U+10FFFF 的 1 048 576 个字符进行编码。

从表 2-18 中可看到 UTF-8 的编码规则，字节 1 的高位使用固定的 0、110、1110 或 11110，分别表示转换码的长度为 1、2、3 或 4 个字节。这样就可根据字节 1 高位的数值，判断 UTF-8 转换码的 Unicode 字符。

表 2-18　用 UTF-8 转换 Unicode 字符编码的方法[①]

Unicode 码点	UTF-8 编码			
	字节 1	字节 2	字节 3	字节 4
0000～007F （128 个代码）	0xxxxxxx （ASCII 字符集，最高位为 0）			
0080～07FF （1920 个代码）	110yyyxx （110 开始，转换码为 2 字节）	10xxxxxx （10 开始）		
0800～FFFF （61 440 个代码）	1110yyyy （1110 开始，转换码为 3 字节）	10yyyyxx （10 开始）	10xxxxxx （10 开始）	
10000～10FFFF （1 048 576 个代码）	11110zzz （11110 开始，转换码为 4 字节）	10zzyyyy （10 开始）	10yyyyxx （10 开始）	10xxxxxx （10 开始）

【例 2.3】　根据 UTF-8 的编码规则，对字符 A、©、"汉"、"博"、"岰"进行转换，结果如表 2-19 所示。

表 2-19　部分字符编码

字符	Unicode	Bin	UTF-8（Bin）	UTF-8（H）
A	0041	01000001	01000001	41
©	00A9	10101001	11000010 10101001	C2A9
汉	6C49	01101100 01001001	11100110 10110001 10001001	E6B189
博	535A	01010011 01011010	11100101 10001101 10011010	E58D9A
岰	20C30	0 0010 0000 1100 0011 0000	11110000 10100000 10110000 10110000	F0A0B0B0

---

① 参阅 http://en.wikipedia.org/wiki/UTF-8。

2. UTF-16

UTF-16 (16-bit UCS/Unicode Transformation Format)是代码长度可变的转换格式,它的含义是,Unicode 字符集中的字符编码可用由二进制数的 16 位构成的 1 个字(2 个字节)或 2 个字(4 个字节)表示。

对于在 Unicode 的基本多文种平面(BMP)上定义的字符编码,如拉丁字母、CJK 中日韩字符、其他文字或符号,转换时用 1 个 16 位的字表示;对于在增补平面上定义的字符,转换时使用 2 个 16 位的字表示[①];除了 U+D800～U+DFFF 不是字符外[②],在 U+0000～U+10FFFF 之间的所有字符编码都用 UTF-16 转换。

使用 UFT-16,将 Unicode 字符编码转换成 UTF-16 转换码的方法见表 2-20。

(1) 如果字符编码小于 0x10000,即十进制的 0～65 535,则直接使用两字节表示;

(2) 如果字符编码大于 0x10000,也就是用 20 位(bit)表示的字符编码,则在其前 10 位的前面加 110110,在其后 10 位的前面加 110111,生成 4 个字节的转换码。

表 2-20　用 UTF-16 转换 Unicode 字符编码的方法

十六进制编码范围	UTF-16 转换码二进制的表示法	十进制编码范围	字节数
0000 0000～0000 D7FF 0000 E000～0000 FFFF	xxxxxxxx xxxxxxxx	0～65 535	2
0001 0000～0010 FFFF	110110yyyyyyyyyy 110111xxxxxxxxxx	65 536～1 114 111	4

使用 UTF-16 编码方法的优点是大部分字符代码都用 2 个字节的固定长度存储,缺点是需要使用其他方法处理 ASCII 字符。

3. UTF-32

UTF-32 (Unicode/UCS Transformation Format 32)是代码长度固定的转换格式,每个字符代码都使用 32 位(4 个字节)表示。

ISO/IEC 10646 标准定义了 UCS-4 编码方法,每个字符使用 4 个字节(32 位)表示,编码空间范围是 0～0x7FFFFFFF。Unicode 只用 17 个平面,定义的编码空间只有 1 114 112 个,其范围是 0～0x10FFFF,UTF-32 是 UCS-4 的一个子集。

【例 2.4】　根据 UTF 的转换规则,对字符 A、Ω、"語"进行转换的结果如表 2-21 所示。

表 2-21　部分字符转换

字符	Unicode	UTF-8	UTF-16	UTF-32
A	0041	41	0041	00000041
Ω	03A9	CEA9	03A9	000003A9
語	8A9E	E8AA9E	8A9E	00008A9E

---

① 在 Unicode 标准文件中,用 2 个 16 位的字的编码称为"替代字对(surrogate pair)"。

② 在 Unicode 标准文件中,该区域称为"替代区(surrogate area)"。

2.4 字 符 显 示

字符编码解决了计算机如何表示字符的问题,如"福"字的 Unicode 码 798F(H),UTF-8 码为 E7 A6 8F(11100111 10100110 10001111 B),但不解决字符的形状如何在屏幕上显示的问题。本节介绍可显示的两种字符,点阵字符和矢量字符。

2.4.1 点阵字符

字符的形状用点阵(dot matrix)表示的字符称为"点阵字符"。点阵是由点组成的两维阵列,用来生成字符或图形。点阵的大小没有限定,如 8×8、16×16,行数和列数也可以不相同;大的点阵可覆盖整个显示器的屏幕或打印页面。

例如,要显示"中"字,用 16×16 点阵表示时,与"中"对应的是一组二进制数,如图 2-4 所示。从图上可以看到,存储一个 16×16 的点阵字符需要 32 个字节。

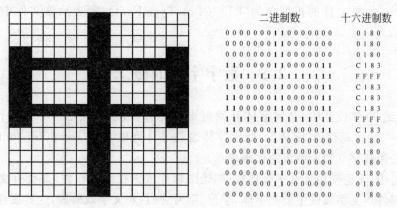

二进制数	十六进制数
0000000110000000	0180
0000000110000000	0180
0000000110000000	0180
1100000110000011	C183
1111111111111111	FFFF
1100000110000011	C183
1100000110000011	C183
1100000110000011	C183
1111111111111111	FFFF
1100000110000011	C183
0000000110000000	0180
0000000110000000	0180
0000000110000000	0180
0000000110000000	0180
0000000110000000	0180
0000000110000000	0180

图 2-4　点阵字符

用于表示字形的阵列称为字模(mould 或 matrix),或称点阵字模。汉字的字模可用 16×16、24×24、32×32 和 48×48 等多种点阵来生成,对应的每个汉字字模分别需要用 32、72、128 和 288 个字节表示。字模的点数越多,显示的汉字愈美观。

字模是活字印刷时代的术语,是用铜或其他金属制成的凹形铸字模具。在用计算机处理汉字时,把"字模"的含义扩展为"表示字形的阵列"。每一个字符都有一个字模,把许多字模集中放在一起,进行集中管理,这样就构成了一个"字模库"或称"字形库"。字模库中的每一个字模与该字符的内码之间需要建立对应关系,这样一来,当知道一个字符的内码时,就可按规定的对应关系获得该字符的字模,并送到输出设备上显示。

点阵中的"点"称为像素(pixel)。像素是可独立指定它的颜色和强度等属性的最小可操作单元;点阵中的每一位都有一个值,这个值称为像素值(pixel value)。像素值是表示像素的颜色、强度或其他属性的离散值。如果要显示白底的黑色字符,对应每一个"1"的地方,在屏幕上就显示一个黑点,对应每一个"0"的地方就显示一个白点或不显示;如果要显示彩色字符,对应每一个"1"的地方,在屏幕上就显示一个色点,对应每一个"0"的地方就显示一个白点或不显示。

2.4.2　矢量字符

点阵字符是用 $m \times m$ 的点阵表示字符的形状，它的缺点是放大后会在文字边缘出现锯齿状的轮廓。于是人们采用了矢量（vector）来表示字形，用矢量表示的字符称为矢量字符。

在数学和物理学中，矢量是既有大小又有方向的变量①；在图形学中，矢量是一条有确定方向的线段，起点和终点可由它们在栅格上的 x 和 y 坐标确定。一个字符实际上是一个图形，可用数学描述构成字符的点、线、弧、曲线、多边形、其他几何实体及它们的位置，用这种方法创建的图称为矢量图（vector graphics），而不是由点组成的位图（bitmap）。

矢量汉字组成的字库称为矢量汉字字库。在矢量汉字库中，保存的汉字是对每一个汉字如何构造的一组描述，如笔画的起点和终点坐标、半径大小、弧度多少等。在显示或打印矢量字符时，要经过一系列的数学运算才能产生字符。从原理上说，矢量字符可以被无限放大，而笔画轮廓仍然能保持圆滑；在 Windows 操作系统中，使用的字库文件有两种类型，在文件夹"Windows\Fonts"下，如果文件的扩展名为 FON，则表示该文件中的字库是点阵字库；如果文件的扩展名为 TTF（TrueType Font），则表示该文件中的字库是矢量字库。

2.5　数字字体的概念

从 20 世纪 90 年代开始，金属字体开始退出历史舞台，取而代之的字体叫作"数字字体（digital font）"，通常简称为"字体"。数字字体也就是计算机字体（computer font），字体中的每个字符都是用数字 0 和 1 组成的代码表示。

在计算机中，无论使用什么字处理软件、绘图软件或影视编辑软件，都会有文字工具让你选择文字的属性。文字属性主要是字体、字形、字号、颜色和文字效果等，这些属性是确定页面外观的重要因素。

数字字体（digital font），通常简称为"字体"，是包含一整套字符的数据文件，与金属字体完全不同。本节首先介绍字体和字样的概念，然后介绍数字字体的类型，最后介绍数字字体的生成原理。如要比较系统和深入理解数字字体，请看参考文献[10][11][12][13]。

2.5.1　字体和字样

在书法领域，"字体"定义为文字的书写形式，如汉字字体有篆书、隶书、草书、楷书、行书等，也指书法的流派或风格特点；"字样"定义为文字形体的笔画规范。

从 20 世纪 60 年代开始，文字逐渐用数字表示，文字进入计算机后，传统"字体"和"字样"的概念也随之发生了很大变化，有些概念需要扩充和具体化，以便在计算机上处理。

1. 字体和字样的含义

为了解字体、字样和字形在计算机中的确切含义，以消除英汉词典中混乱的中文译名，可比对微软 Word 软件中英文版的字体对话框，如图 2-5 所示。在图中可看到字体、字样、字形和字号的中英文对照，以及它们之间的结构关系。从图中可看到如下内容。

---

① 与矢量相对应的是标量（scalar）。标量是用单一数值表示的因子、系数或变量。

（1）中英文术语的对应关系。例如：

"字体"与"font"相对应；

"字形"与"font style"相对应；

"字号"与"size"相对应。

（2）字体、字形、字号的结构：一种字体有多种字形，一种字形有多种字号。

（3）字体：字体是具有相同字样（如隶书）的一套字符。

（4）字形：字形是字符的形状，包括笔画粗细、浓淡。微软 Word 字形（style）是指常规（直立）、倾斜、加粗和加粗倾斜。

（5）对于具体的字体（如隶书[①]），不论它的字形和字号，都可在预览（Preview）窗口中看到，如"**微软卓越 AaBbCc**"是隶书的字样（typeface）。

字样是具体的印刷字符（如隶书）的图样（外观设计），包括字形和大小。由于数字字体是可缩放的字体，可覆盖相同字样（如隶书）的所有字形和字号，因此字体和字样也就不再强调它们之间的差别，甚至可以看成是"一物两名"。

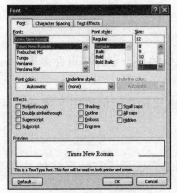
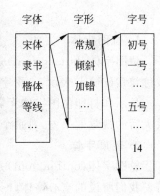

(a) Word英文版　　　　　　　(b) Word中文版　　　　　　　(c) 字体—字形—字号

图 2-5　微软 Word 软件中英文版的字体对话框

2. 字体和字样

字体和字样之间的关系可用图 2-6 加以概括。从图中可看到，字体是使用同一字样的有名称的一套字符。例如，隶书字体是由各种字形（常规、加粗、倾斜和加粗倾斜）和不同字号的字符构成的一套字符；字样是具体的设计规范，如隶书设计规范。

顺便提及，中文斜体方块字很难看，在文档中尽量不要采用。

2.5.2　字体类型

按照数字字体的表示方法，数字字体大致可分为位图字体、轮廓字体和笔画字体。

---

① 隶书源于秦代，取大篆和小篆之笔法，去繁就简而成。字形变圆为方，笔画改曲为直，改连笔为断笔，让线条变笔画。这种书体流行于职位低下的隶人（小官），故称为隶书，是汉字演变史上的一个转折点，奠定了楷书的基础。隶书的特点包括：（1）每个字有一处（横划与右捺）略带波折，用于装饰；（2）横划以右斜落笔为美。广告设计或会议名称常用隶书，可现权威感。

字体名称 (font name)	字样(typeface)				字号
	字形(style)				
	常规	加粗	倾斜	加粗斜体	
隶书	有志气	有志气	有志气	有志气	五号
	有志气	有志气	有志气	有志气	小四
	有志气	有志气	有志气	有志气	四号
	有志气	有志气	有志气	有志气	小三
	…	…	…	…	…
…					
楷体	有目标	有目标	有目标	有目标	五号
	有目标	有目标	有目标	有目标	小四
	有目标	有目标	有目标	有目标	四号
	有目标	有目标	有目标	有目标	小三
	…	…	…	…	…

图 2-6　字体和字样的关系

1. 位图字体

位图字体(bitmap font)是由位图字符构成的字符集,字体中的每个字符都用许多点(dot)或称像素(pixel)表示,一个字就存储成一幅图。

显示和打印位图字体无需数学计算,因此容易使用,速度也比较快。但位图字体不灵活,放大后的视觉效果差,对每个字符都需要提供单独的位图。

2. 轮廓字体

轮廓字体(outline font)是由轮廓字符构成的字符集。图 2-7 表示了三种字体的轮廓字符。我们所说的空心字体(hollow font)是轮廓字体中的一种。

(a) 方正彩云字符　　　　　　(b) Just Another Font字符　　　　　　(c) College Halo字符

图 2-7　轮廓字符

轮廓字体也叫作矢量字体(vector font)。字体中的每个字符是用数学描述的矢量(有长度和方向的线段)和曲线构成的,定义字符轮廓的曲线叫作"贝塞尔曲线"。

轮廓字体可通过改变数学公式中的参数,很容易改变字符的外观,因此轮廓字体也被称为可缩放字体(scalable font)。PostScript Type 1(Type 1)、TrueType (TT)、OpenType 字体都是可缩放字体。现在的位图字体通常用矢量字体产生,因此缩放字体也不难。

轮廓字体需要转换成点阵,才能在输出设备上显示或打印,这个转换过程叫作光栅化(rasterization)。

3. 笔画字体

笔画字体(stroke-based font/stroke font)是由笔画字符构成的字符集。字体中的字符使用各种规定的笔画和附加信息来定义,而每种笔画的粗细、大小和外形可用贝塞尔曲线来描述。笔画字体的核心技术与轮廓字体的核心技术是相同的。

4. 其他字体

与字体相关的术语很多，了解它们的含义，对使用文字工具会有帮助。其中有两个字体术语是比较常见的，衬底字体和可下载字体。

衬线字体(serif font)是在字符的笔画端处带短线或装饰线的字符构成的字符集；无衬线(sans serif font)字体是字符的笔画端没有短线或装饰线的字符构成的字符集。衬线字符和无衬线字符如图 2-8 所示。中文的宋体字符是有衬线字符，黑体字符是无衬线字符。

(a) 有衬线字符 (b) 无衬线字符

图 2-8　有衬线字符与无衬线字符

可下载字体(downloadable font)，也称软字体(soft font)，是存放在盘上的字符集，当需要打印文档时才把字符集传送到打印机。可下载字体通常用于激光打印机和其他页式打印机，许多点阵式打印机也能接收其中的一部分字符。

2.5.3　贝塞尔曲线

1. 贝塞尔曲线是什么

贝塞尔曲线(Bézier curve)是用数学方法计算出来的曲线，用来把多个点连成自由形态的光滑曲线或曲面。贝塞尔曲线只需少量的点就可定义大量的形状，因此用于逼近一个给定形状时比用其他数学方法更有效。

贝塞尔曲线的名称取自法国工程师 Pierre Étienne Bézier (1910—1999)的中译名。在数字字体中，PostScript Type 1、TrueType 和 OpenType 都使用贝塞尔曲线描述文字的轮廓，生成各种不同的字体；在计算机辅助设计(CAD)和计算机图形系统中，贝塞尔曲线是光滑曲线建模的重要工具；在 Adobe Illustrator、Adobe Photoshop、Adobe Flash 和许多动画软件中都用到贝塞尔曲线。

鉴于贝塞尔曲线是许多数字媒体工具的基础，因此有必要对它做个简单介绍。介绍贝塞尔曲线的文章和书籍很多，其中之一是维基百科中的词条"Bézier curve"。该词条对贝塞尔曲线做了深入浅出的解释，现将其小于四次方的贝塞尔函数和它们的图形做简单介绍，以便对它有个直观的了解。

2. 线性贝塞尔曲线

假设有两个点 P_0 和 P_1，线性贝塞尔曲线(linear Bézier curve)是用函数 $B(t)$ 描绘的一条直线，在数学上用公式 2-1 表示：

$$B(t) = P_0 + (P_1 - P_0)t = (1-t)P_0 + P_1, \quad 0 \leqslant t \leqslant 1 \quad (2\text{-}1)$$

在线性贝塞尔曲线函数中，t 用于描述 $B(t)$ 从 P_0 向 P_1 方向走过的路径(path)。例如，当 $t=0.50$ 时，$B(t)$ 从 P_0 向 P_1 走了一半的路程，如图 2-9 所示。当 t 从 0 到 1 时，描绘的曲线是一条 P_0 到 P_1 的直线。

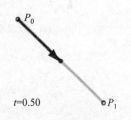

图 2-9　线性贝塞尔曲线
的生成过程

3. 二次贝塞尔曲线

假设有三个点，P_0、P_1 和 P_2，二次贝塞尔曲线（quadratic Bézier curve）是用函数 $B(t)$ 描绘的路径，在数学上用公式 2-2 表示：

$$B(t) = (1-t)^2 P_0 + 2(1-t)t P_1 + t^2 P_2, \quad 0 \leqslant t \leqslant 1 \tag{2-2}$$

在构造二次贝塞尔曲线时，需要选择 Q_0 和 Q_1 作为中间点，如使 $P_0 Q_0$ 等于 $P_0 P_1$ 的 2/5，$P_1 Q_1$ 等于 $P_1 P_2$ 的 2/5，$Q_0 B$ 等于 $Q_0 Q_1$ 的 2/5[①]。如图 2-10(a) 所示，当 t 从 0 变到 1 时，

Q_0 从 P_0 变化到 P_1 的过程中，描绘的曲线是一条线性贝塞尔曲线；

Q_1 从 P_1 变化到 P_2 的过程中，描绘的曲线是一条线性贝塞尔曲线。

B 点从 Q_0 变化到 Q_1 的过程中，描绘的曲线就是二次贝塞尔曲线，如图 2-10(b) 所示。

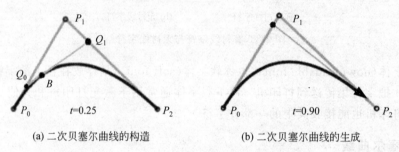

(a) 二次贝塞尔曲线的构造   (b) 二次贝塞尔曲线的生成

图 2-10 二次贝塞尔曲线的构造和生成过程

4. 三次贝塞尔曲线

假设在三维空间的平面上有四个点，P_0、P_1、P_2 和 P_3，P_0 到 P_3 的三次贝塞尔曲线（cubic Bézier curve）用函数 $B(t)$ 描绘，在数学上用公式 2-3 表示：

$$B(t) = (1-t)^3 P_0 + 3(1-t)^2 t P_1 + 3(1-t)t^2 P_2 + t^3 P_3, \quad 0 \leqslant t \leqslant 1 \tag{2-3}$$

其中，P_1 和 P_2 用于提供曲线的方向信息。

在构造三次贝塞尔曲线时，需要更多的中间点，如图 2-11(a) 所示，Q_0、Q_1 和 Q_2 用于描述线性贝塞尔曲线，R_0 和 R_1 用于描述二次贝塞尔曲线。中间点的选择方法与二次贝塞尔曲线相同。当 t 从 0 变到 1 时，B 点走过的轨迹就是三次贝塞尔曲线，如图 2-11(b) 所示。

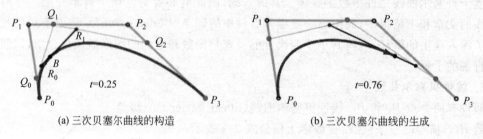

(a) 三次贝塞尔曲线的构造   (b) 三次贝塞尔曲线的生成

图 2-11 三次贝塞尔曲线的构造和生成过程

---

① 参阅 http://www.ursoswald.ch/metapost/tutorial/BezierDoc/BezierDoc.pdf（浏览日期：2016 年 2 月 20 日）。

2.6 字体的规范与标准

本节介绍 PostScript Type 1、TrueType（TT）和 OpenType 三种字体规范，以及国际字体标准，称为"开放字体格式（OFF）"标准。

2.6.1 字体规范与标准概述

PostScript Type1（Type 1）、TrueType（TT）和 OpenType 都是轮廓字体规范[①]，而 ISO/IEC Open Font Format[②] 是综合了这些规范并加以改进后形成的国际字体标准[③]。用 PostScript Type 1、TrueType、OpenType 和 Open Font Format（OFF）规范和标准制作的字体，分别称为 Type 1 字体、TrueType 字体、OpenType 字体和 OFF 字体。

Type 1、TrueType、OpenType 和 OFF 字体都是可缩放字体，它们在显示或打印时都要转换成点阵。当字号太小或输出设备的分辨率太低时，若采用线性缩放，就会出现没有足够的点来表示字符轮廓的情况，显示的字符就会变样甚至出错。解决这个问题的方法称为"提示技术（hinting）"，就是给字体中每个字符提供附加信息，称为"提示信息"，生成字符的软件可用提示信息来保持字体的字样。

Type 1、TrueType、OpenType 和 Open Font Format 规范和标准都使用贝塞尔曲线描述字体的轮廓。其中，Type 1 使用三次贝塞尔曲线，TrueType 使用二次贝塞尔曲线。此外，这些字体规范和标准也都采用了提示技术，因此使显示和打印的大小字符都非常美观。

2.6.2 PostScript 字体

Adobe 公司使用 PostScript 语言开发了很多字体规范，PostScript Type 1 和 PostScript Type 3[12] 是其中的两种。

1. PostScript 语言

PostScript 语言（PostScript language）[13] 是 John Warnock and Charles Geschke 在 1982 年创建的解释语言[④]，在电子和桌面出版领域作为页面描述语言（page description language，PDL）之后才流行。PostScript（PS）语言具有强大的图形功能，可用来描述字符的外貌、图形以及如何打印或显示页面上的字符和图像。

---

① 规范（specification）：用文档形式对软件、硬件或某个事物的权威性描述，如计算机的组成、性能及其特点的详细说明，应用程序的特性和运行环境的详细说明，描述与特定任务相关的数据记录、程序和过程的详细说明等。也称 spec。

② ISO/IEC 14496-22：2015 specifies the Open Font Format (OFF) specification, the TrueType™ and Compact Font Format (CFF) outline formats, and the TrueType hinting language. Many references to both TrueType and PostScript exist throughout this document, as Open Font Format fonts combine the two technologies.

③ 标准（standard）：由公认的非商业化组织或政府组织推荐的硬件或软件的技术准则。标准是规范化过程的产物，它是合作小组或委员会对现有方法、步骤和技术进行深入细致研究后起草的详细说明。按推荐标准开发的产品在市场上逐渐流行时，该推荐标准将被公认的组织批准，并且经过一段时间后被采纳。

④ 解释语言（interpreted language）是对程序中的语句逐条解释并执行的程序设计语言，而不是等到把程序全部解释（编译）完后再执行。BASIC、LISP 和 APL 都是解释语言。

PostScript 页面描述语言使用类似英语的命令，用来控制页面的布局和描述字体的字样。它的命令(称为 PostScript 命令)是用 ASCII 字符表示的文字型语句，通过安装在打印设备上的 PostScript 解释程序，将 PostScript 命令转换成打印设备使用的语言。

PostScript 语言规范有三个版本：

(1) PostScript Level 1(1984)；

(2) PostScript Level 2(1991)，提高了打印速度和可靠性，增加了数据压缩和彩色打印等功能，可向下兼容 PostScript Level 1；

(3) PostScript 3(1997，省掉了"Level")，提高了数据压缩、解压缩和彩色打印等性能，支持更多的文件格式，包括 HTML、PDF、GIF 和 JPEG。

2. PostScript 字体

用 PostScript 页面描述语言定义的字体称为"PostScript 字体"，字体中的字符轮廓使用三次贝塞尔曲线(cubic Bézier curves)。

打印 PostScript 字体需要使用安装有 PostScript 页面描述语言解释程序的打印机，称为"PostScript 打印机"，如激光打印机。

与位图字体相比，PostScript 字体的平滑度高，细节清晰，适合作为印刷工业中的字体标准。此外，由于字体的选用是通过 PostScript 页面描述语言的解释程序来完成，因此需要在机器上安装字体文件。

3. PostScript Type 1 字体

PostScript Type 1 字体规范(简称 Type 1)是用 PostScript 页面描述语言定义的一种字体规范，用于专业的计算机排版[①]，并与 Adobe 打印管理软件(Adobe Type Manager，ATM)和 PostScript 打印机一起使用。Type 1 也称 PS1、T1 或 Adobe Type 1。

使用 PostScript Type 1 Font 规范生成的字体叫作 Type 1 字体或 PostScript 字体。由于 Type 1 字体中的字符包括用三次贝塞尔曲线描绘的轮廓信息和它的附加信息，因此可显示和打印大小字号、轮廓平滑的文字。

4. PostScript Type 3 字体

PostScript Type 3 字体规范(简称 Type 3)是用 PostScript 页面描述语言定义的一种字体规范。Type 3 可做 Type 1 Font 规范做不到的事，如指定阴影和颜色等。Type 3 也称 PS3、T3 或 Adobe Type 3。

使用 Type 3 Font 规范生成的字体叫作 Type 3 字体。Type 3 字体中的字符包括用三次贝塞尔曲线描绘的轮廓信息，但不包含它的附加信息，Adobe 打印管理软件(ATM)也不支持，因此市场上几乎没有用 Type 3 规范开发和发行的 Type 3 字体。

由于包含提示技术的 Type 1 规范是专有的，许多公司都认为 Adobe 公司的授权费用过于昂贵，Adobe 公司也不愿采用更具吸引力的价码，这样就促使苹果公司或称苹果计算机公司(Apple Computer Inc)开发他们自己的字体规范，称为"TrueType"。随着 TrueType 的发布，Adobe 也公开了 PostScript Type 1 字体规范，其后就出现了许多可免费使用的 Type 1 字

---

① 计算机排版(computer typesetting)：由计算机控制的部分或全部的排版操作。计算机控制的部分排版包括直接将排版后的文本传送到排字机而不经拼版阶段。计算机控制的全部排版还包括所有图形的数字化，以及将这些数字化的图形直接传送到排字机而不经拼版阶段。

体,如 TeX 排版系统①中所用的字体。

2.6.3 TrueType

TrueType[10]是苹果公司 20 世纪 80 年代后期开始开发的字体规范,目的是替代需要支付高额授权费用的 PostScript Type 1。1991 年 5 月苹果公司发布了 TrueType 规范和 TrueType 字体。TrueType 的主要特点是可精确控制字体的显示,甚至可操作具体的像素。

在 TrueType 字体规范中,描述文字轮廓的曲线是直线段和二次贝塞尔曲线(quadratic Bézier curves)的组合。除了有字符轮廓信息外,TrueType 字体中的字符有提示技术,使用这种技术可使小号字体在显示和打印时不失真。

使用 TrueType Font 规范开发的字体,在屏幕上显示的字体和在打印机上打印出的字体是一致的,因此称为"所见即所得(what you see is what you get,WYSIWYG)"字体。微软公司在 1992 年开始采用这种字体。现在几乎所有操作系统都支持 TrueType 字体。

2.6.4 OpenType

OpenType 是微软公司和 Adobe 公司于 1996 年联合开发的字体规范,可支持微软公司的 TrueType Open 和 Adobe PostScript Type 1。OpenType 字体从 2000 年开始大量出现。

在 OpenType 字体规范出现之前,计算机领域里的主流字体是 TrueType 和 PostScript Type 1 字体;1994 年微软公司将自己开发的字体规范命名为 TrueType Open,1996 年增加了 PostScript Type 1 中的字体技术之后才命名为 OpenType。

OpenType 字体可包含 65 536 个字符,用 Unicode 编码,可支持任何种类型的文字。像 TrueType 那样,OpenType 字体文件既包含屏幕显示字体数据,也包含打印设备使用的字体数据,将位图字体、轮廓字体和度量数据都组合成单个文件,这样就简化了字体的管理。

从 1996 年至今,微软公司和 Adobe 公司开发了多个版本的 OpenType 字体规范,2009 年的版本是 OpenType 1.6,现在的版本是 1.7,详见参考文献[11]。

2.6.5 ISO/IEC OFF 标准

数字字体(digital font)的基本规范主要是 PostScript Type 1 和 TrueType。而 OpenType 字体规范是将 PostScript 和 TrueType 综合在一起,并在技术上加以改进和扩充后形成的统一的字体规范,而且成为现在使用最广的字体规范。

通过 Adobe 公司和微软公司坚持不懈的努力,OpenType 字体规范日趋完善。从 2005 年开始,ISO/IEC MPEG 标准专家组将 OpenType 作为国际字体标准的基础,并于 2007 年 3 月发布了国际字体标准,标准号为 ISO/IEC 14496-22,名为"开放字体格式(Open Font Format,OFF)"。最新的版本是"ISO/IEC 14496-22：2015,Information technology—Coding of audio-

---

① TeX 排版系统:功能强大但不是所见即所得的计算机排版系统,也称文本格式器,用于高质量的科学文献排版。该系统由 Stanford 大学的数学家兼计算机科学家 Donald Knuth 于 1977 年 5 月开始构思,用 Pascal 语言编写,1978 年第 1 版问世,1983 年发行 1.3 版本,1985 年决定不再更改。TeX 的重要特性是它的输出是与设备无关的,它的输出文件的扩展名为 DVI (device independent)。许多人在 TeX 基础上对 TeX 进行了二次开发,例如,现在用得比较多的 LaTeX 系统就是在 Tex 基础上开发。

visual objects—Part 22：Open Font Format"。

开放字体格式(OFF)归到"视听对象编码(Coding of audio-visual objects)"标准下的原因是，多媒体应用需要多种类型的数字媒体的支持，除了数字声音和数字视像外，数字字体是不可缺少的媒体，而且需要支持世界上的所有语言。

2.7　字符的度量

理解计算机字符的度量方法是使用文字工具的基础。在电子文档中，中文字符同时采用字号制和磅数制，字号和磅值之间不存在线性关系。

2.7.1　字符的度量方法

在中文文档中，虽然汉字是主要的，但英文字符也不少见。汉字是方块字，字符大小的度量用高度和宽度就可以，也很直观；英文字符的度量则有多个参数，如图 2-12 所示，它们的名称和含义如下。

1. 在垂直方向上

(1) 字框高度(character box height)：定义为字母 x 的高度与行上区高度和行下区高度之和，单位用磅或毫米；

(2) 行上区(ascender)：高于小写字母 x 上方的部分；

(3) 行下区(descender)：低于小写字母 x 下方的部分；

(4) 行距(leading)：从一行基线到另一行基线之间的距离，用磅或毫米作单位。

2. 在水平方向上

(1) 调整字距(kerning)：用于调整两个字符之间的间隙，以磅或毫米为单位；

(2) 字符宽度(character width)：单个字符在水平方向上占据的位置，用全方和半方作单位。全方(em)等于选用字体中大写字母 M 的宽度；半方(en)等于选用字体中大写字母 M 宽度的一半，相当于一个数字的宽度；

(3) 字符间距(character space)：两个字符中心线之间的距离，用全方间距和半方间距作为排版时用的相对度量单位。

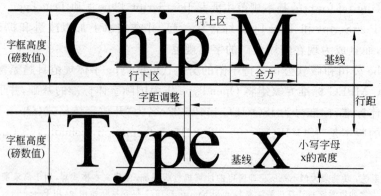

图 2-12　英文字符的几何参数

2.7.2 字符的度量单位

字号是衡量中文印刷字符大小的度量单位,称为"字号制",如初号、小初、一号、…、四号、小四号、五号、…、七号和八号。

国际上通用的印刷字符度量单位是磅(point),简写为 pt 或 p,以磅数值衡量字符大小的方法称为"磅数制",也有人把它称为"点数制",其名称取自 point system,如 5、5.5、…、11、12、14、16、…、48 和 72。

磅数制既不是公制也不是英制。各国对"磅"大小的规定不尽相同,桌面出版系统与传统的"磅"大小也有差别,如 PostScript 用 1 磅≈1/72 英寸。在磅数制中,通常认为

$$1 磅 = 0.013\ 837 英寸 = 0.351\ 459\ 8 毫米$$

除了用磅数值作为字符大小的度量单位外,还有一个叫作"派卡(pica)"的度量单位。派卡是电子文档的版面设计和排字作业中使用的长度单位

$$1 派卡 = 12 磅(约为 4.21 毫米或六分之一寸)$$

中文字符采用字号制的同时,也用英美的磅数制作为辅助度量单位。

2.7.3 字号与磅值

在 Microsoft Office 中,中文字号列出了 16 种,而用磅作单位的字号列出了 21 种。字号和磅值之间没有线性关系。在 Microsoft Office 中,字号和磅值之间大致的对应关系见表 2-22。从表中可以看到,最大的中文字号是"初号",因此如果要显示或打印比初号更大的字符,就要在"字号"选择框中输入磅数值,如 400。

表 2-22　Microsoft Office 中的字号和磅的对应关系

字　　号	磅　数　值	毫　米	字　　号	磅　数　值	毫　米
初号	42	12.7	四号	14	4.93
小初	36	11.1	小四	12	4.25
一号	26	9.66	五号	10.5	3.70
小一	24	8.42	小五	9	3.15
二号	22	7.80	六号	7.5	2.81
小二	18	6.39	小六	6.5	2.45
三号	16	5.55	七号	5.5	2.12
小三	15	5.23	八号	5	1.75

2.8　字体管理与制作工具

本节介绍笔者试用过的几种字体工具,对移动应用软件开发人员、某些行业的普通用户、字体开发人员、字体和书法爱好者都很有用,也可从中领略软件设计师的创新思维和软件工程师的精湛技艺。

2.8.1　字体管理工具

字体管理是查看、安装和卸载字体的过程，执行这些功能的软件称为字体管理工具。在Microsoft Windows环境下，字体文件安装在文件夹"C：\Windows\Fonts"下。在这个文件夹下，至少有几十个字体文件，甚至多达几百个，占据的磁盘空间可能有好几百兆字节。对普通用户来说，这么多的字体绰绰有余，甚至可将不常用的字体卸载到一个备份文件夹，或者把它们从硬盘上删除掉。

字符管理工具很多，除了常用的FontFrenzy外，还有更专业的字体管理工具，Font Fitting Room是其中的一种。Font Fitting Room是ApoliSoft公司开发的字体管理工具，汉化版叫作"字体试衣间"。Font Fitting Room有标准版（Standard 3.5.3）和豪华版（Deluxe 3.5.3）两个版本，具有如下基本功能和特性，详见www.onlinedown.net/soft/19955.htm。

（1）以不同的颜色显示系统默认字体、已安装字体和未安装字体，看起来很直观；通过列表和样本文字，可快速浏览各种字体及其字样，包括字形、字号、前景色和背景色；可直接安装或删除字体。

（2）可将Windows Fonts目录下的字体分类，需要用时就激活它，用完就释放，这样可节省系统资源，同时可提高使用效率。

（3）可使用字符映射（Character Map）功能，在字体安装前后都可查看字体中的所有字符；单击某个字符可放大，并会告诉你许多信息，如"宗"字的Unicode编码是U+5B0F，它是CJK统一表意符号。有些字符还提示如何用小键盘输入。

（4）支持多种字体文件格式，例如，TrueType的.ttf和.ttc，OpenType的.ttf、.ttc和.otf，PostScript Type 1的.pfm、.pfb，Windows字体的.fnt和.fon。

（5）可查看字体的详细属性，包括字体、版权、版本、商标、制造商及URL地址等。

2.8.2　字体制作工具

字体制作工具很多，本节介绍其中的两款：适合普通用户使用的FontCreator和适合专业人员使用的FontLab Studio。

1. FontCreator

FontCreator是荷兰high-logic公司开发的字体编辑器，用于制作和编辑字体文件，适合普通PC用户、印刷人员和图形设计师使用。

FontCreator可让用户选择和修改TrueType和OpenType字体，还可将图上的文字转换成轮廓，以制作自己的签字、标识符和手写字，并可在文字处理和图表软件中使用。2016年初的版本是FontCreator 9.1（http://www.high-logic.com/font-editor/fontcreator.html）。

2. FontLab Studio

FontLab Studio是FontLab公司开发的数字字体编辑器，用于制作和编辑专业级的字体，如PostScript、TrueType和OpenType字体，适合各种类型的专业人员使用，包括字体设计师和排版印刷人员。如果要详细了解它的功能和具体操作，可访问FontLab公司的网站（http://www.FontLab.com），下载它的用户使用手册。

2.8.3 其他字体工具

Chinese Symbol Studio 和 Ougishi 是适合字体爱好者使用的工具。

1. Chinese Symbol Studio

Chinese Symbol Studio 是产生中文书法字体的软件,该软件可先将英文译成中文,然后生成中文书法字体,也可直接输入中文,显示不同字体的文字。

Chinese Symbol Studio 提供了翻译功能,因此可把输入的英文字词或一句话自动翻译成中文,显示指定字样的中文字,如输入 I love you,就会显示宋体"我爱你"。

Chinese Symbol Studio 允许用户直接输入中文,然后按照指定的字体显示。例如,输入"天高任鸟飞海阔凭鱼跃",可显示如图 2-13 所示的中文字体。

图 2-13 篆书字体

如果想打印文字,可利用剪辑版把它插入到文档,或将文字储存成文件后再打印。

Chinese Symbol Studio 对于不太懂中文或不太懂英文的玩家来说,玩玩它应该很开心。网址是 http://chinese-symbol-studio. en. softonic. com/(2016 年)。

2. Ougishi

Ougishi① 是书法家毛笔字模拟软件,可把你写的字转换成像书法家写的字。当然,像不像则要由书法家来判断。该软件可考虑作为广告设计的辅助工具。

在 Ougishi v4.00 中,可选用的字体包括行书、草书、王羲之、怀素、徽宗、苏轼等十几种字体。选择你喜欢的字体,用鼠标器或者输入笔,在"书写窗口"中写几个字,如"和谐",就可看到自己写的字变成了书法家那样的优美文字。如图 2-14 所示。

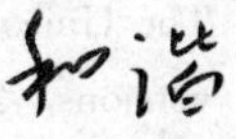

图 2-14 书法字体

如果对显示的效果不满意,可在书写窗口右边的工具栏中,调整笔脉、轻笔、连绵、宽度、抑扬、飞白等数值,以改变字样。

练习与思考题

2.1 用二进制记数法和十六进制记数法表示十进制数 888:

(A) 用二进制记数法表示为_____(B)。

(B) 用十六进制记数法表示为_____(H)。

2.2 将二进制数和十六进制数转换成十进制数:

(A) 1000000110(B)=_____(D)。

(B) 02CE(H)=_____(D)。

2.3 二进制数和十六进制数的加减运算:

---

① Ougishi 日文版网址是 http://www.ne.jp/asahi/o/o/ougishi/,汉化版可在网站上下载。

(A) 100101100－110010＝_____（B）＝_____（D）。

(B) 12C(H)－32(H)＝_____（H）＝_____（D）。

2.4　在 ASCII 标准中,非打印字符有多少个？可打印和显示的字符有多少个？

2.5　字符 9 的 ASCII 代码是"00001001"还是"00111001"？

2.6　在 GB 2312 中,"爸"字的区位码、国标码和机内码分别是什么？

2.7　GB 2312 是什么？收录了多少字符？

2.8　码点或码位(code point 或 code position 或 cell)是什么？

2.9　ISO/IEC 10646 标准的编码空间有多大？Unicode 标准的编码空间有多大？

2.10　Unicode 是什么字符集？ISO/IEC 10646 是什么字符集？

2.11　全角字符是什么字符？半角字符是什么字符？如何使用全角字符和半角字符？

2.12　字体是什么？字样是什么？数字字体是什么？

2.13　位图字体是什么？轮廓字体是什么？笔画字体是什么？

2.14　贝塞尔曲线是什么？

2.15　当前流行的字体规范和标准有哪几种？

2.16　国际上使用的字符度量单位是什么？我国使用什么字符度量单位？

2.17　字体管理工具的主要用途是什么？字体制作工具的主要用途是什么？

参考文献和站点

字符编码

[1] ISO/IEC 10646. Information technology：Universal Coded Character Set(UCS). http：//standards. iso. org/ittf/PubliclyAvailableStandards/index. html，2016.

[2] The Unicode Consortium. About Versions of the Unicode® Standard. http：//www. unicode. org/ versions/,2016.

[3] Unicode 9.0 Character Code Charts. http：//www. unicode. org/charts/, 2016.

[4] 字体编辑用中日韩汉字 Unicode 编码表. http：//www. chi2ko. com/tool/CJK. htm,2004.

[5] UTF-8 and Unicode Standards. http：//www. utf-8. com/,2014.

[6] Windows Codepage 936. http：//msdn. microsoft. com/zh-cn/goglobal/cc305153(en-us). aspx.

[7] Unicode CJK Unified Ideographs Extension A. Range：3400-4DB5. http：//www. unicode. org/charts/ PDF/U3400. pdf，2015.

[8] Unicode CJK Unified Ideographs Extension B, Range：20000-2A6D6. http：//www. unicode. org/charts/ PDF/U20000. pdf, 2015.

[9] CJK Unified Ideographs. ① http：//www. unicode. org/charts/PDF/U4E00. pdf；② https：//en. m. wikipedia. org/wiki/CJK_Unified_Ideographs_(Unicode_block),2016.

数字字体

[10] TrueType reference Manual. https：//developer. apple. com/fonts/TrueType-Reference-Manual/,2016.

[11] Microsoft Typography. Specifications：overview. (Last updated 19 February 2014) https：//www. microsoft. com/en-us/Typography/SpecificationsOverview. aspx,2016.

[12] PostScript Type 1 and Type 3 Fonts General Information. Last edited-07/07/2004. http：//www. adobe. com/support/techdocs/328509. html,2016.

[13] Adobe PostScript language specifications，3rd ed. 1999. http：//partners. adobe. com/public/developer/

ps/index_specs. html，2016.

[14] 字体工具. http：//www. piaodown. com/class/88_1. htm，2016.

[15] 1001 Free Fonts. http：//www. 1001freefonts. com/outline-fonts. php，2016.

[16] Outline Fonts. http：//cooltext. com/Fonts-Outline，2016.

[17] Free OpenType software for windows. http：//wareseeker. com/free-opentype/，2016.

[18] 图片联盟/设计素材/矢量图库/瀚墨宝典. http：//www. tplm123. com/type-36300. html，2016.

第 3 章　数据无损压缩

在数据存储和传输系统中,增加冗余数据可提高数据的可靠性,而消除或减少冗余数据可降低对存储容量和传输带宽的要求。本章的核心内容是介绍几种消除或减少冗余数据的数据无损压缩技术,包括统计编码、RLE 编码和词典编码[1][2]。

3.1　数　据　冗　余

数据可被压缩的依据是数据本身存在冗余。所有无损压缩算法的共同点都是利用数据本身的冗余性,其差别主要体现在压缩比上,压缩比越高表示冗余数据消除得越多,压缩比的上限值由数据集的熵限定。

3.1.1　冗余概念

在数据压缩技术中,我们会经常遇到"冗余(redundancy)"这个术语,在不同场合下,"冗余"有不同的含义,现从下面三个方面加以说明。

(1) 人为冗余:①在信息处理系统中,使用两台计算机做同样的工作是提高系统可靠性的一种措施。在这样的系统中,一台计算机在工作,而另一台计算机处于等待状态。如果正在工作的机器出现故障,则由处于等待状态的机器马上接替,我们就说这样的系统是冗余的系统,备用设备称为冗余设备。②在数据存储和传输中,为了检测和恢复在数据存储或数据传输过程中出现的错误,根据使用的算法的要求,在数据存储或数据传输之前把额外的数据添加到用户数据中,这个额外的数据就是冗余数据。

从这两个例子中可以看到,冗余设备和冗余数据都是人为添加的,目的是为了提高系统的可靠性和保证数据的正确性。由此可见,冗余并非多余,冗余是人为的。

(2) 视听冗余:由于人的视觉系统和听觉系统的局限性,在图像数据和声音数据中,有些数据确实是多余的,使用算法将其去掉后并不会丢失实质性的信息或含义,对理解数据表达的信息几乎没有影响。这种冗余称为视听冗余。例如,在 BT.601 数字化标准中,使用 4∶2∶2 的子采样对视像进行数字化,就是单纯地利用了人的视觉特性,去除冗余的数据。

(3) 数据冗余:不考虑数据来源时,单纯数据集中也可能存在多余的数据,去掉这些多余数据并不会丢失任何信息,这种冗余称为数据冗余,而且还可定量表达。

在介绍数据冗余量的定量表达之前,先介绍信息论①中的几个基本术语。

---

① 信息论(information theory,IT)是 1948 年创建的数学理论的分支学科,研究信息的编码、传输和存储。该术语源于 Claude Shannon(香农)发表的"A Mathematical Theory of Communication"论文题目,提议用二进制数据对信息进行编码。它最初只应用于通信工程领域,后来扩展到包括计算在内的其他领域,如信息的存储和检索等。在通信方面,主要研究数据量、传输速率、信道容量、传输正确率等问题。

3.1.2 决策量

在有限数目的互斥事件集合中,决策量(decision content)是事件数的对数值,在数学上表示为公式 3-1:

$$H_0 = \log(n) \tag{3-1}$$

其中,n 是事件数。

对数的底数决定决策量的单位。决策量可使用的单位包括:(1)Sh (Shannon):用于以 2 为底的对数;(2)Nat (natural unit):用于以 e 为底的对数;(3)Hart (hartley):用于以 10 为底的对数。这三种单位之间的转换关系如下:

1 Sh	=	0.693 Nat	= 0.301 Hart
1 Nat	= 1.433 Sh		= 0.434 Hart
1 Hart	= 3.322 Sh	= 2.303 Nat	

3.1.3 信息量

信息量(information content)是具有确定概率事件的信息的定量度量,在数学上定义为公式 3-2:

$$I(x) = \log_2[1/p(x)] = -\log_2 p(x) \tag{3-2}$$

$p(x)$ 是事件 x 出现的概率。

【例 3.1】 假设 $X = \{a,b,c\}$ 是由三个事件构成的集合,$p(a) = 0.5$,$p(b) = 0.25$,$p(c) = 0.25$ 分别是事件 a、b 和 c 出现的概率,这些事件的信息量分别为:

$$I(a) = \log_2[1/(0.50)]\text{Sh} = 1 \text{ Sh}$$
$$I(b) = \log_2[1/(0.25)]\text{Sh} = 2 \text{ Sh}$$
$$I(c) = \log_2[1/(0.25)]\text{Sh} = 2 \text{ Sh}$$

对一个等概率事件的集合,每个事件的信息量等于该集合的决策量。

3.1.4 信息的熵

在信息论中,熵(entropy)是指消息中的信息量的度量。在数据压缩技术中,熵是指非冗余的且不压缩的数据量的度量,单位为位(bit)。

按照香农(Shannon)的理论,在有限的互斥和联合穷举事件的集合中,熵(entropy)定义为事件的信息量的平均值,也称事件的平均信息量(mean information content),表示为公式 3-3:

$$H(X) = \sum_{i=1}^{n} h(x_i) = \sum_{i=1}^{n} p(x_i) I(x_i) = -\sum_{i=1}^{n} p(x_i) \log_2 p(x_i) \tag{3-3}$$

其中:

(1) $X = \{x_1, x_2, \cdots, x_n\}$ 是事件 $x_i(i = 1, 2, \cdots, n)$ 的集合,并满足 $\sum_{i=1}^{n} p(x_i) = 1$;

(2) $I(x_i) = -\log_2 p(x_i)$ 表示某个事件 x_i 的信息量,其中 $p(x_i)$ 为事件 x_i 出现的概率,$0 < p(x_i) \leqslant 1$;$h(x_i) = -p(x_i)\log_2 p(x_i)$ 表示事件 x_i 的熵。

【例 3.2】 $X = \{a,b,c\}$ 是由三个符号构成的集合,符号 a、b 和 c 出现的概率分别为 $p(a) = 0.5$,$p(b) = 0.25$,$p(c) = 0.25$,那么符号 a、b 和 c 的熵分别等于 0.5、0.5、0.5,这个集合的熵为:

$$H(X) = p(a)I(a) + p(b)I(b) + p(c)I(c) = 1.5(\text{Sh})$$

3.1.5 数据冗余量

在信息论中,数据的冗余量(R)定义为决策量(H_0)超过熵(H)的量,数学上表示为公式 3-4:

$$R = H_0 - H \tag{3-4}$$

【例 3.3】 令 $\{a,b,c\}$ 为三个事件构成的数据集,它们出现的概率分别为 $p(a)=0.5,P(b)=0.25,p(c)=0.25$,这个数据集的冗余量则为:

$$R = H_0 - H = \log_2 3 - \left[-\sum_{i=1}^{n} p(x_i) \log_2 p(x_i) \right] = 1.58 - 1.50 = 0.08(\text{Sh})$$

3.2 统 计 编 码

统计编码是给已知统计信息的符号分配代码的数据无损压缩方法。香农-范诺编码和霍夫曼编码的原理相同,都是根据符号集中各个符号出现的频繁程度来编码,出现次数越多的符号,给它分配的代码位数就越少;算术编码使用 0 和 1 之间的实数的间隔长度代表概率大小,概率越大间隔越长,编码效率可接近于熵。

3.2.1 香农-范诺编码

在香农的源编码理论中,熵的大小表示非冗余的不可压缩的信息量。在计算熵时,如果对数的底数用 2,熵的单位就用"香农(Sh)",也称"位(bit)"。例如,事件 x_i 的熵 $h(x_i) = p(x_i) \log_2(1/p(x_i))$,表示编码符号 x_i 所需要的位数。"位"是 1948 年 Shannon 首次使用的术语。下面通过一个具体例子说明如何对概率已知的数据进行编码。

【例 3.4】 有一幅由 40 个像素组成的灰度图像,灰度共有 5 级,分别用符号 A、B、C、D 和 E 表示。40 个像素中出现灰度 A 的像素数有 15 个,出现灰度 B 的像素数有 7 个,出现灰度 C 的像素数有 7 个,其余情况见表 3-1。(1)计算该图像可能获得的压缩比的理论值;(2)对 5 个符号进行编码;(3)计算该图像可能获得的压缩比的实际值。

表 3-1　符号在图像中出现的数目

符　　号	A	B	C	D	E
出现的次数	15	7	7	6	5
出现的概率	$\frac{15}{40}$	$\frac{7}{40}$	$\frac{7}{40}$	$\frac{6}{40}$	$\frac{5}{40}$

(1) 压缩比的理论值:按照常规的编码方法,表示 5 个符号最少需要 3 位,如用 000 表示 A,001 表示 B,…,100 表示 E,其余 3 个代码（101,110,111)不用。这就意味每个像素用 3 位,编码这幅图像总共需要 120 位。按照香农理论,这幅图像的熵为:

$$H(X) = -\sum_{i=1}^{n} p(x_i) \log_2 p(x_i)$$

$$= -p(A)\log_2(p(A)) - p(B)\log_2(p(B)) - \cdots - p(E)\log_2(p(E))$$

$$= (15/40)\log_2(40/15) + (7/40)\log_2(40/7) + \cdots + (5/40)\log_2(40/5) \approx 2.196$$

这个数值表明,每个符号不需要用 3 位代码表示,用 2.196 位就可以,40 个像素只需 87.84 位,因此理论上的压缩比为 120：87.84≈1.37：1,实际上就是 3：2.196≈1.37。

（2）符号编码：对每个符号进行编码时采用"从上到下"的方法。首先按照符号出现的频度或概率排序,如 A、B、C、D 和 E,见表 3-2。然后使用递归方法分成两个部分,每一部分具有近似相同的次数,如图 3-1 所示。

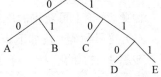

图 3-1　香农-范诺算法编码举例

表 3-2　Shannon-Fano 算法举例

符号	出现的次数（$p(x_i)$）	$\log_2(1/p(x_i))$	分配的代码	需要的位数
A	15（0.375）	1.4150	00	30
B	7（0.175）	2.5145	01	14
C	7（0.175）	2.5145	10	14
D	6（0.150）	2.7369	110	18
E	5（0.125）	3.0000	111	15

（3）压缩比的实际值：按照这种方法进行编码需要的总位数为 30＋14＋14＋18＋15＝91,实际的压缩比为 120：91≈1.32：1。

最早阐述和实现这种编码方法的人是 Shannon（1948 年）和 Fano（1949 年）,因此将这种"从上到下"的熵编码方法称为香农-范诺（Shannon-Fano）编码法。

3.2.2　霍夫曼编码

霍夫曼（D. A. Huffman）在 1952 年提出了"从下到上"的熵编码方法,因此被称为霍夫曼编码（Huffman coding）,现在已广泛用在各种信息编码标准中。

下面仍然用一个具体例子来说明霍夫曼编码的编码步骤和性能。

【例 3.5】　有一幅 39 个像素组成的灰度图像,灰度共有 5 级,分别用符号 A、B、C、D 和 E 表示,每个符号在图像中出现的次数见表 3-3。（1）计算该图像可能获得的压缩比的理论值；（2）对 5 个符号进行编码；（3）计算该图像可能获得的压缩比的实际值。

表 3-3　霍夫曼编码举例

符号	出现的次数	$\log_2(1/p(x_i))$	分配的代码	需要的位数
A	15（0.3846）	1.38	0	15
B	7（0.1795）	2.48	100	21
C	6（0.1538）	2.70	101	18
D	6（0.1538）	2.70	110	18
E	5（0.1282）	2.96	111	15

（1）压缩比的理论值：按照常规编码方法,5 个符号至少要用 3 位组成的代码表示。按照香农理论,这幅图像的熵也就是每个符号的平均长度为

$$H(S) = (15/39) \times \log_2(39/15) + (7/39) \times \log_2(39/7) + \cdots + (5/39) \times \log_2(39/5)$$
$$\approx 2.1859$$

因此,理论上可获得的压缩比为 $3:2.1859 \approx 1.37$。

(2) 符号编码:按如下步骤进行。

步骤 1:初始化,根据符号概率的大小,按由大到小的顺序对符号进行排序,如表 3-3 和图 3-2 所示。

步骤 2:把概率最小的两个符号组成一个节点,如图 3-2 中的 D 和 E 组成节点 P_1。

步骤 3:重复步骤 2,得到节点 P_2、P_3 和 P_4,这样就形成了一棵"树"。树上的 P_4 称为根节点,其余的节点称为"叶节点"。在这个编码步骤中特别要注意:"重复步骤 2"时要"把概率最小的两个符号组成一个节点"。

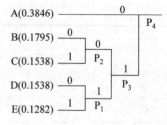

图 3-2　霍夫曼编码方法

步骤 4:从根节点 P_4 开始到相应于每个符号的"树叶",按从上到下的顺序选择两种方法之一进行标注:①在上枝叶上标"0"(对应概率大的节点),在下枝叶上标"1"(对应概率小的节点);②在上枝叶上标"1"(对应概率大的节点),在下枝叶上标"0"(对应概率小的节点)。这两种标法的最后结果仅仅是分配的代码不同,代码的平均长度是相同的。

步骤 5:从根节点 P_4 开始顺着树枝到每个叶子分别写出每个符号的代码,见表 3-3。

(3) 压缩比的实际值:编码 39 个像素需要 $39 \times 3 = 117$(位),实际使用的总位数为 $15 + 21 + 18 + 18 + 15 = 87$(位),实际的压缩比为 $117:87 \approx 1.34$。

采用霍夫曼编码方法给每个符号分配的代码的长度不是固定的,在编码时也不需要在生成的码流中附加同步代码,原因是在解码时可按霍夫曼码本身的特性加以区分。例如,码流中的第 1 位为 0,那么第一个符号肯定是 A,因为表示其他符号的代码没有一个是以 0 开始的,因此下一位就表示下一个符号代码的第 1 位。同样,如果出现 110,那么它就代表符号 D。这就意味着,编码时需要生成解释各种代码意义的码表,在解码时就可根据这张码表进行译码。

采用霍夫曼编码时有两个问题值得注意:①霍夫曼码没有错误保护功能。在存储或传输过程中,如果码流中没有出现错误,解码时就能一个接一个地正确译出代码。如果码流中出现错误,哪怕只有一位出错,解码时不但这个代码会被译错,更糟糕的是还会导致后面的代码也会译错,这种现象称为错误传播(error propagation)。计算机对这种错误也无能为力,说不出错在哪里,更谈不上去纠正它。②霍夫曼码是可变长度码,因此很难随意查找或调用压缩文件中的内容,然后再译码,这就需要在编码时加以考虑。尽管如此,霍夫曼编码还是得到广泛应用。

与香农-范诺编码相比,这两种方法产生的代码都是自含同步的代码,在编码之后的码流中都不需要另外添加标记符号,即在译码时分割符号的特殊代码。此外,霍夫曼编码方法的编码效率比香农-范诺编码效率高一些。请读者自行验证。

3.2.3　算术编码

算术编码(arithmetic coding)是给已知统计信息的符号分配代码的数据无损压缩技术。它的基本思想是,用 0 和 1 之间的一个数值范围表示输入流中的一个字符,而不是给输入流中的每个字符分别指定一个码字,实质上是为整个输入字符流分配一个"码字",因此它的编码效率可接近于熵。下面用两个具体例子来说明算术编码的编码步骤和性能。

【例 3.6】　使用算术编码对二进制消息序列 10 00 11 00 10 11 01 … 进行编码。假设信源符号为{00，01，10，11}，它们的概率分别为{0.1，0.4，0.2，0.3}。

根据信源符号的概率把间隔[0,1)分成如表 3-4 所示的 4 个子间隔：[0,0.1)，[0.1，0.5)，[0.5,0.7)，[0.7,1)。其中的[x,y)表示半开放间隔，即包含 x 不包含 y，x 称为低边界或左边界，y 称为高边界或右边界。

表 3-4　例 3.6 的信源符号概率和初始编码间隔

符号	00	01	10	11
概率	0.1	0.4	0.2	0.3
初始编码间隔	[0, 0.1)	[0.1, 0.5)	[0.5, 0.7)	[0.7, 1)

编码时输入第 1 个符号是 10，找到它的编码范围是[0.5,0.7)。由于消息中第 2 个符号 00 的编码范围是[0,0.1)，因此它的间隔就取[0.5,0.7)的第一个十分之一作为新间隔[0.5，0.52)。依此类推，编码第 3 个符号 11 时取新间隔为[0.514,0.52)，编码第 4 个符号 00 时，取新间隔为[0.514,0.5146)……消息的编码输出可以是最后一个间隔中的任意数。整个编码过程如图 3-3 所示，这个例子的编码和译码的全过程分别表示在表 3-5 和表 3-6 中。

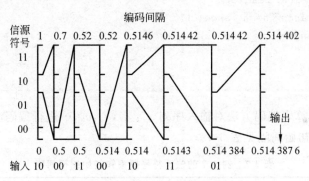

图 3-3　例 3.6 的算术编码过程

表 3-5　例 3.6 的编码过程

步骤	输入符号	编码间隔	编码判决
1	10	[0.5, 0.7]	符号的间隔范围[0.5, 0.7)
2	00	[0.5, 0.52]	[0.5, 0.7]间隔的第一个 1/10
3	11	[0.514, 0.52]	[0.5, 0.52]间隔的最后三个 1/10
4	00	[0.514, 0.5146]	[0.514, 0.52]间隔的第一个 1/10
5	10	[0.5143, 0.514 42]	[0.514, 0.5146]间隔的第五个 1/10 开始，2 个 1/10
6	11	[0.514 384, 0.514 42]	[0.5143, 0.514 42]间隔的最后三个 1/10
7	01	[0.514 387 6, 0.514 402]	[0.514 384, 0.514 42]间隔的 4 个 1/10，从第一个 1/10 开始
8	从[0.514 387 6, 0.514 402]中选择一个数（如 0.514 387 6）作为输出		

表 3-6 例 3.6 的译码过程

步骤	间　　隔	译码符号	译码判决
1	$[0.5, 0.7]$	10	0.514 39 在间隔 $[0.5, 0.7)$
2	$[0.5, 0.52]$	00	0.514 39 在间隔 $[0.5, 0.7)$ 的第 1 个 1/10
3	$[0.514, 0.52]$	11	0.514 39 在间隔 $[0.5, 0.52)$ 的第 7 个 1/10
4	$[0.514, 0.5146]$	00	0.514 39 在间隔 $[0.514, 0.52)$ 的第 1 个 1/10
5	$[0.5143, 0.51442]$	10	0.514 39 在间隔 $[0.514, 0.5146)$ 的第 5 个 1/10
6	$[0.514 384, 0.514 42]$	11	0.514 39 在间隔 $[0.5143, 0.514 42)$ 的第 7 个 1/10
7	$[0.514 39, 0.514 394 8]$	01	0.514 39 在间隔 $[0.514 39, 0.514 394 8]$ 的第 1 个 1/10
8	译码的消息：10 00 11 00 10 11 01		

执行算术编码的编码算法可用如下伪代码（即描述算法或程序的非正式符号）表示：

```
------------------------------------------------------------
Low=0.0; high=1.0;
while not EOF do
    range=high-low; read(c);
    high=low+range×high_range(c);
    low=low+range×low_range(c);
enddo
output(low);
------------------------------------------------------------
```

【例 3.7】　使用算术编码方法对输入序列 x_n：$a_2, a_1, a_3, \cdots$ 进行编码。该序列由 4 个符号组成，它们的概率和初始间隔见表 3-7。

表 3-7 例 3.7 的信源符号概率和初始编码间隔

信源符号 a_i	a_1	a_2	a_3	a_4
概率 $p(a_i)$	$p_1=0.5$	$p_2=0.25$	$p_3=0.125$	$p_4=0.125$
初始编码间隔	$[0, 0.5]$	$[0.5, 0.75)$	$[0.75, 0.875)$	$[0.875, 1)$

输入序列为 x_n：$a_2, a_1, a_3, \cdots$，使用算术编码的过程如图 3-4 所示，现说明如下：

（1）输入第 1 个符号 a_2 时，初始间隔为 $[0.5, 0.75]$，左右边界的二进制数分别为 $L=0.5=0.1(B)$，$R=0.75=0.11(B)$。

（2）输入第 2 个符号 a_1 时，它的间隔为 $[0.5, 0.625)$，左右边界的二进制数分别为 $L=0.5=0.1(B)$，$R=0.101(B)$。

（3）输入第 3 个符号 a_3 时，它的间隔为 $[0.593 75, 0.609 375]$，左右边界的二进制数分别为：$L=0.593 75=0.10011(B)$，$R=0.609 375=0.100111(B)$。

……

在编码器的输出端发送的符号是：10011…。

在译码时，算术译码器接收到的第 1 位是"1"，它的间隔范围就限制在 $[0.5, 1)$，而在这个

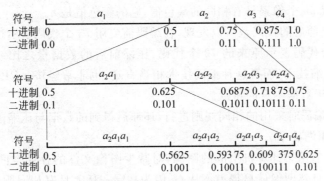

图 3-4　例 3.7 的算术编码过程

范围里的符号有可能是 a_2、a_3 或 a_4，说明第 1 位没有包含足够的译码信息。在接收第 2 位之后就变成"10"，它落在 $[0.5，0.75)$ 的间隔里，由于这两位表示的符号都指向 a_2 的间隔，因此就可断定第一个符号是 a_2。译码的整个过程见表 3-8。

表 3-8　例 3.7 的译码过程

接收的数字	间隔	译码输出
1	$[0.5，1)$	—
0	$[0.5，0.75)$	a_2
0	$[0.5，0.609\ 375)$	a_1
1	$[0.5625，0.609\ 375)$	—
1	$[0.593\ 75，0.609\ 375)$	a_3
…	…	…

　　算术编码和霍夫曼编码相比，有如下几个异同点：(1)算术编码的编码效率更高些；(2)它们都是对错误很敏感的编码方法，如果有一位发生错误就会导致整个消息译错；(3)它们的信源概率都是固定的，而且要事先统计确定；(4)都有相应的"自适应编码"。由于事先知道精确的信源概率是很难的，或者是不切实际的，因此要在编码过程中，根据符号出现的频繁程度不断修改信源符号的概率，估算信源符号概率的过程叫作建模(modeling)。采用这种技术开发的编码分别称为"自适应霍夫曼编码"和"自适应算术编码"。

3.3　RLE 编 码

　　行程长度编码(run-length encoding，RLE)是数据无损压缩技术。它利用连续数据单元有相同数值这一特点对数据进行压缩。在编码时，对相同的数值只编码一次，同时计算相同数值连续重复的次数，称为"行程程度"。

　　【例 3.8】　假定有一幅灰度图像，第 n 行的像素值如图 3-5 所示。用 RLE 编码方法得到的代码为：**8**0**3**1**5**0**8**4**18**0。代码中用黑体表示的数字是行程长度，黑体字后面的数字代表像素的颜色值。例如，黑

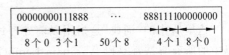

图 3-5　RLE 编码概念

体字 50 代表有连续 50 个像素具有相同的颜色值,它的颜色值是 8。

对比 RLE 编码前后的代码数可以发现,在编码前要用 73 个代码表示这一行的数据,而编码后只需要用 11 个代码表示原来的 73 个代码,压缩前后的数据量之比约为 7∶1。这说明 RLE 确实是一种压缩技术,而且这种编码技术相当直观,也非常经济。RLE 所能获得的压缩比大小主要是取决于数据本身的特点。

译码时按照与编码时采用的相同规则进行,还原后得到的数据与压缩前的数据完全相同。因此,RLE 是无损压缩技术。

RLE 编码尤其适用于计算机生成的图像,对减少图像文件的存储空间非常有效。然而,RLE 对颜色丰富的自然图像就显得力不从心,因为在同一行上具有相同颜色的连续像素往往很少,而连续几行都具有相同颜色值的连续行数就更少。如果仍然使用 RLE 编码方法,不仅不能压缩图像数据,反而可能使原来的图像数据变得更大。但这并不是说 RLE 编码方法不适用于自然图像的压缩,相反,在自然图像的压缩中还真少不了 RLE。在 JPEG 和 MPEG 等标准中,RLE 用来对图像数据经过变换和量化后的系数进行编码。

3.4 词 典 编 码

词典编码是用词在词典中表示位置的号码代替词本身的无损数据压缩方法。词典编码利用数据本身包含重复代码的特性生成编码词典,然后用编码词典中表示该词所在位置的号码代替重复代码。采用静态词典编码技术时,编码器需要事先构造词典,解码器要事先知道词典。采用动态辞典编码技术时,编码器将从被压缩的文本中自动导出词典,解码器解码时一边解码一边构造解码词典。词典编码适用于编码数据的统计特性事先不知道或不可能知道的场合,如文本文件和电视图像就具有这种特性。

3.4.1 词典编码的思想

词典编码(dictionary encoding)的根据是数据本身包含有重复代码,如文本文件和光栅图像就具有这种特性。词典编码法的种类很多,归纳起来大致有两类。

第一类算法的想法是,企图查找正在压缩的字符序列是否在以前输入的数据中出现过,然后用已经出现过的字符串替代重复的部分,它的输出仅仅是指向早期出现过的字符串的“指针”。这种编码概念如图 3-6 所示。

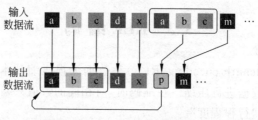

图 3-6 第一类词典编码概念

这里所指的“词典”是指用以前处理过的数据来表示编码过程中遇到的重复部分。这类编码中的所有算法都是以 Abraham Lempel 和 Jakob Ziv 在 1977 年开发和发表的 LZ77 算法为基础的,例如1982年由Storer和Szymanski改进的称为LZSS算法就是属于这种情况。

第二类算法的想法是,企图从输入的数据中创建一个"短语词典(dictionary of the phrases)",这种短语不一定是像"严谨勤奋求实创新"和"国泰民安是坐稳总统宝座的根本"这类具有具体含义的短语,它可以是任意字符的组合。在编码数据过程中,当遇到已经在词典中出现的"短语"时,编码器就输出这个词典中的短语的"索引号",而不是短语本身。这个概念如图3-7所示。

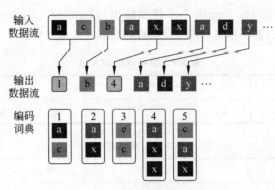

图3-7 第二类词典编码概念

J. Ziv和A. Lempel在1978年首次发表了介绍这种编码方法的文章。在他们的研究基础上,Terry A. Weltch在1984年发表了改进这种编码算法的文章[3],因此把这种编码方法称为LZW(Lempel-Ziv Walch)压缩算法,并首先成功地应用在高速硬盘控制器上。

3.4.2 LZ77算法

为了更好地说明LZ77算法的原理,首先介绍算法中用到的几个术语:
- 输入流(input stream):要被压缩的字符序列。
- 字符(character):输入流中的基本数据单元。
- 编码位置(coding position):输入流中当前要编码的字符位置,指前向缓冲存储器中的开始字符。
- 前向缓存(Lookahead buffer):存放从编码位置到输入流结束的字符序列。
- 窗口(window):包含W个字符的窗口,字符是从编码位置开始往后数也就是最后处理的字符数。
- 指针(pointer):指向窗口中的匹配串并包含长度的指针。

LZ77编码算法的核心是查找从前向缓冲存储器开始的最长的匹配串。编码算法的具体执行步骤如下:

步骤1:把编码位置设置到输入流的开始位置。

步骤2:查找窗口中最长的匹配串。

步骤3:以"(Pointer, Length) Characters"的格式输出。其中Pointer是指向窗口中匹配串的指针,Length表示匹配字符的长度,Characters是前向缓存中不匹配的第1个字符。

步骤4:如果前向缓冲存储器不是空的,则把编码位置和窗口向前移(Length+1)个字符,然后返回到步骤2。

【例3.9】 待编码的输入流见表3-9,LZ77的编码过程见表3-10。现作如下说明:

(1)“步骤”栏表示编码步骤,每个“步骤”都有输出。

(2)“位置”栏表示编码位置,输入流中的第1个字符为编码位置1。

(3)“匹配串”栏表示窗口中找到的最长的匹配串。

(4)“字符”栏表示匹配之后在前向缓冲存储器中的第1个字符。

(5)“输出”栏以“(Back_chars,Chars_length)Explicit_character”格式输出。其中,(Back_chars,Chars_length)是指向匹配串的指针,告诉译码器“在这个窗口中向后退 Back_chars 个字符,然后拷贝 Chars_length 个字符到输出”,Explicit_character 是真实字符。例如,输出“(5,2)C”告诉译码器回退 5 个字符,然后拷贝两个字符“AB”。

表 3-9　待编码的输入流

位置	1	2	3	4	5	6	7	8	9
字符	A	A	B	C	B	B	A	B	C

表 3-10　编码过程

步骤	位置	匹配串	字符	输出
1	1	--	A	(0,0) A
2	2	A	B	(1,1) B
3	4	--	C	(0,0) C
4	5	B	B	(2,1) B
5	7	A B	C	(5,2) C
…	…	…	…	…

3.4.3　LZSS 算法

LZ77 通过输出真实字符解决了在窗口中出现没有匹配串的问题,但这种解决方案包含有冗余信息。冗余信息表现在两个方面:一是编码器输出可能包含空指针;二是编码器可能输出额外字符,就是可能包含在下一个匹配串中的字符。LZSS 算法以比较有效的方法解决了这个问题,它的思想是如果匹配串的长度比指针本身的长度长就输出指针,否则就输出真实字符。由于输出数据流中包含有指针和字符本身,为了区分它们就需要有额外的标志位,即ID 位。

LZSS 编码算法的具体执行步骤如下:

步骤 1:把编码位置置于输入流的开始位置。

步骤 2:在前向缓冲存储器中查找与窗口中最长的匹配串:

① Pointer:=匹配串指针。

② Length:=匹配串长度。

步骤 3:判断匹配串长度 Length 是否大于等于最小匹配串长度(Length≥MIN_LENGTH)。

是:输出指针,然后把编码位置向前移动 Length 个字符。

否:输出前向缓冲存储器中的第 1 个字符,然后把编码位置向前移 1 个字符。

步骤 4：如果前向缓冲存储器不是空的,就返回到步骤 2。

【例 3.10】 待编码字符串如表 3-11 所示,编码过程见表 3-12。现说明如下:

(1)"步骤"栏表示编码步骤。

(2)"位置"栏表示编码位置,输入流中的第 1 个字符为编码位置 1。

(3)"匹配"栏表示窗口中找到的最长的匹配串。

(4)"字符"栏表示匹配之后在前向缓冲存储器中的第 1 个字符。

(5)"输出"栏的输出为:

① 如果匹配串本身的长度 Length≥MIN_LENGTH,输出指向匹配串的指针,格式为 (Back_chars, Chars_length)。该指针告诉译码器"在这个窗口中向后退 Back_chars 个字符然后拷贝 Chars_length 个字符到输出"。

② 如果匹配串本身的长度 Length ⩽ MIN_LENGTH,则输出真实的匹配串。

表 3-11 输入流

位置	1	2	3	4	5	6	7	8	9	10	11
字符	A	A	B	B	C	B	B	A	A	B	C

表 3-12 编码过程(MIN_LENGTH＝2)

步骤	位置	匹配串	输出
1	1	--	A
2	2	A	A
3	3		B
4	4	B	B
5	5	--	C
6	6	B B	(3,2)
7	8	A A B	(7,3)
8	11	C	C

在相同的计算机环境下,LZSS 算法比 LZ77 可获得比较高的压缩比,而译码同样简单。这也就是为什么这种算法成为开发新算法的基础,许多后来开发的文档压缩程序都使用了 LZSS 的思想,如 PKZip、ARJ、LHArc 和 ZOO 等,其差别仅仅是指针的长短和窗口的大小有所不同。

LZSS 同样可以和熵编码联合使用,如 ARJ 就与霍夫曼编码联用,而 PKZip 则与 Shannon-Fano 联用,它的后续版本也采用霍夫曼编码。

3.4.4 LZ78 算法

在介绍 LZ78 算法之前,首先说明在算法中用到的几个术语和符号:

• 字符流(Charstream):要被编码的数据序列。

• 字符(Character):字符流中的基本数据单元。

• 前缀(Prefix):在一个字符之前的字符序列。

- 缀-符串(String)：前缀＋字符。
- 码字(Code word)：码字流中的基本数据单元,代表词典中的一串字符。
- 码字流(Codestream)：码字和字符组成的序列,是编码器的输出。
- 词典(Dictionary)：缀-符串表。按词典中的索引号对每条缀-符串指定一个码字。
- 当前前缀(Current prefix)：在编码时用,指当前正在处理的前缀,用符号 P 表示。
- 当前字符(Current character)：在编码时用,指当前前缀后的字符,用符号 C 表示。
- 当前码字(Current code word)：在译码时用,指当前处理的码字,用 W 表示当前码字,String. W 表示当前码字的缀-符串。

1. 编码算法

LZ78 的编码思想是不断地从字符流中提取新的缀-符串,通俗地理解为新"词条",然后用"代号"也就是码字表示这个"词条"。这样一来,对字符流的编码就变成了用码字去替换字符流,生成码字流,从而达到压缩数据的目的。

在编码开始时词典是空的,不包含任何缀-符串。在这种情况下编码器就输出一个表示空字符串的特殊码字(例如"0")和字符流中的第一个字符 C,并把这个字符 C 添加到词典中作为由一个字符组成的缀-符串。在编码过程中,如果出现类似的情况,也照此办理。在词典中已经包含某些缀-符串的情况下,如果"当前前缀 P＋当前字符 C"已经在词典中,就用字符 C 来扩展这个前缀,这样的扩展操作一直重复到获得一个在词典中没有的缀-符串为止。此时就输出表示当前前缀 P 的码字和字符 C,并把 P＋C 添加到词典中作为前缀,然后开始处理字符流中的下一个前缀。

LZ78 编码器的输出是码字-字符(W,C)对,每次输出一对到码字流中,与码字 W 相对应的缀-符串用字符 C 进行扩展生成新的缀-符串,然后添加到词典中。LZ78 编码的具体算法如下：

步骤 1：在开始时,词典和当前前缀 P 都是空的。

步骤 2：当前字符 C：＝字符流中的下一个字符。

步骤 3：判断 P＋C 是否在词典中：

(1) 如果"是"：用 C 扩展 P,让 P：＝P＋C；

(2) 如果"否"：

① 输出与当前前缀 P 相对应的码字和当前字符 C。

② 把字符串 P＋C 添加到词典中。

③ 令 P：＝空值。

(3) 判断字符流中是否还有字符需要编码：

① 如果"是"：返回到步骤 2。

② 如果"否"：

- 若 P 不是空的,输出相应于当前前缀 P 的码字。

- 结束编码。

2. 译码算法

在译码开始时译码词典是空的,它将在译码过程中从码字流中重构。每当从码字流中读入一对码字-字符(W,C)对时,码字就参考已经在词典中的缀-符串,然后把当前码字的缀-符串 string. W 和字符 C 输出到字符流,而把(string. W＋C)添加到词典中。在译码结束之后,重构的词典与编码时生成的词典完全相同。LZ78 译码的具体算法如下：

步骤 1：在开始时词典是空的。

步骤 2：当前码字 W：＝码字流中的下一个码字。

步骤 3：当前字符 C：＝紧随码字之后的字符。

步骤 4：把当前码字的缀-符串(string.W)输出到字符流(Charstream)后输出字符 C。

步骤 5：把 string.W＋C 添加到词典中。

步骤 6：判断码字流中是否还有码字要译。

（1）如果"是"，就返回到步骤 2。

（2）如果"否"，则结束。

【例 3.11】 待编码字符串如表 3-13 所示，编码过程见表 3-14。现说明如下：

（1）"步骤"栏表示编码步骤。

（2）"位置"栏表示在输入数据中的当前位置。

（3）"词典"栏表示添加到词典中的缀-符串，缀-符串的索引等于"步骤"序号。

（4）"输出"栏以（当前码字 W，当前字符 C）简化为(W，C)的形式输出。

表 3-13 编码字符串

位置	1	2	3	4	5	6	7	8	9
字符	A	B	B	C	B	C	A	B	A

表 3-14 编码过程

步骤	位置	词典	输出
1	1	A	(0,A)
2	2	B	(0,B)
3	3	B C	(2,C)
4	5	B C A	(3,A)
5	8	B A	(2,A)

与 LZ77 相比，LZ78 的最大优点是在每个编码步骤中减少了缀-符串比较的次数，而压缩率基本相同。

3.4.5 LZW 算法

在 LZW 算法中使用的术语与 LZ78 使用的相同，仅增加了一个术语：前缀根(Root)，它是由单个字符串组成的缀-符串。

在编码原理上，LZW 与 LZ78 相比有如下差别：

（1）LZW 只输出代表词典中的缀-符串的码字。这就意味在开始时词典不能是空的，它必须包含可能在字符流中出现的所有单个字符，即前缀根。

（2）由于所有可能出现的单个字符都事先包含在词典中，每个编码步骤开始时都使用一字符前缀(one-character prefix)，因此在词典中搜索的第 1 个缀-符串有两个字符。

（3）新前缀开始的字符是先前缀-符串(C)的最后一个字符，这样在重构词典时就不需要在码字流中加入额外的字符。

1. 编码算法

LZW 编码[3~5]是围绕称为词典的转换表来完成的。这张转换表用来存放称为前缀(Prefix)的字符序列,并且为每个表项分配一个码字(Code word),或者叫作序号,如表 3-15 所示。这张转换表实际上是把 8 位 ASCII 字符集进行扩充,增加的符号用来表示在文本或图像中出现的可变长度 ASCII 字符串。扩充后的代码可用 9 位、10 位、11 位、12 位甚至更多的位来表示。Welch 的论文中用了 12 位,12 位可以有 4096 个不同的 12 位代码,这就是说,转换表有 4096 个表项,其中 256 个表项用来存放已定义的字符,剩下 3840 个表项用来存放前缀(Prefix)。

表 3-15　LZW 词典

码字(Code word)	前缀(Prefix)	码字(Code word)	前缀(Prefix)
1		255	
…	…	…	…
193	A	1305	abcdefxyF01234
194	B	…	…
…	…		

LZW 编码器(软件编码器或硬件编码器)就是通过管理这个词典完成输入与输出之间的转换。LZW 编码器的输入是字符流(Charstream),字符流可以是用 8 位 ASCII 字符组成的字符串,而输出是用 n 位(例如 $n=12$ 位)表示的码字流(Codestream),码字代表单个字符或多个字符组成的字符串。

LZW 编码器使用了一种很实用的分析(parsing)算法,称为贪婪分析算法(greedy parsing algorithm)。在贪婪分析算法中,每一次分析都要串行地检查来自字符流的字符串,从中分解出已经识别的最长的字符串,也就是已经在词典中出现的最长的前缀。用已知的前缀加上下一个输入字符 C,也就是当前字符(Current character),作为该前缀的扩展字符,形成新的扩展字符串——缀-符串:Prefix.C。这个新的缀-符串是否要加到词典中,还要看词典中是否存有和它相同的缀-符串。如果有,那么这个缀-符串就变成前缀(Prefix),继续输入新的字符,否则就把这个缀-符串写到词典中生成一个新的前缀,并给一个代码。

LZW 编码算法的具体执行步骤如下:

步骤 1:开始时的词典包含所有可能的根(Root),而当前前缀 P 是空的。

步骤 2:当前字符(C):=字符流中的下一个字符。

步骤 3:判断缀-符串 P+C 是否在词典中:

(1) 如果"是",P:=P+C// (用 C 扩展 P)。

(2) 如果"否",则:

① 把代表当前前缀 P 的码字输出到码字流。

② 把缀-符串 P+C 添加到词典。

③ 令 P:=C　　//(现在的 P 仅包含一个字符 C)。

步骤 4:判断码字流中是否还有码字要译:

(1) 如果"是",就返回到步骤 2。

（2）如果"否"，则：

① 把代表当前前缀 P 的码字输出到码字流。

② 结束。

LZW 编码算法可用伪码表示。开始时假设编码词典包含若干个已经定义的单个码字。例如，256 个字符的码字，用伪码可以表示成：

```
---------------------------------------------------
Dictionary[j] ← all n single-character, j=1, 2, …, n
j ← n+ 1
Prefix ← read first Character in Charstream
while((C ← next Character)!=NULL)
    Begin
        If Prefix.C is in Dictionary
            Prefix ← Prefix.C
        else
            Codestream ← cW for Prefix
            Dictionary[j] ← Prefix.C
            j ← n+ 1
            Prefix ← C
        end
Codestream ← cW for Prefix
---------------------------------------------------
```

2. 译码算法

LZW 译码算法中还用到另外两个术语：（1）当前码字（Current code word）：指当前正在处理的码字，用 cW 表示，用 string.cW 表示当前缀-符串；（2）先前码字（Previous code word）：指先于当前码字的码字，用 pW 表示，用 string.pW 表示先前缀-符串。

LZW 译码算法开始时，译码词典与编码词典相同，它包含所有可能的前缀根（roots）。LZW 算法在译码过程中会记住先前码字（pW），从码字流中读当前码字（cW）之后输出当前缀-符串 string.cW，然后把用 string.cW 的第一个字符扩展的先前缀-符串 string.pW 添加到词典中。

LZW 译码算法的具体执行步骤如下：

步骤 1：在开始译码时词典包含所有可能的前缀根（Root）。

步骤 2：当前码字 cW:=码字流中的第一个码字。

步骤 3：输出当前缀-符串 string.cW 到字符流。

步骤 4：先前码字 pW:=当前码字 cW。

步骤 5：当前码字 cW:=码字流中的下一个码字。

步骤 6：判断当前缀-符串 string.cW 是否在词典中：

（1）如果"是"，则：

① 当前缀-符串 string.cW 输出到字符流。

② 当前前缀 P:=先前缀-符串 string.pW。

③ 当前字符 C：＝当前前缀-符串 string. cW 的第一个字符。

④ 把缀-符串 P＋C 添加到词典。

（2）如果"否"，则：

① 当前前缀 P：＝先前缀-符串 string. pW。

② 当前字符 C：＝当前前缀-符串 string. pW 的第一个字符。

③ 输出缀-符串 P＋C 到字符流，然后把它添加到词典中。

步骤 7：判断码字流中是否还有码字要译：

（1）如果"是"，就返回到步骤 4。

（2）如果"否"，结束。

LZW 译码算法可用伪码表示如下：

```
Dictionary[j] ← all n single-character, j=1, 2, …,n
j ← n+ 1
cW ← first code from Codestream
Charstream ← Dictionary[cW]
pW ← cW
While((cW ← next Code word)!=NULL)
    Begin
        If cW is in Dictionary
        Charstream ← Dictionary[cW]
        Prefix ← Dictionary[pW]
        cW ← first Character of Dictionary[cW]
        Dictionary[j] ← Prefix.cW
        j ← n+ 1
        pW ← cW
    else
        Prefix ← Dictionary[pW]
        cW ← first Character of Prefix
        Charstream ← Prefix.cW
        Dictionary[j] ← Prefix.C
        pW ← cW
        j ← n+ 1
    end
end
```

【例 3.12】 待编码字符串如表 3-16 所示，编码过程见表 3-17。现说明如下：

（1）"步骤"栏表示编码步骤。

（2）"位置"栏表示在输入数据中的当前位置。

（3）"词典"栏表示添加到词典中的缀-符串，它的索引在括号中。

（4）"输出"栏表示码字输出。

表 3-18 解释了译码过程。每个译码步骤译码器读一个码字，输出相应的缀-符串，并把它添加到词典中。例如，在步骤 4 中，先前码字（2）存储在先前码字（pW）中，当前码字（cW）是

（4），当前缀-符串 string.cW 是输出（"A B"），先前缀-符串 string.pW（"B"）是用当前缀-符串 string.cW（"A"）的第一个字符，其结果（"B A"）添加到词典中，它的索引号是（6）。

表 3-16　待编码的字符串

位置	1	2	3	4	5	6	7	8	9
字符	A	B	B	A	B	A	B	A	C

表 3-17　LZW 的编码过程

步　骤	位　置	词　典		输　出
		(1)	A	
		(2)	B	
		(3)	C	
1	1	(4)	A B	(1)
2	2	(5)	B B	(2)
3	3	(6)	B A	(2)
4	4	(7)	A B A	(4)
5	6	(8)	A B A C	(7)
6	--	--		(3)

表 3-18　LZW 的译码过程

步　骤	输入代码	词　典		输　出
		(1)	A	
		(2)	B	
		(3)	C	
1	(1)	--	--	A
2	(2)	(4)	A B	B
3	(2)	(5)	B B	B
4	(4)	(6)	B A	A B
5	(7)	(7)	A B A	A B A
6	(3)	(8)	A B A C	C

　　LZW 算法得到普遍采用，它的速度比使用 LZ77 算法的速度快，因为它不需要执行那么多的缀-符串的比较操作。对 LZW 算法进一步的改进是增加可变的码字长度，以及在词典中删除老的缀-符串。

　　LZW 算法取得了专利，专利权的所有者是美国的一个大型计算机公司——Unisys（优利系统公司），除了商业软件生产公司之外，可以免费使用 LZW 算法。

练习与思考题

3.1 熵(entropy)是什么?

3.2 熵编码(entropy coding)是什么?

3.3 假设$\{a,b,c\}$是由 3 个事件组成的集合,计算该集合的决策量。(分别用 Sh、Nat 和 Hart 作单位。)

3.4 现有一幅用 256 级灰度表示的图像,如果每级灰度出现的概率均为 $p(x_i)=1/256,i=0,\cdots,255$,计算这幅图像数据的熵。

3.5 现有 8 个待编码的符号 $m_0,\cdots,m_7$,它们的概率如练习表 3-1 所示,计算这些符号的霍夫曼码并填入表中。

练习表 3-1

待编码符号	概率	分配的代码	代码长度(位)
m_0	0.40		
m_1	0.20		
m_2	0.15		
m_3	0.10		
m_4	0.07		
m_5	0.04		
m_6	0.03		
m_7	0.01		

3.6 现有 5 个待编码的符号,它们的概率见练习表 3-2。计算该符号集的:(1)熵;(2)霍夫曼码;(3)平均码长。

练习表 3-2

符号	a_1	a_2	a_3	a_4	a_5
概率	0.2	0.4	0.2	0.1	0.1

3.7 使用算术编码生成字符串 games 的代码。字符 g、a、m、e、s 的概率见练习表 3-3。

练习表 3-3

符号	g	a	m	e	s
概率	0.4	0.2	0.2	0.1	0.1

3.8 字符流的输入如练习表 3-4 所示,使用 LZW 算法计算输出的码字流。如果对本章介绍的 LZW 算法不打算改进,请核对计算的输出码字流为:

(1) (2) (4) (3) (5) (8) (1) (10) (11) ⋯

练习表 3-4

输入位置	1	2	3	4	5	6	7	8	9	10	11	12	13	14	15	16	17	⋯
输入字符流	a	b	a	b	c	b	a	b	a	b	a	a	a	a	a	a	a	⋯
输出码字																		

3.9 LZ78 算法和 LZ77 算法的差别在哪里？

3.10 LZSS 算法和 LZ77 算法的核心思想是什么？它们之间有什么差别？

3.11 LZW 算法和 LZ78 算法的核心思想是什么？它们之间有什么差别？

3.12 你是否同意"某个事件的信息量就是某个事件的熵"的看法。

参考文献和站点

[1] David Salomon. Data Compression. Third Edition. Springer-Verlag，2004.

[2] Timothy C. Bell，John G. Cleary，Ian H. Witten. Text Compression. Prentice-Hall，Inc.，1990.

[3] Ziv J.，Lempel A.. A Universal Algorithm for Sequential Data Compression. IEEE Transactions on Information Theory，May 1977.

[4] Terry A. Welch. A Technique for High-Performance Data Compression. Computer，June 1984.

[5] Nelson，M. R. LZW Data Compression. Dr. Dobb's Journal，October 1989. http://marknelson.us/1989/10/01/lzw-data-compression/.

[6] R. Hunter，A. H. Robison. International Digital Facsimile Coding Standards. Proceedings of the IEEE，Vol.68，No.7，July，1980，854～867.

第 4 章　数字语音编码

语音是携带信息的重要媒体，广泛用在多媒体作品和多媒体通信系统中。数字语音编码的研究和开发方向是，在满足语音质量要求的前提下，尽量降低数字语音的数据率，其目的是降低对存储容量和传输带宽的要求。数十年来，多个国际组织为此制定了一系列的语音数据编码标准，并且继续开发质量更高、数据率更低的语音编码标准。

本教材使用声音(audio)表示频率范围为 20～20 000Hz 的信号，语音(speech)表示频率范围为 300～3400Hz 的信号。语音是声音，但声音不一定是语音；本章将首先介绍声音的基础知识，然后重点介绍语音编码的基本思想，对需要具体设计编解码器软硬件的读者，在"参考文献和站点"中可找到详细的技术资料供参考。

本章主要介绍波形编码，参数编码主要介绍 LPC 编码，混合编码主要介绍 CELP 编码。虽然这些算法主要是针对语音编码，但其中的许多算法也适合声音编码。

4.1　声音信号数字化

4.1.1　声音是什么

声音是听觉器官对声波的感知，而声波是通过空气或其他媒体传播的连续振动。声音的强弱体现在声波压力的大小上，音调的高低体现在声音的频率上。声音用电表示时，声音信号在时间和幅度上都是连续的模拟信号，如图 4-1 所示。声波具有普通波所具有的特性，例如反射（reflection）、折射（refraction）和衍射（diffraction）等。

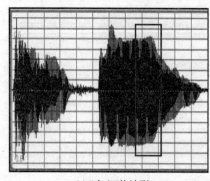 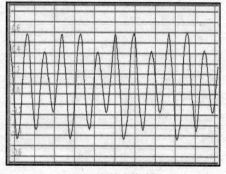

(a) "东方"的波形　　　　　　　　　　　　　　(b) 局部放大的波形

图 4-1　声音是一种连续的波

声音的种类繁多，如语音、乐器声、动物发出的声音、机器产生的声音以及自然界的雷声、风声和雨声等。从物理学的角度来看，声音是由许多频率不同的信号组成的，将这种声音信号称为复合信号，而将单一频率的信号称为分量信号。

4.1.2 声音的频率

描述声音信号的两个基本参数是频率和幅度。信号的频率是指信号每秒钟变化的次数，用 Hz 表示。例如，大气压的变化周期很长，以小时或天数计算，一般人不容易感到这种气压信号的变化，更听不到这种变化。对于频率为几 Hz 到 20Hz 的空气压力信号，普通人也听不到，如果它的强度足够高，也许可以感觉到。人们把频率小于 20Hz 的信号称为亚音信号，或称为次音信号（subsonic）。

频率为 10～20 000Hz 的信号称为高保真声音（high-fidelity audio）；频率为 20Hz～20kHz 的信号都称为声音（audio/sound），20Hz～20kHz 范围的频率称为声音频率，简称为"（声）音频（率）"。由此可见，将 audio 译成"音频"是不可取的。

人的发音器官发出的声音频率大约在 80～3400Hz 之间。男人说话的信号频率通常为 300～3000Hz，女人说话的信号频率通常为 300～3400Hz，因此把 300～3400Hz 范围的信号称为语音（speech/voice）信号。语音是声音，但不可说声音是语音，语音是声音的一种。

信号频率高于 20kHz 的信号称为超音信号或称为超声波（ultrasonic），这种信号具有很强的方向性，而且可以形成波束，在工业上得到广泛应用，如超声波探测仪、超声波焊接设备等就是利用这种信号。

人们是否都能听到声音信号，主要取决于各个人的年龄和耳朵的特性。一般来说，人的听觉器官能感知的声音频率大约在 20～20 000Hz 之间，在这种频率范围里感知的声音幅度大约在 0～120dB 之间。除此之外，人的听觉器官对声音的感知还有一些重要特性，这些特性在声音数据压缩中已经得到充分利用。

综上所述，在科学技术文献和产品中，声音的名称和频率范围可归纳如下：

- 高保真声音（high-fidelity audio）：10～20 000Hz；
- 声音（audio/sound）：20～20 000Hz；
- 语音（speech/voice）：300～3400Hz；
- 亚音（subsonic）：<20Hz；
- 超声（ultrasonic）：>20 000Hz。

此外，语音还有窄带语音和宽带语音之分。窄带语音（narrowband）信号的频率范围为 300～3400Hz，宽带语音（wideband）信号的频率范围为 50～7000Hz。

4.1.3 从模拟过渡到数字

回顾历史，大多数电信号的处理一直是用模拟元部件（如晶体管、变压器、电阻、电容等）对模拟信号进行处理。但是开发一个具有较高精度而且几乎不受环境变化影响的模拟信号处理元部件是相当困难的，而且成本也很高。

如果把模拟信号转变成数字信号，用数字来表示模拟量，对数字信号做计算，那么难点就发生了转移，把开发模拟运算部件的问题转变成开发数字运算部件的问题，这就出现了数字信号处理器（Digital Signal Processor，DSP）。DSP 与通用微处理器相比，除了它们的结构不同外，其基本差别是，DSP 有能力响应和处理采样模拟信号得到的数据流，如做乘法和累加求和运算。

在数字域而不在模拟域中做信号处理的主要优点是：首先，数字信号计算是一种精确的运算方法，它不受时间和环境变化的影响；其次，表示部件功能的数学运算不是物理上实现的功能部件，而是用相对容易实现的数学运算去模拟；此外，可以对数字运算部件进行编程，如欲改变算法或改变某些功能，还可对数字部件进行再编程。

4.1.4　模拟信号与数字信号

声音信号是典型的连续信号，不仅在时间上是连续的，而且在幅度上也是连续的。在时间上"连续"是指在一个指定的时间范围里，声音信号的幅值有无穷多个。在幅度上"连续"是指幅度的数值有无穷多个。把在时间和幅度上都是连续的信号称为模拟信号。

在某些特定的时刻对这种模拟信号进行测量叫作采样（sampling），由这些特定时刻采样得到的信号称为离散时间信号。由于用这种方法采样得到的幅值是无穷多个实数值中的一个，因此幅度还是连续的。如果把信号幅度取值的数目加以限定，这种由有限数目的数值组成的信号就称为离散幅度信号。

例如，假设输入电压的范围是 $0\sim0.7\mathrm{V}$，并假设其取值只限定为 0、0.1、0.2、…、0.7 共 8 个值。如果采样得到的幅度值是 0.123V，它的取值就应算作 0.1V；如果采样得到的幅度值是 0.26V，它的取值就算作 0.3V，这种数值就称为离散数值。我们把时间和幅度都用离散的数字表示的信号称为数字信号。

4.1.5　声音信号数字化方法

1. 数字化的概念

声音进入计算机的第一步就是数字化，数字化实际上就是采样和量化。如前所述，连续时间的离散化通过采样来实现，就是每隔相等的一段时间采样一次，这种采样称为均匀采样（uniform sampling）；连续幅度的离散化通过量化（quantization）来实现，就是把信号幅度划分为若干段，如果幅度的划分是等间隔的，就称为线性量化，否则就称为非线性量化。图 4-2 表示了声音数字化的概念。

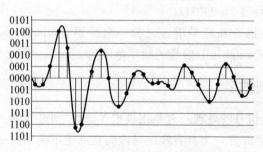

图 4-2　声音的采样和量化

声音数字化需要回答两个问题：（1）每秒钟需要采集多少个声音样本，也就是采样速率（f_s）是多少；（2）每个声音样本用多少位（bit）表示，也就是量化精度。

2. 采样速率

采样速率的高低由信号本身包含的最高频率决定，信号的频率越高，需要的采样速率就越高,但不需要太高。根据奈奎斯特理论(Nyquist theory),采样速率不应低于声音信号最高频率的两倍,这样就能把以数字表达的声音还原成原来的声音,这叫作无损数字化(lossless digitization)。

如果用 f 表示声音信号包含的最高频率,$T=1/f$ 表示最高频率的周期,f_s 表示采样速率,$T_s=1/f_s$ 表示样本间隔,采样定律用公式表示为:

$$f_s \geqslant 2f \text{ 或者 } T_s \leqslant T/2$$

其中,f_s 也称为奈奎斯特速率(Nyquist rate),将其速率的一半($f_s/2$)称为奈奎斯特频率(Nyquist frequency)。

读者可这样来理解奈奎斯特理论:声音信号可看成是由许多正弦波组成的,一个振幅为 A、频率为 f 的正弦波至少需要两个采样样本表示。因此,如果一个信号中的最高频率为 f_{max},采样速率最低要选择 $2f_{max}$。例如,语音信号的最高频率约为 3.4kHz,采样速率就选为 8kHz。

3. 采样精度

样本大小用每个声音样本的位数表示,它反映度量声音波形幅度的精度。例如,每个声音样本用 16 位(2 字节)表示,测得的声音样本值是在[0~65 535]范围里的数,它的精度是 1/65 536。精度是度量模拟信号的最小单位,称为量化阶(quantization step size)。例如,将 0~1V 的电压用 256 个数表示时,它的量化阶等于 1/256V。

样本位数的大小影响到声音的质量,位数越多,声音质量越高,所需存储空间也越多;位数越少,声音质量越低,所需存储空间也越少。

采样精度的另一种表示方法是信号噪声比,简称为信噪比(signal to noise ratio, SNR),并用公式 4-1 计算:

$$\text{SNR} = 10\lg\left[\frac{(V_{signal})^2}{(V_{noise})^2}\right] = 20\lg\left(\frac{V_{signal}}{V_{noise}}\right) \tag{4-1}$$

其中,V_{signal} 表示信号电压,V_{noise} 表示量化噪声电压,就是模拟信号的采样值和与它最接近的数字数值之间的差值,SNR 的单位为分贝(dB)。

例如,假设信号电压 $V_{signal}=0.7\text{V}$,如果采样精度用 16 位表示,则最大的量化噪声电压 $V_{noise}=0.7\times[1/(2^{16})]\text{V}$,代入上式计算得到的信噪比 $\text{SNR}\approx96(\text{dB})$。

假设采样精度的位数为 n 位,信噪比可写成

$$\text{SNR} = 20\lg\left(\frac{V_{signal}}{V_{noise}}\right) = 20\lg\left(\frac{V_{signal}}{V_{signal}(1/2^n)}\right) = 20\lg(2^n) \approx 6.02n$$

同样,如果采样精度用 8 位表示,则信噪比 $\text{SNR}\approx48(\text{dB})$。我们可以这样说,采样精度每增加 1 位,信噪比就增加 6dB。

4.1.6 声音质量与数据率

根据声音的频带,通常把声音的质量分成 5 个等级,由低到高分别是电话(telephone)、调幅(amplitude modulation,AM)广播声音、调频(frequency modulation,FM)广播声音、激光唱盘(CD-Audio)声音和数字录音带(digital audio tape,DAT)声音。在这 5 个等级中,使用的采样速率、样本精度、通道数和数据率见表 4-1。

表 4-1 声音质量和数据率

质量	采样速率 (kHz)	样本精度 (bit/s)	单道声/ 立体声	数据率(kb/s) (未压缩)	频率范围
电话 *	8	8	单道声	64.0	200～3400Hz
AM	11.025	8	单道声	88.2	20～15 000Hz
FM	22.050	16	立体声	705.6	50～7000Hz
CD	44.1	16	立体声	1411.2	20～20 000Hz
DAT	48	16	立体声	1536.0	20～20 000Hz

* 电话使用 μ 律编码,动态范围为 13 位而不是 8 位。

4.1.7 声音质量的 MOS 评分标准

声音质量的评价是一个很困难的问题。前面介绍了用声音信号的带宽来衡量声音的质量,等级由高到低依次是 DAT、CD、FM、AM 和数字电话。此外,声音质量的度量还有两种基本的方法:一种是客观质量度量,另一种是主观质量度量。评价语音质量时,有时同时采取两种方法评估,有时以主观质量度量为主。

声音客观质量的度量主要用信噪比(SNR),详细计算请参看文献[15]。与用 SNR 客观质量度量相比,可以说人的感觉(如听觉、视觉等)更具有决定意义,感觉上的、主观上的测试应该成为评价声音和图像质量不可缺少的部分。有的学者认为,在语音和图像信号编码中使用主观质量度量比使用客观质量度量更加恰当,更有意义。然而,可靠的主观度量值也是比较难获得的,所获得的值也是一个相对值。

主观度量声音质量的方法类似于电视节目中的歌手比赛,由评委对每个歌手的表现进行评分,然后求出平均值。对声音质量的度量也使用类似的方法,召集若干实验者,由他们对声音质量的好坏进行评分,求出平均值作为对声音质量的评价。这种方法称为主观平均判分法,所得的分数称为主观平均分(Mean Opinion Score,MOS)。

现在,对声音主观质量度量比较通用的标准是 5 分制,各档次的评分标准见表 4-2。

表 4-2 声音质量 MOS 评分标准

分　数	质量级别	失真级别
5	优(Excellent)	无察觉
4	良(Good)	(刚)察觉但不讨厌
3	中(Fair)	(察觉)有点讨厌
2	差(Poor)	讨厌但不反感
1	劣(Bad)	极讨厌(令人反感)

4.2 语音编码介绍

4.2.1 语音编码方法

1. 语音编码

数字语音编码(speech coding)是针对语音数字数据的压缩技术,主要用于语音通信。

数字语音编码的完整过程如图 4-3 所示。输入语音 $x_c(t)$ 是以时间 t 为变量的连续函数,经过 A/D 转换(采样和量化)后,数字信号 $x(n)$ 是以离散时间 n(整数)表示的样本序列,两个样本之间的间隔为 $T=1/f_s$(采样速率的倒数),通过分析或编码转换成代表语音的数字信号 $y(n)$,再通过压缩生成在信道上传输或存储的数据 $\hat{y}(n)$。数据压缩通常采用无损数据压缩,也不是所有语音编码系统都有这个模块。解码过程与编码过程相反。

数字语音编码的核心是对数字语音信号 $x(n)$ 的分析或编码,把它转换成另一种形式的数据 $y(n)$ 来表示。

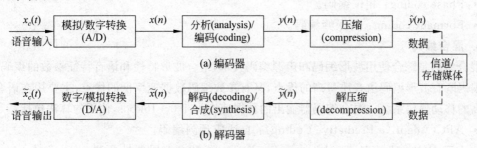

图 4-3 语音编码概念

数字语音信号处理的理论研究和实践已有 80 多年的历史。伴随理论的深入和逐步走向完善,开发了各种各样的编码算法和相应的编码器。按编码方法来划分,得到认可的是将它们大致归纳成三种类型:波形编码(waveform coding)、参数编码(parametric coding)和混合编码(hybrid coding),如图 4-4 所示。

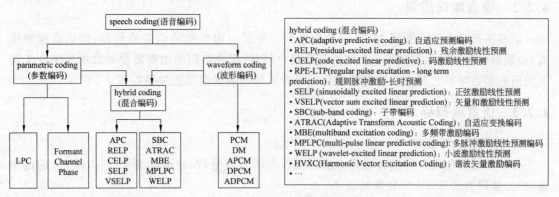

图 4-4 语音编码方法的类型

2. 波形编码

波形编码是用数字形式精确地表示模拟信号波形的编码方法,在不考虑语音产生和感知

特性的情况下,波形编码器输出的数据速率为9.6～64kbps或更高(取决于采样速率和量化精度),采用的算法包括:

- PCM(Pulse Code Modulation):脉冲编码调制。
- DM(△)(Delta Modulation,DM):增量调制。
- APCM(Adaptive Pulse Code Modulation):自适应脉冲编码调制。
- DPCM(Differential Pulse Code Modulation):差分脉冲编码调制。
- ADPCM(Adaptive Difference Pulse Code Modulation):自适应差分脉冲编码调制。

3. 参数编码

参数编码是使用发音器官生成语音信号的模型,对从语音信号中抽出语音的特征参数(如发音模型、有声/无声、音量大小、音调)进行编码的方法,解码器根据模型参数重构语音信号。参数编码器输出的数据速率约为2～4.8kbps,采用的算法包括:

- LPC(Linear Predictive Coding):线性预测。
- Channel coding:信道编码。
- Phase coding:相位编码。
- Formant coding:共振峰编码。

4. 混合编码

混合编码是综合使用波形编码和声源编码技术,组合波形特性和语音特征参数的编码方法。混合编码既有波形编码语音质量高的优点,又有参数编码数据速率低的优点,主要用在语音质量要求高的移动通信系统。混合编码器输出的数据速率为4.0～16kbps,使用的算法包括:

- APC(Adaptive Predictive Coding):自适应预测编码。
- RELP(Residual-Excited Linear Prediction):残余激励线性预测。
- CELP(Code Excited Linear Predictive):码激励线性预测。
- SBC(Sub-Band Coding):子带编码。

编码算法类型的划分并不严格,也不必苛求。例如,有些学者把SBC归到波形编码,有些学者把它归到混合编码。

4.2.2 语音编码质量

语音编码的质量通常用MOS分数来衡量。波形编码生成的语音质量高,但数据速率也高;参数编码生成的数据速率低,但语音质量也较低;混合编码的语音质量和数据速率介于波形编码和参数编码之间。三种编码方法的语音质量与数据速率的关系如图4-5所示。

4.2.3 语音编码标准

1. 编码算法的性能

为便于比较使用各种语音编码方法可获得的语音质量,在数据率为2.4～64kb/s的范围里,部分编码方法的MOS分数见表4-3。

2. 语音编码标准

针对不同的应用环境,前称为国际电报电话咨询委员会(CCITT)的国际电信联盟标准化部(ITU-T)开发了多个语音编码标准,并免费提供许多文档和实验软件[1]。为便于读者比较,表4-4列出了ITU-T开发的推荐标准和欧洲电信标准学会(European Telecommunication

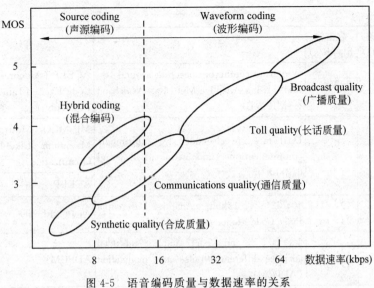

图 4-5　语音编码质量与数据速率的关系

Standards Institute，ETSI)开发的 GSM 06.10 标准。ETSI 是由欧洲邮电管理局和欧共体于 1988 年建立的组织，为欧洲制定远程通信标准。

表 4-3　部分编码方法的 MOS 分数

编 码 方 法	MOS 分数
64kb/s 脉冲编码调制（PCM）	4.3
32kb/s 自适应差分脉冲编码调制（ADPCM）	4.1
16kb/s 低时延码激励线性预测编码（LD-CELP）	4.0
8kb/s 码激励线性预测编码（CELP）	3.7
3.8kb/码激励线性预测编码（CELP）	3.0
2.4kb/s 线性预测编码声码器（LPC 声码器）	2.5

表 4-4　声音编码器摘要

标准号	采样速率(kHz)	数据输出(kb/s)	标 准 名 称	编码方法	标准发布/修改时间
G. 711	8	64	Pulse code modulation （PCM） of voice frequencies	μ-Law 或 A-Law	1972/1988
G. 711.1	16	64，80，96	Wideband embedded extension for ITU-T G. 711 pulse code modulation	μ-Law, A-Law, SBC, MDCT	2008/2012
G. 721	8	32	32kbit/s adaptive differential pulse code modulation （ADPCM）	被 G. 726 覆盖	1988
G. 722	16	64	7kHz audio-coding within 64kbit/s	SB-ADPCM（Sub-band ADPCM）	1988/2012
G. 722.1	16	24，32	Low-complexity coding at 24 and 32kbit/s for hands-free operation in systems with low frame loss	MLT （Modulated Lapped Transform）	1999/2005

标准号	采样速率(kHz)	数据输出(kb/s)	标准名称	编码方法	标准发布/修改时间
G.722.2	16	6.6~23.85	Wideband coding of speech at around 16 kbit/s using Adaptive Multi-Rate Wideband (AMR-WB)	ACELP (Algebraic Code Excited Linear Prediction)	2002/2003
G.723.1	8	6.3	Dual rate speech coder for multimedia communications transmitting at 5.3 and 6.3kbit/s	MP-MLQ (Multipulse Maximum Likelihood Quantization)	1996/2006
		5.3		ACELP	
G.726	8	40, 32, 24, 16	40, 32, 24, 16kbit/s Adaptive Differential Pulse Code Modulation (ADPCM)	ADPCM	1990
G.727	8	16, 24, 32, 40	5-, 4-, 3-and 2-bit/sample embedded adaptive differential pulse code modulation (ADPCM)	ADPCM	1990
G.728	8	16	Coding of speech at 16kbit/s using low-delay code excited linear prediction (LD-CELP)	LD-CELP	1992/2012
G.729	8	8	Coding of speech at 8kbit/s using conjugate-structure algebraic-code-excited linear prediction (CS-ACELP)	CS-ACELP	1996/2012
GSM 06.10	8	13	Regular Pulse Excitation-Long Term Predictor (RPE-LTP)	RPE-LTP	1997

4.3 波形编码

波形编码的基本思想是使重构建语音信号的波形与原始信号的波形尽量接近。波形编码是语音编码质量最好的编码方法。波形编码方法很多,本节将介绍 PCM、DM、ADM、APCM、DPCM、ADPCM 和 SB-ADPCM。

4.3.1 PCM 编码(G.711)

脉冲编码调制(Pulse Code Modulation,PCM)是概念上最简单、理论上最完善的编码系统,是最早研制成功、使用最为广泛的编码系统,但也是数据量最大的编码系统。1972 年 ITU 将它作为 G.711 声音(audio)编码标准。

PCM 的编码原理比较直观和简单,它的原理框图如图 4-6 所示。在这个编码系统中,它的输入是模拟声音信号,它的输出是 PCM 样本。图中的"防失真滤波器"是一个低通滤波器,用来滤除声音频带以外的信号;"波形采样器"用来对声音信号采样,"量化器"可理解为"量化阶大小(step-size)生成器"或称为"量化间隔生成器"。

前面已经介绍,声音数字化分成两个步骤:第一步是采样,就是每隔一段时间间隔读一次声音的幅度;第二步是量化,就是把采样得到的声音信号幅度转换成数字值。量化有好几种方法,但可归纳成两类:一类称为均匀量化,另一类称为非均匀量化。采用的量化方法不同,量

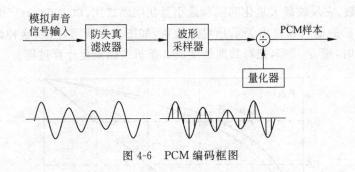

图 4-6 PCM 编码框图

化后的数据量也就不同。因此,可以说量化也是一种压缩数据的方法。

1. 均匀量化

如果采用相等的量化间隔对采样得到的信号进行量化,那么这种量化称为均匀量化。均匀量化就是采用相同的"等分尺"来度量采样得到的幅度,也称为线性量化,如图 4-7 所示。量化后的样本值 Y 和原始值 X 的差 $E = Y - X$ 称为量化误差或量化噪声。

用这种方法量化输入信号时,无论对大的输入信号还是小的输入信号一律都采用相同的量化间隔。为了适应幅度大的输入信号,同时又要满足精度要求,就需要增加样本的位数。但是,出现大信号语音的机会并不多,增加的样本位数就没有充分利用。为了克服这个不足,就出现了非均匀量化的方法,也叫作非线性量化。

2. 非均匀量化

非线性量化的基本想法是,对输入信号进行量化时,幅度大的信号采用大的量化间隔,幅度小的信号采用小的量化间隔,如图 4-8 所示,这样就可在满足精度要求的情况下用较少的位数来表示。声音数据还原时,采用相同的规则。

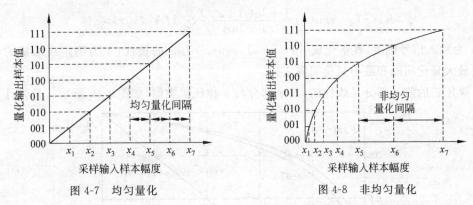

图 4-7 均匀量化　　　　　　　　　图 4-8 非均匀量化

在非线性量化中,采样输入信号幅度和量化输出数据之间定义了两种算法,称为 μ 律压扩(companding)算法和 A 律压扩算法。这两种算法与人的听觉感知特性一致。

1) μ 律压扩

μ 律(μ-Law)压扩(G.711 标准)主要用在北美和日本等地区的数字电话通信系统中,按公式 4-2 确定量化输入和输出的关系:

$$F_\mu(x) = \text{sgn}(x) \frac{\ln(1 + \mu \mid x \mid)}{\ln(1 + \mu)} \qquad (4-2)$$

式中,x 为输入信号幅度,规格化成 $-1 \leqslant x \leqslant 1$;函数 $\text{sgn}(x)$ 的值为 1,符号同 x 的正负号;μ 为

确定压缩量的参数,它反映最大量化间隔和最小量化间隔之比,取 $100 \leqslant \mu \leqslant 500$。

由于 μ 律压扩的输入和输出关系是对数关系,如图 4-9 所示,所以这种编码又称为对数 PCM。具体计算时,用 $\mu = 255$,把对数曲线变成 8 条折线以简化计算过程。

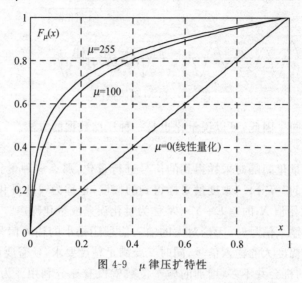

图 4-9 μ 律压扩特性

2) A 律压扩

A 律(A-Law)压扩(G.711 标准)主要用在欧洲和中国大陆等地区的数字电话通信系统中,按公式 4-3 确定量化输入和输出的关系:

$$F_A(x) = \text{sgn}(x)\, \frac{A\,|\,x\,|}{1+\ln A}, \quad 0 \leqslant |\,x\,| \leqslant 1/A$$

$$F_A(x) = \text{sgn}(x)\, \frac{1+\ln(A\,|\,x\,|)}{1+\ln A}, \quad 1/A < |\,x\,| \leqslant 1 \tag{4-3}$$

式中,x 为输入信号幅度,规格化成 $-1 \leqslant x \leqslant 1$;$\text{sgn}(x)$ 为 x 的极性;A 为确定压缩量的参数,它反映最大量化间隔和最小量化间隔之比。

A 律压扩的前一部分是线性的,其余部分与 μ 律压扩类似,如图 4-10 所示。具体计算时,

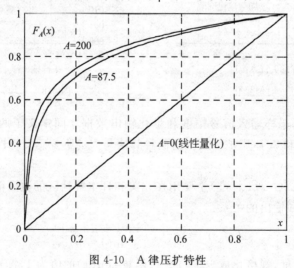

图 4-10 A 律压扩特性

$A=87.56$,为简化计算,同样可把对数曲线部分变成折线。

对于采样速率为 8kHz,样本精度为 13 位、14 位或者 16 位的输入信号,使用 μ 律或 A 律压扩编码,每个样本都用 8 位表示,输出的数据速率为 64kb/s。

3. PCM 在通信中的应用

PCM 编码主要用于语音通信中的多路复用。过去在电信网中传输媒体费用约占总成本的 65%,设备费用约占总成本的 35%,因此提高线路利用率是一个重要课题。提高线路利用率通常有两种方法:频分多路复用(Frequency-Division Multiplexing,FDM)和时分多路复用(Time-Division Multiplexing,TDM)。

FDM 是在一条通信线路上使用不同频段同时传送多个独立信号的通信方法,它是模拟载波通信用的主要方法。它的核心思想是把传输信道的频带分成几个窄带,每个窄带传送一路信号。例如,一个信道的频带为 1400Hz,把它分成 4 个子信道:820~990Hz,1230~1400Hz,1640~1810Hz 和 2050~2220Hz,相邻子信道间有一个相距 240Hz 的保护带,用于确保子信道之间不产生相互干扰。每个用户仅占用其中的一个子信道。

TDM 是在同一条通信线路上使用不同时段"同时"传送多个独立信号的通信方法,它是数字通信的主要方法。TDM 的核心思想是将时间分成等间隔的时段,为每个用户指定一个时间间隔,每个间隔传输信号的一部分,这样就可使许多用户同时使用一条传输线路。例如,语音信号的采样速率 $f=8000Hz/s$,它的采样周期=125μs,这个时间称为 1 帧(frame)。在这个时间里可容纳的话路数有两种规格:24 路制和 30 路制。

(1) 24 路制的帧格式如图 4-11 所示,重要参数如下:

- 每秒钟传送 8000 帧,每帧 125μs。
- 12 帧组成 1 复帧(用于同步)。
- 每帧由 24 个时间片(信道)和 1 位同步位组成。
- 每个信道每次传送 8 位代码,1 帧有 $24\times8+1=193$(位)。
- 数据传输率 $R=8000\times193=1544kb/s$。
- 每一个话路的数据传输率=$8000\times8=64kb/s$。

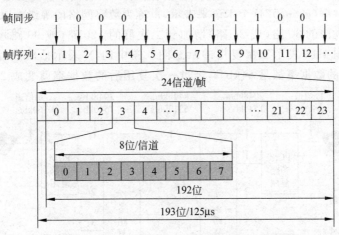

图 4-11　24 路 PCM 的帧结构

(2) 30 路制的帧格式如图 4-12 所示,重要参数如下:

- 每秒钟传送 8000 帧,每帧 125μs。
- 16 帧组成 1 复帧(multiframe)。

- 每帧由 32 个时间片(信道)组成。
- 每个信道每次传送 8 位代码。
- 数据传输率：R＝8000×32×8＝2048kb/s。
- 每一个话路的数据传输率＝8000×8＝64kb/s。

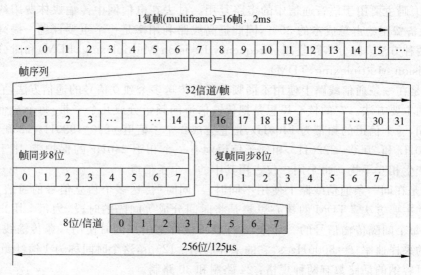

图 4-12　30 路 PCM 的帧结构

在使用时分多路复用的情况下,由于当信道无数据传输时仍给那个信道分配时间槽,因此线路利用率较低。为解决这个问题,开发了统计时分多路复用技术(Statistical Time Division Multiplexing,STDM)。STDM 是按照每个传输信道的传输需要来分配时间间隔的时分多路复用技术,可提高传输线路的效率。

4. 数字通信线路的数据传输率

时分多路复用(TDM)技术已广泛用在数字电话网和因特网中。为反映 PCM 信号复用的复杂程度,通常用"群(group)"这个术语来表示,也称为数字网络的等级。PCM 通信的传输容量已由一次群(基群)的 30 路(或 24 路)增加到二次群的 120 路(或 96 路),三次群的 480 路(或 384 路)……图 4-13 表示二次复用的示意图。图中的 N 表示话路数,无论 $N＝30$ 还是 $N＝24$,每个信道的数据率都是 64kb/s,经过一次复用后的数据率就变成 2048kb/s($N＝30$)

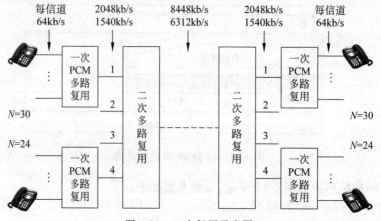

图 4-13　二次复用示意图

或 1544kb/s($N=24$)。在数字通信中,具有这种数据率的线路在北美叫作"T1 远距离数字通信线路",提供这种数据率的服务级别称为 T1 等级,在欧洲叫作"E1 远距离数字通信线路"和 E1 等级。T1/E1、T2/E2、T3/E3、T4/E4 和 T5/E5 的数据传输率见表 4-5。

表 4-5 多次复用的数据传输率①

数字网络等级		T1/E1	T2/E2	T3/E3	T4/E4	T5/E5
美国	64kb/s 话路数	24	96	672	4032	
	总传输率(Mb/s)	1.544	6.312	44.736	274.176	
欧洲	64kb/s 话路数	30	120	480	1920	7680
	总传输率(Mb/s)	2.048	8.448	34.368	139.264	560.000
日本	64kb/s 话路数	24	96	480	1440	
	总传输率(Mb/s)	1.544	6.312	32.064	97.728	

4.3.2 增量调制(DM)

由于 DM 编码的简单性,它已成为数字通信和压缩存储的一种重要方法,很多人对最早在 1946 年发明的 DM 系统做了大量的改进和提高工作。后来的自适应增量调制 ADM 系统采用十分简单的算法就能实现 32~48kb/s 的数据率,而且可提供高质量的重构语音,它的 MOS 评分可达到 4.3 分左右。

1. 增量调制(DM)

增量调制是一种预测编码技术,也称 Δ 调制(delta modulation,DM)。PCM 是对每个采样信号的整个幅度进行量化编码,因此它具有对任意波形进行编码的能力;DM 是对实际的采样信号与预测的采样信号之差的极性进行编码,将极性变成"0"和"1"这两种可能的取值之一。如果实际的采样信号与预测的采样信号之差的极性为"正",则用"1"表示;相反则用"0"表示,或者相反。由于 DM 编码只须用 1 位对声音信号进行编码,所以 DM 编码系统又称为"1 位系统"。

DM 波形编码的原理如图 4-14 所示。纵坐标表示"模拟信号输入幅度",横坐标表示"编码输出"。用 i 表示采样点的位置,$x[i]$ 表示在 i 点的编码输出。输入信号的实际值用 y_i 表示,输入信号的预测值用 $y[i+1]=y[i]\pm\Delta$ 表示。假设采用均匀量化,量化阶的大小为 Δ,在开始位置的输入信号 $y_0=0$,预测值 $y[0]=0$,编码输出 $x[0]=1$。

现在让我们看几个采样点的输出。在采样点 $i=1$ 处,预测值 $y[1]=\Delta$,由于实际输入信号大于预测值,因此 $x[1]=1$;…;在采样点 $i=4$ 处,预测值 $y[4]=3\Delta$,同样由于实际输入信号大于预测值,因此 $x[4]=1$;其他情况依此类推。

从图 4-14 中可以看到,在开始阶段增量调制器的输出不能保持跟踪输入信号的快速变化,这种现象就称为增量调制器的"斜率过载"(slope overload)。从图 4-14 中还可以看到,在输入信号缓慢变化部分,即输入信号与预测信号的差值接近零的区域,增量调制器的输出出现随机交变的"0"和"1"。这种现象称为增量调制器的粒状噪声(granular noise),这种噪声是不

---

① 在 ITU 的文件中,数据率用 kb/s 和 Mb/s 做单位,因此这章没有用 kbps 和 Mbps 做单位。

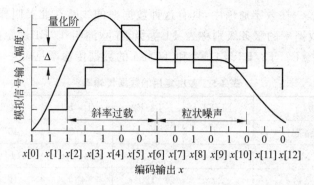

图 4-14　DM 波形编码示意图

可能消除的。

在输入信号变化快的区域,斜率过载是关心的焦点,而在输入信号变化慢的区域,关心的焦点是粒状噪声。为了尽可能避免出现斜率过载,就要加大量化阶 Δ,但这样做又会加大粒状噪声;相反,如果要减小粒状噪声,就要减小量化阶 Δ,这又会使斜率过载更加严重。这就促进了对自适应增量调制(Adaptive Delta Modulation,ADM)的研究。

2. 自适应增量调制(ADM)

为使增量调制器的量化阶 Δ 能自适应,也就是根据输入信号斜率的变化自动调整量化阶 Δ 的大小,以使斜率过载和粒状噪声都减到最小,许多研究人员研究了各种各样的方法,而且几乎所有的方法基本上都是在检测到斜率过载时开始增大量化阶 Δ,而在输入信号的斜率减小时降低量化阶 Δ。

例如,有学者在 1971 年描述的自适应增量调制技术中提出:假定增量调制器的输出为 1 和 0,每当输出不变时量化阶增大 50%,使预测器的输出跟上输入信号;每当输出值改变时,量化阶减小 50%,使粒状噪声减到最小,这种自适应方法可使斜率过载和粒状噪声同时减到最小。

使用较多的另一种自适应增量调制器是由格林弗基斯(Greefkes)在 1970 年提出的,称为连续可变斜率增量调制(Continuously Variable Slope Delta modulation,CVSD)。它的基本方法是:如果连续可变斜率增量调制器(Continuously Variable Slope Delta modulator,CVSD)的输出连续出现三个相同的值,量化阶加上一个大的增量,反之,就加一个小的增量。

为了适应数字通信快速增长的需要,Motorola 公司于 20 世纪 80 年代初期就开发了实现 CVSD 算法的集成电路芯片,如 MC3417/MC3517 和 MC3418/MC3518,前者采用 3 位算法,后者采用 4 位算法。MC3417/MC3517 用于一般的数字通信,MC3418/MC3518 用于数字电话。MC3417/MC3418 用于民用,MC3517/MC3518 用于军用。

4.3.3　ADPCM 编码(G.726)

G.711 使用 A 律或 μ 律 PCM 方法对采样速率为 8kHz 的声音数据进行压缩,压缩后的数据率为 64kb/s。为了充分利用线路资源,而又不希望明显降低传送语音信号的质量,就要对它作进一步压缩,方法之一就是采用 ADPCM。1984 年 ITU 将它作为语音(speech)编码标准 G.726。

1. APCM 的概念

APCM(Adaptive Pulse Code Modulation)：自适应脉冲编码调制，是根据输入信号幅度大小来改变量化阶的一种波形编码技术。这种自适应可以是瞬时自适应，即量化阶的大小每隔几个样本改变一次，也可以是音节自适应，即量化阶的大小在较长时间周期里发生变化。

改变量化阶的大小的方法有两种：(1)前向自适应(forward adaptation)：根据未量化的样本值的均方根来估算输入信号的幅度，以此来确定量化阶的大小，并对其幅度进行编码作为边信息(side information)传送到接收端；(2)后向自适应(backward adaptation)：从量化器刚输出的过去样本中来提取量化阶信息。由于后向自适应能在发收两端自动生成量化阶，所以它不需要传送边信息。前向自适应和后向自适应 APCM 的基本概念如图 4-15 所示。图中的 $x(n)$ 是发送端编码器的输入信号，$\hat{x}(n)$ 是接收端解码器的输出信号。

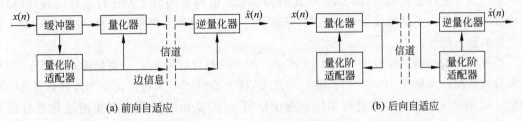

(a) 前向自适应　　　　　　　　　　　　　　　(b) 后向自适应

图 4-15　APCM 方块图

2. 预测编码概念

预测编码(predictive coding)是对实际样本值与预测值之差进行编码的方法。使用预测编码时，在信道上传送的是相邻样本之间的差值，而不是样本本身的幅度值，这样就降低了数据率。解码时使用差值和预测值进行重构，以还原原来的语音信号。预测编码器和解码器的结构如图 4-16 所示。

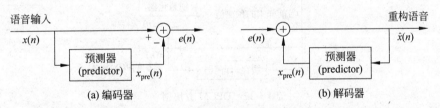

(a) 编码器　　　　　　　　　　　　　　　　(b) 解码器

图 4-16　预测编码框图

假设当前样本 $x(n)$ 的预测值 $x_{\mathrm{pre}}(n)$ 为前一个样本值，预测误差 $e(n)$ 可写成：

$$x_{\mathrm{pre}}(n) = x(n-1)$$

$$e(n) = x(n) - x(n-1)$$

对差值 $e(n)$ 编码比对原始语言样本编码，可用比较少的位数来表达一个样本。

对于具体的语音序列样本，如 $\cdots, x(n-2), x(n-1), x(n)\cdots$，如果使用过去几个样本值来预测当前的样本值，合理选择预测系数，产生的预测误差会更小。预测函数可写成：

$$x_{\mathrm{pre}}(n) = \sum_{k=1}^{N} a_{n-k} x(n-k)$$

其中，a_{n-k} 为预测系数；N 为参加预测的样本数目，通常 $N=2,3$ 或 4。

【**例 4.1**】　假设 $x(n-3)=21, x(n-2)=24, x(n-1)=27, x(n)=23$，分别求 $N=1$ 和

$N=2$ 的预测误差 $e(n)$。

(1) 当 $N=1$ 时，$e(n)=23-27=-4$。

(2) 当 $N=2$ 时，为简单起见，假设预测系数 $a_{n-1}=a_{n-2}=1/2$，那么：

$$x_{pre}(n) = a_{n-1}x(n-1) + a_{n-2}x(n-2) = (27+24)/2 \Rightarrow 25$$

$$e(n) = x(n) - x_{pre}(n) = 23-25 = -2$$

3. DPCM 的概念

DPCM(Differential Pulse Code Modulation)：差分脉冲编码调制，是利用样本与样本之间存在的信息冗余来进行编码的一种数据压缩技术。DPCM 的思想是，根据过去的样本去估算下一个样本信号的幅度大小，这个值称为预测值，然后对实际信号值与预测值之差进行量化编码，从而减少了表示每个样本信号的位数。它与脉冲编码调制(PCM)不同的是，PCM 是直接对采样信号进行量化编码，而 DPCM 是对实际信号值与预测值之差进行量化编码，存储或者传送的是差值而不是幅度绝对值，这就降低了传送或存储的数据量。此外，它还能适应大范围变化的输入信号。

差分脉冲编码调制的概念如图 4-17 所示。图中的差分信号 $e(n)$ 是离散输入信号 $x(n)$ 与预测器对当前输入信号 $x(n)$ 的估算值 $\hat{x}(n)$ 之差，这个差值 $e(n)$ 进行量化得到差分信号 $\tilde{e}(n)$，DPCM 就是对这个差分信号进行编码。重构信号 $\tilde{x}(n)$ 是由逆量化器产生的量化差分信号 $e_q(n)$ 与对 $x(n)$ 的预测值 $\hat{x}(n)$ 求和得到，并存储在"缓存＋预测器"中用于样本 $x(n+1)$ 的预测。DPCM 系统是负反馈系统，采用这种结构可以避免量化误差的积累。

由于在发送端和接收端都使用相同的逆量化器和预测器，因此接收端的重构语音信号 $\tilde{x}(n)$ 可用差分信号 $\tilde{e}(n)$ 产生。

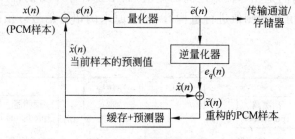

图 4-17　DPCM 方块图

4. ADPCM 的概念

ADPCM(Adaptive Difference Pulse Code Modulation)：自适应差分脉冲编码调制，综合了 APCM 的自适应特性和 DPCM 的差分特性，是一种性能比较好的波形编码技术。它的核心思想是：①利用自适应的思想改变量化阶的大小，即使用小的量化阶(step-size)去编码小的差值，使用大的量化阶去编码大的差值；②使用过去的样本值估算当前输入样本的预测值，使实际样本值和预测值之间的差值总是最小。它的编码简化框图如图 4-18(a)所示。

接收端的解码器使用与发送端相同的算法，它的解编简化框图如图 4-18(b)所示。

5. ADPCM 编解码器(G.726)

ADPCM 是利用样本与样本之间的高度相关性和量化阶的自适应来压缩数据的波形编码技术，CCITT 为此制定了 G.721 推荐标准，这个标准叫作 32kb/s 自适应差分脉冲编码调制

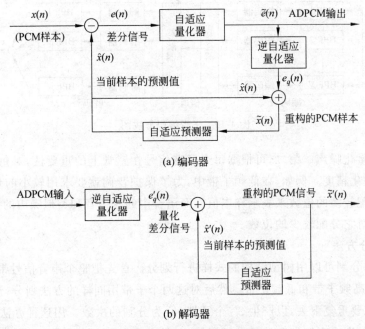

(a) 编码器

(b) 解码器

图 4-18 ADPCM 方块图

(32kb/s Adaptive Differential Pulse Code Modulation)。在此基础上还制定了 G. 721 的扩充推荐标准 G. 723（Extension of Recommendation G. 721 Adaptive Differential Pulse Code Modulation to 24 and 40kb/s for Digital Circuit Multiplication Equipment Application），使用该标准的编码器的数据率可降低到 40kb/s 或 24kb/s。现在，这两个标准已经合并到 G. 726 （40，32，24，16kbit/s Adaptive Differential Pulse Code Modulation）。

CCITT 推荐的 G. 726 ADPCM 标准是一个代码转换系统。它使用 ADPCM 转换技术，实现 64kb/s 的 A 律或 μ 律 PCM 速率与 40、32、24 或 16kb/s 速率之间的相互转换。

4.3.4 SB-ADPCM 编码（G. 722）

为适应可视电话会议日益增长的迫切需要，1988 年 CCITT 制定了 G. 722 推荐标准，称为"数据率为 64kb/s 的 7kHz 声音信号编码（7kHz Audio-coding with 64kb/s）"。这个标准把语音质量由电话质量提高到 AM 广播质量，而其数据传输率仍保持为 64kb/s。

宽带语音是指带宽在 50～7000Hz 的语音，这种语音在可懂度和自然度方面都比带宽为 300～3400Hz 的语音有明显提高，也更容易识别对方的说话人。

1. 子带编码概念

子带编码（Sub-Band Coding，SBC）的基本思想是：使用一组带通滤波器（band-pass filter，BPF）把输入声音信号的频带分成若干个连续的频段，每个频段称为子带。对每个子带的声音信号采用单独的编码方案去编码，如图 4-19 所示。在信道上传送时，将每个子带的代码复合起来。在接收端解码时，将每个子带的代码单独解码，然后把它们组合起来，还原成原来的声音信号。图中的编码/解码器可以采用 ADPCM、APCM 或 PCM。

采用对每个子带进行分别编码的好处有两个。第一，对每个子带信号分别进行自适应控制，量化阶的大小可按照每个子带的能量加以调节。具有较高能量的子带用大的量化阶去量

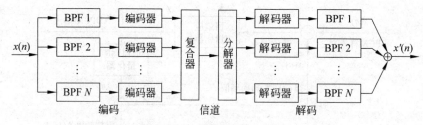

图 4-19 子带编码方块图

化,以减少总的量化噪声。第二,可根据每个子带信号在感觉上的重要性,对每个子带中的样本采用不同的量化精度。例如,在低频子带中,为了保护音调就要求用较小的量化阶、较高的量化精度,即分配较多的位数来表示样本值。而语音中的摩擦音和类似噪声的声音,通常出现在高频子带中,对它分配较少的位数。

2. 子带划分方法

声音频带的分割可以用树型结构的式样进行划分。首先把整个声音信号带宽分成两个相等带宽的子带:高频子带和低频子带。然后对这两个子带用同样的方法划分,形成 4 个子带。这个过程可按需要重复下去,以产生 2^K 个子带,K 为分割的次数。用这种办法可以产生等带宽的子带,也可以生成不等带宽的子带。例如,对带宽为 4000Hz 的声音信号,当 $K=3$ 时,可分为 8 个相等带宽的子带,每个子带的带宽为 500Hz;也可生成 5 个不等带宽的子带,分别为 $[0,500)$、$[500,1000)$、$[1000,2000)$、$[2000,3000)$ 和 $[3000,4000]$。

把声音信号分割成相邻子带分量后,用 2 倍于子带带宽的采样速率对子带信号进行采样,就可用它的样本值重构出原来的子带信号。例如,把 4000Hz 带宽分成 4 个等带宽子带时,子带带宽为 1000Hz,采样速率可用 2000Hz,它的总采样速率仍然是 8000Hz。

由于分割频带所用的滤波器不是理想的滤波器,经过分带、编码、解码后合成的输出声音信号会有混迭效应。据相关资料分析,采用正交镜像滤波器(Quadrature Mirror Filter,QMF)来划分频带,混迭效应在最后合成时可以抵消。

图 4-20 表示用 QMF 分割频带的子带编解码简化框图。图 4-20(a)表示用 QMF 把全带

(a) QMF 分割频道方框图

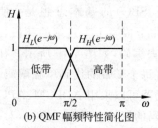

(b) QMF 幅频特性简化图

图 4-20 采用 QMF 的子带编解码简化框图

声音信号分割成两个等带宽的子带，$h_H(n)$ 和 $h_L(n)$ 分别表示高通滤波器和低通滤波器，它们组成一对正交镜像滤波器（QMF），也称分析滤波器。图 4-20(b)是 QMF 简化的幅频特性。

子带编码的动态范围宽、音质高、成本低，通常用在中等速率的编码系统中，如语音存储转发（voice store-and-forward）和语音邮件。采用两个子带和 ADPCM 的编码系统已由 CCITT 作为 G.722 标准向全世界推荐使用。

3. 信号采样速率

采样速率为 8kHz、8 位/样本、数据率为 64kb/s 的 G.711 标准是 CCITT 为语音信号频率为 300～3400Hz 制定的编解码标准，属于窄带声音信号编码。CCITT 在 20 世界 80 年代还推荐了 8kHz 采样速率、4 位/样本、32kb/s 的 G.721 标准和 G.721 的扩充标准 G.723，虽然数据速率降低了，但语音质量没有显著降低。

G.722 是 CCITT 推荐的宽带声音信号（audio）编码解码标准。该标准是描述声音信号带宽为 7kHz、数据率为 64kb/s 的编解码原理、算法和计算细节。G.722 的主要目标是保持 64kb/s 的数据率，而声音质量要明显高于 G.711。G.722 把声音信号采样速率由 8kHz 提高到 16kHz，是 G.711 PCM 采样速率的 2 倍，而被编码的信号频带由原来的 300～3400Hz 扩展到 50～7000Hz，使声音质量由数字电话的语音质量提高到调幅（AM）广播的质量。把低频端的截止频率扩展到 50Hz 的目的是进一步改善声音信号的自然度。对语音信号质量来说，提高采样速率并无多大改善，但对音乐一类信号来说，其质量却有很大提高。

在某些应用场合中，也许希望从 64kb/s 信道中让出一部分信道用来传送其他的数据。因此，G.722 定了三种声音信号传送方式，见表 4-6。北美洲的信道限制声音信号速率为 56kb/s，因此有 8kb/s 的数据率用来传送附加数据。

表 4-6　声音信号传送方式

方　　式	7kHz 声音信号编码位速率	附加数据信道位速率
1	64kb/s	0kb/s
2	56kb/s	8kb/s
3	48kb/s	16kb/s

4. 子带编解码器

G.722 编解码系统采用子带自适应差分脉冲编码调制（Sub-Band Adaptive Differential Pulse Code Modulation，SB-ADPCM）技术。在这个系统中，用正交镜像滤波器（QMF）把频带分割成两个等带宽的子带，分别是高频子带和低频子带。在每个子带中的信号都用 ADPCM 进行编码。低频子带的带宽略大于常规的语音带宽，每个样本用 6 位表示，而高频子带的每个样本值用 2 位表示，因为 G.722 标准主要针对宽带语音，其次才是音乐。

4.4　参　数　编　码

4.4.1　参数编码是什么

参数编码（parametric coding）是对语音的特征参数进行编码的语音压缩技术。参数编码也称声源编码（source coding）/（vocoding/vocoder）。参数编码利用发音器官生成语音信号的模型,称为语音生成模型,从语音信号中抽出表示语音信号的特征参数,包括有声/无声、音调周期、音量大小以及模仿声道生成语音的参数,将特征参数编码后传送到解码器,解码器使用接收到的特征参数重构语音信号。参数编码不苛求重构语音波形与原始波形一致,而是让听者在主观感觉上逼近原始语音,追求的是数据压缩率要高。使用参数编码可将语音数据压缩到 2~4.8kbps,甚至更低,而语音质量可达到人能听懂的水平,但缺乏自然度。参数编码主要用于无线通信。

参数编码的算法比较复杂,涉及不少数学知识,计算量也比较大,采用的算法主要是线性预测(Linear Prediction,LP)。使用线性预测的编码称为线性预测编码(Linear Predictive Coding,LPC)。为便于理解,在介绍 LPC 之前先简单介绍数字滤波器的概念。

4.4.2 数字滤波器简介

数字滤波是对数字信号进行过滤的过程,目的是从信号中去除某些不想要的分量或特性。滤波可以用硬件实现,也可以用软件实现,或者两者结合。凡是能够执行滤波功能的软硬件都称为数字滤波器。大多数数字滤波都使用线性时不变(Linear Time-Invariance,LTI)滤波器和线性时变(Linear Time-Varying,LTV)滤波器。

线性滤波是指能满足叠加原理以及信号的输出幅度与输入幅度成比例的滤波。时不变滤波是指滤波输出不依赖时间,假设输入信号 $x(t)$ 产生输出信号 $y(t)$,时间偏移 δ 的输入信号 $x(t+\delta)$ 产生时间偏移 δ 的输出信号 $y(t+\delta)$;时变滤波器可粗略地理解为滤波器的输出明显依赖于时间,例如,下面两个滤波器都是时变滤波器:

$$y_n = x_n + \cos(2\pi n/10)x_{n-1}$$

$$y_n = g_n x_n$$

因为 x_{n-1} 的系数 $\cos(2\pi n/10)$ 和 x_n 的系数 g_n 都在随时间变化。

1. 最简单的滤波器

在模拟系统中,时间 t 是以秒作单位的连续变量。在数字系统中,离散的时间是整数值 n,它们之间的关系是 $t=nT$,T 是以秒作单位的时间间隔,但通常就用 n 表示时间,即 $x(t) \Rightarrow x(nT) \Rightarrow x(n)$ 或 x_n。

最简单但不理想的低通滤波器可用公式 4-4 表示:

$$y_n = x_n + x_{n-1} \tag{4-4}$$

其中,x_n 是滤波器在 n 时刻的输入幅度,y_n 是在 n 时刻的输出幅度。

图 4-21 是一阶零点滤波器的特性,图 4-21(a)是理想低通滤波器的幅频特性,图 4-21(b)是这个滤波器的幅频特性,图 4-21(c)是这个滤波器的相频特性。

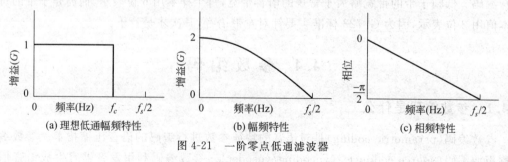

图 4-21　一阶零点低通滤波器

一阶零点低通滤波器可用如图 4-22 所示的信号流图表示。信号流图使用 Z 变换描述，图中的 z^{-1} 表示延时一个样本，于是 x_{n-1} 可写成 $x_{n-1}=z^{-1}x_n$。

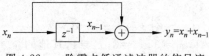

图 4-22　一阶零点低通滤波器的信号流

方程 $y_n=x_n+x_{n-1}$ 称为差分方程，也常用 Z 变换描述。这就是说，线性时不变滤波器可用差分方程或差分方程的 Z 变换来描述，因此先简单介绍 Z 变换，然后介绍差分方程。

****

方程 $y_n=x_n+x_{n-1}$ 确实是一个低通滤波器，分析如下。为简单起见，假设输入信号 x_n 为余弦函数，它的幅值 $A=1$，初相位 $\phi=0$，采样频率为 f_s，采样周期为 $T=1/f_s$，则：

$$x_n = \cos(\omega nT),\ x_{n-1} = \cos[\omega(n-1)T]$$

其中，$\omega=2\pi f$，$f\leqslant f_s/2$。将 x_n 和 x_{n-1} 代入方程，则：

$$
\begin{aligned}
y_n &= x_n + x_{n-1} \\
&= \cos(\omega nT) + \cos[\omega(n-1)T] \\
&= \cos(\omega nT) + \cos(\omega nT)\cos(\omega T) + \sin(\omega nT)\sin(\omega T) \\
&= [1+\cos(\omega T)]\cos(\omega nT) + \sin(\omega T)\sin(\omega nT) \\
&= a(\omega)\cos(\omega nT) + b(\omega)\sin(\omega nT)
\end{aligned}
$$

其中，$a(\omega)=[1+\cos(\omega T)]$，$b(\omega)=\sin(\omega T)$。$y_n$ 可写成：

$$y_n = G(\omega)\cos[\omega nT + \theta(\omega)]$$

其中，$G(\omega)$ 为滤波器的幅频特性，$\theta(\omega)$ 为相频特性：

$$G(\omega) = \sqrt{a^2(\omega) + b^2(\omega)}$$

$$\tan[\theta(\omega)] = -b(\omega)/a(\omega)$$

将 $a(\omega)$ 和 $b(\omega)$ 代入上式，并用 $1+\cos x=2\cos^2(x/2)$ 和其他三角公式，整理后可得到：

$$G(\omega) = 2\cos(\pi fT),\quad |f|\leqslant f_s/2$$

$$\theta(\omega) = -\omega T/2$$

****

2. Z 变换的概念

信号分析可以在时域中进行，也可在频域中进行。在频域中分析时，常用傅里叶变换把时域中的信号变成频域中的信号，这样就容易分析信号幅度与频率的关系（幅频特性），以及信号的相位与频率的关系（相频特性）。同样，滤波器对输入信号产生的影响可在时域或在频域中分析。在频域中分析时，常采用与傅里叶变换等价的 Z 变换（Z-transform），对幅频特性和相频特性进行分析。

Z 变换是 1947 年由 W. Hurewicz 介绍的等效的拉普拉斯变换，将离散时间信号用复数频域中的信号来表达。实践表明，离散时间信号的 Z 变换是分析线性系统的重要工具。Z 变换定义如公式 4-5 所示：

$$X(z) = \sum_{n=-\infty}^{\infty} x_n z^{-n} \tag{4-5}$$

其中，x_n 是已知的序列，z 是复数，并限定 $z = e^{i\theta} = \cos\theta + i\sin\theta$ 为一个单位圆。

Z 变换有许多定理，其中一个称为位移定理：若 $x(n)$ 的 Z 变换为 $X(z)$，则 x_{n-k} 的 Z 变换为 $z^{-k}X(z)$，如公式 4-6 所示：

$$Z[x_{n-k}] = z^{-k}X(z) \tag{4-6}$$

【例 4.2】 已知序列 $x_0 = 1, x_1 = 3, x_2 = 3, x_3 = 1$，其他的 $x_n = 0$，这个系列的 Z 变换为：

$$X(z) = x_0 z^0 + x_1 z^{-1} + x_2 z^{-2} + x_3 z^{-3}$$
$$= 1 + 3z^{-1} + 3z^{-2} + z^{-3}$$

3. 差分方程简介

在数学上，差分方程是指任何类型的递推关系。递推关系通常是指一个序列，在序列中的每一项定义为在该项之前的几项的函数，序列的一个或多个初始项的值给定后，其后的项可用定义的函数重复计算。

【例 4.3】 斐波纳契数列（Fibonacci sequence）为 $[0,1,1,2,3,5,8,13,21,\cdots]$，数列的递推关系是 $y_2 = y_1 + y_0, y_3 = y_2 + y_1, \cdots$，如图 4-23 所示，表示数列的差分方程是：

$$y_n = y_{n-1} + y_{n-2}$$

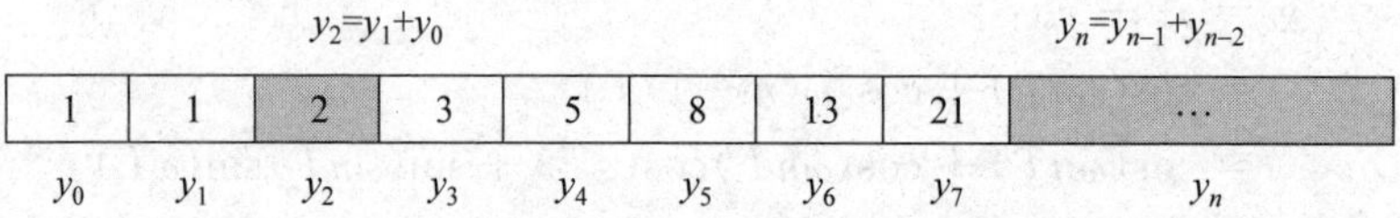

图 4-23 递推与差分方程的概念

在线性时不变滤波器中，差分方程用于计算时域中的输出样本。在时间 n 的输出样本 y_n 用过去的输入样本 x_{n-j}、当前样本 x_n 和过去的输出样本 y_{n-i} 进行计算[①]，如公式 4-7 所示：

$$y_n = b_0 x_n + b_1 x_{n-1} + b_2 x_{n-2} + \cdots + b_q x_{n-q} - (a_1 y_{n-1} + a_2 y_{n-2} + \cdots + a_p y_{n-p})$$
$$= \sum_{j=0}^{q} b_j x_{n-j} - \sum_{i=1}^{p} a_i y_{n-p} \tag{4-7}$$

利用 Z 变换的线性运算和移位定理，差分方程 y_n 的 Z 变换可写成：

$$Y(z) + a_1 z^{-1}Y(z) + a_2 z^{-2}Y(z) + \cdots + a_p z^{-p}Y(z)$$
$$= b_0 X(z) + b_1 z^{-1}X(z) + b_2 z^{-2}X(z) + \cdots + ab_q z^{-q}X(z)$$

整理后得到：

$$Y(z)(1 + a_1 z^{-1} + a_2 z^{-2} + \cdots + a_p z^{-p}) = X(z)(b_0 + b_1 z^{-1} + b_2 z^{-2} + \cdots + ab_q z^{-q})$$

定义多项式：

$$A(z) = 1 + a_1 z^{-1} + a_2 z^{-2} + \cdots + a_p z^{-p}$$
$$B(z) = b_0 + b_1 z^{-1} + b_2 z^{-2} + \cdots + ab_q z^{-q}$$

得到差分方程的 Z 变换：

$$A(z)Y(z) = B(z)X(z)$$

求解得到系统的输入与输出之间的传递函数，如公式 4-8 所示：

$$H(z) = \frac{Y(z)}{X(z)} = \frac{B(z)}{A(z)} = \frac{b_0 + b_1 z^{-1} + b_2 z^{-2} + \cdots + ab_q z^{-q}}{1 + a_1 z^{-1} + a_2 z^{-2} + \cdots + a_p z^{-p}} \tag{4-8}$$

---

① https://ccrma.stanford.edu/~jos/filters/Difference_Equation_I.html。

差分方程可用信号流图表示。为简单起见，令 $p=2,q=2$，于是差分方程：

$$y_n = b_0 x_n + b_1 x_{n-1} + b_2 x_{n-2} - (a_1 y_{n-1} + a_2 y_{n-2})$$

用 z^{-1} 作为一个样本的延时时间，差分方程的信号流如图 4-24 所示。

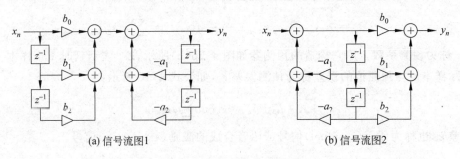

(a) 信号流图1　　　　　　　　　　　　(b) 信号流图2

图 4-24　差分方程的信号流

4. 二阶滤波器

为加深对线性时不变滤波器的理解，以二阶滤波器为例，将二阶零点滤波器和二阶极点滤波器的差分方程、Z 变换、传递函数和信号流图归纳如下。

(1) 二阶零点(two-zero)滤波器如图 4-25(a)所示。

差分方程：$\quad y_n = b_0 x_n + b_1 x_{n-1} + b_2 x_{n-2}$

Z 变换：$\quad Y(z) = b_0 X(z) + b_1 z^{-1} X(z) + b_2 z^{-2} X(z)$

传递函数：$\quad H(z) = b_0 + b_1 z^{-1} + b_2 z^{-2}$

(2) 二阶极点(two-pole)滤波器如图 4-25(b)所示。

差分方程：$\quad y_n = b_0 x_n - (a_1 y_{n-1} + a_2 y_{n-2})$

Z 变换：$\quad Y(z) = b_0 X(z) - a_1 z^{-1} Y(z) - a_2 z^{-2} Y(z)$

传递函数：$\quad H(z) = \dfrac{b_0}{1 + a_1 z^{-1} + a_2 z^{-2}}$

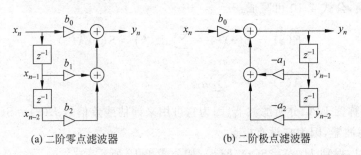

(a) 二阶零点滤波器　　　　　　　　　　(b) 二阶极点滤波器

图 4-25　二阶滤波器

4.4.3　线性预测编码(LPC)

从原理上讲，线性预测编码(LPC)是通过分析语音波形来获得语音生成模型的参数，以及利用该模型重构语音的参数，于是对声音波形的编码就转化为对这些参数的编码，达到压缩语音数据的目的。解码器使用 LPC 分析得到的参数，通过语音合成器重构语音。语音合成器代表人的语音生成模型，实际就是一个离散的时变线性滤波器。

线性预测编码技术不仅用于声音的数据压缩，而且也用于自然图像的数据压缩。

1. 线性预测概念

线性预测是使用过去 p 个样本值 $s_{n-1}, s_{n-2}, \cdots, s_{n-p}$ 的线性组合来预测当前的样本值 $\hat{s}_n$，如图 4-26(a)所示，用下面的差分方程表示，见公式 4-9：

$$\hat{s}_n = a_1 s_{n-1} + a_2 s_{n-2} + \cdots + a_p s_{n-p} = \sum_{k=1}^{p} a_k s_{n-k} \tag{4-9}$$

其中，a_k 称为预测系数。用它构造的预测器如图 4-26(b)所示，Z^{-1} 表示延时 1 个样本。

实际样本值与预测值的误差称为预测误差 e_n，如公式 4-10 所示：

$$e_n = s_n - \hat{s}_n = s_n - \sum_{k=1}^{p} a_k s_{n-k} \tag{4-10}$$

预测误差 e_n 也称为残差(residual)信号或语音合成的激励(excitation)信号。

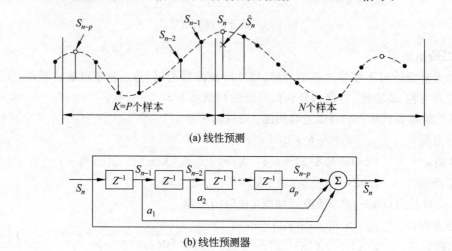

(a) 线性预测

(b) 线性预测器

图 4-26　线性预测编码的概念

使用 Z 变换，公式 4-10 可写成：

$$E(z) = S(z)\left(1 - \sum_{k=1}^{p} a_k z^{-k}\right) = S(z)A(z)$$

$$A(z) = 1 - \sum_{k=1}^{p} a_k z^{-k} \tag{4-11}$$

其中，$A(z)$ 通常称为 LPC 分析滤波器，因为它可用来评估残差信号 $E(z) = S(z)A(z)$。$A(z)$ 是一个全零点滤波器，因为它没有极点。

解方程 4-11，得到 $H(z) = S(z)/E(z)$，如公式 4-12 所示：

$$H(z) = \frac{1}{A(z)} = \frac{1}{1 - \sum_{k=1}^{p} a_k z^{-k}} \tag{4-12}$$

$H(z)$ 通常称为 LPC 合成滤波器(LPC synthesis filter)，因为它根据残差信号产生语音。$1/A(z)$ 是一个全极点滤波器，因为它没有零点。

使用预测器构造的 LPC 分析滤波器(线性预测编码器)如图 4-27(a)所示，使用预测器构造的 LPC 合成滤波器(线性预测解码器)如图 4-27(b)所示。

通过以上分析，我们可将线性预测编码(LPC)理解为：(1)对残差信号进行编码；(2)对预

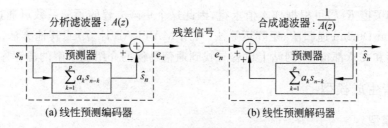

图 4-27　线性预测编码与解码

测系数 $a_1, a_2, \cdots, a_p$ 进行编码。残差信号是当前样本值与预测的当前样本值之差值，当前的样本值是已知的，如果知道预测系数，差值的计算就一目了然。现在面临的问题就是如何根据过去的样本值计算预测系数。

2. 预测系数求解

预测系数的求解问题表述为，对 N 个样本的空间，找出 p 个预测系数 $a_1, a_2, \cdots, a_p$，使预测误差为最小。预测误差 E 用每个样本的预测误差 e_n 的平方之总和来度量，如公式 4-13 所示：

$$E = \sum_{n=0}^{N-1} e_n^2 = \sum_{n=0}^{N-1} \left(s_n - \sum_{k=1}^{p} a_k s_{n-k} \right)^2 \tag{4-13}$$

这个函数的变量为 a_k，当它取不同的值时，产生的预测误差 E 不同，而且有一个最小值。因为预测误差的最小值出现在 $\partial E / \partial a_k = 0$ 处，因此可分别对 $a_1, a_2, \cdots, a_p$ 求导，得到 p 个方程，求解这个方程组就可找到使预测误差为最小的 p 个预测系数 $a_1, a_2, \cdots, a_p$。

为便于理解且不失一般性，假设一帧的语音数据 $N = 160$ 个，用 $s_0, s_1, \cdots, s_{159}$ 表示，预测系数的数目 $p = 10$，将这两个数值代入公式 4-13 得到：

$$E = \sum_{n=0}^{159} e_n^2 = \sum_{n=0}^{159} \left[s_n - (a_1 s_{n-1} + a_2 s_{n-2} + \cdots + a_{10} s_{n-10}) \right]^2$$

分别对 $a_1, a_2, \cdots, a_{10}$ 求导并设置为 0，经过整理后得到：

$$\sum_{n=0}^{159} \left[s_n s_{n-1} - (a_1 s_{n-1} s_{n-1} + a_2 s_{n-2} s_{n-1} + \cdots + a_{10} s_{n-10} s_{n-1}) \right] = 0$$

$$\sum_{n=0}^{159} \left[s_n s_{n-2} - (a_1 s_{n-1} s_{n-2} + a_2 s_{n-2} s_{n-2} + \cdots + a_{10} s_{n-10} s_{n-2}) \right] = 0$$

$$\cdots$$

$$\sum_{n=0}^{159} \left[s_n s_{n-10} - (a_1 s_{n-1} s_{n-10} + a_2 s_{n-2} s_{n-10} + \cdots + a_{10} s_{n-10} s_{n-10}) \right] = 0$$

这个方程组可写成矩阵形式。假设在 N 个样本空间之外的样本值均为 0，矩阵中的元素可用 s_n 的自相关值 $R(k) = \sum_{n=0}^{159-k} s_n s_{n+k}$ 表示，于是这个方程组用矩阵表示为：

$$\begin{bmatrix} R(0) & R(1) & R(2) & R(3) & \cdots & R(9) \\ R(1) & R(0) & R(1) & R(2) & \cdots & R(8) \\ R(2) & R(1) & R(0) & R(1) & \cdots & R(7) \\ R(3) & R(2) & R(1) & R(0) & \cdots & R(6) \\ \cdots & \cdots & \cdots & \cdots & \cdots & \cdots \\ R(9) & R(8) & R(7) & R(6) & \cdots & R(0) \end{bmatrix} \begin{bmatrix} a_1 \\ a_2 \\ a_3 \\ a_4 \\ \cdots \\ a_{10} \end{bmatrix} = \begin{bmatrix} R(1) \\ R(2) \\ R(3) \\ R(4) \\ \cdots \\ R(10) \end{bmatrix}$$

由于自相关值 $R(k)$ 可根据样本值求得,因此这个矩阵方程的预测系数可通过许多方法求解,如 Levinson-Durbin 递归法、矩阵运算法(可用 MATLAB 计算)或其他方法。介绍求解预测系数的书籍和文章都很多,网站上也容易找到通俗易懂的介绍和求解的源程序。

4.4.4　语音生成模型

1. 物理模型

人说话时的发音器官的物理模型如图 4-28(a)所示,语音音量的高低、音调的高低和音调的含义如图 4-28(b)所示。当我们说话时,来自肺部的空气通过声带、声道和口腔后从嘴巴发出就产生了语音。

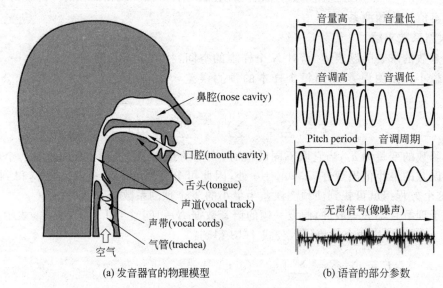

(a) 发音器官的物理模型　　　　(b) 语音的部分参数

图 4-28　语音生成的物理模型

语音生成和发音器官的运动有如下特性:

(1) 有声/无声:声带振动(开/闭)就有声音,声带不振动就无声音,但处于打开状态。

(2) 音调高低:声带的振动速率决定语音音调的高低,音调也称基频,反映音调周期(pitch)长短。女人和小孩的音调比较高(振动快),成年男人的音调比较低(振动慢)。

(3) 语音音量:来自肺部的空气量的多少决定语音的音量大小。

(4) 声道形状:形状决定语音,形状不同产生的语音不同。声道被认为是滤波器。

声道有两个基本特性:(1)声道形状的变化相对比较慢(10~100ms),因此在短时间里的声音被认为是平稳的,如在 5~10ms 范围里可把语音看成是准周期性的脉冲串,但连续脉冲之间的间隔和脉冲幅度不完全相同;(2)声道的变化与空气量、有声/无声和声带振动频率密切相关,因此把它看成是一个语音合成滤波器。

2. 数学模型

在语音压缩、语音合成和语音识别技术中,发音器官的物理模型通常用数学模型来描述,经典的数学模型如图 4-29 所示,这个模型称为线性预测编码(LPC)模型。LPC 模型表示数字语音信号 s_n 是合成滤波器的输出,合成滤波器的输入是表示有声的脉冲串或是表示无声的白噪声^①序列。物理模型与数学模型有如表 4-7 所示的对应关系。

表 4-7　语音生成的物理模型与数学模型的对应关系

物理模型	声道	声带振动	声带振动周期	擦音和爆破音	空气量
数学模型	合成滤波器 （LPC 滤波器）	V （有声）	T （音调周期）	UV （无声）	G （增益）

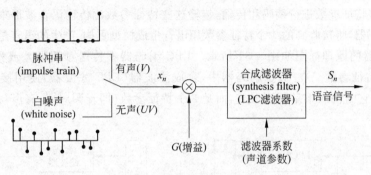

图 4-29　语音生成的数学模型

在这个模型中：（1）开关用于在有声（V）的帧和无声（UV）的帧之间进行切换；（2）增益（gain）是一帧的能量大小；（3）合成滤波器也称 PLC 滤波器，用于表示声道，滤波器系数反映合成滤波器的响应特性；（4）音调周期 T 是有声的连续激励脉冲之间的时间间隔。

在这个语音生成模型中，合成滤波器与公式 4-14 所示的差分方程等效：

$$s_n = \sum_{k=1}^{p} a_k s_{n-k} + G x_n \tag{4-14}$$

合成滤波器的传递函数如公式 4-15 所示：

$$H(z) = \frac{S(z)}{X(z)} = \frac{G}{1 - \sum_{k=1}^{p} a_k z^{-k}} \tag{4-15}$$

其中，x_n 是激励信号（excitation signal），s_n 是合成的语音信号，G 是语音帧的能量，a_k 是滤波器的系数。如果知道这 4 个参数，就可产生合成的语音。

合成滤波器可用图 4-30 表示。这个模型就是线性预测编码（LPC）中的解码器，只是用激励信号 $G x_n$ 代替预测误差 e_n。

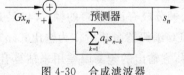

图 4-30　合成滤波器

4.4.5　LPC 声码器

声码器（vocoder＝voice coder）是语音编码和解码器的统称。LPC 声码器是使用线性预测编码技术的编码器，主要用于语音数据压缩。例如，1984 年美国国防部开发的安全电话语音标准 FS-1015 就是 LPC 声码器，也称 LPC-10，其速率可低到 2.4kb/s。

在线性预测编码中，通常把采样速率为 8kHz 的语音样本分成帧，每帧为 20ms，每秒 50帧，每帧的语音样本数为 160 个，$S=(s_0, s_1, \cdots, s_{159})$，用一个由 13 个值构成的矢量 $\boldsymbol{A}$ 代表 160

个样本值，$A = (a_1, a_2, \cdots, a_{10}, G, V/UV, T)$。

对给定的语音样本 S，求解最适合表达 S 的矢量 A，这个过程称为 LPC 分析；对给定的矢量 A，使用合成滤波器产生 S，这个过程称为 LPC 合成。

1. LPC 声码器的原理

LPC 声码器的核心思想是利用语音生成模型来压缩语音数据。使用编码器，从输入的语音信号中抽出表达语音最重要的 4 个特征参数：声道参数、音调周期、有声/无声和功率（一帧能量）参数，对这些特征参数进行编码和传输，传输这些特征参数比传输语音波形本身的数据要少得多。使用解码器，将接收到的 4 个特征参数用语音生成模型重构，产生的语言是合成语音。

LPC 声码器的原理框图如图 4-31 所示。LPC 编码器不传送预测误差或称残差信号，而是传送语音的特征参数。在 LPC 解码器中，合成滤波器（LPC 滤波器）使用接收到的声道参数来重构语音，它的输入不是预测误差，而是 3 个特征参数（即音调周期、有声/无声和功率）的综合信号。

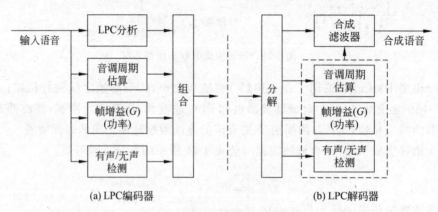

图 4-31　LPC 声码器的原理框图

2. LPC 编码器的结构

LPC 编码器的结构如图 4-32 所示。(1) LPC 编码器的输入是 PCM 语音数据，并将它分割成帧，如每帧为 20ms；(2) 预加重用于调整信号的频谱特性；(3) 有声/无声检测用于将当前的帧分成有声/无声的帧；(4) 经过预加重的信号通过线性预测分析抽出 LPC 的系数，经过 LPC 编码器量化后作为输出；(5) 通过 LPC 解码器解码的 LPC 系数用来构造预测误差滤波器，它输出的预测误差用来估算音调周期和计算一帧的功率（能量/帧）。

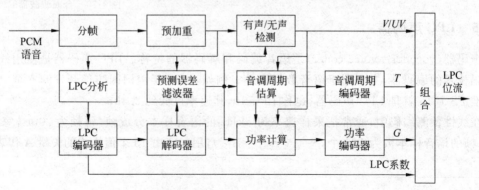

图 4-32　LPC 编码器的基本结构

3. LPC 解码器的结构

LPC 解码器的结构如图 4-33 所示,它的核心是一个语音生成模型。模拟声道的 LPC 系数经过解码后作为合成滤波器的系数,合成滤波器的输入是增益计算的输出 G 和有声/无声信号发生器的输出 x_n 的乘积,合成滤波器的输出经过去加重后得到合成语音。

需要强调的是,音调周期、增益、滤波器系数是以帧为时间单位变化的。

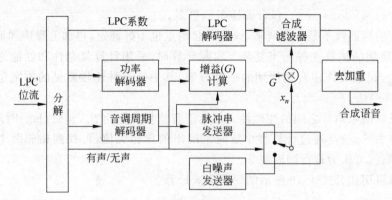

图 4-33　LPC 解码器的基本结构

4. LPC 声码器的参数

LPC 声码器要计算的矢量为 $\boldsymbol{A} = (a_1, a_2, \cdots, a_{10}, G, V/UV, T)$,用于表达一帧的样本值,如 160 个。其中,预测系数 $(a_1, a_2, \cdots, a_{10})$ 的求解已经在前面的"线性预测编码"内容中做了介绍,现介绍余下的几个参数。

1) 有声/无声(V/UV)的检测

有声和无声的差别主要体现在能量上。由于有声和无声之间的能量的差别比较大,因此可预先给定一个阈值,能量高于这个阈值的帧属于有声帧,反之,属于无声帧。有声/无声的检测方法有好几种,举例如下。

对于长度为 N 的帧,帧的结束时刻在 m,它的能量可用公式 4-16 计算:

$$E_m = \sum_{n=m-N+1}^{m} (s_n)^2 \tag{4-16}$$

对于同样的帧,类似的判断方法是可用幅度和函数(Magnitude Sum Function,MSF),如公式 4-17 所示:

$$\mathrm{MSF}_m = \sum_{n=m-N+1}^{m} |s_n| \tag{4-17}$$

此外,通过观察语音信号波形可以发现:对于有声帧,波形过零点的数目较少;对像噪声那样的无声帧,波形过零点的数目较多。根据这个特性也可判断有声或无声。帧的结束时刻在 m,帧的长度为 N 的过零率(zero crossing rate)可用公式 4-18 计算:

$$\mathrm{SC}_m = \frac{1}{2} \sum_{n=m-N+1}^{m} |\mathrm{sgn}(s_n) - \mathrm{sgn}(s_{n-1})| \tag{4-18}$$

顺便提及,LPC 编码器把语音的帧分成有声帧和无声帧,有声和无声的边界未必都很清晰,主要出现在相邻两帧的边界上,把它当成有声或者无声来处理,都可能影响重构语音的质量,这是 LPC 声码器要改进的问题。

2) 音调周期(T)的估算

语音的音调通常认为在 $50\sim500\,\mathrm{Hz}$ 的范围里,音调周期为 $2\sim20\,\mathrm{ms}$。对于采样速率为 8000 样本/秒的语音,将 $20\,\mathrm{ms}$ 共 160 个样本作为一帧。由于男人的音调一般为 $50\sim250\,\mathrm{Hz}$,音调周期为 $4\sim20\,\mathrm{ms}$,相当于 $32\sim160$ 个样本;女人的音调一般为 $120\sim500\,\mathrm{Hz}$,音调周期为 $2\sim8\,\mathrm{ms}$,相当于 $16\sim64$ 个样本。因此,音调周期近似于 $16\sim160$ 个样本。实际的音调周期有可能比一帧的时间($20\,\mathrm{ms}$)还长,包含的样本数更多。

由于音调的周期性不是十分清晰,计算的起始点也不好确定,再加上噪声和回声等因素的影响,使音调周期的估算变得相当复杂。实际计算时,采用计算复杂性和性能之间的折中方案。在文献上,记载有许多音调周期的估算方案,其中有一种比较常见的方案是使用自相关(autocorrelation)法。

自相关反映两个信号之间的相似性。假设语音信号波形为 S_n,延时(lag)时间为 l,延时 l 后的信号波形为 $S_{[n-l]}$。通过计算整个延时范围里的自相关值,可找到相邻两个峰值之间的时间,这个时间就可认为是音调周期 T。

自相关值可用如公式 4-19 所示的简单公式计算:

$$R(l) = \sum_{n=0}^{N-1} s_n s_{n-l} \qquad (4\text{-}19)$$

在介绍 LPC 声码器的文档中,自相关值的计算公式表示为公式 4-20 所示:

$$R(l,m) = \sum_{n=[m-N+1]}^{m} S_n S_{[n-l]} \qquad (4\text{-}20)$$

其中:①m 为帧的结束时刻;②l 为正整数,表示时间延时,实际使用 $l=20\sim147$(相当于音调周期为 $2.5\sim18.3\,\mathrm{ms}$),因为编码时音调周期 T 可用 7 位($2^7=128$)表示。

除了采用一般的自相关法之外,在此基础上还开发了其他算法,如中心-裁剪自相关(center-clipped autocorrelation)法和幅度差函数(Magnitude Difference Function,MDF)法。

3) 功率计算

有声帧和无声帧的功率计算略有不同。对长度为 N 的无声帧,预测误差序列的功率可按公式 4-21 计算:

$$P = \frac{1}{N} \sum_{n=0}^{N-1} e_n^2 \qquad (4\text{-}21)$$

对长度为 N 的有声帧,预测误差序列的功率要使用音调周期 T 的整数来计算,如公式 4-22 所示:

$$P = \frac{1}{\lfloor N/T \rfloor T} \sum_{n=0}^{\lfloor N/T \rfloor T-1} e_n^2, \quad n \in [0, N-1] \qquad (4\text{-}22)$$

其中,$\lfloor\ \rfloor$ 表示向下取整运算(floor)。

4) 预测增益(G)的估算

预测增益简称为增益,定义为信号能量与预测误差的能量之比,如公式 4-23 所示:

$$PG_m = 10\log_{10}\left\{\left[\sum_{n=m-N+1}^{m} (S_n)^2\right]\Big/\left[\sum_{n=m-N+1}^{m} e_n^2\right]\right\} \qquad (4\text{-}23)$$

4.4.6 混合激励线性预测(MELP)

混合激励线性预测(Mixed Excitation Linear Prediction,MELP)是 1995 年前后开发的算

法,压缩后的数据率为 2.4kbps,合成语音的质量与 4.8kbps 的码激励线性预测(CELP)编码的语音质量相当。MELP 编码基于传统的 LPC 参数编码模型,但它组合周期性脉冲和白噪声作为语音合成器的激励信号,用于取代简单的周期脉冲作为激励信号,于是既减低了数据率,又提高了合成语音的质量。美国国防部将 MELP 作为语音编码标准,以取代 1991 年 FS(Federal-Standard)-1016 声码器,主要用于军事、卫星通信和安全要求较高的无线通信。

4.5 混合编码

4.5.1 混合编码是什么

混合编码是综合使用波形编码和参数编码的声音压缩技术。使用混合编码器输出的重构语音,既有波形编码语音质量高的优点,又有参数编码数据速率低的优点。混合编码的核心思想是改变语音合成滤波器的激励信号,试图使重构的语音波形尽可能接近原来的语音信号。混合编码可以认为是时域中的编码方法,语音数据率为 4.0~16kbps,语音质量可达到 MOS 分 4.0。混合编码主要用在语音质量要求高的移动通信系统。

混合编码的基础是线性预测分析和合成(Linear Prediction Analysis and Synthesis,LPAS)或简称为分析合成法(Analysis by Synthesis,AbS)。混合编码使用分析合成(AbS)去除语音样本之间的相关性和音调周期之间的相关性,使用精心制作的码本来生成语音合成器的激励信号,以生成数据率低音质高的合成语音。混合编码的复杂性高,计算量大。为设计数据率低而音质好的声音编码器,在将近 40 年的开发过程中出现了许多编码算法,包括:

- APC(Adaptive Predictive Coding):自适应预测编码
- AbS(Analysis by Synthesis):分析合成法
- RELP(Residual-Excited Linear Prediction):残余激励线性预测
- CELP(Code Excited Linear Predictive):码激励线性预测
- RPE-LTP(Regular Pulse Excitation-Long Term Prediction):规则脉冲激励-长时预测
- VSELP(Vector Sum Excited Linear Prediction):矢量和激励线性预测
- SELP(Sinusoidally Excited Linear Prediction):正弦激励线性预测
- MBE(Multiband Excitation Coding):多频带激励编码
- MPLPC(Multi-Pulse Linear Predictive Coding):多脉冲激励线性预测编码
- SBC(Sub-Band Coding):子带编码
- ATRAC(Adaptive TRansform Acoustic Coding):自适应变换编码
- HVXC(Harmonic Vector eXcitation Coding):谐波矢量激励编码
- WELP (Wavelet-Excited Linear Prediction):小波激励线性预测

在这些编码算法中,码激励线性预测(CELP)及其变体是当前使用最广泛的编码算法,不仅用在移动通信的各种语音编码标准中,而且也用在 MPEG Audio 编码标准中。

4.5.2 自适应预测编码(APC)

自适应预测编码(Adaptive Predictive Coding,APC)通常是指针对语音的线性预测编码。APC 是各种语音波形编解码的基础,它的核心想法是,试图使经过编解码后的语音信号($\hat{S}$)波形与输入的原始语音信号(S)的波形尽量保持一致。

1. APC 的结构

由于语音信号的冗余(或称相关性)包含了样本之间的冗余和音调周期之间的冗余,因此语音编码使用两种类型的预测以取消冗余数据。(1)短时预测(Short Term/Time Prediction,STP):样本之间的冗余表现为相邻样本之间的样本值变化比较缓慢,STP利用过去的几个样本来预测下一个样本,以去除样本之间的冗余;(2)长时预测(Long Term/Time Prediction,LTP):音调周期之间的冗余表现为相邻语音段之间的音调变化比较缓慢,音调周期或多或少有重复,使用长时预测(LTP)可减少音调之间的冗余。

自适应预测编码(APC)的结构如图 4-34 所示。与线性预测编码一样,自适应预测编码(APC)只将 LPC、LTP 分析得到的参数和误差信号传送给解码器,用于重构语音信号。

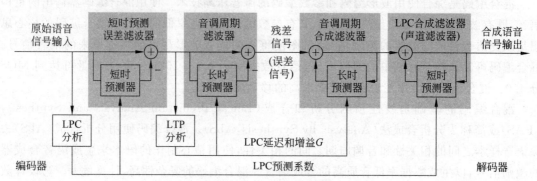

图 4-34　自适应预测编码

2. 短时预测(STP)

短时预测(STP)是短时间的 LPC 分析,分析的样本数不多,如 LPC-10 使用 10 个样本,如果采样速率用 8kHz,10 个样本仅有 1.25ms。

短时预测误差滤波器与 LPC 分析滤波器 $A(z)$ 相同,声道滤波器与 LPC 合成滤波 $H(z)$ 相同,可用公式 4-24 表示:

$$A(z) = 1 - \sum_{k=1}^{p} a_k z^{-k}$$

$$H(z) = \frac{1}{A(z)}$$

(4-24)

其中,a_k 是预测器的预测系数,p 是滤波器的阶数。

3. 长时预测(LPT)

长时预测(LPT)是长时间的 LPC 分析,音调周期大约在 2~20ms 的范围里。音调周期滤波器是使用长时预测(LTP)构造的滤波器,用来降低保留在残差信号中的音调相关性。

最简单的音调周期滤波器是一阶 LTP 分析器 $B(z)$[①],音调周期再生器是使用长时预测(LTP)构造的滤波器 $P(z)$。使用与线性预测编码(LPC)相同的方法,$B(z)$ 和 $P(z)$ 可用公式 4-25 表示:

---

① 音调周期滤波器的一般形式为,$B(z) = 1 - \sum \beta_i z^{-M-i}$,$i$ 表示抽头(tap)数。这种滤波器被称为多抽头 LTP(multi-tap LTP)滤波器。

$$B(z) = 1 - \beta z^{-M}$$

$$P(z) = \frac{1}{B(z)}$$

$$(4-25)$$

其中，M 是用样本数表示的音调周期，使用 8kHz 的采样速率时，音调周期大约在 20～147 个样本的范围；β 是增益，它是与波形的周期性相关的比例因子。

4.5.3 语音分析合成法（AbS）

分析合成法（AbS）是贝尔实验室的 B. S. Atal 和 J. R. Remde 在 1982 年最先提出的语音编码方法，在此基础上开发了多种编码技术。例如，多脉冲激励（Multi-Pulse Excited，MPE）编码、规则脉冲激励法（Regular-Pulse Excited，RPE）编码和码激励线性预测法（Code-Excited Linear Predictive，CELP）编码。

波形编码的语音质量较高，但其数据率也高（16～24kb/s），LPC 声码器的数据率较低（1.2～2.4kb/s），但缺乏语音的自然度。分析合成（AbS）法是综合波形编码语音质量高和参数编码数据率低的一种编码方法。使用分析合成（AbS）法得到的数据率为 6～16kbps。分析合成编码（AbS）的核心思想是改变语音合成滤波器的激励信号，以取代两个状态（有声/无声）的激励信号，试图使重构的语音信号波形尽可能接近原始的语音信号波形。现在使用最普遍和最成功的编码方法是时域中的分析合成法（AbS）。

1. 残差激励线性预测编码原理

残差激励线性预测编码的原理如图 4-35 所示。逆滤波器 $A(z)$ 相当于线性预测编码（LPC）的编码器，而合成滤波器 $1/A(z)$ 相当于线性预测编码（LPC）的解码器。逆滤波器 $A(z)$ 的输入是语音信号，它的输出是像噪声那样的残差信号（residual signal）。合成滤波器 $1/A(z)$ 的输入是残差信号，也称为残差激励（residual excitation）信号，它的输出是重构的语音信号。残差激励线性预测编码就是对残差信号和预测系数进行编码和传输的技术。名称繁多的残差激励编码就是试图生成一种数据量少又能产生音质高的激励信号，使合成滤波器重构的语音波形尽可能接近原始语音的波形。

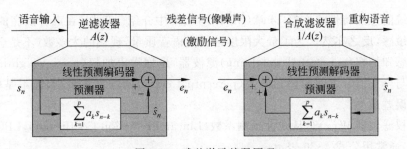

图 4-35　残差激励编码原理

残差激励线性预测编码（Residual Excited Linear Predictive，RELP）是 1974 年提出的编码方法。残差激励线性预测（RELP）编码的数据率为 6～9.6kbps，语音质量可达到 MOS 评分 4.0。RELP 编码器通常不使用长时预测（LTP）滤波器。

2. 分析合成法（AbS）的原理

与 RELP 有所不同，分析合成（AbS）语音编码器不是直接对逆滤波器 A(z) 输出的残差激励信号进行编码，而是使用一帧的样本，典型长度为 20ms，计算匹配最佳的激励信号，用于建立声道模型的 LPC 合成滤波器的系数、去除音调周期相关性的音调周期合成滤波器的系数和增益。

分析合成(AbS)编解码的结构如图 4-36 所示,编码器和解码器使用相同的激励信号生成器。如果编码器能够找到与残差信号匹配最佳的激励信号,就可使合成语音$\hat{s}_n$与输入语音s_n的波形最接近。为了找到匹配最佳的激励信号,编码器使用 LPC 合成滤波器和音调周期合成滤波器来重构语音信号$\hat{s}_n$,与输入语音相减后产生误差信号e_n,经过听觉系统的感知加权后,使用均方误差判据(mean square error)计算并找到最小误差(误差最小化),从而找到匹配最佳的激励信号,这个过程称为闭环搜索。在编码器中通过比较合成语音与原始语音的差别,并使差别最小化来确定匹配最佳的激励信号,在解码器中使用匹配最佳的激励信号生成合成语音,这种编码方法就称为分析合成(AbS)法。

在编码器中,LPC 合成滤波器预测短时的声道滤波器参数,而音调周期合成滤波器预测长时的音调周期,传送给解码器的信号包括匹配最佳的激励信号、LPC 合成滤波器的系数、音调周期合成滤波器的系数和增益。解码器根据接收到的这些参数重构语音信号。

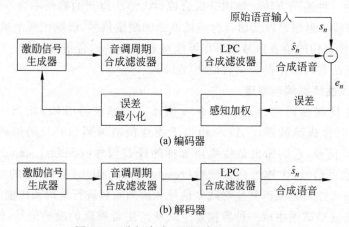

图 4-36　分析合成(AbS)编解码器的结构

听觉系统的感知特性将在第 14 章(MPEG 声音)中介绍。例如,在声音洪亮的频谱区,耳朵对噪声不敏感,反之亦然。为了最大限度地提高语音质量,现代的大多数(不是全部)声音编码器都使用感知加权(perceptual weighting)滤波器,也称噪声加权(noise weighting)滤波器,使原始语音与合成语音之间的感知误差(perceptual error)的均方差最小,而不是单纯的样本之间的均方误差最小。

感知加权滤波器$W(z)$是从线性预测系数(Linear Prediction Coefficients,LPC)导出的零极点滤波器,通常用公式 4-26 表示:

$$W(z) = \frac{A(z/\gamma_1)}{A(z/\gamma_2)} \tag{4-26}$$

其中,有些编码器使用$\gamma_1 = 0.9, \gamma_2 = 0.6$。

4.5.4　码激励线性预测(CELP)

码激励线性预测(Code Excited Linear Predictive,CELP)是 1985 年在贝尔实验室的 M. R. Schroeder 和 B. S. Atal 提出的语音编码算法。CELP 编码是在分析合成法(AbS)基

础上开发的最成功的声音压缩方法,数据率在 $4.8\sim16\text{kbps}$ 范围时,音质可达到 MOS 分 4.0 左右。

码激励线性预测(CELP)最重要的改进是使用了随机码本(stochastic codebook)和自适应码本(adaptive codebook)。随机码本用于模仿噪声那样的残差信号,自适应码本用于模仿音调周期。由于应用环境不同,因此 CELP 编码器有不同的结构,包括普通的 CELP、开环CELP(Open-Loop CELP)和闭环 CELP(Closed-Loop CELP)。

1. 普通 CELP 编码原理

码激励线性预测(CELP)的基本原理如图 4-37 所示。CELP 编码与分析合成(AbS)编码具有相同的基本结构,最大的差别是 CELP 使用了一个"随机码本"来产生激励信号,也就是使用 AbS 确定最好的码矢量和计算相应的增益。随机码本是由 N 个码矢量组成的码本,每个码矢量的长度为 L,如 $N=512,L=60$。

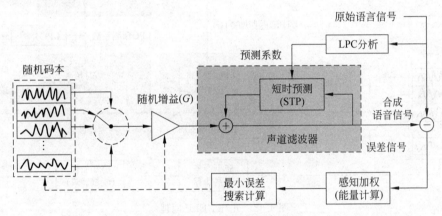

图 4-37　普通 CELP 基本原理

码本是一个矢量集,每个矢量表示一帧的语音数据,它是用实际语音信号提取的残差序列。从狭义上说,用一个矢量表示原始语音段的技术称为矢量量化①(vector quantization,VQ)。码本中的每个矢量都分配一个索引号(index),用分级二叉树(graded binary tree)形式存储,目的是减少搜索计算时间。

随机码本也称固定码本(fixed codebook)或革新码本(innovation codebook)。随机码本的设计比较复杂,采用的方法主要有两种。一种是根据大型语音数据库,使用训练方法建立随机码本,另一种方法是根据预先约定的码本,使用分析合成法建立随机码本。需要注意这个术语的译名,由于码本中的矢量是专门设计的,因此随机码本不是 random codebook。

在 CELP 编码技术中,CELP 编码器和 CELP 解码器包含相同的码本和相同的编号(索引号)。在编码时,使用分析合成(AbS)法在码本中找出匹配最佳的残差激励信号的索引号,在解码时,根据索引号找出匹配最佳的残差激励信号,用于重构语音信号。

用这种方法生成的语音数据率虽然比较低,但语音质量比较低。在重构的合成语音中,不

---

① 矢量量化(vector quantization,VQ)是 20 世纪 70 年代后期发展起来的一种数据有损压缩技术,基本思想是将若干个标量数据组成一个矢量,然后在矢量空间给以整体量化。

仅有人工噪声,而且也缺乏自然度,这是因为重构的语音音调不好。这个问题可使用"开环CELP"来改善。

2. 开环 CELP 编码原理

开环 CELP 的原理如图 4-38 所示。与普通 CELP 编码器相比较,在开环 CELP 编码器中,在分析合成(AbS)之前增加了"音调周期再生器(pitch regenerator)"模块。该模块通过计算得到的 LTP 音调周期(M)的延时和 LTP 增益(G)来影响随机码本中的码矢量的选择。

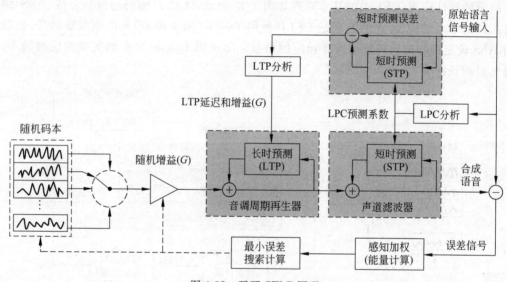

图 4-38   开环 CELP 原理

使用开环 CELP 编码技术,在数据率为 4.8kbps 时的语音质量比普通 CELP 提高很多。由于音调周期的计算是在分析合成(AbS)之前进行的,而最小误差搜索计算是在分析合成(AbS)之后进行的,因此并不知道计算的音调周期参数和增益是否真正最佳。由于 LTP 参数的计算没有包含在分析合成(AbS)中,因此这种结构称为开环 CELP。也正是这个原因导致了"闭环 CELP"的出现。

3. 闭环 CELP 编码原理

闭环 CELP 的原理如图 4-39 所示。与开环 CELP 相比,闭环 CELP 增加了模仿音调周期的码本,称为"自适应码本",也称音调周期码本(pitch codebook),于是将 LTP 分析包含到分析合成(AbS)中,这样可以产生质量更高的合成语音,尤其是对音调周期比较短的女性声音。这样的结构称为闭环 CELP 结构。

闭环 CELP 是许多语音编码标准的基础。例如,ITU-T G.726.1、ITU-T G.729、GSM-EFR (Enhanced Full Rate codec)、CDMA 使用的 QCELP 以及移动通信中的其他语音编码标准都使用 CELP 编码技术。

4. 闭环 CELP 解码器

闭环 CELP 的解码原理如图 4-40 所示。合成滤波器 $1/A(z)$ 的参数来自编码器,它的激励信号是根据接收到的自适应码本和固定码本的索引号及其增益组合产生的。

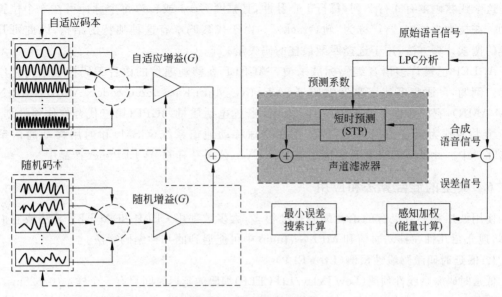

图 4-39 闭环 CELP 原理

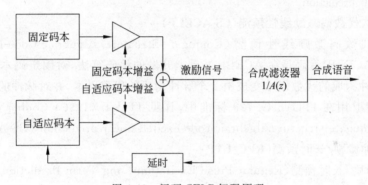

图 4-40 闭环 CELP 解码原理

4.5.5 代数码激励线性预测(ACELP)

代数码激励线性预测(Algebraic Code-Excited Linear Prediction,algebraic CELP/ACELP)是1989 年加拿大舍布鲁克(Sherbrooke)大学开发的语音编码算法,ACELP 是 CELP 的变体。

在 ACELP 中,固定码本使用了数目有限的脉冲作为 LPC 滤波器的激励信号,这些脉冲包含位置信息和脉冲极性,并用代数方法生成码矢量,因此将这种码本称为代数激励码本,简称为代数码本(algebraic codebook)。生成码矢量的具体方法可看 ITU-T G.729 标准中的详细说明。ACELP 的代数码本的结构如表 4-8 所示。

表 4-8 代数码本的结构

符　号	位　　置	符　号	位　　置
±1	0 ,8 ,16,24,32,40,48,56	±1	4,12,20,28,36,44,52,60
±1	2,10,18,26,34,42,50,58	±1	6,14,22,30,38,46,54,62

这个代数码本有 4 行 2 列,每行 1 个脉冲,其幅度为 +1 或 -1,每个脉冲可在 8 个位置上移动。在技术文档中,"行"称为"轨(track)"。由于代数码本有这种独特的结构,因此可开发快速的搜索计算方法,用于选择匹配最佳的码矢量。

ACLEP 已被许多语音编码标准采纳。ACELP 在移动通信的语音编码标准中得到广泛应用。例如,自适应多速率声音编码器(Adaptive Multi-Rate audio codec,AMR/AMR-NB/GSM-AMR),它的数据率为 4.75~12.2kbps,长途电话质量,3GPP(第三代合作伙伴计划)在 1999 年将它作为语音编码标准,广泛用在全球移动通信系统(GSM)和通用移动通信系统(UMTS)中。此外,ACELP 算法也用在 VoiceAge 公司专有的 ACELP. net 产品中。

4.5.6 典型的混合算法和应用

使用波形和参数混合的语音编码标准很多,大多数都用 CELP 和 ACELP 算法或它们的变体,现介绍几种在移动通信和 MPEG-Audio 中可能遇到的几种编码算法。

1. 低延时码激励线性预测(LD-CELP)

低延时码激励线性预测(Low Delay/LD-CELP)编码的延迟时间只有 5 个样本(0.625ms),用在 ITU-T G.728 标准中。详见文件:ITU-T (1992) Coding of speech at 16kbit/s using low-delay code excited linear prediction。

2. 共轭结构代数码激励线性预测(CS-ACELP)

共轭结构代数码激励线性预测(Conjugate-Structure Algebraic-Code-Excited Linear Prediction,CS-ACELP)编码是在 ACELP 基础上开发的编码算法,对固定码本的结构做了改变,把由 4 个脉冲构成的代数码本变成由 2 个脉冲构成的代数码本,并对脉冲的位置做了重新调整。CS-ACELP 用在 ITU-T G.729 标准中,详见 ITU-T (1996) Coding of speech at 8 kbit/s using conjugate-structure algebraic-code-excited linear prediction (CS-ACELP)。

3. 规则脉冲激励/长时预测(RPE/LTP)

规则脉冲激励/长时预测(Regular Pulse Excitation-Long Term Prediction,RPE-LTP)编码算法用在全球通信系统(GSM)中,常见的名称是 ETSI GSM Full-Rate (FR) at 13kb/s。详见 ETSI EN 300 961 V6.0.1 (1999):Digital cellular telecommunications system (Phase 2+);Full rate speech;Transcoding (GSM 06.10 version 6.0.1 Release 1997)。

4. 矢量和激励线性预测(VSELP)

矢量和激励线性预测(Vector Sum Excited Linear Prediction,VSELP)是第二代移动通信(如 GSM,CDMA)标准中的语音编码方法。IS-54 VSELP 标准于 1989 年公布。VSELP 也用在因特网上的多媒体。常见的名称是 ETSI GSM Half-Rate (HR) at 5.6kb/s。详见 ETSI TS 146 007 V11.0.0 (2012-10):Digital cellular telecommunications system (Phase 2+);Half rate speech;3GPP TS 46.007 version 11.0.0 Release 11。

5. 增强可变速率编解码器(EVRC)

增强可变速率编解码器(Enhanced Variable Rate Codec)是在(Relaxed Code-Excited Linear Prediction,RCELP)基础上开发的编解码器。宽松码激励线性预测(RCELP)是试图匹配音调轮廓的一种编码方法。EVRC 是 1995 年开发的编解码器,用在 CDMA 移动通信系统中,用于取代 1994 年开发的 QCELP(Qualcomm Code-Excited Linear Prediction)编解码器。详见:(1)3GPP2 C.S0014-D Version 3.0(2010):Enhanced Variable Rate Codec,Speech

Service，http：//www. 3gpp2. org/Public _ html/specs/C. S0014-D _ v3. 0 _ EVRC. pdf；
(2)3GPP2 C. S0014-0-1(1999)：Enhanced Variable Rate Codec，Speech Service Option 3 for
Wideband Spread Spectrum Systems，http：//www. 3gpp2. org/Public_html/specs/C. S0014-
0-1with3Gcover. pdf。

6. 代数 CELP/多脉冲（ACELP/MP-MLQ）

代数 CELP/多脉冲（Algebraic CELP/Multi Pulse）是最大似然量化（Maximum Likelihood Quantization）算法，用在 ITU-T G. 723.1 中。G. 723.1 是双速率(5.3/6.3kb/s) 的多媒体通信传输标准。详见 ITU-T （1996） G. 723. 1：Dual rate speech coder for multimedia communication transmitting at 5. 3 and 6. 3kbit/s,http：//www. ece. cmu. edu/～ ece796/documents/g723-1e. pdf。

7. 多带激励系列（MBE/IMBE/AMBE）

多带激励(Multiband Excitation,MBE)是由数字语音系统公司（Digital Voice Systems, Inc.,DVSI)开发的语音编码系列，包括改进型多带激励（Improved Multiband Excitation, IMBE)和高级多带激励（Advanced Multiband Excitation,AMBE)，用在海事卫星和铱星卫星 电话系统中。IMBE 的数据率为 4.15kbps,AMBE 的数据率为 3.6kbps。

练习与思考题

4.1　声音信号的频率范围大约是多少？语音信号频率范围大约是多少？

4.2　说出窄带语音和宽带语音信号的频率范围。

4.3　将科学和技术界定义的声音的频率范围填入练习表 4-1 中。

练习表 4-1

声 音 名 称	频 率 范 围
高保真声音(high-fidelity audio)	
声音(audio/sound)	
语音(speech/voice)	
亚音(subsonic)	
超声(ultrasonic)	

4.4　什么叫作模拟信号？什么叫作数字信号？

4.5　什么叫作采样？什么叫作量化？什么叫作线性量化？什么叫作非线性量化？

4.6　采样速率根据什么原则来确定？

4.7　样本精度为 8 位的信噪比等于多少分贝？

4.8　声音有哪几种等级？它们的频率范围分别是什么(见表 4-1)？

4.9　选择采样速率为 22.050kHz 和样本精度为 16 位的录音参数。在不采用压缩技术 的情况下,计算录制 2 分钟的立体声需要多少 MB（兆字节）的存储空间(1MB＝1024 × 1024B)。

4.10　什么叫作均匀量化？什么叫作非均匀量化？

4.11　什么叫作 μ 率压扩？什么叫作 A 率压扩？

4.12　G. 711 标准定义的输出数据率是多少？T1 的数据率是多少？T2 的数据率是多少？

4.13　自适应脉冲编码调制(APCM)的基本思想是什么？

4.14　差分脉冲编码调制(DPCM)的基本思想是什么？

4.15　自适应差分脉冲编码调制(ADPCM)的两个基本思想是什么？

4.16　语音编码分成哪几种类型？

4.17　参数编码是什么？

4.18　语音的特性参数主要包括哪些参数？

4.19　参数编码有什么特点？

4.20　线性预测编码(LPC)是有损压缩还是无损压缩？

4.21　分析合成法(AbS)是什么？

4.22　混合编码是什么？

4.23　残差激励线性预测编码是什么？

4.24　CELP 是什么？

4.25　ACELP 是什么？

参考文献和站点

[1]　ITU G 系列推荐标准文档的下载网址：http://www. itu. int/rec/T-REC-G/en.

[2]　CSC 8610/5930. Multimedia Technology. http://www. csc. villanova. edu/~tway/courses/csc8610/s2012/,2012.

[3]　Prof. David Marshall. Multimedia (CM3106). http://www. cs. cf. ac. uk/Dave/Multimedia/,2015.

[4]　Wai C. Chu. Speech coding algorithms：Foundation and evolution of standardized coders John Wiley & Sons，Inc. ,2003.

[5]　Lawrence Rabiner. Digital Speech Processing Course (Winter 2015) http://www. ece. ucsb. edu/Faculty/Rabiner/ece259/speech%20course. html.

[6]　Jean-Marc Valin. The Speex Codec Manual Version 1. 2 Beta 2. http://www. speex. org/docs/manual/speex-manual/manual. html,2007.

[7]　Smith, J. O. Introduction to Digital Filters with Audio Applications. http://ccrma. stanford. edu/~jos/filters/. online book. 2007 edition, 访问日期：2016 年 3 月.

[8]　Gebrael Chahine B. Eng. Pitch Modelling for Speech Coding at 4. 8kb/s. http://www-mmsp. ece. mcgill. ca/MMSP/Theses/1993/ChahineT1993. pdf.

[9]　Markus Hauenstein. Speech Coding. http://www. markus-hauenstein. de/sigpro/codec/codec. shtml.

[10]　ITU-T G. 729. Coding of speech at 8kbit/s using conjugate-structure algebraic-code-excited linear prediction (CS-ACELP)，2012.

[11]　Ze-Nian Li，Mark S. Drew，Jiangchuan Liu. Basic Audio Compression Techniques. http://link. springer. com/chapter/10. 1007/978-3-319-05290-8_13, 2014.

[12]　Sun，Lingfen，et al. Guide to Voice and Video over IP. http://www. springer. com/978-1-4471-4904-0,2013.

[13]　Thomas W. Parsons. Voice and Speech Processing. McGraw-Hill Book Company,1986.

[14] Sadaoki Furui. Digital Speech Processing, Synthesis, and Recognition. Marcel Dekker, INC. ,1989.

[15] CCITT. Recommendation G. 711,Pulse Code Modulation (PCM) of Voice Frequencies, Blue Book, Vol. Ⅲ, Fascicle Ⅲ,4. 1988.

[16] CCITT. Recommendation G. 721,32kb/s Adaptive Differential Pulse Code Modulation (ADPCM), Blue Book, Vol. Ⅲ, Fascicle Ⅲ,4. 1988.

[17] CCITT. Recommendation G. 726, 40, 32, 24, 16kbit/s Adaptive Differential Pulse Code Modulation (ADPCM), Geneva, 1990.

[18] CCITT. Recommendation G. 722,7kHz Audio Coding With 64kb/s, Blue Book, Vol. Ⅲ, Fascicle Ⅲ, 4. 1988.

[19] Paul Mermelstein. G. 722. A New CCITT Coding Standard for Digital Transmission of Wideband Audio Signal. IEEE Communications Magazine,Vol. 26, No. 1,January 1988.

[20] CCITT. Recommendation G. 723, Extensions of Recommendation G. 721 ADPCM to 24 and 40kb/s for DCME Application, Blue Book, Vol. Ⅲ, FascicleⅢ,4. 1988.

[21] Esin Darici Haritaoglu. Wideband Speech and Audio Coding, http://www. umiacs. umd. edu/users/ design/Speech/new. html,1996.

[22] VOCAL Technologies Inc. Speech Compression and Speech Coder Software. http://www. vocal. com/ speech-coders/,2015.

第5章　彩色数字图像基础

图像是多媒体中携带信息的极其重要的媒体,有人发表过统计资料,认为人们获取的信息的 70% 来自视觉系统。由于图像数字化之后的数据量非常大,在因特网上传输时很费时间,在盘上存储时很占"地盘",因此就必须要对图像数据进行压缩。压缩的目的就是要满足存储容量和传输带宽的要求,而付出的代价则是大量的计算。几十年来,许多科技工作者一直在孜孜不倦地寻找更有效的方法,用比较少的数据量表达原始的图像。

图像数据压缩主要是根据下面两个基本事实来实现的。一个事实是图像数据中有许多重复的数据,使用数学方法来表示这些重复数据可减少数据量;另一个事实是人的眼睛对图像细节和颜色的辨认有一个极限,把超过极限的部分去掉,也就达到压缩数据的目的。利用前一个事实的压缩技术是无损数据压缩技术,利用后一个事实的压缩技术是有损数据压缩技术。实际的图像压缩是综合使用各种有损和无损数据压缩技术来实现的。

本章将介绍表示数字彩色图像所需要的基本知识、使用得相当广泛的 JPEG 压缩标准和图像文件的存储格式。在介绍过程中,要涉及有关颜色的度量和颜色空间的转换问题,这些比较深入的问题将在第 8 章"颜色度量体系"和第 9 章"颜色空间转换"中介绍。

5.1　视觉系统对颜色的感知

颜色是视觉系统对可见光的感知结果。可见光是波长在 $380\sim780\text{nm}$ 之间的电磁波,我们看到的大多数光不是一种波长的光,而是由许多不同波长的光组合成的。人们在研究眼睛对颜色的感知过程中普遍认为,人的视网膜有对红、绿、蓝颜色敏感程度不同的三种锥体细胞,另外还有一种在光功率极端低的条件下才起作用的杆状体细胞,因此颜色只存在于眼睛和大脑。在计算机图像处理中,杆状细胞还没有扮演什么角色。

人的视觉系统对颜色的感知可归纳出如下几个特性:

(1) 眼睛本质上是一个照相机。视网膜(human retina)通过神经元来感知外部世界的颜色,每个神经元是一个对颜色敏感的锥体(cone)或是一个对颜色不敏感的杆状体(rod)。

(2) 红、绿和蓝三种锥体细胞对不同频率的光的感知程度不同,对不同亮度的感知程度也不同。这就意味着,人们可以使用数字图像处理技术来降低表示图像的数据量,而不使人感到图像质量有明显下降。

(3) 自然界中的任何一种颜色都可以由 R、G、B 这三种颜色值之和来确定,它们构成一个三维的 RGB 矢量空间。这就是说,R、G、B 的数值不同,混合得到的颜色就不同,也就是光波的波长不同。

5.2　图像的颜色模型

在文献和教材中,用于描述颜色的常用词有两个: 颜色模型和颜色空间。颜色模型(color model)是用数值指定颜色的方法,颜色空间(color space)是用空间中点的集合描述颜色的方法,它们互为同义词。RGB 和 CMYK 是计算机系统使用最广泛的两个颜色模型。

5.2.1 显示彩色图像用 RGB 相加混色模型

一个能发出光波的物体称为有源物体,它的颜色由该物体发出的光波决定,并且使用 RGB 相加混色模型。电视机和计算机显示器使用的阴极射线管(Cathode Ray Tube,CRT)就是一个有源物体。CRT 使用 3 个电子枪分别产生红(red)、绿(green)和蓝(blue)三种波长的光,并以各种不同的相对强度综合起来产生颜色,如图 5-1(a)所示。虽然当今的电视机和计算机显示器几乎都使用彩色 LED 显示器,但生成颜色的原理与阴极射线管(CRT)类似。

组合这三种光波来产生特定颜色的方法叫作相加混色法(additive color mixture),因为这种相加混色是利用 R、G 和 B 颜色分量产生颜色,故称为 RGB 相加混色模型。相加混色是计算机应用中定义颜色的基本方法。

从理论上讲,任何一种颜色都可用三种基本颜色按不同的比例混合得到。三种颜色的光强越强,到达我们眼睛的光就越多,它们的比例不同,我们看到的颜色也就不同。没有光到达眼睛,就是一片漆黑。当三基色按不同强度相加时,总的光强增强,并可得到任何一种颜色。某一种颜色和这三种颜色之间的关系可用下面的式子来描述:

$$颜色 = R(红色的百分比) + G(绿色的百分比) + B(蓝色的百分比)$$

当三基色等量相加时,得到白色;等量的红绿相加而蓝为 0 时得到黄色;等量的红蓝相加而绿为 0 时得到品红色;等量的绿蓝相加而红为 0 时得到青色。这些三基色相加的结果如图 5-1(b)所示。

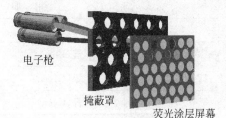 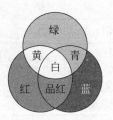

(a) 三色光生成颜色   (b) 相加混色

图 5-1　颜色生成原理

一幅彩色图像可以看成是由许多的点组成的,如图 5-2 所示。图像中的单个点称为像素 (pixel),每个像素都有一个值,称为像素值,它表示特定颜色的强度。一个像素值往往用 R、G、B 三个分量表示。如果每个像素的三个颜色分量都用二进制的 1 位来表示,那么每个颜色的分量只有"1"和"0"这两个值,这也就是说,每个颜色分量的强度是 100% 或者是 0%。在这种情况下,每个像素所显示的颜色是 8 种可能的颜色之一,见表 5-1。

对于标准的电视图形阵列(Video Graphics Array,VGA)适配卡的 16 种标准颜色,其对应的 R、G、B 值见

图 5-2　一幅图像由许多像素组成

表 5-2。在 Microsoft 公司的 Windows 操作系统中,用代码 0～15 表示。表中的代码 1～6 表

示的颜色比较暗，它们是用最大光强值的一半产生的颜色；9～15 是用最大光强值产生的。

表 5-1　相加色

R	G	B	颜　色	R	G	B	颜　色
0	0	0	黑	1	0	0	红
0	0	1	蓝	1	0	1	品红
0	1	0	绿	1	1	0	黄
0	1	1	青	1	1	1	白

在表 5-2 中，每种基色的强度是用 8 位表示的，因此可产生 $2^{24}=16\,777\,216$ 种颜色。但实际上要用 1600 多万种颜色的场合是很少的。在多媒体计算机中，除用 RGB 来表示颜色外，还用色调-饱和度-亮度（Hue-Saturation-Lightness，HSL）表示。

在 HSL 模型中，H 定义颜色的波长，称为色调；S 定义颜色的强度（intensity），表示颜色的深浅程度，称为饱和度；L 定义掺入的白光量，称为亮度。用 HSL 表示颜色的重要性，是因为它比较容易为画家所理解。若把 S 和 L 的值设置为 1，当改变 H 时就是选择不同的纯颜色；减小饱和度 S 时，就可体现掺入白光的效果；降低亮度时，颜色就暗，相当于掺入黑色。因此在 Windows 附带的画图软件也用了 HSL 表示法。

表 5-2　16 色 VGA 调色板的值

代码	R	G	B	H	S	L	相　加　色
0	0	0	0	160	0	0	黑（Black）
1	0	0	128	160	240	60	蓝（Blue）
2	0	128	0	80	240	60	绿（Green）
3	0	128	128	120	240	60	青（Cyan）
4	128	0	0	0	240	60	红（Red）
5	128	0	128	200	240	60	品红（Magenta）
6	128	128	0	40	240	60	褐色（Dark Yellow）
7	192	192	192	160	0	180	白（Light Gray）
8	128	128	128	160	0	120	深灰（Dark Gray）
9	0	0	255	160	240	120	淡蓝（Light Blue）
10	0	255	0	80	240	120	淡绿（Light Green）
11	0	255	255	120	240	120	淡青（Light Cyan）
12	255	0	0	0	240	120	淡红（Light Red）
13	255	0	255	200	240	120	淡品红（Light Magenta）
14	255	255	0	40	240	120	黄（Yellow）
15	255	255	255	160	0	240	高亮白（Bright White）

5.2.2 打印彩色图像用 CMY 相减混色模型

一个不发光波的物体称为无源物体,它的颜色由该物体吸收或者反射哪些光波决定,用 CMY 相减混色模型。用彩色墨水或颜料进行混合,绘制的图画就是一种无源物体,用这种方法生成的颜色称为相减色。从理论上说,任何一种颜色都可以用三种基本颜色的颜料按一定比例混合得到。这三种颜色是青色(cyan)、品红(magenta)和黄色(yellow),通常写成 CMY,称为 CMY 模型。用这种方法产生的颜色之所以称为相减色,是因为它减少了为视觉系统识别颜色所需要的反射光。

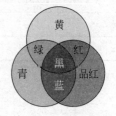

图 5-3 相减混色

在相减混色中,当二基色等量相减时得到黑色;等量黄色(Y)和品红(M)相减而青色(C)为 0 时,得到红色(R);等量青色(C)和品红(M)相减而黄色(Y)为 0 时,得到蓝色(B);等量黄色(Y)和青色(C)相减而品红(M)为 0 时,得到绿色(G)。三基色相减结果如图 5-3 所示。

彩色打印机采用的就是这种原理,印刷彩色图片也是采用这种原理。按每个像素每种颜色用 1 位表示,相减法产生的 8 种颜色如表 5-3 所示。由于彩色墨水和颜料的化学特性,用等量的三基色得到的黑色不是真正的黑色,因此在印刷术中常加一种真正的黑色(black ink),所以 CMY 又写成 CMYK。

表 5-3 相减色

C(青色)	M(品红)	Y(黄色)	相减色
0	0	0	白
0	0	1	黄
0	1	0	品红
0	1	1	红
1	0	0	青
1	0	1	绿
1	1	0	蓝
1	1	1	黑

相加色与相减色之间有一个直接关系,见表 5-4 所示。利用它们之间的关系,可以把显示的颜色转换成输出打印的颜色。相加混色和相减混色之间成对出现互补色。例如,当 RGB 为 1∶1∶1 时,在相加混色中产生白色,而 CMY 为 1∶1∶1 时,在相减混色中产生黑色。从另一个角度也可以看出它们的互补性,例如,RGB 为 0∶1∶0,对应 CMY 为 1∶0∶1。

表 5-4 相加色与相减色的关系

相加混色(RGB)	相减混色(CMY)	生成的颜色
000	111	黑
001	110	蓝
010	101	绿

相加混色(RGB)	相减混色(CMY)	生成的颜色
011	100	青
100	011	红
101	010	品红
110	001	黄
111	000	白

5.3 图像的三个基本属性

属性是标识和描述被管理对象的特性,图像的属性包含分辨率、像素深度、真/伪彩色、图像的表示法和种类等,本节将介绍前面三个特性。

5.3.1 图像分辨率

我们经常遇到的分辨率(resolution)有两种:屏幕分辨率和图像分辨率。为更好地理解图像分辨率的概念,首先介绍屏幕分辨率。

1. 屏幕分辨率

屏幕分辨率也称显示分辨率,它是衡量显示设备再现图像时所能达到的精细程度的度量方法。屏幕分辨率通常用水平和垂直方向所能显示的像素数目表示,写成"水平像素数×垂直像素数",如 640×480 表示显示屏分成 480 行,每行显示 640 个像素,整个显示屏含有 307 200 个显像点。常见的屏幕分辨率包括 640×480、800×600、1024×768、1280×1024。水平分辨率与垂直分辨率的比例通常是 4∶3,与传统电视的宽高比相同,但与高清晰度电视的宽高比(16∶9)不同。

屏幕能够显示的像素越多,说明显示设备的分辨率越高,显示的图像质量也就越高。显示屏上的每个彩色像点由代表 R、G、B 三种模拟信号的相对强度决定,这些彩色像点就构成一幅彩色图像。

2. 图像分辨率

图像分辨率(image resolution)是图像精细程度的度量方法。对同样尺寸的一幅图,如果像素数目越多,则说明图像的分辨率越高,看起来就越逼真。相反,图像显得越粗糙。图像分辨率也称空间分辨率(spatial resolution)和像素分辨率(pixel resolution)。

在图像显示应用中,图像分辨率有多种方法表示。例如:(1) 物理尺寸,如"每毫米线数(或行数)";(2)行列像素,用"像素/行×行/幅"表示,如 640 像素/行×480 行/幅;(3)像素总数,如在手机的相机上标的"1600 万像素";(4)单位长度(面积)的像素,如像素每英寸(Pixels Per Inch,PPI);(5)线对(line pair)数,以黑白相邻的两条线为一对,如"每毫米 10 线"表示黑线和白线相间的 5 对线;(6)像素深度(见 5.3.2 节)。

在图像数字化和打印应用中,通常要指定图像的分辨率,用每英寸多少点(Dots Per Inch,DPI)表示。如果用 300 DPI 来扫描一幅 8″×10″ 的彩色图像,就得到一幅 2400×3000 个像素的图像。分辨率越高,像素就越多。

图像分辨率与屏幕分辨率是两个不同的概念。从行列像素角度看,图像分辨率是构成一幅图像的像素数目,而屏幕分辨率是显示图像的区域大小。例如,如果屏幕分辨率为 640×480,那么一幅 320×240 像素的图像只占显示屏的 1/4;相反,2400×3000 像素的图像在这个显示屏上就不能显示其完整的画面。

5.3.2 像素深度与阿尔法(α)通道

1. 像素深度

像素深度是指存储每个像素所用的位数。例如,在电视图像信号数字化时,记录每个图像样本信号的位数为 8、10、12 或 16 位。8 位表示的分辨率是 1/256,10 位表示的分辨率是1/1024。在这个意义上,像素深度也被认为是图像分辨率的一种度量方法。

像素深度决定彩色图像的每个像素可能有的颜色数,或者确定灰度图像的每个像素可能有的灰度级数。例如,一幅彩色图像的每个像素用 R、G、B 三个分量表示,若每个分量用 8 位,那么一个像素共 24 位表示,就说像素的深度是 24,每个像素可以是 $2^{24} = 16\,777\,216$ 种颜色中的一种。在这个意义上,往往把像素深度说成是图像深度。表示一个像素的位数越多,它能表达的颜色数目就越多,而它的深度就越深。

虽然像素深度或图像深度可以很深,但各种 VGA 的颜色深度却受到限制。例如,标准VGA 支持 4 位 16 种颜色的彩色图像,多媒体应用中通常推荐用 8 位 256 种颜色。由于设备的限制,加上人眼分辨率的限制,一般情况下,不一定要追求特别深的像素深度。此外,像素深度越深,所占用的存储空间也越大。相反,如果像素深度太浅,那也影响图像的质量,图像看起来让人觉得很粗糙和很不自然。

2. α通道

在用二进制数表示彩色图像的像素时,除 R、G、B 分量用固定位数表示外,往往还增加 1位或几位作为属性(attribute)位。例如,RGB 5:5:5 表示一个像素时,用 2 个字节共 16 位表示,其中 R、G、B 各占 5 位,剩下最高 1 位(b_{15})作为属性位,用来指定该像素应具有的性质,并把它称为透明(transparency)位,记为 T。T 的含义可以这样来理解:假如显示屏上已经有一幅图存在,如果要把另一幅图重叠在它上面,就可用 T 位来控制原图是否能看得见。例如,可定义 T=1,原图完全看不见;T=0,原图能完全看见。在这种情况下,属性位 T 称为 1 位 α通道(alpha channel),像素深度为 16 位,而图像深度为 15 位。

在每个像素用 32 位的图像表示法中,最高 8 位称为 8 位 α通道,用于表示像素在对象中的透明度,其余 24 位是颜色通道,红色、绿色和蓝色分量各占 8 位通道。这个由 8 位构成的 α通道可看作是一个预乘数通道。因此,例如,一个像素(A,R,G,B)的四个分量都用规一化的数值表示,当像素值为(1,1,0,0)时显示红色,当像素值为(0.5,1,0,0)时,使用 α通道中的预乘数 0.5 与 R、G、B 相乘的结果就为(0.5,0.5,0,0),表示原来该像素显示的红色强度为 1,而现在显示的红色的强度为 0.5。又如,用两幅图像 A 和 B 混合成一幅新图像(New),它的像素为: New pixel ＝(alpha)(pixel A color)+(alpha)(pixel B color)。

用 α通道描述像素属性在实际中很有用。例如,在一幅彩色图像上叠加文字说明,而又不想让文字把图覆盖掉,就可用 α通道,而又有人把该像素显示的颜色称为混合色(key color)。在视像产品生产过程中,也往往把数字电视图像和计算机生产的图像混合在一起,这种技术称为视图混合(video keying)技术,它也采用 α通道。

5.3.3　真伪彩色和直接色

　　了解真彩色、伪彩色与直接色的含义,对于编写图像显示程序、理解图像文件的存储格式都有很大帮助,对"本来是用真彩色表示的图像,但在 VGA 显示器上显示的颜色却不是原来图像的颜色"这类现象也不会感到困惑。

1. 真彩色

　　真彩色(true color)是指每个像素的颜色值用红(R)、绿(G)和蓝(B)表示的颜色。例如,用 RGB 5∶5∶5 表示图像颜色,R、G、B 各用 5 位,其值大小直接确定三个基色的强度,这样得到的彩色是真实的原图彩色。真彩色通常用 24 位表示,因此也称 24 位颜色(24-bit color)或全彩色(full color),其颜色数目为 $2^{24} = 16\ 777\ 216$ 种。

2. 伪彩色

　　伪彩色(pseudo color)是指每个像素的颜色不是由每个基色分量的数值直接决定的颜色,而是把像素值当作彩色查找表(Color Look-Up Table,CLUT)的表项入口地址,去查找显示图像时使用的 R、G、B 值,用查找出的 R、G、B 值产生的彩色称为伪彩色。

　　彩色查找表(CLUT)是一个事先做好的表,表项入口地址也称为索引号。例如,在有 256 种颜色的查找表中,0 号索引对应黑色……255 号索引对应白色。彩色图像本身的像素数值和彩色查找表的索引号有一个变换关系,这个关系可以使用 Windows 定义的变换关系,也可以使用你自已定义的变换关系。使用查找得到的数值显示的彩色是真的,但不是图像本身真正的颜色,它没有完全反映原图的颜色。

3. 直接色

　　每个像素值由 R、G、B 分量构成,每个分量作为单独的索引值对它做变换,也就是通过相应的彩色变换表找出基色强度,用变换后的 R、G、B 强度值产生的颜色称为直接色(direct color)。它的特点是对每个基色进行变换。

5.4　图像的种类

5.4.1　矢量图与位图

　　在计算机中,表示图像的常用方法有两种,一种称为矢量图法,生成的图像叫作矢量图(vector graphics),另一种称为位图法,生成的图像叫作位图(bitmap 或 bitmapped image)。虽然这两种图像的表示方法不同,但在显示器上显示的结果几乎没有差别。

1. 矢量图

　　矢量图是用一系列计算机指令描绘的图,如点、线、面、曲线、圆、矩形以及它们的组合,如图 5-4(a)所示。这种方法实际上是用许多数学表达式描述一幅图,再用计算机语言来表达,在显示图像时,还可看到画图的过程。绘制和显示这种图的软件通常称为绘图程序(draw programs),存放这种图的存储格式称为矢量图格式,存储的数据主要是绘制图形的数学描述。

　　矢量图有许多优点。例如,目标图像的移动、缩小或放大、旋转、拷贝、属性(如线条变宽变细、颜色)变更都很容易做到;相同的或类似的图可以把它们当作图的构造块,并把它们存到图库中,这样不仅可加速矢量图的生成,而且可减小矢量图的文件大小。

然而,对于真实世界的彩照,恐怕就很难用数学方法来描述,这就要用位图法表示。

2. 位图

位图(bitmap)是用像素值阵列表示的图。不论用什么方法生成的图,凡是用像素值阵列表示的图都称为位图,如图 5-4(b)所示。与矢量图不同,对位图进行操作时,只能对图中的像素进行操作,而不能把位图中的物体作为独立实体进行操作。在有些文章中,把表示矢量图的位图称为图形图像(graphical image)或矢量图像(vector based image)。位图也称光栅图(raster graphics),绘制位图或编辑位图的软件称为画图程序(paint programs),存放位图的格式称为位图格式,存储的内容是描述像素的数值。

位图的获取通常用扫描仪、数码相机、摄像机、录像机、视像光盘和相关的数字化设备,获取的位图文件占据的存储空间比较大。影响位图文件大小的因素主要有两个,图像分辨率和像素深度。分辨率越高,表示组成一幅图的像素就越多,图像文件就越大;像素深度越深,就是表达单个像素的颜色和亮度的位数越多,图像文件就越大。

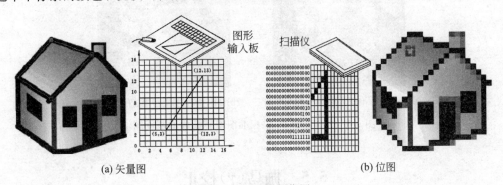

(a) 矢量图   (b) 位图

图 5-4　矢量图与位图

5.4.2　灰度图与彩色图

灰度图(gray-scale image)是只有明暗不同的像素而没有彩色像素组成的图像。只有黑白两种颜色的图像称为单色图像(monochrome/bit image),如图 5-5(a)所示。单色图像的每个像素的像素值用一位存储,其值是 0 或 1,因此一幅 640×480 像素的单色图像需要占据 37.5KB 的存储空间。图 5-5(b)是一幅标准灰度图像。如果每个像素的像素值用一个字节表示,灰度级数就等于 256 级,每个像素可以是 0～255 之间的任何一个值,一幅 640×480 的灰度图像就需要占据 300KB 的存储空间。

(a) 标准单色图   (b) 标准灰度图

图 5-5　单色图与灰度图

彩色图像(color image)可按照颜色的数目来划分,如256色图像和真彩色图像等。如果彩色图像的每个像素用一个字节来表示,一幅640×480位彩色图像需要300KB的存储空间,图5-6(a)是用256色标准图像转换成的256级灰度图像;每个像素的R、G、B分量分别用一个字节表示,一幅640×480的真彩色图像需要900KB的存储空间,图5-6(b)是一幅真彩色图像转换成的256级灰度图像。

使用24位表示的彩色图像需要很大的存储空间,在网络传输也很费时间。由于人的视觉系统的颜色分辨率不高,因此在没有必要使用真彩色的情况下就尽可能不用。此外,许多24位彩色图像是用32位存储的,这个附加的8位就是α通道位,它的值叫作α值,用来表示该像素如何产生特殊效果。

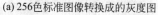

(a) 256色标准图像转换成的灰度图   (b) 24位标准图像转换成的灰度图

图5-6   256色和24位标准图像转换成的灰度图

5.5 伽马(γ)校正

5.5.1 γ的概念

如果电子摄像机的输出电压与场景中光的强度成正比,如果CRT发射的光的强度与输入电压成正比……凡是生成和显示图像的所有部件都是线性的话,那么图像处理就会变得比较容易。然而,现实世界并不是那样,大多数光电转换特性都是非线性的。幸好这些非线性部件都有一个能够反映各自特性的幂函数,它的一般形式是:

$$y = x^n \quad \Rightarrow \quad 输出 = (输入)^\gamma$$

式中的γ(gamma)是幂函数的指数,它用来衡量非线性部件的转换特性。这种特性称为幂-律(power-law)转换特性。按照惯例,输入和输出都缩放到0~1之间。其中,0称为黑电平,1表示颜色分量的最高电平。对于特定的部件,可度量它的输入与输出之间的函数关系,从而找出γ值。

实际的图像系统是由多个部件组成的,这些部件中可能会有几个非线性部件。如果所有部件都有幂函数的转换特性,那么整个系统的传递函数就是一个幂函数,它的指数γ等于所有单个部件的γ的乘积。如果图像系统的整个γ=1,输出与输入就呈线性关系。这就意味着在重现图像中任何两个图像区域的强度之比与原始场景的两个区域的强度之比相同,这就是图像系统所追求的目标,真实地再现原始场景。

当再生图像在明亮环境下,即在其他白色物体的亮度与图像中白色部分的亮度几乎相同的环境下观看时,γ=1的系统的确可使图像看起来像原始场景一样。但是某些图像有时在黑暗环境下观看所获得的效果会更好,放映电影和投影幻灯片就属于这种情况。在这种情况下,γ 值不是等于 1 而通常认为 $\gamma \approx 1.5$,人所看到的场景就好像是原始场景。根据这种观点,投影幻灯片的 γ 值就设计为 1.5 左右,而不是 1。

5.5.2 γ 校正

所有显示设备都有幂-律转换特性,如果生产厂家不加说明,那么它的 γ 值大约等于 2.5。用户对发光材料的特性可能无能为力去改变,因此也就很难改变它的 γ 值。为使整个系统的 γ 值接近于使用要求的 γ 值,就需要一个可校正 γ 值的非线性部件,用来补偿显示设备的非线性特性。

在所有广播电视系统中,γ 校正是在摄像机中完成的。最初的 NTSC 电视标准需要摄像机具有 $\gamma=1/2.2=0.45$ 的幂函数,现在采纳 $\gamma=0.5$ 的幂函数。PAL 和 SECAM 电视标准指定摄像机需要具有 $\gamma=1/2.8=0.36$ 的幂函数,但这个数值已显得太小,因此实际的摄像机很可能会设置成 $\gamma=0.45$ 或者 0.5。使用这种摄像机得到的图像预先做了校正,在 $\gamma=2.5$ 的 CRT 屏幕上显示图像时,屏幕图像相对于原始场景的 γ 值大约等于 1.25。这个值适合在暗淡环境下观看。

过去的时代是模拟时代,而今已进入数字时代,进入计算机的电视图像依然带有 $\gamma=0.5$ 的校正,这一点可不要忘记。虽然带有 γ 值的电视在数字时代工作得很好,尤其是在特定环境下创建的图像又在相同环境下工作,但在其他环境下工作时,往往会使显示的图像让人看起来显得太亮或者太暗,因此在可能条件下就要做 γ 校正。

在什么地方做 γ 校正是人们所关心的问题。从获取图像、存储成图像文件、读出图像文件直到在某种类型的显示屏幕上显示图像,这些环节中至少有 5 个地方可有非线性转换函数存在并可引入 γ 值。例如:

(1) camera_gamma:摄像机中图像传感器的 γ(通常 $\gamma=0.4$ 或者 0.5)。

(2) encoding_gamma:编码器编码图像文件时引入 γ。

(3) decoding_gamma:译码器读图像文件时引入 γ。

(4) LUT_gamma:图像帧缓存查找表中引入 γ。

(5) display_gamma:显示设备引入的 γ(如 CRT,通常 $\gamma=2.5$)。

在数字图像显示系统中,在不考虑图像的来源(如摄像机)情况下,假设图像的 γ 值等于 1,如果 encoding_gamma$=0.5$,CRT_gamma$=2.5$ 和 decoding_gamma、LUT_gamma 都为 1.0 时,整个系统的 γ 值就近似等于 1.25。

根据以上分析,为在不同环境下观看到原始场景,可在适当的地方加入 γ 校正。

5.6 JPEG 压缩编码

5.6.1 JPEG 是什么

1. JPEG 是什么

JPEG (Joint Photographic Experts Group)是由 ISO 和 IEC 两个组织机构联合组成的专家组,负责制定静态的数字图像数据压缩标准,这个专家组开发的算法称为 JPEG 算法,并且成为国际上通用的标准,称为 JPEG 标准。JPEG 是一个适用范围很广的静态图像数据压缩标准,既可用于灰度图像又可用于彩色图像。采用 JPEG 标准压缩的文件使用 .jpg 或 .jff 作为文件名的后缀。

JPEG 专家组开发了两种基本的压缩算法,一种是采用以离散余弦变换(Discrete Cosine Transform,DCT)为基础的有损压缩算法,另一种是采用以预测技术为基础的无损压缩算法。使用有损压缩算法时,在压缩比为 25∶1 的情况下,压缩后还原得到的图像与原始图像相比较,非图像专家难以找出它们之间的区别,因此得到了广泛的应用。为了在保证图像质量的前提下进一步提高压缩比,JPEG 专家组一直在制定采用小波变换(wavelet transform)的 JPEG 2000(简称 JP 2000)标准。

2. JPEG 标准文档

大多数人认为 JPEG 标准是 ISO/IEC IS 10918-1 或 ITU-T Recommendation T.81,标准名称为 Information technology-Digital compression and coding of continuous-tone still images(信息技术-连续色调静态图像的数字压缩和编码),但实际上 JPEG 是由 4 个部分组成的,见表 5-5。此外,专家组还开发了数据无损的 JPEG-LS 标准,标准名为 Information technology-Lossless and near-lossless compression of continuous-tone still images-Baseline。JPEG 标准文档均由 ISO 和 ITU-T(原为 CCITT)出版,出版的文档内容相同,标准编号不同。

表 5-5　JPEG 标准文档

ISO/IEC		ITU-T	各部分的功能
10918-1(1994)	Part 1	T.81	编码静态图像的基本标准
10918-2(1995)	Part 2	T.82	软件性能符合 Part 1 的测试
10918-3(1997)	Part 3	T.83	添加包括 SPIFF* 格式在内的扩展
10918-4(1999)	Part 4	T.84	定义注册扩展 JPEG 功能的参数的方法
14495-1(1998)		T.87	数据无损压缩的标准(JPEG-LS)

＊ SPIFF(Still Picture Interchange File Format):静态图像文件格式。

5.6.2　JPEG 算法概要

通常认为,JPEG 是采用数据有损压缩算法的标准,它利用了人的视觉系统的特性,使用变换、量化和熵编码相结合的方法,以去掉或减少视觉的冗余信息和数据本身的冗余信息。JPEG 算法框图如图 5-7 所示,图 5-7(a)表示基于 DCT 的压缩算法,图 5-7(b)表示基于 DCT 的解压缩算法,解压缩过程与压缩过程正好相反。

JPEG 标准的压缩算法大致分成三个步骤:(1)使用正向离散余弦变换(Forward Discrete Cosine Transform,FDCT)把空间域表示的图变换成频率域表示的图。(2)使用加权函数对 DCT 系数进行量化,这个加权函数对于人的视觉系统是最佳的。(3)使用霍夫曼可变字长编码器对量化系数进行编码。

JPEG 算法与颜色空间无关,RGB 到 YUV 变换和 YUV 到 RGB 变换不包含在 JPEG 算法中。JPEG 算法处理的彩色图像是单独的彩色分量图像,因此它可以压缩来自不同颜色空间的数据,如 RGB、YCbCr 和 CMYK。颜色空间变换的问题详见第 9 章。

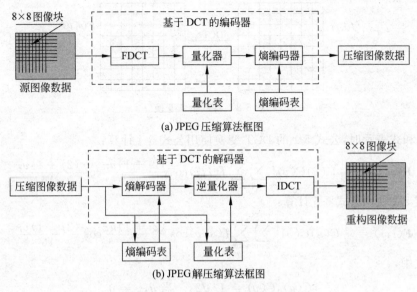

(a) JPEG 压缩算法框图

(b) JPEG 解压缩算法框图

图 5-7　JPEG 压缩-解压缩算法框图

5.6.3　JPEG 算法的计算步骤

JPEG 压缩编码算法的主要计算步骤如下：

（1）正向离散余弦变换（FDCT）。

（2）量化（quantization）。

（3）Z 字形编码（zigzag scan）。

（4）使用差分脉冲编码调制（DPCM）对直流系数（DC）进行编码。

（5）使用行程长度编码（RLE）对交流系数（AC）进行编码。

（6）熵编码（entropy coding）。

1. 离散余弦变换

二维离散余弦变换（2D DCT）也叫作正向离散余弦变换（2D FDCT），用公式 5-1 表示：

$$Y = AXA^T \tag{5-1}$$

2D DCT 的逆变换（2D IDCT）如公式 5-2 所示：

$$X = A^TYA \tag{5-2}$$

X 是输入样本矩阵，Y 是变换后的系数矩阵，A 是 $N \times N$ 变换矩阵。A 的元素如公式 5-3 所示：

$$A_{ij} = C_i \cos \frac{(2j+1)i\pi}{2N} \tag{5-3}$$

其中，

$$C_i = \sqrt{\frac{1}{N}} \quad (i = 0), \quad C_i = \sqrt{\frac{2}{N}} \quad (i > 0)$$

下面对正向离散余弦变换作几点说明。

（1）对每个单独的彩色图像分量，把整个分量图像分成 8×8 的图像块，如图 5-8 所示，并作为 DCT 的输入，通过 DCT 把能量集中在频率较低的少数几个系数上。

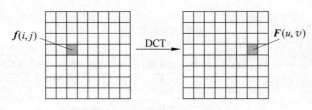

图 5-8　离散余弦变换

（2）用和式表示时，公式 5-1 的 DCT 变换使用公式 5-4 计算：

$$F(u,v) = \frac{1}{4}C(u)C(v)\left[\sum_{i=0}^{7}\sum_{j=0}^{7}f(i,j)\cos\frac{(2i+1)u\pi}{16}\cos\frac{(2j+1)v\pi}{16}\right] \quad (5\text{-}4)$$

逆变换公式 5-2 使用公式 5-5 计算：

$$F(i,j) = \frac{1}{4}C(u)C(v)\left[\sum_{u=0}^{7}\sum_{v=0}^{7}f(u,v)\cos\frac{(2i+1)u\pi}{16}\cos\frac{(2j+1)v\pi}{16}\right] \quad (5\text{-}5)$$

在上面两式中，

$$C(u),C(v) = 1/\sqrt{2}, \quad 当\ u,v = 0$$
$$C(u),C(v) = 1, \qquad 其他$$

$f(i,j)$ 是图像样本矩阵或样本的预测误差矩阵，$F(u,v)$ 是 $f(i,j)$ 经过 DCT 后的系数矩阵，$F(0,0)$ 是 8×8 个像素值的平均值，称为直流系数（DC），其他为交流系数（AC）。

（3）在计算二维 DCT 时，可用如公式 5-6 所示的计算式把二维 DCT 变成一维 DCT，如图 5-9 所示，实际的快速计算方法可看参考文献[4]。

$$F(u,v) = \frac{1}{2}C(u)\left[\sum_{i=0}^{7}G(i,v)\cos\frac{(2i+1)u\pi}{16}\right]$$

$$\qquad\qquad\qquad\qquad\qquad\qquad\qquad (5\text{-}6)$$

$$G(i,v) = \frac{1}{2}C(v)\left[\sum_{j=0}^{7}f(i,j)\cos\frac{(2j+1)v\pi}{16}\right]$$

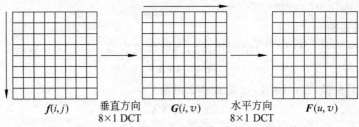

$f(i,j)$　　垂直方向　　$G(i,v)$　　水平方向　　$F(u,v)$
　　　　　8×1 DCT　　　　　　8×1 DCT

图 5-9　二维 DCT 变换方法

2. 量化

量化是对经过 FDCT 变换后的频率系数进行量化。量化的目的是降低非 0 系数的幅度以及增加 0 值系数的数目。量化是造成图像质量下降的最主要原因。

对于有损压缩算法，JPEG 算法使用如图 5-10 所示的均匀量化器进行量化，量化步距是按照系数所在的位置和每种颜色分量的色调值来确定的。因为人眼对亮度信号比对色度信号更敏感，因此使用了两种量化表：表 5-6 所示的亮度量化表

图 5-10　均匀量化器

和表 5-7 所示的色差量化表。此外,由于人眼对低频分量的图像比对高频分量的图像更敏感,因此表中的左上角的量化步距要比右下角的量化步距小。表 5-6 和表 5-7 中的数值对 CCIR 601 标准电视图像已经是最佳的。如果不使用这两种表,也可以用自己的量化表替换它们。

量化用公式 5-7 计算:

$$\hat{F}(u,v) = \text{round}\left(\frac{F(u,v)}{Q(u,v)}\right) \tag{5-7}$$

其中,$F(u,v)$ 表示 DCT 系数,$Q(u,v)$ 表示"量化矩阵",$\hat{F}(u,v)$ 表示量化(后的)系数,$F(u,v)/Q(u,v)$ 表示两个矩阵的对应元素相除,round 表示四舍五入。

表 5-6　亮度量化表

16	11	10	16	24	40	51	61
12	12	14	19	26	58	60	55
14	13	16	24	40	57	69	56
14	17	22	29	51	87	80	62
18	22	37	56	68	109	103	77
24	35	55	64	81	104	113	92
49	64	78	87	103	121	120	101
72	92	95	98	112	100	103	99

表 5-7　色差量化表

17	18	24	47	99	99	99	99
18	21	26	66	99	99	99	99
24	26	56	99	99	99	99	99
47	66	99	99	99	99	99	99
99	99	99	99	99	99	99	99
99	99	99	99	99	99	99	99
99	99	99	99	99	99	99	99
99	99	99	99	99	99	99	99

3. Z 字形编排

量化后的系数要重新编排,目的是为了增加连续的 0 值系数的个数,就是 0 的游程长度。排列方法是按照 Z 字形的样式编排,如图 5-11(a)所示,DCT 系数的序号如图 5-11(b)所示,序号小的位置表示频率较低,这样就把一个 8×8 的矩阵变成一个 1×64 的矢量,并用 zz(0),zz(1),zz(2),…,zz(63)表示其元素。

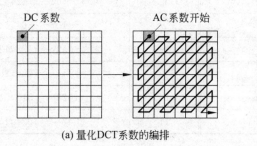

(a) 量化DCT系数的编排　　　　(b) DCT系数的序号

图 5-11　量化 DCT 系数

4. 熵编码

熵编码用于进一步压缩采用 DPCM 编码后的 DC 系数差值和 RLE 编码后的 AC 系数。在 JPEG 有损压缩算法中,熵编码用霍夫曼编码器。使用霍夫曼编码器的理由是可用简单的查表(lookup table)方法进行编码。霍夫曼编码器对出现频度比较高的符号分配比较短的代码,对出现频度较低的符号分配比较长的代码。可变长度的霍夫曼码表可事先定义。

在熵编码之前要将 8×8 图像块的 DC 系数和 63 个 AC 系数用中间符号(intermediate symbol)表示。用中间符号表示 DC 和 AC 时,它们都是由两个符号组成的。一个符号用于表示数据大小的可变长度码(Variable-Length Code,VLC),用的代码是霍夫曼码。另一个符号是直接表达实际幅度的可变长度整数(Variable-Length Integer,VLI)。由于 DC 系数和 AC 系数的统计特性不同,因此在熵编码时需要对 DC 系数和 AC 系数分别处理。

1) DC 系数

8×8 图像块经过 DCT 变换后得到的 DC 系数有两个特点,一是数值比较大,二是相邻 8×8 图像块的 DC 系数值变化不大。DC 系数的编码采用如下三个步骤:

步骤 1:DPCM 编码。对相邻图像块之间的量化 DC 系数的差值(Delta)进行编码,如公式 5-8 所示:

$$\text{Delta} = \text{DC}(0,0)_k - \text{DC}(0,0)_{k-1} \tag{5-8}$$

其中,k 表示当前的编码块。例如,亮度分量的前 5 个图像块的 DC 系数分别为 150、155、149、152、144,使用 DPCM 编码时产生的输出为 150、5、-6、3、-8。

步骤 2:生成中间符号。DC 差值的中间符号用右边的符号 1 和符号 2 表示。4 位 SSSS(大小)指定表达 DIFF(幅度)所需的位(bit)数,DIFF 表示实际的 DC 差值。

DC 差值的中间符号	
符号 1	符号 2
SSSS(Size)	DIFF(Amplitude)
VLC (可变长度码)	VLI(可变长度整数)

JPEG 标准将 DIFF 值分成 12 类,DIFF 和 SSSS 之间的对应关系见表 5-8。例如,可将 DC 的差值 150、5、-6、3、-8 转换成中间符号:(8,150)、(3,5)、(3,-6)、(2,3)、(4,-8)。

表 5-8　DC 差值范围

(JPEG 标准文件中的 Table F1)

SSSS	DIFF	SSSS	DIFF
0	0	6	$-63\sim-32,32\sim63$
1	$-1,1$	7	$-127\sim-64,64\sim127$
2	$-3,-2,2,3$	8	$-255\sim-128,128\sim255$
3	$-7\sim-4,4\sim7$	9	$-511\sim-256,256\sim511$
4	$-15\sim-8,8\sim15$	10	$-1023\sim-512,512\sim1023$
5	$-31\sim-16,16\sim31$	11	$-2047\sim-1024,1024\sim2047$

步骤 3:符号编码。位数(SSSS)的霍夫曼编码可直接查表 5-9 或表 5-10,幅度(DIFF)用补码(two's complement)表示。注意:当 DIFF 为正数时,其最高有效位为 1;当 DIFF 为负数时,其最高有效位为 0。例如,中间符号(8, 150)、(3, 5)、(3,-6)、(2, 3)、(4,-8)经过熵编码和转换成补码后变为(111110,10010110)、(100,101)、(100,001)、(011,11)、(101,0111)。

表 5-9 亮度 DC 差值码表

类　　别	码　长	码　　字	类　　别	码　长	码　　字
0	2	00	6	4	1110
1	3	010	7	5	11110
2	3	011	8	6	111110
3	3	100	9	7	1111110
4	3	101	10	8	11111110
5	3	110	11	9	111111110

表 5-10　色度 DC 差值码表

（JPEG 标准文件中的 Table K.4）

类　　别	码　长	码　　字	类　　别	码　长	码　　字
0	2	00	6	6	111110
1	2	01	7	7	1111110
2	2	10	8	8	11111110
3	3	110	9	9	111111110
4	4	1110	10	10	1111111110
5	5	11110	11	11	11111111110

将上述具体的 DC 系数编码过程归纳成如表 5-11 所示：

表 5-11　DC 系数编码过程

编码步骤	亮度 DC 系数举例				
	$DC(0,0)_0$	$DC(0,0)_1$	$DC(0,0)_2$	$DC(0,0)_3$	$DC(0,0)_4$
DC 系数值	150	155	149	152	144
DC 差值	150	5	−6	3	−8
中间符号	(8, 150)	(3, 5)	(3, −6)	(2, 3)	(4, −8)
熵和幅度编码	(111110, 10010110)	(100, 101)	(100, 001)	(011, 11)	(101, 0111)

2) AC 系数

量化 AC 系数的特点是系数中包含许多 0 值系数，而且许多 0 值系数是连续的，因此可用简单和直观的游程长度编码（RLE）对它们进行编码。JPEG 使用一个字节的高 4 位表示连续 0 值系数的个数，用低 4 位来表示编码下一个非 0 值系数所需要的位数，跟在它后面的是量化 AC 系数的数值。JPEG 标准将 AC 系数的编码分成如下两个步骤：

步骤 1：生成中间符号。AC 系数的中间符号用右边的符号 1 和符号 2 表示。符号 1 由

RRRR(表示行程长度)和 SSSS(表示 AC 系数幅度所需位数)组成;符号 2 表示非 0 值 AC 系数的实际值,如表 5-12 所示。

JPEG 标准将 AC 系数的值分成 11 类,SSSS 和 AC 系数之间的对应关系见表 5-13。

<table>
<tr><td colspan="2" align="center">表 5-12　AC 系数的中间符号</td></tr>
<tr><td align="center">符号 1</td><td align="center">符号 2</td></tr>
<tr><td align="center">RRRRSSSS
(Run-length, Size)</td><td align="center">AC 系数
(Amplitude)</td></tr>
<tr><td align="center">VLC(可变长度码)</td><td align="center">VLI(可变长度整数)</td></tr>
</table>

表 5-13　AC 系数范围
(JPEG 标准文件中的 Table F2)

SSSS	AC 系数
0	0
1	$-1, 1$
2	$-3, -2, 2, 3$
3	$-7 \sim -4, 4 \sim 7$
...	...
10	$-1023 \sim 512, 512 \sim 1023$

读者可能已经想到,在符号 1 中表示 0 行程长度的 RRRR 的最大值仅为 15,如果连续 0 值系数的数目大于 15 该怎么办。此外,某个位置(即频率分量)之后的系数值均为 0,该怎么办。对这些问题,在 JPEG 标准中已有明确的解决方法,就是对 RRRR 和 SSSS 取值的组合关系做明确的定义,见图 5-12 所示。其中,EOB(end-of-block)是 RRRR 和 SSSS 均为 0 的组合,用于表示其后的所有系数均为 0 值系数;ZRL(zero run length)是 RRRR 为 15 而 SSSS 为 0 的组合,用于表示 15 个连续的 0 值系数后面跟一个 0 值系数,这就是说有连续 16 个 0 值系数;N/A 表示在霍夫曼码表中没有定义。

例如,AC 系数 zz(11)~zz(29)都为 0,zz(30)=3,中间符号就为 15/0、(3/2,3)。其中,15/0 表示 16 个 0 值系数,符号(3/2,3)表示从此处开始到 zz(30)有 3 个连续 0 值系数,用 2 位表示 zz(30)=3 就可以。

		SSSS					
		0	1	2	...	14	15
RRRR	0	EOB	01		...	0E	0F
	1						
	⋮	N/A	⋮		组合数值		
	14		E1				
	15	ZRL	F1		...	FE	FF

图 5-12　用于霍夫曼编码的二维数值阵列霍夫曼表

步骤 2:符号编码。符号 RRRRSSSS 用 R/S 表示,它的霍夫曼编码可直接查表 5-14 或表 5-15,AC 系数用补码(two's complement)表示。同样要注意:当 DIFF 为正数时,其最高有效位为 1;当 DIFF 为负数时,其最高有效位为 0。例如,亮度符号(3/2,3)的输出代码为

111110111 11。

<table>
<tr><td colspan="3" align="center">表 5-14　亮度 AC 码表</td></tr>
<tr><td colspan="3" align="center">(JPEG 标准文件中的 Table K.5)</td></tr>
<tr><th>R/S</th><th>码长</th><th>码　字</th></tr>
<tr><td>0/0(EOB)</td><td>4</td><td>1010</td></tr>
<tr><td>0/1</td><td>2</td><td>00</td></tr>
<tr><td>…</td><td>…</td><td>…</td></tr>
<tr><td>1/1</td><td>4</td><td>1100</td></tr>
<tr><td>1/2</td><td>5</td><td>11011</td></tr>
<tr><td>…</td><td>…</td><td>…</td></tr>
<tr><td>2/1</td><td>5</td><td>11100</td></tr>
<tr><td>…</td><td>…</td><td>…</td></tr>
<tr><td>3/2</td><td>9</td><td>111110111</td></tr>
<tr><td>…</td><td>…</td><td>…</td></tr>
<tr><td>F/0(ZRL)</td><td>11</td><td>11111111001</td></tr>
<tr><td>…</td><td>…</td><td>…</td></tr>
<tr><td>F/F</td><td>16</td><td>1111111111111110</td></tr>
</table>

<table>
<tr><td colspan="3" align="center">表 5-15　色差 AC 码表</td></tr>
<tr><td colspan="3" align="center">(JPEG 标准文件中的 Table K.6)</td></tr>
<tr><th>R/S</th><th>码长</th><th>码　字</th></tr>
<tr><td>0/0（EOB）</td><td>2</td><td>00</td></tr>
<tr><td>0/1</td><td>2</td><td>01</td></tr>
<tr><td>0/2</td><td>3</td><td>100</td></tr>
<tr><td>…</td><td>…</td><td>…</td></tr>
<tr><td>0/A</td><td>12</td><td>111111110100</td></tr>
<tr><td>1/1</td><td>4</td><td>1011</td></tr>
<tr><td>…</td><td>…</td><td>…</td></tr>
<tr><td>2/1</td><td>5</td><td>11010</td></tr>
<tr><td>…</td><td>…</td><td>…</td></tr>
<tr><td>E/A</td><td>16</td><td>1111111111110101</td></tr>
<tr><td>F/0(ZRL)</td><td>10</td><td>1111111010</td></tr>
<tr><td>…</td><td>…</td><td>…</td></tr>
<tr><td>F/A</td><td>16</td><td>1111111111111110</td></tr>
</table>

5. 组成数据位流

JPEG 编码的最后一个步骤是把各种标记代码和编码后的图像数据组成一帧一帧的数据,这样做的目的是为了便于传输、存储和译码器进行译码,这样组织的数据通常称为 JPEG 位流(JPEG bitstream)。

5.6.4　JPEG 压缩和编码举例

假设有一个 8×8 亮度图像块,在它之前的一个 8×8 图像块计算得到的 DC 系数值为 20,整个编码过程如图 5-13 所示。现作如下说明:

(1) 在这个例子中,计算正向离散余弦变换(FDCT)之前对源图像中的每个样本数据减去了 128,在逆向离散余弦变换之后对重构图像中的每个样本数据加了 128。

(2) 经过 DCT 变换和量化之后的系数如图 5-13(f)所示。

(3) 经过 Z 字形排列后的系数为 15,0,−2,−1,−1,−1,0,0,−1,0,…,0。

(4) DC 系数和 AC 系数的中间符号以及经过编码后的代码如表 5-16 所示。

表 5-16　中间符号及编码

中间符号:	(3,−5)	(1/2,−2)	(0/1,−1)	(0/1,−1)	(0/1,−1)	(2/1,−1)	(0/0)
编码输出:	100 010	11011 01	00 0	00 0	00 0	11100 0	1010

有关 JPEG 算法更详细的信息和数据,请参看文献[3]和 JPEG 标准 ISO/IEC 10918-1。

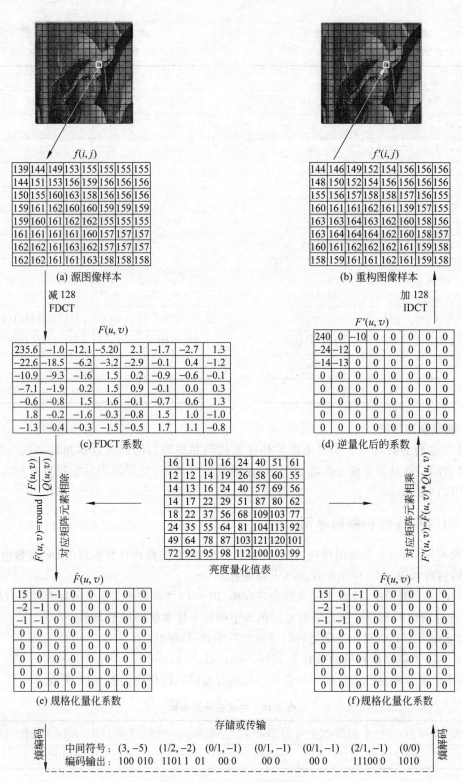

图 5-13　JPEG 压缩编码举例

5.7　可缩放矢量图形(SVG)

SVG 与 Adobe Flash(前称 Macromedia Flash 和 Shockwave Flash)有许多类似的特性，SVG 是能够支持其他标准的开放标准，Flash 是源代码未开放的多媒体软件平台。本节主要介绍 SVG 的基本概念，详见 SVG 网站 https://www.w3.org/Graphics/SVG/。

5.7.1　SVG 是什么

1. SVG 是什么

可缩放矢量图形(Scalable Vector Graphics，SVG)是用 XML 格式描述二维(2D)矢量图形的语言[①]。用 SVG 语言创建的图称为 SVG 图形，创建的文件称为 SVG 文件，其扩展名为 .svg，使用 gzip 压缩的文件扩展名为 .svgz。由于 SVG 支持嵌入和链接光栅图像(image)，虽然 SVG 创建的是图形，但许多文献把它称为 SVG 图像也未尝不可。

由于 SVG 图形用 XML 格式的文字描述，生成的文件小，容易被检索，放大缩小都不会损失图的质量，现在的浏览器也都支持 SVG 文件，因此已成为像 GIF 和 JPEG 那样的图像格式标准，已在因特网和移动设备上逐渐流行。

SVG 语言是 W3C 从 1999 年首次发布的开放标准，主要针对万维网(Web)的应用。针对移动设备开发的推荐标准(SVG Mobile)是 SVG 的两个简化版本，SVG Tiny 和 SVG Basic。现在正在开发和即将发布的版本是 SVG 2.0。

2. 入门建议

(1) 入门知识。SVG 是用 XML 语言描述二维图形的语言，因此首先需要掌握 HTML 和 XML 的基础知识，这样才能理解 SVG 的原理和掌握 SVG 制图工具的使用。网上有很多很好的介绍文章，初学者也可参看本教材《多媒体技术基础》第 3 版，其中第 21 和 22 章分别对 HTML 和 XML 语言做了详细介绍。

在万维网上，介绍 SVG 的文章很多[12~14]，可选择适合自己阅读的一两个文件。

(2) SVG 文档编辑器。学习编程语言的好方法之一是自己动手编写代码，学习 SVG 也不例外。编写 SVG 文件最简单的工具是文字编辑器，如"记事本"。如果觉得"记事本"不够智能，你可用 UltraEdit、XML 编辑器或购买商用编辑器，如 Altova XMLSpy。

所见即所得的编辑器无疑是最受用户欢迎的编辑器，Inkscape 和 Illustrator 是其中的两款。Illustrator 是 Adobe 公司的知名编辑器，Inkscape[②] 是免费和开源的矢量图编辑器，它们都可读写、修改和创建 SVG 文件。

5.7.2　SVG 文档结构

SVG 文档是严格遵从 XML 语法编写的纯文本文档，存储后的文档就称为 SVG 或 XML 文件。浏览器从 SVG 文件中读出、解释和执行指令(代码)，然后在显示设备上显示图形。

---

① Scalable Vector Graphics (SVG) 1.1 (Second Edition). W3C Rec. 16 August 2011.

② 下载地址：https://inkscape.org/en/download/windows/。

1. SVG 文档规则

SVG 文档的核心是 XML 文档,因此要遵循 XML 的如下规则:

- SVG 文档应使用 XML 声明开始,$<$? xml version＝"1.0"? $>$。
- SVG 文档应包含一个 DOCTYPE 声明,用于指出允许的元素列表。
- 所有标签都必须有一个开始标记"$<$"和结束标记"/$>$",如矩形元素$<$RECT/$>$。
- 标签必须正确嵌套。如果一个标签在另一个标签中打开,必须在同一标签内关闭。例如,$<$g$><$text$>$您好! $</$text$></$g$>$是正确的。
- SVG 文档必须有一个根。单个根元素$<$SVG$></$ SVG$>$包含一个 SVG 文档的所有内容,如同单个$<$html$></$ html$>$元素包含 HTML 页面的所有内容。

SVG 文档可包含多种元素,如几何对象(如基本形状、路径、文本),样式(style),变换(transformation),过滤器(filter),动画(animation)和交互性(interactivity)。

2. SVG 文档结构

为便于理解,现用一个比较简单的例子来说明 SVG 文档的结构。例如,用 SVG 语言描述由矩形、圆和文字构成的一幅图形,它的文档和显示的图形如表 5-17 所示。

表 5-17　SVG 例子

SVG 文档	SVG 图形

`<?xml version＝"1.0" encoding＝"UTF-8"? >`
`<svg version＝"1.1"`
　`width＝"300" height＝"200"`
　`xmlns＝"http://www.w3.org/2000/svg">`
 	
　`<rect width＝"100％" height＝"100％" fill＝"blue" />`
　`<circle cx＝"150" cy＝"100" r＝"80" fill＝"yellow" />`
　`<text x＝"150" y＝"110" font-size＝"60"`
　`text-anchor＝"middle" fill＝"black">SVG</text>`
 	
`</svg>`	

一个 SVG 文档通常包括三个部分:XML 声明和文档类型声明(DTD)、根元素和用户编写的代码。在这个未包含 DTD 的例子中:

(1) XML 声明(declaration):用于宣告 XML 版本号和支持的文字编码格式。

(2) 根元素$<$svg /$>$:含多个属性。①version 表示 SVG 版本;②width 和 height 用于指定绘图板的大小;③xmlns 用于绑定名称空间,即按某些规则命名的一套名称。

(3) 指令(代码):有三个元素。①$<$rect/$>$表示绘制一个矩形,并指定了它相对于绘图板定义的宽度($x=100\%$)、高度($y=100\%$)和填充色为蓝色(blue);②$<$circle/$>$表示绘制一个圆,并指定了圆心的坐标($x=150,y=100$)、圆的半径($r=80$)和填充色为黄色(yellow)。SVG 的坐标系将页面的左上角定义为 $0(0,0)$,x 轴向右为正,y 轴向下为正,单位为像素(px)[①];③$<$text/$>$表示绘制文字,指定了文字的中心(middle)位置($x=150,y=110$),使用

[①]　参考数据:1 px(像素)=0.282 222 2mm,相当于 90dpi,1cm=35.433 07px。

字号 32 和黑色字体。

3. SVG 文档模板

随着技术的进步,在文档结构中,XML 声明的内容和根元素中的属性也在发生变化。现在的 SVG 文档通常使用下面的模板。

```
********************************************************
< ? xml version="1.0" encoding="UTF-8"?>
< !--SVG 是 XML 应用,因此要包含 XML 声明-->

< !DOCTYPE svg PUBLIC "-//W3C//DTD SVG 1.1//EN"
    "http://www.w3.org/Graphics/SVG/1.1/DTD/svg11.dtd">
< !--文档类型声明(Document Type Declaration,DTD)描述 SVG 允许使用的语言和句法-->

< svg width="100% " height="100% "
    xmlns="http://www.w3.org/2000/svg" version="1.1"
    xmlns:xlink="http://www.w3.org/1999/xlink">
    < !--SVG 标签告诉浏览器这是 SVG 文档-->

    < !---作者编写的描述图形的代码--->

< /svg>
********************************************************
```

5.7.3 SVG 图形功能

SVG 的绘图功能强大,不仅可绘制各种复杂的矢量图和动画,而且还支持自然图像。

1. SVG 的基本图形形状

SVG 预先定义的基本图形包括矩形、圆、椭圆、线、折线、多边形、路径和文字。部分基本图形名称及其形状如图 5-14 所示。

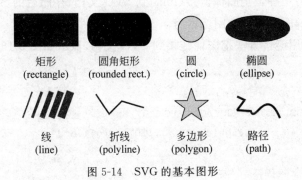

矩形　　　　　圆角矩形　　　　圆　　　　椭圆
(rectangle)　(rounded rect.)　(circle)　(ellipse)

线　　　　　折线　　　　多边形　　　　路径
(line)　　(polyline)　(polygon)　　(path)

图 5-14　SVG 的基本图形

- 矩形(rectangles)：＜rect＞
- 圆(circles)：＜circle＞
- 椭圆(ellipses)：＜ellipse＞
- 线(lines)：＜line＞

- 折线(polylines)：<polyline>
- 多边形(polygons)：<polygon>
- 路径(path)：<path>
- 文字(text)：<text>

2. SVG 路径命令使用举例

路径<path>元素是 SVG 基本形状中最强大的一个,可用于创建复杂的图形和动画。

路径(path)是一个命令序列,典型的命令包含"移动到某个点""画一条线""画一个圆"等操作。例如,画一个三角形的命令序列如图 5-15 所示。

```
<path d="M150 0 L50 200 L250 200 Z" />
style ="fill: none; stroke: red; stroke-width:5"/>
```

图 5-15　画三角形的命令序列

<path>元素的属性 d 有两个含义。(1)画(drawing)一个三角形:M(移动到点(150,0))→L(画一条直线到点(50,200))→L(画一条直线到点(50,200))→Z(结束)。(2)样式(style):三角形内没有填充色,stroke(线条)用红色,stroke—width(线条宽度)为 5 像素。

在 SVG 中,path 命令包括:

- M＝moveto
- L＝lineto
- H＝horizontal lineto
- V＝vertical lineto
- C＝curveto

- S＝smooth curveto
- Q＝quadratic Belzier curve
- T＝smooth quadratic Belzier curveto
- A＝elliptical Arc
- Z＝closepath

大写字母表示绝对定位,小写字母表示相对定位。每条命令的准确含义详见网页 https://www.w3.org/TR/2000/CR-SVG-20001102/paths.html。

3. SVG 可支持光栅图像

SVG 支持光栅图像有两种方法,一种是把图像文件嵌入(embed)到 SVG 文档,存储后成为单个 SVG 文件。另一种是把图像链接(link)到 SVG 文档,存储后的 SVG 文件只有图像的绝对地址或相对地址,而没有包含图像本身。

下面的文档是使用链接方法把图像链接到 SVG 文档,显示如图 5-16 所示的 SVG 图。

```
*************************************
<?xml version="1.0" encoding="UTF-8"?>
<!DOCTYPE svg PUBLIC "-//W3C//DTD SVG 1.1//EN"
    "http://www.w3.org/Graphics/SVG/1.1/DTD/svg11.dtd">

<svg width="900" height="200"
    xmlns="http://www.w3.org/2000/svg" version="1.1"
    xmlns:xlink="http://www.w3.org/1999/xlink">

    <image xlink:href="cock.jpg" x="0" y="0" height="200px" width="300px"/>
    <rect x="300" y="0" width="300" height="100% " fill="blue" />
```

```
<circle cx="450" cy="100" r="80" fill="yellow" />
<text x="450" y="110" font-size="32" text-anchor="middle" fill="black">SVG 图
形</text>
<image xlink:href="hen.jpg" x="600" y="0" height="200px" width="300px"/>

</svg>
```
****

在<image/>元素中，xLink 是 XML 链接语言(XML Linking Language)的简写，用于创建 XML 文档中的超链接，属性 xlink：href 是链接对象(如图像)的统一资源地址(URL)。URL 可以是绝对的网址，也可以是相对网址，即与 SVG 文件相同的地址(如文件夹的路径)。

如果图像是自然图像，则建议采用链接的方法把它链接到 SVG 文档，理由是图像文件与 SVG 文件的大小之和通常比嵌入方式的单个文件要小很多。

注意：如果显示的中文字符是乱码，可将 SVG 文档使用 UTF-8 格式存储。

图 5-16　SVG 支持光栅图像示例

5.8　图像文件格式

文件格式是存储文本、图形或者图像数据的数据结构。在文字处理中，存储文本文件要使用文件格式，如使用微软公司的 Word 处理器编写的文件，可根据不同的应用环境用不同的格式存储。如果使用多信息文本格式(Rich Text Format，RTF)存储，这个文件就可在其他的平台(如 Mac 机)或使用其他的字处理器进行处理。同样，存储图像也需要有存储格式，从 20 世纪 70 年代图像开始进入计算机以来，开发了许多图像文件存储格式，而且互相不兼容，需要使用针对特定格式的处理软件。不兼容的格式给用户造成很多的不便，因此现在有些格式被逐渐淘汰了。

本节从大量的图像文件格式中选择了三种常用和正在继续推广使用的图像文件存储格式进行介绍。BMP 位图格式是 Windows 自带的"画图(Paint)"软件使用的格式，GIF 和 JPG 是因特网上几乎所有 Web 浏览器都支持的图像文件格式，使用 GIF 文件格式的动画软件也得到广泛使用。PNG 是 20 世纪 90 年代中期开发的图像文件存储格式，其目的是企图替代 GIF 和 TIFF 格式。现在开发的几乎所有的图像处理软件都支持这些格式。

本节简单介绍图像文件的结构，需要编程的读者，请阅读参考文献[5][6][7]。

5.8.1　BMP 文件格式

1. 简介

位图文件（Bitmap-File，BMP）格式是 Windows 采用的图像文件存储格式，在 Windows 环境下运行的所有图像处理软件都支持这种格式。Windows 3.0 以前的 BMP 位图文件格式与显示设备有关，因此把它称为设备相关位图（Device-Dependent Bitmap，DDB）文件格式。Windows 3.0 以后的 BMP 位图文件格式与显示设备无关，因此把这种 BMP 位图文件格式称为设备无关位图（Device-Independent Bitmap，DIB）格式，目的是为了让 Windows 能够在任何类型的显示设备上显示 BMP 位图文件。位图文件默认的文件扩展名是 BMP 或者 bmp。

2. 文件结构

BMP 位图文件可看成由 4 个部分组成：位图文件头（bitmap-file header）、位图信息头（bitmap-information header）、彩色表（color table）和定义位图的字节（byte）阵列，它的组成部分和程序中定义的数据结构名称见表 5-18。

表 5-18　BMP 图像文件结构

组成部分的名称	数据结构的名称
位图文件头（bitmap-file header）	BITMAPFILEHEADER
位图信息头（bitmap-information header）	BITMAPINFOHEADER
彩色表（color table）	RGBQUAD
图像数据阵列字节	BYTE

位图文件头：用 BITMAPFILEHEADER 数据结构定义，它包含有关于文件类型、文件大小（用字节为单位）、存放位置（说明从 BITMAPFILEHEADER 结构开始到实际的图像数据阵列字节之间的字节偏移量）等信息。

位图信息头：用 BITMAPINFOHEADER 数据结构定义，它包含有位图文件的大小、压缩类型和颜色格式。BMP 位图可以是没有任何压缩的位图，或者采用行程编码（RLE）进行压缩的位图。颜色格式说明位图所用的颜色数目，即 2/16/256/16 777 216 种颜色。

彩色表：像素的颜色用 RGBQUAD 结构来定义。彩色表中的元素与位图所具有的颜色数相同。24-位真彩色图像不使用彩色表，因为 R、G、B 分量值就代表了每个像素的颜色。

图像数据阵列字节：紧跟在彩色表之后的是图像数据阵列字节，用 BYTE 数据结构定义。图像的每一扫描行由表示图像的连续的像素字节组成，每一行的字节数取决于图像的颜色数目和用像素表示的图像宽度。扫描行是由底向上存储的，这就是说，阵列中的第一个字节表示位图左下角的像素，而最后一个字节表示位图右上角的像素。

5.8.2　GIF 文件格式

1. 简介

GIF（Graphics Interchange Format）是 CompuServe 公司开发的图像文件存储格式，1987 年开发的 GIF 文件格式版本号是 GIF87a，1989 年扩充后的版本号定义为 GIF89a。

GIF 图像文件以数据块（block）为单位来存储图像的相关信息。一个 GIF 文件由表示图形/图像的数据块、数据子块以及显示图形/图像的控制信息块组成，称为 GIF 数据流。数据流中的所有控制信息块和数据块都必须在文件头(header)和文件结束块(trailer)之间。

GIF 文件格式采用 LZW 压缩算法来压缩图像数据,允许用户为图像设置透明(transparency)的背景。此外,GIF 文件格式可在一个文件中存放多幅彩色图形/图像。如果在 GIF 文件中存放有多幅图像,它们可以像幻灯片那样显示或者像动画那样演示。

2. 文件结构

GIF 文件结构的典型结构如图 5-17 所示。

1	Header(GIF文件头)
2	Logical Screen Descriptor(逻辑屏幕描述块)
3	Global Color Table(全局彩色表)
	⋯扩展模块(任选)⋯
4	Image Descriptor(图像描述块)
5	Local Color Table(局部彩色表)
6	Table Based Image Data(图像数据表)
7	Graphic Control Extension(图像控制扩展块)
8	Plain Text Extension(无格式文本扩展块)
9	Comment Extension(注释扩展块)
10	Application Extension(应用程序扩展块)
	⋯扩展模块(任选)⋯
11	GIF Trailer(GIF文件结束块)

图 5-17　GIF 文件结构

数据块可分成 3 类:控制块(control block)、图形描绘块(graphic-rendering block)和专用块(special purpose block)。

(1) 控制块:包含控制数据流(data stream)和硬件参数设置信息,其成员包括:

① GIF 文件头(header);

② 逻辑屏幕描述块(logical screen descriptor);

③ 图形控制扩展块(graphic control extension);

④ 文件结束块(trailer)。

(2) 图形描绘块:包含描绘显示图形的信息和显示数据,其成员包括:

① 图像描述块(image descriptor);

② 无格式文本扩展块(plain text extension)。

(3) 特殊用途数据块:包含有与图像处理无关的信息,其成员包括:

① 注释扩展块(comment extension);

② 应用扩展块(application extension)。

逻辑屏幕描述块(logical screen descriptor)和全局彩色表(global color table)的作用范围是整个数据流(data stream)。

5.8.3　JPEG 文件格式

1. 简介

JPEG 委员会在制定 JPEG 标准时定义了许多标记(marker),用来区分和识别图像数据及其相关信息,但笔者一直没有找到 JPEG 委员会对 JPEG 文件交换格式的明确定义。广泛使用的 JPEG 文件格式是 JPEG 文件交换格式(JPEG File Interchange Format,JFIF)[7],版本号为 1.02,这是 1992 年 9 月在 C-Cube Microsystems 公司工作的 Eric Hamilton 提出的。由于 JFIF 文件格式直接使用 JPEG 标准为应用程序定义的许多标记,因此 JFIF 格式就成了事实上的 JPEG 文件交换格式标准。

2. 颜色空间

JPEG 文件使用的颜色空间是 1982 年推荐的电视图像信号数字化标准 CCIR 601,现改为 ITU-R BT. 601 的颜色空间(详见第 9 章和第 10 章)。在这个彩色空间中,每个分量、每个像素的电平规定为 255 级,用 8 位代码表示,从 RGB 转换成 YCbCr 空间时,使用如公式 5-9 所示的转换关系:

$$Y = 256 \times E'_y$$
$$Cb = 256 \times [E'_{cb}] + 128 \qquad (5\text{-}9)$$
$$Cr = 256 \times [E'_{cr}] + 128$$

其中,亮度电平 E'_y 和色差电平 E'_{cb}、E'_{cr} 分别是 CCIR 601 定义的参数。由于 E'_y 的范围是 $0\sim1$,E'_{cb} 和 E'_{cr} 的范围是 $-0.5\sim+0.5$,因此 Y、Cb 和 Cr 的最大值必须为 255。当 R、G、B 和 Y、Cb、Cr 分量都用 8 位表示,并且它们的取值范围均为 $[0,255]$ 时,RGB 和 YCbCr 之间的转换关系要按照下面的方法计算[7]。

1) 从 RGB 转换成 YCbCr

YCbCr 分量,$[0,255]$,可直接从用 8 位表示的 RGB 分量计算得到,如公式 5-10 所示:

$$Y = 0.299R + 0.587G + 0.114B$$
$$Cb = -0.1687R - 0.3313G + 0.5B + 128 \qquad (5\text{-}10)$$
$$Cr = 0.5R - 0.4187G - 0.0813B + 128$$

需要注意,不是所有图像文件格式都按照 $R_0G_0B_0,\cdots,R_nG_nB_n$ 的次序存储样本数据,因此在 RGB 文件转换成 JFIF 文件时需要首先验证 R、G、B 的次序。

2) 从 YCbCr 转换成 RGB

RGB 分量可直接从 YCbCr 分量,$[0,255]$,计算得到如公式 5-11 所示:

$$R = Y + 0 + 1.40200(Cr - 128)$$
$$G = Y - 0.34414(Cb - 128) - 0.71414(Cr - 128) \qquad (5\text{-}11)$$
$$B = Y + 1.77200(Cb - 128) + 0$$

在 JFIF 文件格式中,图像样本的存放顺序是从左到右和从上到下。这就是说 JFIF 文件中的第一个图像样本是图像左上角的样本。

此外,微处理机中的数据存放顺序有正序(big endian)和逆序(little endian)之分。正序存放是高字节存放在前低字节在后,而逆序存放是低字节在前高字节在后。例如,十六进制数为 A02B,正序存放是 A02B,逆序存放是 2BA0。摩托罗拉(Motorola)公司的微处理器使用正序,英特尔(Intel)公司的微处理器使用逆序。JPEG 文件中的字节是按照正序排列的。

3. 文件结构

JPEG 的每个标记都是由 2 个字节组成,其前一个字节是固定值 0xFF。每个标记之前还可以添加数目不限的 0xFF 填充字节(fill byte)。表 5-19 表示了其中的 8 个标记。

表 5-19　JPEG 文件

标　　记	十六进制数	说　　明
SOI	0xD8	图像开始
APP0	0xE0	JFIF 应用数据块
APPn	0xE1～0xEF	其他的应用数据块(n, 1～15)
DQT	0xDB	量化表
SOF0	0xC0	帧开始
DHT	0xC4	霍夫曼(Huffman)码表
SOS	0xDA	扫描线开始
EOI	0xD9	图像结束

在 JPEG 文件存储格式中,每一个标记都是 JPEG 文件的一个部分,因此 JPEG 文件实际上就是由上述 8 个部分组成,详见 JPEG File Interchange Format (JFIF)[8]。

5.8.4　PNG 文件格式

1. 简介

PNG (Portable Network Graphic Format)[5] 称为便携网络图形格式,是 20 世纪 90 年代中期开始开发的图像文件存储格式,其目的是企图替代 GIF 和 TIFF 文件格式,同时增加一些 GIF 文件格式所不具备的特性。便携网络图形格式名称来源于非官方的 PNG's Not GIF。PNG 是一种位图文件(bitmap file)存储格式,读成"ping"。PNG 用来存储灰度图像时,灰度图像的深度可多达 16 位,存储彩色图像时,彩色图像的深度可多达 48 位,并且还可存储多达 16 位的 α 通道数据。PNG 使用从 LZ77 派生的数据无损压缩算法。

PNG 文件格式保留 GIF 文件格式的下列特性:

(1) 使用彩色查找表或者叫作调色板,可支持 256 种颜色的彩色图像。

(2) 流式读/写性能(stream ability):允许连续读出和写入图像数据,这个特性很适合在通信过程中生成和显示图像。

(3) 逐次逼近显示(progressive display):可使在通信链路上传输图像文件的同时就在终端上显示图像,把整个轮廓显示出来之后逐步显示图像的细节,也就是先用低分辨率显示图像,然后逐步提高它的分辨率。

(4) 透明性(transparency):可使图像中某些部分不显示,以创建一些有特色的图像。

(5) 辅助信息(ancillary information):可用来在图像文件中存储一些文本注释信息。

(6) 独立于计算机软硬件环境。

(7) 使用无损压缩。

PNG 文件格式中增加了下列 GIF 文件格式所没有的特性:

(1) 每个像素为 48 位的真彩色图像。

(2) 每个像素为 16 位的灰度图像。

(3) 可为灰度图和真彩色图添加 α 通道。

(4) 添加图像的 γ 信息。

（5）使用循环冗余码（cyclic redundancy code，CRC）检测损害的文件。

（6）加快图像显示的逐次逼近显示方式。

（7）标准的读/写工具包。

2. 文件结构

PNG 图像格式文件由两部分组成：（1）PNG 文件署名（PNG file signature）域；（2）按照特定结构组织的 3 个以上的数据块（chunk）。PNG 文件署名域由 8 个字节组成，其值是经过精心挑选的固定值，如表 5-20 所示。

表 5-20　PNG 文件署名域

	PNG 文件署名域（8 个字节）							
十进制数	137	80	78	71	13	10	26	10
十六进制数	89	50	4e	47	0d	0a	1a	0a
ASCII 表示法	‰	P	N	G	CR	LF	SUB	LF

PNG 定义了两种类型的数据块，一种称为关键数据块（critical chunk），这是标准的数据块，另一种叫作辅助数据块（ancillary chunks），这是可选的数据块。关键数据块定义了 4 个标准数据块，每个 PNG 文件都必须包含它们，PNG 读写软件也都必须要支持这些数据块。虽然 PNG 文件规范没有要求 PNG 编译码器对可选数据块进行编码和译码，但规范提倡支持可选数据块。每个数据块都由表 5-21 所示的 4 个域组成。

表 5-21　PNG 文件数据块的结构

名　　称	字　节　数	说　　　　明
Length	4	指定数据块中数据域的长度，不超过（$2^{31}-1$）字节
Chunk Type Code	4	数据块类型码由 ASCII 字母（A～Z 和 a～z）组成
Chunk Data	可变	存储按照 Chunk Type Code 指定的数据
CRC	4	存储用来检测是否有错误的循环冗余码

在表 5-20 中，CRC 域中的值是对 Chunk Type Code 域和 Chunk Data 域中的数据进行计算得到的，具体算法定义在 ISO 3309 和 ITU-T V.42 中，其值按下面的 CRC 码生成多项式进行计算（详见第 17 章"错误检测和校正"）：

$$G(x) = x^{32} + x^{26} + x^{23} + x^{22} + x^{16} + x^{12} + x^{11} + x^{10} + x^8 + x^7 + x^5 + x^4 + x^2 + x + 1$$

练习与思考题

5.1　什么叫作真彩色和伪彩色？

5.2　什么叫作屏幕分辨率和图像分辨率？查看你使用的计算机的屏幕分辨率。

5.3　一个像素的 RGB 分量分别用 3、3、2 位表示的图像，该幅图像的颜色数目最多是多少？如果有一幅 256 色的图像，该图的颜色深度是多少？

5.4　按照 JPEG 标准的要求，一幅彩色图像经过 JPEG 压缩后还原得到的图像与原始图像相比较,非图像专家难以找出它们之间的区别,此时的最大压缩比是多少?

5.5　JPEG 压缩编码算法的主要计算步骤是:①DCT 变换,②量化,③Z 字形编码,④使用 DPCM 对直流系数(DC)进行编码,⑤使用 RLE 对交流系数(AC)进行编码,⑥熵编码。假设计算机的精度足够高,在上述计算方法中,哪些计算对图像的质量是有损的?哪些计算对图像的质量是无损的?

5.6　什么叫作 γ 校正?

5.7　什么叫作 α 通道?它的作用是什么?

5.8　SVG 是什么?

5.9　用 SVG 语言编写一个 SVG 文件,要求如下:(1)在红色矩形中间有一个蓝色的圆,在圆的中间有白色文字,如"学习 SVG 不难"。(2)在图形的左边插入你的照片。

5.10　PNG 图像文件格式的主要特点是什么?

5.11　什么叫作图形(graphics)、图像(image)和图形图像(graphical image)?

5.12　通过调查、试验和分析,把 BMP、GIF、JPG 和 PNG 格式的一些特性填入练习表 5-1。

练习表 5-1

图像文件格式名称	BMP	GIF	JPG	PNG
有损还是无损压缩				
支持的最大颜色数				

参考文献和站点

[1]　Natravali, A. N. , Haskell, B. G. Digital Pictures-Representation and Compression. Plenum Press, New York and London, 1988.

[2]　ISO/IEC 10918-1:1993(E),Digital Compression and Coding of Continuous-Tone still Image Part 1, Requirements and Guidelines, July 1992.

[3]　Wallace, G. . The JPEG still Picture Compression Standard. Communications of the ACM, Vol. 34, No. 4, Apr. 1991.

[4]　C. Loeffler, A. Ligtenberg, G. Moschytz. Practical Fast 1-D DCT Algorithms with 11 Multiplications. Proc. Int'l. Conf. on Acoustics, Speech, and Signal Processing, 1989 (ICASSP' 89), 988-991.

[5]　Portable Network Graphics. http://www. libpng. org/pub/png/.

[6]　张维谷,小宇宙工作室著. 林福宗改编. 图像文件格式(上、下)——Windows 编程. 北京:清华大学出版社,1996.

[7]　Eric Hamilton. JPEG File Interchange Format. Version 1. 02, September 1, 1992, C-Cube Microsystems.

[8]　ECMA TR/98 1st Edition/June 2009. JPEG File Interchange Format (JFIF). http://www. ecma-international. org/publications/files/ECMA-TR/ECMA％20TR-098. pdf.

[9]　Web Graphics. http://wdc. csulb. edu/resources/webgraphics. html, 2016.

[10]　Image file formats. https://en. wikipedia. org/wiki/Image_file_formats, 2016.

[11]　Scalable Vector Graphics (SVG) 1.1 (Second Edition). W3C Rec, 16 August 2011.

[12] SVG Tutorial. http://www.itk.ilstu.edu/faculty/javila/SVG/index.htm.

[13] SGV 教程. https://developer.mozilla.org/zh-CN/docs/Web/SVG/Tutorial.

[14] SVG 系列教程：SVG 简介与嵌入 HTML 页面的方式. http://www.w3cplus.com/html5/svg-introduction-and-embedded-html-page.html.

[15] Scalable Vector Graphics (SVG). https://msdn.microsoft.com/zh-cn/windows/ff971903(v=vs.85).

第6章　小波与小波变换

小波(wavelet)是 1975 年发明的术语,小波变换是 20 世纪 80 年代奠定数学基础、90 年代开始得到迅速应用的一种数学工具,广泛应用在图像处理和语音分析等众多领域。小波变换是继傅里叶分析之后信号表示方法的重大突破,无论是对古老的自然学科还是对新兴的高新技术应用学科,都产生了强烈冲击和深远的影响。

小波理论是应用数学的一个新领域。要深入理解小波理论需要用到相当多的数学知识。本章试图从工程应用角度出发,根据笔者的学习体会和笔记,用比较直观的方法来介绍小波变换和它的应用。

6.1　小波介绍

函数或信号的表示方法是一个有 200 多年历史的研究课题。傅里叶(Joseph Fourier)用简单的正弦和余弦函数之和来表示一个函数,因此我们可以确定信号中包含的所有频率,但不能确定具有这些频率的信号出现在什么时候(位置),因此科学家们一直在寻找新的函数或信号的表示方法,而用小波表示函数就是能看到信号的时间-频率关系的一种方法。

6.1.1　小波是什么

小波(small wave)是在有限时间范围内变化且其平均值为零的数学函数。如图 6-1 所示,图 6-1(a)是大家所熟悉的正弦波,也可认为是余弦波。正弦波和余弦波都具有无限的持续时间,它可从负无穷扩展到正无穷,波形是平滑的,它的振幅和频率也是恒定的。图 6-1(b)表示了形状不同的三种小波,但都有三个明显特点:(1)具有有限的持续时间、突变的频率和振幅,波形可以是不规则的,也可以是不对称的;(2)小波的幅度在开始和结束时均为零;(3)在这个有限的时间范围内,小波包含的面积的平均值等于零。

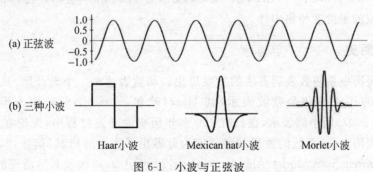

图 6-1　小波与正弦波

6.1.2　著名小波

为加深对小波的理解,图 6-2 表示了几种著名的一维小波,db6、Meyer、Mexican hat、

Morlet、Haar 等。由于这些小波可被缩放和平移生成一个小波系列,因此它们被称为母小波(mother wavelet)。

在该图所示的小波中,小波函数和缩放函数的名称大多数是以开发者的名字命名的。例如,Morlet 小波函数是 Morlet 和 Grossmann 在 1984 年开发的;db6 小波函数和 db6 缩放函数是 Daubechies 开发的几种小波之一;Meyer 小波函数和 Meyer 缩放函数是 Meyer 开发的。但也有例外,如 Sym6 小波函数和 sym6 缩放函数则是 symlets 的简写,是 Daubechies 提议开发的几种对称小波之一;coif2 小波函数和 coif2 缩放函数是 Daubechies 响应 R. Coifman 的请求而开发的几种小波之一。

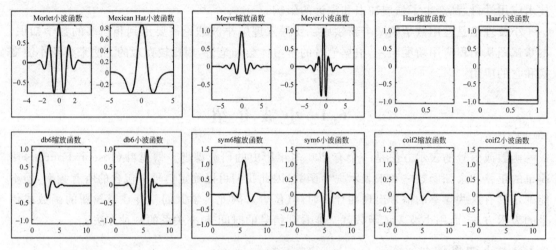

图 6-2　部分著名小波

在众多的小波中,选择什么样的小波对信号进行分析是一个重要的问题。使用的小波不同,分析得到的数据也不同,这是关系到能否达到使用小波分析的目的问题。如果没有现成的小波可用,那就需要自己开发合用的小波。

小波函数在时域和频域中都应具有某种程度的平滑度和集中性,这个复杂的概念在数学上使用消失矩(vanishing moments)来描述,常用 N 表示消失矩的数目。例如,Daubechies 小波简写成 db$N$,db1,db2,…,db9,从 Daubechies 小波波形来看,N 数目的大小反映了 Daubechies 小波的平滑度和集中性。

6.1.3　小波简史

小波的发展历史是函数表达方法的发展历史。函数表达是一个老课题,从 Fourier(傅里叶,1768—1830)用正弦和余弦波表示,到 Haar(哈尔,1885—1933)用方形小波表示,到 Morlet(1931—2007)用小波表示,在具有 200 多年历史的开发过程中,无论在理论的创建方面还是在工程应用方面,无数的教授和科学家为此做出了杰出的贡献,例如,20 世纪 70 年代涌现的 George Zweig、Jean Morlet、Alex Grossmann,20 世纪 80 年代及其后涌现的 Yves Meyer、Stéphane Mallat、Ingrid Daubechies、Ronald Coifman、Ali Akansu 和 Victor Wickerhauser 等。

(1) 在 1807 年,约瑟夫·傅里叶(Joseph Fourier)揭示了一个极其重要的原理,一个函数可表示成一系列正弦函数和余弦函数之和。如图 6-3 所示,一个周期性的方波可用无穷多个正弦函数之和表示。

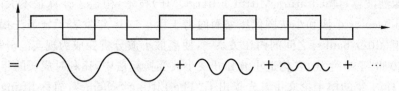

图 6-3　用三角函数之和表示函数的概念

（2）在 20 世纪初，Alfred Haar（阿尔弗雷德·哈尔）对在函数空间中寻找一个与傅里叶类似的基（base）非常感兴趣。在 1909 年，他将"方形"函数经缩放和平移后的序列用于函数空间，后来被命名为哈尔小波（Haar wavelet），并将多个相互正交的序列称为小波基。用哈尔小波表示函数的基本概念如图 6-4 所示。

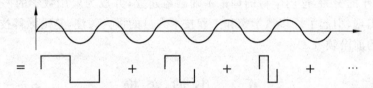

图 6-4　用哈尔小波表示函数的概念

（3）在 1946 年，电气工程师和物理学家 Dennis Gabor（1900—1979）开发了以他的名字命名的 Gabor 小波（Gabor wavelet）和 Gabor 变换（Gabor transform）。这种变换是用高斯函数（Gaussian function）作为窗口函数（window function）与被分析的信号相乘，使用傅里叶变换导出一小段信号的时间-频率关系，使局部信号的频率和相位情况更清晰。Gabor 变换是短时傅里叶变换（Short Time Fourier Transform，STFT）的一个特例。Gabor 小波和变换的出现，标志着向用小波表示信号的方向迈进了一步。

（4）在 20 世纪 70 年代，在法国石油公司工作的年轻的地球物理学家 Jean Morlet，在 1975 年发明了 wavelet 这个术语，用来描述他使用的函数。Morlet 是小波分析领域中的先驱，在 1981 年与物理学家 Alex Grossman（1930—）共同开发现在所称的小波变换。

在同一时期，美国物理学家 George Zweig（1937—）在进行转向听力和神经生物学研究时，发现了耳蜗变换（cochlear transform），实际上就是一种类型的连续小波变换。

（5）在 20 世纪 80 年代，这是奠定小波理论的时代。

① 法国数学家和科学家 Yves Meyer（1939—）是被称为小波理论之父的人物，在开发小波理论和多分辨率（multiresolution）分析方面，扮演了举足轻重的作用。Meyer 和他的同事在 1986 年创造性地构造出具有一定衰减性的光滑小波函数，他们把母小波缩放（scale）的倍数与平移（shift）的位置均设为 2^j（$j \geqslant 0$ 的整数），构造了 $L^2(R)$ 空间的规范正交基，使小波的理论得到进一步发展。

② 出生于法国的教授和科学家 Stephane Mallat 在美国攻读博士学位期间和 1988 年获得博士学位之后，对小波理论的发展做出了极其重要的贡献。尤其是他和 Meyer 合作开发了多分辨率分析方法，从空间上形象说明了小波的多分辨率的特性，并提出了正交小波的构造方法和快速算法，称为 Mallat 算法[1][8]。该算法统一了在此之前构造正交小波基的所有方法，其地位相当于快速傅里叶变换（FFT）在经典傅里叶分析中的地位。

③ 出生于比利时的 Ingrid Daubechies（1954—）是一位女性物理学家、数学家和教授。她

使用正交镜像滤波器(Quadrature Mirror Filter,QMF)技术,构造了计算量不大的连续小波,并以正交 Daubechies 小波和小波图像压缩而闻名于世。1988 年发表了她最先揭示的小波变换和滤波器组(filter banks)之间的内在关系[2],使离散小波分析变成为现实的分析工具。

(6) 在 20 世纪 90 年代,在构造小波和开发小波变换算法中,比利时成长的年轻学者 Wim Sweldens 在 1994 年的博士论文中首先提出了"The Lifting Scheme",简称 lifting scheme(提升法)。这是设计小波和执行离散小波变换的技术,它将设计小波滤波器和执行小波变换的步骤合并在一起,降低了计算时间,被称为第二代小波变换。

在把小波理论引入到工程应用方面,Inrid Daubechies、Ronald Coifman、Ali Akansu 和 Victor Wickerhauser 等教授和科学家做出了不可磨灭的贡献,使小波在诸如图像和声音信号处理中得到广泛应用。

经过 30 多年的努力,这门学科的理论基础已经建立,并成为应用数学的一个新领域。这门新兴学科的出现,引起了许多数学家和工程技术人员的极大关注,是国际科技界和众多学术团体高度关注的前沿领域。

6.2　小 波 变 换

6.2.1　小波变换是什么

小波变换(Wavelet Transform,WT)是用小波对函数在空间和时间上进行局部化分析的数学变换。在信号处理中,小波变换是用时间和频率表示信号的一种数学变换。小波变换通过平移母小波获得信号的时间(位置)信息,通过缩放母小波的宽度(或称尺度)获得信号的频率特性。对母小波的缩放和平移是为了计算小波的系数。

傅里叶变换提供了信号包含的频率信息,但时间方面的局部化信息却基本丢失。小波变换继承和发展了傅里叶变换、哈尔变换和短时傅里叶变换(STFT)的思想,不仅可提供信号包含的频率,而且还可提供信号的时间和频率之间的关系。

6.2.2　连续小波变换

连续小波是指没有经过数字化的小波,连续小波变换(Continuous Wavelet Transform, CWT)是用连续小波表示函数的数学变换,用于对连续函数在时间和空间上进行局部化分析。理解 CWT 可从傅里叶级数和傅里叶变换开始。

1. 傅里叶变换

傅里叶级数是用简单的三角函数之和来表示函数的方法。所谓简单是指三角函数用振幅、频率和相位三个要素即可表示。使用这种方法可把任意的周期函数或周期信号分解成数目有限或无限的一系列正弦和余弦之和。例如,方波函数 $f(t)$ 可用正弦波函数之和来表示,如图 6-5 所示。

用数学公式可将方波函数表示为,

$$f(t) = \frac{2E}{\pi}\left(\sin\omega_0 t + \frac{1}{3}\sin 3\omega_0 t + \frac{1}{5}\sin 5\omega_0 t + \cdots + \frac{1}{n}\sin n\omega_0 t + \cdots\right)$$

其中,E 为方波的幅度,$\omega_0 = 2\pi(1/T)$ 为方波的周期。

一个函数通过傅里叶展开后可看到:(1)函数包含哪些频率分量,如方波函数包含无穷多

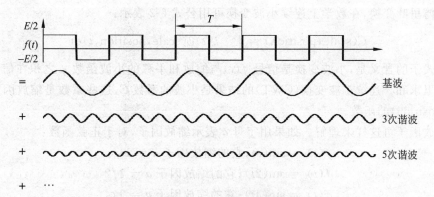

图 6-5　方波可用一系列正弦函数之和表示

个奇次谐波分量的频率为 $\omega_0,3\omega_0,5\omega_0,\cdots$；（2）每个频率分量的系数（振幅）大小，如方波的每个频率分量的系数为 $2E/\pi$ 的 $1,1/3,1/5,\cdots$。

在工程技术中，通常把一个函数分解成三角函数之和的过程称为傅里叶分析（Fourier analysis），用三角函数重构这个函数的过程称为傅里叶合成（Fourier synthesis）。傅里叶分析这个术语包含函数的分解和函数的重构，而将分解过程本身称为傅里叶变换（Fourier transformation）。由此可见，傅里叶分析实际上就是如公式 6-1 所示的傅里叶变换：

$$F(\omega) = \int_{-\infty}^{+\infty} f(t)\,\mathrm{e}^{-j\omega t}\,\mathrm{d}t$$

$$f(t) = \frac{1}{2\pi} \int_{-\infty}^{+\infty} F(\omega)\,\mathrm{e}^{j\omega t}$$

$$(6\text{-}1)$$

这个式子的含义是，傅里叶变换是信号 $f(t)$ 与复数指数 $\mathrm{e}^{-j\omega t} = \cos\omega t - j\sin\omega t$ 之积在信号存在的整个期间求和，变换结果是以频率 ω 为自变量的函数 $F(\omega)$。

一个函数可用频率不同的正弦波之和表示，这些正弦波称为傅里叶变换的基函数（basis function）。基函数是函数空间中的基本元素，函数空间中的每个连续函数都可表示为基函数的线性组合，正如在矢量空间中，每个矢量可表示为基本矢量的线性组合。

2. 小波变换的概念

傅里叶分析是把一个信号分解成频率不同的正弦波，正弦波是傅里叶变换的基函数。同样，小波分析是把一个信号分解成一系列小波之和，这些小波是母小波经过移位和缩放之后的小波，同样可以用作表示函数的基函数。可以说，凡是能够用傅里叶分析的函数都可以用小波分析，因此小波变换也可以理解为用一系列小波代替傅里叶变换中的正弦波。

仔细观察图 6-6 所示的正弦波和小波可以发现，用不规则的小波分析变化激烈的信号，比用平滑的正弦波更有效，或者说对信号的基本特性描述得更准确。

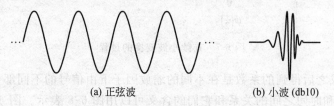

(a) 正弦波　　　　　　　　　　(b) 小波 (db10)

图 6-6　傅里叶分析与小波分析使用的基函数

如同傅里叶变换，在数学上连续小波变换可用公式 6-2 表示：

$$C(\text{scale}, \text{position}) = \int_{-\infty}^{+\infty} f(t)\psi(\text{scale}, \text{position}, t)\mathrm{d}t \qquad (6\text{-}2)$$

这个式子的含义是，小波变换是信号 $f(t)$ 与缩放和平移的小波函数 ψ 之积在信号存在的整个期间里求和。连续小波变换（CWT）的结果是小波的系数 C，这些系数是缩放因子（scale）和位置（position）的函数。

对缩放因子可这样来理解。如果用字母 a 表示缩放因子，对于正弦函数：

$$f(t) = \sin(t)；它的缩放因子 a = 1$$
$$f(t) = \sin(2t)；它的缩放因子 a = 1/2$$
$$f(t) = \sin(4t)；它的缩放因子 a = 1/4$$

连续小波变换的过程如图 6-7 所示，可分成如下 5 个步骤：

步骤 1：把小波 $\psi(t)$ 和原始信号 $f(t)$ 的开始部分进行比较。

步骤 2：计算系数 C。该系数表示该部分信号与小波的近似程度。系数 C 的值越高表示信号与小波越相似，因此系数 C 可以反映这种波形的相关程度。

步骤 3：把小波向右移，距离为 k，得到的小波函数为 $\psi(t-k)$，然后重复步骤 1 和 2。再把小波向右移，得到小波 $\psi(t-2k)$，重复步骤 1 和 2。按上述步骤一直进行下去，直到信号 $f(t)$ 结束。

步骤 4：扩展小波 $\psi(t)$，例如扩展一倍，得到的小波函数为 $\psi(t/2)$。

步骤 5：重复步骤 1～4。

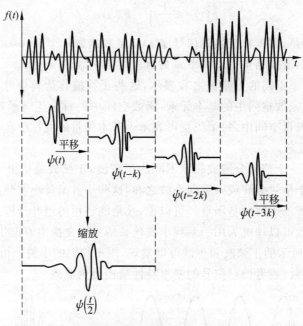

图 6-7　连续小波变换的过程[6]

小波变换完成之后得到的系数是在不同的缩放因子下由信号的不同部分产生的。这些小波系数、缩放因子和时间之间的关系和它们的含义可以用图 6-8 表示。图 6-8(a)是用二维图像表示的小波变换分析图，x 轴表示沿信号的时间方向上的位置，y 轴表示缩放因子，每个 x-y

点的颜色深浅表示小波系数 C 的幅度大小。图 6-8(b) 是用三维图像表示的小波变换分析图，z 轴表示小波变换之后的系数。

小波的缩放因子与信号频率之间的关系可以这样来理解。缩放因子小，表示小波比较窄，频率 ω 比较高，度量的是信号细节；相反，缩放因子大，表示小波比较宽，频率 ω 比较低，度量的是信号的粗糙程度。

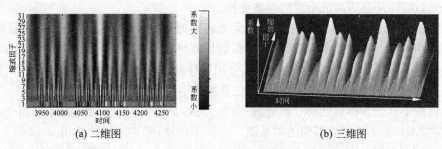

(a) 二维图　　　　　　　　　　　　　　　(b) 三维图

图 6-8　连续小波变换分析图

3. 小波变换的定义

函数 $f(x)$ 以小波 $\psi(x)$ 为基的连续小波变换定义为函数 $f(x)$ 和 $\psi_{a,b}(x)$ 的内积：

$$W_f(a,b) = \langle f, \psi_{a,b} \rangle = \int_{-\infty}^{+\infty} f(x) \frac{1}{\sqrt{a}} \psi\left(\frac{x-b}{a}\right) \mathrm{d}x \tag{6-3}$$

在 1984 年，A. Grossman 和 J. Morlet 指出，连续小波的逆变换为：

$$f(x) = \frac{2}{C_\psi} \int_{-\infty}^{+\infty} \int_{-\infty}^{+\infty} \langle f, \psi_{a,b} \rangle \psi_{a,b}(x) a^{-2} \mathrm{d}a \mathrm{d}b \tag{6-4}$$

其中，C_ψ 为母小波 $\psi(x)$ 的允许条件（admissible condition）：

$$C_\psi = \int_{-\infty}^{+\infty} \frac{|\hat{\psi}(\omega)|}{|\omega|} \mathrm{d}\omega < \infty \tag{6-5}$$

其中，$\hat{\psi}(\omega)$ 为 $\psi(x)$ 的傅里叶变换，而 $\psi(x)$ 是在平方可积的实数空间 $L^2(R)$。

6.2.3　小波基函数

一个函数可用小波基函数的线性组合来表示。小波可由定义在有限区间里并具有基本形状的函数 $\psi(x)$ 来构造，并将用于构造小波的函数 $\psi(x)$ 称为母小波（mother wavelet），用母小波函数 $\psi(x)$ 构造的小波称为子小波（daughter wavelet）。通过缩放和平移母小波 $\psi(x)$ 构造的一系列小波函数称为小波基函数（wavelet basis function），用公式 6-6 表示：

$$\psi_{a,b}(x) = |a|^{-1/2} \psi\left(\frac{x-b}{a}\right) \tag{6-6}$$

式 6-6 中的 a 为进行缩放的缩放参数（因子），反映特定基函数的宽度（或称尺度）；b 为进行平移的平移参数，用于指定沿 x 轴平移的位置。

在 $a=2^j$ 和 $b=ka$ 的情况下，一维小波的基函数系列定义为：

$$\psi_{jk}(x) = 2^{-j/2} \psi(2^{-j}x - k) \tag{6-7}$$

或

$$\psi_{jk}(x) = 2^{j/2} \psi(2^j x - k) \tag{6-8}$$

式中，k 为平移参数，j 为缩放因子。

6.2.4　离散小波变换

1. 离散小波变换是什么

离散小波是指连续小波通过采样和量化后的小波，离散小波变换（Discrete Wavelet Transform，DWT）是使用离散小波的小波变换。

在计算连续小波变换时，实际上也是用离散的数据进行计算的，只是所用的缩放因子和平移参数比较小而已。不难想象，连续小波变换的计算量是惊人的。为了解决计算量的问题，缩放因子和平移参数都选择 2^j（$j>0$ 的整数），使用这样的缩放因子和平移参数的小波变换叫作二进小波变换（dyadic wavelet transform），它是离散小波变换的一种形式。

使用离散小波分析得到的时-频（时间-频率）关系如图 6-9(a)所示，这是使用 20 世纪 80 年代开发的 Morlet 小波变换得到的关系图。为便于比较，图 6-9(b)是使用 20 世纪 40 年代开发的 Gabor 短时傅里叶变换（Short Time Fourier Transform，STFT）得到的时-频关系图。

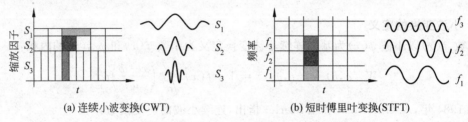

(a) 连续小波变换(CWT)　　　　　(b) 短时傅里叶变换(STFT)

图 6-9　离散小波变换的分析图

2. 离散小波变换的方法

执行离散小波变换的有效方法是使用滤波器。该方法是 Mallat 在 1989 年发表的，称为 Mallat 算法[1]，这是一种信号的分解方法，在数字信号处理中称为双通道子带编码。

用滤波器执行离散小波变换的概念如图 6-10 所示。图中的 S 表示原始输入信号，通过两个互补的滤波器产生 A 和 D 两个信号，A 表示信号的近似值（approximations），D 表示信号的细节值（detail）。在许多应用中，信号的低频部分是最重要的，而高频部分起"添加剂"的作用。就像声音那样，把高频分量去掉之后，声音听起来确实是变了，但还能够听清楚说的是什么内容。相反，如果把低频部分去掉，听起来就莫名其妙。在小波分析中，近似值是大的缩放因子产生的系数，表示信号的低频分量。细节值是小的缩放因子产生的系数，表示信号的高频分量。

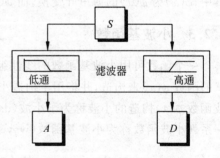

图 6-10　双通道滤波过程

由此可见，离散小波变换可以被表示成由低通滤波器和高通滤波器组成的一棵树。原始信号通过这样的一对滤波器进行的分解叫作一级分解。信号的分解过程可以迭代，也就是说可进行多级分解。如果对信号的高频分量不再分解，而对低频分量连续进行分解，就得到许多分辨率较低的低频分量，形成如图 6-11 所示的一棵大树。这种树叫作小波分解树（wavelet decomposition tree）。分解级数的多少取决于要被分析的数据和用户的需要。

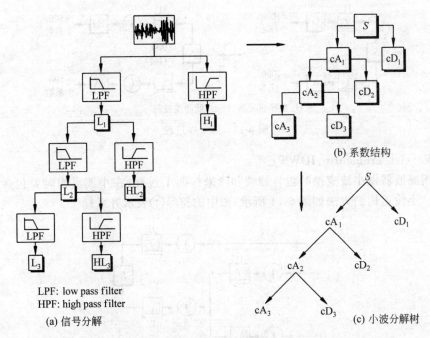

LPF: low pass filter
HPF: high pass filter

(a) 信号分解

(b) 系数结构

(c) 小波分解树

图 6-11　小波分解树

　　小波分解树表示只对信号的低频分量进行连续分解。如果低频分量和高频分量都要进行连续分解,这样分解得到的树叫作小波包分解树(wavelet packet decomposition tree),这种树是一个完整的二进制树。图 6-12 表示一棵三级小波包分解树。小波包分解方法是小波分解的一般化,使用小波包分解树可将信号 S 表示为:

$$S = A_1 + AAD_3 + DAD_3 + DD_2$$

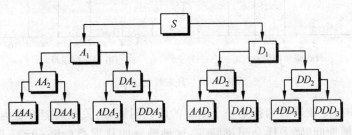

图 6-12　三级小波包分解树

　　在使用滤波器对真实的数字信号进行变换时,得到的数据将是原始数据的两倍。例如,如果原始信号的数据样本为 1000 个,通过滤波后每个通道的数据均为 1000 个,总共 2000 个。根据奈奎斯特(Nyquist)采样定理,可用降采样的方法降低数据量,即在每个通道中每两个样本数据取一个,得到的离散小波变换的系数分别用 cD 和 cA 表示,如图 6-13 所示。图中的符号⊕表示降采样。

6.2.5　小波重构

　　离散小波变换可以用来分解信号,而把分解的系数还原成原始信号的过程叫作小波重构(wavelet reconstruction),或者叫作合成(synthesis),在数学上叫作逆离散小波变换(Inverse

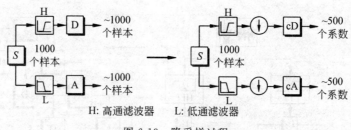

图 6-13　降采样过程

Discrete Wavelet Transform,IDWT)。

　　在使用滤波器做小波变换时包含滤波和降采样两个过程,在小波重构时要包含升采样和滤波过程。小波重构的方法如图 6-14 所示,图中的符号 ⊕ 表示升采样。

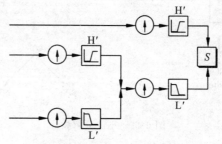

H′: 高通滤波器　　　L′: 低通滤波器

图 6-14　小波重构方法

　　升采样是在两个样本之间插入 0,目的是把信号的分量加长,如图 6-15 所示。

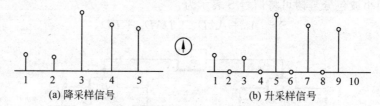

图 6-15　升采样的方法

　　在重构信号时,滤波器的选择是一个重要的研究问题,这关系到能否重构出满意的原始信号。在信号的分解期间,降采样会引进畸变,这种畸变叫作混叠(aliasing)。这就需要在分解和重构阶段,精心选择关系紧密但不一定一致的滤波器,这样才有可能取消这种混叠。低通分解滤波器(L)和高通分解滤波器(H)以及重构滤波器(L′和 H′)构成一个系统,这个系统可用正交镜像滤波器(QMF)来降低或取消混叠,如图 6-16 所示。

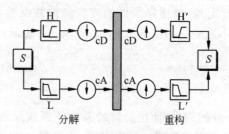

图 6-16　正交镜像滤波器系统

6.3 哈尔小波变换

6.3.1 哈尔小波基函数

基函数是一组线性无关的函数,可以用来构造任意给定的信号。哈尔小波是小波中最简单的小波。哈尔小波(Haar wavelet)定义为:

$$\psi(x) = \begin{cases} 1 & \text{当}\ 0 \leqslant x < 1/2 \\ -1 & \text{当}\ 1/2 \leqslant x < 1 \\ 0 & \text{其他} \end{cases} \tag{6-9}$$

这个小波也称为母小波。用它构造的哈尔基函数(Haar basis function)定义为:

$$\psi_{jk}(x) = \psi(2^j x - k), \quad 0 \leqslant k \leqslant (2^j - 1) \tag{6-10}$$

式中,$j \geqslant 0$ 为缩放(尺度)因子,改变 j 可使函数图形缩小或放大;k 为平移参数,改变 k 可使函数沿 x 轴方向平移的距离。

哈尔基函数 $\psi_{jk}(x)$ 的前 3 个函数定义如下。

(1) 当 $j=0, k=0$ 时:

$$\psi_{00}(x) = \psi(x) = \begin{cases} 1 & 0 \leqslant x < 1/2 \\ -1 & 1/2 \leqslant x < 1 \\ 0 & \text{其他} \end{cases}$$

(2) 当 $j=1, k=0, 1$ 时:

$$\psi_{10}(x) = \psi(2x) = \begin{cases} 1 & 0 \leqslant x < 1/4 \\ -1 & 1/4 \leqslant x < 1/2 \\ 0 & \text{其他} \end{cases} \quad \psi_{11}(x) = \psi(2x-1) = \begin{cases} 1 & 1/2 \leqslant x < 3/4 \\ -1 & 3/4 \leqslant x < 1/2 \\ 0 & \text{其他} \end{cases}$$

(3) 当 $j=0, k=0, 1, 2, 3$ 时:

$$\psi_{20}(x) = \psi(4x) = \begin{cases} 1 & 0 \leqslant x < 1/8 \\ -1 & 1/8 \leqslant x < 2/8 \\ 0 & \text{其他} \end{cases} \quad \psi_{21}(x) = \psi(4x-1) = \begin{cases} 1 & 2/8 \leqslant x < 3/8 \\ -1 & 3/8 \leqslant x < 4/8 \\ 0 & \text{其他} \end{cases}$$

$$\psi_{22}(x) = \psi(4x-2) = \begin{cases} 1 & 4/8 \leqslant x < 5/8 \\ -1 & 5/8 \leqslant x < 6/8 \\ 0 & \text{其他} \end{cases} \quad \psi_{23}(x) = \psi(4x-3) = \begin{cases} 1 & 6/8 \leqslant x < 7/8 \\ -1 & 7/8 \leqslant x < 1 \\ 0 & \text{其他} \end{cases}$$

它们的波形如图 6-17 所示。

6.3.2 一维哈尔小波变换

小波变换的基本思想是用一组小波函数表示一个函数或信号。一维离散哈尔小波变换就是用一维离散哈尔小波表示一维离散数据。

假设一维离散数据为 $f(x) = (x_1, x_1, \cdots, x_N)$,其长度 $N=2^n$,使用一维离散哈尔小波可将数据用公式 6-11 所示方法表示:

$$a = \left(\frac{x_1 + x_2}{2} + \frac{x_3 + x_4}{2} + \cdots + \frac{x_{N-1} + x_N}{2} \right)$$

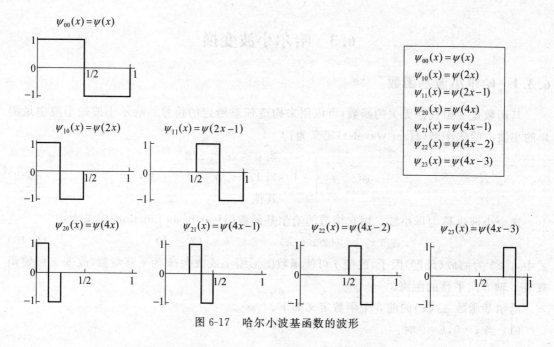

图 6-17　哈尔小波基函数的波形

$$d = \left(\frac{x_1 - x_2}{2} + \frac{x_3 - x_4}{2} + \cdots + \frac{x_{N-1} - x_N}{2} \right) \qquad (6\text{-}11)$$

其中，a 表示两个信号幅度的平均值，d 表示两个信号幅度的差值。

公式 6-11 是一维离散哈尔小波变换的第一级分解。这个过程继续下去就是一维离散哈尔小波变换。由于分解产生的任何两个数据 x_{k-1} 和 $x_k (1 \leqslant k \leqslant N)$ 的和与差都知道，因此重构数据时，通过求解这个方程组就可获得原始数据 x_{k-1} 和 x_k。

为便于理解一维小波变换，下面用一个具体的例子来说明小波变换的过程。

【例 6.1】　假设有一幅分辨率只有 4 个像素的一维图像，对应图像位置的像素值分别为 $f(x) = [9, 7, 3, 5]$，即 $x_1 = 9, x_2 = 7, x_3 = 3, x_4 = 5$，计算一维离散哈尔小波变换的系数。计算步骤如下。

步骤 1：求均值（averaging）。平均值是相邻一对像素的平均值。第一对像素的平均值为 $(9 + 7)/2 = 8$，第二对像素的平均值为 $(3 + 5)/2 = 4$。变换后的图像分辨率为原图像的 $1/2$，存储像素的平均值 $[8, 4]$。

步骤 2：求差值（differencing）。用 2 个像素表示这幅图像时，图像的信息已经部分丢失。为了能够从由 2 个像素组成的图像重构出 4 个像素的原始图像，就需要存储图像的细节系数（detail coefficient），以便在重构时找回丢失的信息。解决这个问题的方法是求出像素对的差值的平均值。在这个例子中，第一对像素的细节系数是 $(9 - 7)/2 = 1$，第二对像素的细节系数是 $(3 - 5)/2 = -1$，存储像素的细节系数 $[1, -1]$。

于是原始图像的数据 $[9, 7, 3, 5]$ 就变换成 $[8, 4, 1, -1]$。重构原始图像时，可解下面的方程组：

$$\begin{cases} (x_1 + x_2)/2 = 8 \\ (x_1 - x_2)/2 = 1 \end{cases} \quad \text{和} \quad \begin{cases} (x_3 + x_4)/2 = 4 \\ (x_3 - x_4)/2 = -1 \end{cases}$$

求解这个方程组可得到原始图像的数据 $[9, 7, 3, 5]$。

步骤 3：重复步骤 1 和 2。把由第一步分解得到的图像数据[8，4，1，−1]进一步分解，得到分辨率更低的图像[6，2]。

这幅图像的分解过程见表 6-1。哈尔小波变换的结果是，把原始图像的数据[9，7，3，5]用[6，2，1，−1]表示，也就是由 4 个像素组成的图像用 1 个平均值和 3 个细节系数表示，这个过程叫作哈尔小波变换（Haar wavelet transform），也称哈尔小波分解（Haar wavelet decomposition）。这个概念可以推广到使用其他小波的小波变换。

表 6-1 哈尔小波变换过程

	分辨率	平均值	细节系数	变换后的图像数值
原始图像	4	[9，7，3，5]		−
第一次分解	2	[8，4]	[1 −1]	[8，4. 1，−1]
第二次分解	1	[6]	[2，1，−1]	[6，2，1，−1]

从这个例子的分解过程中我们可以看到：

（1）对给定小波的小波变换，我们可从记录的数据中重构出各种分辨率的图像。例如，在分辨率为 1 的图像基础上重构出分辨率为 2 的图像，在分辨率为 2 的图像基础上重构出分辨率为 4 的图像。

（2）通过变换后产生的细节系数的幅度值比较小，这就为图像压缩提供了一种途径。例如，去掉一些微不足道的细节系数并不影响对重构图像的理解。

（3）就哈尔小波变换而言，变换过程中没有丢失信息，因为完全能够从所记录的数据中重构出原始图像。

6.3.3 规范化算法

规范化的哈尔小波变换与非规范化的哈尔小波变换相比，唯一的差别是在规范化的变换中用 $\sqrt{2}$ 代替 2，这是因为要满足小波基函数为正交基的要求，但并未影响对哈尔小波变换的理解。规范化的一维小波变换定义如下。

假设数据长度为 $N=2^n$，$f(x)=(x_1,x_2,\cdots,x_N)$ 的一维哈尔小波变换定义为：

$$
\begin{aligned}
a &= \left(\frac{x_1+x_2}{\sqrt{2}}+\frac{x_3+x_4}{\sqrt{2}}+\cdots+\frac{x_{N-1}+x_N}{\sqrt{2}}\right) \\
d &= \left(\frac{x_1-x_2}{\sqrt{2}}+\frac{x_3-x_4}{\sqrt{2}}+\cdots+\frac{x_{N-1}-x_N}{\sqrt{2}}\right)
\end{aligned}
\tag{6-12}
$$

下面我们再举一个例子。

【例 6.2】 对 $f(x)=[2,5,8,9,7,4,-1,1]$ 作哈尔小波变换。

哈尔小波变换实际上是使用求均值和差值的方法进行分解。我们把 $f(x)$ 看成是矢量空间的一个向量，尺度因子 $j=3$，因此最多可分解为 3 层或称 3 级，如图 6-18 所示。

哈尔小波变换的过程如下。

步骤 1：

$$
\begin{aligned}
f &= (2+5,8+9,7+4,-1+1,2-5,8-9,7-4,-1-1)/\sqrt{2} \\
&= (7,17,11,0,-3,-1,3,-2)/\sqrt{2}
\end{aligned}
$$

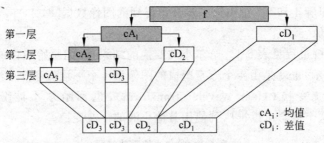

图 6-18　小波分解树的层次结构

步骤 2:

$$f = \left(\frac{7+17}{\sqrt{2}}, \frac{11+0}{\sqrt{2}}, \frac{7-17}{\sqrt{2}}, \frac{11-0}{\sqrt{2}}, -3, -1, 3, -2 \right) / \sqrt{2}$$

$$= \left(\frac{24}{\sqrt{2}}, \frac{11}{\sqrt{2}}, \frac{-10}{\sqrt{2}}, \frac{11}{\sqrt{2}}, -3, -1, 3, -2 \right) / \sqrt{2}$$

步骤 3:

$$f = \left(\frac{24+11}{(\sqrt{2})^2}, \frac{24-11}{(\sqrt{2})^2}, \frac{-10}{\sqrt{2}}, \frac{11}{\sqrt{2}}, -3, -1, 3, -2 \right) / \sqrt{2}$$

$$= \left(\frac{35}{2}, \frac{13}{2}, \frac{-10}{\sqrt{2}}, \frac{11}{\sqrt{2}}, -3, -1, 3, -2 \right) / \sqrt{2}$$

$$= (12.3744, 4.5962, -5.0000, 5.5000, -2.1213, -0.7071, 2.1213, -1.4142)$$

根据这个例子,我们可以归纳出规范化的哈尔小波变换的一般算法。假设一维阵列 C 有 h 个元素, h 等于 2 的幂,执行一维哈尔小波变换的伪代码如下:

****

```
proc DecomposeArray(C : array[0...h-1] of color):
    while h > 1 do:
        h←h/2
        for i←0 to h-1 do:
            C'[i]←(C[2i]+C[2i+1])/√2
            C'[h+i]←(C[2i]-C[2i+1])/√2
        end for
        C←C'
    end while
end proc
```

****

6.4　二维哈尔小波变换

前面已经介绍了一维哈尔小波变换的基本原理和变换方法。这节结合具体的图像数据系统地介绍如何使用小波对图像进行变换和分析。

6.4.1　二维哈尔小波变换举例

我们已经知道,一幅图像可看成是由许多像素组成的一个大矩阵,在进行图像数据压缩时,人们通常把它分成许多小块,例如,以 8×8 个像素为一块,并用矩阵表示,然后分别对每一个图像块进行处理。在小波变换中,由于小波变换中使用的基函数的长度是可变的,因此虽然无须像 JPEG 标准算法那样,把输入图像进行分块,以避免"图块效应",但为便于理解小波变换的奥妙,还是以一个小图像块为例,并且继续使用哈尔小波变换。

【例 6.3】 假设有一幅灰度图像,其中的一个图像块用矩阵 A 表示为

$$A=\begin{bmatrix} 64 & 2 & 3 & 61 & 60 & 6 & 7 & 57 \\ 9 & 55 & 54 & 12 & 13 & 51 & 50 & 16 \\ 17 & 47 & 46 & 20 & 21 & 43 & 42 & 24 \\ 40 & 26 & 27 & 37 & 36 & 30 & 31 & 33 \\ 32 & 34 & 35 & 29 & 28 & 38 & 39 & 25 \\ 41 & 23 & 22 & 44 & 45 & 19 & 18 & 48 \\ 49 & 15 & 14 & 52 & 53 & 11 & 10 & 56 \\ 8 & 58 & 59 & 5 & 4 & 62 & 63 & 1 \end{bmatrix}$$

使用灰度表示的图像如图 6-19 所示。一个图像块是一个二维的数据阵列,进行小波变换时可以对阵列的每一行进行变换,然后对行变换之后的阵列的每一列进行变换,最后对经过变换之后的图像数据阵列进行编码。

1. 求均值与求差值

为对小波图像压缩有个较完整的概念,还是从求均值与求差值开始。

步骤 1：在图像块矩阵 A 中,第一行的像素值为 $R_0=[64\ \ 2\ \ 3\ \ 61\ \ 60\ \ 6\ \ 7\ \ 57]$。

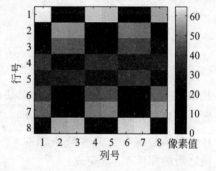

图 6-19　图像矩阵 A 的灰度图

(1) 计算每一对像素值的平均值 $cA_1=[ca_{11}\ \ ca_{12}\ \ ca_{13}\ \ ca_{14}]$:

$$cA_1=[(64+2)/2\ \ (3+61)/2\ \ (60+6)/2\ \ (7+57)/2]=[33\ \ 32\ \ 33\ \ 32]$$

(2) 计算每一对像素值的差值 $cD_1=[cd_{11}\ \ cd_{12}\ \ cd_{13}\ \ cd_{14}]$:

$$cD_1=[(64-2)/2\ \ (3-61)/2\ \ (60-6)/2\ \ (7-57)/2]=[31\ \ -29\ \ 27\ \ -25]$$

步骤 2：用与步骤 1 相同的方法,对 $cA_1=[33\ \ 32\ \ 33\ \ 32]$ 进行变换,得到的平均值和差值分别为 $cA_2=[ca_{21}\ \ ca_{22}]$ 和 $cD_2=[cd_{21}\ \ cd_{22}]$:

$$cA_2=[(33+32)/2\ \ (33+32)/2]=[32.5\ \ 32.5]$$

$$cD_2=[(33-32)/2\ \ (33-32)/2]=[0.5\ \ 0.5]$$

步骤 3：用与步骤 1 和 2 相同的方法,对 $cA_2=[32.5\ \ 32.5]$ 求平均值和差值得到:

$$cA_3=[32.5]\text{和}cD_3=[0]$$

以上的计算结果为

$$R_0 = \begin{bmatrix} 64 & 2 & 3 & 61 & 60 & 6 & 7 & 57 \end{bmatrix} \Rightarrow \begin{bmatrix} 32.5 & 0 & 0.5 & 0.5 & 31 & -29 & 27 & -25 \end{bmatrix}$$

2. 图像矩阵变换

使用求均值和求差值的方法,对矩阵的每一行进行计算,得到:

$$A_R = \begin{bmatrix} 32.5 & 0 & 0.5 & 0.5 & 31 & -29 & 27 & -25 \\ 32.5 & 0 & -0.5 & -0.5 & -23 & 21 & -19 & 17 \\ 32.5 & 0 & -0.5 & -0.5 & -15 & 13 & -11 & 9 \\ 32.5 & 0 & 0.5 & 0.5 & 7 & -5 & 3 & -1 \\ 32.5 & 0 & 0.5 & 0.5 & -1 & 3 & -5 & 7 \\ 32.5 & 0 & -0.5 & -0.5 & 9 & -11 & 13 & -15 \\ 32.5 & 0 & -0.5 & -0.5 & 17 & -19 & 21 & -23 \\ 32.5 & 0 & 0.5 & 0.5 & -25 & 27 & -29 & 31 \end{bmatrix}$$

其中,每一行的第一个元素是该行像素值的平均值,其余的是这行的细节系数。使用与行变换相同的方法,对 A_R 的每一列进行计算,得到:

$$A_{RC} = \begin{bmatrix} 32.5 & 0 & 0 & 0 & 0 & 0 & 0 & 0 \\ 0 & 0 & 0 & 0 & 0 & 0 & 0 & 0 \\ 0 & 0 & 0 & 0 & 4 & -4 & 4 & -4 \\ 0 & 0 & 0 & 0 & 4 & -4 & 4 & -4 \\ 0 & 0 & 0.5 & 0.5 & 27 & -25 & 23 & -21 \\ 0 & 0 & -0.5 & -0.5 & -11 & 9 & -7 & 5 \\ 0 & 0 & 0.5 & 0.5 & -5 & 7 & -9 & 11 \\ 0 & 0 & -0.5 & -0.5 & 21 & -23 & 25 & -27 \end{bmatrix}$$

其中,左上角的元素表示整个图像块的像素值的平均值,其余的元素表示该图像块的细节系数。如果从矩阵中去掉表示图像的某些细节系数,实验表明重构的图像质量仍然可以接受。具体做法是设置一个阈值 δ,例如 $\delta \leqslant 5$,把绝对值小于 5 的细节系数当作 0 看待,这样经过变换之后的矩阵 A_{RC} 就变成:

$$A_\delta = \begin{bmatrix} 32.5 & 0 & 0 & 0 & 0 & 0 & 0 & 0 \\ 0 & 0 & 0 & 0 & 0 & 0 & 0 & 0 \\ 0 & 0 & 0 & 0 & 0 & 0 & 0 & 0 \\ 0 & 0 & 0 & 0 & 0 & 0 & 0 & 0 \\ 0 & 0 & 0 & 0 & 27 & -25 & 23 & -21 \\ 0 & 0 & 0 & 0 & -11 & 9 & -7 & 0 \\ 0 & 0 & 0 & 0 & 0 & 7 & -9 & 11 \\ 0 & 0 & 0 & 0 & 21 & -23 & 25 & -27 \end{bmatrix}$$

A_δ 与 A_{RC} 相比,0 的数目增加了 18 个,也就是去掉了 18 个细节系数。这样做的好处是可提高小波图像编码的效率,而不明显影响图像的质量。

对 A_δ 矩阵进行逆变换,就得到了重构的近似矩阵:

$$\widetilde{A} = \begin{bmatrix} 59.5 & 5.5 & 7.5 & 57.5 & 55.5 & 9.5 & 11.5 & 53.5 \\ 5.5 & 59.5 & 57.5 & 7.5 & 9.5 & 55.5 & 53.5 & 11.5 \\ 21.5 & 43.5 & 41.5 & 23.5 & 25.5 & 39.5 & 32.5 & 32.5 \\ 43.5 & 21.5 & 23.5 & 41.5 & 39.5 & 25.5 & 32.5 & 32.5 \\ 32.5 & 32.5 & 39.5 & 25.5 & 23.5 & 41.5 & 43.5 & 21.5 \\ 32.5 & 32.5 & 25.5 & 39.5 & 41.5 & 23.5 & 21.5 & 43.5 \\ 53.5 & 11.5 & 9.5 & 55.5 & 57.5 & 7.5 & 5.5 & 59.5 \\ 11.5 & 53.5 & 55.5 & 9.5 & 7.5 & 57.5 & 59.5 & 5.5 \end{bmatrix}$$

矩阵 A 的数据用图 6-20(a)表示,矩阵 $\widetilde{A}$ 的数据用图 6-20(b)表示.对比这两幅图像,如果不事先告诉你,图 6-20(a)是原图而图 6-20(b)是经过变换和去掉某些细节后重构的图,也许你很难断定哪一幅是原图,哪一幅是重构图。这说明图像质量的损失还是能够接受的。

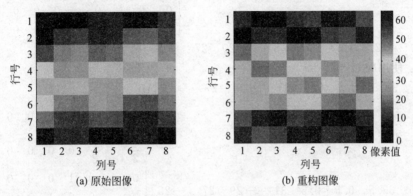

(a) 原始图像　　　　　　　　　　　(b) 重构图像

图 6-20　原图与重构图像的比较

3. 使用线性代数

由于图像可用矩阵表示,使用三个矩阵 M_1、M_2 和 M_3 同样可以对矩阵 A 求平均值和求差值。这三个矩阵分别是第一、第二和第三次分解图像时所构成的矩阵。现以矩阵 A 的第一行的数据为例: $[64 \quad 2 \quad 3 \quad 61 \quad 60 \quad 6 \quad 7 \quad 57]$。

步骤 1:使用 M_1 计算:

$$[64 \quad 2 \quad 3 \quad 61 \quad 60 \quad 6 \quad 7 \quad 57]M_1$$

$$= [64 \quad 2 \quad 3 \quad 61 \quad 60 \quad 6 \quad 7 \quad 57] \begin{bmatrix} \frac{1}{2} & 0 & 0 & 0 & \frac{1}{2} & 0 & 0 & 0 \\ \frac{1}{2} & 0 & 0 & 0 & -\frac{1}{2} & 0 & 0 & 0 \\ 0 & \frac{1}{2} & 0 & 0 & 0 & \frac{1}{2} & 0 & 0 \\ 0 & \frac{1}{2} & 0 & 0 & 0 & -\frac{1}{2} & 0 & 0 \\ 0 & 0 & \frac{1}{2} & 0 & 0 & 0 & \frac{1}{2} & 0 \\ 0 & 0 & \frac{1}{2} & 0 & 0 & 0 & -\frac{1}{2} & 0 \\ 0 & 0 & 0 & \frac{1}{2} & 0 & 0 & 0 & \frac{1}{2} \\ 0 & 0 & 0 & \frac{1}{2} & 0 & 0 & 0 & -\frac{1}{2} \end{bmatrix}$$

$$= [33 \quad 32 \quad 33 \quad 32 \quad 31 \quad -29 \quad 27 \quad -25]$$

步骤 2：使用M_2计算：

$$[33 \quad 32 \quad 33 \quad 32 \quad 31 \quad -29 \quad 27 \quad -25]M_2$$

$$= [33 \quad 32 \quad 33 \quad 32 \quad 31 \quad -29 \quad 27 \quad -25]\begin{bmatrix} \frac{1}{2} & 0 & \frac{1}{2} & 0 & 0 & 0 & 0 & 0 \\ \frac{1}{2} & 0 & -\frac{1}{2} & 0 & 0 & 0 & 0 & 0 \\ 0 & \frac{1}{2} & 0 & \frac{1}{2} & 0 & 0 & 0 & 0 \\ 0 & \frac{1}{2} & 0 & -\frac{1}{2} & 0 & 0 & 0 & 0 \\ 0 & 0 & 0 & 0 & 1 & 0 & 0 & 0 \\ 0 & 0 & 0 & 0 & 0 & 1 & 0 & 0 \\ 0 & 0 & 0 & 0 & 0 & 0 & 1 & 0 \\ 0 & 0 & 0 & 0 & 0 & 0 & 0 & 1 \end{bmatrix}$$

$$= [32.5 \quad 32.5 \quad 0.5 \quad 0.5 \quad 31 \quad -29 \quad 27 \quad -25]$$

步骤 3：使用M_3计算：

$$[32.5 \quad 32.5 \quad 0.5 \quad 0.5 \quad 31 \quad -29 \quad 27 \quad -25]M_3$$

$$= [32.5 \quad 32.5 \quad 0.5 \quad 0.5 \quad 31 \quad -29 \quad 27 \quad -25]\begin{bmatrix} \frac{1}{2} & \frac{1}{2} & 0 & 0 & 0 & 0 & 0 & 0 \\ \frac{1}{2} & -\frac{1}{2} & 0 & 0 & 0 & 0 & 0 & 0 \\ 0 & 0 & 1 & 0 & 0 & 0 & 0 & 0 \\ 0 & 0 & 0 & 1 & 0 & 0 & 0 & 0 \\ 0 & 0 & 0 & 0 & 1 & 0 & 0 & 0 \\ 0 & 0 & 0 & 0 & 0 & 1 & 0 & 0 \\ 0 & 0 & 0 & 0 & 0 & 0 & 1 & 0 \\ 0 & 0 & 0 & 0 & 0 & 0 & 0 & 1 \end{bmatrix}$$

$$= [32.5 \quad 0 \quad 0.5 \quad 0.5 \quad 31 \quad -29 \quad 27 \quad -25]$$

为简化计算，可把三个矩阵相乘之后再计算。三个矩阵相乘的结果为：

$$W = M_1 M_2 M_3 = \begin{bmatrix} \frac{1}{8} & \frac{1}{8} & \frac{1}{4} & 0 & \frac{1}{2} & 0 & 0 & 0 \\ \frac{1}{8} & \frac{1}{8} & \frac{1}{4} & 0 & -\frac{1}{2} & 0 & 0 & 0 \\ \frac{1}{8} & \frac{1}{8} & -\frac{1}{4} & 0 & 0 & \frac{1}{2} & 0 & 0 \\ \frac{1}{8} & \frac{1}{8} & -\frac{1}{4} & 0 & 0 & -\frac{1}{2} & 0 & 0 \\ \frac{1}{8} & -\frac{1}{8} & 0 & \frac{1}{4} & 0 & 0 & \frac{1}{2} & 0 \\ \frac{1}{8} & -\frac{1}{8} & 0 & \frac{1}{4} & 0 & 0 & -\frac{1}{2} & 0 \\ \frac{1}{8} & -\frac{1}{8} & 0 & -\frac{1}{4} & 0 & 0 & 0 & \frac{1}{2} \\ \frac{1}{8} & -\frac{1}{8} & 0 & -\frac{1}{4} & 0 & 0 & 0 & -\frac{1}{2} \end{bmatrix}$$

如果使用规格化的小波进行计算，则：

$$W = M_1 M_2 M_3$$

$$
= \begin{bmatrix}
\dfrac{1}{(\sqrt{2})^3} & \dfrac{1}{(\sqrt{2})^3} & \dfrac{1}{(\sqrt{2})^2} & 0 & \dfrac{1}{\sqrt{2}} & 0 & 0 & 0 \\[2ex]
\dfrac{1}{(\sqrt{2})^3} & \dfrac{1}{(\sqrt{2})^3} & \dfrac{1}{(\sqrt{2})^2} & 0 & -\dfrac{1}{\sqrt{2}} & 0 & 0 & 0 \\[2ex]
\dfrac{1}{(\sqrt{2})^3} & \dfrac{1}{(\sqrt{2})^3} & -\dfrac{1}{(\sqrt{2})^2} & 0 & 0 & \dfrac{1}{\sqrt{2}} & 0 & 0 \\[2ex]
\dfrac{1}{(\sqrt{2})^3} & \dfrac{1}{(\sqrt{2})^3} & -\dfrac{1}{(\sqrt{2})^2} & 0 & 0 & -\dfrac{1}{\sqrt{2}} & 0 & 0 \\[2ex]
\dfrac{1}{(\sqrt{2})^3} & -\dfrac{1}{(\sqrt{2})^3} & 0 & \dfrac{1}{(\sqrt{2})^2} & 0 & 0 & \dfrac{1}{\sqrt{2}} & 0 \\[2ex]
\dfrac{1}{(\sqrt{2})^3} & -\dfrac{1}{(\sqrt{2})^3} & 0 & \dfrac{1}{(\sqrt{2})^2} & 0 & 0 & -\dfrac{1}{\sqrt{2}} & 0 \\[2ex]
\dfrac{1}{(\sqrt{2})^3} & -\dfrac{1}{(\sqrt{2})^3} & 0 & -\dfrac{1}{(\sqrt{2})^2} & 0 & 0 & 0 & \dfrac{1}{\sqrt{2}} \\[2ex]
\dfrac{1}{(\sqrt{2})^3} & -\dfrac{1}{(\sqrt{2})^3} & 0 & -\dfrac{1}{(\sqrt{2})^2} & 0 & 0 & 0 & -\dfrac{1}{\sqrt{2}}
\end{bmatrix}
$$

以上计算哈尔小波正变换的步骤就简化成：

$$T = ((AW)'W)' = (W'A'W)' = W'AW \tag{6-13}$$

计算哈尔小波的逆变换简化为：

$$(W')^{-1}TW^{-1} = A$$
$$(W^{-1})'TW^{-1} = A \tag{6-14}$$

4. 图像变换实例

为进一步理解小波变换的基本原理和在图像处理中的应用，我们可使用 MATLAB[①] 软件中的小波变换工具箱（Wavelet Toolbox）编写小波变换程序，对原始图像进行分解和重构。

图 6-21 表示图像分解和重构过程。利用小波变换，用户可以按照应用要求获得不同分辨率的图像。如图 6-22 所示，图 6-22(a)表示原始的 Lena 图像，图 6-22(b)表示通过一级（level）小波变换可得到 1/4 分辨率的图像，图 6-22(c)表示通过二级小波变换可得到 1/16 分辨率的图像，图 6-22(d)表示通过三级小波变换可得到 1/64 分辨率的图像。

图 6-21　小波图像分解与重构框图

阈值处理可用于去除图像中的噪声。在取不同阈值的情况下重构图像，可观察到图像质

① MATLAB(Matrix Laboratory)是一种程序设计语言，它广泛用于科学和工程计算，适合用于图像、声音等信号处理和自动控制方面的计算。该语言是 Cleve Moler 在 20 世纪 70 年代后期开发的，最初用于分解矩阵和求解线性方程。MATLAB 于 1984 年开始商品化，是美国 MathWorks 公司的产品。

(a) 原始图像　　　(b) 1/4 分辨率图像　　(c) 1/16 分辨率图像　　(d) 1/64 分辨率图像

图 6-22　使用小波分解产生多种分辨率图像

量发生的变化,如图 6-23 所示,图 6-23(a)表示原始的 Lena 图像,图 6-23(b)表示阈值 $\delta \leqslant 5$ 的重构图像,图 6-23(c)表示阈值 $\delta \leqslant 10$ 的重构图像,而图 6-23(d)表示阈值 $\delta \leqslant 20$ 的重构图像。从图中可以看到,随着阈值的增大,图像质量也随着降低。

(a) 原始图像　　　　(b) $\delta \leqslant 5$　　　　(c) $\delta \leqslant 10$　　　　(d) $\delta \leqslant 20$

图 6-23　不同阈值下的 Lena 图像

6.4.2　二维哈尔小波变换方法

用小波对图像进行变换有两种方法,一种叫作标准分解(standard decomposition),另一种叫作非标准分解(nonstandard decomposition)。

1. 标准分解方法

标准分解方法是指首先使用一维小波对图像每一行的像素值进行变换,产生每一行像素的平均值和细节系数,然后使用相同方法对行变换的图像的列进行变换,产生这幅图像的平均值和细节系数。标准分解的过程如下:

```
***************************************************************
procedure StandardDecomposition(C: array [1...h, 1...w] of reals)
    for row 1 to h do
        Decomposition(C [row, 1 ...w])
    end for
    for col 1 to w do
        Decomposition(C [1 ...h, col])
    end for
end procedure
***************************************************************
```

图 6-24(a)表示标准分解方法,图像是使用 MATLAB 编写的程序分解得到的。

2. 非标准分解方法

非标准分解是指使用一维小波交替地对每行和每列的像素值进行变换。首先对图像的每一行计算像素对的均值和差值,然后计算每列像素对的均值和差值。这样得到的变换结果只有 1/4 的像素包含均值,再对这 1/4 的均值重复计算行和列的均值和差值,依此类推。非标准分解的过程如下:

```
**********************************************************************
procedure NonstandardDecomposition(C: array[1...h,1...h] of reals)
    C←C/h (normalize input coefficients)
    while h>1 do
        for row 1 to h do
            DecompositionStep(C [row, 1 ...h])
        end for
        for col 1 to h do
            DecompositionStep(C [1 ...h, col])
        end for
        h←h/2
    end while
end procedure
**********************************************************************
```

图 6-24(b)表示非标准分解方法,图像是使用 MATLAB 编写的程序分解得到的。

标准分解方法和非标准分解方法相比,它们得到的变换结果是完全相同的,只是非标准分解算法的计算量可以少一些。

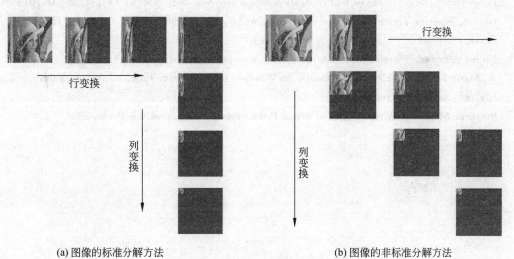

(a) 图像的标准分解方法　　　　　　　　　(b) 图像的非标准分解方法

图 6-24　图像分解方法

练习与思考题

6.1　小波是什么?

6.2　母小波是什么?

6.3　小波变换是什么？

6.4　离散小波变换是什么？

6.5　写出 4×4 哈尔小波变换矩阵。

6.6　使用 MATLAB 中的多级一维小波分解函数 wavedec 编写一个 m 程序，用你自己的头像做三级分解和重构，并显示重构的头像。

6.7　使用规范化的小波变换算法，用 MATLAB 编写一个 M 文件，重新计算 $f(x)=[2, 5, 8, 9, 7, 4, -1, -1]$ 的哈尔小波变换。

参考文献和站点

[1] Mallat, S. G. A Theory for Multiresolution Signal Decomposition: The Wavelet Representation. IEEE Trans. PAMI, vol. 11, no. 7, July 1989, pp. 674-693.

[2] Daubechies, I. Orthonormal Bases of Compactly Supported Wavelets. Comm. Pure and Applied Math., vol. 41, Nov. 1988, pp. 909-996.

[3] Eric J. Stollnitz, Tony D. DeRose, David H. Salesin. Wavelets for Computer Graphics: A Primer. IEEE Computer Graphics and Applications, 15(3): 76-84, May 1995 (part 1), and 15(4): 75-85, July 1995 (part 2).

[4] Peggy Morton, Arne Petersen. Image Compression Using the Haar Wavelet Transform. Math 45, College of the Redwoods, Dev. 19, 1997.

[5] Sarkar T. K., Su C., Adve, R., et al. A Tutorial on Wavelets from an Electrical Engineering Perspective. IEEE Antennas & Propagation Magazine, Vol. 40, No. 5, Oct. 1998. 49-70 (Part 1: Discrete Wavelet Techniques), and Vol. 40, No. 6, Dec. 1998. 36-48, (Part 2: The Continuous Case).

[6] Joshua Altmann. Wavelet Basics: http://www.wavelet.org/tutorial/index.html, 1996.

[7] W. Maziarz & K. Mikolajczyk. A Course on Wavelets for beginners, July 2003. http://galaxy.uci.agh.edu.pl/~maziarz/Wavelets/.

[8] Stéphane Mallat. A Wavelet Tour of Signal Processing, 3rd ed. Academic Press, 2008.

第7章 小波图像编码

由于小波变换技术在 20 世纪 90 年代已经比较成熟,因此从那时起就开始出现各种新颖的小波图像编码方法,如 EZW、在 EZW 算法基础上改进的 SPIHT 和 EBCOT 等。由于 EZW 算法是一种有效而且计算简单的算法,给后来者带来很大的启发,因此本章将重点介绍。

在初步了解小波变换和编码技术的基础上,本章的最后对 JPEG 2000 做简单介绍。JPEG 2000 是以小波技术为基础的图像压缩标准,性能比 JPEG 强,正在推广应用。

7.1 小波图像分解

小波理论与技术已日趋成熟和完善,并且已成为许多著名大学的教学内容。在小波理论和技术开发过程中,一个相当重要的问题是揭示小波变换与子带编码之间的关系[1]。本小节将简单介绍其中涉及的一些基本概念,以便于理解小波图像的分解和编码的方法。

7.1.1 小波变换与子带编码

1. 子带编码

子带编码(SubBand Coding,SBC)的基本概念是把信号的频率分成几个子带,然后对每个子带分别进行编码,并根据每个子带的重要性分配不同的位数来表示数据。在 20 世纪 70 年代,子带编码开始用在语音编码上。由于子带编码具有根据子带的重要性分别进行编码等优点,20 世纪 80 年代中期开始在图像编码中使用。1986 年 Woods,J. W. 等人曾经使用一维正交镜像滤波器(Quadrature Mirror Filter,QMF)组把信号的频带分解成 4 个相等的子带,如图 7-1 所示。图 7-1(a)表示分解方法,图 7-1(b)表示其相应的频谱。图中,H 表示高通滤波器,L 表示低通滤波器,符号②↓表示频带降低 1/2,HH 表示频率最高的子带,LL 表示频率最低的子带。这个分解过程可以重复,直到图像质量符合应用要求为止。这样的滤波器组称为分解滤波器树(decomposition filter trees)。

图 7-1 所示的子带编码是把一幅图像分成 4 幅等带宽的子带图像,简称为子图像,LL、LH、HL、HH,根据图像质量的要求,对每幅子图像分别进行编码。子带编码对图像子带的划

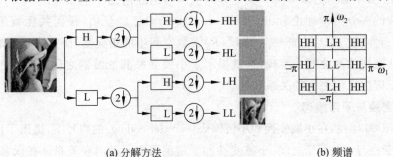

(a) 分解方法 (b) 频谱

图 7-1 图像子带编码

分可以是等带宽的，也可以是不等带宽的。

2. 多分辨率

多分辨率是指一幅图像可用多种分辨率表示。S. Mallat 于 1988 年在构造正交小波基时提出了多分辨率分析(multiresolution analysis)的概念，从空间上形象地说明了小波的多分辨率的特性，提出了正交小波的构造方法和快速算法，叫作 Mallat 算法。根据 Mallat 和 Meyer 等科学家的理论，使用一级小波分解方法得到的图像如图 7-2(a)所示。

如果在一级分解之后继续进行分析，这种分解过程叫作多分辨率分析，实际上就是多级小波分解的概念。使用多级小波分解可以得到更多的分辨率不同的图像，这些图像叫作多分辨率图像(multiresolution image)，如图 7-2(b)所示。其中，粗糙图像 1 的分辨率是原始图像的 1/4，粗糙图像 2 的分辨率是粗糙图像 1 的 1/4。

多分辨率分析与子带编码中的子带分割相比，虽然它们的目标和做法不尽相同，但它们分析效果的趋向相同，这表明它们之间有内在的关系。

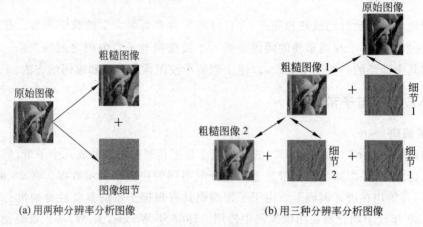

(a) 用两种分辨率分析图像　　　　　　　　　　(b) 用三种分辨率分析图像

图 7-2　多种分辨率的概念

3. 滤波器组与多分辨率

为了压缩语音数据，在 1976 年，Croisier、Esteban 和 Galand 介绍了一种可逆的滤波器组(invertible filter bank)，使用滤波和子采样(subsampling)的方法把离散信号 $f(n)$ 分解成大小相等的两种信号，并且使用叫作共轭镜像滤波器(conjugate mirror filter)的一种特殊滤波器来取消信号的混叠(aliasing)问题，这样可从子采样的信号中重构原始信号 $f(n)$。这个发现使人们花费了 10 多年的努力来开发一套完整的滤波器组理论。

正交小波的多分辨率理论(multiresolution theory)已经证明，任何共轭镜像滤波器都可以用来刻画一种小波 $\phi(t)$，它能够生成 $L^2(R)$ 实数空间中的正交基，而且快速离散小波变换可以使用这些共轭镜像滤波器来实现，这就揭示了小波变换和滤波器之间的等效性。这就使人们一直致力于解决它们之间的关系问题。

4. 小波变换与子带编码

在 20 世纪 80 年代，在小波变换和小波编码(wavelet coding)的旗号下，提出了许多方法和见解，说明小波变换与滤波器组之间、小波变换和子带编码之间的内在关系。在众多的研究者中，Ingrid Daubechies 最先揭示并在 1988 年发表了小波变换和滤波器组之间的内在关系。她独立构造了著名的小波滤波器,人们把它称为 Daubechies Wavelet Filters,也称二项正交镜像滤波器(Binomial-QMF[①])。这种小波滤波器是一种正交的二项 QMF(orthonormal binomial Quadrature Mirror Filter)。原来如此,早期开发的子带编码本质上是一种小波变换。

小波变换的重要应用之一是图像编码,我们将基于小波的图像编码(wavelet-based image coding)简称为小波图像编码。小波图像编码与图像子带编码的思路相同,首先把一幅图像分解成子图像,然后对每幅子图像单独进行编码。

7.1.2 小波分解图像方法

使用小波变换把一幅图像分解成子图像的方法有很多种,例如,均匀分解法(uniform decomposition)、非均匀分解法(non-uniform decomposition)、八带分解法(octave-band decomposition)和小波包分解法(wavelet-packet decomposition),根据不同类型的图像选择不同小波的自适应小波分解法(adaptive wavelet decomposition)。其中,八带分解是使用最广泛的一种分解方法。这种分解方法属于非均匀频带分割方法,它把低频部分分解成比较窄的频带,而对每一级分解的高频部分不再进一步分解。图 7-3 表示图像的八带分解法。

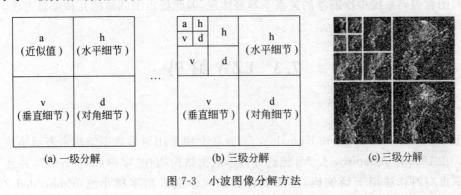

图 7-3　小波图像分解方法

7.2　图像失真度量法

在图像编码系统中,评估编码系统性能的一种方法是失真度量法,用峰值信号与噪声之比(Peak Signal to Noise Ratio, PSNR)来衡量,定义为最大信号峰值的平方与信号的均方差(Mean Square Error,MSE)之比[6]:

$$\text{PSNR} = 10\log_{10} \frac{(\text{Peak Signal Value})^2}{\text{MSE}}(\text{dB}) \tag{7-1}$$

$$\text{MSE} = \frac{1}{MN}\sum_{m=0}^{M-1}\sum_{n=0}^{N-1} |x(m,n) - \widetilde{x}(m,n)|^2 \tag{7-2}$$

式 7-2 中,$x(m,n)$ 为原始图像的像素值,$\widetilde{x}(m,n)$ 为解压缩之后的像素值。

对 8 位二进制图像:

$$\text{PSNR} = 10\log_{10} \frac{255^2}{\text{MSE}}(\text{dB}) \tag{7-3}$$

---

① https://en.wikipedia.org/wiki/Binomial_QMF。

在文献中,评估编码系统性能还使用其他方法,这些方法包括使用规格化均方差(Normalized Mean Square Error,NMSE)、信号噪声比(Signal to Noise Ratio,SNR)和平均绝对误差(Mean Absolute Error,MAE)来度量,分别定义为:

$$NMSE = \frac{\sum_{m=0}^{M-1}\sum_{n=0}^{N-1}\left[x(m,n) - \widetilde{x}(m,n)\right]^2}{\sum_{m=0}^{M-1}\sum_{n=0}^{N-1}\left[x(m,n)\right]^2} \tag{7-4}$$

$$SNR = 10\log_{10}\left(\frac{1}{NMSE}\right) \tag{7-5}$$

$$MAE = \frac{1}{MN}\sum_{m=0}^{M-1}\sum_{n=0}^{N-1}\left[x(m,n) - \widetilde{x}(m,n)\right] \tag{7-6}$$

式 7-4 和式 7-6 中,$x(m,n)$ 为原始图像的像素值,$\widetilde{x}(m,n)$ 为解压缩之后的像素值。

在电子工程中,信号噪声比(SNR)一直是最流行的误差度量指标,在大多数情况下可提供很有价值的信息,在数学上也比较容易计算。虽然信号噪声比也用在图像编码中,但由于它的数值与图像编码系统中压缩率的关系不容易体现,因此提出了其他的几种度量方法,包括平均主观评分法(MOS)。

7.3 EZW 编码

7.3.1 EZW 介绍

在 1992 年,Lewis,A. S. 和 Knowles,G. 首先介绍了用树形数据结构来表示小波变换的系数[7]。在 1993 年,Shapiro,J. M. 把这种树形数据结构叫作"零树(zerotree)",并且开发了一种效率很高的算法用于熵编码,他的这种算法叫作嵌入型零树小波(Embedded Zerotree Wavelet,EZW)算法[8],现称为嵌入型零树小波编码(Embedded Zerotree Wavelet Coding)。EZW 主要用于二维信号的编码,但不局限于二维信号。

EZW(嵌入型零树小波编码)这个术语中包含三个概念。①小波:小波是指该算法以离散小波变换为基础,认为大的小波变换系数比小的小波变换系数更重要,以及高频子带中的小系数可以被抛弃的事实为背景。②零树:零树是指小波变换系数之间的一种数据结构。因为离散小波变换是一种多分辨率的分解方法,每一级分解都会产生两种小波系数,一种是表示图像比较粗糙(低频图像)的小波系数,另一种是比较精细(高频图像)的小波系数,在同一方向和相同空间位置上的所有小波系数之间的关系可用一棵树的形式表示。如果树根和它的子孙的小波系数的绝对值小于某个给定的阈值 T(threshold),那么这棵树就叫作零树。③嵌入:嵌入是渐进编码技术(progressive encoding)的另一种说法,其含义是指一幅图像可以分解成一幅低分辨率图像和许多子图像,这些子图像表示图像的细节,分辨率由低到高。图像合成的过程与分解的过程相反,使用子图像生成许多分辨率不同的图像。

EZW 编码的含义是指,按照用户对图像分辨率的要求,编码器可以进行多次编码,每进行一次编码,阈值降低 1/2,水平和垂直方向上的图像分辨率各提高 1 倍。编码从最低分辨率图像开始扫描,每当遇到幅度大于阈值的正系数就用符号 P 表示,幅度的绝对值大于阈值的负系数用符号 N 表示,树根节点上的系数幅度小于阈值而树枝中有大于阈值的非零树用符号 Z

表示,零树用符号 T 表示。

小波图像编码(wavelet image coding)的一般结构如图 7-4 所示,它主要由小波变换、量化和熵编码等 3 个模块组成。小波变换不损失数据,但它是 EZW 算法具有渐进特性的基础;量化模块对数据会产生损失,数据损失的程度取决于量化阈值的大小,EZW 算法指的就是这个模块的算法,它的输出是符号集{P, N, T, Z, 0, 1}中的一系列符号;熵编码模块对每个输入数据值精确地确定它的概率,并根据

图 7-4　EZW 算法结构

这些概率生成一个合适的代码,使输出的码流(code stream)小于输入的码流。

7.3.2　EZW 算法

EZW 算法是多分辨率图像的一种编码方法。对整幅图像编码一次,生成一种分辨率图像,编码一次叫作一遍扫描。每一遍扫描大致包含三个步骤:设置阈值、每个小波系数与阈值进行比较、量化系数和重新排序。在扫描过程中需要维护两种表,一种是小波系数的符号表,另一种是量化表。

1. 零树概念

回顾二维小波变换的计算过程,不难想象各级子图像中的系数是相关的。在说明零树的概念之前,需要对小波变换得到的系数、名称和符号加以说明。

现以 3 级分解的离散小波变换为例,如图 7-5 所示,图中的图像称为 Lena 图像[1],使用三级滤波器组做小波变换,生成了 9 幅子(带)图像,可进一步区分为高频子图像和低频子图像,或者粗糙图像和精细图像。图中的数字 1、2 和 3 表示分解的级数编号。例如,LL3 表示第 3级的低频子图像,它是分辨率最低的子图像,HL3 表示第 3 级分解在水平方向上的子图像,LH3 表示第 3 级分解在垂直方向上的子图像,HH3 表示第 3 级分解在对角线方向上的子图像,其他的组合符号依此类推。由于低频子图像的系数要比高频子图像的系数大,EZW 编码就是利用这个事实来设计编码/解码过程中每一级使用的量化器。

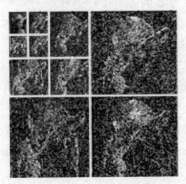

图 7-5　三级分解图像

---

① Lenna Söderberg(1951.3.31-,瑞典)/莱娜·瑟德贝里的照片,刊登在 1972 年 11 月的花花公子杂志上,后来成为标准测试图像,简称 Lena 图像。详见 http://www.cs.cmu.edu/~chuck/lennapg/lenna.shtml。

各级子图像中的系数之间的关系可以用树的形式描述。如图 7-6(a)所示,最低频率的子图像在左上角,最高频率的子图像在右下角,由同一方向和相同空间位置上的所有小波系数组成一棵树。例如,从第三级子图像 HH3、第二级子图像 HH2 到第一级子图像 HH1 的相应位置上的所有系数构成一棵下降树。按箭头所指的方向,各级系数的名称分别用祖系数、父系数、子系数和孙系数来称呼。举例来说,LL3 的系数为{63},HH2 和 HH1 的系数分别为{3}和{4,6,3,-2},由这些系数构成的树如图 7-6(b)所示。如果把{63}指定为父系数,{3}就称为子系数,而{4,6,3,-2}中的 4 个系数都被称为孙系数。

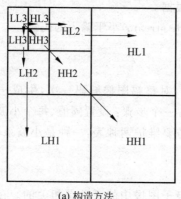

(a) 构造方法

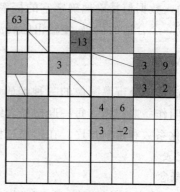

(b) 小波系数

图 7-6　EZW 编码树的构造

现在再来看零树的概念。为便于比较,把图 7-6(b)所示的两棵树用图 7-7 表示。假设编码时开始的阈值 $T_0 = 32$,由于 63 比 32 大,这样的树叫作非零树,如图 7-7(a)所示。假设下一次编码时的阈值 $T_1 = 16$,把-13 当作父系数,它的幅度比 16 小,而它的所有 4 个子系数的幅度都比 16 小,这样的树叫作零树,系数-13 叫作零树根,如图 7-7(b)所示。

根据以上分析,零树可概括为子孙系数都为零的树。定义零树的重要意义在于,如果一棵树是零树,那么这棵树就可以用一个预先定义的符号来代表,从而提高了压缩率。

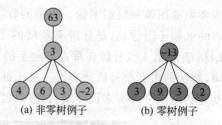

(a) 非零树例子　　　(b) 零树例子

图 7-7　非零树与零树的概念

小波图像系数结构的形式不只是一种,上面介绍的结构也可能不是最好的一种。

2. 扫描方法

EZW 算法对小波系数进行编码的次序叫作扫描。扫描子图像系数的方法有两种,一种叫作光栅扫描(raster scan),如图 7-8(a)所示,另一种叫作莫顿扫描(Morton scan)[①]或称 Z 形扫描,如图 7-8(b)所示。

3. EZW 算法

EZW 算法可粗略地归纳为下面几个主要步骤。

---

① 莫顿顺序(Morton order)是 1996 年 G. M. Morton 介绍的一个函数,用于将多维数据映射为一维数据。详见 https://en.wikipedia.org/wiki/Z-order_curve。

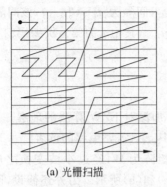

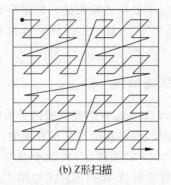

(a) 光栅扫描　　　　　　　　　(b) Z形扫描

图 7-8　小波变换系数扫描方法

1) 阈值 T 的选择

开始时的阈值 t_0 通常按公式 7-7 估算，

$$t_0 = 2^{\lfloor \log_2(\mathrm{MAX}(|X_i|)) \rfloor} \tag{7-7}$$

式中，$\lfloor x \rfloor$ 表示其值等于或小于 x 的最大整数($\leqslant x$)，MAX(.) 表示最大的系数值，X_i 表示小波变换分解到第 i 级时的系数。以后每扫描一次，阈值(threshold)减少一半。

2) 给系数分配符号

使用 EZW 算法编码图像时每一次扫描需要执行两种扫描，并产生两种输出的符号。第一种扫描叫作主扫描(dominant pass)，它的任务是把小波系数 X 与阈值 T 进行比较，然后指定表 7-1 中的 4 个符号(P,N,T,Z)之一，笔者把这种符号叫作系数符号。第二种扫描叫作辅扫描(subordinate pass)，其任务是对主扫描取出的带有符号 P 或 N 的系数进行量化，产生代表对应量化值的符号 0 和 1，笔者把这种符号称为量化符号。

表 7-1　EZW 系数符号集

判 断 条 件		输 出 符 号
$\vert X \vert > T$	$X > 0$	P(positive)：表示正，重要系数
	$X < 0$	N(negative)：表示负，重要系数
$\vert X \vert < T$	所有子孙系数 $\vert X_i \vert < T$，X 称为零树的根	T：零树根，不重要系数
	至少有一个子孙系数 $\vert X_i \vert > T$	Z：孤立的零，不重要系数

主扫描：扫描每一个系数以产生系数符号。

① 如果系数幅度大于阈值且为正数，输出符号 P(positive)。

② 如果系数幅度的绝对值大于阈值且为负数，输出符号 N(negative)。

③ 如果系数是零树根，输出 T(zerotree)。

④ 如果系数幅度小于阈值但树中有大于阈值的子孙系数，输出孤立的零符号 Z(isolated zero)。

为了确定一个系数是否为零树根 T 或者是孤立零 Z，需要对整个 4 叉树进行扫描，这样就需要花时间。此外，为了保护已经被标识为零树的所有系数，需要跟踪它们，这就意味着需要存储空间来保存。最后要把绝对值大于阈值的系数取出来，并在图像系数相应的位置上填入一个标记，这样做可防止对它们再编码。

辅扫描：对带符号 P 和 N 的系数进行量化。

在量化系数之前要构造量化器。量化器的输入间隔为$[t_{i-1}, 2t_{i-1})$，该间隔分成两个部分：$[t_{i-1}, 1.5t_{i-1})$和$[1.5t_{i-1}, 2t_{i-1})$，量化间隔为$0.5t_{i-1}$，其中i为第i次编码。量化器的输出为量化符号0和1。

7.3.3　EZW算法举例

现用 Ghassan Al-Regib[10] 提供的例子为例，加深对 EZW 算法的理解。虽然手工计算很烦琐，篇幅也比较长，但对理解算法很有帮助，尤其是对需要编程的读者。

假设有一幅8×8的图像P，离散小波变换矩阵为W，经过小波变换之后的图像数据为$X=WP$，小波图像系数X和扫描方式如图 7-9(a)和(b)所示。另外还假设，图 7-9(a)所示的数据是经过 3 级分解的小波图像系数。

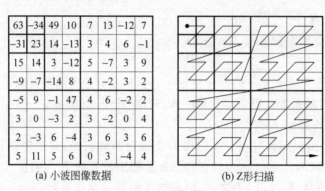

（a）小波图像数据　　　　　（b）Z形扫描

图 7-9　8×8小波变换图像

1. 树的结构

为叙述方便，图 7-9(a)中的系数用组合符号（YM/YYN）表示，如图 7-10(a)所示。最低分辨率子图像（即第 3 级）中的每一个系数在高一级分辨率子图像（即第 2 级）中有 3 个子系数与它有关，它们之间构成的树如图 7-10(b)所示。例如，$X1$/LL3 表示子带 LL3 的系数，它与第 2 级子图像中相关的子系数有 3 个：$X1$/HL2，$X1$/LH2 和 $X1$/HH2。其余的 $X2$/HL3、$X3$/

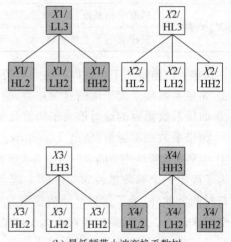

（a）8×8子图像小波变换系数　　　　　（b）最低频带小波变换系数树

图 7-10　编码树的结构（1）

LH3 和 $X4/HH3$ 可类推。

在其他子图像中,任何一个系数在高一级分辨率子图像中都有 4 个子系数与它有关,它们之间构成的树如图 7-11(b)所示,图中只表示了一部分的树。例如,$X1/HL2$ 表示子带 HL2 的系数,它与第 1 级子图像中相关的子系数有 4 个:$X1/HL1$,$X2/HL1$,$X5/HL1$ 和 $X6/HL1$。其余的 $X2/HL2$、$X3/HL2$ 和 $X4/HL2$ 可类推。

$X1/$ LL3	$X2/$ HL3	$X1/$ HL2	$X2/$ HL2	$X1/$ HL1	$X2/$ HL1	$X3/$ HL1	$X4/$ HL1
$X3/$ LH3	$X4/$ HH3	$X3/$ HL2	$X4/$ HL2	$X5/$ HL1	$X6/$ HL1	$X7/$ HL1	$X8/$ HL1
$X1/$ LH2	$X2/$ LH2	$X1/$ HH2	$X2/$ HH2	$X09/$ HL1	$X10/$ HL1	$X11/$ HL1	$X12/$ HL1
$X3/$ LH2	$X4/$ LH2	$X3/$ HH2	$X4/$ HH2	$X13/$ HL1	$X14/$ HL1	$X15/$ HL1	$X16/$ HL1
$X1/$ LH1	$X2/$ LH1	$X3/$ LH1	$X4/$ LH1	$X1/$ HH1	$X2/$ HH1	$X3/$ HH1	$X4/$ HH1
$X5/$ LH1	$X6/$ LH1	$X7/$ LH1	$X8/$ LH1	$X5/$ HH1	$X6/$ HH1	$X7/$ HH1	$X8/$ HH1
$X09/$ LH1	$X10/$ LH1	$X11/$ LH1	$X12/$ LH1	$X09/$ HH1	$X10/$ HH1	$X11/$ HH1	$X12/$ HH1
$X13/$ LH1	$X14/$ LH1	$X15/$ LH1	$X16/$ LH1	$X13/$ HH1	$X14/$ HH1	$X15/$ HH1	$X16/$ HH1

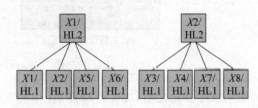

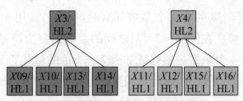

(a) 8×8 子图像小波变换系数　　　　　(b) 2 级子图像小波变换部分系数树

图 7-11　编码树的结构(2)

2. 编码过程

根据对图像质量和分辨率的要求,编码时对小波图像系数需要进行多次扫描。

1) 第 1 次扫描

步骤 1:选择初始阈值。最大的系数为 63,因此选择 $t_0=32$。

步骤 2:指定系数的符号。假设存放系数符号的缓冲存储器为 D1,存放量化符号的缓冲存储器的符号为 S1。扫描每一个系数并且与阈值 32 进行比较。在比较过程中,为每个系数指定一个符号,并把符号放在 D1 中。当一个系数被指定为符号 T 时,所有的子孙系数就不再扫描,并用"×"表示,扫描结果如图 7-12(a)所示。图上的输出符号的下标表示系数被标识的次序,仅为叙述方便。

对扫描结果作如下几点说明:

① $X1/LL3$ 的系数是 63,它大于阈值 32,因此输出的符号为 P_1。

② $X2/HL3$ 的系数是 -34,它的输出符号为 N_2。

③ $X3/LH3$ 的系数是 -31,它的幅度相对于阈值 32 来说是不重要的,它下属子系数 $\{X3/HL2, X3/LH2, X3/HH2\}$,孙系数 $\{X9/HL1, X10//HL1, X13//HL1, X14//HL1\}$、$\{X9//LH1, X10/LH1, X13/LH1, X14/LH1\}$ 和 $\{X9//HH1, X10/HH1, X13/HH1, X14/HH1\}$ 的幅度都比它小,因此它输出的符号为零树符号 T_3。

④ $X2/LH2$ 的系数是 14,它小于阈值 32。在它的子系数 $\{X3/LH1, X4/LH1, X7/LH1, X8/LH1\}$ 中,$X4/LH1$ 的系数是 47,它大于阈值 32,因此 $X2/LH2$ 输出符号为孤立零符号 Z_8。

⑤ $X4/LH1$ 的系数是 47,相对于阈值 32 是重要的,产生符号 P_{16}。

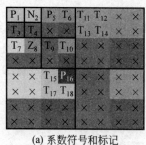

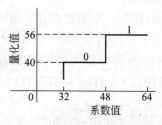

(a) 系数符号和标记　　　　　　(b) 系数量化

图 7-12　第一次主扫描

第一次主扫描之后,缓冲存储器 D1 中的系数符号为:

D1:P N T T P T T Z T T T T T T T P T T

步骤 3:量化系数。对带符号 P/N 的系数进行量化。在第一次主扫描期间的阈值是 32,幅度大于 32 的有 4 个系数{63,34,49,47}。用 48 把间隔[32,64]分成两个部分,如图 7-12 (b) 所示。幅度在间隔[32,48]之间的系数指定为符号 0,在间隔[48,64]之间的系数指定为符号 1,于是这 4 个系数被编码成如表 7-2 所示的量化符号。顺便指出,由于解码器重构的系数幅度按$(1.5 \pm 0.25)T$ 计算,因此重构数据的绝对误差在 1~7 之间,小于 $0.25T$。

在第一次辅扫描之后,4 个系数{63−P, 34−N, 49−P, 47−P}的量化符号所组成的位流为:

S1:1 0 1 0

表 7-2　第一次扫描量化表

系 数 幅 度	量 化 符 号	重 构 幅 度	系 数 幅 度	量 化 符 号	重 构 幅 度
63	1	56	49	1	56
34	0	40	47	0	40

步骤 4:重新排列带 P/N 符号的数据。为便于设置第二次扫描时所用的量化间隔,以提高解码的系数精度,编码器对本次扫描取出的 4 个系数重新排列,把系数集{63−P, 34−N, 49−P, 47−P}排列成{63−P, 49−P, 34−N, 47−P}。对于重新排序的问题也有人指出,从他们的实验结果看,精度提高不大但付出的计算代价却很高。

步骤 5:输出编码信息。编码器输出两类信息,一类是给解码器的系数符号系列等信息,另一类是用于下一次扫描的阈值和大于阈值的系数值等信息。

① 给解码器提供的信息包含下面三种:

HEADER(即 $t_0 = 32$),D1:P N T T P T T Z T T T T T T T P T T "AND" S1:1 0 1 0。

② 为下一次扫描提供的信息包含下面三种:

$t_0 = 32$,{63−P, 49−P, 34−N, 47−P} "AND" 子图像(subband image)。

此处的"AND"仅为强调它们之间的对应关系。

2) 第二次扫描

步骤 1:设置新阈值:$t_1 = t_0/2 = 16$。

步骤 2:指定系数的符号。使用 0 代替第一次扫描时被标识的系数,这些系数不再被扫描,用符号⊗表示,如图7-13所示。然后扫描其余的系数,并与新的阈值进行比较。假设第二次存放系数符号的缓冲存储器为D2,存放量化符号的缓冲存储器为S2,采用与第一次类似的扫描方法,得到的系数符号为:

D2:N P T T T T T T T T T T T T T T T

步骤3:量化系数。由于阈值是16,因此量化器的间隔有3个:[16,32),[32,48)和[48,64),如图7-13所示。按照这次构造的量化器,对第二次主扫描得到的系数集{63−P,49−P,34−N,47−P,31−N,23−P}进行编码,得到的量化符号位流如下:

S2:1 0 0 1 1 0

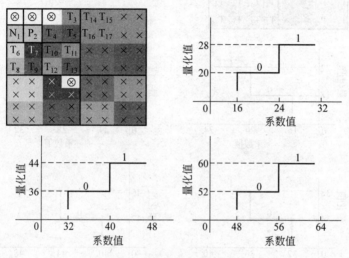

图7-13　第二次主扫描

步骤4:重新排列带P/N符号的数据。将系数集{63−P,49−P,34−N,47−P,31−N,23−P}排成{63−P,49−P,47−P,34−N,31−N,23−P}。

步骤5:输出编码信息。

① 给解码器提供的信息包含下面两种:

D2: N P T T T T T T T T T T T T T T T "AND" S2:1 0 0 1 1 0。

② 为下一次扫描用的信息包含下面三种:

$t_1=16$,{63−P,49−P,47−P,34−N,31−N,23−P}"AND"子图像。

3）第三次扫描

步骤1:设置新阈值:$t_2=t_1/2=8$。

步骤2:指定系数的符号。使用0代替第二次扫描时被标识的系数,这些系数不再被扫描,用符号⊗表示,如图7-14所示。然后扫描其余的系数,并与新的阈值进行比较。假设第三次存放系数符号的缓冲存储器为D3,存放量化符号位流的缓冲存储器为S3,采用与第一次类似的扫描方法,得到的系数符号为:

D3:PPNPPNTTNNPTPTTNTTTTTTTTTTTPTTTTTTTTTPTTTTTTTTTTTT。

步骤3:量化系数。由于阈值是8,因此量化器有7个间隔:[8,16),[16,24),[24,32),[32,40),[40,48),[48,56)和[56,64)。按照这次构造的量化器,对第三次主扫描得到的系数集{63−P,49−P,47−P,34−N,31−N,23−P,10−P,14−P,13−N,15−P,14−P,9−N,

12−N,14−N,8−P,13−P,12−N,9−P,9−P,11−P}进行编码,得到如下的量化符号位流:
S3:1 0 1 0 1 1 0 1 1 1 1 0 1 1 0 1 1 0 0 0。

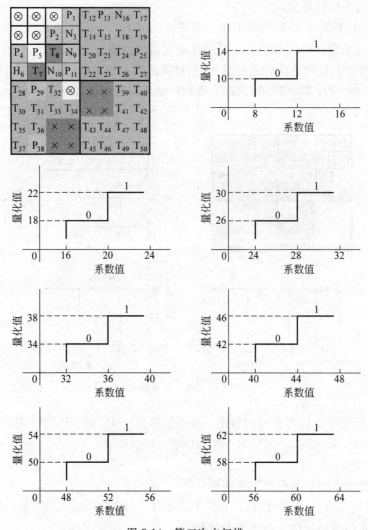

图 7-14　第三次主扫描

步骤 4:重排带 P/N 符号的数据。将系数集{63−P, 49−P, 47−P, 34−N, 31−N, 23−P,10−P, 14−P, 13−N, 15−P, 14−P, 9−N, 12−N, 14−N, 8−P, 13−P, 12−N, 9−P, 9−P, 11−P}排成{63−P, 49−P, 47−P, 34−N, 31−N, 23−P, 14−P, 13−N, 15−P, 14−P, 12−N, 14−N, 13−P, 12−N, 10−P, 9−P, 8−P, 9−P, 9−P, 11−P}。

步骤 5:输出编码信息。

① 给解码器提供的信息包含下面两种:

D3:PPNPPNTTNNPTPTTNTTTTTTTTTTTPTTTTTTTTTPTTTTTTTTTTTT。

"AND"子图像。

S3:1 0 1 0 1 1 0 1 1 1 1 0 1 1 0 1 1 0 0 0。

② 为下一次扫描用的信息包含下面三种:

$t_2=8,\{63-P,49-P,47-P,34-N,31-N,23-P,14-P,13-N,15-P,14-P,12-N,$
$14-N,13-P,12-N,10-P,9-N,8-P,9-P,9-P,11-P\}$ "AND" 子图像。

根据对图像的压缩率或者数据的传送率等应用要求可决定是否继续编码。如果从此不再编码,编码器的输出流就为:Header-D1-S1-D2-S2-D3-S3。现将每次编码扫描输出的内容归纳在表 7-3 中。

表 7-3　三次编码的输出

名　　称	内　　容
Header	32
D1/S1	P N T T P T T Z T T T T T T T P T T /1 0 1 0
D2/S2	N P T T T T T T T T T T T T T T /1 0 0 1 1 0
D3/S3	P P N P P N T T N N P T P T N T T T T T T T T T T T P T T T T T T T T P T T T T T T T T T T / 1 0 1 0 1 1 0 1 1 1 1 0 1 1 0 1 1 0 0 0

3. 解码

EZW 的解码过程是 EZW 编码的逆过程,编码时扫描多少次,解码时也可解多少次,这取决于对图像分辨率或者传输环境的要求。解码过程大致分为三个步骤:在接收到编码器发送的信息之后,解码器首先设置阈值,构造逆量化器,然后开始解读位流中包含的位置和小波系数值。

由于解码时用的逆量化器与编码时用的量化器没有差别,因此简称为量化器。像编码时那样,在 EZW 解码过程中每次解码都需要构造量化器。

1) 第 1 次解码

解码器开始时的阈值 $t_0=32$,它接收到来自编码器第一次扫描输出的系数符号是:
P N T T P T T Z T T T T T T T P T T /1 0 1 0

这个信息相当于量化符号所组成的位流与系数符号之间有如下的对应关系:

D1	P	N	T	T	P	T	T	Z	T	T	T	T	T	T	T	P	T	T
S1	1	0			1											0		

解码器要按照编码时的扫描和量化方法进行解码。输入位流的第 1 个系数符号是 P,对应的量化符号位是 1,因此第 1 个系数是 56;第 2 个系数符号是 N,对应的量化符号位是 0,因此第 2 个系数是 -40;第 3 个系数符号是 T,在相应的图像系数位置上用"0"表示它的系数。第一次解码的结果如图 7-15 所示。用 0 表示的系数表示已经扫描过,它们对应符号 T 或者 Z,用"×"表示的系数是不需要扫描的系数,因为它们是零树根的子孙。

在第一次解码之后,解码器需要判断是否要进一步重构比较精细的图像。如果不需要,则退出解码,如果需要则进入第二次解码。

2) 第 2 次解码

第二次解码分两步。第一步:提高第一次解码时得到的系数的精度。第二步:求解未解码的系数。解码器将使用编码器生成的第二次编码时的扫描信息:

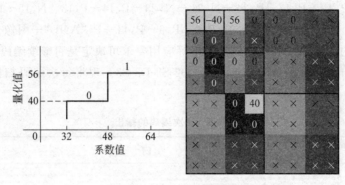

图 7-15   第一次解码

D2:   N P T T T T T T T T T T T T T T

S2:   <u>1 0 0 1</u> 1 0

解码器首先修改阈值,使 $t_1=16$,然后构造一个如图 7-16 所示的量化器。开始时,解码器只看 S2 中用下画线表示的量化符号位流的前 4 位(1 0 0 1),而不看 D2 中的符号,因为在第一次解码时已经知道了 4 个系数值是 {56,−40,52,40}。S2 的第 1 位是 1,第一次译码之后的系数是 56,现在使用新的量化器,56 就变成 60;S2 的第 2 位是 0,第一次译码之后的系数是 −40,使用新的量化器之后的系数就变成 −36。同样,其他 2 个系数分别由 52 变成 56,40 变成 44。

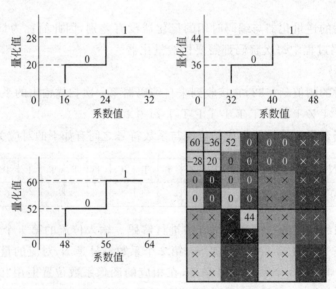

图 7-16   第二次解码

在前 4 个系数处理完成后,解码器就开始求解在第一次解码时没有还原的系数,使用的间隔为 $[t_1,2t_1)$,即 $[16,32)$。D2 的第 1 个系数符号是 N,表示负数,对应 S2 的量化符号是 1,因此解码输出的系数为 −28,把它放到图像的相应位置上;D2 的第 2 个系数符号是 P,表示正数,对应 S2 的量化符号是 0,因此解码输出的系数为 20,把它放到图像的相应位置上;其余的符号都是 T,在相应的位置上用 0 表示。

如无需更精细的图像,可把两次解码的结果合成后退出,否则则进入第三次解码。

3)第 3 次解码

解码器将使用编码器第三次扫描产生的信息:

D3: PPNPPNTTNNPTPTTNTTTTTTTTTTTTPTTTTTTTTTPTTTTTTTTTTTT

S3: <u>1010110</u>111101101110000

S3 中用下画线表示在第二次解码时已经得到的系数。解码器首先修改阈值,使新的阈值 $t_2 = t_1/2 = 8$,然后构造如图 7-17 所示的量化器,进入第三次解码。

按照第二次解码步骤,首先提高第二次解码已经得到的系数的精度,然后求解其余的系数,最后把它与第二次解码得到的结果进行合成,得到的小波图像的重构系数如图 7-17 所示。图中的符号×表示没有还原的系数,可用一个幅度等于或者小于 $t_2/2$ 的数值取代。

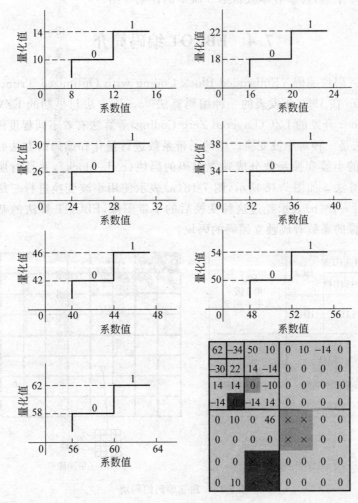

图 7-17 第三次解码

7.3.4 SPIHT 简介

受 EZW 算法和 Amir Said 本人开发的 IEZW(Improved Embedded Zerotree Wavelet)算法的启发,Amir Said 和 William Pearlman 在 1996 年发表了他们对 EZW 的改进算法[11],叫作 SPIHT(Set Partitioning In Hierarchical Trees)算法,可考虑译成"层树分集"算法。SPIHT 算法具有人们所期望的特性,如图像的渐进传输、比较高的 PSNR、复杂度比较低、计算量比较少、位速率容易控制等。

图像经过小波变换之后,大部分能量都集中在低频子带。SPIHT 算法就是从这个事实出发,最先传送幅度大的系数,这样解码器即使在低速率应用环境下也可得到图像的大部分信息。编码树的结构与 EZW 算法的结构类似,每一个节点要么没有子节点,要么有 4 个子节点,在 EZW 基础上对具体编码方法做了一些改进。

如需要进一步了解,可参看本教材第 3 版中的详细介绍。

7.4 EBCOT 编码简介

最佳截断嵌入码块编码(Embedded Block Coding with Optimized Truncation,EBCOT)是 David Taubman 在 1999 年发表的一种编码算法[12]。该方法与早期的 EZW、SPIHT 以及 Taubman 和 Zakhor 开发的 LZC(Layered Zero Coding)等算法有着不同程度的联系。

EBCOT 算法是一种对小波变换产生的子带系数进行量化和编码的方法。它的基本思想是把每一个子带的小波变换系数分成独立编码的码块(code-block),并且对所有的码块使用完全相同的编码算法。如图 7-18 所示,图 7-18(a)表示使用小波变换进行三级分解后的子带图像划分方法,图 7-18(b)表示经过这种变换后的子带图像,EBCOT 算法的基本出发点就是把每一个子带图像的系数看成独立编码的码块。

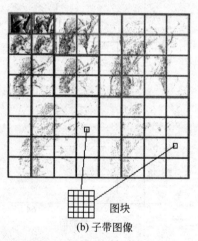

(a) 子带图像划分法　　　　　　(b) 子带图像

图 7-18　独立编码的码块

对每个码块进行编码时,编码器不用其他码块的任何信息,只是用码块自身的信息产生单独的嵌入位流。对每一码块编码时,可将嵌入到图像的位流截断成长度不等的位流,因而生成不同位速率的数据位流,这就是 EBCOT 编码算法中截断(truncation)的含义。

每一码块的嵌入位流应该截断到什么程度才符合特定的目标位速率、失真限度或其他衡量图像质量的指标，也就是在给定一个目标位速率的情况下，使重构图像的失真程度最小。EBCOT 编码算法将图像的质量分成多个层次，称为质量层（quality layer），每一层都包含每个码块对图像质量的贡献。根据图像质量要求和每个码块的贡献大小，确定码块的最佳截断位流，这就是 EBCOT 编码算法中最佳的（optimized）含义。

概括地说，EBCOT 编码的主要想法是把码块的编码方法与码块位流的最佳截断方法结合在一起，使重构图像的失真最小，它的主要特性包括分辨率可变（resolution，scalability）、信噪比可变（SNR scalability）和随机访问（random access）。这些特性比较适合包括大图像的远程浏览。但在具体实施过程中，人们普遍感到实现这些特性的算法比较复杂。

7.5　JPEG 2000 简介

7.5.1　JPEG 2000 是什么

JPEG 2000 是以小波技术为基础的静态图像压缩编码标准。JPEG 2000 是 JPEG 委员会在 2000 年确立的标准，标准号为 ISO/IEC 15444，文件扩展名为.jp2（用于 ISO 15444-1）和.jpx（用于 ISO 15444-2）。JPEG 2000 的开发工作从 1996 年 1 月启动，其目标是提高对连续色调图像的压缩效率、管理和传输，而又不使图像质量有明显的损失。该标准使用小波技术以提高压缩比，用户可控制图像的分辨率，在网络上传输时可按照用户要求下载各种分辨率的图像。此外，该标准可提供无损压缩的图像，在文档中可提供更多的颜色信息。

7.5.2　基本结构

JPEG 2000 编码器的方框图如图 7-19(a)所示。首先对源图像数据进行变换，再对变换的系数进行量化，然后进行熵（entropy）编码，形成代码流（code stream）或称位流（bitstream）。解码器与编码器正好相反，如图 7-19(b)所示。首先对码流进行熵解码，然后进行逆量化和逆向变换，最后重构图像。

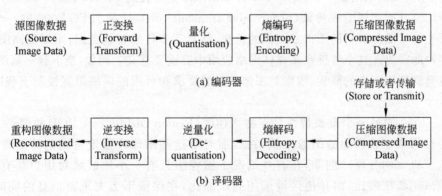

图 7-19　JPEG 2000 的基本结构

JPEG 2000 标准是以图像块作为单元进行处理的。这就意味着图像数据在进入编码器之前要对它进行分块。如图 7-20 所示，左图表示对图像进行分块，右图表示对每一个图像块进行处理，中间的方框表示在对每个图像块进行正向变换之前，图像块分量的所有样本都减去一个相同的量,叫作直流电平(DC)偏移。图像分块处理时,对图像块的大小没有限制,图像的变换、量化和熵编码等所有的处理都是以图像块为单元。这样做有两个明显的好处,一是可以降低对存储器的要求,二是便于抽出一幅图像中的部分图像。其缺点是图像质量有所下降,但不明显。

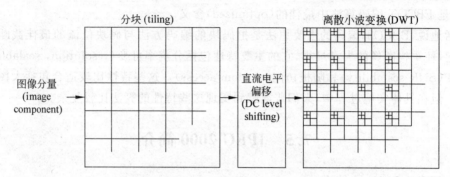

图 7-20　图像分块、直流电平转换和图像块变换

图像变换使用离散小波变换(DWT)。JPEG 2000 标准使用子带分解,把样本信号分解成低通样本和高通样本。低通样本表示降低了分辨率的粗糙图像数据样本,高通样本表示降低了分辨率的细节图像数据样本。高通样本用于需要从低通样本重构出分辨率比较高的图像。离散小波变换可以是不可逆的小波变换,也可以是可逆的小波变换。JPEG 2000 标准默认的不可逆小波变换是 Daubechies 9-tap/7-tap[13],用于数据有损的图像压缩,默认的可逆变换采用 5-tap/3-tap 滤波器①,用于数据无损的图像压缩。JPEG 2000 标准支持基于卷积(convolution-based)和基于提升(lifting-based)的两种滤波方式。

JPEG 2000 的基本编码方法是在 EBCOT 算法基础上开发的。

7.5.3　主要特性

与过去的图像压缩标准相比,JPEG 2000 标准既提高了性能又增加了功能。与 JPEG 标准相比,在相同质量的前提下,JPEG 2000 标准的压缩比可提高 20% 以上。

JPEG 2000 能实现渐进传输(progressive transmission),这是 JPEG 2000 的一个重要特性。它可先传输低分辨率的图像或图像的轮廓,然后逐步传输其他数据,不断提高图像质量,以满足用户的需要。这个特性在多媒体网络应用中有重要意义。例如,当下载一幅图像时,可比较快地看到这幅图像的概貌,根据对图像质量的要求和可用的网络带宽控制下载图像的数据量。

JPEG 2000 的另一个重要特性是支持兴趣区(Region Of Interest,ROI)的编码。用户利用这个特性可指定感兴趣的图像区域,在压缩时对这些图像区指定特定的压缩质量,这给用户带来了极大的方便。例如,在有些情况下图像中只有一小块区域对用户是有用的,对这些区域采用低压缩比,而其他区域采用高压缩比,在保证不丢失重要信息的同时能有效地压缩数据量。

---

① 9-tap(抽头)滤波器用于低通滤波,7-tap(抽头)滤波器用于高通滤波器。5-tap/3-tap 的含义相同。

7.5.4 标准文档

JPEG 2000 标准已包括 14 个部分（Part）[15]，标准号为 ISO/IEC 15444-1-14，每个部分的英文名称、参考译名和简要说明见表 7-4。最核心的标准文档是 Part 1：Core coding system（核心编码系统）。

表 7-4　JPEG 2000 标准文档（ISO/IEC 15444）

Part	英文名称	年份	参考译名	说明
1	Core coding system ISO/IEC 15444-1	2000	核心编码系统	定义 JPEG 2000 码流的句法、编码和解码的必要步骤以及 JP2 文件格式
2	Extensions ISO/IEC 15444-2	2004	扩展	为 Part 1 定义各种扩展，包含小波分解和系数量化方法、支持更多特性的 JPX 文件格式等
3	Motion JPEG 2000 ISO/IEC 15444-3	2002	JPEG 2000 影视	定义称为 MJ2 或 MJP2 的文件格式。MJ2 是对影视图像序列中的每帧都采用 JPEG 2000 算法进行压缩和编码的影视压缩技术，并支持声音
4	Conformance testing	2002	一致性测试	指定编码器和解码器的测试方法
5	Reference Software	2003	参考软件	用 Java 和 C 语言写的执行 JPEG 2000 Part 1 的源代码
6	Compound image file format	2003	混合文件格式	为使用混合光栅内容（Mixed Raster Content，MRC）模型的文档成像（document imaging）定义 JPM 文件格式，用于存储每页有许多对象的文档
7	Withdrawn	—	—	已经放弃
8	JPSEC：Secure JPEG 2000	2007	JPEG 2000 的安全	定义对加密、认证等保护图像的方法，如任何人可看低分辨率图像，付费后可使用高分辨率图像
9	Interactivity tools，APIs，and protocols（JPIP）	2005	互动工具、API 和协议	定义称为 JPIP 的客户器与服务器之间的协议，以及检索 JPEG 2000 文件和码流的文件格式
10	JP3D：Extensions for three dimensional data	2008	JP3D：三维和浮点数据	将 JPEG 2000 Part 1 的二维数据编码扩展为三维数据编码
11	JPWL：Wireless	2007	无线应用	规范 JPEG 2000 在无线多媒体中的应用
12	ISO Base Media File Format	2004	ISO 基准媒体文件格式	与 MPEG-4 Part 12 的名称和内容均相同
13	An entry level JPEG 2000 encoder	2008	入门级 JPEG 2000 编码器	提供参考编码器
14	XML structural representation and reference	2013	XML 结构表示和引用	规范 XML 文档，称为 JPXML。JPEG 2000 文件格式和标记在 XML 中的表示方法

练习与思考题

7.1 解释 EZW 的含义。

7.2 解释 EBCOT 的含义。

7.3 JPEG 2000 是什么？

7.4 选做题：用 MATLAB 或其他语言编写执行 EZW 算法的编码和解码程序。

参考文献和站点

[1] Martin Vetterli. Wavelets and Subband Coding. Prentice Hall. 1995. Second Edition，2007.

[2] Daubechies I. Orthonormal Bases of Compactly Supported Wavelets，Comm. Pure and Applied Math.，vol. 41，Nov. 1988，909-996.

[3] Cohen I. Daubechies，J. C. Feauveau. Biorthogonal bases of compactly supported wavelets. Communications on Pure and Applied Mathematics，45(5)：485-560，June 1992.

[4] Wim Sweldens. The Construction and Application of Wavelets in Numerical Analysis，May 18，1995.

[5] Sweldens W. The Lifting Scheme：A Construction Of Second Generation Wavelets. Siam J. Math. Anal，vol. 29，No. 2，1997.

[6] K. Jain. Fundamentals of Digital Image Processing，Prentice-Hall，Englewood Cliffs，New Jersey，1989.

[7] A. S. Lewis，G. Knowles. Image Compression Using the 2-D Wavelet Transform，IEEE Trans. IP，vol. 1，no. 2，April 1992，244-250.

[8] Shapiro J. M. Embedded Image Coding Using Zerotrees of Wavelet Coefficients，IEEE Trans. SP，vol. 41，no. 12，Dec. 1993，3445-3462.

[9] Clemens Valens' homepage. http：//perso. wanadoo. fr/polyvalens/clemens/clemens. html.

[10] Ghassan Al-Regib. Embedded Zerotree Wavelet Encoding （EZW） Based on Sharipo's Paper，04/01/2000，Georgia Institute of Technology，Atlanta，GA.

[11] Said，W. Pearlman. A new，fast and efficient image codec based on set partitioning in hierarchical trees，IEEE Trans. Circuits System，Video Technology，vol. 6，June 1996. 243-250.

[12] David Taubman. High performance scalable image compression with EBCOT，Image Processing，IEEE Transactions on ，Volume：9 Issue：7 ，July 2000，1158-1170.

[13] M. Antonini，M. Barlaud，P. Mathieu et al. Image Coding Using Wavelet Transform，IEEE Trans. Image Proc.，April 1992. 205-220.

[14] C. Christopoulos，A. Skodras，T. Ebrahimi. The JPEG 2000 still image coding system：An Overview，IEEE Transactions on Consumer Electronics，2000，Vol 46，No. 4，Nov. 2000. 1103-1127.

[15] JPEG 2000：Overview of JPEG 2000. https://jpeg. org/jpeg2000/index. html. 2016.

[16] Vetterli，M.，Herley，C. Wavelets and Filter Banks：Theory and Design，IEEE Trans. SP，vol. 40，no. 9，Sep. 1992，2207-2232.

[17] Ramchandran K.，Vetterli，M.，Herley，C. Wavelets，subband coding，and best bases，Proceedings of the IEEE，Volume：84 Issue：4 ，April 1996，541-560.

[18] Ingrid Daubechies, Wim Sweldens. Factoring Wavelet Transforms into Lifting Steps, J. Fourier Anal. Appl. , Vol. 4, Nr. 3, 1998. 247-269.

[19] C. Valens. EZW encoding. http://pagesperso-orange. fr/polyvalens/clemens/ezw/ezw. html, 2004.

[20] Albert Benveniste. Multiscale Signal Processing: From QMF to Wavelets. 1995.

[21] ISO/IEC 15444-1 Information technology—JPEG 2000 image coding system: Core coding system. Second edition 2004-09-15.

第 8 章　颜色度量体系

在开拓颜色科学的历史上，人们付出了巨大的努力，因此才有今天的五彩缤纷的多媒体世界。颜色是一门很复杂的学科，它涉及物理学、生物学、心理学和材料学等多种学科。许多人都同意这种看法，颜色是人的大脑对物体的一种反映，是人的一种感觉，而这种感觉又是带有极端的主观性，因此用数学方法来描述这种感觉可能是一件很困难的事。现在已经有许多有关颜色的理论、测量技术和颜色标准，但好像还没有一种人类感知颜色的理论普遍被接受，因此还需要我们继续努力。

由于颜色科学的历史比较长，随着科学技术的进步，度量颜色的方法也越来越多，而且也经常遇到使用多个字面上不同的术语来描述同一个颜色特性，初学者（包括笔者）在阅读这类文献时往往感到比较混乱。根据笔者对文献的理解，本章将人们对颜色的认识和度量等方面所取得的进步作简单介绍，目的是为读者阅读英文文献提供一些背景材料。由于条件和时间的限制，对其中的许多事实和观点无法加以验证并列出参考文献。

8.1　颜色科学简史

在 1666 年，23 岁的 Isaac Newton(1642—1727)就开始研究颜色。在光和颜色的实验中，牛顿认识到了每一种颜色和它相邻颜色之间的关系，把红色和紫色首尾相接就形成了一个圆，这个圆称为色圆(color circle)或者称为色轮(color wheel)，如图 8-1 所示。人们为纪念他所做的贡献，把这种颜色圆称为牛顿色圆(Newton color circle)。牛顿色圆为揭示红(red，R)、绿(green，G)和蓝(blue，B)相加混色奠定了基础。

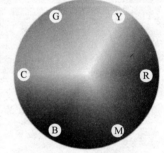

图 8-1　牛顿色圆

牛顿发明的颜色圆是度量颜色的一种方法。牛顿颜色圆用圆周表示色调，圆的半径表示饱和度，它可方便地用来概括相加混色的性质。例如，R、G、B 是相加基色，而它们的互补色是 C、M、Y，图 8-1 显示了它们之间的关系。通过实验，牛顿还揭示了一个重要的事实：白光包含所有可见光谱的波长，并用棱镜演示了这个事实。

在 1802 年，Thomas Young(1773—1829)认为人的眼睛有三种不同类型的颜色感知接收器，大体上相当于红、绿和蓝三种基色的接收器。19 世纪 60 年代，James Clerk Maxwell (1831—1879)探索了三种基色的关系，并且认识到三种基色相加产生的色调不能覆盖整个感知色调的色域，而使用相减混色产生的色调却可以。他认识到彩色表面的色调和饱和度对眼睛的敏感度比明度低。Maxwell 的工作可被认为是现代色度学的基础。

人们发现 Young 的看法非常重要。根据这种看法，使用三种基色相加可产生范围很宽的颜色。其后，Hermann von Helmholtz(1821—1894)把这个想法用于定量研究，因此有时把他们的想法称为 Young-Helmholtz 理论。

在 20 世纪 20 年代,人们对科学家们提出的理论进行了详细的实验。实验表明,红、绿和蓝相加混色的确能够产生某个色域里的所有可见颜色,但不能产生所有的光谱色(单一波长构成的颜色),尤其是在绿色范围里。后来已经发现,如果加入一定量的红光,所有颜色都可以呈现,并用三色激励值(tristimulus values)表示 R、G、B 基色,但必须允许红色激励值为负值。

在 1931 年,国际照明委员会(Commission Internationale de l'clairage/International Commission on Illumination,CIE)定义标准颜色体系时,规定所有的激励值应该为正值,并且都应该使用 x 和 y 两个颜色坐标表示所有可见的颜色。现在大家熟悉的 CIE 色度图(CIE chromaticity diagram)就是用 xy 平面表示的马蹄形曲线,它为大多数定量的颜色度量方法奠定了基础。

长期以来,眼睛中的不同锥体对颜色的吸收性能一直是一种猜想,直到 1965 年前后人们才做详细的生理学实验进行验证。实验的结果验证了 Thomas Young 的假设,在眼睛中的确存在三种不同类型的锥体。

8.2 描述颜色的几个术语

8.2.1 什么是颜色

从物理学角度来说,人们认为颜色是人的视觉系统对可见光的感知结果,感知到的颜色由光波的频率决定。光波是一种具有一定频率范围的电磁辐射,其波长覆盖的范围很广。电磁辐射中只有一小部分能够引起眼睛的兴奋而被感觉,其波长在 $380\sim780\text{nm}$ 的范围里。眼睛感知到的颜色和波长之间的对应关系如图 8-2 所示。纯颜色通常使用光的波长来定义,用波长定义的颜色叫作光谱色(spectral color)。人们已经发现,用不同波长的光进行组合时可以产生相同的颜色感觉。

虽然人们可以通过光谱功率分布来精确地描述颜色,即用每一种波长的功率(占总功率的一部分)在可见光谱中的分布来描述,但因眼睛只用与红、绿和蓝对应的三种锥体细胞对颜色采样,因此这种描述方法就产生了很大冗余。这些锥体细胞采样得到的信号通过大脑产生不同颜色的感觉,这些感觉由国际照明委员会(CIE)作了定义,用颜色的三个特性来区分颜色,即色调、饱和度和明度,它们是颜色所固有的并且是截然不同的特性。

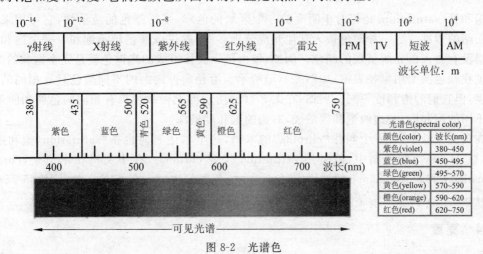

图 8-2　光谱色

8.2.2　色调

色调(hue)又称为色相,指颜色的外观,用于区别颜色的名称或颜色的种类。色调是视觉系统对一个区域呈现的颜色的感觉。对颜色的感觉实际上就是视觉系统对可见物体辐射或发射的光波波长的感觉。这种感觉就是与红、绿和蓝三种颜色中的哪一种颜色相似,或者与它们组合的颜色相似。色调取决于可见光谱中的光波的频率,它是最容易把颜色区分开的一种属性。

色调用红、橙、黄、绿、青、蓝、靛、紫等术语来刻画。苹果是红的,这"红色"便是一种色调,它与颜色明暗无关。色调的种类很多,如果要仔细分析,可有 1000 万种以上,而颜色专业人士可辨认出大约 300～400 种。黑、灰、白则为无色彩。

色调有一个自然次序:红、橙、黄、绿、青、蓝、靛、紫(red,orange,yellow,green,cyan,blue,indigo,violet,ROYCGBIV)。在这个次序中,当人们混合相邻颜色时,可以获得在这两种颜色之间连续变化的色调。色调在颜色圆上用圆周表示,圆周上的颜色具有相同的饱和度(浓度)和明度(强度),但它们的色调不同,如图 8-3 所示。

用于描述感知色调的一个术语是色彩(colorfulness)。色彩是视觉系统对一个区域呈现的色调多少的感觉,例如,是浅蓝还是深蓝的感觉。

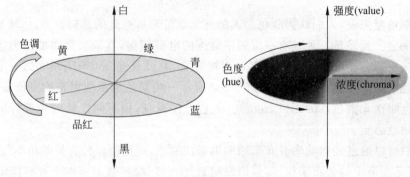

图 8-3　色调表示法

8.2.3　饱和度

饱和度(saturation)是相对于明度的一个区域的色彩,是指颜色的纯洁性,它可用来区别颜色明暗的程度。当一种颜色掺入其他光成分越多时,就说该颜色越不饱和。完全饱和的颜色是指没有渗入白光所呈现的颜色。例如,仅由单一波长组成的光谱色就是完全饱和的颜色。饱和度在颜色圆上用半径表示,如图 8-4(a)所示。沿径向方向上的不同颜色具有相同的色调和明度,但它们的饱和度不同。例如,在图 8-4(b)所示的七种颜色具有相同的色调和明度,但具有不同的饱和度,左边的饱和度最浅,右边的饱和度最深。

在英文文献中,有一个叫作"chroma"的术语,这个术语有时也指"saturation(饱和度)"。例如,在 Munsell 颜色制中,就是用 saturation 代替 chroma。在中文科技术语中,chroma、chromaticity 和 chrominance 都被译成"色度"——色彩的浓度。在 CIE 文献(CIE 45-25-225)中,chroma 定义为视觉的感知属性,用于衡量呈现的纯颜色的量,而不管非彩色的量。

8.2.4　亮度

在许多中文书籍和英汉词典工具书中,brightness、lightness 和 luminance 都被翻译成"亮

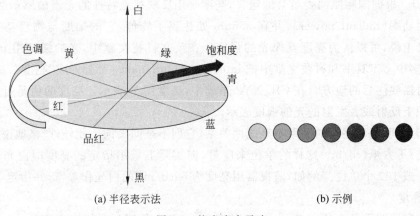

(a) 半径表示法   (b) 示例

图 8-4　饱和度表示法

度"。在英文科技文献中,这些术语是有差别的。为了反映它们所表达的不同含义,在本教材中分别用"明度"表示 brightness,用"亮度"表示 luminance,用"光亮度"表示 lightness。

1. 明度

根据国际照明委员会的定义,明度(brightness)是视觉系统对可见物体辐射或者发光多少的感知属性。例如,一根点燃的蜡烛在黑暗中看起来要比在白炽光下亮。虽然明度的主观感觉值目前还无法用物理设备来测量,但可以用亮度(luminance)即辐射的能量来度量。颜色中的明度分量不同于颜色即色调(hue),也不同于饱和度(saturation)即颜色的强度(intensity)。

有色表面的明度取决于亮度和表面的反射率。由于感知的明度与反射率不是成正比,而认为是一种对数关系,因此在颜色度量系统中使用一个数值范围(例如,0～10)来表示明度。明度的一个极端是黑色(没有光),另一个极端是白色,在这两个极端之间是灰色。

在许多颜色系统中,明度常用垂直轴表示,如图 8-5 所示。例如,图 8-5(b)所示的七种颜色具有相同的色调和饱和度,但它们的明度不同,底部的明度最小,顶部的明度最大。

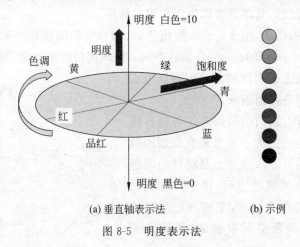

(a) 垂直轴表示法   (b) 示例

图 8-5　明度表示法

2. 亮度

如前所述,明度(brightness)是视觉系统对可见物体发光多少的感知属性,它和人的感知有关。由于明度很难度量,因此国际照明委员会定义了一个比较容易度量的物理量,称为亮度

（luminance）。根据国际照明委员会的定义，亮度是用反映视觉特性的光谱敏感函数加权之后得到的辐射功率（radiant power），并在 555nm 处达到了峰值，它的幅度与物理功率成正比。从这个意义上说，可以认为亮度就像光的强度。在英文科技文献中，光的强度用 intensity 表示，但在许多中文工具书和科技文献中把 intensity 和 luminance 都翻译成"亮度"，这是我们在阅读文献时需要注意的地方。在 CIE XYZ 系统中，亮度用 Y 表示。亮度的值是可度量的，它用单位面积上反射或者发射的光的强度表示。

顺便指出，明度和亮度的关系不是线性关系，它们不是同义词。此外，严格地说，亮度应该使用像烛光/平方米（cd/m²）这样的单位来度量，但实际上是用指定的亮度即白光作参考，并把它作为 1 或 100 个单位。例如，监视器用亮度为 80cd/m² 的白光作参考，并指定 $Y=1$。

3. 光亮度

根据国际照明委员会的定义，光亮度（lightness）是人的视觉系统对亮度（luminance）的感知响应值，并用 L^* 表示：

$$L^* = 116 \times \sqrt[3]{Y/Y_n} - 16, (Y/Y_n) > 0.008\ 856$$
$$L^* = 903.3 \times (Y/Y_n), (Y/Y_n) \leqslant 0.008\ 856$$

(8-1)

其中，Y 是 CIE XYZ 系统中定义的辐射亮度，Y_n 是参考白色光的辐射亮度。与明度相同，光亮度也常作为颜色空间的一个维。

8.2.5 颜色空间

颜色空间是用空间中的点表示颜色的数学表示法，人们用它来指定和产生颜色，使颜色形象化。对于人来说，可以通过色调、饱和度和明度来定义颜色；对于显示设备来说，人们使用红、绿和蓝发光体的发光量来描述颜色；对于打印或印刷设备来说，人们使用青色、品红色、黄色和黑色的反射和吸收来产生指定的颜色。因此，颜色空间通常用三维模型表示，颜色空间中的颜色用代表三个参数的三维坐标来指定，这些参数描述的是颜色在颜色空间中的位置，但并没有告诉人们是什么颜色，其颜色要取决于使用的坐标。

为说明颜色空间的概念，图 8-6 表示使用色调、饱和度和明度构造的一种颜色空间，叫作 HSB（Hue，Saturation and Brightness）颜色空间。色调用角度来标定，通常红色标为 0°，青色标为 180°；在径向方向上饱和度的深浅用离开中心线的距离表示；明度用垂直轴表示。

为适应不同的应用，人们已经构造了各种各样的颜色空间，如颜色空间的大小和类型有限制的颜色空间（主要用于某些设备）；感觉上是线性的颜色空间；感觉上是非线性的颜色空间（用于计算机图形）。在已经使用的颜色空间中，某些颜色空间使用起来很直观，某些颜色空间很抽象，使用户很糊涂。

颜色空间有设备相关和设备无关之分。设备相关的颜色空间是指颜色空间指定生成的颜色与生成颜色的设备有关。例如，RGB 颜色空间是与

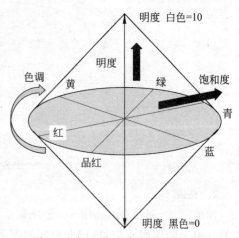

图 8-6　色调-饱和度-明度颜色空间

显示系统相关的颜色空间,计算机显示器使用 RGB 来显示颜色,用像素值(例如,$R=250$,$G=123$,$B=23$)生成的颜色将随显示器的亮度和对比度的改变而改变。设备无关的颜色空间是指颜色空间指定生成的颜色与生成颜色的设备无关,例如,CIE L* a* b* 颜色空间就是设备无关的颜色空间,它建筑在 HSV(Hue, Saturation and Value)颜色空间的基础上,用该空间指定的颜色无论在什么设备上生成的颜色都相同。

8.3　颜色的度量体系简介

人们对物体产生某种光的感觉,一方面取决于电磁辐射对眼睛的物理刺激,另一方面取决于眼睛的视觉特性。但对颜色的标定最终要符合人眼的视觉特性,因此,计算颜色的一些基本数据都是来自许多观察者的颜色视觉实验结果。

颜色常用像色调、饱和度和明度这样的参数来刻画。自从牛顿颜色圆发明之后,发明了许多详细描述颜色和对颜色进行排列编号的方法。用色调、明度值和色度来定义和排列颜色就导致了曼塞尔系统(Munsell system)的产生,用波长、纯度和亮度映射色调、饱和度和明度就导致了 Ostwald 系统(Ostwald system)的出现,以及后来出现的 CIE 颜色系统(CIE color system),如图 8-7 所示。

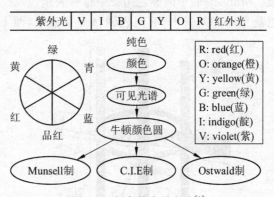

图 8-7　颜色的度量方法[1]

颜色度量体系(color system),也叫作颜色制或颜色体制,实际上就是人们组织和表示颜色的方法。由于许多中文科技文献习惯于把"color system"翻译成"颜色系统",本教材也采用这个名称。组织和表示颜色的方法主要有两种:一种叫作颜色模型(color model),另一种叫作编目系统(cataloging system)。颜色模型用数值方法指定颜色,编目系统给每种颜色分配唯一的名称或号码。例如,Munsell 颜色系统(Munsell color system),Pantone 公司开发的 Pantone 颜色系统,也称 Pantone 颜色匹配系统(Pantone Matching System,PMS)都是属于编目系统。Pantone 是在图形艺术和印刷技术中使用的一种颜色匹配系统,该系统包含有 500 多种印墨颜色,每种颜色都指定了一个号码。某些计算机图形软件允许颜色使用 Pantone 号码,尽管计算机显示器仅能近似地显示其中的某些颜色,但软件可输出每种 Pantone 颜色,因此可精确地打印出所希望的颜色。

8.4　Munsell 颜色系统

Albert H. Munsell(1858—1919)是美国一位杰出的艺术家和教授,1905 年发表了著名论文 *Color Notation*(颜色表示法),1915 年发表了著名论文 *Atlas of the Munsell Color System*(Munsell 颜色制图谱)。他开发了第一个广泛被接受的颜色次序制(color order system),人们把它称为 Munsell color-order system 或者叫 Munsell color system[2],对颜色作了精确的描述并用在他的教学中。Munsell 颜色次序制也是其他颜色系统的基础。

Munsell 颜色系统是精确指定颜色和显示各种颜色之间关系的一种方法。每种颜色都有色调(hue)、明度值(value)和色度(chroma)三种属性。Munsell 对这三种属性建立了一个与视觉感知特性相一致的数值范围。Munsell 颜色簿(Munsell Book of Color)显示了在这些数值范围内的一套色块,每个色块用数值表示。在合适的照明和观看条件下,任何表面的颜色都可以同这套色块进行比较,从而确定它属于什么颜色。

1905 年提出并在 1943 年修改的 Munsell 颜色系统使用色调、饱和度和明度表示颜色的三种属性,如图 8-8(a)所示。色调被分成红(R)、黄(Y)、绿(G)、蓝(B)、紫(P),这五种色调叫作主色调(principal hues),如图 8-8(b)[3] 所示。在主色调之间插入红—黄、黄—绿、绿—蓝、蓝—紫,紫—红 5 种色调,连同 5 个主色调共 10 个色调,分别用 R(Red)、YR(Yellow-Red)、Y(Yellow)、GY(Green-Yellow)、G(Green)、BG(Blue-Green)、B(Blue)、PB(Purple-Blue)、P(Purple)和 RP(Red-Purple)表示,并且把它们放在等间隔的扇区上。度量颜色明暗的明度值(value)从白到黑被分成 11 个等级,度量颜色的饱和度或称纯度的色度(Chroma)被分成 15 等级。Munsell 制中的颜色用三个符号表示,写成 HVC(Hue,Value,Chroma)。例如,明亮的红色是 5R 4/14,其中 5R 是色调,4 是明度值,而 14 是色度。

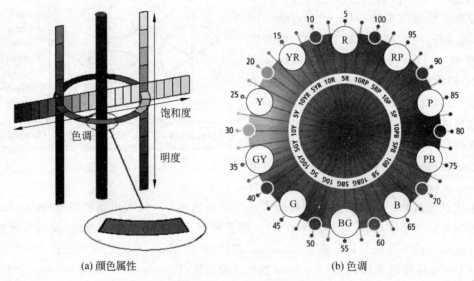

(a) 颜色属性   (b) 色调

图 8-8　Munsell 颜色系统

Munsell 系统引起普遍重视并至今仍然广泛使用的原因主要是:

(1) 更清楚地把明度(指 Munsell value)从色调和饱和度(指 Munsell chroma)中区分开来。这样就可以用二维空间表示颜色,如色圆。

(2) 统一了对颜色的认识,使颜色样本之间的距离与感知的颜色差异相一致。

(3) 为颜色交流语言提供了一个清晰而不含糊的表示法。在 Munsell 颜色系统中,每一种颜色都有一个指定的位置。

8.5　Ostwald 颜色系统

德国化学家 Wilhelm Ostwald (1853—1932)在 1916 年出版了 *The Colour Primer*(颜色入门),1918 年出版了 *The Harmony of Colours*(颜色的融合)。Ostwald 制是根据对颜色起

决定作用的波长、纯度和亮度来映射色调、饱和度和明度的值。Ostwald 假设色调由 8 种主色调组成,分别是黄色(yellow)、橙色(orange)、红色(red)、紫色(purple)、蓝色(blue)、青绿色(turquoise)、海绿色(seagreen)和叶绿色(leafgreen),每一种再细分成 3 种,共 24 种,安排在如图 8-9(a)所示的色圆上。Ostwald 制使用垂直轴表示亮度,从黑色、灰色到白色。

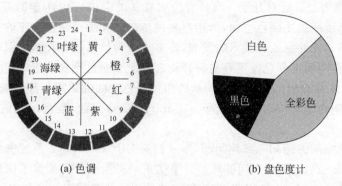

(a) 色调   (b) 盘色度计

图 8-9　Ostwald 色圆和颜色表示法

这些参数的数值通过一个盘色度计(disc colorimeter)来产生,如图 8-9(b)所示。Ostwald 颜色空间中的点用 C(full color)、W(white)和 B(black)来分别表示全色、白色和黑色,表示它们在一个圆上所占的百分比。例如,某一点的数值是 30,25,45,它所表示的含义是全色占 30%、白色占 25%和黑色占 45%。

Ostwald 制保留了几十年,后来逐渐被 American Munsell 和 Swedish Natural Colour 制淘汰。其原因是 Ostwald 选择的颜色在排列上不能满足饱和度较高的染料市场的需要。

8.6　CIE 颜色系统

8.6.1　颜色科学史上的两次重要会议

RGB 模型采用物理三基色,其物理意义很清楚,但它是一种设备相关的颜色模型。每一种设备(包括人眼和现在使用的扫描仪、监视器和打印机等)使用 RGB 模型时都有不太相同的定义,尽管各自都工作得很圆满,而且很直观,但不能通用。

1. 1931 年颜色科学大会

为了解决这个问题,国际照明委员会的颜色科学家们企图在 RGB 模型基础上,用数学的方法从真实的基色推导出理论的三基色,创建一个新的颜色系统,使颜料、染料和印刷等工业能够明确指定产品的颜色。1931 年 9 月,国际照明委员会在英国的剑桥市召开了具有历史意义的大会。会议所取得的主要成果包含:

(1) 定义了标准观察者(Standard Observer)标准:普通人眼对颜色的响应。该标准采用想象的 X、Y 和 Z 三种基色,用颜色匹配函数(color-matching function)表示。颜色匹配实验使用 2°的视野(field of view)。

(2) 定义了标准光源(Standard Illuminants):用于比较颜色的光源规范。

(3) 定义了 CIE XYZ 基色系统:与 RGB 相关的想象基色系统,更适用于颜色计算。

(4) 定义了 CIE xyY 颜色空间:一个由 XYZ 导出的颜色空间,它把与颜色属性相关的 x 和 y 从与明度属性相关的亮度 Y 中分离开。

(5) 定义了 CIE 色度图(CIE chromaticity diagram)：容易看到颜色之间关系的一种图。

其后,国际照明委员会的专家们对该系统做了许多改进,包括 1964 年根据10°视野的实验数据,添加了补充标准观察者(Supplementary Standard Observer)的定义。

2. 1976 年颜色科学大会

1976 年国际照明委员会召开了一次具有历史意义的会议。1931 年的 CIE 系统规范使用三基色刺激值和色度图描述颜色空间,为用户提供了描述和编排颜色次序的能力,并且证明是有用的。随着科学研究的深入和技术的发展,许多人认为该系统存在两个问题:

第一,该规范使用明度和色度不容易解释物理刺激和颜色感知响应之间的关系。

第二,XYZ 系统和在它的色度图上表示的两种颜色之间的距离与颜色观察者感知的变化不一致,这个问题叫作感知均匀性(perceptual uniformity)问题,也就是颜色之间数字上的差别与视觉感知不一致。

为了解决颜色空间的感知一致性问题,专家们对 CIE 1931 XYZ 系统进行了非线性变换,制定了 CIE 1976 L* a* b* 颜色空间的规范。事实上,1976 年 CIE 规定了两种颜色空间,一种是用于自照明的颜色空间,叫作 CIELUV,另一种是用于非自照明的颜色空间,叫作 CIE 1976 L* a* b*,或者叫 CIELAB。这两种颜色空间与颜色的感知更均匀,并且给了人们评估两种颜色近似程度的一种方法,允许使用数字量 ΔE 表示两种颜色之差。

CIE XYZ 是国际照明委员会在 1931 年开发并在 1964 年修订的 CIE 颜色系统(CIE Color System),该系统是其他颜色系统的基础。它使用相应于红、绿和蓝三种颜色作为三种基色,而所有其他颜色都从这三种颜色中导出。通过相加混色或者相减混色,任何色调都可以使用不同量的基色产生。虽然大多数人可能一辈子都不直接使用这个系统,只有颜色科学家或者某些计算机程序中使用,但了解它对开发新的颜色系统、编写或者使用与颜色相关的应用程序都是有用的。

8.6.2 CIE 1931 RGB

按照三基色原理,颜色实际上也是物理量,人们对物理量就可以进行计算和度量。根据这个原理就产生了用红、绿和蓝单色光谱基色匹配所有可见颜色的想法,并且做了许多实验。1931 年国际照明委员会综合了不同实验者的实验结果,得到了 RGB 颜色匹配函数(color matching functions),如图 8-10 所示。图上的横坐标表示光谱波长,纵坐标表示用以匹配光谱各色所需要的 $\bar{r}_\lambda$、$\bar{g}_\lambda$ 和 $\bar{b}_\lambda$ 三基色刺激值,这些值是以等能量白光为标准的系数,是观察者实验结果的平均值。

从图中可以看到,为了匹配在 438.1nm 和 546.1nm 之间的光谱色,$\bar{r}_\lambda$ 出现负值。这就意味着匹配这段里的光谱色时,混合颜色需要使用补色才能匹配。从图中还可以看到,使用正的 $\bar{r}_\lambda$、$\bar{g}_\lambda$ 和 $\bar{b}_\lambda$ 值提供的(颜)色域还是比较宽的,但像用 RGB 相加混色原理的 CRT 则不能显示所有的颜色。

国际照明委员会把红、绿和蓝三种单色光的波长分别定义为700nm(R)、546.1nm(G)和 435.8nm(B)。通过颜色匹配实验,用红、绿和蓝三基色光匹配成白光

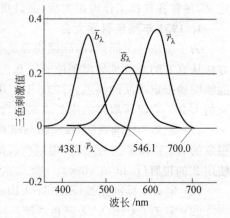

图 8-10 CIE 1931 RGB 颜色匹配曲线
(RGB Color Matching Curves)

E_w 时,所需要的红、绿和蓝基色光的光通量之比为 1 : 4.5907 : 0.0601。为便于计算,根据这个比例规定了三基色光的单位,分别用 R、G 和 B 表示:

1 个红基色光单位 $R=1$ 光瓦。

1 个绿基色光单位 $G=4.5907$ 光瓦。

1 个蓝基色光单位 $B=0.0601$ 光瓦。

其中,1 光瓦 $=680$ 流明(lm)。

标准白光 E_w 可以用每个基色单位为 1 的物理三基色配出:

$$C_{E_w} = 1 \times R + 1 \times G + 1 \times B \tag{8-2}$$

式 8-2 中,C_{E_w} 表示白光的颜色,"="表示"匹配"的意思,即与看到的颜色相同,"+"表示混合的意思。如果每个基色分量同时增加到 k 倍,配出的光仍然是标准白光 E_w,只是光通量增大 k 倍。

根据三基色原理,任意一种颜色 C 可以用公式 8-3 匹配:

$$C = rR + gG + bB \tag{8-3}$$

式 8-3 中的系数 r、g、b 分别为红、绿和蓝三基色的比例系数,也就是三种单位基色光的光通量的倍数。它们的大小决定颜色光 C 的光通量,三者之间的比例决定它的颜色。因为三基色的总光通量必须与被表示的颜色相等,因此 r、g、b 之和必等于 1,即:

$$r + g + b = 1 \tag{8-4}$$

例如,某一种颜色表示为 $C=0.06R+0.63G+0.31B$,观察 R、G 和 B 三基色的比例系数可以发现,该式表示的颜色主要表现为绿色,因为绿色的成分所占的比例比较大。

8.6.3 CIE 1931 XYZ

CIE XYZ 系统是国际照明委员会定义的一种颜色空间。它的坐标有时也叫作 CIE 刺激值(tristimulus value),表示三种基色的量(用百分比表示),它们是想象的相加基色 X、Y 和 Z。与 RGB 不同,XYZ 颜色系统不是设备相关的颜色系统,而是设备无关的颜色系统,是根据视觉特性和使用颜色匹配实验结果定义的颜色系统。该颜色系统规定,X、Y 和 Z 基色都是用正数去匹配所有颜色,并且用 Y 值表示人眼对亮度(luminance)的响应。

从图 8-10 中可以看到,使用红、绿和蓝三基色系统匹配某些可见光谱颜色时,需要使用基色的负值,而且使用也不方便。由于任何一种基色系统都可以从一种系统转换到另一种系统,因此人们可以选择想要的任何一种基色系统,以避免出现负值,而且使用也方便。1931 年国际照明委员会根据颜色科学家贾德(Judd)的建议,采用了一种新的颜色系统,叫作 CIE XYZ 系统。这个系统采用想象的 X、Y 和 Z 三种基色,它们与可见颜色不相应。CIE 选择的 X、Y 和 Z 基色具有如下性质:

(1) 所有的 X、Y 和 Z 值都是正的,匹配光谱颜色时不需要负值的基色。

(2) 用 Y 值表示人眼对亮度(luminance)的响应。

(3) 如同 RGB 模型,X、Y 和 Z 是相加基色,每一种颜色都可表示成 X、Y 和 Z 的混合。

根据视觉的数学模型和颜色匹配实验结果,国际照明委员会制定了一个称为"1931 CIE 标准观察者(1931 CIE Standard Observer)"的规范,实际上是用三条曲线表示的一套颜色匹配函数(color matching function),许多文献中将它称为"CIE 1931 标准匹配函数(CIE 1931 Standard Color Matching Functions)"。在颜色匹配实验中,规定观察者的视野角度为 2°,因此也称 2°标准观察者的三基色刺激值(tristimulus values)曲线。

CIE 1931 标准匹配函数如图 8-11 所示。图中的横坐标表示可见光谱的波长,纵坐标表示 X、Y 和 Z 基色的相对值。图中的 $\bar{x}_\lambda$、$\bar{y}_\lambda$ 和 $\bar{z}_\lambda$ 是颜色匹配系数,三条曲线表示 X、Y 和 Z 三基色刺激值如何组合,以产生可见光谱中的所有颜色。例如,要匹配波长为 450nm 的颜色(蓝/紫),需要 0.33 单位的 X 基色,0.04 单位的 Y 基色和 1.77 单位的 Z 基色。

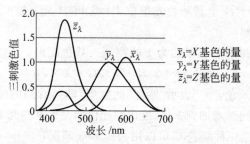

图 8-11　CIE 1931 标准颜色匹配函数

$\bar{x}_\lambda$、$\bar{y}_\lambda$ 和 $\bar{z}_\lambda$(1931 CIE X、Y 和 Z 基色)是 $\bar{r}_\lambda$、$\bar{g}_\lambda$ 和 $\bar{b}_\lambda$(1931 CIE R、G 和 B 基色)的线性组合。从 RGB 空间转换到 XYZ 空间时使用公式 8-5:

$$\begin{bmatrix} X \\ Y \\ Z \end{bmatrix} = \begin{bmatrix} 0.489\,989 & 0.310\,008 & 0.20 \\ 0.176\,962 & 0.812\,400 & 0.01 \\ 0.000\,000 & 0.010\,000 & 0.99 \end{bmatrix} \begin{bmatrix} R \\ G \\ B \end{bmatrix} \qquad (8\text{-}5)$$

从 XYZ 空间转换到 RGB 空间时使用公式 8-6:

$$\begin{bmatrix} R \\ G \\ B \end{bmatrix} = \begin{bmatrix} 2.364\,700 & -0.896\,580 & -0.468\,083 \\ -0.515\,150 & 1.426\,409 & -0.088\,746 \\ -0.005\,203 & -0.014\,407 & 1.009\,200 \end{bmatrix} \begin{bmatrix} X \\ Y \\ Z \end{bmatrix} \qquad (8\text{-}6)$$

与 CIE RGB 类似,CIE XYZ 也有 X、Y 和 Z 三基色刺激值的概念。这个概念建筑在两种理论基础之上,一种是人的眼睛有红、绿和蓝三种感受器,另一种是所有颜色都被看成是由三种基色混合而成的。根据普通人眼的颜色匹配能力,1931 年国际照明委员会定义了一个标准观察者(Standard Observer),其视野角或者叫作视场角(viewing angle)为 2°。

X、Y 和 Z 三基色刺激值使用标准观察者的颜色匹配函数和实验数据进行计算。计算得到的数值(X、Y、Z)可以用如图 8-12 所示的三维图形表示。该图表示了从 400nm(紫色)到 700nm(红色)之间的三基色刺激值,而且所有数值都落在正 XYZ 象限的锥体内。从图中可看到:

(1) 所有的坐标轴都不在这个实心锥体内。

(2) 相应于没有光照的黑色位于坐标的原点。

(3) 曲线边界代表纯光谱色的三基色刺激值,这个边界叫作光谱轨迹(spectral locus)。

(4) 光谱轨迹上的波长是单一的,因此其数值表示可能达到的最大饱和度。

(5) 所有的可见光都在锥体上。

如同 RGB 模型,XYZ 中任何一种颜色都可用三种基色

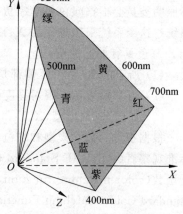

图 8-12　CIE 1931 XYZ 颜色空间

单位表示,其配色方程为:

$$C = XX + YY + ZZ \qquad (8\text{-}7)$$

式 8-7 中,C 表示颜色,X、Y 和 Z 为三个基色单位;X、Y 和 Z 均为正的基色系数;合成的颜色光的色度由 X、Y 和 Z 的比值确定。当 $X = Y = Z$ 时,合成白光 E_w,总的辐射能量 $= X + Y + Z$。

测量光源的光谱和获得 X、Y 和 Z 三种基色值的过程是自动完成的。一种叫作分光辐射度计(spectroradiometer)的仪器测量每个波长间隔的明度,在仪器内部存储有每个波长间隔的标准观察者匹配函数值,通过微处理机计算后可直接读出 X、Y 和 Z 三种基色值。

8.6.4 CIE 1931 xyY

1. 从 XYZ 到 xyY

CIE XYZ 的三基色刺激值 X、Y 和 Z 对定义颜色很有用,其缺点是使用比较复杂,而且不直观。为克服这个不足,1931 年国际照明委员会定义了称为 CIE xyY 的颜色空间。

定义 CIE xyY 颜色空间的根据是,对于一种给定的颜色,如果增加它的明度,每种基色的光通量也要按比例增加,这样才能匹配这种颜色。因此,当颜色点离开原点($X = 0, Y = 0, Z = 0$)时,$X : Y : Z$ 的比值保持不变。此外,由于色度值仅与波长(色调)和纯度有关,而与总的辐射能量无关,因此在计算颜色的色度时,把 X、Y 和 Z 值相对于总的辐射能量 $= (X + Y + Z)$ 进行规格化,并只需考虑它们的相对比例,因此:

$$x = \frac{X}{X + Y + Z}$$
$$y = \frac{Y}{X + Y + Z} \qquad (8\text{-}8)$$
$$z = \frac{Z}{X + Y + Z}$$

x、y、z 称为三基色相对系数,于是配色方程可规格化为:

$$x + y + z = 1 \qquad (8\text{-}9)$$

由于 x、y、z 三个相对系数之和恒等于 1,这就相当于把 XYZ 颜色锥体投影到 $X + Y + Z = 1$ 的平面上,如图 8-13 所示。

由于 z 可以从 $x + y + z = 1$ 导出,因此通常不考虑 z,而用两个系数 x 和 y 表示颜色,并绘制以 x 和 y 为坐标的二维图形。这就相当于把 $X + Y + Z = 1$ 平面投射到 (X, Y) 平面,也就是 $Z = 0$ 的平面,这就是 CIE xyY 色度图。

在 CIE xyY 系统中,根据颜色坐标 (x, y) 可确定 z,但不能仅从 x 和 y 导出三种基色刺激值 X、Y 和 Z,还需要使用携带亮度信息的 Y,其值与 XYZ 中的 Y 值一致,因此:

$$X = \frac{x}{y} Y, Y = Y, Z = \frac{1 - x - y}{y} Y \qquad (8\text{-}10)$$

2. CIE 1931 色度图

1) xyY 色度图

CIE xyY 色度图是从 XYZ 直接导出的一个颜色空间,它使用亮度 Y 参数和颜色坐标 x, y 来刻画颜色。xyY 中的

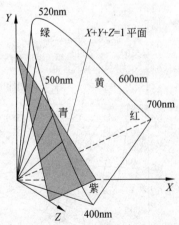

图 8-13　1931 CIE 颜色空间上的
$X + Y + Z = 1$ 平面

Y 值与 XYZ 中的 Y 刺激值一致,表示颜色的亮度或者光亮度,颜色坐标 x、y 用来在二维图上指定颜色,这种色度图叫作 CIE 1931 色度图(CIE 1931 Chromaticity Diagram),如图 8-14(a)所示,图 8-14(b)是它的轮廓图。图 8-14(a)中的 A 点在色度图上的坐标是 $x = 0.4832$,$y = 0.3045$,它的颜色与红苹果的颜色相匹配。

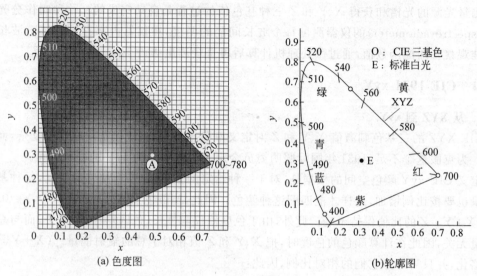

(a) 色度图   (b)轮廓图

图 8-14　CIE 1931 色度图

CIE 1931 色度图是用标称值表示的 CIE 色度图,x 表示红色分量,y 表示绿色分量。图 8-14(b)中的 E 点代表白光,它的坐标为(0.33,0.33);环绕在颜色空间边沿的颜色是光谱色,边界代表光谱的最大饱和度,边界上的数字表示光谱色的波长,其轮廓包含所有的感知色调。所有单色光都位于舌形曲线上,这条曲线就是单色轨迹,曲线旁标注的数字是单色(或称光谱色)光的波长值;自然界中各种实际颜色都位于这条闭合曲线内;RGB 系统中选用的物理三基色在色度图的舌形曲线上。

2) 色度图上看色调

利用 CIE xyY 色度图可直观地表示出彩色的色调和饱和度,如图 8-15 所示。E 代表等能

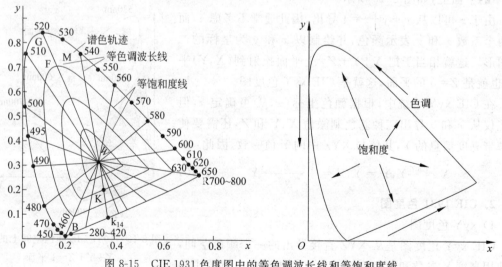

图 8-15　CIE 1931 色度图中的等色调波长线和等饱和度线

白光,饱和度为0;舌形上谱色光的饱和度最高,都为100%;标准白光E的坐标点W与谱色轨迹上波长为λ的某点M作一连线,等能白光和M点处的单色光相混合得到的所有彩色都落在WM线上,WM线上各点的彩色均有与M点相同的色调,只是渗入白光的程度不同,这样的直线称为等色调波长线。由W点与谱色轨迹上任一点相连的直线都是等色调波长线,或称为主色调波长线,直线上任何一点的波长均与谱色轨迹上那点的单色波长相同。如M点的波长为540nm,WM线上各彩色点的波长均为540nm。

在等色调波长线WM上,彩色光越靠近W点,表示白光成分越多,饱和度越低,到W点则成为白光;相反,则表示白光成分越少,饱和度越高,即颜色越纯。在各等色调线上各彩色点的饱和度,可以用W点到该点的长度与W点到谱色点的长度之比来表示。饱和度相同的各点连线称为等饱和度线。

由此可见,利用CIE 1931色度图上的等色调线和等饱和度线,可以从色度图上直观地看出一种彩色的色调和饱和度。

3) 色度图上看色域

在色度图中,闭合曲线所包围的区域叫作色域(gamut),也就是在特定设备(监视器和打印机)上能够生成的整个颜色范围。色域应该是指由三维的颜色空间所包围的一个区域,但在CIE 1931色度图上用二维空间表示。在显示设备中,色域是指显示设备所能显示的所有颜色的集合。有一些颜色是不能由显示设备发出的红、绿和蓝三种荧光混合而成的,因此就不能显示这些颜色。

利用CIE 1931色度图可以表示各种颜色的色域,如图8-16所示。在色度图上,白光区域以外的其他部分代表不同的颜色。有一种区分颜色的方法就是把色度图上的所有颜色分成23个区域,在每一个区域中,颜色差别不大。利用它可以大致判断某种颜色在色度图上的坐标范围。在图上表示了印刷、绘画等所用颜料可重现的彩色范围。

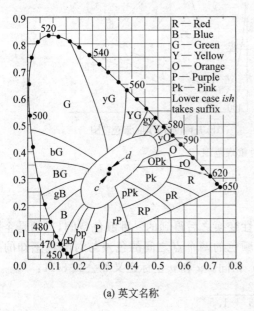

(a) 英文名称

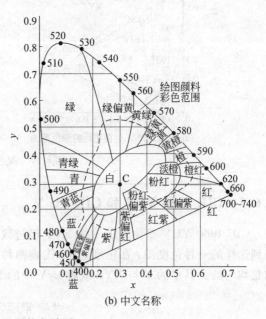

(b) 中文名称

图 8-16 XYZ系统色域图

3. 彩色电视的色度范围

用红、绿、蓝混色法重现颜色时,目前的技术还不能直接采用 CIE 规定的标准光谱三基色:700nm(R)、546.1nm(G)和 435.8nm(B)。因此在选择显像三基色时要求:(1)在混合时应获得尽可能多的彩色,使显示的图像色调丰富、色彩鲜艳。反映在色度图中就是由三基色构成的三角形面积尽可能大;(2)基色的亮度应足够亮,以获得必要的图像亮度。

采用不同彩色电视制式的国家,所选用的显像三基色荧光粉、标准白光以及它们在色度图上的坐标并不相同,如表 8-1 所示。根据表所列显像三基色的色度坐标,可以确定它们在色度图中的位置。若把 NTSC 制和 PAL 制所选用的三基色 R、G 和 B 三点连起来构成一个三角形,在三角形中的任何一种颜色都可以用 R、G 和 B 来匹配,这个三角形的面积反映显像管能重现的彩色的最大范围。图 8-17(a)表示了 NTSC 和 PAL 颜色电视重现颜色的范围。为做粗略比较,图 8-17(b)表示打印设备、电视和电影等设备重现颜色的范围。

现在的电视机和显示器已逐步用 LCD 显示,它的色域与 CRT 的色域差别不大。

表 8-1　显像三基色的色度坐标

制　式		NTSC 制				PAL 制			
基色与光源		R_N	G_N	B_N	C_E	R_P	G_P	B_P	D_{65}
色坐标	x	0.67	0.21	0.14	0.310	0.64	0.29	0.15	0.313
	y	0.33	0.71	0.08	0.316	0.33	0.60	0.06	0.329

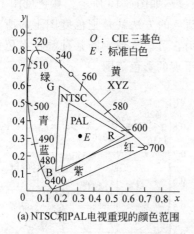

(a) NTSC和PAL电视重现的颜色范围

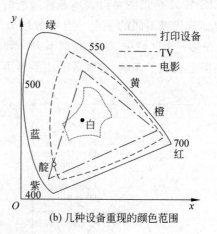

(b) 几种设备重现的颜色范围

图 8-17　颜色重现范围

8.6.5　CIE 1960 YUV 和 CIE YU′V′

CIE 1960 YUV 是由 CIE 1931 xyY 经过线性变换之后得到的一种颜色空间,目的是企图得到这样的一种色度图:在色度图中,代表两种颜色的两个点之间的色差与对颜色感知的差别是均匀的。其中的 Y 与 XYZ 或者 xyY 中的 Y 相同。u 和 v 坐标定义如公式 8-11:

$$u = \frac{2x}{6y - x + 1.5}$$

$$v = \frac{3y}{6y - x + 1.5}$$

(8-11)

为了进一步减少色差与感知的非线性，CIE 还开发了另一种颜色空间，叫作 CIE YU′V′ 颜色空间。其中的 Y 没有改变，u' 和 v' 坐标定义如公式 8-12 所示：

$$u' = u = \frac{2x}{6y - x + 1.5}$$

$$v' = 1.5v = \frac{4.5y}{6y - x + 1.5} \tag{8-12}$$

8.6.6　CIE 1976 LUV

CIE 1931 xyY 二维色度图有两个比较明显的缺点：（1）明度没有反映在色度图中。（2）在颜色空间中两种颜色之间的距离与对这两种颜色感知的色差有差异。

在图 8-18(a)中，每一条线段表示一对颜色，按照 1931 CIE 2°标准观察者标准，这两种颜色是感觉相同的颜色。从图 8-18(a)中可以看到，在不同区域中的线段长度是不相等的，而且差别也比较大，说明对颜色的感知是不均匀的。比较短的线段表示对颜色的变化更敏感，线段长度的差别表示色度图中各部分之间的畸变量。

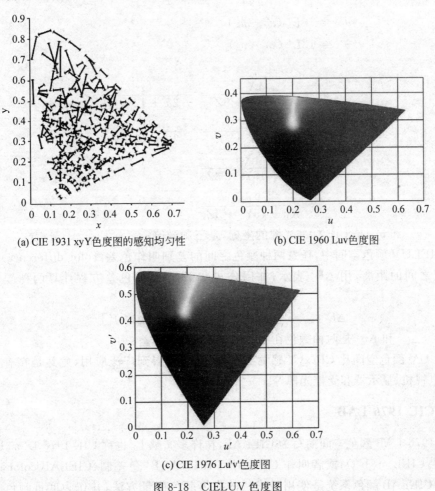

(a) CIE 1931 xyY色度图的感知均匀性　　　　(b) CIE 1960 Luv色度图

(c) CIE 1976 Lu'v'色度图

图 8-18　CIELUV 色度图

为解决这个问题，学者提出了许多均匀色度换算（Uniform Chromaticity Scale，UCS）方案。CIE 借用了 Munsell 的思想,首先把亮度和颜色完全分开,然后使用数学公式把 CIE 1931 XYZ 中的 x、y 坐标变换到一个名为 u、v 的新坐标系。1960 年国际照明委员会采纳了一种比较精确的色度图,如图 8-18(b)所示。与图 8-18(a)所示的 1931 CIE 色度图相比,蓝色-红色部分伸长了,白光光源移动了,绿色部分减少了。

1976 年对这个方案作了进一步改进,把 u、v 重新命名为 u'、v',得到一个更均匀的色度图,如图 8-18(c)所示,并将它称为 CIE 1976 L$u'v'$色度图,也称 CIE 1976 UCS 色度图。

为解决刺激值 Y(亮度)的非线性问题,CIE 定义了一个均匀的光亮度比例(uniform lightness scale),L^*,其值从 0(黑色)～100(白色)。CIE 使用 L^*、u' 和 v' 定义了一个新的 $L^* u^* v^*$ 空间,称为 CIELUV 颜色空间,或简称为 Luv 颜色空间,也称 CIE 1976 L* u* v* 颜色空间。这个颜色空间定义的三个量 L^*、u^* 和 v^* 如公式 8-13 所示:

$$
L^* = \begin{cases} 116\left(\dfrac{Y}{Y_n}\right)^{\frac{1}{3}} - 16 & \text{如果} \dfrac{Y}{Y_n} > 0.008\,856 \\[3mm] 903.3\left(\dfrac{Y}{Y_n}\right) & \text{如果} \dfrac{Y}{Y_n} \leqslant 0.008\,856 \end{cases} \tag{8-13}
$$

$$
u^* = 13L^*(u' - u'_n)
$$
$$
v^* = 13L^*(v' - v'_n)
$$

其中:

$$
u' = \frac{4X}{X + 15Y + 3Z} = \frac{4x}{-2x + 12y + 1}
$$
$$
v' = \frac{9Y}{X + 15Y + 3Z} = \frac{9y}{-2x + 12y + 1}
$$
$$
u'_n = \frac{4X_n}{X_n + 15Y_n + 3Z_n} \tag{8-14}
$$
$$
v'_n = \frac{9Y_n}{X_n + 15Y_n + 3Z_n}
$$

X_n、Y_n、Z_n、u'_n 和 v'_n 是 CIE 标准光源的坐标,是三刺激值。

在 CIELUV 颜色空间中,任意两种颜色之间的差别叫作色差(color difference)。色差是颜色位置之间的距离,用 ΔE^* 表示,并用公式 8-15 所示的色差方程计算两种颜色之间的色差:

$$
\Delta E*_{uv} = [(\Delta L^*)^2 + (\Delta u^*)^2 + (\Delta v^*)^2]^{1/2} \tag{8-15}
$$

其中,ΔL^*、Δu^* 和 Δv^* 是两种颜色在 L^*、u^* 和 v^* 方向的差。

CIELUV 颜色空间比 CIExyY 感觉更加均匀,因此得到广泛应用,尤其是在有光源的产品中,像电视机、显示器和受控光源等。

8.6.7 CIE 1976 LAB

CIE 1976 LAB 颜色空间简写为 CIELAB,在许多文献上,也称 CIE 1976 L* a* b* 颜色空间(简写为 CIEL* a* b*),或者叫作 CIELAB/CIEL* A* B* 色差制(CIELAB color difference metric)。CIELAB 颜色系统是使用最广泛的物体颜色度量方法,并作为度量颜色的国际标准。CIE 1976 L* a* b* 颜色空间是 CIE 1931 XYZ 颜色空间的一种数学变换的结果。

CIE 1976 L* a* b* 颜色空间和 CIE 1931 XYZ 颜色空间的相同之处是,它们都使用相同的基本原理,即颜色是光、物体和观察者组合的结果,三种基色值是用 CIE 定义的光、物体和观察者的数据进行计算得到的。不同之处是,CIE 1976 L* a* b* 颜色空间是建筑在对色视觉理论(opponent color theory of vision)之上的颜色空间,该理论也称 Ewald Hering 理论。Ewald Hering(1834—1918)是德国籍奥地利的生理和心理学家,他提出了与 Helmholtz 的三色理论相反的成对出现的四色理论。19 世纪 70 年代他认为基本色调的数目不是红、绿和蓝三种,而是红、黄、绿和蓝四种基色,它们组成红-绿和黄-蓝两对对立色调(opponent hue),黑-白是另外一对。红和黄通常认为是暖色(warm color),而绿和蓝是冷色(cool color)。虽然与长期被人们接受的传统的三基色刺激理论不兼容,但通过对眼睛中的颜色感受器的研究,以及对感受器在视网膜上相互连接的复杂性的研究,现代的颜色视觉观点已经并始接受这种理论。

与 CIE 1931 XZY 颜色空间相比,CIELAB 颜色空间对颜色的描述与视觉感知更加符合。使用 CIEL* a* b* 颜色空间时,光亮度、色调和饱和度都能够独立调整,在不改变整幅图像或亮度情况下,可以改变整幅图像的颜色。CIEL* a* b* 颜色空间与监视器、打印机、计算机或者扫描仪等设备无关,因此可以生成一致的颜色,创作和输出一致的彩色图像。

CIELAB 系统使用的坐标叫作对色坐标(opponent color coordinate),如图 8-19 所示。使用对色坐标的想法来自这样的概念:颜色不能同时是红和绿,或者同时是黄和蓝,但颜色可以被认为是红和黄、红和蓝、绿和黄以及绿和蓝的组合。CIELAB 使用 L^*、a^* 和 b^* 坐标轴定义 CIE 颜色空间。其中,L^* 值代表光亮度,其值从 0(黑色)~100(白色)。a^* 和 b^* 代表色度坐标,其中 a^* 代表红-绿轴,b^* 代表黄-蓝轴,它们的值从 0 到 10。$a^*=b^*=0$ 表示无色,因此 L^* 就代表从黑到白的比例系数。

如果要在 CIELAB 颜色空间中显示一种颜色的位置,使用 CIE a^* b^* 颜色空间比较方便。颜色可以使用 a^* 和 b^* 坐标或者 C^* 和 h^* 坐标(见 8.6.8 节)定位,而光亮度坐标用数字单独表示。图 8-20 表示在相同光亮度值下的所有颜色。如果知道了 L^*、a^* 和 b^* 的坐标,每一种颜色不仅可以描述,而且可确定在空间中的位置。

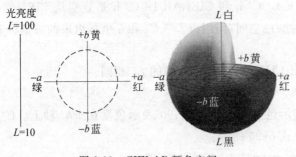

图 8-19　CIELAB 颜色空间

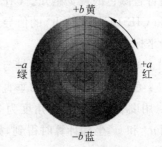

图 8-20　CIELAB 空间给定光亮度下的所有颜色

计算 L^*、a^* 和 b^* 的坐标可遵循如下方法:
(1) 使用分光光度计测量物体反射的光谱数据。
(2) 选择一种光源。
(3) 选择 2°或者10°观察者。
(4) 使用光-物体-观察者的数据计算三基色刺激值(X、Y、Z)。
(5) 使用 CIE 1976 提供的方程,由 X、Y 和 Z 值计算 L^*,a^* 和 b^*。

从三基色刺激值 X、Y 和 Z 值计算 L^*,a^* 和 b^* 可按照公式 8-16 所示的变换式计算：

$$L^* = \begin{cases} 116\left(\dfrac{Y}{Y_n}\right)^{\frac{1}{3}} - 16 & \text{如果}\dfrac{Y}{Y_n} > 0.008\ 856 \\[3mm] 903.3\left(\dfrac{Y}{Y_n}\right) & \text{如果}\dfrac{Y}{Y_n} \leqslant 0.008\ 856 \end{cases}$$

(8-16)

$$a^* = 500\left[f\left(\frac{X}{X_n}\right) - f\left(\frac{Y}{Y_n}\right)\right]$$

$$b^* = 200\left[f\left(\frac{Y}{Y_n}\right) - f\left(\frac{Z}{Z_n}\right)\right]$$

其中：

$$f(t) = \begin{cases} t^{\frac{1}{3}} & \text{如果 } t > 0.008\ 856 \\[3mm] 7.787t + \dfrac{16}{116} & \text{如果 } t \leqslant 0.008\ 856 \end{cases}$$

(8-17)

X_n、Y_n 和 Z_n 是 CIE 标准光源的坐标,是三刺激值。

在 CIELAB 颜色空间中,色差用 ΔE^* 表示,颜色空间用 ΔE CIE$L^*a^*b^*$ 表示。因此：

$$\Delta E^* = (\Delta L^{*2} + \Delta a^{*2} + \Delta b^{*2})^{1/2}$$

(8-18)

其中,ΔL^* 表示亮度差,Δa^* 表示红-绿色差,Δb^* 表示黄-蓝色差。

通常人们使用色度差(chroma difference)和色调差(hue difference)这两个术语,而不使用 Δa^* 和 Δb^*。用 ΔC^* 表示色度差,ΔH^* 表示色调差时,色差 ΔE^* 就写成：

$$\Delta E^* = (\Delta L^{*2} + \Delta C^{*2} + \Delta H^{*2})^{1/2}$$

(8-19)

8.6.8　CIELUV LCh 和 CIELAB LCh

许多 CIE 用户喜欢使用 L^*C^*h 颜色空间指定颜色,因为人们认为光亮度、色调和色度的概念更符合颜色的视觉感知。CIELUV L^*C^*h 和 CIELAB L^*C^*h 是分别从 CIE 1976 $L^*u^*v^*$ 和 CIE 1976 $L^*a^*b^*$ 的值导出的颜色空间,但用由 L^*、C^* 和 h 坐标组成的极坐标表示。在这个坐标系统中：

L^*：光亮度坐标,它的数量与 CIE LUV 和 CIE LAB 中的 L^* 相同。

C^*：色度,与光亮度轴的垂直距离。

h：用度表示色调角。角度为 $0°$ 表示色度在 $+a^*$ 轴上,$90°$ 表示色度在 $+b^*$ 轴上。C^* 和 h 坐标用 u^* 和 v^* 坐标计算时得到,如公式 8-20 所示：

$$C_{uv}^* = (u^{*2} + v^{*2})^{0.5}$$

$$h_{uv} = \arctan\left(\frac{v^*}{u^*}\right)$$

(8-20)

其中,色调 h_{uv} 的角度等于 $0°$ 表示色度在 $+a^*$ 轴上,$90°$ 表示在 $+b^*$ 轴上。

C^* 和 h 坐标用 a^* 和 b^* 坐标计算时得到,如公式 8-21 所示：

$$C_{ab}^* = (a^{*2} + b^{*2})^{0.5}$$

$$h_{ab} = \arctan\left(\frac{b^*}{a^*}\right)$$

(8-21)

其中,色调 h_{ab} 的角度等于 $0°$ 表示色度在 $+a^*$ 轴上,$90°$ 表示在 $+b^*$ 轴上。

练习与思考题

8.1 在开拓颜色科学方面，Newton、Thomas Young、Maxwell、Munsell、Ostwald 和 CIE 分别做出了哪些重要贡献？

8.2 什么是颜色空间？对人、显示设备和打印设备，通常采用什么颜色参数来定义颜色？

8.3 什么叫作颜色系统（即颜色体系）？简要说明组织和表示颜色的两种方法。

8.4 使用你能够找到的工具和资料，探讨本章介绍的 CIE 度量体系是否有错误，哪些地方需要修改和补充。CIE 度量体系包括：①CIE 1931 RGB；②CIE 1931 XYZ；③CIE 1931 xyY；④CIE 1960 YUV 和 CIE YU′V′；⑤CIE 1976 LUV；⑥CIE 1976 LAB；⑦CIELUV LCh；⑧CIELAB LCh。

参考文献和站点

[1] Light and Vision. http://hyperphysics. phy-astr. gsu. edu/hbase/ligcon. html, 2013.

[2] Munsell 颜色科学实验室主页. http://www. rit. edu/cos/colorscience/, 2016.

[3] Munsell Hue Circle. http://munsell. com/color-blog/munsell-hue-circle/, 2016.

[4] Earl F. Glynn. Color Science/Theory. http://www. efg2. com/Lab/Library/Color/Science. htm, 2016.

[5] Adobe Technical Guides. Photoshop 5 Color Management-Technical Guides：s. http://dba. med. sc. edu/price/irf/Adobe_tg/ps5/main. html，2007.

[6] Charles Poynton. Frequently Asked Questions about Color（1997）. http://www. poynton. com/Poynton-color. html, 2016.

[7] Alex Byrne & David Hilbert. Color. http://hilbert. people. uic. edu/color. html.

[8] Dr. Hagit Hel-Or. Color Vision Imaging Science & Technology. http://cs. haifa. ac. il/hagit/courses/ist/, 2013.

[9] 林仲贤, 孙秀如. 视觉及测色应用. 北京：科学出版社, 1987.

[10] 古大治, 傅师申, 杨仁鸣. 色彩与图形视觉原理. 北京：科学出版社, 2000.

第9章 颜色空间转换

一百多年来,为满足各种不同用途的需求,人们已经开发了许多不同名称的颜色空间,尽管几乎所有的颜色空间都是从 RGB 颜色空间导出的,但是现有的颜色空间还没有一个完全符合人的视觉感知特性、颜色本身的物理特性或者发光物体和光反射物体的特性。

本章选择了几种使用比较普通且与多媒体技术密切相关的颜色空间,介绍它们之间的转换关系。有些颜色空间彼此之间可直接转换,有些则要通过与设备无关的颜色空间进行转换。转换目的各不相同,如便于艺术家选择颜色,减少图像的数据量或满足显示系统的要求。这就要求我们正确地选择颜色空间和颜色空间之间的转换关系。

9.1 颜色空间转换的概念

颜色空间转换(color space conversion)是从一种颜色空间到另一种颜色空间的数学变换,或者说把一种颜色空间表示的颜色转换成另一种颜色空间表示的颜色的过程。

9.1.1 颜色空间的分类问题

如前所述,颜色空间是用空间中的点表示颜色的数学表示法。例如,用 r、g、b 三种基本颜色作为空间的三个坐标轴,空间中的一个点定义一种颜色,所有颜色的集合就构成了 RGB 颜色空间。采用不同的坐标轴就形成不同的颜色空间,因此颜色空间数不胜数。如何对这些颜色空间进行分类,目前还未看到一个准确的分类原则和方法,但可考虑从颜色的感知角度、技术角度或从应用角度进行分类。

从颜色感知的角度来分类,颜色空间可考虑分成如下三类:(1)混合型:按三种基色的比例合成颜色,如 RGB、sRGB、CMY(K);(2)亮度/色度型:用一个分量表示亮度的感知,用两个独立的分量表示色彩的感知,如 $L^* a^* b$、$L^* u^* v$、YUV、YIQ,当需要黑白图像时,使用这种颜色空间非常方便;(3)强度/饱和度/色调型:用饱和度和色调描述色彩的感知,可使颜色的解释更直观,而且对消除光亮度的影响很有用,如 HSI、HSL、HSV。

从应用角度来区分,颜色空间可考虑分成如表 9-1 所示的 4 种类型。这样分类虽然并不很科学,也不是绝对的,但有助于对颜色空间的理解。

表 9-1 颜色空间的类型

类 型	颜 色 空 间
显示和打印	RGB,sRGB, CMY, CMYK, Adobe RGB, ProPhoto RGB, SWOP RGB
计算机图形	HSV, HSL/HLS, HSI, HSB, HCI, HVC
设备无关	CIE 1931 XYZ, $L^* a^* b$, $L^* u^* v$, LCh
电视系统	YUV, YIQ, BT. 601 $Y'CbCr$, BT. 709 $Y'CbCr$, SMPTE-240M $Y'PbPr$

9.1.2 颜色空间的转换问题

颜色空间转换是一个比较复杂的问题。虽然几乎所有的颜色空间都是从 RGB 颜色空间导出的,数值计算也并不复杂,但因为这种变换涉及视觉的感知特性、光和物体的物理特性,因此对计算模型产生不同程度的怀疑是自然的。尽管如此,人们还是需要在各种不同的颜色空间之间进行转换。转换目的各有不同,有的是为了艺术家选择颜色的方便,有的是为了减少图像的数据量,有的是为了满足显示系统的要求。

常见颜色空间之间的转换关系如图 9-1 所示。从图中可以看到:(1)有些颜色空间之间可以直接变换。例如,RGB 和 HSL,RGB 和 HSB,RGB 和 R′G′B′,R′G′B′ 和 Y′CrCb,CIE XYZ 和 CIE L*a*b* 等。(2)有些颜色空间之间不能直接变换,需要借助其他颜色空间进行过渡。例如,RGB 和 CIE La*b*,CIE XYZ 和 HSL,HSL 和 Y′CbCr 等。

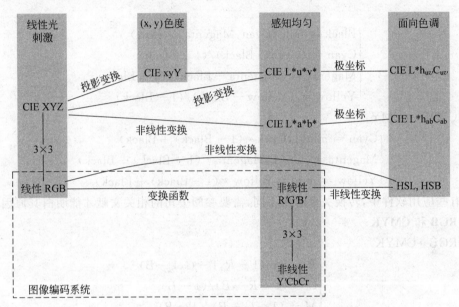

图 9-1 部分颜色空间的转换关系[1]

9.2 用于显示和打印的颜色空间

RGB(Red,Green and Blue)是在三基色理论基础上开发的相加混色颜色空间,生成颜色容易,在图像显示系统中得到广泛应用;CMY(Cyan,Magenta and Yellow)是在三基色理论基础上开发的相减混色颜色空间,生成颜色容易,在印刷和打印系统中得到广泛应用。

RGB 和 CMY 模型都是与设备相关的颜色空间,适合用于计算机的外部设备,如监视器、打印机和扫描仪等,但用于编辑颜色时就显得很不直观。

9.2.1 RGB 与 CMY

RGB 称为相加混色的颜色空间,这是因为它使用数值不同的红、绿和蓝三种基色相加而产生颜色;CMY 称为相减混色,这是因为它使用从白光中减去数值的青、品红和黄三种颜色而产生颜色。在质量要求不高、仅求转换简单的情况下,RGB 和 CMY(K)之间可考虑使用下面所述的转换关系进行转换。

1. RGB 和 CMY

RGB→CMY 和 CMY→RGB 的转换关系如公式 9-1 所示:

$$\begin{bmatrix} C \\ M \\ Y \end{bmatrix} = \begin{bmatrix} 1 \\ 1 \\ 1 \end{bmatrix} - \begin{bmatrix} R \\ G \\ B \end{bmatrix} \Leftrightarrow \begin{bmatrix} R \\ G \\ B \end{bmatrix} = \begin{bmatrix} 1 \\ 1 \\ 1 \end{bmatrix} - \begin{bmatrix} C \\ M \\ Y \end{bmatrix} \tag{9-1}$$

其中,R、G 和 B 以及 C、M 和 Y 的取值范围为$[0,1]$。

2. CMY 和 CMYK

1) CMY→CMYK

$$\begin{cases} Black = \min\,(Cyan, Magenta, Yellow) \\ Cyan = (Cyan - Black)/(1 - Black) \\ Magenta = (Magenta - Black)/(1 - Black) \\ Yellow = (Yellow - Black)/(1 - Black) \end{cases} \tag{9-2}$$

2) CMYK→CMY

$$\begin{cases} Cyan = \min(1, Cyan * (1 - Black) + Black) \\ Magenta = \min(1, Magenta * (1 - Black) + Black) \\ Yellow = \min(1, Yellow * (1 - Black) + Black) \end{cases} \tag{9-3}$$

在有些应用软件中,转换关系有所不同,需要参阅公司的相关文献才能明白其原因。

3. RGB 和 CMYK

1) RGB→CMYK

$$\begin{cases} B = \min(1 - R, 1 - G, 1 - B) \\ C = (1 - R - B)/(1 - B) \\ M = (1 - G - B)/(1 - B) \\ Y = (1 - B - B)/(1 - B) \end{cases} \tag{9-4}$$

2) CMYK→RGB

$$\begin{cases} R = 1 - \min(1, C * (1 - B) + B) \\ G = 1 - \min(1, M * (1 - B) + B) \\ B = 1 - \min(1, Y * (1 - B) + B) \end{cases} \tag{9-5}$$

9.2.2　sRGB 颜色空间

sRGB(standard Red Green Blue)是 HP(Hewlett-Packard)/惠普和微软公司在 1996 年合作创建的 RGB 颜色空间,用于在因特网上显示图像,并被提升为国际电工技术委员会(IEC)的规范,IEC 61966-2-1：1999。sRGB 规范与家庭和办公环境相匹配,其后的显示器、摄录像机、扫描仪、打印机等设备都将它作为默认的颜色空间。

sRGB 使用 ITU-R BT.709 标准的基色和白光点,其颜色分量与 CIE XYZ 分量之间的转换关系与 BT.709 相同,详见 9.5.6 ITU-R BT.709 Y′CbCr。

图 9-2 表示了 sRGB 和其他 RGB 颜色空间的色域。图中，ProPhoto RGB 是美国柯达（Kodak）公司开发的 RGB 颜色空间，它的色域覆盖 CIEL* a* b* 颜色空间的 90% 以上；Adobe RGB (1998) 是 Adobe Systems 公司开发的 RGB 颜色空间，它的色域包含 CMYK 彩色打印机能得到的大多数颜色；SWOP RGB 是 SWOP 开发的 RGB 颜色空间，SWOP（Specifications for Web Offset Publications）是美国制定专业级打印材料规范的一个组织。

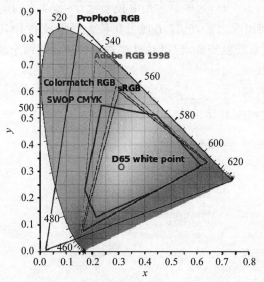

图 9-2　部分 RGB 和 CMYK 在 CIE 1931xy 色度图上的色域比较

（引自 https://en. wikipedia. org/wiki/SRGB）

9.3　用于计算机图形的颜色空间

计算机绘图用的颜色空间主要包括 HSV、HSL/HSB、HIS，它们都是与设备相关的颜色空间，都是从 RGB 颜色空间转换来的，都是想把亮度从颜色信息中分离出来，它们的优点都是指定颜色方式直观，容易选择所需要的色调。

计算机图形颜色空间是以色调为基础的颜色空间，在绘图应用软件中得到广泛应用。例如，Photoshop 采用的颜色空间是 HSB。它们之间除了光亮度和明度的取值范围有所差别之外，如 HSL 中用光亮度（lightness），而 HSB 中用明度（brightness），其他都基本相同。

9.3.1　HSV 和 RGB

HSV（Hue，Saturation and Value）是根据颜色的直观特性由 A. R. Smith 在 1978 年创建的一种颜色空间，也称六角锥体模型（hexcone model），如图 9-3 所示。在这个颜色空间中：

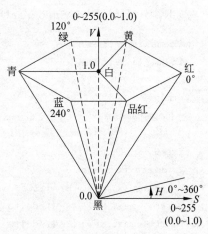

图 9-3　HSV 颜色空间

（1）色调 H：用角度度量，取值范围为 $0°\sim360°$。从红色开始按逆时针方向计算，红色为 $0°$，绿色为 $120°$，蓝色为 $240°$。它们的补色是：黄色为 $60°$，青色为 $180°$，品红为 $300°$。

（2）饱和度 S：取值范围为 $0.0\sim1.0$。

（3）亮度值 V：取值范围为 0.0（黑色）~1.0（白色）。

纯红色是 $H=0, S=1, V=1$；$S=0$ 表示非彩色，在这种情况下，色调未定义。当 R、G、B 和 S、V 的范围都是 $0.0\sim1.0$ 时，这些值常用 8 位表示 $0\sim255$ 之间的整数。

自从 HSV 颜色空间出现之后，已经出现了几种大同小异的 RGB 和 HSV 颜色空间之间的转换算法，它们之间没有转换矩阵，但可对算法进行描述。这两个颜色空间之间的转换算法和程序在因特网上均可找到。

1. RGB 到 HSV 的转换

1）RGB→HSV（Travis）算法描述

```
Given RGB values, find the max and min.
V=max
S=(max-min)/max

If S=0, H is undefined
else
    R1=(max-R)/(max-min)
    G1=(max-G)/(max-min)
    B1=(max-B)/(max-min)

If  R=max and G=min,              H=5+B1
    else if    R=max and G not=min,  H=1-G1
    else if    G=max and B=min,      H=R1+1
    else if    G=max and B not=main, H=3-B1
    else if    R=max,                H=3+G1
    else                             H=5-R1

H=H*60 (converts to degrees so S and V lie between 0 and 1, H between 0 and 360)
```

2）RGB→HSV（Foley and VanDam）算法描述

```
max=maximum of RGB
min=minimum of RGB

V=max
S=(max-min)/max

if S=0, H is undefined, else
    delta=max-min
    if R=max, H=(G-B)/delta
    if G=max, H=2+(B-R)/delta
    if B=max, H=4+(R-G)/delta
```

```
H=H * 60
    if H<0, H=H+360
```

2. HSV 到 RGB 的转换

1）HSV→RGB（Travis)算法描述

```
Convert H degrees to a hexagon section
hex=H/360

main_colour=int(hex)
sub_colour=hex-main_colour
var1=(1-S)*V
var2=(1-(S * sub_colour)) * V
var3=(1-(S *  (1-sub_colour))) * V

then
    if main_colour=0, R=V, G=var3, B=var1
    if main_colour=1, R=var2, G=V, B=var1
    if main_colour=2, R=var1, G=V, B=var3
    if main_colour=3, R=var1, G=var2, B=V
    if main_colour=4, R=var3, G=var1, B=V
    if main_colour=5, R=V, G=var1, B=var2

where int(x) converts x to an integer value.
```

2）HSV→RGB（Foley and VanDam)算法描述

```
if S=0 and H=undefined, R=G=B=V

if H=360, H=0
H=H/60
i=floor(H)
f=H-I
p=V * (1-S)
q=V * (1-(S * f))
t=V * (1-(S *  (1-f)))

if i=0, R=v, G=t, B=p
if i=1, R=q, G=v, B=p
if i=2, R=p, G=v, B=t
if i=3, R=p, G=q, B=v
if i=4, R=t, G=p, B=v
if i=5, R=v, G=p, B=q

where floor is the C floor function.
```

9.3.2 HSL/HSB 和 RGB

HSL(Hue, Saturation and Lightness)/HSB(Hue, Saturation and Brightness)颜色空间
用于定义台式机图形程序中的颜色,而且它们都是
利用三条轴定义颜色。HSL 与 HSV 很相似,都是
用六角形锥体表示颜色,如图 9-4 所示。与 HSV
相比,HSL 采用光亮度(lightness)作坐标,而 HSV
采用亮度(luminance)作标准值,而且 HSL 颜色饱
和度最高时的光亮度 L 定义为 0.5,而 HSV 颜色
饱和度最高时的亮度值则为 1.0。

RGB 和 HSL 之间的转换关系要追溯到
Addison-Wesley 公司在 1982 年出版的一本书:
Fundamentals of Interactive Computer Graphics。
书的作者 Foley 和 van Dam 在 17 章中对 RGB 和
HSL 之间的转换算法作了描述,现摘要如下。

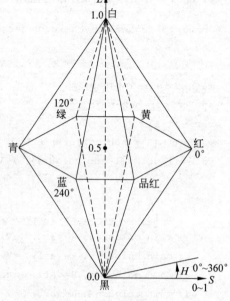

图 9-4 HSL 颜色空间

1. RGB→HSL 的算法描述

步骤 1:把 RGB 值转换成[0,1]中的数值。

例:R=0.83, G=0.07, B=0.07。

步骤 2:找出 R、G 和 B 中的最大值。

本例中,maxcolor=0.83, mincolor=0.07。

步骤 3:L=(maxcolor+mincolor)/2。

本例中,L=(0.83+0.07)/2=0.45。

步骤 4:如果最大和最小的颜色值相同,即表示灰色,那么 S 定义为 0,而 H 未定义并在程
序中通常写成 0。

步骤 5:否则,测试 L:

```
if L<0.5, S=(maxcolor-mincolor)/(maxcolor+mincolor)
if L>=0.5, S=(maxcolor-mincolor)/(2.0-maxcolor-mincolor)
```

本例中,L=0.45,因此,S=(0.83−0.07)/(0.83+0.07)=0.84。

步骤 6:

```
if R=maxcolor, H=(G-B)/(maxcolor-mincolor)
if G=maxcolor, H=2.0+(B-R)/(maxcolor-mincolor)
if B=maxcolor, H=4.0+(R-G)/(maxcolor-mincolor)
```

本例中,R=maxcolor,所以 H=(0.07−0.07)/(0.83−0.07)=0。

步骤 7:从第 6 步的计算看,H 分成 0~6 区域。RGB 颜色空间是一个立方体,而 HSL 颜
色空间是两个六角形锥体,其中的 L 是 RGB 立方体的主对角线。因此,RGB 立方体的顶点:
红、黄、绿、青、蓝和品红就成为 HSL 六角形的顶点,而数值 0~6 就告诉我们 H 在哪个部分。
H 用[0°, 360°]中的数值表示,因此:

$$H = H * 60.0$$

如果 H 为负值,则加 360°。

2. HSL→RGB 的算法描述

步骤 1：if S=0,表示灰色,定义 R、G 和 B 都为 L。

步骤 2：否则,测试 L：

```
if L<0.5, temp2=L*(1.0+S)
if L>=0.5, temp2=L+S-L*S
```

例如,如果 H=120,S=0.79,L=0.52,则：

```
temp2=(0.52+0.79)-(0.52*0.79)=0.899
```

步骤 3：temp1=2.0 * L−temp2

在本例中,temp1=2.0 * 0.52−0.899=0.141。

步骤 4：把 H 转换到 0~1。

在本例中,H=120/360=0.33。

步骤 5：对于 R、G、B,计算另外的临时值 temp3。方法如下：

```
for R, temp3=H+1.0/3.0
for G, temp3=H
for B, temp3=H-1.0/3.0
if temp3<0, temp3=temp3+1.0
if temp3>1, temp3=temp3-1.0
```

在本例中：

```
Rtemp3=0.33+0.33=0.66, Gtemp3=0.33, Btemp3=0.33-0.33=0
```

步骤 6：对于 R、G、B,做如下测试：

```
if 6.0*temp3<1, color=temp1+(temp2-temp1)*6.0*temp3
else if 2.0*temp3<1, color=temp2
    else if 3.0*temp3<2,
        color=temp1+(temp2-temp1)*((2.0/3.0)-temp3)*6.0
      else color=temp1
```

在本例中：

```
3.0*temp3<2,因此 R=0.141+(0.899-0.141)*(2.0/3.0-0.66)*6.0=0.141
2.0*temp3<1,因此 G=0.899
6.0*temp3<1,因此 B=0.141+(0.899-0.141)*6.0*0=0.141
```

9.3.3 HSI 和 RGB

HSI(Hue, Saturation and Intensity)颜色空间也是一种直观的颜色模型。色调 H 用角度表示,如红、橙、黄、绿、青、蓝、紫等色调,角度从 0°(红)→120°(绿)→240°(蓝)→360°(红);颜色的纯度(S)即饱和度分成低(0%~20%)、中(40%~60%)和高(80%~100%),低饱和度产生灰色而不管色调,中饱和度产生柔和的色调(pastel),高饱和度产生鲜艳的颜色(vivid color)；强度（I）是颜色的明度，取值范围从 0%（黑）～ 100%（最亮）。强度也指亮度 (luminance)或光亮度(lightness)。

1. RGB→HSI（Gonzalez and Woods）算法描述

RGB→HSI(Gonzalez and Woods)的算法如下：

```
I=1/3(R+G+B)
a=min(R, G, B)
S=1-(3/(R+G+B))*a
H=cos^(-1)(0.5*((R-G)+(R-B)))/((R-G)^2+(R-B)*(G-B))^(0.5)
if S=0, H无意义
if (B/I)>(G/I) then
   H=360-H                    //H用角度表示,并用H=H/360进行标称化处理
```

2. HSI→RGB 算法描述

HSI→RGB(Gonzalez and Woods)的算法如下：

首先用 H= 360°H 把 H 换算成用角度表示。

```
If    0<H<=120 then
      B=1/3(1-S)
      R=1/3(1+((S cos H)/(cos(60-H))))
      G=1-(B+R)
if 120<H<=240 then
      H=H-120
      R=1/3(1-S)
      G=1/3(1+((S cos H)/(cos(60-H))))
      B=1-(R+G)
if 240<H<=360 then
      H=H-240
      G=1/3(1-S)
      B=1/3(1+((S cos H)/(cos(60-H))))
      R=1-(G+B)
```

9.4　与设备无关的 CIE 颜色空间

设备无关的颜色空间主要是指由国际照明委员会(CIE)定义的颜色空间，前缀是 CIE，作为国际性的颜色空间标准，在科学计算中得到广泛应用。对不能直接相互转换的两个颜色空间，可用 XYZ 作为过渡性的颜色空间。

9.4.1　CIE XYZ 和 CIELAB

1. CIE XYZ→CIE L* a* b*

CIE 1976 L* a* b* 是直接从 CIE XYZ 导出的颜色空间，企图对色差的感知进行线性化。颜色信息以白光点作参考，用下标"n"表示。CIE XYZ 到 CIE L* a* b* 的转换关系为：

$$L^* = \begin{cases} 166*(Y/Y_n)^{1/3}-16 & \text{如果 } Y/Y_n > 0.008\,856 \\ 903.3*(Y/Y_n) & \text{如果 } Y/Y_n \leqslant 0.008\,856 \end{cases}$$

$$a^* = 500 * (f(X/X_n) - f(Y/Y_n))$$
$$b^* = 200 * (f(Y/Y_n) - f(Z/Z_n)) \tag{9-6}$$

其中，X_n、Y_n 和 Z_n 是参考白光的三色刺激值，而

$$f(t) = \begin{cases} t^{1/3} & \text{如果 } t > 0.008\,856 \\ 7.787t + 16/116 & \text{如果 } t \leqslant 0.008\,856 \end{cases} \tag{9-7}$$

2. CIE L* a* b* →CIE XYZ

对于 $Y/Y_n > 0.008\,856$，从 CIELAB 到 CIE XYZ 空间的变换可用公式 9-8 计算：

$$X = X_n * (P + a^*/500)^3$$
$$Y = Y_n * P^3 \tag{9-8}$$
$$Z = Z_n * (P - b^*/200)^3$$

其中：

$$P = (L^* + 16)/116$$

9.4.2 CIE XYZ 和 CIELUV

CIE 1976 L* u* v* (CIELUV)是直接从 CIE XYZ 空间导出的颜色空间，并且是对色差感知进行线性化的另一种努力。

1. CIE XYZ→CIELUV

$$L^* = \begin{cases} 116(Y/Y_n)^{1/3} - 16 & \text{如果 } Y/Y_n > 0.008\,856 \\ 903.3(Y/Y_n) & \text{如果 } Y/Y_n \leqslant 0.008\,856 \end{cases}$$
$$u^* = 13L^* (u' - u_n') \tag{9-9}$$
$$v^* = 13L^* (v' - v_n')$$

其中，u_n' 和 v_n' 是与光源有关的值。在 2°观察者和 C 光源的情况下，$u_n' = 0.2009$，$v_n' = 0.4610$；u' 和 v' 分别为：

$$u' = 4X/(X + 15Y + 3Z) = 4x/(-2x + 12y + 3)$$
$$v' = 9Y/(X + 15Y + 3Z) = 9y/(-2x + 12y + 3) \tag{9-10}$$

2. CIELUV→CIE XYZ

从 (u', v') 到 (x, y) 的转换关系如公式 9-11 所示：

$$x = 27u'/(18u' - 48v' + 36)$$
$$y = 12v'/(18u' - 48v' + 36) \tag{9-11}$$

从 CIELUV 到 CIE XYZ 的变换如公式 9-12 所示：

$$u' = u/(13L^*) + u_n$$
$$v' = v/(13L^*) + v_n$$
$$Y = ((L^* + 16)/116)^3 \tag{9-12}$$
$$X = -9Yu'/((u' - 4)v' - u'v')$$
$$Z = (9Y - 15v'Y - v'X)/3v'$$

9.4.3 CIE XYZ 和 RGB，BT.601，BT.709

1. RGB 和 CIE xyY

在 RGB 颜色空间转换到 CIE xyY 空间时，CIE xyY 色度图中的红、绿和蓝的坐标分别定

义为：

$$对于红色 R：(x_r, y_r, z_r = 1 - (x_r + y_r))$$
$$对于绿色 G：(x_g, y_g, z_g = 1 - (x_g + y_g))$$
$$对于蓝色 B：(x_b, y_b, z_b = 1 - (x_b + y_b))$$

定义白光点 n 坐标时使 $R=G=B=1$，于是：

$$\begin{bmatrix} X_n \\ Y_n \\ Z_n \end{bmatrix} = \begin{bmatrix} a_r x_r & a_g x_g & a_b x_b \\ a_r y_r & a_g y_g & a_b y_b \\ a_r z_r & a_g z_g & a_b z_b \end{bmatrix} \begin{bmatrix} R \\ G \\ B \end{bmatrix} = \begin{bmatrix} x_r & x_g & x_b \\ y_r & y_g & y_b \\ z_r & z_g & z_b \end{bmatrix} \begin{bmatrix} a_r \\ a_g \\ a_b \end{bmatrix} \quad (9\text{-}13)$$

其中，a_r、a_g 和 a_b 是比例系数。在 CIE xyY 色度图中，X_n、Y_n 和 Z_n 的坐标已经定义为 (x_n, y_n)，于是：

$$z_n = 1 - (x_n + y_n)$$
$$X_n = x_n \frac{Y_n}{y_n} = \frac{x_n}{y_n}$$
$$Y_n = 1（白光）$$
$$Z_n = z_n \frac{Y_n}{y_n} = \frac{z_n}{y_n}$$
$$(9\text{-}14)$$

因此，公式 9-13 就可变成：

$$\begin{bmatrix} x_n/y_n \\ 1 \\ z_n/y_n \end{bmatrix} = \begin{bmatrix} x_r & x_g & x_b \\ y_r & y_g & y_b \\ z_r & z_g & z_b \end{bmatrix} \begin{bmatrix} a_r \\ a_g \\ a_b \end{bmatrix} \quad (9\text{-}15)$$

由于 x_n、y_n、z_n、x_r、y_r、z_r、x_g、y_g、z_g、x_b、y_b 和 z_b 都是可提供的已知数，因此根据上面的矩阵方程可求得 a_r、a_g 和 a_b。

2. BT. 601 和 CIE xyY

国际电信联盟(ITU)定义了几个推荐标准，最流行的是 ITU-R BT. 601（前称 CCIR 601-1）和 ITU-R BT. 709（前称 CCIR 709）。BT. 601-1 是 NTSC 制电视使用的标准，它使用 CIE 定义的一种标准光源，叫作光源 C(illuminant C)，用钨丝光源并通过滤波来模拟普通日光，色温是 6774°K，波长范围是 380～770nm。白色在 CIE xyY 色度图中的坐标是 $(x_n, y_n) = (0.310\ 063, 0.316\ 158)$，红、绿和蓝的坐标分别是：

$$红：x_r = 0.67, \quad y_r = 0.33, \quad z_r = 1 - x_r - y_r = 0$$
$$绿：x_g = 0.21, \quad y_g = 0.71, \quad z_g = 1 - x_g - y_g = 0.08$$
$$蓝：x_b = 0.14, \quad y_b = 0.08, \quad z_b = 1 - x_b - y_b = 0.78$$

根据这些数据可计算得到：

$$z_n = 1 - x_n - y_n = 1 - 0.310\ 063 - 0.316\ 158 = 0.373\ 779$$
$$X_n = \frac{x_n}{y_n} = \frac{0.310\ 063}{0.316\ 158} = 0.980\ 722$$
$$Y_n = 1$$
$$X_n = \frac{z_n}{y_n} = \frac{0.373\ 779}{0.316\ 158} = 1.182\ 254$$

将以上数据代入公式 9-14 可得到：

$$\begin{bmatrix} a_r \\ a_g \\ a_b \end{bmatrix} = \begin{bmatrix} 0.981\ 854 \\ 0.978\ 423 \\ 1.239\ 129 \end{bmatrix}$$

最后,我们可得到 BT. 601 在光源 C 下由 RGB 到 CIE xyY 空间的变换关系:

$$\begin{bmatrix} X \\ Y \\ Z \end{bmatrix} = \begin{bmatrix} 0.606\ 881 & 0.173\ 505 & 0.200\ 336 \\ 0.298\ 912 & 0.586\ 611 & 0.114\ 478 \\ 0.000\ 000 & 0.066\ 097 & 1.116\ 157 \end{bmatrix} \begin{bmatrix} R \\ G \\ B \end{bmatrix} \qquad (9\text{-}16)$$

一般情况下精确到小数点后面 3 位,于是:

$$\begin{bmatrix} X \\ Y \\ Z \end{bmatrix} = \begin{bmatrix} 0.607 & 0.174 & 0.200 \\ 0.299 & 0.587 & 0.114 \\ 0.000 & 0.066 & 1.116 \end{bmatrix} \begin{bmatrix} R \\ G \\ B \end{bmatrix} \qquad (9\text{-}17)$$

对上面的变换式进行逆变换,可得到由 CIE xyY 到 RGB 空间的变换关系:

$$\begin{bmatrix} R \\ G \\ B \end{bmatrix} = \begin{bmatrix} 1.910 & -0.532 & -0.288 \\ -0.985 & 1.999 & -0.028 \\ 0.058 & -0.118 & 0.898 \end{bmatrix} \begin{bmatrix} X \\ Y \\ Z \end{bmatrix} \qquad (9\text{-}18)$$

3. BT. 709 和 CIE xyY

另一个普遍使用的推荐标准是 BT. 709,它使用的标准光源是 D_{65},下标表示相关的色温,65 表示相关色温是 $6504°K$,它的坐标为 $(x_n, y_n) = (0.312\ 713, 0.329\ 016)$,红、绿和蓝的色度坐标如表 9-2 所示。

表 9-2　基色和白光坐标

	r	g	b	w
x	0.640	0.300	0.150	0.3127
y	0.330	0.600	0.060	0.3290
z	0.030	0.100	0.790	0.3582

也就是:

红:$x_r = 0.64$,　$y_r = 0.33$,　$z_r = 1 - x_r - y_r = 0.03$

绿:$x_g = 0.30$,　$y_g = 0.60$,　$z_g = 1 - x_g - y_g = 0.10$

蓝:$x_b = 0.15$,　$y_b = 0.06$,　$z_b = 1 - x_b - y_r = 0.79$

根据上面的数据可得到 RGB 空间到 CIE xyY 空间的转换关系:

$$\begin{bmatrix} X \\ Y \\ Z \end{bmatrix} = \begin{bmatrix} 0.412\ 411 & 0.357\ 585 & 0.180\ 454 \\ 0.212\ 649 & 0.715\ 169 & 0.072\ 182 \\ 0.019\ 332 & 0.119\ 195 & 0.950\ 390 \end{bmatrix} \begin{bmatrix} R \\ G \\ B \end{bmatrix} \qquad (9\text{-}19)$$

一般情况下精确到小数点后面 3 位,于是:

$$\begin{bmatrix} X \\ Y \\ Z \end{bmatrix} = \begin{bmatrix} 0.412 & 0.358 & 0.180 \\ 0.213 & 0.715 & 0.072 \\ 0.019 & 0.119 & 0.950 \end{bmatrix} \begin{bmatrix} R \\ G \\ B \end{bmatrix} \qquad (9\text{-}20)$$

对上面的变换式进行逆变换,可得到由 CIE xyY 到 RGB 空间的变换关系:

$$\begin{bmatrix} R \\ G \\ B \end{bmatrix} = \begin{bmatrix} 3.241 & -1.537 & -0.499 \\ -0.969 & 1.876 & 0.042 \\ 0.056 & -0.204 & 1.057 \end{bmatrix} \begin{bmatrix} X \\ Y \\ Z \end{bmatrix} \qquad (9\text{-}21)$$

9.5　用于电视系统的颜色空间

9.5.1　电视系统的颜色空间

1. 电视系统的颜色空间的特点

电视系统的颜色空间都是亮度和色度分离的颜色空间。自从发明电视以来，为了更有效地压缩图像信号以充分利用传输通道的带宽或节省存储空间，开发了许多颜色空间。例如，(1)YIQ：模拟 NTSC 彩色电视制式采用的颜色空间，其中的符号 Y 表示亮度，I、Q 是两个彩色分量；(2)YUV：PAL 和 SECAM 彩色电视制式采用的颜色空间；(3)YCrCb 或 Y′PbPr：数字电视采用的颜色空间，在 ITU-R BT.601 和 BT.709 标准中有明确定义。

采用亮度和色度分离的颜色空间有许多特点。例如，YUV 颜色空间具有如下特点：(1)亮度信号(Y)和色度信号(U,V)是相互独立的，因此黑白电视机也能接收彩色电视信号；(2)Y 信号分量构成的黑白灰度图与用 U、V 信号构成的两幅单色图是相互独立的，可对这些单色图分别进行编码；(3)可利用人眼的特性来压缩电视数据。例如，存储 RGB 8∶8∶8 的彩色图像，即 R、G 和 B 分量都用 8 位二进制数表示，图像为 640×480 像素，需要的存储容量为 921 600 字节。如果用 YUV 来表示同一幅彩色图像，Y 分量仍为 8 位，对每四个相邻像素(2×2)的 U、V 值分别用一个相同值表示，所需的存储空间就减少到 460 800 字节。

2. 电视系统的颜色空间的转换

电视系统的颜色空间都要从 RGB 颜色空间转换成用亮度和色度表示的颜色空间，而现在所有的彩色显示器都采用 RGB 值来驱动，这就要求在显示每个像素之前把其他颜色空间中的分量值转换成 RGB 颜色空间中的 R、G 和 B 分量。

图 9-5 表示电视系统的颜色空间的转换框图。由于光电/电光转换器件是非线性的，因此需要在颜色空间转换(图中的色差编码)之前或之后进行非线性变换，图中的 0.5 表示摄像机的 γ 值，2.5 表示普通 CRT 的 γ 理论值。在 NTSC 制中，CRT 的 γ 指定为 2.2；在 PAL 制中，γ 指定为 2.8。但实际上，CRT 的 γ 为 2.35。LCD 显示器也同样有具体的 γ 值。

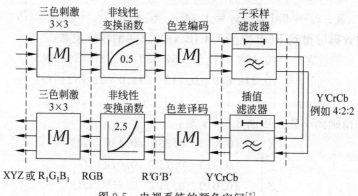

图 9-5　电视系统的颜色空间[2]

线性的 XYZ 或 $R_1G_1B_1$ 使用 3×3 变换矩阵 M 得到一个线性的 RGB 空间,通过非线性函数对每个颜色分量进行变换(γ 校正),把线性的 R、G 和 B 变成了非线性的 R'、G' 和 B' 信号,再用一个 3×3 色差编码矩阵 M 得到非线性的色差分量,如 $Y'CrCb$、$Y'PbPr$ 颜色空间中的非线性色差分量。如果需要,可使用颜色子采样滤波器得到经过子采样的色差分量。

经过各种变换之后的颜色分量通过通信通道传送到接收方,或者存储到存储器中。显示图像时,按照图示的从右到左的方向进行变换。

在有些科技文献和教材中,表示分量信号的符号的含义没有预先说明以示区别,如对亮度分量,有些用 Y' 表示,有些用 Y 表示。本教材使用带撇号($'$)表示由非线性分量信号组成的颜色空间,不带"$'$"表示由线性分量信号组成的颜色空间。但在不会造成误解的情况下也有例外,如将 $Y'Cr'Cb'$ 和 $Y'Pb'Pr'$ 省略为 $Y'CrCb$ 和 $Y'PbPr$。

9.5.2 European $Y'U'V'$

$Y'U'V'$ 是 European $Y'U'V'$ 的简称。欧洲彩色电视(PAL 和 SECAM)使用这种颜色空间。Y' 与感知亮度类似,但 U' 和 V' 携带的信号是颜色和部分亮度信号,这两个符号(U' 和 V')的含义与 CIE 1960 YUV 不同。

$Y'U'V'$ 是欧洲广播联盟(European Broadcasting Union,EBU)制定的规范。在这个规范中,Y' 的带宽在欧洲是 5MHz,而在英国是 5.5MHz。在亮度和色差分离的电视系统中,U' 和 V' 信号分量有相同的带宽。它们的带宽可以高达 2.5MHz,但在家用录像系统(video home system,VHS)中也可以低到 600kHz 或者更低。CRT 的 γ 通常假设为 2.8,但摄像机的 γ 在所有系统中几乎都有相同的 γ 值,大约为 0.45,现提高到 0.5。

与 ITU-R BT.601 不同,$Y'U'V'$ 颜色空间采用的光源标准是光源 D(illuminants D),即 D_{65},而不是光源 C,它的色度坐标是:

$$(x_n, y_n) = (0.312\ 713, 0.329\ 016)$$

红、绿和蓝的坐标分别是:

红:$x_r = 0.64$,　$y_r = 0.33$,　$z_r = 1 - x_r - y_r = 0.03$

绿:$x_g = 0.29$,　$y_g = 0.60$,　$z_g = 1 - x_g - y_g = 0.11$

蓝:$x_b = 0.15$,　$y_b = 0.06$,　$z_b = 1 - x_b - y_b = 0.79$

1. EBU RGB 和 CIE XYZ

根据以上数据并使用公式 9-13、9-14 和 9-15,可计算得到 RGB 和 CIE XYZ 颜色空间之间线性信号的转换关系:

$$\begin{bmatrix} X \\ Y \\ Z \end{bmatrix} = \begin{bmatrix} 0.431 & 0.342 & 0.178 \\ 0.222 & 0.707 & 0.071 \\ 0.020 & 0.130 & 0.939 \end{bmatrix} \begin{bmatrix} R \\ G \\ B \end{bmatrix} \tag{9-22}$$

和

$$\begin{bmatrix} R \\ G \\ B \end{bmatrix} = \begin{bmatrix} 3.063 & -1.393 & -0.476 \\ -0.969 & 1.876 & 0.042 \\ 0.068 & -0.229 & 1.069 \end{bmatrix} \begin{bmatrix} X \\ Y \\ Z \end{bmatrix} \tag{9-23}$$

2. $Y'U'V'$ 和 $R'G'B'$

符号 $R'G'B'$ 表示 RGB 经过伽马(γ)校正后的颜色空间,用 $R'G'B'$ 导出的 YUV 颜色空间

用 $Y'U'V'$ 表示。在 $Y'U'V'$ 颜色空间中，U' 和 V' 两个色差信号[1][4] 分别为：

$$U' = 0.493(B' - Y')$$
$$V' = 0.877(R' - Y')$$

由此导出 $R'G'B'$ 和 $Y'U'V'$ 颜色空间之间非线性信号的转换关系：

$$\begin{bmatrix} Y' \\ U' \\ V' \end{bmatrix} = \begin{bmatrix} 0.299 & 0.587 & 0.114 \\ -0.147 & -0.289 & 0.436 \\ 0.615 & -0.515 & -0.100 \end{bmatrix} \begin{bmatrix} R' \\ G' \\ B' \end{bmatrix} \tag{9-24}$$

和

$$\begin{bmatrix} R' \\ G' \\ B' \end{bmatrix} = \begin{bmatrix} 1 & 0.000 & 1.140 \\ 1 & -0.396 & -0.581 \\ 1 & 2.029 & 0.000 \end{bmatrix} \begin{bmatrix} Y' \\ U' \\ V' \end{bmatrix} \tag{9-25}$$

注意，许多文献使用 Y、U、V 而不用 Y'、U'、V' 表示经过 γ 校正的非线性亮度和色差。

3. BT.709 RGB 和 EBU RGB 之间的关系

ITU-R 推荐标准使用的线性 BT.709 RGB 信号与 EBU RGB 信号之间的转换关系如公式 9-26 和 9-27 所示：

$$\begin{bmatrix} R_{ebu} \\ G_{ebu} \\ B_{ebu} \end{bmatrix} = \begin{bmatrix} 0.9578 & 0.0422 & 0.0000 \\ 0.0000 & 1.0000 & 0.0000 \\ 0.0000 & 0.0118 & 0.9882 \end{bmatrix} \begin{bmatrix} R_{709} \\ G_{709} \\ B_{709} \end{bmatrix} \tag{9-26}$$

和

$$\begin{bmatrix} R_{709} \\ G_{709} \\ B_{709} \end{bmatrix} = \begin{bmatrix} 1.0440 & -0.0440 & 0.0000 \\ 0.0000 & 1.0000 & 0.0000 \\ 0.0000 & -0.0119 & 1.0119 \end{bmatrix} \begin{bmatrix} R_{ebu} \\ G_{ebu} \\ Z_{ebu} \end{bmatrix} \tag{9-27}$$

9.5.3 American $Y'I'Q'$

$Y'I'Q'$ 颜色空间用在北美的模拟 NTSC 彩色电视系统中。其中的 Y' 与感知亮度类似，I' 和 Q' 分量信号携带颜色信息和部分亮度信息。这个颜色空间中的 I' 和 Q' 分量信号与 $Y'U'V'$ 颜色空间中的 U' 和 V' 分量信号有如下关系：

$$\begin{bmatrix} Q' \\ I' \end{bmatrix} = \begin{bmatrix} \cos 33° & \sin 33° \\ -\sin 33° & \cos 33° \end{bmatrix} \begin{bmatrix} U' \\ V' \end{bmatrix}$$

$$\begin{bmatrix} U' \\ V' \end{bmatrix} = \begin{bmatrix} \cos 33° & -\sin 33° \\ \sin 33° & \cos 33° \end{bmatrix} \begin{bmatrix} Q' \\ I' \end{bmatrix}$$

在 $Y'I'Q'$ 颜色空间中，Y' 信号的带宽为 4.2MHz，而 I' 和 Q' 信号早期使用的带宽分别为 0.5MHz 和 1.5MHz，而现在通常使用相同的带宽，均为 1MHz。在 NTSC 彩色电视系统中，CRT 的 γ 通常假设为 2.2。在这个颜色空间中，采用的光源是光源 C，它的色度坐标是：

$$(x_n, y_n) = (0.310\,063, 0.316\,158)$$

红、绿和蓝的坐标分别是：

红：$x_r = 0.67$， $y_r = 0.33$， $z_r = 1 - x_r - y_r = 0.00$

---

① 具体细节详见：林福宗，陆达. 多媒体与 CD-ROM. 北京：清华大学出版社，1995.3，317~328。

绿：$x_g = 0.21$，　$y_g = 0.71$，　$z_g = 1 - x_g - y_g = 0.08$

蓝：$x_b = 0.14$，　$y_b = 0.08$，　$z_b = 1 - x_b - y_b = 0.78$

1. NTSC RGB 和 CIE XYZ

根据以上数据，可计算得到 RGB 和 CIE XYZ 颜色空间之间线性信号的转换关系：

$$\begin{bmatrix} X \\ Y \\ Z \end{bmatrix} = \begin{bmatrix} 0.607 & 0.174 & 0.200 \\ 0.299 & 0.587 & 0.114 \\ 0.000 & 0.066 & 1.116 \end{bmatrix} \begin{bmatrix} R \\ G \\ B \end{bmatrix} \tag{9-28}$$

和

$$\begin{bmatrix} R \\ G \\ B \end{bmatrix} = \begin{bmatrix} 1.910 & -0.532 & -0.288 \\ -0.985 & 1.999 & -0.028 \\ 0.058 & -0.118 & 0.898 \end{bmatrix} \begin{bmatrix} X \\ Y \\ Z \end{bmatrix} \tag{9-29}$$

2. NTSC R'G'B' 和 NTSC Y'I'Q'

在 Y'I'Q' 颜色空间中，定义 I' 和 Q' 两个色差信号分别为：

$$I' = -0.27(B' - Y') + 0.74(R' - Y')$$
$$Q' = 0.41(B' - Y') + 0.48(R' - Y')$$

由此导出了 R'G'B' 和 Y'I'Q' 颜色空间之间非线性信号的转换关系：

$$\begin{bmatrix} Y' \\ I' \\ Q' \end{bmatrix} = \begin{bmatrix} 0.299 & 0.587 & 0.114 \\ 0.596 & -0.274 & -0.322 \\ 0.212 & -0.523 & 0.311 \end{bmatrix} \begin{bmatrix} R' \\ G' \\ B' \end{bmatrix} \tag{9-30}$$

和

$$\begin{bmatrix} R' \\ G' \\ B' \end{bmatrix} = \begin{bmatrix} 1.000 & 0.956 & 0.621 \\ 1.000 & -0.272 & -0.647 \\ 1.000 & -1.105 & 1.702 \end{bmatrix} \begin{bmatrix} Y' \\ I' \\ Q' \end{bmatrix} \tag{9-31}$$

3. EBU Y'U'V' 和 NTSC Y'I'Q'

在过去的年代里，由于 NTSC 彩色电视制对基色的定义作了多次改动，现在已经与 EBU 的 Y'U'V' 颜色空间很类似。因此，在基色定义相同的情况下可定义 EBU Y'U'V' 和 NTSC Y'I'Q' 之间非线性信号的转换关系如公式 9-32 和 9-33 所示：

$$\begin{bmatrix} I' \\ Q' \end{bmatrix} = \begin{bmatrix} -(0.27/0.493) & (0.74/0.877) \\ (0.41/0.493) & (0.48/0.877) \end{bmatrix} \begin{bmatrix} U' \\ V' \end{bmatrix}$$
$$= \begin{bmatrix} -0.547\ 667\ 343 & 0.843\ 785\ 633 \\ 0.831\ 643\ 002 & 0.547\ 320\ 410 \end{bmatrix} \begin{bmatrix} U' \\ V' \end{bmatrix} \tag{9-32}$$

和

$$\begin{bmatrix} U' \\ V' \end{bmatrix} = \begin{bmatrix} -0.546\ 512\ 701 & 0.842\ 540\ 416 \\ 0.830\ 415\ 704 & 0.546\ 859\ 122 \end{bmatrix} \begin{bmatrix} I' \\ Q' \end{bmatrix} \tag{9-33}$$

观察这两个转换矩阵可发现，矩阵中对应位置上的数值很接近，因此实际上人们使用相同的变换矩阵，即：

$$\begin{bmatrix} I' \\ Q' \end{bmatrix} = \begin{bmatrix} -0.547 & 0.843 \\ 0.831 & 0.547 \end{bmatrix} \begin{bmatrix} U' \\ V' \end{bmatrix} \tag{9-34}$$

和

$$\begin{bmatrix} U' \\ V' \end{bmatrix} = \begin{bmatrix} -0.547 & 0.843 \\ 0.831 & 0.547 \end{bmatrix} \begin{bmatrix} I' \\ Q' \end{bmatrix} \tag{9-35}$$

4. NTSC RGB 和 EBU RGB

在 NTSC RGB 信号和 EBU RGB 之间的转换关系可用公式 9-36 和 9-37 表示：

$$\begin{bmatrix} R_{ntsc} \\ G_{ntsc} \\ B_{ntsc} \end{bmatrix} = \begin{bmatrix} 0.6984 & 0.2388 & 0.0319 \\ 0.0193 & 1.0727 & -0.0596 \\ 0.0169 & 0.0525 & 0.8450 \end{bmatrix} \begin{bmatrix} R_{ebu} \\ G_{ebu} \\ B_{ebu} \end{bmatrix} \tag{9-36}$$

和

$$\begin{bmatrix} R_{ebu} \\ G_{ebu} \\ B_{ebu} \end{bmatrix} = \begin{bmatrix} 1.4425 & -0.3174 & -0.0768 \\ -0.0275 & 0.9351 & 0.0670 \\ -0.0271 & -0.0517 & 1.1808 \end{bmatrix} \begin{bmatrix} R_{ntsc} \\ G_{ntsc} \\ B_{ntsc} \end{bmatrix} \tag{9-37}$$

5. NTSC RGB 和 BT.709

在 NTSC RGB 信号和 BT.709 之间的转换关系可用公式 9-38 和 9-39 表示：

$$\begin{bmatrix} R_{ntsc} \\ G_{ntsc} \\ B_{ntsc} \end{bmatrix} = \begin{bmatrix} 0.6698 & 0.2678 & 0.0323 \\ 0.0185 & 1.0742 & -0.0603 \\ 0.0162 & 0.0432 & 0.8551 \end{bmatrix} \begin{bmatrix} R_{709} \\ G_{709} \\ G_{709} \end{bmatrix} \tag{9-38}$$

和

$$\begin{bmatrix} R_{709} \\ G_{709} \\ G_{709} \end{bmatrix} = \begin{bmatrix} 1.5053 & -0.3719 & -0.0831 \\ -0.0274 & 0.9351 & 0.0670 \\ -0.0271 & -0.0402 & 1.1676 \end{bmatrix} \begin{bmatrix} R_{ntsc} \\ G_{ntsc} \\ B_{ntsc} \end{bmatrix} \tag{9-39}$$

9.5.4 SMPTE-C RGB

影视工程师协会(Society of Motion Picture and Television Engineers,SMPTE)是电影和电视工程师的专业协会,是一个国际性的研究和标准化组织,在全世界有 9000 多个成员。SMPTE-C 是美洲使用的广播电视颜色标准,旧的 NTSC 颜色空间的基色标准已经不再使用,因为它的基色标准已经逐步向 EBU 制定的颜色标准靠拢。但在其他方面,SMPTE-C 与 NTSC 相同。CRT 的 γ 值假设为 2.2,使用的光源标准是 D_{65},它的色度坐标是：

$$(x_n, y_n) = (0.312\,713, 0.329\,016)$$

红、绿和蓝的坐标分别是：

红：$x_r = 0.630$, $y_r = 0.340$, $z_r = 1 - x_r - y_r = 0.030$

绿：$x_g = 0.310$, $y_g = 0.595$, $z_g = 1 - x_g - y_g = 0.095$

蓝：$x_b = 0.155$, $y_b = 0.070$, $z_b = 1 - x_b - y_b = 0.775$

1. SMPTE-C RGB 和 CIE XYZ

根据以上数据,可计算得到 SMPTE-C RGB 和 CIE XYZ 颜色空间之间线性信号的转换关系：

$$\begin{bmatrix} X \\ Y \\ Z \end{bmatrix} = \begin{bmatrix} 0.3935 & 0.3653 & 0.1916 \\ 0.2124 & 0.7011 & 0.0866 \\ 0.0187 & 0.1119 & 0.9582 \end{bmatrix} \begin{bmatrix} R \\ G \\ B \end{bmatrix} \tag{9-40}$$

和

$$\begin{bmatrix} R \\ G \\ B \end{bmatrix} = \begin{bmatrix} 3.5064 & -1.7402 & -0.5439 \\ -1.0693 & 1.9779 & 0.0351 \\ 0.0564 & -0.1970 & 1.0501 \end{bmatrix} \begin{bmatrix} X \\ Y \\ Z \end{bmatrix} \qquad (9\text{-}41)$$

2. SMPTE-C R′G′B′和 SMPTE-C Y′I′Q′

SMPTE-C R′G′B′和 SMPTE-C Y′I′Q′颜色空间之间非线性信号的转换关系与 NTSC R′G′B′和 NTSC Y′I′Q′之间的转换关系相同,如公式 9-42 和 9-43 所示:

$$\begin{bmatrix} Y' \\ I' \\ Q' \end{bmatrix} = \begin{bmatrix} 0.299 & 0.587 & 0.114 \\ 0.596 & -0.274 & -0.322 \\ 0.212 & -0.523 & 0.311 \end{bmatrix} \begin{bmatrix} R' \\ G' \\ B' \end{bmatrix} \qquad (9\text{-}42)$$

和

$$\begin{bmatrix} R' \\ G' \\ B' \end{bmatrix} = \begin{bmatrix} 1.000 & 0.956 & 0.621 \\ 1.000 & -0.272 & -0.647 \\ 1.000 & -1.105 & 1.702 \end{bmatrix} \begin{bmatrix} Y' \\ I' \\ Q' \end{bmatrix} \qquad (9\text{-}43)$$

3. SMPTE-C Y′I′Q′和 EBU Y′U′V′

EBU Y′U′V′和 SMPTE-C Y′I′Q′之间的非线性信号的转换关系与 EBU Y′U′V′和 NTSC Y′I′Q′之间的非线性信号的转换关系相同,如公式 9-44 和 9-45 所示:

$$\begin{bmatrix} I' \\ Q' \end{bmatrix} = \begin{bmatrix} -0.547 & 0.843 \\ 0.831 & 0.547 \end{bmatrix} \begin{bmatrix} U' \\ V' \end{bmatrix} \qquad (9\text{-}44)$$

和

$$\begin{bmatrix} U' \\ V' \end{bmatrix} = \begin{bmatrix} -0.547 & 0.843 \\ 0.831 & 0.547 \end{bmatrix} \begin{bmatrix} I' \\ Q' \end{bmatrix} \qquad (9\text{-}45)$$

4. SMPTE-C RGB 和 EBU RGB

SMPTE-C RGB 和 EBU RGB 之间的转换关系如公式 9-46 和 9-47 所示:

$$\begin{bmatrix} R_{smptec} \\ G_{smptec} \\ B_{smptec} \end{bmatrix} = \begin{bmatrix} 1.1123 & -0.1024 & -0.0099 \\ -0.0205 & 1.0370 & -0.0165 \\ 0.0017 & 0.0161 & 0.9822 \end{bmatrix} \begin{bmatrix} R_{ebu} \\ G_{ebu} \\ B_{ebu} \end{bmatrix} \qquad (9\text{-}46)$$

和

$$\begin{bmatrix} R_{ebu} \\ G_{ebu} \\ B_{ebu} \end{bmatrix} = \begin{bmatrix} 0.9007 & 0.0888 & 0.0105 \\ 0.0178 & 0.9658 & 0.0164 \\ -0.0019 & -0.0160 & 1.0178 \end{bmatrix} \begin{bmatrix} R_{smptec} \\ G_{smptec} \\ B_{smptec} \end{bmatrix} \qquad (9\text{-}47)$$

5. SMPTE-C RGB 和 BT.709 RGB

SMPTE-C RGB 和 BT.709 RGB 之间的转换关系如公式 9-48 和 9-49 所示:

$$\begin{bmatrix} R_{smptec} \\ G_{smptec} \\ B_{smptec} \end{bmatrix} = \begin{bmatrix} 1.0654 & -0.0554 & -0.0010 \\ -0.0196 & 1.0364 & -0.0167 \\ 0.0016 & 0.0044 & 0.9940 \end{bmatrix} \begin{bmatrix} R_{709} \\ G_{709} \\ B_{709} \end{bmatrix} \qquad (9\text{-}48)$$

和

$$\begin{bmatrix} R_{709} \\ G_{709} \\ B_{709} \end{bmatrix} = \begin{bmatrix} 0.9395 & 0.0502 & 0.0018 \\ 0.0177 & 0.9658 & 0.0162 \\ -0.0016 & -0.0044 & 1.0060 \end{bmatrix} \begin{bmatrix} R_{\text{smptec}} \\ G_{\text{smptec}} \\ B_{\text{smptec}} \end{bmatrix} \tag{9-49}$$

9.5.5 ITU-R BT.601 Y′CbCr

ITU-R BT.601 是一个国际性的标准清晰度电视(standard definition television,SDTV)图像数字化标准,用于对 525 条扫描线和 625 条扫描线的电视图像进行数字编码(参阅第 10 章)。Y′CbCr 颜色空间是 ITU-R BT-601 的一部分,是 YUV 颜色空间派生的一种颜色空间。Y' 定义为[16,235]范围里的 8 位二进制数据,Cb 和 Cr 定义为[16,240]范围里的 8 位二进制数据。ITU-R BT.601 Y′CbCr 标准仅处理用 Y′CbCr 形式表示的 R′G′B′信号,因此它不涉及色度坐标、CIE XYZ 变换矩阵、光源和 CRT 的 γ 值等参数。

在 BT.601 标准中,对亮度 Y'_{601} 和色差 $(B'-Y'_{601})$ 与 $(R'-Y'_{601})$ 之间的关系作了如公式 9-50 所示的定义,

$$\begin{bmatrix} Y'_{601} \\ B'-Y'_{601} \\ R'-Y'_{601} \end{bmatrix} = \begin{bmatrix} 0.299 & 0.587 & 0.114 \\ -0.299 & -0.587 & 0.886 \\ 0.701 & -0.587 & -0.114 \end{bmatrix} \begin{bmatrix} R' \\ G' \\ B' \end{bmatrix} \tag{9-50}$$

在这个转换矩阵中,非线性分量信号的取值均为[0,1]。而在 BT.601 标准中,用 4∶2∶2 的格式并且用 8 位二进制数表示各个分量的数值时:

(1) 非线性亮度分量 Y':[0,15]作为偏移量,[236,255]保留,信号的取值范围为[16,235]。16 表示黑电平信号值,235 表示白电平信号值。

(2) 非线性色差 Cb 和 Cr:数值范围为[16,240],使用 128 的偏移量时的取值范围为[-112,112]。

为此对 $(B'-Y'_{601})$ 和 $(R'-Y'_{601})$ 行分别用(0.5/0.886)和(0.5/0.701)相乘,就把这两个色差的数值范围转换到[-0.5,0.5],而 Y'_{601} 的数值范围仍然是[0,1]。用

$$Yb = (0.5/0.886) \times (B'-Y'_{601})$$
$$Yr = (0.5/0.701) \times (R'-Y'_{601})$$

表示两个色差,于是可得到 Y′PbPr 与 R′G′B′之间的转换关系:

$$\begin{bmatrix} Y'_{601} \\ Pb \\ Pr \end{bmatrix} = \begin{bmatrix} 0.299 & 0.587 & 0.114 \\ -0.169 & -0.331 & 0.500 \\ 0.500 & -0.419 & -0.081 \end{bmatrix} \begin{bmatrix} R' \\ G' \\ B' \end{bmatrix} \tag{9-51}$$

式 9-51 中,Y'_{601} 叫作非线性亮度(luma)。

式 9-51 矩阵中的第一行是非线性亮度的系数,系数之和等于 1.0;用来计算非线性亮度的系数 0.299,0.587 和 0.114 是在 1953 年确定的,用于 NTSC 制彩色电视标准,并且写入到了 1982 年制定的彩色电视信号数字化标准 CCIR 601(现为 ITU-R BT.601)中。现在,仍然可用来计算电视信号的非线性亮度(luma),但用这些系数计算现在的监视器时,需要根据具体设备的参数做些修改。

式 9-51 矩阵中的第二和第三行是非线性色度信号的系数,分量系数之和都为 0,而 Pb 和 Pr 的最大值均为 0.5。

式 9-51 的逆变换表示由 Y′PbPr 颜色空间到 R′G′B′颜色空间的转换关系:

$$\begin{bmatrix} R' \\ G' \\ B' \end{bmatrix} = \begin{bmatrix} 1 & 0.000 & 1.403 \\ 1 & -0.344 & -0.714 \\ 1 & 1.773 & 0.000 \end{bmatrix} \begin{bmatrix} Y'_{601} \\ Pb \\ Pr \end{bmatrix} \tag{9-52}$$

1. BT.601 Y'CbCr 和 R'G'B'[0, 1]

在许多文献中,非线性的 Y'CbCr 和 R'G'B' 之间的转换关系用公式 9-53 和 9-54 所示的矩阵表示:

$$\begin{bmatrix} Y'_{601} \\ Cb \\ Cr \end{bmatrix} = \begin{bmatrix} 0.299 & 0.587 & 0.114 \\ -0.169 & -0.331 & 0.500 \\ 0.500 & -0.419 & -0.081 \end{bmatrix} \begin{bmatrix} R' \\ G' \\ B' \end{bmatrix} \tag{9-53}$$

和

$$\begin{bmatrix} R' \\ G' \\ B' \end{bmatrix} = \begin{bmatrix} 1 & 0.000 & 1.403 \\ 1 & -0.344 & -0.714 \\ 1 & 1.773 & 0.000 \end{bmatrix} \begin{bmatrix} Y'_{601} \\ Cb \\ Cr \end{bmatrix} \tag{9-54}$$

在这个转换关系中,Y' 的取值范围为 $[0, 1]$,而 Cb 和 Cr 的取值为 $[-0.5, 0.5]$。用 219、224 和 224 分别与公式 9-53 中的亮度和两个色差行的系数相乘,并考虑 BT.601 标准的要求,可得到如公式 9-55 所示的转换矩阵:

$$\begin{bmatrix} Y'_{601} \\ Cb \\ Cr \end{bmatrix} = \begin{bmatrix} 65.481 & 128.553 & 24.966 \\ -37.797 & -74.203 & 112 \\ 112 & -93.786 & -18.214 \end{bmatrix} \begin{bmatrix} R' \\ G' \\ B' \end{bmatrix} + \begin{bmatrix} 16 \\ 128 \\ 128 \end{bmatrix} \tag{9-55}$$

在这个转换关系中,Y' 的数值范围为 $[16, 235]$,Cb 和 Cr 的数值范围为 $[-112, 112]$,R'、G' 和 B' 的数值范围为 $[0, 1]$。它的逆变换为:

$$\begin{bmatrix} R' \\ G' \\ B' \end{bmatrix} = \begin{bmatrix} 0.0046 & 0.0000 & 0.0063 \\ 0.0046 & -0.0015 & -0.0032 \\ 0.0046 & 0.0079 & 0.0000 \end{bmatrix} \left(\begin{bmatrix} Y'_{601} \\ Cb \\ Cr \end{bmatrix} - \begin{bmatrix} 16 \\ 128 \\ 128 \end{bmatrix} \right) \tag{9-56}$$

在这个转换关系中,Y'、Cb 和 Cr 分量是 8 位二进制数,而变换之后得到的是 $[0, 1]$ 之间的数。

2. BT.601 Y'CbCr 和 R'G'B'[0, 255]

在计算机中,Y'CbCr 和 R'G'B' 空间中的分量通常用 8 位二进制数表示,它们的数值范围均为 $[0, 255]$。在这样的情况下,可用 $(256/255)$ 乘以公式 9-55 中的矩阵,从而得到可直接用 8 位二进制数表示的 R'G'B' 进行计算:

$$\begin{bmatrix} Y'_{601} \\ Cb \\ Cr \end{bmatrix} = \frac{1}{256} \begin{bmatrix} 65.738 & 129.057 & 25.064 \\ -37.945 & -74.494 & 112.439 \\ 112.439 & -94.154 & -18.285 \end{bmatrix} \begin{bmatrix} R'_{255} \\ G'_{255} \\ B'_{255} \end{bmatrix} + \begin{bmatrix} 16 \\ 128 \\ 128 \end{bmatrix} \tag{9-57}$$

或者

$$\begin{bmatrix} Y'_{601} \\ Cb \\ Cr \end{bmatrix} = \begin{bmatrix} 0.2568 & 0.5041 & 0.0979 \\ -0.1482 & -0.2910 & 0.4392 \\ 0.4392 & -0.3678 & -0.0714 \end{bmatrix} \begin{bmatrix} R'_{255} \\ G'_{255} \\ B'_{255} \end{bmatrix} + \begin{bmatrix} 16 \\ 128 \\ 128 \end{bmatrix} \tag{9-58}$$

它的逆变换为:

$$
\begin{bmatrix} R'_{255} \\ G'_{255} \\ B'_{255} \end{bmatrix} = \frac{1}{256} \begin{bmatrix} 298.082 & 0.000 & 408.583 \\ 298.082 & -100.291 & -208.120 \\ 298.082 & 516.411 & 0.000 \end{bmatrix} \left(\begin{bmatrix} Y' \\ Cb \\ Cr \end{bmatrix} - \begin{bmatrix} 16 \\ 128 \\ 128 \end{bmatrix} \right) \tag{9-59}
$$

或者

$$
\begin{bmatrix} R'_{255} \\ G'_{255} \\ B'_{255} \end{bmatrix} = \begin{bmatrix} 1.1644 & 0.0000 & 1.5960 \\ 1.1644 & -0.3918 & -0.8130 \\ 1.1644 & 2.0172 & 0.0000 \end{bmatrix} \left(\begin{bmatrix} Y' \\ Cb \\ Cr \end{bmatrix} - \begin{bmatrix} 16 \\ 128 \\ 128 \end{bmatrix} \right) \tag{9-60}
$$

3. BT. 601 Y'CbCr 和 R'G'B'[0，219]

用 8 位二进制数表示 BT. 601 Y'CbCr 和 8 位二进制数 R'G'B' 的转换关系时，R'G'B' 颜色空间使用相同数值范围[0，219]的分量信号，因此用一个比例系数(256/219)乘以公式 9-55 中的矩阵，得到如公式 9-61 和 9-62 所示的变换关系：

$$
\begin{bmatrix} Y'_{601} \\ Cb \\ Cr \end{bmatrix} = \frac{1}{256} \begin{bmatrix} 76.544 & 150.272 & 29.184 \\ -44.182 & -86.740 & 130.922 \\ 130.922 & -109.631 & -21.291 \end{bmatrix} \begin{bmatrix} R'_{219} \\ G'_{219} \\ B'_{219} \end{bmatrix} + \begin{bmatrix} 16 \\ 128 \\ 128 \end{bmatrix} \tag{9-61}
$$

或者

$$
\begin{bmatrix} Y'_{601} \\ Cb \\ Cr \end{bmatrix} = \begin{bmatrix} 0.2990 & 0.5870 & 0.1140 \\ -0.1726 & -0.3388 & 0.5114 \\ 0.5114 & -0.4282 & -0.0832 \end{bmatrix} \begin{bmatrix} R'_{219} \\ G'_{219} \\ B'_{219} \end{bmatrix} + \begin{bmatrix} 16 \\ 128 \\ 128 \end{bmatrix} \tag{9-62}
$$

它的逆变换为：

$$
\begin{bmatrix} R'_{219} \\ G'_{219} \\ B'_{219} \end{bmatrix} = \frac{1}{256} \begin{bmatrix} 256.0000 & 0.0001 & 350.9006 \\ 256.0000 & -86.1325 & -178.7383 \\ 256.0000 & 443.5064 & 0.0007 \end{bmatrix} \left(\begin{bmatrix} Y'_{601} \\ Cb \\ Cr \end{bmatrix} - \begin{bmatrix} 16 \\ 128 \\ 128 \end{bmatrix} \right) \tag{9-63}
$$

或者

$$
\begin{bmatrix} R'_{219} \\ G'_{219} \\ B'_{219} \end{bmatrix} = \begin{bmatrix} 1.0000 & 0.0000 & 1.3707 \\ 1.0000 & -0.3365 & -0.6982 \\ 1.0000 & 1.7324 & 0.0000 \end{bmatrix} \left(\begin{bmatrix} Y'_{601} \\ Cb \\ Cr \end{bmatrix} - \begin{bmatrix} 16 \\ 128 \\ 128 \end{bmatrix} \right) \tag{9-64}
$$

要强调的是，Y'CbCr 和 R'G'B' 之间的转换是在数字域而不是在模拟域中的转换。

9.5.6　ITU-R BT. 709 Y'CbCr

ITU-R BT. 709 Y'CbCr 颜色空间是 1988 年国际无线电咨询委员会(CCIR)制定的一个中间标准，用于高清晰度电视(HDTV)演播室的电视制作。它的基色是 EBU 的 R 和 B，而 G 是 SMPTE-C 和 EBU 之间的一种基色。CRT 的 γ 值假设为 2.2，使用的光源标准是 D_{65}，它的色度坐标是：

$$(x_n, y_n) = (0.312\ 713, \quad 0.329\ 016)$$

红、绿和蓝的坐标分别是：

红：$x_r = 0.64$，　$y_r = 0.33$，　$z_r = 1 - x_r - y_r = 0.03$

绿：$x_g = 0.30$，　$y_g = 0.60$，　$z_g = 1 - x_g - y_g = 0.10$

蓝：$x_b = 0.15$，　$y_b = 0.06$，　$z_b = 1 - x_b - y_b = 0.79$

1. BT.709 RGB 和 CIE XYZ

根据以上数据，可计算得到 BT.709 RGB 和 CIE XYZ 之间线性信号的转换关系：

$$\begin{bmatrix} X \\ Y \\ Z \end{bmatrix} = \begin{bmatrix} 0.412 & 0.358 & 0.180 \\ 0.213 & 0.715 & 0.072 \\ 0.019 & 0.119 & 0.950 \end{bmatrix} \begin{bmatrix} R \\ G \\ B \end{bmatrix} \tag{9-65}$$

和

$$\begin{bmatrix} R \\ G \\ B \end{bmatrix} = \begin{bmatrix} 3.241 & -1.537 & -0.499 \\ -0.969 & 1.876 & 0.042 \\ 0.056 & -0.204 & 1.057 \end{bmatrix} \begin{bmatrix} X \\ Y \\ Z \end{bmatrix} \tag{9-66}$$

2. BT.709 Y′CbCr 和 BT.709 R′G′B′

在 BT.709 Y′CbCr 和 BT.709 R′G′B′之间转换时，由于 R′G′B′的取值范围不同，因此转换方程也有差别。

1) Y′CbCr 和 R′G′B′[0,1]

Y′CbCr 和 R′G′B′之间非线性信号的转换关系如公式 9-67 和 9-68 所示：

$$\begin{bmatrix} Y'_{709} \\ Cb \\ Cr \end{bmatrix} = \begin{bmatrix} 0.2130 & 0.7150 & 0.0720 \\ -0.1144 & -0.3852 & 0.4996 \\ 0.4996 & -0.4536 & -0.0460 \end{bmatrix} \begin{bmatrix} R' \\ G' \\ B' \end{bmatrix} \tag{9-67}$$

和

$$\begin{bmatrix} R' \\ G' \\ B' \end{bmatrix} = \begin{bmatrix} 1.0000 & 0.0008 & 1.5755 \\ 1.0000 & -0.1873 & -0.4692 \\ 1.0000 & 1.8574 & -0.0011 \end{bmatrix} \begin{bmatrix} Y'_{709} \\ Cb \\ Cr \end{bmatrix} \tag{9-68}$$

在这个转换关系中，Y'的取值范围为[0, 1]，而 Cb 和 Cr 的取值为[−0.5, 0.5]。按照标准的规定，可用 219、224 和 224 分别与公式 9-67 中的亮度和两个色差行的系数相乘，得到如公式 9-69 和 9-70 所示的转换矩阵：

$$\begin{bmatrix} Y'_{709} \\ Cb \\ Cr \end{bmatrix} = \begin{bmatrix} 46.6470 & 156.5850 & 15.7680 \\ -25.6230 & -86.2860 & 111.9090 \\ 111.9090 & -101.6160 & -10.2930 \end{bmatrix} \begin{bmatrix} R' \\ G' \\ B' \end{bmatrix} + \begin{bmatrix} 16 \\ 128 \\ 128 \end{bmatrix} \tag{9-69}$$

和

$$\begin{bmatrix} R' \\ G' \\ B' \end{bmatrix} = \begin{bmatrix} 0.0046 & 0.0000 & 0.0070 \\ 0.0046 & -0.0008 & -0.0021 \\ 0.0046 & 0.0083 & -0.0000 \end{bmatrix} \left(\begin{bmatrix} Y'_{709} \\ Cb \\ Cr \end{bmatrix} - \begin{bmatrix} 16 \\ 128 \\ 128 \end{bmatrix} \right) \tag{9-70}$$

2) Y′CbCr 和 R′G′B′[0, 255]

在计算机中，Y′CbCr 和 R′G′B′空间中的分量通常用 8 位二进制数表示，它们的数值范围均为[0, 255]。在这样的情况下，可用(1/255)乘以公式 9-69 中的矩阵，从而得到直接用 8 位二进制数表示的 Y′CbCr 和 R′G′B′之间的转换关系：

$$\begin{bmatrix} Y'_{709} \\ Cb \\ Cr \end{bmatrix} = \begin{bmatrix} 0.1829 & 0.6141 & 0.0618 \\ -0.1005 & -0.3384 & 0.4389 \\ 0.4389 & -0.3985 & -0.0404 \end{bmatrix} \begin{bmatrix} R'_{255} \\ G'_{255} \\ B'_{255} \end{bmatrix} + \begin{bmatrix} 16 \\ 128 \\ 128 \end{bmatrix} \tag{9-71}$$

和

$$\begin{bmatrix} R'_{255} \\ G'_{255} \\ B'_{255} \end{bmatrix} = \begin{bmatrix} 0.1829 & 0.6141 & 0.0618 \\ -0.1005 & -0.3384 & 0.4389 \\ 0.4389 & -0.3985 & -0.0404 \end{bmatrix} \left(\begin{bmatrix} Y'_{709} \\ Cb \\ Cr \end{bmatrix} - \begin{bmatrix} 16 \\ 128 \\ 128 \end{bmatrix} \right) \tag{9-72}$$

3）Y'CbCr 和 R'G'B'[0,219]

用 8 位二进制数表示 BT.709 Y'CbCr 和 8 位二进制数 R'G'B' 的转换关系时，R'G'B' 颜色空间使用相同数值范围[0,219]的分量信号，因此用一个比例系数(1/219)乘以公式 9-69 中的矩阵，得到如公式 9-73 和 9-74 所示的转换关系：

$$\begin{bmatrix} Y'_{709} \\ Cb \\ Cr \end{bmatrix} = \begin{bmatrix} 0.213 & 0.715 & 0.072 \\ -0.117 & -0.394 & 0.511 \\ 0.511 & -0.464 & -0.047 \end{bmatrix} \begin{bmatrix} R'_{219} \\ G'_{219} \\ B'_{219} \end{bmatrix} + \begin{bmatrix} 16 \\ 128 \\ 128 \end{bmatrix} \tag{9-73}$$

和

$$\begin{bmatrix} R'_{219} \\ G'_{219} \\ B'_{219} \end{bmatrix} = \begin{bmatrix} 1.0000 & 0.0008 & 1.5403 \\ 1.0000 & -0.1831 & -0.4588 \\ 1.0000 & 1.8160 & -0.0010 \end{bmatrix} \left(\begin{bmatrix} Y'_{709} \\ Cb \\ Cr \end{bmatrix} - \begin{bmatrix} 16 \\ 128 \\ 128 \end{bmatrix} \right) \tag{9-74}$$

3. BT.709 RGB 和 EBU RGB

Bt.709 RGB 与 EBU RGB 信号之间的转换可用公式 9-75 和 9-76 所示的转换关系进行转换：

$$\begin{bmatrix} R_{ebu} \\ G_{ebu} \\ B_{ebu} \end{bmatrix} = \begin{bmatrix} 0.9578 & 0.0422 & 0.0000 \\ 0.0000 & 1.0000 & 0.0000 \\ 0.0000 & 0.0118 & 0.9882 \end{bmatrix} \begin{bmatrix} R_{709} \\ G_{709} \\ B_{709} \end{bmatrix} \tag{9-75}$$

和

$$\begin{bmatrix} R_{709} \\ G_{709} \\ B_{709} \end{bmatrix} = \begin{bmatrix} 1.0441 & -0.0441 & 0.0000 \\ 0.0000 & 1.0000 & 0.0000 \\ 0.0000 & -0.0119 & 1.0119 \end{bmatrix} \begin{bmatrix} R_{ebu} \\ G_{ebu} \\ B_{ebu} \end{bmatrix} \tag{9-76}$$

4. Y'CbCr 彩条

为对标准清晰度电视(SDTV)和高清晰度电视(HDTV)的颜色规范得更清楚，表 9-3 分别列出了两种电视的彩条值，用于测试电视图像。

表 9-3　Y'CbCr 彩条

	数 值 范 围	白	黄	青	绿	品红	红	蓝	黑
				SDTV					
Y	16～235	180	162	131	112	84	65	35	16
Cb	16～240	128	44	156	72	184	100	212	128
Cr	16～240	128	142	44	58	198	212	114	128
				HDTV					
Y	16～235	180	168	145	133	63	51	28	16
Cb	16～240	128	44	147	63	193	109	212	128
Cr	16～240	128	136	44	52	204	212	120	128

9.5.7 SMPTE-240M Y′PbPr

SMPTE-240M (1988)是为高清晰度电视进行标准化而开发的标准。Y′PbPr 是 YUV 颜色空间的一种形式,这个颜色空间对 B 基色和白色点的坐标做了修改,而 CRT 的 γ 仍然假设为 2.2,光源标准仍然采用 D_{65},色度坐标为:

$$(x_n, y_n) = (0.312\ 713, \quad 0.329\ 016)$$

红、绿和蓝的坐标分别是:

$$红:x_r = 0.67, \quad y_r = 0.33, \quad z_r = 1 - x_r - y_r = 0.00$$
$$绿:x_g = 0.21, \quad y_g = 0.71, \quad z_g = 1 - x_g - y_g = 0.08$$
$$蓝:x_b = 0.15, \quad y_b = 0.06, \quad z_b = 1 - x_b - y_b = 0.79$$

1. SMPTE-240M RGB 和 CIE XYZ

根据以上数据,可计算得到 SMPTE-240M RGB 和 CIE XYZ 颜色空间之间线性信号的转换关系:

$$\begin{bmatrix} X \\ Y \\ Z \end{bmatrix} = \begin{bmatrix} 0.567 & 0.190 & 0.193 \\ 0.279 & 0.643 & 0.077 \\ 0.000 & 0.073 & 1.016 \end{bmatrix} \begin{bmatrix} R \\ G \\ B \end{bmatrix} \tag{9-77}$$

和

$$\begin{bmatrix} R \\ G \\ B \end{bmatrix} = \begin{bmatrix} 2.042 & -0.565 & -0.345 \\ -0.894 & 1.815 & 0.032 \\ 0.064 & -0.129 & 0.912 \end{bmatrix} \begin{bmatrix} X \\ Y \\ Z \end{bmatrix} \tag{9-78}$$

2. SMPTE-240M Y′PbPr 和 SMPTE-240M R′G′B′

Y′PbPr 和 R′G′B′ 之间非线性信号的转换关系如公式 9-79 和 9-80 所示:

$$\begin{bmatrix} Y' \\ Pb \\ Pr \end{bmatrix} = \begin{bmatrix} 0.2122 & 0.7013 & 0.0865 \\ -0.1162 & -0.3838 & 0.5000 \\ 0.5000 & -0.4451 & -0.0549 \end{bmatrix} \begin{bmatrix} R' \\ G' \\ B' \end{bmatrix} \tag{9-79}$$

和

$$\begin{bmatrix} R' \\ G' \\ B' \end{bmatrix} = \begin{bmatrix} 1 & 0.0000 & 1.5756 \\ 1 & -0.2253 & 0.5000 \\ 1 & 1.8270 & 0.0000 \end{bmatrix} \begin{bmatrix} Y' \\ Pb \\ Pr \end{bmatrix} \tag{9-80}$$

3. SMPTE-240M RGB 和 EBU RGB

SMPTE-240M RGB 和 EBU RGB 之间的转换关系如公式 9-81 和 9-82 所示:

$$\begin{bmatrix} R_{240} \\ G_{240} \\ B_{240} \end{bmatrix} = \begin{bmatrix} 0.7466 & 0.2534 & 0.0000 \\ 0.0187 & 0.9813 & 0.0000 \\ 0.0185 & 0.0575 & 0.9240 \end{bmatrix} \begin{bmatrix} R_{ebu} \\ G_{ebu} \\ B_{ebu} \end{bmatrix} \tag{9-81}$$

和

$$\begin{bmatrix} R_{ebu} \\ G_{ebu} \\ B_{ebu} \end{bmatrix} = \begin{bmatrix} 1.3481 & -0.3481 & 0.0000 \\ -0.0257 & 1.0257 & 0.0000 \\ -0.0254 & -0.0568 & 1.0822 \end{bmatrix} \begin{bmatrix} R_{240} \\ G_{240} \\ B_{240} \end{bmatrix} \tag{9-82}$$

4. SMPTE-240M RGB 和 BT.709 RGB

SMPTE-240M RGB 和 BT.709 RGB 之间的转换关系如公式 9-83 和 9-84 所示：

$$\begin{bmatrix} R_{240} \\ G_{240} \\ B_{240} \end{bmatrix} = \begin{bmatrix} 0.7151 & 0.2849 & 0.0000 \\ 0.0179 & 0.9821 & 0.0000 \\ 0.0177 & 0.0472 & 0.9350 \end{bmatrix} \begin{bmatrix} R_{709} \\ G_{709} \\ B_{709} \end{bmatrix} \tag{9-83}$$

和

$$\begin{bmatrix} R_{709} \\ G_{709} \\ B_{709} \end{bmatrix} = \begin{bmatrix} 1.4086 & -0.4086 & 0.0000 \\ -0.0257 & 1.0457 & 0.0000 \\ -0.0254 & -0.0440 & 1.0695 \end{bmatrix} \begin{bmatrix} R_{240} \\ G_{240} \\ B_{240} \end{bmatrix} \tag{9-84}$$

9.5.8　YCgCo 颜色空间

YCgCo 颜色模型是用亮度 Y(luminance)、绿色 Cg(chrominance green)和橙色 Co (chrominance orange)描述的颜色空间,用在 H.264/AVC 和 H.265/HEVC 等视像编码器中。与 YCbCr 相比,YCgCo 的计算比较简单,可改进压缩性能。

1. RGB→YCgCo

从 RGB 颜色模型转换到 YCgCo 模型,使用如公式 9-85 所示矩阵进行计算：

$$\begin{bmatrix} Y \\ Cg \\ Co \end{bmatrix} = \begin{bmatrix} 1/4 & 1/2 & 1/4 \\ -1/4 & 1/2 & -1/4 \\ 1/2 & 0 & -1/2 \end{bmatrix} = \begin{bmatrix} R \\ G \\ B \end{bmatrix} \tag{9-85}$$

亮度 Y 的取值范围为 $[0,1]$,绿色 Cg 和橙色 Co 的取值范围为 $[-0.5, 0.5]$。例如红色,在 RGB 模型中表示为 $(1, 0, 0)$,在 YCgCo 中则表示为 $(1/4, -1/4, 1/2)$。在处理器中,执行转换只需移位和加减操作。

2. YCgCo→RGB

从 YCgCo 颜色模型转换到 RGB 模型,使用如公式 9-86 所示矩阵转换,只需加减运算：

$$\begin{bmatrix} R \\ G \\ B \end{bmatrix} = \begin{bmatrix} 1 & -1 & 1 \\ 1 & 1 & 0 \\ 1 & -1 & -1 \end{bmatrix} = \begin{bmatrix} Y \\ Cg \\ Co \end{bmatrix} \tag{9-86}$$

练习与思考题

9.1　PAL 制彩色电视使用什么颜色模型? NTSC 制彩色电视使用什么颜色模型? 计算机图像显示使用什么颜色模型?

9.2　用 YUV 或 YIQ 模型来表示彩色图像的优点是什么? 为什么黑白电视机可接收彩色电视信号?

9.3　当 $R=G=B$ 且为任意数值时,问计算机显示器显示的颜色是什么颜色?

9.4　在 HSL 颜色空间中,当 H 为任意值,$S=L=0$ 时,R、G 和 B 的值是多少? 当 $H=0$, $S=1$, $L=0.5$,R、G 和 B 的值是多少?

9.5　打开 Windows 操作系统中的"画图"程序,在"编辑颜色"窗口中的红(R)、绿(G)、蓝(B)和色调(H)、饱和度(S)、亮度(L)对应显示上,如果设置 $R=G=B=255$,问 H、S 和 L 的值分别为多少？分别改变 R、G 和 B 的值，观察 H、S 和 L 的值的变化。

9.6　用 MATLAB 编写 RGB 到 HSL 和 HSL 到 RGB 颜色空间的转换程序：rgb2hsl.m 和 hsl2rgb.m。

9.7　用 MATLAB 编写 $Y'CbCr$ 和 $R'G'B'$ [0,219] 颜色空间的相互转换程序：RGB2YCbCr 和 YCbCr2RGB.m。

参考文献和站点

[1] Charles Poynton. A Guided Tour of Color Space. Feb. 1995. http://www.poynton.com/PDFs/Guided_tour.pdf.

[2] Charles Poynton. Frequently Asked Questions about Color. 1997, http://www.poynton.com.

[3] Adrian Ford，Alan Roberts. Colour Space Conversions.
① http://www5.informatik.tu-muenchen.de/lehre/vorlesungen/graphik/info/csc/COL_.htm, 1996；
② http://www.poynton.com/PDFs/coloureq.pdf, August 11, 1998.

[4] Foley，van Dam，Feiner，et al. Computer Graphics, Principles and Practice, Addison Wesley, Second Edition, 1990.

[5] Keith Jack. Video Demystified-A Handbook for the Digital Engineer, Fourth Edition. Elsevier Inc. 2005.

[6] Dirac Specification Version 2.2.3. Issued：September 23, 2008.

[7] Sabine Süsstrunk，Robert Buckley，Steve Swen. Standard RGB Color Spaces. 1999.

第10章 数字电视基础

电视是当代最有影响力的信息传播工具。电视是 20 世纪 20 年代的伟大发明，在 50 年代开发电视技术时，用任何一种数字技术来传输和再现真实世界的图像和声音都是极其困难的，因此电视技术一直沿着模拟信号处理技术的方向发展，直到 20 世纪 70 年代才开始开发数字电视。数字电视是从模拟电视发展而来的，因此本章的前半部分将介绍模拟电视的一些基础知识，后半部分介绍数字电视的基础知识。这些基础知识对理解 MPEG 标准和多媒体网络是极其有用的。

10.1 模拟彩色电视制

10.1.1 电视与电视制

电视的英文 television 名来自希腊语的 Tele-和拉丁语的-vision，前者表示 far(远)，后者表示 vision(看到的景物)，它的缩写为 TV。现在"电视"这个术语可理解为捕获、广播和重现活动图像和声音的远程通信系统，也可指观看到的活动图像和听到的声音。

电视有黑白电视和彩色电视之分。黑白电视是重现黑白图像的电视系统，而彩色电视是近似重现彩色图像的电视系统。彩色电视是在黑白电视基础上发展起来的，因此彩色电视系统的许多特性，如扫描、同步等都与黑白电视相同。

电视制(television system)是传输图像和声音的方法。黑白电视制按其扫描参数、电视信号带宽以及射频特性的不同来划分，目前世界上在用和不再使用的黑白电视制大约有 14 种。彩色电视制则按其在黑白电视系统上处理三种基色信号的不同方式来划分，目前世界上定义的彩色电视制主要有三种。

10.1.2 重现彩色图像的过程

根据三基色的基本原理，任何一种颜色都可以用 R、G、B 三个颜色分量按一定的比例混合得到，但要精确地重现自然景物中的彩色却是相当困难的。值得庆幸的是，科学家们对人的彩色视觉特性经过长期研究后发现，在重现自然景物彩色过程中，并不一定要恢复原景物辐射的所有光波成分，而重要的是获得与原景物相同的彩色感觉。图 10-1 说明用彩色摄像机摄取景物时，如何把自然景物的彩色分解为 R、G、B 分量，以及如何重现自然景物彩色的过程。

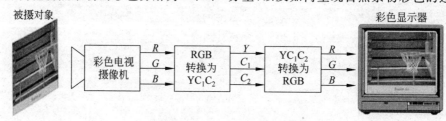

图 10-1 彩色图像重现过程

按照色度学的基本原理,用 R、G、B 三基色的各种线性组合可以构造出各种不同的彩色空间来表示景物的颜色。各种不同的彩色空间在不同的应用中也许会比原始的 RGB 彩色空间具有更有用的特性,更有效且更经济。因此在彩色电视中,用 Y、C_1、C_2 彩色表示法分别表示亮度信号和两个色差信号,C_1、C_2 的含义与具体的应用有关。在 NTSC 彩色电视制中,C_1、C_2 分别表示 I,Q 两个色差信号。在 PAL 彩色电视制中,C_1、C_2 分别表示 U、V 两个色差信号。在 CCIR 601 数字电视标准中,C_1、C_2 分别表示 Cr、Cb 两个色差信号。所谓色差是指基色信号中的三个分量信号(即 R、G、B)与亮度信号之差。

在彩色电视中,使用 Y、C_1、C_2 有两个重要优点:(1)Y 和色差(C_1、C_2)是相互独立的,因此彩色电视接收机和黑白电视接收机可以同时接收彩色电视信号,Y 分量可由黑白电视接收机直接使用而不需做任何进一步的处理;(2)可以利用人的视觉特性来节省信号的带宽和功率,通过选择合适的颜色模型,使 C_1、C_2 的带宽明显低于 Y 的带宽,而又不明显影响重现彩色图像的观看。因此,为了满足兼容性的要求,彩色电视系统选择了一个亮度信号和两个色差信号,而不直接选择三个基色信号进行传输。

10.1.3 彩色电视制

世界上现行的模拟彩色电视制主要有三种:NTSC、PAL 和 SECAM,它们互不兼容。

1. NTSC 制

NTSC 彩色电视制是 20 世纪 50 年代初美国国家电视系统委员会(National Television Systems Committee,NTSC)制定的彩色电视广播标准。美国、加拿大等大部分西半球国家以及日本、韩国、菲律宾和我国台湾地区采用这种制式。

NTSC 制被称为正交幅度调制(Quadrature Amplitude Modulation,QAM)彩色电视制。正交幅度调制是一种信号调制方法,它利用两个色差信号分别去调制频率相同但相位相差 90 度的两个色载波信号[①],它们相加后与亮度信号一起传送。NTSC 是一个兼容黑白电视信号的彩色电视信号编码系统,使得彩色广播信号可以被黑白电视接收设备接收。

NTSC 电视的主要特性包括:图像的宽高比为 4∶3,525 条扫描线,隔行扫描,30 帧每秒,视像带宽为 4.2MHz,使用 YIQ 信号,色度信号用正交幅度调制(QAM),声音用调频制(FM),总的电视通道带宽为 6MHz。

2. PAL 制

PAL 彩色电视制是 1963 年德国(西德)披露并于 1967 年开播的彩色电视广播标准。德国、英国等一些西欧国家,以及中国、朝鲜等国家采用这种制式。由于使用的一些参数细节不同,因此 PAL 制有 PAL-G,PAL-I 和 PAL-D 等制式。PAL-D 是我国大陆采用的制式。

PAL 制称为"逐行倒相(Phase-Alternative Line,PAL)"彩色电视制。由于它也采用正交幅度调制,因此也称逐行倒相正交平衡调幅制[②],它是为克服 NTSC 制存在相位敏感造成彩色失真而开发的。其中,"逐行倒相"的意思是颜色分量 V 的相位每隔一行反相一次。

PAL 电视制的主要特性包括:图像的宽高比为 4∶3,625 条扫描线,隔行扫描,25 帧图像

---

① 色差信号的调制输出 $C = I\sin(\omega \cdot t + 33°) + Q\cos(\omega \cdot t + 33°)$,其中 $\omega = 2\pi F_{SC}$,色载波频率 $F_{SC} = 3.579\ 545\text{MHz}$($\pm 10\text{Hz}$)。

② 色差信号的调制输出 $C = U\sin(\omega \cdot t) \pm V\cos(\omega \cdot t)$,其中 $\omega = 2\pi F_{SC}$,F_{SC} 见表 10-1 中的彩色副载波频率。

每秒,视像带宽至少为 4MHz,使用 YUV 颜色模型,色度信号用正交幅度调制,声音用调频制(FM),总的电视通道带宽为 8MHz。

3. SECAM 制

SECAM(法文：Sequential Coleur Avec Memoire)制是 1956 年开始开发于 1967 年开播的法国彩色电视广播标准,称为"顺序传送彩色与存储"彩色电视制。法国、俄罗斯、东欧和中东等约有 60 多个地区和国家使用这种制式。

与 PAL 制的主要差别是,SECAM 的色度信号使用频率调制(FM),PAL 用的是正交幅度调制,而且它的两个色差信号(红色差($R'-Y'$)和蓝色差($B'-Y'$)信号)是按行顺序传输的。

SECAM 制与 PAL 制具有相同的扫描线数(625 线每帧)、帧频(25 帧每秒,50 场每秒)和图像宽高比(4：3),视像带宽最高为 6MHz,总带宽为 8MHz。

4. 电视制的兼容性

NTSC、PAL 和 SECAM 是互不兼容的电视制。不兼容的含义可简单理解为 PAL 电视机不能观看 NTSC 制和 SECAM 制的电视节目,NTSC 制电视机不能观看 PAL 和 SECAM 制的电视节目,SECAM 制电视机也不能观看 PAL 制和 NTSC 制的电视节目。

NTSC、PAL 和 SECAM 制是彩色与黑白兼容的制式。这里说的兼容有两层意思：一是指黑白电视机能接收彩色电视广播,显示的是黑白图像,另一层意思是彩色电视机能接收黑白电视广播,显示的也是黑白图像,这叫逆向兼容性。为了既能实现兼容性而又要有彩色特性,彩色电视系统至少应满足两个基本要求：(1)必须采用与黑白电视相同的一些基本参数,如扫描方式、扫描行频、场频、刷新频率、同步信号、图像载频和伴音载频等；(2)需要将摄像机输出的三基色信号转换成一个亮度信号,以及代表色度的两个色差信号,并将它们组合成一个彩色全电视信号进行传送。在接收端,彩色电视机将彩色全电视信号重新转换成三个基色信号,在显示设备上重现发送端的彩色图像。

10.1.4 国际彩色电视标准

1961 年 ITU 为广播电视制制定了统一的标识方案,给每一种黑白电视制分配 A～N 中的一个字母,与 NTSC、PAL 和 SECAM 彩色电视制相结合,这样就制定了世界上的所有电视制,如我国大陆地区使用的彩色电视制是 PAL-D,美国使用的 NTSC-M,法国使用的SECAM。表 10-1 列出了世界上主要的彩色电视标准,但未包含日本用的 NTSC(J)。表中的数据是根据参考文献[1][2]整理的。

表 10-1　国际彩色电视标准

TV 制式	PAL					NTSC M	SECAM	
	B,G,H	I	D	N	M		B,G,H	D,K,K1,L
每帧的行数	625				525	525	625	
帧频(场频)	25(50)				30(60)	30(60)	25(50)	
行频(Hz)	15 625				15 750	15 734	15 625	
彩色副载波频率(Hz)	4 433 618 (±5)		3 582 056 (±5)		3 575 611 (±10)	3 579 545 (±10)	4 250 000(+U)±2kHz 4 406 500(−V)±2kHz	

TV 制式	PAL					NTSC M	SECAM	
	B,G,H	I	D	N	M		B,G,H	D,K,K1,L
视像带宽（MHz）	5.0	5.5	6.0	4.2	4.2	4.2	5.0	6.0
声音载波频率（MHz）	5.5	6.0	6.5	4.5	4.5	4.5	5.5	6.5
彩色调制	QAM					QAM	FM	

10.2　电视扫描和同步

10.2.1　电视的扫描方式

1. 隔行扫描与逐行扫描

扫描方式有隔行扫描和非隔行扫描（noninterlaced scanning）两种方式。隔行扫描常用字母"i"表示 interlaced scanning，非隔行扫描也称逐行扫描，常用字母"p"表示 progressive scanning。图 10-1 表示了这两种扫描方式的差别。黑白电视和彩色电视都用隔行扫描，而计算机显示图像时一般都采用逐行扫描。

在逐行扫描方式中，电子束从显示屏的左上角一行接一行地扫到右下角，在显示屏上扫一遍就显示一幅完整的图像，如图 10-2(a)所示。

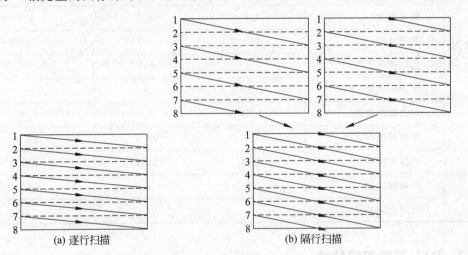

(a) 逐行扫描　　　　　　　　(b) 隔行扫描

图 10-2　图像扫描方式

在隔行扫描方式中，电子束扫完第 1 行后从第 3 行开始扫，接着扫第 5，7，…，一直扫到最后一行的中间，如图 10-2(b)所示。奇数行扫完后以同样的方式扫偶数行，这样就完成了一帧（frame）的扫描。由此可见，隔行扫描的一帧图像由两部分组成：一部分是由奇数行组成，称奇数场，另一部分是由偶数行组成，称为偶数场，两场合起来组成一帧。因此在隔行扫描中，无论是摄像机还是显示器，获取或显示一幅图像都要扫描两遍才得到一幅完整的图像。

在隔行扫描方式中，扫描的行数必须是奇数。如前所述，一帧画面分两场，第一场扫描总行数的一半，第二场扫描总行数的另一半。隔行扫描要求第一场结束于最后一行的中间，不管电子束如何折回,它必须回到显示屏顶部的中央,这样就可以保证相邻的第二场扫描恰好嵌在第一场各扫描线的中间。正是这个原因,才要求总的行数必须是奇数。

2. 电视扫描术语

在模拟电视扫描中,有几个常用的扫描术语需要熟悉,这些术语包括:

(1) 场频/场速率(field rate):其符号为 f_f,每秒钟扫描的场数。场频是根据人的视觉特性和电网频率(50Hz 或 60Hz)确定的,目的是使在屏幕上显示的图像看起来不会让人感觉到在闪烁,以及减小电网频率的干扰。例如,电网频率为 50Hz 的国家或地区,PAL 制的场频定为 50 场每秒。

(2) 帧频/帧速率(frame rate):其符号为 f_F,每秒扫描的帧数,并用帧每秒(frames per second,fps)做单位。PAL 制和 NTSC 制电视的帧频分别为 25fps 和 30fps。

(3) 行频/水平行速率(horizontal line rate):其符号为 f_H,每秒钟扫描的行数。例如,NTSC 制精确的帧频是 29.97Hz,525 行每帧,因此行频为 $29.97 \times 525 = 15\ 734$ 行/秒。

为便于比较,将 PAL、NTSC 和 SECAM 制的扫描和同步信号归纳在表 10-2 中。表中的一些参数的含义将在下面做更详细的解释。

表 10-2　电视扫描和同步信号参数

电视制		PAL	NTSC	SECAM
水平定时 (μs)	行周期(H)	64.0	63.55	64.0
	消隐宽度	11.8	10.8	11.8
	同步宽度	4.7	4.7	4.7
	前肩	1.3	1.3	1.3
	色同步起点	5.6	5.1	—
	色同步宽度	2.25	2.67	—
	均衡脉冲宽度	2.35	2.3	2.35
	场同步脉冲宽度	27.3	27.1	27.3
垂直(场) 同步	消隐宽度	25H	20H	25H
	均衡脉冲数	5	6	5
	场同步脉冲数	5	6	5

10.2.2　PAL 制的扫描特性

PAL 制电视的主要扫描特性包括:(1) 一帧图像的总行数为 625 行,分两场扫描;(2) 场扫描频率为 50Hz,周期为 20ms;(3) 帧频(也称刷新频率)为 25Hz,是场频的一半,周期为 40ms;(4) 行扫描频率是 15 625Hz,周期为 64μs。在发送电视信号时,每一行传送图像的时间为 52.2μs,其余 11.8μs 是行扫描的逆程时间,同时用作行同步和消隐。

图 10-3 表示黑白电视的扫描定时与同步信号,包括水平同步、场同步等信号。

值得提及的是,由于每一场的扫描行数为 625/2 = 312.5 行,其中 25 行作场回扫,不传送图像,传送图像的行数每场只有 287.5 行,因此每帧只有 575 行有图像显示。然而,计算机处理图像时将偶数场的第一行和奇数场的最后一行都作为完整的一行,奇数场和偶数场的有效显示行数就被认为都是 288 行,因此一帧图像的有效显示行数为 576 行。这就是有不少人争论的 575 还是 576 的问题。

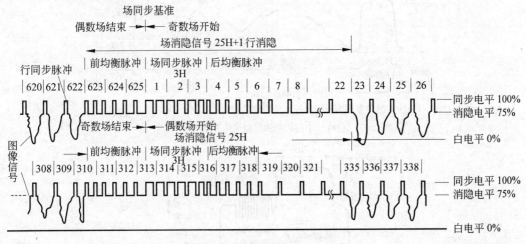

图 10-3 扫描定时与同步信号[①]

10.2.3 NTSC 制的扫描特性

NTSC 制电视的主要扫描特性包括:

(1) 一帧图像的总行数是 525 行,分两场扫描。

(2) 场扫描频率是 60Hz,周期为 16.67ms。每场的扫描行数为 $525/2=262.5$ 行,在每场的开始部分保留 20 条扫描线作为控制信号,因此一帧只有 485 条线可见。

(3) 帧频(刷新频率)为 30Hz(精确值 29.97),周期 33.33ms。

(4) 行扫描频率为 15 750Hz,周期为 $63.5\mu s$,其中水平回扫时间为 $10\mu s$(包含 $5\mu s$ 的水平同步脉冲),所以显示图像的时间是 $53.5\mu s$。

10.2.4 SECAM 制的扫描特性

SECAM 制电视的主要扫描特性与 PAL 制电视的扫描特性类似,详见表 10-2。

10.3 彩色电视信号的类型

10.3.1 复合电视信号

包含亮度、色差和所有定时的单一信号称为复合电视信号(composite video signal),也称为全电视信号。图 10-4(a)表示一个行周期的黑白全电视信号。在彩色电视系统中,色差信号通过色载波信号调制后加到每一扫描行的水平消隐信号上,如图 10-4(b)所示,再与图像亮度信号复合后得到彩色全电视信号。

---

① 在 A Note on CCIR/PAL-B Video Standard 中,场同步脉冲宽度是 3H,而在 closed circuit television (CCTV),Part 3:PAL signal timings and levels 和一些中文参考书中用的是 2.5H。由于前者是 CCIR/PAL 标准,因此本书采用的是 3H。

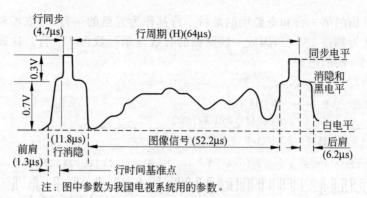

(a) 一个行周期的黑白全电视信号

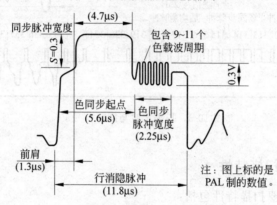

(b) 水平消隐间隔上的色差信号

图 10-4　复合电视信号

10.3.2　分量电视信号

分量电视信号(component video signal)是使用三个分离的颜色分量和同步信号进行记录和传输的电视信号。每个颜色分量既可用 RGB 表示,也可用亮度-色差表示,如 YUV、YIQ。使用分量信号是表示彩色电视信号的最好方法,但需要比较宽的带宽和同步信号。

10.3.3　S-Video 信号

S-Video(Separate Video)是亮度信号(Y)和色度信号(C)分开录制和处理的一种电视信号。使用 S-Video 有两个优点:(1)减少亮度信号和色差信号之间的交叉干扰。(2)不需要使用梳状滤波器来分离亮度信号和色差信号,这样可提高亮度信号的带宽。

S-Video 信号既不同于复合模拟电视信号,也不同于分量模拟电视信号,它是采用折中方案记录的彩色电视信号。复合电视信号是把亮度信号和色差信号复合在一起,使用一条信号电缆传输,而分量电视信号至少要用单独的三条信号电缆传输,S-Video 信号则使用单独的两条信号电缆,一条用于亮度信号,另一条用于色差信号,这两个信号称为 Y/C 信号。S-Video(Separate Video)也称 Y/C Video,也有人称为 Super Video。

S-Video 使用 4 针连接器,如图 10-5 所示,具体的规格见表 10-3。

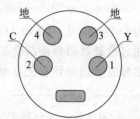

图 10-5　S-Video 连接器

表 10-3　S-Video 工业标准 4 针连接器规格

插　座　号	信　　　号	信号电平	阻　　抗
1	地(亮度)	—	—
2	地(色度)	—	—
3	亮度(包含同步信号)	1.0V	75ohms
4	色度	0.3V	75ohms

要注意的是,不要把 S Vidco 和 S-VHS(Super Video Home System)相混淆。S-Video 是定义信号电缆连接器的硬件标准,而 S-VHS(SVHS)称为高档家用录像系统,它是增强型 VHS 电视录像带的信号标准,提供的分辨率比 VHS 的分辨率高一些,噪声信号低一些。S-VHS 支持分离的亮度和色度信号输入/输出,取消了亮度和色度的复合-分离过程。

10.4　电视图像数字化

10.4.1　数字化方法

数字电视图像有很多优点。例如,可直接进行随机存储,使电视图像的检索变得很方便,复制数字电视图像和在网络上传输数字电视图像都不会造成质量下降,很容易使用计算机、视像和声音编辑软件对影视节目进行非线性编辑。

数字电视系统都希望用颜色分量数据表示电视图像,如用 YCbCr、YUV、YIQ 或 RGB 颜色分量。因此,电视图像数字化常用分量数字化(component digitization)这个术语,它表示对彩色空间的每一个分量进行数字化。电视图像数字化常用的方法有两种:

(1) 先从复合彩色电视图像中分离出颜色分量,然后对分量数字化。大多数电视信号源都是彩色全电视信号,如来自录像带、激光视盘、摄像机等的电视信号。对这类信号的数字化,通常的做法是首先把模拟的全彩色电视信号分离成 YCbCr、YUV、YIQ 或 RGB 彩色空间中的分量信号,然后用三个 A/D 转换器分别对它们数字化。

(2) 首先用一个高速 A/D 转换器对彩色全电视信号进行数字化,然后在数字域中进行分离,以获得所希望的 Y'CbCr、YUV、YIQ 或 RGB 分量数据。

10.4.2　BT.601 数字化标准

早在 20 世纪 80 年代初,国际无线电咨询委员会(CCIR)[1]就制定了彩色电视图像数字化标准,称为 CCIR 601 标准,现改为 ITU-R BT.601 标准。该标准规定了彩色电视图像转换成数字图像时使用的采样频率,以及 RGB 和 Y'CbCr 彩色空间之间的转换关系等。

1. 彩色空间转换

用 8 位二进制数表示 BT.601 的 Y'CbCr 分量,R'G'B'分量使用相同的数值范围[0,219],R'G'B'和 Y'CbCr 两个彩色空间之间的转换关系用下式表示:

---

① CCIR(Comit Consultatif International des Radiocommunications)的英文名称为 International Radio Consultative Committee,以前的 CCIR 标准现可在 ITU-R 或 ITU-B 目录中找到。

$$\begin{bmatrix} Y'_{601} \\ Cb \\ Cr \end{bmatrix} = \begin{bmatrix} 0.2990 & 0.5870 & 0.1140 \\ -0.1726 & -0.3388 & 0.5114 \\ 0.5114 & -0.4282 & -0.0832 \end{bmatrix} \begin{bmatrix} R'_{219} \\ G'_{219} \\ B'_{219} \end{bmatrix} + \begin{bmatrix} 16 \\ 128 \\ 128 \end{bmatrix}$$

2. 采样频率

CCIR 为 NTSC 制、PAL 制和 SECAM 制规定了共同的电视图像采样频率。这个采样频率也用于远程图像通信网络中的电视图像信号采样。

对 PAL 制、SECAM 制,采样频率 f_s 为

$$f_s = 625 \times 25 \times N = 15\ 625 \times N = 13.5\text{MHz}, N = 864$$

其中,N 为每一扫描行上的采样数目。

对 NTSC 制,采样频率 f_s 为

$$f_s = 525 \times 29.97 \times N = 15\ 734 \times N = 13.5\text{MHz}, N = 858$$

其中,N 为每一扫描行上的采样数目。

采样频率和同步信号之间的关系如图 10-6 所示。

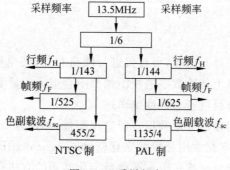

图 10-6　采样频率

3. 有效显示分辨率

对 PAL 制和 SECAM 制的亮度信号,每一扫描行采样 864 个样本;对 NTSC 制的亮度信号,每一扫描行采样 858 个样本。对所有的制式,每一扫描行的有效样本数均为 720 个。每一扫描行的采样结构如图 10-7 所示。

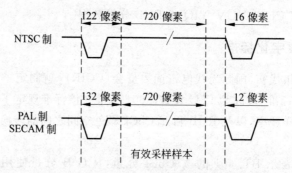

图 10-7　ITU-R BT.601 的亮度采样结构

4. ITU-R BT.601 标准摘要

ITU-R BT.601 用于对隔行扫描电视图像进行数字化,对 NTSC 和 PAL 制彩色电视的采

样频率和有效显示分辨率都作了规定。表 10-4 给出了 ITU-R BT.601 推荐的采样格式、编码参数和采样频率。

ITU-R BT.601 推荐使用 4:2:2 的彩色电视图像采样格式。使用这种采样格式时，Y 用 13.5MHz 的采样频率，Cr、Cb 用 6.75MHz 的采样频率。采样时，采样频率信号要与场同步和行同步信号同步。

表 10-4   彩色电视数字化参数摘要

| 采样格式 | 信号形式 | 采样频率 /MHz | 样本数/扫描行 | | 数字信号 取值范围** |
			NTSC*	PAL"	
4:2:2	Y	13.5	858(720)	864(720)	220 级(16～235)
	Cr	6.75	429(360)	432(360)	225 级(16～240) (128 ±112)
	Cb	6.75	429(360)	432(360)	
4:4:4	Y	13.5	858(720)	864(720)	220 级(16～235)
	Cr	13.5	858(720)	864(720)	225 级(16～240) (128 ±112)
	Cb	13.5	858(720)	864(720)	

* 括号中的数字为有效显示分辨率。

** 按照 ITU-R BT.601 标准，Y 的取值范围是 16～235，Cb 和 Cr 的取值范围是 16～240，把 128 作为偏移量，相当于 0。

10.4.3   CIF 电视图像格式

为了既可用 625 行的电视图像又可用 525 行的电视图像，CCITT 规定了称为公用中间分辨率格式(Common Intermediate Format，CIF)，1/4 公用中间分辨率格式(Quarter-CIF，QCIF)和小 1/4 公用中间分辨率格式(Sub-Quarter Common Intermediate Format，SQCIF)，具体规格见表 10-5。

CIF 格式具有如下特性：

（1）电视图像的空间分辨率为家用录像系统(VHS)的分辨率，即 352×288；

（2）使用非隔行扫描(non-interlaced scan)；

（3）使用 NTSC 的帧频，最大帧频为 30 000/1001≈29.97 幅/秒；

（4）使用 1/2 的 PAL 水平分辨率，即 288 线；

（5）对亮度和两个色差信号(Y、Cb 和 Cr)分量分别进行编码，它们的取值范围与 ITU-R BT.601 的规定相同，即黑色=16，白色=235，色差的最大值等于 240，最小值等于 16。

表 10-5   CIF、QCIF 和 SQCIF 图像格式参数

| 颜色分量 | CIF | | QCIF | | SQCIF | |
	行/帧	像素/行	行/帧	像素/行	行/帧	像素/行
亮度(Y)	288	360(352)	144	180(176)	96	128
色度(Cb)	144	180(176)	72	90(88)	48	64
色度(Cr)	144	180(176)	72	90(88)	48	64

10.5 图像子采样

图像子采样是数字图像压缩技术中最简单的压缩技术。这种压缩技术的基本依据是人的视觉系统具有的两个特性,一是人眼对色度信号的敏感程度比对亮度信号的敏感程度低,若把人眼刚刚能分辨出的黑白相间的条纹换成不同颜色的彩色条纹,眼睛就不再能分辨出单独的条纹,利用这个特性可以把图像中表达颜色的信号去掉一些而使人不易察觉;二是人眼对图像细节的分辨能力有一定的限度,利用这个特性可以把图像中的高频信号去掉而使人不易察觉。

10.5.1 图像子采样概要

对彩色电视图像进行采样时,可以采用两种采样方法。一种是使用相同的采样频率对图像的亮度信号和色差信号进行采样,另一种是对亮度信号和色差信号分别采用不同的采样频率进行采样。如果对色差信号使用的采样频率比对亮度信号使用的采样频率低,这种采样就称为图像子采样(subsampling)。

实践表明,使用图 10-8 所示的子采样格式,人的视觉系统对采样前后显示的图像质量没有感到明显差别。这些格式的压缩性能如下:

(1) 4∶4∶4　这种采样格式不是子采样格式,它是指在每条扫描线上每 4 个连续的采样点取 4 个亮度 Y 样本、4 个红色差 Cr 样本和 4 个蓝色差 Cb 样本,这就相当于每个像素用 3 个样本表示。

(2) 4∶2∶2　这种子采样格式是指在每条扫描线上每 4 个连续的采样点取 4 个亮度 Y 样本、2 个红色差 Cr 样本和 2 个蓝色差 Cb 样本,平均每个像素用 2 个样本表示。

(3) 4∶1∶1　这种子采样格式是指在每条扫描线上每 4 个连续的采样点取 4 个亮度 Y 样本、1 个红色差 Cr 样本和 1 个蓝色差 Cb 样本,平均每个像素用 1.5 个样本表示。

(4) 4∶2∶0　这种子采样格式是指在水平和垂直方向上每 2 个连续的采样点上取 2 个亮度 Y 样本、1 个红色差 Cr 样本和 1 个蓝色差 Cb 样本,平均每个像素用 1.5 个样本表示。

10.5.2 4∶4∶4 YCbCr 格式

在 625 扫描行系统中,采样格式为 4∶4∶4 的 YCbCr 样本的空间位置如图 10-9 所示。对每个采样点,Y、Cb、Cr 各取一个样本。对于消费类和计算机应用,每个分量的样本精度为 8 位;对于编辑类应用,每个分量的样本精度为 10 位。因此每个像素的样本需要 24 位或 30 位。

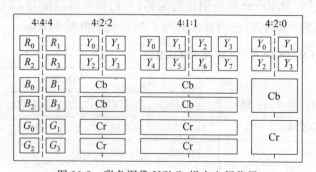

图 10-8　彩色图像 YCbCr 样本空间位置

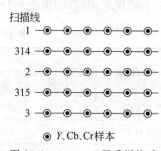

图 10-9　4∶4∶4 子采样格式

10.5.3 4:2:2 YCbCr 格式

在 625 扫描行系统中,采样格式为 4:2:2 的 YCbCr 样本的空间位置如图 10-10 所示。在水平扫描方向上,每 2 个 Y 样本有 1 个 Cb 样本和一个 Cr 样本。对于消费类和计算机应用,每个分量的样本精度为 8 位;对于编辑类应用,每个分量的样本精度为 10 位。显示图像时,对于没有 Cr 和 Cb 的 Y 样本,用前后相邻的 Cr 和 Cb 样本计算 Y 样本的 Cr 和 Cb。

10.5.4 4:1:1 YCbCr 格式

在 625 扫描行系统中,采样格式为 4:1:1 的 YCbCr 样本的空间位置如图 10-11 所示。这是数字电视盒式磁带(Digital Video Cassette,DVC)使用的格式。在水平扫描方向上,每 4 个 Y 样本各有一个 Cb 样本和一个 Cr 样本,每个分量的样本精度为 8 位。显示图像时,对于没有 Cr 和 Cb 的 Y 样本,用前后相邻的 Cr 和 Cb 样本计算 Y 样本的 Cr 和 Cb。

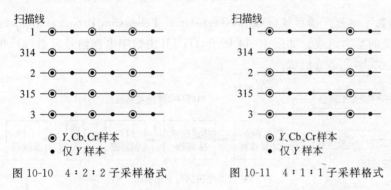

图 10-10 4:2:2 子采样格式   图 10-11 4:1:1 子采样格式

10.5.5 4:2:0 YCbCr 格式

1. H.261、H.263 和 MPEG-1

在 H.261、H.263 和 MPEG-1 中,采样格式为 4:2:0 的 YCbCr 样本的空间位置如图 10-12 所示。在水平方向和垂直方向上各有 2 个 Y 样本,再加这 4 个样本点的色差计算得到一个 Cb 样本和一个 Cr 样本,合计 6 个样本,每个分量的样本精度为 8 位或 10 位。

2. MPEG-2

在 MPEG-2 中,采样格式为 4:2:0 的 YCbCr 样本的空间位置如图 10-13 所示。虽然 MPEG-2 和 MPEG-1 都用 4:2:0 格式,但 MPEG-2 在水平方向上没有半个像素的偏移。

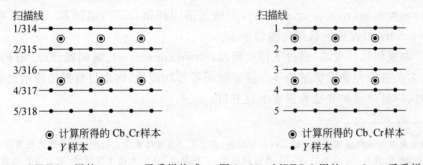

图 10-12 MPEG-1 用的 4:2:0 子采样格式   图 10-13 MPEG-2 用的 4:2:0 子采样格式

10.6 数字电视简介

10.6.1 数字电视是什么

数字电视(Digital TeleVision,DTV)可指使用数据压缩和数字传输技术传送视像和声音的广播通信系统,数字电视也可指用数字形式表示的活动图像和声音。为便于理解后续章节介绍视听数据的压缩技术,先简单介绍广播通信系统的一些基本概念或称术语。

目前传输数字电视用得最多的方式是使用无线通信卫星、地面无线广播和电缆,用它们传输的电视分别称为地面数字电视(digital terrestrial TV)、卫星数字电视(digital satellite TV)和有线数字电视(digital cable TV)。传输数字电视需要数字电视播出系统,接收数字广播电视需要数字电视机。现用的模拟电视机增加机顶盒[①]后可收看部分数字电视节目。

现以地面数字电视广播系统(Digital-Terrestrial-Television Broadcasting system,DTTB)为例,介绍系统的基本组成。如图 10-14 所示,DTTB 由数字电视信号发送(a)、传输通道和数字电视信号接收(b)三部分组成。

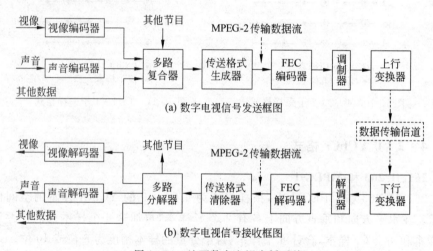

(a) 数字电视信号发送框图

(b) 数字电视信号接收框图

图 10-14 地面数字电视广播系统

在数字电视信号发送端,视像信号经过视像编码器压缩和编码,声音信号经过声音编码器压缩和编码,它们的输出与其他数据或电视节目数据,经过多路复合器和传输格式生成器形成MPEG-2 传输数据流(transport stream),再通过前向纠错(FEC)编码器、调制器和上行转换器(upper converter)发送到数据传输信道上。

在数字电视信号接收端,通过下行变换器(down converter)、解调器、FEC 解码器、传输格式清除器、多路分解器和视像解码器与声音解码器等功能块,将来自数据传输信道的信号还原成视像信号、声音信号和其他数据或电视节目。

---

① 机顶盒是在电视机顶部或旁边放置的电子设备,用于把来自通信通道上的电视信号转换成普通电视机可接收的信号。连接的通信通道可以是电话、ISDN、光纤或电缆。"机顶盒"这个术语比较笼统,过去主要是指电缆电视盒,现在可指接收数字电视的机顶盒或访问万维网的机顶盒。

数据传输信道是指数字卫星、无线电和电缆等传输媒体。

图中的 FEC(Forward Error Correction)编码器称为前向纠错编码器,用于对 MPEG-2 传输数据流进行纠错编码,其目的是在数据传输信道受到干扰而引发错误时,在接收端可用 FEC 解码器对产生的错误进行纠正。

10.6.2 数字电视标准

数字电视标准涵盖数据压缩和数据传输技术标准。目前世界上的数字电视还没有统一的技术标准,现用的数字电视标准有五种:(1)ATSC DTV(北美);(2)DVB(欧洲);(3)ISDB(日本);(4)DTMB(中国);(5)DMB(韩国)[①]。ATSC、DVB 和 ISDB 被认为是主要的三种数字电视标准。

1. 美国 ATSC DTV 标准

ATSC DTV 标准[3]是高级电视系统委员会(Advanced Television Systems Committee,ATSC)制定的数字电视标准。ATSC DTV 是系列标准,涵盖视像编码、多声道环绕声、数据广播、卫星直播等方面的规范,例如,A/52:2015:Digital Audio Compression (AC-3) (E-AC-3) Standard 和 A/53:ATSC Digital Television Standard 是其中的两个标准。

2. 欧洲 DVB 标准

DVB(Digital Video Broadcasting)标准[4][5]是 1992 年由欧洲电信标准学会(European Telecommunication Standards Institute,ETSI)制定的数字电视广播标准,由 ETSI 所属的 DVB Project 小组负责维护、开发和更新。DVB 的核心标准包括:

- DVB-T:地面数字电视广播系统标准,用于地面无线广播传输数字电视节目;
- DVB-S:卫星数字电视广播系统标准,用于通过卫星传输数字电视节目;
- DVB-C:有线数字电视广播系统标准,用于通过电缆传输数字电视节目;
- DVB-H:移动数字电视广播系统标准,用于通过手持设备接收数字电视节目。

由于 DVB 标准具有兼容性好、开放性强以及简单实用等特性,现已成为世界上影响力最大的数字电视标准体系,如 DVB-S 已成为世界性的数字卫星电视标准,DVB-C 已成为世界性的有线数字电视标准。

3. 日本 ISDB 标准

ISDB(Integrated Services Digital Broadcasting)标准[6]称为综合业务数字广播标准,是日本的数字广播专家组(Digital Broadcasting Experts Group,DiBEG)发布的数字电视广播系统标准。ISDB 的标准包括:

- ISDB-S:卫星数字电视广播系统标准;
- ISDB-T:地面数字电视广播系统标准;
- ISDB-C:有线数字电视广播系统标准。

为便于比较,表 10-6 综合了以上三种标准的概貌。这三种数字电视标准(ATSC、DVB、ISDB)的标准文档都可在各自的站点上免费下载。

随着数据压缩技术和数字信号传输技术的不断进步,数字电视标准也将不断更新。

---

① DMB (Digital Multimedia Broadcasting)是韩国开发和采用的数字多媒体广播系列标准。

表 10-6 　 三种数字电视标准概要

标准名称	美国 ATSC DVT			欧洲 DVB 标准			日本 ISDB 标准		
	地面	卫星	有线	地面	卫星	有线	地面	卫星	有线
调制方式①	8VSB/16VSB	QPSK	QAM	2k/8k 载波 COFDM	QPSK	QAM	COFDM	QPSK	QAM
视像编码*	MPEG-2/MPEG-4 AVC			MPEG-2/MPEG-4 AVC			MPEG-2/MPEG-4 AVC		
声音编码**	Dolby AC-3			MPEG-2 Audio/Dolby AC-3			MPEG-2 Audio/Dolby AC-3		
带宽(Hz)	6M			8M			27M		

* 视像编码标准包括 HEVC(H.265),MPEG-2 Video(H.262),MPEG-4 AVC(H.264);

** 声音编码包括 MPEG-2 Audio 和 MPEG-1 Audio,杜比数字(Dolby Digital)。

4. 中国 DTMB 标准

DTMB (Digital Terrestrial Multimedia Broadcasting)/数字电视地面多媒体广播标准颁布于 2006 年 8 月,全称为"数字电视地面广播传输系统帧结构、信道编码和调制",原为 DMB-T/H (Digital Multimedia Broadcasting-Terrestrial/Handheld)。DTMB 采用 H.264/AVC 标准,使用 OFDM 调制,我国(大陆、香港和澳门)、亚洲和中东部分国家已采用。

DTMB-A(数字地面电视广播的纠错、数据成帧、调制和发射方法)是 DTMB 的演进版,于 2015 年 6 月被定为 Rec. ITU-R BT.1306-7:Error-correction, data framing, modulation and emission methods for digital terrestrial television broadcasting。

10.6.3 数字电视格式

数字电视格式是一个模糊的术语,要根据前后文加以区别。数字电视格式既可指显示设备(如阴极射线管,液晶显示器)的显示分辨率,又可指电视图像大小的分辨率,但它们都是指每行每列单独的像素数目,通常用"宽度×高度"表示。例如,1024×768 表示每行 1024 像素,扫描行数 768,即垂直分辨率为 768。如果电视图像分辨率与显示分辨率是一致的,显示的电视图像是完整的,否则显示的电视图像不完整或偏小。

目前世界上的数字电视没有统一的格式,格式繁多,但大致可分成如下四种类型:

(1) LDTV(Low-Definition Television)/低清晰度电视,简称低清电视;

(2) SDTV(Standard Definition TeleVision)/标准清晰度电视,简称标清电视;

(3) EDTV(Enhanced Definition TeleVision)/增强清晰度电视;

(4) HDTV(High Definition TeleVision)/高清晰度电视,简称高清电视。

由于数字电视是从模拟电视发展而来的,世界上的模拟电视主要有 NTSC、PAL 和 SECAM 三大不兼容的彩色电视制,因此数字电视的格式明显带有各种彩色电视制的痕迹,如逐行扫描和隔行扫描方式,分辨率的大小和数目。隔行扫描方式会逐渐被逐行扫描方式取代,分辨率也可能会逐渐趋于一致,希望将来世界有一个统一的数字电视格式。

1. ATSC 格式

美国高级电视系统委员会(ATSC)定义了 18 种数字电视格式[9]。其中的 HDTV 和 SDTV 格式见表 10-7。

---

① 数字信号的调制技术将在本教材的第 3 部分介绍。其中,COFDM(Coded Orthogonal Frequency Division Multiplexing)/编码正交频分多路复用;QAM(Quadrature Amplitude Modulation)/正交幅度调制;QPSK(Quadrature Phase Shift Keying)/正交相移键控;8-VSB (8-level Vestigial SideBand)/8 级残留边带调制。

表 10-7　ATSC DTV 格式[8][9]

	水平像素	垂直扫描行数*	宽高比	帧频(Hz)**
HDTV	1920	1080p	16∶9	23.976, 24, 29.97, 30
		1080i	16∶9	29.97, 30
	1280	720p	16∶9	23.976, 24, 29.97, 30, 59.94, 60
SDTV	704	480p	16∶9	23.976, 24, 29.97, 30, 59.94, 60
		480i	16∶9	29.97, 30
		480p	4∶3	23.976, 24, 29.97, 30, 59.94, 60
		480i	4∶3	29.97, 30
	640	480p	4∶3	23.976, 24, 29.97, 30, 59.94, 60
		480i	4∶3	29.97, 30

* p＝progressive scanning,逐行扫描;i＝interlaced scanning,隔行扫描;

**23.976 和 24 为电影模式。

ATSC 早期定义数字电视格式时,曾经将 18 种格式分成 SDTV、EDTV、HDTV 三种类型,在一些文献中还能看到,其中的 EDTV 格式见表 10-8。

表 10-8　ATSC EDTV 格式

水 平 像 素	垂直扫描行数*	宽高比	帧频(Hz)**
704	480p	16∶9	60, 30, 24
704	480p	4∶3	
640	480p	4∶3	

* p＝progressive scanning,逐行扫描;i＝interlaced scanning,隔行扫描;

**24 为电影模式。

2. DVB 格式

欧洲广播联盟(EBU)和欧洲电信标准协会(ETSI)定义数字电视格式时,将数字电视广播格式分成 HDTV、SDTV 和 LDTV 三种类型[10],见表 10-9,但没有从 SDTV 格式中分离出EDTV 格式。

表 10-9　标准 DVB 格式(MPEG-2)[8]

	水平像素	垂直扫描行数*	宽高比	帧频(Hz)**
HDTV	1440	1152i	16∶9	25
		1080p	16∶9	23.976, 24, 29.97, 30
		1080i	16∶9	29.97, 30
	1920	1080p	16∶9	25
		1080i	16∶9	25
		1035i	16∶9	25, 29.97, 30
	1280	720p	16∶9	23.976, 24, 29.97, 30, 59.94, 60, 25, 50

	水平像素	垂直扫描行数 *	宽高比	帧频(Hz)**
SDTV	720	576p	16：9	24，25，50
			4：3	24，25，50
		576i	16：9，4：3	25
	544，480，352	576p	16：9，4：3	24，25
		576i	16：9，4：3	25
	720	480p	16：9，4：3	23.976，24，29.97，30，59.94，60
		480i	16：9，4：3	29.97，30
	640	480p	4：3	23.976，24，29.97，30，59.94，60
		480i	4：3	29.97，30
	544，480，352	480p	16：9，4：3	23.976，29.97
		480i	16：9，4：3	29.97
LDTV	352	288p	16：9，4：3	24，25
		240p	16：9，4：3	23.976，29.97

* p＝progressive scanning,逐行扫描;i＝interlaced scanning, 隔行扫描;
**23.976 和 24 为电影模式。

3. ISDB 格式

综合业务数字广播(ISDB)只定义了 SDTV 和 HDTV 两种类型的格式,见表 10-10。

表 10-10 ISDB 格式[8]

类型	格式 *	水平像素	垂直扫描行数	宽高比	帧频(Hz)
HDTV	1125i	1920	1080	16：9	29.97
	1125i	1440	1080	16：9	29.97
	750p	1280	720	16：9	59.94
SDTV	525p	720	480	16：9	59.94
	525i	720	480	16：9	29.97
	525i	544	480	16：9	29.97
	525i	480	480	16：9	29.97
	525i	720	480	4：3	29.97
	525i	544	480	4：3	29.97
	525i	480	480	4：3	29.97

* p＝progressive scanning,逐行扫描;i＝interlaced scanning, 隔行扫描。

10.6.4 超高清电视(UHDTV)

HD(high-definition)/高清是指显示屏幕的分辨率高,分辨率的范围为 2K(1920×1080)、

4K(3840×2160)、5K(5120×2880)、6K(6144×3160)、8K(7680×4320)。HDTV 电视的水平分辨率为 1920(≈2K)，因此简称为 2K 电视(2K TV)。

1. UHDTV 是什么

高清电视(HDTV)是指具有正常视力的观众可得到与观看原始景物时的感受几乎相同的数字电视。UHDTV (Ultra-High-Definition TeleVision)/超高清电视是指屏幕分辨率比 HDTV 高的数字电视，在水平和垂直方向提供更宽的视野，也称 Ultra HD、UHD、Super Hi-Vision。

UHDTV 电视通常是指：(1)4K 电视(4K TV)，它的屏幕分辨率为 3840×2160p；(2)8K 电视(8K TV)，它的分辨率为 7680×4320p。几种数字电视格式的比较如图 10-15(a)所示。

图中的数字影院(digital cinema)是指使用数字技术发行或播放电影；Red Digital Cinema 是指美国红色数字电影摄影机公司(Red Digital Cinema Camera Company)的规范。

2. 观看距离

电视观众与屏幕之间的距离称为观看距离。观看距离与电视机的尺寸相关，因此常用视角(field-of-view)来度量，如图 10-15(b)所示，视角定了，距离就知道了。观看距离到底是多少才合适，专家、厂家和观众都有研究和说法。例如，美国电影电视工程师协会(SMPTE)对 HDTV 的观看距离就做了深入研究，并提出了建议，视角 $\theta \approx 30°$，距离 $D \approx 1.6 \times$(屏幕对角线长度 L)。视角不容易度量，通常把它换成距离：

- 对于 HDTV 电视，$D \approx 3 \times H$(屏幕高度)，相应于 $\theta \approx 30°$。
- 对于 4K 电视，$D \approx 1.5 \times H$(屏幕高度)，相应于 $\theta \approx 60°$。

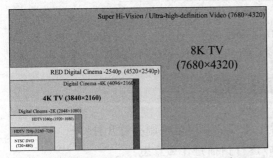

(a) 分辨率比较: 8K UHDTV, 4K UHDTV, HDTV和SDTV　　　(b) 高清晰度电视的观看视角和距离

图 10-15　超高清电视与观看距离

3. 电视格式

在 2012 年发布的 Rec. 2020(ITU-R Recommendation BT. 2020)文件中，对 UHDTV 的显示分辨率、帧频、采样、位深度和颜色空间等参数都做了详细规定，Report ITU-R BT. 2246-1 (2012)[12]对 UHDTV 的研究做了详细报告。UHDTV 的格式如表 10-11 所示。

表 10-11　UHDTV 格式[11]

类型	格式	水平像素	垂直扫描行数	宽高比	帧频(Hz)
UHDTV	4K TV	3840	2160p	16∶9	120, 60, 60/1.001, 50, 30, 30/1.001, 25, 24, 24/1.001
	8K TV	7680	4320p	16∶9	

4. 颜色空间

UHDTV(Rec. 2020)在 CIE 1931 色度图上显示的颜色空间如图 10-16 所示,它比 NTSC 和 PAL 的颜色空间宽得多,参看图 10-16"颜色重现范围"。图中的大三角形为 UHDTV 的颜色空间,小三角形为 HDTV(Rec. 709)的颜色空间,白光点都是使用 CIE 标准光源 D65。

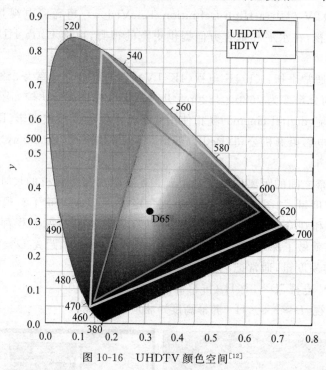

图 10-16 UHDTV 颜色空间[12]

练习与思考题

10.1 电视是什么?电视制是什么?世界上主要的彩色电视制有哪几种?

10.2 隔行扫描是什么意思?非隔行扫描/逐行扫描是什么意思?

10.3 电视机和计算机的显示器各使用什么扫描方式?

10.4 在 ITU-R BT.601 标准中,PAL 和 NTSC 彩色电视每条扫描线的有效显示像素是多少?

10.5 S-Video 信号是什么?它的连接器结构什么样?

10.6 对彩色图像进行子采样的理论根据是什么?

10.7 图像子采样是在哪个彩色空间进行的?

10.8 一幅 YUV 彩色图像的分辨率为 720×576 像素。分别计算采用 4:2:2、4:1:1 和 4:2:0 子采样格式采样时的样本数。

10.9 数字电视是什么?

10.10 数字电视的主要传输方式是哪三种?

10.11 高清晰度电视(HDTV)是什么?

参考文献和站点

[1]　Keith Jack. Video Demystified. A Handbook for the Digital Engineer. Fifth Edition. Elsevier Inc. ,2007.

[2]　Video Conversion Service. http://www. alkenmrs. com/video/standards. html.

[3]　美国高级电视系统委员会主页. http://www. atsc. org/.

[4]　DVB(Digital Video Broadcasting). https://www. dvb. org/standards.

[5]　欧洲电信标准协会(ETSI). http://www. etsi. org/standards.

[6]　日本数字广播专家组的主页. http://www. dibeg. org/.

[7]　数字音视频编解码技术标准工作组. http://www. avs. org. cn/.

[8]　Television Standards-formats and techniques. http://www. paradiso-design. net/videostandards _ en. html,2016.

[9]　Advanced Television Systems Committee,Doc. A/54A, 4 December 2003,Recommended Practice：Guide to the Use of the ATSC Digital Television Standard.

[10]　ETSI TS 101 154 V1. 7. 1 (2005-06). Digital Video Broadcasting (DVB)；Implementation guidelines for the use of Video and Audio Coding in Broadcasting Applications based on the MPEG-2 Transport Stream.

[11]　Recommendation ITU-R BT. 2020 (08/2012). Parameter values for ultra-high definition television systems for production and international programme exchange.

[12]　Report ITU-R BT. 2246-1 (08/2012). The present state of ultra-high definition television.

第11章 MPEG 介绍

MPEG 标准一直是许多大学和团体的科学研究和技术开发热点,也是工业界产品开发的热点。MPEG 标准阐明了视像和声音的编码和解码过程,严格规定了图像和声音数据编码后组成位流的语法,提供了解码器的测试方法,但没有对所有内容都作严格规定,尤其是对压缩和解压缩的算法,这样既可保证解码器对符合 MPEG 标准的视像和声音数据进行正确解码,又给 MPEG 标准的具体实现留有很大余地,这是 MPEG 标准与其他传统标准的重要区别。在这个标准框架下,人人都可以充分发挥自己的聪明才智,不断改进编码和解码算法,提高视像和声音质量以及编码效率。事实已经证明,在 MPEG 专家组的这个重要思想指导下,新算法不断涌现,新标准不断提出。

毫无疑问,MPEG 就是多媒体标准。在组织本章内容的过程中,笔者不仅看到了 MPEG 的过去,MPEG 的现在,而且看到了 MPEG 未来的规划,尤其是与多媒体网络(第三部分介绍)紧密相连,深感 MPEG 专家具有远见卓识,站得高看得远。这些内容对我们教学材料的组织、科学研究和技术开发的选题都有很大的指导意义。

11.1 MPEG 简介

11.1.1 MPEG 是什么

MPEG(Moving Picture Expert Group)/动态图像专家组是在 1988 年 5 月由国际标准化组织(ISO)和国际电工委员会(IEC)联合成立的专家组,称为 ISO/IEC JTC 1(Joint Technical Committee),正式名称是 ISO/IEC JTC 1/SC 29/ WG 11,如图 11-1 所示。MPEG 专家组的任务是负责开发视像和声音的编解码和传输标准,专家组开发的标准称为 MPEG 标准。

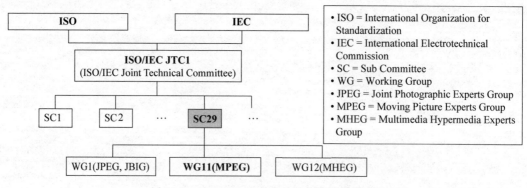

图 11-1　ISO/IEC 联合成立的 MPEG 专家组

11.1.2 MPEG 标准的组成部分

随着 MPEG-1 和 MPEG-2 标准获得的巨大成功,以及因特网的迅速发展,2000 年前后相继发布了 MPEG-4、MPEG-7 和 MPEG-21 标准,其后又提议开发包括 MPEG-H 在内的多种标准。已经开发、正在完善和新开发的 MPEG 标准见表 11-1。

表 11-1　MPEG 标准组(2016 年 7 月)

MPEG	标准编号	版本	标　题
MPEG-1	ISO/IEC 11172	1992	Coding of moving pictures and associated audio for digital storage media at up to about 1.5Mb/s(用于数据速率高达大约 1.5Mb/s 的数字存储媒体的视像和伴音编码技术)
MPEG-2	ISO/IEC 13818	1994	Generic coding of moving pictures and associated audio information(动态图像及其伴音信息的通用编码)
MPEG-3	—	—	合并到 MPEG-2
MPEG-4	ISO/IEC 14496	1999	Coding of audio-visual objects(视听对象编码)
MPEG-7	ISO/IEC 15938	2002	Multimedia content description interface(多媒体内容描述接口)
MPEG-21	ISO/IEC 21000	2001	Multimedia framework(MPEG-21)(多媒体框架)
MPEG-A	ISO/IEC 23000	2007	Multimedia application format(MPEG-A)(多媒体应用格式)
MPEG-B	ISO/IEC 23001	2006	MPEG systems technologies(多媒体系统技术)
MPEG-C	ISO/IEC 23002	2006	MPEG video technologies(MPEG 视像技术)
MPEG-D	ISO/IEC 23003	2007	MPEG audio technologies(MPEG 声音技术)
MPEG-E	ISO/IEC 23004	2007	Multimedia Middleware(多媒体中间件)
MPEG-H	ISO/IEC 23008	2013	High Efficiency Coding and Media Delivery in Heterogeneous Environments(高效视像编码和异构环境下的媒体传输)
MPEG-M	ISO/IEC 23006	2010	MPEG extensible middleware(MXM)(MPEG 扩展中间件)
MPEG-U	ISO/IEC 23007	2010	Rich media user interfaces(富媒体用户接口)
MPEG-V	ISO/IEC 23005	2011	Media context and control(媒体前后关系和控制)
MPEG-DASH	ISO/IEC 23009	2012	Information technology-DASH(Dynamic Adaptive Streaming over HTTP)(在 HTTP 上的动态自适应数据流)

11.1.3 MPEG 文档的创建过程

MPEG 专家组的文档开头通常都标有"ISO/IEC JTC 1/SC 29/ WG 11"字样,简称 MPEG 文档。在查找和阅读 MPEG 文档时,我们经常还会看到以 FCD 开头再加阿拉伯数字的文档,如 FCD 14496,要理解它的含义就需要了解 MPEG 文档的产生过程。与其他 ISO 标准文档类似,MPEG 标准文档的创建过程分成 4 个阶段,各阶段的文档分别称为工作草案(WD)、委员会草案(CD)和最终草案(FCD)、国际标准草案(DIS)和最终国际标准草案(FDIS)以及国际标准(IS),即 WD→(CD→FCD)→(DIS→FDIS)→IS,各自的含义如下:

(1) WD(Working Draft):MPEG 工作组(Working Group,WG)准备的工作文档草案。

(2) CD(Committee Draft)：从 MPEG 工作组准备好的工作草案(WD)提升上去的文档。这种文档将由 ISO/IEC 联合技术委员会(JTC 1)内部进行调查研究,然后对它进行投票表决,投票表决通过后的文档叫作委员会最终草案(Final Committee Draft,FCD)。

(3) DIS(Draft International Standard)：从 JTC 1 委员会最终草案(FCD)提升上去的文档。JTC 1 委员会内部对 FCD 文档的修改和说明进行调查研究,然后再次进行投票表决,投票表决通过后的文档叫作国际标准最终草案(Final Draft International Standard,FDIS)。

(4) IS(International Standard)：由投票成员国、ISO/IEC 的其他部门和委员会投票通过之后出版发布的国际标准。

每个 MPEG 文档都分配一个唯一的 ISO/IEC 标准号,在国际标准文档的开发过程中自始至终都用这个标准号,如 MPEG-1 的标准号是 ISO/IEC 11172。

11.1.4 MPEG 标准的重要性

MPEG 标准的开发对我们的生活和工作已经产生了巨大的影响,并将继续产生深远的影响,不论你是否意识到或感受到。

在 20 世纪 90 年代,VCD(Video CD)影视是 MPEG-1 标准的典型应用,虽然它的质量仅相当于家用录像系统(VHS)的质量,但在世界上已经销售了无数的 VCD 播放机,在 PC 上几乎都安装了 VCD 播放器(软件),销售的 VCD 影视光盘也要用"亿"做单位来计算,而 MP3(MPEG-1 Audio Layer Ⅲ)是 MPEG-1 标准的另一个大规模的应用实例。

MPEG-1 和 MPEG-2 都是用于减少存储数字电视所需要的存储容量,以及降低传输数字电视所需要的传输带宽,它们已经成为许多数字电视设备的心脏,如 VCD/DVD 播放器和数字电视机顶盒等。它们的典型应用和编码参数见表 11-2。

表 11-2   MPEG-1 和 MPEG-2 的典型编码参数

名 称		MPEG-1	MPEG-2
标准化时间		1992 年	1994 年
主要应用		数字电视,VCD 影视	数字电视,DVD 影视
图像格式	PAL	360 像素/行×288 行/帧×25 帧/秒	720 像素/行×576 行/帧×25 帧/秒
	NTSC	352 像素/行×240 行/帧×30 帧/秒	720 像素/行×480 行/帧×30 帧/秒
数据位速率		1.5Mb/s	15Mb/s
视像的质量		相当于家用录像系统(VHS)	相当于 NTSC/PAL 电视
数据压缩比		20~30	30~40

MPEG-4 标准推荐采用对象编码技术,以进一步减少视像数据和声音数据的数据量,这将对数字电视和多媒体通信产生深刻的影响;MPEG-7 和 MPEG-21 将对多媒体的内容检索和多媒体数据库管理系统[①]的发展产生深刻影响。

进入 21 世纪后,H.264/MPEG-4 AVC 和 H.265/MPEG-H HEVC 的成功开发,进一步

---

①   多媒体数据库管理系统(multimedia database management system)是多媒体数据库和用户之间的接口软件,用于组织、创建、存储、修改、查询、检索、分类、备份、格式和打印多媒体数据库中的数据,并维护数据的安全和数据的完整性。

提高了数据压缩性能,这些标准将在 HDTV、UHDTV(4K 和 8K)电视广播中大显身手。

标准是人类智慧的结晶,凝聚着人类认识世界和改造世界的历史经验。在有标准可循的情况下,开发软硬件产品要遵循标准,在还没有标准可循的情况下,要力争把我们的科研成果变成标准。

11.2 MPEG-1 数字电视标准

11.2.1 MPEG-1 是什么

MPEG-1(ISO/IEC 11172)是 MPEG 专家组于 1992 年发布的第一个数字电视编码标准,包括图像数据和声音数据的编码。视像编码主要针对画面为 1/4 的 NTSC 和 PAL 制数字视像,压缩比约为 30:1,视像质量相当于家用录像系统(VHS)的质量。声音编码主要针对采样频率为 44.1kHz 的声音数据,定义了 3 个层次的压缩比,压缩比约为 6:1 时,声音质量接近激光唱片上的声音质量。

这个标准主要是针对 20 世纪 90 年代初期的 CD-ROM Mode 2 开发的,它的数据传输能力只有 1.4Mb/s,参阅第 16 章"光盘存储格式",因此 MPEG-1 的最高数据速率限定在 1.5Mb/s。MPEG-1 标准主要用于在 CD 光盘上存储数字影视、在网络上传输数字影视以及存放 MP3(MPEG-1 Layer 3)格式的数字音乐节目。

11.2.2 MPEG-1 的系统模型

MPEG-1 的基本目标是规范视像压缩和声音数据的编码。MPEG-1 Video(视像)标准支持的典型视像是子采样为 4:2:0 或 4:1:1 的两种视像格式:(1)NTSC 制彩色电视数字化后的 CIF 格式,分辨率为 352 像素/行×240 行/帧×30 帧/秒;(2)PAL 制彩色电视数字化后的 CIF 格式,分辨率为 352 像素/行×288 行/帧×25 帧/秒。经过压缩的视像输出速率为 1.15Mb/s。

MPEG-1 Audio(声音)标准支持的声音采样频率最高为 48kHz,样本精度为 16 位,压缩后的声音数据速率分三个层次,规定的最高速率分别为 384、256 和 192kb/s,压缩后还原的声音质量接近于激光唱盘上的声音质量。MPEG-1 的总数据率控制在 1.5Mb/s 左右。

MPEG-1 标准的系统模型主要由编码系统和解码系统两大部分组成,解码是编码的逆过程,如图 11-2 所示。图 11-2(a)是 MPEG-1 的编码系统,图 11-2(b)是 MPEG-1 的解码系统。

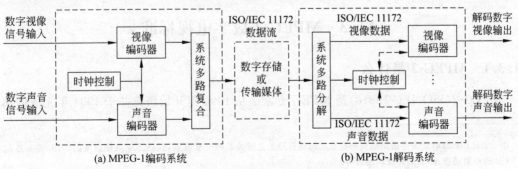

图 11-2　MPEG-1 系统模型

编码系统由两个部分组成：(1)视像编码和声音编码；(2)系统层上的多路数据复合。

在 MPEG-1 Systems(ISO/IEC 11172-1)文档中定义了一套语法①和语义②规则,用于表示如何将经过压缩的视像数据、声音数据以及其他相关数据进行组合和实现同步,其目的是生成单一数据位流,以便于存储和传输。语法规则只用于系统层的编码,不扩展到视像和声音数据层的编码,而语义规则用于组合数据位流。

在图 11-2 所示的系统中,虽然 MPEG-1 Systems 文档没有指定编码器或解码器的具体结构和实现方法,但要求生成的数据流必须符合 MPEG-1 Systems 的规定。这样做的好处是有利于开发和使用性能更好的编码器和解码器。实践表明,MPEG-1 标准发布后的十多年里,市场上涌现了无数性能不同、使用场合不同的硬件或软件编码器和解码器,极大地推动了科学和技术的进步。

11.2.3　MPEG-1 标准的文档

MPEG-1(ISO/IEC 11172)标准定义了的语法和语义规则由五个部分组成,见表 11-3 所示。

Part 1 (MPEG-1 System)：用于视像数据、声音数据及其他相关数据的同步；

Part 2 (MPEG-1 Video)：用于电视数据的编码和解码；

Part 3 (MPEG-1 Audio)：用于声音数据的编码和解码；

Part 4 (MPEG-1 Conformance Testing)：详细说明如何测试位流(bit stream)和解码器是否满足 Part 1、Part 2 和 Part 3 所规定的要求,这些测试可由厂商和用户实施；

Part 5 (MPEG-1 Software Simulation)：这部分的内容不是标准,而是包含 C 语言代码的参考软件(Reference Software),并给出了用参考软件执行前三个部分的结果。

表 11-3　MPEG-1(ISO/IEC 11172)标准的组成部分

Part	初　　版	标 准 名 称
Part 1	1993	Systems（系统）
Part 2	1993	Video（视像）
Part 3	1993	Audio（声音）
Part 4	1995	Conformance Testing（一致性测试）
Part 5	1998	Software Simulation（软件模拟）

11.3　MPEG-2 数字电视标准

11.3.1　MPEG-2 是什么

MPEG-2(ISO/IEC 13818)是 MPEG 专家组从 1990 年开始研究并于 1994 年完成的第二

---

①　语法(syntax)是决定语句结构的符号之间或符号组之间关系的一套规则,包括压缩数据位流的结构、相互连接、模拟 VCR 的控制功能、附加的环绕声通道等。

②　语义(semantics)是由符号或符号组和它们之间的关系所体现的含义。

个数字电视编码标准，是与数字电视广播和有线数字电视有直接关系的高质量图像和声音编码标准。MPEG-2 是 MPEG-1 标准的扩展，它们的基本编码算法相同，但 MPEG-2 增加了许多 MPEG-1 所没有的功能，如支持高分辨率的视像、大范围的数据速率、多声道的环绕声、多种视像分辨率、位速率可变（scalability）、隔行扫描等特性。由于增加了如此多的特性，再加 MPEG-1 的技术就形成了单独的 MPEG-2 标准。

MPEG-2 要达到的目标是电视数据压缩后的数据位速率最低为 4Mb/s，最高可达 100Mb/s。MPEG-2 的典型应用是 DVD 影视和广播级质量的数字电视，包括美国的 ATSC DTV、欧洲的 DVB 以及日本的 ISDB。MPEG-2 也是在因特网上传输数字电视的标准。

11.3.2　MPEG-2 的系统模型

MPEG-2 的系统模型与 MPEG-1 的系统模型类似，主要由编码系统和解码系统两大部分组成。如图 11-3 所示，图 11-3(a) 是 MPEG-2 的编码系统，图 11-3(b) 是 MPEG-2 的解码系统。编码系统由两个部分组成：(1)视像编码和声音编码；(2)数据打包和多路数据复合。

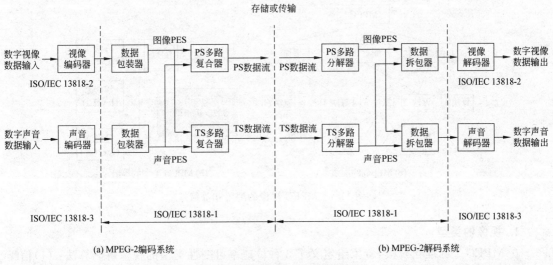

图 11-3　MPEG-2 系统模型

MPEG-2 视像规范支持的典型视像格式有两种：(1)来自 NTSC 制彩色电视数字化后的标准格式，分辨率为 720 像素/行×480 行/帧×30 帧/秒；(2)来自 PAL 制彩色电视数字化后的标准格式，分辨率为 720 像素/行×576 行/帧×25 帧/秒。

MPEG-2 声音规范除支持 MPEG-1 声音规范外，还提供高质量的环绕声，如 5.1 声道的环绕声。经过压缩后还原得到的声音质量接近于激光唱盘上的声音质量。

MPEG-2 将视像数据、声音数据和其他数据组合成在一起，生成适合存储或者传输的基本数据流。数据流有两种类型：(1)节目数据流（Program Stream，PS），由一个或多个打包的基本数据流（Packetized Elementary Streams，PES）组合生成的数据流。节目数据流用在出现错误相对比较少的环境，适合使用软件处理的系统，如 DVD 存储系统；(2)传输数据流

(Transport Stream,TS)；由一个或多个 PES 组合生成的数据流，用在出现错误相对较多的环境下，如数字电视广播、有损失或有噪声的传输系统。

11.3.3 MPEG-2 的类型与等级

1. 配置和等级的概念

MPEG 标准覆盖的应用范围很广，在不同环境下应用时，为避免增加具体应用系统的复杂性和浪费传输带宽，MPEG 专家组为此引入了 profile 和 level 的概念，从标准中组合形成若干个 profile，对每个 profile 指定不同的 level，其结构如图 11-4 所示。

在 MPEG 标准文件中，(1) profile 定义为一个指定的语法子集（A specified subset of the syntax），用于指定不同应用系统需要使用的算法（algorithm），以及执行每种算法需要的工具（tool），如图 11-4(a)所示。例如，某种 profile 要用小波图像编码算法，执行这种算法需要使用离散小波变换（DWT）、嵌入式零树小波编码（EZW）等工具。(2) level 定义为在特定 profile 下的一个限定取值的参数集，用于指定不同的计算复杂度[①]和视像参数（分辨率、帧速率、数据率等），如图 11-4(b)所示。

配置和等级的概念不仅用于 MPEG-2，而且也用于 MPEG 的其他标准。

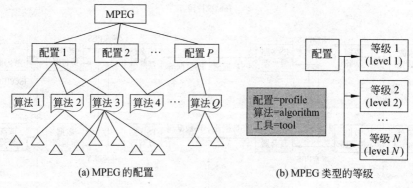

(a) MPEG 的配置　　　　　　　　　　(b) MPEG 类型的等级

图 11-4　MPEG 视像的配置和等级

2. 视像的类型

在 MPEG-2 标准化阶段，专家组定义了 3 种位速率可变性类型的视像解码算法：(1)信噪比可变性（signal-to-noise scalability）：数据率与图像质量折中，对于数据率比较低的解码器使用比较低的信噪比；(2)空间分辨率可变性（spatial scalability）：数据率与视像空间分辨率的折中，对于低速率的接收器使用比较低的图像分辨；(3)时间分辨率可变性（temporal scalability）：数据率与视像时间分辨率的折中。

MPEG-2 定义了 5 种类型的配置，相应 5 种类型的视像，见表 11-4，简称为：(1)简单型（Simple Profile，SP），只有 I（帧内）图像和 P（预测）图像，没有 B（双向）预测图像；(2)主流型（Main Profile，MP），比简单型增加了 B 图像；(3)信噪比可变型（SNR scalable Profile，SNRP），在主流型基础上增加了信噪比可变的功能；(4)空间分辨率可变型

---

① 计算复杂度（computational complexity）是解决一个计算问题所需要的步骤数或算术运算的次数。

（Spatial Scalable Profile，SSP），在主流型基础上增加了视像空间分辨率可变功能；（5）高档型（High Profile，HP），除支持 SPP 的功能外，采用 4：2：2 子采样格式，以提高视像质量，并添加其他功能。

表 11-4　MPEG-2 的视像类型

缩写	视像类型的名称	执行算法的工具	图像类型*	子采样
HP	High Profile(高档配置型)	支持 SPP 的功能，添加其他规定功能	P,I,B	4：2：2
SPP	Spatial scalable Profile（空间分辨率可变配置型）	支持 MP 的功能，添加空间分辨率可变算法(2层)	P,I,B	4：2：0
SNRP	SNR scalable Profile（信噪比可变配置型）	支持 MP 的功能，添加信噪比可变编码算法(2层)	P,I,B	4：2：0
MP	Main Profile(主流配置型)	支持 I,P,B 图像，支持随机存取	P,I,B	4：2：0
SP	Simple Profile(简单配置型)	支持 I,P 图像但不支持 B 图像	P,I	4：2：0

* I、P、B 的含义将在第 12 章介绍。

3. 视像的等级

MPEG-2 初期的编码对象是按照 BT.601 标准数字化后的视像，即 PAL 制电视（704 像素/行×576 行/帧×25 帧/秒）和 NTSC 制电视（704 像素/行×480 行/帧×30 帧/秒）。除了要支持 MPEG-1 的视像编码对象外，MPEG-2 后来扩展到支持 HDTV 电视格式。MPEG-2 专家组引入的等级（level）就是用于指定不同的视像格式，对每个等级指定一套参数，如图像分辨率、扫描方式、帧速率和位速率。

MPEG-2 标准按不同的视像分辨率和刷新频率定义了 4 个等级，通常称为"视像分辨率等级"，见表 11-5，分别是：（1）低级（Low Level，LL），视像格式为公用中分辨率格式（CIF）；（2）基本级（Main Level，ML），视像格式为 ITU-R BT601 格式；（3）高级-1440（High-1440 Level，H14L），视像格式为 HDTV 中的一种格式；（4）高级（High Level，HL），视像格式为 HDTV 中的一种格式。

表 11-5　MPEG-2 视像的等级

缩写	等级名称	最大分辨率 （样本/行）×（行/帧）	最大帧频 （fps）	最高数据率 （Mb/s）
HL	HIGH Level（高级）	1920×1152	60	80
H14L	HIGH-1440 Level（高级 1440）	1440×1152	60	60
ML	MAIN Level（基本级）	720×576	30	15
LL	LOW Level（低级）	352×288	30	4

4. 类型与等级的组合

类型与等级的组合就定义了 MPEG-2 视像标准支持的特定应用子集，见表 11-6。在 MPEG-2 标准文件中，各种类型的配置是定义视像质量的可变性和颜色空间分辨率的语法子集,各种等级是定义图像分辨率和每种配置的最大位速率的参数集。有些人认为使用4:2:0子采样格式的视像质量还不够好,因此在1996年版本的标准中增加了使用4:2:2子采样格式的专业型视像。此外,还增加了多视角型的配置(Multi-View Profile,MVP)视像。

表 11-6 类型与等级的组合关系

等级 (level)	配置(profile)								
	SP (简单)	MP (主流)	SNRP (SNR可变)	SSP(空间 分辨率可变)		HP (高级)		专业型 4:2:2	MVP (多视角)
HL (高级)	—	1920H 1152V 60Hz	—			1920H 1152V 60Hz	960H 576V 30Hz	SMPTE 308M	—
H14L (高级1440)	—	1440H 1152V 60Hz	—	1440H 1152V 60Hz	720H 576V 30Hz	1440H 1152V 60Hz	720H 576V 30Hz	—	—
ML (基本级)	720H 576V 30Hz	720H 576V 30Hz	720H 576V 30Hz	—		720H 576V 30Hz	352H 288V 30Hz	720H 512/608V 30Hz	720H 576V 30Hz
LL (低级)	352H 288V 30Hz	352H 288V 30Hz	352H 288V 30Hz	—		—		—	—

在表中,H表示水平方向的最大像素;V表示垂直方向的最大像素;30Hz或60Hz表示最大帧频;SMPTE 308M表示"影视工程师协会标准"制定的标准。

MPEG-2 Video标准不是对每一种profile-level都支持,也不一定都有应用需求。表11-7列出了MPEG-2 Video标准支持的部分视像。例如,MP@ML (Main Profile, Main Level)是最基本的MPEG-2视像,可译成"主流型@基本级"视像,它描述视像分辨率为720×480×30和720×576×25、子采样格式均为4:2:0、位速率可达15Mb/s的数字电视;又如,MP@HL (Main Profile, High Level)描述的是视像格式为1920×1152×60、子采样格式为4:2:0、位速率达80Mb/s的HDTV电视。

表 11-7 MPEG-2 视像标准支持的部分视像及其应用

类型@等级	分辨率(像素) 刷新频率(Hz)	子采样	最高数据 位速率（Mb/s）	应　用
SP@LL	176×144×15	4:2:0	0.096	无线手持设备
SP@ML	352×288×15 320×240×24	4:2:0	0.384	个人数据助理(PDA)
MP@LL	352×240×30 352×288×25	4:2:0	4	机顶盒(STB)
MP@ML	720×480×30 720×576×25	4:2:0	15 (DVD: 9.8)	DVD, SD-DVB (Standard Definition DVB)

类型@等级	分辨率(像素) 刷新频率(Hz)	子采样	最高数据 位速率（Mb/s）	应　用
MP@H14L	1440×1080i×30	4：2：0	60 (HDV：25)	HDV(High-Definition Video)
	1280×720p×30			
MP@HL	1920×1080i×30	4：2：0	80	ATSC 1080i，720p60， HD-DVB，HDTV
	1280×720p×60			

5. 视像解码器的功能

MPEG-2 视像解码器是视像产品中的核心部件,既有硬件又有软件。无论硬件还是软件,典型的 MPEG-2 视像解码器都支持子采样格式为 4：2：0 的视像,支持的格式包括：

- 720×576×25fps (PAL ITU-R BT. 601)
- 352×576×25fps (PAL Half-D1)
- 720×480×30fps (NTSC ITU-R BT. 601)
- 352×480×30fps (NTSC Half-D1)
- MPEG-1 格式：352×288×25fps (PAL SIF)
- MPEG-1 格式：352×240×30fps (NTSC SIF)

大多数典型的 MPEG-2 解码器都支持 1996 年增加的 4：2：2 子采样格式,通常用 D1 表示。D1 是 Sony 公司在 1987 年介绍的格式,它是第一个广播级质量的数字电视录像磁带格式[①],数字电视信号是未压缩的分量信号,采用 ITU-R BT. 601 标准,子采样格式 4：2：2,PAL 制的分辨率为 720×576×25,NTSC 制的分辨率为 720×480×30,都是 24 位颜色,使用昂贵的 19mm 宽的金属磁带,带速为 286.6mm/s,播放时间 101 分钟。

11.3.4　MPEG-2 标准的文档

MPEG-2(ISO/IEC 13818)定义的语法和语义规则由 11 个部分组成,见表 11-8。大多数读者比较关心前 3 个部分：Part 1 (MPEG-2 System)、Part 2 (MPEG-2 Video)和 Part 3 (MPEG-2 Audio)。Part 11 (IPMP on MPEG-2 Systems)是用于规范 MPEG-2 系统上的知识产权[②]管理和保护(Intellectual Property Management and Protection,IPMP),以确保能够在 MPEG-2 系统中传输保密的内容。

表 11-8　MPEG-2(ISO-IEC 13818)标准的组成部分（2016 年 7 月）

Part	初　版	标 准 名 称
Part 1	1996	Systems(系统)
Part 2	1996	Video(视像)
Part 3	1995	Audio(声音)
Part 4	1998	Conformance testing(一致性测试)
Part 5	1997	Software simulation(软件模拟)

---

① D4 格式没有定义,因为汉语中的"4"与"死"谐音。D2、D3 和 D5 格式与 D1 格式的主要差别是使用的磁带不同。

② 知识产权是对专利、商标、设计、软件和著作等实质性的智力体现所拥有的控制权利。

Part	初　版	标　准　名　称
Part 6	1998	System extensions-DSM-CC（DSM-CC 扩展协议）
Part 7	1997	Advanced Audio Coding（高级声音编码）
Part 8	——	VOID-(withdrawn)已终止
Part 9	1996	System extension RTI
Part 10	1999	Conformance extension-DSM-CC（DSM-CC 一致性扩展测试）
Part 11	2004	IPMP on MPEG-2 Systems（MPEG-2 系统的知识产权管理与保护）

11.4　MPEG-4 视听对象编码

11.4.1　MPEG-4 是什么

MPEG-4 是 MPEG 专家组在 1993 年启动开发的多媒体应用标准。1998 年 10 月发布了版本 1,1999 年底完成了版本 2,2000 年初正式成为国际标准,现在的名称叫作视听对象编码标准(Coding of audio-visual objects),并在不断更新和完善。

MPEG-4 视听对象编码标准主要是想为通信、广播、存储和其他应用提供数据速率低而视听质量高的数据编码方法和交互播放工具。MPEG-4 标准描绘的应用前景非常广泛,如图 11-5 所示。MPEG-4 吸收了 MPEG-1、MPEG-2 和其他相关标准的许多特性,在此基础上引入了视听对象(audio-visual objects,AVO)编码的概念,扩充了编码的数据类型,由自然数据对象扩展到计算机生成的合成数据对象,采用了合成对象与自然对象的混合编码算法(Synthetic/Natural Hybrid Coding,SNHC),在实现交互功能和重用对象中引入了组合、合成和编排等重要概念。

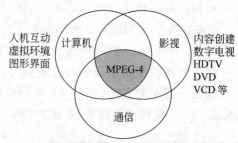

图 11-5　MPEG-4 的应用前景

11.4.2　MPEG-4 的系统模型

MPEG-4 的系统模型是一个以因特网(多媒体网络)为背景的复杂模型,涉及许多新技术和新概念。

1. 如何理解"对象"

在长达 970 多页的 ISO/IEC 14496-1[3] 标准中,处处都有"对象(object)"这个术语。从信息技术角度来看,对象至少有如下含义:

(1) 在文档中,对象是可作为整体进行操作的实体,如数据块、文字块、文件或图像等。

(2) 在面向对象程序设计中,对象是自身包含数据和相关处理指令的可重用模块,通常由函数(通过名称调用的一组指令)和变量(函数使用的有名称的存储区)组成。

(3) 在计算机图形技术中,对象是 2-D 或 3-D 信息块,如 mesh(网格)、curve(曲线)、cube(立方体)和 lamp(灯),它们包含位置、旋转、大小和变换矩阵等信息,可被连接到其他对象。

(4) 在计算机安全中,对象是受到控制的实体,如文件、程序或存储器等。

（5）在计算机通信中，对象是严格定义的信息、定义或规范，它们都有自己的名称，以便在通信实例中能够被识别。

（6）在人工智能中，对象是物理的或概念上的实体，它们有一个或多个属性。以上这些含义在 MPEG-4 中都有充分体现，在不同场合有不同的含义。

2. 基于对象的系统模型

按 MPEG 资深专家的说法，MPEG-4 期待为未来多媒体应用提供一个信息编码操场（information coding playground）。专家们为此引入了基于对象的视听表示模型（object-based audiovisual representation model），如图 11-6 所示。

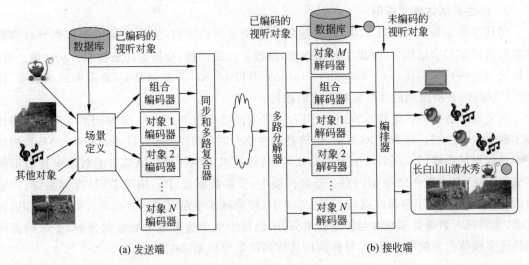

图 11-6   MPEG-4 基于对象的系统模型

MPEG-4 系统模型分成编码和解码两大部分，它为互动视听场景通信定义的主要功能包括：

（1）自然视听对象和人造视听对象、二维（2-D）和三维（3-D）视听对象的编码表示法，这些对象可以是摄像机摄制的、用麦克风录制的或用计算机生成的。

（2）视听对象及其行为的时间与空间的编码表示法。

（3）数据流管理信息的编码表示法，包括同步、标识、流媒体内容的描述、超链接和互动等信息的编码表示法。

（4）文件格式、数据流在网络上传输的接口及其规范。

为便于标准的开发和应用，MPEG-4 系统分成 3 层：压缩层（Compression Layer）、同步层（Sync Layer）和传递层（Delivery Layer，SL），如图 11-7 所示。

（1）压缩层的任务是视听数据流的编码和解码，在标准文档中称为基本数据流

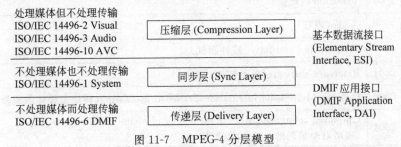

图 11-7   MPEG-4 分层模型

（Elementary Stream）的编码和解码，定义在 MPEG-4 Visual、MPEG-4 Audio、MPEG-4 AVC 和 MPEG-H HEVC 标准中。

（2）同步层的任务是管理基本数据流的同步，定义在 MPEG-4 System 中。

（3）传递层的任务是用于传递多媒体内容而不关心内容所在位置和内容传输技术，描述该层抽象功能的名称是传递多媒体框架（Delivery Multimedia Integration Framework，DMIF），定义在 MPEG-4 DMIF 中。

集成一个完整的 MPEG-4 场景需通过 MPEG-4 System 中规定的语法来描述，描述的场景可具有超链接和互动功能，可支持摄像机获取的自然对象和计算机生成的人造对象。

3. 传递多媒体集成框架

传递多媒体集成框架（DMIF）是传输层和应用之间的接口，实际上是一个用来管理多媒体数据流传输的会话协议，突出了传输技术，隐藏了无线广播、存储和网络技术。从功能上看，该协议与文件传输协议（File Transfer Protocol，FTP）类似，其差别是 FTP 返回的是数据，而 DMIF 返回的是指向到何处获取数据流的指针。

在多媒体数据的传输技术方面，MPEG-4 采用的技术与 MPEG-1 和 MPEG-2 采用的传输技术有较大的差别。在 MPEG-1 中，传输技术主要针对 VHS（Video Home System）质量的数字电视数据的存储（如 VCD）；在 MPEG-2 中，传输技术主要针对广播质量的数字电视数据的存储和广播，在本章介绍的 MPEG-2 系统模型中，节目数据流（PS）用于 DVD 存储系统，传输数据流（TS）用于数字电视广播；在 MPEG-4 中，传输技术要面对视听数据的存储、广播和远程互动，为将视听数据处理技术与传输技术分开，以便于集中管理视听数据的传输，专家们设计了传递多媒体内容的集成框架，简称为传递多媒体集成框架（DMIF）。

11.4.3　MPEG-4 标准的文档

MPEG-4（ISO/IEC 14496）目前定义的语法和语义规则由 31 个部分组成，见表 11-9。这张表列出的子标题实际上是多媒体技术的研究课题，可供我们学习和做选题参考。尽管对 MPEG-4 的课题有很多争议，实现的难度大，但课题的视野宽广，目光长远。当前大多数人比较关心的部分是 Part 1 （System）、Part 2 （Visual）、Part 3 （Audio）、Part 10 （AVC）/H.264、Part 14 （MP4 file format）。

表 11-9　MPEG-4（ISO/IEC 14496）标准的组成部分（2016 年 7 月）

Part	初版	改版	主标题（Coding of audio-visual objects）/视像对象编码技术下的子标题
1	1999	2010	Systems（系统）
2	1999	2004	Visual（可视数据）
3	1999	2009	Audio（声音）
4	2000	2004	Conformance testing（一致性测试）
5	2000	2001	Reference software（参考软件）
6	1999	2000	Delivery Multimedia Integration Framework （DMIF）（传送多媒体集成框架）
7*	2002	2004	Optimized reference software for coding of audio-visual objects（视听对象编码的优化参考软件）

Part	初版	改版	主标题(Coding of audio-visual objects)/视像对象编码技术下的子标题
8	2004	2004	Carriage of ISO/IEC 14496 contents over IP networks (在 IP 网络上 ISO/ IEC 14496 内容的传输)
9*	2004	2009	Reference hardware description(参考硬件描述)
10	2003	2012	Advanced Video Coding (AVC)/H. 264 (先进视像编码技术)
11	2005	2005	Scene description and application engine(场景描述和应用引擎)
12	2004	2012	ISO base media file format(ISO 基本媒体文件格式)
13	2004	2004	IPMP Extensions(知识产权管理和保护扩展)
14	2003	2003	MP4 file format(MP4 文件格式)
15	2004	2010	Advanced Video Coding (AVC) file format(AVC 文件格式)
16	2004	2011	Animation Framework eXtension (AFX)(动画框架扩展)
17	2006	2006	Streaming text format(字幕流文本格式)
18	2004	2004	Font compression and streaming(字体压缩和字体流)
19	2004	2004	Synthesized texture stream(合成纹理流)
20	2006	2008	Lightweight Application Scene Representation (LASeR) and Simple Aggregation Format (SAF)(简单应用场景表示和聚合格式)
21	2006	2006	MPEG-J Graphics Framework eXtensions (GFX)(MPEG-J 图形框架扩展)
22	2007	2009	Open Font Format(开放字体格式化)
23	2008	2008	Symbolic Music Representation (SMR)(符号音乐表示)
24	2008	2008	Audio and systems interaction(声音和系统互动)
25	2009	2009	3D Graphics Compression Model(3D 图形压缩模型)
26	2010	2010	Audio Conformance(声音一致性)
27	2009	2009	3D Graphics conformance(3D 图形一致性)
28	2012		Composite font representation(复合字体表示)
29	2014		Web video coding(Web 视像编码)
30	2014		Timed text and other visual overlays in ISO base media file format (在 ISO 基本媒体文件格式上叠加定时的文本和其他可视数据)
31**	2014		Video Coding for Browsers(用于浏览器的视像编码)

* TR (technical report)＝技术报告；

** DIS (Draft International Standard)＝国际标准草案。

11.5 MPEG-7 多媒体内容描述接口

11.5.1 MPEG-7 是什么

MPEG-7 是 MPEG 专家组从 1998 年启动开发的多媒体内容描述接口(Multimedia

Content Description Interface)标准,而不是视听数据压缩标准,其目标是制定一套描述符和标准工具,用来描述多媒体内容及它们之间的关系,以便于多媒体信息的检索。这些多媒体内容包括用文字、图像、图形、三维模型、视像和声音等传播媒体表示的内容,以及它们在多媒体演示中的组合关系。与其他 MPEG 标准一样,MPEG-7 是建筑在其他标准之上的标准。MPEG-7 不是瞄准特定的应用,其应用领域极其广泛,如数字图书馆(如影视目录)、多媒体目录服务(如黄页)、广播媒体(如无线电频道,TV 频道等)、多媒体编辑(如新闻服务、多媒体创作)等。

11.5.2　MPEG-7 标准化范围

1. 内容描述的概念

多媒体内容描述是对多媒体数据的特征的描述,特征包括图像、图形、三维动画、视像和声音的特征。例如,在图 11-8 中,一段 AV(视听材料)可能包括多个镜头[①],为检索方便,需要对每个镜头进行描述,实际上就是对镜头进行标注。对镜头的描述可插在视听材料中间,也可以与镜头数据分开,构成带标注的视听材料。

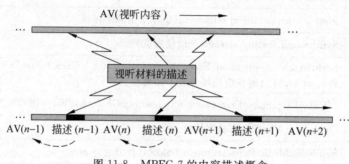

图 11-8　MPEG-7 的内容描述概念

2. 标准化的范围

图 11-9 表示 MPEG-7 的处理链(processing chain),这是高度抽象的方框图。在这个处理链中包含三个部分:特征抽取(feature extraction)、标准描述(standard description)和检索工具(search engine)。特征抽取是 MPEG-7 的基础,搜索引擎[②]是 MPEG-7 的应用,它们都不属于 MPEG-7 专家组制定标准的范畴,而是留给那些才华横溢的科学技术人员去竞争,以便得到最好的算法和工具。

3. 标准中的术语

在 MPEG-7 标准中,用了不少新的术语或者给基本术语赋予了新的含义。理解这些术语可以更好地领悟 MPEG-7 标准的基本内容。

特征(feature)是指被描述对象所具有的特性。例如,影视特性是从影视对象中提取的描述视像数据和声音数据所具有的特性,并可分成三种:(1)图像特征,包括明度、颜色、纹理、边

---

① 镜头(shot)是摄像机拍摄的描述某一场面或主题(subject)的一组连续图像。镜头是构成情节的基本单元,其持续时间取决于镜头表现的意图等因素。

② 引擎(engine):(1)具有特定功能的专用处理器(如图形处理器),但不能单独工作,就像发动机一样,处理器运行得越快,工作任务完成得越快。(2)执行基本而又具有高度重复功能的专用软件,如搜索引擎;决定程序如何管理和操作数据的专用软件,如数据库引擎。

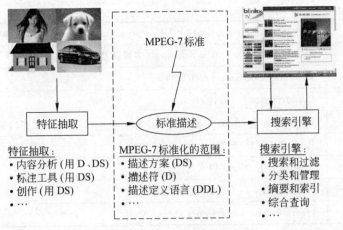

图 11-9　MPEG-7 标准化的范围

缘、形状和区域等特性;(2)帧序列特征,包括时间的长短、对象的移动和视像的过渡等特性;(3)声音特征,包括持续时间、声音过渡和响度等特性。这些特征通常称为低层特征(low level feature),组合前两种特征构成视像特性,组合以上三种特征构成影视特性。这些特征还可用于抽出描述场景①的特性。MPEG-7 内容描述接口是对特征的描述进行标准化,因此该标准在很大程度上要依赖视听对象的特征。不难想象,特征的抽象程度越高,自动抽取也就越困难,而且不是所有对象的特征都能够自动抽取,开发自动的和半自动的特征抽取算法和工具都是很有用的。

描述符(Descriptor, D)是用于描述视听数据特性的符号、词或短语,如 Color(颜色)、Texture(纹理)、Shape(形状)和 Motion(移动),可作为关键字用于快速搜索和内容检索;描述方案(Description Scheme,DS)是定义描述符(D)的结构和语义及其相互关系的框架;描述定义语言(Description Definition Language, DDL)是用于定义和扩展描述方案(DS)的语言;描述(Description)是描述方案的具体化,是描述符和描述方案的组合。

11.5.3　MPEG-7 标准的文档

MPEG-7(ISO/IEC 15938)目前定义的语法和语义规则合计 12 个部分,见表 11-10。

表 11-10　MPEG-7(ISO/IEC 15938)标准的组成部分(2016 年 7 月)

Part	初版	Multimedia Content Description Interface(多媒体内容描述接口)
Part 1	2002	Systems(系统)
Part 2	2002	Description Definition Language(描述定义语言,DDL)
Part 3	2002	Visual(可视内容)
Part 4	2002	Audio(声音内容)

---

①　在影视节目中,场景是在语义上相关和时间上相邻的一组连续镜头。镜头是组成视像的基本物理单位,而场景是语义层上的视像单位,通常只有场景才能向观看者传达相对完整的语义。镜头组是在内容上相似和时间上相邻的一组镜头,它是介于镜头和场景之间的一组连续的物理实体,是联系镜头和场景的桥梁。时间上有序的场景组成了节目,如新闻、娱乐和体育等节目。

Part	初版	Multimedia Content Description Interface（多媒体内容描述接口）
Part 5	2003	Multimedia Description Schemes（多媒体描述方案）
Part 6	2003	Reference Software（参考软件）
Part 7	2003	Conformance（一致性）
Part 8	2002	Extraction and Use of MPEG-7 Descriptions（MPEG-7 描述的抽取和使用）
Part 9	2005	Profiles（类型/配置）
Part 10	2005	Schema definition（模式定义）
Part 11	2005	Profile schemas（类型/配置模式）
Part 12	2008	Query format（查询格式）

11.6 MPEG-21 多媒体框架标准

11.6.1 MPEG-21 是什么

尽管有 MPEG-1、MPEG-2、MPEG-4 和 MPEG-7 标准，但从技术上看，在多媒体内容的发行和使用方面，要达到完全协调工作，还需要有能够把已有和正在开发的标准和技术融合在一起的标准，这就是 MPEG 专家组开发 MPEG-21 标准的出发点，这个标准俗称为"胶水标准（glue-standardization）"。

MPEG-21 是 MPEG 专家组在 2000 年启动开发的多媒体框架（Multimedia Framework）标准，试图描述多媒体的元数据（metadata）①，用于全球多媒体对象的集成、创建、使用、管理和传送，便于不同人群在异构网络环境下使用各种多媒体资源，它的目标是为未来多媒体的应用提供一个完整的平台。

MPEG-21 要解决的核心问题是资源共享、知识产权和版权的管理与保护，在图 11-10 中，形象地用数字条目和一把锁来表示其框架。

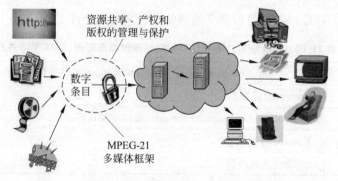

图 11-10 MPEG-21 的远景规划

---

① 元数据（metadata）是描述数据本身特性的数据，如描述包含在数据流中的声音和视像数据的元数据，包括描述文件中的标题、主题、作者和大小等的元数据。

11.6.2 MPEG-21 的结构

1. 标准中的核心概念

如同其他 MPEG 标准,MPEG-21 标准也用了不少新的术语表示新的概念,或者给基本术语赋予了新的含义。例如,内容(content)是一个使用广泛的普通名词,为了给它赋予特定的含义,MPEG-21 在许多地方都有意避免使用这个术语,而是使用数字条目(Digital Item,DI)、数字资源(Digital Resource)或资源(Resource)等术语,实际上这些术语的含义是相同的。数字条目(用于表示"什么")和用户(用于表示"谁")是两个最基本的概念。

1) 数字条目

当前的多媒体应用都是以媒体文件为基础的应用,如图像(JPEG、GIF、PNG)、视像(MPG、MP4、ASF)、声音(WAV、MP3)和文件(TXT、DOC、PDF)。为便于使用和管理这些多媒体资源,MPEG-21 专家组用了数字条目这个术语来表达这些媒体。

数字条目(DI)是结构化的数字对象,它是在发行和交易时可互操作[①]的基本单元。数字条目带有标准的表达、标识和元数据,并使用数字条目说明(Digital Item Declaration,DID)表示。一般化的数字条目的构造如下:

数字条目(Digital Item)=资源(resources)+元数据(metadata)+结构(structure)

其中,资源是单独的媒体资产(asset),如一段影视或声音、一幅图像或一段文字,元数据是关于或附属于该条目的信息,结构是该条目各部分之间的关系。

2) 数字条目说明

数字条目说明(DID)是一个灵活而明确并可互操作的模式,用于定义数字条目(DI),并用数字条目说明语言(Digital Item Declaration Language,DIDL)即 XML 模式(XML Schema)来表达。数字条目说明实际上是一套如图 11-11 所示的构件,其中的容器(container)是用于对数字条目进行分组的有层次的结构。

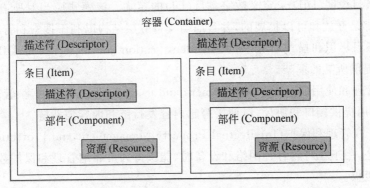

图 11-11 数字条目说明的概念

3) 用户

在 MPEG-21 中,用户(user)是指与 MPEG-21 环境互动或使用数字条目(DI)的任何实体,如数字条目的创作人员、版权所有者、发行者或消费者。从纯技术角度来看,MPEG-21 对

---

① 互操作(interoperate,interoperable):在各个功能部件之间进行通信、执行程序或传输数据。

于内容供应商和内容消费者没有任何区别。一个用户可以与另一个用户进行互动操作,互动操作的对象则是数字条目。互动操作可以是创建内容、提供内容、存储内容、丰富内容、传递内容、汇集内容、销售内容和消费内容,实际上就是对数字条目的操作。

在阅读 MPEG-21 文献时,要注意的另一个术语是终端用户(End User),是以数字条目的消费者角色出现的用户,处在价值链(value chain)[①]或发行链(delivery chain)的末端。

2. 应用举例

使用 MPEG-21 描绘的分布式多媒体系统如图 11-12 所示[5]。在这个系统中,异构网络是由因特网、移动网等组成的网络,系统中的用户可以是数字条目的提供者、数字条目的消费者和数字条目的代理。通过 MPEG-21 开发的数字条目技术、知识产权和版权管理与保护技术,这些用户可方便地交换数字条目。

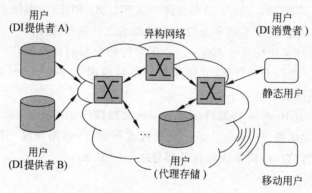

图 11-12　使用 MPEG-21 构造的分布式多媒体系统

3. 标准的结构

为达到 MPEG-21 的目标,专家组把要解决的关键技术问题归纳成 7 个方面。

(1) 数字条目说明(DID):定义数字条目(DI)的模式。该模式应当对所有类型的媒体资源和描述模式都是开放和可以扩展的,并且应当支持分层结构以利于搜索和管理。

(2) 数字条目标识和描述(Digital Item Identification and Description,DIID):为标识和描述任何实体提供所需的框架。

(3) 内容管理和使用(content management and usage):为内容的创建、管理、搜索、访问、存储、传递和使用提供接口和协议,以便于跨越内容发行链和内容消费链。

(4) 知识产权管理和保护(Intellectual Property Management and Protection,IPMP):提供各种有效方法,用于在跨越各种网络和设备时,能够持久可靠地管理和保护数字条目的完整性以及它们的版权。

(5) 终端和网络(terminals and networks):为在异构网络上共同操作和访问内容提供有效的工具。

(6) 内容表示(content representation):定义媒体资源如何表示。

(7) 事件报告(event reporting):提供可让用户管理事件的度量标准(metrics)和接口。

---

① 价值链是由 MPEG-21 用户构成的链,即内容创造者(creator)→内容出版商(publisher)→内容聚集者(aggregator)→内容发行商(distributor)→内容零售商(retailer)→内容消费者(consumer)。

MPEG-21专家组将7个方面的关键技术分成18个部分,它们之间的关系如图11-13所示。其中,(1) 数字条目自适应(Digital Item Adaptation,DIA):数字条目通过资源自适应引擎(resource adaptation engine)或描述自适应引擎(descriptor adaptation engine)进行修改的过程;(2)版权数据词典(Rights Data Dictionary,RDD):描述数字条目的版权时所需的关键条款的词典,其内容包括使用标准的语法规则明确表示的知识产权、授权范围等;(3)版权表示语言(Rights Expression Language,REL):用于说明版权和授权范围的机器可读的语言,使用版权数据词典(RDD)中定义的条款。

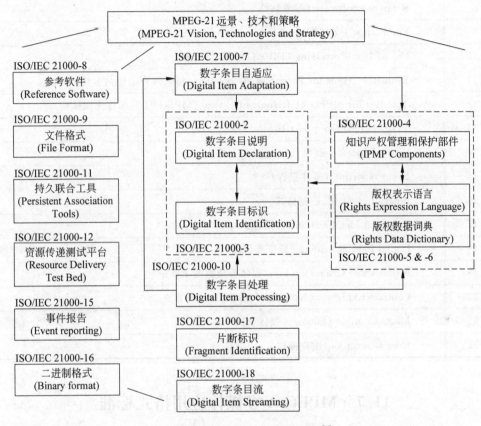

图 11-13　MPEG-21 标准的结构[5]

11.6.3　MPEG-21 标准的文档

MPEG-21(ISO/IEC 21000)目前定义的语法和语义规则合计 22 个部分,见表 11-11。

表 11-11　MPEG-21(ISO/IEC 21000)标准的组成部分(2016 年 7 月)

Part	Multimedia Framework（多媒体框架）
Part 1	Vision，Technologies and Strategy（远景规划、技术和策略）
Part 2	Digital Item Declaration (DID)（数字条目说明）
Part 3	Digital Item Identification and Description (DII)（数字条目标识和描述）

Part	Multimedia Framework（多媒体框架）
Part 4	IPMP Components（知识产权管理和保护部件）
Part 5	Rights Expression Language（REL）（版权表示语言）
Part 6	Rights Data Dictionary（RDD）（版权数据词典）
Part 7	Digital Item Adaptation（DIA）（数字条目自适应）
Part 8	Reference Software（参考软件）
Part 9	File Format（文件格式）
Part 10	Digital Item Processing（DIP）（数字条目处理）
Part 11	Evaluation Tools for Persistent Association（持久联合的评估工具）
Part 12	Test Bed for MPEG-21 Resource Delivery（MPEG-21 资源传递测试台）
Part 13	VOID-（to MPEG-4 part 10）
Part 14	Conformance（一致性）
Part 15	Event reporting（事件报告）
Part 16	Binary format（二进制格式）
Part 17	Fragment Identification（片段标识）
Part 18	Digital Item Streaming（数字条目流）
Part 19	Media Value Chain Ontology（媒体价值链的本体论）
Part 20	Contract Expression Language（合同表达式语言）
Part 21	Media Contract Ontology（媒体合同本体）
Part 22	User Description（用户描述）

11.7　MPEG-A 多媒体应用格式标准

MPEG 专家组在 2005 年前后开始提议开发新的标准，其目标是定义可跨越现有或正在开发的标准，以便于在某个方面的应用，并把 MPEG-1、MPEG-2、MPEG-4、MPEG-7、MPEG-21 称为大标准，而把已经开发和正在开发的 MPEG-A、MPEG-B、MPEG-C、MPEG-D、MPEG-E、MPEG-V、MPEG-M、MPEG-U、MPEG-H、MPEG-DASH 称为小标准。本节将以 MPEG-A 为例，介绍小标准的开发情况。如需比较详细了解这些小标准，可参阅 http://mpeg. chiariglione. org/standards/ mpeg-a,mpeg-b,mpeg-c,…,mpeg-dash。

11.7.1　MPEG-A 是什么

MPEG-A（ISO/IEC 23000）是多媒体应用格式（Multimedia Application Formats, MAF）[8]。MPEG-A 的想法是从已有标准或正在开发的标准中，抽出合适的技术组合成单个规范，以适应日益增长的服务需求，如传送音乐、图像或家庭电视等。这种文件格式可包含多媒体数据和元数据,如 MPEG 电视和声音、JPEG 图像和相关的元数据。

11.7.2　MPEG-A 的组成部分

MPEG-A(ISO/IEC 23000)定义的语法和语义规则合计 20 个部分,见表 11-12。

表 11-12　MPEG-A 标准的组成部分(2016 年 7 月)

Part	Multimedia Application Formats(多媒体应用格式)
Part 1	Purpose for Multimedia Application formats(多媒体应用格式的目的)
Part 2	Music Player Application Format(音乐播放器应用格式)
Part 3	Photo Player Application Format(照片播放器格式)
Part 4	Musical Slide Show Application Format(音乐幻灯片展示应用格式)
Part 5	Media Streaming Application Format(媒体流应用格式)
Part 6	Professional Archival Application Format(专业档案应用格式)
Part 7	Open Access Application Format(开放获取应用格式)
Part 8	Portable Video Application Format(便携设备电视应用格式)
Part 9	Digital Multimedia Broadcasting Application Format(数字多媒体广播应用格式)
Part 10	Surveillance Application Format(监视应用格式)
Part 11	Stereoscopic Video Application Format(立体电视应用格式)
Part 12	Interactive Music Application Format(交互式音乐应用程序格式)
Part 13	Augmented Reality Application Format(增强现实应用程序格式)
Part 14	Closed (was Mixed and Augmented Reality Reference Model)(关闭(混合和增强现实参考模型))
Part 15	Multimedia Preservation Application Format(多媒体保护应用格式)
Part 16	Publish/Subscribe Application Format(发布/订阅应用程序格式)
Part 17	Multisensory Effects Application Format(多感官效果应用格式);Multisensorial Media Application Format(多感官媒体应用程序格式)
Part 18	Media Linking Application Format(媒体链接应用格式)
Part 19	Omnidirectional Media Application Format(全向多媒体应用格式)
Part 20	Common Media Application Format(常见媒体格式的应用)

练习与思考题

11.1　制定 MPEG 标准有哪 4 个阶段以及各阶段提交什么类型的文件?

11.2　MPEG-1、MPEG-2、MPEG-4、MPEG-7、MPEG-21 分别是什么标准,各自要达到的目标是什么?

11.3　MPEG-A、MPEG-B、MPEG-C、MPEG-D、MPEG-E、MPEG-H、MPEG-M、MPEG-U 分别是什么标准?

11.4 说明电视规格 MP@ML 和 HP@HL 各自的含义。

参考文献和站点

[1] The MPEG Home Page. http://www. chiariglione. org/mpeg/.

[2] ISO/IEC 11172 Coding of moving pictures and associated audio for digital storage media at up to about 1. 5Mbit/s,Part 2 Video (MPEG-1Video).

[3] ISO/IEC 14496-1：2001/Amd. 8：2004，Information technology-Coding of audio-visual objects-Part 1： Systems (MPEG-4 System).

[4] Ian S Burnett,Fernando Pereira,Rik Van de Walle,et al. The MPEG-21 Book. John Wiley & Sons Ltd, 2006.

[5] ISO/IEC TR 21000-1. Information technology—Multimedia framework (MPEG-21)-Part 1： Vision, Technologies and Strategy. Second edition,2004-11-01.

[6] ISO/IEC JTC1/SC29/WG11 MPEG2006/N8068,MAF Overview, Montreux April 2006.

[7] Harald Kosch. Distributed Multimedia Database Technologies Supported by MPEG-7 and MPEG-21. Auerbach Publications,2004.

[8] http://mpeg. chariglione. org/standards/mpeg-a,2016.

[9] ISO/IEC 23001-1 (2006-03). Information technology-MPEG systems technologies-Part 1： Binary MPEG format for XML.

[10] ISO/IEC JTC 1/SC 29/WG 11/N8152. White Paper on the Multimedia Middleware，April 2006， Montreux,http://www. chiariglione. org/mpeg/technologies/mpe-m3w/index. htm.

第 12 章 MPEG 视 像

MPEG 视像是指使用 MPEG 视像标准压缩和解压缩的电视图像。现有的 MPEG 视像标准包括 MPEG-1 Video、MPEG-2 Video、MPEG-4 Visual、H.264/MPEG-4 AVC 和 H.265/MPEG-H HEVC。这些视像标准有许多共同之处,基本概念类似,数据压缩和编码方法基本相同,它们的核心技术都是采用以图像块作为基本单元的变换、量化、移动补偿、熵编码等技术,在保证图像质量的前提下获得尽可能高的压缩比。本章将介绍 MPEG 视像标准[1]压缩视像数据的基本原理和方法,H.264 和 H.265 将在第 13 章中介绍。

12.1 为什么视像要压缩

按照奈奎斯特(Nyquist)采样理论,模拟电视信号经过采样(把连续的时间信号变成离散的时间信号)和量化(把连续的幅度变成离散的幅度信号)后,数字电视信号的数据量大得惊人,因此就要对数字电视信号进行压缩。我们先看 BT.601 标准未压缩的数据率,然后再看把视像存储到光盘(VCD 和 DVD)需要的视像压缩比。

12.1.1 BT.601 视像数据速率

为了在 PAL、NTSC 和 SECAM 彩色电视制之间确定一个共同的数字化参数,早在 1982 年国际无线电咨询委员会(CCIR)就制定了演播室质量的数字电视编码标准,这就是非常有名的 ITU-R BT.601 标准。按照这个标准,使用 $4:2:2$ 的采样格式,亮度信号 Y 的采样频率选择为 13.5MHz,色差信号 Cr 和 Cb 的采样频率选择为 6.75MHz,每个样本的精度为 10 位,在传输数字电视信号通道上的数据传输率为

(1) 亮度(Y):

858 样本/行×525 行/帧×30 帧/秒×10 位/样本≈135 兆位/秒(NTSC)

864 样本/行×625 行/帧×25 帧/秒×10 位/样本≈135 兆位/秒(PAL)

(2) Cr (R-Y):

429 样本/行×525 行/帧×30 帧/秒×10 位/样本≈68 兆位/秒(NTSC)

432 样本/行×625 行/帧×25 帧/秒×10 位/样本≈68 兆位/秒(PAL)

(3) Cb(B-Y):

429 样本/行×525 行/帧×30 帧/秒×10 位/样本≈68 兆位/秒(NTSC)

432 样本/行×625 行/帧×25 帧/秒×10 位/样本≈68 兆位/秒(PAL)

总计: 27 兆样本/秒×10 位/样本=270 兆位/秒

在显示屏上实际显示的有效图像的数据传输率并没有那么高,其中:

(1) 亮度(Y):

720 样本/行×480 行/帧×30 帧/秒×10 位/样本≅104 兆位/秒(NTSC)

720 样本/行×576 行/帧×25 帧/秒×10 位/样本≅104 兆位/秒(PAL)

(2) 色差(Cr,Cb)：

2×360 样本/行$\times480$ 行/帧$\times30$ 帧/秒$\times10$ 位/样本$\cong104$ 兆位/秒(NTSC)

2×360 样本/行$\times576$ 行/帧$\times25$ 帧/秒$\times10$ 位/样本$\cong104$ 兆位/秒(PAL)

总计：207 兆位/秒

即使将每个样本的采样精度由 10 位降为 8 位,数据传输率仍然有 166Mb/s 那么高。很显然,如果不对视像进行压缩,在网上传输时占用的带宽资源相当多。如果传输 HEVC 视像,占用的网络资源就更多。

12.1.2 VCD 视像的压缩比

压缩比是数据压缩程度的一种度量方法,其值等于压缩前的数据大小与压缩后的数据大小之比。例如,把一幅原来为 1MB 的图像压缩成 128KB,其压缩比就是：

$$1024\times1024/128\times1024=8：1。$$

使用 Video-CD 存储器来存储数字电视时,由于它的数据传输率在早期只能达到 1.4112Mb/s,分配给电视信号的数据传输率为 1.15Mb/s,这就意味着 MPEG 视像编码器输出的数据速率要达到 1.15Mb/s。显而易见,如果存储 166Mb/s 的数字电视信号就需要对它进行高度压缩,压缩比高达 $166/1.15\approx144：1$。

MPEG-1 视像压缩技术不能达到这样高的压缩比。为此首先把 NTSC 和 PAL 数字电视转换成公用中分辨率格式(CIF)的数字电视,子采样使用 4：2：0 或 4：1：1 时,这种格式就相当于家用录像系统(VHS)的质量,于是彩色数字电视的数据传输率就要减小到：

$$352\times240\times30\times8\times1.5\approx30Mb/s(NTSC)$$
$$352\times288\times25\times8\times1.5\approx30Mb/s(PAL)$$

把这种彩色数字电视信号存储到 CD 盘上所需要的压缩比为 $30/1.15\approx26：1$。这也就是要求 MPEG-1 技术获得的压缩比。

12.1.3 DVD 视像的压缩比

在 20 世纪 90 年代中期,视像数据压缩到 $3.5\sim4.7$Mb/s 时,非专家难以区分压缩前后的视像有什么差别。如果用 DVD-Video 存储器来存储数字电视,它的数据传输率虽然可以达到 10.08Mb/s 以上,但一张 4.7GB 的单面单层 DVD 盘要存放 133 分钟的电视节目,按照视像数据的平均数据传输率为 4.1Mb/s 来计算,压缩比就要求达到 $166/4.10\approx40：1$。

如果视像的子采样使用 4：2：0 格式,每个样本的精度仍然为 8 位,视像数据传输率就减小到 124Mb/s,即：

$$720\times480\times30\times8\times1.5\approx124Mb/s(NTSC)$$
$$720\times576\times25\times8\times1.5\approx124Mb/s(PAL)$$

使用 DVD-Video 来存储 $720\times480\times30$ 或 $720\times576\times25$ 的数字视像所需要的压缩比为 $124/4.1\approx30：1$。

12.2 为什么视像能压缩

视像数据之所以能够被压缩,主要是视像数据中存在大量的冗余数据,包括时间冗余、空间冗余、结构冗余、视觉冗余、知识冗余和数据冗余。在保证视像质量相同的前提下,谁挖掘和利用的冗余越多,谁的视像数据速率就越低。

(1) 时间冗余:在某个时间间隔上出现场景相同或基本相同的连续帧时,帧与帧之间存在大量的冗余数据。这些与时间相关的冗余称为时间冗余(temporal redundancy)。

(2) 空间冗余:在单帧图像中,相邻像素的值常有相同或变化不大的情况,可用较少的数据表达这些像素的值。这些与空间位置有关的冗余称为空间冗余(spatial redundancy)。

(3) 结构冗余:如果从宏观上来看一帧图像,有些图像存在着相同或类似的结构,如用矩形图案构成的图像。这种图像自身构造的冗余称为结构冗余(structural redundancy)。

(4) 视觉冗余:人的视觉系统具有许多特性,如对图像中的亮度变化敏感而对颜色变化不敏感,对图像中剧烈变化的边缘区域敏感而对缓慢变化的非边缘区域不敏感,对图像的亮度和颜色的分辨率都存在极限。视像录制系统往往没有考虑视觉系统的这些非线性特性,而是一视同仁把它们当作线性对待,因此在录制的视像数据中存在许多冗余的数据。这种与视觉系统有关的冗余称为视觉冗余(vision redundancy)。

(5) 知识冗余:在单帧图像中往往含有为人熟知的知识[①],通常把这些知识称为先验知识。例如,正面人头像有相对固定的结构,眼睛下方是鼻子,鼻子下方是嘴,嘴和鼻子均位于脸的中线上。这类规律性的结构往往不会改变或变化不大,而用传统方式录制的视像中存在许多重复的数据。这种与知识有关的冗余称为知识冗余(knowledge redundancy)。

(6) 数据冗余:在视像数据中的其他冗余数据被去掉或减少之后,留下的视像数据本身同样存在冗余,这种冗余就是第 3 章中介绍的数据冗余(data redundancy)。

视像数据压缩技术利用的各种特性和采用的方法归纳在表 12-1 中。MPEG-1、MPEG-2 和 MPEG-4 视像标准利用的主要特性是时间冗余、空间冗余、视觉冗余和数据冗余。

表 12-1   视像压缩利用的各种冗余信息

种　类	内　容	目前用的主要方法
空间冗余	像素间的相关性	变换编码,预测编码
时间冗余	时间方向上的相关性	帧间预测,移动补偿
图像构造冗余	图像本身的构造	轮廓编码,区域分割
知识冗余	收发两端对人物的共有认识	对象编码,知识编码
视觉冗余	人的视觉特性	非线性量化,位分配
其他	不确定性因素	

在上述这些冗余中,空间冗余、视觉冗余和数据冗余在压缩技术中用得比较充分,尤其是数据冗余有信息论作指导,也有将近 60 年的研究历史,可挖掘的潜力有限。但是,时间冗余还没有充分发掘,因为镜头是描述某个场景或主题的连续帧,连续帧的冗余数据多,因此一个视像镜头内的视像数据还有很大的压缩空间。结构冗余和知识冗余的难度比较大,因为目前的人工智能技术还不能完全解决这些问题。

---

① 知识是某个感兴趣领域中的事实、概念和关系。

12.3　谁在组织视像压缩编码

国际上组织实施视像压缩标准有两个著名的组织，一个是 ITU-T VCEG(Video Coding Experts Group)专家组，另一个是 ISO/IEC MPEG(Moving Picture Experts Group)专家组。这两个专家组分别开发和联合开发的视像压缩标准如图 12-1 所示。

H.264/MPEG-4 AVC 是由 JVT(Joint Video Team)/联合视像组开发的。JVT 是在 2001 年成立的专家组，由 ITU-TVCEG (Study Group 16)和 ISO/IEC MPEG(JTC1/SC29/WG11)的专家组成。H.264/MPEG-4 AVC 也写成 ITU-T Rec. H.264 | ISO/IEC 14496-10。

H.265/MPEG-H HEVC 是由 JCT-VC(Joint Collaborative Team on Video Coding)/视像编码联合协作组开发的。JCT-VC 是 2010 年成立的专家组，由 ITU-T VCEG(Study Group 16)和 ISO/IEC MPEG (JTC 1/SC 29/WG 11)的专家组成。H.265/MPEG-H HEVC 也写成 ITU-T Rec. H.265 | ISO/IEC 23008-2。

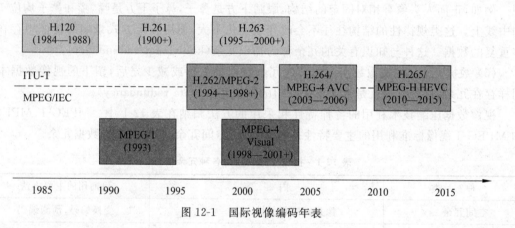

图 12-1　国际视像编码年表

12.4　MPEG-1 视像

12.4.1　视像数据的压缩算法

MPEG-1 视像(MPEG-1 Video)[3][4][5]压缩视像数据的基本方法可以归纳成两个要点：(1)在空间方向上，采用与 JPEG 类似的算法来去掉空间冗余数据；(2)在时间方向上，采用移动补偿(motion compensation)算法来去掉时间冗余数据。MPEG 专家组为此开发了两项重要技术，一项是定义视像数据的结构，另一项是定义图像的三种类型。

1. 视像数据结构

为尽量消除空间冗余和时间冗余，MPEG 专家为视像数据定义的数据结构如图 12-2(a)所示。他们把视像片段看成是由一系列静态图像(picture)组成的视像序列(sequence)，把这个视像序列分成许多图(像)组(Group Of Picture，GOP)，把像组中的每一帧图像分成许多像片(slice)，每个像片由 16 行组成，把像片分成 16 行×16 像素/行的宏块(MacroBlock，MB)，把宏块分成若干个 8 行×8 像素/行的图块(block)。使用子采样格式为 4：2：0 时，一个宏块由 4 个亮度(Y)图块和两个色度图块(Cb 和 Cr)组成,如图 12-2(b)所示。

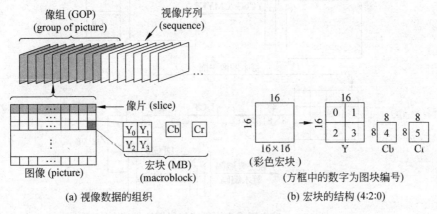

(a) 视像数据的组织   (b) 宏块的结构 (4:2:0)

图 12-2   视像数据结构

2. 三种类型的图像

为保证视像质量基本不变而又能够获得较高的压缩比,MPEG 专家定义了三种类型的图像,然后采用三种不同的算法分别对它们进行压缩。
(1) 帧内图像 I(intra-picture),简称为 I 图像或 I 帧(I-picture/I-frame);(2) 预测图像 P(predicted picture),简称为 P 图像或 P 帧(P-picture/P-frame);(3)双向预测图像 B(bidirectionally-predictive picture),也称双向插值图像 B(bidirectionally-interpolated picture),简称为 B 图像或 B 帧(B-picture/B-frame)。这三种图像的典型排列如图 12-3 所示。

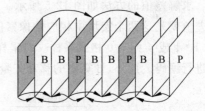

图 12-3   MPEG 专家组定义的三种图像

帧内图像 I 是指包含内容完整的图像,用于为其他帧图像的编码和解码作参考,因此也称为关键帧;预测图像 P 是指以在它之前出现的图像 I 作为参考的图像,对图像 P 进行编码就是对它们之间的差值进行编码;双向预测图像 B 是以在它之前和之后的图像(I 和 P)作为参考的图像,对预测图像 B 进行编码就是对图像 I 和图像 P 的差值分别进行编码。

12.4.2   帧内图像 I 的压缩编码算法

帧内图像 I 的压缩编码既不参照过去的帧也不参照将来的帧,它采用与 JPEG 类似的压缩算法以减少空间的冗余数据,它的框图如图 12-4 所示。如果视像是用 RGB 空间表示的视像,则首先把它转换成 YCrCb 空间表示的视像。每个图像平面分成 8×8 像素的图块,对每个图块进行离散余弦变换(DCT),变换后产生的交流分量系数经过量化之后按照 Zig-zag 的形状排序。DCT 得到的直流分量系数经过量化之后用差分脉冲编码(DPCM),交流分量系数用行程长度编码 RLE,然后再用霍夫曼(Huffman)编码或用算术编码。

12.4.3   预测图像 P 的压缩编码算法

1. 算法原理

预测图像 P 的编码以宏块(macroblock)为基本编码单元,一个宏块定义为 $I×J$ 像素的图

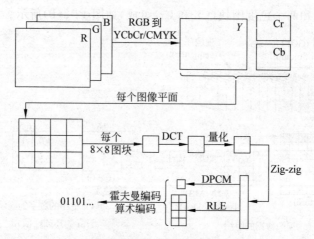

图 12-4 帧内图像 I 的压缩编码算法框图[2]

块,一般取 16×16。预测图像 P 使用两种类型的参数表示:一种是当前要编码的图像宏块与参考图像的宏块之间的差值,另一种是宏块的移动矢量(Motion Vector,MV)。

求解差值的方法如图 12-5 所示。假设编码宏块 M_{PI} 是参考宏块 M_{RJ} 的最佳匹配块,它们的差值就是这两个宏块中相应的像素值之差。对所求得的差值进行彩色空间转换,然后使用 4:1:1 或 4:2:0 格式采样。对采样得到的 Y、Cr 和 Cb 分量值,仿照 JPEG 压缩算法对差值进行编码。此外,计算出的移动矢量也要进行 DCT 变换和霍夫曼编码。

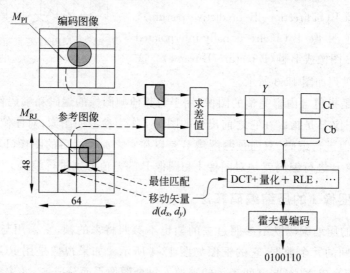

图 12-5 预测图像 P 的压缩编码算法框图[2]

在求两个宏块差值之前,需要找出预测编码图像中的编码宏块 M_{PI} 相对于参考图像中的参考宏块 M_{RJ} 所移动的距离和方向,即移动矢量。移动矢量的概念如图 12-6(a)所示,求解移动矢量的方法如图 12-6(b)所示。

要使预测图像更精确,就要求在预测编码图像中找到与参考图像中的宏块 M_{RJ}(如 $g(x, y)$)匹配最佳的预测图像编码宏块 M_{PI}(如 $f(x,y)$)。所谓最佳匹配是指这两个宏块之间的差值最小,通常以绝对值(absolute difference,AE)最小作为匹配判据:

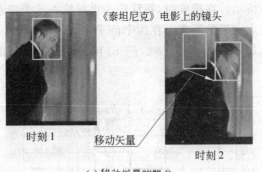

《泰坦尼克》电影上的镜头

时刻 1   移动矢量   时刻 2

(a) 移动矢量的概念

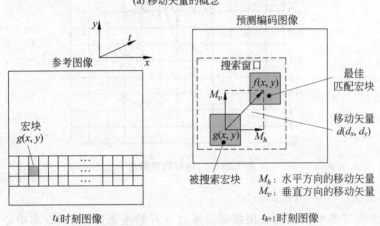

(b) 移动矢量的算法框图

图 12-6　移动矢量的概念和算法

$$AE = \sum_{i=0}^{15} \sum_{j=0}^{15} |f(i,j) - g(i-d_x, j-d_y)|, \quad (i = j = 16) \tag{12-1}$$

有些学者提出了以均方误差（Mean-Square Error，MSE）最小作为匹配判据：

$$MSE = \frac{1}{I \times J} \sum_{|i| \leqslant \frac{I}{2}} \sum_{|j| \leqslant \frac{J}{2}} [f(i,j) - g(i-d_x, j-d_y)]^2, \quad (i = j = 16) \tag{12-2}$$

也有些学者提出以平均绝对帧差（Mean of the Absolute frame Difference，MAD）最小作为匹配判据：

$$MAD = \frac{1}{I \times J} \sum_{|i| \leqslant \frac{I}{2}} \sum_{|j| \leqslant \frac{J}{2}} |f(i,j) - g(i-d_x, j-d_y)|, \quad (i = j = 16) \tag{12-3}$$

其中，d_x 和 d_y 分别是参考宏块 M_{RI} 的移动矢量 $d(d_x, d_y)$ 在 x 和 y 方向上的移动矢量。

从以上分析可知，对预测图像的编码实际上就是寻找最佳匹配图像宏块，找到最佳宏块之后就找到了最佳移动矢量 $d(d_x, d_y)$。

2. 搜索算法

为减少搜索次数，现在已开发出许多简化算法用来寻找最佳宏块，下面介绍其中的三种，以理解搜索算法的基本思想。

1）二维对数搜索法（2D-logarithmic search）

这种方法采用的匹配判据是 MSE 为最小。它的搜索策略是沿着最小失真方向搜索。二维对数搜索方法如图 12-7 所示。在搜索时,每移动一次就检查 5 个搜索点。如果最小失真在中央或在边界,就减少搜索点之间的距离。在这个例子中,步骤 1、2、…、5 得到的近似移动矢量 d 为 $(i,j-2)$、$(i,j-4)$、$(i+2,j-4)$、$(i+2,j-5)$ 和 $(i+2,j-6)$,最后得到的移动矢量为 $d(i+2,j-6)$。

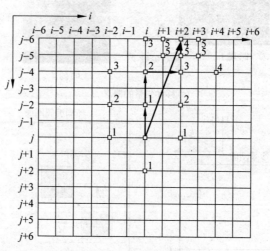

图 12-7 二维对数搜索法

2) 三步搜索法(three-step search)

这种搜索法与二维对数搜索法很接近。不过在开始搜索时,搜索点离中心点 (i,j) 很远,第一步就测试 8 个搜索点,如图 12-8 所示。在这个例子中,点 $(i+3,j-3)$ 作为第一个近似的移动矢量 d_1;第二步,搜索点偏离 $(i+3,j-3)$ 较近,找到的点假定为 $(i+3,j-5)$;第三步给出了最后的移动矢量为 $d(i+2,j-6)$。本例采用 MAD 作为匹配判据。

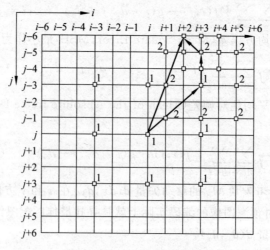

图 12-8 三步搜索法

3) 对偶搜索法(conjugate search)

这是一个很有效的搜索方法,该法使用 MAD 作为匹配判据,如图 12-9 所示。在第一次搜索时,通过计算点 $(i-1,j)$、(i,j) 和 $(i+1,j)$ 处的 MAD 值来决定 i 方向上的最小失真。如果计算结果表明点$(i+1,j)$处的 MAD 为最小,就计算点$(i+2,j)$处的 MAD,并从(i,j)、$(i+1,j)$和$(i+2,j)$的MAD 中找出最小值。按这种方法一直进行下去,直到在 i 方向上找到最小 MAD 值及其对应的点。

在这个例子中,假定在 i 方向上找到的点为$(i+2,j)$。在 i 方向上找到最小 MAD 值对应的点之后,就沿 j 方向去找最小 MAD 值对应的点,方法与 i 方向的搜索方法相同。最后得到的移动矢量为 $\boldsymbol{d}(i+2,j-6)$。

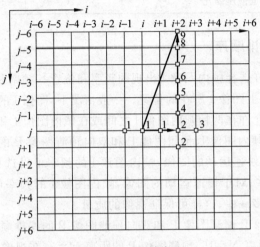

图 12-9　对偶搜索法

在整个 MPEG 图像压缩过程中,寻找最佳匹配宏块要占据相当多的计算时间,匹配得越好,重构的图像质量越高。

12.4.4　双向预测图像 B 的压缩编码算法

双向预测图像 B 的编码是对在它前后帧的像素值之差进行编码,它的压缩编码框图如图 12-10 所示。具体计算方法与预测图像 P 的算法类似,这里不再重复。

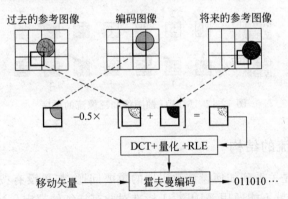

图 12-10　双向预测图像 B 的压缩编码算法框图[2]

在 MPEG-1 标准定义的双向预测图像 B、帧内图像 I 和预测图像 P 中,双向预测图像 B 是压缩率最高的图像。对帧内图像 I 和预测图像 P 编码时,双向预测图像 B 不作为它们的参考图像,因此双向预测图像 B 不传播编码误差。

帧内图像 I、预测图像 P 和双向预测图像 B 经过压缩后的大小见表 12-2。从表中可以看到,帧内图像 I 的数据量最大,而双向预测帧图像 B 的数据量最小。

表 12-2　MPEG 三种图像压缩后的典型值

图像类型		I	P	B	平均
MPEG-1 CIF 格式 (1.15Mb/s)	数据量(b/帧)	150 000	50 000	20 000	38 000
	近似压缩比	7∶1	20∶1	50∶1	27∶1

12.4.5　帧图像的编排顺序

MPEG-1 编码器允许选择帧内图像 I 出现的频率和位置。频率是指图像 I 每秒钟出现的次数,位置是指时间方向上图像 I 所在的位置。一般情况下,图像 I 的频率为 2Hz。

MPEG-1 编码器也允许在两帧帧内图像 I 之间或在帧内图像 I 和预测图像 P 之间选择双向预测图像 B 的数目。帧内图像 I、预测图像 P 和双向预测图像 B 的数目主要是根据节目的内容来确定。例如,对于快速运动的图像,帧内图像 I 的频率可以选择高一些,双向预测图像 B 的数目可以选择少一些;对于慢速运动的图像,帧内图像 I 的频率可以低一些,而双向预测图像 B 的数目可以选择多一些,这样可保证视像的质量。

一个典型的帧内图像 I、预测图像 P 和双向预测图像 B 的编排顺序如图 12-11 所示,编码参数为:帧内图像 I 的距离 $N=15$,预测图像 P 的距离 $M=3$;在视像解码时,由于双向预测图像 B 需要 I 和 P 图像做参考,因此在解码之前需要重新组织帧图像数据流的输入顺序,其方案如图 12-12 所示。

图 12-11　MPEG 帧图像的编排示例

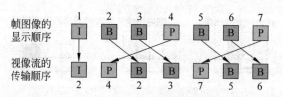

图 12-12　MPEG 帧图像和视像流的顺序

12.4.6　视像数据流的结构

数据位流的组织是关系到如何设计解码器的重要问题,如果没有按照一个统一的规范进行组织,设计的解码器就不能通用,MPEG-1 标准对此有详细的规定。MPEG-1 的视像数据流按层次结构进行组织,一个视像序列(video sequence)分成 6 层,如图 12-13 所示,从上到下依次是:(1)序列层(sequence);(2)像组层(Group Of Pictures,GOP);(3)图像层(picture);(4)像片层(slice);(5)宏块层(macroblock,MB);(6)图块(block)层。

在层(1)~层(6)的开头都有一个称为"xxx 头"的部分,它由标识 xxx 层开始的代码域和描述供下层使用的参数的域组成。例如,在层(1)的"序列头"中,有一个用于识别序列层开始的 32 位代码域,域中的代码是 000001B3(H),紧随它的是描述图像的宽度、高度、宽高比、刷新频率、位速率、量化矩阵、用户数据等的域;在层(5)的"宏块头"域中,除了标识"宏块层"的代码"0000 0001 111"外,还有描述 DCT 系数的量化精度、移动矢量及其移动方向的域。

在层(1)和层(6)的结尾部分都有一个用于标识该层结束的代码域。例如,在层(1)的"序列尾"域中,有一个用于标识该层结尾的 32 位代码域,域中的代码是 000001B7(H)。

图块层(6)包含的是每个图块经过变换、量化之后使用可变长度码字(VLC)表示的系数。其中,"DC 系数"域用来存放帧内编码的直流分量系数。

视像和声音都可以单独生成视像数据位流和声音数据位流,按照 ISO/IEC 11172 标准中的规定,将视像数据位流与声音数据位流复合后就形成"ISO/IEC 11172 数据流",也称系统位流(system bitstream)。

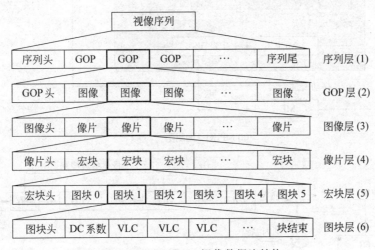

图 12-13 MPEG-1 视像数据流结构

12.5 MPEG-2 视 像

MPEG-2 视像标准[5][6]是 MPEG-1 视像标准的扩展版本,在全面继承 MPEG-1 视像数据压缩算法基础上,增添了许多新的语法结构和算法,用于支持顺序扫描和隔行扫描,支持 NTSC、PAL、SECAM 和 HDTV 格式的视像,支持视像的实时传输。为适应各种不同的应用,MPEG-2 视像标准还定义了多种视像质量可变的编码方式。

12.5.1 视像编码器和解码器

在 MPEG-1 和 MPEG-2 视像标准中,减小时间冗余的核心技术是以图块为单元的移动补偿技术,它涉及两个重要的概念:(1)移动估算(Motion Estimation,ME):计算移动矢量的过程也就是在参考图像中,查找与当前编码图块匹配最佳的图块的过程。移动矢量的估算精度越高,图像之间的差值就越小,重构图像的质量就越高;(2)移动补偿(Motion Compensation,MC):计算当前编码图块与参考帧中的图块的像素值之差的过程。在编码时,使用移动矢量表示当前帧的图块相对于过去或将来帧的图块的偏移量,使用当前帧的与过去或将来帧的像素值的差值表示图像的变化程度,这个差值在重构当前帧的图块时作为补偿量;在解码时,利用移动矢量确定当前帧的图块相对于过去或将来帧的图块位置,使用过去或将来帧的像素值和编码时得到的补偿量重构当前帧的图块。

MPEG-2 视像编码器和解码器的结构框图如图 12-14 所示,在原理上与 MPEG-1 的编码和解码结构没有多大差别。在如图 12-14(a)所示的编码系统中:

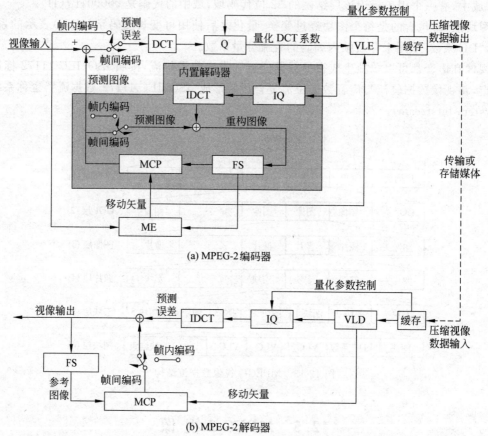

(a) MPEG-2编码器

(b) MPEG-2解码器

Q(Quantization):量化　　　　　　　　　　　IQ(Inverse Quantization):逆量化
DCT(Discrete Cosine Transform):离散余弦变换　　IDCT(Inverse Cosine Transform):逆离散余弦变换
MCP(Motion-Compensated Predictor):移动补偿预测器　ME(Motion Estimator):移动估算器
VLE(Variable Length Encoder):可变长度编码器　　VLD(Variable Length Decoder):可变长度解码器
FS(Frame Memory):帧存储器

图 12-14　MPEG-2 编码器与解码器的结构框图[6]

(1)"ME(移动估算器)"用于计算移动矢量,它将当前输入图像的每一个宏块与先前存放在"FS(帧存储器)"中的参考图像宏块进行比较,找出匹配最佳的宏块,从而计算出移动矢量。移动矢量的精确度可通过相邻像素之间的线性插值获得 1/2 像素的分辨率。

(2)"内置解码器"用于产生预测图像,它的输入包括移动矢量、量化 DCT 系数和用于控制数据速率的量化参数控制信号。预测图像是由移动矢量和存储在"FS(帧存储器)"中的先前图像通过"MCP(移动补偿预测器)"生成的,而先前图像是由量化 DCT 系数经过"IQ(逆量化)"和"IDCT(逆离散余弦变换)"后与先前预测图像生成的重构图像。

(3)输入视像和预测图像通过⊕(加法器)产生预测误差,经过"DCT(余弦变换)"和

"Q(量化)"后送给"VLE(可变长度编码器)"。移动矢量也送到 VLE,它们在 VLE 经过编码和复合后送到传输媒体或存储媒体。VLE 采用的技术是行程长度编码(RLE)和霍夫曼编码。

(4) 量化参数控制信号可改变视像质量和数据速率。

MPEG-2 视像解码器的结构框图如图 12-14(b)所示,视像的解码过程与编码过程正好相反。在这个解码系统中,"VLD(可变长度解码器)"的功能与 VLE 的功能相反,采用的技术是霍夫曼编码和行程长度编码的逆向技术。

12.5.2 视像数据位流的结构

MPEG-2 视像数据位流的结构与 MPEG-1 视像数据位流的结构类似。鉴于它在软硬件系统开发中的重要性,现以子采样 4:2:0 为例,描绘 MPEG-2 视像数据位流的结构,如图 12-15 所示。在这幅图中我们可以看到,一个视像序列分成 g 个视像组(GOP),每个组包含 p 帧图像(picture),每帧图像分成 s 条像片(slice),每条像片分成 m 个宏块(macroblock),每个宏块包括 4 个 8×8 的亮度(Y)图块和 2 个 8×8 的色度(Cb,Cr)图块。

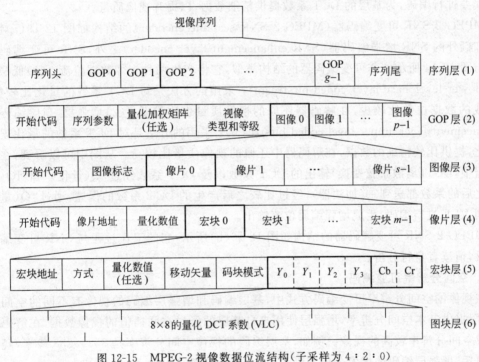

图 12-15　MPEG-2 视像数据位流结构(子采样为 4:2:0)

12.5.3 视像质量可变编码

为适应各种传输速率不同的电视网络和互联网络等方面的应用,MPEG-2 视像标准定义了多种视像质量的可变编码(scalable coding)方式。MPEG-2 的视像可变编码采用分层编码技术(layered coding),通常分成基层编码(base-layer coding)和增强层编码(enhancement-layer coding),有些文献称为低层编码(lower-level coding)和高层编码(upper-level coding)。基层的编码、传输和解码可单独进行,增强层的编码、传输和解码则要依赖于基层或先前的增强层才能完成。MPEG-2 可变编码的优点是可提供不同等级的视像服务质量,缺点是增加了编码和解码的复杂性,降低了压缩效率。

MPEG-2 视像标准支持的可变编码方式包括:(1)信噪比可变(SNR scalability)编码:针对需要多种视像质量的应用,使用增强层编码提供各种信噪比的视像;(2)空间分辨率可变(spatial scalability)编码:针对需要同时广播多种空间分辨率视像的应用,使用增强层编码提供各种空间分辨率的视像;(3)时间分辨率可变(temporal scalability)编码:针对远程通信、HDTV 以及需要有立体感视像的应用;(4)数据分割(data partitioning)编码:针对有两个信道传输视像数据位流的应用场合,它将量化的 DCT 系数进行分割,编码后分别送到不同的信道;(5)混合可变(hybrid scalability)编码:组合以上三种增强层编码中的任何两种编码,可获得不同性能的视像。本节主要介绍前三种可变编码。

1. 信噪比可变编码

MPEG-2 SNR 可变编码方式是在基层编码基础上提高信噪比的技术。在这种编码方式中,基层编码和增强层编码的视像有相同的空间分辨率,但提供质量不同的视像。在基层编码时对 DCT 系数的量化比较粗,提供基本的视像质量。增强层编码对来自基层的 DCT 系数的量化误差进行编码,为基层的 DCT 系数提供精细数据,以提升视像质量。

MPEG-2 SNR 可变编码器(MPEG-2 SNR scalable encoder)的结构如图 12-16(a)所示。除增加额外的 SNR 增强编码器(SNR enhancement-layer encoder)之外,SNR 可变编码器的结构与图 12-14 所示的非可变编码器的结构类似,它将产生两种视像数据位流:(1)低层编码位流(lower-level/base-layer coded bitstream):采用的方法是对 DCT 系数的量化比较粗,因而生成的数据位数比较少,在解码器还原的视像质量也比较低;(2)增强层/高层编码位流(enhancement-layer/upper-level coded bitstream):采用的方法是对 DCT 系数的量化误差进行量化,提供比较精细的数据,在解码器中还原的视像质量比较高。从图中可以看到,在基层编码器中,DCT(离散余弦变换)输出的 DCT 系数以及 DCT 系数经过"Q(量化)"和"IQ(逆量化)"之后的系数都送到$\oplus$(加法器),经过比较之后产生的 DCT 系数的误差,通过"Q(量化)"后送到 VLE 进行编码,生成增强编码位流输出。

MPEG-2 SNR 可变解码器的结构如图 12-16(b)所示,它的工作过程与 SNR 可变编码过程相反,请读者自行分析。

2. 空间分辨率可变编码

在视像的空间分辨率可变编码方式中,基层编码和增强层编码的视像有不同的空间分辨率,基层提供基本空间分辨率,增强层使用来自基层的经过空间插值的视像数据,在解码器中可生成空间分辨率较高的视像。例如,基层编码的视像空间分辨率是 352×288 像素,经过空间插值后,增强层编码的视像分辨率可为 704×576 像素。

空间分辨率可变编码器的结构框图如图 12-17(a)所示:(1)空间基层编码器(spatial base layer encoder)与空间增强层编码器(spatial enhancement layer encoder)的结构相同;(2)空间抽样器(spatial decimator)也称为样本速率转换器(sample rate converter),用于降低当前帧的空间分辨率,通常是 1/2 的空间分辨率;(3)空间插值器的输入来自空间基层编码器的重构图像,通常使用线性插值算法将重构图像的宏块生成空间分辨率较高的宏块,如 8×8 宏块生成 16×16 宏块。

图 12-17(b)是增强层编码方法的示意图。来自基层编码器的预测宏块(如 8×8)通过空

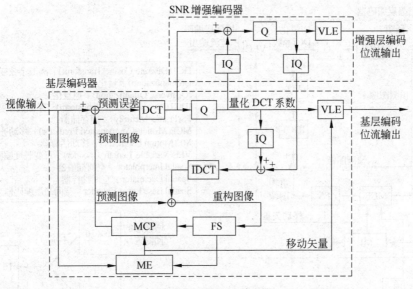

(a) MPEG-2 SNR 可变编码器

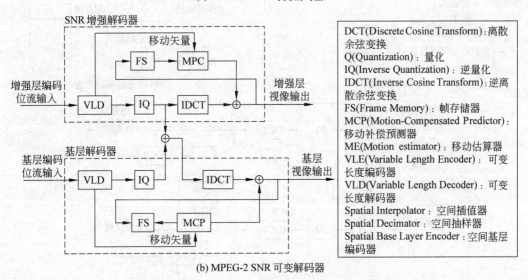

(b) MPEG-2 SNR 可变解码器

DCT(Discrete Cosine Transform)：离散余弦变换
Q(Quantization)：量化
IQ(Inverse Quantization)：逆量化
IDCT(Inverse Cosine Transform)：逆离散余弦变换
FS(Frame Memory)：帧存储器
MCP(Motion-Compensated Predictor)：移动补偿预测器
ME(Motion estimator)：移动估算器
VLE(Variable Length Encoder)：可变长度编码器
VLD(Variable Length Decoder)：可变长度解码器
Spatial Interpolator：空间插值器
Spatial Decimator：空间抽样器
Spatial Base Layer Encoder：空间基层编码器

图 12-16　MPEG-2 SNR 可变编码/解码器结构[8]

间插值后生成插值宏块(如 16×16)，插值宏块与来自增强层编码器的预测宏块(如 16×16)通过加权之后组合生成输出宏块。其中，w 称为自适应加权函数(adaptive weighting function)，取值范围为[0,1.0]。

图 12-17(c)是空间分辨率可变解码器的框图。它的工作过程与空间分辨率可变编码过程相反，请读者自行分析。

3. 时间分辨率可变编码

时间分辨率可变编码是指帧速率(frame rate)或称帧频可变的编码，它也包含基层编码和增强层编码，各层的编码视像与输入视像有相同的空间分辨率和颜色空间。

MPEG 视像标准定义了 I、P 和 B 帧，I 帧包含解码时所需要的所有数据，无需其他帧的

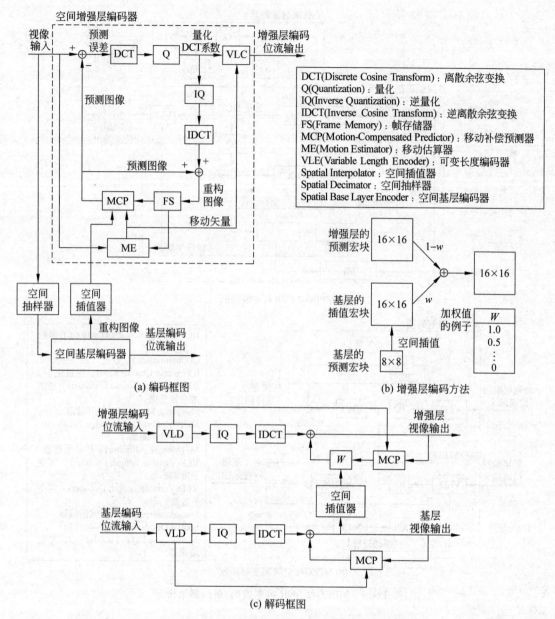

(a) 编码框图

(b) 增强层编码方法

(c) 解码框图

图 12-17　MPEG-2 空间分辨率可变编码/解码器框图[6]

数据；P帧包含它与I帧的差值，解码时还需要I帧的数据；B帧包含I帧和P帧的差值，解码时需要两幅I帧或P帧。时间分辨率可变编码就是根据这个事实将视像的帧指派到编码层上，基层编码对较低帧速率的视像进行编码，增强层编码则对相对于较低层的预测数据进行编码。

时间分辨率可变编码器和解码器的结构框图如图 12-18 所示。图 12-18(a)是指派帧的一种方案，它将I帧和P帧指派给基层，而将偶数的B帧指派到增强层1，奇数的B帧指派到增强层2。图 12-18(b)所示的编码系统由 3 个部分组成：（1）"时间多路分解器（temporal demultiplexer）"，用于将输入视像分解成 2 个系列，分别送到基层和增强层编码器，它们的帧速率通常是输入视像帧速率的 1/2；（2）"时间基层编码器（temporal base layer encoder）"；（3）"时间增强层编码器（temporal enhancement layer encoder）"。两个编码器的结构与普通的 MPEG-2 编码器的结构类似。解码器的框图如图 12-18(c) 所示，解码时组合基层和增强层的解码数据，生成较高帧速率的视像，帧速率最高可达到满帧速率（full frame rate），如 30 帧/秒、60 帧/秒。

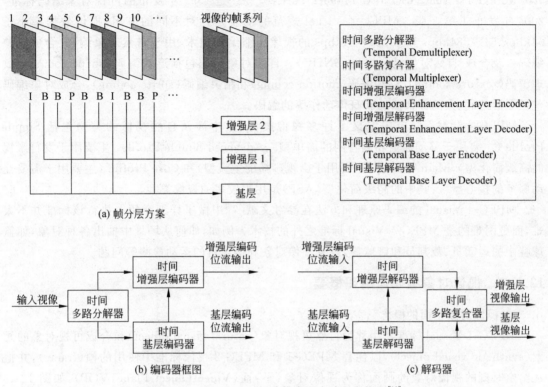

(a) 帧分层方案

(b) 编码器框图

(c) 解码器

图 12-18　MPEG-2 时间分辨率可变编码器框图[12]

4. 数据分割编码

数据分割编码是针对有两个信道传输视像数据位流的应用，它将量化的 DCT 系数分割成两个部分，编码后分别送到不同的信道。比较关键的视像数据（如在数据位流中的开始代码、移动矢量、频率较低的 DCT 系数）在性能比较好的信道上传输，而不影响大局的数据（如频率较高的 DCT 系数）可在性能稍差的信道上传输。

数据分割编码器的结构框图如图 12-19 所示，它使用普通的 MPEG-2 编码器就可以，几乎不增加编码的复杂性。

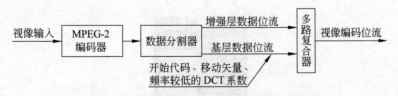

图 12-19　MPEG-2 数据分割编码器结构框图

12.6 MPEG-4 视像

12.6.1 MPEG-4 Visual 是什么

MPEG-4 Visual（ISO/IEC 14496-2 Part 2）[11][12]是 1999 年发布的可视对象编码标准，2004 年发布了第 3 版。MPEG-4 Visual 规范的初衷是针对不同的应用，提供数据率小于 64kbps、64～384kbps 和 0.384～4Mbps 的视像压缩编码技术，用于自然对象编码、合成对象编码以及合成-自然对象混合编码（SNHC）。自然对象编码包括形状编码（shape coding）、纹理编码（texture coding）、移动编码（motion coding）和精灵编码（sprite coding），合成对象编码包括图形编码、人的面部活动和身体动作等的编码。

MPEG-4 针对不同应用定义了许多视像类型，其中涉及自然视像的类型包括 Simple Profile（主要用于移动通信和因特网的简单型）、Advanced Simple Profile（主要用于发行影视的高级简化型）、Main Profile（主要用于影视广播的主流型）和 Core Profile（主要用于需要互动服务的核心型）。其中的高级简化型（ASP）是用得较多的视像类型。

MPEG-4 Visual 的编码原理和方法在参考文献[7]中做了详细介绍。执行该标准并不太难，而更困难的是 MPEG-4 Visual 标准之外的技术。例如，如何从场景中抽出各种对象，如篮球赛中的运动员、裁判员和篮球等，以及视像对象和摄像机的运动检测等问题。

12.6.2 视像对象编码与解码概要

1. 视像对象平面的概念

MPEG-4 Visual 标准使用称为自然可视对象（natural visual object）和合成可视对象的元素（synthetic visual object），以代替 MPEG-1 和 MPEG-2 视像标准中使用的帧（frame），并把在给定时刻的视像对象的画面称为视像对象（平）面（Video Object Plane，VOP），如图 12-20 所示的 VOP 1、VOP 2 和合成 VOP。对任意形状的编码难度比较大，因此 MPEG-4 Visual 采用折中的办法，用矩形把对象框起来，如同 MPEG-1 和 MPEG-2 的帧，这样不仅可继承以前开发的编码技术，而且可开发新的编码技术。

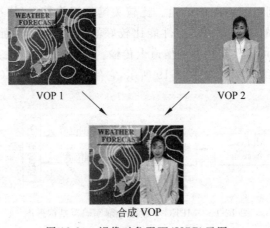

VOP 1   VOP 2

合成 VOP

图 12-20　视像对象平面（VOP）示图

2. 视像对象平面的结构

为支持由 MPEG-1 和 MPEG-2 提供的功能,包括各种分辨率、帧速率和隔行扫描图像的编码,介绍 MPEG-4 Visual 的许多文献把视像中的帧当作视像对象平面(VOP)来对待,其画面也当作纹理(texture)来对待。于是 MPEG-1 和 MPEG-2 视像编码就被认为由纹理编码和移动编码组成,并将这种视像对象平面(VOP)编码器称为 MPEG-4 核心编码器(MPEG-4 core coder),如图 12-21(a)所示。

MPEG-4 Visual 的可视对象通常是指使用分割算法从场景中抽取的单独的物理对象,而它的视像对象平面(VOP)在空间上用其形状和纹理来描述,在时间上用移动来描述,如图 12-21(b)所示。于是视像对象平面(VOP)编码就被认为由形状编码、纹理编码和移动编码组成,并将它称为扩展 MPEG-4 核心编码器(extended MPEG-4 core coder),如图 12-21(c)所示。

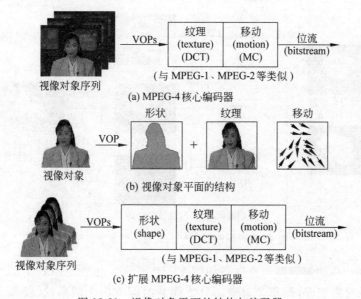

图 12-21　视像对象平面的结构与编码器

3. 视像对象平面的类型

与 MPEG-1 和 MPEG-2 类似,VOP 也定义了相应的 I-VOP(帧内视像对象平面)、P-VOP(预测视像对象平面)和 B-VOP(双向预测视像对象平面),如图 12-22 所示。此外,MPEG-4 Visual 还定义了 S-VOP(sprite-VOP)和 S(GMC)-VOP 两种精灵视像对象平面。

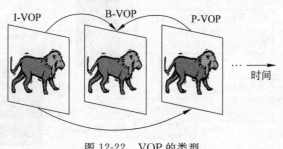

图 12-22　VOP 的类型

精灵(sprite)通常是指可由用户管理并可在屏幕上独立移动的图像,广泛应用于动画序列和电视游戏。S-VOP 通常是从静态的精灵对象或参考 VOP 中得到的信息进行编码的图像。而 S(GMC)-VOP 是使用全局移动补偿(Global Motion Compensation,GMC)技术得到的预测编码图像。全局移动补偿(GMC)的含义是用一套移动参数来描述 VOP 中的所有宏块(MB),如对向左或向右移动的精灵对象,相邻 VOP 之间的每个宏块(MB)可能都有完全相同的移动矢量(MV),相对于参考 VOP 的移动矢量和偏移量可使用全局的空间变换获得。

4. 编码器和解码器结构

MPEG-4 Visual 的编码器示意框图如图 12-23 所示。在图中虚线的右边,有背景图像对象平面(VOP1)、前景图像对象平面(VOP2)和前景文字对象平面(VOP3),这些对象平面都是相互独立编码的。在图中虚线的左边,视像对象分割或称视像对象抽取不在 MPEG-4 Visual 标准范围之内。

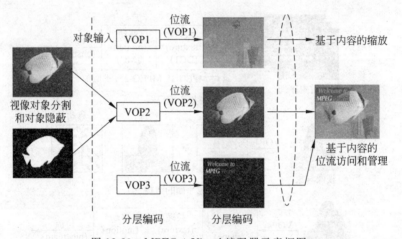

图 12-23　MPEG-4 Visual 编码器示意框图

MPEG-4 Visual 的解码器示意框图如图 12-24 所示。由于 MPEG-4 Visual 的场景可由一个或多个视像对象组成,而每个对象用其空间和时间方向上的形状、纹理和移动参数来刻画,因此它的解码也要有相应的解码器进行解码。输入到解码器的视像位流经过多路分解器分解之后得到视像对象的形状位流、纹理位流和移动位流,通过各自的解码器进行解码,可得

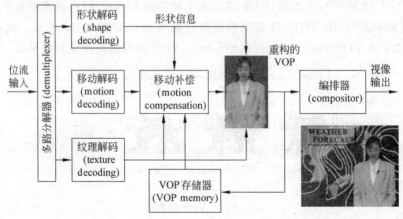

图 12-24　MPEG-4 Visual 解码器示意框图

到重构的 VOP,最后通过编排器产生有背景和前景的视像输出。

12.6.3 可视对象的层次结构

MPEG-4 标准以视听对象为中心,目的是便于互动应用和直接访问场景内容,因此 MPEG-4 Visual 将可视对象序列分成如图 12-25 所示的多个层次,每层的含义如下。

(1) 可视对象序列(Visual object Sequence,VS):构成 MPEG-4 场景的可视对象的有序集合,可包含 2-D、3-D 的自然对象或合成对象。

(2) 视像对象(Video Object,VO):场景中的视像对象,最简单的视像对象是矩形的帧,也可以是任意形状的对象或场景的背景。

(3) 视像对象层(Video Object Layer,VOL):对象可变分辨率的表示方法,单层表示分辨率不变,多层表示空间分辨率或时间分辨率可变。

(4) 视像对象平面组(Group Of Video object planes,GOV):多个视像对象平面的组合。

(5) 视像对象平面(Video Object Plane,VOP):每个对象在时间方向上每次采样得到的画面,并且单独编码。

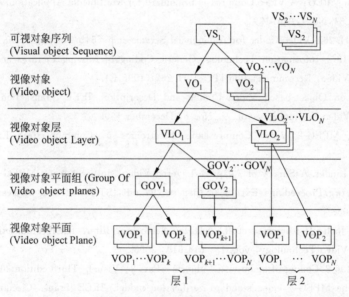

图 12-25　可视对象的层次结构

练习与思考题

12.1　电视图像数据中有哪些冗余数据可去掉,目前分别采用什么方法减少冗余数据?

12.2　在 MPEG 视像数据压缩技术中,目前利用了视觉系统的哪些特性?

12.3　MPEG-1 编码器输出的视像的数据速率大约是多少?

12.4　MPEG 专家组在制定 MPEG-1/-2 Video 标准时定义了哪几种图像?哪种图像的压缩率最高?哪种图像的压缩率最低?

12.5　有人认为"图像压缩比越高越好"。你对这种说法有何看法?

12.6 有人说"MPEG-1 编码器的压缩比大约是 200∶1"。这种说法对不对？为什么？

12.7 电视图像的空间分辨率和时间分辨率是什么意思？

12.8 在 MPEG-1 和 MPEG-2 中,典型的宏块由多少个像素组成;子采样为 4∶2∶0 的宏块分成多少个亮度图块、红色差图块和蓝色差图块？每个图块由多少个像素组成？

12.9 什么叫作移动估算？

12.10 什么叫作移动补偿？

参考文献和站点

[1] The MPEG Home Page. http://www. chiariglione. org/.

[2] A Beginners Guide for MPEG-2 Standard. http://www. iem. thm. de/telekom-labor/zinke/mk/mpeg2beg/beginnzi. htm.

[3] ISO/IEC 11172-2：1993. Information technology--Coding of moving pictures and associated audio for digital storage media at up to about 1,5 Mbit/s--Part 2：Video.

[4] Didier Le Gall. MPEG：A Video Compression Standard for Multimedia Applications，Communications of the ACM,vol. 34,No. 4,Apr. 1991.

[5] CCITT Rec. H. 261,Video Codec for Audiovisual Service at p×64b/s, Aug. 1990.

[6] ISO/IEC 13818-2. Information Technology-Generic Coding of Moving Pictures and Associated Audio Information：Video，Recommendation ITU-T H. 262 (1995 E).

[7] Special Issue on Object-based Video Coding and Description. IEEE Transactions On Circuits And Systems For Video Technology, vol. 9, No. 8, December 1999.

[8] P. N. Tudor. MPEG-2 Video Compression. Electronics & Communication Engineering Journal, December 1995.

[9] A Mayer, H Linder. A Survey of Adaptive Layered Video Multicast using MPEG-2 Streams. http://www. eurasip. org/Proceedings/Ext/IST05/papers/294. pdf,IST Mobile and wireless summit, Dresden, 20-22 June 2005.

[10] P. List, A. Joch, J. Lainema, et al. Adaptive deblocking filter. IEEE Transactions on Circuits and Systems for Video Technology, vol. 13, 614-619, 2003.

[11] ISO/IEC 14496-2,Coding of audio-visual objects—Part 2：Visual. Third edition 2004-06-01.

[12] T. Sikora. The MPEG-4 video standard verification model. IEEE Trans. Circuits Syst. Video Bart Masschelein, Jiangbo Lu and Iole Moccagatta, Overview of International Video Coding Standards, (preceding H. 264/AVC), 2007 IEEE International Conference on Consumer Electronics (ICCE)

[13] Technol. (Special issue on MPEG-4) 7(1), 19-31 (1997).

[14] Special Issue on Object-based Video Coding and Description. IEEE Transactions On Circuits And Systems For Video Technology, vol. 9, No. 8, December 1999.

[15] J. Liang,ENSC 424-Multimedia Communications Engineering, Simon Fraser University,2005.

[16] Hallapuro, M. Karczewicz. Low complexity transform and quantization-Part 1：Basic Implementation, JVT document JVT-B038. doc, February 2002-01-14.

[17] 用 C 语言写的 MPEG 源程序. http://www. cs. cornell. edu/dali/.

第13章 H.264/AVC 与 H.265/HEVC

H.264/AVC 是国际视像编码工业标准,数据压缩率是先前视像压缩标准的 2～3 倍;H.265/HEVC 是在 H.264/AVC 基础上改进的视像编码工业标准,数据压缩率是 H.264/AVC 的 1.5～2 倍。视像编码的核心技术包含预测技术、变换技术和熵编码技术。本章主要介绍 H.264/AVC,最后简介 H.265/HEVC。

13.1 H.264/AVC 介绍

13.1.1 H.264/AVC 是什么

H.264/AVC 或 AVC 是 H.264/MPEG-4 AVC 的简写。H.264/AVC/高级视像编码[7][2] 是数字视像压缩标准。使用 H.264/AVC 技术可制作各种位速率和各种分辨率的电视图像,其覆盖的应用范围非常广泛,如电视广播、HD DVD 和蓝光盘(Blu-ray)电视发行、互联网上传输电视、移动设备上的应用程序(APP)和多媒体电话系统等。

ITU-T VCEG 专家组在 1995 年完成 H.263 可视电话标准版本 1 的开发后开始了两个新计划,一个是开发 H.263 版本 2 的短期(short-term)计划,另一个是开发低位速率可视通信新标准的长期(long-term)计划。执行长期计划的结果是在 1999 年 10 月产生的 H.26L 标准草案,它所提供的视像压缩性能明显优于以往的 ITU-T 标准。MPEG 专家组认识到 H.26L 的潜力,于是在 2001 年 12 月与 VCEG 成立了联合视像组(JVT),其主要任务就是将 H.26L 发展为国际标准。JVT 专家们努力的结果是在 2003 年 3 月产生的名称不同而内容一致的标准,一个名称为 MPEG-4 AVC (MPEG-4 Part 10,ISO/IEC 14496-10),另一个名称为 ITU-T H.264,这就是 H.264/ MPEG-4 AVC 标准名称的由来。

13.1.2 提高编码效率的主要技术

H.264/AVC 继承了先前开发的视像标准的许多优点,虽然在结构上没有明显改变,只是在各个主要功能模块内部做了"小打小闹"和"精雕细刻"的改进,但正是这些改进使编码效率有了明显提高。在视像质量相同的前提下,采用 H.264/AVC 标准获得的视像数据压缩率是 MPEG-2、H.263 视像标准的 2～3 倍,有效地降低了在有线网络、卫星网络和移动通信网络上传送高质量影视的成本。原先使用 MPEG-2 的 DVD 影视和数字电视已经转向采用 H.264/AVC 技术。

H.264/AVC 提高编码效率的主要改进技术[2][3][4][5][7] 包括:

(1) 帧间预测:采用可变图块的帧间预测和移动补偿,预测图块的大小不再局限于 16×16 像素,而是可小到 4×4 像素,提高了移动矢量的预测精度。

(2) 帧内预测:帧内预测图块的大小可以是 16×16 的宏块,也可以是 4×4 像素的图块,而且定义了多种预测方式,目的是找到匹配最佳的预测图块。

（3）采用整数变换（integer transform）。它是从 DCT 演变来的变换，可提高运算速度。

（4）采用 CAVLC 和 CABAC 熵编码：CAVLC（Context-based Adaptive Variable Length Coding）/前后文自适应可变长度编码和 CABAC（Context-based Adaptive Binary Arithmetic Coding）/前后文自适应二元算术编码比 VLC（Variable-Length Coding）/可变长度编码的效率高。

（5）采用多参考帧（multiple reference frame）和消除块状失真①的滤波技术。

H.264/AVC 标准具有算法简单易于实现、运算精度高、运算速度快、占用内存小、消块效应等优点，是一种更为实用有效的图像编码标准。

H.264/AVC 视像与 MPEG-2 和 MPEG-4 Visual 的性能比较见表 13-1。

表 13-1　MPEG-2、MPEG-4 Visual 和 H.264/AVC 的性能比较

性能	标　　准		
	MPEG-2	MPEG-4 Visual	H.264/AVC
块变换	8×8 DCT	8×8 DCT/小波变换	4×4,8×8 整数 DCT，4×4,2×2 哈达玛变换
帧内预测	帧内 DC 预测	变换域预测	空间域预测
双向预测	向前/向后	向前/向后	向前/向后,向前/向前,向后/向后
加权预测	—	—	有
移动估算	16×16	16×16 或 8×8	16×16～4×4
量化	HVS 加权,均匀量化	HVS 加权,均匀量化	量化阶增量 12.5%
熵编码	VLC	VLC	VLC,CAVLC,CABAC
像素精度	1/2 像素	1/4 像素	1/4 像素
图像类型	I,P,B	I,P,B	I,P,B,SI,SP
消块滤波	—	选择	有
参考图像	一帧	一帧	多帧
编码器	复杂度中等	复杂度中等	复杂度高
后向兼容	与先前标准可兼容	与先前标准可兼容	与先前标准不兼容
传输速率	2～15Mbps	64kbps～4Mbps	64kbps～150Mbps

13.2　视像数据的编码结构

13.2.1　分层处理的结构

为适应广播、通信和存储等应用的需要，专家组把 H.264/AVC 标准分成如图 13-1 所示的两个层次：（1）视像编码层（Video Coding Layer，VCL），用于有效地表达视像内容；（2）网络抽象层（Network Abstraction Layer，NAL），按照一定格式组织视像编码层的数据并提供标

---

① 块状失真：因压缩率过高导致重构图像呈现的块状外观。

题(header)等信息,便于在各种不同速率的网络上传输。

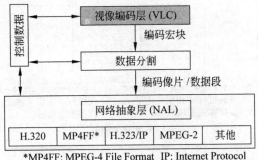

*MP4FF: MPEG-4 File Format IP: Internet Protocol

图 13-1 H. 264/AVC 的分层结构[3]

13.2.2 视像数据的组织

1. 画面划分

与 MPEG-1 和 MPEG-2 的像片(slice)划分不同,H. 264/AVC 把一帧画面当作一片像片或把它分割成如图 13-2(a)所示的若干片像片。一片像片包含若干个如图 13-2(b)所示的宏块(macroblock,MB),它是编码标准中的基本处理单元,每个宏块包含 16×16 像素的亮度(luma)样本和 2 个 8×8 像素的色度(chroma)样本。一片或多片像片构成如图 13-2(c)所示的像片组(slice group)。在隔行扫描视像中,每一场可作为单独的图像进行编码,也可将 2 场(相邻的偶数场和奇数场)构成的帧作为单独的图像进行编码,偶数场和奇数场相应的宏块构成如图 13-2(d)所示的宏块对。

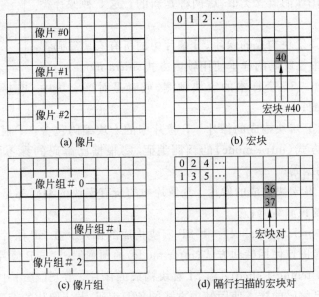

图 13-2 H. 264/AVC 的画面分割

2. 宏块与子宏块

宏块可划分成宏块区(macroblock partition)和子宏块(sub-macroblock),如图 13-3(a)所

示。子宏块还可划分成子宏块区(sub-macroblock partition),如图 13-3(b)所示。

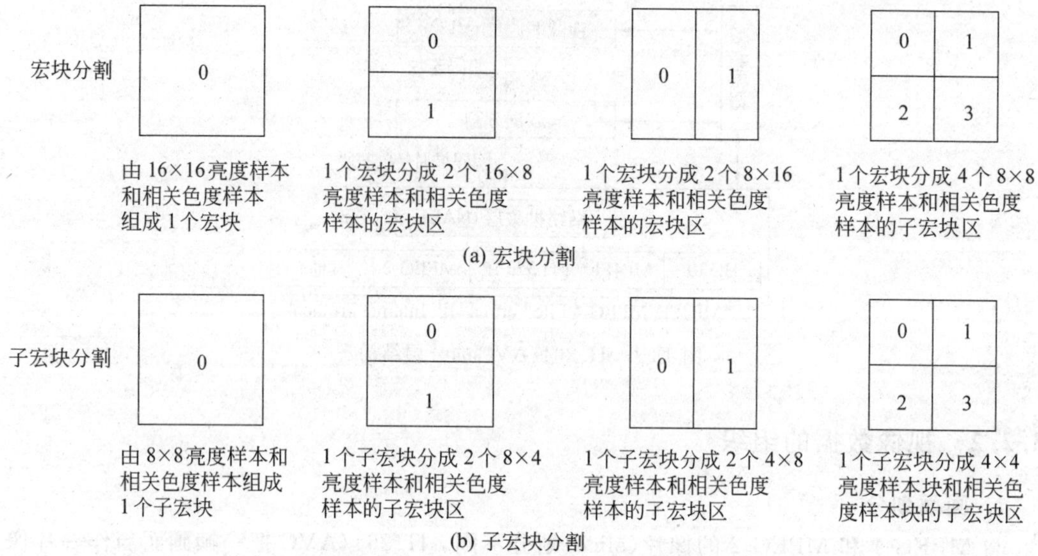

宏块分割

0	0 1	0 | 1	0 | 1 2 | 3
由 16×16亮度样本和相关色度样本组成 1 个宏块	1个宏块分成 2 个 16×8亮度样本和相关色度样本的宏块区	1个宏块分成 2 个 8×16亮度样本和相关色度样本的宏块区	1个宏块分成 4 个 8×8亮度样本和相关色度样本的子宏块区

(a) 宏块分割

子宏块分割

0	0 1	0 | 1	0 | 1 2 | 3
由 8×8亮度样本和相关色度样本组成 1 个子宏块	1个子宏块分成 2 个 8×4亮度样本和相关色度样本的子宏块区	1个子宏块分成 2 个 4×8亮度样本和相关色度样本的子宏块区	1个子宏块分成 4×4亮度样本块和相关色度样本块的子宏块区

(b) 子宏块分割

图 13-3 宏块与子宏块的划分

图 13-4 表示一个 16×16 宏块的树状结构分割法(tree structure segmentation method),在编码时有可能使用 8×8、4×8、8×4 或 4×4 像素块的组合。

3. 像片的类型

H.264/AVC 定义了 5 种像片类型,前 3 种与 MPEG-1 和 MPEG-2 的 I、P、B 图像的概念类似,后两种是新的。这 5 种像片类型是:

(1) I 像片:由 I 宏块构成的像片。I 像片中的所有宏块编码都是只根据当前像片中已解码的样本使用帧内方式(intra mode)的预测编码,预测是对 16×16 个样本的宏块预测,或者是对该宏块中 4×4 个样本块的预测;

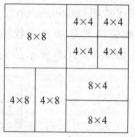

图 13-4 树状结构分割法

(2) P 像片:由 P 宏块构成的像片。P 像片中的宏块编码包含:①根据当前像片中已解码的样本使用帧内方式(intra mode)的预测编码,②根据已解码的参考图像使用帧间方式(inter mode)的预测编码;

(3) B 像片:由 B 宏块构成的像片。B 像片中的所有宏块的编码都是根据已解码的参考图像使用帧间方式的预测编码;

(4) SP 像片(switching-P slice):由 SP 宏块构成的像片。在 SP 像片中,SP 宏块的编码是根据已解码的参考图像使用帧间方式(inter mode)的预测编码,与 P 像片的编码类似;

(5) SI 像片(switching-I slice):由 SI 宏块构成的像片。在 SI 像片中,SI 宏块的编码是只根据当前像片中已解码的样本使用帧内方式的预测编码,与 I 像片的编码类似。

SP 和 SI 像片是经过特殊编码的像片[6],用于在同一视像源而位速率不同的视像流之间进行切换、随机访问和快进或快退。为简单起见,假设视像的一帧就是一片像片,使用 SP 和 SI 进行视像流切换的应用,如图 13-5 所示。图中的视像流 A 是高数据率的播放视像流,视像流 B 是低数据率的播放视像流,它们之间可通过称为切换流切换图像 SP 进行切换,或者使用 SI 图像进行切换。

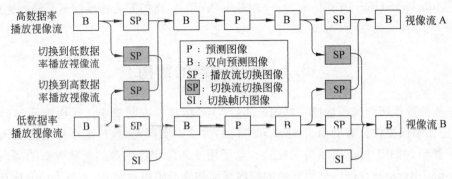

图 13-5　使用 SP 和 SI 切换视像流的概念

13.2.3　四种类型的视像

与其他标准一样,H.264/AVC 也定义了类型/配置(profile)和等级(level),组合不同类型和等级可指定不同的编码方法。早期版本的 H.264/AVC 定义了三种视像编码类型的配置:

(1) 基本配置(baseline profile):支持使用 I 像片和 P 像片的帧内编码和帧间编码,并使用 CAVLC 编码,具有基本的性能和抗错(error resilience/recovery)能力,用于要求低延时的电视会议和可视电话等应用。所谓抗错是指解码器对传输过程中出现的错误数据位流的应对能力,包括错误检测、重新传输、错误校正或其他错误处理措施。

(2) 主流配置(main profile):支持逐行扫描和隔行扫描视像,除支持帧内编码和帧间编码外,还支持使用 B 像片的帧间编码和使用加权预测的帧间编码,使用 CABAC 编码,用于质量要求比较高的电视广播和 HD DVD 等方面的应用。

(3) 扩展配置(extended profile):不支持隔行扫描视像和 CABAC,但附加 SP 像片和 SI 像片的切换功能,使用数据分割改进抗错能力,用于各种网络上播放电视等应用。

图 13-6 表示了三种视像类型之间的关系和支持的编码工具。基本型是扩展型的子集,但不是主流型的子集,图中的冗余像片是已解码的图像,解码器用于替换被损坏的编码图像,图中的 ASO(Arbitrary Slice Ordering)表示像片顺序可以是任意的,FMO(Flexible Macroblock Ordering)表示宏块顺序可以是灵活的。

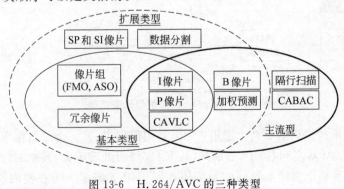

图 13-6　H.264/AVC 的三种类型

在 2006 年 7 月～2009 年 11 月期间,JVT 工作组从事称为多视角视像编码(Multiview Video Coding,MVC)也称 MVC-3D 的立体电视编码,开发了高档配置(High Profile)电视标准,包括 Multiview High Profile 和 Stereo High Profile。高档配置标准在不断修改之中,较新的版本是 2014 年 1 月的 Version 22。

13.3　编译码器的结构

与先前的视像压缩编码标准一样,H.264/AVC 标准没有明确定义编码器和解码器的结构,而是定义编码视像位流的语句、语义和解码的方法。实际上,执行这个标准的编码器和解码器几乎都包含如图 13-7 所示的功能块。除了用于消除重构图像的块状失真的消块滤波器(deblocking filter)、减少帧内空间冗余的帧内移动估算与帧内预测外,大多数功能块在以前的标准中都存在,但功能块中的细节却有比较大的变化。

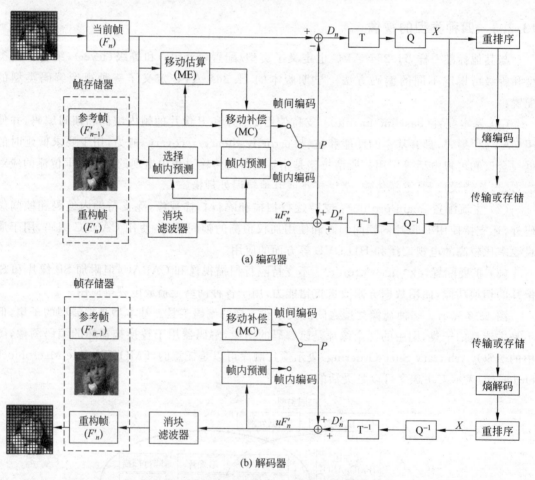

图 13-7　H.264/AVC 编解码器结构[5]

图 13-7(a)所示的编码器有两个通道:一个是编码通道,另一个是图像重构通道。

(1) 在编码通道(从左到右)中,当前帧(F_n)以宏块为处理单元,其中的每个图块可用帧内编码或帧间编码,重构图像样本得到的预测值在图中用 p 表示。①在帧内预测方式中,预测

值 p 是由当前帧(F_n)中的输入样本与该帧在过去编码、解码和重构但未经滤波(uF'_n——unfiltered)的样本通过帧内预测生成的;②在帧间预测方式中,预测值 p 是由当前帧的输入样本与过去重构并经滤波后的一帧参考图像(F'_{n-1})或多帧参考图像中的样本通过移动补偿生成的。当前帧的输入值和预测值 p 相减后生成预测误差 D_n,D_n 经过变换(T)和量化(Q)产生量化变换系数 X,通过重新排序和熵编码得到的系数连同解码时需要的边信息(side information),包括预测方式、量化参数和移动矢量等一起形成压缩数据位流,然后送到网络抽象层(NAL)用于传输或存储。

(2) 在编码器的图像重构通道(从右到左)中,量化变换系数 X 通过逆量化(Q^{-1})和逆变换(T^{-1})后产生预测误差 D_n,它与预测值 p 相加后生成重构图像 uF'_n,通过用于消除块效应的消块滤波器之后生成的一系列图像,作为帧间预测时用的重构参考图像 F'_n。

图 13-7(b)所示的解码器与图 13-7(a)中的图像重构过程类似。

13.4　帧 内 预 测

在以前的视像标准中,帧内图像 I 只利用了一个宏块内部的空间相关性,而没有利用宏块之间的空间相关性,因此帧内图像 I 编码后的数据量较大。为进一步利用空间的相关性,以提高压缩效率,H.264/AVC 引入了帧内预测(intra prediction)技术。

帧内预测是在同一个像片中从过去编码后重构的相邻块对当前图块(即待编码的块)进行预测的过程,使用预测得到的样本代替实际图块中的样本。因此,更准确的中文名称应该是"片内预测"。使用帧内预测技术的块编码、宏块编码、像片(slice)编码或帧编码都称为帧内编码。编码时用实际的样本值与预测值相减得到预测误差,然后对预测误差进行变换和编码,以消除空间冗余性。

对于亮度(luma)样本,预测块的大小可在 4×4(用于带细节的图像区域)、8×8 或 16×16(用于过渡较平缓的图像区域)之间选择。8×8 和 4×4 亮度块都有相同的 9 种预测方式,16×16 亮度块有 4 种预测方式;对于两个色度(chroma)使用 8×8 和 4×4 色度块,定义了 4 种预测方式。

13.4.1　4×4 亮度预测方式

假设现有一个如图 13-8 所示的 4×4 亮度样本要预测,标记为 a,b,…,p,在它上面和左边的样本是已经编码和重构的样本,标记为 A~M(共 13 个样本),这个亮度块的预测块可根据 A~M 样本进行计算。计算预测块时在当前像片中不一定都有 A~M 样本可用,但为保持像片解码的独立性,只使用当前像片中的样本进行预测。此外,如果 E、F、G 和 H 样本不存在,则可用 D 取代。使用帧内预测编码技术时有两个问题需要解决:(1)如何计算预测块;(2)如何选择预测块。

M	A	B	C	D	E	F	G	H
I	a	b	c	d				
J	e	f	g	h				
K	i	j	k	l				
L	m	n	o	p				

图 13-8　4×4 亮度块预测样本的标记

在预测块中,每个样本的预测值可按指定预测方式(mode)下的预测方法进行计算。为 4×4 亮度块指定的 9 种预测方式如图 13-9 所示,图中的箭头表示预测方向。对方式 0~2,样本预测值的计算比较直观。例如,(1) 在预测方式 0 下,a、e、i 和 m 的样本预测值用 A 样本值,…,d、h、l 和 p 的样本预测值用 D 样本值;(2)在预测方式 2 下,所有 a~p 的样本预测值都用(A+B+C+D+I+J+K+L)/8 的平均值。

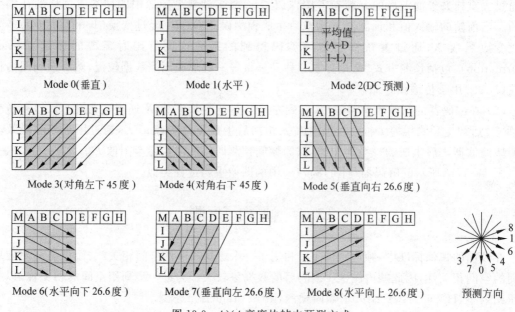

图 13-9 4×4 亮度块帧内预测方式

对方式 3~8,样本预测值是 A~M 的加权平均。例如,在预测方式 4 下,a 的样本预测值可用 round(I/4+M/2+A/4)计算,d 的样本预测值可用 round(B/4+C/2+D/4)计算;在预测方式 8 下,a 的样本预测值可用 round(I/2+J/2)计算,d 的样本预测值可用 round(J/4+K/2+L/4)计算。其中的 round 表示四舍五入。

选择预测块就是选择哪种预测方式下的样本预测块。一种直观的选择方法叫作全搜索法(full searching),该方法的计算过程如下:

步骤 1:分别计算 9 种方式下的 4×4 样本预测块。

步骤 2:分别计算 9 种方式下的 4×4 原始样本块与样本预测块之间的差值,然后计算绝对误差的和(Sum of Absolute Difference/Errors,SAD/SAE),或者计算均方误差(Mean Square Error,MSE)。

步骤 3:比较它们的 SAD 或 MSE,误差最小的就是预测精度最高的样本预测块。

在一些文献中,不是单纯使用 SAD 或 MSE 作为选择最佳样本预测块的判别标准,而是还要考虑量化阶大小,使用它们联合的成本(joint cost)作为判别标准[7],认为联合成本最小的就是最佳的样本预测块。显而易见,选择最佳样本预测块需要大量的计算,国内外的许多学者为减少计算量,在搜索方法和计算方法方面做了许多卓有成效的研究。

13.4.2 16×16 亮度预测方式

为 16×16 亮度块指定的 4 种预测方式如图 13-10 所示。

Mode 0:垂直外插预测,每列的所有样本预测值与顶部(H)的样本值相同。

Mode 1:水平外插预测,每行的所有样本预测值与左边(V)的样本值相同。

Mode 2:平均插值预测,每个样本预测值均为相应的顶部和左边样本值之和的平均值。

Mode 3：平面（plane）预测，用顶部和左边的样本采用空间插值法得到样本预测值。

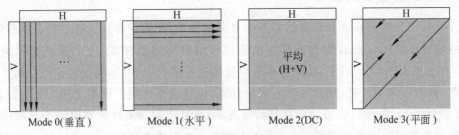

图 13-10　16×16 亮度块的帧内预测方式

13.4.3　8×8 色度预测方式

8×8 和 4×4 色度块使用 4 种预测方式：mode 0（DC）、mode 1（水平）、mode 2（垂直）和 mode 3（平面）。这些预测方式与 16×16 亮度预测方式的含义相同，只是编号不同。2 个 8×8 或 2 个 4×4 的色度块要使用相同的预测方式。

13.5　帧　间　预　测

帧间预测是从过去编码后重构的相邻帧的样本预测当前帧（即待编码的帧）样本的过程。帧间预测也是以块为基础，因此使用帧间预测技术的块编码、宏块编码、像片编码或帧编码都称为帧间编码。编码时用实际的样本值与预测值相减得到预测误差，然后对预测误差进行变换和编码，以消除时间方向上的冗余性。

与 MPEG-1、MPEG-2 使用的帧间预测技术相比，比较大的改进是，H.264/AVC 可支持大小可变的移动补偿块，移动矢量也可精确到 1/4 像素。此外还支持多参考帧的预测。

13.5.1　移动补偿块的大小

H.264/AVC 支持的移动补偿块大小可从 16×16 到 4×4。对亮度分量，一个 16×16 的帧间编码宏块可以分割成子宏块，其大小可以是 16×8、8×16 或 8×8 个样本的宏块区，而 8×8 的子宏块还可以继续分块，分成 8×4、4×8 或 4×4 个样本的子宏块区，如图 13-3 所示。这种分区移动补偿方法称为树型结构移动补偿法（tree-structured motion compensation）。

移动矢量和补偿量是移动补偿技术的两个重要参数。对每个宏块、宏块区、子宏块或子宏块区都需要单独的移动矢量，每个移动矢量和分区方法都必须编码并加到压缩位流，解码器才能正确解码。虽然比较小的移动补偿块可产生比较好的补偿效果，但移动补偿块越小，搜索移动矢量的计算量就越大，需要传送或存储的移动矢量的数目和包括分区方法在内的额外开销也就越多，这就需要在补偿效果和补偿块大小之间进行折中。解决这个问题的一个切实可行的方案是，采用自适应的方法来确定补偿块的大小。例如，对移动比较平缓的部分可用比较大的补偿块，对移动比较剧烈、画面比较复杂或细节较多的部分用比较小的补偿块。

对宏块中的两个色度（Cb 和 Cr）分量，每个色度块的大小都是亮度分量块的 1/2，块的分区方法也与亮度块的分区方法相同，移动矢量也是亮度块的移动矢量的 1/2。

13.5.2　子像素移动矢量

在计算移动矢量和移动补偿量时需要参考帧的样本,而采样得到的样本数是有限的,在没有样本的位置可使用该位置附近的样本值通过插值得到插值样本,这个像素就称为子像素(sub-pixel)。在图 13-11(a)中,实际样本的位置用空心圆(○)表示,插值位置可在两个样本中间的位置,称为半像素位置,用方块(□)表示;插值位置也可在两个样本之间 1/4 的位置,称为 1/4 像素位置,用三角形(△)表示。在某些情况下,通过搜索插值样本有可能为当前图块找到比较准确的移动矢量和移动补偿量,这种方法称为子像素移动补偿。

例如,在图 13-11(b)中,实心圆(●)表示整像素搜索得到的最佳匹配,实心方块(■)表示半像素搜索得到的最佳匹配,实心三角形(▲)表示 1/4 搜索得到的最佳匹配像素。在编码器中,移动估算器开始用整像素搜索得到最佳匹配(●),然后用半像素搜索得到的最佳结果(■)与整像素搜索得到的最佳匹配相比,看看匹配是否有改善,如果需要还用 1/4 像素搜索,最后将当前图块的样本值减去最佳匹配图块的样本值,得到当前图块的移动补偿量,通常用绝对误差之和(SAE)表示。SAE 值越低,表示移动补偿的效果越好。

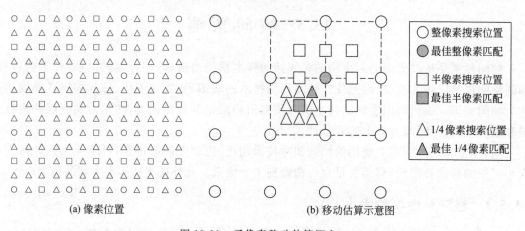

(a) 像素位置　　　　　　　　(b) 移动估算示意图

图 13-11　子像素移动估算概念

为对子像素移动矢量有个形象的了解,现用图 13-12(a)表示在当前帧中要预测的一个 4×4 亮度块,图 13-12(b)表示当前块在过去编码后重构的参考帧中找到的最佳匹配块,当前块相对于参考帧的移动矢量是整像素移动矢量。图 13-12(c)表示当前块在过去编码后重构的参考帧中找到的最佳匹配块,当前块相对于参考帧的移动矢量是 1/2 像素移动矢量。

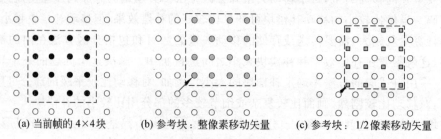

(a) 当前帧的 4×4 块　　　(b) 参考块:整像素移动矢量　　　(c) 参考块:1/2 像素移动矢量

图 13-12　整像素和子像素移动矢量举例[5]

13.5.3 移动矢量的预测

由于对每个分量的移动矢量都要编码和传送,这将降低视像数据的压缩比,选择小的移动补偿块时将更严重。鉴于相邻分区的移动矢量通常是高度相关的,因此每个移动矢量也可通过已编码的相邻分区的移动矢量进行预测,然后对实际的移动矢量和预测的移动矢量(MV_p)之差(MV_D)进行编码和传送。

生成预测的移动矢量的方法如图 13-13 所示,该方法与移动补偿块的大小和相邻块的移动矢量是否可用有关。图 13-13(a)表示当前块 E 的预测矢量用块大小相同(如 16×16)的相邻块 A、B 和 C 进行预测;图 13-13(b)表示当前块 E 的预测矢量用块大小不同的 A、B 和 C 进行预测。当前块 E 的预测矢量通常取左(A)、上(B)和右上(C)宏块的移动矢量的中值(median value),写成:

$$MV_p = median(MV_A, MV_B, MV_C)$$

其中,MV_A、MV_B 和 MV_C 是 3 个相邻的移动矢量。

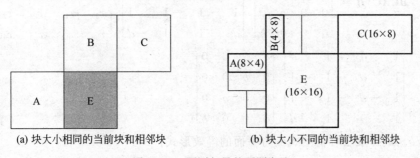

(a) 块大小相同的当前块和相邻块   (b) 块大小不同的当前块和相邻块

图 13-13　预测矢量的预测方法

13.6　整数变换和量化

整数变换可简单地理解为输入、输出和变换系数皆为整数的运算。在使用变换矩阵表示时,整数变换可理解为输入、输出和变换矩阵元素皆为整数的运算。如果矩阵元素为 2^n 或 2^{-n},($n=0, 1, 2, \cdots, N$),执行变换时就可使用移位操作。

先前的 MPEG 视像编码采用 DCT 和 IDCT 变换,从 H.264/AVC 开始,视像编码采用整数变换[8][9]。本节以 4×4 的整数变换为例,介绍整数变换的基本概念。

13.6.1 DCT 和 IDTC 变换的简化

DCT 变换是一种正交变换,具有良好的去相关性和压缩效率,但它的变换元素是非整数的,要使用浮点乘法运算,计算较复杂。为了既能保留 DCT 变换的特性,又能避免乘法操作,只用加法和移位,因此对 DCT 和 IDTC 进行了简化[5],开发了整数变换。

1. 简化 DCT 变换

回顾第 5 章介绍的 DCT 变换,一个 4×4 的 DCT 变换矩阵可写成:

$$\mathbf{A} = \begin{bmatrix} a & a & a & a \\ b & c & -c & -b \\ a & -a & -a & a \\ c & -b & b & -c \end{bmatrix}, \quad \begin{aligned} a &= 1/2 \\ b &= \sqrt{1/2}\cos\pi/8 = 0.6532\cdots \\ c &= \sqrt{1/2}\cos3\pi/8 = 0.2706\cdots \end{aligned}$$

假设需要变换的 4×4 阵列为 $\mathbf{X}$，DCT 变换的输出 $\mathbf{Y}$ 可按公式 13-1 计算：

$$\mathbf{Y} = \mathbf{A}\mathbf{X}\mathbf{A}^{\mathrm{T}} = \begin{bmatrix} a & a & a & a \\ b & c & -c & -b \\ a & -a & -a & a \\ c & -b & b & -c \end{bmatrix} \begin{bmatrix} x_{00} & x_{01} & x_{02} & x_{03} \\ x_{10} & x_{11} & x_{12} & x_{13} \\ x_{20} & x_{21} & x_{22} & x_{23} \\ x_{30} & x_{31} & x_{32} & x_{33} \end{bmatrix} \begin{bmatrix} a & b & a & c \\ a & c & -a & -b \\ a & -c & -a & b \\ a & -b & a & -c \end{bmatrix}$$

$$(13\text{-}1)$$

矩阵 $\mathbf{A}$ 可分解分为两个矩阵相乘 $\mathbf{A} = \mathbf{B}\mathbf{C}$，因此 DCT 变换可写成：

$$\mathbf{Y} = \mathbf{B}\mathbf{C}\mathbf{X}\mathbf{C}^{\mathrm{T}}\mathbf{B} = \begin{bmatrix} a & 0 & 0 & 0 \\ 0 & b & 0 & 0 \\ 0 & 0 & a & 0 \\ 0 & 0 & 0 & b \end{bmatrix} \begin{bmatrix} 1 & 1 & 1 & 1 \\ 1 & d & -d & -1 \\ 1 & -1 & -1 & 1 \\ d & -1 & 1 & -d \end{bmatrix} \begin{bmatrix} x_{00} & x_{01} & x_{02} & x_{03} \\ x_{10} & x_{11} & x_{12} & x_{13} \\ x_{20} & x_{21} & x_{22} & x_{23} \\ x_{30} & x_{31} & x_{32} & x_{33} \end{bmatrix}$$

$$\begin{bmatrix} 1 & 1 & 1 & d \\ 1 & d & -1 & -1 \\ 1 & -d & -1 & 1 \\ 1 & -1 & 1 & -d \end{bmatrix} \begin{bmatrix} a & 0 & 0 & 0 \\ 0 & b & 0 & 0 \\ 0 & 0 & a & 0 \\ 0 & 0 & 0 & b \end{bmatrix}$$

其中，$d = c/b$。矩阵乘法可将上式变为下面的等效形式：

$$\mathbf{Y} = (\mathbf{C}\mathbf{X}\mathbf{C}^{\mathrm{T}}) \otimes \mathbf{E} = \left(\begin{bmatrix} 1 & 1 & 1 & 1 \\ 1 & d & -d & -1 \\ 1 & -1 & -1 & 1 \\ d & -1 & 1 & -d \end{bmatrix} \begin{bmatrix} x_{00} & x_{01} & x_{02} & x_{03} \\ x_{10} & x_{11} & x_{12} & x_{13} \\ x_{20} & x_{21} & x_{22} & x_{23} \\ x_{30} & x_{31} & x_{32} & x_{33} \end{bmatrix} \right.$$

$$\left. \begin{bmatrix} 1 & 1 & 1 & d \\ 1 & d & -1 & -1 \\ 1 & -d & -1 & 1 \\ 1 & -1 & 1 & -d \end{bmatrix} \right) \otimes \begin{bmatrix} a^2 & ab & a^2 & ab \\ ab & b^2 & ab & b^2 \\ a^2 & ab & a^2 & ab \\ ab & b^2 & ab & b^2 \end{bmatrix}$$

$$(13\text{-}2)$$

其中，$\mathbf{C}\mathbf{X}\mathbf{C}^{\mathrm{T}}$ 是二维变换核，$\mathbf{E}$ 是由缩放因子组成的矩阵，符号 $\otimes$ 表示矩阵 $\mathbf{C}\mathbf{X}\mathbf{C}^{\mathrm{T}}$ 中的每个元素和矩阵 $\mathbf{E}$ 中相同位置的元素相乘（即标量相乘）。由于矩阵 $\mathbf{E}$ 中的元素是常数，因此可与编码器中的量化计算组合，这样就简化了 DCT 变换的计算。

在公式 13-2 的变换矩阵中，$d = c/b = \sqrt{2} - 1 = 0.414\,213\cdots$，这个数不是有理数，不便于使用二进制的算术运算，同时考虑到数学变换不会损失图像质量，因此 d 可考虑在 $7/16$、$1/2$ 和 $3/8$ 之间选择。为简化计算，选择 $d = 1/2$。

在公式 13-1 的变换矩阵中，常数 $a = 1/2$。为保持矩阵 $\mathbf{A}$ 的正交性，即 $\mathbf{A}^{\mathrm{T}}\mathbf{A} = \mathbf{I}$，已知 $d = c/b = 1/2$，求解得到 $b = \sqrt{1/[2(1+d^2)]} = \sqrt{2/5}$，于是变换公式 13-2 中的常数为：

$$a = 1/2, b = \sqrt{2/5}, d = 1/2$$

2. 简化 IDTC 变换

已知 DCT 变换为 $Y = AXA^{\mathrm{T}}$，IDTC 变换则为 $X = A^{\mathrm{T}}YA$。按照 DCT 变换的简化方法，根据公式 13-2 可得到的简化 IDCT 变换：

$$
X = C^{\mathrm{T}}(Y \otimes E)C =
\begin{bmatrix}
1 & 1 & 1 & d \\
1 & d & -1 & -1 \\
1 & -d & -1 & 1 \\
1 & -1 & 1 & -d
\end{bmatrix}
\begin{bmatrix}
y_{00} & y_{01} & y_{02} & y_{03} \\
y_{10} & y_{11} & y_{12} & y_{13} \\
y_{20} & y_{21} & y_{22} & y_{23} \\
y_{30} & y_{31} & y_{32} & y_{33}
\end{bmatrix}
\otimes
\begin{bmatrix}
a^2 & ab & a^2 & ab \\
ab & b^2 & ab & b^2 \\
a^2 & ab & a^2 & ab \\
ab & b^2 & ab & b^2
\end{bmatrix}
$$

$$
\begin{bmatrix}
1 & 1 & 1 & 1 \\
1 & d & -d & -1 \\
1 & -1 & -1 & 1 \\
d & -1 & 1 & -d
\end{bmatrix}
\tag{13-3}
$$

13.6.2 整数变换与量化方法

1. 整数变换

使用 $a = 1/2, b = \sqrt{2/5}, d = 1/2$ 时，正变换具有如下的形式：

$$
Y =
\begin{bmatrix}
1 & 1 & 1 & 1 \\
1 & \dfrac{1}{2} & -\dfrac{1}{2} & -1 \\
1 & -1 & -1 & 1 \\
\dfrac{1}{2} & -1 & 1 & -\dfrac{1}{2}
\end{bmatrix}
\begin{bmatrix}
x_{00} & x_{01} & x_{02} & x_{03} \\
x_{10} & x_{11} & x_{12} & x_{13} \\
x_{20} & x_{21} & x_{22} & x_{23} \\
x_{30} & x_{31} & x_{32} & x_{33}
\end{bmatrix}
\begin{bmatrix}
1 & 1 & 1 & \dfrac{1}{2} \\
1 & \dfrac{1}{2} & -1 & -1 \\
1 & -\dfrac{1}{2} & -1 & 1 \\
1 & -1 & 1 & -\dfrac{1}{2}
\end{bmatrix}
$$

$$
\otimes
\begin{bmatrix}
a^2 & ab & a^2 & ab \\
ab & b^2 & ab & b^2 \\
a^2 & ab & a^2 & ab \\
ab & b^2 & ab & b^2
\end{bmatrix}
$$

执行乘 1/2 计算可用算术右移操作，但会带来截断误差。为避免这种误差，可将第一个系数矩阵的第 2 行和第 4 行乘 2，将第二个系数矩阵的第 2 列和第 4 列乘 2，正变换就变成如下的形式：

$$
Y = (C_{\mathrm{f}}XC_{\mathrm{f}}^{\mathrm{T}}) \otimes E_{\mathrm{f}} = W \otimes E_{\mathrm{f}}
$$

$$
=
\begin{bmatrix}
1 & 1 & 1 & 1 \\
2 & 1 & -1 & -2 \\
1 & -1 & -1 & 1 \\
1 & -2 & 2 & -1
\end{bmatrix}
\begin{bmatrix}
x_{00} & x_{01} & x_{02} & x_{03} \\
x_{10} & x_{11} & x_{12} & x_{13} \\
x_{20} & x_{21} & x_{22} & x_{23} \\
x_{30} & x_{31} & x_{32} & x_{33}
\end{bmatrix}
\begin{bmatrix}
1 & 2 & 1 & 1 \\
1 & 1 & -1 & -2 \\
1 & -1 & -1 & 2 \\
1 & -2 & 1 & -1
\end{bmatrix}
\otimes
\begin{bmatrix}
a^2 & \dfrac{ab}{2} & a^2 & \dfrac{ab}{2} \\
\dfrac{ab}{2} & \dfrac{b^2}{4} & \dfrac{ab}{2} & \dfrac{b^2}{4} \\
a^2 & \dfrac{ab}{2} & a^2 & \dfrac{ab}{2} \\
\dfrac{ab}{2} & \dfrac{b^2}{4} & \dfrac{ab}{2} & \dfrac{b^2}{4}
\end{bmatrix}
$$

$$
\tag{13-4}
$$

需要说明的是：(1)这个正变换是近似的 DCT 变换，因为对 d 和 b 的取值做了修改，因此变换的输出与 4×4 的 DCT 变换不一致；(2)输入块 X 的变换转化为计算 $W = C_f X C_f^T$，然后对每个系数 W_{ij} 进行缩放和量化，其中的 (i, j) 表示系数的位置；(3)缩放运算 $(\otimes E_f)$ 可归并到量化计算过程中，因此矩阵 E_f 称为后缩放矩阵(post-scaling matrix)；(4)计算 $W = C_f X C_f^T$ 不需要做实际的乘法，因为变换矩阵中的元素均为 ± 1 或 ± 2，只要做加、减和左移运算即可。

2. 量化和缩放

根据 $Y = (C_f X C_f^T) \otimes E_f = W \otimes E_f$，数据输入块 X 经过 $W = C_f X C_f^T$ 变换后，W 的每个系数 W_{ij} 使用标量量化器进行量化。设计标量量化器时考虑的主要原则是：(1)与后缩放矩阵 E_f 进行合并；(2)避免除法和浮点运算。量化和缩放的计算过程详见参考文献[5][14]。

3. 逆整数变换

使用 $a = 1/2, b = \sqrt{2/5}, d = 1/2$ 时，逆变换(inverse transform)按公式 13-5 计算：

$$X' = C_i^T (Y \otimes E_i) C_i$$

$$= \begin{bmatrix} 1 & 1 & 1 & \frac{1}{2} \\ 1 & \frac{1}{2} & -1 & -1 \\ 1 & -\frac{1}{2} & -1 & 1 \\ 1 & -1 & 1 & -\frac{1}{2} \end{bmatrix} \left(\begin{bmatrix} y_{00} & y_{01} & y_{02} & y_{03} \\ y_{10} & y_{11} & y_{12} & y_{13} \\ y_{20} & y_{21} & y_{22} & y_{23} \\ y_{30} & y_{31} & y_{32} & y_{33} \end{bmatrix} \otimes \begin{bmatrix} a^2 & ab & a^2 & ab \\ ab & b^2 & ab & b^2 \\ a^2 & ab & a^2 & ab \\ ab & b^2 & ab & b^2 \end{bmatrix} \right) \begin{bmatrix} 1 & 1 & 1 & 1 \\ 1 & \frac{1}{2} & -\frac{1}{2} & -1 \\ 1 & -1 & -1 & 1 \\ \frac{1}{2} & -1 & 1 & -\frac{1}{2} \end{bmatrix}$$

(13-5)

C_i 和 C_i^T 中的因子是 $+1/2$ 或 $-1/2$，因此可用右移操作实现除 2 运算。由于 Y 可预先通过前缩放矩阵(pre-scaling matrix)E_i 和使用恰当的缩放因子进行缩放，因此除 2 运算引入的误差可得到补偿，运算结果无明显的精度丢失。

13.7 熵 编 码

本节主要介绍 H.264/AVC 标准采用的两种类型的熵编码：CAVLC 和 CABAC，它们的编码效率都可获得接近于熵的平均码长。

13.7.1 熵编码介绍

在以往的视像压缩标准中，熵编码(entropy coding)都采用霍夫曼编码技术。为了充分利用视像数据的相关性，H.264/AVC 采用了压缩效率更高的熵编码技术，推荐使用的 3 种熵编码技术是：(1)指数葛洛姆码(Exponential/Exp-Golomb code)；(2)前后文[①]自适应可变长度编码技术(CAVLC)；(3)前后文自适应二元算术编码技术(CABAC)。

H.264/AVC 需要编码和传送的参数如图 13-14 所示，详见表 13-2。

---

① 在 CAVLC 和 CABAC 中，编码时实际上只用了"前文"而没有用"后文"。但许多人都将"context"译成"前后文"，因此本教材也采用这个术语。

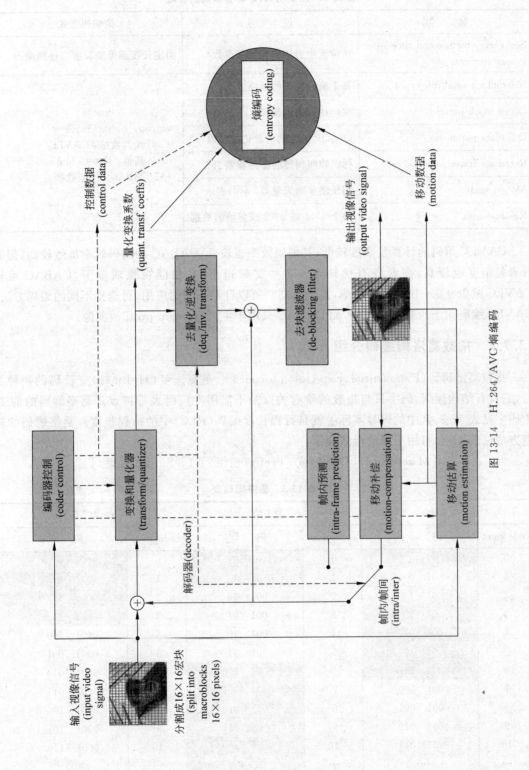

图 13-14 H.264/AVC 熵编码

表 13-2　H. 264/AVC 需要编码的参数

参　　数	说　　明	熵编码方式
Sequence-，picture-and slice-layer syntax elements	在位流中表达的标题和参数	固定长度或可变长度二进制编码
Macroblock type(mb_type)	每个编码宏块的预测方法	entropy_coding_mode= =0 $\begin{cases}残差数据：CAVLC\\其他：Exp\text{-}Golomb\ code\end{cases}$ =1 CABAC：残差数据
Coded block pattern	编码块的编码模式	
Quantizer parameter	以 ΔQP 值传送的量化器参数	
Reference frame index	标识帧间预测的参考帧索引	
Motion vector	用预测移动矢量差(mvd)表示	
Residual data	每个 4×4 或 2×2 残差块的数据	

　　CAVLC 编码的计算复杂度较低，其编码效率也较低，CABAC 的编码效率虽然较高，但其计算复杂度也较高，两者各有优缺点。有些文献指出，在相同视像质量下，CABAC 可比 CAVLC 减少 9%～14% 的位速率，甚至更高。所以针对不同的应用，可选择不同的编码方法。CAVLC 编码用于所有视像类型，而 CABAC 只用于主流型(main profile)视像。

13.7.2　指数葛洛姆编码介绍

　　指数葛洛姆码(Exponential/Exp-Golomb code)[10] 是霍夫曼(Huffman)变长码的一种类型，它具有结构规则、码字只与指数的阶有关以及不需用专门码表等特点。葛洛姆码的前 11 个码字见表 13-3，其中的码号实际上就是行程长度编码(RLC)中的行程长度。葛洛姆码的构造方法见表 13-4，可用下面的形式表示：

　　　　[M zeros][1][INFO]或 [Prefix(前缀)][1][Suffix(后缀)]

表 13-3　葛洛姆码码表

k=0(0 阶)		k=1(1 阶)		k=2(2 阶)	
code_num	码　　字	code_num	码　　字	code_num	码　　字
0	1	0	01　0	0	001　00
1	01　0	1	01　1	1	001　01
2	01　1	2	001　00	2	001　10
3	001　00	3	001　01	3	001　11
4	001　01	4	001　10	4	0001　000
5	001　10	5	001　11	5	0001　001
6	001　11	6	0001　000	6	0001　010
7	0001　000	7	0001　001	7	0001　011
8	0001　001	8	0001　010	8	0001　100
9	0001　010	9	0001　011	9	0001　101
10	0001　011	10	0001　100	10	0001　110
...	...	...	...	...	...

其中，[M zeros]或[Prefix]是其值为"0"的 M 位前导域，其后跟着 1，[INFO]或[Suffix]是 M

位信息域。

表 13-4　葛洛姆码构造法

$k=0$(0 阶)		$k=1$(1 阶)		$k=2$(2 阶)	
code_num	码　字	code_num	码　字	code_num	码　字
0	1	0～1	$01x_0$	0～3	$001x_1x_0$
1～2	$01x_0$	2～5	$001x_1x_0$	4～11	$0001x_3x_2x_1x_0$
3～6	$001x_1x_0$	6～13	$0001x_2x_1x_0$	12～19	$00001x_4x_3x_2x_1x_0$
7～14	$0001x_2x_1x_0$	14～21	$0001x_3x_2x_1x_0$	20～27	$000001x_5x_4x_3x_2x_1x_0$
…	…	…	…	…	…

例如,在表 13-3 中,在 $k=0$ 时,(1) 码号(code_num)为 0 的码字,没有前导"0",即 M=0,也没有信息位;(2)码号(code_num)为 1 和 2 的码字,表示 M=1 个 0 前导位和 1 位信息;(3)码号(code_num)为 3～6 的码字的前缀和后缀各有 2 位,依此类推。

H.264/AVC 使用 $k=0$ 的 0 阶葛洛姆码,每个码字的长度为(2M+1)位,M 的长度和 INFO 的值可用下式分别计算

$$M = \mathrm{floor}(\log_2(\mathrm{code\_num}+1)),\mathrm{floor} \text{ 表示向下取整到} \leqslant x$$

$$\mathrm{INFO} = \mathrm{code\_num} + 1 - 2^M$$

【例 13.1】 码字为 0001010,计算码字号(code_num)。计算可按下面的步骤进行。

步骤 1:读前导域[M zeros]⇒M=3;

步骤 2:在信息域[INFO]中的 M 位⇒010⇒INFO=2;

步骤 3:计算 code_num=2^M+INFO-1⇒code_num=2^3+2-1=9。

需要编码的参数 v 用以下 3 种方法映射为代码号 code_num:

(1) ue(v):无符号参数映射,code_num=v,用于宏块类型、参考帧索引等。

(2) se(v):带符号参数映射,用于移动矢量差(Motion Vector Difference,MVD)等。映射关系见表 13-5(H.264 标准文件中的 Table 9-3-Assignment of syntax element to codeNum for signed Exp-Golomb coded syntax elements se(v))[2]。

$$\mathrm{code\_num} = \begin{cases} 2\,|\,v\,| & \text{for } v < 0 \\ 2\,|\,v\,|-1 & \text{for } v > 0 \end{cases}$$

表 13-5　带符号参数的映射

V(code_num)	code_num	V(code_num)	code_num
0	0	-2	4
1	1	3	5
-1	2	-3	6
2	3	$(-1)^{k+1}\mathrm{Ceil}(k/2)$*	k

* Ceil 表示取上限值。

(3) me(V):映射指数(Mapped Exponential)符号,按标准规定的映射表,将参数 v 映射为代码号(code_num),用于码块模式(coded_block_pattern)。帧间预测方式的一小部分宏块

模式见表 13-6(Table 9-4-Assignment of codeNum to values of coded_block_pattern for macroblock prediction modes)[2]。

表 13-6 部分码块预测模式的 code_num

coded block pattern(帧间预测的码块模式)	code_num
0（no non-zero blocks/没有非零块）	0
16（chroma DC block non-zero/色度块非零）	1
1（top-left 8×8 luma block non-zero/左上 8×8 亮度块非零）	2
2（top-right 8×8 luma block non-zero/右上 8×8 非零）	3
4（lower-left 8×8 luma block non-zero/左下 8×8 亮度块非零）	4
8（lower-right 8×8 luma block non-zero/右下 8×8 亮度块非零）	5
32（chroma DC and AC blocks non-zero/色度 DC 和 AC 非零）	6
3（top-left and top-right 8×8 luma blocks non-zero/左上和右上 8×8 块非零）	7
…	…

设计每种映射(ue、se 和 me)时都按这种原则考虑:对出现频繁的参数使用比较短的码字,对出现不那么频繁的参数使用比较长的码字。

13.7.3 CAVLC 编码

1. CAVLC 是什么

CAVLC/前后文自适应可变长度编码是熵编码(无损数据压缩)的一种形式,用在 H.264/AVC 中压缩变换系数块的数据。

CAVLC 利用了 4×4(和 2×2)变换系数经过量化和 Z 字形排列后的许多特性:

(1) 数据中包含许多 0,可使用行程长度编码技术(VLC)表达 0 字符串;

(2) 在非 0 系数中,出现最多的是+/−1 序列,可用拖尾 1 的数目表示;

(3) 在相邻块中,非 0 系数的数目是相关的,可用算法降低它们之间的相关性;

(4) 在 DC 系数附近的非 0 系数值较大,在高频端的非 0 系数值较小。

CAVLC 编码的核心技术是制定码表。H.264/AVC 使用的可变长度编码(VLC)码表是根据具体数据的特点制定的,不仅码表的数目多而且编码也比较烦琐。虽然 H.264/AVC 标准已发布多年,但在学术界和工业界,改进 CAVLC 编码算法长盛不衰。

下面将通过一个具体例子,介绍 CAVLC 编码的基本方法。对不需要具体设计编解码器的读者不一定深究每个细节,只需了解编码的基本思路即可,下面的例子也可跳过。

2. CAVLC 编码

CAVLC 对变换系数块的编码可分成如下 5 个步骤,最难的是步骤 3。

(1) 对非 0 系数的总数和拖尾 1 的总数进行编码。

(2) 对每个拖尾 1(T1)的符号(+/−)进行编码。

(3) 对非 0 系数的±幅度进行编码。

(4) 对最后一个系数之前 0 的总数进行编码。

(5) 对每个非 0 系数之前 0 的行程长度进行编码。

【例 13.2】 假设有一个如图 13-15(a)所示的经过量化后的 4×4 残差系数块,按图 13-15(b)所示的次序排序后的残差系数如图 13-15(c)所示,序号和系数的对应关系如下:

序号	0	1	2	3	4	5	6	7	8	9	10	11	12	13	14	15
系数值	0	3	0	1	−1	−1	0	1	0	0	0	0	0	0	0	0

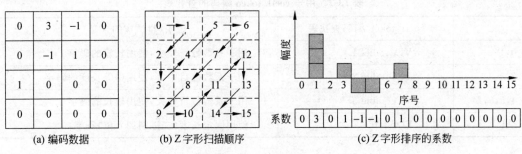

(a) 编码数据　　　　(b) Z 字形扫描顺序　　　　(c) Z 字形排序的系数

图 13-15　CAVLC 编码举例

编码后的数据位流共 24 位:000010001110010111101101。编码过程如下:

步骤	元素(element)	元素的数值(value)	代码(code)
步骤 1	coeff token	TotalCoeffs=5,T1(TrailingOnes)=3	0000100 (Table 9-5)
步骤 2	T1 sign (4)	+	0
	T1 sign (3)	−	1
	T1 sign (2)	−	1
步骤 3	level (1)	+1 (level prefix=1; suffixLength=0)	1
	level (0)	+3 (level prefix=001, suffixLength=1)	0010 (Table 9-6)
步骤 4	total zeros	3	111 (Table 9-7)
步骤 5	run_before(4)	ZerosLeft=3; run_before =1	10 (Table 9-10)
	run_before(3)	ZerosLeft=2; run_before =0	1
	run_before(2)	ZerosLeft=2; run_before =0	1
	run_before(1)	ZerosLeft=2; run_before =1	01
	run_before(0)	ZerosLeft=1; run_before=1	最后的系数无需代码
输出代码	0000100 011 1 0010 111 10 1 1 01		

CAVLC 编码方法和过程解释如下所述。

步骤 1:对非 0 系数的总数 TotalCoeff (coeff_token)和拖尾 1(+1/−1)的数目 T1=TrailingOnes(coeff_token)进行编码。TotalCoeff 可以是 0～16 之间的任何数值,0 表示没有非 0 系数,16 表示 16 个非 0 系数;T1 可以是 0～3 之间的任何数值。如果 T1>3,则将最后 3 个作为"拖 1(TrailingOne)"对待,其余的按正常系数进行编码。

用于对 coeff_token 进行编码的查找表共有 4 种,见表 13-7,其中三种是可变长度码(VLC tabel 1、2、3),一种是固定长度码 FLC(fixed length code) table。选择哪个查找表则取决于以前的编码块 nB(上边)和 nA(左边)的非 0 系数的数目,并用参数 nC 来指定,这就是前后文自适应(context-based adaptive)的意思,这样做的道理是相邻块的系数具有相关性。nC 的计算方法如下：

$$nC = \begin{cases} (nA + nB + 1) \gg 1 & \text{,当 nA 和 nB 都存在时} \\ nB & \text{,当只有 nB 时} \\ nA & \text{,当只有 nA 时} \\ 0 & \text{,当 nA 和 nB 都不存在时} \end{cases}$$

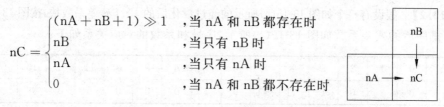

表 13-7　用于 coeff_token 编码的查找表

nC	coeff_token 编码查找表	说明（自适应的含义）
0,1	VLC tabel 1	用于系数数目较少,使用较短的码字
2,3	VLC table 2	用于系数数目中等,使用中等长度的码字
4,5,6,7	VLC table 3	用于系数数目较大,使用较长的码字
≥8	FLC table	使用固定长度(二进制的 6 位)码字

在本例中,①非 0 系数的总数：TotalCoeffs=5(序号 1、3、4、5、7);②拖尾 1 总数：T1=3(序号 3、4、7);③nB 和 nA 都不存在,故 nC=0。根据这 3 个参数,可在 H.264 标准文件的 Table 9-5 中查到 coeff _token 的编码为 0000100。部分非 0 系数总数和拖尾 1 总数的编码表见表 13-8。

表 13-8　部分非 0 系数总数和拖尾 1 总数的编码表[2]

Table 9-5 coeff_token mapping to TotalCoeff(coeff_token) and TrailingOnes (coeff_token)

TrailingOnes (coeff_token)	TotalCoeff (coeff_token)	0≤nC<2	2≤nC<4	4≤nC<8	8≤nC	...
0	0	1	11	1111	0000 11	...
0	1	0001 01	0010 11	0011 11	0000 00	...
1	1	01	10	1110	0000 01	...
0	2	0000 0111	0001 11	0010 11	0001 00	...
1	2	0001 00	0011 1	0111 1	0001 01	...
2	2	001	011	1101	0001 10	...
0	3	0000 0011 1	0000 111	0010 00	0010 00	...
1	3	0000 0110	0010 10	0110 0	0010 01	...
2	3	0000 101	0010 01	0111 0	0010 10	...
3	3	0001 1	0101	1100	0010 11	...
...	...	...	...	...	...	...
0	5	0000 0000 111	0000 0100	0001 011	0100 00	...
1	5	0000 0001 10	0000 110	0100 0	0100 01	...
2	5	0000 0010 1	0000 101	0100 1	0100 10	...
3	5	0000 100	0011 0	1010	0100 11	...
...	...	...	...	...	...	...

步骤 2：对每个拖尾 1（T1）的符号（＋/－）进行编码。从逆序方向（从最高频率的系数到 DC 系数）对 T1 的符号（最多 3 个）进行编码，用 1 位（bit）表示，0 表示＋1，1 表示－1。

在本例中共有 3 个 T1，＋（序号 7），－（序号 5），－（序号 4），因此符号的代码：T1(4)＝0，T1(3)＝1，T1(2)＝1，二进制（B）代码：111 (B)。序号 3 的 1 按正常系数编码。

步骤 3：对剩余的非 0 系数进行编码。在标准文档中，非 0 系数用 level（包含＋/－号和幅度），按逆序（从高频系数⇒DC 系数）进行编码，以便于预测低频附近幅度较大的系数。

非 0 系数（level）的代码用 level Code 表示，它由两个部分组成：

$$<level\ Code>：<level\ prefix>＋<level\ suffix>$$

$<level\ prefix>$ 的代码用 $<zeros\ 1>$ 表示，1 前面的 zeros 表示 0 的数目。H. 264 文件给出了 level_prefix 的码表（Table 9-6），见表 13-9。

表 13-9　level_prefix 码表（informative）

（Table 9-6-Codeword table for level_prefix）

level prefix	bit string	level prefix	bit string
0	1	8	0000 0000 1
1	01	9	0000 0000 01
2	001	10	0000 0000 001
3	0001	11	0000 0000 0001
4	0000 1	12	0000 0000 0000 1
5	0000 01	13	0000 0000 0000 01
6	0000 001	14	0000 0000 0000 001
7	0000 0001	...	...

$<level\ suffix>$ 是一个整数的代码，表示后缀长度（suffixlength）的位（bit）数，最大的 suffixLength＝6，见表 13-10。幅度大的系数出现的概率较低，后缀长度就较长；幅度小的系数出现的概率较高，后缀长度就较短。后缀长度的选择按照如下的规则：

（1）开始编码时，设置 suffixlength＝0；如果非 0 系数的总数 TotalCoeff≥10，拖尾 1 的总数 T1<3，则设置 suffixlength＝1；

（2）从频率最高的非 0 系数开始编码；

（3）如果系数的幅度大于阈值，则 suffixlength＋1，直到最大值 suffixlength＝6。

在本例中有两个非 0 系数，按照以上介绍的方法进行编码的结果：level(1)＝＋1 的编码为 1，level(0)＝＋3 的编码为 0010。

表 13-10　确定后缀长度（suffixLength）是否加 1 的阈值

Level_VLC♯	Current suffixLength （当前后缀长度）	Threshold to increment suffixLength （suffixLength 加 1 的阈值）
Level_VLC0	0	0
Level_VLC1	1	3 (1, 2, 3)
Level_VLC2	2	6 (4, 5, 6)

Level_VLC#	Current suffixLength（当前后缀长度）	Threshold to increment suffixLength（suffixLength 加 1 的阈值）
Level_VLC3	3	12（7，8，9，10，11，12）
Level_VLC4	4	24（13～24）
Level_VLC5	5	48（25～48）
Level_VLC6	6	＞48，N/A（highest suffixLength）

CAVLC 编码算法比较复杂和烦琐，参与研究和开发的学者和技术人员很多，介绍具体编码方法的文献也很多，如参考文献[11][12][13][14]和专利[15]。许多读者对这个问题很感兴趣，为此选择了如下三种编码参考方案，分别用于入门参考、实验模拟和教学材料。

****

非 0 系数编码参考方案 1（入门参考）

非 0 系数编码过程如下，

(1) 将带符号的 Level[i]转换成无符号的 levelCode；

① 如果 Level[i]是正数，levelCode=（Level[i]<<1)-2；

② 如果 Level[i]是负数，levelCode=-（Level[i]<<1)-1；

③ 如果 TrailingOnes（T1)<3，那么第一个不是 TrailingOnes 的非零系数必不为+1/-1。为节省代码的位数将其幅值减 1。即如果 level 为正，level=level-1，否则 level=level+1，然后再按①或②将 level 转化为 levelCod。这样计算得到的 levelCod 与直接用公式 levelcode=levelcode-2 计算得到的结果相同。

(2) 计算 level_prefix：level_prefix=levelCode/(1<<suffixLength)；查 Table 9-6 可得对应位串（bit string)；

(3) 计算 level_suffix：level_suffix=levelCode % (1<<suffixLength)；

(4) 根据 suffixLength 的值来确定后缀的长度；

(5) 修改 suffixLength：

```
If (suffixLength==0)
    suffixLength++;
else if (levelCode>(3<<suffixLength-1) && suffixLength<6)
    suffixLength++;
```

(引自：① The CAVLC prefix and suffix, http://www.programdevelop.com/3922254/, 2012;
② H.264 CAVLC Research http://www.programdevelop.com/2965018/, 2007, 2011)

****

在本例中，要编码的非 0 系数有两个，level [1]=1 和 level [0]=3。

level [1]=1 的编码。开始时 suffixLength=0。

(1) levelCode=（level [1]<<1)-2=0；

(2) level_prefix=levelCode/(1<<suffixLength)=0，查 Table 9-6，bit string=1；

(3) level_suffix=levelCode % (1<<suffixLength)=0；

(4) level [1]的 levelCode [1]⇒1 (B)

(5) suffixLength++

level [0]=3 的编码，过程同上。

levelCode=4；level_prefix=2；查 Table 9-6，bit string=001；

level_suffix=0；suffixLength=1；level [0]=3 的 levelCode [0]: 0010 (B)

****

非 0 系数编码参考方案 2(实验模拟)

Levelcode=2 * Coefficient-2 for positive coefficient,

Levelcode=-2 * Coefficient-2 for negative coefficient,

If ((index of coefficient==number of trailing ones) & (number of trailing ones<3) then,
  Levelcode=Levelcode-2

Initial suffix_length is incremented as in table (确定后缀长度(suffix_length)是否加 1
的阈值).

 If (level_code binary right shifted by suffix_length)<14, Then

  level_prefix=(level_code binary right shifted by suffix_length), and

  Levelsuffixsize=suffix_length,

 Else if ((level code<30) & (suffix_length==0)), Then

  level_prefix=14 and Levelsuffixsize=4,

  Else if ((suffix_length>0) & (level_code binary right shifted by suffix_length=
=14), Then

  level_prefix=14 and Levelsuffixsize=suffix_length,

  Else level_prefix=15 and

   Levelsuffixsize=12 (as in baseline profile level_prefix maximum value is
15).

****

非 0 系数编码参考方案 3(教学材料)

 这是印度科学研究所(Indian Institute of Science)计算机视觉与人工智能实验室(The
Computer Vision and Artificial Intelligence Laboratory)的教学材料。该实验室的研究领
域是多媒体、计算机视觉、图像处理和模式识别。

Prefix-Suffix Method

For any level, there will be<prefix><suffix>

<prefix>will have<zeros 1>, calculation of no. of zeros in prefix will be discussed
in Algorithm given next.

<suffix> will have sign bit as LSB, the remaining bits will be derived from the
  nonzero coefficient which will be discussed in Algorithm. No. of bits of
  suffix is called as Suffixlength.

Algorithm for level: For a given nonzero coefficient, 'a'

Step 1: If (numCoeff>10) and (T1<3), Suffixlength=1 or else Suffixlength=0

Step 2: If (Suffixlength=0) and (numCoeff $\leqslant$ 3 or T1<3), change |'a'| $\leftarrow$ |'a'|-1 and
sign is same. Or else keep 'a' same.

 ① If |'a'|<8, there is no suffix. Prefix will be found for 'a'. Prefix is<zeros 1>.
  No. of zeros before 1 in prefix=2$\times$(|'a'|-1)+sign. (If a<0, sign=1, else sign
  =0). Go to Step 13.

 ② If |'a'|<16, there is suffix of length, suffixlength=4. The LSB of suffix=sign bit. The remaining bits (3 bits) is (|'a'|-8). The prefix is<14 zeros 1>. Go to step 13.

    ③ If |'a'| >15, there is<Prefix><Suffix>. Diff=|'a'|-16. Go to Step 9.

Step 3: Else (Suffixlength=1), change |'a'| ←|'a'|-1 and sign is same. There will be <prefix><suffix>=<zeros 1><suffix>.

Step 4: If (|a|-1) >15×2$^{suffixlength-1}$, Diff=(|a|-1)-(15×2$^{suffixlength-1}$), Then go to Step 9.

Step 5: If 'a' is positive, the LSB of suffix=0, or else LSB of suffix=1

Step 6: If suffixlength>1, the remaining bits of suffix=the (Suffixlength-1) LSBs of (|a|-1)

Step 7: No. of zeros in prefix=value of remaining MSBs of (|a|-1)

Step 8: The code for present nonzero coefficient 'a' is<prefix><suffix>ready. Go to Step 13.

Step 9: Suffix length=12+(Diff >>11) bits

Step 10: Prefix=<(15+2*(Diff >>11)) zeros 1 >

Step 11: LSB of Suffix=sign bit of 'a'

Step 12: Remaining bits of Suffix=Binary form of Diff (Right Aligned).

Step 13: Based on present nonzero coefficient 'a', set the next Suffixlength (Ref:确定后缀长度(suffixLength)是否加 1 的阈值)

Step 14: If any nonzero coefficient is available next (reverse reading!), read 'a' and then go to Step 4.

Step 15: Stop

(引自 http://iris.ee.iisc.ernet.in/web/Courses/mm_2012/pdf/CAVLC_Example.pdf)

****

步骤 4：对最后一个非 0 系数之前的零总数进行编码。零总数 TotalZeros（total_zeros）是指在最后一个非 0 系数之前的系数为零的数目,使用 H.264 标准文件中的 VLC 表（Table 9-7~9-9）进行编码,表 13-11 是其中的一个表。如果非 0 系数总数 TotalCoeff=16,则 total_zeros=0;如果没有非 0 系数即 TotalCoeff=0,则 total_zeros=16。

在本例中,total_zeros =3(序号 0、2、6),TotalCoeff=5,查表可知其代码为 111。

表 13-11　部分零总数 VLC 码表

(Table 9-7 total_zeros tables for 4×4 blocks with TotalCoeff(coeff_token)1 to 7)

total_zeros	TotalCoeff(coeff_token)						
	1	2	3	4	5	6	7
0	1	111	0101	0001 1	0101	0000 01	0000 01
1	011	110	111	111	0100	0000 1	0000 1
2	010	101	110	0101	0011	111	101
3	0011	100	101	0100	111	110	100
4	0010	011	0100	110	110	101	011
5	0001 1	0101	0011	101	101	100	11
...	...	...	...	...	...	...	...

到此为止，CAVLC 编码已经对非 0 系数的总数（TotalCoeff）、所有非 0 系数（level）和零总数（total_zeros）进行了编码，但还需要做的事情是，确定在最后一个非 0 系数之前所有 0 所处的位置，这项工作由下一步完成。

步骤 5：对每个非 0 系数之前的零行程进行编码。每个非 0 系数之前的零的数目称为零行程（run_before），并按逆序对每个零行程进行编码。其中有两个例外：（1）如果零的数目不多于 1，就不需要编码；（2）最后的非 0 系数的 run_before 不需要编码。

为每个零行程进行编码的码表见表 13-12，H.264 标准文件中的 Table 9-10。run_before 的二进制代码与还没有编码的零的数目（zerosLeft）和零行程（run_before）本身密切相关。例如，如果只有 2 个 0 要编码，run_before 最多有 3 种（0，1，2）可能的取值，因此 VLC 最多只需要用 2 位表示；如果还有 6 个 0 要编码，run_before 就有 7 种（0～6）可能的取值。

在本例中，非 0 系数序号 7 的零行程 run_before(4)：zerosLeft＝3，run_before＝1，因此 run_before(4) 的代码为 10，其余依此类推。序号 0 的零行程 run_before(0)：run_before＝1，zerosLeft＝1，不需要编码；序号 7～15 的系数为一串零，不需要编码。

表 13-12　零行程（run_before）码表

(Table 9-10-Tables for run_before)

run_before	zerosLeft						
	1	2	3	4	5	6	>6
0	1	1	11	11	11	11	111
1	0	01	10	10	10	000	110
2	—	00	01	01	011	001	101
3	—	—	00	001	010	011	100
4	—	—	—	000	001	010	011
5	—	—	—	—	000	101	010
6	—	—	—	—	—	100	001
7	—	—	—	—	—	—	0001
8	—	—	—	—	—	—	00001
9	—	—	—	—	—	—	000001
10	—	—	—	—	—	—	0000001
11	—	—	—	—	—	—	00000001
12	—	—	—	—	—	—	000000001
13	—	—	—	—	—	—	0000000001
14	—	—	—	—	—	—	00000000001

3. CAVLC 解码

CAVLC 的编码通过 5 个步骤将元素变成代码，CAVLC 的解码也同样要用 5 个步骤将数据位流中的代码还原成元素的数值。解码的原理如下：

步骤 1：利用 Table 9-5 解释非 0 系数总数 TotalCoeff（coeff_token）和拖尾 1 TrailingOnes(coeff_token) 的总数。

步骤 2：解释每个 TrailingOne(T1) 的符号。根据步骤 1 的解释，可以知道 T1 的数目，根据输入位的 0 或 1 可以确定 1 的＋/－号；

步骤 3：解释剩余的非 0 系数。

解码器计算 0 的数目可知 level_prefix，按照下面的条件可确定后缀大小 Levelsuffixsize。

```
If((level_prefix==14)&(suffix_length==0),Then Levelsuffixsize=4
Else if (level_prefix==15),Then Levelsuffixsize=12
```

Else Levelsuffixsize=suffix_length.

使用下面的规则将 `levelCode` 转换成 coefficient(系数)

Coefficient= (levelcode+ 2)>>1 for even levelcode.

Coefficient= (-levelcode-1)>>1 for odd levelcode.

步骤 4：解释最后一个非 0 系数之前的零总数。根据输入位流和 H.264 的 Table 9-7,可确定零的总数;

步骤 5：解释每个 0 的行程长度。根据输入位流和 H.264 的 Table 9-10, 可确定每个 run _before 的 0 的行程长度。

【**例 13.3**】　如同 CAVLC 编码用 4×4 数据块,编码后的 24 位位流作为解码器的输入：000010001110010111101101。解码过程如下：

代　　码	元素名称	元素的数值	输　　出
0000100	coeff_token	TotalCoeffs=5，T1s=3（Table 9-5）	empty
0	T1 sign	＋	**1**
1	T1 sign	－	**−1**, 1
1	T1 sign	−	**−1**, −1, 1
1	Level	＋1（Table 9-6）	**1**, −1, −1, 1
0010	Level	＋3（Table 9-6）	**3**, 1, −1, −1, 1
111	run_before	3	3, 1, −1, −1, 1
10	TotalZeros	1	3, 1, −1, −1, **0**, 1
1	run_before	0	3, 1, −1, −1, 0, 1
1	run_before	0	3, 1, −1, −1, 0, 1
01	run_before	1	3, **0**, 1, −1, −1, 0, 1

解码器在解码过程中插入了 2 个 0。由于 TotalZeros＝3,因此在最后的系数之前插入一个 0。解码器最终的输出为 0,3,0,1,−1,−1,0,1,0,0,0,0,0,0,0,0。

13.7.4　CABAC 编码

1．二元算术编码(BAC)是什么

算术编码是对概率已知的符号进行编码的技术,二元算术编码(Binary Arithmetic Coding,BAC)是对只用"0"和"1"两个符号组成的消息进行编码的技术。

只用两个符号构成的消息可用二元算术编码技术压缩,但不宜用霍夫曼编码。例如,假设符号"1"表示 A,符号"0"表示 B,AABAA 是由两个符号构成的消息。在理论上说,由于 A 的概率为 $p(A)=0.8$,编码 A 需要 $\log_2(1/0.8)=0.32$ 位,而 B 的概率为 $p(B)=0.2$,编码 B 需要 $\log_2(1/0.2)=2.32$ 位,因而表示这个消息只需 $4 \times 0.32+1 \times 2.32=3.6$ 位。但使用霍夫曼编码技术时,不管它们出现的概率是多少,每个符号至少要用 1 位(bit)表示,因此表示这个消息总共需要 5 位。

使用二元算术编码时(参看第 3 章第 3.2.3 节"算术编码"),AABAA 可用 0.512 和 0.594 之

间的一个数表示，二进制数 0.1001（0.5625）就落在这个数值范围里，而且只需 4 位就可表示。对于比较长而且两个符号的概率相差比较大的消息，可以获得更高的压缩效率。

二元算术编码的缺点是只有"0"和"1"两个符号，其他符号必须转换成用"0"和"1"构成的位串来表示。

2. CABAC 是什么

CABAC/前后文自适应二元算术编码是熵编码（无损数据压缩）的一种形式，用来处理某些数据和残差系数。在 H.264/AVC 中，CABAC 用在主流配置（Main profile）和高档配置（High profile）中。主流配置主要用于标清电视广播和存储的主流消费，高档配置主要用于高清电视（HDTV）广播和光盘存储（HD DVD 和蓝光盘）。

CABAC 编码的核心技术是确定前后文模型（context model）。H.264/AVC 标准对每一种语句元素（syntax element），用位流（bitstream）表示的数据元素，都定义了二元化方案和前后文模型，为各种语句元素定义的前后文模型接近 300 个。

CABAC 如同 CAVLC，编码比较复杂和烦琐，涉及许多细节和表格，国内外参与研究和开发的人员很多，因此介绍具体编码方法的文献也很多，如参考文献[14][16][17][18]。对不需要具体设计编解码器的读者不一定要追究每个细节，只要求了解编码和解码的思想就可以。

3. CABAC 编码

CABAC 通过下面 3 项技术获得比较高的编码效率：（1）根据语句元素的前后文，选择每个语句元素的概率模型；（2）根据局部的统计以适应概率估算；（3）使用二元算术编码。

CABAC 编码器的方框图如图 13-16 所示[16][18]。对语句元素或符号进行编码大致要经历如下几个阶段：二元化（binarization）、前后文模型选择（context model selection）、二元算术编码（binary arithmetic coding）和修改前后文模型（context model updating）。

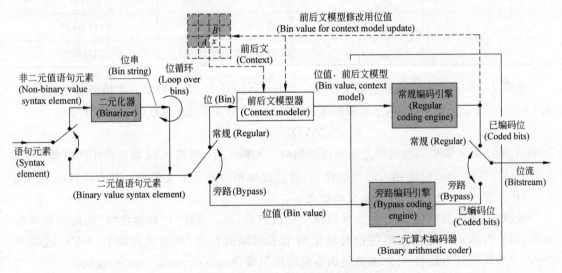

图 13-16　CABAC 编码器方框图

阶段 1：二元化。对非二元值语句元素或符号（如变换系数，移动矢量），首先将其转换成称为位串（bin string）的二元序列，其中的 bin（二元）可理解为位（bit），这个转换过程称为二元化；对二元值语句元素，则直接将它送到二元算术编码器进行编码，如图 13-16 下半部所示。

二元化后的每一位都经历下面的阶段 2～阶段 4 的编码过程。

阶段 2：前后文模型选择。前后文模型是二元化元素的一位或多位的概率模型，它是根据最近编码的元素进行统计得到的模型，该模型存储的是每位的位值（bin value）为 1 或 0 的概率。图中的前后文模型器（context modeler）根据输入的位来选择前后文模型，然后将位值和前后文模型送到二元算术编码器（binary arithmetic coder）。

阶段 3：二元算术编码。根据前后文模型器选择的概率模型和位值，称为常规编码引擎（Regular coding engine）的编码器对每位（1/0）进行二元算术编码。

阶段 4：修改前后文模型。根据实际的编码值来修改所选择的前后文模型，也就是修改概率。例如，如果位值为 1，1 的频率计数就加 1。

为加速整体的编码和解码过程，对某些位值（bin value），如符号（＋/－）信息和重要性较低的位值，就使用简化的旁路编码引擎（bypass coding engine）。

【例 13.4】 现以 x 方向上的移动矢量差 MVDx（Motion Vector Difference）为例[①]，说明 CABAC 的编码过程。

步骤 1：MVDx 二元化。如果 |MVDx<9|，则按码表 13-13 二元化；如果 |MVDx≥9|，则用指数葛洛姆码（Exp-Golomb codeword）。

表 13-13   mvd 二元化表

|MVDx|	二元化	|MVDx|	二元化
0	0	5	111110
1	10	6	1111110
2	110	7	11111110
3	1110	8	111111110
4	11110	bin_number（位号）	123456789

步骤 2：为每位（bin）选择前后文模型。对 bin 1（位号 1），有 3 种前后文模型可供选择，见表 13-14，到底选择哪个模型，则要根据先前编码的 MVD 值的 L1 范数（L1 norm）e_k：

$$e_k = |MVD_A| + |MVD_B|$$

其中 A 和 B 表示紧挨当前块的左边和顶部的块。如果 e_k 小，当前 mvd 幅度趋小的可能性大，如果 e_k 大，当前 mvd 幅度趋大的可能性大，然后选择相应的上下文模型。其余位（bin 2，bin 3，…）按照表 13-15 选择 4 种前后文模型之一。

步骤 3：编码每一位（bin）。选择的模型提供该位（bin）包含"1"和包含"0"的两种概率估算量，用于为算术编码器编码这位时确定两个子间隔的长度（即数值范围）。MVD 的符号（＋/－）的概率认为是相等的，因此使用旁路编码引擎（bypass coding engine）编码。

步骤 4：修改前后文模型。每个元素或符号编码完成之后，就修改前后文模型。例如，为位 1（bin 1）选择的前后文模型为 model 2 并且位 1（bin 1）的值为"0"，那么"0"的频率计数就加

---

① White Paper：H. 264/AVC Context Adaptive Binary Arithmetic Coding（CABAC）. Iain Richardson, Vcodex. 2002—2011。

1。这就意味着"0"的概率有所提高,下一次就选择这个模型。当模型出现的总数超过阈值时,"0"和"1"的频率计数就按比例缩小。

表 13-14   位 1(bin 1)的前后文模型

e_k	位 1 用的前后文模型 (context models for bin 1)
$0 \leqslant e_k X < 3$	Model 0
$3 \leqslant e_k < 33$	Model 1
$33 \leqslant e_k$	Model 2

表 13-15   前后文模型

位(bin)	前后文模型(context model)
1	Model 0,1 或 2（取决于 e_k）
2	3
3	4
4	5
5	6
$\geqslant 6$	7

13.8   H.265/HEVC 介绍

H.265/HEVC 是在 H.264/AVC 基础上改进的视像编码标准,其结构和原理与前版基本相同,开发该标准的主要目标是提高压缩比,改进并行处理方法,以支持超高分辨率电视。

13.8.1   H.265/HEVC 是什么

H.265/HEVC(High Efficiency Video Coding)/高效视像编码是视像压缩标准,提供的视像数据压缩率大约是 H.264/AVC 的 2 倍,支持分辨率高达 8192×4320 的 8K 超高清电视。

HEVC 在很多方面都是 H.264/AVC 概念的延伸。它们都是通过比较视像帧的不同部分发现冗余区域,并用简短的描述来取代原来的像素。HEVC 的主要改进包括:(1)扩展了差分编码块的大小,从 16×16 扩展到 64×64;(2)改变了编码块大小的分割;(3)增加了帧内图像预测方式;(4)改进了移动补偿和移动矢量预测;(5)改进了移动补偿滤波,增加了样本自适应偏移滤波(Sample-Adaptive Offset filtering,SAO)。利用这些改进措施压缩视像,需要的信号处理能力比 H.264/AVC 要高得多,但对解压缩需要的计算量的影响较小。

HEVC 是由 JCT-VC(Joint Collaborative Team on Video Coding)/视像编码联合协作组开发的。JCT-VC 是 ITU-T VCEG (Video Coding Experts Group)/视像编码专家组和 ISO/IEC MPEG(Moving Picture Experts Group)/动态图像专家组联合组建的团队,因此 HEVC 标准命名为 H.265 或 MPEG-H HEVC(MPEG-H Part 2,ISO/IEC 23008-2),简写为 H.265/HEVC 或 HEVC。

13.8.2   HEVC 编码器

HEVC 视像编码层(video coding layer)采用混合(hybrid)编码方法达到压缩数据的目的。混合编码是指采用帧内/帧间图像预测和二维(2D)变换相结合的编码方法。HEVC 视像编码采用的方法与 H.264 采用的编码方法差别不大。资深专家(Gary J. Sullivan)和教授(Jens-Rainer Ohm)对 HEVC 编码器的结构和关键的技术特性做了详细描述[2],并将它们进一步抽象和概括成更清晰和更容易理解的框图[3]，如图 13-17 所示。

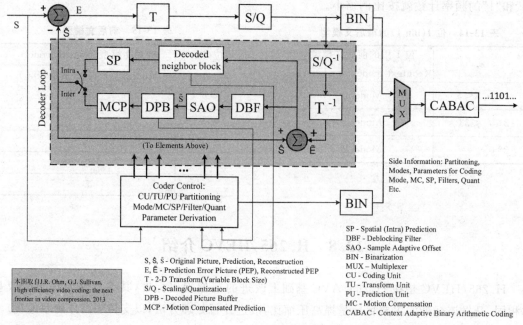

图 13-17　HEVC 编码器框图

输入编码器的每幅输入图像都先分成图块，称为编码树单元(Coding Tree Unit，CTU)。每个视像编码序列的第一帧(随机接入点)只使用帧内预测，其余的大多数图像使用帧间预测。帧内预测或帧间预测的残差信号(原始图块与预测图块之差)使用整数线性变换，然后对变换系数进行缩放、量化、熵编码，最后与其他信息一起传送。

预测编码原理需要用解码器重构的图像样本，图中的解码器环(decoder loop)就是用来实现这个功能。在解码器环中，使用逆缩放和去缩放/逆量化(S/Q^{-1})以及逆变换(T^{-1})来重构量化的预测误差($\tilde{E}$)，用它来构造帧内预测(SP)和帧间预测(MCP)图块。图中的去块状滤波器(DBF)和样本自适应偏移滤波器(SAO)用来消除分块产生的块状噪声和样本偏移。

H.265/HEVC 支持多种颜色空间，如 NTSC、PAL、Rec. 601、Rec. 709、Rec. 2020、SMPTE 170M、SMPTE 240M、sRGB、xvYCC、XYZ，支持用分量表示的图像数据压缩，如 RGB、YCbCr 和 YCoCg。H.265/HEVC 默认的颜色空间是 YCbCr，子采样格式是 4∶2∶0。

13.8.3　HEVC 的主要技术特性

H.265/HEVC 标准的设计目标是视像数据压缩率达到 1000∶1①，根据不同的应用，可对计算复杂性、数据压缩率、容错、编码延迟等性能进行折中配置。为提高编码效率，对 H.264/AVC 做了许多改进，本节主要介绍编码单元的分割和帧内预测方式的改进，其余的改进，如帧间的移动补偿和移动矢量预测，去块状滤波和样本自适应偏移(SAO)，以及本节介绍的内容详见参考文献[2][3][4]和 H.265 标准[1]。

---

① Gary Sullivan；Jens-Rainer Ohm (2013-07-27). Meeting report of the 13th meeting of the Joint Collaborative Team on Video Coding (JCT-VC)，Incheon，KR，18-26 Apr. 2013. JCT-VC. Retrieved 2013-09-01.

1. 加大编码单元提高编码效率

在过去的视像编码标准中,编码层的核心是由 16×16 个亮度样本、两个相应的 8×8 个色度样本以及关联的语句元素组成的编码块。HEVC 有类似但使用不同的编码块。

在 H. 265/HEVC 标准中,将一个亮度样本编码树块(Coding Tree Block,CTB)和两个相应色度样本编码树块(Coding Tree Block,CTB)的组合定义为编码树单元(Coding Tree Unit,CTU);将一个亮度样本编码块(Coding Block,CB)、两个相应色度样本编码块(CB)和关联语句元素的组合定义为编码单元(Coding Unit,CU)。

编码图像时,将一幅图像分成许多编码树单元(CTU),其大小通常是 64×64,如图 13-18(a)所示。一个编码树单元(CTU)可分成许多大小不等的编码单元(CU),如图 13-18(b)所示,形成如图 13-18(c)所示的四叉树形结构。编码单元(CU)的大小以亮度编码单元(CU)为准,可以是 64×64、32×32、16×16、8×8 的亮度编码单元,最小的编码单元(CU)是 8×8 亮度编码块(CB)和相应的两个 4×4 色度编码块(CB)构成。H. 265/HEVC 测试报告给出的结果是,使用大的样本编码单元(CU)可获得比较高的压缩率[3]。

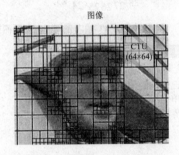 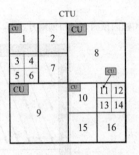

(a) 一幅图像分割成64×64的编码树块(CTB)　　(b) 64×64编码树块(CTB)的分割方法

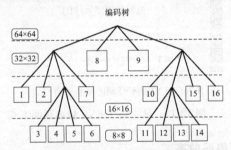

(c) 64×64编码树块(CTB)的四叉树

图 13-18　HEVC 的编码块结构

2. 增加帧内预测方式提高预测精度

在 H. 264/AVC 中,帧内编码定义了 9 种预测方式(mode),而在 H. 265/HEVC 中,帧内编码定义了 35 种预测方式,如图 13-19 所示,用于提高预测精度。帧内预测单元(Prediction Unit,PU)定义了 4 种,32×32、16×16、8×8、4×4,每种支持 33 个不同的预测方向,合计 132 种帧内预测方式(编码单元种类数×预测方向数)。

在 35 种预测方式中,有两种特殊的预测方式。一种是 Mode 0,称为帧内平面(Intra Planar)预测,取上下左右的参考样本的平均值;另一种是 Mode 1,称为帧内 DC(Intra DC)预测,取参考样本的平均值。

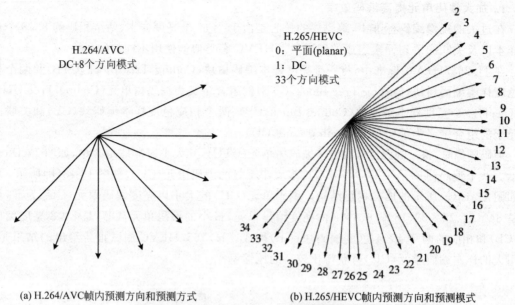

(a) H.264/AVC帧内预测方向和预测方式

(b) H.265/HEVC帧内预测方向和预测模式

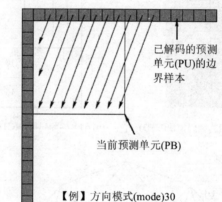

(c) H.265/HEVC的8×8帧内预测举例

图 13-19　H.265/HEVC 帧内预测方式

3. 使用 CABAC 提高编码效率

H.264/AVC 使用 CAVLC 和 CABAC,而 H.265/ HEVC 只使用 CABAC。这是因为 CABAC 的编码效率比 CAVLC 较高。

练习与思考题

13.1　H.264/AVC 是什么?

13.2　H.264/AVC 提高编码效率的主要改进技术是什么?

13.3　整数变换是什么?

13.4　CAVLC 是什么?

13.5　CABAC 是什么?

13.6 H.265/HEVC 是什么？

13.7 H.2645/HEVC 在 H.264/AVC 基础上有哪些主要改进？

13.8 H.264/AVC 和 H.265/HEVC 各有几种帧内预测方式？

13.9 视像编码（包括 H.264/AVC 和 H.265/HEVC）的核心技术主要包括哪几种？

参考文献和站点

H.264/AVC：

[1] ISO/IEC 14496-10. Information technology—Coding of audio-visual objects—Part 10：Advanced Video Coding. Seventh edition，2012-05-01.

[2] ITU-T H.264. Advanced Video Coding for Generic Audiovisual Services，02/2014.

[3] T. Wiegand. G. J. Sullivan, G. Bjntegaard, et al. Overview of the H.264/AVC video coding standard, IEEE Trans. Circuits Syst. Video Technol. , vol. 13, no. 7, 560-576, July 2003.

[4] Gary J. Sullivan AND Thomas Wiegand. Video Compression—From Concepts to the H.264/AVC Standard, Proceedings of the IEEE, vol. 93, no. 1, pp18~31, January 2005.

[5] Iain E. G. Richardson. H.264 and MPEG-4 Video Compression-video coding for next generation multimedia, ISBN 0-470-84837-5,John Wiley & Sons, 2003.

[6] M. Karczewicz, R. Kurçeren. The SP and SI Frames Design for H.264/AVC, in IEEE Transactions on Circuits and Systems for Video Technology. VOL. 13, NO. 7, July 2003.

[7] H.264/AVC JM Reference Software：http://iphome.hhi.de/suehring/tml/.

[8] Henrique S. Malvar, Antti Hallapuro. Marta Karczewicz, et al. Low-Complexity Transform and Quantization in H.264/AVC, IEEE Transactions on Circuits and Systems for Video Technology, Vol. 13, No. 7, pp：598-603, July 2003.

[9] Hallapuro, M. Karczewicz. Low complexity transform and quantization-Part 1：Basic Implementation, JVT document JVT-B038.doc, February 2002-01-14.

[10] Lei Li, Krishnendu Chakrabarty. On Using Exponential-Golomb Codes and Subexponential Codes for System-on-a-Chip Test Data Compression. Journal of Electronic Testing：Theory and Applications 20, 667-670, Kluwer Academic Publishers. 2004.

[11] Y. H. Moon, G. Y. Kim, J. H. Kim. An Efficient Decoding of CAVLC in H.264/AVC Video Coding Standard, IEEE Trans. Consumer Electron. , vol. 51, Aug. 2005, pp. 933-938.

[12] G. Bjotegaard, K. Lillevold. Context-adaptive VLC coding of coefficients, JVT document JVT-C028, Fairfax, May 2002.

[13] Mohamed Abd Ellatief Elsayed. Abdelhalim Zekry. Implementing Entropy Codec for H.264 Video Compression Standard. International Journal of Computer Applications (0975-8887), Volume 129 No. 2, November 2015.

[14] I. E. Richardson. The H.264 Advanced Video Compression Standard，2nd. (Wiley，2010).

[15] James Au,Context Adaptive Variable Length Decoding System and Method, United States Patent N0. ：US 6,646,578 B1, November 2003.

[16] D. Marpe, H. Schwarz, T. Wiegand. Context-based adaptive binary arithmetic coding in the H.264/AVC video compression standard, IEEE Transactions on Circuits and Systems for Video Technology, pp：620-636, Jul. 2003.

[17] Vivienne Sze, Madhukar Budagavi. High Throughput CABAC Entropy Coding in HEVC. IEEE

Transactions on Circuits and Systems for Video Technology, VOL. 22, NO. 12, December 2012.

[18] J. Ostermann, J. Bormans, P. List, et al. Video coding with H. 264/AVC: Tools, Performance, and Complexity. IEEE Circuits and Systems Magazine. Vol 4 Issue 1. 2004.

[19] P. List, A. Joch, J. Lainema, et al. Adaptive deblocking filter, IEEE Transactions on Circuits and Systems for Video Technology, vol. 13, pp. 614-619, 2003.

[20] Bart Masschelein, Jiangbo Lu, Iole Moccagatta. Overview of International Video Coding Standards, (preceding H. 264/AVC), 2007 IEEE International Conference on Consumer Electronics (ICCE).

[21] Digital Video Broadcasting (DVB). Digital Video Broadcasting (DVB). MPEG-DASH Profile for Transport of ISO BMFF Based DVB Services over IP Based Networks. DVB Document A168, March 2016.

H. 265/HEVC:

[1] ITU-T H. 265 (V3) (2015-04-29). High efficiency video coding.

[2] Gary J. Sullivan, Jens-Rainer Ohm. Woo-Jin Han, et al. Overview of the high efficiency video coding (HEVC) standard. IEEE Trans. Circ. Syst. Video Technol. 22(12), 1649-1668 (2012).

[3] J. R. Ohm, G. J. Sullivan. High efficiency video coding: the next frontier in video compression. IEEE Signal Process. Mag. 30(1), 152-158 (2013).

[4] Vivienne Sze, et al. High Efficiency Video Coding (HEVC) Algorithms and Architectures. SpringerLink (Online service), 2014.

第14章 MPEG 声音

MPEG 声音的数据压缩和编码不单纯利用波形本身的相关性和模拟人的发音器官的特性,更多的是利用人的听觉系统的特性来达到压缩声音数据的目的,这种压缩编码称为感知声音编码。进入 20 世纪 80 年代之后,人类在利用自身的听觉系统的特性来压缩声音数据方面取得了很大的进展,先后制定了 MPEG-1 Audio、MPEG-2 Audio、MPEG-2 AAC 和 MPEG-4 Audio 等标准,并把它们统称为 MPEG 声音。

本章涉及的许多具体算法已经超出本教材的教学目标。为给需要深入研究和具体开发产品的读者提供方便,本章最后提供了大量宝贵的参考文件和站点。

14.1 听觉系统的感知特性

许多科学工作者一直在研究听觉系统对声音的感知特性[1][2][3],包括对响度(音量大小)的感知、对音调(频率)的感知、频率掩蔽效应和时间掩蔽效应。把研究听觉系统如何感知声音波形的幅度和频率的科学称为心理声学(psychoacoustics);把用数学描述的感知特性称为心理声学模型(psychoacoustic model),包括阈值特性、频率掩蔽特性、时间掩蔽特性和临界频带特性。本节介绍 MPEG 声音压缩编码算法用到四个基本特性,响度、音调、频率掩蔽和时间掩蔽效应。

14.1.1 对响度的感知

声音的响度就是声音的强弱。在物理学上,声音的响度使用客观测量单位来度量,即 dyn/cm^2(达因/平方厘米)(声压)或 W/cm^2(瓦特/平方厘米)(声强)。在心理上,主观感觉的声音强弱使用响度级"方(phon)"或"宋(sone)"来度量。这两种感知声音强弱的计量单位完全不同,但是它们之间又有一定的联系。

当声音弱到人的耳朵刚刚可以听见时,我们称此时的声音强度为"听阈"。例如,1kHz 纯音的声强达到 10^{-16} W/cm^2(定义为零 dB 声强级)时,人耳刚能听到,此时的主观响度级定为零方。实验表明,听阈是随频率变化的。测出的"听阈-频率"曲线如图 14-1 所示。图中最下面的一根曲线叫作"零方等响度级"曲线,也称绝对听阈曲线,即在安静环境中,能被人耳听到的纯音的最小值。

另一种极端的情况是声音强到使人耳感到疼痛。实验表明,如果频率为 1kHz 的纯音的声强级达到 120dB 左右时,人的耳朵就感到疼痛,这个阈值称为"痛阈"。对不同的频率进行测量,可得到"痛阈-频率"曲线,图中最上面一条曲线是 120 方等响度曲线。

在"听阈-频率"曲线和"痛阈-频率"曲线之间的区域是人耳能听见的范围。这个范围内的等响度级曲线是用同样的方法测量出来的。从图上可以看出,1kHz 的 10dB 的声音和 200Hz 的 30dB 的声音,在人耳听起来具有相同的响度。

人耳对不同频率的敏感程度差别很大,其中对 2~4kHz 范围的信号最为敏感,声强很低的信号都能被人耳听到,而在低频区和高频区,声强较高的信号才能听见。

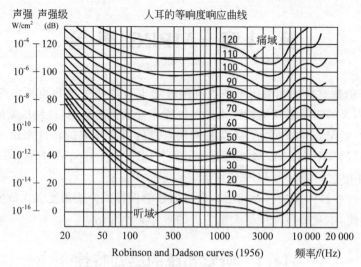

图 14-1   听阈-频率曲线和痛阈-频率曲线

14.1.2   对音调的感知

客观上用频率来表示声音的音调的高低,用 Hz 作单位;主观感觉上的音调单位则用美 (Mel) 表示。主观音调高低与客观音调高低的关系用公式 14-1 表示:

$$\mathrm{Mel} = 1000\log_2(1 + f) \tag{14-1}$$

其中,f 的单位为 Hz。

人耳对响度的感知有一个范围,即从听阈到痛阈。同样,人耳对频率的感知也有一个范围。通常认为,人耳可以听到的最低频率约为 20Hz,最高频率约为 20 000Hz。正如测量响度时是以 1kHz 纯音为基准一样,在测量音调时则以 40dB 声强为基准,并且同样由主观感觉来确定。

测量主观音调时,让实验者听两个声强级均为 40dB 的纯音,固定其中一个纯音的频率,调节另一个纯音的频率,直到他感到后者的音调为前者的两倍,就标定这两个声音的音调差为两倍。实验表明,音调与频率之间也不是线性关系,实际曲线如图 14-2 所示。

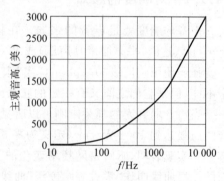

图 14-2   音调-频率曲线

14.1.3   频率掩蔽效应

一种频率的声音阻碍听觉系统感受另一种频率的声音的现象称为掩蔽效应。前者称为掩蔽音调(masking tone),后者称为被掩蔽音调。掩蔽可分成频率掩蔽和时域掩蔽。

1. 频域掩蔽

一个强纯音会掩蔽在其附近同时发声的弱纯音,这种特性称为频域掩蔽,也称同时掩蔽 (simultaneous masking),如图 14-3 所示。从图上可以看到,声音频率在 300Hz 附近、声强约为 60dB 的声音可掩蔽音调频率在 150Hz 附近、声强约为 40dB 的声音,也可掩蔽音调频率在

400Hz、声强为30dB的声音。

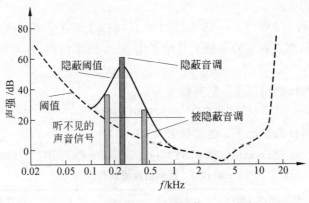

图 14-3　频域掩蔽

如果一个声强为60dB、频率为1000Hz的纯音,另有一个声强为42dB、频率为1100Hz的纯音,我们的耳朵就只能听到1000Hz的强音;如果有一个声强为60dB、频率为1000Hz的纯音和一个声强为42dB、频率为2000Hz的纯音,我们的耳朵将会同时听到这两个声音。要想让2000Hz的纯音也听不到,则需要把它降到比1000Hz的纯音低45dB。一般来说,弱纯音离开强纯音越近就越容易被掩蔽。

在图14-4中的一组曲线分别表示频率为250Hz、1kHz和4kHz纯音的掩蔽效应,它们的声强均为60dB。从图中可以看到:(1)在250Hz、1kHz和4kHz纯音附近,对其他纯音的掩蔽效果最明显;(2)低频纯音可以掩蔽高频纯音,但高频纯音对低频纯音的掩蔽作用则不明显。

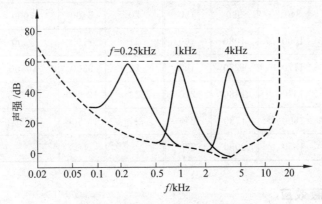

图 14-4　不同纯音的掩蔽效应曲线

2. 临界频带

由于声音频率与掩蔽曲线不是线性关系,为从感知上来统一度量声音频率,引入了临界频带(critical band)的概念,用来表示人耳刚刚可以感知两种频率的声音有差别的频率范围。临界频带的单位叫作 Bark(巴克),并定义为1Bark等于一个临界频带的宽度。

通常认为声音(audio)有25个临界频带,见表14-1。临界频带的宽度随声音频率的变化而变化。在低频端,临界频带的宽度小于100Hz,可认为接近于常数;在高频端,临界频带的宽度随频率增加而近似线性增加,宽度可大到 4kHz。临界频带的宽度与临界频带的中心频率 f_c 可用公式 14-2 近似[2]:

$$BW(f) = 25 + 75[1 + 1.4(f_c/1000)^2]^{0.69} \qquad (14-2)$$

对普通听众来说,前人在实验基础上总结了用 Bark 作单位时,临界频带号与频率有如下近似关系[2]:

(1) 频率 f<500Hz 的情况下,临界频带为:

$$z(f) \approx f/100 \text{(Bark)}$$

(2) 频率 f≥500Hz 的情况下,临界频带为:

$$z(f) = 13\arctan(0.00076f) + 3.5\arctan[(f/7500)^2] \text{(Bark)}$$

表 14-1　理想的临界频带[2]

频带号 (Bark)	临界频率(Hz)				频带号 (Bark)	临界频率(Hz)			
	低端	中心频率	高端	宽度		低端	中心频率	高端	宽度
0	0	50	100	100	13	2000	2150	2320	320
1	100	150	200	100	14	2320	2500	2700	380
2	200	250	300	100	15	2700	2900	3150	450
3	300	350	400	100	16	3150	3400	3700	550
4	400	450	510	110	17	3700	4000	4400	700
5	510	570	630	120	18	4400	4800	5300	900
6	630	700	770	140	19	5300	5800	6400	1100
7	770	840	920	150	20	6400	7000	7700	1300
8	920	1000	1080	160	21	7700	8500	9500	1800
9	1080	1170	1270	190	22	9500	10500	12 000	2500
10	1270	1370	1480	210	23	12 000	13 500	15 500	3500
11	1480	1600	1720	240	24	15 500	19 500	22 050	6550
12	1720	1850	2000	280					

14.1.4　时间掩蔽效应

除了同时发出的声音之间有掩蔽现象之外,在时间上相邻的声音之间也有掩蔽现象,并且称为时域掩蔽。除了同时掩蔽(simultaneous masking)外,时域掩蔽又分为超前掩蔽(pre-masking)和滞后掩蔽(post-masking),一个强掩蔽音出现前、同时存在时或消失之后的掩蔽效果如图 14-5 所示。产生时域掩蔽的主要原因是人的大脑处理信息需要花费一定的时间。超前掩蔽认为是信号出现在掩蔽音出现之前产生的现象,滞后掩蔽认为是信号出现在掩蔽音消失之后出现的现象。虽然对超前掩蔽有许多研究报告,但这种现象依然令人费解[3]。一般来说,超前掩蔽很短,通常只有 2~20ms,而滞后掩蔽可持续 50~200ms。

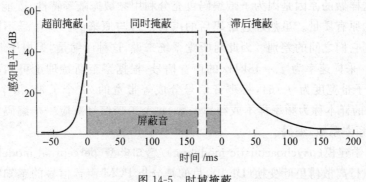

图 14-5　时域掩蔽

14.2　感知声音编码

感知声音编码(perceptual audio coding)是一种声音数据压缩技术,它处理 10～20 000Hz 范围里的声音数据,数据压缩的主要依据是人耳朵的听觉特性,使用心理声学模型来取消人耳感觉不到的声音数据,以此来达到压缩声音数据的目的。MPEG-1 Audio、MPEG-2 Audio、MPEG-2 AAC (Advanced Audio Coding)和 MPEG-4 Audio 标准的核心算法都是以感知编码算法为基础。

感知声音编码主要有两个标准,一个 MPEG 工作组开发的 MPEG Audio,另一个是由杜比实验室(Dolby Laboratories)开发的杜比数字(Dolby Digital)。它们都利用人的听觉系统的特性来压缩数据,只是压缩数据的算法不同。

14.2.1　感知编码原理

感知声音编码主要利用听觉系统的两个基本特性,听觉阈值和听觉掩蔽。

在心理声学模型中,一个基本概念是听觉系统存在听觉阈值电平,低于这个电平的声音信号就听不到,因此就可把这部分信号去掉。听觉阈值的大小随声音频率的改变而改变,每个人的听觉阈值也不同。大多数人的听觉系统对 2～5kHz 之间的声音最敏感。一个人是否能听到声音取决于声音的频率,以及声音的幅度是否高于这种频率下的听觉阈值。

心理声学模型中的另一个基本概念是听觉掩蔽特性,意思是听觉阈值电平是自适应的,即听觉阈值电平随着听到的不同频率的声音而发生变化。例如,同时有两种频率的声音存在,一种是 1000Hz 的声音,另一种是 1100Hz 的声音,但它的强度比前者低 18dB,在这种情况下,1100Hz 的声音就听不到。也许读者有过这样的体验,在一个安静房间里的普通谈话可以听得很清楚,但在播放摇滚乐的环境下,同样的普通谈话就听不清楚了。声音压缩算法也同样可以确立这种特性的模型以取消更多的冗余数据。

14.2.2　感知子带编码

MPEG Audio 主要采用感知子带编码技术(perceptual subband coding),它的基本算法如图 14-6(a)所示,其中的主要模块说明如下。

(1) 时域-频域变换:使用分析滤波器组(analysis filter bank)将输入的 PCM 声音信号分

成多个子带。这样做的原因是因为子带编码可充分利用频域掩蔽等特性,既能压缩声音数据,又能保留声音的原有质量。虽然经过解码后的声音信号与原来的声音信号不同,但人的听觉系统很难感觉到它们之间的差别。因此对听觉系统来说,这种压缩是"无损压缩"。

【例 14.1】 采样速率为 $f_s=48\text{kHz}$ 的声音信号,根据奈奎斯特理论可知,信号的最高频率为 $f_s/2$,每个子带宽度为 $f_s/64$,将声音信号分成等带宽的 32 个子带,每个子带的带宽为 750Hz。子带中的样本称为频率样本或频率系数,每个子带信号对应一个编码器,这样就可对每个子带样本(频率系数)编码。

(2)心理声学建模(psychoacoustic modeling)/感知模型(perceptual model):通常使用单独的滤波器组执行离散傅里叶变换(DFT),目的是分析 PCM 声音信号的感知特性,计算每个子带与时间和频率相关的掩蔽阈值,即感知阈值(perceptual threshold)。

(3)位分配、量化和编码:根据时域-频域变换和感知模型的输出,确定如何对每个子带样本进行量化和编码,包括表示样本(频率系数)的位数。编码采用熵(entropy)编码,如霍夫曼编码或算术编码。量化和编码的输出是经过量化和编码的子带样本,在位流格式模块打包封装后输出编码位流。

感知声音编码的解码框图如图 14-6(b)所示。解码过程与编码过程相反。解码器将接收的编码位流拆包后重构频率样本。频域-时域转换通常采用合成滤波器组(synthesis filter bank),将输入的频率样本还原为 PCM 声音。

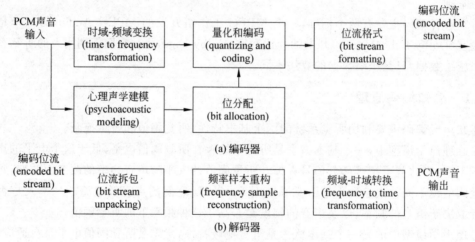

(a) 编码器

(b) 解码器

图 14-6 感知声音编码框图[4][5]

14.2.3 杜比数字

杜比数字(Dolby Digital)是 1992 年杜比实验室开发的数字声音编码系统的名称,支持 5.1 声道,前称为 Dolby AC-3(Dolby Audio Coding-3),简称 AC-3。开始用于电影院,现在已应用于 HDTV 广播、数字电视光盘(DVD)。美国高级电视系统委员会(ATSC)将它和其后开发的 Enhanced AC-3 技术作为 ATSC 标准"Digital Audio Compression(AC-3,E-AC-3)"[6]。

AC-3 编码算法的简化框图如图 14-7 所示。它的输入是未被压缩的 PCM 样本,而 PCM 样本的采样速率必须是 32kHz、44.1kHz 或 48kHz,样本精度可多到 20 位。AC-3 编码算法获得高压缩比的基本方法是对用频域表示的声音信号进行量化,详细计算请看参考文献[6]。

图中各部分的功能简述如下：

（1）分析滤波器组（analysis filter bank）：把用 PCM 时间样本表示的声音信号变换成用频率系数块（frequencies coefficients block）序列表示的声音信号。输入信号从时间域变换到频率域是用时间窗（time window）乘由 512 个时间样本组成的交叠块（overlapping block）实现的。在频率域中用因子 2 对每个系数块进行抽取，因此每个系数块就包含 256 个频率系数。各个频率系数用二进制的指数（exponent）和尾数（mantissa）记数法表示。指数的动态范围宽，但尾数的精度受到限制。

（2）频谱包络编码（spectral envelope encoding）：对分析滤波器组输出的指数进行编码。指数代表粗糙的信号频谱，因此称为（频）谱包络编码。

（3）位分配（bit allocation）：使用谱包络编码输出的信息确定尾数编码所需要的位数。

（4）尾数量化（mantissa quantization）：按照位分配输出的信息对尾数进行量化。

（5）AC-3 帧格式（AC-3 frame formatting）：把尾数量化输出的量化尾数和（频）谱包络编码输出的频谱包络组成 AC-3 帧。6 个声音块（每通道 1536 的声音样本）的频谱包络和粗量化的尾数组成 AC-3 同步帧。AC-3 帧格式输出的是 AC-3 编码位流，位速率为 32~640kbps。

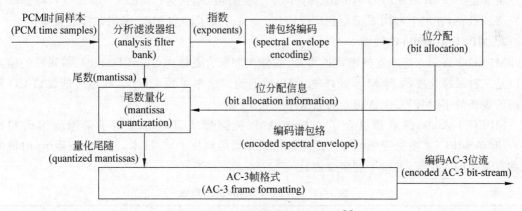

图 14-7　AC-3 压缩编码算法框图[6]

AC-3 压缩编码的解码算法如图 14-8 所示。解码过程基本上是编码的逆过程。

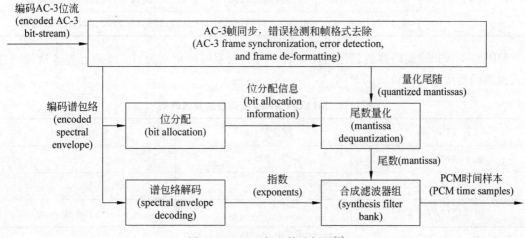

图 14-8　AC-3 解码算法框图[6]

14.3　MPEG-1 Audio

14.3.1　MPEG-1 声音介绍

1. MPEG-1 Audio 是什么

MPEG-1 Audio(ISO/IEC 11172-3)是高保真的声音数据压缩国际标准,已得到极其广泛的应用。这个标准是 MPEG 标准的一部分,但它可独立使用。MPEG-1 Audio 的译名为 MPEG-1 声音,定义了三个独立的压缩层次,计算复杂性和编码器一层比一层复杂。

第 1 层——MP1(MPEG Audio Layer 1):典型的压缩比为 4∶1,相应的数据率为 384kbps,其应用包括小型数字盒式磁带(Digital Compact Cassette,DCC);

第 2 层——MP2(MPEG Audio Layer 2):典型的压缩比为(6∶1)~(8∶1),数据率为 256~192kbps,主要用于专业应用,如数字广播声音(Digital Broadcast Audio,DBA)、数字音乐、VCD(Video Compact Disc)等;

第 3 层——MP3(MPEG Audio Layer 3):典型的压缩比为(10∶1)~(12∶1),数据率为 128~112kbps,在网上和网下都得到广泛应用,而且开发了许多 MP3 编码和播放设备。

2. MPEG-1 Audio 的性能

MPEG-1 Audio 标准支持单声道声音、立体声和联合立体声(Joint Stereo),编码器的输入可以是三种采样速率的 PCM 声音样本,编码器的输出速率可预先定义,在尽可能保留 CD 音质的前提条件下,MPEG-1 Audio 的数据率见表 14-2。

MPEG-1 Audio 继承和组合了 MUSICAM(掩蔽模式自适应通用子带综合编码和复用)[7]和 ASPEC(高质量音乐信号自适应频谱感知熵编码技术)[8]技术,包括滤波器组、时域处理和声音帧的大小等,并做了许多改进。

表 14-2　MPEG-1 Audio 的数据率

PCM 声音样本(kHz)	编码层次	编码器输出速率(kbps)
32,44.1,48	第 1 层(Layer 1)	32,64,96,128,160,192,224,256,288,320,352,384,416,448
	第 2 层(Layer 2)	32,48,56,64,80,96,112,128,160,192,224,256,320,384
	第 3 层(Layer 3)	32,40,48,56,64,80,96,112,128,160,192,224,256,320

MPEG-1 Audio 编码器的延迟时间见表 14-3。延迟时间定义为,PCM 声音样本从编码器输入到编码器生成编码位流的时间。

表 14-3　MPEG-1 Audio 编码器的延迟时间

延迟时间	理论值(ms)	实际时间(ms)
第 1 层(Layer 1)	19	<50
第 2 层(Layer 2)	35	100
第 3 层(Layer 3)	59	150

MPEG-1 Audio 第 3 层在各种数据率下的性能见表 14-4。

表 14-4　MPEG-1 Audio 第 3 层在各种数据率下的性能

音质要求	声音带宽(kHz)	方式	数据率(kbps)	压缩比
电话	2.5	单声道	8	96：1
优于短波	5.5	单声道	16	48：1
优于调幅广播	7.5	单声道	32	24：1
类似于调频广播	11	立体声	56～64	(26～24)：1
接近 CD	15	立体声	96	16：1
CD	>15	立体声	112～128	(12～10)：1

此外,MPEG-1 Audio 编码器可支持循环冗余校验(Cyclic Redundancy Check,CRC),还可在数据流中添加辅助信息。

14.3.2　声音编码介绍

第 4 章"数字语音编码"介绍了多种语音编码方法,如脉冲编码调制(PCM)、自适应差分脉冲调制(ADPCM)、线性预测编码(LPC)和码激励线性预测(CELP)。这些方法的编码对象主要是针对人说话的语音,语音的频率范围在 300～3400Hz。

MPEG-1 声音的编码对象是 20～20 000Hz 的宽带声音,采用感知子带编码技术。设计声音编码器的基本思想是把时域中的声音数据变换到频域,对频域内的子带分量分别进行量化和编码,根据心理声学模型确定样本的精度,从而达到压缩数据的目的。

MPEG-1 声音压缩的基础是量化。量化会带来失真,但要求量化失真对于人耳来说是感觉不到的。在 MPEG 标准的制定过程中,MPEG Audio 委员会作了大量的主观测试实验。实验表明,采样速率为 48kHz、样本精度为 16 位的立体声音数据压缩到 256kbps 时,压缩率为 6：1,专业测试员也很难分辨出是原始声音还是编码压缩后还原的声音。

1. 声音编码器结构

MPEG-1 声音编码器的结构如图 14-9 所示,这是 MPEG 标准文件(ISO/IEC 11172-3)介绍的感知子带编码结构。编码器的输入信号为 PCM 声音样本,采样速率为 32、44.1kHz 或 48kHz,输出的编码位流为 32～384kbps。

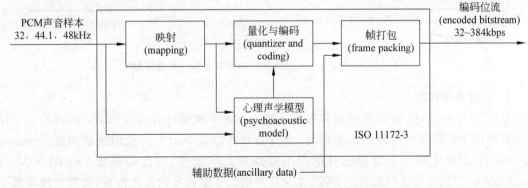

图 14-9　MPEG-1 Audio 编码器的结构[9]

MPEG-1 Audio 编码器处理数字声音信号和生成压缩数据位流的主要目的是用于存储器。编码器的算法没有标准化,因此可采用各种算法来估算掩蔽阈值、量化方案和其他参数,但是编码器的输出必须要符合 MPEG-1 Audio 解码器的规范。

****

这里需要说明的是采样速率 44.1kHz 的来历,其他的采样速率都好理解。采样速率 44.1kHz 源于 CD-Audio 激光唱盘。声音的数据量由采样速率和样本精度两个参数决定。对单声道信号而言,每秒钟的数据量(位数)等于采样速率乘以样本精度。要减小数据量,就需要降低采样速率或者降低样本精度。由于人耳可听到的声音的频率范围大约是 20~20kHz,根据奈奎斯特理论,要想不失真地重构信号,采样速率不能低于 40kHz。再考虑到实际中使用的滤波器都不可能是理想滤波器,以及考虑各国所用的交流电源的频率不同,为保证声音频带的宽度,所以采样速率一般不能低于 44.1kHz。在 MPEG-1 Audio 中,编码器输入信号的样本精度通常是 16 位,因此声音数据压缩就需从降低样本精度角度出发,减少表示每个样本所需要的位数。

****

2. 多相滤波器组

在 MPEG-1 Audio 编码器中,映射(mapping)是时域-频域变换的分析滤波器,称为多相滤波器组(polyphase filter bank)。多相滤波器组是 MPEG 声音压缩的关键部件,用来把输入的 PCM 声音信号分割成子带,如等带宽的 32 个子带。

等带宽划分虽然容易,但不能精确反映人耳的听觉特性,因为人耳的听觉感知与频率之间的关系不是线性的,而是以临界频带来划分,在一个临界频带之内,很多心理声学特性都是一样的。图 14-10 对多相滤波器组的带宽和临界频带的带宽作了比较。从图中可以看到,在低频区域,单个子带可覆盖好几个临界频带。在这种情况下,表示频率系数的量化位数就不能根据每个临界频带的掩蔽阈值进行分配,而要以其中最低的掩蔽阈值为准。如果需要具体计算多相滤波器组的输出信号,请参看参考文献和站点[10]。

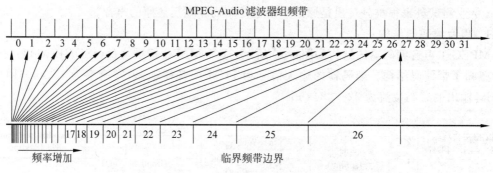

图 14-10 MPEG Audio 滤波器组的带宽与临界频带带宽[10]

3. 心理声学模型

如图 14-9 所示,PCM 声音样本并行输入到心理声学模型(psychoacoustic model)。心理声学模型用于计算每个子带的掩蔽特性,也就是计算以频率为自变量的掩蔽阈值(masking threshold),以确定每个子带的信号能量与掩蔽阈值的比率,称为信掩比(Signal-to-Mask Ratio,SMR)。量化和编码模块用 SMR 来决定分配给子带信号的量化位数,使量化噪声低于掩蔽阈值。最后通过帧(frame)打包模块将量化的子带样本和其他数据组成编码位流。

4. 声音解码器

MPEG-1 Audio 解码器的结构如图 14-11 所示。解码器对位数据流进行解码,恢复被量化的子带样本值以重建声音信号。由于解码器无需心理声学模型,只需拆包、重构子带样本和把它们变换回声音信号,因此解码器比编码器简单得多。

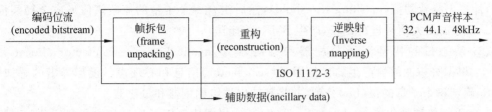

图 14-11　MPEG-1 Audio 解码器结构[9]

14.3.3　编码层次结构

如前所述,MPEG-1 Audio 定义了三个独立的编码层次,每层采用不同压缩算法,获得不同压缩性能。第 1 层使用频域掩蔽特性,第 2 层使用频域掩蔽特性和时间掩蔽特性,第 3 层使用频域掩蔽特性、时间掩蔽特性和临界频带特性。第 1 层是基础层,第 2 层与第 3 层都是在前一层的基础上开发的,压缩性能逐层提高,但需要更复杂的编码器和解码器。

MPEG 编码器的输入以 12 个样本为一块,第 1 层算法对每帧为 $32 \times 12 = 384$ 个 PCM 声音样本进行编码,第 2 层和第 3 层对每帧为 $32 \times (3 \times 12) = 1152$ 个 PCM 声音样本进行编码,如图 14-12 所示。

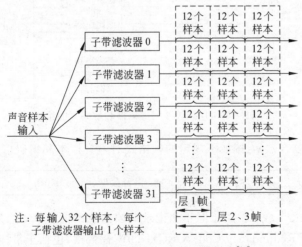

图 14-12　第 1、2 和 3 层的子带样本[10]

14.3.4　第 1 层编码和第 2 层编码

MPEG-1 Audio 第 1 层和第 2 层的编码器和解码器的结构很相似,如图 14-13 所示。

(1) 分析滤波器组(analysis filter bank):使用与离散余弦变换(DCT)类似的算法对输入信号进行变换,将采样速率为 f_s 的输入信号等分成 32 个采样速率为 $f_s/32$ 的子带信号。在每个子带的 12 个连续样本组成的块中,所有样本都归一化为成比例因子(scalefactor),因此所有样本的绝对值都小于 1。比例因子的选择方法是，首先找到绝对值最大的样本，然后与比例因子表（如 $2^6 = 64$ 个允许值）进行比较。

（2）快速傅里叶变换（FFT）：用于建立心理声学模型，与分析滤波器组并行运行。使用 512（层 1）点或 1024（层 2）点的 FFT 对输入信号进行频谱分析，并根据信号的频率、强度和音调，计算出掩蔽阈值（masking threshold），然后组合每个子带的掩蔽阈值形成全局阈值，用它与子带中的最大信号进行比较，产生 SMR（信掩比）。

（3）动态位和比例因子分配器和编码器（dynamic bit and scalefactor allocator and coder）：根据分析滤波器产生的比例因子（scalefactor）信息和心理声学模型导出的感知信息（SMR）确定每个子带的位（bit）分配，并将其输出送给比例器和量化器。

（4）比例器和量化器（scaler and quantizer）：根据比例因子信息和位分配信息，子带声音样本进行量化和编码。对被掩蔽的子带样本就不需要对它进行量化和编码。

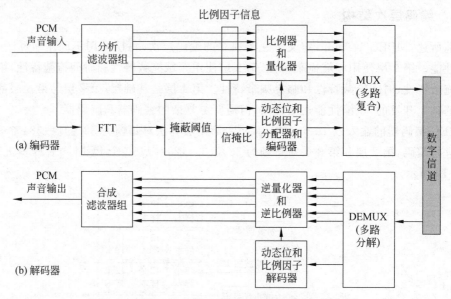

图 14-13　第 1 层和第 2 层编码器和解码器的结构[12]

（5）MUX（多路复合器）：按如下规定的帧格式对声音样本和编码信息进行包装：

同步头（header）	CRC	声音数据（audio data）	辅助数据（ancillary）

每帧都包含如下几个域：①用于同步和记录一帧信息的同步头；②用于检查是否有错误的循环冗余码（Cyclic Redundancy Code，CRC）；③声音数据，包括子带样本、比例因子和位分配等；④可能添加的辅助数据。

第 2 层编码除利用频域掩蔽特性外，还利用时间掩蔽特性，而且在低频、中频和高频段对位分配作了一些限制，对位分配、比例因子和量化样本值的编码也更紧凑。此外，第 2 层在第 1 层基础上作了一些直观的改进。例如，第 1 层是对一个子带中的一个样本组（由 12 个样本组成）进行编码，而第 2 层和第 3 层是对一个子带中的三个样本组进行编码，相当于第 1 层的 3 帧，合计 1152 个样本。由于采用了上述措施，第 2 层的编码效率就得到了提高，而声音质量下降不明显。

14.3.5 第3层编码(MP3)

MPEG-1 Audio Layer 3 编码器被广大用户称为 MP3。由于 MPEG-2 Audio 也有结构相同的 Layer 3,因此 MPEG-2 Audio Layer 3 也称 MP3。MP3 有两个含义:① MPEG-1、MPEG-2 Audio 第3层的声音压缩技术;②使用第3层压缩技术和存储格式创建的声音文件(.mp3)。

MP3编码器除利用频域掩蔽特性、时间掩蔽特性外,还利用临界频带特性,把声音频带分成非等带宽的子带,获得了更高的压缩性能。

第3层编码器的框图如图 14-14 所示。与第1、2层不同的是,第3层编码器采用了由分析滤波器和改进离散余弦变换(MDCT)组成的混合滤波器组。MDCT[31]对子带样本在频域中做进一步细分,以获得更高的频域分辨率,还可消除多相滤波器组引入的部分混迭效应。

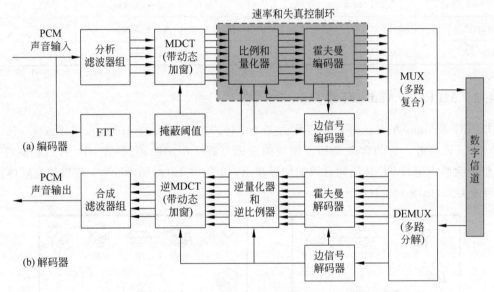

图 14-14 MPEG-1 Audio 第3层编码器和解码器的结构[12]

此外,第3层还采用了其他许多改进措施来提高压缩比而不降低音质。第3层虽然引入了许多复杂的概念,但它的计算量并没有比第2层增加很多,主要是增加了编码器的复杂度和解码器所需要的存储容量。

14.4 MPEG-2 Audio

MPEG-2 标准委员会定义了两种声音数据压缩标准:(1)MPEG-2 Audio (ISO/IEC 13818-3)[15],也称 MPEG-2 Multichannel Audio (多通道声音),因为它与 MPEG-1 Audio 是兼容的,所以又称为 MPEG-2 BC (Backward Compatible)标准;(2)MPEG-2 AAC (ISO/IEC 13818-7)[16][17],与 MPEG-1 Audio 格式不兼容,称为非后向兼容 MPEG-2 NBC (Non-Backward-Compatible)标准。这节介绍 MPEG-2 Audio,下节介绍 MPEG-2 AAC。

14.4.1 MPEG-2 Audio 简介

MPEG-2 Audio 和 MPEG-1 Audio(ISO/IEC 1117-3)标准都使用相同种类的编解码,3 个编码层(第 1、2 和第 3 层)的编码结构也相同。与 MPEG1 声音标准相比,MPEG2 声音标准做了如下扩充:①增加了 16kHz、22.05kHz 和 24kHz 采样速率,②扩展了编码器的输出速率范围,由 32~384kbps 扩展到 8~640kbps,③增加了声道数,支持 5.1 声道和 7.1 声道的环绕声。此外,MPEG-2 Audio 还支持 Linear PCM(线性 PCM)和 Dolby AC-3(Audio Code Number 3)编码,它们的差别见表 14-5。

表 14-5　MPEG-1 和-2 的声音数据规格

参 数 名 称	采样速率(kHz)	样本精度(位)	最大数据传输率	最大声道数
MPEG-2 声音	16/22.05/24/32/44.1/48	16	8~640kbps	5.1/7.1
MPEG-1 声音	32/44.1/48	16	32~448kbps	2
Linear PCM	48/96	16/20/24	6.144Mbps	8
Dolby AC-3	32/44.1/48	16	448kbps	5.1

14.4.2 MPEG-2 Audio 环绕声

MPEG-2 Audio 的 5.1 环绕声也称为 3/2-立体声加 LFE(low frequency effects),其中的 .1 是指 LFE 声道。它的含义是播音现场的前面可有 3 个喇叭声道(左、中、右),后面可有 2 个环绕声喇叭声道,LFE 是低频音效的加强声道,如图 14-15(a)所示。7.1 声道环绕立体声与 5.1 声道类似,如图 14-15(b)所示。

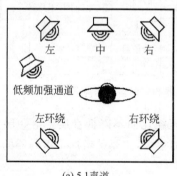
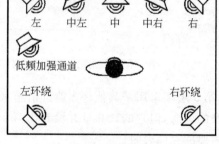

(a) 5.1声道　　　　　　　　　　　　　　　　(b) 7.1声道

图 14-15　MPEG-2 Audio 环绕声

前称为 Dolby AC-3 的杜比数字(Dolby Digital)是 MPEG-2 采纳的一种多声道信号压缩技术,支持 5.1 声道,即左、中、右、后左、后右 5 个主声道和 1 个低音加强声道,声音数据的位速率为 64~448kbps。立体声的位速率通常为 192kbps,5.1 声道的位速率通常为 384kbps,但可高达 640kbps。杜比数字已用在 DVD 影视盘、DTV(数字电视)、HDTV 和其他娱乐产品中。

14.4.3 MPEG-2 Audio 的后向兼容结构

MPEG-2 Audio 是 MPEG-1 Audio 标准的扩展,扩展部分是多声道扩展(multichannel extension)。由于扩展是在 MPEG-1 Audio 基础上进行的,因此 MPEG-2 Audio 就被称为 MPEG-2 后向兼容多声道声音编码(MPEG-2 backwards compatible multichannel audio coding)标准,简称为 MPEG-2 BC。

图 14-16 表示 MPEG-2 Audio 第 2 编码层的帧的结构是如何扩展的。

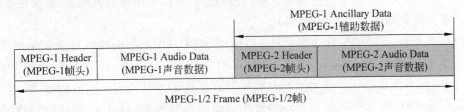

图 14-16 MPEG-2 Audio 后向兼容的帧结构

图 14-17 详细表示了 MPEG-2 Audio 第 2 层(ISO 13818-3 Layer Ⅱ)的多声道的扩展结构,它与 MPEG-1 Audio 第 2 层(ISO 11172-3 Layer Ⅱ)兼容。

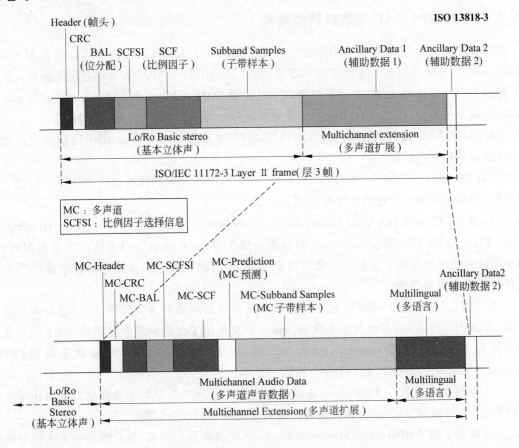

图 14-17 MPEG-2 Audio 第 2 层多声道扩展结构

(引自 ISO/IEC 13818-3)

14.5　MPEG-2 AAC

14.5.1　MPEG-2 AAC 是什么

MPEG-2 AAC（MPEG-2 Advanced Audio Coding）是 MPEG-2 标准中的声音感知编码标准，可译成 MPEG-2 高级声音编码技术标准，经常简写成 AAC。像其他感知编码标准，MPEG-2 AAC 的核心思想是使用听觉系统的掩蔽特性来减少声音的数据量，把量化噪声分散到各个子带并用全局信号把噪声掩蔽掉。

MPEG-2 AAC 支持的采样速率可从 8kHz 到 96kHz，编码器的输入可来自单声道、立体声或多声道音源的声音。MPEG-2 AAC 标准可支持 48 个声道、16 个低频音效加强通道（LFE）、16 个配音声道（overdub channel）或称多语言声道（multilingual channel）和 16 个数据流。MPEG-2 AAC 在压缩比为 11∶1，即每个声道的数据率为 $(44.1 \times 16)/11 = 64$kbps，5 个声道的总数据率为 320kbps 的情况下，很难区分还原后的声音与原始声音之间的差别。在声音质量相同的前提下，与 MPEG-1/-2 Audio 的第 2 层相比，MPEG-2 AAC 的压缩率可提高 1 倍；与 MPEG-1/-2 Audio 的第 3 层相比，MPEG-2 AAC 的数据率是它的 70%。

14.5.2　MPEG-2 AAC 编解码器的结构

开发 MPEG-2 AAC 标准采用的方法与开发 MPEG-1 Audio 的方法不同。开发 MPEG-1 Audio 采用的方法是对整个系统进行标准化，而开发 MPEG-2 AAC 采用的方法是模块化的方法，把整个 AAC 系统分解成一系列模块，用标准化的 AAC 工具（advanced audio coding tools）对模块进行定义，因此在文献中往往把模块（modular）与工具（tool）等同对待。

MPEG-2 AAC 编码和解码的基本结构如图 14-18 和图 14-19 所示，图中用粗线表示数据流，细线表示控制信息。

文献 ISO/IEC 13818-7[16][17] 对 MPEG-2 AAC 编码器和解码器的结构和计算方法做了详细介绍，现将其中的几个模块作简单说明。

（1）AAC 增益控制（AAC Gain control）：由多相正交滤波器（Polyphase Quadrature Filter，PQF）、增益检测器（gain detector）和增益修正器（gain modifier）组成的增益控制模块，用于把输入信号分离到 4 个相等带宽的频带中，可改变输入信号的采样速率。在解码器中也有相应的增益控制模块。

（2）滤波器组（filter bank）：输入信号从时域变换到频域的转换模块，由一组带通滤波器组成，是 MPEG-2 AAC 系统的基本模块。这个模块采用了改进离散余弦变换（MDCT），这是一种线性正交重叠变换（linear orthogonal lapped transform），具有时域混叠取消（Time Domain Aliasing Cancellation，TDAC）功能。

（3）瞬时噪声整形（temporal noise shaping，TNS）：用于控制每个变换窗口的量化噪声的瞬时形状，使用滤波方法实现，解决掩蔽阈值和量化噪声的匹配问题。

（4）联合立体声编码（joint stereo coding）：一种空间编码技术，其目的是为了去掉空间的冗余信息，比对每个声道的声音单独进行编码更有效。MPEG-2 AAC 系统包含两种空间编码技术，M/S 编码（Mid/Side encoding）和声强立体声编码（intensity stereo coding），用于对不同

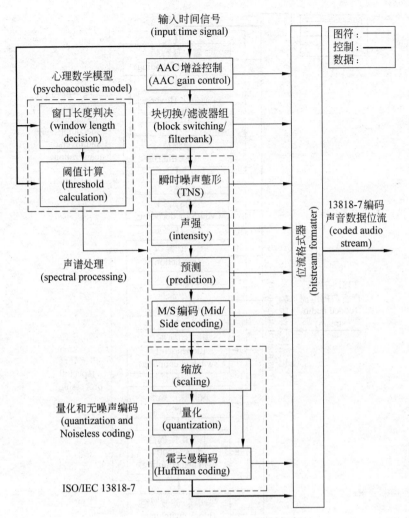

图 14-18　MPEG-2 AAC 编码器框图

频带的信号进行编码。

M/S 编码使用矩阵运算,因此也称矩阵立体声编码(matrixed stereo coding)。M/S 编码不单独传送左(L)右(R)声道信号,而是传送用于中央声道的和信号 Middle＝(L＋R)/2,以及用于旁边声道的差信号 Side＝(L－R)/2。因此 M/S 编码也称和-差编码(sum-difference coding)。解码时,左右声道的信号分别为 L＝Middle＋Side 和 R＝Middle－Side。

声强立体声编码(intensity stereo coding)探索的基本问题也是声道之间的冗余信息。该方法用一个声道信号和移动方向(panning)信息代替传送左右声道信号的编码方法。由于该方法被认为有破坏相位关系的缺点,因此只用于低位速率的信号编码。

(5) 预测(prediction):这是在语音编码系统中普遍使用的技术,它主要用来减少平稳(stationary)信号或周期信号在时间方向上的冗余数据。

(6) 缩放(scaling)与量化(quantization):AAC 编码器使用非均匀量化技术,对比较小的数值使用较小的量化阶,产生的量化噪声比较小,对比较大的数值使用比较大的量化阶,产生的量化噪声比较大。为控制量化噪声的功率,在信号被量化之前要对信号谱的系数进行缩放,

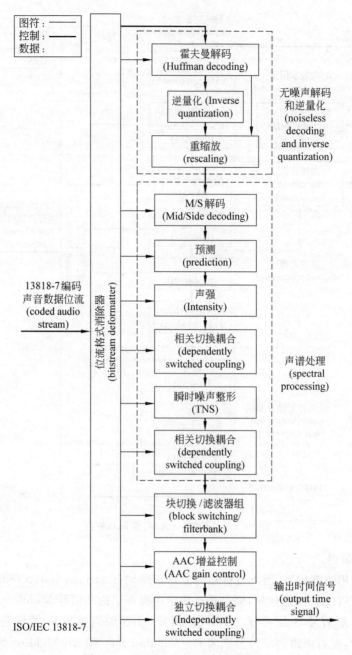

图 14-19 MPEG-2 AAC 解码器框图

并对不同的频带使用不同的缩放因子。

（7）无噪声编码（noiseless coding）：无噪声编码实际上是霍夫曼编码，用于对每个声音通道的谱的量化系数、比例因子等信息进行编码。

14.5.3 MPEG-2 AAC 的类型

为适应不同的应用，MPEG-2 AAC 标准定义了三种类型（或称配置）的编码：

（1）MPEG-2 AAC Main Profile——主流型。在这种类型中，除了增益控制（Gain Control）模块外，AAC 系统使用了图 14-18 和图 14-19 中所示的所有模块，在三种类型中提供最好的声音质量，但对计算机的处理能力和存储器容量的要求较高。

（2）MPEG-2 AAC-LC(Low Complexity) Profile——低复杂性型。在这种类型中，不使用预测模块和预处理模块，瞬时噪声整形（TNS）滤波器的级数也有限，这就使声音质量比主流型的声音质量低，但对计算机的处理能力和存储器容量的要求可明显降低。

（3）MPEG-2 AAC-SSR(Scalable Sampling Rate) Profile——可变采样率型。在这种类型中，使用增益控制对信号作预处理，不使用预测模块，TNS 滤波器的级数和带宽也都有限制，因此它比主流型和低复杂性型更简单，可用来提供采样速率可变的声音信号。

14.6　MPEG-4 Audio

14.6.1　MPEG-4 Audio 介绍

1. MPEG-4 Audio 是什么

MPEG-4 Audio 是声音对象编码标准，作为 MPEG-4 的第 3 部分（MPEG-4 Part 3），标准号为 ISO/IEC 14496-3：2009(E)[18]，1416 页（A4 纸）。MPEG-4 Audio 标准与先前开发的声音编码标准（如 MPEG-1，MPEG-2）有很大的差别。

MPEG-4 Audio 是集成各种声音编码技术创建的包罗万象的声音编码标准，而不是针对某种声音或某种应用的编码标准，如语音数据压缩和宽带声音数据压缩。它的编码对象包括自然声音（natural sound）和合成声音（synthesized sound），涵盖的声音频率范围为 20～20 000Hz，涵盖的技术包括波形编码、参数编码、混合编码、感知编码。MPEG-4 Audio 标准要规范的数据速率和应用目标如图 14-20 所示。

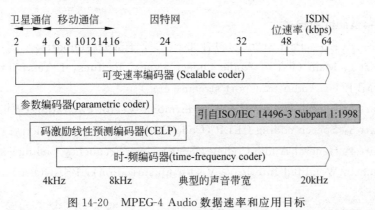

图 14-20　MPEG-4 Audio 数据速率和应用目标

MPEG-4 Audio 不是对声音编码方法的标准化，而是对声音对象的格式标准化，内容作者可用最好的编码方法创建数据位流。声音对象有各种各样的类型，不同的声音对象类型（Audio Object Type，AOT）用不同的编码方法，每种声音对象类型用唯一的格式表示。2009年版的标准指定了 41 种声音对象类型，如 MP3、CELP 都是声音对象，目前已定义 45 种。

MPEG-4 Audio 规定的数据速率为 2～64kbps，可用三种类型的编码器或新开发的编码器，标准文档中使用的术语是编码工具（coding tool）。（1）在数据速率为 2～6kbps 范围内，可使用参数编码技术,声音信号的采样速率使用 8kHz;(2)在数据速率为 6~24kbps 的范围内,可使用混合编码,如代码激励线性预测(CELP),声音信号的采样速率使用 8kHz 或 16kHz;(3)在数据速率为 16~64kbps 范围内,可使用时间/频率编码(time/frequency coding)或称为基于变换的普通声音编码(transform-based general audio coding)技术,如用 MPEG-4 AAC(MPEG-2 AAC 改进版本),支持 8~96kHz 的声音信号采样速率。

2. MPEG-4 Audio 的演进

从 20 世纪 90 年代后期至今(2016 年 6 月),MPEG-4 Audio 标准文档已有 4 个版本,第 1 版(1999 年)、第 2 版(2001 年)、第 3 版(2005 年)和第 4 版(2009 年),如图 14-21 所示。前后版本的差别比较大,其原因之一是 MPEG-4 Audio 标准不断采纳当时还不够成熟的新技术,如声音无损编码(Audio Lossless Coding,ALS)[20]。

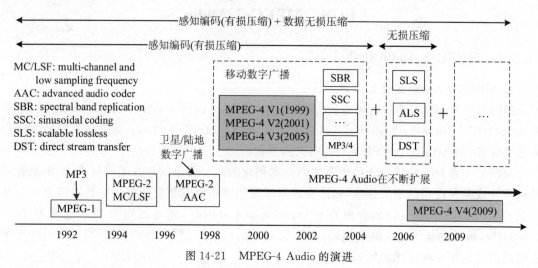

图 14-21　MPEG-4 Audio 的演进

3. MPEG-4 Audio 的组成

正在修改的 MPEG-4 Part 3(2009)包含如下 12 个子部分(subparts)。

(1) Subpart 1:Main (list of Audio Object Types,Profiles,Levels,interface to ISO/IEC 14496-1,MPEG-4 Audio transport stream,etc.);

(2) Subpart 2:Speech coding-HVXC (Harmonic Vector eXcitation Coding);

(3) Subpart 3:Speech coding-CELP (Code Excited Linear Prediction);

(4) Subpart 4:General Audio Coding (GA) (Time/Frequency Coding)-AAC,TwinVQ (Transform domain Weighted Interleave Vector Quantization),BSAC(Bit Sliced Arithmetic Coding);

(5) Subpart 5:Structured Audio (SA);

(6) Subpart 6:Text to Speech Interface (TTSI);

(7) Subpart 7:Parametric Audio Coding-HILN (Harmonic and Individual Line plus Noise);

(8) Subpart 8:Technical description of parametric coding for high quality audio (SSC,Parametric Stereo);

(9) Subpart 9:MPEG-1/MPEG-2 Audio in MPEG-4;

(10) Subpart 10：Technical description of lossless coding of oversampled audio（MPEG-4 DST-Direct Stream Transfer）；

(11) Subpart 11：Audio Lossless Coding（ALS）；

(12) Subpart 12：Scalable Lossless Coding（SLS）。

4. MPEG-4 Audio 编码工具

为实现 MPEG-4 声音专家组提出的宏大目标，MPEG-4 Audio 标准一直在集成和开发众多的声音工具，用于处理各种类型的声音，从自然声音（如语音）到合成声音（如 MIDI），从窄带语音到宽带声音，从单声道声音到多声道（如 5.1）声音，从数据速率低的声音到数据速率高的声音。为 MPEG-4 Audio 声音对象编码提供的工具可分成如下 8 种类型：

(1) 语音编码工具（speech coding tools）；

(2) 声音编码工具（audio coding tools）；

(3) 无损声音编码工具（lossless audio coding tools）；

(4) 合成声音工具（synthesis tools）；

(5) 编排工具（composition tools）；

(6) 性能可变工具（scalability tools）；

(7) 动态数据流控制工具（upstream）；

(8) 抗差错工具（error robustness facilities）。

这些工具在 ISO-IEC 14496-3 标准中做了详细说明。为加深对声音工具的理解，下面就其中的几种工具加以说明。

14.6.2　MPEG-4 语音编码

语音编码工具（speech coding tools）用于自然语音（natural speech）和合成语音（synthetic speech）的传输和解码。MPEG-4 提供两种类型的语音编码工具：(1)自然语音工具（natural speech tools），用于对语音进行压缩、传输和解码，用在电话语音通信和监视控制系统中；(2)合成语音工具（synthetic speech tool），可提供与文-语转换（TTS）系统的接口，用在要求数据速率很低的应用场合。

1. 自然语音工具

自然语音编码工具覆盖自然语音的编码和解码，生成的数据速率在 2～24kbps 之间。语音编码器的应用目标范围很广，从移动通信和卫星通信到网络电话、包交换媒体和语音数据库等。自然语音工具使用如下两种语音编码技术：

(1) MPEG-4 HVXC（harmonic vector excitation coding）/谐波矢量激励编码。HVXC 是参数语音编码，编码器输出的数据速率可低到 2～4kbps 或更低（1.2kbps）。

(2) MPEG-4 CELP（code excited linear prediction）/码激励线性预测编码。CELP 编码器支持两种采样速率：①8kHz 用于 100～3800Hz 的声音；②16kHz 用于 50～7000Hz 的声音。CELP 编码器的输出数据速率在 6～24kbps 之间。

2. 文-语转换接口

文-语转换（Text-To-Speech，TTS）是使用计算机把文字转换为声音输出的过程，它的最终目标是要使计算机像人一样输出清晰而又自然的声音，可根据文章的内容以不同的语调来朗读任意文章。TTS 是一个复杂系统，涉及语言学、语音学、信号处理、人工智能等诸多学科[23]。TTS 在各种多媒体应用领域中扮演重要角色。

MPEG-4 Audio 为 TTS 系统提供了文-语转换接口（TTS Interface，TTSI），用于传输各种语言的语音信息，这是合成语音工具中的一个功能。为便于阅读 MPEG-4 Audio 标准文献 Subpart 6，需要了解一些 TTS 系统的原理，现以汉语 TTS 系统为例加以说明。

一个比较完整的汉语 TTS 系统如图 14-22 所示。尽管现有的 TTS 系统结构各异，转换方法不同，但是基本上可以分成两个相对独立的部分：（1）文本分析：通过对输入文章进行词法分析、语法分析和语义分析，抽取音素和韵律等发音信息。（2）语音合成：使用从文章分析得到的发音信息去控制声音合成单元的声谱特征和韵律特征（基频、时长和幅度），使声音合成器（软件或硬件）产生相应的声音输出。

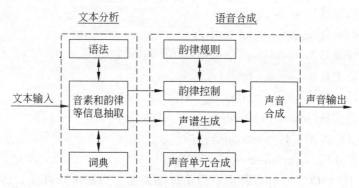

图 14-22　TTS 系统方框图

在汉语 TTS 系统中，汉语语音的传统分析方法是将一个汉语的音节分为声母和韵母两部分。声母是音节开头的辅音，韵母是音节中声母以外的部分。声母不等同于辅音，韵母不等同于元音。另外，音调具有辨义功能，这也是汉语语音的一大特点。可以说，声母、韵母和声调是汉语语音的三要素。

汉语的音节一般由声母、韵母和声调三部分组成。汉语有 21 个声母，39 个韵母，4 个声调。共能拼出 400 多个无调音节，1200 多个有调音节。除个别情况外，一个汉字就是一个音节，但是一个音节往往对应多个汉字，这就是汉语中的多音字现象。汉字到其发音的转换一般可以借助一张——对应的表来实现，但对多音字的读音，一般要依据它所在的词来判断，有的还要借助语法甚至语义分析，依据语义或者上下文来判断。在汉语 TTS 系统中，分词是基础，只有分词正确，才有可能正确给多音字注音，通过正确的语法和语义分析，获得正确的读音和韵律信息。

14.6.3　MPEG-4 声音编码

MPEG-4 Audio 的声音编码工具（audio coding tools）用于传输录制的音乐和其他声音，以及对声音进行解码。声音编码工具包括普通声音编码工具（general audio coding tools，GA）和参数声音编码工具（parametric audio coding tools）。

1. 普通声音编码工具

普通声音编码工具通常写成 MPEG-4 AAC，它是在 MPEG-2 AAC（ISO/IEC 13818-7）技术基础上改进的工具，用于规范每个声道的声音对象，包括单声道、立体声和多声道的声音对象，每个声道的数据速率为 6～64kbps。

普通声音编码工具由一组使用不同量化和编码方法的 AAC 组成,提供高性能的声音编码工具,包括 MPEG-4 low delay(低时延)、MPEG-4 BSAC(位切片算术编码)和 MPEG-4 SBR(Spectral Band Replication)/频谱带复制。

2. 参数声音编码工具

参数声音编码工具包括 MPEG-4 HILN 和 MPEG-4 SSC 工具。

(1) MPEG-4 HILN (Harmonic and Individual Line plus Noise)/谐音和独立线性加噪编码工具,用于对非语音信号(如音乐)进行编码,编码器输出的数据速率为 4kbps 或更高。HILN 编码器的基本设计思想是,认为声音对象可通过正弦波(sinusoid)、谐音(harmonic tone)和噪声来描述,用频率、幅度和声谱包络参数来表示。因此,在编码时将输入声音信号分解成可用模型描述并用模型参数表达的声音对象,在解码时用模型和模型参数重构声音,还可改变声音的速度和音调(pitch)。

(2) MPEG-4 SSC (sinusoidal coding)/正弦波编码工具,使用频率、幅度和相位各不相同的一组正弦函数之和,为待编码的声音建立正弦模型的参数编码方法。

14.6.4 MPEG-4 声音无损压缩编码

MPEG-4 ALS (Audio Lossless Coding)/声音无损编码是参数编码工具,可对整个声音频带(20～20 000)的信号进行编码,提供高质量的声音编码,声音数据几乎没有损失。过去的声音数据压缩标准(如 MP3 和 AAC)都采用数据有损的压缩方法,造成数据有损的根本原因是量化处理。MPEG-4 ALS 改变了压缩和编码的思想,采用了压缩前后的数据几乎无损的压缩技术,而不是感觉上的无损压缩技术。

图 14-23 是 ALS 编码的基本原理。ALS 编码器使用线性预测编码分析(LPC analysis)滤波器来消除输入信号样本之间的相关性,每个原始信号的样本通过以前的样本进行预测,然后用熵编码对原始样本和预测样本之间的差值,称为残差(residual),进行编码。解码器使用 LPC 合成(LPC synthesis)滤波器来重构样本信号。

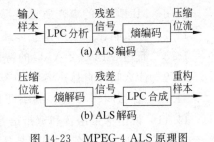

图 14-23　MPEG-4 ALS 原理图

开发声音无损压缩标准的设想始于 21 世纪初,2003 年 3 月 MPEG 专家组在公司和学校提交的多个声音无损编码方案中,选出柏林工业大学(Technical University of Berlin)开发的方案为 MPEG-4 ALS 标准的参考模型,编码和解码的基本结构如图 14-24 所示。

在编码过程中,输入声音样本通过帧/块分割(frame/block partition)模块分成帧,使用短期预测(short-term prediction)和长期预测(long-term prediction)相结合的方法来计算样本之间的残差,通过联合声道编码(joint channel coding)减少声道之间的冗余,通过熵编码(entropy coding)进一步减少数据之间的冗余,最后通过多路复合(multiplexing)将数据和控制信息综合在一起生成压缩位流(compressed bitstream)。

解码过程与编码过程相反,压缩位流通过多路分解(demultiplexing)将数据和控制信息分开,并通过熵解码(entropy decoding)、联合声道解码(joint channel decoding)、短期预测、长期预测和块/帧重组(block/frame assembly)等功能模块,生成并输出重构声音样本。

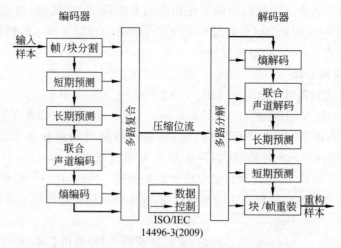

图 14-24 MPEG-4 ALS 编码器和解码器框图

练习与思考题

14.1 列出你所知道的听觉系统的特性。

14.2 什么叫作听阈？什么叫作痛阈？

14.3 什么叫作频域掩蔽？什么叫作时域掩蔽？

14.4 MPEG-1 的层 1、2 和 3 编码分别使用了听觉系统的什么特性？

14.5 MPEG-1 的层 1、2 和 3 编码器的声音输出速率范围分别是多少？

14.6 MPEG-1 的声音质量是：□AM □FM □电话□near-CD □CD-DA。

14.7 什么叫作 5.1 声道立体环绕声？什么叫作 7.1 声道立体环绕声？

14.8 简述 MPEG-2 AAC 的特性。

14.9 什么叫作自然声音？什么叫作合成声音？

14.10 什么叫作 TTS？列举 TTS 的 3 个潜在应用例子。

14.11 说出窄带语音和宽带语音的频率范围和编码时使用的采样速率。

14.12 MP3 是什么？MP4 是什么？

参考文献和站点

[1] Machine Listening Group, MIT Media Laboratory. MPEG-4 Structured Audio (MP4 Structured Audio). http://sound. media. mit. edu/resources/mpeg4/,2000.

[2] J. S. Tobias, Ed., Foundations of Modern Auditory Theory, Vol. 1, Academic Press, New York,1970.

[3] Hugo Fastl and Eberhard Zwicker,Psychoacoustics: Facts and Models (Springer Series in Information Sciences), 3rd ed. 2007. 149-173.

[4] Hersent, J. P. Petit, D. Gurle. Beyond VoIP Protocols: Understanding Voice Technology and Networking Techniques for IP Telephony. John Wiley & Sons, Ltd. ISBN: 0-470-02362-7. 2005.

[5] Painter T. , A. Spanias. Perceptual coding of digital audio. Proceedings of the IEEE 88 (2000): 451-513.

[6] ATSC Standard: Digital Audio Compression (AC-3, E-AC-3),ATSC A/52: 2012.

[7] P. U. Y. Dehery, M. Lever. A MUSICAM source codec for digital audio broadcasting and storage, in Proceedings of Int. Conf. Acoustic, Speech, Signal Processing, 3605-3608, IEEE, 1991.

[8] K. Brandenburg, J. Herre, J. D. Johnston, et al. ASPEC: Adaptive spectral entropy coding of high quality music signals, in Proc. 90th Convention. Aud. Eng. Soc. , Feb. 1991P. Noll, Wideband Speech and Audio Coding, IEEE Comm. Mag. , Nov. 1993. 34-44 http://ieeexplore. ieee. org/iel1/35/6505/00256878. pdf.

[9] ISO/IEC JTC1/SC29. Information technology—Coding of moving pictures and associated audio for digital storage media at up to about 1. 5 Mbit/s, IS 11172 (Part 3, Audio), 1993.

[10] Davis Pan. An Overview of the MPEG/Audio Compression Algorithm. Proc. SPIE 2187, Digital Video Compression on Personal Computers: Algorithms and Technologies, 260 (May 2, 1994).

[11] Davis Pan. A Tutorial on MPEG/Audio Compression. IEEE Multimedia, 1995, 60-74. http://www. ee. columbia. edu/~dpwe/e6820/papers/Pan95-mpega. pdf.

[12] Peter Noll. MPEG Digital Audio Coding Standards. CRC Press LLC. 2000. http://www. cs. ucsb. edu/~htzheng/teach/cs182/.

[13] ITURadio Communication Study Groups. A guide to digital terrestrial television broadcasting in the VHF/UHF bands, 1998. http://happy. emu. id. au/lab/tut/dttb/dttbtuti. htm.

[14] ISO/IEC 11172-3. Coding of moving pictures and associated audio for digital storage media at up to about 1. 5 mbit/s, 3-Annex C (informative) The encoding process,1993.

[15] ISO/IEC 13818-3. ISO/IEC JTC1/SC29/WG11 NO803, Information Technology-Generic Coding of Moving Pictures and Associated Audio: Audio,11/November/1994.

[16] ISO/IEC 13818-7: 2004(E). Information technology—Generic coding of moving pictures and associated audio information Part 7: Advanced Audio Coding (AAC).

[17] Bosi Metal. ISO/IEC MPEG-2 Advanced Audio Coding. Journal of the Audio Engineering Society, No. 10, October 1997. 789-813.

[18] ISO/IEC 14496-3: 2009(E). Information technology—Coding of audio-visual objects—Part 3: Audio. (A4: 1416 页).

[19] MPEG-4 Part 3. https://en. wikipedia. org/wiki/MPEG-4_Part_3,2016.

[20] Takehiro Moriya, Noboru Harada, Yutaka Kamamoto,et al. MPEG-4 ALS—International Standard for Lossless Audio Coding, NTT Technical Review,40-45, Vol. 4 No. 8, Aug. 2006.

[21] ISO/IEC 14496-3. Third edition. 2005-12-01. Information technology—Coding of audio-visual objects—Part 3: Audio. (A4: 1459 页).

[22] Stefan Meltzer, Gerald Moser. MPEG-4 HE-AAC v2-audio coding for today's media world, EBU Technical Review-January 2006,http://www. codingtechnologies. com/.

[23] Dennis H. Klatt. Review of text-to-speech conversion for English. J. Acoustical. Soc. Am. 82(3), September 1987. http://ieeexplore. ieee. org/iel6/8370/26352/01171431. pdf.

[24] Tilman Liebchen, Takehiro Moriya, Noboru Harada, et al. The MPEG-4 Audio Lossless Coding (ALS) Standard-Technology and Applications, 119th AES Convention, New York, October 7-10, 2005.

[25] Yutaka Kamamoto, Takehiro Moriya, Noboru Harada Csaba Kos. Enhancement of MPEG-4 ALS Lossless Audio Coding. NTT Technical Review,Vol. 5 No. 12 Dec. 2007.

[26] ETSI EN 300 401 V1.3.3 (2001-05). Radio Broadcasting Systems; Digital Audio Broadcasting (DAB) to mobile, portable and fixed receivers. http://www.lrr.in.tum.de/zope/lectures/labcourses/SS03/mikroprakt/files/spec/dab_main.pdf.

[27] Theile G. Stoll, M. Link. Low bit-rate coding of high-quality audio signals-An introduction to the MASCAM system, EBU Review, Technical no. 230 : 158-81, Aug. 1988.

[28] J. Princen, A. Johnson, A. Bradley. Subband/Transform Coding Using Filter Bank Designs Based on Time Domain Aliasing Cancellation, ICASSP 1987 Conf. Proc., May 1987, pp. 2161-2164. http://ieeexplore.ieee.org/iel6/8363/26345/01169405.pdf.

[29] Esin Darici Haritaoglu. Wideband Speech and Audio Coding. http://www.umiacs.umd.edu/users/desin/Speech/new.html.

[30] Karlheinz Brandenburg. OCF-A New Coding Algorithm for High Quality Sound Signals, 1987. http://ieeexplore.ieee.org/iel6/8363/26345/01169893.pdf.

[31] Princen J, Bradley A. Analysis/Synthesis Filter Bank Design Based on Time Domain Aliasing Cancellation. IEEE Transactions, ASSP-34, No.5, Oct. 1986, 1153-1161, http://ieeexplore.ieee.org/iel6/29/26200/01164954.pdf.

[32] Hossein Najafzadeh-Azghandi. Perceptual Coding of Narrowband Audio Signals, April 2000. http://www-mmsp.ece.mcgill.ca/MMSP/Theses/T1999-2001.html.

[33] MPEG Audio Resources and Software. http://www.mpeg.org/MPEG/audio.html.

第二部分

多媒体光盘存储技术

由于许多大型软件、影视节目、教学软件、游戏软件和娱乐软件都还通过光盘发行,因此仍有必要系统介绍光盘存储技术。光盘主要是指 CD、DVD、高清 DVD、蓝光盘(BD)和磁光盘。因为 CD 是基础,其他光盘都是在 CD 基础上开发的,因此重点介绍 CD。

第 15 章　光盘存储技术

如何记录 0 和 1,如何提高单位面积上的记录密度是计算机工业中的一个非常重要的技术研究和开发课题。光记录是 20 世纪 70 年代的重大发明,是 80 年代世界上的重大技术开发项目,是 20 世纪 90 年代开始得到广泛应用的技术。光盘技术已历经三个时代,第一代以 CD 为标志,第二代以 DVD 为标志,第三代以 HD DVD 和蓝光盘(BD)为标志,现在正在研究和开发容量更大的第四代光盘。本章将介绍光盘的核心技术。

15.1　光盘(CD)

15.1.1　CD 史上的大事

20 世纪 70 年代初期,荷兰飞利浦(Philips)公司的研究人员开始研究利用激光来记录和重放信息,并于 1972 年 9 月向全世界展示了长时间播放电视节目的光盘系统,这就是 1978 年正式投放市场并命名为 LV(Laser Vision)的光盘播放机。从此,拉开了利用激光来记录信息的序幕。它的诞生对人类文明进步的影响,不亚于纸张的发明对人类的贡献。

大约从 1978 年开始,研究人员把声音信号变成用 1 和 0 表示的二进制数字,然后记录到以塑料为基片的金属圆盘上,历时 4 年,Philips 和 Sony 公司终于在 1982 年成功地把这种记录有数字声音的盘推向了市场。由于这种圆盘很小,所以用了英文 Compact Disc 来命名,而且还为这种光盘制定了标准,这就是世界著名的红皮书(Red Book)标准。这种盘又称为数字激光唱盘(Compact Disc-Digital Audio,CD-DA)。

由于 CD-DA 能够记录数字信息,很自然就会想到把它用作计算机的存储设备。但从 CD-DA 过渡到 CD-ROM 有两个重要问题需要解决:(1)计算机如何寻找盘上的数据,也就是如何划分盘上的地址问题。因为记录歌曲时是按一首歌作为单位的,一片盘也就记录 20 首左右的歌曲,平均每首歌占用 30 多兆字节的空间。而用来存储计算机数据时,许多文件不一定都需要那么大的存储空间,因此需要在 CD 上写入很多的地址编号。(2)把 CD 作为计算机的存储器使用时,要求它的错误率(10^{-12})远远小于声音数据的错误率(10^{-9}),而用当时现成的 CD-DA 技术不能满足这一要求,因此还要采用错误校正技术。为解决这两个问题,于是就开发了黄皮书(Yellow Book)标准。

遗憾的是,这个重要标准只解决了硬件生产厂家的制造标准问题,也就是存放计算机数据的物理格式问题,而没有涉及逻辑格式问题,也就是计算机文件如何存放在 CD-ROM 上,文件如何在不同的系统之间进行交换等问题。为此,在多方努力下又制定了一个文件交换标准,后来国际标准化组织(ISO)把它命名为 ISO 9660 标准。

经过科学技术人员以及各行各业人员的共同努力,终于在 1985 年前后成功地把 CD-ROM 推向了市场,从此 CD-ROM 工业走上了康庄大道。

15.1.2 CD 系列产品

自从 1981 年激光唱盘上市以来，开发了一系列 CD 产品，而且还在不断地开发新的产品，VCD(Video CD)仅仅是其中的一个产品，如图 15-1 所示。

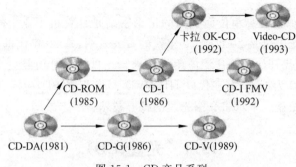

图 15-1　CD 产品系列

CD 原来是指激光唱盘，即 CD-DA(Compact Disc-Digital Audio)，用于存放数字化的音乐节目，现在，通常把图 15-1 所列的 CD-G(Graphics)、CD-V(Video)、CD-ROM、CD-I(Interactive)、CD-I FMV(Full Motion Video)、卡拉 OK(Karaoke)CD、Video CD 等统称为 CD。尽管 CD 系列中的产品很多，但是它们的大小、重量、制造工艺、材料、制造设备等都相同，只是根据不同的应用目的存放不同类型的数据而已。

为了存放不同类型的数据，制定了许多标准，这些标准如表 15-1 所示。

表 15-1　部分 CD 产品标准

标 准 名 称	盘的名称	应 用 目 的	播 放 时 间	显示的图像
Red Book(红皮书)	CD-DA	存储音乐节目	74 分钟	
Yellow Book(黄皮书)	CD-ROM	存储文图声像等多媒体节目	存储 650MB 的数据	动画、静态图像、视像
Green Book(绿皮书)	CD-I	存储文图声像等多媒体节目	存储多达 760MB 的数据	动画、静态图像
Orange Book(橙皮书)	CD-R	读写文图声像等多媒体节目		
White Book(白皮书)	Video CD	存储影视节目	70 分钟(MPEG-1)	数字影视(MPEG-1)
Red Book+(红皮书+)	CD-Video	存储模拟电视数字声音	5～6 分钟(电视) 20 分钟(声音)	模拟电视数字声音
CD-Bridge	Photo CD	存储照片		静态图像
Blue Book(蓝皮书)	LD(LaserDisc)	存储影视节目	200 分钟	模拟电视

15.1.3 CD 的结构

1. 盘片结构

CD 主要由保护层、激光反射层、刻槽和聚碳酸酯衬垫组成，如图 15-2 所示。

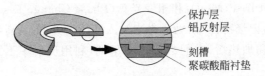

图 15-2　CD 片的结构

CD 上有一层铝反射层,看起来是银白色的,因此称为"银盘",这是只读的光盘。还有一种盘的反射层是金,看起来是金色的,因此被称为"金盘",这是可刻录的盘,称为 CD-R (CD-Recordable)盘。

CD 的外径为 120mm,重量为 14～18g。激光唱盘分为 3 个区:导入区、导出区和声音数据记录区,如图 15-3 所示。

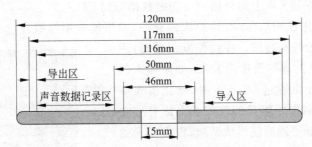

图 15-3　CD 数据记录区

2. 光道结构

CD 光道的结构与磁盘磁道的结构不同。磁盘的磁道是同心环,如图 15-4(a)所示,而 CD 的光道是螺旋形的,如图 15-4(b)所示。磁盘的磁道数目很多,而 CD 唱盘的物理光道只有一条,长度大约为 5 千米。

磁盘片转动的角速度是恒定的,通常用 CAV(constant angular velocity)表示。但在相邻两条磁道上,磁头相对于磁道的速度(称为线速度)是不同的。采用同心环磁道的好

(a) 磁盘的磁道　　　(b) CD 的光道

图 15-4　CD 光道结构

处是控制简单,便于随机存取,但由于内外磁道的记录密度(位/英寸)不相同,外磁道的记录密度低,内磁道的记录密度高,外磁道的存储空间就没有得到充分利用,因而存储器没有达到应有的存储容量。

在光盘的内外区,CD 转动的角速度是不同的,而它的线速度是恒定的,就是光盘的光学读出头相对于盘片运动的线速度是恒定的,通常用 CLV(constant linear velocity)表示。由于采用了恒定线速度,所以内外光道的记录密度(位数/英寸)可以做到一样,这样盘片就得到充分利用,可以达到它应有的数据存储容量,但随机存储特性变得较差,控制也比较复杂。

在光盘存储器工业中,从 CAV 到 CLV 整整花了 30 多年的时间才得以实现。

15.1.4　数据怎样写入到光盘

1. 记录 1 和 0 的原理

磁盘对大多数用户来说并不生疏,它的记录原理称为磁记录,它利用磁铁的两个极性(南极和北极)来记忆 1 和 0。光盘的记录原理不能一概而论,因为光盘这个名称已经很笼统了,

磁光盘（Magneto Optical Disc，MOD）和相变光盘（Phase Change Disc，PCD）也被许多人简称为光盘，前者是利用磁的记忆特性，借助激光来写入和读出数据，后者则利用一种特殊的材料，这种材料在激光加热前和加热后，它们的反射率不同，利用反射率不同来记忆 1 和 0，这才是名副其实的光盘。

激光唱盘既不同于磁光盘的记录原理，也不同于相变光盘的记录原理，而是利用在盘上压制凹坑的机械办法，利用凹坑的边缘来记录 1，而凹坑和非凹坑的平坦部分记录 0，使用激光来读出 1 和 0。

2. 用激光刻录 1 和 0

用户使用磁盘驱动器时，既可以把数据写入到盘上，又可以从盘上读出数据；磁光盘和相变光盘也同样有写入和读出两个功能，而且可以在同一台磁盘驱动器上完成。可是使用 CD 只读光盘时，用户只能读 CD 上的数据而不能把数据写到 CD 上。

CD 上的数据是用压模（stamper）冲压而成的，而压模是用原版盘（master disc）制成的。图 15-5 是制作原版盘的示意图。在制作原版盘时，用编码后的二进制数据去调制聚焦激光束，如果写入的数据为 0，就不让激光束通过，写入 1 时，就让激光束通过，或者相反。在制作原版盘的玻璃盘上涂有感光胶，曝光的地方经化学处理后就形成凹坑，没有曝光的地方保持原样，二进制信息就以这样的形式刻录在原版盘上。在经过化学处理后的玻璃盘表面上镀一层金属，用这种盘去制作母盘（mother disc），然后用母盘制作压模，再用压模去大批量复制。成千上万的 CD 就是用压模压出来的，所以价格才这样便宜（版权费除外）。

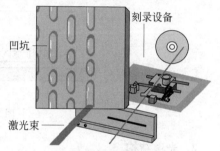

图 15-5　原版盘制作示意图
（引自 Encarta Premium DVD 2006）

15.1.5　数据怎样从光盘读出

CD 上的数据要用 CD 驱动器来读出。CD 驱动器由光学读出头及其驱动机构、CD 驱动机构、控制线路以及处理光学读出头读出信号的电子线路等组成。

光学读出头是 CD 系统的核心部件之一，它由光电检测器、透镜、激光束分离器、激光器等元件组成，它的结构如图 15-6 所示。激光器发出的激光经过几个透镜聚焦后到达光盘，从光盘上反射回来的激光束沿原来的光路返回，到达激光束分离器后反射到光电检测器，由光电检测器把光信号变成电信号，再经过电子线路处理还原成原来的 0 和 1。

图 15-7 是 CD 光盘的读出原理图。光盘上压制了许多凹坑，激光束在凹坑部分反射的光强度，要比从非凹坑部分反射的光强度弱，光盘就是利用这个极其简单的原理来区分 1 和 0。凹坑的边缘代表 1，凹坑和非凹坑的平坦部分代表 0，凹坑的长度和非凹坑的长度都代表 0 的数目。

从图中可以看到，CD 存储器在工作时，光学读出头与盘之间是不接触的，因此不必担心头和盘之间的磨损问题。

这里需要强调的是，凹坑和非凹坑本身不代表 1 和 0，而是凹坑端部的前沿和后沿代表 1，凹坑和非凹坑的长度代表 0 的个数。利用这种方法比直接用凹坑和非凹坑代表 0 和 1 更有效。这种技术可用图 15-7 作进一步的说明。图中 4 个凹坑和非凹坑代表了 31 个通道位,充分地利用了光盘的表面积,使得存储容量大大提高。此外,采用这种技术也很容易从读出信号中提取有用的同步脉冲信号。

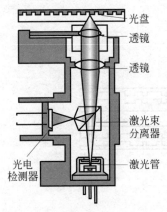

图 15-6　光学读出头的基本结构

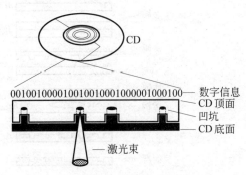

图 15-7　CD 的读出原理

15.1.6　CD 的批量生产

激光唱盘、激光视盘和 CD-ROM 的制作过程都相同,大致分成三个阶段。

1. 原版盘预制作

原版盘预制作(premastering)也称母盘预制作。对激光唱盘,把制作好的音乐节目转换成 CD-DA 格式,对激光视盘,把影视节目转换成 VCD 记录格式,这个过程称为预处理。CD-DA 格式在红皮书中有详细说明,VCD 格式在 Video CD 2.0 标准(白皮书)中有详细说明,这项工作通常由软件来完成,这种软件称为转换软件,或称为编码器。

2. 原版盘制作

原版盘制作(mastering)也称母盘制作,原版盘制作包括如下过程:

(1) 把符合 CD-DA 或 VCD 标准格式的数据,经过 EFM 编码器变成串行数据流,也就是把一个 8 位的数据变成 14 位的数据,再附加 3 位用来改善读/写信号的质量,于是 8 位并行数据就转换成物理通道上的 17 位串行数据。

(2) 把一片涂有光敏电阻的玻璃盘放在旋转平台上进行光刻。如图 15-8 所示,激光源发出的激光束通过激光调制器时受到串行数据的控制,如数据 0 就不让激光束通过,光敏电阻就不曝光;数据 1 就让激光束通过,光敏电阻就曝光,这样在玻璃盘上就形成长短不同的曝光区和非曝光区。

(3) 对光刻的玻璃盘进行化学处理。盘上曝了光的区域被腐蚀后形成凹坑,没有曝光的区域就被保留下来,0 和 1 信号就以凹坑和非凹坑的形式记录在螺旋形光道上。

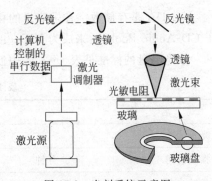

图 15-8　光刻系统示意图

(4) 对经过化学处理的玻璃盘进行化学电镀生成金属原版盘,称为父盘(father disc),通过父盘再制作母盘(mother disc)，然后由母盘制作子盘(son disc)，子盘就是压模(stamper)。原版盘制作的整个过程如图 15-9 所示。

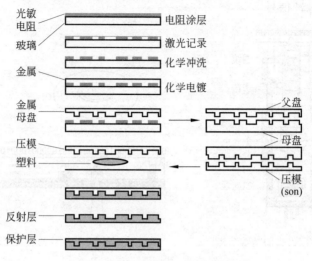

图 15-9　原版盘的制作过程

3. 大批量复制

CD 的盘基是用聚碳酸酯塑料做的，因此大多数大批量复制设备是用塑料注射成型机。聚碳酸酯加热之后注入盘模，压模就把它上面的数据压制到正在冷却的塑料盘上，然后在盘上溅射一层铝，用于读出数据时反射激光束，最后涂一层保护漆和印制标牌。

15.2　激光唱盘(CD-DA)

CD-DA(Compact Disc Digital Audio)俗称激光唱盘。CD-DA 是 1981 年最早开发的光盘标准，是用光盘存储数字信号的里程碑。CD-DA 包含激光唱盘标准和在盘上存储音乐的物理格式。本节介绍激光唱盘标准，物理格式将在第 16 章介绍。

15.2.1　激光唱盘的标准

CD-DA 是存储数字音乐节目的标准，定义在 1982 年发布的红皮书(Red Book)中，它源于 CD-Audio Book，后来成为 IEC 908 标准，这是所有其他 CD 产品标准的基础。

激光唱盘的标准见表 15-2，表中涉及许多技术，这些技术将分散在后续章节中介绍。

表 15-2　激光唱盘标准摘要

名　　称	技　术　指　标
光盘	
播放时间	74 分钟
旋转方向	顺时针(从读出表面看)
旋转速度	1.2～1.4m/s(恒定线速度)

名　　称	技　术　指　标
光道间距	1.6μm
盘片直径	120mm
盘片厚度	1.2mm
中心孔直径	15mm
记录区	46～117mm
数据信号区	50～116mm
材料	折射率为1.55的材料
最小凹坑长度	0.833μm（1.2m/s）～0.972μm（1.4m/s）
最大凹坑长度	3.05μm（1.2m/s）～3.56μm（1.4m/s）
凹坑深度	～0.11μm
凹坑宽度	～0.5μm
光学系统	
激光波长	780nm（7800Å）
聚焦深度	±2μm
信号格式	
通道数	2个
量化	16位线性量化
采样速率	44.1kHz
通道位速率	4.3218Mb/s
数据位速率	1.9409Mb/s
数据∶通道位	8∶17
错误校正码	CIRC
调制方式	EFM

1. 采用频率和样本

普通人耳朵能听到的声音信号的频率范围为 20～20 000Hz。为了避免频率高于 20 000Hz 的信号干扰采样，在进行采样之前，需要对输入的声音信号进行滤波。考虑到滤波器在 20 000Hz 的地方大约有 10％的衰减，所以用 22 000Hz 的 2 倍作为声音信号的采样速率。但考虑到要与电视信号场扫描频率同步，以避免相互干扰，PAL 电视的场扫描为 50Hz，NTSC 电视的场扫描为 60Hz，所以取 50 和 60 的整数倍，选用 44 100Hz 作为激光唱盘声音的采样标准。

激光唱盘音乐信号的样本位数为 16。样本位数的大小表示信号的动态范围。一位（bit）的动态范围约为 $20\log_{10}2\cong6.02$dB，所以 16 位的样本能够表达的动态范围就大于 96dB。

模拟声音转换成数字之后，需要占据巨大的存储空间。在激光唱盘上 1 秒钟的声音需要占据的存储空间为：

$$1 秒 \times 44\ 100\ 样本/秒 \times 2\ 字节/样本 \times 2(左右两个通道) = 176.4\ 千字节$$

2. 声道数没有限制

长期以来,立体声似乎就是两个声道(轨),这是由于早期存储声音的媒体是接触式的唱片,唱片上的 V 形刻槽只能记录最多两个声道的模拟信号,这就使得后来的录音机、调频广播、录像机、甚至连数字激光唱盘都采用两个声道的规格。

其实,多声道的设备早已开发和采用,现在的许多剧院一直都采用 4 个以上的声音通道。随着科学技术的发展,声音转换成数字信号之后,计算机很容易处理,如压缩、偏移(pan)、环绕音响效果(surround sound)等,更多的声道和更逼真的音响效果已经出现。例如,MPEG-2数字影视标准和杜比数字(Dolby Digital)都采用 5+1 个声音通道,即左、中、右 3 个主声道,左后、右后两个环场声道和一个次低音声道。

光盘只记录 0 和 1,各声道的声音靠播放器区分,对声道数目没有限制。

15.2.2 数据的通道编码

声音转换成用 1 和 0 表示的数字信号之后,并不是直接把它们记录到盘上。物理盘上记录的数据和真正的声音数据之间需要做变换处理,这种处理统称为通道编码。通道编码不只是光盘需要,凡是在物理线路上传输的数字信号都需要进行通道编码。

激光唱盘使用的通道编码叫作 8 到 14 位调制编码(Eight to Fourteen Modulation,EFM),就是把一个 8 位(1 个字节)的数据用 14 位表示。这里有两个问题要回答,一是为什么要做通道编码,二是为什么把 8 位转换成 14 位。

1. 为什么要做通道编码

采用通道编码的目的主要有两个,一是为了改善读出信号的质量,使得读出信号的频带变窄,另一个是为了在记录信号中提取同步信号。例如,有连续多个字节的全 0 信号或全 1 信号要记录到盘上,如果不做通道编码就把它们记录到盘上,读出时的输出信号就是一条直线,电子线路就很难区分有多少个 0 或多少个 1。对于没有规律的数字信号,读出时的信号幅度和频率的变化范围都很大,电子线路就很难把 0 和 1 区分开,读出的信息就很不可靠。因此通俗说来,通道编码实际上就是要在连续的 0 之间插入若干个 1,而在连续的 1 之间插入若干个 0,并对 0 和 1 的连续长度数目即"行程长度"加以限制。

2. 为什么要把 8 位数转换成 14 位数

理论分析和实验证明,根据 20 世纪 70 年代的技术水平,把 0 的行程长度最短限制在 2个,而最长限制在 10 个,光盘上的信号就能够可靠读出。这条规则的意思是,2 个 1 之间至少要有 2 个 0 最多不超过 10 个 0。我们知道,8 位数据有 256 种代码,14 位通道位有 16 384 种代码。通过计算机的计算,在这 16 384 种代码中有 267 种代码能够满足 0 行程长度的要求。在这 267 种代码中,有 10 种代码在合并通道代码时限制行程长度仍有困难,再去掉一个代码,这样就得到了与 8 位数相对应的 256 种通道码。

此外,当通道码合并时,为了满足行程长度的要求,在通道码之间再增加了 3 位来确保读出信号的可靠性,于是在激光唱盘中,8 位的数据就转换成了 17 位的通道代码。在 DVD 光盘技术中,把 3 位合并位改成 2 位,并把它们直接插入到重新设计的码表中,这样一个字节的数据就转换成 16 位的通道位,这也就提高了 DVD 的存储容量。

激光唱盘上的声音数据编码过程如图 15-10 所示。

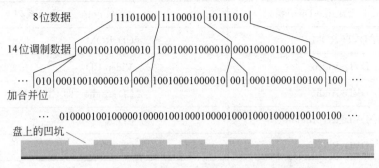

图 15-10　激光唱盘上声音数据编码的过程

15.3　数字电视光盘(DVD)

15.3.1　DVD 是什么

DVD 原名是 Digital Video Disc 的缩写,意思是"数字电视光盘(系统)",这是为了与 Video CD 相区别。实际上 DVD 的应用不仅是用来存放电视节目,它同样可以用来存储其他类型的数据,因此又把 Digital VideoDisc 更改为 Digital Versatile Disc,缩写仍为 DVD,Versatile 的意思是多才多艺。现在,当人们谈到 DVD 时,通常是指 Digital Video Disc。

MPEG-1 的电视质量是家用录像机的质量,MPEG-1 技术的成熟促成了 VCD 的诞生、产业的形成和市场的成熟;MPEG-2 影视是广播级的质量,由于它的数据量要比 MPEG-1 的数据量大得多,而 CD-ROM 的容量尽管有近 700 多兆字节,但也满足不了存放 MPEG-2 影视节目的要求,这就促成了 DVD 的问世。

在 1995 年,由 Sony 和 Philips Electronics DV 公司领导的国际财团与由 Toshiba 和 Time Warner Entertainment 公司领导的国际财团,分别提出了不兼容的两种高密度 CD(High Density Compact Disc,HDCD)规格。同年 10 月,两大财团终于同意盘片的设计采用 Toshiba 和 Time Warner 公司的方案,而在盘上存储数据编码的格式采用 Sony/Philips 公司的方案。最终的单面单层 DVD 的数据容量为 4.7GB,单面双层 DVD 的数据容量为 8.5GB;单面单层盘存储 133 分钟的 MPEG-2 影视,其分辨率与普通电视相同,并配备 Dolby AC-3/MPEG-2 Audio 质量的声音和不同语言的字幕。

DVD 的特点是存储容量比现在的 CD 大得多,最高可达到 17GB。一片 DVD 的容量相当于 25 片 CD-ROM(650MB)的容量,尺寸与 CD 相同。DVD 所包含的软硬件要遵照由计算机、消费电子和娱乐公司联合制定的规格,目的是开发出存储容量大和性能高的兼容产品,用于存储数字影视和多媒体软件。

15.3.2　DVD 产品系列

当人们提到 DVD 时,首先想到的是播放影视节目的 DVD-Video。其实与 CD 一样,除了 DVD-Video 之外还有 4 个成员,它们的标准文件用 Book 标识,见表 15-3。

表 15-3 DVD 和 CD 系列

DVD(Digital Versatile Disc)系列	CD(Compact Disc)系列
Book A：DVD-ROM	CD-ROM
Book B：DVD-Video	Video CD
Book C：DVD-Audio	CD-Audio（即 CD-DA）
Book D：DVD-Recordable	CD-R
Book E：DVD-RAM	CD-MO

Toshiba/Time Warner 公司定义的 DVD 规格是 SD(Super Density Digital Video Disc)，而 Sony/Philips 公司定义的 DVD 规格是 MMCD(Multimedia CD)，这两种高密度盘规格的统一是扩充光盘存储容量的一个里程碑。在理论上来说，DVD 的存储容量见表 15-4。

表 15-4 部分 DVD 的存储容量

盘 的 类 型	存储容量(GB)	名　称	MPEG-2 电视播放时间（分钟）
单面单层（只读）	4.7	DVD-5	133
单面双层（只读）	8.5	DVD-9	240
单层双面（只读）	9.4	DVD-10	266
双层双面（只读）	17	DVD-18	
单层双面（DVD-RAM）	5.2		147

DVD-Video 的规格见表 15-5。DVD 上的影视采用 MPEG-2 标准。NTSC 的声音采用 Dolby Digital(原名 Dolby AC-3)，MPEG-2 Audio 作为选用；PAL 和 SECAM 的声音采用 MPEG-2 Audio，Dolby Digital 作为选用。

表 15-5 DVD 上的电视规格

技 术 内 容	技 术 规 格
数据传输率	可变速率，平均速率为 4.69Mb/s(最大速率为 10.7Mb/s)
图像压缩标准	MPEG-2 标准
声音标准	NTSC：Dolby Digital 或 LPCM，可选用 MPEG-2 Audio PAL：MPEG MUSICAM* 5.1 或 LPCM，可选用 Dolby AC-3
通道数	多达 8 个声音通道和 32 个字幕通道

* MUSICAM (Masking pattern adapted Universal Subband Integrated Coding and Multiplexing)。

15.3.3 DVD 的存储容量是怎样提高的

一片 DVD 盘能够存储多达 17GB 的数据，采用的技术归纳在表 15-6。

表 15-6　DVD 技术摘要

名　　称	DVD	CD	容 量 增 益
盘片直径	120mm	120mm	
盘片厚度	0.6mm／面	1.2mm／面	
减小激光波长	635/650nm	780nm	
加大 N.A.(数值孔径)	0.6	0.45	$4.486 = (1.6 \times 0.83)/(0.74 \times 0.40)$
减小光道间距	0.74μm	1.6μm	
减小最小凹凸坑长度	0.4μm	0.83μm	
减小纠错码的长度	RSPC	CIRC	
修改信号调制方式	8—16	8—14 加 3	$1.0625 = 17/16$
加大盘片表面的利用率	86.6cm^2	86cm^2	$1.019 = 86.6/86$
减小每个扇区字节数	2048/2060 字节/扇区	2048/2352 字节/扇区	$1.142 = 2352/2060$

1. 提高光学读出头的分辨率

在 DVD 系统中,使用了波长较短的激光和数值孔径较大的光学读出头,使单片光盘的容量得到大幅度的提高。

在光记录系统中,光学读出头的分辨率与光波的波长成正比,与数值孔径(Numerical Aperture,NA)成反比,即可分辨的最小尺寸与 $\lambda/2NA$ 成比例。数值孔径(NA)是一个无量纲的数值,用于表示光学系统接收或发射光的角度范围,如图 15-11 所示。

在常规的 CD 光盘系统中,采用波长为 780nm 的红外激光,光学读出头的数值孔径(NA)为 0.45;在 DVD 光盘系统中,采用了波长为 650nm 的激光,为提高接收盘片反射光的能力,把光学读出头的数值孔径(NA)扩大到 0.6 以上,这样可产生直径比较小的聚焦激光束,把光道间距和凹凸坑的长度和宽度做得更小。

由于采用了波长较短的激光和数值孔径(NA)较大的光学读出头,总的容量可提高到 4.486 倍。从外观和尺寸上看,DVD 与 CD 没有什么差别,直径均为

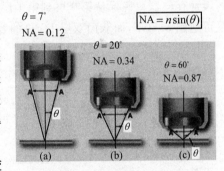

$$NA = n\sin(\theta)$$

$\theta = 7°$　NA= 0.12
$\theta = 20°$　NA=0.34
$\theta = 60°$　NA=0.87

(a)　(b)　(c)

图 15-11　数值孔径的概念

120mm(4.75 英寸),厚度为 1.2mm;DVD 播放机也能播放 CD 唱盘上的音乐和 VCD 节目。不同的是 DVD 光道之间的间距由原来的 1.6μm 缩小到 0.74μm,而记录数据的最小凹凸坑长度由原来的 0.83μm 缩小到 0.4μm,这是 DVD 的存储容量可提高到 4.7GB 的主要原因。CD 光盘和 DVD 光盘之间的差别如图 15-12 所示。

2. 加大光盘的记录区域

加大光盘的数据记录区域是提高记录容量的有效措施。DVD 的记录区域从 CD 的 86cm^2 提高到 86.6cm^2,如图 15-13 所示,这样记录容量也就提高了 1.9%。

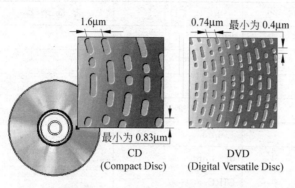

图 15-12 DVD 和 CD 之间的差别

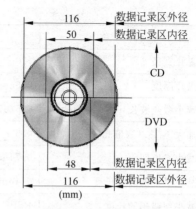

图 15-13 增加记录面积

3. 使用双面和多层记录

提高 DVD 存储容量的另一个重要措施是使用盘片的两个面来记录数据,以及在一个面上制作好几个记录层,这无疑会大大增加 DVD 的容量。在 IBM 工作的科学家于 1994 年就声称他们能够制作 10 层的盘片。

常规的 CD 只使用一个面,并且只用一层来记录数据,它的结构如图 15-14 所示。为了提高存储容量,出现了另一种规格的 DVD,称为单面双层光盘,它的结构如图 15-15 所示。单面双层盘的表层叫作第 0 层,最里层叫作第 1 层。第 0 层采用了一种半透明的薄膜涂层,可让激光束透过表层到达第 1 层。开始工作时,激光束首先在第 1 层上聚焦和光道定位。当从第 0 层上读出数据过渡到从第 1 层上读出数据时,激光读出头的激光束立即重新聚焦,电子线路中的缓冲存储器可确保从第 0 层到第 1 层的平稳过渡,而不会使数据中断。单面双层 DVD 的容量可达到 8.5GB,而双面双层 DVD 的容量可达到 17GB。

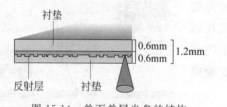

图 15-14 单面单层光盘的结构

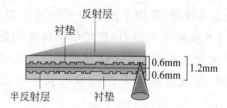

图 15-15 单面双层光盘的结构

4. 改进调制和纠错方法

DVD 信号的调制方式和错误校正方法也做了相应的修正以适应高密度的需要。CD 存储器采用 8－14(EFM)加 3 位合并位的调制方式,DVD 则采用效率比较高的 8－16＋(EFM PLUS)的调制方式,这是为了能够和 CD 兼容,也是为了和将来的可重写光盘兼容。采用改进的调制方法可减少盘上的冗余位,由 17 位变成 16 位,增加了用户的存储空间。

CD 采用错误检测码(Error Detection Code,EDC)和纠错码(Error Correction Code, ECC)。CD 存储器采用的错误校正系统是交叉交插的里德-索洛蒙码(Cross-Interleaved Read solomon Code,CIRC),DVD 采用里德-索洛蒙乘积码(Reed Solomon Product－like Code, RSPC),它比 CIRC 更可靠,纠错码的数据传输率也可从 25％减小到 13％。

15.4 高清 DVD 与蓝光盘(BD)

15.4.1 HD DVD 与蓝光盘(BD)是什么

高清 DVD 即 HD DVD。HD-DVD(High Definition/Density Digital Versatile/Video Disc)是由 Toshiba、Hitachi 和 NEC 等公司在 2003 年 11 月联合发布的大容量光盘存储器标准。蓝光盘(Blu-ray Disc,BD)[①]是由 Sony、Philips 和 Panasonic 等公司在 2002 年 2 月联合发布的大容量光盘存储器标准。

比较而言,BD 技术更先进,但不能使用现有的 DVD 设备来生产 BD 产品,生产线的成本比较高。HD DVD 技术可在现有 DVD 设备基础上加以改进,因此成本比较低。虽然这两种光盘存储器在标准和制造方面有很大差别,但它们都使用波长为 405nm 的蓝激光(blue-violet laser)读写光盘,如图 15-16 所示。

许多厂商和用户都期待这两种相互竞争的标准能够统一。在 2005 年 8 月协商未果的情况下,两大阵营的厂商在 2006 年开始相继开发和生产了大量的产品推向市场。直到 2008 年 2 月 19 日,旷日持久的格式战终于结束,Toshiba(东芝)宣布不再生产 HD DVD 播放器和驱动器,HD DVD 推广小组也于同年 3 月解散。虽然东芝公司已经放弃 HD DVD,但它的物理光盘规范(不是编解码器)仍然作为"中国蓝光高清光盘(China Blue High-definition Disc,CBHD)"的基础。

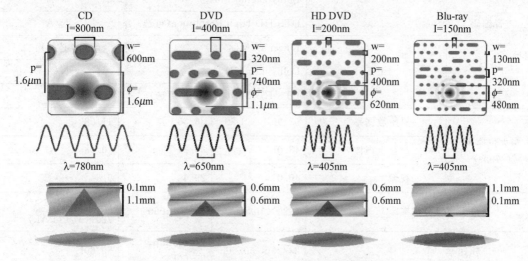

图 15-16　CD、DVD、HD DVD 和 BD 盘的主要异同点

(引自 https://en.wikipedia.org/wiki/Blu-ray)

15.4.2 HD DVD 与蓝光盘(BD)技术规范

1. 光盘性能

从性能上方面,HD DVD 和 BD 的共同点多于不同点,见表 15-7。除光盘容量有较大差

[①]　BD(Blu-ray Disc)源于 blue-violet laser Disc,因流行于欧美的 blue-ray disc 是普通术语,申请商标比较困难,因此去掉了 blue 中的"e"。

别外，其他性能大同小异，如它们都用波长为 405mm 的蓝紫色激光读写数据。

表 15-7　BD 与 HD DVD 的性能比较（参考数据）

名　称		Blu-ray Disc	HD DVD	DVD
激光波长（nm）		405（蓝紫）		650（红）
数值孔径（NA）		0.85	0.65	0.6
存储容量（单面）	单层	25GB	15GB	4.7GB
	双层	50GB	30GB	8.5GB
播放时间（小时）	MPEG-2（5Mbps）	22.2/11.1	13.3/6.6	3.8/1.9
	AVC 或 VC-1（13Mbps）	8.5/4.2	5.1/2.6	N/A
	MPEG-2（20Mbps）	5.6/2.8	3.3/1.7	N/A
视像编码		SMPTE VC-1/MPEG-4 AVC / MPEG-2		MPEG-1/MPEG-2
声音编码	有损	Dolby Digital（必须）		448kbps（必须）
		DTS（必须）		1.5Mbps（可选）
		Dolby Digital Plus		N/A
		DTS-HD High Resolution（可选）		N/A
	无损	Linear PCM（必须）		（必须）
		Dolby TrueHD		N/A
		DTS-HD Master Audio（可选）		N/A
最大位速率（Mbps）	原始数据率	53.95	36.55	11.08
	声音＋视像	48.0	30.24	10.08
	视像	40.0	29.4	9.8
最大视像分辨率		1920×1080	1920×1080	720×480（NTSC）720×576（PAL）
帧速率		24/25p，50/60i	24/25/30p，50/60i	50/60i
区域码		3 个区域	无	6 个区域

（1）存储影视：HD DVD 和 BD 都支持 MPEG-2、H.264/AVC 和 SMPTE VC-1（Video Codec-1）等多种影视标准，也都支持 HDTV 影视标准格式。

SMPTE VC-1 是影视工程师协会（SMPTE）在 2006 年提出的编解码标准，正式名称是 SMPTE 421M，用于压缩数字影视节目。该标准得到蓝光盘、HD DVD 和 Windows 的支持。VC-1 使用了 MPEG 视像标准采用的 DCT 变换技术和微软公司的 WMV9（Windows Media Video 9）编译器的规范，视像质量比 H.264 高，解码速度比 H.264 快。

（2）存储声音：HD DVD 和 BD 都支持多种声音编码格式，如 Dolby Digital、PCM 和

DTS。它们支持的部分声音格式和对播放器的要求见表 15-8 所示。其中：

① Dolby Digital(杜比数字)：详见 14.2.3 节。杜比数字是多声道环绕声编码系统,现已作为国际标准,可提供 6 个声音通道,称为 5.1 声道,即左、中、右、后左、后右 5 个主声道和 1 个低音加强声道,声音数据的位速率通常为 64～448kbps。

② DTS(Digital Dolby Theater Systems)：称为"数字影院声音系统",用于影剧院和部分 DVD-Audio 和 DVD-Video 中的 5.1 通道环绕声格式,与 Dolby Digital 类似。

③ linear PCM (linear pulse code modulation)：称为"线性脉冲编码调制"。没有经过压缩的 PCM 声音编码方法,声音的采样速率可以是 48kHz 或 96kHz,样本精度可以是 16、20 或 24 位,声道数可以是 1～8 个,最大数据位速率为 6.144Mbps。

表 15-8　蓝光(BD)和 HD DVD 支持的部分声音格式

编　　码　　器		Dolby Digital	Dolby Digital Plus	Dolby TrueHD	DTS
Blu-ray Disc	播放器支持	必须	可选	可选	可选
	最多通道数	5.1	7.1	8	5.1
	最大位速率	640kbps	1.7Mbps	18Mbps	1.5Mbps
HD DVD	播放器支持	必须	必须	必须	可选
	最多通道数	5.1	7.1	8	5.1
	最大位速率	504kbps	3Mbps	18Mbps	1.5Mbps
DVD	播放器支持	必须	—	—	可选
	最多通道数	5.1	—	—	5.1
	最大位速率	448kbps	—	—	1.5Mbps

2. 记录系统

光盘的记录系统主要由光盘和激光读写子系统、信号处理子系统和伺服子系统组成。HD DVD 和 BD 记录系统的共同点和差别见表 15-9 所示。有关纠错编码技术(ECC)的介绍请看第 17 章。需要解释的是数据调制方法,也就是通道编码,说明如下。

(1) 在 RLL (d,k) 中,d 表示两个 1 之间 0 的最小行程长度,k 表示两个 1 之间 0 的最大行程长度;(2)HD DVD 使用 8-12 调制(Eight To twelve Modulation,ETM),也就是将每个 8 位数据转换为 12 位,并满足 RLL(1，10)的规则;(3)BD 使用称为"17PP"的调制方法,其全称为"(1，7) RLL parity preserve (PP)-prohibit repeated minimum transition run length (RMTR)",PP 表示调制位与原始数据位有相同的奇偶性(1 的数目是奇数或偶数)。

表 15-9　只读 BD 与 HD DVD 光盘规范摘要

特　　　性	Blu-ray Disc	HD DVD	DVD
光记录系统规格			
激光波长(nm)	405(蓝紫)	405(蓝紫)	650/635(红)
数值孔径(NA)	0.85	0.65	0.6
激光点直径(μm)	0.48	0.62	1.1

特　　性	Blu-ray Disc	HD DVD	DVD
最小凹坑长度(μm)	0.160(23.3/46.6GB) 0.149(25.0/50.0GB) 0.138(27.0/54.0GB)	0.204(15/30GB)	0.4
光道间距(μm)	0.32	0.40	0.74
保护层厚度(mm)	0.1	0.6	0.6
光盘直径(mm)	120	120	120
光盘厚度(mm)	1.2	1.2	1.2
1x 线速度(m/s)	4.9~4.5	5.6~6.1	3.49
1x 角速度(RPM)	1957~810	2620~1089	1400~580
读功率(mW)	0.35	0.5	0.7
制造过程	新设备	改进 DVD 设备	DVD 设备
数据处理			
调制方法	17PP(RLL(1,7))	ETM(RLL(1,10))	EFM Plus(RLL(2,10))
信道脉冲频率	26.2MHz	64.8MHz	66MHz
扇区容量	2KB	2KB	2KB
ECC 数据块	32 扇区	32 扇区	16 扇区
ECC*	LDC= RS(248,216,33)+ BIS=RS(62,30,33)	RSPC RS(208,192,17) RS(182,172,11)	RSPC RS(208,192,17) RS(182,172,11)

　　* ECC(Error-Correction Code):纠错码;LDC(Long Distance Code):长距离码;BIS(Burst Indicator Subcode):突发指示子码;RSPC(Reed-Soloman Product Code):里德-索洛蒙乘积码。

练习与思考题

15.1　只读光盘是如何记录 0 和 1 的?

15.2　CD-DA 的音乐信号的采样速率为什么选择 44.1kHz?

15.3　激光唱盘音乐信号的样本位数是 16,它的信噪比是多少? 如果样本位数提高到 20,它的信噪比是多少?

15.4　为什么物理线路上传输的数字信号都需要采用通道编码?

15.5　CD 中的 EFM 是什么意思?

15.6　激光唱盘播放机的声音数据传输率是多少?

15.7　从 CD 过渡到 DVD,科学家和工程技术人员采取了哪些主要技术?

15.8　HD DVD 和 BD 盘容量能够达到数十 GB 的关键技术是什么?

参考文献和站点

[1] David R. Guenette. How High Density Can CD Get? CD-ROM Professional，May 1996，pp82～88.

[2] Sony DVD. http：//www. dtvgroup. com/DigVideo/DVD/SonyDVD/feat. html，1996.

[3] Optical disc，Compact disc，HD DVD，Blu-Ray. https：//en. wikipedia. org/.

第 16 章　光盘存储格式

光盘包括只读光盘、写一次光盘和重写光盘。光盘存储格式包含逻辑格式和物理格式。逻辑格式实际上是文件格式的同义词,它规定如何把文件组织到光盘上以及指定文件在光盘上的物理位置,包括文件的目录结构、文件大小以及所需盘片数目等事项。物理格式则规定数据如何放在光盘上,这些数据包括物理扇区的地址、数据的类型、数据块的大小、错误检测和校正码等。本章主要介绍 CD 系列存储格式,DVD、HD DVD 和 Blu-ray Disc 系列的存储格式是在 CD 基础上开发的,不仅有相同的含义,而且存储格式也类似。

16.1　CD 标准系列

CD 是一个系列产品,包括 CD-DA、CD-ROM、CD-ROM/XA、CD-I 和 VCD 等光盘。CD系列的格式详细记载在包括红皮书、黄皮书、ISO 9660、绿皮书、橙皮书和白皮书等标准文件中,如图 16-1 所示。CD 的标准文件是用彩色封面包装的,所以又称为彩书标准。理解 CD 格式对于设计和使用光盘产品都有很大帮助。

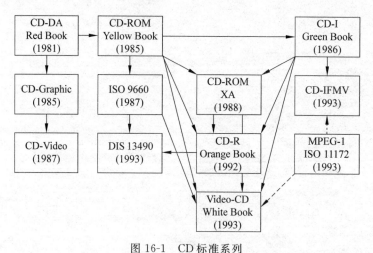

图 16-1　CD 标准系列

16.2　激光唱盘标准——红皮书

红皮书(Red Book)是 Philips 和 Sony 公司为 CD-DA(Compact Disc Digital Audio)[1]定义的标准,也就是人们常说的激光唱盘标准。如前所述,这个标准是整个 CD 工业最基本的标准,所有其他的 CD 标准都是在这个标准的基础上制定的。

16.2.1 CD 上的音乐节目是如何组织的

激光唱盘上有多首歌曲,一首歌曲安排在一条光道上。一条光道由许多节(section)组成,一节由 98 帧(frame)组成。帧是激光唱盘上存放声音数据的基本单元,其结构如图 16-2 所示。

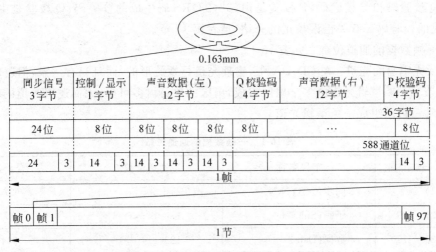

图 16-2　激光唱盘声音数据的基本结构

(1) 同步(SYNC):每帧的开头都有 24 位同步位。这 24 位同步位不经 EFM 调制,本身就是通道码。具体的码字是"100000000001000000000010",任何数据经 EFM 调制后都不会出现与同步码字相同的码。

(2) 子码(Subcode):每帧都有这样的字节。在 CD-DA 中,该字节被称为"子码/控制和显示(subcode/control and display)"字节;在 CD-ROM 中,该字节被称为控制字节(Control Byte)。这个字节的内容主要提供盘地址信息。

(3) 声音数据(Audio Data):在 CD-DA 中,立体声有两个通道,每次采样有 2 个 16 位的样本,左右通道的每个 16 位数据分别组成 2 个 8 位字节,6 次采样共 24 字节组成一帧,98 帧组成一个扇区(sector)。因此,光道上的 1 个扇区有 3234 字节,即:

2352 个声音数据+2×392 个 EDC/ECC 字节+98 个控制字节=3234 字节

扇区的结构如下:

3234 字节			
用户数据 2352=98×(2×12)字节	第二层 EDC/ECC 392 字节	第一层 EDC/ECC 392 字节	控制字节 98 字节

前面已经介绍,激光唱盘上声音数据的采样频率为 44.1kHz,每次对左右声音通道各取一个 16 位的样本,因此 1 秒钟的声音数据率就为:

$$44.1×1000×2×(16÷8)=176\ 400\ 字节/秒$$

由于 1 帧存放 24 字节的声音数据,所以 1 秒钟所需要的帧数为:

$$176\ 400÷24=7350\ 帧/秒$$

98 帧构成 1 节,也可以说成 1 个扇区,所以 1 秒钟所需要的扇区数为:

$$7350 \div 98 = 75 \text{ 扇区/秒}$$

记住这些最基本的参数,对理解整个 CD 和 DVD 系列的数据结构是非常有帮助的。

(4) P、Q 错误校验码:由于 CD-DA 盘的原始误码率较高(约 10^{-4}),需要采用纠错能力很强的交叉交插里德-索洛蒙码(CIRC)。因此,每帧有 2×4 字节的错误校正码放在中间和末端,称为 Q 校验码和 P 校验码,P 校验是由(32,28)RS 码生成的校验码;Q 校验是由(28,24)RS 码生成的校验码。有关错误校正的介绍,请看第 17 章。

(5) 一帧数据的通道位数:见表 16-1。

(6) 激光唱盘的光道:在 CD-DA 中,物理光道是螺旋形的,而且只有一条,但逻辑光道则可以有多条。一条逻辑光道由多个扇区组成,扇区的数目可多可少,因而逻辑光道的长度可长可短。通常一首歌组成一条逻辑光道。

表 16-1 一帧数据的通道位数

编 号	字段名称	通道位数	合 计
(1)	同步位(SYNC)	24+3	27
(2)	子码(Subcode)	1×(14+3)	17
(3)	数据(Data)	12×(14+3)	204
(4)	Q 校验码	4×(14+3)	68
(5)	数据(Data)	12×(14+3)	204
(6)	P 校验码	4×(14+3)	68
合 计			588

16.2.2 CD-DA 的通道:P-W

CD-DA 中定义了一个控制字节(Control Byte)或称子码(Subcode)。如前所述,一帧有一个 8 位的控制字节,98 帧组成 8 个子通道,分别命名为 P、Q、R、S、T、U、V 和 W 子通道。一条光道上所有扇区的子通道组成 CD-DA 的 P、Q、…、W 通道。98 个控制字节(98×8 位)组成 8 个子通道的结构如下:

8 位							
P 子通道 (b8)	Q 子通道 (b7)	R 子通道 (b6)	S 子通道 (b5)	T 子通道 (b4)	U 子通道 (b3)	V 子通道 (b2)	W 子通道 (b1)

98 字节的 b8 组成 P 子通道,98 字节的 b7 组成 Q 子通道,依此类推。通道 P 含有一个标志,它用来告诉 CD 播放机,光道上的声音数据从什么地方开始;通道 Q 包含有运行时间信息,CD 播放机使用这个通道中的时间信息来显示播放音乐节目的时间。Q 通道的 98 位的数据排列成如下所示的形式:

98 位				
2 位	4 位	4 位	72 位	16 位

在 98 位中：

- 2 位：控制字节的部分同步位。
- 4 位：控制标志,定义这条光道上的数据类型。
- 4 位：说明后面 72 位数据的标志。
- 72 位：Q 通道的数据。在盘的导入区(Lead In),含有盘的内容表 TOC(Table Of Contents);在其余的盘区,含有当前的播放时间。
- 16 位：CRC (Cyclic Redundancy Code)用于错误检测,CRC 没有错误校正功能。

16.2.3　CD-G 是什么

Red Book 不仅定义了如何把声音数据放到 CD 上,而且还定义了一种把静态图像数据放到 CD 上的方法。如果把图像数据放到通道 R～W,这种盘通常就称为 CD＋G(CD＋Graphics)盘,简称为 CD-G 盘。CD-G 节目在普通的 CD 播放机上播放时,音乐节目可以照常欣赏,仅仅是没有图像而已。如果使用能播放 CD-G 节目的 VCD 播放机,在播放 CD-G 时要和电视机连接才能同时有音乐和图像。

16.3　CD-ROM 标准——黄皮书

黄皮书(Yellow Book)是 Philips 和 Sony 公司为 CD-ROM 定义的标准[4],CD 工业从此进入了第二个阶段。Yellow Book 在 Red Book 的基础上增加了两种类型的光道,加上 Red Book 的 CD-DA 光道之后,CD-ROM 共有三种类型的光道：(1)CD-DA 光道：用于存储声音数据；(2)CD-ROM Mode 1：用于存储计算机数据；(3)CD-ROM Mode 2：用于存储声音数据、静态图像或电视图像数据。

Yellow Book 和 Red Book 的主要差别是,对 Red Book 中的 2352 个字节用户数据作了重新定义,解决了把 CD 用作计算机存储器中的两个问题,一个是计算机的寻址问题,另一个是误码率的问题。CD-ROM 标准使用了一部分用户数据当作错误校正码,也就是增加了一层错误检测和错误校正,使 CD 的误码率下降到 10^{-12} 以下。

16.3.1　CD-ROM Mode 1

CD-ROM Mode 1 把 Red Book 中的 2352 字节的用户数据重新定义为：

2352 字节					
同步字节 12 字节	扇区地址 4 字节	用户数据 2048 字节	EDC 4 字节	未用 8 字节	ECC 276 字节

在 2352 字节中：

- 同步字节：12 字节,用于同步。
- 扇区地址(Header)：4 字节,定义该扇区的地址。
- 用户数据：2048 字节,用于存放用户数据。
- EDC：4 字节,用于错误检测。如果检测结果无差错,就不执行这一层的错误校正。
- 未用：8 字节。

- ECC：276 字节，错误检测和校正码。

CD-ROM 的扇区地址与磁盘的扇区地址不同。磁盘的扇区地址是用 C-H-S（柱面号-磁头号-扇区号）地址系统来表示，而 CD-ROM 是用计时系统中的分、秒，以及特地为 CD-ROM 规定的分秒（1/75 秒）来表示。CD-ROM 用户数据区的地址结构如下：

4 字节的扇区地址称为 HEADER			
分（MIN）（1 字节） 0～74	秒（SEC）（1 字节） 0～59	分秒（FRAC）（1 字节） 0～74	方式（Mode）（1 字节） 01

16.3.2　CD-ROM Mode 2

CD-ROM Mode 2 把 Red Book 中的 2352 字节的用户数据重新定义为：

2352 字节		
同步字节 12 字节	扇区地址 4 字节	用户数据 2336 字节

CD-ROM Mode 2 与 CD-ROM Mode 1 相比，存储的用户数据多 14%，但由于没有错误检测和错误校正码，因此在这种方式中，用户数据的误码率比 Mode 1 中的误码率要高。在 Mode 2 的扇区地址中，方式（Mode）字节域中的值设置成 02。

16.3.3　混合方式

当 CD 既含有 CD-ROM 光道又含有 CD-DA 光道时，这种方式称为混合方式（Mixed Mode），使用这种方式的盘叫作混合方式盘（Mixed Mode Disc）。通常，这种盘的第一条光道是 CD-ROM Mode 1 光道，其余的光道是 CD-DA 光道。这种盘上的 CD-DA 光道可以在普通的 CD 播放机上播放。

16.4　CD-ROM/XA

CD-ROM/XA(CD-ROM Extended Architecture)是 Philips、Microsoft 和 Sony 公司发布的标准。CD-ROM/XA 标准是 Yellow Book 标准的扩充，这个标准定义了一种新型光道：CD-ROM/XA 光道。连同前述的 Red Book 标准和 Yellow Book 标准定义的光道，共有 4 种光道：(1)CD-DA：用于存储声音数据；(2)CD-ROM Mode 1：用于存储计算机数据；(3)CD-ROM Mode 2：用于存储压缩的声音数据、静态图像或电视数据；(4)CD-ROM Mode 2，XA 格式，用于存放计算机数据、压缩的声音数据、静态图像或电视图像数据。

CD-ROM/XA 在 Red book 和 Yellow Book 标准的基础上，对 CD-ROM Mode 2 作了扩充，定义了两种新的扇区方式：(1)CD-ROM Mode 2，XA Format，Form 1：用于存储计算机数据；(2)CD-ROM Mode 2，XA Format，Form 2：用于存储压缩的声音、静态图像或电视图像数据。有了这两种扇区，CD-ROM/XA 就允许把计算机数据、声音、静态图像或电视图像数据放在同一条光道上，计算机数据按 Form 1 的格式存放，而声音、静态图像或电视图像数据按 Form 2 的格式存放。

16.4.1　CD-ROM/XA Mode 2 Form 1

CD-ROM/XA Mode 2 Form 1 把 Red Book 中的 2352 个用户数据字节重新定义为：

CD-ROM/XA Mode 2 Form 1：2352 字节					
同步字节 12 字节	扇区地址 4 字节	Form 1 8 字节	用户数据 2048 字节	EDC 4 字节	ECC 276 字节

在 2352 字节中：
- 同步字节：12 字节。
- 扇区地址(Header)：4 字节，用于计算机寻找盘上的数据。
- 类型 1(Form 1, Sub-Header)：8 字节，用于指示 Form 1。
- 用户数据：2048 字节。
- EDC：4 字节，用于错误检测。
- ECC：276 字节，用于错误校正。

16.4.2　CD-ROM/XA Mode 2 Form 2

CD-ROM/XA Mode 2 Form 2 把 Red Book 中的 2352 个用户数据字节重新定义为：

CD-ROM/XA Mode 2 Form 2：2352 字节				
同步字节 12 字节	扇区地址 4 字节	Form 2 8 字节	用户数据 2324 字节	EDC 4 字节

在 2352 字节中：
- 同步字节：12 字节。
- 扇区地址(Header)：4 字节，用于计算机寻找盘上的数据。
- 数据类型 2(Form 2, Sub-Header)：8 字节，用于指示 Form 2。
- 用户数据：2324 字节。
- EDC 字节：4 字节。

16.4.3　CD-ROM/XA 中的声音

CD-ROM/XA 中的声音质量不是 CD-DA 的质量，放在 CD-ROM/XA Mode 2 Form 2 中的声音数据必须进行压缩，这样才能腾出空间来存放同步、扇区地址和数据类型信息。CD-ROM/XA 的声音采用 ADPCM(adaptive differential/delta pulse code modulation)算法进行压缩，它定义的声音有 Level B 和 Level C 两个等级。与 CD-DA 的声音相比，如果用一片存放 74 分钟的 CD 来存放 CD-ROM/XA 的声音，那么这两种声音最长的播放时间见表 16-2。

表 16-2　CD-ROM/XA 中的声音播放时间

声音等级	播放时间(小时)	样本大小(位)	采样速率(kHz)
CD-DA	1.25	16	44.1
Level B	5（立体声）/10（单道声）	4	37.8
Level C	10（立体声）/20（单道声）	4	18.9

16.5　CD-I 标准——绿皮书

16.5.1　CD-I 格式

绿皮书(Green Book)是 Philips 和 Sony 公司为 CD-I(Compact Disc Interactive)定义的标准,它的扇区格式和 CD-ROM/XA 的扇区格式相同,如下所示:

CD-I Mode 2 Form 1：2352 字节					
同步字节 12 字节	扇区地址 4 字节	Form 1 8 字节	用户数据 2048 字节	EDC 4 字节	ECC 276 字节

CD-I Mode 2 Form 2：2352 字节				
同步字节 12 字节	扇区地址 4 字节	Form 2 8 字节	用户数据 2324 字节	EDC 4 字节

Green Book 标准允许计算机数据、压缩的声音数据和图像数据交错放在同一条 CD-I 光道上。CD-I 光道没有在 TOC 中显示,目的是不要用激光唱盘播放机去播放 CD-I 盘。Green Book 标准规定使用专用的操作系统,称为光盘实时操作系统(Compact Disc-Real-Time Operating System,CD-RTOS)。CD-RTOS 是多任务实时响应的操作系统,支持各种算术和 I/O 协处理器,是设备独立且由中断驱动的系统,具有支持多级树形结构的文件目录等功能。

16.5.2　CD-I Ready

CD-I Ready 是混合声音和数据的格式。使用这种格式的盘既可以在标准的激光唱盘播放机上播放,又可以在 CD-I 播放机上播放。当 CD-I Ready 盘在 CD-I 播放机上播放时,这种特性就可以显示出来。

Red Book 标准允许把索引点(index points)放在光道上,这就允许用户跳转到光道上的指定点。激光唱盘通常只使用两个索引点:♯0 和♯1,前者用来标识一条光道的起点,后者用来标识声音在这条光道上的起点,这两个索引点在盘上第一条光道(第一首歌)的前面,它们之间通常有 2～3 秒的间隔。CD-I Ready 盘把这两个索引点之间的间隔增加到 182 秒,这样就可以存放诸如歌曲名、解说词、作者、演员等图文信息。普通的激光唱机播放 CD-I Ready 盘时不管这个地方的信息,而只播放音乐节目。用 CD-I 播放机播放 CD-I Ready 盘时,首先把这个间隔中的信息读到 CD-I 播放机的 RAM 中,并在电视机屏幕上显示,然后播放音乐。

16.5.3　CD-Bridge

CD-Bridge 规格定义了把附加信息加到 CD-ROM/XA 光道上的方法,目的是让使用这种格式的光盘既能在 CD-I 播放机上播放,又能在计算机上播放,而且还可以在 Kodak 公司的 Photo CD 播放机上播放。CD-Bridge 盘上的光道都采用 Mode 2 的扇区结构,不使用 Mode 1 的扇区结构。声音光道则要跟在数据光道的后面。

CD-Bridge 盘的扇区结构与 CD-ROM/XA 和 CD-I 的扇区结构一致,如下所示:

CD-Bridge Mode 2 Form 1：2352 字节					
同步字节 12 字节	扇区地址 4 字节	Form 1 8 字节	用户数据 2048 字节	EDC 4 字节	ECC 276 字节

CD-Bridge Mode 2 Form 2：2352 字节				
同步字节 12 字节	扇区地址 4 字节	Form 2 8 字节	用户数据 2324 字节	EDC 4 字节

16.6 CD-R 标准——橙皮书

16.6.1 橙皮书概要

橙皮书(Orange Book)是为可录光盘(Compact Disk Recordable,CD-R)制订的标准,允许用户把自己创作的影视节目或多媒体文件写到盘上。可录 CD 可分为两类：(1)CD-MO (Compact Disk-Magneto Optical)盘,这是一种采用磁记录原理记录而用激光读写数据的盘,称为磁光盘。用户可把数据写到 MO 盘上,盘上的数据可以抹掉,抹掉后又可以重写。(2)CD -WO(Compact Disk-Write Once)盘,这种盘也称 CD-R 盘,用户可把数据写到盘上,但是数据一旦写入,就不能把写入的数据抹掉。因此,Orange Book 标准分成两个部分：Orange Book Part 1 和 Orange Book Part 2。Part 1 描述 CD-MO, Part 2 描述 CD-WO,整个结构如图 16-3 所示。

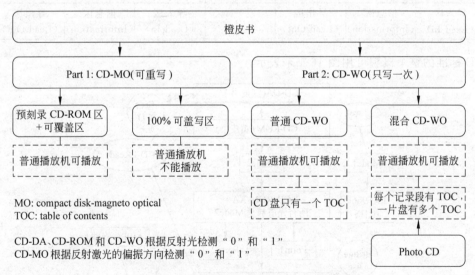

图 16-3　橙皮书(Orange Book Standard)概貌

(引自 Jim Fricks 盘片制造公司)

16.6.2 橙皮书第 1 部分

橙皮书第 1 部分(Orange Book Part 1)描述 CD-MO 盘上的两个区：

（1）Optional Pre-Mastered Area（可选预刻录区），这个区域的信息是按照 Red Book、Yellow Book 或 Green Book 标准预先刻制在盘上的，是一个只读区域；

（2）Recordable User Area（可重写用户数据区），普通的 CD 播放机或者 VCD 播放机不能读这个区域的数据，这是因为 CD 唱片和 VCD 与磁光盘采用的记录原理不同。

16.6.3　橙皮书第 2 部分

Orange Book Part 2 标准定义可写一次的 CD-WO 盘。这种盘在出厂时就已经在盘上刻录有槽，称为预刻槽，也就是物理光道的位置已经确定，是一片空白盘。用户把多媒体文件写到盘上后，就把内容表（TOC）写到盘上。在写入 TOC 之前，这种盘只能在专用的播放机上读；在写入 TOC 之后，这种盘就可在普通播放机上播放。

Orange Book Part 2 标准还定义了另一种 CD-WO 盘，叫作 Hybrid Disc（混合盘）。这种盘含有两种类型的记录区域：

（1）Pre-recorded Area（预记录区），这个区域的信息是按照 Red Book、Yellow Book 或 Green Book 标准预先记录在盘上的，是一个只读区域；

（2）Recordable Area（可记录区）。这个区可以把物理光道分成好几个记录段（multisession）。每段由 3 个区域组成：导入区（Lead In）、信息区（Information）和导出区（Lead Out），每一段要在导入区写入 TOC。

Hybrid Disc（混合盘）的结构如下表所示：

第 1 段				第 n 段		
导入区 (Lead In)	信息区 (Information)	导出区 (Lead Out)	…	导入区 (Lead In)	信息区 (Information)	导出区 (Lead Out)

CD 标准的整个概貌可用图 16-4 来表示。

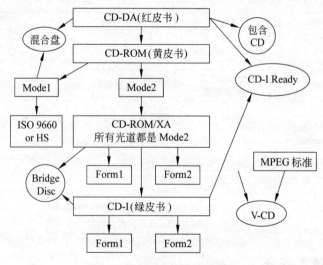

图 16-4　CD 标准之间的关系

16.7　CD-ROM 文件系统

文件系统(file system)或称文件格式(file format)是在存储媒体上组织数据的方法,包括文件命名、文件目录、卷和文件索引。通过文件系统,应用程序就无须关心存储媒体上的物理位置或数据结构。由于光盘和硬盘的特性不同,因此就有不同的文件系统,ISO 9660 就是为 CD-ROM 制定的文件系统。

16.7.1　ISO 9660 概要

1. ISO 9660 是什么

ISO 9660 是 ISO 发布的 CD-ROM 文件系统标准,定义卷描述符(Volume Descriptor)、目录结构(Directory Structures)和路径表(Path Table)三种类型的数据结构,以支持不同的操作系统,如 UNIX、Windows 和 Mac OS。为便于表述,把 CD-ROM 文件系统称为"逻辑格式",而文件在 CD-ROM 盘上的存储格式称为"物理格式",定义在黄皮书(Yellow Book)中。

CD-ROM 物理格式的标准化意味着所有 CD-ROM 生产厂家都应遵循这种标准,这也就意味着 CD-ROM 上的信息可在不同的信息处理系统之间交换,但只能在这个物理层上实现交换。由于 CD-ROM 面对用户的是文件,如文本文件、图像文件、声音文件、影视文件,这就需要一个文件系统和文件管理系统,这样就可使用户把 CD-ROM 当成一个文件集看待,而不是让用户从物理层上看 CD-ROM 盘。因此,仅有物理格式标准化还不够,还需要有一个如何把文件和文件目录放到 CD-ROM 盘上的逻辑格式标准,这就是文件系统标准。

由于当时制定黄皮书标准的厂商不是专门的计算机厂商,在制定 CD-ROM 的黄皮书标准时没有制定文件系统标准,所以计算机厂商不得不开发自己的 CD-ROM 逻辑格式。这些不统一的 CDROM 逻辑格式严重地影响了 CD-ROM 的推广应用。为解决这个问题,计算机工业界的代表聚集在美国内华达州的 Del Webb's High Sierra Hotel & Casino,起草了一个 CD-ROM 文件结构的提案,叫作 High Sierra 文件结构,并把它提交给了国际标准化组织(ISO),ISO 做了少量修改后命名为 ISO 9660。通过许多软硬件公司的共同的艰苦努力,尤其是 John Einberger、Bill Zoellick 等人做出的贡献,历时 5 年,终于在 1988 年正式公布了这个标准,命名为 Volume and File Structure of CD-ROM for Information Interchange[2][3],可译为"用于信息交换的 CD-ROM 的卷和文件结构"。

2. ISO 9660 的层次

ISO 9660 对文件名和文件目录名指定了三种后向兼容的交换层次:

(1) 层 1(Level 1):限制文件名格式为 8.3,允许使用大小写字母、数字和下画线,目录深度不超过 8 级,文件标识符的总长度限制为不超过 31 个字符。

8.3 文件名格式是微软公司的 MS DOS 及 Windows 3.x 中的文件名标准格式,其中的 8 表示文件名的长度不超过 8 个字符,3 表示文件扩展名的字符数为 3 个。

(2) 层 2(Level 2):允许使用较长的文件名,目录深度可多到 31 级。文件名的长度通常不超过 31 个字符,在某些情况下允许使用不超过 180 个字符的长文件名。

(3) 层 3(Level 3):允许将文件分块打包。

3. ISO 9660 的扩展

ISO 9660 是针对不同操作系统开发的,并且试图实现不同操作系统之间的数据交换。尽管在各种操作系统下工作得都不错,但由于技术发展迅速,它们都遇到不能使用的情况,因此各自都对 ISO 9660 进行了扩展。

Apple 公司对 ISO 9600 进行扩展的标准叫作"Apple ISO 9660";微软公司对 ISO 9600 进行扩展的标准叫作 JFS 文件系统(Joliet file system,JFS),包括支持 8.3 文件名格式、长文件名和统一码(Unicode);UNIX 系统对 ISO 9660 进行扩展的标准叫作 Rock Ridge 文件系统,包括使用 ASCII 字符的长文件名和 UNIX 符号等。

4. ISO 9660 的执行

ISO 9660 标准的出现,对 CD-ROM 的推广应用产生了很大的推动作用。理论上说,CD-ROM 上的文件应该在各种平台上都能读出。然而,事实并不完全是这样,它们各自包含有自己的文件系统,有自己的专用格式及应用软件,同一片 CD-ROM 上的文件不一定都能在不同的信息系统中读出。

例如,IBM PC 及其兼容机的文件结构叫作 MS-DOS 文件结构,而 Apple Macintosh 计算机的文件结构叫作分层结构文件系统(Hierarchical File System,HFS)。由于这两种文件结构不相同,因此 MS-DOS 文件不能在 Macintosh 计算机上运行,而 HFS 文件不能在 IBM PC 机上运行。ISO 9660 标准既不是 MS-DOS 的文件结构标准,也不是 HFS 的文件结构标准,而只是一个描述计算机用的 CD-ROM 文件结构标准。因此,计算机要能够读 ISO 9660 文件结构的盘,它的操作系统就必须要有支持软件,这个软件通常是在现有操作系统上进行扩展。微软公司为读 CD-ROM 盘上的 ISO 9660 文件而开发的程序叫作 MSCDEX(Microsoft CD-ROM Extension),它需要和 CD-ROM 驱动器带的设备驱动程序相联合,MS-DOS 操作系统才能读 CD-ROM 盘上的 ISO 9660 文件。MSCDEX.EXE 程序的主要功能就是把 ISO 9660 文件结构转变成 MS-DOS 能识别的文件结构。

16.7.2 逻辑结构

1. 逻辑结构设计

定义 CD-ROM 的逻辑格式与定义磁盘的逻辑格式要考虑的因素不同。最主要的因素是,CD-ROM 是只读存储器,而磁盘是可读写存储器,因此对 CD-ROM 盘上的文件和文件目录就不需要有删除、添加和重命名等与"写"操作有关的功能。

定义 CD-ROM 的逻辑结构包括定义如下两个组成部分:

(1) 定义一套描述整片 CD-ROM 盘所含信息的结构,称为卷结构(Volume Structure)。单片 CD-ROM 称一卷。一个应用软件有大、中、小之分,也可能由多个文件组成。对于小的应用软件,一卷可能容纳许多应用软件;对于中等大小的应用软件,一卷可能只容纳一个;对于大型应用软件,如百科全书,可能需要好几卷才能容纳得下,把存放单个应用软件的多片 CD-ROM 称为一个卷集,这与书的卷类似。在卷集中,一个文件可能要跨越好几卷,或者相反,一卷中有好多文件。因此,必须要有一套规则和数据结构来表达这些错综复杂的关系,以便使用户有足够多的信息来了解盘上的内容。这些关系是属于卷一级的逻辑格式。

(2) 定义一套描述和配置文件的结构,称为"文件结构(File Structure)"。文件结构的核心是文件目录结构。这个结构是文件级的逻辑格式,采用什么样的逻辑格式对文件系统的性能有很大的影响。一般来说,文件目录结构采用分层目录结构,并且有显式说明和隐式说明之分。为 CD-ROM 提议的目录结构大体有如下五种类型:

- 多文件显式分层结构(multiple-file explicit hierarchies)。它的特点是把子目录当作文件来处理,打开一个有长路径的文件需要较多的寻找次数。
- 单文件显式分层结构(single-file explicit hierarchies)。它的特点是把整个目录结构放在单个文件中,根目录和子目录都作为文件中的记录而不是作为文件来处理。
- 散列路径名目录(hashed path name directories)。它的特点是把整个路径名和文件名拼凑成一个地址放在目录中,这是隐式目录结构。
- 索引路径名目录(indexed path name directories)。它的基本思想是把子目录的全路径名转换成一个整数,这也是隐式目录结构。
- 组合前面 4 种结构中的 2 种或 2 种以上的混合结构。

由于 CD-ROM 有它自己的固有特性,因此围绕 CD-ROM 定义的卷和文件结构也有它自己的特性,这些特性充分体现在 ISO 9660 标准文件中。为便于理解它们的结构,下面采用由底层到顶层的思路来介绍。

2. 逻辑扇区和逻辑块

CD-ROM 的一个物理扇区有 2352 个字节,除了扇区头信息之外还有 2336 字节。在 2336 字节中,有 288 字节可以用来做错误检测和校正用,剩下的 2048 字节作为用户数据域。2048 字节(2KB)的数据域定义为一个逻辑扇区(logical sector),如图 16-5 所示。每个逻辑扇区都有一个唯一的逻辑扇区号(logical sector number,LSN)。CD-ROM 的第一个逻辑扇区从物理地址 00:02:00 开始,逻辑扇区号为 LSN0。

图 16-5　物理扇区与逻辑扇区、逻辑块的概念

逻辑扇区的大小也允许自定义,但要等于 $2n$,n 是一个正整数。每个逻辑扇区可以分成一个或多个逻辑块,这样做的好处是可充分利用盘空间来存放大量的小文件。在一个由 2048 字节组成的逻辑扇区中,一个逻辑块的大小可以是 512、1024 或 2048 字节,但以不超过逻辑扇区的大小为原则。每个逻辑块有一个逻辑块编号(Logical Block Number,LBN)。第一个逻辑块号码(LBN 0)是第一个逻辑扇区(LSN 0)中的第一块,依次为 LBN1,2,3,…,N。在 CD-ROM 上,所有文件和其他重要的数据都按 LBN 寻址。

此外,还有一个记录(record)的概念。一个记录由一系列连续字节组成,它作为信息单元。定义一个记录的字节数取决于要表达的信息长短,少则几个即可,多则几十甚至几百个。在记录过程中,记录的字节数是固定的记录称为"固定长度记录",记录的字节数不固定的记录称为"可变长度记录"。

16.7.3　目录结构

1. 文件与文件标识符

放到 CD-ROM 上的文件类型没有限制,可以是 ASCII 文本文件、索引结构文件、可执行文件(如. com、. exe),压缩或未压缩的图像、声音文件等。

每个文件可分为一节或多个文件节(file section)。一个文件节放在由许多个逻辑块组成的文件空间里。这些逻辑块是顺序编号的逻辑块,由它们组成的文件空间称为"文件范围(extent)"或"文件域"。一个大的文件可以分成多个文件节,存放在多片 CD-ROM 盘上的文件域中;一个中等大小的文件也可以分成若干个文件节,存放在同一片 CD-ROM 盘上的多个文件域中,这些文件域也不要求是连续的;小的文件可以不分域,放在单个文件域中。

文件的标识符(file identifier)由三部分组成:文件名、文件扩展名和文件版本号。文件标识符必须包含文件名或"文件名. 扩展名",其他可作为选择。文件标识符中的字符通常采用 ASCII 字符,并有某种程度的限制。例如,对 ISO 9660 Level1,文件名可使用的字符如下:

- 数字 0~9。
- 大写英文字母 A~Z。
- 下画线(_)。
- 文件名和文件扩展名之间用句点(.)。
- 文件名或文件扩展名与文件版本号之间用分号(;)。

```
********************************************
【例 16.1】 合法文件标识符:
FILE.DAT
FILE.DAT;1
DATA_FILE_FOR_INTERCHANG.DAT
FILENAME_WITHOUT_AN_EXTENSION
.NO_FILENAME_JUST_AN_EXTENSION
----------------------------
【例 16.2】 不合法文件标识符:
file.dat  //不允许小写字母
ONLY.ONE.PERIOD.ALLOWED  //只允许一个句点
NO-HYPHENS-OR-SIGNS  //没有规定用连字符(-)
THIS_FILENAME_IS_LONGER_THAN_31_CHARACTERS  //多于 31 个字符
********************************************
```

2. 目录结构

大多数支持磁盘的文件系统都用分层目录结构,这种结构可组织大数量的文件,CD-ROM 文件系统也采用这种目录结构,并对目录层次的深度加以限制。大多数磁盘文件系统把子目录作为一种特殊的文件进行显式处理,一层一层地打开子目录文件,以找到最终的文件。这样做的好处是为增加或删除目录提供了很大的灵活性。由于 CD-ROM 是只读的光盘,因此无需这种灵活性。在查找一个带有长路径名的文件时,一次一次地打开子目录文件势必要花费很长的时间,因此 CD-ROM 没有采用这种显式分层目录结构,而是采用隐式分层目录结构,但也把目录当作文件看待,并且把整个目录包含在 1 个或少数几个文件中。包含目录的文件称为目录文件。

目录文件与普通的用户文件相类似,但对 CD-ROM 采用的目录文件结构作了具体的规定。目录文件由一系列可变长度的目录记录组成。每个目录记录的格式见表 16-3。从表中可看到,一个目录记录包含有许多记录域,这些域中记录有文件标识符,以字节计算的文件长度、文件域中的第一个逻辑块编号(LBN),以及打开和使用这个文件所需的其他信息。当一个文件放在多个文件域中时,需要设置多个目录记录,每个目录记录中给出相应文件域的地址,并由文件标志记录域指明该文件域是不是最后一个。目录文件、目录记录、记录域等之间的关系如图 16-6 所示。

表 16-3　目录记录格式(Format of a Directory Record)

字 节 位 置	记录域的名称
1	目录记录长度(LEN_DR)
2	扩展属性记录(XAR)长度
3~10	文件域地址
11~18	数据长度
19~25	日期和时间
26	文件标志
27	文件单元大小
28	交叉间隔大小
29~32	卷顺序号
33	文件标识符长度(LEN_FI)
34~(33+LEN_FI)	文件标识符
34+LEN_FI	填充域
(34+LEN_FI+1)-LEN_DR	系统使用(保留)

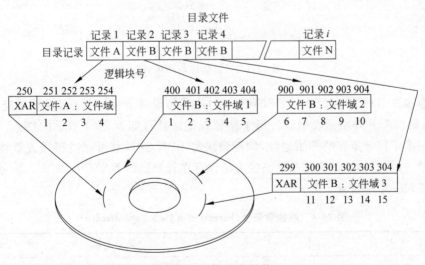

图 16-6　目录文件结构

　　文件的附加信息可以记录在一个命名为扩展属性记录(eXtended Attribute Record,XAR)的记录上,它放在文件的前面而不是放在目录记录上,这样做可使目录记录变得较小。附加信息包括文件作者、文件修改日期、访问文件的许可权等信息。凡是不常使用的信息都放到扩展属性记录上。这也是 CD-ROM 目录结构的一个特点。

如果一个文件有多个文件域(如图 16-6 中的文件 B),每个文件域都有 XAR 记录,在这些 XAR 记录上的信息可能会不相同,文件系统应认为最后一个 XAR 记录上的信息是有效的。这个特性在卷集制作过程中很有用。

由于每个目录记录的长度不确定,因此在一个逻辑扇区中的目录记录的个数也不确定,但必须要保证目录记录数的数目为整数。当一个目录在这个逻辑扇区中放不下的时候,应移到后面的一个逻辑扇区。这样可以保证读到计算机内存中的目录不会出现支离破碎的现象。

16.7.4　路径表

前面已经谈到,由于 CD-ROM 寻找时间很长,若采用磁盘的方式来处理目录,要打开一个目录嵌套层次很深的文件,势必要花费很长的寻找时间。为解决这个问题,J. D. Barnette、B. Zoellick 和 S. Stegner 在 1985 年开发了一种称为"路径索引(path index)"的隐式分层目标结构,后来改名为路径表(path table)。这种结构的特点是利用索引值来访问所有的目录,它的基本思想示于图 16-7。

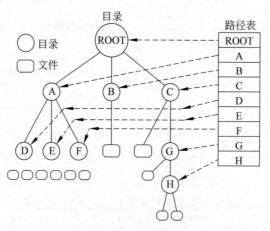

图 16-7　目录结构与路径表

路径表由许多称为"路径表记录"的记录组成,它与根目录和每个子目录相对应,如图所示的 ROOT(根)、A、B 等路径表记录。每个路径表记录具有如表 16-4 所示的格式。路径表中包含有每一个子目录所在的开始地址,即逻辑块号 LBN,这样就可通过路径表直接访问任何一个子目录。因此,如果一张完整的路径表能保存在计算机的 RAM 中,那么一次寻找就可访问盘上的任何一个子目录。

表 16-4　路径表记录(Format of a Path Table Record)

字 节 位 置	记录域的名称
1	目录标识符的长度(LEN_DI)
2	扩展属性记录(XAR)的长度
3～6	存放目录的地址
7～8	父目录号

字 节 位 置	记录域的名称
9～(8+LEN_DI)	目标标识符(不超过 31 个字符)
(9+LEN_DI)	填充域

路径表只能保证访问目录的第一个物理扇区。如果有由成千上万的文件组成的大目录,那么整个目录可能跨越盘上的好几个扇区。为尽量避免这种情况出现,可将它们分散在各个子目录下,每个子目录下分配约 40 个左右的文件。按每个目录记录的平均长度为 50 字节计算,差不多占据单个物理扇区。如果在一个子目录卜分配太多的文件数,那么要找这个目录卜的文件时,需顺序读和检查好几个物理扇区才能找到这个文件,这样就要花费较多时间。

16.7.5 卷结构

CD-ROM 盘上可以存放信息的区域称为卷空间(volume space)。卷空间分成两个区:从 LSN 0 到 LSN 16 称为系统区,它的具体内容没有规定。从 LSN 16 开始到最后一个逻辑扇区称为数据区,用来记录卷描述符(volume descriptors)、文件目录、路径表、文件数据等。

每卷数据区的开头(LSN 16)是卷描述符。卷描述符实际上是一种数据结构,或者说是一种描述表。其中的内容用来说明整个 CD-ROM 盘的结构、提供许多非常重要的信息,如盘上的逻辑组织、根目录地址、路径表的地址和大小、逻辑块的大小等。卷描述符的结构如表 16-5 所示,它是一个由 2048 字节组成的固定长度记录。

表 16-5 卷描述符的格式

字 节 位 置	记录域的名称
1	卷描述符的类型
2～6	标准卷标识符(用 CD001 表示)
7	卷描述符的版本号
8～2048	(取决于卷描述符的类型)

卷描述符有五种类型:

(1) 主卷描述符(primary volume descriptor,PVD)。

(2) 辅助卷描述符(supplementary volume descriptor,SVD)。

(3) 卷分割描述符(volume partition descriptor)。

(4) 引导记录(boot record)。

(5) 卷描述符系列终止符(volume descriptor set terminator)。

上述五种描述符的结构分别示于表 16-6 至表 16-9。五种描述符的前四种可以任意组合,组成卷描述符系列。这四个描述符可以在描述符系列中出现不只一次。描述符系列有两个限制:主卷描述符至少要出现一次,卷描述符系列终止符只能出现一次,而且只能出现在最后。卷描述符系列记录在从 LSN 16 开始的连续逻辑扇区上。

以上简要介绍了 CD-ROM 的卷和文件结构的基本概念,没有对它的细节作一一解释,这对一般读者就已经足够了。对想进一步深入理解 CD-ROM 逻辑格式的读者,以及想编写自已的 CD-ROM 文件系统的读者,请参看 ISO 9660 标准文件。

表 16-6　主卷和辅卷描述符记录域的位置和名称

字节位置	主卷名称	辅卷名称	字节位置	主卷名称	辅卷名称
1	卷描述符的类型	同左	157~190	根目录的目录记录	同左
2~6	标准卷标识符(CD001)	同左	191~318	卷集标识符	同左
7	卷描述符版本号	同左	319~446	出版商标识符	同左
8	未使用(00)	卷标志	447~574	数据准备者标识符	同左
9~40	系统标识符	同左	575~702	应用软件标识符(如 CD-I)	同左
41~72	卷标识符	同左	703~739	版权文件标识符	同左
73~80	未使用(00)	同左	740~776	文摘标识符	同左
81~88	卷空间大小	同左	777~813	文献目录文件标识符	同左
89~120	未使用(00)	换码顺序	814~830	卷创作日期和时间	同左
121~124	卷系列大小	同左	831~847	卷修改日期和时间	同左
125~128	卷顺序号	同左	848~864	卷到期日期和时间	同左
129~132	逻辑块大小	同左	865~881	卷有效日期和时间	同左
133~140	路径表大小	同左	882	文件结构版本号	同左
141~144L	L 型路径表值*	同左	883	(保留)	同左
145~148L	L 型路径表任选值	同左	884~1395	应用程序使用	同左
149~152M	M 型路径表值**	同左	1396~2048	(保留)	同左
153~156M	M 型路径表任选值	同左			

* L 型:最低有效字节在先;

** M 型:最高有效字节在先。

表 16-7　卷分割描述符

字节位置	记录域的名称	字节位置	记录域的名称
1	卷描述符的类型	41~72	卷分割标识符
2~6	标准卷标识符(CD001)	73~80	卷分割位置
7	卷描述符版本号	81~88	卷分块大小
8	未使用(00)	89~2048	系统使用
9~40	系统标识符		

表 16-8　引导记录

字节位置	记录域的名称	字节位置	记录域的名称
1	卷描述符的类型	8~39	引导系统标识符
2~6	标准卷标识符(CD001)	40~71	引导标识符
7	卷描述符版本号	72~2048	引导系统使用

表 16-9　卷描述符系列终止符

字节位置	记录域的名称	字节位置	记录域的名称
1	卷描述符的类型	7	卷描述符版本号
2~6	标准卷标识符(CD001)	8~2048	保留(00)

16.8　VCD 标准——白皮书

CD-DA 是 20 世纪 80 年代初的产品,盘上的音乐节目是以数字形式记录的;LaserVision 是 20 世纪 70 年代末的产品,盘上的电视图像和声音都是以模拟信号形式记录的,电视图像是调频制记录(FM),声音是调幅记录(AM),它叠加到图像信号上。CD-Video(CD-V)是 1987 年定义的标准,它是 CD-DA 和 LV(LaserVision)相结合的产物,盘上的声音是数字的,而电视图像仍然是模拟的。CD-V 和 LaserVision 常被人们称为激光视盘或激光影碟。

Video CD(VCD)是由 JVC、Philips、Matsushita 和 Sony 联合定义的数字电视视盘技术规格,它于 1993 年问世,盘上的声音和电视图像都是以数字的形式表示的。1994 年 7 月发布了"Video CD Specification Version 2.0",并命名为 White Book(白皮书)。该标准描述的是使用 CD 格式和 MPEG-1 标准的数字电视存储格式。Video CD 标准在 CD-Bridge 规范和 ISO 9660 文件结构基础上定义了完整的文件系统,这样就使 VCD 节目能够在 CDROM、CD-I 和 VCD 播放机上播放。

16.8.1　VCD 的组织

VCD 由导入区、节目区和导出区三部分组成,如图 16-8 所示。盘上的数据按光道来组织,光道数最多为 99 条。VCD 的导入区和导出区按 CD-ROM XA 数据光道的 Mode 2 Form 2 进行编码,是不含数据的空扇区。

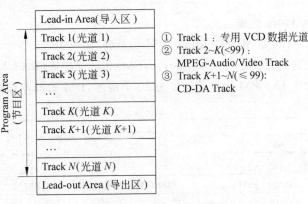

图 16-8　VCD 的组织结构

在节目区中,第一条光道(Track 1)是一条专用 VCD 数据光道,其余的光道是 MPEG Audio/Video 光道。Video CD 2.0 规格只定义了 MPEG Audio/Video 和 CD-DA 两种光道。

1. 专用数据光道

专用 VCD 数据光道(Special Video CD Track)用来描述 VCD 上的信息,它的结构如图 16-9 所示。它的几个区域说明如下:

(1) 扇区号为 00:02:16 的扇区是主卷号描述符(PVD)扇区,用来描述 VCD 的卷号。

(2) 从扇区 00:03:00 开始到 00:03:74 的区域是一个选择性的卡拉 OK 基本信息区(Karaoke Basic Information Area)。该区域中的数据用来产生卡拉 OK 音乐节目的快速参照表,它由基本信息头(Basic Information Header,BIH)文件(KARINFO.BIH)和最多 63 个卡拉 OK 文本文件(KARINFO.CC)组成。

(3) 从扇区 00:04:00 开始是 VCD 信息区(Video CD Information Area),它包含有强制性的 VCD 信息文件 INFO.VCD(扇区 00:04:00)和文件入口表(Entry table) ENTRIES.VCD(扇区 00:04:01),以及可选的 ID 偏移量表(List ID Offset Table)文件 LOT.VCD(扇区 00:04:02)和播放顺序描述符(Play Sequence Descriptor,PSD)文件 PSD.VCD(扇区 00:04:34)。

(4) 分段播放项目区(Segment Play Item Area)是一个选择性的区域,它可包含许多分段播放项目(Segment Play Item)。一个分段播放项目可以是 MPEG 电视、MPEG 声音和用 MPEG 算法编码的静态图像,这些项目通过播放顺序描述符(PSD)进行解释和播放。这个区域的开始地址由 INFO.VCD 文件给出。

分段播放项目区被分成连续的段(Segment),并从 #1 开始连续编号直到 #1980,每一段由 150 个扇区组成。这个区域的长度可以是 1~1980 之间的任意整数。一个分段播放项目可以占据一个或者多个段。

(5) 其他文件(Other files)区可包含强制性的 CD-I 应用节目(CD-I application program)和选择性的扩展目录(EXT directory)信息。

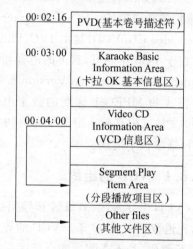

图 16-9 专用 VCD 数据光道的结构

2. MPEG-Audio/Video 光道

Track 2 (光道 2)开始是 MPEG-Audio/Video 光道,如图 16-10 所示,用来存放 MPEG 编码数据。编码数据受到前保护区(Front Margin,FM)和后保护区(Rear Margin,RM)保护,每个保护区的扇区数大于 15。FM 的推荐长度为 30 个扇区,RM 的推荐长度为 45 个扇区。

图 16-10 MPEG-Audio/Video 光道的布局

3. CD-DA 光道

VCD 可包含 CD-DA 光道,但必须在 MPEG-Audio/Video 光道之后。如果 VCD 包含 CD-DA 光道,Video CD 规范要求在最后一条 MPEG-Audio/Video 光道的 RM 之后设置至少

150 个扇区的后间隔。

16.8.2 VCD 的文件目录结构

VCD 的文件系统是在 ISO 9660 文件结构基础上开发的。VCD 需要的目录有：Root directory 0（根目录 0）、CDI、VCD 和 MPEGAV 目录。VCD 的目录结构如图 16-11 所示。Video CD 规范对文件目录作了如下规定：

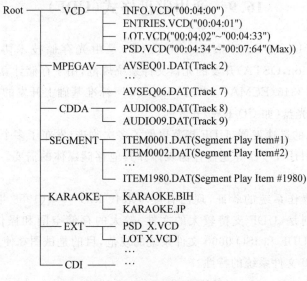

图 16-11　VCD 的目录结构

- 如果 VCD 包含卡拉 OK 基本信息区，该区域的文件必须存放在 KARAOKE 目录下。
- 如果 VCD 包含分段播放项目区，这个区域中的文件必须存放在 SEGMENT 目录下。
- 如果有扩展的播放顺序描述符（PSD）文件，这个文件必须存放在 EXT 目录下。
- VCD 信息区（Video CD Information Area）中的文件必须存放在 VCD 目录下。
- 所有表示 MPEG Audio/Video 光道的文件都必须存放在 MPEGAV 目录下。
- 所有表示 CDDA 光道的文件都必须存放在 CDDA 目录下。

16.8.3 MPEG-Audio/Video 扇区的结构

Video CD 定义了 MPEG 光道的结构，它由 MPEG-Video 扇区和 MPEG-Audio 扇区组成。光道上的 Video（电视图像）和 Audio（声音）是按照 MPEG 标准 ISO 11172 的规定进行编码。MPEG-1 Video 扇区和 MPEG-1 Audio 扇区交错存放在光道上，格式如下：

…	V	V	V	V	A	V	V	V	V	V	A	V	V	V	V	V	A	V	…

MPEG-Video 扇区的一般结构如下：

一个信息包：2324 字节			
信息包开始码 4 字节	SCR（系统参考时钟） 5 字节	MUX 速率 3 字节	信息包数据 2312 字节

MPEG-Audio 扇区的一般结构如下：

一个信息包：2304 字节				
信息包开始码 4 字节	SCR(系统参考时钟) 5 字节	MUX 速率 3 字节	信息包数据 2292 字节	00 20 字节

16.9　通用磁盘格式(UDF)

通用磁盘格式(Universal Disk Format，UDF)是由光存储技术协会(Optical Storage Technology Association，OSTA)开发的光盘文件系统规范，用于存储计算机数据。UDF 是在 1997 年发布的 ISO 13346/ECMA① 1673rd Edition[10] 标准基础上开发的，最早是为写一次光盘(如 CD-R)和重写光盘(如 CD-RW)开发的。

为适应存储技术的迅速发展，UDF 规范也做了多次改进，发布了多个版本，以适应 DVD、BD(Blu-ray Disc)和 HD DVD 等光盘存储媒体和其他存储媒体的需要。2005 年 3 月发布的 UDF 规范是 UDF 2.60[11]。

UDF 经过多个操作系统的验证，现已有逐步取代 ISO 9660(1988 年)的趋势。UDF 和 ISO 9660 的最大差别是，UDF 支持较大的文件、较大的存储空间和操作系统的专有特性。UDF Bridge 是综合 UDF 和 ISO 9660 文件系统的规范，目的是试图在使用 UDF 的情况下提供后向兼容 ISO 9660 文件系统的特性。

练习与思考题

16.1　试论 CD 标准的重要性。

16.2　什么叫作 CD 的物理格式？

16.3　CDROM 的扇区地址"00：10：65"表示什么含义？

16.4　CD-ROM Mode 1 和 CD-ROM Mode 2 有什么差别？

16.5　CD-ROM/XA Mode 2 Form 1 和 CD-ROM/XA Mode 2 Form 2 有什么差别？

16.6　CD-Bridge Mode 2 Form 1 和 CD-Bridge Mode 2 Form 2 有什么差别？

16.7　计算单速 CDROM 的用户数据传输率是多少 KB/s(1KB=1024bytes)。

16.8　CDROM 的逻辑格式是什么意思？

16.9　CDROM 的物理扇区、逻辑扇区和逻辑块之间有什么关系？

16.10　MS-DOS 和 MS-Windows 环境下都要有 MSCDEX. EXE 文件，请问它的功能是什么？

16.11　试论 CDROM 的文件目录结构与磁盘的文件结构有何差别。

16.12　用计算机查看 VCD 上根目录和子目录下有什么文件？这些文件的含义是什么？

---

① ECMA=欧洲计算机制造商协会。ECMA(European Computer Manufacturers Association，Geneva，Switzerland，www. ecma-international. org)是 1961 年成立的专门从事信息和通信标准开发的国际协会，是 ISO 的联络组织并参与 JTC1 的活动。

参考文献和站点

[1] CEI/IEC 908. Compact Disc Digital Audio System,1987.

[2] ISO 9660. Volume and File structure of CD-ROM for Information Interchange,1988.

[3] ECMA. Volume and File Structure of CDROM for Information Interchange, Standard ECMA-119, 2nd Edition-December 1987.

[4] ISO/IEC 10149. Data Interchange on Read Only120mm Optical Data Disks(CD-ROM),1989.

[5] Philips and Sony. System Description CD-ROM XA Compact Disk Read Only Memory extended Architecture,May, 1991.

[6] Philips and Sony Corporation. CD-I Full Functional Specification,1993.

[7] Mark Fritz. How & When Will CD-ROM Get Bigger? CD-ROM Professional, Sept. /Oct. 1994, pp21~35.

[8] JVC, Matsushita, Philips & Sony. Video CD Specification Version 2.0,July 1994.

[9] Philips. Desktop Video Data Handbook,1995.

[10] ISO/IEC 13346/ECMA-167 3rd Edition, Volume and File Structure for Write-Once and Rewritable Media using Non-Sequential Recording for Information Interchange, June 1997.

[11] Optical Storage Technology Association. Universal Disk Format Specification, Revision 2.60, March 1, 2005, Copyright 1994-2005.

[12] Universal DiskFormat. https://en.wikipedia.org/wiki/Universal_Disk_Format.

第 17 章 错误检测和纠正

在数据存储和计算机数据通信系统中,错误检测和纠正是一项极其重要的技术,尤其是 CRC 错误检测和 RS(Reed Solomon)错误检测与纠正技术。本章结合光盘存储系统介绍错误检测和纠正的基本概念,严谨的数学理论分析和计算有许多其他专著作了深入论述。

17.1 光盘的误码率

由于光盘的材料性能、光盘的制造技术水平、驱动器性能和使用不当等诸多原因,从盘上读出的数据不可能完全正确。据有关厂家的测试和统计,一片未使用过的只读光盘,其原始误码率约为 3×10^{-4},沾有指纹的盘的误码率约为 6×10^{-4},有伤痕的盘的误码率约为 5×10^{-3}。光盘作为计算机的数据存储器使用时,要求它的误码率小于 10×10^{-12},因此在光盘系统中采用了功能强大的错误检测和纠正技术:

- 错误检测:采用循环冗余码(Cyclic Redundancy Code,CRC)检测是否有错;
- 错误纠正:采用里德一索洛蒙码(Reed-Solomon code),简写为 RS 码。

17.2 CRC 错误检测

17.2.1 CRC 错误检测原理

在纠错编码代数中,把以二进制表示的数据序列看成是一个多项式。例如,二进制数 10101111 用多项式可表示成:

$$M(x) = a_7x^7 + a_6x^6 + a_5x^5 + a_4x^4 + a_3x^3 + a_2x^2 + a_1x^1 + a_0x^0$$
$$= x^7 + x^5 + x^3 + x^2 + x^1 + 1$$

$M(x)$ 称为消息代码多项式。式中的 $x^i (i = 0, \cdots, 7)$ 表示序列中位置,x^i 前面的系数 a_i 表示该位置的值,a_i 的取值为 0 或 1。

在模 2 多项式代数运算中定义的运算规则有:

$$1x^i + 1x^i = 0$$
$$-1x^i = 1x^i$$

(17-1)

例如,模 2 多项式的加法和减法:

$$
\begin{array}{r}
x^4 + x^3 \quad\quad + x + 1 \\
+)\quad\quad x^3 + x^2 + x \quad\quad \\
\hline
x^4 \quad\quad + x^2 \quad\quad + 1
\end{array}
\qquad
\begin{array}{r}
x^4 + x^3 \quad\quad + x + 1 \\
-)\quad\quad x^3 + x^2 + x \quad\quad \\
\hline
x^4 \quad\quad + x^2 \quad\quad + 1
\end{array}
$$

从这两个例子中可以看到,对于模 2 运算来说,代码多项式的加法和减法运算所得的结果相同。因此在做代码多项式的减法时,可用做加法来代替做减法。

代码多项式的除法可用长除法。例如:

$$\begin{array}{r} x^3 \quad\ +x+1 \\ x+1\,\overline{\smash{)}\,x^4+x^3+x^2\ \quad\ +1} \\ \underline{x^4+x^3} \\ x^2 \\ \underline{x^2+x} \\ x+1 \end{array}$$

如果一个 k 位的二进制消息代码多项式为 $M(x)$，再增加 $(n-k)$ 位的校验码，那么增加 $(n-k)$ 位之后，消息代码多项式在新的数据块中就表示成 $x^{n-k}M(x)$，如图 17-1 所示。

如果用校验码生成多项式 $G(x)$ 去除消息代码多项式 $x^{n-k}M(x)$，得到的商假定为 $q(x)$，余式为 $R(x)$，则可写成：

图 17-1　消息代码结构

$$\frac{x^{n-k}M(x)}{G(x)} = q(x) + \frac{R(x)}{G(x)} \tag{17-2}$$

$$x^{n-k}M(x) = G(x)q(x) + R(x)$$

因为模 2 多项式的加法和减法运算结果相同，所以又可把上式写成：

$$x^{n-k}M(x) + R(x) = G(x)q(x) \tag{17-3}$$

从该式中可以看到，$x^{n-k}M(x)+R(x)$ 代表新的消息代码多项式，它是能够被校验码生成多项式 $G(x)$ 除尽的，即余项为 0。在盘上写数据时，将 $x^{n-k}M(x)$ 表示的消息代码和 $R(x)$ 表示的余数代码一起写到盘上。从盘上读取数据时，将消息代码和余数代码一起读出，然后用相同的 $G(x)$ 去除，通过判断余数是否为 0 来确定数据是否有误。

17.2.2　CD 的错误检测码

1. 激光唱盘（CD-DA）

CD-DA 盘上的 q 通道使用了与软磁盘存储器相同的 CRC 校验码生成多项式：

$$G(x) = x^{16} + x^{12} + x^5 + 1$$

若用二进制数表示，则为：

$$G(x) = 10001000000100001(B) = 11021(H)$$

【例 17.1】　假定要写到盘上的消息代码 $M(x)$ 为：

$$M(x) = 4D6F746F(H)$$

增加 2 个字节（16 位）的校验码，消息代码就变成：

$$x^{16}M(x) = 4D6F746F0000(H)$$

CRC 检验码的计算方法如左边的式子所示。

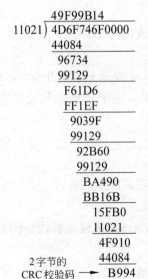

两数相除的结果，其商可不必关心，其余数为 B994(H)，这就是 CRC 校验码。把消息代码写到盘上时，将原来的消息代码和 CRC 码一起写到盘上。在这个例子中，写到盘上的消息代码和 CRC 码是 4D6F746FB994。这个码是能被 $G(x)=11021(H)$ 除尽的。

从盘上读出这块数据时，用同样的 CRC 码生成多项式去除这块数据，相除后得到的两种可能结果是：(1) 余数为 0，表示读出没有出现错误；(2)余数不为 0,表示读出有错。

2. 只读光盘(CD-ROM)

CD-ROM 采用相同的 CRC 检错技术。在 CD-ROM 扇区方式 1 中,一个 4 字节共 32 位的 EDC 域就是用来存放 CRC 码的。不过,CD-ROM 采用的 CRC 校验码生成多项式与 CD-DA 采用的生成多项式不同,它是一个 32 阶的多项式:

$$P(x) = (x^{16} + x^{15} + x^2 + 1)(x^{16} + x^2 + x + 1)$$

计算 CRC 码时用的数据块是从扇区的开头到用户数据区结束的数据字节,即字节 0～2063 共 2064 个字节。在 EDC 中存放的 CRC 码的次序如下:

EDC	$x^{24} - x^{31}$	$x^{16} - x^{23}$	$X^8 - x^{15}$	$x^0 - x^7$
字节号	2064	2065	2066	2067

17.3　RS 编码和纠错原理

RS 码是 Irving S. Reed 和 Gustave Solomon 在 1960 年介绍的纠错码(Error-Correcting Codes,ECC),在许多领域都有重要应用,如光盘存储器(如 CD、DVD、蓝光盘),数据传输系统(如 xDSL、WiMAX)、电视广播系统(如 DVB),卫星通信。RS 码尤其适合纠正突发错误(burst errors),不管一个符号中出现多少位(bit)的错误,都把它作为单个符号错误。

由于 RS 码、RS 编码(Reed Solomon encoding)、RS 解码(Reed Solomon decoding)即纠错(error correcting)都是在伽罗瓦域(Galois Field,GF)中进行的,因此先对 GF 域作简单介绍,然后介绍 RS 码、RS 编码和 RS 解码。

17.3.1　GF(2^m)域

在数学上,伽罗瓦域(Galois Field)是以法国数学家 Évariste Galois(1811-1832)名字命名的有限域(finite field)。有限域是元素数目有限的一组元素,这些元素的加减乘除运算都有一套规则,运算的结果仍然是这组元素中的元素。

在错误检测和编码技术中,元素(element)通常指符号(symbol)或代码(code)。

1. 域元素的表示方法

伽罗瓦域用符号 GF(2^m)表示,其中的 2^m 表示域中的元素数目,m 表示元素由几位(bit)组成。生成 GF 域元素的元素称为本原元素(primitive element),并用 α 表示。2^m 个域元素的值用 α 表示为:

$$0, \alpha^0, \alpha^1, \alpha^2, \cdots, \alpha^{N-1} \tag{17-4}$$

其中,$N = 2^m - 1$,α 的值通常选为 2。

除了用 α 的幂的形式表示外,公式 17-4 的每个域元素也可用多项式的形式表示:

$$a_{m-1} x^{m-1} + \cdots + a_1 + a_0$$

其中,$a_{m-1}, \cdots, a_0$ 的取值为 0 或 1。这样就可使用二进制数($a_{m-1} \cdots a_1 a_0$)描述域元素,2^m 个用 α 表示的域元素与 2^m 个用 m 位(bit)表示的域元素相对应。

例如,有 16 个元素的伽罗瓦域 GF($2^{m=4}=16$),用多项式表示的域元素为:

$$a_3x^3 + a_2x^2 + a_1x^1 + a_0x^0$$

其中的 $a_3a_2a_1a_0$ 与二进制（10 进制）数 0000(0)～1111(15)相对应。

2. 域元素的构造方法

在编码技术中要用到一个重要概念，称为生成多项式（generator polynomial）或称本原多项式（primitive polynomial），通常用 $P(x)$ 表示。因为 $P(x)$ 是一个不能再分解的 m 阶多项式，因此也称不可约多项式（irreducible polynomials）。在 GF 域中 $P(x)$ 用来构造域元素。

现以构造 GF(2^3)域元素为例，说明域元素的构造方法。用多项式表示域元素的本原多项式 $P(x)$ 为：

$$P(x) = x^3 + x + 1$$

α 定义为 $P(\alpha)=0$ 的根，于是

$$\alpha^3 + \alpha + 1 = 0 \Rightarrow \alpha^3 = \alpha + 1$$

域元素的计算过程和域元素的表示形式如表 17-1 所示。在计算过程中，利用 α^3 可简化其他域元素的计算。

表 17-1　GF(2^3)域元素的计算过程和域元素的表示形式

GF(2^3)域元素	域元素的计算	域元素的多项式	二进制数	十进制数
0	$\mathrm{mod}(\alpha^3+\alpha+1)=0$	0	000	0
$\alpha^0=\alpha^7=1$	$\mathrm{mod}(\alpha^3+\alpha+1)=\alpha^0=1$	1	001	1
α^1	$\mathrm{mod}(\alpha^3+\alpha+1)=\alpha^1$	α	010	2
α^2	$\mathrm{mod}(\alpha^3+\alpha+1)=\alpha^2$	α^2	100	4
α^3	$\mathrm{mod}(\alpha^3+\alpha+1)=\alpha+1$	$\alpha+1$	011	3
α^4	$\mathrm{mod}(\alpha^3+\alpha+1)=\alpha^2+\alpha$	$\alpha^2+\alpha$	110	6
α^5	$\mathrm{mod}(\alpha^3+\alpha+1)=\alpha^2+\alpha+1$	$\alpha^2+\alpha+1$	111	7
α^6	$\mathrm{mod}(\alpha^3+\alpha+1)=\alpha^2+1$	α^2+1	101	5

这样一来就建立了 GF(2^3)域中的元素与 3 位二进制数之间的对应关系。使用同样的方法，可建立 GF(2^4)域元素的各种表示方法，如表 17-2 所示。

表 17-2　GF(2^4)的域元素（使用本原多项式 $P(x)=x^4+x+1$）

索引形式	多项式形式	二进制数	十进制数	索引形式	多项式形式	二进制数	十进制数
0	0	0000	0	α^7	$\alpha^3+\alpha+1$	1011	11
α^0	1	0001	1	α^8	α^2+1	0101	5
α^1	α	0010	2	α^9	$\alpha^3+\alpha$	1010	10
α^2	α^2	0100	4	α^{10}	$\alpha^2+\alpha+1$	0111	7
α^3	α^3	1000	8	α^{11}	$\alpha^3+\alpha^2+\alpha$	1110	14
α^4	$\alpha+1$	0011	3	α^{12}	$\alpha^3+\alpha^2+\alpha+1$	1111	15
α^5	$\alpha^2+\alpha$	0110	6	α^{13}	$\alpha^3+\alpha^2+1$	1101	13
α^6	$\alpha^3+\alpha^2$	1100	12	α^{14}	α^3+1	1001	9

在 CD-ROM 中,数据、地址、校验码等都看成是 $GF(2^m) = GF(2^8)$ 中的元素。$GF(2^8)$ 域中有 256 个元素,除 0、1 之外的 254 个元素由本原多项式 $P(x)$ 生成,它的特性是 $(x^{2^m-1}+1)/P(x)$ 得到的余式等于 0。CD-ROM 用来构造 $GF(2^8)$ 域元素的 $P(x)$ 是:

$$P(x) = x^8 + x^4 + x^3 + x^2 + 1 \tag{17-5}$$

α 是 $P(\alpha) = 0$ 的根,于是:

$$\alpha^8 + \alpha^4 + \alpha^3 + \alpha^2 + 1 = 0 \Rightarrow \alpha^8 = \alpha^4 + \alpha^3 + \alpha^2 + 1$$

$GF(2^8)$ 域中的本原元素(primitive element):$\alpha = (0\,0\,0\,0\,0\,0\,1\,0) = 2$。用同样的方法可建立 $GF(2^8)$ 域中的 256 个元素与 8 位二进制数之间的对应关系,见表 17-3。

表 17-3　$GF(2^8)$ 的 256 个域元素

索引形式	域元素多项式形式								十进制
	x^7	x^6	x^5	x^4	x^3	x^2	x^1	x^0	
0	0	0	0	0	0	0	0	0	0
α^0	0	0	0	0	0	0	0	1	1
α^1	0	0	0	0	0	0	1	0	2
α^2	0	0	0	0	0	1	0	0	4
α^3	0	0	0	0	1	0	0	0	8
α^4	0	0	0	1	0	0	0	0	16
α^5	0	0	1	0	0	0	0	0	32
α^6	0	1	0	0	0	0	0	0	64
α^7	1	0	0	0	0	0	0	0	128
α^8	0	0	0	1	1	1	0	1	29
α^9	0	0	1	1	1	0	1	0	58
…	…	…	…	…	…	…	…	…	…
α^{254}	1	0	0	0	1	1	1	0	142

3. GF 域中的运算规则

在伽罗瓦域中,加减乘除运算要用模运算。现仍以 $GF(2^3)$ 域中的运算为例:

加法例:$\alpha^0 + \alpha^3 = 1 + 3 = 001 + 011 = 010 = \alpha^1$。

减法例:与加法相同。

乘法例:$\alpha^5 \cdot \alpha^4 = \alpha^{(5+4)\bmod 7} = \alpha^2$,$(\bmod(2^m-1) = \bmod 7)$。

除法例:$\alpha^5/\alpha^3 = \alpha^2$,$\alpha^3/\alpha^5 = \alpha^{-2} = \alpha^{(-2+7)} = \alpha^5$。

取对数:$\log(\alpha^5) = 5$。

这些运算的结果仍然是 $GF(2^3)$ 域中的元素。

17.3.2　RS 编码

RS 编码是求解剩余多项式系数的过程,剩余多项式是消息多项式除以校验码生成多项式的余式。因此先要了解 RS 码的表示方法,RS 码的生成多项式,然后再介绍 RS 编码。

1. RS 码的表示方法

RS 码用 RS(n,k) 表示,符号的含义如图 17-2 所示。

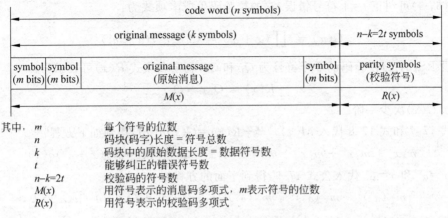

其中,
m 每个符号的位数
n 码块(码字)长度 = 符号总数
k 码块中的原始数据长度 = 数据符号数
t 能够纠正的错误符号数
$n-k=2t$ 校验码的符号数
$M(x)$ 用符号表示的消息码多项式,m 表示符号的位数
$R(x)$ 用符号表示的校验码多项式

图 17-2   RS(n,k) 码中的符号

例如,流行的 RS$(255,223)$ 表示:(1)$n=255$ 表示一个模块包含的符号总数,每个符号的位数 $m=8$;(2)$k=223$ 是原始消息的符号数;(3)$n-k=255-223=32$ 是校验码的符号数;(4)$2t=32$ 是能检测到的错误符号数,$t=16$ 是能纠正的错误符号数。

又如,RS$(28,24)$ 码表示码块的长度为 28 个符号,其中消息代码的长度为 24 个符号,检验码有 4 个符号,可纠正 2 个分散或连续的符号错误,但不能纠正 $\geqslant 3$ 个错误符号。

2. RS 码的生成多项式

一个 (n,k) 的 RS 码是用校验码生成多项式 $G(x)$ 生成的。$G(x)$ 由 $n-k=2t$ 个因子组成,它的根是 GF 中的连续元素,定义为:

$$G(x) = \prod_{i=0}^{2t-1}(x+\alpha^i) \tag{17-6}$$

【例 17.2】   在 GF(16) 中,$(15,11)$RS 码的码块长度 $n=2^m-1=2^4-1=15$ 个符号,消息符号的长度 $k=11$,校验符号的长度 $2t=16-11=4$,使用如表 17-2 的索引形式和十进制形式,校验码生成多项式为:

$$\begin{aligned}
G(x) &= (x+\alpha^0)(x+\alpha^1)(x+\alpha^2)(x+\alpha^3) \\
&= (x+1)(x+2)(x+4)(x+8) \\
&= x^4 + 15x^3 + 3x^2 + x + 12
\end{aligned}$$

当系数用索引形式表示时,校验码生成多项式可表示为:

$$G(x) = \alpha^0 x^4 + \alpha^{12} x^3 + \alpha^4 x^2 + \alpha^0 x + \alpha^6$$

3. RS 码的编码方法

如前所述,RS 编码实际上是计算消息码多项式 $M(x)$ 除以校验码生成多项式 $G(x)$ 后的剩余多项式 $R(x)$ 的系数。$R(x)$ 的系数可用多项式长除法得到,也可用其他方法计算。为便于理解 RS 码的纠错原理,下面用一个例子来说明,用解方程组的方法求解剩余多项式的系数。

【例 17.3】   在 GF(2^3) 域中,使用域元素表 17-1,计算 $(6,4)$ 的 RS 码。(注:RS 码是校验码、纠错码,因此常用 RS 校验码、RS 校验码符号、RS 纠错码等名称。)

由 RS$(6,4)$ 可知,$n=6,k=4,n-k=2t=2,t=1$。

假设 4 个消息符号为 m_3、m_2、m_1、m_0，消息符号多项式表示为：

$$M(x) = m_3 x^3 + m_2 x^2 + m_1 x + m_0 \tag{17-7}$$

RS(6，4)可纠正 $t=1$ 符号错误，它的校验码生成多项式为：

$$G(x) = \prod_{i=0}^{2t-1} (x + \alpha^i) = (x + \alpha^0)(x + \alpha^1)$$

假设 RS(6，4)校验码的 2 个符号为 Q_1 和 Q_0，剩余多项式 $R(x)$ 可表示为：

$$R(x) = Q_1 x + Q_0 \tag{17-8}$$

它的阶次 $G(x)$ 次少一阶。

将式 17-7 和式 17-8 代入 $M(x)x^{n-k} + R(x) = G(x)q(x)$，得到如下方程：

$$m_3 x^5 + m_2 x^4 + m_1 x^3 + m_0 x^2 + Q_1 x + Q_0 = (x + \alpha^0)(x + \alpha^1)q(x) \tag{17-9}$$

用 $x=\alpha^0$ 和 $x=\alpha^1$ 代入公式 17-9，得到下面的方程组：

$$\begin{cases} m_3 (\alpha^0)^5 + m_2 (\alpha^0)^4 + m_1 (\alpha^0)^3 + m_0 (\alpha^0)^2 + Q_1 (\alpha^0)^1 + Q_0 = 0 \\ m_3 (\alpha^1)^5 + m_2 (\alpha^1)^4 + m_1 (\alpha^1)^3 + m_0 (\alpha^1)^2 + Q_1 (\alpha^1)^1 + Q_0 = 0 \end{cases} \tag{17-10}$$

这个方程组称为校验方程组。整理后可以得到用矩阵表示成的校验方程组：

$$\begin{cases} H_Q \times V_Q^T = 0 \\ H_Q = \begin{bmatrix} (\alpha^0)^5 & (\alpha^0)^4 & (\alpha^0)^3 & (\alpha^0)^2 & (\alpha^0)^1 & 1 \\ (\alpha^1)^5 & (\alpha^1)^4 & (\alpha^1)^3 & (\alpha^1)^2 & (\alpha^1)^1 & 1 \end{bmatrix} \\ V_Q = \begin{bmatrix} m_3 & m_2 & m_1 & m_0 & Q_1 & Q_0 \end{bmatrix} \end{cases} \tag{17-11}$$

公式 17-10 可简写成：

$$\begin{cases} m_3 + m_2 + m_1 + m_0 + Q_1 + Q_0 = 0 \\ m_3 \alpha^5 + m_2 \alpha^4 + m_1 \alpha^3 + m_0 \alpha^2 + Q_1 \alpha + Q_0 = 0 \end{cases} \tag{17-12}$$

使用表 17-1，求解方程组可得到 RS 校验码符号 Q_1 和 Q_0 为：

$$\begin{cases} Q_1 = \alpha m_3 + \alpha^2 m_2 + \alpha^5 m_1 + \alpha^3 m_0 \\ Q_0 = \alpha^3 m_3 + \alpha^6 m_2 + \alpha^4 m_1 + \alpha m_0 \end{cases} \tag{17-13}$$

假设消息符号：$m_3 = 001 = \alpha^0$，$m_2 = 101 = \alpha^6$，$m_1 = 011 = \alpha^3$，$m_0 = 100 = \alpha^2$，代入公式 17-13 计算得到的校验码符号：$Q_1 = 101 = \alpha^6$，$Q_0 = 110 = \alpha^4$，这两个码就是 RS 码。

写入存储器或网上传输数据时，将消息和 RS 码一起发送，读出消息或接收消息时，用于检测和纠正错误的校验子(syndrome)可按公式 17-14 计算：

$$\begin{cases} S_0 = m_3 (\alpha^0)^5 + m_2 (\alpha^0)^4 + m_1 (\alpha^0)^3 + m_0 (\alpha^0)^2 + Q_1 (\alpha^0)^1 + Q_0 \\ S_1 = m_3 (\alpha^1)^5 + m_2 (\alpha^1)^4 + m_1 (\alpha^1)^3 + m_0 (\alpha^1)^2 + Q_1 (\alpha^1)^1 + Q_0 \end{cases} \tag{17-14}$$

使用前面的数据，计算得到的校验子 $s_0 = 0$，$s_1 = 0$。读出或接收时按同样的方法计算校验子，如果校验子为 0，表示没有错误，如果不为 0，表示有错并进行纠正。

17.3.3 RS 解码

RS 解码是检测和纠正错误符号的过程。RS 解码过程分三步：(1)使用与编码相同的 RS 码生成多项式计算校正子；(2)计算错误位置和错误值；(3)纠正错误。

现用 RS 编码时使用的例子和计算得到的 RS 码，介绍 RS 解码的纠错过程。校正子使用式 17-14，并简写为如公式 17-15 所示的方程组：

$$\begin{cases} s_0 = m_3 + m_2 + m_1 + m_0 + Q_1 + Q_0 \\ s_1 = m_3\alpha^5 + m_2\alpha^4 + m_1\alpha^3 + m_0\alpha^2 + Q_1\alpha + Q_0 \end{cases} \tag{17-15}$$

方程中的 α^i 可看成是消息符号 m_x 的位置,此处的 $i=0,1,\cdots,5$。

假定存入光盘的消息符号为 m_3、m_2、m_1、m_0,检验符号为 Q_1 和 Q_0,读出的消息符号为 $m_3{}'$、$m_2{}'$、$m_1{}'$、$m_0{}'$,校验符号为 $Q_1{}'$ 和 $Q_0{}'$。

(1) 计算 s_0 和 s_1。如果计算得到的 s_0 和 s_1 都为 0,则说明没有错误;如果计算得到的 s_0 和 s_1 不全为 0,则说明有错,进入下一步。

(2) 计算错误位置和错误值。s_0 和 s_1 不全为 0 说明有错,但不知道有多少个错,也不知道错在什么位置和错误值。如果只有一个错误,则问题比较简单。假设错误的位置为 α_x,错误值为 m_x,那么可通过求解下面的方程组,得知错误的位置和错误值:

$$\begin{cases} s_0 = m_x \\ s_1 = m_x\alpha_x \end{cases} \tag{17-16}$$

例如,计算得到 $s_0=\alpha^2$ 和 $s_1=\alpha^5$,解这个方程组可求得 $\alpha_x=\alpha^3$ 和 $m_x=\alpha^2$,说明错误的位置是 m_1,它的错误值是 α^2。

(3) 纠正错误。知道了错误位置、错误值和该位置的读出值,就可用 $m_1=m_1{}'+m_x$ 计算该位置的原始消息值。

如果计算得到的结果为 $s_0=0$ 和 $s_1\neq0$,则基本上可断定至少有两个错误。当然,出现两个以上的错误不一定都是 $s_0=0$ 和 $s_1\neq0$。如果出现两个错误,而又能设法找到出错的位置,那么这两个错误也可以纠正。例如,已知两个错误 m_{x1} 和 m_{x2} 的位置分别为 α_{x1} 和 α_{x2},那么求解下面的方程组就可知道这两个错误值:

$$\begin{cases} m_{x1} + m_{x2} = s_0 \\ m_{x1}\alpha_{x1} + m_{x2}\alpha_{x2} = s_1 \end{cases} \tag{17-17}$$

CD-ROM 采用的错误校正编码 CIRC 和里德-索洛蒙乘积码(Reed Solomon Product-like Code,RSPC)就是采用上述方法导出的。

17.4 CIRC 纠错技术

光盘存储器和数据通信信道一样,经常遇到的错误有两种:(1)随机错误:由随机干扰造成的错误,其特点是随机的和孤立的,干扰过后再读一次光盘,错误就可能消失;(2)突发错误:连续多位或连续多个符号出错,如盘片划伤、沾污或盘的缺陷造成的错误。

CIRC(Cross Interleaved Reed Solomon)纠错码综合了交叉、交插、交叉交插的 RS 编码技术,不仅能够纠正随机错误,而且对纠正突发错误特别有效。

17.4.1 交插概念

对纠错来说,分散的错误比较容易纠正,对一长串的连续错误就比较困难。正如我们读书看报,如果文中在个别地方出错,根据前后文就容易判断是什么错。如果连续错的字数比较多,就很难判断该处写的是什么。

例如,用 X 表示出现的错字,一种错误形式为"独在异乡 XXX,每逢佳节倍思亲",这是连续出现的错误;另一种错误形式为"独在异乡 X 异客,每 X 佳节倍思 X",这是分散出现的错误。比较这两种形式的错误,同样是 3 个错误,人们更容易更正后一种错误,更正之后为"独在异乡为异客,每逢佳节倍思亲"。

这个道理很简单,把这种思想用在数字记录系统中,对突发错误的更正非常有效。在光盘上记录数据时,如果把本该连续存放的数据错开放,当出现一片错误时,读出软件可这些错误就分散到各处,这种技术就称为交插(interleaving)或交织技术。例如:

$$B_1 = (a_2 a_1 a_0 P_1 P_0) \qquad a_2 \quad a_1 \quad a_0 \quad P_1 \quad P_0$$

3 个(5,3)码块:$B_2 = (b_2 b_1 b_0 Q_1 Q_0)$,排成 3 行:$b_2 \quad b_1 \quad b_0 \quad Q_1 \quad Q_0$

$$B_3 = (c_2 c_1 c_0 R_1 R_0) \qquad c_2 \quad c_1 \quad c_0 \quad R_1 \quad R_0$$

排列方式有多种,下面是其中的几种:

连续排列	a_2	a_1	a_0	P_1	P_0	b_2	b_1	b_0	Q_1	Q_0	c_2	c_1	c_0	R_1	R_0
交插排列	a_2	b_2	c_2	a_1	b_1	c_1	a_0	b_0	c_0	P_1	Q_1	R_1	P_0	Q_0	R_0
连续错 3 个	a_2	b_2	c_2	a_1	b_1	c_1	a_0	X	X	X	Q_1	R_1	P_0	Q_0	R_0
读出后重新排列	a_2	a_1	X	P_1	P_0	b_2	b_1	X	Q_1	Q_0	c_2	c_1	X	R_1	R_0

从这个例子可以看到,对连续排列,一个码块只能纠正一个错误。而交插记录后,读出的 3 个连续错误将分散到 3 个码块,每个码块可以纠正 1 个错误,总计可以纠正 3 个连续的错误。

17.4.2 交叉交插

交叉交插(cross-interleaving)编码是交插的变型,有实际的应用价值。现用下面的例子说明这种交叉交插的概念。

【例 17.4】 假设存储 12 个符号$(a_2, a_1, a_0, b_2, b_1, b_0, c_2, c_1, c_0, d_2, d_1, d_0)$,交叉交插步骤如下:

(1) 用(5,3)码编码器 C_2 生成 4 个码块:

$$B_1 = (a_2 a_1 a_0 P_1 P_0)$$
$$B_2 = (b_2 b_1 b_0 Q_1 Q_0)$$
$$B_3 = (c_2 c_1 c_0 R_1 R_0)$$
$$B_4 = (d_2 d_1 d_0 S_1 S_0)$$

(2) 交插后用(6,4)码编码器 C_1 生成 5 个码块:

$$a_2 \quad b_2 \quad c_2 \quad d_2 \quad T_1 \quad T_0$$
$$a_1 \quad b_1 \quad c_1 \quad d_1 \quad U_1 \quad U_0$$
$$a_0 \quad b_0 \quad c_0 \quad d_0 \quad V_1 \quad V_0$$
$$P_1 \quad Q_1 \quad R_1 \quad S_1 \quad W_1 \quad W_0$$
$$P_0 \quad Q_0 \quad R_0 \quad S_0 \quad X_1 \quad X_0$$

(3) 再交插,交插的码块数可以是 2、3、4 或 5。以交插 2 个码块为例:

$$a_2\ a_1\ b_2\ b_1\ c_2\ c_1\ d_2\ d_1\ T_1\ U_1\ T_0\ U_0\ a_0\ P_1\ b_0\ Q_1\ c_0\ R_1\ d_0\ S_1 \cdots$$

（4）最后一个码块不配对，可以和下一个码块配对。

这种编码技术用了两个编码器 C_2 和 C_1。C_2 对原码块进行编码得到（5,3）码块，交插后生成由 4 个符号组成的码块，码块中的符号是交叉存放的，再用（6,4）编码器 C_1 去编码。

CIRC 首先应用在激光唱盘系统中。声音信号的采样率为 44.1kHz，每次采样有两个 16 位的样本，一个来自左声道，一个来自右声道，每个样本用两个 $GF(2^8)$ 域中的符号表示，因此每次采样共有 4 个符号。

为了纠正可能出现的错误，每 6 次采样共 24 个符号构成 1 帧，称为 F_1 帧（F_1-Frame）。用一个称为 C_2 的编码器对这 24 个符号产生 4 个 Q 校验符号：Q_0、Q_1、Q_2 和 Q_3。24 个声音数据加上 4 个 Q 校验符号共 28 个符号，使用 C_1 编码器对这 28 个符号产生 4 个 P 校验符号：P_0、P_1、P_2 和 P_3。28 个符号加上 4 个 P 校验符号共 32 个符号构成的帧称为 F_2 帧。F_2 帧加上 1 个字节（符号）的子码共 33 个符号构成的帧称为 F_3 帧。

在实际应用中，可对前面介绍的交插技术略加修改，执行交插时不是交插包含有 k 个校验符的码块，而是交插一个连续序列中的码符，这种交插技术称为延时交插。延时交插之后还可用交叉技术，称为延时交叉交插技术。CD 存储器中的 CIRC 编码器[4] 采用了 $4 \times F_1$ 帧的延时交插方案。1 帧延时交插可纠正连续 $4 \times F_1$ 帧的突发错误。$4 \times F_2$ 帧的延时交插可纠正连续 $16 \times F_1$ 帧突发错误，相当于大约 $14 \times F_3$ 帧的突发错误。$1 \times F_3$ 帧经过 EFM 编码后产生 588 位通道位，1 位通道位的长度折合成 $0.277\mu m$ 的光道长度，$14 \times F_3$ 帧突发错误长度相当于

$$[(16 \times (24+4))/33] \times 588 \times 0.277 \approx 2.2mm$$

换句话说，CD-DA 光盘上采用的 CIRC 技术能纠正在 2.2mm 光道上连续存放的 448 个错误符号，相当于连续 224 个汉字错误可以得到纠正。

17.5　RSPC 码

按 ISO/IEC 10149（ECMA-130）[4] 规定，CD-ROM 扇区中的 ECC 码采用 $GF(2^8)$ 域上的 RSPC 码，产生 172 个字节的 P 校验和 104 个字节的 Q 校验。RS 码采用本原多项式为：

$$P(x) = x^8 + x^4 + x^3 + x^2 + 1$$

和 $\alpha = (00000010)$ 构造 $GF(2^8)$ 的域元素，这已经在上节作了介绍。

在 CD-ROM 的每个扇区中，字节 12～2075 和 ECC 域（字节 2076 到 2351）共 2340 个字节组成 1170 个字（word）。每个字 $s(n)$ 由两个字节 B 组成，一个称为最高有效位字节（MSB），另一个称为最低有效位字节（LSB）。第 n 个字由下面的字节组成：

$$s(n) = MSB[B(2n+13)] + LSB[B(2n+12)]$$

其中 $n = 0, 1, 2, \cdots, 1169$。

从字节 12 开始到字节 2075 共 2064 个字节组成的数据块排列成 24×43 矩阵，如图 17-3 所示。矩阵中的元素是字。这个矩阵要把它想象成两个独立的矩阵才比较好理解和分析，一个是由 MSB 字节组成的 24×43 矩阵，另一个是由 LSB 字节组成的 24×43 矩阵。

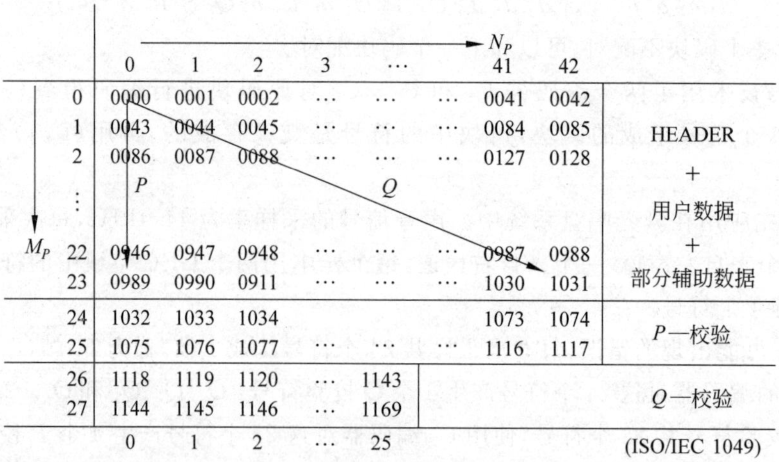

图 17-3　RSPC 码计算用数据阵列

1. P 校验符号用 $(26, 24)$ RS 码产生

43 列的每一列用矢量表示,记为 $\boldsymbol{V}_p$。每列有 24 个字节的数据再加 2 个字节的 P 校验字节,用下式表示:

$$
\boldsymbol{V}_P =
\begin{bmatrix}
s(43 * 0 + N_P) \\
s(43 * 1 + N_P) \\
s(43 * 2 + N_P) \\
s(\cdots) \\
s(43 * M_P + N_P) \\
s(\cdots) \\
s(43 * 22 + N_P) \\
s(43 * 23 + N_P) \\
s(43 * 24 + N_P) \\
s(43 * 25 + N_P)
\end{bmatrix}
\qquad
\begin{aligned}
&其中, \\
&N_P = 0,1,2,\cdots,42 \\
&M_P = 0,1,2,\cdots,25 \\
&s(43 * 24 + N_P) \text{ 和 } s(43 * 25 + N_P) \text{ 是 } P \text{ 校验字节}
\end{aligned}
$$

对这列字节计算得到的是两个 P 校验字节。两个 P 校验字节加到 24 行和 25 行的对应列上,这样构成了一个 26×43 的矩阵,并且满足方程

$$
\boldsymbol{H}_P \times \boldsymbol{V}_P = 0
$$

其中 $\boldsymbol{H}_p$ 校验矩阵为:

$$
\boldsymbol{H}_P =
\begin{bmatrix}
1 & 1 & \cdots & 1 & 1 & 1 \\
\alpha^{25} & \alpha^{24} & \cdots & \alpha^2 & \alpha^1 & 1
\end{bmatrix}
$$

2. Q 校验符号用 $(45, 43)$ RS 码产生

增加 P 校验字节后得到了一个 26×43 矩阵,将该矩阵的对角线元素重新排列后得到一个新的矩阵,其结构如图 17-4 所示。

每条对角线上的 43 个 MSB 字节和 LSB 字节组成的矢量记为 $\boldsymbol{V}_Q$,$\boldsymbol{V}_Q$ 在 26×43 矩阵中变成行矢量。第 N_Q 行上的 $\boldsymbol{V}_Q$ 矢量包含的字节如下:

(ISO/IEC 10149:1989)

图 17-4　Q 校验符号计算用数据阵列

$$
\mathbf{V}_Q =
\begin{bmatrix}
s(44 * 0 + 43 * N_Q) \\
s(44 * 1 + 43 * N_Q) \\
s(44 * 2 + 43 * N_Q) \\
s(\cdots) \\
s(44 * M_Q + 43 * N_Q) \\
s(\cdots) \\
s(44 * 41 + 43 * N_Q) \\
s(44 * 42 + 43 * N_Q) \\
s(43 * 26 + N_Q) \\
s(44 * 26 + N_Q)
\end{bmatrix}
$$

其中,
$N_Q = 0,1,2,\cdots,25$
$M_Q = 0,1,2,\cdots,42$
$s = (43 * 26 + N_Q)$ 和
$s = (44 * 26 + N_Q)$ 是 Q 校验字节

$\mathbf{V}_Q$ 中的 $(44 * M_Q + 43 * N_Q)$ 字节号运算结果要做 $\mathrm{mod}(1118)$ 运算。用 $(45,43)$RS 码产生的两个 Q 校验字节放到对应 $\mathbf{V}_Q$ 矢量的末端,并且满足下面的方程:

$$\mathbf{H}_Q \times \mathbf{V}_Q = 0$$

其中 $\mathbf{H}_Q$ 校验矩阵为:

$$
\mathbf{H}_Q =
\begin{bmatrix}
1 & 1 & \cdots & 1 & 1 & 1 \\
\alpha^{44} & \alpha^{43} & \cdots & \alpha^2 & \alpha^1 & 1
\end{bmatrix}
$$

$(26,24)$RS 码和 $(45,43)$RS 码可纠正出现在任何一行和任何一列上的一个错误,并且能相当可靠地检测出行、列中的多重错误。如果在一个阵列中出现多重错误,可用称为 Layered ECC 技术取消,它的核心思想是交替执行行纠错和列纠错。

练习与思考题

17.1　CRC 用于检测错误还是纠正错误?

17.2　用自己的语言说明错误检测的思想。

17.3　什么叫作突发错误?

17.4　码块长度为 n,码块中的信息长度为 k,问 (n,k)RS 码本身能纠正多少个错误?

17.5　要纠正 1 个符号的错误,至少需要附加多少个校验符?

17.6 解释 RS(223，32)的含义(n，k，t)，能纠正多少个错误？

17.7 消息数据为(1，5，3，4)，用长除法计算(6，4)的 RS 码。

17.8 CD 存储器使用 CIRC 编码技术能纠正突发错误的最大长度（按汉字字符数估算）。

参考文献和站点

[1] ISO/IEC 908. Compact Disc Digital Audio System，1987.

[2] ISO 9660. Volume and File structure of CD-ROM for Information Interchange，1988.

[3] ISO/IEC 10149. Data Interchange on Read Only 120mm Optical Data Disks (CD-ROM)，1989.

[4] Data interchange on read-only 120mm optical data disks (CD-ROM). Standard ECMA-130，2nd Edition-June 1996.

[5] Scott A. Vanstone and Paul C. van Oorcshot. An Introduction Error Correcting Codes with Application. Kluwer，Academic Publishers，1989.

[6] Philips and Sony. System Description CD-ROM XA Compact Disk Read Only Memory extended Architecture，May，1991.

[7] Philips and Sony Corporation. CD-I Full Functional Specification，1993.

[8] C. K. P. Clarke. Reed-Solomon Error Correction. BBC Research & Development White Paper WHP 031，Jan 2002. http://downloads.bbc.co.uk/rd/pubs/whp/whp-pdf-files/WHP031.pdf.

[9] Aby Sebastian & Kareem Bonna（Under Prof. Predrag Spasojevic）. Reed-Solomon Encoder and Decoder. https://content.sakai.rutgers.edu/access/content/user/ak892/Reed-SolomonProjectReport.pdf，2012.

第三部分

多媒体网络

  多媒体网络(multimedia internet)和应用一直是科学研究和应用开发的热门课题。进入 21 世纪后,实时互动的应用和开发重点转向使用计算机网络。由于计算机网络具有存储资源和互动功能,于是有线电话网络、有线电视网络、移动通信网络纷纷连接到计算机网络,形成了以计算机网络为核心的多媒体网络,让数以亿计的用户在任何时间和任何地点都能享受多媒体网络提供的服务。

  多媒体网络是技术最先进、等级最高的互联网络。理解多媒体网络和多媒体应用开发的有效方法是从构建互联网络的基础技术开始,因此本篇介绍互联网络和因特网接入两个部分的基础技术,将支持多媒体应用开发的技术融入各章节。互联网络部分主要介绍网络模型和各层的通信协议,难点是涉及众多理论和技术的链路层和物理层。因特网接入部分主要介绍有线宽带接入、无线宽带接入和移动宽带接入的基础技术。本篇最后介绍多媒体的传输技术。

第 18 章　多媒体网络介绍

多媒体网络是指能支持实时语音和视像的高速互联网络。多媒体网络是互联网络,但不能说互联网络是多媒体网络。早期的互联网络应用主要是基于文字的应用,从 20 世纪 90 年代中期开始出现 Web 浏览器后,尤其是搜索引擎的出现,互联网络上的应用开始发生巨变。进入 21 世纪后,多媒体计算技术和互联网络技术的汇集速度明显加快,互联网络上的多媒体应用蓬勃发展。多媒体应用和基于文字的应用有相当大的差别,前者把声音和视像的质量放在第一位,后者把可靠性放在第一位。本章将介绍多媒体网络的概念、互联网络上的多媒体应用以及多媒体应用对互联网络提出的服务质量要求。

18.1　多媒体网络的概念

18.1.1　多媒体网络是什么

多媒体互联网络(multimedia internet)、多媒体网络(multimedia network)、多媒体网络技术(multimedia networking)这些术语在科技文献和教学材料中频繁出现,它们的内涵都是相同的,但还未看到"什么是什么"的严格定义。笔者曾将多媒体网络定义为,多媒体网络是用传输媒体把计算机和相关设备连接在一起的高速计算机网络,用于为用户提供包括数据、声音和影视在内的多媒体内容服务。

这个定义强调两点:(1)"多媒体网络是计算机网络",因为计算机网络具备多媒体的存储和互动两大功能,而传统的公众电话网络、电视网络和移动网络都没有这些功能,它们只是作为将固定或移动设备接入到计算机网络的接入网(access network);(2)"多媒体网络是高速计算机网络",因为只有高速计算机网络才能处理实时语音和视像媒体。

18.1.2　多媒体网络结构

现有的三大网络是公共交换电话网络(PSTN)、有线电视网络(CATV)和移动电话网络(mobile network),用户迫切希望通过这三大网络接入到因特网,使因特网从资源共享、数据通信发展到多媒体通信。为便于叙述和教材内容的组织,将因特网和三大网络组成的网络称为多媒体网络,如图 18-1 所示。如果将"多媒体作品制作""数据压缩和编码""多媒体光盘发行""多媒体网络"整合在一起,就构成一个完整的多媒体系统。

多媒体网络的标志是支持实时多媒体(real-time multimedia),这是互联网络发展的方向,是互联网络发展的强大推动力,是科学技术人员数十年来为之奋斗的目标。

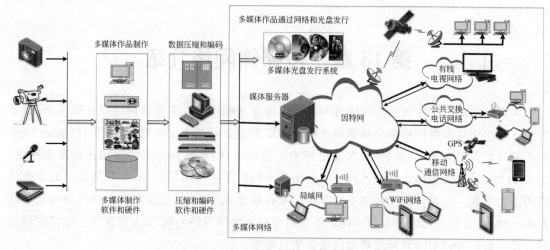

图 18-1　多媒体系统中的多媒体网络结构

18.2　互联网络上的常见用语

从 2010 年开始,尤其是智能手机等移动设备接入到因特网后,出现了许多技术性很强的用语,了解这些用语的含义,有助于理解后续章节的内容。

18.2.1　网络媒体

网络媒体(networked media)[①],也称数字媒体(digital media),实际上就是网络上传输的多媒体(networked multimedia)的简称。大约在 2010 年以前,网络媒体主要是指计算机网络上的多媒体,用于与传统的广播媒体和印刷媒体相区别。随着无线通信网络接入到计算机网络,网络媒体的概念也随之扩充,移动多媒体也是网络媒体。

网络多媒体不是最近几年出现的术语,早在 1995 年瑞士就出版了《了解网络多媒体》(Understanding Networked Multimedia)的书,近年来国内高校还开设了"网络多媒体计算"的课程和实验室。网络多媒体作品和系统也不陌生,例如,多媒体网页(内嵌音乐、解说、图像、动画或视像),即时通信(微信、QQ、facebook),2012 开始兴起的大型开放在线课程(massive open online courses,MOOC),网上电视会议,现场实况网上转播或重播,多媒体邮件(multimedia Email),尤其是最近几年开发并极其流行的移动应用软件(mobile app)简称为App 或 APP,这些都是网络媒体。从这些移动或不移动的多媒体应用软件来看,应该可以说,网络媒体是以网络为载体的组合文图声像的信息传播媒体。

18.2.2　移动互联网

从网络结构上看,移动互联网(mobile internet)是指与因特网相连的无线通信网络,如图18-2 所示。移动互联网实际上是因特网的接入网络,其真实含义是,通过移动电话服务公司

---

① 　网络媒体(Network media)是指用于计算机网络设备的通信通道。

和网络服务提供商(ISP),把用户的移动设备接入到因特网。在过去的年代里,移动通信网络和计算机网络没有交集,都在各自的方向发展。移动通信网络具有移动功能,而计算机网络具有强大的计算和存储功能,随着软硬件技术的发展,加上计算机网络有巨大的资源可利用,这就加快了无线通信网络接入因特网的速度。

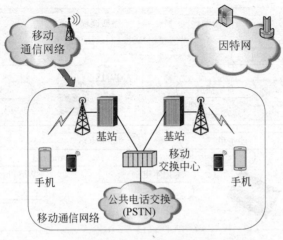

图 18-2　移动互联网的结构

18.2.3　移动万维网

万维网(Web)是在因特网基础上运行的全球性分布式多媒体信息系统,传统访问万维网的方法是,用户使用台式机或笔记本电脑通过固定的有线或无线电路去访问。随着宽带无线接入技术和移动终端技术的飞速发展,人们迫切希望能够使用移动电话或袖珍装置,随时随地乃至在移动过程中都能从万维网上获取信息服务。由于移动设备上的计算机的处理能力比台式机的处理能力低,显示屏比台式机的显示屏小很多,因此万维网的网页设计要修改,以适应移动设备,于是就出现了移动万维网(Mobile Web)这个术语。移动万维网实际上是指使用移动设备访问万维网,而不是另外一种万维网。

这个术语译成"移动万维网"比"移动互联网"更确切,因为移动万维网是信息系统,而移动互联网是网络系统。不过,笼统地把它称为"移动互联网"或"移动网络"也未尝不可。

最早接入互联网和访问万维网的手机是总部在芬兰的诺基亚公司 1996 年开发的手机,Nokia 9000 Nokia 9000 Communicator。用于手机访问万维网的第一个浏览器出现在 1999年,在这期间 W3C 成立了专门的标准化工作组,启动了移动万维网标准的开发。

18.2.4　移动多媒体

移动多媒体(mobile multimedia)是指通过移动设备访问的多媒体,如通过手机观看的图文并茂的新闻、教学课件、娱乐节目、现场直播等。如图 18-3 所示,上半部分是移动多媒体软件,下半部分是移动多媒体设备,合在一起常被称为移动媒体。像智能手机那样,移动设备实际上是一个功能强大的手持式多媒体电脑,并安装有各种传感器,如摄录像机用的图像传感器、全球卫星定位系统(GPS)信号接收器等。

移动多媒体软件分成两类：（1）在智能手机和其他移动设备上呈现多媒体内容的软件；（2）用手机浏览器呈现的微型作品。最流行的作品莫过于嵌入有音乐或影视的多媒体作品。有些作品可下载并存储到手机上，可供在没有或无线电信号很弱的环境下使用。

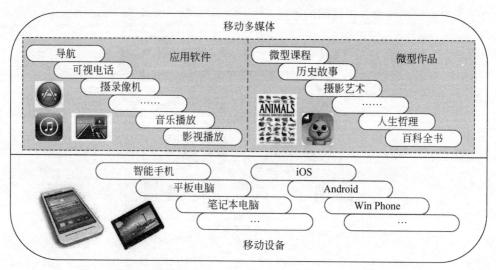

图 18-3　移动媒体（Networked media＋Network media）

移动多媒体与存储在台式机或光盘上的多媒体有许多不同的地方。例如，观看实况转播时，在显示屏上看到的画面质量与你的网络带宽密切相关；使用即时通信软件交谈时，要求网络单向延迟时间不能超过 400 毫秒。

18.2.5　多媒体网络技术

"多媒体网络技术（multimedia networking）"是一个涵盖"网络"和"应用"的术语。

多媒体网络技术是网上实时传输多媒体数据（multimedia data）的方法，以便不同用户在不同设备上能够共享多媒体资源。其中，（1）"多媒体数据"是指组合文图声像的数据，尤其是声音和影视数据；（2）"实时传输"可简单理解为接收数据与发送数据几乎同时完成，如现场实况广播，视频聊天；（3）"方法"集中体现在协议中，协议是为各种功能部件的行为制定的一系列规则和标准，以实现计算机之间的互连和数据交换。为传输多媒体数据开发的核心协议包括实时传输协议（RTP）、实时控制协议（RTCP）、资源保留设置协议（RSVP）、实时流媒体播放协议（RTSP）、会话启动协议（SIP）等；此外，为了把静态用户和移动设备通过接入网络连接到因特网，还开发了许多专门的网络接入协议。

多媒体网络技术应用（multimedia networking application）是指需要网络支撑的多媒体应用软件，主要是指万维网应用软件（Web application 或 Web app）。Web app 是在 Web 浏览器上运行的计算机程序，是综合使用多种语言创建的，如 HTML、XML、JavaScript，并用 Web 浏览器呈现多媒体的内容。对于终端用户来说，由于每台计算机都有 Web 浏览器，使用很方便，应用软件不需要客户维护，因此这类应用软件极其普遍。

与 Web app 类似的一个术语是移动设备上运行的移动应用软件（mobile app），是针对智能手机等移动设备开发的计算机程序。移动应用软件通常通过 2008 年开始出现的软件发行平台获取。这种发行平台称为移动应用商店,如苹果公司的应用软件商店(Apple App Store)、谷歌的应用商店(Google Play Store)、微软的应用商店(Windows Phone Store)。这些应用软件往往需要用户下载、安装和维护。

18.3 互联网络上的多媒体应用

多媒体在网上以数据流的形式出现,因此也称为流媒体。传输流媒体的方法有两种:(1)使用标准的 Web 服务器,把声音数据和电视数据直接传输到媒体播放器;(2)使用单独的流媒体服务器,把声音数据和电视数据传输到媒体播放器,它比前者史灵沽更有效。

本节先介绍网上多媒体的典型应用,然后介绍在网上流媒体的传输方法。

18.3.1 多媒体的典型应用

人们已经发明了许多富有创造性的网络应用,如万维网、文件传输、电子邮件、网络广播、远程访问、远程教学、远程医疗、电视会议、网络电话、网上聊天、即时通信、网络游戏、音乐点播、影视点播等。这些应用有一个共同点,就是要按照网络互联协议(Internet Protocol,IP)规定的格式,把多媒体数据打成包,然后在网络上传送。因为 IP 是互联网络的核心协议,因此许多应用都在其前面加 IP,如 IP+TV=IPTV。鉴于"IP"的中文译名太长,因此下面介绍的应用采用了人们容易理解或商业色彩较浓的名称。

1. 网络广播

网络广播(webcast)是单个 Web 网站通过互联网向许多用户连续呈现内容的过程。网络广播是最流行的多媒体应用之一,在多媒体内容分发的应用中得到极其广泛的应用,如每日新闻、实况转播、影视播放、报刊发行和软件销售等。

2. 网络电话

网络电话是 IP 电话(IP telephony)转译而来的术语。IP 电话是使用 IP 协议在数据包交换网络上进行的通话,就像人们在传统的线路交换电话网络上相互通话一样。IP 电话可提供的通话形式包括计算机与计算机之间、计算机与电话机之间和电话机与电话机之间的通话。IP 电话需要将模拟声音信号转换成数字声音信号,然后将它们封装成数据包以便在 IP 网络上传输。IP 电话需要收发双方使用执行会话启动协议(Session Initiation Protocol,SIP)、ITU-T H.323 或其他标准的相同或兼容的软硬件。在英语中,IP 电话的同义词是 VoIP (Voice over Internet Protocol)和 Internet telephony。

3. 电视会议

电视会议是 IP 电视会议(IP video conferencing)转译而来的术语。IP 电视会议是参加同一个会议但分散在不同地方的成员之间,使用 IP 协议在数据包交换网络上传输图像和声音的会议。20 世纪 80 年代的电视会议(video conferencing)使用广角摄像机和大型监视器,利用卫星线路传输模拟电视信号。现在开发的电视会议可通过局域网、广域网、因特网传输压缩的数字图像和声音数据来实现,采用标准包括:(1)ITU H.264 可变视像速率(Scalable Video Coding,SVC)标准;(2)IETF 开发的会话启动协议(SIP)。

国际电信联盟(ITU)曾经为电视会议制定了许多标准,例如:(1)20 世纪 90 年代开发的电视会议采用 H.320 标准,定义了通信的建立、数字电视图像和声音编码器的算法,运行在综

合业务数字网(ISDN)上,在 56kbps 传输率的通信信道上,支持视像速率比较低的电视图像;
(2)在局域网上的桌面电视会议,采用 H.323 标准,它是使用数据包交换的多媒体通信系统;
(3)在电话网上的桌面电视会议,使用调制解调器,采用 H.324 标准。

4. 网络电视

网络电视是 IP 电视 (Internet Protocol Television,IPTV)转译而来的术语。IPTV 是使用 IP 协议在数据包交换网络上传输的电视。IPTV 提供两种服务方式:(1)广播方式:使用 IP 多目标广播技术(IP multicasting)向用户传输实况转播的 MPEG 数据流;(2)点播方式:使用与单目标广播技术(unicasting)类似的技术,向用户传输存储器中的 MPEG 数据流。用户可使用调制解调器获得包括数字电视在内的多种服务。

5. 影视点播

影视点播(video on demand,VoD)是使用 IP 协议在数据包交换网络上提供的影视服务,允许用户自己选择影视节目。存放在服务机上压缩的影视文件可以是教师的讲课、整部电影、预先录制的电视片、新闻纪录片、历史事件档案片、卡通片和音乐电视片等。VoD 的播放控制和操作方式与录像机类似,如播放、暂停、快进、快退等。每当用户请求观看影视时,VoD 系统就把影视节目传送给用户的接收和显示装置,可不必购买录像带、VCD 或 DVD 盘,节目存放在影视库中。VoD 也称交互电视(interactive television)。

6. 声音点播

声音点播(audio on demand,AoD)是使用 IP 协议在数据包交换网络上提供的语音服务,客户请求传送经过压缩并存放在服务机上的声音文件,如摇滚乐、交响乐、无线电广播档案文件和历史档案记录。客户在任何时间和任何地方都可以从声音点播服务器中读取声音文件。使用点播软件时,在用户启动播放器几秒钟之后就开始播放,一边从服务机上下载一边播放,而不是在整个文件下载之后开始播放,这种特性被称为流放(streaming)。许多这样的产品也为用户提供交互功能,如播放、暂停、快进、快退、重新开始和跳转等。如果要强调播放的文件是音乐文件,则可用"音乐点播(music on demand)"这个术语。

7. 远程教育

远程教育(distance education)或远程学习(distance learning)是通过网络、卫星、电视、光盘、录音带或录像磁带等手段获得教育和培训方法的过程。学习的内容可通过网络、CD-ROM、DVD-ROM 或卫星电视等手段得到。远程学习也称电子学习(e-learning)。

远程教育技术已经历好几代。当代的远程教育主要是使用 IP 网络的在线学习系统,这种系统是综合使用网络电视、网络电话、影视点播、声音点播等技术提供的服务,尤其是网络电视提供的服务。使用多媒体网络,学生可在任何地方、任何时间,向不同地域的任何人同步或异步学习,可利用任何多媒体资源进行学习,也可通过做和发现来学习。远程学习并不排除传统的面对面教学,恰恰相反,远程学习是传统教学方式的重要补充,这是当代教育的方向。

在以上介绍的典型应用中,多媒体内容几乎都是以"水流"那样的形式在网上传输。

18.3.2 流媒体与媒体流

流媒体(streaming media)是多媒体,媒体流(media streaming)是多媒体的连续传输。就像电视广播(television broadcasting)那样,多媒体通过有线或无线传输图像和声音,因此笔者将 streaming 译为传输或流播。最早开发网上传输多媒体软件的公司是 RealNetworks,1995

年 8 月开发了传输声音流的软件,1997 年 2 月开发了传输影视流的软件。

1. 流媒体是什么

流媒体是一边发送一边接收的多媒体。流媒体的前期制作与数字广播电视节目的制作类似,同样要通过摄像、压缩和编码,最后生成多媒体文件。声音媒体流用声音编码器生成,如MP3;视像媒体流用视像编码器生成,如 H. 264/AVC、H. 265/HEVC;声音和图像使用多媒体封装格式汇编在一起,生成流媒体格式的文件,如 MP4(MPEG-4)、RMVB(RealMedia variable bitrate)、FLV(Flash Video)、ASF(Advanced Systems Format)。

2. 流媒体的传输

在如图 18-4 所示的流媒体传输系统中,担当多媒体数据源角色的服务机需安装专门的流媒体服务器软件(streaming server),担当接收角色的设备需要安装专门的媒体播放器。多媒体的传输要求稳定和连续,因此要求网络提供足够的带宽。

为便于网络互联,早期的网络设计师将因特网分成若干层,从顶层到底层分别称为应用层、传输层、网络层和物理层。图 18-4 中的 RTP(实时传输协议)、UDP(用户数据包协议)和IP(网际协议)是用于传输流媒体的一组协议;RTSP(实时流传输协议)、TCP(传输控制协议)和 IP 协议是用于控制流媒体传输的一组协议。这些协议将在后续章节中介绍。

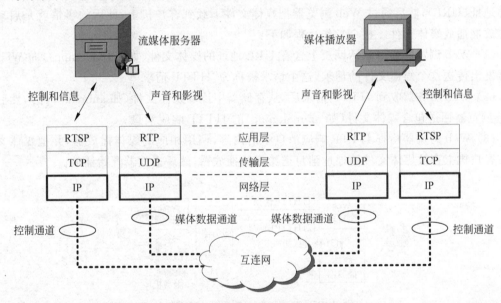

图 18-4　流媒体传输系统示意图

流媒体从流媒体服务器流到网络之前,执行 RTP、UDP 和 IP 协议的软件负责流媒体的封装,每执行一个协议就封装一次,俗称"层层打包";流媒体通过网络之后到达媒体播放器之前,执行 IP、UDP 和 RTP 协议的软件负责层层拆包。由于流媒体在传输过程中,沿途路况复杂,因此要求播放器尽可能消除画面或声音不连续的现象。

收发两端的 IP 协议是相同的,在网路上传输数据都要使用它。在发送端,执行 IP 协议的软件把来自 TCP 和 UDP 协议装配的消息,转换成包含目的地地址的数据包;在接收端,执行IP 协议的软件把数据包还原成发送端的 TCP 和 UDP 协议装配的消息。

流媒体的播放有"推"和"拉"两种方式。推送(push)方式是将流媒体直接发送给接收者的传输方式,就像常规的电视频道那样,如现场直播(live streaming);下拉(pull)方式是接收者请求发送者将流媒体发送给自己的传输方式,就像我们到图书馆借书那样,这种方式就是点播(on-demand)。

18.3.3　流媒体的播放方法

流媒体播放方法有好几种,下面介绍其中的三种。

1. 先下载后播放——用 Web 服务器实现

英文术语 Web server 可指"Web 服务器"软件,也可指"Web 服务机"。(1) Web 服务器是执行 HTTP 协议的服务软件,也称 HTTP 服务器。HTTP 是 Web 服务器和 Web 浏览器之间的通信协议。当浏览器向服务器发出请求时,服务器就向其提供用超文本标记语言(HTML)编写的文档和其他相关文件;(2)Web 服务机是指安装有 Web 服务器软件的计算机,包括硬件系统、操作系统和其他应用软件。同样,client 也可指"客户器"软件和"客户机"硬件。

如图 18-5 所示,客户机获取多媒体文件的最简单方法是先把声音或影视文件放到 Web 服务机上,在 Web 服务机上创建包含媒体文件所在地址的网页,媒体文件所在地址称为统一资源地址(URL),然后通过 Web 浏览器把媒体文件下载到客户机上,此后的事情就是启动媒体播放器播放媒体文件。整个工作过程如下:

(1) Web 浏览器通过激活网页上含有 URL 地址的媒体文件(如 animal.mpg),向 Web 服务器发出传送这个媒体文件的请求,这个请求被称为"HTTP 请求";

(2) Web 服务器收到 HTTP 请求后,从存储器中读取媒体文件(如 animal.mpg),然后向 Web 浏览器回送包含媒体文件(如 animal.mpg)的 HTTP 响应消息;

(3) Web 浏览器检查 HTTP 响应消息中的内容,调用相应的媒体播放器,并把媒体文件或在客户机上存放媒体文件的地址消息送给媒体播放器,然后播放器开始播放。

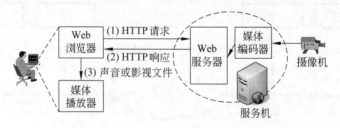

图 18-5　使用 Web 服务器先下载后播放的多媒体播放过程

使用这种方法传送多媒体节目虽然简单,但存在一个比较大的问题,就是延迟时间长。因为媒体播放器必须通过第三者——Web 浏览器才能从 Web 服务器上得到媒体文件,而且 Web 浏览器需要把整个文件从 Web 服务器下载到客户机后,再把它传送给媒体播放器。即使多媒体文件不算大(如 10MB),在传输过程中引入的延迟也很难接受,除非你不着急。由此想到的改进方法是去掉中间环节,这就是下面介绍的边流边播的方法。

2. 边流边播——用 Web 服务器实现

使用 Web 服务器实现边流边播的播放系统如图 18-6 所示,预先要做的事情包括:

(1) 将声音和影视数据压缩成适合特定网络带宽的单个媒体文件;

（2）将媒体文件和它的播放说明文件（presentation description file）放到 Web 服务机上；

（3）在 Web 服务机上创建包含媒体文件所在地址（URL）的网页。

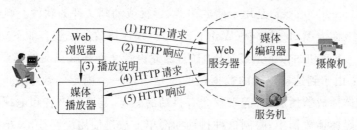

图 18-6　使用 Web 服务器的流媒体播放过程

边流边播的工作过程如下：

（1）通过激活 Web 网页上含有 URL 地址的媒体文件，Web 浏览器就向 Web 服务器发出传送这个媒体文件的 HTTP 请求；

（2）Web 服务器收到 HTTP 请求后，向 Web 浏览器回送 HTTP 响应消息。这个消息不包含媒体文件本身，而包含播放说明文件，其中含有媒体文件所在的实际地址（URL）；

（3）Web 浏览器检查 HTTP 响应消息中的内容类型，然后调用相应的媒体播放器，并把 HTTP 响应消息中的播放说明文件传送给媒体播放器；

（4）媒体播放器向 Web 服务器发出传送媒体文件的 HTTP 请求消息；

（5）Web 服务器通过 HTTP 响应消息把媒体文件传给媒体播放器，然后就边流边播。

使用这种方法传送流媒体的好处是没有中间环节，但依然要使用 Web 服务器，与它互动的性能令人不满，如暂停、快放、慢放和重放等，因此这种播放系统不宜推荐。

3. 边流边播——用流媒体服务器实现

使用流媒体服务器构成的播放系统示意图如图 18-7 所示。开始的几个步骤与使用 Web 服务器的步骤类似，不同的是不把媒体文件放在安装有 Web 服务器的服务机上，而是放在安装有流媒体服务器的服务机上，但包含媒体文件所在地址（URL）的网页仍然要放到 Web 服务机上。流媒体服务器是用于传输声音和影视文件的专用软件，如 Real System Servers、QuickTime Streaming Server 和 Windows 200X Sever 中的 Windows Media Services。顺便提及，Web 服务器和流媒体服务器也可放在同一台服务机上。

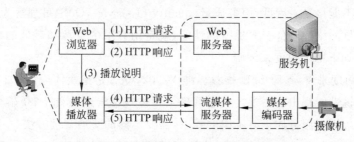

图 18-7　使用流媒体服务器的流媒体播放过程

在这种播放系统中，媒体播放器接到 Web 浏览器的播放说明文件后，直接与流媒体服务器打交道，媒体播放器和流媒体服务器之间建立连接后就可边流边播。

18.3.4　媒体播放器的主要功能

媒体播放器(media player)是用于播放声音、影视或动画文件的软件。媒体播放器也可嵌入到 Web 浏览器,称为 Web 播放器(Web player)。媒体播放器一般有如下功能:

(1) 解压缩:声音和图像都是经过压缩的,因此声音文件和影视文件都要解压缩。

(2) 去抖动:由于到达接收端的数据包的时延不是一个固定的数值,如果不加任何措施就把数据送到媒体播放器播放,听起来就会有抖动的感觉,甚至对声音和电视图像所表达的信息无法理解。在媒体播放器中,限制这种抖动的简单方法是使用缓存技术,把声音或图像数据先存放在缓冲存储器,经过一段延时后再播放。

(3) 错误处理:由于在互联网上的路况往往不可预测,因此流媒体中的部分数据包在传输过程中有可能会损坏或丢失。如果连续丢失的数据包太多,声音和图像质量就不能接收,采取的办法往往是重传。

(4) 用户可控接口:用户直接控制媒体播放器播放行为的接口。媒体播放器为用户提供的控制功能通常包括音量大小、声音或视像的暂停、快播、慢播、跳转和重新开始等。

18.4　互联网络的服务质量(QoS)

在网上的多媒体应用对互联网络的要求很高,用户听到的声音要连续,看到的图像要清晰,声音和图像要同步。多媒体的质量主要体现在两个方面:一个是多媒体本身的质量,如视听媒体的数据速率、数据压缩和解压缩的性能,这些内容已在本教材的第一部分做了介绍;另一个是网络提供的服务质量,这是本节介绍的内容。服务质量高低主要体现在流媒体在网络上产生的时延、抖动、丢包率和吞吐量等性能指标上。

18.4.1　服务质量的概念

传统的电话网络为用户提供了多年的优质服务。可是,把需要实时传输的视听媒体数据进行分割、打包、扔到网上后,如果没有科学和高效的管理技术,没有性能优良的传输设施,对那些不要求实时传送的服务(如电子邮件)还能接受,但对要求实时传输而且要频繁互动的多媒体应用就完全不能接受。因此,服务质量(quality of service,QoS)可理解为:互联网络为多媒体应用程序提供网络软硬件资源保障的性能,就是用有限的资源和最低的成本提供最好的服务。QoS 可从如下两个角度来理解。

(1) 从服务角度来看,参照 ITU 推荐标准 X.902,QoS 是指媒体应用(如 IP 电话)对网络的交通管理和传输性能提出的需求。交通管理主要体现在管理软件上,传输性能主要体现在硬件上。不同的应用对服务质量有不同的要求,需要不同的交通管理方法。

(2) 从技术角度来看,QoS 是保障网络按不同要求运行的控制方法,包括策略、机制和技巧。能够保障要求的服务称为保障服务(guaranteed service),不能保障但可预测的服务称为预测服务(predictable service),不能完全保障但有可能达到要求的服务称为尽力服务 (best effort service)。服务质量的高低取决于执行传输控制策略的软硬件和网络的性能。

18.4.2 服务质量的衡量

虽然对服务质量有不同的解释,但衡量服务质量的一套参数却是大同小异。

1. 网络服务质量的衡量参数

互联网络提供的服务质量通常用一套传输特性参数来衡量,包括时延、抖动、丢包率、吞吐率和服务可用性。

(1) 时延(delay):从服务角度来看,时延是指消息在发送者和接收者之间的往返时间;从技术角度来看,时延是指通过给定路径把数据包从数据源端发送到目的地所需的时间,或者定义为数据包从一个节点到另一个节点所需的时间。时延也称为等待时间。

(2) 抖动(jitter):每个数据包到达目的地的延迟时间不是恒定的现象。抖动的表现是连续数据包断断续续到达目的地,这就会严重损害视听效果。抖动可在接收端用缓存来平滑,容量小的缓存只能消除小的抖动,容量大的缓存将增加延迟时间。

(3) 丢包率(packet loss ratio):丢包率是网络可靠性的衡量指标,它用丢失的数据包占发送的数据包(丢失的数据包+成功接收的数据包)的百分比来表示。对于视听数据,虽然丢失部分数据包也许不至于影响对内容的理解,但丢失得太多用户就不能接受。

(4) 吞吐率(throughput):用于衡量传输系统实际达到的传输能力,定义为在给定的时间周期里传输的数据量,通常以每秒钟传输的位数为单位,如 bps(位每秒)、kbps(千位每秒),或以每秒传输数据包的数目来度量。吞吐率是"软指标",因为它严重依赖路况。

(5) 带宽(bandwidth):用于衡量线路的传输能力,是个硬指标,定义为通信通道传送信号的频率范围。在模拟通信系统中,用能够通过的信号的最高频率和最低频率之差来衡量,用 Hz 来度量;在数字通信系统中,带宽通常用 bps、Mbps、Gbps 来度量。

(6) 服务可用性(service availability):用户连接互联网络时获取网络资源的难易程度。定义在给定的时间范围里,网络可提供的服务时间占给定时间间隔的百分比。

2. 各种应用要求的服务质量

不同类型的媒体(如声音和电视)和不同的应用(如实况转播和互动游戏)要求的服务质量不同。实时和非实时的部分应用对 QoS 的定性要求见表 18-1。表中的前 5 种应用不要求高的可靠性,有少量错误也能容忍,但要求的抖动小。对互动应用,还要求时延小。表中最后 3 种应用要求网络有高的可靠性,传输过程中一位都不能错,如果有错就要重传。

表 18-1 各种应用的服务质量要求

	应 用	可靠性	时延	抖动	带宽
1	IP 电视会议	低	小	小	高
2	IP 电话	低	小	小	低
3	IP 电视	低	—	小	高
4	影视点播(VOD)	低	—	小	高
5	音乐点播(AOD)	低	—	小	中
6	Web 访问	高	中	—	中

	应　用	可靠性	时延	抖动	带宽
7	文件传输	高	—	—	中
8	电子邮件	高	—	—	低

18.4.3　多媒体服务质量

多媒体服务质量(multimedia QoS)主要体现在网络为视听应用提供的服务质量。例如，当代的影视都有配音，而且声音和视像要同步，尤其是嘴唇动作和声音的同步要求更高。因此可以说，时延、抖动、丢包率和吞吐率是衡量多媒体服务质量的 4 个主要参数。

1. ITU-T 对会话时延的要求

声音在互联网络应用中的核心问题是传输时延。ITU-T G.114 (One-way Transmission Time,2003)就会话(conversation)应用做了系统描述，并介绍了 1993—1996 年间开发的计算模型，称为 E-mode。G.114 提供了单向传输时延的具体数值，见图 18-8，其要点如下：

- 可以接受的会话质量：时延<150ms；
- 可以容忍的会话质量：时延<400ms；
- 不可接受的会话质量：时延>400ms。

这是一个感知模型，可作为应用设计和质量评估的依据。

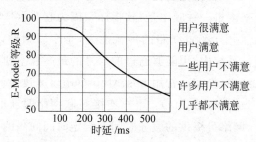

图 18-8　传输时延与 E-Model 的质量等级

2. 声音应用的服务质量要求

声音在不同的应用场合，对时延有不同的要求。如果按用户使用时的互动频繁程度来划分，延迟要求可分成如下三类。

(1) 现场交互应用(live interactive applications)：实时电视会议和网络电话是现场频繁交互的典型应用。这类应用的时延要求与对会话时延要求相同，时延要求不超过 400 毫秒。

(2) 交互应用(interactive applications)：音乐点播、影视点播是交互应用的例子。在这种应用场合，用户仅仅是要求服务器开始传输文件、暂停、从头开始播放或跳转而已。从用户发出请求播放到在客户机上开始播放之间的时延大约在 1~5 秒钟应该都可接受。

(3) 非实时交互应用(non-interactive applications)：现场声音广播、现场电视广播和预先录制的内容广播都是非实时交互应用。这类应用如同普通的无线电广播或电视广播，从发送端开始发出数据到接收端开始播放之间的时延，大于 10 秒或更长一点的时延都可接受。

声音除了对时延有苛刻要求外，对抖动、丢包率和吞吐率也有不同程度的要求。

3. 视像应用的服务质量要求

视像应用要求网络提供的最低服务质量是要满足人对视像分辨率的最低要求。

视像分辨率用空间分辨率和时间分辨率来表示。空间分辨率(spatial resolution)是组成一幅图像的像素数目,通常用水平方向上的像素数每行×垂直方向上的行数表示,如 720×576 像素。时间分辨率(temporal resolution)是视觉系统区分运动图像或运动物体的清晰程度,以每秒帧(fps)表示。图 18-9 表示普通人能够接受的最低分辨率。

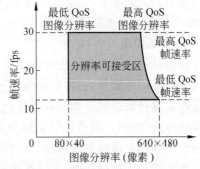

图 18-9　普通人对视像分辨率的要求[10]

4. 多媒体服务质量参考值

为对多媒体服务质量中的时延、抖动、丢包率和吞吐率有一个定量的概念,表 18-2 综合给出了声音和视像服务质量的参考值。对不同的应用(如实况转播和互动游戏),服务质量的参考值可在此基础上修改。

表 18-2　视听应用的服务质量参数[①]

媒体	应用	互动方式	数据速率举例	关键参数和目标值			
				单向时延	抖动	丢包率	吞吐率不低于
声音	IP 电话	双向	4～32kbps	150～400	<1ms	<3%	4～32kbps
视像	影视点播	单向为主	30Mbps	<10s	<5ms	<3%	30Mbps

18.4.4　提高服务质量的措施

带宽贪婪的多媒体需要足够的网络资源,单纯依靠增加网络资源来保障和提高服务质量总归是有限度的。为充分利用网络资源,开发了许多技术来提高服务质量,这些技术充分体现在协议上,本节选择其中的部分技术,简单介绍它们解决问题的思想。

1. 超量配置

超量配置(over-provisioning)是提供的网络带宽、路由器和缓存空间等资源比实际需要还多的技术,使数据包能够毫无障碍地从数据源端到达接收端。这种方法是谁都能想到但并非容易实施的技术。伴随诸如光存储和光交换等新技术的发展,有望在不久的将来建成像现在电话系统那样畅通的网络。超量配置是因特网上保障服务质量的基本方法。

2. 缓冲存储

缓冲存储(buffering)是维持数据包传输速率的有效方法,转发设备将接收到的数据包先存放在存储器中,适当延迟后再转发出去。对于影视点播和音乐点播,抖动是一个主要问题,可将来自网上的声音数据流先存入缓冲存储器,延迟后再送到媒体播放器,这样可部分消除声音或视像不连续的问题。

---

①　数据来源:①Paul Coverdale, ITU-T Study Group 12, Multimedia QoS requirements from a user perspective,2001;②D. Ferrari, RFC 1193(1990) client requirements for real-time communication services。

使用缓冲存储技术不影响可靠性,带来的好处是可以部分平滑或消除抖动,其缺点是增加了数据包的延迟时间。缓冲存储器的容量越大,消除抖动的能力就越强,但也增加了延迟时间,在应用中需要加以折中。

3. 交通整形

网络是通过传输媒体把网络设备相互连接而成的。主机、路由器、交换机和集线器这些网络设备都有网络接口,它把数据包从一个接口传送到另一个接口,而且每个接口都以有限的速率接收和发送数据包。如果数据包到达接口的速率超过它转发数据包的速率,就会出现网络拥挤(congestion)。拥挤是数据通信网络上的交通超过它本身容量时出现的状态,其结果就可能出现到达目的地的时间延长、抖动加剧、数据包丢失等现象。

图 18-10 漏桶算法原理

在数据包传输过程中,为降低因网络拥挤而造成的服务质量下降,行之有效的一种技术是"交通整形(traffic shaping)"。"整形"的意思是将传输速率不均匀的输入数据包流变成速率恒定的输出数据包流。交通整形通常是在网络边缘的服务机和路由器上执行,以控制进入网络的交通量。现在已经开发了许多交通整形技术,如漏桶算法(leaky bucket algorithm)和标记漏桶算法(token bucket algorithm)。漏桶算法的原理如图 18-10 所示。

漏桶就相当于设备中的缓存,漏桶的大小决定接收数据包的最大容量。如果接收到的数据包超过最大容量,那么数据包就会溢出,也就是丢包。漏桶可以缓解数据包速率的突发变化,但也可造成数据包延迟到达目的地。

4. 调度技术

假设一台交换设备正在处理多个数据流,如果采用先来先服务(first-come first-served,FCFS)的管理策略,就有可能出现一个数据流长期占用资源,而其余数据流则长期等待资源的情况。为尽量避免这种情况的出现,可采用调度算法来替代先来先服务的管理策略。

调度算法是用来管理数据包流通过网络设备的方法。伴随网络应用的迅速增长,各种调度算法也不断出现,现仅对几种算法作简单介绍,目的是对数据流的管理有个概念。

(1) 循环调度法(round-robin scheduling):在支持循环调度法的多路复合器、交换机或路由器中,每个数据包流都有单独的队列,其中的每个数据包都有源端地址和目的地址,调度算法可把每个数据包流中的数据包轮流发送到共享线路上。

(2) 公平排队法(fair queuing algorithm):20 世纪 80 年代开始使用的管理数据包流的算法,它为每个数据包流赋予平等享用网络资源的权利。在缓冲存储器排队等候转发的多个数据包流中,至于哪个数据包流先发,则根据预先估算的转发时间来决定,规则是时间短的先转发,时间长的后转发。

(3) 合理加权排队法(weighted fair queuing,WFQ):这是在公平排队算法基础上修改的数据流调度方法,它为通过网络设备的每个数据包流赋予先后享用网络资源的权利,如对带宽要求不同的交通赋予不同的优先级。

5. 综合服务(IntServ)保障法

综合服务(Integrated Services,IntServ)是 1994 年 IETF 发布的用在 IP 网络上的第一个

QoS 保障方法,定义在 RFC 1633 文件中。用于综合服务的传输信令(signaling)是定义在 1997 年发布的资源保留协议(Resource Reservation Protocol,RSVP)/RFC 2205 文件中。综合使用 IntServ 和 RSVP 可使实时媒体流一路畅通地到达目的地。

综合服务的结构和工作原理如图 18-11 所示。假设主机 A 要向主机 B 传送有 QoS 要求的数据,数据从主机 A 发出,途经边缘路由器 A、核心路由器和边缘路由器 B 到达主机 B。其中,核心路由器(core router)是在两个路由器之间传送数据的路由器,边缘路由器(edge router)是将客户机连接到互联网的路由器。在主机 A 向主机 B 发送数据之前,主机 A 首先要与主机 B 建立联系,并请求沿途的路由器和其他交换设备保留资源,以建立保障服务质量的发送通道,然后开始传送数据,结束后通知沿途设备释放资源。工作过程可归纳成如下几个主要步骤:

(1) 在发送实时数据前,主机 A 中的应用程序使用 RSVP 向主机 B 发送一条称为路径(PATH)的消息,在这条消息中含有 QoS 要求。沿途的路由器和中间转发设备使用 PATH 消息搜索可用资源以建立路径状态。

(2) 当接收端主机 B 收到 PATH 消息后就回送一条称为保留(RESV)的消息,在保留 RESV 消息中有实际的 QoS 描述,沿途的所有设备就可使用 QoS 描述建立路径状态,并意识到从源端到接收端有特定要求的数据包要传送。

(3) 当发送端主机 A 收到 RESV 消息后,如果 RESV 消息中没有错误消息,就向沿途要使用的所有设备发送确认(confirmation)消息,然后就开始发送数据包,沿途的设备就按照 QoS 的要求将数据包转发到接收端的主机 B。

(4) 数据传输结束后,发送端主机 A 发送一条结束传输的 PATH Tear 消息,告诉沿途的设备释放资源。

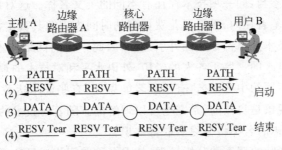

图 18-11　综合服务的结构和工作原理

综合服务是以每个数据包流为对象的 QoS 保障方法,称为基于流(flow-based)的 QoS 保障方法,它要为数据包流预先建立保留资源的传输通道。在网络流量急剧增长的情况下,路由器转发的数据流数目也急剧增长,路由器已经难以为每个数据流进行复杂的资源预留,而且当线路繁忙或路由器出现故障等情况时,需要重新进行相当耗时的路由信息修改和刷新。综合服务的确可以起到 QoS 保障作用,但鉴于这种保障机制的额外开销大,因此 IEFT 又开发了比较简单的“区分服务”保障方法。

6. 区分服务(DiffServ)保障法

区分服务(differentiated service,DS),或简写为 DiffServ,是 IETF 于 1998 年发布的服务质量等级保障方法,RFC 2475 文件首次介绍了区分服务的结构。其后发布了许多与区分服务相关的 RFC 文件,近期发布的是 RFC 7657(2015):Differentiated Services (DiffServ) and Real-Time Communication。

区分服务的基本工作流程是,根据服务等级协议(Service Level Agreement,SLA),发送主机对数据包进行分类、做等级标记,经过边缘路由器调整和排队后送到核心路由器,核心路由器根据每个数据包的服务级别标记决定如何转发数据包。

区分服务与综合服务相比,主要差别包括:(1)区分服务是基于数据包分类(class-based)的交通管理方法,也就是按照不同类型的数据包提供不同等级的服务;综合服务是基于媒体流(flow-based)的交通管理方法,也就是按特定数据包流来保障服务质量。(2)区分服务是粗粒度的(coarse-grained)交通管理方法,实现服务质量保障比较简单,使用该方法时需定义一定数量的服务类型,根据服务类型使用排队技术来实现;综合服务是精细的(fine-grained)交通管理方法,实现质量保障比较复杂,使用该方法时对每个数据流都需保留沿途的网络资源,根据数据流使用排队技术实现。

18.5 阅读后续章节之前

18.5.1 我们需要共同的技术语言

技术名称空间很复杂,有效沟通需要共同语言。本节介绍贯穿本篇的 3 个技术术语。

1. 技术名称空间现状

每一个术语都代表一项技术,每一个新术语的出现意味一项新技术的出现。互联网络是 20 世纪的伟大发明之一,从 60 年代立项开发至今已有半个多世纪,参与设计和开发的人员多,加上商家和百姓的参与,同一项技术往往有不同的英文名称。这对接触不多或刚开始接触网络技术的读者,包括笔者在内,无疑要花费更多的时间去理解其真实含义。

由于我们的网络技术几乎都是从国外引进的,因此中文的网络技术术语绝大多数都是从英文术语意译或音译过来的。鉴于各人的经历、外语水平和对技术的理解有差异,于是同一个英文术语往往有多个不同的中文译名,有些顾名能思义,有些词不达意,尤其是对描述新技术的新术语。出现这种现象是自然的,是完全可以理解的。随着对技术的理解不断加深,新的技术不断成熟,对技术术语的名称将会逐步取得共识。

对网络技术语言现状的调查和分析发现,技术名称空间相当复杂,可用三多来形容:名词术语数量多,缩写术语数量多,长名术语数量多,对读者是一个挑战。无论是人还是动物,有效沟通都需要共同的语言。因此在介绍后续章节的内容之前,有必要介绍笔者对如下几个术语的理解过程和使用的译名,目的是抛砖引玉,期待对以后出现的新技术,命名更科学,译名更准确,释义更清晰。

2. 因特网与互联网络

首字母大写的 Internet 译为因特网,首字母小写的 internet 译为互联网,这已得到读者普遍认可,但在中外出版界和学术界,这两个术语讨论了多年都还没有完全取得共识。

(1)英文释义:在英文版的维基百科中,词条 Capitalization of "Internet"的含义有如下表述:在 20 世纪 70 年代,网络设计师使用 internet 既作为名词又作为动词。作名词时,internet 是 internetwork 的简写,表示用网络互联协议连接而成的多个网络;作动词时,internet 是

internetworking 的简写,表示通过网关把几个计算机网络互相连接起来的行为。

在 IBM 公司 1989 年出版的书①中可看到,internetwork and internet 都是 interconnected network(互联网络)的缩写,首字母大写的 Internet 是指 worldwide set of interconnected networks(全球互联网络的集合),并强调 The Internet is an internet,but the reverse does not apply(因特网是互联网,但不能用互联网是因特网)。

另一种见解是 2002 年纽约时报专栏作家的文章认为,Internet 已开始从专有名词变成普通名词,并以 19 世纪的留声机(phonograph)为例,开始命名时,首字母大写,后来就用小写。直到现在(2016 年),美国仍然坚持首字母大写,而英国趋向首字母小写。

笔者查阅网上包括维基百科在内的多部辞书后发现,Internet 和 internet 的核心意思与 1989 年的解释几乎完全相同,Internet 是专有名词,internet 是普通名词和动词。

(2) 中文释义:我国科技工作者把 Internet 音译为"因特网"表示专有名词,把 internet 意译为"互联网络"表示普通名词,用"网络互联"表示动(名)词。这些译名既科学地表达了英文术语的原意,又能体现它们之间的差别。因特网是互联网络,互联网络是因特网的组成部分。

3. 数据包与数据报

在英文技术文献中,packet 和 datagram 是两个常见术语,理解它们的真实含义及其相应的中文译名,对我们阅读中外文献都很有帮助。

(1) 在 20 世纪 60 年代开发的一项数字交换技术称为 packet switching(包交换)。在这种交换技术中,把数字数据分成由几个字节的 chunk(块),加上一些附加信息构成一个可在线路上独立传输的 packet(包)。由于线路上的 packet 来源不同,去向也不同,何时建立连接,何时断开连接,这些信息要存储在交换机上的连接状态表中。交换数据前要建立连接,交换后要取消连接,修改状态信息。这种形式的交换称为 connection-oriented(面向连接)的交换。

(2) 在 20 世纪 60 年代后期,在法国实施的一个网络研究项目(CYCLADES 包交换网络系统)中,使用了另一种数据打包方法,称为 datagram(由 data 和 telegram 的组合),用来取代包交换中的 packet,因此将 datagram 译为"数据报"。本教材采用的译名为"数据包",原因是包括数据来源和去向的所有识别信息都装在这个数据包(datagram)里。使用 datagram,每次交换数据时不再需要建立连接状态表,取消了复杂的信令协议(signaling protocol),于是就有了 connectionless(无连接)的交换服务,并很快被设计师嵌入到互联网络。这项技术和决策对 TCP/IP 协议套的开发产生了巨大的影响。

(3) 在后来的科学和技术文献中,"packet"的含义是格式化的一个数据单元,它由三个基本要素组成:①包头(header):包含数据单元的开始标记、发送者的地址和接收者的地址等信息;②有效载荷(payload):用户的实际数据;③包尾(trailer):包含数据单元的结束标记和用于检查传输或存储过程中是否发生错误的检查和(checksum)。此外,在许多文献中,packet 的前面通常会加 network,称为网络包(network packet)。

根据以上介绍,packet(包)、network packet(网络包)和 datagram(数据包)的含义基本相同,可认为它们是同义词,但有点细微的差别。一般而言,datagram 指不告知发送者是否到达目的地的数据包,而 packet 是指不关心是否到达目的地的数据包。

(4) 在本教材后续章节的介绍中将会看到,在 TCP/IP 模型的网络层上而不是在物理层

---

① TCP/IP Tutorial and Technical Overview (ISBN 0-7384-2165-0)。

上，packet 与面向连接服务的 TCP 协议连接时称为 IP packet,而 datagram 与无连接服务的 UDP 协议连接时称为 IP datagram。笔者注意到，在许多英文版教材和网络互联标准中，即是在同一教材或同一标准中，这两个术语都不严格区分，本教材也不加严格区分，将它们都译为"IP 数据包"或简称为"数据包"。

4. 包交换与分组交换

在中文版的科学和技术文献中，packet switching 有多个中文名称，如包交换（技术/方法）、分组交换（技术/方法）、报文分组交换（技术/方法）和封装交换等，本教材将采用"网络包交换（技术/方法）"，简称"包交换（技术/方法）"。其中，括号中的内容是选项。

在本教材中使用"包交换"术语的例句：在包交换网络上，选择最佳路径并转发数据包的过程称为路由（routing），执行这个功能的设备称为路由器（router）。路由器是包交换网络中的核心设备。

18.5.2　线性学习与非线性学习

纵观国内外的教学，教材内容最重要，其次是编写方法。较受欢迎的教材基本上是遵循学生的认知规律编写的，由表及里，由浅入深，条理清晰，环环相扣，前一节的内容为后一节的学习打基础。笔者将按照这种认知规律编写的教材称为线性教材，按照教材顺序学习的过程称为线性学习。使用好的线性教材，采用线性学习方法无疑是非常有效的学习方法，这是经过数百年实践总结出来的不宜违背的规律。

本篇教材的主题是多媒体网络，面向大学本科三年级以上的学生，要求对多媒体网络技术及其应用有比较系统和一定深度的了解，为进一步研究和应用开发打基础。面对复杂和庞大的多媒体系统，无论在内容的选取还是对内容的理解，限于编者水平，要真正做到按认知规律编写是相当困难的。例如，介绍某一个概念时，往往涉及不可回避的其他概念才能理解。因此当遇到有疑之处时，建议读者停下来去思考，去查阅相关的技术资料，然后再继续学习。这种学习过程称为非线性学习，可认为是线性学习的补充，需要大力提倡。现在已有很多高质量的英文辞书和百科全书，如维基百科（https://en.wikipedia.org/），可以帮助我们理解在线性学习过程中出现的疑问。

练习与思考题

18.1　用简洁语言表述下列术语：

(1)网络媒体是什么。(2)移动互联网是什么。(3)移动万维网是什么。(4)流媒体是什么。(5)多媒体网络是什么。

18.2　服务质量（QoS）是什么？

18.3　衡量服务质量的主要参数是什么？

18.4　ITU-T 推荐标准 G.114 为对话应用给出的单向传输时延是：

(1) 可以接受的对话质量：时延＜_____ ms;

(2) 可以容忍的对话质量：时延＜_____ ms;

(3) 不可接受的对话质量：时延＞_____ ms。

18.5　区分服务与综合服务主要有哪些差别？

参考文献和站点

[1] Wikipedia. *Internet*. https://en. wikipedia. org/wiki/Internet. 2015.

[2] Wikipedia. *Access network*, https://en. wikipedia. org/wiki/Access_network. 2015.

[3] Stephen Weinstein. *The Multimedia Internet* (Information Technology: Transmission, Processing and Storage). Springer Science+Business Media, Inc. 2005.

[4] David Austerberry, *The Technology of Video and Audio Streaming*, Second Edition, Focal Press. 2005.

[5] Cisco Systems, Inc., DiffServ The Scalable End-to-End QoS Model, August 2005.

[6] Andrew W. Davis. *Introduction to Multimedia Networks*. http://www. eetimes. com/document. asp. 1998.

[7] RFC3260, *New Terminology and Clarifications for Diffserv*. D. Grossman. April 2002 (Updates RFC2474, RFC2475, RFC2597) (Status: INFORMATIONAL).

[8] RFC1633, *Integrated Services in the Internet Architecture: an Overview*. R. Braden, D. Clark, S. Shenker. June 1994 (Status: INFORMATIONAL).

[9] RFC 1193, *Client requirements for real-time communication services*. D. Ferrari. November 1990 (Status: INFORMATIONAL).

[10] Ralf Steinmetz. *Multimedia-Systems: Resources and Quality of Service (QoS)*. 2003. http://www. cs. odu. edu/%7Ecs778/ralf/08b-qos. pdf.

本部分参考教材

[1] James F. Kurose, Keith W. Ross. Computer networking: a top-down approach 6th ed. United States of America: Pearson Education, Inc. , 2013.

[2] Curt M. White. Data Communications and Computer Networks. A Business User's Approach, Sixth Edition. USA: Course Technology, 2011.

[3] Parag Havaldar, Geérard Medioni. Multimedia Systems: Algorithms, Standards, and Industry Practices. Boston, MA 02210, USA: Course Technology, 2010.

[4] 樊昌信, 曹丽娜. 通信原理. 北京: 国防工业出版社, 2010.

[5] Douglas E. Comer. Computer Networks and Internets. Fifth edition. USA: Pearson Education, Inc. , 2009.

[6] Forouzan, Behrouz A. Data communications and networking. 4th ed. McGraw-Hill, 2007.

[7] Jochen H. Schiller. Mobile Communications, Second Edition. Great Britain: Pearson Education Limited, 2003.

[8] Andrew S. Tanenbaum. Computer Networks, Fourth Edition. Prentice Hall, 2003.

[9] Aura Ganz, Zvi Ganz, Kitti Wongthavarawat. Multimedia Wireless Networks: Technologies, Standards and QoS. Prentice Hall PTR, 2003.

第19章 计算机网络的概念与模型

互联网络(internet)是由多个计算机网络相互连接而成的网络,因特网(Internet)是全世界的计算机网络相互连接在一起构成的唯一网络,这两个概念已得到普遍认可。互联网络和因特网都是计算机网络,网络互联也是计算机网络的互联,因此本章将围绕计算机网络,介绍网络的基本概念、网络的基础知识和网络的互联模型,为后续章节的介绍打基础。

需要了解互联网的组织机构

ISOC(Internet Society)/因特网协会:1992年成立的非营利的国际组织,领导互联网相关的标准、教育和政策的制定,其使命是促进因特网的开放发展、演进和使用,为全世界人民谋利益。因特网协会的总部在美国弗吉尼亚州,办事处设在瑞士日内瓦。

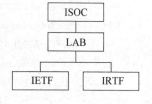

IAB (Internet Architecture Board)/互联网体系结构研究部:由一组定期举行会议讨论互联网有关事宜的研究人员组成的团体,他们对各类问题做出决定和安排,制定互联网的发展规划。IAB成立于1983年,原名Internet Activities Board。

IETF (Internet Engineering Task Force)/互联网工程特别工作组:成立于1986年,从事研究与互联网有关的技术问题并给互联网体系结构研究部提出解决方案的组织,由互联网工程指导小组负责管理。IETF是全球互联网最具权威的技术标准化组织,主要任务是负责互联网相关技术规范的研发和制定,当前绝大多数网络互联技术标准出自IETF。参阅RFC4677。

IRTF-IRTF(Internet Research Task Force)/互联网研究专门工作组:一个由互联网架构委员会(IAB)授权对一些长期的互联网问题进行理论研究的组织。同IETF一样,IRTF有很多研究小组,分别针对不同的研究题目进行讨论和研究。

IESG (Internet Engineering Steering Group)/互联网工程指导组:互联网协会(ISOC)内部的组织,由各地区主管(Area Director)和互联网工程特别工作组(IETF)主席组成,实际是IETF的执行委员会。它与互联网体系结构研究部(IAB)一起评审IETF提出的标准。

IANA(Internet Assigned Numbers Authority)/互联网号码授权部:互联网的域名地址和IP地址由美国国家科学基金会(NSF)于1993年成立的互联网信息中心(Internet Network Information Center,InterNIC)注册服务部门进行分配和注册,美国政府已于1998年授权非官方的非营利公司"互联网名称与数字地址分配公司(Internet Corporation for Assigned Names and Numbers, ICANN)"担当这个角色。ICANN(www.icann.org)从当年9月18日开始管理IP地址、域名、根服务器,以及端口号、协议号等协议参数,IANA就是具体负责这些工作的一个部门。

****

19.1　计算机网络的概念

计算机网络是使用有线或无线媒体把计算机和网络设备连接在一起构成的通信网络,允许计算机之间交换数据,因此也称数据网络。

由多个计算机网络相互连接而成的网络称为计算机互联网络,简称计算机网络,历史上把它称为互联网络或互联网(internetwork 或 internet)。由全球的计算机网络相互连接而成的网络称为因特网(Internet),它是世界上唯一的计算机网络。

因特网是计算机网络。可以说"因特网是互联网络",但不可以说"互联网络是因特网",可以说"互联网络是计算机网络",但反过来说就没有意义。

19.1.1　计算机网络三要素

计算机网络是由各种软硬件构成的复杂系统,入门不易,深造更难。为便于学习,可把计算机网络看成由三个基本要素组成:网络互联概念、网络互联技术和网络管理技术,如图 19-1 所示,这样也许可做到"心中有全局学习有方向"。

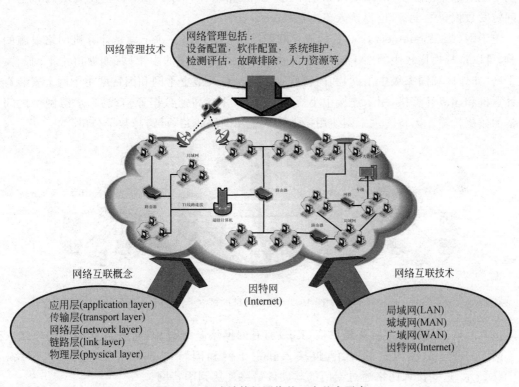

图 19-1　组成计算机网络的三个基本要素

(1) 网络互联概念:网络互联概念是指网络如何互联的基本思想。互联网络开拓者把网络互联分成五个层次,应用层、传输层、网络层、链路层和物理层,每一层都有预先规定好的协议,两台主机互连时都执行相同的协议。协议是实现计算机间互联和信息交换的标准,是为各种功能部件的行为制定的一套规则。网络协议是一种技术,制定的行为规则都是通过反复试验和实践总结出来的成果。

（2）网络互联技术：网络互联技术是指计算机网络技术（computer networking），就是将计算机和网络设备相互连接在一起构成网络，再将不同位置的网络相互连接在一起，构成计算机互联网络。按照网络跨越的地理区域来划分，计算机网络被划分成局域网（LAN）、城域网（MAN）、广域网（WAN）、因特网（Internet）。

（3）网络管理技术：网络管理是指设备配置、软件配置、系统维护、检测评估、故障排除的过程，以确保网络高效运行。换言之，网络管理就是网络服务提供商或网络中心对硬件资源、软件资源和人力资源的管理过程。

对于上述的三个基本要素，我们将侧重介绍互联网络概念和网络互联技术。

19.1.2　接入网络与因特网接入

接入网络（access network）和因特网接入（Internet access）是我们在学习过程中常见的基本概念和技术。由于因特网有丰富的资源和互动功能，因此各种网络纷纷接入到因特网。

1. 接入网络

接入网络是将用户接入到主干网的网络，如图 19-2 所示。图中有两个接入网络 A 和 B，分别使用边缘路由器 A 和 B 接入到主干网。边缘路由器（edge router）是在局域网和主干网之间转发数据包的设备，也称接入路由器（access router）。

主干网（backbone network）是构成互联网络的核心网络。主干网是计算机网络设施的一部分，可以指规模比较小的主干网（如校园主干网）、中等规模的主干网（如城市主干网）、大型主干网（如地区和国家级主干网）和因特网主干网。在大型主干网和因特网主干网上安装有大型计算机和超级计算机，用于连接中小规模的网络，并有高速数据通信线路，承载网络之间大流量的数据传输。因特网主干网使用微波中继站和专用线路，可跨越数千公里。

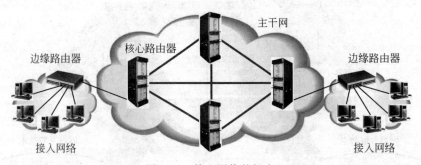

图 19-2　接入网络的概念

接入网络通常是通过服务提供商（ISP）拥有的网络基础设施，将各自网络的用户接入到主干网。为便于后续内容的介绍，将接入到主干网和因特网的网络都称为接入网络，如图 19-3 所示，这些接入网络通过专门的软硬件最终连接到因特网。

因特网（Internet）是全球的同构网络或异构网络通过网络设备相互连接而成的网络。同构网络（homogeneous network）是由相同或类似的网络设备并执行相同协议构造的网络，异构网络（heterogeneous network）是由不同的网络设备并执行不同协议构造的网络，网络设备用于处理网络间的数据传输。网络设备通常是指计算机、路由器和交换机、有线和无线传输媒体、网络操作系统（Network Operating System，NOS）及其他软硬件。因特网上有许多计算能力强大的超级计算机、大中小型计算机，有数不胜数的个人计算机，有超强的存储容量，以及相应的高智商软件。

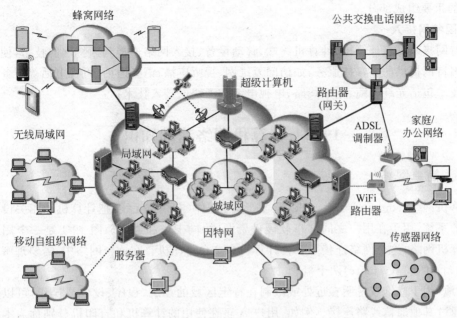

图 19-3 接入网络与因特网

接入网络类型很多,普通用户常见的接入网络是局域网、固定电话网络、移动电话网络和家庭网络。现对图上所示的接入网络做简单说明。

(1) 公共电话交换网(Public Switched Telephone Network,PSTN):由电话机、电话交换机、地区线路和长途线路组成的通信网络,从 1876 年贝尔发明电话至今已有 100 多年的历史,已成为世界上最大的通信网络,可提供声音和数据通信服务,但几乎没有存储功能。

(2) 蜂窝网络(cellular network):也称移动网络或移动通信网络。蜂窝网络把通信区域划分成许多称为"蜂元"的小区域,每个区域中的站点通过地面通信线路或微波与交换机相连,可将终端用户直接接入到主干网,也可与 PSTN 通信。

(3) 无线局域网(Wireless LAN,WLAN):使用电磁波或其他技术收发数据的局域网,就是大家熟悉和使用的 WiFi 网络。

(4) 家庭/办公网络(home/office network):在家里或办公室中由各种数字化设备组成的局域网络。这些设备可包括台式机、笔记本电脑、打印机、扫描仪、数码摄像和摄录像机、电视机等。如果你单位或住宅附近有局域网,家庭/办公网络可直接连接到因特网,或者通过 WiFi 路由器连接到因特网;如果没有这个环境,可使用调制解调器(如 ADSL)通过 PSTN 网络连接到因特网。

(5) 移动自组织网络(Mobile Ad Hoc Network,MANET):计算机之间通过无线传输数据的无线网络。如果要访问因特网,只能有一台计算机通过无线或有线连接到网络服务商(ISP)。移动自组织网络通常是为某种目的但又在没有事先计划或准备的情况下,把计算机连接起来构成的临时性的无线网络。

(6) 传感器网络(sensor network):用于连接传感器和执行器的低速工业网络,没有控制功能或控制功能有限,可将多个传感器网络连接起来构成设备网络。通常用于监测物理环境,如温度、声音、PM2.5（细颗粒物）及空气质量指数（AQI）。传感器网络是物联网（Internet of things）的重要组成部分。

2. 因特网接入

因特网接入是将计算机、计算机终端、移动设备、接入网络连接到因特网的技术，使用户能够获得因特网提供的多媒体服务，如访问万维网、视听广播、语音通话、可视电话等服务。因特网接入技术包括光纤电缆、电话线路、电视电缆和无线电接入技术。

19.2 计算机网络基础知识

19.2.1 简单网络

计算机网络（computer network）是通过传输媒体（有线或无线）把计算机和相关设备连接在一起的系统，用于在用户之间共享软硬件资源、协同工作和通信。图 19-4 是一个用总线连接的计算机网络，这个网络连接了 3 台计算机和 2 台打印机。在这个网络中，需要理解本地即本机（local）和远程（remote）两个概念。

"本地"用于修饰或说明在近处或限制在特定区域的系统、程序、设备或操作，可以直接访问而不通过其他通信线路连接。例如，用户 A 正在使用的计算机和打印机分别称为本地计算机和本地打印机，机器上的资源称为本地资源。

"远程"用于修饰或说明不在近处的系统、程序、设备或操作，需要通过其他电缆或其他通信线路才能访问。例如，对于用户 A 来说，不论用户 B 与用户 A 是否在同一个房间或在同一座大楼，用户 B 都属于 A 的远程用户，用户 B 和其他用户使用的计算机和打印机分别称为远程计算机和远程打印机，他们的软硬件资源统称为远程资源。

连接总线

用户 B 远程计算机　　　　远程计算机 远程打印机

用户 A 本地计算机 本地打印机

图 19-4　简单的计算机网络

1. 网络结构

从计算机之间相互通信和共享软硬件资源的网络技术角度来看，计算机网络结构可分成两种类型：（1）客户机/服务机结构（client/server architecture），简写成"C/S结构"，也称客户机/服务机模型（C/S model），具有这种结构的网络称为"C/S网络"，典型应用是访问网站；（2）对等体系结构（peer-to-peer architecture），简写成"P2P结构"，也称对等模型（P2P model），具有这种结构的网络称为"P2P网络"，典型应用是即时通信（instant messaging）。

2. 客户机/服务机结构

在客户机/服务机结构中，客户机（client）是连接到网上的计算机，它安装有客户程序并可请求和接收服务机提供的服务,服务机(server)是安装有服务器(软件)并在网上为其他机器提供服务的计算机。英文术语 server 可指服务机(安装有服务软件的计算机),也可指服务器(软件);同样,client 可指客户机(安装有客户器的计算机)或客户器(软件)。

客户机/服务机结构是一种分布式计算形式。在 C/S 结构中,客户机提供信息服务或资源服务请求,服务机提供信息服务或资源服务,如图 19-5 所示。服务机和客户机都看成是智能设备,可充分发挥它们各自的计算能力。

执行网络应用的方法是将每个应用程序分解成两个相互依赖的部分:一个是由称为"前端"的客户器来执行,另一个是由称为"后端"的服务机来执行。客户机是一个完整和独立的计算机(如 PC),它可将全部功能和特性用来为用户执行应用程序。服务机可以是个人计算机、小型机或大型机,它们在分时环境下提供数据管理、客户间信息共享、复杂的网络管理和网络的安全等功能。

3. 对等网络结构

对等网络结构是一种分布式的应用和连网结构,如图 19-6 所示。在 P2P 结构中,用户之间无须经过服务机就可直接通信,包括共享文件、计算资源和存储器,参与通信的所有用户都是平等的,既可作为服务机,又可作为客户机。网络中的每台计算机负有相同的职责,如发起通信、维持和终止通信,而且都可以提供服务。在这种结构中,计算机需要使用相同的程序,并且在相同的网络层次上进行对等通信。

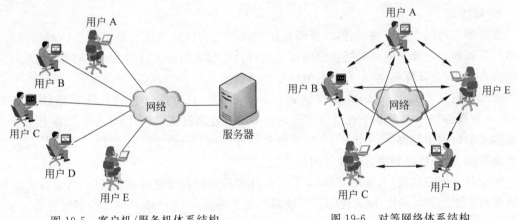

图 19-5　客户机/服务机体系结构　　　　图 19-6　对等网络体系结构

19.2.2　连网部件

把计算机和其他设备组成网络需要硬件和相应的软件,如网络接口卡(NIC)、集线器(hub)、交换机(switch)、路由器(router)、传输媒体和网络软件(networking software)。

1. 网卡

网卡是网络接口卡(Network Interface Card,NIC)的简称,网卡也称网络适配器/控制器(network adapter/controller)。网卡用于将计算机连到局域网上,在服务机中也有相应的网络适配器,以便控制它们之间的数据交换。网卡种类很多,图 19-7 表示了三种类型的网卡。

(1) PC 网卡:插入到计算机主板上的卡,如图 19-7(a)所示。现在的计算机没有单独的网卡,而是把它的功能集成到主板上。

(2) PCMCIA (Personal Computer Memory Card International Association)网卡：按照PCMCIA 接口标准设计的卡，如图 19-7(b)所示。PCMCIA 是个人计算机存储器卡国际协会(PCMCIA)开发的接口标准，由一些制造厂商和经销商组成的这个协会成立于 1989 年。其目的是为了推广使用 PC 卡的外围设备和安装它们的插槽的通用标准，主要用于个人计算机、笔记本电脑及其他便携式计算机，也适用于智能化电子设备。PCMCIA 也是 PC Card 的标准名称，最早版本发布于 1990 年。现在 PCMCIA 网卡的功能都集成到主板上。

(3) USB(universal serial bus)网卡：按照 USB(通用串行总线标准)设计的卡，如图 19-7(c)所示。USB 是 Intel 公司开发的串行总线接口标准，用于把低速外围设备连接到PC，现在已广泛用于笔记本电脑和其他设备。USB 1.0 和 1.1 的带宽可达到 12Mbps，高速USB 2.0 的带宽可达 480Mbps，USB 3.0 的速度就更高。总线可连接多达 127 台外围设备，如外置式光驱、打印机、调制解调器、鼠标和键盘等，并可在不关电源情况下插拔连接器。

(a) PC网卡　　　　　(b) PCMCIA网卡　　　　　(c) USB网卡

图 19-7　各种类型的网卡

2. 集线器

集线器是网络中的连接设备，以星形拓扑方式把几台计算机或设备汇集在一起后连接到网络。集线器的主要功能是对接收到的信号进行再生和整形放大，以扩大网络的传输距离，同时把所有节点(如计算机)集中在以它为中心的节点上。

集线器有三种类型：(1)无源集线器(passive hub)：对通过它的信号不做任何处理；(2)有源集线器(active hub)：在网络中使用的多端口连接设备，具有信号再生和整形功能，有时也称多端口的中继器(repeater)；(3)智能集线器(intelligent hub)：可执行各种处理功能，如网络管理、路径选择和消息交换等附加功能。

集线器工作在物理层，采用 CSMA/CD(带冲突检测的载波侦听多路访问)方法收发数据。集线器的主要功能可用图 19-8 说明。集线器有很多端口，如 4 个端口的集线器可连接 4 台客户机和一台服务机。从服务机发送给客户机 D 的消息以广播方式传送到 A～D，但只有 D 接收；客户机 A～D 向服务机发送的请求消息都通过集线器，然后送给服务机。

3. 交换机

交换机是用于连接和管理通信线路的计算机或机电设备，其主要功能是控制信号传输路径的选择。网络交换机(network switch)是计算机网络设备，简称交换机，用于将设备连接到计算机网络上。

网络交换机使用数据包交换技术接收、处理和转发数据。根据工作位置不同，交换机可分成

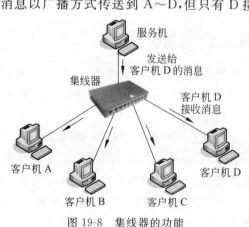

图 19-8　集线器的功能

广域网交换机和局域网交换机。网络交换机也称交换集线器(switching hub),桥接集线器(bridging hub),正式名是 MAC 网桥(MAC bridge)。最常见的交换机是以太网交换机。

交换机是内置有计算机的智能设备,它的主要功能可用图 19-9 来说明。从服务机发送给客户机 D 的消息只发送给客户机 D,而不发送到其他计算机。交换机通常将集线器的功能集成在一起,客户机 A～D 发送给服务机的消息都通过交换机,然后送给服务机,这样做可简化线路。

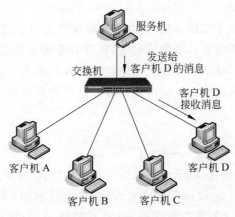

图 19-9　交换机的功能

4. 路由器

路由器是用于连接多个不同传输速率或执行不同协议的网络设备。它的主要任务是在不同网络之间转发类似邮包的数据包(packet)。路由器工作在网络层(层 3),工作时首先查找数据包的目的地址,然后根据当前的交通负荷、线路成本、传送速度和线路质量等因素,确定数据包到达目的地的最佳路径。

路由器还可用来把局域网(LAN)分成若干网段,以便平衡工作组内的交通量。路由器也可用于过滤数据包以提高网络的安全性。当路由器用在网络边沿以连接远端的办公室时,这个路由器就叫作"边缘路由器(edge router)"。

路由器的主要功能可用图 19-10 来说明。假设计算机 A 要给计算机 B 发送消息,到达计算机 B 的路径有两条:(1)计算机 A→路由器 A→路由器 B→路由器 C→计算机 B;(2)计算机 A→路由器 A→路由器 C→计算机 B。路由器的主要功能就是根据路况,选择从计算机 A 发出的消息到达计算机 B 的最佳路径。

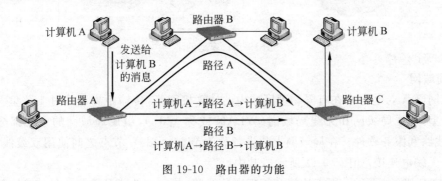

图 19-10　路由器的功能

如同交换机,路由器也常将集线器的功能集成在一起,以减低制造成本。

5. 连网软件

除了硬件设备的驱动程序外,连网还需要服务器(server)和客户器(client)。服务器是为客户提供服务的程序,称为服务程序。客户器是用来与服务器建立联系并从服务器中获取数据的程序,称为客户程序。例如,微软公司的 Windows Server 就包含了网络服务器,此外还包含网络管理器和 Web 服务器(Web server),而客户机上安装的 Windows 操作系统包含连网功能的客户程序。

服务程序运行在局域网上的服务机上,并配合服务机为网上其他计算机及设备提供服务,它必须同时对多台计算机的服务请求做出响应,管理服务请求和数据传输、资源分配和共享、数据保护以及差错控制等具体事项。客户程序运行在客户机上,用于向网络请求服务和接收网络提供的服务。一台计算机也可以同时运行服务程序和客户程序,既作为服务机使用又作为客户机使用。

19.2.3 网络类型

为便于设计网络、管理网络、降低成本和提高安全性能,在计算机网络发展进程中,对计算机网络做了各种分类。从传输媒体角度来看,可分成有线网络(wired network)和无线网络(wireless network)。从网络规模角度来看,计算机网络通常可分成四类:家庭网络(home network)、局域网(LAN)、城域网(MAN)和广域网(WAN)。

1. 家庭网络

家庭网络是由家庭中的多台计算机和其他设备通过有线或无线连接组成的局域网络(LAN),如图 19-11 所示。图中所示的路由器支持有线和无线连接,并具有集线器的功能,它通过 DSL/Cable 调制解调器连接到电话公司的数字用户线接入复用器(Digital Subscriber Line Access Multiplexer,DSLAM),再连接到因特网。

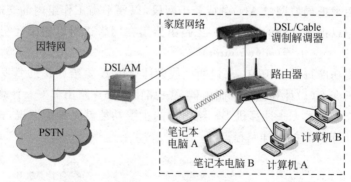

图 19-11　家庭网络

2. 局域网

局域网(LAN)是分布在有限物理区域内的计算机网络,传输距离不超过 1 公里。局域网有两种类型,有线局域网和无线局域网(WLAN 或称 WiFi),组成局域网的主要部分是计算机、传输线路和服务软件。在局域网上的设备称为节点(node),节点之间使用双绞线、同轴电缆、光缆、无线电连接,如图 19-12 所示。其中:

(1) 交换机(switch):用于连接和管理通信线路,其主要功能是控制信号传输路径。

（2）路由器（router）：用于将局域网连接到因特网，其主要功能是管理数据包的传输。

（3）防火墙（firewall）：网络安全设备，安装在内部网络和外部网络之间，根据预先确定的安全规则，监视和控制进出网络的数据。

（4）接入点（access point）：用于在无线网络和有线网络之间传输数据。

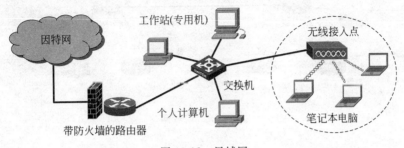

图 19-12   局域网

3. 城域网

城域网（MAN）是跨越城区并限定在单个城市内的高速计算机网络。城域网可包含多个局域网以及微波和卫星中转站等通信设施，比广域网的规模小，但传输速度比广域网快。图 19-13 所示是一个城域网的示意图，它通过路由器将城市中的企事业单位的局域网连接在一起，再由因特网服务提供商（ISP）管辖的路由器连接到因特网。

ISP 是给个人、公司或其他组织提供因特网接入服务的商业机构或组织。ISP 从直接连到因特网的公司购买一定带宽的上网连接权限，然后再为一般大众提供较低带宽的上网连接服务。ISP 也称因特网接入服务提供商（Internet access provider）。

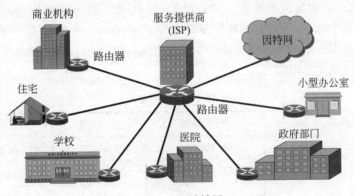

图 19-13   城域网

4. 广域网

广域网（WAN）是覆盖省市或地区的规模较大的计算机网络，可由多个连接在一起的局域网和城域网组成。图 19-14 所示是一个广域网的示意图，它连接了两个城市的广域网。在图中，相互连接的路由器构成的网络称为"网络核（network core）"。

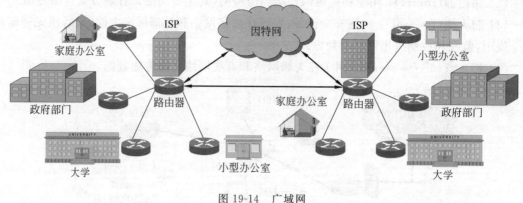

图 19-14　广域网

19.2.4　以太网技术

1. 以太网是什么

以太网(Ethernet)是基于数据包交换的传输协议(IEEE 802.3.x),也就是把计算机相互连接构成网络的技术。以太网技术主要用来构建局域网(LAN),也用来构建城域网(WAN)。

以太网是通过双绞线、同轴电缆或光缆连接的有线网络技术,采用数据包交换技术实现数据交换。数据包是含有收发地址和控制信息的数据帧(data frame),一帧的长度为 75～1529个字节。其中,有 12 个字节用于表示源地址和目的地址,再加上表示网络协议和其他消息的字节,一帧最多包含 1500 个字节的数据。

在 1983 年,以太网技术首次作为工业标准 IEEE 802.3 进行推广。以太网标准名称和IEEE 标准名称之间的对应关系见表 19-1。例如,10 Base T(Twisted Pair Ethernet)与 IEEE 802.3.i 相对应,其中的 10 表示它的数据传输率为 10Mbps,Base 表示基带①传输,T 表示使用双绞线;10 Gigabit Ethernet 与 IEEE 802.3.ae 相对应,10 表示它的数据速率为 10Gbps,使用的传输媒体是铜线或光纤电缆。

表 19-1　以太网速率

以太网标准	IEEE 标准	速　　度	中 文 名 称
10BaseT(1987)	IEEE 802.3.i	10Mbps	10 兆双绞线以太网
FastEthernet(1995)	IEEE 802.3.u	100Mbps	快速(100 兆)以太网
Gigabit Ethernet(1999)	IEEE 802.3.z	1000Mbps	千兆以太网
10 Gigabit Ethernet(2002)	IEEE 802.3.ae	10Gbps	10 千兆以太网
40/100 Gigabit Ethernet(2010)	IEEE 802.3.ba	40/100Gbps	40/100 千兆以太网

以太网(Ethernet)是在美国 Xerox PARC(施乐帕克研究中心)开发的,是工程师 Robert Metcalfe、David Boggs、Chuck Thacker 和 Butler Lampson 在 1973—1974 年期间发明的。1979 年 6 月 Metcalfe 离开 Xerox 去创办 3COM 公司,他促成数字设备公司(DEC)、英特尔

---

① "基带"是指原始信号中最高频率与最低频率之间的频率范围,简称为基带。

公司（Intel）和施乐公司（Xerox）联合，将以太网技术作为标准，称为 DIX（Digital/Intel/Xerox）标准。该标准公布于 1980 年 9 月 30 日，名为"以太网、局域网. 数据链路层和物理层规范（The Ethernet, A Local Area Network. Data Link Layer and Physical Layer Specifications）"。1982 年 11 月公布了版本 2。经过不懈努力，终于在 1983 年 6 月 23 日正式成为 IEEE 802.3 标准。以太网在速度、成本和易于安装等方面得到计算机网络市场的普遍认可，于是令牌环（token ring）和光纤分布数据接口（Fiber Distributed Data Interface, FDDI）网络逐渐被淡化。

2. 以太网的类型

以太网有两种类型，早期使用的以太网称为共享以太网（shared Ethernet），如图 19-15（a）所示；现在广泛使用的以太网称为交换以太网（switched Ethernet），如图 19-15（b）所示。它们的主要差别是，计算机之间如何实现相互通信的思想不同。前者的想法是采用广播方式，与无线电广播系统类似，使用的设备是集线器；后者的想法是采用"开关切换"的方式，使用的设备是交换机。

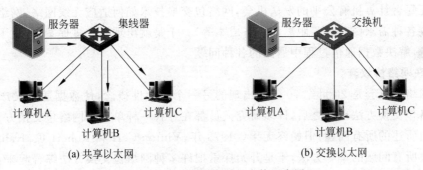

(a) 共享以太网　　　　　　　　　　(b) 交换以太网

图 19-15　共享以太网和交换以太网

19.3　计算机网络互联模型

在计算机网络中，计算机之间通信用的语言称为通信协议（communications protocol），简称为协议。通信协议是为各种功能部件制定的行为规范或称标准，用于实现计算机间的互连和信息交换。相关协议的集合称为协议套（protocol suite），各种协议之间的相互关系称为网络体系结构（network architecture）或参考模型（reference model）。计算机网络体系结构是逻辑结构，详细描述各个模块的组织、功能、数据格式及其运行原理。

在计算机网络的开发历史过程中，20 世纪 70 年代中期到 80 年代中期，出现了影响深远的两个参考模型，一个是 ISO/OSI 参考模型，另一个是 TCP/IP 参考模型，它们都是用于开发计算机网络通信协议的抽象描述，在并行开发过程中相互取长补短。由于 TCP/IP 在技术上优于 ISO/OSI，因此从 80 年代初期开始，开发和部署 ISO/OSI 协议的努力逐步放弃直至终止，留下的宝贵遗产是一个抽象的七层模型。

19.3.1　互联网络史上的革命性概念

在互联网络发展史上出现过许多革命性的概念，网络包交换和互联网络协议套是其中最重要的两个概念,其次是协议分层。

1. 网络包交换

网络包交换(packet switching)是 20 世纪 60 年代出现的概念,使数据通信产生了第一次革命。早期的通信网络是从电报和电话系统演变来的,通信线路是物理导线,通过切换机械开关,先建立两个收发站点之间的线路连接,线路连通后就发送消息,发完消息后就断开。机械开关后来被电子开关取代,但建立通信通道和收发消息的方法没有改变。

网络包交换则从基本原理上改变了网络连接方式,它不需要建立专用的线路连接,允许多个发送者把他们的数据发送到线路上。其方法是把数据分成一小块一小块,加上控制信息和接收者的地址等识别信息,构成网上可独立传输的数据单元,称为网络包(network packet),简称为包,然后把它们发送到线路上。在与网络相连的接收者中,只有与网络包中识别信息相吻合的接收者才能打开网络包。

网络包交换的原理很直观,但实现起来有很多问题要解决。例如,接收者该如何标识,网络包要多大,网络如何识别发送的数据是一个完整的网络包,许多计算机都在网上发送时如何协调并保证每台计算机有公平的发送机会,网络包交换技术如何适应无线网络,网络包交换技术如何适应各种需求(如速度、距离和经济成本等)。于是就出现了许多提案,开发了许多网络包交换技术,解决数据通信过程中遇到的各种问题。

2. 互联网络协议套

互联网络协议套是 20 世纪 70 年代出现的另一个革命性概念,使数据通信又产生了一次革命。网络包交换方法出现之后,许多研究人员都在寻找一种单一的网络包交换方法,试图用来解决前面所述的所有问题,但始终无果。1973 年,Vinton Cerf 和 Robert E. Kahn 指出,没有能够解决所有问题的单一方法,于是开始探索把许多种网络包交换方法综合起来,构成一个整体的解决方案,以满足不同的要求。他们的解决方案是制定一套协议,称为 TCP(Transmission Control Protocol)/IP(Internet Protocol) Suite,译名为传输控制协议/互联网络协议套,简称为 TCP/IP 协议套,在不会误解的情况下干脆就用 TCP/IP。

TCP/IP 获得了巨大的成功。成功的主要原因之一是 TCP/IP 的包容性,允许同构网络和异构网络之间互相连接,而不是去规定网络包交换技术的细节,如网络包的大小、用于标识目标的方法。TCP/IP 采用了称为虚拟化即模拟真实的方法,用来定义独立于网络的网络包和标识方案,然后指定网络包应该如何与每个可能潜在的网络相对应。

TCP/IP 的包容性还表现在喜新不厌旧。新的包交换网络接入到互联网络后,原来的互联网络照样用,工程师们在试验新的网络技术时,也不需要中断现有网络的运行。随着互联网的不断扩展,计算机功能的不断增强,应用程序发送的数据就越来越多,尤其是实时的多媒体数据,科技人员发明了许多新技术解决面临的问题,他们的发明不断被吸纳到现有的网络互联技术,这就极大地推动了包交换技术的不断演进。

TCP/IP 之所以称为协议套,是因为每个协议都不是孤立开发的,而是从全局出发,一个协议负责处理一个方面的通信事务,多个协议联合起来完成一项通信事务,把各个方面的协议联合在一起就构成了一套完整的协议。TCP/IP 协议套已经成为互联网络的基础,也是学习和研究网络技术必不可少的基础。

3. 协议分层

由于网络的复杂性,分层次[①]也是互联网络取得巨大成功的重要原因。为减少网络设计的复杂性,网络设计师把整个数据交换过程划分成层(layer),并制定了在各层上要执行的协议,以便于分层管理网络软硬件及其执行过程。ISO/OSI 参考模型将网络的消息交换过程分成 7 层,如图 19-16(a)所示。TCP/IP 参考模型在 20 世纪 80 年代初期分成 4 层,90 年代中期开始趋向分成 5 层,如图 19-16(b)所示。TCP/IP 参考模型与 ISO/OSI 参考模型虽然没有一一对应关系,但通常认为 5 层模型中的应用层与 7 层模型中的第 5、6 和 7 层相对应。

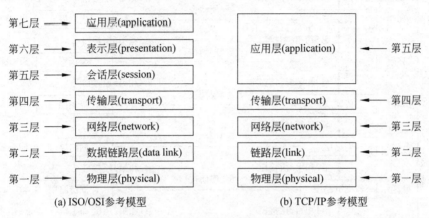

图 19-16　ISO/OSI 和 TCP/IP 模型比较

虽然 ISO/OSI 模型没有得到继续开发和流行,但我们在国内外的教材和文章中经常会同时看到 ISO/OSI 和 TCP/IP 两种模型。尽管这两个模型有许多共同之处,但所用术语不尽相同,其含义也有差异,因此还需对 ISO/OSI 模型作简单介绍。

19.3.2　ISO/OSI 参考模型

1. OSI 是什么

ISO/OSI 参考模型简称为 OSI 模型,其全称是 ISO/OSI reference model(International Organization for Standardization Open Systems Interconnection reference model),标准文件编号是 ISO/IEC 7498。OSI 模型是国际标准化组织(ISO)在 1984 年发布的互连网络的概念性框架,试图将世界范围内的计算机互连成一个网络。与此同时,CCITT(现称 ITU-T)发表了内容相同而重新命名为 Standard X.200 的推荐标准,标准的内容是由 ITU-T 和 ISO 各自开发的技术合并而成的。

ISO/OSI 对计算设备之间的数据交换规定了服务层次、层次之间的相互关系以及各层可能执行的任务,用来协调制定进程间的通信标准,但没有提供实现方法。ISO/OSI 模型不是标准,而是在制定标准时具有指导意义的概念性框架。

2. 参考模型

ISO/OSI 参考模型将计算机之间的消息交换分成 7 层,如图 19-17 所示,每一层建立在下一层的基础上。最低 4 层负责数据传输,最高 3 层负责处理网络应用。

---

① 　RFC 3438(2002 年)中提到分层过多会影响软件的执行效率。

参考模型中的每一层都定义可执行的协议,包括层与层之间的接口,这种层被称为协议层(protocol layer),把完成网络通信而在不同层次上一起工作的协议称为协议套(protocol suite)。由于每一层都有很多协议,从结构上看就像一堆堆叠起来的协议,因此用口语化的名称,叫作"协议堆(protocol stack)"。

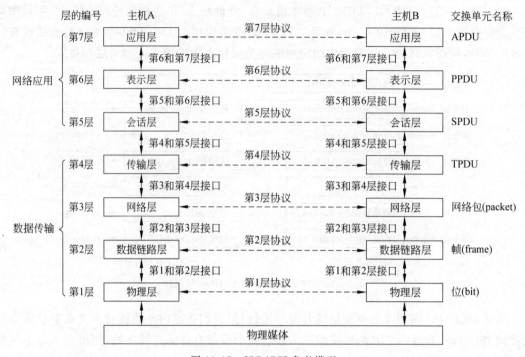

图 19-17　ISO/OSI 参考模型

在 OSI 模型中,通常把主机、工作站和路由器等网络设备统称为"网络单元"或"网络节点(network node)"。网络单元(如主机 A 和主机 B)之间交换消息必须在相同的网络层次上进行。每一层上交换的消息使用协议数据单元(Protocol Data Unit,PDU)表示,从第 1 层到第 7 层上交换的消息交换单元分别使用下面的名称:位(bit)、帧(frame)、网络包/数据包(packet)、传输层协议数据单元(TPDU)、会话层协议数据单元(SPDU)、表示层协议数据单元(PPDU)和应用层协议数据单元(APDU)。有关帧、数据包和协议数据单元(PDU)的格式以及在网络单元之间如何交换,则由各层上执行的协议定义。

3. 模型概要

在 OSI 参考模型中,各层的主要任务和执行的协议见表 19-2。

表 19-2　ISO/OSI 参考模型概要

层	层次名	主要任务	执行的协议举例
7	应用层 (application)	各种网络应用、程序之间的消息传输	HTTP, SMTP, SNMP, FTP, Telnet, SIP, SSH, NFS, RTSP, XMPP, Whois, ENRP
6	表示层 (presentation)	代码和格式转换,如显示或打印代码	XDR, ASN. 1, SMB, AFP, NCP

层	层次名	主要任务	执行的协议举例
5	会话层（session）	建立通信双方之间的连接，维护和协调双方的通信	ASAP，TLS，SSH，ISO 8327/CCITT X. 225，RPC，NetBIOS，ASP，Winsock，BSD sockets
4	传输层（transport）	端对端的通信会话管理，含流程和错误控制	TCP，UDP，RTP，SCTP，SPX，ATP，IL
3	网络层（network）	安排数据的实际传输，确定传输路径	IP，ICMP，IGMP，IPX，BGP，OSPF，RIP，IGRP，EIGRP，ARP，RARP，X. 25
2	数据连接层（data link）	网络层实体之间的数据传输，如数据打包、寻址和传输流控制等	Ethernet，Token ring，HDLC，Frame relay，ISDN，ATM，802. 11 WiFi，FDDI，PPP
1	物理层（physical）	硬件连接，执行来自数据连接层请求的服务	wire，radio，fiber optic，Carrier pigeon

19.3.3　TCP/IP 参考模型

TCP/IP 参考模型简称为 TCP/IP 模型，现在趋向使用互联网参考模型（Internet reference model）这个名称，常被简称为互联网模型（Internet model）。TCP/IP 模型有时也称为 DoD（Department of Defense）模型或称 ARPAnet 模型，因为 ARPAnet（Advanced Research Projects Agency network）网络是美国国防部高级研究计划署（ARPA）在 1969 年开始资助开发的大型广域计算机网络项目。这个模型就是为实现网络之间的信息交换而建立的参考模型，发明人是互联网络的先驱 Vinton Cerf 和 Bob Kahn。

1. TCP/IP 是什么

TCP/IP 是指互联网协议套（Internet protocol suite），是互联网络上最流行的数据通信标准。TCP/IP（Transmission Control Protocol/Internet Protocol）的中译名是传输控制协议（TCP）/互联网络协议（IP）。TCP 和 IP 是协议套中最先定义而且是最重要的两个协议，它们支配互联网络上所有联网计算机之间的通信，IP 确定数据包到达目的地的路径，TCP 确保数据包到达目的地。鉴于此，文献中通常把执行 TCP/IP 协议的网络称为 TCP/IP 网络，或者干脆称为 IP 网络。

2. 参考模型

TCP/IP 参考模型有 4 层模型和 5 层模型两个版本。Vinton Cerf 和 Bob Kahn 创建的模型过去被分成 4 层：应用层、传输层、网络互连层（Internetworking Layer）和网络接入层（Network Access Layer），现已逐渐演变成 5 层：应用层（application）、传输层（transport）、网络层（network）、链路层（link）和物理层（physical）。

图 19-18 表示 TCP/IP 网络模型和数据在 TCP/IP 网络上的流程。在 TCP/IP 模型中，从第 5 层到第 1 层的协议数据单元（PDU）使用的名称分别为：消息（message）、消息段（segment）、数据包（datagram）、数据帧（frame）和位（bit）。

3. 模型概要

应用层（application layer）：处理各种网络应用，如访问网站、文件传输、电子邮件、可视电话等服务，而不是像低层那样控制和管理收发双方之间的数据交换。

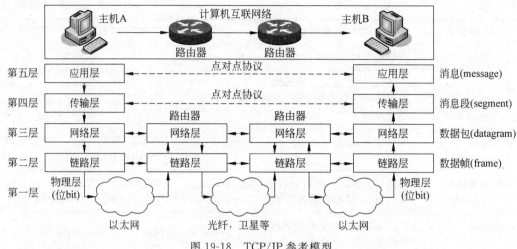

图 19-18 TCP/IP 参考模型

传输层(transport layer)：响应来自应用层的服务请求，并向网络层提出服务请求，提供端对端的数据传输服务，包括流程控制和错误控制。传输层上有两个重要协议：传输控制协议(Transmission Control Protocol，TCP)和用户数据包协议(User Datagram Protocol，UDP)。TCP 协议提供面向连接服务，UDP 提供无连接服务。TCP 为应用层提供的重要服务包括：把长的消息分割成比较短的消息段，提供超时监视、端对端的确认和重传等功能，提供流程控制方法，以便发送方能根据拥挤情况调节传输速率。

网络层(network layer)：也称互联网络层(internet layer)，指定两台计算机之间的通信细节，执行来自传输层的服务请求并向链路层提出服务请求。网络层上有互联网协议(IP)和网络互联控制消息协议(ICMP)，用于安排数据包从数据源端到达终端的行程，包括将网络地址翻译成物理地址、确定数据包通过链路层从发送端到达接收端所要经历的路径、执行路径选择、流程控制和错误控制等，按照传输层提供的服务质量要求，将长度不同的数据序列从数据源端传送到目的地。

链路层(link layer)：也称网络接口层(network interface)，指定网络层协议和物理层之间的通信细节，响应来自网络层的服务请求并向物理层提出服务请求。在链路层上执行的协议包括 Ethernet 协议和点对点协议(Peer-to-Peer Protocol，PPP)。由于数据包有可能要途经好几个链路才能从数据源到达目的地，因此在这层上执行的协议要处理数据打包、数据寻址和流程控制等事宜。

物理层(physical layer)：指定传输媒体和相关硬件的细节，执行来自链路层的请求服务，其主要职责是把整个数据从一个网络单元递送到相邻的网络单元。这一层的协议与实际的传输媒体密切相关，如双绞线、光纤和无线电。在这一层上要确定数据流的位速率、传输电压的高低、编码方法和数据的调制方式。

各层上的协议由软件、硬件或软硬件联合执行。应用层上的协议(如 HTTP 和 SMTP)和传输层上的协议(如 TCP 和 UDP)几乎都是用软件执行；网络层上的协议通常由软件或由软硬件联合执行；链路层和物理层上的协议负责链路上的通信，通常在网络接口卡上执行，如以太网卡。此外，为使上下层之间协调工作，层与层之间的接口有明确的定义，并在相应的标准中做了详细规定。

在 TCP/IP 参考模型中,每层执行的协议见图 19-19。参考模型虽然有点简单化,而且不是 100％正确,但可帮助我们理解整个 TCP/IP 协议套的全貌。TCP/IP 协议套由第 3、4、5 层上的协议组成,合计约有 100 多个。这些标准协议可在网络互联标准协议网站(https://www.rfc-editor.org/standards)上找到。

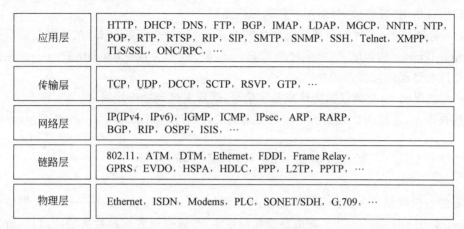

图 19-19　TCP/IP 参考模型概要

19.3.4　用户数据封装过程

在计算机网络技术中,封装(encapsulation)是设计模块通信协议的方法。按照 TCP/IP 模型,用户数据从发送端到接收端的传输过程如图 19-20 所示,发送端从应用层→传输层→网络层→链路层→物理层,接收端从物理层→链路层→网络层→传输层→应用层,每层都要执行协议。封装就是在发送端给用户数据层层贴标签,在线路上传输的数据包就不会混淆,而接收端层层拆标签,还原发送的用户数据。数据封装可使多个不同协议在相同的基础设施上共存。在数据发送端,用户数据的封装过程如下:

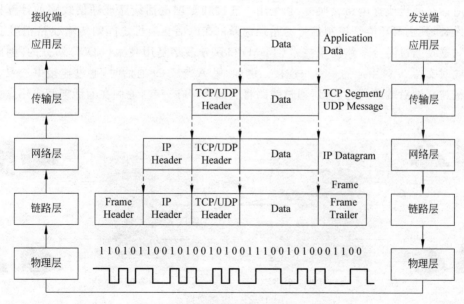

图 19-20　用户数据的打包和拆包过程

（1）在应用层上，把包含控制信息的用户数据（application data）传送到传输层。

（2）在传输层上，添加名为 TCP Header 或 UDP Header 包头，这个层上的包的名称叫作 TCP Segment（TCP 段）或 UDP Segment（UDP 段），然后把它传送到网络层。

（3）在网络层上，添加名为 IP Header 的包头，这个层上的包的名称叫作 IP Datagram，这就是我们常说的 IP 数据包，然后把它传送到链路层。

（4）在链路层上，在数据包的前面添加名为 Frame Header 的包头，在数据包的后面添加名为 Frame Trailer 的包尾，这个包被称为 Frame（帧）或称为数据帧（data frame）。在链路层上封装生成的数据帧被传送到物理层。

（5）在物理层上，把数据帧转换成数字信号，然后发送到物理线路上。

在接收端上，还原用户数据的过程与发送端的封装过程相反。

19.4　网上数据交换方法

现有的通信网络可分成两类：电路交换网络（circuit-switched network）和数据包交换网络（packet-switched network）。在电路交换网络中，在通信双方交换数据期间，包括链路带宽在内的通道上的全部资源被占用；在数据包交换网络中，在通信双方交换数据期间，不占用通道上的全部资源，而是根据需要和"路况"来使用资源。这两种交换方法各有优缺点，趋势是数据包交换取代电路交换，如第四代（4G）移动通信全都采用数据包交换。

19.4.1　电路交换

电路交换（circuit switching）是在发送者和接收者之间交换数据之前和数据交换期间，通信线路需要建立物理连接的通信方法。在电路交换中，连接是在交换局（switching office）实现的。在连接期间，用户占用沿途的全部线路资源，直到连接断开为止。

电路交换是一对一的连接，典型应用是拨号电话网络，如图 19-21 所示。在交换局中，交换机是电话交换机或称电路交换机，它是用于连接和管理电话线路或通信线路的计算机或其他机电设备，其主要功能是控制信号的路径选择。在电话交换机之间的传输线路相当于有"N 条线路"，这是通过时分多路复用技术（TDM）和频分多路复用技术（FDM）划分的，因此每条线路可同时支持 N 对用户的一对一连接。例如，甲 A 与乙 N 通话时，通过连接甲乙双方的电话交换机建立端对端之间的连接，通过线路将它们连接在一起，他们在通话期间占用这条信道的全部资源。

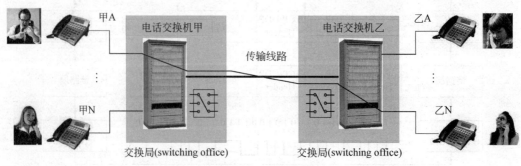

图 19-21　电路交换

19.4.2　数据包交换

数据包交换是把消息分成标准大小的数据包，以数据包作为传输单元的交换方法。

1. 数据包

数据包（packet）是网上传输的独立的数据单元。应用数据通常被称为消息（message），发送端把一个消息分割成许多小的数据块，"贴上"标签后再发送到网络上，这种包含数据的"包裹"称为数据包。数据包既包含用户的数据又包含按照协议规定加入的"包头（header）"，在包头中含有源地址、目的地址和错误控制等信息。

2. 数据包交换

数据包交换（packet switching）简称"包交换"。不像点对点的电路交换那样，数据包交换无须在收发双方之间预先建立物理连接，因为每个数据包都包含有源地址和目的地址，数据包可沿着数据源与目的地之间的最佳可用路径，通过中间站点转发。数据包到达目的地的路径、时间和次序都可能不同，需要接收端重组成原始消息。

数据包交换的概念可用图 19-22 来说明。假设主机 A 和 B 正在向主机 C 发送数据包，数据包 A 和数据包 B 首先通过以太网链路传送到路由器 A，然后把它们传送到链路上。链路（link）是由发送方和接收方之间的线路和相关设备组成的网络通信通道。线路（circuit）是指可传输电流的通路，如两点或多点之间的通信线路。如果在这条链路上出现拥挤现象，这些数据包就要在路由器中的"链路缓存存储器"中排队，等待输出到链路上。输出到链路上的顺序未必是预先定义的顺序，可能采用随机的顺序或统计多路复用的顺序。统计多路复用（statistical multiplexing）是把多个通信通道合并成单个高速通道的技术，并按需求给每个通道动态分配带宽。因此这种数据包交换技术也称为统计多路复用技术，它与每台主机获得相同时间槽的 TDM 技术不同。

使用数据包交换技术传输数据的网络叫作数据包交换网络，简称为包交换网络。

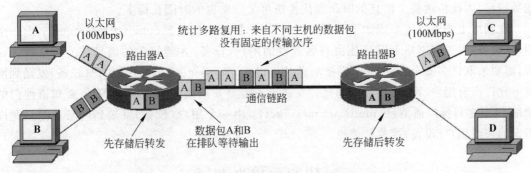

图 19-22　数据包交换的概念

人们对电路交换和数据包交换技术有不同的看法。对数据包交换持不同见解者认为，由于数据包的时延长短不定且不可预测，因此数据包交换技术不宜用在实时服务业务上，如电话会议和电视会议。对电路交换持不同见解者认为，数据包交换比电路交换能够提供比较好的带宽共享特性，成本较低。

3. 数据包的延迟

在数据包交换网络中，数据包从发送端到接收端的延迟是衡量多媒体服务质量的重要因素。延迟时间包括：

（1）传输延迟（transmission delay）：也称"存储转发延迟（store and forward delay）"。在数据传输过程中，交换设备使用存储转发技术把数据包转发到输出链路上，这就意味着，交换设备必须接收到完整的数据包并经检验后，才能把数据包的第 1 位（bit）转发到输出链路上。从接收数据包的第 1 位到最后 1 位的时间称为传输延迟。延迟时间的长短与数据包的大小成正比。如果数据包的长度为 L，传输链路的数据率为 R，延迟时间就为 L/R。

（2）处理延迟（processing delay）：交换设备处理信号的延迟，时间为微秒量级。

（3）排队延迟（queuing delay）：在交换网络中，每台交换设备在输出端都有链路缓冲存储器，每个数据包在输出到链路之前必须要在那里排队等候。如果在数据包到达时，缓冲存储器是空的或者没有其他数据包到达，数据包就不需要排队等候。排队延迟是一个不确定的延迟，取决于网络上的拥挤情况。

（4）传播延迟（propagation delay）：信号在两点之间的传播延迟，如从路由器 A 到路由器 B 的传播时间。传播延迟的时间通常为微秒量级。

19.4.3　消息交换

在现代数据包交换网络中，消息从一端传送到另一端之前，把一条消息分成标准大小的数据包，以提高路径选择和数据传输的效率，接收端把接收到的数据包重新拼接成原来的消息。如果发送端不把消息分成小的数据包，而是把整个原始消息发送到网络，通过接收、存储和转发的方式到达目的地，数据包交换就变成消息交换（message switching），这是数据包交换的一种特殊情况。

消息交换与数据包交换相比，端与端之间的传输延迟要大得多。此外，使用消息交换的另一个缺点是处理错误的时间较长。例如，在消息交换中，当消息中仅有 1 位数据出错时，整个消息都要重新发送。而在数据包交换中，当出现同样错误时，只需重新传送那个包含错误数据的数据包，因此传送整个消息的时间要比传送单个数据包的时间长得多。

在网络上的消息可分成如下三种类型：（1）单目标广播消息（unicast messages）：由一个用户（设备）发送到网络上但只能由有名有姓的用户（设备）才能接收的消息。为避免被人窃听，需要采取许多安全措施；（2）广播消息（broadcast messages）：由一个用户（设备）发送到网络上允许所有用户（设备）接收的消息。发送者不需要知道接收者是谁，也不需要知道他们的地址；（3）多目标广播消息（multicast messages）：由一个用户（设备）发送到网络上但只允许指定的一组用户（设备）接收的消息。

练习与思考题

19.1　互联网是什么？因特网是什么？万维网是什么？

19.2　接入网络是什么？

19.3　因特网接入是什么？

19.4　客户机/服务机是什么结构？

19.5　对等网络是什么结构？

19.6　写一篇《集线器、交换机和路由器的区别》的短文，在课堂或以其他形式与同学和老师交流,或请教网络工程师。

19.7　以太网是什么？是何人何时发明的？

19.8　在网络互联发展历史上,出现过哪些革命性概念？

19.9　TCP/IP 是什么？是何人何时发明的？

19.10　电路交换是什么？

19.11　数据包由哪几个要素组成？

19.12　数据包交换是什么？

参考文献和站点

[1]　Ethernet. https://en. wikipedia. org/wiki/Ethernet♯History.

[2]　Ethernet Tutorial. 2001. http://homepages. dordt. edu/~ddeboer/BURKS/pcinfo/hardware/ethernet/switch. htm.

[3]　OSI model. https://en. wikipedia. org/wiki/OSI_model.

[4]　Internet protocol suite. https://en. wikipedia. org/wiki/Internet_protocol_suite.

第 20 章　互联网上的地址

在互联网上的地址是为连网设备指定的唯一代码、名称或标记。由于网上的地址类型较多,采用比较学习法容易理解,因此本章将集中介绍网上常见的地址:IP 地址、MAC 地址和域名地址。无论读者从事任何工作,都需要理解和掌握这些基础知识。

20.1　互联网协议地址(IP 地址)

IP 协议主要由两个部分组成,一个是定义网络和设备地址,另一个是定义数据包的结构。本章前 4 节介绍 IP 协议的地址部分,数据包的结构将在后续章节中介绍。

20.1.1　IP 地址是什么

在计算机之间进行通信,首先要解决的一个关键问题是如何标识计算机。由于互联网络可以容纳各种网络技术,每种技术都定义自身设备的物理地址,这样一来,在庞大的网上寻找一台设备犹如大海捞针,这就需要制定一个统一的寻址方案,为每台设备分配一个唯一的地址。解决这个问题的方法是现在广泛使用的 IP 地址。

互联网协议地址(Internet Protocol address)简称为 IP 地址(IP address)。IP 地址是一种抽象的地址,它把互联网络当成单一网络来看待,把物理网络的细节隐藏起来,这样就便于给世界上的每台设备分配一个唯一的地址。这种抽象的 IP 地址通过地址解析协议(Address Resolution Protocol,ARP)转换为与实际设备对应的物理地址,如以太网的 MAC 地址,于是 IP 地址就具有唯一性。用这种思想解决寻址问题是网络设计师的一个创举。

IP 地址是给每台连网设备分配的数字标签,用于使用 IP 协议的设备之间进行通信。IP 地址是机器可识别的地址,如清华大学的一台服务器,它的 IP 地址是 166.111.4.100。

由于用数字表示的地址不容易看懂,于是定义了一种用字母表示的地址,称为域名地址(domain name address),并与 IP 地址一一对应。例如,清华大学的这台服务器的域名地址是 www.tsinghua.edu.cn,它与 IP 地址 166.111.4.100 相对应。

20.1.2　IP 协议的版本

目前使用的 IP 协议有两个版本,IPv4(Internet Protocol Version 4)和 IPv6(Internet Protocol Version 6),每个版本以不同的方式定义 IP 地址。IPv5 是 1979 年实验性的版本,未对外公布,其中的许多概念得到应用,如网络电话(Voice over IP)。

我们现在用的 IP 地址大多数是 IPv4 地址。IPv4 是一个 32 位的地址,能标识 2^{32}(大约 43 亿)台计算机。1998 年标准化的 IPv6 地址是一个 128 位的地址,理论上能标识 2^{128}(大约 3.403×10^{38})台计算机,有人估算,地球上每平方米可分配 1564 个 IP 地址。

IPv4 协议是网络层上的协议,它定义了 IP 地址和数据包的结构。根据数据包中的 IP 地址,网络软硬件能保证将数据包从发送主机传送到目的主机。虽然 1974 年 Vinton Cerf 和

Bob Kahn 介绍传输控制方案时,把 IP 协议定义为一个无连接的协议,既不保证数据包肯定能够到达目的主机,也不保证数据包是否按顺序到达,但因为 TCP 协议定义为面向连接的可靠传输协议,把这两个协议合在一起使用,就保证了数据包传输的可靠性。正因为这个原因,将互联网络协议套写成 TCP/IP 协议套,并一直沿用至今。

20.1.3　IP 地址的管理

全球的 IP 地址空间分配由互联网分配机构(IANA)管理,并授权给地区互联网注册机构(Regional Internet Registry,RIR),允许他们将部分 IP 地址分配给到当地的互联网注册机构(即 ISP)和其他实体,然后再分配给用户。

用户上网需要向网络服务商(ISP)申请开设账户,为用户的计算机提供 IP 地址。用户可申请长期使用的永久性地址,称为静态 IP 地址(static IP);用户也可申请使用费用较低的临时性地址,称为动态 IP 地址(dynamic IP),上网时由执行动态主机配置协议(DCHP)的服务器为用户的计算机分配一个临时性 IP 地址,用完后就收回。

20.2　互联网协议(IPv4)地址

IPv4 使用 32 位的地址,随着 20 世纪 90 年代上网用户大量增加,可用的 IP 地址越来越少。虽然采取了明显有效的措施来延缓 IP 地址减少的速度,例如,将 1981 年至 1993 年使用的网络地址结构,从有类编址(classful addressing)改为无类编址(classless addressing),但还是在 2011 年 2 月 3 日出现 IPv4 地址耗尽的问题。

20.2.1　地址类型

详细说明 IPv4 地址的文件可阅读 RFC 791(1981),后经多次修改,但核心内容没有变。为便于管理,将 IPv4 地址分成网络前缀和主机后缀两个逻辑部分,如图 20-1 所示。网络前缀用于标识物理网络的网络地址,称为网络 ID;主机后缀用于标识主机的主机地址,称为主机 ID,主机是指计算机除去输入输出设备以外的主要机体部分。

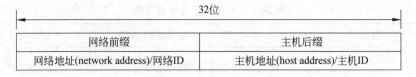

图 20-1　IPv4 地址标识方法

这种 IP 地址方案保证了给每台计算机分配的地址是唯一的。如果两台主机在不同的物理网络上,网络地址不同,如果两台主机在相同的物理网络上,主机地址不同。网络地址的分配必须全球协调,而主机地址不需要全球协调,可由当地机构分配。网络使用这种 IP 地址可以确定数据包是否需要通过网关设备发送或接收,如果两台主机的网络地址相同,数据包就不必通过网关设备转发。

IP 地址分成 5 类:A 类(Class A)、B 类(Class B)、C 类(Class C)、D 类(Class D)和 E 类(Class E)。其中 A、B 和 C 类地址是基本的互联网地址,分配给用户使用,D 类地址用于多目标广播(multicasting)[①],E 类地址为保留地址。IP 地址结构如图 20-2 所示。

位	0 1 2 3 4 5 6 7	8　　　　W　　　　15	16　　X　　24	25　Y　　　31

| 位 | 0 1 2 3 4 5 6 7 8 | 15 16 24 25 31 |

位	0 1 2 3 4 5 6 7	8 　　　15	16 　　24	25 　　31
		W	X	Y	Z

位	0　1　2　3　4　5　6　7	8　　　　　　15	16　　　　24	25　　　31
A	0　　网络地址(最多127个)	主机地址(每个网络最多容纳16 777 214台主机)		
B	1　0　　网络地址(最多16 383个)		主机地址(每个网络最多容纳65 534台)	
C	1　1　0　　　网络地址(最多2 097 151个)			主机地址(每个网络最多容纳254台)
D	1　1　1　0　　多目标广播地址(multicast address)			
E	1　1　1　1　0　　保留(实验用)			

图 20-2　IPv4 地址结构

　　A 类地址用于有许多机器连网的大型网络,在这种情况下使用 24 位的主机地址来标识连网计算机,而网络地址使用 7 位来限制可被识别的网络数目;B 类地址用于连网机器数目和网络数目都为中等程度的网络,在这种情况下使用 16 位的主机地址和 14 位的网络地址;C 类地址用于连网机器数目少(最多 256 台)而网络数目多的网络;D 类地址用于一个广播源向多台主机广播(多目标广播),E 类地址保留作为实验和将来使用。

20.2.2　地址表示法

　　虽然 32 位的 IP 地址是二进制数,但用户不必输入和阅读用这种方法表示的 IP 地址,取而代之的是,用软件把二进制数转换成用户容易阅读和输入的十进制数,这种方法称为点分十进制表示法(dotted decimal notation)。其方法是将 32 位的 IP 地址分成 4 组,每组为 8 位,用 4 个十进制数表示,并用句点(.)隔开,每个十进制数都小于 256。例如:

32 位二进制	10100110	01101111	00000100	01100100
点分十进制	166	111	4	100

　　如果用 w、x、y、z 分别表示这 4 个字节,用十进制表示的 A、B 和 C 类地址的范围和数目如表 20-1 所示。

表 20-1　A、B 和 C 类地址范围

类别	类型数范围	网络 ID	主机 ID	最多的网络数	最多的主机数
A	1～126*	w	x. y. z.	126	16 777 214
B	128～191	w. x	y. z	16 384	65 534
C	192～223	w. x. y	z	2 097 151	254

* 127 保留,用于测试。

　　把 IP 地址空间分成大小不等 A、B、C、D、E 类地址空间称为有类地址划分方案,使用这种地址的网络称为有类地址网络。IPv4 地址方案是在 20 世纪 80 年代初期制定的,那时 PC 刚刚发明,LAN 还没有广泛使用,大公司也只有少数几个网络。虽然分类的 IP 地址方案已经被

_____

　　① 多目标广播是单个发送者和多个接收者之间的通信方式,将数据包同时发送到一组选定的网络地址,然后再发送给每个接收终端。许多文章称为"多播"。

作废,但多目标广播地址仍然在使用。

20.2.3 无类寻址

随着网络用户的快速增长,为了日后有足够的主机地址空间,谁都想要 A 类地址或 B 类地址,这样一来就造成许多主机地址没有使用,网络地址则不够用的局面。而 C 类地址因为主机地址少,许多单位都不愿意使用。为克服有类地址划分方案出现的这些问题,科技人员在此基础上提出了新的寻址方案,称为无类寻址方案。

无类寻址的基本思想是,在 IP 地址中,把主机地址部分的前几位与网络地址连接起来,构成一个新的网络前缀,如图 20-3(a)所示,这样一来网络地址的数目就增加了,主机地址的数目就相应减少了,缓解了网络地址不够用而主机地址用不完的问题,这也就相当于取消了划分地址类的边界。这种地址划分方案称为无类寻址方案。从主机地址中取出的前几位作为有类地址的子网,它的地址称为子网地址。

我们以 B 类地址为例,说明子网的创建方法。B 类地址的前 16 位是网络地址,后 16 位是主机地址,主机地址分成两个 8 位,一个作为子网地址,如图 20-3(b)所示,与网络地址合在一起作为网络前缀,另一个仍然作为主机地址,这样构成的地址仍然能够保证分配给每台设备的IP 地址的唯一性。图中还可以看到,全为 1 的 24 位和全为 0 的 8 位分别对应网络前缀和主机后缀,这个 32 位二进制数被称为掩码,用点十进制数表示为 255.255.255.0,可用于标记 IP地址的网络前缀和主机后缀的边界。

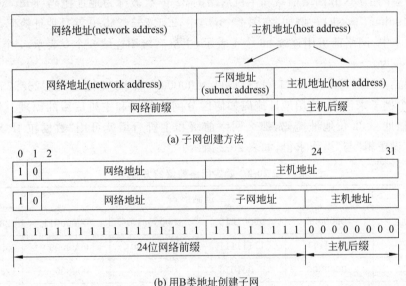

(a) 子网创建方法

(b) 用B类地址创建子网

图 20-3　用主机地址创建子网的方法

C 类地址的子网创建方法与 B 类地址的创建方法类似。如图 20-4 所示,C 类地址的网络前缀是 24 位,主机后缀是 8 位,把主机后缀的高 2 位即第 24 和 25 位作为子网地址,与 24 位的网络地址构成 26 位的网络前缀,主机后缀变成 6 位,这样就构成了 4 个子网地址,于是把 C类 IP 地址转换成了无类 IP 地址。

使用同样的方法,可将 A 类地址变成无类地址。

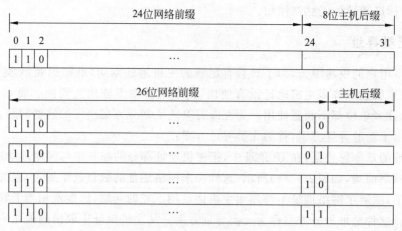

图 20-4　C 类 IP 地址转换成无类 IP 地址举例

20.2.4　地址掩码

IP 地址从有类地址变成无类地址之后,一个实际问题就是如何区分无类寻址中的网络前缀和主机后缀之间的边界。为精确标记它们之间的边界,IP 协议使用了一个 32 位的二进制数,用其中的连续的 1 标记网络前缀,用连续的 0 标记主机后缀,全 1 和全 0 的交界处就是它们的边界。这个用于区分网络前缀和主机后缀的 32 位数被称为地址掩码(address mask),也称子网掩码(subnet mask)。例如,在图 20-3(b)中,255.255.255.0 就是地址掩码。

在图 20-4 中,网络前缀用连续 26 个 1 表示,主机后缀用连续 6 个 0 表示,4 个无类地址的 32 位地址掩码为

二进制位:11111111 11111111 11111111 11000000,点十进制数:255.255.255.192。

现用一个例子来说明,使用地址掩码如何区分网络前缀和主机后缀的原理。假设已知数据包的目的地址和 32 位地址掩码,那么网络前缀和主机后缀就可用"数据包 IP 地址"和"32 位地址掩码"做逻辑"与"操作求得,如表 20-2 所示。

表 20-2　确定网络前缀的方法

	二进制形式				点十进制
数据包 IP 地址	10000000	00001010	00000010	00000011	128.10.2.3
32 位地址掩码	11111111	11111111	00000000	00000000	255.255.0.0
网络前缀	10000000	00001010	00000000	00000000	128.10.0.0
主机后缀	00000000	00000000	00000010	00000011	0.0.2.3

20.2.5　CIDR 表示法

无类寻址方案的正式名称为无类域间路由(Classless Inter-Domain Routing,CIDR),这个名称只是用来指定网络寻址方案和转发数据包。在创建 CIDR 寻址方案时,设计者想到要让人容易指定和解释掩码值,于是对点十进制表示法做了扩展,扩展后的表示法称为 CIDR 表示法,其形式为 ddd.ddd.ddd.ddd /m。其中,正斜杠(/)前面的 ddd 是用点十进制数表示的 IP

地址,m 是掩码中连续 1 的个数。

例如,128.211.0.16 /28 表示:IP 地址为 128.211.0.16;m=28,表示 32 位地址掩码中,左边是 28 个连续 1,右边是连续 4 个 0,点十进制数为 255.255.255.240。

用 CIDR 和点十进制表示的地址掩码请看表 20-3,专用的 IP 地址请看表 20-4。

表 20-3　地址掩码表

m 值	地 址 掩 码	注　释	m 值	地 址 掩 码	注　释
/ 0	0.0.0.0	没有掩码	/ 16	255.255.0.0	相对于 B 类掩码
/ 1	128.0.0.0		/ 17	255.255.128.0	
/ 2	192.0.0.0		/ 18	255.255.192.0	
/ 3	224.0.0.0		/ 19	255.255.224.0	
/ 4	240.0.0.0		/ 20	255.255.240.0	
/ 5	248.0.0.0		/ 21	255.255.248.0	
/ 6	252.0.0.0		/ 22	255.255.252.0	
/ 7	254.0.0.0		/ 23	255.255.254.0	
/ 8	255.0.0.0	相对于 A 类掩码	/ 24	255.255.255.0	相对于 C 类掩码
/ 9	255.128.0.0		/ 25	255.255.255.128	
/ 10	255.192.0.0		/ 26	255.255.255.192	
/ 11	255.224.0.0		/ 27	255.255.255.224	
/ 12	255.240.0.0		/ 28	255.255.255.240	
/ 13	255.248.0.0		/ 29	255.255.255.248	
/ 14	255.252.0.0		/ 30	255.255.255.252	
/ 15	255.254.0.0		/ 31	255.255.255.254	
			/ 32	255.255.255.255	主机特定掩码

表 20-4　专用 IP 地址摘要

网络前缀	主机后缀	地址用途
全 0	全 0	本机启动时使用
网络前缀	全 0	表示一个网络
网络前缀	全 1	在指定的网络上广播
全 1	全 1	在局域网上广播
127/8	任意	测试(常用 127.0.0.1)

使用表 20-3,用户可以知道主机地址的数量和主机地址的范围。例如,某单位获得的 IP 地址为 128.211.0.16 /28,根据上面的分析可知,地址掩码为 255.255.255.240,主机地址的范围为 128.211.0.17~128.211.0.30。

20.2.6 IPv4 地址要点

- 互联网使用统一的寻址方案，每台计算机分配一个唯一的 IP 地址；每个 IP 地址由标识网络的网络前缀和标识连网主机的主机后缀两个部分组成。
- 为确保 IPv4 地址在互联网上是唯一的，网络前缀由全球统一的权威机构分配，主机后缀由当地机构分配；IETF 保留了一部分地址空间作为专用。
- IPv4 地址是一个 32 位的二进制数，原来的寻址方案把地址空间分成 5 类，多目标广播地址仍然在使用；无类地址和子网寻址方案允许网络前缀和主机后缀之间的边界出现在任意位(bit)的边界，为此要为每个地址存储一个 32 位的地址掩码，用于区分网络前缀和主机后缀。
- 32 位的地址掩码由网络前缀和主机后缀两部分组成，网络前缀的所有位均为二进制数的 1，主机后缀的所有位均为二进制数的 0。
- 路由器和主机可以连接两个以上的物理网络，每个连接都要 IPv4 地址。
- 互联网上的所有应用程序都使用 IPv4 地址与计算机进行通信。

20.3　媒体接入控制(MAC)地址

20.3.1　MAC 地址是什么

媒体接入控制地址(media access control address)是设备的物理地址，简称 MAC 地址(MAC address)，是分配给网络接口的唯一标识符。网络接口(network interface)是指把计算机连接到网络上的硬件部件，通常称为网络控制器/网卡(Network Interface controller/Card，NIC)、网络适配器、LAN 适配器等。

20.3.2　MAC 地址的格式

MAC 地址是标识符为 6 个字节构成的 48 位地址，等分成两个部分，前一部分的 24 位地址称为组织唯一标识符(Organization Unique Identifier，OUI)，后一部分的 24 位地址称为网络接口设备标识符，如图 20-5 所示。组织唯一标识符(OUI)由 IEEE 统一分配，网络接口设备标识符通常由网络接口设备制造商指定，并存放在设备的只读存储器中。这个地址格式称为 MAC-48。

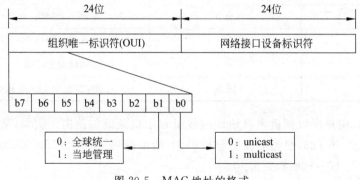

图 20-5　MAC 地址的格式

在 24 位 OUI 中,有 2 位用作标志位,其余 22 位表示 IEEE 指定的子网物理地址。在最高字节中,位 b1 称为 U/L(universal/local)位,用于区分全球统一的地址(b1＝0)还是当地管理的地址(b1＝1)。

设备制造商指定的地址常被称为烧入地址(Burned-In Address,BIA)、以太网硬件地址(Ethernet Hardware Address,EHA)、硬件地址或物理地址。烧入地址中不包含 OUI。

在 MAC-48 地址格式中,MAC 地址通常用 12 个十六进制数表示,每 2 个十六进制数之间用冒号(:)或连字符(-)隔开,例如,01：23：45：67：89：AB 或 01-23-45-67-89-AB。其中前 6 位十六进制数 01：23：45 表示 IEEE 分配给网络硬件制造商的编号,后 6 位十六进制数 67：89：AB 代表该制造商所制造的网络产品(如网卡)系列号。网络设备也用点(.)隔开的 3 组 4 位十六进制数表示,如 0123.4567.89AB。

20.4 互联网协议(IPv6)地址

IPv6 地址是 128 位地址,本节对它作简单介绍,详细介绍可在文件 RFC 4291(2006)-IP Version 6 Addressing Architecture 及其后续修改的 RFC 文件中找到。

20.4.1 IPv6 协议地址简介

由于 IPv4 地址空间的限制,因特网工程特别工作组(IETF)意识到,IPv4 地址空间将会出现耗尽的问题,于是在 1991 年开始研究如何扩展 IP 地址空间,1995 年 12 月提交了 IPv6 规范文件 RFC1883(1995),1998 年 12 月正式定为标准,RFC2460(1998),大约在 2006 年开始部署商业应用。通过查看 IPv6 开发过程中的 RFC 文件,见表 20-5,我们可看到 IPv6 的过去和现状。

表 20-5 IPv6 及相关协议的历史版本和更新版本

历 史 版 本	更 新 版 本	规 范 内 容
RFC1883(1995)	RFC2460(1998)	IPv6 规范
RFC2553(1999)	RFC3493(2003)	套接子接口扩展(Socket Interface Extensions)
	RFC3315(2003)	用于 IPv6 的动态主机协议(DHCPv6)
RFC3775(2004)	RFC6275(2011)	移动 IPv6 (Mobility Support in IPv6)
RFC3697(2004)	RFC6437(2011)	流标签规范(IPv6 Flow Label Specification)
RFC2373(1998)	RFC4291(2006)	地址结构(IP Version 6 Addressing Architecture)
RFC4294(2006)	RFC6434(2011)	节点要求(IPv6 Node Requirements)

IPv6 和 IPv4 相互不兼容,IPv6 地址要在执行 IPv6 协议的计算机网络上才能识别。不过现在已提出了在 IPv4 和 IPv6 主机之间进行通信的几种方法。2012 年 6 月,一些实力强大的互联网公司开始把他们的服务器放在支持 IPv6 的网络上,使用称为双协议栈(Dual Stack)的方法同时执行两套协议,IPv6 和 IPv4 及与它们的相关协议。

20.4.2　IPv6 寻址方式

在计算机网络技术中,寻址是指寻找网上设备地址的方法。IPv6 与 IPv4 相比较,最重要的变化是扩展了寻址空间。由于数据源的 IP 地址、目的地的 IP 地址、用户数据及控制信息都装在 IP 包里,因此网络上的中间转发设备(如路由器)可根据 IP 包中的地址,规划设备之间的数据传输路径。IPv6 协议继承了 IPv4 的无类寻址思想和 IP 包的特性,定义了三种通信方式:单播(unicast)、多播(multicast)①和选播(anycast),如图 20-6 所示。

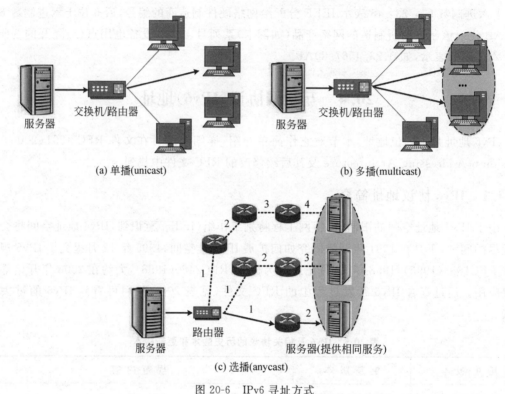

(a) 单播(unicast)　　　　　(b) 多播(multicast)

(c) 选播(anycast)

图 20-6　IPv6 寻址方式

图 20-6(a)是单播方式,与 IPv4 定义的寻址方式类似,用于单台主机与单台主机之间的通信。在这种方式中,发送主机使用单播地址给单台主机发送数据包,当交换机或路由器收到单播地址的数据包时,根据包中的目的地址,将它转发给只与数据包内的目的地址相符的主机。单播地址是单个接口的标识符,称为单播地址接口 ID(interface ID)。

图 20-6(b)是多播方式,与 IPv4 定义的寻址方式类似,用于单台主机与多台接收机之间的通信。在这种方式中,发送主机使用多播地址给参加多播组的所有主机发送数据包,感兴趣的主机可接收和处理这种数据包。多播地址是一组节点(如计算机)接口的标识符,称为多播地址接口 ID(interface ID),通常属于不同节点。

图 20-6(c)是选播方式,IPv6 新定义的寻址方式,用于路由器转发数据包。在这种方式

---

①　"多播"是收发关系颠倒的译名,与 multicast 的原意(一个广播源向多个目标广播)相反。鉴于"多播"在科技界已很流行,后续章节只好采用,但应将它理解为"多目标广播"的简称。

中,发送主机使用选播地址给一组服务器发送数据包,路由器把数据包转发给与它距离最短的服务器。此处的"距离最短"是指,按照路由协议的距离度量方法,路由器测算得到的最短距离。例如,有一个由 3 台服务器组成的服务器组,它们提供相同的服务,在图中有三条路径可选:1-2-3-4、1-2-3、1-2 中,选择最短的路径 1-2。选播地址是一组节点接口(通常属于不同节点)的标识符,称为选播地址接口 ID(interface ID)。

20.4.3 IPv6 地址表示法

1. 地址表示法

与 IPv4 的地址标识符类似,128 位的 IPv6 地址可用如下三种方法表示。

(1) 128 位地址通常分成 8 组,用冒号分开,每组 16 位,用 4 个十六进制数(0~F)表示,其形式为 x:x:x:x:x:x:x:x。例如,下面是一个有效的 IPv6 地址:

```
2001:0db8:85a3:08d3:1319:8a2e:0370:7334
```

(2) 如果 4 位十六进制数是 0000,可用两个冒号(::)代替。下面所示的地址均有效。

```
2001:0db8:0000:0000:0000:0000:1428:57ab
2001:0db8:0000:0000:0000::1428:57ab
2001:0db8:0:0:0:0:1428:57ab
2001:0db8:0:0::1428:57ab
2001:0db8::1428:57ab
2001:db8::1428:57ab
```

(3) 在 IPv6 和 IPv4 都使用的环境下,128 位 IPv6 地址的最后 4 个字节可用十进制数表示,并用点号(.)作为分隔符,其形式为 x:x:x:x:x:x:d.d.d.d。例如:

- 地址::FFFF:1.2.3.4 与地址::FFFF:0102:0304 相同;
- 地址::FFFF:15.16.18.31 与地址::FFFF:0F10:121F 相同。

2. 地址前缀表示法

IPv6 地址的前缀可使用如下形式表示:

```
ipv6地址/前缀长度(ipv6-address/prefix-length)
```

其中,IPv6 地址使用上述三种地址表示法之一;前缀长度为十进制数,用于指定组成地址前缀的最左边的连续位数。例如,用十六进制数表示的 2001 0DB8 0000 CD3 是一个 60 位的地址前缀,可写成如下形式:

```
2001:0DB8:0000:CD30:0000:0000:0000:0000/60
2001:0DB8::CD30:0:0:0:0/60
2001:0DB8:0:CD30::/60
```

当要同时表示网络地址和子网地址的前缀时,可将它们组合在一起。例如:

```
网络地址:2001:0DB8:0:CD30:123:4567:89AB:CDEF
子网地址:2001:0DB8:0:CD30::/60
可以写成:2001:0DB8:0:CD30:123:4567:89AB:CDEF/60
```

20.4.4 IPv6 地址格式

1. 地址格式

128 位的 IPv6 地址等分成 2 个 64 位,前 64 位是网络前缀(network prefix),用于标识网络的地址;后 64 位称为接口 ID(interface identifier),用于标识主机,如图 20-7 所示。

接口 ID 可以人工指定也可以自动配置。接口 ID 自动配置的方法是利用 48 位 MAC 地址的唯一性,将它修改成 64 位的 EUI-64 格式,然后从执行动态主机协议(Dynamic Host Configuration Protocol for IPv6,DHCPv6)的服务器上,获得随机创建的 64 位接口 ID。EUI-64 是 IEEE 学会指定的格式,称为扩展唯一标识符(Extended Unique Identifier)。

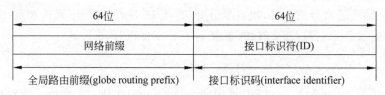

图 20-7　IPv6 地址标识方法

由于 MAC 地址是 48 位,而接口 ID 是 64 位,因此要将 48 位的 MAC 地址转换成 64 位的接口 ID。例如,一个 48 位的 MAC 地址是 39:A7:94:07:CB:D0,转换后的 64 位接口 ID 为 3B:A7:94:FF:FE:07:CB:D0,转发方法如图 20-8 所示。

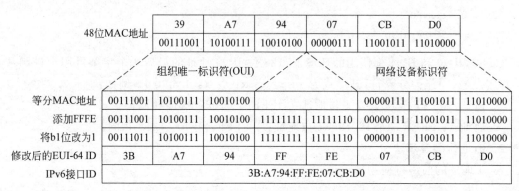

图 20-8　IEEE 802 MAC 地址转换为 IPv6 地址的接口标识符[①]

2. 单播地址格式

单播地址有 3 种不同的地址格式:全局单播地址、本地链路地址和本地唯一地址。这 3 种单播地址的接口 ID 都是 64 位,只是 64 位的网络前缀由不同的域组成。

(1) 全局单播地址(Global Unicast Address):相当于公共地址,由 2 个 64 位的逻辑部分组成:网络前缀(64 位)和接口 ID(64 位),如图 20-9 所示,详见 RFC 4291(2006)。在网络前缀中,前 48 位作为全局网络前缀,其最高 3 位为 001;其后的 16 位作为子网 ID。

(2) 本地链路地址(Link-Local Address):本地链路地址只在这个网络段内或广播区域内才有效,因此路由器也不需要向外转发数据包。网络前缀的前 16 位设置为 1111 1110 1000

---

① 引自 http://www.tcpipguide.com/free/t_IPv6InterfaceIdentifiersandPhysicalAddressMapping-2.htm♯Figure_98。

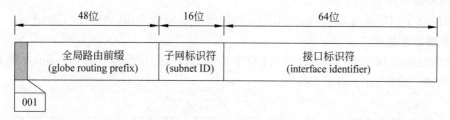

图 20-9　全局单播地址结构

0000（FE80），其余的 48 位都设置为 0，如图 20-10 所示，详见 RFC 4291(2006)。

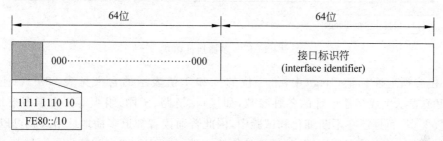

图 20-10　本地链路地址

(3) 本地唯一地址（Unique-Local Address）：在本地网络通信中使用的地址，对全局来说是唯一的。网络前缀的前 7 位设置为 1111 110，其后的 1 位称为 L 位，如图 20-11 所示。如果 L=1，表示当地分配的地址。L=0，未见定义。详见提议标准 RFC 4193(2005)。

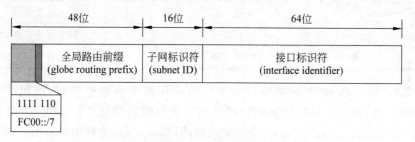

图 20-11　本地唯一地址

(4) 单播地址范围：本地链路地址限定在同一网络段，本地唯一地址限定在一个组织的边界，全局单播地址是全球可识别的唯一地址，它们地址的范围如图 20-12 所示。

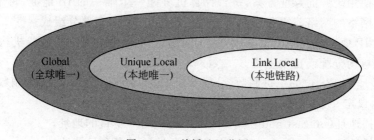

图 20-12　单播地址范围

3. 选播地址格式

选播地址使用单播地址空间,使用任何一种单播地址格式,其余的 64 位为全 0。

4. 多播地址格式

多播地址由 8 位前缀(1111 1111)、4 位多播标记(flag)、4 位地址范围(scope)和 112 位多播组 ID 构成,如图 20-13 所示。

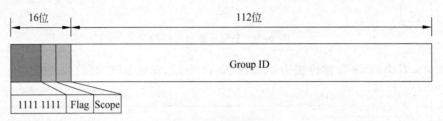

图 20-13　多播地址格式

在 4 位多播地址标记(flag)中,每一位的 0 和 1 值表示的含义见表 20-6。4 位范围域(scope)用于表示生成多播地址的各种参数,如接口、链路、子网、组织等。由于多播地址空间太大,参数太多,而且还在不断细化和试验中,因此普通读者知道多播地址格式就可以,有兴趣的读者可参考 RFC 4291(2006)及其后续的修改文件,如 RFC 7346(2014)。

表 20-6　多播地址标记

标志位(XRPT)	0	1
X(最高有效位)	保留	保留
R (rendezvous)	未嵌入汇合点	嵌入式汇合点
P (prefix)	无前缀信息	基于网络前缀地址
T (transient)	驰名多播地址	动态分配多播地址

此外,IETF 开发的 IPv6 标准协议为专门用途保留不少地址空间,例如,::/128(未定义),::/0(默认路径),::1/128(测试数据流回到源地的回路地址)。IPv6 为路由协议保留了多播地址(如 FF02::5,FF02::6,FF02::9,FF02::A),为路由器或节点保留了多播地址(如 FF01::1,FF01::2,FF02::1,FF02::2,FF05::2)。

20.4.5　IPv6 地址要点

- 互联网使用统一的寻址方案,每台计算机分配一个唯一的 IP 地址;每个 IP 协议地址由标识网络的网络前缀和标识连网设备的接口 ID 两个部分组成。
- 为确保 IP 地址在互联网上是唯一的,网络前缀由全球统一的权威机构分配,接口 ID 由当地机构分配或自动生成。
- IPv6 地址是 128 位的二进制数,分成 8 组,每组 16 位,用 4 个 16 进制数(0~F)表示。
- IPv6 协议定义了如下三类地址:

    (1) 单播地址(unicast address):一个源地址对一个目的地址;

    (2) 多播地址(multicast address):一个源地址对多个目的地址;

    (3) 选播地址(anycast address):一个源地址对多个相同目的地址中的最近一个。
- IPv6 标准指定了一组专门用途的保留地址。

20.5 互联网上的域名地址

域名是一个组织在因特网上的唯一名称,与国家(或地区)域名和普通顶级域名组合,形成因特网域名(Internet domain name)。域名既是一个实体的名称,也是这个实体的 Web 网站地址,简称为网址。

20.5.1 域名地址

1. 域名是什么

由于人们不容易阅读使用二进制或十进制数字表示的 IP 地址,因此绝大多数系统都采用便于阅读和理解的文字或字符串,用来表示网上注册的实体的地址。表示实体地址的文字或字符串称为域名(domain name)。域名可理解为标识网上某台计算机的唯一名称。

域名通常是有真实意义的名称,如公司、学校、机构或组织的名称,有些域名还可用于标识计算机所在的方位。域名的长度最多不超过 63 个字符,通过域名系统/服务(Domain Name System/Service,DNS)把域名翻译为 IP 地址。据美国 VeriSign 公司的资料推算,现在因特网上的域名数量已超过 3 亿。

2. 域名的格式

域名由分层次的子域名组成,依次为顶级、二级、三级等域名。级别越低,域名的长度可能越长。顶级域名(Top-Level Domain,TLD)有三类:(1)国家和地区域名,如 cn(中国);(2)国际顶级域名,int(仅此一个);(3)普通顶级域名(Generic TLD),如 edu(教育)。

域名的格式以一组嵌套层次的名字为基础,并用点号(.)作为分隔符,如下所示:

> 服务器. 组织. 网站类型. 国家或地区

例如,在域名 www.tsinghua.edu.cn 中,域名最右边的部分(cn)表示主域,在它左边的每个部分依次表示前一域下的子域;域名最左边的名称(www)表示服务器的类型;网站类型是指政府、教育、公司、组织或其他领域的网站;国家和地区用 ISO 3166 标准规定的两个字母表示,如 uk(英国)、hk(香港)。

3. 顶级域名介绍

在 20 世纪 80 年代公布使用的普通顶级域名包括.com、.edu、.gov、.int、.mil、.net 和.org。在 2000 年 11 月公布的普通顶级域名添加了.biz、.info、.name、.pro、.aero、.coop、.museum,2003 年添加的普通顶级域名是.asia、.cat、.jobs、.mobi、.tel、.travel。现在(2016)注册的普通顶级域名有数十个,详见 http://www.icann.org/tlds/。部分常见通用顶级域名见表 20-7。

表 20-7 部分常见通用顶级域名

域 名	注 释	域 名	注 释
.com	商业(commercial)	.biz**	商业(a business)
.edu	教育(educational)	.info	信息服务(information service)

域　　名	注　　释	域　　名	注　　释
. gov	政府（government）	. name	名称（individual/personal）
. int*	国际条例	. pro	专业（professional）
. mil	军事（military）	. aero	航空宇宙（aerospace）
. net	网络（network）	. coop	合作（cooperative）
. org	组织（organization）	. museum	博物馆
		. mobi	移动通信

*. int（international treaties between governments only），政府间的国际条例。

**. biz 和. com 概念上等价，市场不同。

由于因特网的发源地在美国，因此美国的网站使用普通顶级域名作为顶级域名，如微软公司服务器的域名为 www. microsoft. com。其他国家使用普通顶级域名时，通常需加国家或地区域名作为顶级域名，如 www. tsinghua. edu. cn。

域名地址中包含许多信息。例如，www. tsinghua. edu. cn 包含如下信息：

cn	表示在中国
edu. cn	表示在中国的教育部门
tsinghua. edu. cn	表示在中国的教育部门下属的清华大学
www. tsinghua. edu	表示在中国的教育部门下属的清华大学的万维网服务器

读懂顶级域名和各子域名的含义，可初步判断该网站及其内容的权威性、可靠性、可用性，对每个网民都极其重要。

4. 域名系统

由于连网设备不能识别用文字表示的域名地址，因此就需要将域名地址变换成用 0 和 1 表示的 IP 地址，为此开发的系统称为域名系统（Domain Name System，DNS）。域名系统是把域名地址变换成 IP 地址的分布数据库系统，它的基本结构如图 20-14 所示。例如，利用 DNS 可将域名地址 www. tsinghua. edu. cn 翻译成与它相对应的 IP 地址 166. 111. 4. 10。

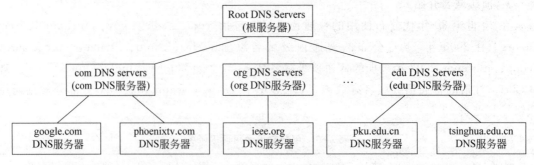

图 20-14　分布式分层数据库

在因特网上，根据域名系统执行域名地址与 IP 地址之间转换的软件叫作"域名服务器

(domain name server,DNS)"。域名服务器是维护含有域名地址和相应 IP 地址的数据库软件,实质上是一张两列的查找表,其中一列是用于帮助记忆的计算机名字即域名地址(如 www. tsinghua. edu. cn),另一列是用数字表示的 IP 地址(如 166.111.4.10)。

通过软件把用文字表示的域名地址转换成用数字表示的 IP 地址的服务叫作"域名服务 (domain name service,DNS)",也就是通过域名地址查找 IP 地址的服务。

DNS 于 1983 年提出,原始规范文件是 RFC 882 和 RFC 883,后被 1987 年发布的 RFC 1034 和 1035/STD13 取代,2010 年发布的是 RFC 5936。DNS 协议在应用层上执行。

20.5.2 资源地址

在万维网(Web)上,信息资源的地址称为统一资源地址(Uniform Resource Locator, URL),俗称"网址",就像信封上收信人的地址;信息资源在互联网上的名称为统一资源名 (Uniform Resource Name,URN),就像信封上收信人的名字。标识互联网上信息资源的名称和地址的字符串称为统一资源标识符(Uniform Resource Identifier,URI)。使用 URI 的文件就像在信封上既有收信人的名字又有收信人的地址。URI 指明了访问资源时所用的协议、资源所在地的服务器的名称、资源的路径和资源的名称。

例如,一个数据库网页的统一资源标识符(URI)为:

`http://www.lib.tsinghua.edu.cn/database/iel.htm`

它的结构和各部分的名称如图 20-15 所示。其中:
- http 表示服务器使用的传输协议;
- www. lib. tsinghua. edu. cn 表示服务器的名称;
- database 表示资源所在的路径;
- iel. htm 表示文件的名称和文件类型,iel 是 IEEE/IET Electronic Library 的简写。

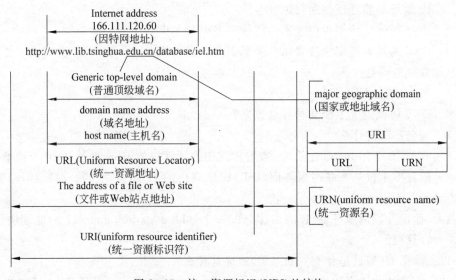

图 20-15　统一资源标识(URI)的结构

有关 URI 结构的详细信息,可阅读 2005 年发布的标准文件 RFC 3986/STD66 和后续修改文件 RFC 6874（2013）和 RFC 7230（2014）。

20.5.3 邮件地址

电子邮件（(electronic mail)/email/e-mail）是网上交换数字消息的一种方法。发件人可通过网络向一个或多个收件人发送消息，可把任何类型的文件作为附件一起传送。这些消息一直存储在电子邮件服务器中，直到接收者读到后再决定是否要删除。

邮件地址是电子邮件地址的简称，用来标识用户的字符串，由三个部分组成：账户名、@、邮箱地址。电子邮件地址实际上就是用户的账户，并使用如下格式表示：

账户：账户名@邮箱地址

邮箱地址是域名地址。例如，笔者的邮件地址为 linfz@mail.tsinghua.edu.cn，其中：

- linfz：账户名；
- mail.tsinghua.edu.cn：邮箱地址，表示"中国.教育部门.清华大学.邮件服务器"。现在常省略表示邮件服务器的 mail，简化为 tsinghua.edu.cn；
- @：账户名和域名地址之间的分隔符，读作"at"。

与电子邮件有关的术语包括：（1）账户（account）：出于认证、管理和安全的考虑，在首次使用邮件系统时，用户需要在互联网服务商（IPS）开设账户。账户是邮件服务系统为每个授权用户保存的记录，包括用户身份、访问权限以及使用情况等；（2）账户名（account name）：由若干字符组成，用于标识用户的名称（如 linfz），开设账户时由用户自己选择。

电子邮件的详细介绍可参考 RFC 5381（2008）-Simple Mail Transfer Protocol。

练习与思考题

20.1 IP 地址是物理还是逻辑地址？

20.2 IPv4 的地址用多少位表示？能标识多少台主机？

20.3 IPv6 的地址用多少位表示？能标识多少台主机？

20.4 地址掩码是什么？

20.5 MAC 地址是什么？

20.6 IPv6 协议定义了哪几种寻址方案？

20.7 域名系统是什么？

20.8 在 DOS 下用 ipconfig 命令，查看你使用的计算机的 IPv4 地址和 IPv6 地址。

20.9 假设你单位从互联网服务商（ISP）那里获得的 IP 地址为 202.211.101.16/28，计算主机地址的范围。

20.10 假设互联网服务商（ISP）给你分配一个 ddd.ddd.ddd.ddd /27 的地址块，最多可接入多少台计算机？

20.11 静态 IP 地址是什么？动态 IP 地址是什么？

20.12 用简洁的语言说出"http://www.pku.edu.cn/research/index.htm"的意思。

参考文献和站点

[1] RFC 4291. IP Version 6 Addressing Architecture，February 2006.

[2] http://en. wikipedia. org/wiki/Internet_protocol_suite. Internet protocol suite，2016.

[3] http://www. tutorialspoint. com/ipv6/. IPv6-Addressing Modes，2016.

[4] Kevin R. Fall ，W. Richard Stevens. TCP/IP Illustrated，Volume 1，The Protocols，Second Edition. USA：Pearson Education，Inc. ，2012.

[5] Douglas Earl Comer. Computer Networks and Internets. USA：Pearson Education，Inc. ，2009.

[6] Paul Hoffman，Editor. IETF 之道：互联网工程任务组新手指南. http://www. ietf. org/tao-translated-zh. html，2012.

第 21 章　应用层技术

在网络上人们已经发明了许多非常富有创造性的应用,如万维网、文件传输、电子邮件和即时通信。这些网络应用需要通过应用层协议的支持,如 HTTP、FTP、SMTP。

应用层上有许多协议,本节重点介绍万维网使用的 HTTP 协议和电子邮箱相关的协议,对其他一些常用协议也作简单介绍。

****

需要了解请求注释文件

RFC (Request for Comments)是用于征求从事网络技术开发和应用相关人员意见的系列文件,始于 1969 年。RFC 文件记载了计算机网络互联多方面的内容,包括协议、方法、程序和概念,以及会议记录、见解,甚至是一些幽默。RFC 文件在互联网标准的开发过程中扮演了非常重要的角色。

RFC Editor 是 RFC 文件的出版机构(http://www.rfc-editor.org/),负责最后的文件编辑和审查。享有盛名的计算机科学家、互联网的先驱 Jon Postel (1943.8~1998.10)担任 RFC 文件的编辑约有 30 年。RFC 通常是 ASCII 文本文件,可在下面的网站上找到: http://www.rfc-editor.org/search/rfc_search.php。

每个 RFC 文件都有编号,而且其内容永远不会更改,这就避免了与不兼容的标准版本产生麻烦,必要时就创建新的 RFC 文件而废弃原来的 RFC 文件。

每个 RFC 文件都有个类别或状态的名称。标准类有三个名称:提议标准(Proposed Standard)、草案标准(Draft Standard)和网络标准(Internet Standard,简写为 STD),详见 RFC 2026 (1996)和 RFC 6410 (2011);其他类别的名称也有三个:当前最佳实践(Best Current Practice,BCP)、信息和实验(Informational, Experimental)和历史(Historic)。

网络技术标准数不胜数。我们知道,不是所有的互联网标准都叫作 RFC 文件,如 IEEE、ISO、ITU、W3C 和专有的互联网标准都有自己的标准名称;RFC 数以千计,我们不可能也不需要知道所有的 RFC 文件,需要知道的文件主要是成为互联网标准的以及与学习和工作密切相关的 RFC 文件。

本教材提及的 RFC 文件既是参考文献,又是作为推荐进一步学习的资料。

****

21.1　应用层简介

21.1.1　两种类型的应用

在网络上人们发明了许多非常富有创造性的应用,这些应用可分成两种类型,一种是数据传输可靠的应用,如访问网站、文件传输和电子邮件;另一种是数据传输不完全可靠的应用,如网络电话、网络电视和可视电话。

不同的应用需要使用不同的协议,因此应用层上的协议也分成两种类型,在传输层上也要使用不同的传输协议,如图 21-1 所示。

（1）数据传输可靠的应用协议。常见协议包括 HTTP、FTP、POP、SMTP、MIME。使用这类应用协议时，交换数据之前需要建立连接，因此这些协议也称为面向连接的协议，数据传输使用传输控制协议（TCP）；

（2）数据传输不可靠的应用协议：常见协议包括 BOOTP、DNS、DHCP、ARP、NFS、TFTP。使用这类协议时，在交换数据之前不建立连接，因此这些协议也称为无连接协议，数据传输使用用户数据包协议（UDP）。

需要指出的是，有些协议既可使用 TCP 协议也可使用 UDP 协议，因此没有必要去追究到底属于数据传输可靠的应用协议还是属于数据传输不可靠的应用协议。

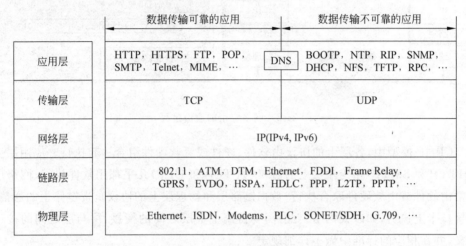

图 21-1   两种类型的应用

21.1.2   网络互联核心协议

TCP/IP 协议套容纳了许多协议，了解哪些是核心协议，可帮助我们抓住学习重点。

通常认为，IPv4（网络互联协议版本 4）、IPv6（网络互联协议版本 6）、TCP（传输控制协议）、UDP（用户数据包协议）、DNS（域名系统解释协议）无疑是核心协议。也有学者认为，核心协议还要加上 ICMP（网络互联控制消息协议）、ICMPv6（网络互联控制消息协议版本 6）、IGMP（网络互联机组管理协议）和 ARP（地址解析协议）。

在这个协议套中，1981 年发布的 TCP 和 IP 是最核心的协议，支配因特网上所有连网计算机之间的通信，IP 确定数据包到达目的地的路径，TCP 确保数据包正确到达目的地。这两个协议详见 RFC 791(1981)/STD5 和 RFC 793(1981)/STD 7。

21.1.3   网络应用的通信过程

在 TCP/IP 模型中，协议套分成应用层、传输层、网络层、链路层和物理层，每一种应用数据（消息）的传输都要经历两个相反的过程，从应用层到物理层，再从物理层到应用层，如图 21-2 所示。网络模型中的每一层执行其特定的协议，联合起来完成一项应用任务，如访问一所学校的网站，传输一个文件。

图 21-2 右图表示应用层和传输层之间的接口。通过域名服务器（DNS server），执行应用

层协议的软件去查找目的主机的 IP 地址,以及与应用相关的端口号,然后把数据(消息)送到传输层。根据应用的数据类型决定使用 TCP 协议还是 UDP 协议。数据经过层层封装后送到物理层。在接收端使用相反过程还原发送端的数据(消息)。

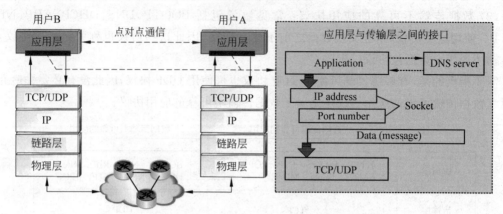

图 21-2　网络应用的通信过程

在 TCP/IP 模型中,各层上的协议由软件、硬件或者软硬件组合一起执行。应用层上的协议(如 HTTP 和 SMTP)和传输层上的协议(如 TCP 和 UDP)几乎都用软件执行;网络层上的协议通常由软件或由软硬件联合执行;数据链路层和物理层上的协议负责链路上的通信,通常在网络接口卡上执行,如以太网卡。此外,为协调上下层之间的衔接,层与层之间的接口有明确的定义,并在相应的标准中做了详细规定。

在应用层上有许多应用软件,在同一台机器上几乎都会同时运行多个应用软件,这里就有两个基本问题需要回答:(1)如何区分应用软件,(2)应用层与传输层之间如何互动。这就是下面要介绍的端口号和套接口(socket)。

21.1.4　进程通信概念

在回答上述两个问题之前,需要理解进程通信的概念,即在多台"终端系统"上运行的"程序之间的相互通信"。其中,(1) 终端系统(end system)是计算机网络中的行话,实际上就是计算机,是指连接到网络边缘的、用户与它互动的计算机;(2)程序间的相互通信,用操作系统的行话,叫作进程通信(Inter-Process Communication,IPC)。进程是在终端系统上正在运行的、具有独立功能的程序,由运行程序、相关数据和进程控制信息等组成。除了独立性、并发性外,进程还有动态性,即需要时生成,用不着时就消失。

进程通信是指一个进程(程序)和另一个进程(程序)之间交换消息(数据),另一个进程(程序)可在同一台机器上或在另一台计算机上。一种典型的进程通信是把应用程序分成两个部分:Web 客户器和 Web 服务器,客户器请求数据,服务器响应客户器的请求。

对于网络应用,我们不太关心同一台终端系统上的进程通信,更关心的是,运行在不同终端系统上的进程之间的相互通信。如图 21-3 所示,在两台不同终端系统上,进程通信通过计算机网络交换消息(数据)。发送进程创建和发送消息到网络,接收进程接收这些消息并可能要回应发送进程。在这个通信模型中,有一个带有缓存和变量的 TCP 模块(TCP with buffers，variables)，在介绍 TCP 协议时会用到。

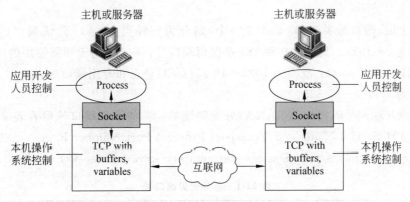

图 21-3　应用进程通信模型

21.1.5　端口与端口号

在客户机/服务机(C/S)运行模式中，客户机和服务机都可以同时运行几个不同的程序，同一应用程序也可执行多个任务，这就意味在一台终端系统上可以有很多进程。例如，服务机上的 FTP 服务软件可以同时给几个客户传送文件，对每个客户至少要调用一个 FTP 服务软件的进程。同样，一台客户机可同时与几台不同的服务机进行对话，对不同的服务机，客户软件至少要调用一个进程。显然，对这些进程必须要加以区分，也就是对每个应用程序要进行区分，这就是应用层上要解决"如何区分应用软件"的问题。

解决这个问题的方法是 20 世纪 70 年代提出的，使用"端口(port)"加以区别。由于这种端口是协议用的端口，因此称为"协议端口(protocol port)"，简称为端口。由于不同的应用软件使用不同的协议，不同的协议使用不同的端口并用不同的编号，这个号码叫作"端口号(port number)"，这样就可区分不同的应用软件。

在互联网络上，所有使用 TCP 和 UDP 协议的应用程序都有一个标识协议本身的永久性端口号。这里的"端口"有点像"物理插头或插座"，但它是 TCP 和 UDP 协议与应用程序之间的专用逻辑"连接器"，它的长度为 16 位(bit)；端口号是给不同数据类型分配的号码，目的是把发送和接收的数据包引导到计算机上的相应程序进行处理。

例如，HTTP 的端口号为 80，FTP 的端口号为 21，DNS 的端口号为 53，TFTP 的端口号为 69，BOOTPS 的端口号为 67，如图 21-4 所示。根据传输的数据特性，端口分成 TCP 端口和 UDP 端口，有些协议指定用 TCP 端口，有些协议指定用 UDP 端口，有些协议可以指定两种端

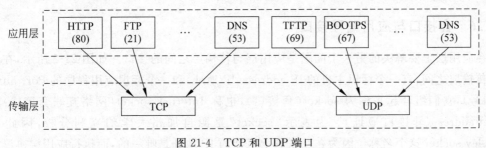

图 21-4　TCP 和 UDP 端口

口,上述这些用来寻找特定功能并预先指定的协议端口号叫作"公认端口号(well-known port number)"。

从理论上说,端口号共有 65 535(2^{16})个,划分为三种类型:(1)公认端口(well known port):范围为 0～1023。其中的 0 和 255 是保留端口号,1～254 用于频繁使用的进程;(2)已注册端口(registered port):范围为 1024～49 151;(3)动态和专用端口(dynamic and private port):范围为 49 152～65 535。

端口号由互联网号码授权部(IANA)分配和维护。一些常见端口号可看表 21-1,完整的列表可参看文件 Service Name and Transport Protocol Port Number Registry(2016),网址:www.iana.org/assignments/service-names-port-numbers/service-names-port-numbers.xhtml。

表 21-1 部分常见端口号

端 口 号	传 输 协 议	为应用层提供的服务
7	TCP/UDP	Echo
17	TCP	QUOTD (Quote of the Day)
20	TCP	FTP Data Port
21	TCP	FTP Control Port
22	TCP	SSH-Secure Shell
23	TCP	Telnet
25	TCP	SMTP(Simple Mail Transfer Protocol)
53	TCP/UDP	DNS(Domain Name Server)
67	UDP	BOOTPS (Bootstrap Protocol Server)
68	UDP	BOOTPC (Bootstrap Protocol Client)
69	UDP	TFTP (Trivial Transfer Protocol)
80	TCP/UDP	HTTP(Hyper Text Transfer Protocol)
110	TCP/UDP	POP3 (Post Office Protocol-Version 3)
161	UDP	SNMP (Simple Network Management Protocol)
443	TCP	HTTPS-HTTP over SSL/TLS
515	TCP	LPR/LPR printing
1512	TCP/UDP	Microsoft WINS

21.1.6 套接口与应用编程接口

在应用层上要解决的另一个问题是应用层与传输层之间的接口。如图 21-2 所示,在应用层和传输层之间,有一个标识主机的 IP address(IP 地址)和一个标识应用程序的 Port number(端口号),它们组合起来称为 socket(套接口),也称 Internet socket(网络互联套接口)或称 socket address(套接口地址)。为表示"socket"是源自加州大学伯克利分校,因此常用 Berkeley socket 这个名称。因为在互联网上机器的 IP 地址是唯一的,而执行应用层协议的软件使用的端口号是确定的,因此套接口在互联网上是唯一的,这就可通过套接口实现进程之间的相互通信。

无论是客户机/服务机(C/S)通信方式的应用程序,还是点对点(P2P)通信方式的应用程序,都需要网络操作,如连接网络、传输数据等。这里的"数据"不仅仅是通常意义下的文图声像数据,而且还可以是用于表达控制传输方式的数据。在计算机系统中,操作系统都包含执行这些操作的功能,并以应用编程接口(API)的方式提供。由于 API 的种类很多,为与其他类型的 API 相区别,通常在缩写词 API 前面添加名词加以限定。例如,用 sockets API(套接 API)或 network/networking API(网络 API)表示网络应用的 API。Sockets API 是函数库,调用库中执行应用软件所需的功能模块,并与套接口一起使用,应用程序就可让操作系统去控制和使用网络。

中英文版的 sockets API 编程方法已有许多文章作了详细介绍。使用 IPv6 的应用程序需要对 IPv4 用的 sockets API 进行扩展,有兴趣的读者可查看 RFC 3493(2003)、RFC 3542(2003)、RFC 3678(2004)、RFC 4584(2006)、RFC 5014(2007)和 RFC 6317(2011)。

21.2　HTTP 与 Web

21.2.1　HTTP 介绍

互联网上最典型的应用是万维网(Web)。Web 是世界范围里由文图声像组成的信息系统,提供 Web 服务的 3 个关键标准是:(1)超文本传输协议(HTTP);(2)文档格式标准,如 HTML 和 XML;(3)统一资源地址(URL)。HTTP 就是在应用层上的协议,使用执行 HTTP 协议的 Web 浏览器和 Web 服务器就可获得 Web 服务。

HTTP 是 Web 浏览器和 Web 服务器之间的通信协议,定义它们之间的消息交换格式和交换顺序。执行 HTTP 的软件有两个单独的部分:一个在服务机上执行,称为 HTTP 服务器(HTTP server)或称为 Web 服务器(Web server);另一个在客户机上执行,称为 Web 浏览器(Web browser)。这两部分软件的主要功能是,建立 Web 浏览器和 Web 服务器之间的连接,以及传送 HTML 网页。

HTTP 过去有两个版本 HTTP 1.0 和 HTTP 1.1。使用 1996 年发布的 HTTP 1.0(RFC 1945)时,每当请求相同页面上或同一站点的不同页面上的对象时,在浏览器和服务器之间都要建立新的 HTTP 连接,建立连接的时间开销比较大;1999 年发布了 HTTP/1.1 草案标准 RFC 2616(1999),取消了对每个下载对象都要建立新连接的做法,改为建立一个连接,然后持续下载多个对象,直到下载完毕。版本 1.1 也改善了高速缓冲存储的性能,也比较容易在相同的服务机上创建多个 Web 站点,称为虚拟主机[①]。

2014 年 6 月 IETF 发布了提议标准 RFC 7230(2014):Hypertext Transfer Protocol(HTTP/1.1):Message Syntax and Routing,以及随后发布的 RFC 7231(Semantics and Content)、RFC 7232(Conditional Requests)、RFC 7233(Range Requests)、RFC 7234(Caching)和 RFC 7235(Authentication),对 HTTP/1.1 做了重新定义。

----

① 虚拟主机(virtual host)是包含多个 Web 站点的服务机,其中的每个站点都有它自己的域名。按照 HTTP 1.0,在虚拟主机上的每个 Web 站点都必须分配一个唯一的 IP 地址,但后来的 HTTP 1.1 版本取消了这种要求。

2015 年 5 月发布了后向兼容的 HTTP/2 规范，RFC 7540（2015）：Hypertext Transfer Protocol Version 2（HTTP/2），与先前版本的主要差别是提高了 C/S 模式的通信速度。该版本采用数据压缩、消息推送、进程复合/分解和并行传输等技术，以提高网页的加载速度、减少网页加载的延迟和提高网页的安全性。

21.2.2 HTTP 执行过程

HTTP 定义了两种消息：HTTP 请求消息（HTTP Request Message）和 HTTP 响应消息（Response Message），用于客户机与服务机之间的通信。使用 HTTP 通信时，客户机和服务机之间需要建立 TCP 连接。TCP 连接由客户机上的 Web 浏览器使用 URL 中的域名地址（如 www.lib.tsinghua.edu.cn）来启动。客户机与服务机的 TCP 连接一旦建立，Web 浏览器就发送一个"HTTP 请求消息"到这个 TCP 连接上，Web 服务器收到并处理这个请求后，就给 Web 浏览器回送"HTTP 响应消息"，在完成传输任务后就断开 TCP 连接。Web 服务器和 Web 浏览器之间的通信如图 21-5 所示。

图 21-5　Web 服务器和 Web 浏览器之间的通信

21.2.3 HTTP 请求消息

Web 浏览器向 Web 服务器发送的 HTTP 请求消息格式如图 21-6 所示。当用户点击网页上的超链接以请求 Web 页面时，首先与相应的 Web 服务器建立 TCP 连接，然后经 TCP 连接把 HTTP 请求消息发送给 Web 服务器。

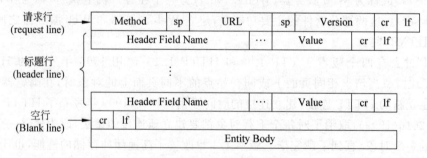

图 21-6　HTTP 请求消息的格式

请求消息由请求行（request line）、标题行（header line）中的各种标题域名（Header Field Name）和实体主体（Entity Body）组成。请求行和标题行都使用 ASCII 字符。图中的 sp,cr 和 lf 分别代表空格（space）、回车（carriage-return）和换行（line-feed）字符。各个域的含义如下：

（1）Method（方法）：域中的值表示 HTTP 请求消息的方法。HTTP 中定义了 8 种方法，详见 RFC 7231（2014），其中两种普通的方法是 GET 和 POST：

GET：如果客户请求一个 Web 页面，就把 GET 写入 Method 域，在这种情况下 Entity

Body 域是空的。

POST：当 Method 域中的值是 POST 时，Entity Body 域就包含用户写入表单域中的内容。例如，如果客户已经填写了含有搜索关键字（如"多媒体"或"multimedia"）的表单，就把 POST 填入 method 域，然后把这张表单送给服务器，再由服务器交给检索软件（如 Bing、Google、百度、搜狗）。

（2）URL（统一资源地址）：用户请求访问的 Web 页面的路径和文件名。

（3）Version（版本）：客户机使用的 HTTP 版本号。1998 年以前使用 HTTP/1.0，1998 年以后开始使用向后兼容的 HTTP/1.1。

（4）Entity Body（实体主体）：包含请求的对象。

消息请求格式中的其余行是标题行。尽管标题行是可选择的，但客户一般都要在请求消息时插入许多标题行。每一标题行都包含两个部分：Header Field Name（标题域名）和相关 Value（值）。下面是一个使用 GET 方法向 Web 服务器请求对象的例子。

```
****************************************************************************
GET lib.tsinghua.edu.cn/service/help_faculty.html HTTP/1.1
    Connection:close
    User-agent:Internet Explorer/11.0
    Accept:text/html, image/gif, image/jpeg
    Accept-language:cn

    (extra carriage return, line feed)
****************************************************************************
```

在这个请求消息中，包含一行请求行和 4 行标题行，整个消息共有 5 行 ASCII 文本。请求行（如 lib. tsinghua. edu. cn/service/help_faculty. html HTTP/1.1）用来告诉清华大学图书馆的服务器（lib. tsinghua. edu. cn），客户的 Web 浏览器使用 GET 方法想要得到文件夹为 service 下的文件"help_faculty. html"，使用的协议是 HTTP/1.1。

标题行共有 4 行，分别是：

（1）标题行"Connection：close"用来告诉服务器浏览器不想采用持续连接，在发送请求对象之后服务器就可断开连接。

（2）标题行"User-agent：Internet Explorer/11.0"用来告诉服务器用户代理的类型。用户代理是代替用户执行功能的软件，也就是客户端使用的浏览器的类型。在这个例子中的用户代理是 Internet Explorer/11.0。

（3）标题行"Accept：text/html, image/gif, image/jpeg"用来告诉服务器，浏览器准备接收对象的类型。

（4）标题行"Accept-language：cn"用来告诉服务器，如果有中文版的对象就发送中文版的对象，没有就发送服务器用默认语言表示的对象。

21.2.4　HTTP 响应消息

服务器接收到客户的 HTTP 请求消息后就进行分析，将分析和操作结果返回给客户机，具体做法就是发送一条 HTTP 响应消息，然后断开相应的 TCP 连接。响应消息的一般格式如图 21-7 所示。

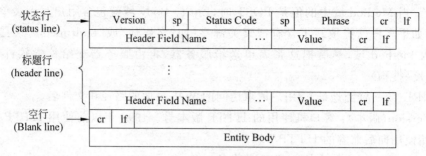

图 21-7　HTTP 响应消息的格式

从图中可以看到，除了状态行之外，响应消息的格式与请求消息的格式相同。实体主体（Entity Body）包含有请求消息要求获得的对象，即文件。

除了 HTTP 的版本号之外，状态行还包含 Status Code（状态码）和 Phrase（短语），它们组合起来表示客户请求所获得的结果。例如，如果请求文件存放在 Web 服务机的文件系统中，而且可发送给客户机，状态码和短语就分别包含"200"和"Document follows"（文档如下）或"OK"。如果客户机请求的文件没有得到授权，这两个域中的值分别为"403"和"Forbidden"（禁止），在实体主体域中还可能有一个解释，例如"your client does not have permission to get this URL"（不允许去访问这个 URL）。

3 位状态码中的第一位包含一般信息。"1xx"表示连续状态，"2xx"表示访问成功，"3xx"表示重定向（即 URL 已经改变），"4xx"表示客户端的请求有误，"5xx"表示 Web 服务器出错。当用 Web 浏览器访问某个网站时，你有可能看到表 21-2 中的某个代码。完整的状态码请参看 RFC 7231（2014）。

表 21-2　HTTP 请求消息时的部分状态码

200	请求成功，信息在响应消息中返回
301	请求的对象已被删除
400	服务器不能理解你的请求
404	服务器没有找到请求的文件，请求的文件不存在
505	服务器不支持浏览器请求使用的 HTTP 版本号

一个 HTTP 响应消息的例子如下：

```
**********************************************************************
HTTP/1.1 200 OK
Connection: close
Date: Thu, 25 June2015 12:00:15 GMT
Server: XXXX
Last-Modified: Mon, 24Nov2014 09:23:24 GMT
Content-Length:50719
Content-Type: text/html
data data data ...
**********************************************************************
```

在这个例子中,除了状态行之外还包含 6 行标题行,而且大多数都自含解释。最后一行 "data data data …"是传送的实际对象。

在使用 HTTP 的客户机/服务机(C/S)模式中,HTTP 服务器只是简单地接收对象请求,从文件系统中获取对象,然后把它传送给 TCP 连接,发送"HTTP 响应消息"后就不再保留状态信息,因此把 HTTP 称为无状态协议(stateless protocol)。

21.2.5 用 cookies 跟踪用户

使用过 Web 浏览器的用户可能注意到,Web 浏览器有一个"cookie"选项可供用户设置,而且很多用户都很注意这个选项,因为它关系到个人信息是否会被非法利用。

如前所述,HTTP 是无状态的协议,无须管理消息交换过程中的状态,工程师可集中精力开发高性能的 Web 服务器,使它能够同时处理成千上万的 TCP 连接。然而,Web 服务器的拥有者,尤其是商用 Web 服务器,都希望能够标识访问他们网站的用户,存储用户的信息和状态。为满足这种要求,在大学时代就闻名的学生 Lou Montulli,1994 年在网景(Netscape)公司工作时,使用名为"cookie"、意为"小块"的文件来解决这个问题。其后在该词的前面加了不少修饰词加以限定,如 HTTP cookie、Web cookie、internet cookie、browser cookie,明白其含义后就简称为 cookie。中文把它译为"小甜饼"也未尝不可。

Cookie 是 Web 服务器和 Web 浏览器之间建立"互动"的文件。文件记录的是用户信息,包括用户的个人信息、银行账号和行为特性等,如过去甚至几年前放进购物车的物品、访问过的网站、浏览过的文件等。Cookie 文件存储在 Web 浏览器中,用户信息保存在 Web 服务器的后端数据库中,如图 21-8 所示,应用程序常用它来识别用户、为用户提供过去使用过的账号、跟踪用户的行为或作其他用途。

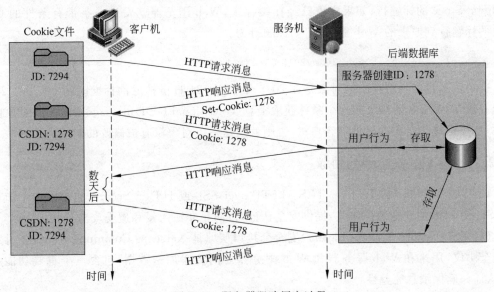

图 21-8 服务器跟踪用户过程

Cookie 技术的工作过程大致如下:(1)浏览器发送"HTTP 请求消息"后,服务器就查看数据库,如果发现你是第一次访问该网站(如 CSDN)时,服务器就创建一个 cookie 编号,如

ID：1278，并将"请求消息"保存在后端数据库中，然后在"HTTP 响应消息"中添加一个标题行，如 Set-Cookie：1278，并将它和相关消息添加到浏览器中的 cookie 文件。(2)当第二次访问该网站时，浏览器将在"HTTP 请求消息"中添加标题行：cookie：1278。服务器收到这个请求后，将"HTTP 请求消息"记录到数据库并与先前的记录进行比较，发现该请求是第二次访问该网站，于是就向浏览器发出普通的"HTTP 响应消息"。(3)数天之后再访问该网站时，其工作过程如同第二次访问的过程。由此也可见，cookie 技术有 4 个组件组成：浏览器中的 cookie 文件、服务器中的后端数据库、响应消息和请求消息中的 cookie 标题行。有关 cookie 技术的详细描述可参看提议标准 RFC 6265(2011)：HTTP State Management Mechanism。

21.2.6　用 caching 提高性能

使用过 Web 浏览器的用户可能注意到，Web 浏览器有一个"浏览历史记录"功能可供用户设置和操作，即把客户访问过的 Web 对象存放在高速缓存(cache)中，Web 的高速缓存留驻在客户机上或留驻在网络上的代理服务机(proxy server)中。浏览器使用这种技术，可以减少对象的时延和减轻 Web 网络的交通拥塞，这也是用户节省流量的好办法，尤其是对网络速度很低的国家和地区显得更为重要。

使用缓存技术过程中有一个问题要解决，就是留驻在缓存中的对象可能已过时。幸运的是 HTTP 有一种措施来保证递送给 Web 浏览器的页面是最新的，这个措施叫作条件获取(conditional GET)。如果请求消息使用 GET 方法，并且包含 If-Modified-Since(如果从…之后修改)标题行，这样的 HTTP 请求就可避免获取过时对象的问题。例如，一个 Web 浏览器希望得到一个对象时，首先检查本机 Web 浏览器的缓存中是否有此对象。如果请求的对象不在缓存中，Web 浏览器发送"HTTP 消息请求"时就使用标准的 GET 方法，即不包含 If-Modified-Since 的标题行；如果对象已经在缓存中，Web 浏览器就发送一条带有条件的 GET 消息的标题行到原来的 Web 服务器，如标题行为：

```
If-Modified-Since: Mon, 24Nov2015 09:23:24 GMT
```

这个标题行表示缓存中的对象是在 2015 年 11 月 24 日格林尼治标准时间 09：23：24 存储的。当 Web 服务器接收到这个条件获取消息(conditional GET message)时，如果对象已经修改，就发送这个对象的拷贝给客户机，否则就发送一条对象没有被修改的响应消息。

21.2.7　HTTPS 安全通信协议

HTTPS 可以指 HTTP over TLS、HTTP over SSL 或 HTTP Secure，它是附加了加密协议 SSL 或 TLS 的安全通信协议，提供安全认证，以防止非法入侵和遭受攻击。其中：

(1) SSL(Secure Sockets Layer)/安全套接口层原是 Netscape Communications 公司开发的安全协议，用来在 Web 服务器和 Web 浏览器之间传递加密数据，包含三个重要功能：加密、认证和确保消息完整性。

(2) TLS(Transport Layer Security)/传输层安全是 IETF 制定的协议，它把 SSL 协议和其他加密协议合并在一起，并且后向兼容 SSL。TLS 定义在提议标准 RFC 5246(2008)：The Transport Layer Security (TLS) Protocol Version 1.2 及后续提议标准 RFC 5746(2010)、RFC 5878(2010)、RFC 6176(2011)、RFC 7465(2015)等文件。

有些用户可能注意到，在 Web 浏览器的"统一资源地址（URL）栏"中，有时会发现使用"https：//"，而不是"http：//"，如 https：//www. example. com/，这表示把发送和接收消息引导到默认的安全端口号 443，而不是使用默认的端口号 80，然后通过安全协议来管理网页的传输。定义 HTTPS 的文件是 RFC 2818（2000）：HTTP Over TLS，以及 RFC 5780（2010）和 RFC 7230（2014）两个提议标准。

21.3　文件传输协议（FTP）

文件传输协议（File Transfer Protocol，FTP）用于从远程计算机系统下载文件或把文件上载到远程计算机系统的通信协议。该协议可处理所有类型的文件，包括二进制文件、ASCII 文本文件、声音文件、图像文件和影视文件。它的功能还包括登录到远程计算机系统，以及显示、创建和删除目录等。

FTP 和 HTTP 都是文件传输协议，它们有许多共同之处，如它们都使用 TCP 连接，都使用客户器/服务器（C/S）结构。但它们也有明显的差别，例如，FTP 使用两个并行的 TCP 连接来传输文件，一个是使用端口号为 21 的 TCP 控制连接（control connection），用于控制数据的传输；另一个是使用端口号为 20 的 TCP 数据连接（data connection），用于传输数据，如图 21-9 所示。控制连接用于收发主机之间的控制信息，如用户名、用户密码以及改变远程文件夹、上传、下载文件等操作命令；数据连接用于传输实际的文件。而 HTTP 只使用一个 TCP 连接，既传输控制信息又传输实际的文件。

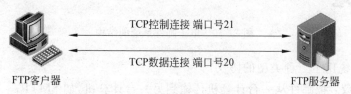

图 21-9　FTP 使用两个 TCP 连接

最早的 FTP 标准是 RFC 959/STD 9（1985），其后开发了 5 个提议标准：RFC 2228（1997）、RFC 2640（1999）、RFC 3659（2007）、RFC 5797（2010）、RFC 7151（2014）。

21.4　电子邮件（email）系统

21.4.1　邮件系统介绍

从互联网络诞生之日起，电子邮件一直是最流行的网络应用，设计越来越精巧，功能越来越强大。电子邮件是异步通信系统，采用存储-转发（store-and-forward）模式，收发电子邮件可在人们方便的时候进行，无须事先协调。现在的电子邮件不再局限于文字消息，可以是 HTML 格式的文本，可添加链接，可嵌入照片，可附加用各种格式存储的文件。

虽然像微信、QQ、Facebook 那样的即时通信（instant messaging）对电子邮件系统的使用有一定的影响，但交换信息的电子邮件系统依然长盛不衰。电子邮件系统有两种形式：（1）使用邮件客户器/邮件服务器互动模式的系统，如 Windows Live Mail、Outlook、Foxmail；（2）使用 Web 浏览器/邮件服务器互动模式的系统，称为网页邮件（webmail）系统。

电子邮件系统是在互联网络上处理电子邮件的信息交换系统,如图 21-10 所示。从图中可以看到,电子邮件系统主要由两个组件组成:(1)邮件客户器(email client):用户能够读、写、回复、编辑和收发消息等操作的软件,这种软件通常称为用户代理(user agent),如 Windows Live Mail、Microsoft Outlook、Outlook Express、Fox mail。(2)邮件服务器(mail server):提供邮件服务的软件,支持 SMTP 和 POP3/IMAP 协议,提供的服务功能包括邮件管理、存储和转发。有些文章将具有这些功能的软件称为 SMTP server。如你已申请开设了电子邮件账号,在互联网提供商的邮件服务器中就有你的邮箱(mailbox),别人发给你的邮件就保存在那里,一直待到你方便时登录和处理。

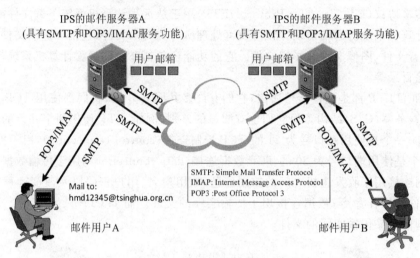

图 21-10 电子邮件系统的结构

电子邮件系统用了三种类型的协议:
(1) 传输协议:把邮件从一台计算机传输到另一台计算机,如 SMTP;
(2) 接入协议:允许用户访问他们的邮箱并收发邮件,如 IMAP、POP;
(3) 邮件格式:规范邮件消息的格式,如 MIME。

21.4.2 电子邮件协议

1. SMTP

简单邮件传输协议(Simple Mail Transfer Protocol,SMTP)是电子邮件系统使用的最重要的应用层协议。它使用可靠的数据传输服务协议 TCP(默认端口号 25),把电子邮件从一台邮件服务器传送到另一台邮件服务器。执行 SMTP 协议的软件扮演双重角色,接收邮件时扮演客户器(SMTP client)的角色,发送邮件时扮演服务器(SMTP server)的角色。SMTP 是电子邮件的心脏,1982 年确立的互联网标准 RFC 821(1982)现在已成为历史标准,新的 SMTP 草案标准文件是 RFC 5321(2008),以及修改文件 RFC 7504(2015)。

2. IMAP

互联网邮件存取协议(Internet Mail Access Protocol,IMAP)过去称为 Interactive/Interim Mail Access Protocol (RFC 1064)。IMAP 是 Mark Crispin 在 1985 年在斯坦福大学开发的远程邮箱协议,允许邮件客户程序访问远程邮件服务器上的邮件,并逐步取代 POP 成

为电子邮件客户使用的主要协议。使用 IMAP4rev1 协议，邮件客户程序不仅可以下载邮件，而且无须实际下载也能管理服务器上的邮件消息，就像处理本地邮箱那样处理远地的消息。允许用户执行的操作包括：创建和编写消息，检查新邮件，永久性删除邮件等。此外，IMAP 还具有多个用户同时或不同时连接到同一个邮箱的功能，并能检测邮箱状态的变化。

IMAP4rev1(RFC 3501)是 2003 年 3 月提议的标准，其后修改和扩充的文件可参看 RFC 4466(2006)、RFC 4469(2006)、RFC 4551(2006)、RFC 5032(2007)、RFC 5182(2008)、RFC 5738(2010)、RFC 6186(2011)、RFC 6858(2013)。

3. POP3

电子邮局协议第 3 版本(Post Office Protocol 3，POP3)是客户器/服务器模式的消息收发协议，允许邮件客户端使用 POP3 协议从邮件服务器上下载电子邮件。过去许多互联网电子邮件客户程序都使用该版本的协议。POP3 最早定义在 RFC 1939/STD 53(1996)中，其后对 POP3 做了许多修改和扩展，包括提议标准 RFC 6856(2013)：Post Office Protocol Version 3 (POP3) Support for UTF-8。

4. MIME

多用途互联网电子邮件扩充(Multipurpose Internet Mail Extensions，MIME)是简单电子邮件传输协议(SMTP)的扩充协议，将为传输 ASCII 文本文件设计的 SMPT，扩展成能传输各种数据类型文件的 SMTP，如应用程序、声音文件、图像文件、影视文件及其他类型的文件，传输这些类型的文件就像原来传输 ASCII 文本文件一样。消息的内容通过 MIME 定义的消息类型来描述，使图像、声音、影视的数据直接通过互联网电子邮件系统传输，无须事先转换成 ASCII 码。

描述电子邮件格式的重要标准有两个：一个是提议标准 RFC 5322(2008)：Internet Message Format 及其修改文件 RFC 6854(2013)，另一个是 MIME。MIME 规范由 1996 年发布的编号相邻的 6 个草案标准组成：RFC 2045-RFC 2049。其后对各个草案标准都做了多次修改，如提议标准 RFC 7114(2014)：Creation of a Registry for S/MIME-type Parameter Values(创建安全 MIME 类型参数值的注册表)。

21.5　网页邮件(webmail)系统

网页邮件系统是接收和发送电子邮件都通过 Web 浏览器实现的系统。在这种系统中，用户使用普通的 Web 浏览器作为邮件客户软件，用它收发邮箱中的邮件时，使用 HTTP 协议而不是使用 SMTP、POP3 或 IMAP 协议。我们可借用图 21-10 进行想象，例如，邮件用户 A 看他在邮件服务器 A 上的邮箱时，邮件服务器 A 使用 HTTP 协议把邮件送到 A 的 Web 浏览器。同样，邮件用户 B 发送邮件时，也是使用 HTTP。不过，收发来自其他邮件服务器上的邮件时，还是使用 SMTP 协议把邮件传送到邮件用户所在的邮件服务器。

网页邮件系统最吸引用户的特点是，在任何一台计算机上都可以访问自己的邮箱，不需要另外安装邮件客户程序。它的缺点是不能在脱机状态下管理自己的邮箱。网页邮件系统是万维网出现之后在 20 世纪 90 年代中期开发的系统，现在已得到广泛应用，许多大学和公司都提供网页邮件服务。

21.6 其他常用协议

前面简单介绍了 HTTP、FTP、SMTP、IMAP、POP 等协议,本节介绍应用层上的其他几个常用协议,如在 IE 浏览器的设置过程中会遇到的 SSH 协议。

1. BOOTP 协议

启动引导协议(Bootstrap Protocol/Boot Protocol,BOOTP)是主机开机启动时用的协议,启动引导配置服务器(BOOTP configuration server)用该协议可自动给 TCP/IP 网络上的设备分配 IPv4 地址,也为动态主机配置协议(DHCP)提供一些服务。现在,执行 BOOTP 协议的软件已嵌入到主机的基本输入输出系统(Basic Input Output System,BIOS)。历史上,该协议也用于构造无磁盘工作站。BOOTP 协议最初定义在草案标准 RFC 951(1985)中,较新的修改文件是提议标准 RFC 5494(2009)。

2. DHCP 协议

动态主机配置协议(Dynamic Host Configuration Protocol,DHCP)是提供动态 IP 地址和静态 IP 地址的分配和管理的协议,为登录到 TCP/IP 网络的客户机自动分配临时的 IP 地址,这就取消了必须手工分配 IP 地址的过程,并可使有限的 IP 地址得到充分利用。在每台机器启动连网时,DHCP 服务器可为它分配一个临时性的动态地址。该协议定义在提议标准 RFC 1541(1993),替代它的是 RFC 2131(1997),最近的修改文件是 RFC 6842(2013)。

DHCP 是为 IPv4 开发的协议,为 IPv6 开发的协议是 DHCPv6(Dynamic Host Configuration Protocol for IPv6)。详细规范请看 DHCPv6 的一套提议标准:RFC 3315(2003)、RFC 3319(2003)、RFC 3633(2003)、RFC 3646(2003)、RFC 3736(2004)、RFC 5007(2007)和 RFC 6221(2011)。

3. NTP 协议

网络时间协议(Network Time Protocol,NTP)是时间同步协议,可使计算机中的系统时间与互联网上的时间同步。NTP 提供的时间准确度在局域网范围内为毫秒级,在广域网范围内为数十毫秒级。最早定义该协议的文件是 RFC 958(1985),1989 年成为互联网标准 RFC 1119(1989)。当前的版本是 NTPv4,在提议标准 RFC 5905(2010)中做了详细介绍。

4. NFS 协议

网络文件系统(Network File System,NFS)源于 1984 年美国 Sun Microsystems 公司开发的分布式文件协议,允许用户在客户机上像存取本机文件那样存取远程文件。详见 NFSv4 的提议标准 RFC 7530(2015):Network File System (NFS) Version 4 Protocol。

5. RPC 协议

远程过程调用(remote procedure call,RPC)是进程通信(inter-process communication)协议,允许在本地机上运行的程序调用远程系统上的程序来执行任务,并将结果返回到本地机,而程序员可以不需要知道这些程序的代码。远程过程调用是实现客户器/服务器模式的分布计算范例。它的实现方法是通过发送请求消息给远程系统(服务器),使用消息中提供的参数执行一个指定的程序,将结果返回到请求客户器。RPC 协议由 NFS 协议使用,当前的版本是 RPC 版本 2,定义在草案标准 RFC 5531(2009)文件中。

6. SSH 协议

安全登录协议(Secure Shell,SSH)是 20 世纪 90 年代中期开发的远程登录安全协议,用于替代没有安全措施的 Telnet 协议,后来命名为 SSH 协议。该协议为文件传输、数据库访问、电子邮件通信等提供加密会话和各种认证。在 2006 年发布的提议标准 RFC 4250～RFC 4256 及其后续的扩展和修改文件中,对 SSH 协议做了详细的描述。

7. SNMP 协议

简单网络管理协议(Simple Network Management Protocol,SNMP)是管理 TCP/IP 网络设备的一套标准协议。1990 年公布的一套互联网标准协议包括:定义 SNMP 协议的 RFC 1157(1990),定义管理信息的结构和标识的 RFC 1155(1990),定义信息数据库的 RFC 1213(1991)。SNMP 监管的设备包括路由器、交换机、服务器、工作站和打印机。SNMP 通过它的代理收集和监视网络上各台设备的活动,并向网络控制台工作站汇报,通过信息管理模块(程序)对每台设备的信息进行维护。

8. Telnet 协议

远程登录协议(Telnet,Teletype network 的简写)是允许用户登录和使用远程计算机的终端仿真协议,使用远程登录程序登录后,客户终端就像与远程计算机直接相连的字符终端。Telnet 是 1968 年开发的协议,经过无数次的修改,发布了许多 RFC 文件。直到 2011 年才发布了提议标准 RFC 6270。

练习与思考题

21.1 著名公司的浏览器,如微软的 IE,都有是否接受 cookie 的设置,请查看并设置你使用的浏览器。

21.2 在 DOS 窗口下,使用 nslookup 命令查看你使用的域名服务器的名称和地址。

21.3 进程是什么?

21.4 进程通信是什么?

21.5 套接口是什么?

21.6 回答问题:(1)如何区分应用软件,(2)应用层与传输层之间如何连接。

21.7 电子邮件系统使用哪几种协议?

21.8 网页邮件(webmail)系统使用什么协议?

参考文献和站点

[1] Charles. The TCP/IP Guide. http://www.tcpipguide.com/free/index.htm.
[2] 网络互联技术的重要标准:
RFC 1122:TCP/IP Tutorial,part 1
RFC 1123:TCP/IP Tutorial,part 2
RFC 791:IP Protocol
RFC 793:TCP Protocol
RFC 768:UDP Protocol
RFC 1034:DNS Introduction

RFC 2606：Private TLDs

RFC 1812：IPv4 Routing

RFC 1930：AS Numbering

RFC 4291：IPv6 Addressing

RFC 3530：NFSv4 Protocol

RFC 3927：IPv4 Dynamic Address Assignment

ISO 639：Language Codes

ISO-3166：2 and 3 letter country codes

[3] 2012年及其后公布的有关电子邮件的提议标准：

- RFC 6530 Overview and Framework for Internationalized Email
- RFC 6531：SMTP Extension for Internationalized Email
- RFC 6532：Internationalized Email Headers
- RFC 6533：Internationalized Delivery Status and Disposition Notifications
- RFC 6783：Mailing Lists and Non-ASCII Addresses
- RFC 6855：IMAP Support for UTF-8
- RFC 6856：Post Office Protocol Version 3 (POP3) Support for UTF-8
- RFC 6857：Post-Delivery Message Downgrading for Internationalized Email Messages
- RFC 6858：Simplified POP and IMAP Downgrading for Internationalized Email

[4] 阅读 DHCPv6 提议标准文件：

- RFC 3315 (2003)，DHCPv6-Updated by RFC 6221，RFC 4361
- RFC 3319(2003)，DHCPv6 Options for Session Initiation Protocol (SIP) Servers
- RFC 3633(2003)，IPv6 Prefix Options for DHCPv6
- RFC 3646(2003)，DNS Configuration options for DHCPv6
- RFC 3736(2004)，Stateless DHCP Service for IPv6
- RFC 5007(2007)，DHCPv6 Leasequery
- RFC 6221(2011)，Lightweight DHCPv6 Relay Agent (LDRA)-Updates RFC 3315

[5] Microsoft. How POP3 Service Works. https://msdn. microsoft. com/es-es/library/cc737236 (v ＝ ws. 10). aspx,2003.

第 22 章　传输层技术

在 TCP/IP 核心协议中,传输层上执行的核心协议有两个:一个是 1980 年 8 月发布的 UDP 协议(RFC 768,STD 6),另一个是 1981 年 9 月发布的 TCP 协议(RFC 793,STD 7)。这两个标准虽然经过多次修改,但其核心思想没有太大变化。

传输层的功能是为在不同主机上的应用进程提供逻辑通信,就像两台主机之间直接连接那样,不考虑物理网络设施的细节。传输层的功能包括应用程序的进程复合与分解、数据传输的可靠性、流量控制和网络拥塞控制。本章将重点介绍 TCP。

22.1　传输层简介

在传输层上,TCP 和 UDP 是两个最重要的传输协议。TCP 提供面向连接的可靠数据传输服务,UDP 提供无连接的不太可靠的数据传输服务。

22.1.1　传输层的服务

1. 提供两种服务

在 TCP/IP 网络互联模型中,TCP 和 UDP 是传输层上的协议,IP 是网络层上的协议,它们组合起来提供两种不同类型的服务:(1)TCP 和 IP 组合提供"面向连接(connection-oriented)服务",它将确认是否正确地把数据从源端送到目的地,主要用于要求收发双方确认无误的数据传输;(2)UDP 和 IP 组合,提供"无连接(connectionless)服务",它不确认是否正确地把数据从源端送到目的地,主要用于声音和影视类的数据传输。执行传输协议的程序集成在操作系统中,因此设计网络应用时,需要指定其中的一种数据传输协议。

网络应用程序设计有个原则,应用程序所需的功能由主机执行,并把主机视为端点(endpoint)。由于应用层数据的打包和拆包分别在两台主机上进行,而不是在中间节点(如路由器)上进行,因此两台主机之间的通信被称为端对端(end-to-end)通信或称主机对主机通信,两个传输层之间的传输称为端对端传输,传输层上的协议称为端对端协议。

2. 面向连接服务

面向连接服务是网上两个端点之间的通信要建立连接的服务,这种连接持续到整个数据成功交换完毕为止。用面向连接方法传输数据需要经历三个阶段:建立连接、传输数据和关闭连接,有点像在 PSTN 网络上通话那样,通话双方需要先接通,然后通话,最后挂断。在包交换网络中,在交换数据之前,收发双方需要确认它们的传输能力,在传输过程中需要确认传输的正确性,数据交换完毕后需要关闭连接。

面向连接传输常被称为可靠传输(reliable transmission)或称可靠通信。面向连接服务之所以被认为是"可靠",主要原因是执行 TCP 协议的软件采用了很多技术措施,以防止和弥补传输过程中出现的错误,如数据出错、数据包丢失。为确保数据包正确地从发送端传送到目的地,面向连接服务采用了如下 4 项主要技术:

（1）确认（acknowledgements）：这是一项反馈技术，当接收端接收到数据包后向对方发送一个确认消息，发送端接收到确认消息后，进行分析和判断是继续发送还是要重传。

（2）流量控制（flow control）：为了提高数据传输速度，或者因为接收端可能忙于其他任务或限于它的处理能力，来不及处理和接收数据，采用流量控制技术可协调双方认可的数据传输速率，以免造成数据包的丢失。

（3）拥塞控制（congestion control）：当网络出现拥塞时可能导致数据包丢失，采用拥塞控制技术可根据网络的拥塞程度调整发送数据的速度，以缓解网络的拥塞。

（4）检查和（checksum）：收发双方通过检查和可判断，数据在传输过程中是否出现错误。顾名思义，检查和不能纠正错误，如果检查到有错，则需要重传。

由于采用了上述措施，因此面向连接服务被认为是可靠的服务。

3. 无连接服务

无连接服务是收发双方在传输数据时不建立连接的服务，这种数据传输被称为不可靠传输（unreliable transmission）。所谓"不可靠"是指尽最大努力（best-effort-delivery）去把数据包传输到对方。由于每个数据包都自带源地址和目的地址，因此传输数据之前不建立连接也能到达目的地。

UDP 协议不使用复杂的确认方法，也就是接收端不向发送端回送确认消息，也不保证数据包是否按顺序到达目的地。UDP 协议没有采用拥塞控制技术，也没有采用流量控制技术，因此数据传送的速率、到达目的地的时间和数据的完整性都没有保障。

22.1.2 传输层上的数据包

在发送端，执行传输协议的程序把来自应用层上的应用数据（data）打成包，一个包装不下就用多个包来装。如果应用程序使用 TCP 协议，应用数据在传输层上称为段（segment），添加包头 TCP Header 后称为 TCP segment；如果应用程序使用 UDP 协议，应用数据在传输层上称为消息（message），添加包头 UDP Header 后称为 UDP message。

应用数据在传输层上打包之后把它传递到网络层，在网络层上再打包，生成 IP 数据包（IP Datagram），然后发送到链路层，在链路层上把它封装成帧（frame），如图 22-1 所示。

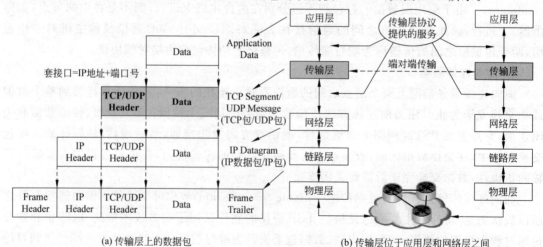

(a) 传输层上的数据包   (b) 传输层位于应用层和网络层之间

图 22-1　TCP/IP 模型的传输层

为叙述方便,把在传输层和网络层上封装后的数据单元都称为包(packet),于是传输层上的 TCP segment 称为 TCP 包,UDP message 称为 UDP 包。因为在包的前面用了 TCP 和 UDP 加以限定,因此不会造成混乱。

在接收端,网络层从 IP 数据包中抽出 TCP 包或 UDP 包,再从包中抽出数据(segment/ message),然后把数据传送到相应的应用程序。

22.1.3 进程的复合与分解

由于在主机上经常同时运行多个应用程序,每个应用程序的进程都有端口号作标识,也就是每个进程都有名有姓,因此可通过 TCP 或 UDP 协议把它们复合在一起,再通过 IP 协议进一步复合,然后发送到物理网络上传输。

如图 22-2 所示,同时运行的 4 个应用程序(App♯1、♯2、♯3、♯4)的进程通过 TCP 和 UDP 复合后,再用 IP 协议复合,这种技术称为进程复合(process multiplexing)或协议复合(protocol multiplexing)。它的相反过程称为进程分解(process demultiplexing)。

在发送端,把各种应用软件的进程通过 IP 协议复合,在接收端,通过 IP 协议分解出各种应用程序的进程,这样就允许在同一主机上运行的多个应用软件同时收发数据。

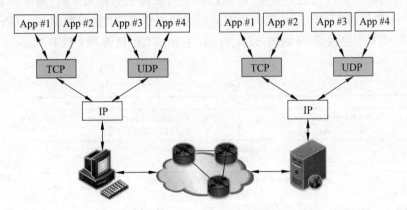

图 22-2 进程的复合与分解

22.2 传输控制协议(TCP)

22.2.1 协议介绍

TCP 协议定义在下列标准文件中:互联网标准 RFC 793(1981)和 RFC 1122(1989)、提议标准 RFC 3168(2001)、RFC 6093(2011)、RFC 6528 (2012)和 RFC 7323(2014)等。

TCP 是面向连接的协议。在一个应用程序开始传送数据到另一个应用程序之前,它们之间必须建立连接,需要相互传送一些必要的参数,以确保数据的正确传送。这种连接称为虚拟连接(virtual connections),因为它们的连接是通过软件获得的。

TCP 是全双工通信协议。全双工(full duplex)的意思是,如果在主机 A 和主机 B 之间有连接,A 可向 B 传送数据,而 B 也可向 A 传送数据。

TCP 的工作过程如图 22-3 所示。执行 TCP 协议的程序将来自应用层的数据贴上 TCP

Header 后形成 TCP 包,并存放在 TCP 收发缓存中,然后将它传送到网络层,在网络层上封装成 IP 数据包后发送到物理网络上。当对方接收到 IP 数据包后还原为原来的 TCP 包,并把它存放到 TCP 收发缓存中,应用程序就不断地从这个缓存中读取数据。

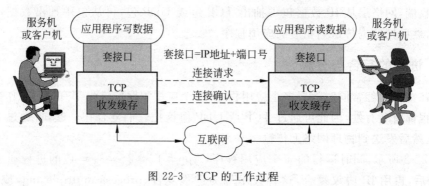

图 22-3　TCP 的工作过程

22.2.2　包头结构

TCP 协议接收来自应用层的数据,如果数据太大就将它分成若干段,每个段都加上 TCP header 生成 TCP 包,即 TCP Segment,更准确的术语叫作 TCP"协议数据单元(Protocol Data Unit,PDU)"。TCP 包的结构如图 22-4 所示,它由 TCP 包头域(TCP Header)和数据域(Data)组成。

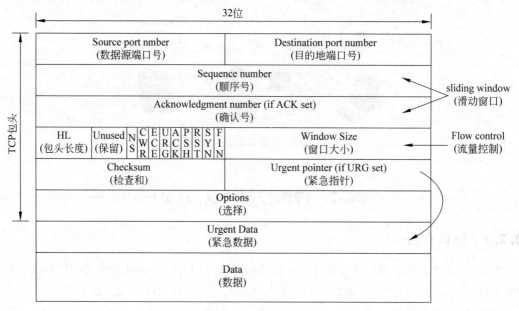

图 22-4　TCP 包的结构

TCP 包头包含很多子域,子域中的含义如下。

(1) Source Port Number(源端口号): 16 位的域,用于标识数据源,发送器用它复合来自应用层的数据。

(2) Destination Port Number(目的地端口号): 16 位的域,用于标识目的地,接收器用它来分解接收到的数据并送到应用层上相应的应用程序。

(3) Sequence Number(顺序号)和 Acknowledgment Number(确认号)：两个 32 位域,顺序号和确认号由收发两端在执行可靠数据传输时使用。在介绍顺序号和确认号之前,首先要了解它们的编号方法,现用一个例子来说明。

假设有一个由 50 000 个字节组成的文件,分成 50 个包发送,每个包有 1000 字节,字节顺序号和数据包顺序号的编号方法如图 22-5 所示。从图中可看到：TCP 把文件看成是一个非结构化的有次序的字节流,字节流中的每个字节都编有编号。字节顺序号使用自然数顺序编号(0,1,2,…,49999),数据包顺序号不按自然数顺序编号,而是用每个包的第一个字节在字节流中的字节顺序号作为包的顺序号。例如,第 1 个包的顺序为 0,第 2 个包的顺序号为 1000,以此类推,第 49 个包的顺序号为 49 000。

顺序号和确认号域中用的顺序号是数据包顺序号。发送器用顺序号标识当前数据包的第一个字节号,接收器用确认号标识期待发送器发送的下一个数据包的第 1 个字节顺序号,或表示最后接收到的数据包的第 1 个字节顺序号。

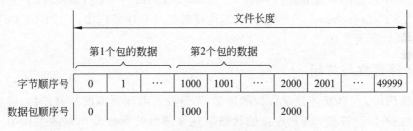

图 22-5　顺序号与确认号的编号方法

(4) Window Size (窗口大小)：16 位域中的整数用于数据流量控制,以数据传输窗口大小(data transmission window size)的形式表示。这个整数告诉发送器,接收器将接收多大的数据,因此也被称为接收器的通告窗口大小(advertised window size),默认的单位是字节(byte),这个域中的最大值为 65 535 个字节。

(5) Checksum(检查和)：用于检查数据传输过程中是否有错,它的计算方法与 UDP 中的检查和相同,见下一节。

(6) Urgent pointer(紧急数据指针)：在某些情况下,TCP 发送器要通知接收器,接收应用程序应尽快处理紧急数据。如图 22-6 所示,当标志域 URG＝1 时,表示有紧急数据附加到这个 TCP 包,16 位的紧急数据指针包含紧急数据的结束位置,如 0x3FF8。紧急数据是一个偏移量,其大小是从这个包的顺序号开始到紧急数据指针所指的最后一个字节。

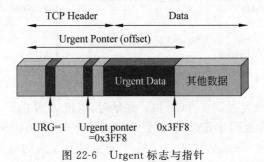

图 22-6　Urgent 标志与指针

(7) Header Length（包头长度）：4 位包头长度域用来说明 TCP 包头的长度，长度单位是 32 位(4 字节)组成的字，最小为 5 个字(20 个字节)，最大为 15 个字(60 个字节)。

(8) flag（标志位）：标志位也称控制位(control bit)，共有 9 位。

- 前 3 个标志用于拥塞控制：①NS：ECN(Explicit Congestion Notification)-nonce，显式拥塞通知(ECN)的附加位，参阅试验性文件 RFC 3540(2003)；②CWR(Congestion Window Reduced)：当出现网络拥塞时，设置拥塞窗口减小标志，参阅 RFC 3168 (2001)等提议标准；③ECN(Explicit Congestion Notification)-Echo：显式拥塞通知回应，参阅 RFC 3168(2001)等提议标准。
- URG(Urgent Pointer)：如果 URG＝1，TCP 包中的数据已被发送器的高层软件设置为紧急数据，而紧急数据指针（Urgent Pointer）域中的值是有效的。
- ACK(Acknowledgement)：如果 ACK＝1，表示确认号（Acknowledgment Number）域中的数值有效，数据包成功接收。
- PSH(Push)＝1，表示接收器应该把数据立即送到高层应用程序。
- 最后 3 个标志用于建立连接和断开。①RST(Reset)＝1 时，表示 TCP 连接要重新建立；②SYN(synchronize)＝1 时，表示连接时要与顺序号同步；③FIN＝1 时，表示没有更多的数据要发送。

22.2.3　连接建立与关闭

在包交换网络上，TCP 连接是虚拟的连接，不是独占沿路资源的线路连接，收发两端之间的路由器不维护 TCP 连接，TCP 连接的状态信息全部留驻在收发两端的主机中。现在来分析 TCP 建立连接、数据传输和关闭连接的过程。

1. 建立连接

主机 A 和主机 B 建立连接时，它们之间交换 3 个 TCP 包，同步 TCP 包、确认 TCP 包和连接完成 TCP 包，如图 22-7 所示。假设主机 A 要求与主机 B 建立连接，它们之间的连接分成 3 个阶段。

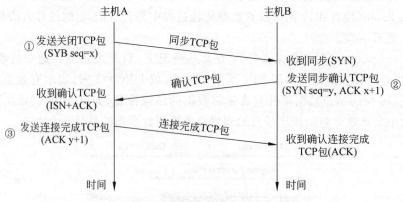

图 22-7　TCP 连接建立过程

(1) 主机 A 向主机 B 发送同步 TCP 包。开始时，主机 A 发送一个启动连接用的 TCP 同步包。在 TCP 包头中，设置同步 SYN 控制位和启动顺序号(Initial Sequence Number,ISN)。ISN 可以是任意值，用 seq＝x 表示。于是主机 A 向主机 B 发送的包用"SYN seq＝x"表示。

(2) 主机 B 向主机 A 发送确认 TCP 包。主机 B 收到 TCP 同步包后，对它进行处理并向主机 A 回送一个属于自己的 TCP 包。在 TCP 包头中,包含有 SYN 设置和自己的 ISN,用"SYN seq＝y"表示。在 TCP 包头中,主机 B 还要设置 ACK 控制位和顺序号,用"ACK x+1"表示,其中的"x+1"表示期待主机 A 发送下一个字节。于是主机 B 回应主机 A 的包用"SYN seq＝y,ACK x+1"表示。

(3) 主机 A 向主机 B 发送连接完成 TCP 包。当主机 A 接收到主机 B 的 ISN 和 ACK 后,向主机 B 回送一个 TCP 包,表示连接阶段完成。在 TCP 包头中,包含 ACK 控制位和确认号的设置,用"ACK y+1"表示。其中的 y+1 表示期待主机 B 发送下一个字节。

由于主机 A 和主机 B 之间的连接要连续交换 3 次消息,因此把这种建立 TCP 连接的方法称为三次握手(three-way handshake)连接法。

在 TCP 连接期间还将完成收发缓存的分配、发送端端口号和接收端端口号的分配。

2. 传输数据

主机 A 和主机 B 之间的 TCP 连接一旦建立,使用 TCP 包头中的窗口大小(window size)域中的数值,协调好收发双方的窗口大小,然后开始传输数据。在数据传输期间,需要用到后面介绍的"流量控制(flow control)"和"拥塞控制(congestion control)"技术。

在数据传输过程中,由于网络环境复杂多变,有可能对方没有响应。为避免长时间等待,收发双方都需要一个定时器。当主机 A 向主机 B 发送一个包含用户数据的 TCP 包(如顺序号 seq＝2000)时,启动定时器后,主机 A 就等待主机 B 对这个 TCP 包的响应,期待在设定的时间范围里能够接收到 B 的响应。如果在等待时间之内没有接收到确认 TCP 包,主机 A 就要重发包含用户数据的 TCP 包(如 seq＝2000)。这个过程如图 22-8 所示。

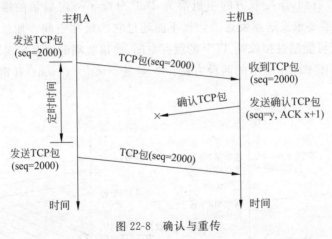

图 22-8　确认与重传

如果主机 B 接收到的 TCP 包是无顺序的,TCP 执行软件会重新整理 TCP 的顺序,使数据流符合主机 A 的发送顺序,它也会去掉重复的 TCP 包。

3. 关闭连接

关闭连接需要 4 个 TCP 包。这是因为 TCP 是一个全双工协议,每端都必须独立关闭。关闭过程如图 22-9 所示。

在连接关闭阶段,在发送的 TCP 包头中,要设置结束(FIN)控制位,而不设置同步(SYN)控制位。为关闭 TCP 连接,运行在主机 A 上的应用程序要向主机 B 发送启动连接关闭的 TCP 包,包头中包含 FIN 控制位和顺序号 seq＝x,用"FIN seq＝x"表示。当主机 B 接收到启动连接关闭时,就立即向主机 A 回送一个确认收到关闭的 TCP 包,并通知主机 B 上的应用程

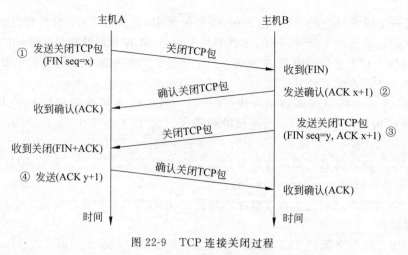

图 22-9　TCP 连接关闭过程

序。一旦应用程序也决定关闭连接时，主机 B 就发送它自己的确认关闭连接的 TCP 包，主机 A 收到后就发送一个确认连接关闭的 TCP 包。

22.2.4　流量控制

前面提到，面向连接的数据传输是可靠传输，采用了许多技术来确保传输的可靠性，其中一项技术就是流量控制（flow control）。流量控制的主要目的是协调收发两端的数据传输速率。从图 22-3 可以看到，连接双方的主机都为 TCP 分配了一定数量的缓存，每当进行一次 TCP 连接时，接收器要求发送器发送的数据不能超过它的缓存空间。如果没有流量控制，发送器发送的数据就可能超过接收端 TCP 的缓存空间，使接收端的缓存出现溢出。

流量控制有如图 22-10 所示的两种方法：停-等法（stop-and-wait）和滑动窗口法（sliding window）。

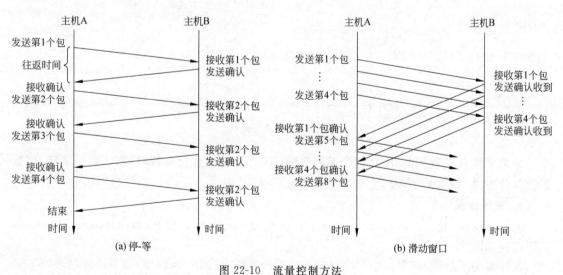

图 22-10　流量控制方法

1. 停-等法

控制流量的最简单方法是，发送器发送一个 TCP 包后，等到收到接收器确认后再发一个包。这种方法称为停-等法,如图 22-10(a)所示。采用停-等法虽然可以控制流量,但由于网络延迟时间比较长,如果每次都要等待确认后才发送,数据的吞吐量就非常低。

例如,假设每个数据包的大小为 1000 个字节,相当于 8000 位(bit),网络硬件的传输速率为 2Mbps,收发两端之间的延迟时间为 50ms,往返时间至少要 100ms。采用停-等法时,发送器发送一个包后至少要等待 100ms 才能发送第二个包。这就是说每 100ms 发送 8000 位,相当于 80kbps,这个速率只占网络硬件传输速率的 4%。

2. 滑动窗口法

为获得比较高的数据吞吐量,一个直观的想法是,在等待期间把若干个数据包先发出去,等到收到确认消息后再发其余的数据包。例如,发送器先发 4 个包,如图 22-10(b)所示,收到"第 1 个包确认"后再发送第 5 个包,收到"第 2 个包确认"后再发送第 6 个包,以此类推,直到把全部包发送完。假设收发两端的单向延迟时间为 N,采用停-等法发送 4 个包的时间需要 8N,采用滑动窗口法只需要 2N,数据吞吐量明显增加。

如果把发送器发出第 1 个包到收到"第 1 个包确认"之前的时间段看成是一个窗口,在这期间接收器允许发送器发送的最大数据量就是窗口的大小,这个窗口称为通告窗口大小(advertised window size)。如果把发送一个包看成是窗口滑动一个位置,由于窗口滑动的速度随时受到接收速度的调整,窗口滑动的快慢就反映了数据发送速度的高低。这种协调收发双方数据传输率的方法被称为滑动窗口法(sliding window)。

滑动窗口法控制流量的原理可用如图 22-11 所示的例子来说明。假设主机 A(发送器 A)要给主机 B(接收器 B)发送 12 个包,在 TCP 建立连接时,收发双方约定窗口大小为 4 个包。发送器 A 把窗口定在待发数据包前面 4 个包的位置,如图 22-11(a)所示,发送第 1 个数据包后,不等接收器 B 回送确认 TCP 包就接着发第 2、3、4 个包。如果发出的数据包能够顺利到达,接收器 B 收到第 1 个包后就给发送器 A 回送一个确认包。当发送器 A 收到第 1 个包已接收的确认后就发送第 5 个包,以此类推。在发送 6 个包后,滑动窗口从右向左移动了两个位置,窗口中有 4 个包,表示已发送但还没有得到确认,如图 22-11(b)所示。如果接收器 B 的确认 TCP 包姗姗来迟,发送器就等到收到确认包后再发送,这样就控制了发送速率。按照这种方法继续发送,直到滑动窗口移到最左边,如图 22-11(c)所示。

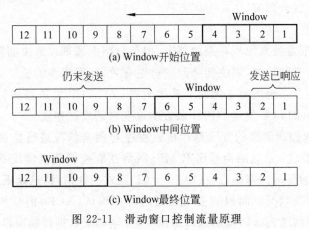

图 22-11　滑动窗口控制流量原理

22.2.5　拥塞控制

虽然网络拥塞控制主要由像路由器那样的中间设备承担,但 TCP 协议的拥塞控制对缓解网络拥塞是很有效的,而且也提高了使用 TCP 协议传输数据的可靠性。

1. 网络拥塞概念

网络拥塞是网络传输数据时出现的一种状况。例如,在图 22-12 所示的例子中,每条连接线路的带宽都是 1Gbps,计算机 A 和 B 接到交换机 1,计算机 C 和 D 接到交换机 2,交换机 1 和交换机 2 相连。如果算机 A 和 B 同时向计算机 C 发送数据,在交换机 1 汇集后的数据速率等于 2Gbps,可是交换机 1 和交换机 2 之间的带宽只有 1Gbps,出现这种情况就称为拥塞 (congestion)。

虽然交换机 1 可把数据包临时存放在缓存,但拥塞会使数据包到达计算机 C 的延迟时间加长。如果拥塞持续下去,交换机 1 的存储器就会溢出,造成数据包丢失。虽然使用重传方法可找回丢失的数据包,但发送到网上的数据包就更多,使网络更加拥塞。如果这种状况持续下去,整个网络就不能用。出现这种情况就称为拥塞崩溃(congestion collapse)。

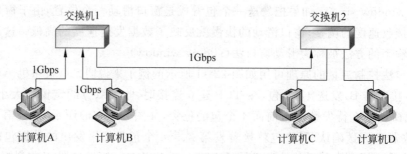

图 22-12　网络拥塞概念

在互联网络上,由于太多太快的主机同时发送太多的数据到网上,加上网络环境的复杂性和多样性,造成网络拥塞甚至出现拥塞崩溃,因此拥塞控制被认为是一个极其重要但又极其复杂的控制系统。拥塞控制一直是研究热点,包括开环、闭环、基于网络、基于主机的控制方法,以及这些控制方法的综合研究。

2. 拥塞控制原理

在互联网络上,拥塞通常出现在路由器上,但单靠路由器难以解决拥塞问题。如果所有终端系统的发送速度都受到控制,解决拥塞问题就更有效,拥塞崩溃的危险也可以降低。设计基于终端主机的拥塞控制系统需要考虑两个基本问题:(1)TCP 发送器如何感知它与目的地之间的通道上有拥塞;(2)TCP 发送器用什么方法改变它的发送速度。

TCP 发送器获取拥塞消息的方法是让传输程序对拥塞状况进行监视。拥塞消息来源有两个:(1)显式拥塞消息:这是路由器用 ICMP(网络互联控制消息协议)告诉发送器的消息,可查看 TCP 包头中的显示拥塞标志位(ECN);(2)隐式拥塞消息,这是根据 TCP 包的丢失和延迟时间来评估的拥塞状况。而包的丢失和延迟可用确认(ACK)消息和定时器来判断。当传输程序检测到出现网络拥塞时就迅速做出反应,立刻调整数据传输窗口,从而降低数据包的发送速度。因为每次建立 TCP 连接时,在 TCP 包头的窗口大小域中可指定具体数值,因此可随时通过窗口大小来调节发送速度。

为降低出现拥塞崩溃风险,现在为 TCP 协议开发了多种算法,用于控制发送器的发送速度。在草案标准 RFC 5681(2009)—TCP Congestion Control 中,详细介绍了 TCP 拥塞控制综合使用的 4 种算法,缓慢启动(slow-start)、拥塞避免(congestion avoidance)、快速重传(fast retransmit)和快速恢复(fast recovery)。

例如,拥塞避免算法使用加增量/成倍减法(Additive-Increase/Multiplicative-Decrease, AIMD)来控制发送器的发送速度。在检测拥塞期间,数据包往返一次,拥塞窗口(cwnd)增加一个常量或增加一个 TCP 包,如图 22-13 所示。在检测到拥塞时,拥塞窗口减半。

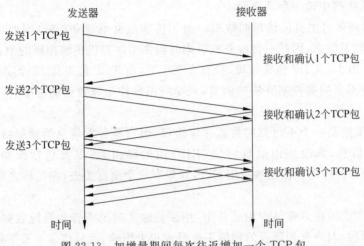

图 22-13　加增量期间每次往返增加一个 TCP 包

在拥塞控制系统中,缓慢启动算法和拥塞避免算法是主要的。在拥塞控制过程中,4 种算法何时切换和进入何种状态,可用有限状态机(Finite State Machine,FSM)来描述[5],限于篇幅讲述在此从略。

3. 拥塞控制与流量控制

流量控制和拥塞控制是两个不同的概念。在流量控制中,发送器的发送速度是通过接收器的通告窗口或称接收窗口(rwnd)控制的,要解决的问题是发送器的发送速度与接收器的接收速度的匹配问题。在拥塞控制中,发送器的发送速度通过称为拥塞窗口(congestion window,简写为 cwnd)来调整,防止由于太多的数据涌入网络,使路由器或链路过载,解决的问题是发送器的发送速度与网络资源的匹配问题。

流量控制和拥塞控制的窗口的维护方式也不同。流量控制的窗口由接收器维护,而拥塞控制的窗口由发送器维护。

尽管这两种控制的概念和方法不同,但它们都是控制发送器的数据发送速度。为兼顾流量控制和拥塞控制,真正的数据传输窗口等于 min(rwnd, cwnd),即取两个窗口中的最小一个,发送器在任何时候都只能发送小于等于数据传输窗口指定的字节数。

22.3　用户数据包协议(UDP)

UDP 是 1980 年 David P. Reed 设计的协议,它是 TCP/IP 协议套的核心成员之一,定义在互联网标准 RFC 768(1980)文件中。

22.3.1 协议简介

用户数据包协议(User Datagram Protocol,UDP)是无连接的数据传输协议,不提供端对端的确认和重传功能,也不检验消息传递的正确性,执行应用层协议的软件几乎是直接与网络层上的 IP 通信。UDP 协议有下述几个特性:

(1) UDP 不建立端对端的连接。在发送端,UDP 发送数据的速度只受应用程序生成数据的速度、计算机的性能和传输带宽的限制;在接收端,UDP 把每个消息段(data)放在队列中,应用程序每次从队列中读一个消息段。

(2) 可同时向多台主机传输相同数据。由于传输数据不建立连接,因此也就不需要维护连接状态,包括收发状态,因此一台服务机可同时向多个客户机传输相同的消息。

(3) 额外开销小。UDP 包头很短,只有 8 个字节,而 TCP 包头有 20 个字节。

(4) 吞吐量不受拥塞控制算法的调节,只受应用软件生成数据的速率、传输带宽、收发主机性能的限制。

UDP 协议虽然是一个不可靠的数据传输协议,但它是分发信息的理想协议,如用于报告股市行情、航空信息、修改路由信息协议(RIP)用的路由表,以及包括简单网络管理协议(SNMP)在内的各种应用。在这些应用场合,如果有一个消息丢失,在几秒之后另一个新的消息就会替换它。

UDP 协议广泛用在多媒体应用软件中,用来传输实时的声音和影视数据,因为丢失几个声音或影视数据包,对声音和影视的理解不会造成很大影响,而且也来不及重新传输。大多数网络电话、网络电视和电视会议的软件产品也都使用 UDP 协议。

22.3.2 包头结构

如前所述,为简单起见,把"UDP 消息(UDP message)"称为"UDP 包",它由 UDP 包头(UDP Header)和应用数据(Application Data)组成,如图 22-14 所示。UDP 包头由 4 个域组成:数据源端口号(Source port number)、目的地端口(Destination port number)、长度(Length)和检查和(Checksum),每个域的宽度是 2 个字节。在 IPv4 中检查和与数据源端口号是可选的域,在 IPv6 中只有数据源端口号是可选的域。

32位	
Source port number (数据源端口号)	Destination port number (目的地端口号)
Length (长度)	Checksum (检查和)
Data (数据)	

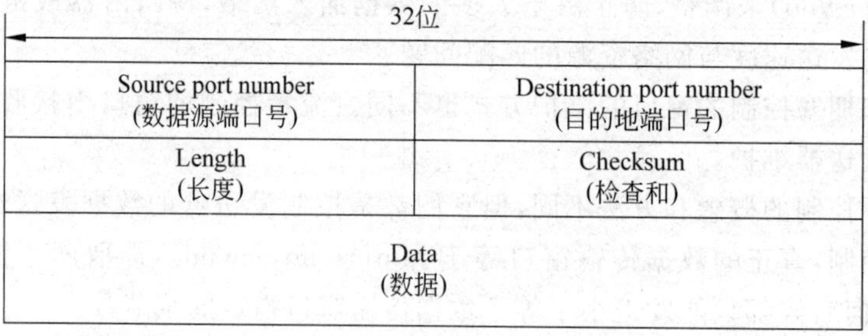

图 22-14 UDP 消息的包头结构

长度(Length)域中的值是 UDP 头的长度与应用数据之和的长度,用字节作单位。其最小值为 8,即 UDP 头的长度;其最大值为 65 535,即 8 个字节的 UDP 头加上 65 527 字节的数据。长度域中的最小值和最大值是 IPv4 协议定义的。在 IPv6 协议中,如果 UDP 长度值超过这个限制,提议标准 RFC 2675(1999)规定将该域的值设置为 0。

22.3.3　检查和的计算方法

检查和的详细计算可在 RFC 1071(1988)中找到,现举一例说明使用检查和检测错误的原理。假设从数据源 A 要发送下列 3 个 16 位的二进制数:word1、word2 和 word3 到目的地 B,检查和(checksum)的计算如下:

word1	0110011001100110
word2	0101010101010101
word3	0000111100001111
sum＝word1＋word2＋word3	1100101011001010
checksum(sum 的反码)	0011010100110101
word1＋word2＋word3＋checksum	1111111111111111

如果 3 个 16 位数(word1,word2 和 word3)相加后的和(sum)的最高位有进位,则要将进位加到和的最后 1 位。从数据源发出的 4 个 16 位二进制数之和为:

word1+word2+word3+checksum=1111111111111111

如果目的地收到的 4 个 16 位二进制数之和也是全"1",就认为传输过程中没有出错。

读者也许会问,许多链路层的协议都提供错误检查,包括流行的以太网协议,为什么 TCP 和 UDP 还要提供检查和去检查是否有错。其原因是链路层以下的协议在数据源端和目的地之间的某些通道可能不提供错误检测。虽然 TCP 和 UDP 提供错误检测,但检测到错误后不做校正,只是简单地把损坏的消息段扔掉,或者给应用程序提供警告信息。

读者也许会问,收发两端的两个进程是否有可能通过 UDP 提供可靠的数据传输,答案是肯定的,但必须把确认和重传措施加到应用程序中,应用程序不能指望 UDP 来提供可靠的数据传输。

22.4　其他协议介绍

数十年的实践表明,TCP 和 UDP 协议无疑是互联网络的核心,但也发现在有些应用(如多媒体应用)中并不很理想,于是开发了一些新的附加协议,用于弥补它们的不足。其中有几个协议已经作为 IETF 的提议标准,现介绍如下。

22.4.1　DCCP 协议

数据包拥塞控制协议(Datagram Congestion Control Protocol,DCCP)是面向消息(message-oriented)的传输层协议。面向消息传送的含义是传送一系列消息,一个消息是一组字节,分配一个顺序号,不像面向字节流的 TCP 那样,按字节顺序号传送一个字节流。

DCCP 执行可靠的连接建立、关闭、显式拥塞通知(ECN)、拥塞控制等,但不提供可靠的按字节顺序号的数据传输服务。DCCP 是数据传递的及时性和可靠性之间的折中协议,可用于网络电话、网络电视、在线游戏等。DCCP 协议在 RFC 4336(2006)文件中做了介绍,RFC 4340(2006)是提议标准,RFC 6773(2012)是修改后的提议标准。

22.4.2 SCTP 协议

流控制传输协议(Stream Control Transmission Protocol,SCTP)是传输层协议,吸收了 TCP 和 UDP 的重要特性。SCTP 是像 UDP 那样的面向消息(message-oriented)的传输协议,但不是不可靠的数据传输,而是能够确保数据传输的可靠性;SCTP 是像 TCP 那样的面向字节流(stream-oriented)的传输协议,但不是按字节流的顺序号传输数据,而是按消息流的顺序号传输数据,流量控制和拥塞控制的算法也与 TCP 使用的算法基本相同。SCTP 协议定义在 RFC 3286(2002)中,RFC 7053(2013)是 RFC 4960(2007)修改后的提议标准。

使用 SCTP 协议时,应用程序把由多个字节组成的一组字节(group of bytes)看成是一个消息(message),以消息的形式提交给 SCTP。SCTP 将消息和控制信息放在一起组成一个块(chunk),添加块头后生成一个独立的 SCTP 包,因此允许多个不同应用程序的消息流通过单个 SCTP 连接复合在一起,以并行的方式传送。这种方法被称为多(消息)流技术(multi-streaming)。例如,在传送 Web 网页文字的同时一起传送 Web 图像。

22.4.3 TFRC 协议

TCP 友好速率控制协议(TCP-Friendly Rate Control,TFRC)是一个拥塞控制协议。它不像 TCP 的拥塞控制那样,检测到拥塞时立刻改变发送器的发送速率,而是想让发送速率的变化平滑一点,延迟一段时间后再改变。TFRC 协议很适合多媒体应用,如网络电话和其他用实时媒体的应用软件。TFRC 的提议标准 RFC 5348(2008)。

以上介绍的协议都是在不断完善和试用中,它们都需要操作系统的支持,后边的实践将会告诉我们,这些协议是否会得到广泛使用。

练习与思考题

22.1 TCP 和 UDP 是哪一层上的协议?这两种协议有什么差别?

22.2 面向连接是什么意思?TCP 连接是虚拟连接还是物理连接?

22.3 网络电话、影视点播和电视会议的数据使用传输层上的 TCP 协议还是 UDP 协议?

22.4 上网查找并阅读 1981 年发布的 TCP 标准文件(RFC 793,STD 7)。

22.5 流量控制解决什么问题?拥塞控制解决什么问题?它们的异同点是什么?

22.6 阅读英文版维基百科上的词条:Transmission Control Protocol。

参考文献和站点

[1] Prabhaker Mateti. TCP Exploits. http://cecs. wright. edu/~ pmateti/InternetSecurity/Lectures/TCPexploits/.

[2] https://en. wikipedia. org/wiki/TCP_congestion-avoidance_algorithm. TCP congestion-avoidance algorithm.

[3] http://www. networkinginfoblog. com/post/117/tcp-congestion-control/. TCP congestion control,2014.

[4] The Transmission Control Protocol. http://condor. depaul. edu/jkristof/technotes/tcp. html,2003.

[5] TCP:Congestion Control (part II). http://inst. eecs. berkeley. edu/~ee122/fa13/,2013.

第 23 章　网络层技术

在 TCP/IP 模型中,网络层是传输层和链路层之间的接口,它的基本功能是把数据从数据源传送到目的地,使用的协议包括 IP、ICMP 和其他一些协议。移动 IP 是为用户在网络之间移动时便于使用而设计的,用在有线或无线接入的网络环境,而不是用于蜂窝移动通信。本节主要介绍核心协议 IPv4 和 IPv6,以及移动 IP 的工作原理。

23.1　网络层简介

网络层(network layer)也称网络互联层(internet layer)或 IP 层(IP layer),介于传输层和链路层之间,如图 23-1 所示,用于指定两台计算机之间的通信细节,安排数据包从数据源端到达终端的行程,包括将网络地址翻译成物理地址、确定数据包从发送端到达接收端要经历的路径、路径的选择、流程控制和报告错误等。网络层执行的协议包含两个部分。

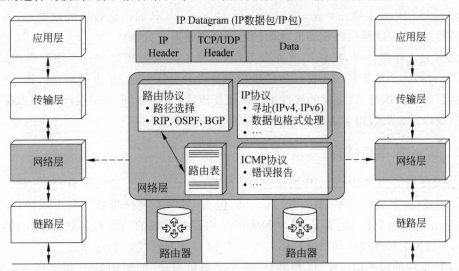

图 23-1　网络层协议提供的服务

(1) 网络互联协议:定义网络层的寻址。网络互联协议目前有两个版本,一个是还在广泛使用的 IPv4,另一个是取代 IPv4 的 IPv6。

(2) 网络互联管理协议:报告网络互联状态的网络互联控制消息协议(ICMP),用户主机加入多播组的互联网多播组管理协议(IGMP)。路由协议(routing protocol),如路由信息协议(RIP)、开放式最短路径优先协议(OSPF)和边界网关协议(BGP)认为是应用层协议,它们是路由器用来决定最佳传送路径的协议。

在网络层上,发送主机按照 IPv4 或 IPv6 的格式,把来自传输层的 TCP 包或 UDP 包封装成 IP 数据包(IP datagram/IP packet)。每个 IP 数据包由 IP 包头(IP header)和 IP 有效载荷(IP payload)组成。IP 数据包的包头中包含发送节点的 IP 地址和接收节点的 IP 地址。

把数据包从数据源传送到目的地,IP要执行两项任务。(1)选择路径:路径选择要调用边界网关协议(BGP)、路由信息协议(RIP)和开放式最短路径优先协议(OSPF),使用每台路由器上的路由表< destination address(目的地址),next hop(下一路段)>,以决定每个数据包要行走的路径。(2)转发数据包:使用地址解析协议(ARP)、代理地址解析协议(proxy ARP)协议和其他一些协议,把数据包传送到硬件地址与IP地址相对应的接收节点。

23.2 互联网协议(IPv4)

网络互联协议(Internet Protocol Version 4,IPv4)是指过去和当前还在用的 IPv4 版本,诞生于 1981 年。IPv0~IPv3 是 1977—1979 年之间的版本。IPv5 是指 1979 年定义的试验性的网络互联流媒体协议(Internet Stream Protocol),修改的版本定义在 1995 年的标准文件 RFC 1819(ST2+)中,曾设想作为 IPv4 的补充,但觉得与 IPv4 关系不大,因此未纳入。

23.2.1 IPv4 协议简介

IPv4 是 1981 年与 TCP 协议同时发布的协议,定义在 RFC 791(1981)/STD 5 中。其后对它做了许多修改和补充,如 RFC 2474(1998)、RFC 6864(2013)、RFC 7915(2016),但其核心内容变化不大。IP 的主要任务是,把来自执行 TCP 或 UDP 的消息转换成数据包,负责安排数据包的传送路径,以及在接收端把数据包还原成原始形式的消息。

IP 协议是无连接协议,提供不可靠服务,但会尽最大努力把数据包传输到目的地(best-effort delivery)。不可靠是指不保证传送过程中是否丢失数据包、是否按顺序传递、也不保证按时到达目的地。执行 IP 协议的软件不尝试恢复传送过程中出现的错误,而确认数据包是否到达目的地以及丢失数据包的恢复等任务是 TCP 协议的责任。

23.2.2 IPv4 数据包结构

IP 协议使用的传输单元是 IP 数据包(IP packet/datagram),简称为 IP 包。IP 数据包由两个部分组成,一个是包含本层(IP 层)信息的包头,另一个是携带数据和上层协议的信息。网络标准 RFC 791(1981)定义了 IPv4 包头的结构及各个域的功能和参数,其后的提议标准 RFC 1349(1992)、RFC 2474(1998)、RFC 6864(2013)对 RFC 791 做了修改。

IPv4 数据包的包头由 5 个 32 位共计 20 个字节组成,它的结构如图 23-2 所示。20 字节的包头称为固定包头。如果把选择域算上,包头的长度为 24 个字节。

23.2.3 IPv4 数据包的域

在 IPv4 数据包中,每个域的功能和参数简介如下。

(1) Version Number(版本号):4 位版本号域包含协议软件使用的 IP 版本号,接收软件根据版本号可以知道如何处理包头中的其他域的内容。使用 IPv4 时,该域的值是 4。

(2) HL (Internet Header Length)/IP 包头长度:4 位包头长度域包含 IP 包头的总长度,度量单位是字长为 32 位长的字数。最短的包头长度是 $5,5 \times 32 = 160$(位)$= 20$(字节),加上选择和填充,最长为 24 个字节;最长的包头长度是 15,即 60 个字节。

(3) DSCP (Differentiated Services Code Point)/区分服务码位:原为 Type of Service(服

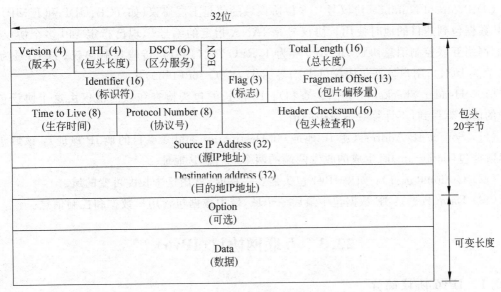

图 23-2　IPv4 数据包的结构

务类型)域,8 位长的服务类型域用来引导路由器如何处理数据包,其子域的含义如下:

位 0～2	3	4	5	6	7
precedence	min. delay	max. throughput	max. reliability	min. monetary cost	not used

前 3 位表示数据包的优先权(precedence)。其后 3 个 1 位的标志分别为延迟(delay)、吞吐率(throughput)和可靠性标志(reliability)。如设置为 0,表示正常值;设置为 1,则分别表示低延迟、高吞吐量和高可靠性。由于许多新技术和新应用需要实时数据流,如 IP 电话,提议标准 RFC 2474(1998)把这个域的前 6 位作为区分服务码位(Differentiated Services Code Point, DSCP)域,后 2 位作为显式拥塞通知 ECN(Explicit Congestion Notification)域。

(4) Total Length(总长度):16 位数据包长度域中的数值是整个数据包的长度,数据本身的字节数和包头长度的字节数之和。一个 IPv4 数据包的最大长度为 65 535 个字节。

(5) Identifier(标识符):16 位标识符用于标识 IP 数据包的包片。因为链路层对 IP 数据包的大小有限制,因此要把超过限制的数据分成几块,并把它称为包片(fragment)。它是由发送端的软件创建的唯一的标识号,在接收端用它来引导执行软件把数据包还原为原来的消息。参阅网络标准 RFC 791(1981)和提议标准 RFC 6864(2013)。

(6) flags(标志):该域用来标记数据包的分片。第一个标志位为保留位,设置为 0;第二位称为 DF(Don't Fragment),当 DF=0 时表示消息已分片,当 DF=1 时表示消息没有分片;第三位称为 MF(More Fragments),当 MF=0 时表示最后一片,MF=1 时表示后面还有包片要处理。

(7) Fragment Offset(包片偏移量):用 8 个字节(64 位)作为 1 个度量单位。第 1 个包片的偏移量为零,13 位域最大可指定 65 527 字节的偏移量。

(8) TTL(Time to Live/生存时间):8 位长的生存时间域包含数据包在网络上保留的时间,以秒作单位,其值由发送端设置。

(9) Protocol Number(协议号)：8 位协议域的值是上层协议（如 TCP、UDP 和 ICMP）号，在 IP 数据包到达目的地时使用。协议号是 IANA 指定的编号①，现已指定 140 多个协议号。例如，网络互联控制消息协议（ICMP）号为 1，RFC 792(1981)；传输控制协议（TCP）号为 6，RFC 793(1981)；用户数据包协议（UDP）号为 17，RFC 768(1980)。

(10) Header Checksum(包头检查和)：16 位长的包头检查和域的值仅由这个协议包头域中的值计算得到，不计算数据域中的值。

(11) Source IP Address(源 IP 地址)和 Destination address(目的地 IP 地址)：该域包含创建数据包（datagram）时生成的收发两端的两个 32 位 IP 地址。

(12) Options(选择)：如果 IPv4 包头需要扩展时，就用这个长度可变的域。

(13) Data(数据)：IP 数据包中最后一个域，域中数据包含用户数据和控制信息。

23.3 互联网协议（IPv6）

23.3.1 IPv6 协议简介

IPv6(Internet Protocol version 6)是因特网工程特别工作组（IETF）在 1991 年启动并于 1997 年完成的 IP 协议，最终目的是取代 IPv4。IPv6 定义在草案标准 RFC 2460(1998)文件中，其后修改的文件包括提议标准 RFC 5095(2007)、RFC 5722(2009)、RFC 5871(2011)、RFC 6437(2011)、RFC 6564(2012)、RFC 6935(2013)、RFC 6946(2013)、RFC 7045(2013)、RFC 7112(2014)。现在是从 IPv4 到 IPv6 的过渡时期，列出这么多 RFC 文件及其提交年份，目的是想用事实说明一项技术的成功需要不断完善，同时也反映科技人员的职业素质。在这些 RFC 文件中，最核心的内容还是 IP 数据包的结构。

23.3.2 IPv6 数据包结构

IPv6 数据包的结构由数据包的包头和长度可变的有效载荷组成，如图 23-3 所示。与 IPv4 的包头相比，简化了包头的结构，IPv6 只用 8 个域共 40 个字节作为固定的包头，用于设置必不可少的信息，其余的信息以扩展头的形式放在固定包头和上层（UL）头之间，见第 23.3.4 节的图 23-5。IPv4 数据包的包头是可变长度的包头，IPv6 采用固定包头的目的是要缩短路由器处理包头的时间，简化查找过程。

23.3.3 IPv6 数据包的域

(1) Version(版本)：4 位，IPv6 版本为 6。

(2) Traffic Class(交通类型)：8 位，与 IPv4 域的功能相同。最高 6 位作为区分服务码位（DSCP），用于表示交通（数据）的类型，以便网络设备用合适的优先级别去处理数据包。例如，域值＝6 表示访问网页那样的互动交通，域值＝8 表示高质量的视像交通。后 2 位作为显式拥塞通知 ECN（Explicit Congestion Notification）域。

(3) Flow Label(流标签)：20 位，用于标记数据包的顺序，它与源地址和目的地址组合，

---

① IANA 分配的协议号网址：http://www.iana.org/assignments/protocol-numbers。

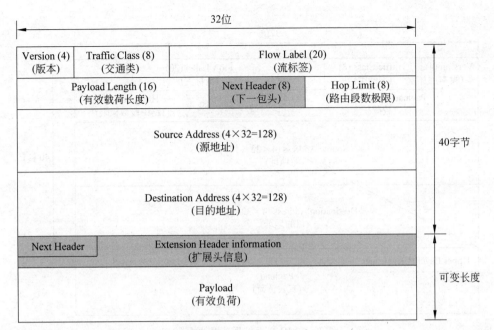

图 23-3　IPv6 数据包结构

可确定数据包的归属。参阅提议标准 RFC 6439(2011)：IPv6 Flow Label Specification。

(4) Payload Length(有效载荷长度)：16 位，数据包中装载的数据长度，无符号整数，以字节为单位。有效载荷不包括那些被认为是额外开销的包头。

(5) Next Header(下一包头)：8 位，用于表示第一个扩展头(Extension Header,EH)的类型，通常的类型是上一层(Upper Layer,UL)协议，告诉接收器如何解释跟在包头后的数据。如果没有扩展头(EH)，就表示上层的协议数据单元(protocol data unit,PDU)。参阅 RFC 7112(2014)。

(6) Hop Limit(路段数极限)：8 位，无符号整数，指定数据包的生存时间，与 IPv4 中 Time to Live/生存时间的含义相同，只是改了名称。数据包每过一个路由器，该域的值就减 1，值为 0 时就把数据包扔掉。路段数的计算方法见 23.5.1 小节"RIP 协议"中的图 23-7。

(7) Source Address(源地址)：128 位(16 个字节)，数据包的起源地址。

(8) Destination Address(目的地址)：128 位(16 个字节)，数据包的目的地址。

23.3.4　IPv6 的扩展头

40 个固定字节包头提供的信息能够满足转发数据包和服务质量(QoS)的基本要求。对于超过基本要求的信息，设计师用了一种新的解决方案，用扩展头(Extension Header)的形式来表示。于是 IPv6 数据包有两种结构：(1)不带扩展头的结构，如图 23-4 所示；(2)带扩展头的数据包结构，如图 23-5 所示。

草案标准 RFC 2460(1998)定义的扩展头和顺序见表 23-1，表中的 Mobile IPv6 扩展头是后来加入的，见 RFC 6275(2011)。扩展头的结构可参阅：

- Cisco Systems. IPv6 Extension Headers Review and Considerations. 2006；
- http://en.wikipedia.org/wiki/IPv6_packet。

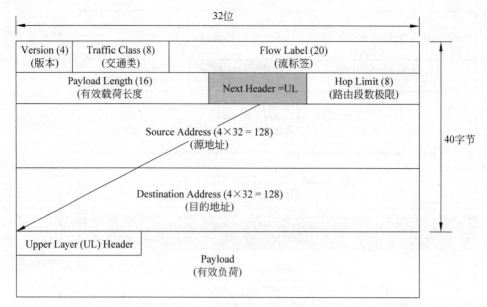

图 23-4　IPv6 无扩展头数据包结构

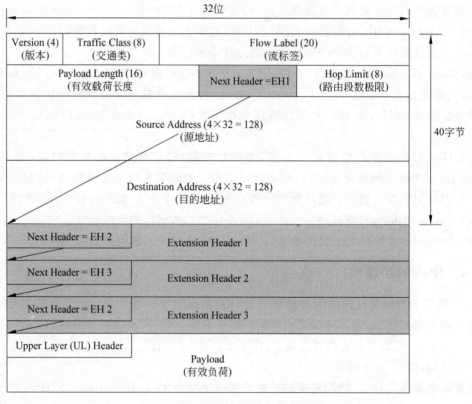

图 23-5　IPv6 带扩展头数据包结构

表 23-1　数据包中的扩展头和它们的推荐顺序

顺　　序	扩展头的类型	类型	简　要　说　明
1	Basic IPv6 Header	-	
2	Hop-by-Hop Options①	0	沿途设备都要检验
3	Destination Options (with Routing Options)	60	仅在数据包的终点检验
4	Routing Header	43	与移动 IPv6 一起用于指定数据包的路径
5	Fragment Header	44	包含数据包分片的参数
6	Authentication Header	51	包含数据包头最重要部分的校验信息
7	Encapsulation Security Payload Header	50	携带加密的数据
8	Destination Options	60	仅在数据包的终点检验
9	Mobility Header	135	移动 IPv6 用的参数
	No next header	59	
Upper Layer	TCP	6	
Upper Layer	UDP	17	
Upper Layer	ICMPv6	58	

23.3.5　IPv6 的主要特性

IPv6 有如下几个主要特性：

(1) 使用 128 位 IP 地址，最终替代现用的 32 位 IP 地址；

(2) 简化了 IP 数据包的包头结构，减少了网络资源的额外开销；

(3) 防止数据包分裂；

(4) 可内置安全保密措施；

(5) 增加流标签域(Flow Label field)，可用于识别传输 IP 数据包的发送端和接收端；

(6) 支持传输实时声音和影视服务质量(QoS)的参数设置。

23.4　ICMP 和 IGMP 协议简介

23.4.1　ICMP 协议

网络互联控制消息协议(Internet Control Message Protocol，ICMP)是网络设备用于发送错误、超时和其他状态信息的协议。例如，路由器用 ICMP 告诉发送端，IP 数据包无法到达包中指定的目的节点或者联系不上，协议号为 1。与 TCP 和 UDP 传输协议不同，ICMP 通常不用于在系统之间交换数据，而是用于网络诊断工具，如 ping(网络连接测试和消息往返时间测

---

① 若用 Hop-By-Hop 的选项，数据包可达 4GB($2^{32}-1$)字节，并称其为巨型包(jumbogram)。

量)和 traceroute(路由跟踪),终端用户不常用。ICMPv4 协议定义在 RFC 792/STD 5 (1981) 文件中,ICMPv6 协议定义在 RFC 4443(2006)等文件中。

23.4.2 IGMP 协议

互联网多播组管理协议(Internet Group Management Protocol,IGMP)是用户主机和相邻路由器之间的通信协议,用于用户主机申请加入多播组。因为用户主机要收听多播组的节目,必须先成为多播组的成员。使用 IGMP 协议,用户主机可告诉本地多播路由器,他/她想接收来自特定多播组的多媒体流和控制消息。IGMP 协议常用于一对多的网络应用,如网络电视,这样可有效利用网络上的资源。

为了解 IGMP 的含义,现以图 23-6 所示的视像多播服务为例来说明。

(1) IGMP 协议是用在"视像客户机"和"本地多播路由器"之间的通信协议,具有探听功能的 L2 交换机能够侦听到"视像客户机"和"本地路由器"之间的通信会话,并从中获取加入多播组用的信息。

(2) PIM(Protocol Independent Multicast)是利用其他路由协议提供消息的协议,因此称为"协议无关多播协议",可提供分布式数据传输功能。PIM 是用在"局域网(本地路由器)"和"远程路由器 1"之间的通信协议,可把多媒体流从多播服务器引导到多播客户机。

(3) IGMP 协议在视像客户机和本地路由器上执行。视像客户机向本地多播路由器提出加入多播组的请求,路由器侦听这些请求,并定期发送请求情况的查询。如果加入多播组的请求获得成功,视像客户机就可开始收听广播节目。

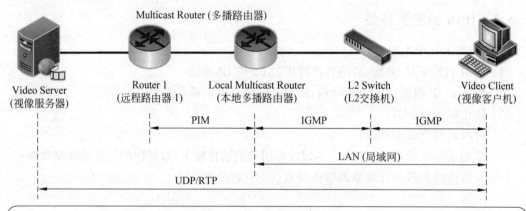

图 23-6 使用 IGMP 协议的多播网络结构示例

IGMP 是 IPv4 网络上的协议,IGMPv1 定义在 RFC 1112/STD(1989)中,IGMPv3 定义在提议标准 RFC 3376(2002)和 RFC 4604(2006)文件中。在 IPv6 网络上,多播管理使用多播侦听发现协议(Multicast Listener Discovery,MLD),多播路由器用它发现多播客户机。MLDv2 版本与 IGMPv3 类似,同在 RFC 4604(2006)文件中做了定义。

IGMP 是容易受到攻击的协议,不需要用它时,一般情况下能够在防火墙中关闭执行这个协议的软件。

23.5 RIP 和 BGP 路由协议简介

RIP 和 BGP 是应用层协议,由于它们是路由协议,与网络层上的 IP 协议密切相关,为便于理解,因此安排在这节做简单介绍。

23.5.1 RIP 协议

路由信息协议(Routing Information Protocol,RIP)是最古老的距离矢量路由协议(distance-vector routing protocol),用于在路由器之间交换路由信息。RIP 和 BGP 是目前最常用的两个路由协议。RIP 把路由信息广播到邻接的路由器,使用路段数(hop count)作为转发数据包的路径选择依据,根据在发送端和目的地之间的最少路段数确定传送路线。RIP 采用限制路段数的方法,以防止数据包在转发过程中产生死循环。路段数的计算方法如图 23-7所示。RIP Version 2 定义在 STD 56 RFC 2453(1998)。

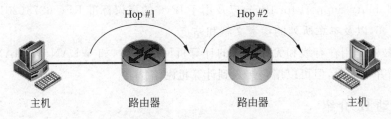

图 23-7 路段数的计算方法(本例路段数＝2)

伴随互联网络的快速扩大,由于 RIP 协议的路径计算时间比较长,于是出现了比 RIP 更高效的路由协议,如开放式最短路径优先协议(Open Shortest Path First,OSPF)和增强型内部网关路由选择协议(Enhanced Interior Gateway Routing Protocol,EIGRP)。EIGRP 是 Cisco 公司的专用协议。用于 IPv4 网络的 OSPF 版本 2 定义在 RFC 2328(1998)文件中;用于 IPv6 网络的 OSPF 文件是 RFC 5340(2008):OSPF for IPv6,其后修改的文件包括 RFC 6845(2013)、RFC 6860(2013)、RFC 7503(2015)。

23.5.2 BGP 协议

边界网关协议(Border Gateway Protocol,BGP)是用于在自治系统之间交换路由信息和可达性信息的协议,建立在外部网关协议(EGP)基础之上。BGP 是一个相当复杂的协议,涉及很多概念和算法,现作如下几点说明。

(1) 自治系统(Autonomous System,AS)是指由单一实体,如一所大学、一个企业或一个互联网服务提供商(ISP)管辖下的一个网络或多个网络。在一个实体管辖的网络中,所有路由器执行共同的路由策略。虽然自治系统可使用多种路由协议,但通常只使用一种路由协议。每个自治系统分配一个唯一的自治系统号(Autonomous System Number,ASN),32 位(bit)长的编号方法定义在提议标准 RFC 6793(2012)文件中,互联网也就是由这些编有号码的自治系统组成的。自治系统号在路由仲裁数据库中维护。

(2) 外部网关协议(Exterior Gateway Protocol,EGP)是在不同的自治系统之间交换路由信息的互联网络协议,定义在历史标准 RFC 904(1984)文件中。外部网关协议是一种距离矢量协议,使用轮询技术检测路由信息。与之对应的协议是内部网关协议(Interior Gateway Protocol,IGP),它是在一个管理实体管理的网络内的路由器之间交换路由信息的协议,说明各个路由器发送路由信息的方法。现在这两个协议已由边界网关协议(BGP)取代。

(3) 当 BGP 运行在相同自治系统上的两个对等实体之间时,BGP 被称为内部网关(Interior Border Gateway Protocol,IBGP);当 BGP 运行在不相同的自治系统之间时,BGP 被称为外部网关 BGP(Exterior Border Gateway Protocol,EBGP)。

(4) BGP 版本 4 定义在草案标准 RFC 4271(2006)中。其后的修改文件包括 RFC 6286、RFC 6608、RFC 6793、RFC 7606、RFC 7607 和 RFC 7705(2015)。

23.6　移动 IP 技术

本节简单介绍移动 IP 的基本原理,有兴趣的读者可参阅用于 IPv4 的提议标准 RFC 5944(2010):IP Mobility Support for IPv4,以及用于 IPv6 的提议标准 RFC 6275(2011):Mobility Support in IPv6,以及本章所列的参考文献和站点。

移动 IP 技术是用在有线和无线接入的计算机网络环境,如 WLAN、WiMAX,3G 以前的蜂窝移动通信并不需要,但可以用它接入到计算机网络。

23.6.1　移动 IP 介绍

移动 IP(Mobile IP 或 Mobile Internet Protocol,MIP)称为移动网络互联协议。使用 MIP 可使移动设备(如笔记本电脑)跨越不同网络区域时实现漫游功能。换句话说,移动 IP 可使移动设备离开本地网络(home network)进入外地网络(foreign network)时,就像在本地网络使用时那样,不必担心会丢失数据、中断当前的计算机应用程序,以及 IP 地址的设置。

例如,你的笔记本电脑在校园网 A 注册的静态 IP 地址为 166.111.x.x,通过无线网络登录到你的账户,运行一个应用程序,当你进入网络地址为 162.105.x.x 的校园网 B 后,仍然能保留原来的静态 IP 地址的使用权限,并使用它继续运行当前使用的应用程序。

这里的"本地网络"是指你的设备常驻的网络,可指你所在企事业单位的网络,也可指你的家庭的网络。"外地网络"不一定就是另一个地区或城市的网络,可以是同一地区或同一城市的其他单位的网络。从 IP 地址的结构来看,因为 IP 地址由网络前缀和主机地址组成,不同单位有不同的网络前缀,因此本地网络和外地网络也可用网络前缀来区分。

移动 IP 是非常吸引人的技术,有大量的科技人员长期参与开发,取得了显著进展。移动 IP 是一种非常灵活和复杂的技术,需要厚厚的一本书来描述其细节。移动 IP 支持许多不同的运行方式,用于相互发现移动代理和移动节点,使用单个或多个数据包的转交地址(COA)和多种形式的封装。

23.6.2　移动 IP 的工作原理

在介绍移动 IP 协议的文章和书籍中,通常使用移动节点(Mobile Node,ND)表示移动设备,使用对方节点(Correspondent Node,CN)表示不移动的设备。移动 IP 实现移动功能的基

本想法可用图 23-8 来说明,其要点是:

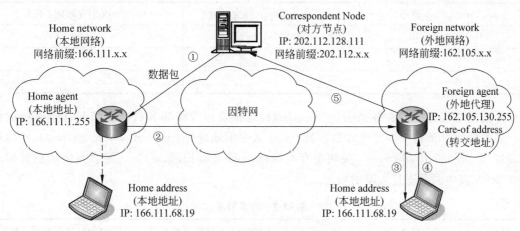

图 23-8　移动 IP 的基本工作原理

(1) 允许移动节点使用两个 IP 地址:一个是本地地址(home address),它是在本地网络(home network)上注册的 IP 地址;另一个是在外地网络(foreign network)上使用的临时 IP 地址,称为转交地址(Care-Of Address,COA),通常是外地网络上的路由器的 IP 地址。外地网络的路由器地址不同,这个转交地址也就不同。

(2) 把移动节点与本地网络相连的路由器作为本地代理(home agent),把移动节点与外地网络相连的路由器作为外地网络代理(foreign agent)。

(3) 当移动节点在本地网络时,使用本地地址;当移动节点在外地网络时,本地网络代理把来自对方节点(CN)的数据包转发给外地网络代理,再转发给移动节点,数据包的路径为①→②→③→移动装置(笔记本)→④→⑤。

这个想法并不复杂,但实现起来却不容易。例如,移动节点要知道当前所在的外地代理的地址,外地代理要知道移动节点的永久性本地地址,这样外地代理才能把数据包转发给移动节点;本地代理要知道外地代理的地址,这样才能把数据包转发给外地代理;此外还要考虑在转发数据包过程中的安全问题。

实现移动 IP 的方案目前有两种,一种是使用两个代理,另一种是使用本地代理和动态主机配置协议(DHCP,DHCPv6),这里只简单介绍前一种方案。

23.6.3　移动 IP 的实施方案

移动 IP 支持节点的移动性是通过维护两张表来实现的。(1)移动性绑定表(mobility binding table),用它把移动节点的本地地址(home address)和数据包的转交地址(care-of address)捆绑在一起,通过本地网络代理和外地网络代理来维持移动节点的移动性,这两种代理统称为移动代理。(2)游客列表(visitor list),用它记录移动节点的状态信息。

本地网络代理维护移动性绑定表,在表中的每个条目至少要包含参数:<永久本地地址(permanent home address),临时转交地址(temporary care-of address),关联生存时间(association lifetime)>,其目的是建立本地地址与转交地址之间的映射关系,这样就可转发数据包。移动性绑定表的格式如表 23-2 所示(表中的数据是假设的):

表 23-2　移动性绑定表

Home Address(本地地址)	Care-of Address(转交地址)	Lifetime(生存时间，秒)
166.111.68.19	162.105.130.255	200
...	...	...
...	...	...

外地网络代理维护游客列表(visitor list)，这张表包含移动节点当前访问这个网络的信息。表中的每个条目至少要包含的参数：＜永久本地地址(permanent home address)，本地代理地址(home agent address)，关联生存时间(association lifetime)＞。游客列表的格式如表23-3 所示(表中的数据是假设的)：

表 23-3　游客列表

Home Address(本地地址)	Home Agent Address(本地代理地址)	Lifetime(生存时间，秒)
166.111.68.19	166.111.1.255	150
...	...	...
...	...	...

执行移动 IP 协议大致要经历 4 个阶段：发现代理、登记注册、通信服务和撤销注册。

1. 发现代理

移动节点发现本地代理和外地代理的方法如下：

(1) 移动代理周期性地广播代理广告(Agent Advertisement)，广告列出了一个或多个转交地址(COA)，以及表示本地代理还是外地代理的标志(flag)。

(2) 移动节点收到广告后进行分析，广告消息是来自本地代理还是来自外地代理。

(3) 如果不想等待广告，移动节点可发代理请求消息(Agent Solicitation)，移动代理会直接回应移动节点的请求。

2. 登记注册

如果移动节点发现自己在本地网络，就不需要移动性服务；如果移动节点发现自己在外地网络，就需要登记注册。登记注册过程如图 23-9 所示，注册过程如下：

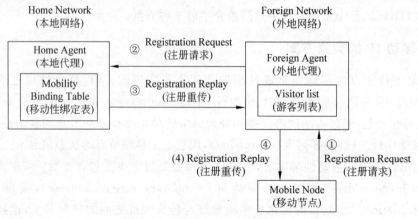

图 23-9　移动 IP 中的注册过程

(1) 移动节点发送注册请求(Registration Request)消息(①),向外地代理申请登记注册,内容包括自己的永久 IP 地址和本地代理的 IP 地址。

(2) 外地代理代表移动节点向本地代理发送注册请求(Registration Request)消息(②),内容包括移动节点的永久 IP 地址和外地代理的 IP 地址。

(3) 当本地代理接收注册请求消息(Registration Request)后就修改移动性绑定表,把移动节点的转交地址和本地地址关联起来,然后向外地代理发送注册确认(Registration Reply)(③)。

(4) 外地代理收到本地代理的注册确认消息后就修改游客列表,为这个移动节点插入一个条目及其参数。然后向移动节点重播注册确认(Registration Reply)(④)。

3. 通信服务

登记注册完成后就进入通信服务阶段,服务过程可分成如下步骤:

(1) 当对方节点(CN)想与移动节点(MN)通信时,它就向移动节点发送一个 IP 数据包,它的目的地址是移动节点(MN)的永久 IP 地址。IP 数据包的结构参看图 23-10 中的①。

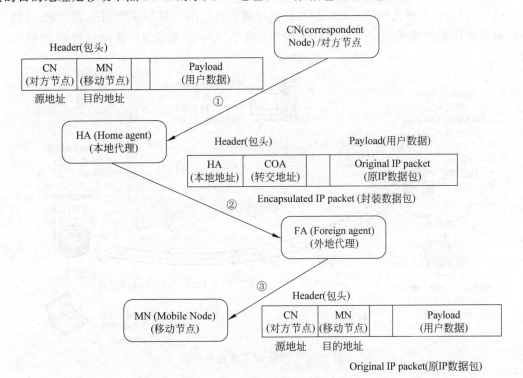

图 23-10　移动 IP 中的隧道操作

(2) 本地代理收到后就解释这个 IP 数据包,并查看移动性绑定表,找出移动节点当前正在访问的网络。本地代理找到移动节点的转交地址(COA)后,就构造一个包含有转交地址的新 IP 数据包,把 COA 作为目的地址,原来的 IP 数据包作为用户数据(payload),然后发送这个新封装的 IP 数据包。新封装的 IP 数据包的结构参看图 23-10 中的②。

把一个 IP 数据包封装到另一个 IP 数据包的过程称为"IP 装 IP(IP-within-IP)"封装,也就是隧道技术(tunneling)。

(3) 当外地代理收到新封装的 IP 数据包后就开包检查,找出移动节点的本地地址,然后查看这个移动节点是否在游客列表中。如果游客列表中有这个移动节点,外地代理就把原 IP 数据包转发给移动节点,参看图 23-10 中的③。

（4）当移动节点想给对方节点(CN)发送消息时,就把 IP 数据包发送给外地代理,由外地代理选择转发路径,把它转发给对方节点(CN)。

（5）外地代理持续为移动节点提供服务,一直到生存时间(lifetime)结束。如果移动节点还想要外地代理提供服务,移动节点就要重新登记注册。

4. 撤销注册

如果移动节点进入另一个外地网络,移动节点要放弃它原来的转交地址(COA),这就需要发送生存时间为零(lifetime=0)的注册请求消息,由本地代理去撤销登记注册。

23.6.4 移动 IP 工作过程举例

为叙述方便,移动节点用移动节点(10.0.0.4)表示,括号内的数表示它的 IP 地址。对方节点(11.0.0.7)、本地代理(10.0.0.12)、外地代理(12.0.0.1)采用了相同的表示法。因转交地址通常是外地代理地址,它们的地址均为(12.0.0.1)。移动 IP 的执行过程如图 23-11 所示。

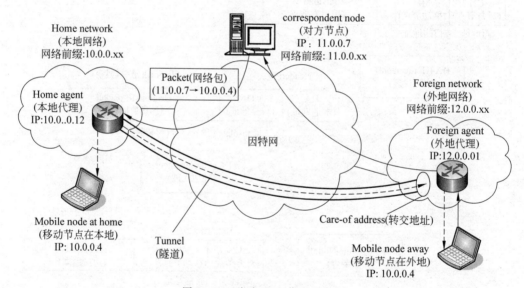

图 23-11　移动 IP 工作过程举例

（1）在离开本地网络之前,移动节点(10.0.0.4)收听本地代理(10.0.0.12)的广告消息,并记录本地代理的 IP 地址(10.0.0.12)和移动节点自身的 IP 地址(10.0.0.4)等信息。

（2）进入外地网络后,进入登记注册过程。

移动节点(10.0.0.4)收听外地网络的广告消息。当它收到外地代理(12.0.0.1)的广告消息后,就记录外地代理的 IP 地址(12.0.0.1)等消息。

① 移动节点(10.0.0.4)向外地网络代理(12.0.0.1)发送注册请求消息,其内容至少包含:

移动节点的 IP 地址：10.0.0.4
本地代理的 IP 地址：10.0.0.12

② 当外地代理(12.0.0.1)接收到注册消息后,就向本地代理(10.0.0.12)发送注册请求消息,把移动节点 IP 地址(10.0.0.4)和外地代理 IP 地址(12.0.0.1)等消息发送给本地代理(10.0.0.12):

移动节点的 IP 地址:10.0.0.4

外地代理的 IP 地址:12.0.0.1

③ 当本地代理(10.0.0.12)收到后就修改移动性绑定表,把移动节点的 IP 地址(10.0.0.4)和外地代理 IP 地址(12.0.0.1)关联起来:

移动节点 IP 地址	外地代理 IP 地址	生命周期(秒)
10.0.0.4	12.0.0.1	200
...	...	...

然后本地代理(10.0.0.12)向外地代理(12.0.0.1)发送注册确认消息。

④ 外地代理(12.0.0.1)收到本地代理(10.0.0.12)的注册确认消息后就修改游客列表,为这个移动节点(10.0.0.4)插入一个条目和参数:

移动节点 IP 地址	本地代理 IP 地址	生存时间(秒)
10.0.0.4	10.0.0.12	150
...	...	...

然后外地代理(12.0.0.1)向移动节点(10.0.0.4)重播注册确认消息。

(3) 本地代理(10.0.0.12)创建一条隧道,隧道的一端是本地代理(10.0.0.12),另一端是外地代理(12.0.0.1)。通过隧道把来自对方节点(11.0.0.7)的 IP 数据包转发到外地代理(12.0.0.1)。

(4) 外地代理(12.0.0.1)收到对方节点(11.0.0.7)的 IP 数据包后,把它发送给移动节点(10.0.0.4)。由于这个 IP 数据包内含对方节点地址(11.0.0.7),因此移动节点(10.0.0.4)可向对方节点(11.0.0.7)发送 IP 数据包。

(5) 这个过程一直持续到生存时间结束。

练习与思考题

23.1　查找并阅读网络互联协议 RFC 791(1981):Internet Protocol。

23.2　IPv4 数据包的包头由多少个字节组成?

23.3　查找并阅读 RFC 2460(1998):Internet Protocol,Version 6 (IPv6) Specification。

23.4　IPv6 数据包的国定包头由多少字节组成?

23.5　ICMP 是什么?

23.6　IGMP 是什么?

23.7　RIP 是什么?

23.8　BGP 是什么?

23.9　移动 IP 是什么?

参考文献和站点

[1] Charles. The TCP/IP Guide，http://www. tcpipguide. com/free/index. htm.

[2] Cisco Systems. IPv6 Extension Headers Review and Considerations，2006.

[3] Wisely，Dave. IP for 3G：Networking Technologies for Mobile Communications. New York：John Wiely and Sons，2002.

[4] http://www. networkinginfoblog. com/post/117/tcp-congestion-control/. TCP congestion control，2014.

[5] Charles E. Perkins，Sun Microsystems. Mobile IP. IEEE Communications Magazine May 1997. http://www. cs. jhu. edu/～cs647/class-papers/Routing/mobile_ip. pdf.

[6] Chakchai So-In. Mobile IP Survey. http://www. cse. wustl. edu/～jain/cse574-06/ftp/mobile_ip. pdf. Last Modified：April 20，2006.

[7]   Raechel Zipagan，Rachana Kheraj. Mobile IP http://ipsit. bu. edu/sc546/sc441Spring2003/mobileIP/index. html，2005.

[8]   Shun Yan Cheung. CS455：Introduction to Computer Networks. http://www. mathcs. emory. edu/～cheung/Courses/455/，2016.

第 24 章　链路层技术

在 TCP/IP 模型中,链路层是网络层和物理层之间的接口。链路层主要负责把数据帧从一个节点传输到下一个节点,而物理层主要负责把数字数据一位一位地从一个节点传输到下一个节点。这两个层上的协议几乎都是通过网络适配器执行,有时难以区分哪些技术属于链路层,哪些技术属于物理层,硬性区分也无必要。而在 4 层的 TCP/IP 模型中,把链路层和物理层合在一起,称为网络接口层。

本章介绍链路层的基本概念和提供的基本服务。考虑到知识的系统性和便于教材内容的组织,物理层的部分内容将放在这一章介绍,链路层的部分内容则放在后续章节介绍。

24.1　链路层介绍

24.1.1　面向两种类型的链路

把执行链路层和物理层协议的设备称为节点(node),包括主机、路由器、交换机和 WiFi 接入点,把连接相邻节点的传输媒体称为链路(link)或称信道(channel)。链路和信道都是物理通道,一条链路上可以有许多条信道,信道是链路的一部分。如使用频分多址接入(FDMA)时,一条链路上可以有多个用户信道,他们共享一条链路。

链路层要面对两种不同类型的链路:广播链路和点对点链路,执行两种不同的协议。

(1) 广播链路(broadcast link):多台主机共享的链路。由于多台主机连接到相同的链路上,因此需要媒体接入协议(media access protocol)去协调数据帧的传输。在某些情况下由主机本身去协调,在某些情况下还需要中央控制器去协调。

(2) 点对点(point-to-point link)链路:两个节点之间相连的链路,如两个路由器之间的链路,用户的办公计算机与其附近以太网交换机之间的链路。使用的协议包括点对点协议(Point-To-Point Protocol,PPP)和高层数据链路控制协议(High-Level Data Link Control,HDLC),用于建立两个节点之间数据帧的直接传输。

24.1.2　链路层提供的服务

链路层提供的基本服务是把数据帧从一个节点沿着单条链路传输到相邻节点。链路层提供实际发送和接收数据的方法和协议,如节点寻址、帧的处理、媒体接入控制(MAC)、传送控制、错误检测和纠正等,将它们归纳为 4 种类型的服务,或称 4 种类型的技术。

(1) 分帧封装(framing):把来自网络层的 IP 数据包发送到物理层之前,要把 IP 数据包分成许多帧,每帧的前面添加帧头(frame header),后面添加帧尾(frame trailer),生成一个数据帧(data frame)。帧的结构由链路层上的协议指定,不同的协议有不同的帧格式。

(2) 链路接入(link access):根据媒体接入控制(MAC)协议指定的规则,把数据帧传输到链路上。对于点对点链路,MAC 协议比较简单或不需要,每当链路空闲时发送即可;对于广播链路,存在多址接入(multiple access)问题,需要 MAC 协议去协调数据帧的收发。

（3）可靠传输(reliable delivery)：确保来自网络层的每个数据包都能在链路层上无差错地传输到接收器。虽然在传输层上的协议（如 TCP）提供可靠的传输服务,但它建立在链路层的可靠传输基础上。与传输层类似,链路层也同样提供可靠的数据传输方法和协议。

（4）错误检测和纠正(error detection and correction)：由于链路层面对复杂的网络环境,尤其是无线链路,因此出现错误率较高的情况不可避免,单靠重传和错误控制的方法往往不能解决问题,因此在链路层上不仅要对传输的数据进行检测,判断传输是否有错,而且还要对出现的错误进行纠正。

24.1.3　适配器执行的协议

链路层是两个节点之间通过链路直接相连的协议层,物理层负责把数据发送到链路上和接收来自链路的数据。由于链路层和物理层的耦合非常紧密,通常把链路层和物理层的功能都集成到网络适配器,也称网络接口卡(NIC),因此这两个层上的协议都在适配器上执行,如图 24-1 所示。

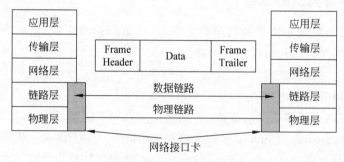

图 24-1　网络接口层

网卡插入到计算机的总线槽或通用串行总线(Universal Serial Bus,USB)端口。网卡是计算机和网络之间的接口,提供设备驱动程序,执行数据链路层和物理层的协议。

在 ISO/OSI 网络参考模型中,数据链路层定义为网络层与物理层之间的接口层,因此链路层也被称为网络接口(network interface)。在 TCP/IP 网络模型中,没有专门定义相应的链路层和物理层,因为它是网络互联的高层描述。笔者采纳了许多文献和教材作者的见解,把链路层和物理层作为 TCP/IP 五层模型的第二层和第一层。

24.2　数据帧的格式

在链路层上,节点之间传输的数据以数据帧(frame)为单位,因此要把来自网络层的每个数据包封装成数据帧,然后将它发送到链路上。接收器把来自链路上的数据帧拆封后送给网络层。一帧主要由帧头、数据、帧尾三个域组成。帧头和帧尾用于界定帧的开始和结束。帧的格式由链路层使用的协议指定,使用的协议不同,帧的格式也不同。帧的格式大致分成两类：面向字节(byte-oriented)的格式和面向比特(bit-oriented)的格式。

24.2.1 面向字节协议

面向字节是分割和界定帧的最古老方法,把一帧看成是一个字节集或字符集,而不是一串数据位,例如,IBM 公司 1967 年公布的二进制同步通信协议(Binary Synchronous Communication,BISYNC),以及后来开发并广泛使用的点对点协议(PPP)。

1. BISYNC 帧格式

BISYNC 协议帧的格式如图 24-2 所示,数字表示域的长度,单位为字节;帧开始用 2 个同步字符 SYN(synchronization);数据包含在文字开始 SOT(start of text)和文字结束 EOT(end of text)之间;帧开始域 SOH(start of header)表示一帧开始,Header 用于标识发送者、接收者和其他数据;2 字节循环冗余校验(CRC)用于检测数据在传输过程中是否有错。

SYN	SYN	SON	Header	SOT	Text	EOT	CRC
1	1	1	1或更多	1	可变长度	1	2

图 24-2 BISYNC 帧的格式

在 ASCII 字符集中:SYN = 00010110(16 Hex);SOH = 00000001(01 Hex)(Start of header);SOT = 00000010(02 Hex)(Start of text);EOT = 00000011(03 Hex)(End of text)。

使用这个协议时,在数据中也可能包含 EOT(00000011)字符,BISYNC 采用的区分方法是,每当数据中出现 EOT 字符时,插入一个数据传送转义字符 DLE(0001000)或转义字符 Escape(00011011),这种方法被称为字符填充法(character stuffing)。

虽然 BISYNC 不再提倡使用,但开发帧格式的思想已被其他格式继承。

2. PPP 帧格式

点对点协议(PPP)是网络标准 STD 51,RFC 1661(1994)。PPP 是用于在串行链路上传送 IP 数据包的流行方法,从低速的拨号调制解调器到高速的光纤链路。PPP 帧的格式如图 24-3 所示,域的含义如下。

Flag	Address	Control	Protocol	Data	FCS	Flag
01111110	11111111	00000011				01111110
1字节	1字节	1字节	1或2字节	可变长度	2或4字节	1字节

图 24-3 PPP 帧的格式

- Flag:标记 PPP 帧的开始和结束,用 01111110 作标记;
- Address:用 11111111 作标记时,表示标准的广播地址;
- Control:若设置为 00000011,表示不含帧的顺序号、没有流量和错误控制;
- Protocol:指定数据域中的数据是用高层协议生成的;
- Data:传输数据。如果不使用 LCP 协议,默认长度是 1500 字节;
- FCS:帧的校验序列(frame check sequence,FCS)包含标准的校验算法 CRC-16 或

CRC-32，由 4 个域（Address、Control、Protocol 和 Data）计算得到的校验位。

从图 24-3 中可看到，在 PPP 帧的格式中，有几个域的大小是没有完全确定的，这是因为它们的大小是由链路控制协议（Link Control Protocol，LCP）支配的。LCP 协议是 PPP 协议的一部分，在建立 PPP 通信时它们相互配合。

24.2.2　面向比特协议

面向比特协议把数据帧看成是位（比特）的集合，而不是字节的集合。这些位可以是来自字符集（如 ASCII）、图像的像素值或可执行文件的指令和操作符。IBM 公司 1975 年开发的同步数据链路控制协议（Synchronous Data Link Control，SDLC）是面向比特的协议，在 1979年，国际标准化组织（ISO）将其标准化后作为高层数据链路控制协议（HDLC）。HDLC 过去用于一台计算机与多台外部设备的连接，现在是链路层使用的协议。

1. SDLC 帧格式

SDLC 是第一个面向比特操作的链路层协议，用于管理在数据链路上同步串行传输数据。链路可以是双工或半双工、点对点、点对多点或其他类型的链路。SDLC 支持的数据速率可高达 64kbps。SDLC 帧的格式与 HDLC 帧的格式几乎完全相同。

2. HDLC 帧格式

HDLC 是点对点通信协议，是很多协议的基础，包括 ISDN、GSM 和 PPP。HDLC 帧的格式如图 24-4 所示。HDLC 帧的开始和结束都用 8 位二进制数 01111110 作标记（Flag），即使在链路空闲时，这些序列数据也发送，以便发送器和接收器保持同步。由于这个序列数据可能出现在数据帧中的任何地方，为避免把数据当标记，HDLC 采用与 BISYNC 协议类似的区分方法，称为位填充（bit stuffing）。

在发送端，从数据域发出连续 5 个 1 时，在发送下一位之前插入 1 个 0。在接收端，当接收到连续 5 个 1 后要查看下一位：如果是 0，认为是填充位，把它去掉；如果是 1，就有两种可能，帧的结束标记或位流出错。接着看下一位，如果是 0，其后 8 位就为 01111110，帧的结束标记；如果是 1，其后 8 位就为 01111111，表示传输过程中出了错，把这帧作废。

Flag	Address	Control	Data	FCS	Flag
01111110	8或16位	8或16位	可变长度	8或32位	01111110

图 24-4　HDLC 帧的格式

地址（Address）域包含接收端或包含收发两端的地址；控制（Control）域包含帧的类型（信息格式、管理格式或无编号格式）和错误控制信息；帧的校验序列（FCS）域是用标准的 CRC-16或 CRC-32 算法，对 3 个域（Address、Control 和 Information）计算得到的结果。

24.2.3　以太网帧格式

以太网帧格式是 IEEE 为以太网制定的格式，如图 24-5 所示，长度单位是 8 位位组（octet），各个域的含义如下。

• PRE（Preamble）：前导符，用于唤醒接收数据的网卡与发送数据的网卡同步。前 7 个

8 位是 10101010,最后 1 个 8 位是 10101011;

- SFD (Start of frame delimiter):帧开始界定符;
- DA (Destination address):目的网卡的 MAC (medium access control)地址。地址有 3 种类型(Unicast、Multicast 和 Broadcast);
- SA (Source address):发送数据网卡的 MAC 地址;
- Length:数据域的长度;
- Data:传输数据,IEEE 802.3 规范限制数据长度在 46~1500/1504/1982 范围里;
- FCS (Frame check sequence):用 CRC-32 生成多项式:

$$G(x) = x^{32} + x^{26} + x^{23} + x^{22} + x^{16} + x^{12} + x^{11} + x^{10} + x^8 + x^7$$
$$+ x^5 + x^4 + x^2 + x + 1$$

对 5 个域(SFD-Data)计算得到的校验位。

PRE	SFD	DA	SA	Length	Data	FCS
8	1	6	6	4	46~1500/1504/1982	4

图 24-5　以太网帧格式

24.3　错误检测和处理

在通信系统中,错误检测和纠正可在多处执行,数据链路层执行最为常见。链路层上的协议提供位错检测方法,在封装数据帧时增加错误检测位,接收节点的硬件执行错误检测和错误纠正,以确保来自网络层的数据在链路上传输时无错误。这种技术也属于可靠传输,但不是像传输层和应用层协议那样,出现错误时要强制重传,而是在接收节点上自行纠正。对传输误码率较高的链路(如无线链路),错误检测和纠正是非常必要的。但对误码率较低的链路(如光纤、同轴电缆和双绞线),有人认为链路层的检测和纠错是冗余的。

24.3.1　错误类型

在接收节点的链路层上,将数据帧中的 1 误判为 0,或者相反,这样的错误称为位错(bit error)。这类错误通常是由于信号在链路上的衰减或电磁噪声干扰引起的。位错类型通常有如图 24-6 所示的三种:

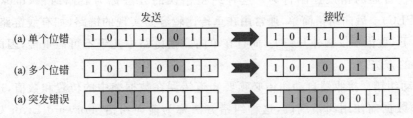

图 24-6　错误类型举例

- 图 24-6(a)表示单个位错,一帧中只有 1 位出错;

- 图 24-6(b)表示多个位错,一帧中有多位出错,但错误的位不连续;
- 图 24-6(c)表示突发错误,一帧中有连续的多个位出错。

24.3.2 错误检测

错误检测通常采用奇偶检测、循环冗余检测(CRC)或检查和。有关 CRC 和检查和的检测原理及算法已在先前章节中做了详细介绍。

采用奇偶检测方法时,数据帧中要添加 1 位奇偶检测位。在偶数检测中,使一帧中包含 1 的个数为偶数;在奇数检测中,使一帧中包含 1 的个数为奇数。发送器在封装之前要计算一帧中包含 1 的个数。例如,在偶数检测中,如果一帧中包含 1 的个数是奇数,则将奇偶检测位设为 1。反之,将设为 0。例子如图 24-7 所示。

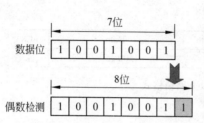

7位数据	1的数目	8 位(7位数据+1检测位)	
		偶数检测	奇数检测
0000000	0	00000000	00000001
1010001	3	10100011	10100010
1101001	4	11010010	11010011
1111111	7	11111111	11111110

图 24-7 偶数检测举例

发送器发送的数据帧包含奇偶检测位,接收器收到后就计算一帧中包含 1 的个数。用偶数检测时,如果 1 的个数是偶数,则认为这个数据帧没有错误,接收器就接收。

奇偶检测很简单,而且很直观,但当传输过程中出现两位以上的错误时,就很难判断接收的数据帧是错误的。因此,链路层上的许多协议都采用循环冗余(CRC)检测,因为它的错误检测能力很强。

24.3.3 错误处理

在数据传输过程中,当检测到数据帧有错误时,接收器有如下三种选择:

(1) 不管这些错误。在某些应用场合下,这种做法是可以忍受的。例如,在网络电话或网络电视的应用中,只要不影响理解其含义,在传输过程中产生少量错误是允许的。

(2) 请求重新发送。接收器给发送器回送一个确认出错的消息,请求重新发送。这是通信系统中比较普通的错误控制行为。这种纠正错误的方法称为后向纠错(backward error correction,BEC)。后向纠错简单,通常用在重传比较容易实现的链路(如有线链路)。在无线链路的环境下,重传不仅额外开销大,而且在单向广播链路中几乎不可能重传,因此通常要使用自动纠错的方法。

(3) 自动纠错。接收器自动纠错必须要知道错误在数据帧中的位置和数值,这就要求发送器在发送数据前使用纠错编码,这种纠错方法称为前向纠错(Forward Error Correction,FEC)。由于 FEC 不需要逆向信道,因此在数据传输和存储中得到广泛应用。

24.4 流量和错误控制

24.4.1 流量控制

流量控制是减少传输过程中出现错误的有效方法。在单条链路上,当一个节点向另一个节点发送数据帧时,需要两个节点具有相同的速度。但在实际工程中,相同链路上的两个节点可能有不同的运行速率,因此链路层也需要采用流量控制(flow control)技术,以协调两个节点之间的传输速率。

在链路层,解决速度匹配问题通常采用停-等法(stop-and-wait)和滑动窗口法(sliding window)。这两种方法与传输控制协议(TCP)采用的流量控制方法是相同的,只是控制对象不同。前者控制发送 TCP 数据包的速率,后者控制数据帧的发送速率。

此外,链路层采用等-停流量控制是强制性的,要求发送器在发送一帧后要停下来,直到收到接收器确认已收到的消息后才可发送下一帧;采用滑动窗口法控制流量时,收发双方都约定在收发若干数据帧后要发送确认消息。

24.4.2 错误控制

数据帧在传输过程中有可能丢失或数据帧遭到损坏,发送器和接收器都需要一些方法,用来处理这两种类型的错误,这就要求错误控制能够满足如下要求:

- 错误检测(error detection):收发双方都能够发现传输过程中出现了错误。
- 肯定确认(positive ACK)消息:接收器每当收到一个正确的数据帧时,要向发送器发送一个肯定确认(PACK)消息。
- 否定确认(negative ACK)消息:接收器每当收到一个损坏的数据帧或重复的数据帧时,要发送一个否定确认(NACK)消息,发送器收到 NACK 后就必须重传。
- 重传功能:发送器给定时器设置一个时限,如果在给定时限内没有收到任何确认消息,这就表示在传输过程中数据帧已丢失,发送器要重传。

在链路层上可配置三种类型的自动重发请求方法(automatic repeat requests,ARQ),用于实现数据帧的可靠传输。

1. 停-等 ARQ

使用停-等 ARQ 法(Stop-and-Wait ARQ)时,错误控制的工作过程如图 24-8 所示。在发送端,发送器要维护一个定时器。每当发送一个数据帧时,发送器就启动定时器。在传输过程中面对不同的情况,发送器将采用不同的行为:

- 如果发送的数据帧按时到达,发送器就按顺序发送下一个数据帧;
- 如果发送的数据帧没有按时到达,发送器就认为

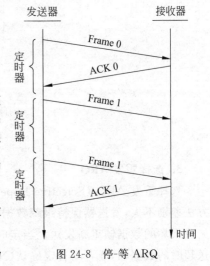

图 24-8 停-等 ARQ

数据帧或确认消息在传输过程中已经丢失,于是就重发这个数据帧,并启动定时器;
- 如果收到否定确认(NACK)消息,发送器就重新传输这个数据帧。

采用停-等 ARQ 法比较简单,但网络资源利用率较低,因为要停下来等待接收确认消息,确认后才决定下一步的行为。

2. 后退 N 帧 ARQ

后退 N 帧 ARQ (Go-Back-N ARQ)简称为 GBN ARQ。使用 GBN ARQ 时,发送器和接收器都要维护一个窗口。

假设发送窗口和接收窗口的最大帧数都为 N,如果不去等待确认消息,发送器把窗口中的所有数据帧都发出去后,就检查收到的肯定确认(PACK)消息的顺序号。如果所有数据帧都是肯定确认(PACK),发送器就发送下一组数据帧;如果发现收到否定确认(NACK)或某一帧没有任何确认消息,发送器就重发这帧开始的所有数据帧。使用 GBN ARQ 的工作过程如图 24-9 所示。例如,假设 $N=5$,发送器发出 Frame 0、1、2、3、4 共 5 帧后,如果没有收到 Frame 2 的确认消息,就重新发送 Frame 2、3、4。

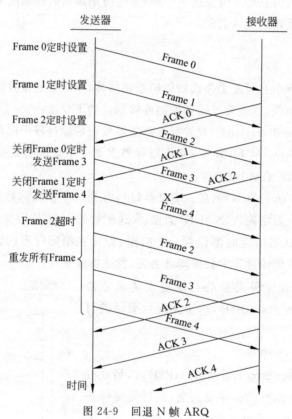

图 24-9　回退 N 帧 ARQ

3. 选择重发 ARQ

选择重发 ARQ (Selective Repeat ARQ)简称为 SR ARQ。这种方法与后退 N 帧 ARQ 方法差别不大,发送器保持跟踪数据帧的顺序号,并把数据帧存储到发送器的缓存,只是对丢失或损坏的数据帧重新发送。当定时器超时或收到否定确认(NACK)消息时,发送器重新发送超时的数据帧,或者与否定确认(NACK)对应的数据帧,其他数据帧就不再重发,这样就提高了网络资源的利用率。使用选择重发 ARQ 的工作过程如图 24-10 所示。

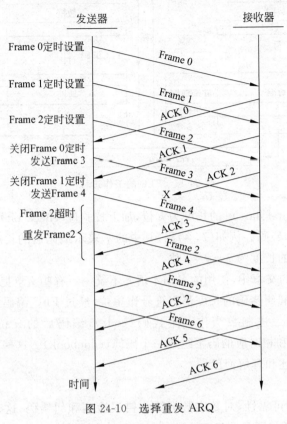

图 24-10　选择重发 ARQ

24.5　前向纠错技术

24.5.1　FEC 介绍

前向纠错(FEC)是在接收端纠正错误的错误控制方法,用在数据传输系统和数据存储系统中。在 FEC 技术中,传输的数据称为消息,发送器使用算法给待发消息添加冗余的数据,让接收器检测和纠正错误,而不需请求发送器重新发送。冗余数据被称为纠错码(error correction code,ECC),因此 FEC 也常用 FEC 编码和 FEC 解码等术语。不同传输媒体的链路,对 FEC 的纠正能力和计算速度的要求也不同。现在已经开发了很多性能不同的 FEC 技术,并已得到广泛使用。

1. FEC 的工作过程

前向纠错的工作过程如图 24-11 所示。假设要传输的数据为 k 位,在发送器端先对数据做 FEC 编码,就是使用预先选定的编码算法,对数据进行计算得到冗余数据,即纠错码(ECC)。如果数据加纠错码的长度为 n 位,纠错码的长度就等于 $(n-k)$ 位。通过 FEC 编码后的数字信号经过噪声链路传输后,接收器对收到的 n 位数据进行计算。根据计算结果首先判断是否有错。如果没有发现错误 FEC 解码器就直接取出数据。如果发现错误,FEC 解码器就进行纠正。

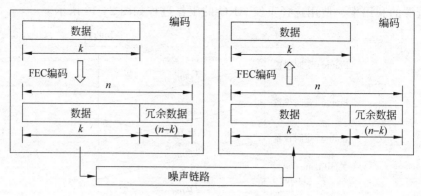

图 24-11　FEC 的工作过程

假设数字数据(digital data)[1]的长度为 k 位,加上校验位(check bit)后的长度为 n 位($n >$ k),这样的码被称为(n, k)码。例如(7, 4)码,其中的 7 表示编码后的长度为 7 位,4 表示数字数据位为 4 位,校验位的长度为 $7-4=3$ 位。

在介绍 FEC 技术的文章中,使用的名词术语并不统一。有些文章把 k 位二进制数当作一串符号(symbol),数据和纠错码的长度都用符号作单位,经过 FEC 编码后的二进制数是 n 个符号;有些文章把 k 位二进制数当作一个代码(code),编码后的 n 位二进制数称为码字(codeword),2^k 个代码和相对应的码字组成一个码簿(codebook)。这些术语的含义实质上是相同的,只是为便于表述和理解而已。

2. FEC 的类型

为提高数据传输的可靠性,对数字数据添加错误检测和纠错码,这个过程称为信道编码(channel coding)。信道编码是收发双方完成的编码和解码过程。编码是指发送器为数字数据添加冗余数据的过程,解码是指接收器对接收到的数字数据进行检测、纠错并还原为原始数字数据的过程。

前向纠错(FEC)编码主要有两种类型,一种是面向数据块的分块码,另一种是面向数据流的卷积码,如图 24-12 所示。它们之间的主要差别是,前者把二进制数据看成符号流,后者把二进制数据看成是位流。

(1) 分块码(block code):分块码是对固定大小的数据块进行编码。一个数据块包含的位数或符号数是预先确定的。分块码有许多种,如汉明码(Hamming codes)、BCH 码(BCH codes)、里德-索洛蒙码(Reed-Solomon codes, RS codes)、低密度奇偶校验码(low-density parity-check codes,LDPC codes)、格雷码(Golay codes)等。分块码大多数都采用代数方法进行编码和解码。

(2) 卷积码(convolutional code):卷积码是对任意长度的位流进行编码。如果需要,也可把卷积码变成分块码。卷积码通常使用维特比算法(Viterbi algorithm)进行解码。卷积码也有许多种,如涡轮码(Turbo codes)、级联码(Concatenated Codes)、乘积码(Product Codes)等。其中,涡轮码和级联码可看成分块码和卷积码的混合编码。

FEC 纠错编码的方法很多,限于篇幅,在面向数据块的编码方法中主要介绍汉明码,在面

---

[1]　通俗而言,数字数据是用二进制的 0 和 1 表示的数据,常简称为数据。

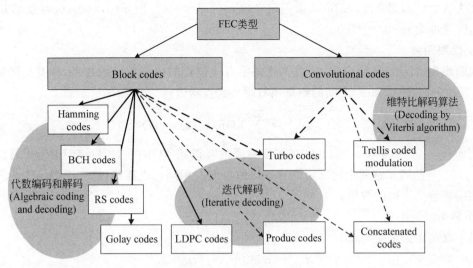

图 24-12　FEC 的类型[8]

向数据流的编码方法中主要介绍卷积码。

24.5.2　汉明码

在 20 世纪 40 年代,理查德·卫斯里·汉明(Richard Wesley Hamming)在贝尔电话实验室从事贝尔模型 V 计算机的工作,数据的输入使用打孔卡,读入的数据常有错误。在平日,出现的错误由操作员去纠正。汉明在周末工作,读卡机输入的数据出现错误后,他的工作不得不要从头开始,于是变得越来越沮丧。为了解决这个问题,汉明于 1947 年成功开发了检测和纠正单个错误的技术,1950 年发表了他的研究成果,这就是著名的汉明码。由于汉明编码简单,检测和纠错性能好,实现容易,因此得到了广泛应用。例如,随机存储器(RAM)和数据传输系统一直在用汉明码作为检测和纠错编码。

1. 基本概念

为便于理解汉明码的纠错原理和衡量编码的性能指标,现用(5,2)编码作为例子。假设 2 位的数据块用 5 位的码字表示,而且它们之间的变换关系已经确定,$2^k = 2^2 = 4$ 个数据块和与其对应的码字组成一个码簿,如表 24-1 所示。如果收发双方都知道这个码簿,发送器把数据变换成码字后发送给接收器,接收器收到的码字可能有错误,但接收器可利用码簿将它还原为原来的数据。

表 24-1　(5,2)编码

数据块(2 位)	码字(5 位)	码字(矢量表示)
00	00000	$v_1 = 00000$
01	00111	$v_2 = 00111$
10	11001	$v_3 = 11001$
11	11110	$v_4 = 11110$

1) 编码效率

编码效率(code rate)是实际数据在编码后的数据块中所占的比例。对于(n,k)码,编码效

率定义为 $R=k/n$，冗余度（redundancy）定义为 $r=(n-k)/k$。例如（5，2）码，编码效率 $R=2/5$ $=0.4$，冗余度为 $r=3/2=1.5$。

2）汉明距离

汉明距离（Hamming distance）是两个码字对应位置的位值不同的数目，涉及编码的纠错能力。n 位的码字 v_1 和 v_2 之间的距离用数学公式表示为：

$$d(v_1,v_2) = \sum_{l=0}^{n-1} \text{XOR}(v_1(l),v_2(l)) \tag{24-1}$$

例如，$v_1=011011$ 和 $v_2=110001$，按位异或运算得到 $\text{XOR}(v_1,v_2)=101010$，于是汉明距离 $d(v_1,v_2)=3$，表示这两个码字之间有 3 位的数值不相同。也就是说，一个码字变成另外一个码字需要替换 3 位的数值。

3）最小汉明距离

最小汉明距离定义为：

$$d_{\min} = \min d(v_i,v_j),i \neq j \tag{24-2}$$

例如（5，2）编码，码字之间的汉明距离分别为：$d(v_1,v_2)=3$，$d(v_1,v_3)=3$，$d(v_1,v_4)=4$，$d(v_2,v_3)=4$，$d(v_2,v_4)=3$，$d(v_3,v_4)=3$，因此最小汉明距离 $d_{\min}=3$。

一般而言，设计纠错编码时，希望码字之间的最小距离要大，而冗余度要小。

4）最小距离解码法

最小距离解码法是根据接收到的码字与在码簿中的码字之间的距离，选择码簿中距离最小的码字作为还原数据的一种方法。

例如，发送器发送数据块 00，使用（5，2）编码后，发送的码字是 00000。如果接收器收到的码字是 00100，通过计算得到，这个码字与在码簿中的其余 4 个码字的距离分别为：

$$d(00100,v_1) = 1;d(00100,v_2) = 2;d(00100,v_3) = 4;d(00100,v_4) = 3$$

由于接收到的码字（00100）与码字 $v_1=00000$ 的距离最小，因此应该选择码簿中 00000，在码簿中与它对应的数据块是 00。

5）可纠正的错误位数

可纠正最大错误数目与最小距离的关系可用数学公式来描述。如果一种编码能满足：

$$d_{\min} \geqslant 2t_c + 1 \tag{24-3}$$

这个编码可纠正一个码字中的 t_c 个错误。换言之，可纠正每个码字中的错误位数为：

$$t_c = \lfloor \frac{d_{\min}-1}{2} \rfloor \tag{24-4}$$

式 24-4 中，符号 $\lfloor x \rfloor$ 表示 x 向下取整数（floor）运算符。

例如，（5，2）码的最小汉明距离 $d_{\min}=3$，可纠正每个码字中的 1 个错误。

6）可检测的错误位数

可检测每个码字中最少的错误位数为：

$$t_d = d_{\min} - 1 \tag{24-5}$$

例如，（5，2）码的最小距离是 3，可检测每个码字出现的最少错误位数为 2。如果检测到错误位数大于等于 2 的码字，这个码字中的错误不能纠正，必定是无效的码字。

2. 编码

汉明（7，4）编码是由 4 位数据加上 3 位冗余数据变成为 7 位的纠错编码，可纠正一个码字中的 1 个错误,可检测到一个码字中的 2 个错误,但不能纠正。因为 4 位数据有 16 个二进制数,而 7 位数据有 128 个码字,从 128 个码字中选择 16 个码字与 16 个二进制数相对应,并且能满足性能要求的码簿有多种,到底选择哪一种,这是一个不太容易解决的问题。这个问题就是如何编码的问题。

汉明解决编码问题的思路是,汉明(7,4)编码的前 4 位是数据位,后 3 位使用奇偶校验位,用来检测和纠正错误。顾名思义,奇偶校验只是校验,不能纠正错误,要纠正错误必须要找到哪个数据位的值发生了变化,即由 0 变成 1 或相反。在一个 7 位组成的码字中,出现单个错误的情况有 7 种,通过妥善安排数据位的位置,产生 3 个奇偶校验位的值,以判断出错的位置,达到检测和纠正错误的目的。

在(7,4)编码中,4 位数用 d_1、d_2、d_3、d_4 表示,3 位奇偶校验位用 p_1、p_2、p_3 表示,如图 24-13(a)所示,每个奇偶校验位的值由其中 3 个数据位的值的模 2 加得到:

$$p_1 = d_2 \oplus d_3 \oplus d_4$$
$$p_2 = d_1 \oplus d_3 \oplus d_4 \tag{24-6}$$
$$p_3 = d_1 \oplus d_2 \oplus d_4$$

这 3 个方程称为奇偶校验方程。(7,4)编码是一个特殊例子,恰好可用图 24-13(b)说明,其他的编码可能不能用这种方法来解释。三个圆相交分成 7 个部分对应 7 个位置。如果 d_1 出错,导致 p_2 和 p_3 出错;如果 d_4 出错,导致 p_1、p_2 和 p_3 出错。以此类推,这样就可把出错的位置找到。

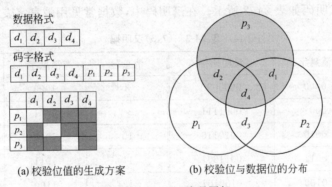

(a) 校验位值的生成方案　　　　(b) 校验位与数据位的分布

图 24-13　(7,4)编码图解

方程 $p_4 = d_1 \oplus d_2 \oplus d_3$ 也可以用作汉明(7,4)码的校验位。汉明码可用 p_1、p_2、p_3 和 p_4 中的任意 3 位进行组合,也允许把校验位放在 7 位码字中的任意位置,生成不相同的码字,但它们仍然是汉明码。

把 4 位数据转换成 7 位码字可使用矩阵法。把 4 位数据看成是 1×4 的矢量 d,如果能构造一个 4×7 的生成矩阵 G,这两个矩阵相乘并用模 2 运算,就可得到 7 位的码字。构造汉明码的生成矩阵可用如下方法。

第一步:每个数据位用一个列矢量表示:

$$d_1 = \begin{bmatrix} 1 \\ 0 \\ 0 \\ 0 \end{bmatrix}, d_2 = \begin{bmatrix} 0 \\ 1 \\ 0 \\ 0 \end{bmatrix}, d_3 = \begin{bmatrix} 0 \\ 0 \\ 1 \\ 0 \end{bmatrix}, d_4 = \begin{bmatrix} 0 \\ 0 \\ 0 \\ 1 \end{bmatrix}$$

第二步：根据方程 24-6，每个校验位用一个列矢量表示：

$$\boldsymbol{p}_1 = \begin{bmatrix} 0 \\ 1 \\ 1 \\ 1 \end{bmatrix}, \boldsymbol{p}_2 = \begin{bmatrix} 1 \\ 0 \\ 1 \\ 1 \end{bmatrix}, \boldsymbol{p}_3 = \begin{bmatrix} 1 \\ 1 \\ 0 \\ 1 \end{bmatrix}$$

第三步：前 4 位为数据矢量，后 3 位为校验位矢量，创建一个 4×7 的码字生成矩阵：

$$d_1 \quad d_2 \quad d_3 \quad d_4 \quad p_1 \quad p_2 \quad p_3$$

$$\boldsymbol{G} = \begin{bmatrix} 1 & 0 & 0 & 0 & 0 & 1 & 1 \\ 0 & 1 & 0 & 0 & 1 & 0 & 1 \\ 0 & 0 & 1 & 0 & 1 & 1 & 0 \\ 0 & 0 & 0 & 1 & 1 & 1 & 1 \end{bmatrix}$$

生成矩阵创建后就可用它产生汉明码字。例如，数据块为 1010，用它与生成矩阵相乘后得到的结果做模 2 运算，可得到 1010 的汉明码字为 1010101

$$[1\,0\,1\,0] \begin{bmatrix} 1 & 0 & 0 & 0 & 0 & 1 & 1 \\ 0 & 1 & 0 & 0 & 1 & 0 & 1 \\ 0 & 0 & 1 & 0 & 1 & 1 & 0 \\ 0 & 0 & 0 & 1 & 1 & 1 & 1 \end{bmatrix} = [1\,0\,1\,0\,1\,0\,1]$$

从计算结果可看到，前 4 位是原来的数据 1010，后 3 位是 3 个校验位的数值 101。按这种方法计算得到的汉明码如表 24-2 所示。在汉明码中，数据常见用消息字表示。

表 24-2　(7,3) 汉明码

消息号	消息字	汉明码字	消息号	消息字	汉明码字
0	0000	0000000	8	1000	1000011
1	0001	0001111	9	1001	1001100
2	0010	0010110	10	1010	1010101
3	0011	0011001	11	1011	1011010
4	0100	0100101	12	1100	1100110
5	0101	0101010	13	1101	1101001
6	0110	0110011	14	1110	1110000
7	0111	0111100	15	1111	1111111

3. 解码

在接收端，接收器首先要判断收到的码字是否有错。如果数字信号在传输过程中没有错误，把奇偶校验位扔掉即可；如果码字中出现一个错误，就要去纠正它。

检测码字是否有错和出错的位置，可构造一个校验矩阵来实现。校验矩阵的构造可从汉明码的奇偶校验定义出发，式 24-6 的 3 个方程移项后分别用 s_1、s_2 和 s_3 表示，并将它们称为错误校正子(error syndrome)，简称校正子：

$$\begin{cases} s_1 = p_1 \oplus d_2 \oplus d_3 \oplus d_4 = 0 \\ s_2 = p_2 \oplus d_1 \oplus d_3 \oplus d_4 = 0 \\ s_3 = p_3 \oplus d_1 \oplus d_2 \oplus d_4 = 0 \end{cases}$$

将它改写为

$$\begin{cases} s_1 = p_1 \oplus 0p_1 \oplus 0p_3 \oplus 0d_1 \oplus d_2 \oplus d_3 \oplus d_4 = 0 \\ s_2 = 0p_1 \oplus p_2 \oplus 0p_3 \oplus d_1 \oplus 0d_2 \oplus d_3 \oplus d_4 = 0 \\ s_3 = 0p_1 \oplus 0p_2 \oplus p_3 \oplus d_1 \oplus d_2 \oplus 0d_3 \oplus d_4 = 0 \end{cases}$$

于是得到一个 3×7 的校验矩阵

$$\boldsymbol{H} = \begin{bmatrix} 1 & 0 & 0 & 0 & 1 & 1 & 1 \\ 0 & 1 & 0 & 1 & 0 & 1 & 1 \\ 0 & 0 & 1 & 1 & 1 & 0 & 1 \end{bmatrix}$$

解码时,先计算码字的校正子。如果校正子的值为全零,表示没有错;如果校正子的值不全为零,可用校验矩阵找到出错的位置,并对该位置的值进行纠正。

【例 24.1】 假设发送的数据是 1011,编码后的码字是 $v = 1011010$,收到的码字 $r = 1011011$,使用校验矩阵计算:

$$\begin{bmatrix} s_1 \\ s_2 \\ s_3 \end{bmatrix} = \boldsymbol{H}r' = \begin{bmatrix} 1000111 \\ 0101011 \\ 0011101 \end{bmatrix} \begin{bmatrix} 1011011 \end{bmatrix}' = \begin{bmatrix} 1 \\ 1 \\ 1 \end{bmatrix}$$

计算结果显示,3 个校验子 s_1、s_2 和 s_3 的值为 111,与校验矩阵的列矢量相比较,可知这个错误是校验位 p_3 出错,数据位没有出错,解码时把 3 个校验位扔掉。

如果编码后的码字是 $v = 1011010$,收到的码字 $r = 0011010$,用同样的方法计算得到,3 个校验子 s_1、s_2 和 s_3 的值为 100,与校验矩阵的列矢量相比较,可知这个错误是数据位 d_1 出错,将它的值改为 1 即可。

以上介绍的解码方法是使用矩阵完成的。汉明码(7,4)还可用码簿来解码,方法与前面介绍的(5,2)码的解码方法相同。

24.5.3 卷积码

卷积码(convolution code)是通过布尔多项式函数对数据流做卷积运算产生的奇偶校验码。卷积码是美国麻省理工学院(MIT)教授 Peter Elias 于 1955 年提出的纠错码(ECC)。1967 年 Andrew Viterbi 为卷积码开发了一种解码算法,称为维特比算法(Viterbi algorithm)。此后卷积码已得到广泛应用,如数字电视、无线电广播、移动通信和卫星通信。

在 1993 年,出现了一种并行连接的卷积编码,称为涡轮码(turbo code)。普遍认为这种卷积码的性能优于普通的卷积码和里德-索罗蒙(Reed-Solomon)码。

1. 卷积码的编码

产生卷积码的编码器可用多种等价的方法表示,如用移位寄存器构成的生成器、树形图、状态图和格子图。我们先从卷积码的概念开始,然后介绍其中的几种表示法。

1)卷积码的概念

分块码是计算一个数据块的奇偶校验码,而卷积码是用滑动(sliding)窗口一边滑动一边计算校验码。如图 24-14 所示,奇偶校验码用窗口中各位的异或运算产生。滑动窗口不仅包

含当前的输入 $x(i)$，而且还包含过去的输入 $x(i-1)$ 和 $x(i-2)$。滑动窗口的大小称为约束长度(constraint length)，用位(bit)作单位，通常用符号 L 表示。

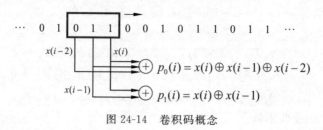

··· 0 1 0 1 1 0 0 1 0 1 1 0 1 1 ···

$x(i-2)$　$x(i)$

$x(i-1)$

$p_0(i) = x(i) \oplus x(i-1) \oplus x(i-2)$

$p_1(i) = x(i) \oplus x(i-1)$

图 24-14　卷积码概念

2) 卷积码的标记

卷积码或卷积码编码器通常用 (n,k,L) 或 $(k/n,L)$ 表示，如图 24-15 所示。卷积码主要使用两个参数来描述：

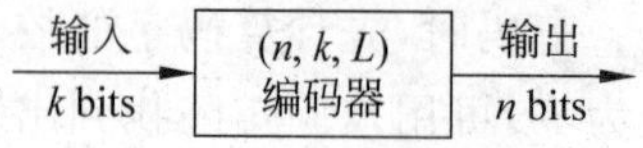

（1）编码效率：$r=(k/n)<1$，其中的 k 表示输入到编码器的数据位数，n 为编码器的输出位数。

输入 k bits → (n,k,L) 编码器 → 输出 n bits

图 24-15　卷积码的标记

（2）约束长度 L：定义为 $L=km$，m 是寄存器的数目。例如，$(n,k,L)=(2,1,3)$ 表示，编码器的数据输入为 1 位，输出为 2 位，$m=3$，约束长度 $L=3$ 位。

文献中用于表示约束长度的符号比较多，其含义也有所不同。例如，有些文献把 $L=k(m-1)$ 理解为记忆深度(memory depth)，记忆以前输入但以后还要参与编码的位数。这种定义合情合理，但与约束长度定义的数值不同；有些文献使用正体大写字母 K 表示约束长度，这种表示法容易与表示输入位数的小写斜体字母 k 相混淆。

3) 奇偶校验方程

从图 24-14 可看到，1 位数据产生 2 位校验位，可用 2 个方程表示：

$$p_0(i) = x(i) \oplus x(i-1) \oplus x(i-2)$$
$$p_1(i) = x(i) \oplus x(i-1)$$

(24-7)

编码后的数据传输率是原来的 2 倍。1 位数据也可产生 3 位校验位，用 3 个方程表示：

$$p_0(i) = x(i) \oplus x(i-1) \oplus x(i-2)$$
$$p_1(i) = x(i) \oplus x(i-1)$$
$$p_2(i) = x(i) \oplus x(i-2)$$

(24-8)

编码后的数据传输率是原来的 3 倍。

卷积码不是把数据和奇偶校验都发送到链路上，而是只发送奇偶校验。校验位的数目越多，占用的链路带宽就越多，这就是为什么校验位的数目要折中考虑的原因。

生成校验位的方程称为奇偶校验方程；生成校验位的编码器称为卷积码生成器多项式，用符号 g 表示。例如，奇偶校验方程 24-7 的生成器多项式的系数为(1 1 1)和(1 1 0)，奇偶校验方程 24-8 的系数为(1 1 1)、(1 1 0)和(1 0 1)。

4) 编码器的构造

为便于理解卷积码的编码和解码过程，现以 $(n,k,L)=(2,1,3)$ 编码器为例。$(2,1,3)$ 编码器由 3 个寄存器构成的移位寄存器、3 个半加器和 1 个选择器组成，如图 24-16 所示。这个编码器是图 24-14 和方程 24-7 的另一种表达形式。寄存器 $x(i)$ 用于存储当前输入的 1 位数据,寄存器 $x(i-1)$ 和 $x(i-2)$ 用于记忆在此之前输入的 2 位数据。编码器产生两个奇偶校验位 $p_0(i)$ 和 $p_1(i)$,通过选择器将它们合成一路输出 $p(i)$。由此可见,卷积码产生的输出,不仅与当前输入的 1 位数据有关,而且还与以前输入的 2 位数据有关。每输入 1 位,将影响连续 6 位($nL=2\times3=6$)输出。这也就是卷积码的由来。

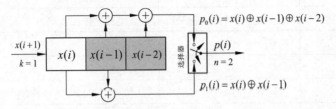

图 24-16 编码器 $(n,k,L)=(2,1,3)$ 框图

【例 24.2】 假设 3 个寄存器的初始状态为 000,使用方程 24-7 的两个多项式,计算输入数据为 1011 时,编码器的输出。两个生成器多项式为:

$$g_0 = \begin{bmatrix} 1 & 1 & 1 \end{bmatrix}$$
$$g_1 = \begin{bmatrix} 1 & 1 & 0 \end{bmatrix}$$

(24-9)

使用方程 24-7 计算得到的奇偶校验为:

$$p_0(0) = (1+0+0) = 1 \qquad p_1(0) = (1+0) = 1$$
$$p_0(1) = (0+1+0) = 1 \qquad p_1(1) = (0+1) = 1$$
$$p_0(2) = (1+0+1) = 0 \qquad p_1(2) = (1+0) = 0$$
$$p_0(3) = (1+1+0) = 0 \qquad p_1(3) = (1+1) = 0$$

编码器通过选择器后的输出为 11 11 01 00。

卷积码 $(2,1,3)$ 的编码效率为 $r=(k/n)=1/2$,可以生成这种编码效率的卷积码生成器多项式很多,但用什么样的生成器多项式可使编码器的性能更好,许多国外教材提到的生成器多项式是 J. Bussgang 于 1965 年推荐的生成器多项式,见表 24-3。

表 24-3 编码效率为 1/2 的卷积码生成器多项式举例

约束长度(L)	g_0	g_1	约束长度(L)	g_0	g_1
3	110	111	7	110101	110101
4	1101	1110	8	110111	1110011
5	11010	11101	9	110111	111001101
6	110101	111011	10	110111001	1110011001

5) 编码器状态图

用 s_1 和 s_2 表示寄存器 $x(i-1)$ 和 $x(i-2)$ 的状态。按照生成器多项式并结合编码器框图 24-16,可列出这个编码器的状态表,如表 24-4 所示。编码器的状态数为 4,每个状态下输入 0 或 1,编码器输出两个校验位 $p_0 p_1$ 后就进入下一个状态。例如,在输入状态为 00 下,输入 0 时输出为 00,进入下一个状态 00;输入 1 时,输出为 11,进入下一个状态 10。

表 24-4　(2,1,3)编码器的状态表

输入($x(i)$)	输入状态($s_1 s_2$)	输出($p_0 p_1$)	下一状态($s_1 s_2$)
0	00	00	00
1	00	11	10
0	01	10	00
1	01	01	10
0	10	11	01
1	10	00	11
0	11	01	01
1	11	10	11

根据状态表可画出如图 24-17 所示的状态图。图中用 $x(i)/p_0 p_1$ 表示编码器的输入与输出之间的关系。例如,当输入为 1、输出为 11 时,用 1/11 表示。图中用箭头表示从一个状态进入下一个状态。利用状态图也可以进行编码。例如,如果输入的数据是 101100,编码器的输出是 11 11 01 00 01 10,发送器就按照这个顺序发送。

6) 编码器格子图

用状态图描述编码器时,输入与输出关系和状态转换过程都很清楚,但没有显示随时间变化的编码过程。于是从状态图导出另一种状态图,称为格子图(trellis diagram),它对理解编码和解码过程都有很大帮助。

图 24-18 是(2,1,3)编码器使用生成器多项式 24-9 的格子图,也是图 24-17 重新绘制的状态图。在格子图中,开始一列状态为 00、01、10 和 11,每一个状态连接下一列中的两个状态;虚线表示编码器的输入为 0,实线表示输入为 1,虚线和实线上标的 x/xx 表示编码器在某一状态下的输入输出关系。例如,在状态 00 下,1/11 表示输入为 1 时输出为 11,进入下一个状态 10。

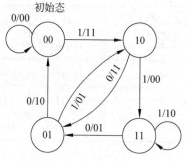

图 24-17　编码器(2,1,3)状态图

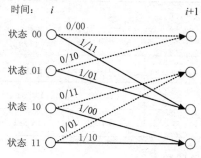

图 24-18　编码器(2,1,3)的格子图

使用格子图可对输入数据进行编码,即计算奇偶校验位。例如,输入数据 101100,输出的校验位为 11 11 01 00 01 10,它的编码过程可用图 24-19 所示的格子图表示。格子图的第一行表示输入为 0 时的状态转换;格子图最后一行表示输入为 1 时的状态转换。图中的粗实线表示编码器生成校验位的路径。

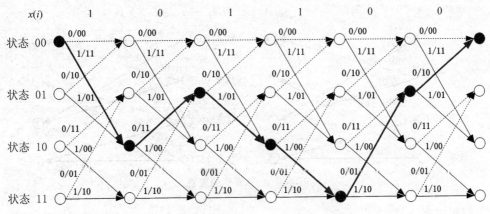

图 24-19　输入数据 101100 的格子图

接收器收到的是一组一组的奇偶校验位,解码器也只能看到校验位的顺序,并不知道编码器按什么样的状态顺序产生校验位,而且可能还有错误。如果能够找到一种方法,估计编码器产生校验位时的"最可能的状态转换顺序",根据格子图就可还原输入到编码器的数据。因为解码器知道了从一种状态转换到另一种状态,就可以知道输入的数据是 0 还是 1。例如,从 00 状态变成 10 状态,可知输入的数据是 1;从 10 状态变成 01 状态,可知输入的数据是 0。解码器就是根据这个原理进行解码。

2. 卷积码的解码

卷积码的解码可分为代数解码和概率解码两大类,学者提出了许多卷积码的解码算法。其中,1967 年由维特比(Viterbi)提出的最大似然译码算法,被认为是真正能达到最佳性能的解码算法,适合用于约束长度较小的卷积码和纠错能力有限的分块码。本节仍用 (2,1,3)卷积码为例,介绍维特比(Viterbi)的解码方法,这是一种得到广泛应用的概率解码算法。

1)预备知识

卷积码解码器的核心任务是,根据接收到的校验位和顺序,反过来估计编码器产生校验位的最可能的状态转换顺序,称为"最可能路径(most likely path)"。解码算法为此引入两个参数来计算最可能路径。一个是用于估计可能产生错误的"分支值",用 BM(branch metric)表示;另一个是用于累计错误的路径值,简称为"累计路径值",等于分支值之和,用 PM(path metric)表示。"最可能路径是累计路径值为最小的路径"。这个论断也不难理解,如果分支值(BM)处处为 0,累计错误的路径值也就为 0,表示接收的校验位与发送的校验位没有出现错误。

分支值(BM)使用用距离来度量。距离是指解码器接收的校验位与编码器可能产生的校验位之间的距离。在没有其他信息辅助的解码器中,两者之间的距离是汉明距离。汉明距离的计算方法如图 24-20 所示。用带圈的数字表示在每种状态下,编码器输出的校验位与解码器输入的校验位之间的汉明距离。例如,在左图中,解码器的输入为 00,编码器从状态 00 转换到状态 00 时的汉明距离是 0,从状态 00 转换到状态 10 时的汉明距离是 2;在右图中,解码器的输入为 11,编码器从状态 00 转换到状态 00 时的汉明距离是 2,从状态 00 转换到状态 10 时的汉明距离是 0。

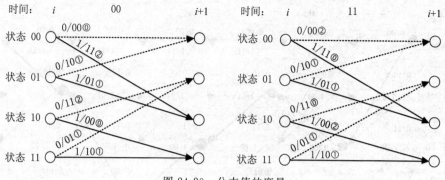

图 24-20 分支值的度量

2) 解码过程

假设编码器的输入数据为 101100,编码器输出的校验位顺序为 11 1101 00 01 10。经过链路传输后,解码器收到的校验位顺序为 11 1011 00 01 10,在数据传输过程中,出现了 2 位的错误。由于(2,1,3)卷积码是 1 位数据产生 2 位校验位,因此把 2 位校验位编成一组,解码时就用组作为校验位的单元。卷积码的解码过程就是根据收到的校验位及其顺序,计算编码器产生校验位组的最可能路径。

为便于表述,用 $BM(s_1 s_2, t_i)$ 表示在时间 t_i、状态为 $s_1 s_2$ 时的分支值,用 $PM(s_1 s_2, t_i)$ 表示在时间为 t_i、状态为 $s_1 s_2$ 时的路径值。这两个参数都是与状态和时间相关的值。按常规,解码过程从初始状态 00 开始,t_0 时的分支值 $BM(00, t_0) = 0$,累计路径值 $PM(00, t_0) = 0$。卷积码的解码过程如下,参看图 24-21(a)。

【1】在 t_0 时解码器输入为 11

计算各种状态(00,01,10,11)在 t_1 时的累计路径值。由于解码从初始状态开始,从 t_0 时的状态 00 转换到下一时刻 t_1 时的状态数有 2 个:状态 00 和 10,因此只要计算累计路径值 $PM(00, t_1)$ 和 $PM(10, t_1)$ 即可。

- 编码器输入为 0 时输出为 00,进入下一个状态 00。编码器输出的 00 与解码器输入的 11 的汉明距离是 2,即分支值 $BM(00, t_1) = 2$,累计路径值 $PM(00, t_1) = PM(00, t_1) + BM(00, t_1) = 0 + 2 = 2$,用圆圈中的数字 ② 表示;
- 编码器输入为 1 输出为 11,进入下一个状态 10。编码器输出 11 与解码器输入 11 的汉明距离是 0,即分支值 $BM(10, t_1) = 0$,累计路径值 $PM(10, t_1) = PM(00, t_0) + BM(10, t_1) = 0 + 0 = 0$,用圆圈中的数字 ⓪ 表示。

【2】在 t_1 时解码器输入 10

计算各种状态在 t_2 时的累计路径值:
- $PM(00, t_2) = PM(00, t_1) + BM(00, t_2) = 2 + 1 = 3$,因 $BM(00, t_2) = 1$;
- $PM(01, t_2) = PM(10, t_1) + BM(10, t_2) = 0 + 1 = 1$,因 $BM(10, t_2) = 1$;
- $PM(10, t_2) = PM(00, t_1) + BM(00, t_2) = 2 + 1 = 3$,因 $BM(00, t_2) = 1$;
- $PM(11, t_2) = PM(00, t_1) + BM(10, t_2) = 0 + 1 = 1$,因 $BM(10, t_2) = 1$。

前面提到,"最可能路径"是累计路径值为最小的路径。从计算结果可看到,累计路径值 $PM(00, t_2)$ 和 $PM(10, t_2)$ 均为 3,它们不是最可能路径,因此可以终止计算。而累计路径值 $PM(01, t_2)$ 和 $PM(11, t_2)$ 均为 1,它们都是可能生存的路径。

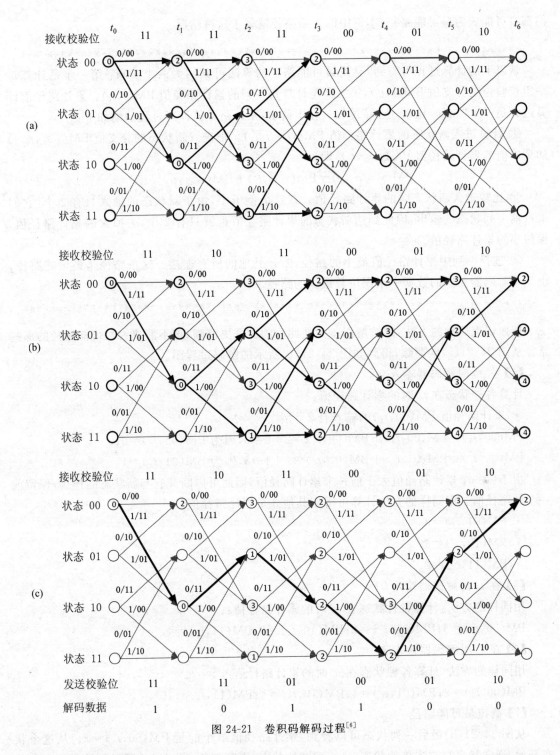

图 24-21　卷积码解码过程[6]

【3】在 t_2 时解码器输入 11

计算各种状态在 t_3 时的累计路径值。计算结果表明，4 个状态在 t_3 时的累计路径值 $PM(00, t_3)$、$PM(01, t_3)$、$PM(10, t_3)$ 和 $PM(11, t_3)$ 均为 2。一般而言，在时间 t_i 时的所有累计路径值中，最可能路径是路径值最小的路径。如果在计算过程中遇到有多条这样的路径时，它们都有可能成为最可能路径,本例中的 4 条路径就属于这种情况。

****

从以上的计算过程可看到,寻找最可能路径的算法可归纳为两个步骤:第一步是计算每一组校验位的分支值 $BM(s, t_i)$,第二步是计算每一列的累计路径值 $PM(s, t_i)$。累计路径值计算过程是一个"相加-比较-选择"过程。在本例中,累计路径值计算过程归纳如下:

① 计算进入新状态的累计路径值 $PM(s_1 s_2, t_{i+1})$。把进入新状态的分支值 $BM(s_1 s_2, t_{i+1})$ 加到以前的累计路径值 $PM(s_1 s_2, t_i)$,即:
$$PM(s_1 s_2, t_{i+1}) = PM(s_1 s_2, t_i) + BM(s_1 s_2, t_{i+1})。$$

② 比较进入新状态时的累计路径值。在这个例子中,由于新状态的输入只有 2 个,它们来自前一列状态的输出,因此到达新状态的累计路径值也就只有 2 个,去掉大的累计路径值,保留小的累计路径值。

③ 选择一列中累计路径值最小的路径,断开其他的所有连接。这条路径是最可能路径,也就是解码器还原的数据中错误位数最少的路径。

****

按照以上归纳的方法,继续解码。为使此后的计算更清晰,把不能成为最可能路径的那些路径从图 24-21(a)中删除,得到如图 24-21(b)所示的解码过程图。

【4】在 t_3 时解码器输入 00

计算各种状态在 t_4 时的累计路径值:

• 累计路径值 $PM(00, t_4)$ 的输入有 2 个:

$PM(00, t_4) = PM(00, t_3) + BM(00, t_4) = 2 + 0 = 2$,因为 $BM(00, t_4) = 0$;

$PM(00, t_4) = PM(01, t_3) + BM(01, t_4) = 2 + 1 = 3$,因为 $BM(01, t_4) = 1$。

由于后一个累计路径值大于前一个累计路径值,因此可以断开它与新状态的连接,保留前一个的路径值。用同样的方法计算可得到其他 3 个累计路径值。

• $PM(01, t_4) = 3$;

• $PM(10, t_4) = 3$;

• $PM(11, t_4) = 2$。

【5】在 t_4 时解码器输入 01

用同样的方法,计算各种状态在 t_5 时的累计路径值:

$PM(00, t_5) = 3; PM(01, t_5) = 2; PM(10, t_5) = 3; PM(11, t_5) = 4$。

【6】在 t_5 时解码器输入 10

用同样的方法,计算各种状态在 t_6 时的累计路径值:

$PM(00, t_6) = 2; PM(01, t_6) = 4; PM(10, t_6) = 4; PM(11, t_6) = 4$。

【7】确定最可能路径

从图 24-21(b)最后一列状态可以看到,累计路径值最小的是 $PM(00, t_6) = 2$。从这个状态开始,逆向找出与它连接的状态,一直到初始状态,得到如图 24-21(c)所示的路径。这条路径就是编码器产生校验位的最可能路径。这条路径与图 24-19 产生校验位的路径完全相同。

从初始状态开始,沿着这条最可能路径,一直到最终状态,列出从一个状态转换到另一个状态时对应的输入数据。在图 24-21(c)中,箭头向下对应输入 1,向上对应输入 0,由此得到解码器的输出为 101100。这个数据与编码器输入的数据完全相同。发送器发送的校验位顺序是 11 11 01 00 01 10,在传输过程中出现了 2 位错误,接收器收到的校验位顺序是 11 1x x1 00 01 10,通过解码算法纠正了传输过程中出现的错误。

以上介绍的解码技术称为硬判决解码(hard decision decoding)。采用这种技术时,接收器先将接收到的模拟信号转换成数字信号,然后将数字信号输入到解码器进行解码。

另一种解码称为软判决解码(soft decision decoding),也称软输入维特比解码(soft input Viterbi decoding)。采用这种技术时,输入信号不进行数字化,而是对接收的模拟信号进行观察,判断它作为 0 还是 1 更合适。例如,输入电压为 0.300,认为把它作为 0 更合适。

硬判决解码和软判决解码的原理相同,只是具体实现方法上有些差别。

24.5.4　Turbo 码

Turbo 码是法国教授 Claude Berrou 发明的高性能前向纠错(FEC)码,于 20 世纪 90 年代初期开发,1993 年首次公开发表。Turbo 编码的基本思想是,使用两个并行的卷积码生成器和一个交织器(interleaver)产生奇偶校验码。交织器用于改变输入数据位的排列,以纠正突发错误。Turbo 码的解码采用最大后验概率和迭代算法,减低了解码的复杂性。Turbo 名称源于解码时使用的反馈环,它与涡轮增压发动机(turbo engine)使用的反馈环类似。

自从 20 世纪 40 年代克劳德·香农(Claude Shannon)创建信息论开始,直至 80 年代末期的数十年间,提出了大量的纠错编码及其相应的解码算法。纠错能力很强的编码往往需要非常复杂的解码器。在实际应用中,通常需要纠错能力强、解码复杂度低的纠错码,Turbo 纠错码就是其中的一种。

最早的 Turbo 码叫作并行级联卷积码(Parallel Concatenated Convolutional Code,PCCC),其后发现了多种类型的 Turbo 码,包括串行级联卷积码(serial concatenated convolutional code)、重复累加码(repeat-accumulate code)等。Claude Berrou 除发明了 Turbo 码,还发明了递归系统卷积码(Recursive Systematic Convolutional,RSC)。

Turbo 码有广泛的应用前景,如在移动通信、深度空间通信(deep space communications)及链路带宽和时延受限的数据传输系统。

24.5.5　RS 码

有关里德-索洛蒙码(RS)的编码和解码原理,请看第 17 章“错误检测和纠正”。

24.6　媒体接入方法与控制

24.6.1　媒体接入方法

媒体接入方法(medium access method)是指计算机获取和控制传输媒体用来传输数据的方法。媒体接入方法可分成控制型(controlled)、随机型(random)和信道型(channelization),如图 24-22 所示。信道型接入方法将在后续章节介绍。

(1) Poll/Select(轮询/选择):在大型机虚拟终端通信系统中节点获取和控制传输媒体的方法,轮询用于接收数据,选择用于发送数据。

媒体接入方法				
控制型		随机型		信道型
Poll/Select (大型机虚拟终端通信)	Token/Ring (令牌/环形LAN)	CSMA/CD (以太网LAN)	CSMA/CA (无线LAN)	FDMA, TDMA, CDMA

图 24-22　媒体接入方法

(2) Token/Ring(令牌/环形)：使用令牌环让节点获取和控制传输媒体的方法，遵循 IEEE 802.5 标准，用在令牌环形局域网上。

(3) CSMA/CD (Carrier Sense Multiple Access with Collision Detection)：译名为"带冲突检测的载波侦听多路访问"。它是用于以太网 LAN 上的节点获取和控制传输媒体的协议，处理两个或更多节点同时要求传输数据时带来的冲突。使用 CSMA/CD 时，每个网络节点都在监听线路，并在检测到线路空闲时传输数据。

(4) CSMA/CA (Carrier Sense Multiple Access with Collision Avoidance)：译名为"避免冲突的载波侦听多路访问"。它是用于无线网络上的节点获取和控制传输媒体的协议。避免冲突的方法是在发送数据到网络之前，发送节点发送一个表明发送意图的请求信号，待接收到确认可发送信号后再进行实际发送。

24.6.2　媒体接入控制

在 ISO/OSI 参考模型中，IEEE 把数据链路层分成两个子层：逻辑链路控制（Logical Link Control，LLC）和媒体接入控制（Media Access Control，MAC），如图 24-23 所示。LLC 用于所有 IEEE 802 标准，负责协议复合、网络节点之间的流量控制和自动重复请求（ARQ）等错误控制；MAC 子层提供寻址、帧格式处理和媒体接入控制方法。

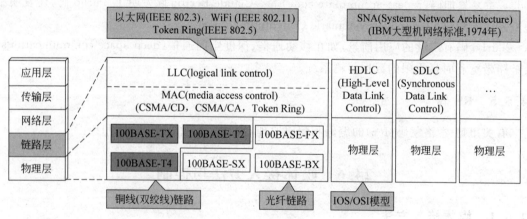

图 24-23　媒体接入控制层（MAC）

现以以太网（Ethernet）为例，介绍媒体接入控制（MAC）原理。在以太网上，多台设备共享传输媒体时面对多个问题。例如，何时可发生数据，如何避免与其他设备发生冲突，出现冲突后要等待多长时间再发送。在 IEEE Std 802 网络标准中指定的媒体接入控制（MAC）协议是解决这些问题的一种有效方法。

MAC 协议的重要内容是 CSMA/CD 媒体接入方法。顾名思义,(1)CS(carrier sensed)/载波感知:在许多设备共享的媒体(链路)上,想发送数据的每台设备都探听其他设备是否在使用媒体;(2)MA(multiple access)/多路接入:如果检测到媒体是空闲的,任何一台设备都可以传输数据;(3)CD(collision detection)/冲突检测:如果两台设备同时探听到媒体可用,同时传输数据就可能出现冲突。如果设备检测到冲突,就立即停止传输,等待片刻,再去检测是否有冲突。CSMA/CD 获取和控制传输媒体来收发数据的过程可用图 24-24 表示。图中的"等待片刻"是等待微秒量级的时间。

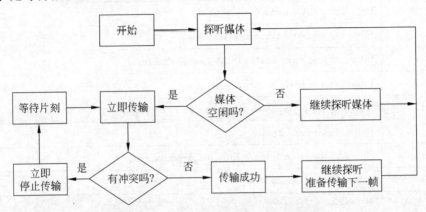

图 24-24 CSMA/CD 媒体接入控制方法

CSMA/CA 是用在无线局域网上的 MAC 协议,即 WiFi(wireless fidelity)网络协议。

24.7 IEEE 802 标准

IEEE 802 标准是 IEEE 为局域网(LAN)和城域网(MAN)制定的系列标准,"802"是指制定标准的第一次会议日期是在 1980 年 2 月。IEEE 802 标准可看成是 ISO/OSI 模型的数据链路层(DLC)和物理层(PHY)上的标准。数据链路层(DLC)细分为两个子层:逻辑链路控制层(LLC)和媒体接入控制层(MAC)。

IEEE 802 系列标准由 IEEE 802 标准委员会 LMSC (LAN/MAN Standards Committee)维护,由下属的工作组具体负责,见表 24-5。在 IEEE 802 系列标准中,重要的标准包括:

- IEEE 802.3:以太网(Ethernet);
- IEEE 802.11:无线局域网(Wireless LAN);
- IEEE 802.15:无线个人区域网络(Wireless PAN);
- IEEE 802.16:宽带无线接入(Broadband Wireless Access);
- IEEE 802.20:移动宽带无线接入(Mobile Broadband Wireless Access)。

表 24-5 IEEE 802 Standards 工作组名称*

名　　　称	说　　　明	注释
IEEE 802.1	Bridging (networking) and Network Management	
IEEE 802.2	LLC(logical link control)	冬眠

名　称	说　明	注释
IEEE 802.3	Ethernet	重要
IEEE 802.4	Token bus	冬眠
IEEE 802.5	Defines the MAC layer for aToken Ring	冬眠
IEEE 802.6	DQDB (distributed-queue dual-bus network) (MANs)	冬眠
IEEE 802.7	Broadband LAN using Coaxial Cable	冬眠
IEEE 802.8	Fiber Optic TAG(Technical Advisory)	冬眠
IEEE 802.9	Integrated Services LAN (ISLAN or isoEthernet)	冬眠
IEEE 802.10	Interoperable LAN Security	冬眠
IEEE 802.11	Wireless LAN (WLAN) & Mesh (Wi-Fi certification)	重要
IEEE 802.12	100BaseVG(voice grade)	冬眠
IEEE 802.13	Unused (Reserved forFast Ethernet development)	保留
IEEE 802.14	Cable modems	冬眠
IEEE 802.15	Wireless PAN(personal area network)	重要
IEEE 802.15.1	Bluetooth certification	重要
IEEE 802.15.2	IEEE 802.15 and IEEE 802.11 coexistence	
IEEE 802.15.3	High-Ratewireless PAN (e.g., UWB, etc.)	
IEEE 802.15.4	Low-Ratewireless PAN (e.g., ZigBee, Wireless HART，MiWi, etc.)	
IEEE 802.15.5	Mesh networking for WPAN	
IEEE 802.15.6	Body area network	
IEEE 802.16	Broadband Wireless Access (WiMAX certification)	重要
IEEE 802.17	Resilient packet ring	
IEEE 802.18	Radio Regulatory Technical Advisory Group (RR-TAG)	
IEEE 802.19	Coexistence TAG(Technical Advisory)	
IEEE 802.20	Mobile Broadband Wireless Access	
IEEE 802.21	Media Independent Handoff	
IEEE 802.22	Wireless Regional Area Network	

＊参考 http://en.wikipedia.org/wiki/IEEE_802 和 http://standards.ieee.org/about/get/。

练习与思考题

24.1　链路层提供什么服务？

24.2　链路层上的协议在何处执行？

24.3 链路层节点之间的数据传输单元是什么？

24.4 在以太网的帧格式中，FCS(Frame check sequence)域中的 CRC 能够用来纠正错误吗？

24.5 有哪些方法可用于检测数据帧在传输过程中是否出现错误？

24.6 前向纠错(FEC)是什么意思？

24.7 链路(link)和信道(channel)有什么差别？

24.8 信道编码是什么？

24.9 汉明码(7,4)中的 7 和 4 分别表示什么？校验码的长度是多少？编码效率是多少？

24.10 汉明码(7,4)可纠正 个码字中的几个错误？能检测到几个错误？

24.11 卷积码是什么？

24.12 在采用卷积码的系统中，发送器是把消息和奇偶校验码一起发送，还是只发送奇偶校验码？

24.13 媒体接入控制(MAC)是什么意思？

24.14 媒体接入方法有哪几种类型？

参考文献和站点

［1］ IEEE Computer Society. IEEE Standard for Local and Metropolitan Area Networks：Overview and Architecture. IEEE Std 802®-2014 (Revision to IEEE Std 802-2001).

［2］ Manfred Lindner. Lectures：Data Communication. https：//www. ict. tuwien. ac. at/lva/384. 081/，2014.

［3］ Stefan Nowak. TU Dortmund，Germany. Part 2：Forward Error Correction in Radio Networks，2010.

［4］ Michael Dipperstein. Hamming (7,4) Code Discussion and Implementation. http：//michael. dipperstein. com/hamming/index. html，2014.

［5］ D. Richard Brown III. Communication and Networking Forward Error Correction Basics. http：// spinlab. wpi. edu/courses/ece2305_2014/forward_error_correction. pdf.

［6］ Chapter 7 Convolutional Codes：Construction and Encoding. Chapter 8 Viterbi Decoding of Convolutional Codes. MIT 6. 02 DRAFT Lecture Notes，2012.

［7］ Chip Fleming. A Tutorial on Convolutional Coding with Viterbi decoding. http：//pweb. netcom. com/~ chip. f/Viterbi. html，2011.

［8］ Stefan Nowak. Part 2 Forward Error Correction in Radio Networks，2010.

［9］ Andrew J. Viterbi. Error Bounds for Convolutional Codes and an Asymptotically Optimum Decoding Algorithm. IEEE Transactions on Information Theory，Volume IT-13，pages 260-269. 1967.

［10］ Julian Bussgang，Some Properties of Binary Convolutional Code Generators. IEEE Transactions on Information Theory，pp. 90-100，Jan. 1965.

［11］ IEEE Computer Society. IEEE Standard for Ethernet-Section 1. IEEE Std 802. 3-2012 (Revision to IEEE Std 802. 3-2008)，2012.

［12］ IEEE 802 Standards. http：//standards. ieee. org/about/get/，2015.

第 25 章 物理层技术

物理层是 TCP/IP 模型中的最低一层,其主要职责是把数字数据从一个网络节点传送到相邻的网络节点,这一层上开发和使用的技术与实际的有线和无线传输媒体密切相关。

物理层和链路层是交织在一起的最复杂的技术层,涉及的学科多,涵盖的技术广,尤其是有线和无线宽带的接入技术,因此将它们用到的基本概念和核心技术安排在多个章节介绍。本章介绍物理层涉及的基本概念和涵盖的基础技术,如数据通信、信道容量、传输媒体、线路编码和数字调制,这些内容是计算机网络和其他网络接入到互联网的基础。

25.1 物理层简介

在网络模型中,物理层是链路层和传输媒体之间的接口,如图 25-1 所示。物理层负责把数字数据从一个节点传输到下一个节点,在物理层上传输的数据单元是数据位(data bit),如图中所示的数字数据 1001011001…

物理层接收来自链路层的数字数据,将它们分成码字或符号,然后将它们转换(如编码和调制)成在有线或无线链路上传输的物理信号,如图 25-1 中所示的波形或用数字信号调制的电磁波。此外,物理层还要协调收发双方的信号发送和接收。网络模型中的其他层都是为传输消息做准备,只有物理层才是执行实际的消息传输。

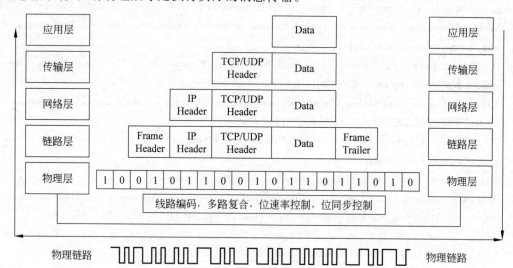

图 25-1　物理层介于数据链路层和传输媒体之间

25.2 数据通信概念

在介绍物理层的文章中,经常会遇到如下术语:数据传输(data transmission)、数据通信(data communication)、数字传输(digital transmission)和数字通信(digital communications)。

这些技术术语的含义是相同的,都是指在两个节点之间通过物理链路传输数据。不过,数据通信通常指双向的数据传输,更关注两个节点之间的数据传输方法;数据传输可指单向也可指双向的数据传输,更关注数据位流在物理链路上的移动细节。同样,数字传输和数字通信也有类似的微小差别。

25.2.1 数据通信是什么

1. 数据通信的概念

在通信科学中,数据通信是研究传输数据的原理、方法和传输媒体的综合性学科。

在计算机网络中,数据通信是指在点对点或点对多点的通信信道上传输数据的过程。数据传输需要将数据转换成电磁信号,如电压、无线电波、微波或红外线,通信信道可指铜线、光纤、无线信道和计算机总线。

2. 通信系统的性能

通信系统(communication system)是指能够完成数据传输的设施,通常是由多个通信网络、传输系统、中继站、辅助工作站以及能够进行相互连接和操作的终端设备组成,形成一个整体。这些组件必须为共同目的服务,采用共同的规程,技术上兼容,能协同运行。

通信理论研究和通信技术开发主要围绕通信系统的有效性和可靠性这两个基本问题开展的。这两个问题是设计和评价一个通信系统的主要性能指标。

有效性是指通信系统传输数据效率的高低。这个问题是研究怎样以最合理、最经济的方法传输最大数量的数据。例如在模拟通信系统中,多路复用技术可提高系统的有效性,信道复用程度越高,系统传输数据的有效性就越好。在数据通信系统中,由于传输的是数字信号,因此传输的有效性用数据传输速率来衡量。

可靠性是指通信系统传输数据的可靠程度。由于数据在传输过程中受到干扰,收到的与发出的数据并不完全相同,因此用可靠性来衡量收到数据与发出数据的符合程度。可靠性取决于系统抵抗干扰的性能。在模拟通信系统中,可靠性用整个系统的信噪比来衡量;在数据通信系统中,可靠性用差错率来衡量。

25.2.2 数据通信模型

数字信号通信和模拟信号通信都可用如图 25-2 所示的框图描述。通信系统由发送器、传输媒体和接收器三大部分组成,允许多个信息源的数据通过多路复合后共享传输媒体。

发送器用于生成适合在信道上传输的信号。每个信息源的数据都通过信源编码器、加密器(选项)、信道编码器处理后与其他信源信号复合,通过调制器将产生的复合信号发送到物理信道上;接收器用于接收发送器的信号,用与发送相反的过程,把信号还原后传送到目的地。在发送器中,各个模块的功能简述如下:

(1) 信息源:用于把各种消息转换成原始电信号的设备,简称信源。信源可分为模拟信源和数字信源。如果信源产生的信号是模拟信号,则首先要使用模/数转换器(A/D),将它们转换成数字信号。

(2) 源编码器:用于数据压缩,以降低对链路带宽的要求。根据数据类型,采用不同的编码算法。对文字类数据采用无损数据压缩;对视听类数据可采用有损数据压缩。

(3) 加密器:为使信息不易被破译,采用加密算法对发送前的数据进行加密。

（4）信道编码器：为数据添加冗余数据，用于检测和纠正传输过程中出现的错误。检测错误常用奇偶校验、循环冗余检测（CRC）或检查和，纠错采用前向纠错（FEC）编码，如汉明码、RS码、卷积码和Turbo码。详见第24章"链路层技术"。

（5）多路复合器：用于将多个信息源的数字数据复合在一起，以共享传输媒体。

（6）调制器：用于将数字信号转换成适合有线或无线媒体上传输的信号。例如，使用无线载波传输，调制就是用数字信号控制载波的振幅、频率或相位。

（7）物理信道：用于传输数字信号的物理链路，分为有线和无线信道两大类。

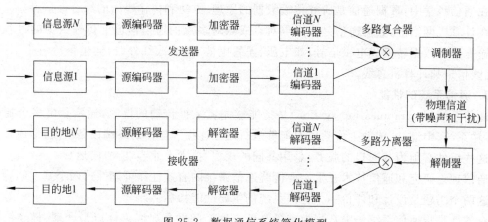

图 25-2 数据通信系统简化模型

在数据通信系统中，通信方式有如下三种：

（1）单工通信（simplex communications）：只能单方向传输数据的传输方式；

（2）半双工通信（half-duplex）：通信双方都能收发数据，但不能同时收发的传输方式；

（3）全双工通信（duplex communications）：通信双方可同时收发数据的传输方式。

25.2.3 模拟信号术语

信号有模拟信号与数字信号之分。模拟信号是信号的幅度和时间都是连续的信号，数字信号是幅度和时间都是离散的信号。下面介绍的术语虽然是模拟信号的术语，但在数字信号处理和数据通信中经常用到。

（1）基带信号（baseband signal）：由信源产生的未经过调制的信号，其特点是信号的频率较低。例如，说话时产生的声波转换成的电信号就是基带信号，通常认为话音所含的最低频率是300Hz，最高频率为3400Hz。

（2）基带（baseband）：原始信号中最高频率与最低频率之间的频率范围称为基本频带，简称为基带，其度量单位为Hz。例如，话音信号的基带为300～3400Hz，图像信号的基带为0～6MHz。

（3）信号带宽（bandwidth）：信号中所含的最高频率与最低频率之间的频带宽度。例如，话音信号的带宽通常认为是3kHz。

（4）基频（fundamental frequency）：在由一系列波形叠加而成的信号中，基频是周期信号的最低频率。例如，用傅里叶级数表示的方波信号，其基频是方波的频率。

（5）频谱（frequency spectrum）：信号从所含的最低频率到最高频率的频率分布，如电磁波谱。幅度随时间变化的任何信号都有相应的频谱。信号在频域和时域之间的对应关系可用傅里叶变换得到,如信号的幅度、频率和相位都有一一对应关系。

25.2.4　通信信道术语

(1) 传输媒体(transmission medium):发送器和接收器之间传输信号的物理实体。传输媒体通常分成有线媒体(如金属和光纤电缆)和无线媒体(如电磁波)两种类型,实际使用时往往是这两种传输媒体的组合。传输媒体也称传输介质或传输媒介。

(2) 信道(channel):通过传输媒体连接的发送设备和接收设备之间的信号通路,也称通信通道或通信链路(link),简称为信道或链路。信道和链路都是物理链路,一条信道是一条链路的一部分,一条链路上可以创建多个用户信道。

在广播技术中,信道是各国政府给广播电台和电视台分配的无线电信号的频率范围。在通信技术中,信道既可以指两台设备之间传输模拟或数字信号用的电缆,也可指电磁波谱中的一段频率,如无线路由器使用 $2.4 \sim 2.4835$GHz 频段,被分为 11 或 13 个信道。

(3) 基带信道(baseband channel):能让调制前的基带信号通过的信道,也称低通信道。

(4) 通带信道(passband channels):能够传输频率在通带范围里的所有信号的信道。

(5) 频带(frequency band):在无线电频谱上,位于两个特定频率界限之间的部分。

(6) 信道带宽(channel bandwidth):允许信号通过的最高频率与最低频率之差,用 Hz 度量。如果最低频率为零,信道带宽就等于最高频率,这种带宽称为基带带宽(baseband bandwidth);如果最低频率不为零,这种信道带宽叫作带通带宽(passband bandwidth),其宽度等于最高频率与最低频率之差。在数据通信系统中,通信信道的性能不直接使用带宽来度量,而是用信道容量来度量。

25.2.5　数据传输模式

在计算机科学和计算机网络工程中,数据传输是指数据在物理传输媒体上传输数字数据的方法。数据传输通常分成并行传输(parallel transmission)和串行传输(serial transmission)两大类,如图 25-3(a)所示。并行传输是指使用多条导线同时传送一组二进制数据的传输方法,如图 25-3(b)所示,如在个人计算机中,并行传输是指同时传输一个字节或多个字节;串行传输是指在单一线路上每次传输一位的数据传输方法,如图 25-3(c)所示,如鼠标器等外部设备与计算机之间的数据传输。

串行数据传输可分成异步传输和同步传输,它们的概念可用图 25-4 的例子来说明。

异步传输(asynchronous transmission)是没有精确定时信号的数据传输方式,如图 25-4(a)所示,每次传输一个字符,字符与字符之间的时间间隔不是固定的,因此传输的字符流不是稳定的。异步传输依靠附加到每个字符前后的起始位和停止位来区分单独的字符。

同步传输(synchronous transmission)是每个信号元素出现的时间与固定的时间基准相关的数据传输,如图 25-4(b)所示。同步传输取消了异步传输中字符前后的起始位和停止位,因而提高了数据的传输效率,但也提高了传输系统的复杂性。

除了以上的传输方式,还有一种称为等时传输(isochronous transmission)的传输方式。等时传输必须在限定时间内完成数据的传输,通常用于传输电视和声音数据流,以确保图像和声音同步,网络软件通常也为等时传输服务分配或预留带宽。

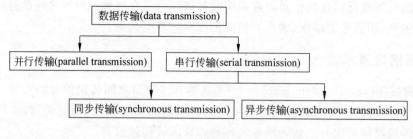

(a) 数据传输类型

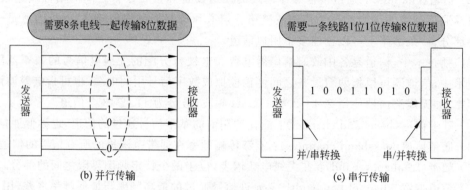

(b) 并行传输　　　　　　　　　(c) 串行传输

图 25-3　数据传输类型及模式

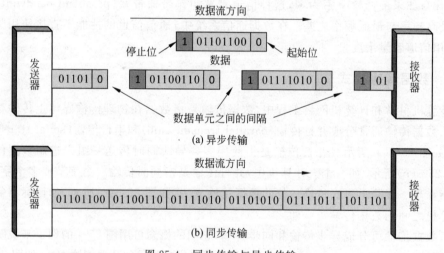

(a) 异步传输

(b) 同步传输

图 25-4　同步传输与异步传输

25.2.6　数字传输频带

数字传输频带是指数字信号在线路上通过的频段。数字传输频带分成基带(baseband)和通带(passband)两种类型,相对应的信道为基带信道和通带信道,如图 25-5 所示。

1. 数字基带传输

数字基带传输(digital baseband transmission)是使用线路编码技术(line coding)在基带信道上传输数字位流的方法,传输媒体是铜线链路或光纤电缆。例如,在近距离传输的情况

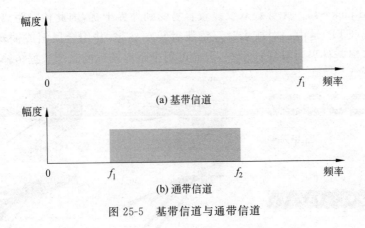

图 25-5 基带信道与通带信道

下,由于基带信号的衰减幅度不大,因此大多数局域网(以太网)都使用基带传输。传输距离的具体数值在各种标准中有规定。

2. 数字通带传输

数字通带传输(digital passband transmission),也称载波调制(carrier-modulated)传输,是在带通信道上传输数字位流的方法。它使用数字调制技术,把数字信号的频率限定在一个范围里,用在带宽受限的无线信道和公共交换电话网络(PSTN)的本地环路(local loop)上。

25.3 传 输 媒 体

25.3.1 媒体类型

按照传输数字信号的导向性能,传输媒体通常被划分成有线和无线两种类型,如图 25-6 所示。有线传输媒体包括双绞线电缆、同轴电缆和光缆;无线传输媒体包括无线电波(radio wave)、微波(microwave)和红外线(infrared)。

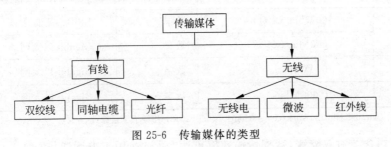

图 25-6 传输媒体的类型

25.3.2 有线媒体

1. 双绞线

最简单的传输媒体是双绞线,两条相互绝缘的导线有规律地缠绕在一起,以防止导线之间的相互干扰,如图 25-7(a)所示。双绞线分成无屏蔽双绞线(unshielded twisted pair,UTP)和屏蔽双绞线(shielded twisted pair,STP)两种类型,如图 25-7(b)和(c)所示。

无屏蔽双绞线(UTP)是由一对或多对双绞线封装在一起的没有屏蔽罩的电缆,使用连接器 RJ(registered jack)-45。无屏蔽双绞线较容易受到外界干扰,因此传输距离比较短。

屏蔽双绞线(STP)是由一对或多对双绞线封装在一起,并用金属箔或铜丝网作屏蔽罩的电缆。屏蔽罩可屏蔽外界对导线的干扰,因此可用于距离较远的高速数据传输。

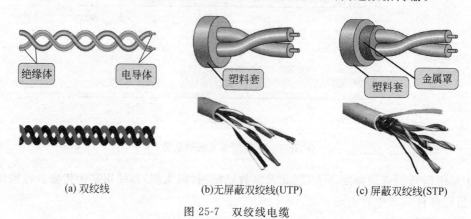

(a) 双绞线　　　　　(b)无屏蔽双绞线(UTP)　　　　　(c) 屏蔽双绞线(STP)

图 25-7　双绞线电缆

EIA/TIA[①] 在 20 世纪 90 年代就开始制定无屏蔽双绞线(UTP)的标准,并将它分成 6 种类别(category),见表 25-1。现在已有附加标准可用,如 CAT 7(ISO Class F)。EIA/TIA 标准版本 C 于 2009 第一次发布,其后做了少量修改。

表 25-1　无屏蔽双绞线类别[*]

类　　别	数　据　率	数字/模拟	应　　用
CAT 1	≥1Mbps (1MHz)	模拟	模拟声音(电话线路),ISDN
CAT 2	4Mbps	模拟/数字	Token Ring 网络,T1 线路
CAT 3	16Mbps	数字	10BaseT 以太网
CAT 4	20Mbps	数字	Token Ring (很少使用)
CAT 5	100Mbps (2 对)	数字	100BaseT 以太网
	1000Mbps (4 对)	数字	Gigabit 以太网
CAT 5e	1000Mbps	数字	Gigabit 以太网
CAT 6	10 000Mbps	数字	Gigabit 以太网

[*] 引自 http://fcit.usf.edu/network/chap4/chap4.htm.(2013)并做了少量修改。

CAT 1:内含 2 对双绞线,数据传输速率可达 20kbps,用于电话通信。

CAT 2:内含 4 对双绞线,数据传输速率可达 4Mbps,现代网络已很少采用。

CAT 3:内含 4 对双绞线,数据传输速率可达 10Mbps,用在 10BaseT 网络上,逐渐被 5 类电缆取代。

---

① EIA/TIA 是两个协会:①EIA(Electronic Industries Association,EIA)/美国电子工业协会成立于 1924 年,由众多电子产品制造商组成的协会,总部设在华盛顿特区,为电子元部件制定标准,如 RS-232-C;②TIA(Telecommunication Industry Association)/电信工业协会成立于 1988 年,原为 EIA 中的一个工作组,致力于建立世界范围内的远程通信网络和设备标准。

CAT 4：内含 4 对双绞线，数据传输速率可达 16Mbps，主要用在令牌环网上。

CAT 5：内含 4 对双绞线，使用 2 对的数据传输速率可达 100Mbps，使用 4 对的数据传输速率可达 1000Mbps。

CAT 6：内含 4 对非屏蔽双绞线，每对都用金属箔屏蔽，整个线束又用一层金属箔屏蔽，在第二屏蔽层之外再加一层防火塑料层。金属箔屏蔽对串扰影响有良好的抑制作用，可支持更高的数据传输速率。

2. 同轴电缆

同轴电缆是圆形且柔软的同心双导线电缆，中心导线和接地编织导线之间用绝缘层隔开，最外层是绝缘外套，如图 25-8 中的左图所示。编织导线用来减少电磁干扰，既可用来防止中心导线上传输的信号干扰其他部件，也可屏蔽外部信号干扰中心导线上传输的信号。特性阻抗为 50 欧姆的同轴电缆用在局域网中传送数字信号，特性阻抗为 75 欧姆的同轴电缆用于传送电视信号。

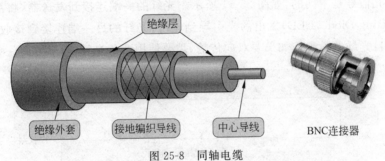

图 25-8　同轴电缆

同轴电缆用的连接器大多数是 BNC(Bayone-Neill-Concelman)连接器。连接器的类型有许多种类，右图所示的连接器是其中的一种。

3. 光缆

光导纤维缆(optical fiber cable)通常是指将多条光导纤维组合在一起构成的缆，简称为光缆，如图 25-9 所示。图 25-9(a)是由单条光导纤维构成的光缆结构图，图 25-9(b)是由三条光导纤维组成的光缆截面图。

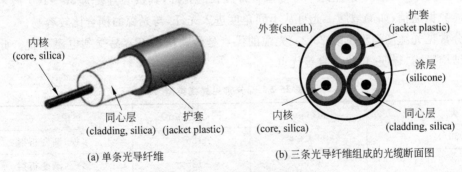

(a) 单条光导纤维　　　　　(b) 三条光导纤维组成的光缆断面图

图 25-9　光导纤维和光缆结构图

光导纤维(optical fiber)简称光纤，用来传送光信号的线状透明物质，其直径像头发丝那样小，用特殊的玻璃和塑料制成。如图 25-9(b)所示，光纤的内核和同心层用的是二氧化硅

(silica)，同心层的外层用硅酮(silicone)作涂层。

光纤传输光的原理可用图 25-10 来说明。光具有这样的特性，当从高密度介质进入低密度介质时，随着入射角 θ 不同，光在交界面上可发生如图 25-10(a)所示的折射、图 25-10(b)所示的吸收和图 25-10(c)所示的反射现象。光纤传输光就是利用光的反射特性。

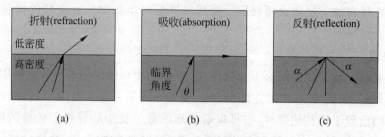

图 25-10　光在介质密度边界的行为

光纤传输光信号是单向的，如图 25-11 所示。光纤的一端连接到发送器，将激光发光二极管(Light Emitting Diode，LED)发出的光引导到光纤；光纤的另一端连接到接收器，通过光敏检测器检测来自光纤的激光。如果要双向传输，需要使用两条光纤，每个方向一条。

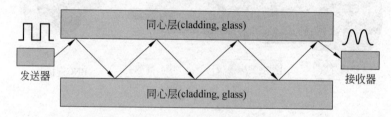

图 25-11　光纤单向传输光信号

光纤有单模光纤(singlemode/monomode fiber)和多模光纤(multimode fiber)之分。

(1) 单模光纤是使用单一波长的光信号的光纤，核心直径小于 10 微米，用于高速数据传输和远距离数据通信。单模光纤的带宽比多模光纤宽，所需的光源光谱较窄。由于它的直径小，因此与光源的耦合比较困难。

(2) 多模光纤是在一条光纤中可传播多种波长的光纤，其核心直径为 50～100 微米，常用于短距离数据通信，如局域网。光可从不同角度进入光纤，与光源的耦合比较容易。

部分常见光缆的类型见表 25-2。光缆的优点是传输信号不容易受到电磁干扰。此外，光缆还有结构紧凑、轻便、价格便宜等优点。

表 25-2　部分常见光缆类型

类　　型	内核(μm)	同心层(μm)	模　　式
50/125	50.0	125	多模，渐变折射
62.5/125	62.5	125	多模，渐变折射
100/125	100	125	多模，渐变折射
8.3/125	8.3	125	单模

25.3.3 无线媒体

1. 无线媒体是什么

无线媒体是指可携带模拟和数字信号的无线电磁波,频率范围为无线通信频谱。电磁辐射物的频率范围称为电磁波谱(electromagnetic spectrum),理论上的电磁波谱无限宽,而无线通信频谱(无线媒体)只是电磁波谱的一部分,如图 25-12 所示。

在无线通信频谱中,频率低于 100kHz 的电磁波容易被地表吸收,信号传输的距离受到限制;频率在 100kHz～300GHz 之间的电磁波在空中传播时可经电离层反射,具有远距离传输能力;频率高于 300GHz 的电磁波容易被地球的大气层吸收。

现在通常认为无线通信的频谱大约在 3kHz～300GHz 之间,这个范围里的频率叫作无线电频率(radio frequency,RF)。电磁波可用电磁原理产生,并可用模拟和数字信号(如声音信号)对它进行调制,可用天线将调制后的电磁波发射到自由空间,这也许是中文译名为射频(RF)的原因。

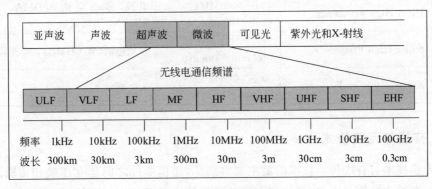

图 25-12 无线电频谱

2. 无线电频谱分配

为传送不同类型的信号,将 0～300GHz 的频谱划分成许多段,称为频段(frequency band 或 frequency range),用于调幅广播、调频广播、电视广播、移动电话、GPS 定位系统、雷达探测系统等,如表 25-3 所示。从表中可看到,虽然无线电频谱很宽,但移动电话、WLAN 等所占有的频段(1.5～4.0GHz)是很窄的。

频谱是极端缺乏的公共资源。全世界的频谱由 ITU-R 控制和管理,各国政府将划分后的频段指派给机构或组织,并规定哪些频率可用和使用目的,这样可避免不同设备之间相互干扰。我国政府 2010 年 12 月 1 日起实施的频率划分规定见《中华人民共和国无线电频率划分规定》文件。

表 25-3 无线电频谱分配

频谱段名称		频率(波长)	应用举例
极低频 (ELF)	Extremely Low Frequency	<30Hz (>10 000km)	水下通信,如潜艇
超低频 (SLF)	Super Low Frequency	30～300Hz (10 000km～1000km)	水下通信,如潜艇

频谱段名称		频率(波长)	应用举例
特低频 (ULF)	Ultra Low Frequency	300～3000Hz (1000km～100km)	隧道通信,如在矿井下
甚低频 (VLF)	Very Low Frequency	3～30kHz (100km～10km)	甚低带宽通信,如潜艇
低频 (LF)	Low Frequency	30～300kHz (10km～1km)	调幅广播(AM radio)/长波
中频 (MF)	Medium Frequency	300～3000kHz (1km～100m)	调幅广播(AM radio)/中波
高频 (HF)	High Frequency	3～30MHz (100m～10m)	短波通信
甚高频 (VHF)	Very High Frequency	30～300MHz (10m～1m)	调频广播(FM radio)和电视
特高频 (UHF)	Ultra High Frequency	300～3000MHz (1m～100mm)	电视,移动电话（FDMA，TDMA），WLAN,飞机通信
超高频 (SHF)	Super High Frequency	3～30GHz (100mm～10mm)	移动电话(W-CDMA),微波装置,雷达
极高频 (EHF)	Extremely High Frequency	30～300GHz (10mm～1mm)	天文通信

25.3.4　有线与无线技术

无线传输技术与有线传输技术的最主要差别是,通信部件之间建立连接和传输数据的方法不同。在有线传输技术中,连接的建立和数据的传输是通过金属导线或光纤等构成的线路直接或间接连接实现的;在无线传输技术中,包括建立连接的数据都要调制到电磁波信号上,利用它可在自由空间中传播的特性,通过天线发送和接收这些信号,实现通信部件之间的连接和数据的传输。

使用无线传输技术最吸引人的特性是移动性。移动性的含义是在无线电信号覆盖区域里,用户可使用移动设备(也称移动终端)收发数据、进行实时或非实时的多媒体通信。移动设备是具有移动性且便于携带的设备,如智能手机、平板电脑和笔记本电脑,它们既含硬件又含操作系统。由于要求移动设备具有体积小、重量轻、功耗小、散热好等特性,加上使用环境往往比较复杂,设计和制造的难度都很大,因此使用无线传输技术的移动性时,数据传输的质量有时难以得到保证。

在网络互联模型中,有线传输和无线传输在物理层和链路层上的协议完全不同,但在所有其他高层上的协议,如 TCP、UDP、HTTP 等都非常类似。

25.4　信道容量

理解信道容量的概念和计算方法涉及应用环境、信息论和数学知识,研究信道容量的热度至今未降,尤其是在无线通信领域。限于对信道容量的理解,期待读者通过阅读本节介绍及其他章节的内容,能够提出质疑和引发争论。

信道容量(channel capacity)定义为在通信信道上能可靠传输的最大数据率(maximum data rate),用于衡量通信信道的性能。数据率的单位为 bps(b/s),kbps(kb/s),Mbps(Mb/s),Gbps(Gb/s),bps 读作"位每秒",通常称为位速率或比特率(bit rate)。

25.4.1　奈奎斯特公式

在 1924 年,贝尔实验室的亨利·尼奎斯特(Harry Nyquist)发表了影响极其深远的一项研究成果,通过带宽为 H 的低通滤波器的任何信号,完全可以用采样率(sampling rate)为带宽 2 倍的样本重构。奈奎斯特揭示了单位时间里能够通过电报信道的独立脉冲数不超过信道带宽的 2 倍。这个结论后来被称为奎斯特采样定理(Nyquist sampling theorem),并由此导致了信息论的开发。

例如,对于一个带宽为 3000Hz 的低通信道,根据奈奎斯特定理,每秒钟不能传输超过 6000 个脉冲,这个信道的信号传输速率就是 6000 脉冲/秒(pulse/second)。此外,脉冲幅度有高有低,可把一个脉冲当作一个符号,因此传输速率可表述为:带宽为 3000Hz 的低通信道的符号率(symbol rate)不超过 6000 符号每秒(symbol/second)。

在通信系统中,信号的传输速率不用脉冲做单位,而是用波特(Baud)作单位,因此信号传输速率就用波特率(Baud rate)表示,写为 Bd/s,读成"波特每秒"。此外,如果用"符号"作为传输速率的单位,显而易见,符号率就是波特率。波特率和符号率都用来表示单位时间里信号波形变化的次数。

如果信道带宽用 B(Hz)表示,不管脉冲幅度 V 的高低,用有脉冲表示 1,无脉冲表示 0,那么信道容量(最大信号传输速率)C_B 表示为:

$$C_B = 2B(\text{Bd/s}) \tag{25-1}$$

这个公式反映的是信道带宽 B(Hz)与波特率 C_B(Bd/s)之间的关系。

如果脉冲幅度 V 用等级数表示,无噪声信道的容量(最大数据传输速率)C 可表示为:

$$C = 2B\log_2 V(\text{b/s}) \tag{25-2}$$

在上式中,如果 $V=2$,表示使用 2 种电压(如 4,2 伏)分别代表二进制数的 1 和 0,最大数据率(b/s)就等于最大波特率(Bd/s),一个波特携带 1 位(bit)数据;如果 $V=4$(如 1,2,3,4 伏),4 种电压分别代表 00,01,10,11,最大数据率就等于 $V=2$ 时的 2 倍,一个波特携带 2 位数据;如果 $V=8$,8 种电压分别代表 000,001,…,111,最大数据率就等于 $V=2$ 时的 3 倍,一个波特携带 3 位数据,以此类推。

由此可见,(1)一个波特(Bd)可表示多个二进制位,通常使用编码和调制技术来获得。(2)由于历史的原因,在老式的调制器和数据通信链路上,1 个波特就是 1 位,导致波特率和比特率容易混淆。详见本章 25.6.4 节"数字调制/波特率与位速率"。

25.4.2　香农-哈特利公式

在第二次世界大战期间,克劳德·香农(Claude Shannon)对信道容量做了更深入的研究,并创建了信息论。在信息论中,香农把奈奎斯特的研究成果扩展到有加性白高斯噪声(additive white Gaussian noise,AWGN)的信道,提出了计算信道容量的数学模型,后被称为香农-哈特利定理(Shannon-Hartley theorem),简称为香农定理。香农-哈特利的最大数据率用下式计算：

$$C = B\log_2\left(1 + \frac{S}{N}\right) = B\log_2(1 + \text{SNR}) \tag{25-3}$$

其中：

- C：信道容量，单位为 b/s；
- B：信道带宽，单位为 Hz；
- S：接收到的信号功率的平均值，单位为瓦（W）；
- N：信道上的噪声功率的平均值，单位为瓦（W）；
- S/N：信噪比（signal-to-noise ratio，SNR）或（carrier-to-noise ratio，CNR）是线性功率比，而不是用分贝（dB）表示的信噪比。

这个公式表明，信道的容量 C 与信道的带宽 B、信号功率 S 和信道上的噪声功率 N 有关，但不能认为带宽无限大、信号功率无限强、噪声功率无限小，就可获得无限大的容量。在无线通信领域中，对此公式也在不断修改，用这个公式计算得到的数据率只是信道能支持的最大数据率，实际的系统是很难做到的。

【例 25.1】 假设信道的带宽为 3000Hz，信噪比为 30dB（模拟电话线路的典型值），计算该信道的容量。在许多工程领域，信噪比通常用 $10\log_{10}(S/N)$ 计算，其值是分贝（dB）数，而不直接用它们的比率来度量。根据这个计算公式，可知 30dB 的 $S/N = 1000$，不论样本的等级数多少，信道容量都不会超过 30 000b/s。

当信噪比 $(S/N) \gg 1$ 时，可得到计算最大数据率的近似公式：

$$C = B\log_2\left(1 + \frac{S}{N}\right) = B\log_2(\text{SNR}) \approx 0.332B(\text{SNR})(\text{b/s}) \tag{25-4}$$

其中，$\text{SNR} = 10\log_{10}(S/N)(\text{dB})$。

当信噪比 $(S/N) \to 0$，噪声功率用 $N = n_0 B$ 计算，其中的 n_0 为噪声功率谱密度，使用换底公式和泰勒级数展开后取第一项，可得到计算最大数据率的近似公式：

$$C = B\log_2\left(1 + \frac{S}{N}\right) = B\frac{\ln\left(1 + \frac{S}{N}\right)}{\ln 2} \approx 1.44B\frac{S}{N} = 1.44\frac{S}{N_0}(\text{b/s}) \tag{25-5}$$

25.4.3 工程中使用的公式

大多数工程师喜欢把香农的容量公式使用如下的形式[1]表示：

$$R = W\log_2\left(1 + \frac{C}{N}\right) = W\log_2(1 + \text{SNR}) \tag{25-6}$$

其中：

- $R = \text{Maximum Data rate (symbol rate)}$：最大数据率（符号率，波特率 Bd/s）；
- $W = \text{Bw} = \text{Nyquist Bandwidth} = \text{samples/sec} = 1/T_s$：
  带宽＝奈奎斯特带宽[2]＝样本数/秒＝$1/T_s$（Hz）；
- $C = \text{Carrier Power}$：载波功率（W）；

---

① http://www.vmsk.org/Shannon.pdf。
② 笔者注意到，有些地方 B 称为奈奎斯特带宽，这里则将 $f_s = 2B$ 作为奈奎斯特带宽。

- N＝Total Noise Power：总噪声功率（W）；
- SNR＝Signal to Noise Ratio：信噪比。

25.5　线路编码

25.5.1　线路编码是什么

线路编码（line coding）是将数字数据（digital data）转换成数字信号（digital signal）的过程。数字数据用二进制的 0 和 1 表示，数字信号用离散信号表示，如图 25-13 所示。例如，在铜线电缆上传输时，将数字数据转换成随时间变化的电压；在光纤电缆上传输时，则要将数字数据转换成离散的光脉冲。

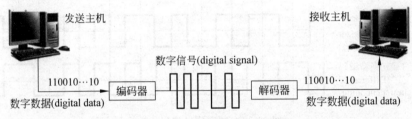

图 25-13　数字数据与数字信号

由于数字数据中肯定有连续多个 0 或多个 1 的情况出现，如果将这样的数字数据发送到线路上传输，接收端的电子线路读出的信号就成一条直线，这就很难区分有多少个 0 或多少个 1；对于没有规律的数字数据，读出的信号幅度和频率的变化范围都很大，电子线路也很难把 0 和 1 区分开；此外，有些应用场合需要从传输的数字信号中提取自同步信号，这就需要把数字数据的频带变窄。为了改善读出信号的质量，解决这些问题的有效方法就是使用线路编码技术，用于线路编码的码叫作线路码（line code）。

在数据通信系统中，常用的线路编码包括数字信号编码（digital signal coding）和位块编码（block coding）两类。

25.5.2　数字信号编码

数字信号编码方法很多，大致可归纳为三种类型：单极编码（unipolar）、双极编码（bipolar）和极性编码（polar）。在网络和存储媒体上常见的几种编码方法如图 25-14 所示。

（1）不归零编码（Non-Return to Zero Level，NRZ-L）：在编码过程中，遇到 1 时用正电平表示，遇到 0 时用负电平表示，或者相反。

（2）不归零翻转编码（Non-Return to Zero Inverted，NRZI）：在编码过程中，遇到 1 时电平由低到高或由高到低，遇到 0 时保持电平不变。

（3）双极交替符号翻转编码（Bipolar-AMI/alternate mark inversion）：在编码过程中，遇到 1 时用正电平或负电平，遇到 0 时用 0 电平。双极 AMI 在收发器之间容易同步，丢失的脉冲容易找回。与 NRZ 和 NRZI 相比，双极 AMI 没有直流分量，但传输时需要较大功率。在编码过程中，用与 Bipolar-AMI 正好相反的编码称为伪三元码（pseudo ternary），与 AMI 编码具有相同的优缺点。

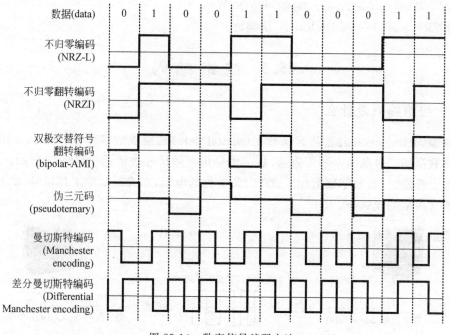

图 25-14　数字信号编码方法

（4）曼切斯特编码（Manchester encoding）：在编码过程中，在每位中间电平都发生变化，由低到高表示 1，由高到低表示 0，位中间的跳变信号可用作自同步。这种编码称为双相（biphase）编码。其优点是收发器之间无须增加同步信号，编码和解码都容易，执行这种编码的电子线路也简单，但 1 位二进制数需要 2 个波特，认为它的编码效率比较低。IEEE 802.3/以太网使用这种编码传输数据。

（5）差分曼切斯特编码（Differential Manchester encoding）：在编码过程中，在每位开始的边缘，电平由低到高或由高到低都表示 0，电平不变表示 1。位边缘的跳变信号用作自同步。IEEE 802.5/令牌网使用这种编码传输数据。

25.5.3　4B/5B 位块编码

数字信号编码是对数据逐位进行编码，各种编码各有优缺点。像 RNZ-L 编码虽然编码效率比较高，1 位/波特（1b/Bd），相当于 100%，但缺乏自同步能力；像曼切斯特编码虽有自同步能力，但编码效率比较低，0.5b/Bd，相当于 50%。为兼顾自同步和提高编码效率，开发了一种称为位块编码（block coding）方法，把若干位当成一个位块，对这个位块进行编码。位块编码方法有多种，比较简单而且许多网络都已使用的是 4B/5B，其他与此类似。

4B/5B 表示 4 位/5 波特，把 4 位数据转换成 5 位代码，编码效率为 80%。4 位数据共有 16 个二进制数，5 位数据共有 32 个代码，这就可从 32 个代码中挑选出 16 个代码，与 16 个 4 位二进制数一一对应，如图 25-15 所示，然后用 NRZI 编码，生成信道上传输的数字信号。

挑选代码的原则是，2 个 5 位代码连接在一起时，连续 0 的数目尽量少，经过 NRZI 编码后就能生成质量较高的信号。例如，在图中所示的 16 种代码中，任何两个代码连接在一起时，连续 0 的数目最多不超过 3 个，其余的 16 种代码，有些不能用，有些就不用。

4位数	5位码
0000	11110
0001	01001
0010	10100
0011	10101
0100	01010
0101	01011
0110	01110
0111	01111
1000	10010
1001	10011
1010	10110
1011	10111
1100	11010
1101	11011
1110	11100
1111	11101

无效码
00001
00010
00011
01000
10000

0000 ——→ 11110 ——→ 「波形」
4位数　　　5位码　　　1 1 1 1 0

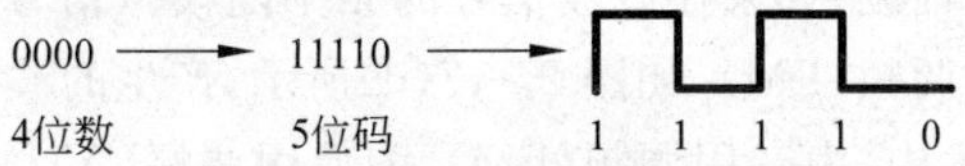

图 25-15　4B/5B 编码方案

线路编码也称数字基带调制,用于在铜线的基带信道上传输数字信号。

25.6　数 字 调 制

调制是用一种信号波形特性改变另一种信号波形特性的过程,目的是把信号转换成适合在有线或无线信道上传输的信号。数字数据调制常被称为"编码调制",因为数字数据调制分成两个步骤,在调制之前对数字数据进行编码,然后对载波进行调制。

25.6.1　调制类型

调制大致分成如图 25-16 所示的模拟调制和数字调制两种类型:

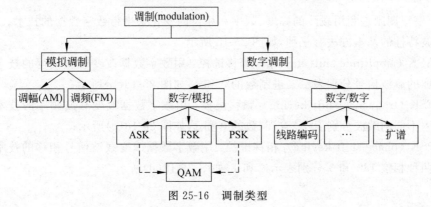

图 25-16　调制类型

(1) 模拟调制(analog modulation)：用模拟信号改变载波特性的过程。例如，在模拟电视广播中，用图像信号的幅度改变载波信号的幅度称为调幅(AM)；用声音信号的幅度改变载波信号的频率称为调频(FM)。

(2) 数字调制(digital modulation)：用数字信号改变载波特性的过程。数字调制可分成两种类型：①数字/模拟调制：用数字信号改变模拟载波信号特性。例如，用电话线路进行数字通信时，把数字数据叠加到载波信号上；②数字/数字调制：数据用另一种形式的数字信号表示，例如，线路编码、频谱扩展(扩谱)，以及 DVD 存储器用的 8-14 调制(EFM)。

数字/数字调制中的线路编码和 EFM 已经做了介绍，扩谱技术将在下一章介绍。本节主要介绍数字/模拟调制，ASK、FSK、PSK 以及组合 ASK 和 PSK 的 QAM。

25.6.2　模拟信号调制载波

在模拟无线通信系统中，载波(carrier)是用于携带信息的电磁波，如图 25-17(a)所示。在没有任何信号对它作用之前，载波的频率、幅度和相位是恒定的。

假设有一个如图 25-17(b)所示的模拟信号，称为调制信号，如果让载波信号的幅度随模拟信号的幅度大小改变，而其载波的频率保持不变，这种调制称为调幅(AM)，如图 25-17(c)所示，产生的波形称为调幅波；如果让载波信号的频率随模拟信号的幅度大小改变，而其幅度保持不变，这种调制称为调频(FM)，如图 25-17(d)所示，产生的波形称为调频波。

在模拟电视广播技术中，声音用调频(FM)，图像用调幅(AM)。

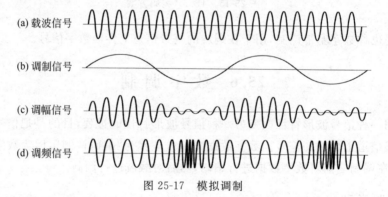

(a) 载波信号

(b) 调制信号

(c) 调幅信号

(d) 调频信号

图 25-17　模拟调制

25.6.3　数字信号调制载波

数字/模拟调制是利用载波的幅度、频率和相位的变化来携带数字数据的技术。用数字信号改变载波特性的基本方法有三种，如图 25-18 所示。

(1) ASK (amplitude-shift keying)/幅移键控：用数字数据改变载波幅度的技术。例如，用两种幅度的载波信号分别表示二进制数的 0 和 1，如图 25-18(b)所示；

(2) FSK (frequency-shift keying)/频移键控：用数字数据改变载波频率的技术。例如，用两种频率不同的载波分别表示二进制数的 0 和 1，如图 25-18(c)所示；

(3) PSK (phase-shift keying)/相移键控：用数字数据改变载波信号相移的技术。例如，用载波的两种相位 180°和 0°分别表示 0 和 1，如图 25-18(d)所示。

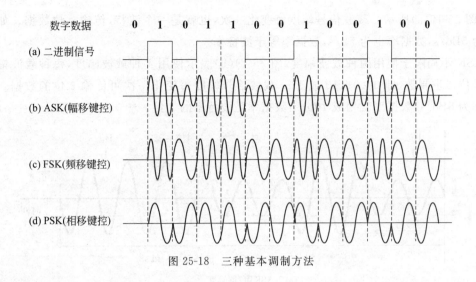

图 25-18　三种基本调制方法

25.6.4　波特率与位速率

　　文章中经常可看到两个容易混淆的术语:波特(baud)和位(bit),它们是两个概念不同的术语。波特率是单位时间里载波波形变化的次数,而位速率(比特率)是单位时间里在信道上传送的数据位数。

　　波特是信号传输速度的度量单位。在通信工程中,载波信号变化一次称为 1 波特。波特是国际电信联盟(ITU)在 1926 年以法国工程师兼报务员 Émile Baudot 的名字命名的度量单位,起初用于测量电报设备的传输速率,后来用来表示调制解调器的数据传输速率,称为波特率(baud rate),Bd/s,它用每秒载波波形变化的次数或脉冲数表示。因为早期的调制解调器每个波特只能携带 1 位的信息,因此 1200 波特的调制解调器的数据传输速率就是 1200bps。现在调制解调器的数据传输速率已不用波特率表示,而用位每秒(bps)表示。

　　位(binary digit,bit)是计算机能够处理的最小信息单位,用 1 或 0 表示。在逻辑上 1 和 0 表示真或假,在物理上 1 和 0 可用开关的通断、电路上某点电平的高低或磁盘上某点的不同磁化方向表示。位每秒(bps)是通信工程中常用的数据传输速度的度量单位,以每秒传输二进制数的 1 或 0 的数目来计算。常用的度量单位还有 kbps、Mbps 和 Gbps。

　　位速率与波特率之间的关系是位速率等于波特率乘以每波特代表的位数:

$$\text{bps}=\text{baud per second}\times\text{bits per baud}$$

提高数据传输速率可在两个方向上努力,提高波特率和提高单个波特携带的位数。

25.6.5　用 QAM 提高数据率

　　由于使用单一的数字调制方法获得的数据率比较低,于是出现了联合使用幅移键控(ASK)和相移键控(PSK)的方法,以提高单个波特携带的位数,这种方法称为正交幅度调制(quadrature amplitude modulation,QAM),用 n-QAM 表示,n 是载波信号的状态数。

1. 幅移键控(ASK)

最简单的幅移键控(ASK)调制方法是,1 和 0 用两种幅度不同、频率相同的载波信号表示,如图 25-19(a)所示。载波信号幅度每变化一次,也就是一个波特,传输 1 位数据。如果波特率为 5Bd/s,数据率也为 5b/s,数据率等于波特率。

ASK 不局限于使用两种载波幅度,图 25-19(b)表示使用 4 种载波幅度,每种载波幅度可代表 2 位二进制数,即 00、01、10 或 11。载波信号幅度每变化一次可传输 2 位的数据。如果波特率为 5Bd/s,数据率就变成 10b/s,数据率是波特率的 2 倍。

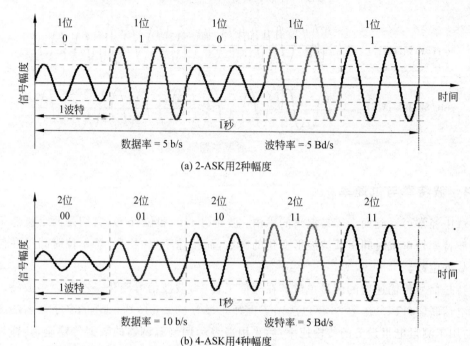

(a) 2-ASK用2种幅度

(b) 4-ASK用4种幅度

图 25-19　增加载波幅度等级数提高数据率

2. 相移键控（PSK）

最简单的相移键控(PSK)调制方法是,1 和 0 用两种相位相反、频率和幅度相同的载波信号表示,也称为二相相移键控(Binary Phase Shift Keying,BPSK)。为提高数据率,可把 360°的相位进行分割,增加相位变化的数目。例如,将 360°分割成 4 种相位,0°、90°、180°、270°,于是每种相位就可携带 2 位,如图 25-20 中的 4-PSK 编码表所示,也称为四相相移键控(Quaternary Phase Shift Keying,QPSK)。载波的相移为 0°时表示两位数为 00,相移为 90°表

4-PSK编码表

相位(度)	二进制数
0	00
90	01
180	10
270	11

(a) 载波信号　00

(b) 相移等于90°　01

(c) 相移等于180°　10

(d) 相移等于270°　11

图 25-20　增加载波相移级数提高数据率

示 01,相移为 180°表示 10,相移为 270°表示 11。

  假设载波信号使用 1 种幅度(1-ASK)和 4 种相移(4-PSK)表示,调制数据为 00 01 10 11 11,调制后的载波波形如图 25-21 所示。当波特率为 5Bd/s 时,调制后的数据率为 10b/s,数据率是波特率的 2 倍。

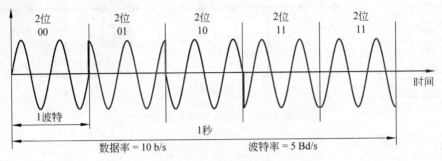

图 25-21　4-FSK 调制后的载波波形

  载波相位还可以继续分割。例如,将载波相位分成 8 等份,那么一个波特就可携带 3 位数,数据率是波特率的 3 倍。

  在数字调制技术中,常用星座图(constellation diagram)表示载波信号所有可能的状态,每一个状态与一个二进制数对应,如图 25-22 所示。

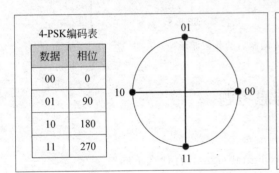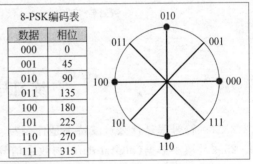

图 25-22　FSK 的星座图表示法

3. QAM 是 ASK 和 PSK 的组合

  正交调幅(QAM)是通过改变载波信号的幅度和相移对数据进行编码的通信编码方法。例如,如果载波信号使用 2 种幅度(2-ASK)和 4 种相移(4-PSK),称为 8-QAM,每一波特(载波变化一次)就有 8($= 2 \times 4$)种可能的组合,000、001、…、110 和 111,可表示 3 位数据。图 25-23 表示 8-QAM 的星座图,用方形和圆形表示均可。

  如果调制数据为 101 100 001 000 010 011 110 111,用幅度为 2 的 2-ASK 和相移为 4 等分的 4-PSK 组合成 8-QAM 调制,调制后的载波波形如图 25-24 所示。从图中可看到,调制后的数据率为 24b/s,波特率为 8Bd/s,数据率是波特率的 3 倍。

  使用 QAM 技术还可得到 16-QAM、64-QAM、128-QAM、256-QAM 或其他编码方案。这些术语也写成 QAM-16、QAM-64、QAM-128、QAM-256。

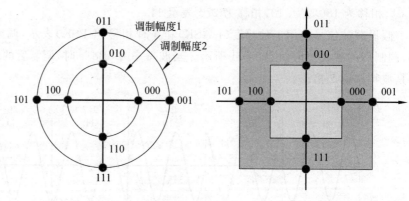

8-QAM编码表

幅值	数据	相移
1	000	0
2	001	0
1	010	90
2	011	90
1	100	180
2	101	180
1	110	270
2	111	270

图 25-23　8-QAM 的星座图

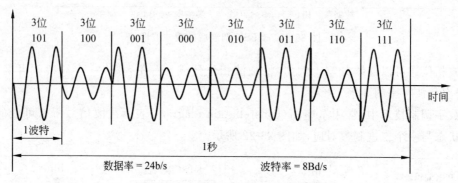

图 25-24　8-QAM 调制后的载波波形

练习与思考题

25.1　符号率是什么？波特率是什么？

25.2　数字数据(digital data)与数字信号(digital signal)有什么不同？

25.3　基带信道是什么？

25.4　线路编码(line coding)什么？

25.5　数字调制(digital modulation)是什么意思？

25.6　位速率与波特率有什么不同？

25.7　位速率与波特率之间有什么关系？

25.8　ASK(幅移键控)是什么？

25.9　FSK(频移键控)是什么？

25.10　PSK（相移键控)是什么？

25.11　QAM(正交幅度调制)是什么？

参考文献和站点

[1]　中华人民共和国工业和信息化部. 中华人民共和国无线电频率划分规定,2010.

[2]　Tutorials Point (I) Pvt. Ltd. Data Communication and Computer Network. http://www. tutorialspoint.

com/data_ communication _ computer _ network/data _ communication _ computer _ network _ tutorial.
pdf,2014.

[3] Charan Langton. Intuitive Guide to Principles of Communications. http://www. complextoreal.
com,2015.

[4] Cisco Systems. Fiber Types in Gigabit Optical Communications. http://www. cisco. com/c/en/us/
products/collateral/interfaces-modules/transceiver-modules/white_paper_c11-463661. pdf,2008.

[5] Complex to Real. Tutorials on Digital Communications Engineering. http://complextoreal. com/,2015.

[6] List of device bit rates. https://en. wikipedia. org/wiki/List_of_device_bit_rates, 2015.

第 26 章　扩谱技术

扩谱、多路复用和多址接入是无线多媒体终端(如智能手机)接入无线网络和因特网的核心技术。本章介绍扩谱的基本概念,下一章介绍多路复用和多址接入。

26.1　扩谱技术介绍

扩谱技术已广泛用在军用抗干扰通信、卫星多路通信、无线电定位等领域。理解扩谱的基本概念是理解、应用和开发这些复杂系统的基础。

26.1.1　扩谱是什么

扩谱是扩展频谱(spread spectrum)的简称。扩谱的含义是把信号的带宽扩展成远大于信号自身的带宽。在发送端,使用独立于用户数据的扩谱码(spreading code)对信号进行调制,然后把调制的数字信号发送到信道上传输,这个过程称为扩谱。在接收端,使用相同的扩谱码将被调制的信号还原为原始信号的频带,这个过程称为解扩。由此可见,扩谱是一种数据传输技术。

基本的扩谱方法有两种:(1)跳频扩谱(Frequency-Hopping Spread Spectrum,FHSS),使用传统的窄带数据传输技术,在一个宽的信道上收发双方使用预先规定好顺序的一系列载波频率传输数字信号;(2)直接序列扩谱(Direct Sequence Spread Spectrum,DSSS),把每一位数字信号转换成一个位串,使其频带比信号自身的频带宽。

扩谱通信技术源于 20 世纪 40 年代的军事通信系统,现在已得到广泛应用。鉴于许多系统都使用直接序列扩谱(DSSS),如 CDMA(2G 移动电话系统)、UMTS(3G 移动电话系统)以及 GPS(全球卫星定位系统),因此本节主要介绍 DSSS。

26.1.2　扩谱原理

1. 扩谱概念

扩谱是扩展待传信号的频谱。时域的待传信号可通过傅里叶变换得到频域的信号。例如,有一段语音,通过傅里叶变换后可得到它的频谱,如图 26-1(a)所示,这个信号被认为是窄带信号。由于信号的频带窄而且是固定的,因此很容易检测到并被截取。扩展频谱的想法是把信号功率分散到比其自身更宽的频带,而保持相同的信号功率,看起来就像噪声一样,如图 26-1(b)所示,不容易被倾听,这样就从技术上提高了传输过程中的安全性。

扩展数字信号频谱的典型框图如图 26-2 所示。与典型的通信系统框图相比,发送器增加了直接序列扩谱器和 PN 序列生成器,接收器增加了直接序列解扩器和 PN 序列生成器。PN 序列(PN sequence)是伪随机噪声序列(pseudo-noise sequence)的简称,因为 PN 序列不仅可预先确定和重复再生,而且还具有噪声那样的随机特性,因此称它为伪随机噪声序列。

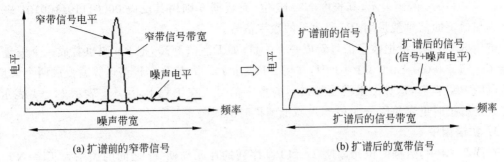

(a) 扩谱前的窄带信号　　　　　　　　　(b) 扩谱后的宽带信号

图 26-1　扩谱前后的信号和噪声的频谱

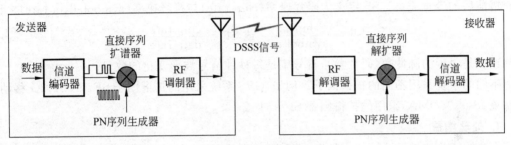

图 26-2　扩谱系统框图

2. 扩谱原理

数字信号的扩谱过程如图 26-3 所示。位元宽度为 T_b 的二进制数字信号(a)用片元宽度为 T_c 的 PN 序列信号(b)替代[1]，就得到了扩谱数字信号(c)。

扩谱原理可以这样理解：位周期(bit period)T_b 是数据位的周期，片元周期(chip[2] period)T_c 是 PN 序列的位周期，T_c 的宽度比 T_b 的宽度小很多，频率 $1/T_c$ 就比频率 $1/T_b$ 高得多，数字信号(a)经过扩谱后得到数字信号(c)，由此可见，信号(c)的带宽比信号(a)的带宽宽得多。

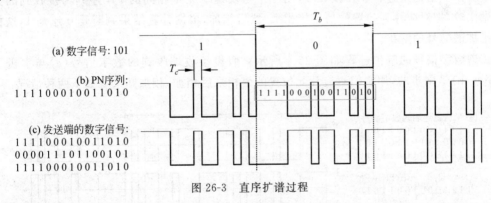

图 26-3　直序扩谱过程

扩谱实际上是"一位数据"用"多位数据"替代的过程，也就是数字调制数字的过程。例如，用一个位串 10011011 表示数字信号 1，用其反码 01100100 表示数字信号 0，发送数字信号 110 就变成发送 3 个位串 10011011、10011011、01100100。在图 26-3 中，数据 1 用 PN＝

---

① 有些文章把扩谱的运算表述为：数据位与片元做半加(⊕)、异或(xor)或异或非，均可。

② 因 chip 译为码片，因此 PN 序列也被称为切片码(chip code)，称 PN 码。

111100010011010 的码表示,其长度 $N=15$ 位,而数据 0 则用其反码 000011101100101 表示,发送到信道上的信号就是用 PN 码表示的数字信号。

借用数学方法,可把数字信号看成一个矢量,如 $D=(1\,0\,1)$,把 PN 码也看成一个矢量,如 $PN=(1\,1\,1\,1\,0\,0\,0\,1\,0\,0\,1\,1\,0\,1\,0)$,并用 $+1$ 表示 1,-1 表示 0,扩谱运算就变成两个矢量的外积($D\otimes PN$)运算,运算结果就是扩谱后的数字信号。在工程上,用 $+1$ 表示 1,-1 表示 0,其好处是解扩时更容易区分 0 和 1,可减低解扩时的误码率。

3. 扩谱因子

在图 26-3 中,数据的位元周期 T_b 和 PN 序列的片元周期 T_c 之间的关系为 $T_b=NT_c$,N 为 PN 序列(扩谱码)的长度,$N=T_b/T_c$ 称为扩谱因子(spreading factor,SF),它反映数字信号扩谱前后的带宽关系。SF 定义为码片速率(chip rate)与符号速率(symbol/data rate)之比:

$$SF = \frac{\text{chip rate}}{\text{symbol rate}} \quad 或 \quad SF = \frac{\text{chip rate}}{\text{data rate}}$$

码片速率是每秒的脉冲数(码片数),符号率是每秒钟信号波形变化的数目。

不同的系统采用不同的扩谱因子。例如,GPS 系统采用的扩谱因子 SF=1024;2G 移动通信系统 IS-95(CDMA)采用的扩谱因子 SF=64 或 128。

4. 处理增益

在介绍或论述扩谱系统的文献中,常看到处理增益(processing gain)这个术语,用来描述扩展频谱后的信号波形的特性,定义为扩谱带宽与基带带宽的比率,或者码片速率与数据速率的比率,与扩谱因子的概念没有实质性的差别。处理增益通常用分贝(dB)表示。例如,1kHz 信号扩展到 100kHz,处理增益为 $10\log_{10}(100/1)=20db$;10kbps 数据速率用 100kbps 切片速率相乘,处理增益为 $10\log_{10}(100/10)=10dB$。

26.1.3 解扩原理

解扩是扩谱的逆过程。在接收端,用一个与发送端完全相同的 PN 序列与接收到的数字信号做比较,把对应片元位置的值直接相乘,然后相加,根据计算结果判断是 0 还是 1,这样就完成了扩谱信号的解扩。

扩谱数字信号的解扩过程如图 26-4 所示。假设接收端收到的数字信号(a)与本机上的 PN 序列(b)是同步的,用它们对应片元位置的值相乘后相加,相加结果有如下两种情况:

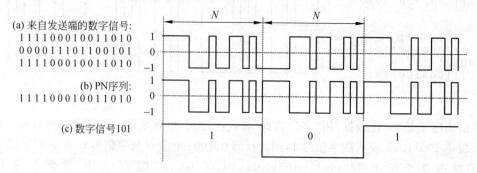

图 26-4 直序扩谱的解扩过程

(1)在这两个信号的相位移等于 0 的情况下,如果相乘结果全为 $+1$,$+1$ 的数目之和等于

N,说明收到的数据是 1；如果相乘结果全为 -1，-1 的数目之和等于 N，说明接收到的数据是 0。其中，N 是 PN 码的长度。

（2）在这两个信号的相位移不等于 0 的情况下，计算结果就会出现 $+1$ 和 -1，$+1$ 或 -1 的数目之和就小于 N，表示没有数据。这个过程持续下去，就可把扩谱数字信号还原成扩谱前的数字信号。

同样，如果借用数学方法，把接收端接收的数字信号看成一个矢量，把 PN 码也看成一个矢量，并用 $+1$ 表示 1，-1 表示 0，解扩运算就变成两个矢量的点积（ $\cdot$ ）运算，运算结果就是解扩后的数字信号。

由于扩谱技术涉及的知识较多，为加深对它的理解，编写了码序相关性、PN 序列和正交码共三个小节的内容，供有需要的读者参考。

26.2　码序相关性

相关性是度量码序列（code sequence）之间相似程度的一种方法。两个不同的码序列之间的相关性称为互相关（cross-correlation）；一个序列信号与其自身延迟后的相关性称为自相关（autocorrelation），也称序列相关（serial correlation）。

本节介绍的相关性主要是周期性的序列信号的相关性。

26.2.1　互相关与自相关

数字信号可用一个序列表示。假设有两个长度相同、周期均为 N 的序列 x 和 y：
$$x = (x_1, x_2, \cdots, x_i, \cdots, x_N) \text{ 和 } y = (y_1, y_2, \cdots, y_i, \cdots, y_N)$$
x_i 和 y_i 的取值为 $+1$ 或 -1，$i = 1, 2, \cdots, N$。

（1）x 和 y 的互相关函数定义为：
$$R(j) = \frac{1}{N} \sum_{i=1}^{N} x_i y_{i+j} \tag{26-1}$$
式中，j 为整数，y_n 的下标 $i+j$ 使用模 N 运算，即 $y_{N+j} \equiv y_j$。

（2）x 和 y 的自相关函数定义为：
$$R(j) = \frac{1}{N} \sum_{i=1}^{N} x_i x_{i+j} \quad j = 0, 1, \cdots, (N-1) \tag{26-2}$$
式中，x_i 取值 $+1$ 或 -1，x 下标 $i+j$ 使用模 N 运算，即 $x_{N+j} \equiv x_j$。

实际上，互相关函数中的 y 用 x 代替时就成了自相关函数，它们的周期均为 N。

【例 26.1】　设 $x = (x_1, x_2, x_3, x_4) = (+1, -1, -1, +1)$，计算 $j = 0, 1, \cdots, 4$ 的自相关值。

$$R_x(0) = \frac{1}{4} \sum_{i=1}^{4} x_i x_i = \frac{1}{4} \sum_{i=1}^{4} x_i^2 = 1$$

$$R_x(1) = \frac{1}{4} \sum_{i=1}^{4} x_i x_{i+1} = \frac{1}{4}(x_1 x_2 + x_2 x_3 + x_3 x_4 + x_4 x_1) = \frac{1}{4}(-1 + 1 - 1 + 1) = 0$$

$$R_x(2) = \frac{1}{4} \sum_{i=1}^{4} x_i x_{i+2} = \frac{1}{4}(x_1 x_3 + x_2 x_4 + x_3 x_1 + x_4 x_2) = \frac{1}{4}(-1 - 1 - 1 - 1) = -1$$

$$R_x(3) = \frac{1}{4}\sum_{i=1}^{4} x_i x_{i+3} = \frac{1}{4}(x_1 x_4 + x_2 x_1 + x_3 x_2 + x_4 x_3) = \frac{1}{4}(+1-1+1-1) = 0$$

26.2.2 正交特性

当互相关函数(26-1)中的 $j=0$ 时,如果互相关函数值等于零,则称两个函数是正交的。

假设码长均为 N 的码 x 和 y:

$$x = (x_1, x_2, \cdots, x_i, \cdots, x_N) \text{ 和 } y = (y_1, y_2, \cdots, y_i, \cdots, y_N)$$

它们的取值为 $+1$ 或 -1,x 和 y 的互相关函数为:

$$R(x,y) = \frac{1}{N}\sum_{i=1}^{N} x_i y_i \tag{26-3}$$

当 $R(x,y)=0$ 时,就把 x 和 y 称为正交码。

【例 26.2】 如图 26-5 所示的一组矢量,用 $+1$ 表示二进制的 1,用 -1 表示 0,计算它们之间的互相关函数值。

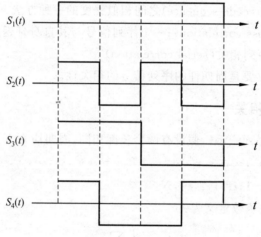

图 26-5 正交码组

4 个矢量可看成是 4 个码:

$S_1(t) = (+1, +1, +1, +1)$

$S_2(t) = (+1, -1, +1, -1)$

$S_3(t) = (+1, +1, -1, -1)$

$S_4(t) = (+1, -1, -1, +1)$

用内积法计算得到互相关值为:

$$R(S_1, S_2) = S_1(t) \times S_2(t)' = 1 \times 1 + 1 \times (-1) + 1 \times 1 + 1 \times (-1) = 0$$

用同样的方法可计算,4 个码中任意两个码之间的互相关值均为 0,也就是任意两行或两列的内积都为零,说明这 4 个码两两正交。

x 和 y 的互相关值 R 的取值范围为 $-1 \leqslant R \leqslant +1$,对于不同的 R 值,给予了不同的码组名。如果 $R=0$,则称该码组为正交码组;如果 $R \approx 0$,则称该码组为准正交码组;如果 $R<0$,则称该码组为超正交码组。

26.2.3 内积和外积

在矩阵乘法中,定义了矢量的内积(inner product)和外积(outer product)两种运算。内积也常被认为是点积(dot product)或标积(scalar product),尽管它们之间的内涵有所不同。在扩谱技术中,把数字信号看成是矩阵的行矢量或列矢量,这样可借用矩阵乘法中矢量的内积和外积进行计算。

1. 内积

假设两个矢量 $a=(a_1,a_2,\cdots,a_n)$ 和 $b=(b_1,b_2,\cdots,b_n)$,长度为 n,它们的内积定义为:

$$a \cdot b = a \cdot b^T = (a_1,a_2,\cdots,a_n) \begin{bmatrix} b_1 \\ b_2 \\ \vdots \\ b_n \end{bmatrix} = a_1b_1 + a_2b_2 + \cdots + a_nb_n = \sum_{i=1}^{n} a_ib_i \quad (26\text{-}4)$$

式中,点($\cdot$)表示内积,b^T 是 b 的转置,$\sum$ 表示求和。

【例 26.3】 求矢量 $a=(1,3,-5)$ 和 $b=(4,-2,-1)$ 的内积。

按内积定义计算:$a \cdot b = 1 \times 4 + 3 \times (-2) + (-5) \times (-1) = 3$。

2. 外积

假设两个矢量 $a=(a_1,a_2,\cdots,a_n)$ 和 $b=(b_1,b_2,\cdots,b_m)$,n 和 m 不要求相等,它们的外积定义为:

$$a \otimes b = a^T b = \begin{bmatrix} a_1 \\ a_2 \\ \vdots \\ a_n \end{bmatrix} (b_1,b_2,\cdots,b_m) = \begin{bmatrix} a_1b_1 & a_1b_2 & \cdots & a_1b_m \\ a_2b_1 & a_2b_2 & \cdots & a_2b_m \\ \vdots & \vdots & \ddots & \vdots \\ a_nb_1 & a_nb_2 & \cdots & a_nb_m \end{bmatrix} \quad (26\text{-}5)$$

式 26-5 中,符号 $\oplus$ 表示外积,a^T 是 a 的转置。注意:$a \otimes b \neq b \otimes a$。

【例 26.4】 假设给某个用户的代码 C 为(1,0),要传送的数据 D 为(1,0,1,1)。如果用"+1"表示 1,用"-1"表示 0,则 $C=(+1,-1)$,要传输的数据 $D=(+1,-1,+1,+1)$,发送到信道上的数字信号 S 可用外积计算:

$$S = D \otimes C = (+1,-1,+1,+1) \otimes (+1,-1)$$

$$= \begin{bmatrix} +1 & -1 \\ -1 & +1 \\ +1 & -1 \\ +1 & -1 \end{bmatrix} \Rightarrow (+1,-1,-1,+1,+1,-1,+1,-1)$$

26.3 PN 序列

在 CDMA 移动通信系统、全球定位系统(GPS)等应用中,需要自相关的峰值高而互相关的峰值低的大型码序列,以便能够正确无误地检测到数据,PN 序列就具有这样的特性。

PN 序列包括 m-序列、Gold 序列和 Kasami 序列,本节主要介绍前两个序列。

26.3.1　m-序列

1. m-序列的概念

m-序列(m-sequence)是最大长度序列(maximum length sequence,MLS)的简称。m-序列是按某种规律生成的伪随机二进制序列(pseudorandom binary sequence),也就是由 0 和 1 组成的序列。由于真实的随机信号和噪声不能重复再现和产生,因此把 m-序列称为伪随机噪声序列(pseudo-noise sequence),简称 PN 序列。

m-序列是用线性反馈移动寄存器(linear feedback shift registers,LFSR)产生的周期性序列。图 26-6 是一个由寄存器数目 $n=4$ 组成 4 位寄存器构成的 m-序列发生器原理图。图中,a_1、a_2、a_3 和 a_4 表示寄存器的输出;符号 $\oplus$ 表示模 2 加,就是异或运算(XOR);$s(k)$ 表示 m-序列的输出,k 表示时间序列。

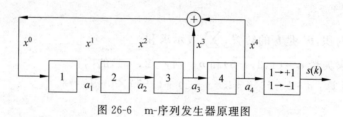

图 26-6　m-序列发生器原理图

寄存器的状态可用如下的递归关系表示:

$$\begin{cases} a_1[k+1]=a_4[k]\oplus a_3[k] \\ a_2[k+1]=a_1[k] \\ a_3[k+1]=a_2[k] \\ a_4[k+1]=a_3[k] \end{cases} \qquad \begin{matrix} 模\ 2\ 加(\oplus) \\ 0+0=0 \\ 0+1=1 \\ 1+1=0 \end{matrix} \qquad \begin{matrix} 模\ 2\ 乘(*) \\ 0*0=0 \\ 0*1=0 \\ 1*1=1 \end{matrix}$$

如果寄存器的初始值设置成[1 1 1 1],移位 15 次后生成的序列为

111100010011010　111100010011010 ……

以后每移位 15 次就重复这个码样,序列的周期为 15。如果用宽度 $n=4$ 的窗口,沿着长度为 $l=2^n-1=15$ 的每个位置滑动,将遍历[0 0 0 1],[0 0 1 0],…,[1 1 1 1]共 15 个状态,不包括[0 0 0 0]状态,每个状态只出现一次。由此可见,无论寄存器的初始值是什么,最终还是同属一个 m-序列。

2. m-序列的特性

分析上面的例子,不难理解 m-序列的如下特性:

(1) 一个 n 位的线性反馈寄存器(LSFR)只生成一个 m-序列,其周期为 $p=2^n-1$。

(2) 均衡性:一个 m-序列包含 2^{n-1} 个 1 和 $2^{n-1}-1$ 个 0,1 的个数比 0 的个数多 1 个。这个特性称为均衡特性。

(3) 游程长度:分析游程长度可直观地了解 m-序列与噪声的近似程度和其他性能,如游程长度太长,将影响信号之间的同步建立时间。游程长度是指连续 1 或连续 0 的数目,如有 4 个连续 1,叫作 1 的游程长度为 4。在任何一个 m-序列中,游程总数为 2^{n-1},游程长度有这样的特点:

* 1 的游程长度为 n 的数目为 1 个;
* 0 的游程长度为 $n-1$ 的总数为 1 个;

- 1 的游程长度为 $n-2$ 的数目为 1 个,0 的游程长度为 $n-2$ 的数目为 1 个;
- 1 的游程长度为 $n-3$ 的数目为 2 个,0 的游程长度为 $n-3$ 的数目为 2 个;

$\vdots$

- 1 的游程长度为 1 的数目为 2^{n-3} 个,0 的游程长度为 1 的数目为 2^{n-3} 个。

(4) 自相关特性:m-序列的自相关函数是一个周期函数,自相关函数值只有两个值,1 和 $-1/N$。归一化的自相关函数可表示成:

$$R(k) = \frac{1}{N}\sum_{i=1}^{N} x_i x_{i+k} = \begin{cases} 1, & (i+k)\bmod N = 0 \\ -\dfrac{1}{N}, & (i+k)\bmod N \neq 0 \end{cases}$$

式中,x 的下标 $i+k$ 使用模 N 运算,即 $x_{N+k}\equiv x_k$。

例如,当 $n=4$ 时,归一化的自相关函数可写成

$$R(k) = \frac{1}{15}\sum_{i=1}^{15} x_i x_{i+k} = \begin{cases} 1, & (i+k)\bmod 15 = 0 \\ -1/15, & (i+k)\bmod 15 \neq 0 \end{cases}$$

图 26-7 是用 Matlab 计算和绘制的自相关特性图($n=4$,未归一化)。从图中可以看到,M-序列的自相关函数有周期性的尖峰值 15,其他地方的相关函数值均为 -1。

虽然寄存器的不同初始值生成的序列同属一个 m-序列,但不同的初始值生成的 m-序列的开始码样不同,这样的序列可看成是移位型的 m-序列。由于这些序列的互相关函数的值很小,因此移位型的 m-序列可看成是相互独立的 m-序列。

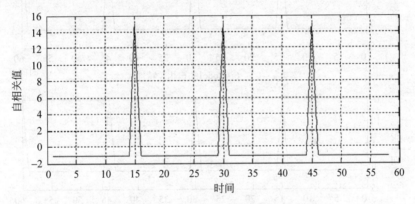

图 26-7 m-序列自相关特性示例

设计如图 26-7 所示的线性反馈移位寄存器时,使用了多项式 $G(x)=x^4+x^3+1$ 做寄存器的反馈连接,这个多项式叫作 m-序列生成器多项式(generator polynomial)。生成多项式除了用 x 的系数表示外,还常用系数为 1 的 x 的次数表示。例如,用 x 的系数表示为[1 1 0 0 1],用 x 的次数表示成[4 3]或[4 3 0]。

3. m-序列生成器多项式

m-序列生成器多项式的一般形式可用变量为 x 的多项式表示:

$$G(x) = a_n x^n + a_{n-1}x^{n-1} + \cdots + a_2 x^2 + a_1 x^1 + a_0 x^0 \tag{26-6}$$

式 26-6 中,系数 $a_0=1$,$a_i(i=1,2,\cdots,n)$ 的取值为 1 或 0,1 表示有反馈连接,0 表示没有反馈连接;n 为寄存器的数目。

m-序列生成器多项式 $G(x)$ 是一个不能再分解的多项式,而且是 x^N+1 的一个因子,其中

的 $N=2^n-1$ 是 m-序列的长度,这样的多项式叫作本原多项式(primitive polynomial)。

【例 26.5】 使用 3 个寄存器($n=3$)构造一个 m-序列生成器。由于 3 个寄存器全为 0 的状态不能进入循环,因此 m-序列的长度为 $N=2^n-1=2^3-1=7$。它的本原多项式可用如下方法确定:

$$x^N+1 = x^7+1 = (x+1)(x^3+x+1)(x^3+x^2+1)$$

对于一个 x^N+1 的 N 阶多项式,其本原多项式可能有若干个。在本例中,由于寄存器的数目 $n=3$,因此在设计反馈连接时要选择 3 阶多项式(x^3+x+1)或(x^3+x^2+1)。两个生成多项式生成两个 m-序列。

同理,使用 4 个寄存器($n=4$)构造 m-序列生成器时,它的长度为 $N=2^4-1=15$,它的本原多项式可从下面的高次分解式中选择:

$$x^{15}+1 = (x^4+x+1)(x^4+x^3+1)(x^4+x^3+x^2+x+1)(x^2+x+1)(x+1)$$

图 26-8 是两个 m-序列的自相关和互相关特性。图 26-8(a)是用 $G_1(x)=x^4+x^3+1$ 生成的 code1 序列的自相关特性,图 26-8(b)是用 $G_2(x)=x^4+x^1+1$ 生成的 code2 序列的自相关性,图 26-8(c)是 $G_1(x)$ 和 $G_2(x)$ 生成的 code1 和 code2 的互相关特性。从图中可看到,自相关的最大值是 15,而互相关的最大值是 7。

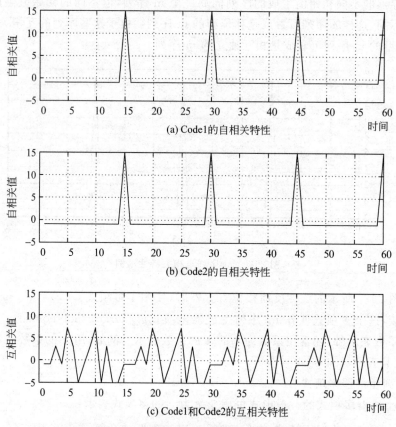

图 26-8　$G_1(x)$ 和 $G_2(x)$ 生成的 m-序列的相关性

高阶多项式的本原多项式早已由数学家计算得到。为加深对本原多项式的理解,表 26-1 列出了生成 m-序列的部分本原多项式。

表 26-1　部分本原二进制多项式[3]

阶(n)	m-序列长度（N）	本原多项式
1	1	$x+1$
2	3	x^2+x+1
3	7	x^3+x+1, x^3+x^2+1
4	15	x^4+x+1, x^4+x^3+1
5	31	x^5+x^2+1, x^5+x^3+1
6	63	x^6+x+1
7	127	x^7+x+1, x^7+x^3+1
8	255	$x^8+x^7+x^2+x+1, x^8+x^6+x^5+x+1$
9	511	x^9+x^4+1
10	1023	$x^{10}+x^3+1$
11	2047	$x^{11}+x^2+1$
12	4095	$x^{12}+x^6+x^4+x+1, x^{12}+x^7+x^4+x^3+1$

26.3.2　Gold 序列

1. Gold 码的概念

Gold 码（Gold code）是 Robert Gold 于 1967 年提出的二进制序列,以 m-序列为基础,因此也称 Gold 序列（Gold sequence）,并以他的名字命名。

Gold 序列可用两个长度均为 2^n-1 的最大长度序列构造,n 是线性反馈移位寄存器的数目,用于产生最长的 m-序列,这两个序列在所有相对位置上的值进行模 2 加运算,就得到一套由 2^n-1 个序列组成的 Gold 码序列,每个序列的周期为 2^n-1。

为便于理解,现通过一个具体例子介绍 Gold 码序列的构造、生成和性能。假设用两个 5 级线性反馈移位寄存器构造 Gold 序列生成器,根据表 26-2 所列的部分序列优选对（preferred pairs of sequences）,选择的本原多项式是:

(1) $G_1(x)=x^5+x^2+1$,用[5 2 0]或八进制数 45 表示;

(2) $G_2(x)=x^5+x^4+x^3+x^2+1$,用[5 4 3 2 0]或八进制数 75 表示。

表 26-2　部分 m-序列优选对①

n	N	优选多项式[1]	优选多项式[2]
5	31	[5 2 0]	[5 4 3 2 0]
6	63	[6 1 0]	[6 5 2 1 0]
7	127	[7 3 0]	[7 3 2 1 0]

---

① 引自 http://cn.mathworks.com/help/comm/ref/goldsequencegenerator.html。

n	N	优选多项式[1]	优选多项式[2]
9	511	[9 4 0]	[9 6 4 3 0]
10	1023	[10 3 0]	[10 8 3 2 0]
11	2047	[11 2 0]	[11 8 5 2 0]

这两个本原多项式 45 和 75 生成两个长度均为 31 的 m-序列,然后做模 2 加运算,就得到 Gold 序列。如图 26-9 所示,图 26-9(a)为 Gold 码发生器的原理结构图,图 26-9(b)为 5 级 m-序列优选对构成的 Gold 码发生器。

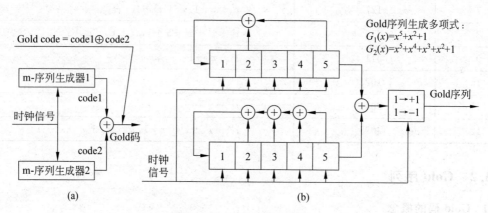

图 26-9　Gold 序列生成器

如果 2 个线性反馈移位寄存器的初始值均设为[1 1 1 1 1],生成两个 m-序列:m-序列 1 和 m-序列 2,然后做模 2 运算,就可得到一个 Gold 序列:

m-序列 1　　1 1 1 1 1 0 0 1 1 0 1 0 0 1 0 0 0 0 1 0 1 0 1 1 1 0 1 1 0 0 0

m-序列 2　　1 1 1 1 1 0 0 1 0 0 1 1 0 0 0 0 1 0 1 1 0 1 0 1 0 0 0 1 1 1 0

模 2 运算　　0 0 0 0 0 0 0 0 1 0 0 1 0 1 0 0 1 0 0 1 1 1 1 0 1 0 1 0 1 1 0

改变寄存器的初始值,或者把 m-序列 2 循环右移一位(也称一个相位)再与 m-序列 1 做模 2 加,可得到一个新的独立的 Gold 序列。因为寄存器数目 $n=5$,因此可生成由 $2^n-1=31$ 个序列,组成一套 Gold 序列(集),每个序列的周期均为 31。可以编程验证,两个 5 位的寄存器,每个寄存器使用除全 0 之外的 31 个初始值,共有 $31 \times 31 = 961$ 种组合,生成的 Gold 序列只有 31 个是相互独立的、互不相关的码序列。

用 Matlab 计算和绘制的相关特性如图 26-10 所示,图 26-10(a)是一个 31 位 Gold 序列[①]的自相关特性。图 26-10(b)是 Gold 序列系中的任意两个 31 位码序列的互相关特性。互相关函数值共有 3 个(-9,-1,7),这个结果符合当 $n=5$ 时,互相关的绝对值最大不超过 $2^{(n+1)/2}+1=9$。

2. Gold 码的特性

Gold 码有如下特性:

(1)相关性:对于周期为 $p=2^n-1$ 的 m-序列优选对,生成的 Gold 序列具有与 m-序列类

---

①　图中的 31 位 Gold 序列:1 0 0 1 0 0 1 1 1 0 0 1 1 1 1 1 1 0 0 1 1 1 1 0 1 1 1 0 0 1。

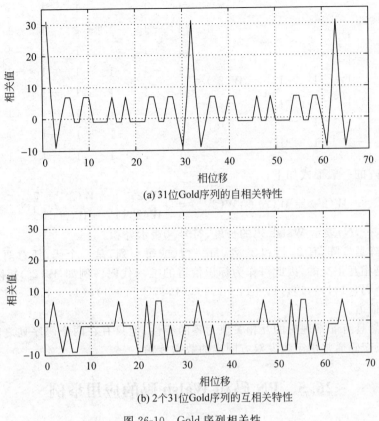

(a) 31位Gold序列的自相关特性

(b) 2个31位Gold序列的互相关特性

图 26-10　Gold 序列相关性

似的自相关和互相关特性。自相关函数与 m 序列类似,在相位移为零时具有尖锐的峰值;互相关函数有 3 个值 $\{-t(n),-1,t(n)-2\}$,其中:

$$t(n) = \begin{cases} 2^{(n+1)/2} + 1, & \text{当 } n \text{ 为奇数} \\ 2^{(n+2)/2} + 1, & \text{当 } n \text{ 为偶数} \end{cases}$$

(2) Gold 序列数量:对于周期为 $p=2^n-1$ 的两个 m-序列优选对,将其中一个 m-序列移位后做模 2 加,产生的新序列是独立的 Gold 序列。因为总共有 2^n-1 个不同的相对位移,加上原来的两个 m 序列,因此两个 n 级线性反馈移位寄存器组成的 Gold 序列生成器,可以产生由 2^n+1 个序列组成的一个 Gold 序列集,序列数目比 m 序列数多很多。

(3) Gold 序列允许异步传输数字信号,因为接收端可用其自相关特性作同步,因此可用在异步 CDMA 中。

26.4　Walsh 码是什么

Walsh 码(Walsh code)是沃尔什哈达玛(Walsh-Hadamard)码的简称。Joseph L. Walsh 于 1923 年提出了一种矩阵,它的元素取值为 +1 或 -1,称为 Walsh 矩阵。Walsh 矩阵的每一行或每一列可作为一个码,称为 Walsh 码。这些码之间的互相关函数值为零,因此 Walsh 码是正交码(orthogonal code)。码长为 2、4 和 8 的 Walsh 码常用下面的矩阵表示。

$$W(1) = 1$$

$$W(2^1) = \begin{bmatrix} 1 & 1 \\ 1 & -1 \end{bmatrix}$$

$$W(2^2) = \begin{bmatrix} 1 & 1 & 1 & 1 \\ 1 & -1 & 1 & -1 \\ 1 & 1 & -1 & -1 \\ 1 & -1 & -1 & 1 \end{bmatrix}$$

$$W(2^3) = \begin{bmatrix} 1 & 1 & 1 & 1 & 1 & 1 & 1 & 1 \\ 1 & -1 & 1 & -1 & 1 & -1 & 1 & -1 \\ 1 & 1 & -1 & -1 & 1 & 1 & -1 & -1 \\ 1 & -1 & -1 & 1 & 1 & -1 & -1 & 1 \\ 1 & 1 & 1 & 1 & -1 & -1 & -1 & -1 \\ 1 & -1 & 1 & -1 & -1 & 1 & -1 & 1 \\ 1 & 1 & -1 & -1 & -1 & -1 & 1 & 1 \\ 1 & -1 & -1 & 1 & -1 & 1 & 1 & -1 \end{bmatrix}$$

Walsh 矩阵的一般形式如下:

$$W(2^k) = W(2) \otimes W(2^{k-1}) = \begin{bmatrix} W(2^{k-1}) & W(2^{k-1}) \\ W(2^{k-1}) & -W(2^{k-1}) \end{bmatrix}$$

式中,$2^k (k=2, \cdots, N)$ 表示 Walsh 码的长度,符号 $\otimes$ 表示外积。

Walsh 矩阵是方阵,有 2^k 行和 2^k 列,每一行(或每一列)是一个码,任意两个码的内积都为零,它们都是相互正交的,因此可作为标识信道的唯一代码。例如,$W(2^2)$ 矩阵是一个 4×4 的方阵,有 4 个码,$(1,1,1,1)$,$(1,-1,-1,1)$,$(1,1,-1,-1)$,$(1,-1,1,-1)$,码的长度为 4,可标识 4 个信道。

正交码虽然具有非常理想的互相关值为零的特性,但只有在两个码序列之间没有偏移时才出现,因此正交码通常用于收发双方同步的数据传输。

26.5 PN 码和 Walsh 码的应用举例

前面介绍了 PN 序列和 Walsh 码的概念和生成原理,为加深对它们的理解,这节介绍在 IS-95(CDMA)标准使用的三种码:Walsh 码、PN 长码和 PN 短码。介绍过程中涉及的一些概念将在后续章节中介绍。

26.5.1 实例简介

IS-95 标准发表于 1995 年,是以 CDMA 为基础的数字蜂窝通信标准,采用直接序列扩谱技术(DSSS),典型的数据速率(声音)是 9.6kbps,码片速率是 1.2288Mcps。图 26-11 是 CDMA 系统的抽象化框图,说明如下:

(1) 基站(base station,BS)是用天线收发信号的固定站点。

(2) 移动用户使用的设备(如手机)称为移动台(Mobile Station,MS)。

(3) 从基站到移动台方向的信道/链路称为前向信道/链路(forward channel/link)。

(4) 移动台到基站方向的信道/链路称为反向信道/链路(reverse channel/link)。

(5) 前向信道和反向信道都用 Walsh 码(Walsh code)、长码(long code)和短码(short code),它们在 CDMA 系统中的功能如表 26-3 所示。

表 26-3　CDMA 中码的功能

反向信道(MS⇒BS)			(MS ⇐BS)前向信道		
Walsh 码	PN 长码	PN 短码	PN 短码	PN 长码	Walsh 码
正交调制 (不扩谱)	扩谱和加密 (标识用户)	同步	同步,标识基站	加扰/加密	扩谱 (区分信道)

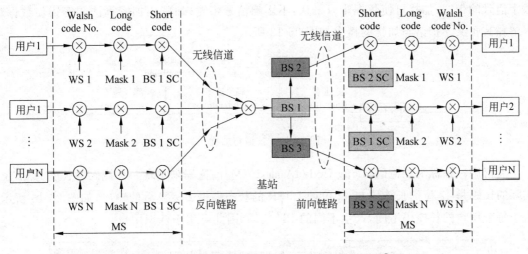

图 26-11　CDMA 使用的 Walsh 码、长码和短码[1]

26.5.2　Walsh 码

Walsh 码用来为同一蜂窝小区中的用户创建逻辑信道。Walsh 码是正交码,在同步传输方式下具有处处为零的互相关特性,因此容易区分不同的逻辑信道。此外,Walsh 码生成容易,使用方便。

在 IS-95 CMDA 中,每个基站使用 64 个 64 位(bit)长的 Walsh 码。每个用户由基站分配一个信道,不同的用户分配不同的信道,换言之,每个基站可同时处理不多于 64 个(实际为 54 个)移动用户的信道;在 CDMA-2000 中,每个基站使用 256 个 Walsh 码,因此可同时处理不多于 256 个移动用户的信道。

26.5.3　PN 长码

1. 长码是什么

长码(long code)是用 42 个寄存器构成的线性反馈移位寄存器(LFSR)创建的序列,产生的序列只有一个,其长度为 $2^{42}-1$ 位,运行速率为 1.2288Mcps,周期为 $2^{42}-1$ 码片时间,相当于每 41.43 天($(2^{42}-1) \times (1/1228800)/(3600 \times 24)$)重复一次。

长码的生成多项式[2]是:

$$G(x) = x^{42} + x^{35} + x^{33} + x^{31} + x^{27} + x^{26} + x^{25} + x^{22} + x^{21} + x^{19}$$
$$+ x^{18} + x^{17} + x^{16} + x^{10} + x^7 + x^6 + x^5 + x^3 + x^2 + x + 1$$

2. 长码的用途

PN 长码用于扩谱(spreading)、加扰(scrambling)和加密(encryption)。在前向信道上,PN 长码用于数据加扰或加密;在反向信道上,PN 长码用于数据扩谱和加密。扩谱用于增加

---

[1]　引自 http://www.gaussianwaves.com/2011/02/codes-used-in-cdma-2/。

[2]　引自 https://www.cdg.org/technology/cdma_technology/a_ross/longcode.asp. 2010。

数字信号的带宽;加扰可使数据难以辨认,不影响信号带宽;加密用加密算法和密钥使数据难以解释其含义。扩谱与加扰的概念如图 26-12 所示。

图 26-12　扩谱与加扰

加密用一种称为长掩码(Long Code Mask,LCM)的掩码来实现。长掩码的长度为 42 位,实际的长码是 42 位的长掩码与 42 位的 LFSR 的状态做模 2 运算后的输出,如图 26-13 所示。由于每个用户的长掩码不同,产生不同的 PN 长码,因此可用于标识用户。

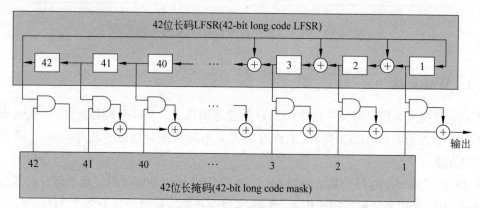

图 26-13　长掩码逻辑

(引自 http://www.cdg.org/technology/cdma_technology/a_ross/LongCodeMask.asp)

长掩码用 A-key 和 ESN 来创建。在 CDMA 系统中,有一个称为"蜂窝网络验证和语音加密(Cellular Authentication and Voice Encryption,CAVE)"的协议,该协议需要一个称为 A-key 的 64 位验证密钥(authentication key),以及一个 32 位的电子序列号(Electronic Serial Number,ESN)。ESN 用于标识每台移动设备①,以保障每个合法用户的正常使用。

3. 长掩码的格式

长掩码不是固定的,在每次建立呼叫连接时创建,通话结束后消失。长掩码的内容根据不同的信道和信息来创建。在接入信道和业务信道上,长掩码的内容和格式如图 26-14 所示。CDMA 信道的类型和定义将在后续章节中介绍。

在接入信道(access channel)上,移动台根据基站标识(base station identity)、寻呼信道(paging channels)号、接入信道(access channel)号和导引信道(pilot channel)标识来构造长掩码;在业务信道(traffic channels)上,移动台用变换后的 ESN 来构造公共长掩码。

---

① 2005 年开始使用 56 位的"移动设备 ID(Mobile Equipment ID,MEID)",以取代 32 位的 ESN。在 GSM 或 UMTS 手机上,使用的号码是"国际移动设备标识(international mobile equipment identity,IMEI)"。

41		33	32		28	27		25	24		9	8		0
110001111			ACN			PCN			BASE_ID			PILOT_ID		

ACN: Access Channel Number　　　　PCN: Paging Channel Number
BASE_ID: Base station identification
PILOT_PN: Pilot PN sequence offset index for the Forward CDMA Channel

(a) 接入信道长掩码

41		32	31		0
1100011000			Permuted Electronic Serial Number		

(b) 公共长掩码

图 26-14　长掩码的内容和格式[1]

26.5.4　PN 短码

　　PN 短码(short code)是用 15 个寄存器构成的线性反馈移位寄存器(LFSR)创建的序列,其长度为 $2^{15}-1=32\ 767$ 位,实际加了 1 位,使其长度为 $2^{15}=32\ 768$ 位。码片的运行速率为 1.2288Mcps,但不是用于扩谱,周期为 32 768 码片(chip),即 26.666 毫秒(32768/1.2288Mcps)序列重复一次。

　　PN 短码用于在前向和反向链路上建立同步,以及在前向链路上标识基站。标识基站的方法是为每个基站分配在相位(或称时间)偏移(offset)的一个序列,相邻的基站必须使用不同的偏移。由于 PN 短码只有一个序列,而相位移不同的序列的互相关函数值很小,可看成独立的码,因此基站获得的短码是经过偏移的短码。

　　PN 序列的最小偏移是 64 码片(chips),即 64 码片/位(64 chips/bit),因此有 $2^{15}/64=512$ 个 PN 偏移(PN Offset),也就是有 512 个偏移用于标识基站或扇区[2]。

　　在实际使用中,PN 短码要生成两个分量,分别称为 I-基站短码和 Q-基站短码。这是因为 QPSK 调制器要用两个分量:I(in-phase)和 Q(quadrature-phase),这样在硬件设计上容易实现。PN 短码生成 I/Q 两个分量的常用方法有两种,一种是 I 分量取 PN 序列的奇数号码片(chip),Q 分量取 PN 序列的偶数号码片(chip);另一种是用两个生成多项式[3]产生:

$$\begin{cases} G_I(x) = x^{15} + x^{13} + x^9 + x^8 + x^7 + x^5 + 1 \\ G_Q(x) = x^{15} + x^{12} + x^{11} + x^{10} + x^6 + x^5 + x^4 + x^3 + 1 \end{cases}$$

　　在前向信道上使用 Walsh 码扩谱和 PN 短码加扰的方法如图 26-15 所示。

---

[1]　引自 http://www.cdg.org/technology/cdma_technology/a_ross/LongCodeMask.asp。

[2]　小区(cell)通常指使用全向天线的地理区域,扇区(sector)指使用特定方向的地理区域。如果使用 3 个相隔 $120°$ 的定向天线,小区就分成 3 个扇区。

[3]　https://www.cdg.org/technology/cdma_technology/a_ross/ShortCode.asp。

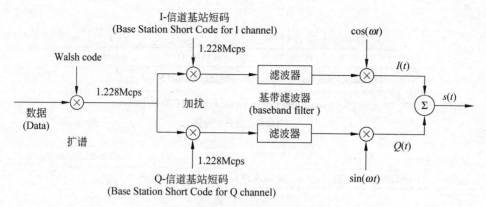

图 26-15　IS-95 前向信道上的扩谱和加扰

练习与思考题

26.1　扩谱是什么意思？

26.2　跳频扩谱(FHSS)是什么？

26.3　直接序列扩谱(DSSS)是什么？

26.4　扩谱、加扰和加密的含义是什么？

26.5　m-序列是什么？

26.6　Walsh 码在 CDMA 系统中的用途是什么？

26.7　Gold 码是不是正交码,为什么？

26.8　PN 长码在 CDMA 系统中的用途是什么？

26.9　PN 短码在 CDMA 系统中的用途是什么？

26.10　用 Matlab 编写用本原多项式 $G_1(x)=x^4+x^3+1$ 和 $G_2(x)=(x^3+x+1)$ 的 m-序列生成器,计算并绘制它们的自相关和互相关特性图。（选做）

26.11　用 Matlab 编写 $G_1(x)=x^5+x^2+1$ 和 $G_2(x)=x^5+x^4+x^3+x^2+1$ 构造的 Gold 码生成器,计算并绘制它们的自相关和互相关特性图。（选做）

参考文献和站点

[1]　National Instruments Corporation. ① Understanding Spread Spectrum for Communications. http://www.ni.com/white-paper/4450/en/,②Spread-Spectrum Communication Systems. http://www.ni.com/white-paper/14874/en/,2014.

[2]　New Wave Instruments. Linear Feedback Shift Registers. http://www.newwaveinstruments.com/resources/articles/m_sequence_linear_feedback_shift_register_lfsr.htm.

[3]　Wayne Stahnke. Primitive Binary Polynomials. mathematics of computation,volume 27,number 124,October 1973.

[4]　Harold R. Walker. Ultra Narrow Band Modulation Textbook:Chapter 15. Shannon'S Channel Capacity and BER Notes on Shannon's Limit. http://www.vmsk.org/Shannon.pdf,2014.

[5]　Spread spectrum and CDMA. http://complextoreal.com/wp-content/uploads/2013/01/CDMA.

pdf,2006.

[6] IS-95 CDMA. http://www.seas.upenn.edu/~tcom510/AdobeFiles_pdf/ch2.3.2.pdf.

[7] Michael Hendry. Introduction to CDMA. http://www.bee.net/mhendry/vrml/library/cdma/cdma.htm.

[8] What is I/Q Data. http://www.ni.com/tutorial/4805/en/,2014.（解释为什么要用 I/Q 数据）

[9] Frequently Asked Questions/How do your generators derive the I and Q signals for QPSK applications?. http://www.newwaveinstruments.com/products/faq.htm.（解释 I/Q 数据如何产生）

第 27 章　多路复用与多址接入

多路复用(multiplexing)是将不同信号源的信号连接到单条通信链路上同时传输的数据传输技术,以共享链路资源;多址接入(multiple access)①是把多个终端连接到相同网络的信道接入方法(channel access method),以共享物理网络资源,包括无线网络和有线网络。多路复用属于物理层技术,多址接入可认为属于链路层技术。

27.1　多路复用技术

27.1.1　多路复用是什么

在计算机网络和电信技术中,多路复用是把来自不同信号源的信号连接到单条通信链路上同时传输的数据传输技术,如图 27-1 所示。

图 27-1　多路复用的概念

(1) 把来自多个设备的单独信号组合成多路复用信号的装置称为多路信号复合器(multiplexer),用符号 MUX 表示;把多路复用信号分解成多个单独信号的过程称为多路分解,把实现这个功能的装置称为多路信号分离器(demultiplexer),用符号 DEMUX 表示。

(2) 通常把 MUX 和 DEMUX 之间的信道称为高速信道(high-speed channel),把信号输入到 MUX 的信道和 DEMUX 输出信号的信道称为低速信道(low-speed channels)。

(3) 通信信道是指两台设备之间传输信息的物理通道,可指有线的也可指无线的物理通道。物理通道的名称很多,如物理链路、传输媒体、传输信道等。

为保证在通信信道上的每个信号的完整性,可用时间、空间、频率和代码把它们分隔开,因此有如下几类基本的多路复用技术:

- 频率多路复用(Frequency Division Multiplexing,FDM);
- 正交频分多路复用(Orthogonal Frequency Division Multiplexing,OFDM);
- 时间多路复用(Time Division Multiplexing,TDM);
- 码分多路复用(Code Division Multiplexing,CDM);

---

① multiple access 译名很多,包括多路存取、多处访问、多路通信、多重存取、多路访问、多址联接。在无线通信系统环境下,多址接入可理解为不同地点(地址)的设备通过信道接入到网络的方法,因此本教材采用"多址接入",比较符合原意。

- 波分多路复用(Wavelength-Division Multiplexing,WDM);
- 空间多路复用(Space Division Multiplexing,SDM)。

27.1.2　频分多路复用(FDM)

频分多路复用(FDM)是将多个信号复合在单条通信链路上同时传送的技术。FDM 把物理链路的整个频带划分成一系列子频带,就像把高速公路分成多条行车道那样,每个子频带作为单独的逻辑信道(logical channel)传送一个信号源的信号。无线电广播和电视广播是使用 FDM 技术的典型例子。为避免信道之间相互干扰,每个子信道的两端都留出一个频率间隔。例如,一条具有 30kHz 带宽的线路,把它分成 3 个信道,每个信道为 10kHz,8kHz 的带宽用于传输数据,两端各留 1kHz 的带宽作为间隔,如图 27-2 所示。

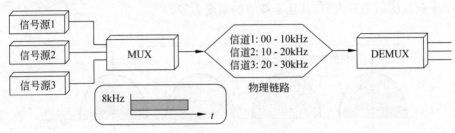

图 27-2　频分多路复用

27.1.3　正交频分多路复用(OFDM)

1. OFDM 是什么

正交频分多路复用(OFDM)是在多载波调制和频分多路复用(FDM)基础上开发的调制与复合的组合技术。有些文献将它称为调制技术,有些文献把它称为传输技术。比较全面的说法应该为:OFDM 是调制与复用的综合技术。

数字调制是用数字数据改变载波信号的频率、相位或幅度特性,FDM 是用数字数据调制多个子载波后组合在同一物理信道上,OFDM 是用数字数据调制多个相互正交的子载波后组合在同一物理信道上。子载波相互正交的意思是它们的互相关函数值为零,数学上可以验证,如果子载波是某个基频信号的谐波,那么它们是正交的。

不论是使用 OFDM 还是使用 FDM,无线高速数据传输通常将高速数据转换成低速数据,对载波调制后再复合到通信信道上,它们具有如图 27-3 所示的相同结构,但使用不同的信号处理方法。

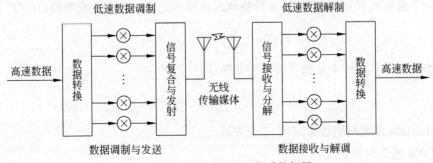

图 27-3　OFDM 与 FDM 的系统框图

2. 从 FDM 到 OFDM

从 FDM 到 OFDM,在技术上有一个重要突破,就是把非正交的子载波变成相互正交的子载波,这样就取消了子载波之间的保护频带,而在子载波之间的互相干扰又能承受。

在 FDM 中,一个给定带宽的频带被分为若干个子频带,如分成如图 27-4(a)所示的 4 个子频带,并在两个子频带之间留有一个保护频带,以避免子频带之间的相互干扰。假设它们的载波频率分别为 f_0、f_1、f_2、f_3,这些频率之间没有任何关系。

在 OFDM 中,一个给定带宽的频带被分成许多子频带,并使这些子载波相互正交,子频带之间虽有部分重叠,但相互之间的干扰在原理上为零,因此不需要设置保护频带,如图 27-4(b)所示。同样假设它们的载波频率分别为 f_0、f_1、f_2、f_3,如果子载波 f_1、f_2、f_3 是 f_0 的谐波,即 $f_1=2f_0$,$f_2=3f_0$,$f_3=4f_0$,那么它们之间就形成正交关系,在图 27-4(b)上体现为,当一个子载波的幅值最大时,其他子载波的幅度为零。

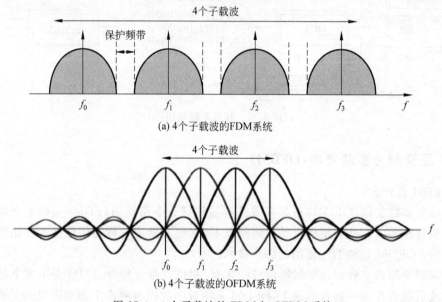

(a) 4个子载波的FDM系统

(b) 4个子载波的OFDM系统

图 27-4 4 个子载波的 FDM 与 OFDM 系统

常规的调制技术(如 AM、PM、FM、BPSK、QPSK)是单载波调制技术。在 OFDM 中,把一个高速数据流转换成并行的低速数据流,对多个相互正交的子载波进行调制,每一个子载波使用常规的数字调制技术,如 BPSK、QPSK、QAM 或其他数字调制技术。

在正交子载波的调制中,频域样本转换到时域样本是快速傅里叶反变换(IFFT):

$$x(t) = \sum_{k=-N/2}^{N/2-1} X[k] e^{j2\pi kt/N} \tag{27-1}$$

从时域样本转换到频域样本是快速傅里叶变换(FFT)[8][9]:

$$X[k] = \frac{1}{N} \sum_{t=-N/2}^{N/2-1} x(t) e^{-j2\pi kt/N} \tag{27-2}$$

因此,OFDM 系统框图通常用图 27-5 表示。

3. OFDM 的工作过程

假设用 N 个相互正交的子载波来发送数据 $D=\{d_0,d_1,\cdots,d_n\}$,现使用图 27-6 来说明

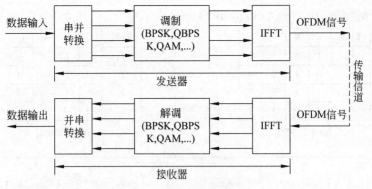

图 27-5　OFDM 系统框图

OFDM 调制的基本概念,工作过程如下:

(1) 通过串并转换器将高速数据流变成 N 个低速数据流 $c_0, c_1, c_2, \cdots, c_{N-1}$。

(2) 选择数字调制方法,如 BPSK、QPSK、QAM 或其他。

(3) 使用星座映射器(constellation mapper),实际上是一个查找表(Look Up Table,LUT),把数字数据转换成用 -1 和 $+1$ 表示的二进制数字信号,输出 $s_0, s_1, \cdots, s_{N-1}$。

(4) 用 N 个低速数据流 $(s_0, s_1, \cdots, s_{N-1})$ 对 N 个正交子载波 $(f_0, f_1, \cdots, f_{N1})$ 进行调制,产生 N 个输出 $(k_0, k_1, \cdots, k_{N-1})$。

(5) 使用求和器 $(\sum)$ 求 N 个信号 $(k_0, k_1, \cdots, k_{N-1})$ 的和,生成 OFEM 信号。

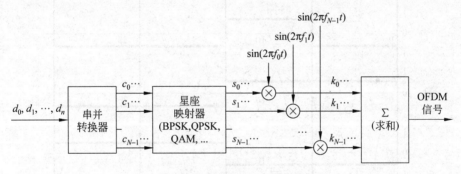

图 27-6　OFDM 发送器框图

【例 27.1】　假设使用 4 个相互正交的子载波发生数据 D=[1 0 1 0 1 1 1 0 0 0 0 1 1 0 0 1]。首先将串行数据转换成如图 27-7(a)所示的并行数据。为简单起见选择 BPSK 调制方法,将并行数据转换成如图 27-7(b)所示的二进制数字,分别对 4 个子载波进行调制,如图 27-7(c)所示,得到串行的 4 个 OFDM0~4 信号。经过数据调制后,4 个子载波的时域波形如图 27-8 所示。

4. OFDM 的应用

在无线通信系统中,使用 OFDM 除了可提高频率资源的利用率外,还有一个重要特性,使用 OFDM 可降低"频率选择性衰落信道"对无线数据传输的影响。

由于信号的不同频率分量在信道上传播时会产生不同的衰落,出现多径衰落缺口(multipath fading notch),如图 27-9(a)所示,将这种通信信道称为"频率选择性衰落(frequency selective fading)信道"。在这种信道上传输数据时,宽带信号可能完全被破坏,而

发送数据：D = [1 0 1 0 1 1 1 0 0 0 0 1 1 0 0 1]

时间	t_1	t_2	t_3	t_4
c_0	1	1	0	1
c_1	0	1	0	0
c_2	1	1	0	0
c_3	0	0	1	1

(a) 串并转换

时间	t_1	t_2	t_3	t_4
s_0	1	1	−1	1
s_1	−1	1	−1	−1
s_2	1	1	−1	−1
s_3	−1	−1	1	1

(b) BPSK 映射

时间	t_1	t_2	t_3	t_4
k_0	$1 \times \sin(2\pi f_0 t)$	$1 \times \sin(2\pi f_0 t)$	$-1 \times \sin(2\pi f_0 t)$	$1 \times \sin(2\pi f_0 t)$
k_1	$-1 \times \sin(2\pi f_1 t)$	$1 \times \sin(2\pi f_1 t)$	$-1 \times \sin(2\pi f_1 t)$	$-1 \times \sin(2\pi f_1 t)$
k_2	$1 \times \sin(2\pi f_2 t)$	$1 \times \sin(2\pi f_2 t)$	$1 \times \sin(2\pi f_2 t)$	$-1 \times \sin(2\pi f_2 t)$
k_3	$-1 \times \sin(2\pi f_3 t)$	$-1 \times \sin(2\pi f_3 t)$	$-1 \times \sin(2\pi f_3 t)$	$1 \times \sin(2\pi f_3 t)$
Σ	$OFDM_0$	$OFDM_1$	$OFDM_2$	$OFDM_3$

(c) 调制正交子载波

图 27-7 使用 BPSK 调制过程举例

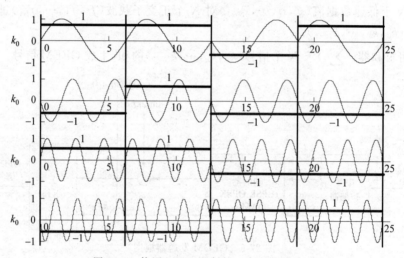

图 27-8 使用 BPSK 调制的 4 个子载波波形

设计处理这种信道的接收器又显得非常复杂。OFDM 系统使用多个子载波来传输数据，并把整个频带作为一个整体，每个子载波只携带整个数据的一部分，衰落的只是个别子载波信号，如图 27-9(b)所示，并可用编码和错误校正等方法来弥补，这就降低了频率选择性衰落对数据传输造成的影响。通俗地说，10 个 100kHz 的信道比一个 1MHz 的信道好。

有关 OFDM 的理论基础早在 20 世纪 60 年代就已奠定，OFDM 有许多的优点，但由于成本高和缺乏适用的技术，在很长一段时间里都停留在纯理论上。随着能够高速处理快速傅里叶变换(FFT)和傅里叶反变换(IFFT)的廉价微芯片的出现，这种状况已经完全改变。如今，OFDM 已应用于各种应用系统，例如，数字声音广播(DAB)、数字电视广播(DVB)、无线局域网(WLAN)、微波接入全球互通 (WiMAX)、非对称数字用户线路(ADSL)、4G LTE 移动通信、电力线通信等。

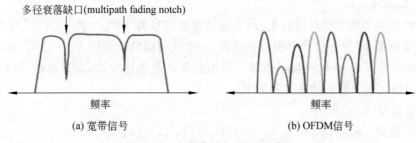

(a) 宽带信号　　　　　　　　　　　(b) OFDM信号

图 27-9　宽带信号与 OFDM 信号

27.1.4　时分多路复用（TDM）

时分多路复用（TDM）是在单条通信链路上同时发送多个信号的技术。在 TDM 中，来自不同信道的信号经过缓存后，把每个信号都分成小段，通过多路复用器把它们轮流输出到单条通信链路上。例如，将 A、B、C 信号分别分成：

A＝A1，A2，A3，…

B＝B1，B2，B3，…

C＝C1，C2，C3，…

经过时分多路复用器后的输出就变成：

MUX（ABC）＝A1，B1，C1，A2，B2，C2，A3，B3，C3，…

为便于理解 TDM 的工作原理，把每个信号只分成 3 段，而且每段信号的时间长度是固定的，信号的传输过程如图 27-10 所示。

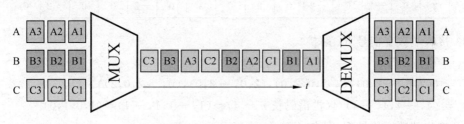

图 27-10　时分多路复用

27.1.5　码分多路复用（CDM）

码分多路复用（CDM）是把多个用户的数字信号组合到公共频带上同时传输的数据传输技术。码分多路复用（CDM）是在直序扩谱（DSSS）基础上开发的调制技术，扩谱是用一个比较长的码序列代替 1 和 0。码分多路复用（CDM）的基本思想是，给每个用户分配一个相互正交的码序列，用它调制用户的数字数据，将它们复合后发送到传输链路上，在接收端利用码序列的正交性区分每个用户的数据，这就是码分的意思。

为理解 CDM 的原理，现以一个比较直观的例子来说明。这个例子没有考虑信道上的噪声，而且省略了许多环节，如收发双方的同步建立过程。

【例 27.2】　假设有两个发送者 A 和 B，A 用扩谱码 $C_A＝1100$，发送数据 $S_A＝1010$，使用外积创建的扩谱信号 $T_A＝S_A\otimes C_A$；B 用扩谱码 $C_B＝1001$，发送数据 $S_B＝1011$，使用外积创建

的扩谱信号 $T_B = S_B \otimes C_B$。

将扩谱后的两个数字信号进行复合,生成的复合信号为 $T_{A+B} = T_A + T_B$,然后发送到物理链路上。在接收端,将复合信号分别与发送者 A 和 B 相同的扩谱码 $C_{LA} = 1100$ 和 $C_{LB} = 1001$ 做内积,重构发送者 A 和 B 的数字信号。借用数学上的表达方式,发送者的数字信号 S_A 和 S_B 的扩谱、多路复用和解扩的全过程如下。

(1) 数字信号 S_A 的扩谱。

数据和扩谱码: $S_A = (1, -1, 1, -1)$, $C_A = (1, 1, -1, -1)$

扩谱后的信号: $T_A = S_A \otimes C_A$

$$T_A = (1, -1, 1, -1) \otimes (1, 1, -1, -1)$$
$$= (1, 1, -1, -1, -1, -1, 1, 1, 1, 1, -1, -1, -1, -1, 1, 1)$$

(2) 数字信号 S_B 的扩谱。

数据和扩谱码: $S_B = (1, -1, 1, 1)$, $C_B = (1, -1, -1, 1)$

扩谱后的信号: $T_B = S_B \otimes C_B$

$$T_B = (1, -1, 1, 1) \otimes (1, -1, -1, 1)$$
$$= (1, -1, -1, 1, -1, 1, 1, -1, 1, -1, -1, 1, 1, -1, -1, 1)$$

(3) 扩谱后的信号复合。

扩谱后的数字信号 T_A 与数据信号 T_B 复合: $T_{A+B} = T_A + T_B$。

T_A	1	1	-1	-1	-1	-1	1	1	1	1	-1	-1	-1	-1	1	1
T_B	1	-1	-1	1	-1	1	1	-1	1	-1	-1	1	1	-1	-1	1
T_{A+B}	2	0	-2	0	-2	0	2	0	2	0	-2	0	0	-2	0	2

(4) 接收端数字信号 R_A 解扩。

$R_A = T_{A+B} \cdot C_{LA}$, $C_{LA} = (1, 1, -1, -1)$

$R_A = ((2, 0, -2, 0), (-2, 0, 2, 0), (2, 0, -2, 0), (0, -2, 0, 2)) \cdot (1, 1, -1, -1)$

$= (4, -4, 4, -4)/4$(扩谱码长 $n = 4$)$\Rightarrow (1, -1, 1, -1) \Rightarrow (1, 0, 1, 0)$

(5) 接收端数字信号 R_B 解扩。

$R_B = T_{A+B} \cdot C_{LB}$, $C_{LB} = (1, -1, -1, 1)$

$R_B = ((2, 0, -2, 0), (-2, 0, 2, 0), (2, 0, -2, 0), (0, -2, 0, 2)) \cdot (1, -1, -1, 1)$

$= (4, -4, 4, 4)/4$(扩谱码长 $n = 4$)$\Rightarrow (1, -1, 1, 1) \Rightarrow (1, 0, 1, 1)$

在扩谱-多路复合-解扩计算过程中,每个信号的波形如图 27-11 所示。

码分多路复用(CDM)存在自身的固有干扰。从图 27-11 上可以看到,两个发送者发送的信号复合到链路上时,复合信号的幅度就出现相加、相减或相互抵消的情况。如果复合的用户信号越多,复合后的幅度可能就越大,加上使用的扩谱码不一定完全正交,从而导致接收器不能正确解扩,以还原发送端发送的数据,这种物理现象称为多址接入干扰(Multiple Access Interference,MAI),简称多址干扰。

27.1.6 波分多路复用(WDM)

波分多路复用(WDM)是光纤通信用的一种技术,使用不同波长即颜色不同的激光,把多

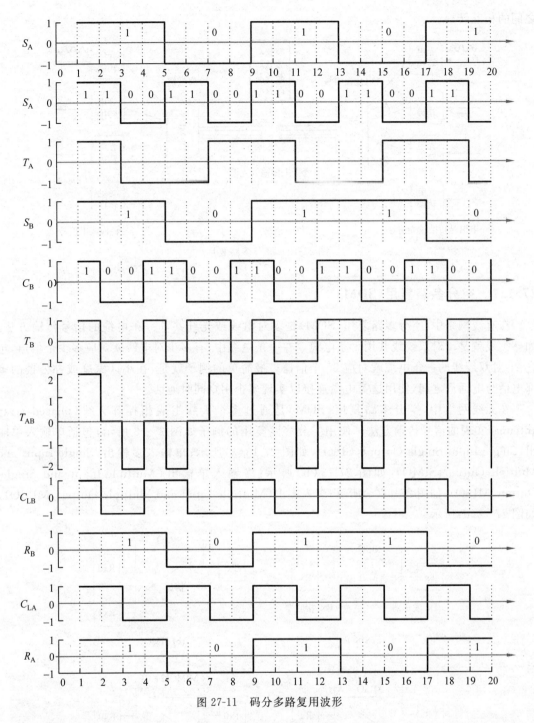

图 27-11　码分多路复用波形

个光载波信号复合到单条光纤。WDM 的概念在 1978 年首次出现,WDM 系统于 1980 年在实验室首次实现。WDM 这个术语用于光载波,因为它通常用波长来描述,而 FDM 运用于无线电载波,因为它通常用频率来描述。

图 27-12 是 WDM 的概念图。图中的 MUX 用于将不同波长的激光组合到单条光纤中,DEMUX 用于将组合的光信号分解成不同波长的光信号,光电转换模块用于光信号与电信号

之间的相互转换。

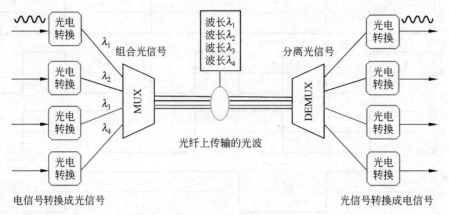

图 27-12　波分多路复用

27.1.7　空分多路复用(SDM)

在有线网络中,空分多路复用(SDM)是多对电线或光纤共享一条电缆的信号传输方法,如 5 类线就是 4 对双绞线共用 1 条电缆。在一条电缆中,有多少对电线就对应多少个信道,包含 25 对双绞线的一条电缆就对应 25 个信道。最简单的例子就是,在小区家庭或办公楼的多部电话与电话局之间,使用这类电缆连接以实现多个用户同时通话。

在无线网络中,空分多路复用(SDM)是通过多个天线组成相控阵天线(phased array antenna)实现的信号传输方法。使用空分多路复用的例子如图 27-13 所示,包括单输入单输出(Single Input Single Output,SISO),如图 27-13(a)所示;单输入多输出(Single-Input and Multiple-Output,SIMO),如图 27-13(b)所示;多输入单输出(Multiple-Input and Single-Output,MISO),如图 27-13(c)所示;多入多出(Multiple-Input and Multiple-Output,MIMO),如图 27-13(d)所示。

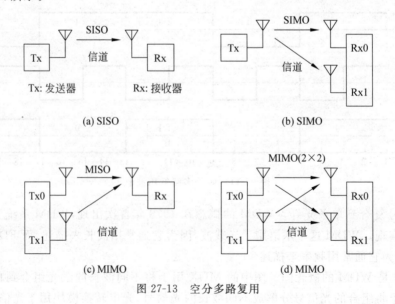

图 27-13　空分多路复用

27.2 多址接入方法

27.2.1 多址接入是什么

多址接入(multiple access)是把多个终端(用户)连接到相同网络的信道接入方法(channel access method),用于扩大物理网络的用户容量,让更多的用户同时接入网络。

在移动通信系统中,多址接入是指通过共享无线电频谱将同一区域的多个移动终端接入到基站(BS)。多址接入的原理是利用正交函数的互不相关特性。因为传输信号可以表达为时间、频率和码序列的函数,采用正交分割方法可将传输信号变成正交函数。根据这个原理,开发了多种的多址接入法,例如:

(1) 频分多址接入(FDMA):不同用户在同一时间内使用不同的频带。

(2) 时分多址接入(TDMA):不同用户在同一频带内使用不同的时间槽。

(3) 正交频分多址接入法(OFDMA):不同用户使用不同的子载波子集。

(4) 码分多址接入(CDMA):不同用户使用不同正交码在同一时间内使用同一频带。

27.2.2 频分多址接入(FDMA)

频分多址接入(Frequency Division Multiple Access,FDMA)是广泛用在卫星、电缆和无线网络中的信道接入方法,可以说是最成熟的多址接入方法之一。

FDMA 把通信系统的总带宽划分成若干个等间隔的窄带,如 30kHz,称为子频道或子信道,这些频道互不重合。每个频道是一个通信信道,可传输一路语音或控制信息,分配给不同的用户使用。如图 27-14 所示,图中有 3 个用户(用户 1、用户 2 和用户 3),把整个频道分割成子频道后给每个用户分配一个频道,在相同的时段(T_d)里实现多个用户同时通信,提高了信道的利用率。

FDMA 是在模拟通信技术基础上开发的通信技术。频谱的划分实际上是给单个用户指定载波频率,把基带信号搬迁到指定的子频道。每个子频道只能单方向传输,要支持双向即全双工通信,就需要两个子频道,一个用于发送一个用于接收。使用 FDMA 的一个例子是第一代(1G)模拟蜂窝通信系统。在这个系统中,给每个电话呼叫分配两个特定的频率信道,一个称为上行频率信道,一个称为下行频率信道,把他们通话的声音信号调制到特定的载波信号上。在数字蜂窝系统中,则很少单独采用频分多址接入方法。

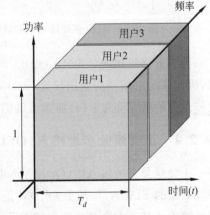

图 27-14 频分多址接入(FDMA)

频分多址接入(FDMA)的优点是技术成熟、稳定、容易实现且成本较低。在移动通信系统中,FDMA 体现的主要缺点是频谱利用率较低,因此用户的容量小,越区切换比较复杂,基站设备庞大,功率损耗大等。

27.2.3 时分多址接入（TDMA）

时分多址接入（Time Division Multiple Access，TDMA）是在时分复用（TDM）技术上开发的一种流行的多址接入方法，是第二代移动通信的标准。TDMA 改进了频带的使用方法，它的基本思想是所有用户在不同的时间里使用相同的频带。在 TDMA 中，把时间分成周期性的帧（frame），每一帧再分割成若干时间槽（timeslot），也称时隙或时间片。一个时间槽是一个通信信道，分配给一个用户使用，其他同用户在不同的时间槽里，使用相同的频带进行通信。从理论上说，这样做可把每个用户传输的数据流彻底分开，如图 27-15 所示。

虽然 TDMA 在相同频带上增加了同时通信的用户数，但因多个用户在不同的时间槽里通信，就增加了分配时槽和管理同步的复杂性，在切换时槽过程中，容易产生干扰。

TDMA 通常与 FDMA 联合使用，如图 27-16 所示。例如，第一组用户（1、2、3）使用相同的一个频带，第二组用户（4、5、6）使用一个相同的频带，第三组用（7、8、9）使用一个相同的频带，这样就提高了同时使用传输媒体的用户数。

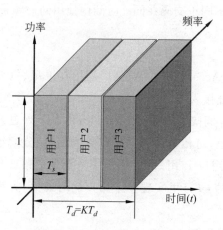

图 27-15　时分多址接入（TDMA）

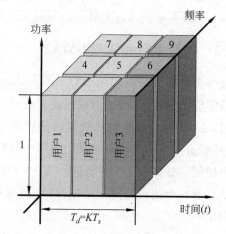

图 27-16　TDMA 与 FDMA 联合使用

与频分多址接入（FDMA）相比，时分多址接入（TDMA）具有如下特点：（1）频带利用率高，因此系统的用户容量比较大；（2）降低了基站设计的复杂度；（3）除承载语音业务外，还可支持低速的数据业务；（4）通信系统需要精确的定时和同步。

27.2.4 正交频分多址接入（OFDMA）

正交频分多址接入法（Orthogonal Frequency Division Multiple Access，OFDMA）是一种特殊类型的 FDMA，是基于 OFDM 的多用户同时接入无线高速网络的方法。OFDMA 实现多址接入的基本方法是给每个用户分配一个 OFDM 子载波子集。

在有些 OFDM 系统中，使用时分多路复用（TDMA）技术为多用户提供接入服务。如图 27-17(a)所示，传输系统给用户 1 分配 3 个子载波，用户 2 分配 2 个子载波，用户 3 分配 4 个子载波。图中的"符号（时间）"表示 4 个符号的时间，可理解为调制子载波的脉冲。这是一种切实可行和简单明了的方法，但在频谱资源和时间资源的利用方面，不是很灵活和有效。使用动态资源分配方法虽然比较复杂,但安全性和稳健性方面相对较高。

OFDMA 是 OFDM 技术为多用户提供接入服务的有效延伸。在 OFDMA 系统中,把可用资源分解为子载波和符号(时间)两个相互正交的基本元素,中央系统的调度程序可根据用户需求和信道的情况,给用户独立分配子载波和时间资源。

例如,在使用 LTE(长期演进)技术的移动通信标准中,下行数据传输使用 OFDMA 的一种实施方案如图 27-17(b)所示。该图是多种数据速率复合的简化视图,显示的是在 OFDMA 数据帧中的一个子集,由子载波和符号组成。OFDMA 的实施方法通常是将不同数量的子载波和时间分配给不同的用户,子载波也可使用不同的调制方法得到不同的数据速率,这样就可为不同用户提供不同的数据速率和适应不同的信道环境。

在 OFDMA 系统中,单个用户的子载波和符号可以是连续的、非连续的或它们的组合。这种灵活性可使系统根据数据特性和用户需求分配子载波和时间资源。例如,实时视像数据流需要恒定的高速数据速率,上网需要间歇性的高速数据速率,语音传输尽管具有高优先级,但只需要连续的低速数据速率。

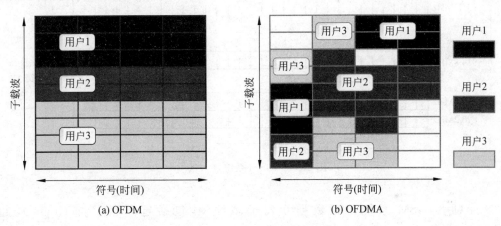

图 27-17 OFDM 与 OFDMA[①]

27.2.5 码分多址接入(CDMA)

码分多址接入(code division multiple access,CDMA)是第二代(2G)数字蜂窝通信系统中的一种信道接入方法,是开发第三代(3G)数字蜂窝通信系统的基础。

码分多址接入(CDMA)是在扩谱技术和码分多路复用(CDM)技术基础上实现的多信道接入法。在采用 CDMA 移动通信系统中,多个用户通信时,使用的频带和时间都是相同的,但给每个用户分配的码序列是不同的,如图 27-18 所示,使用不同的码序列区分不

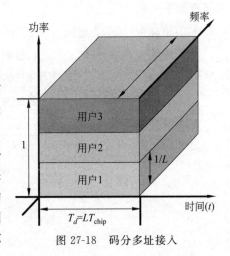

图 27-18 码分多址接入

---

① 引自 Keysight Technologies. OFDMA Introduction and Overview for Aerospace and Defense Applications,2014。

同移动用户的信道,这就是码分多址接入法(CDMA)的含义。

27.2.6 GSM 系统的接入法

现以全球移动通信系统(GSM)系统为例,说明多址接入方法的应用。GSM 系统使用频分多址/时分多址(FDMA/TDMA)混合的多址接入法,如图 27-19 所示。GSM 系统的上行频带为 890~915MHz,下行频带为 935~960MHz;基站到移动台(下行/前向链路)和移动台到基站(上行/反向链路)各用 124 个信道,每个信道的带宽为 200kHz;每个信道容纳 8 个用户,使用 8 个时槽(time slot)即时间片组成一个 TDM 帧。

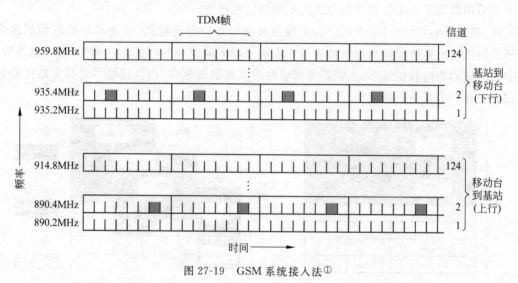

图 27-19　GSM 系统接入法[①]

设计师为 GSM 系统传输数据开发了多种帧,包括超高帧(hyperframe)、超帧(superframe)、多帧(multiframe)和帧(frame),最小的帧是由 8 个时槽组成的 TDM 帧,它们之间有如下关系:

- 1 超高帧＝2048 超帧。
- 1 超帧有两种格式:(1)1 超帧＝26 多帧,用于数据传输(traffic),时长为 120ms;(2)1 超帧＝51 多帧,用于控制,时长为 235.4ms。
- 1 多帧有两种格式:(1)1 多帧＝26 帧;(2)1 多帧＝51 帧。
- 1 帧＝8 时槽。

为对 GSM 系统的帧格式有个初步的了解,可看图 27-20 所示的多帧格式。

---

① 引自 http://www.cs.sjsu.edu/faculty/pollett/158a.12.07s/Lec21022007.pdf. 2007。

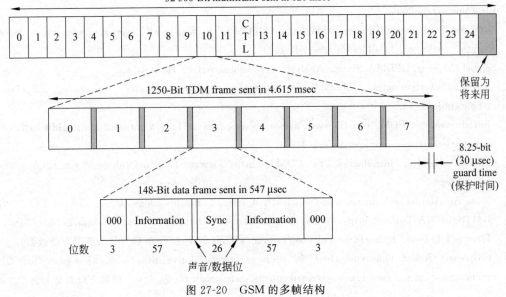

图 27-20　GSM 的多帧结构

练习与思考题

27.1　多路复用是什么?

27.2　多址接入是什么?

27.3　多路复用和多址接入有什么区别?

27.4　用 Matlab 编写 CDM(码分多路复用)原理演示程序。用户 A 使用扩谱码 $C_A =$ 1010 发送数字信号 $S_A = 10110$,用户 B 使用扩谱码 $C_B = 1100$ 发送数字信号 $S_B = 11010$,绘制扩谱-多路复合-解扩过程中各个信号的波形。(选做)

27.5　移动用户 A 和 B 都使用 CDM,给 A 分配的扩谱码为 00001111,给 B 分配的扩谱码为 01010101,用户 A 发送 1 时用户 B 发送 0,计算它们生成的复合信号。(选做)

参考文献和站点

[1]　National Instruments Corporation. Understanding Spread Spectrum for Communications. http://www. ni. com/white-paper/4450/en/, 2014.

[2]　Spread-Spectrum Communication Systems. http://www. ni. com/white-paper/14874/en/,2014.

[3]　New Wave Instruments. Linear Feedback Shift Registers. http://www. newwaveinstruments. com/ resources/articles/m_sequence_linear_feedback_shift_register_lfsr. htm,2010.

[4]　Harold R. Walker. Ultra Narrow Band Modulation Textbook:Chapter 15. Shannon'S Channel Capacity and BER Notes on Shannon's Limit. http://www. vmsk. org/Shannon. pdf,2014.

[5]　Spread spectrum and CDMA. http://complextoreal. com/wp-content/uploads/2013/01/CDMA. pdf,2006.

[6]　IS-95 CDMA. http://www. seas. upenn. edu/ ~ tcom510/AdobeFiles_pdf/ch2. 3. 2. pdf.

[7]   Gary Breed. Fundamentals of OFDM: Orthogonal Frequency Division Multiplexing. High Frequency Electronics,July 2009.

[8]   Orthogonal Frequency Division Modulation (OFDM). https://www. csie. ntu. edu. tw/~ hsinmu/ courses/_media/wn_11fall/ofdm_new. pdf,2011.

[9]   Samuel C. Yang. OFDMA System Analysis and Design. Artech House,2010.

[10]   Keysight Technologies. OFDMA Introduction and Overview for Aerospace and Defense Applications,2014.

[11]   Introduction to OFDM. http://www. gaussianwaves. com/2-111/-15/introduction-to-ofdm-orthogonal-frequency-division-multiplexing-2/,2011.

[12]   Michael Hendry. Introduction to CDMA. http://www. bee. net/mhendry/vrml/library/cdma/cdma. htm.

[13]   Mosa Ali Abu-Rgheff. Introduction to CDMA Wireless Communications. USA:Elsevier Ltd,2007.

[14]   UMTS. CDMA Tutorial. http://www. umtsworld. com/technology/cdmabasics. htm,2014.

[15]   What is I/Q Data. http://www. ni. com/tutorial/4805/en/,2014. (解释为什么要用 I/Q 数据)

[16]   Frequently Asked Questions/How do your generators derive the I and Q signals for QPSK applications?. http://www. newwaveinstruments. com/products/faq. htm. (解释 I/Q 数据如何产生)

第28章 有线宽带接入

因特网接入(Internet access)是指将固定设备、移动设备或网络接入到因特网,宽带因特网接入(broadband Internet access)简称为宽带接入(broadband access),是指接入因特网的上行速度和下行速度达到宽带的基准速度。进入21世纪后,宽带接入技术发展非常迅速。宽带接入技术分成有线宽带接入、无线宽带接入和移动宽带接入三种类型。

本章主要介绍宽带接入概念、电话线路宽带接入、光纤网络宽带接入和有线电视电缆接入。电话线路和电视电缆接入都是利用现有的网络设施将计算机接入到因特网,光纤宽带接入是用全新的宽带接入网络,也可全部或部分取代电话和电视的本地回路。

28.1 宽带接入与多媒体应用

宽带接入的宽带到底是多宽,宽带接入有哪几种类型,与多媒体应用有什么关系,这些是本小节要回答的问题。

28.1.1 宽带基准速度(2015)

20世纪80年代中期,因特网接入的主要方法有两种,将个人计算机直接接入到局域网,或者使用调制解调器和模拟电话线路通过拨号接入到因特网。那时局域网的典型速度为10Mbps,其后逐步提升到100Mbps、1000Mbps。调制解调器的速度从1200bps一直提升到20世纪90年代的56kbps,现在可达到数Mbps。

普通民众使用因特网始于20世纪90年代,通过拨号上网访问因特网。21世纪初开始使用宽带接入,称为高速因特网接入(high-speed Internet access)。

1. 频带的度量单位

在模拟通信中,频带用于描述信道对信号频率的响应范围,用Hz、kHz、MHz或GHz度量。在数字通信中,频带用于描述信道的数据传输速度,用bps、kbps、Mbps、Gbps或其他单位度量,见表28-1。

表 28-1 数据传输速率度量单位

英　　文	中　　文	幂次	英　文　符　号			位　　　数	
Kilobit/s	千位秒	10^3	kbit/s	kb/s	kbps	1,000bit/s	1000b/s
Megabit/s	兆位秒	10^6	Mbit/s	Mb/s	Mbps	1,000kbit/s	1000kb/s
Gigabit/s	千兆位秒	10^9	Gbit/s	Gb/s	Gbps	1,000Mbit/s	1000Mb/s
Terabit/s	太(拉)位秒	10^{12}	Tbit/s	Tb/s	Tbps	1,000Gbit/s	1000Gb/s
Petabit/s	拍(它)位秒	10^{15}	Pbit/s	Pb/s	Pbps	1,000Tbit/s	1000Tb/s

2. 宽带的基准速度

频带(band)指信道的频率范围(带宽),分成宽带(broadband)和窄带(narrowband)。宽和窄是相对的,宽带和窄带之间没有精确的边界,它们的定义也是与时俱进。

宽带通常用宽带基准速度(broadband benchmark speed)来界定。2010年设置的宽带基准速度:下行为4Mbps,上行为1Mbps。2015年1月29日,美国联邦通信委员会(FCC)[①]投票决定,从2015年2月开始,将宽带基准速度改为:

- 宽带下行速度从4Mbps提高到25Mbps(4Mbps⇒25Mbps)
- 宽带上行速度从1Mbps提高到3Mbps(1Mbps⇒3Mbps)

28.1.2 宽带接入类型

因特网接入可分成宽带接入(broadband access)和窄带接入(narrowband access)。宽带接入是指通过高速网络接入因特网,上行速度为3Mbps,下行速度为25Mbps;窄带接入相对于宽带接入而言,其含义不言而喻,过去定义的窄带接入速度是150bps、2400bps、64kbps,最高为T1速率(1.544Mbps)。

以宽带基准速度将固定或移动设备接入因特网的宽带接入分成如下三种类型:

(1) 有线宽带接入(hardwired broadband access),包括数字订户线(DSL)、电缆因特网接入(cable Internet access)、光纤接入(FTTX)、输电线宽带(broadband over power lines,BPL)以及已逐步被淡化的综合业务数字网(ISDN)等。

(2) 无线宽带接入(wireless broadband access),包括无线个人网(WPAN)、无线局域网(WLAN/Wi-Fi)、无线城域网(WMAN/WiMAX)和卫星宽带(satellite broadband)等。

(3) 移动宽带接入(mobile broadband access),包括第三代(3G)、第四代(4G)、第五代(5G)蜂窝移动网络以及IEEE 802.20(MBWA)网络。

移动宽带接入是市场术语,理应属于无线宽带接入,但还是把它当成单独的一类,也便于教材内容的组织。表28-2列出了有线和无线接入的部分技术及其带宽和传输距离。

表28-2 部分接入技术及其带宽和传输距离[②]

服务	传输媒体	下行速率(Mb/s)	上行速率(Mb/s)	最长距离(km)
ADSL	双绞线	8	0.896	5.5
ADSL2	双绞线	15	3.8	5.5
VDSL1	双绞线	50	30	1.5
VDSL2	双绞线	100	30	0.5
HFC	同轴电缆	40	9	25
BPON	光纤	622	155	20
GPON	光纤	2488	1244	20

---

① 引自 https://www.fcc.gov/reports/2015-broadband-progress-report. FFC=Federal Communications Commission。

② L. G. Kazovsky (Stanford University). Ning Cheng (Huawei Technologies Co. Ltd). Broadband Access Technologies:An Overview. 2011。

服务	传输媒体	下行速率（Mb/s）	上行速率（Mb/s）	最长距离（km）
EPON	光纤	1000	1000	20
Wi-Fi	自由空间	54	54	0.1
WiMAX	自由空间	134	134	5

28.1.3　多媒体应用需求

在因特网上已经开发了很多多媒体应用,见表 28-3,如影视点播、电视会议、电子学习(e-learning)和互动游戏等。多媒体应用需要高的数据传输速率,如简称为"标清"的标准清晰度电视(STDV)就要求每个信道的数据速率不低于 4.5Mbps。

表 28-3　多媒体应用及其带宽需求[①]

应　　用	带宽	延迟时间	其他要求
网络电话(Voice over IP,VoIP)	64kb/s	200ms	保护
电视会议(video conferencing)	2Mbps	200ms	保护
文件共享(file sharing)	3Mbps	1s	
标清电视(SDTV)	4.5Mbps/ch	10s	多播
互动游戏(interactive gaming)	5Mbps	200ms	
远程医疗(telemedicine)	8Mbps	50ms	保护
实时电视(real-time video)	10Mbps	200ms	内容分发
影视点播(video on demand)	10Mbps/ch	10s	包丢失率低
高清电视(HDTV)	10Mbps/ch	10s	多播
网络托管软件(Network-hosted software)	25Mbps	200ms	加密

多媒体应用已逐步渗透到我们工作和生活的各个领域。向每个家庭和每个用户提供多媒体服务,需要构建宽带接入网络才能连接到互联网服务提供商(ISP),ISP 和最终用户之间的链路(link)被称为最后 1 英里(1.6 公里)。

接入网络是当前互联网基础设施中的薄弱环节。虽然在全球大部分地区已经开通和使用信息高速公路,但是大多数用户通往信息高速公路的"1.6 公里"仍然是羊肠小道,坑坑洼洼,崎岖不平,因此宽带接入将是今后相当长一段时间的热点技术。

28.2　有线网络的基础设施

有线宽带接入主要是指使用调制解调器的宽带接入技术,包括电话线接入、光纤宽带接入、有线电视电缆接入和电力线接入。为更好地理解因特网接入技术,需要对有线网络的基础

[①] L. G. Kazovsky (Stanford University). Ning Cheng (Huawei Technologies Co. Ltd). Broadband Access Technologies: An Overview. 2011.

设施有所了解。

28.2.1 因特网的基础设施

理解因特网接入技术,可从图28-1所示的因特网基础设施开始。因特网的顶层是主干网(backbone),它是由高速大容量路由器、超大型计算机和光纤通信链路组成的高速网络,提供高速的路径选择和数据传输。

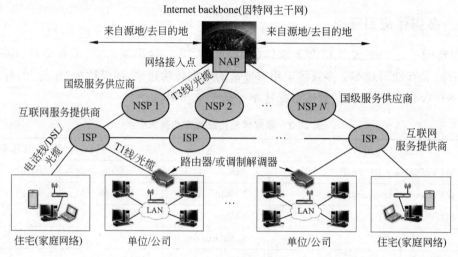

图 28-1　因特网基础设施

网络接入点(Network Access Point,NAP)是美国公共网络交换设备所在地,1995年因特网走向商业化时,建立了四个官方的网络连接点,其中三个由电话公司运营。这些网络接入点相互连接在一起,维护因特网主干网(Internet backbone)。

国级服务供应商(National Service Provider,NSP)是拥有高速网络的公司,维护其管辖的大型路由器、高速计算机和通信链路等基础设施,提供国内外的数据交换服务。NSP的设备与网络接入点(NAP)相连,因此NSP还要维护与因特网主干网相连的链路。

互联网服务提供商(ISP)是为个人、公司或其他组织提供因特网接入服务的商业机构或组织,因此ISP也称互联网接入提供商(Internet Access Provider,IAP)。ISP要从国级服务供应商(NSP)那里获取上网连接权限的带宽,提供的服务通常限于一个城市或地区。

从图28-1中可看到,因特网接入主要是指单位或公司的局域网和家庭网络接入到因特网。局域网(LAN)通常用路由器或调制解调器通过T1线或光缆连接到ISP管辖的网络,家庭网络通常用调制解调器通过电话线或光缆连接到ISP管辖的网络。不论用何种方式连接,连网的计算机都是因特网的一部分,都可获取同等的服务。

28.2.2 电话网的基础设施

公共交换电话网络(PSTN)是由全世界的电路交换电话网络(circuit-switched telephone networks)构成的通信网络,提供声音和数据通信服务。PSTN网络由电话线、光纤电缆、微波传输链路、蜂窝网络、通信卫星和海底电缆组成,遵照ITU-T创建的技术标准,通过交换中心(switching center)把它们相互连接在一起,因此大多数用户都可以相互通信。

PSTN 网络是在简易老式电话系统(Plain Old Telephone System/ Service，POTS)基础上开发的，因此 PSTN 网络有时也被称为 POTS 系统。POTS 通常是指使用 4 根彩色电线的电话服务系统，从 20 世纪初期出现直到 80 年代，只提供模拟电话服务，没有任何附加的功能，提供的服务也称"简易老式电话服务(POTS)"。

在简易老式电话系统(POTS)上，本地回路(local loop)是指从电话用户到本地电话交换局(终端局)之间的线路，如图 28-2 所示，这是用双绞线构成的回路。本地回路也称订户回路(subscriber loop)。由于这段路程是传输模拟信号的回路，因此需要新技术和设备来解决传输数字信号的问题，以克服计算机接入因特网的障碍，这就是所谓的"最后一英里"。

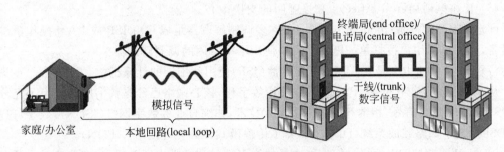

图 28-2　本地回路与干线

在公共交换电话网络(PSTN)上，传输数字信号的主要设备和线路如图 28-3 所示。

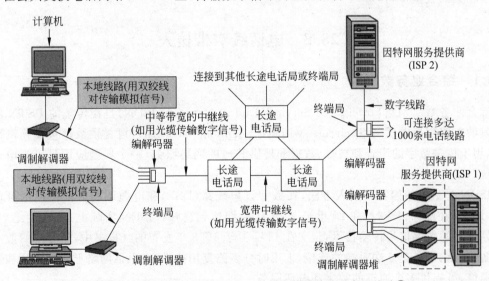

图 28-3　在公共交换电话网络上的数字信号传输设备和线路①

(1) 干线/中继线/(trunk)：在两个交换局或交换机之间的通信线路。交换局(switching office)也称电话局(Central Office，CO)，是连接指定几何区域的所有电话线的交换站，装备了为用户互连通信线路的电话交换设备，用于连接电话用户的呼叫。

(2) 调制解调器(modem)：使计算机能够通过标准电话线传输数字信号的通信设备，用

---

① 引自 http://computing.dcu.ie/~humphrys/Notes/Networks/physical.phone.html。

于模拟信号与数字信号的相互转换。发送数据时，要把计算机输出的数字信号调制成模拟信号，接收时则要将模拟信号解调成数字信号。除了传输和接收数据外，高级的调制解调器还具有自动拨号、应答和重拨等功能。

(3) 终端局(End Office，EO)：靠近家庭或办公室的电话交换局。由于从调制解调器来的信号是模拟信号，而在中继线上传输的信号是数字信号，因此在终端局中也需要模拟信号和数字信号的相互转换功能，这个功能由图中的编解码器提供。

(4) 编解码器(codec)：用于将模拟信号转换成数字信号或把数字信号转换成模拟信号的装置。它用 1962 年开发的脉冲编码调制(PCM)技术，采样频率为 8kHz。

(5) 长途电话局(toll office)：长途呼叫的交换中心。

(6) 调制解调器堆(modem bank)：由许多调制解调器组成并由 ISP 或 LAN 操作员维护的设备，允许远程用户拨打单一电话号码来使用堆中空闲的调制解调器。

(7) ISP 1 和 ISP 2 是互联网服务提供商(ISP)使用和维护的计算机。

从 20 世纪 60 年代开始，PSTN 网络开始数字化，核心网络已经是数字网络。为了充分利用 PSTN 传输数字信号，相继开发了许多接入技术，如综合业务数字网络(ISDN)，数字订户线路(DSL)，数字回路载波系统(DLC①)和异步传输模式无源光纤网络(APON)。

ISDN 已逐渐被 DSL 取代，但在国内外的许多教材和文献中还常提到，有些地方也还在使用，因此还需对 ISDN 作简单介绍。DLC 技术已被其他系统采用，有兴趣的读者可在网上找到许多相关的技术资料。

28.3　电话线窄带接入

28.3.1　综合业务数字网

综合业务数字网络(Integrated Services Digital Network，ISDN)是在传统的 PSTN 网络上开发的电路交换电话网络(circuit-switched telephone network)，可提供数据包交换网络的功能，用于传输数字的声音和视像、数据和提供其他的网络服务，一个典型应用是可视电话会议系统(video conference)。

ISDN 是最早的因特网接入方法，在数字订户线路(DSL)和电缆调制解调器技术可使用之前，ISDN 在欧洲很流行，在 20 世纪 90 年代后期达到高峰。ISDN 实际上是 20 世纪 70 年代开始开发的数字信号传输技术，定义在 ITU-T 于 1988 年发布的红皮书中，用专门的数字交换设备和传输设备建立端对端的连接，采用时分多路复用技术，在电话网络上实现电话和数据同时通信，可提供多个通道的数字和电话服务。

ISDN 使用 64kbps 电路交换通道(称为 B 通道)传送声音和数据，使用单独的电路交换通道(称为 D 通道)传输控制信息。ISDN 提供两种服务：基本速率接口(BRI)基本服务和主速率接口(PRI)高速服务。

BRI (Basic Rate Interface)基本服务是由 2 个 64kbps 的 B 通道和 1 个 16kbps 的 D 通道组成，简称为 2B+D。两个 B 通道用于传输声音、电视和数字数据，D 通道用于传输控制信

---

①　DCL(Digital Loop Carrier)称为"数字回路载波"系统，它是使用现有电话线路的数字信号传输系统，用于扩展终端局(end office)的交换功能。

息。如果两个通道联结在一起使用,它的总带宽就为 144kbps。

PRI(primary rate interface)高速服务是由 23 个 B 通道和一个 64kbps 的 D 通道组成,简称为 23B+D,与 T1 线路带宽(1.544Mbps)对应。当几个通道联结在一起时就可得到速度更高的数据传输服务。例如,当 6 个通道联结在一起可得到 384kbps 的带宽,使用这种带宽就可召开高质量的电视会议。在欧洲,PRI 由 30 个 B 通道和 1 个 D 通道组成,简称为 30B+D,与 E1 线路带宽(2.048Mbps)对应。

28.3.2 拨号上网接入

由于从家庭或办公室到最近的电话交换局的线路使用模拟信号传输,因此要用调制解调器将数字信号转换成模拟信号,然后再转换成数字信号进入到因特网。使用拨号方式,将计算机连接到因特网的方法称为"拨号因特网接入(dial-up Internet access/connection)"法,俗称"拨号上网"或"拨号连网"。

拨号上网需要在互联网服务提供商(ISP)那里开设一个拨号上网账户,ISP 有了收钱的账户之后,就会给你一个上网的"用户名"和"密码"。当你的计算机要连网时,使用 ISP 给你提供的用户名和密码,ISP 的计算机系统就设法将你的计算机连接到因特网。

最早通过电话网将计算机接入因特网的调制解调器叫作声音频带调制解调器(voice band modem),就是普通的调制解调器,接入方法如图 28-4 所示。使用这种方法接入时,在客户端和 ISP 端(电话局或网络中心)都要安装调制解调器。从图中可看到,计算机与调制解调器之间传输的数字信号是 0 和 1,而调制解调器与 ISP 的调制解调器之间传输的是代表 0 和 1 的模拟信号,如采用幅移键控(ASK)调制的信号。

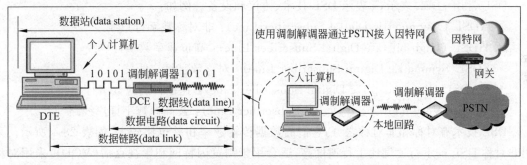

图 28-4　使用调制解调器通过 PSTN 接入因特网

数据传输速率最高的调制解调器是 56K 调制解调器,它是运行在简易老式电话服务系统(POTS)上的非对称调整解调器,其下行速率可达 56kbps,上行速率可达 33.6kbps。

在数据通信中,将担当数据源角色、数据接收器角色或两种角色都具备的设备称为数据终端设备(Data Terminal Equipment,DTE),如图 28-4 中的计算机。在网络上建立、维持和释放会话的设备称为数据通信设备(Data Communication Equipment,DCE),如图 28-4 中的调制解调器(modem)。DCE 是中间设备,它把来自 DTE 输入的数字信号转换成模拟信号之后发送到电话线上,或者相反。

28.4　电话线宽带接入

使用普通的调制解调器,通过拨号上网接入因特网的速度低,在上网期间也不能使用电话。为满足多媒体应用的需求而又能同时使用电话,开发了各种 DSL 技术,利用普通电话线路将计算机高速接入因特网。

本节主要介绍电话线宽带因特网接入(broadband Internet access)的原理和国际标准。

28.4.1　DSL 接入技术概要

1. DSL 是什么

DSL(Digital Subscriber Line)/数字订户线路是使用数字编码的因特网宽带接入技术,通过标准电话线把计算机连接到因特网,可大幅度地提高地区普通电话线路传输影视数据和其他数据的速度。使用 DSL 接入因特网,运行时可以不受电话系统的约束,电话公司既可提供数字服务而又不锁定电话线路。

DSL 技术始于 20 世纪 90 年代,在电话线的两端(客户端和电话交换局)都用 DSL 调制解调器(DSL modem),将电话线的整个通道分成电话通道、上行通道和下行通道,也就是将电话线的频带分成高低两个频带,低频段的频带用于普通电话,高频段的频带用于传输数据。这样做的想法是源于电话线本身的特性,因为电话线是双绞线,电话服务只用电话线带宽的一部分(300~3400kHz),其余的频带可用于传输数字数据,而不影响电话的使用。

2. DSL 的性能

DSL 常用 xDSL 表示,x 表示 DSL 技术、协议和设备。例如:

- ADSL (Asymmetric Digital Subscriber Line):非对称数字订户线
- HDSL (High bit-rate Digital Subscriber Line):高位速率数字订户线
- SDSL(Symmetric Digital Subscriber Line):对称数字订户线路
- RADSL (Rate Adaptive Digital Subscriber Line):速率自适应数字订户线
- VDSL (Very-high-speed Digital Subscriber Line):其高速数字订户线路

DSL 技术有对称和非对称之分,它们的数据传输速率相差也比较大,如表 28-4 所示。采用非对称 DSL 的下行速度比上行速度高,适合用于浏览因特网和影视点播(VOD);采用对称 DSL 的上行和下行速度相同。

表 28-4　DSL 的性能比较[①]

名称	上行带宽	下行带宽	传输距离	双绞线	对称	线路编码	电话
ADSL	16~640kbps	1.5~9Mbps	5486m	1 对	否	DMT	支持
HDSL	1.544Mbps	1.544Mbps	3657m	2 对	对称	2B1Q	—
SDSL	1.544Mbps	1.544Mbps	305m	1 对	对称	2B1Q	—

---

①　数据来源: http://www.cse.wustl.edu/~jain/cis788-97/ftp/rbb.pdf. 2004,http://whatis.techtarget.com/reference/Fast-Guide-to-DSL-Digital-Subscriber-Line. 2015。

名称	上行带宽	下行带宽	传输距离	双绞线	对称	线路编码	电话
RADSL	272kbps～1.088Mbps	640kbps～2.2Mbps	5486m	1 对	否	CAP	支持
VDSL	13～52Mbps	1.6～2.3Mbps	305～1372m	1 对	均可	DMT	支持

3. 速度与距离

DSL 的数据速率在很大程度上取决于电话交换局与电话客户之间的距离。图 28-5 表示使用第 3 类无屏蔽双绞线(UTP)的理论带宽与距离的关系。

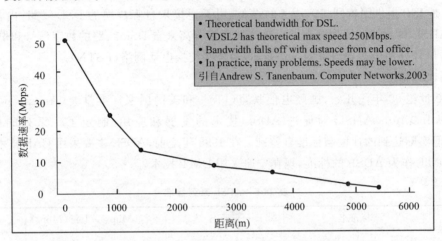

• Theoretical bandwidth for DSL.
• VDSL2 has theoretical max speed 250Mbps.
• Bandwidth falls off with distance from end office.
• In practice, many problems. Speeds may be lower.
引自Andrew S. Tanenbaum. Computer Networks.2003

图 28-5　数据传输率与电话交换局和客户端之间距离的关系

28.4.2　ADSL 接入法

ADSL 调制解调器是目前使用广泛的 DSL 调制解调器,使用普通电话线路作为传输媒体,在双绞线上的上行速度高达 1Mbps,下行速度高达 8Mbps 时,可支持大多数的多媒体应用,如电视会议、观看节目和互动游戏。ADSL 调制解调器(ADSL modem)有三个信号通道:标准电话通道、上行通道和下行通道,因此语音通话和上网互不干扰。

1. 接入方法

使用 ADSL modem 接入因特网的方案如图 28-6 所示,接入设备主要有如下两部分:

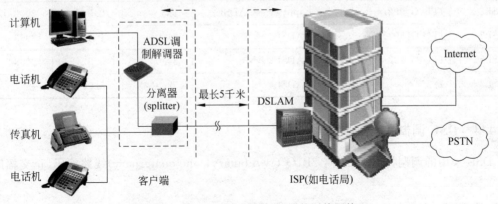

图 28-6　使用 ADSL 调制解调器的因特网接入

(1) 安装在客户端的 ADSL modem 和 DSL 分离器(DSL splitter)。前者称为远程 ADSL 收发装置(ADSL Transceiver Unit-Remote,ATU-R),用于数字信号和模拟信号之间的转换;后者也称滤波器,使用低通和高通滤波器,分离来自电话线上的电话信号和数字信号。分离器和调制解调器可以是分开的两个装置,也可以是集成在一个装置中。

考虑到成本和用户的实际需求,有些调制解调器把下行的最高数据速率定为 1.5Mbps,上行的最高数据速率定为 512kbps,这样可取消分离器。没有分离器的 ADSL 调制解调器称为无分离器 ADSL(splitterless ADSL)调制解调器,如 ADSL Lite(也称 G. lite)。

(2) 安装在 ISP 端的数字订户线路接入多路复用器(DSL Access Multiplexor,DSLAM)。DSLAM 是 ISP 提供因特网接入服务的设备,用于连接来自客户端的 DSL 线路,内含与客户对应的 ADSL 调制解调器和分离器。分离器用于分离来自 DSL 线路的数字信号和电话信号,分离后的信号分别传送到因特网(Internet)和公共交换电话网络(PSTN)。

2. ADSL 标准

从 20 世纪 90 年代开始,国际电信联盟(ITU)和美国国家标准学会(American National Standards Institute,ANSI)为促进 ADSL 技术的发展和应用,制定了一系列的标准,见表 28-5,但实际达到的速度与标准有差别。在 1996 年之前,ADSL 主要采用 CAP 技术,ITU-T 则选择 DMT 作为 ADSL 的标准,现在普遍采用 DMT 技术。

表 28-5   ADSL 系列标准[①]

版本	标准名	普通名	下行(Mbps)	上行(Mbps)	核准
ADSL	ANSI T1. 413-1998 Issue 2	ADSL	8.0	1.0	1998
ADSL	ITU G. 992. 2	ADSL Lite (G. lite)	1.5	0.5	1999-07
ADSL	ITU G. 992. 1	ADSL (G. dmt)	8.0	1.3	1999-07
ADSL	ITU G. 992. 1 Annex A	ADSL over POTS	12.0	1.3	2001
ADSL	ITU G. 992. 1 Annex B	ADSL over ISDN	12.0	1.8	2005
ADSL2	ITU G. 992. 3 Annex L	RE-ADSL2	5.0	0.8	2002-07
ADSL2	ITU G. 992. 3	ADSL2	12.0	1.3	2002-07
ADSL2	ITU G. 992. 3 Annex J	ADSL2	12.0	3.5	2002-07
ADSL2	ITU G. 992. 4	splitterless ADSL2	1.5	0.5	2002-07
ADSL2＋	ITU G. 992. 5	ADSL2＋	24.0	1.4	2003-05
ADSL2＋	ITU G. 992. 5 Annex M	ADSL2＋M	24.0	3.3	2008
ADSL2＋＋	待定	ADSL4	52.0(?)	5.0(?)	—

28.4.3   DSL 调制解调原理

DSL 采用的调制技术有四种:2B1Q (two binary, one quaternary)线路编码、正交幅度调

---

① 数据来源:https://en. wikipedia. org/wiki/Asymmetric_digital_subscriber_line. 2016.

制（QAM）、无载波幅度/相位调制（Carrierless Amplitude/Phase modulation，CAP）和离散多频调制（Discrete Multitone Modulation，DMT）。

1．2B1Q 编码

2B1Q 线路编码是为 ISDN 网络开发的接入技术，其中的 2B 表示两个二进制数据位，每个信号变化有 4 种可能的状态，1Q 表示 4 种状态之一。

2．CAP 调制

无载波幅度/相位调制（CAP）是贝尔实验室（Bell Labs）开发的 QAM 数字通信编码方法，数据调制使用单一载波频率，它的算法与 QAM 类似。CAP 使用频谱分离技术，将 0～1.5MHz 的频带分成声音通道、上行通道和下行通道，如图 28-7 所示。声音通道占据 0～4kHz 的标准频带，用于提供电话服务，其余频带分配给上行通道（25～160kHz）和下行通道（240kHz～1.5MHz）。

图 28-7 无载波幅度/相位调制的频谱

3．DMT 调制

离散多频调制（DMT），也称多载波调制（multi-carrier modulation），是贝尔实验室开发的 ADSL 调制解调技术。使用数字信号处理技术，将传输媒体的可用频带分为多个子通道来传输数据。双绞线频带为 1.104MHz，DMT 将它分成等带宽的 256 个子通道，每个子通道的带宽为 4.3125kHz，如图 28-8 所示。每个子通道使用 QAM 调制，根据各子通道的性能分配各通道的数据速率。通道 0 用于传输电话信号，通道 1～5 不用（可避免声音信号和数字信号相互干扰），通道 6～32（25.875～138kHz）用于传输上行控制信号和数据，通道 33～255（138～1104kHz）用于传输下行控制信号和数据。

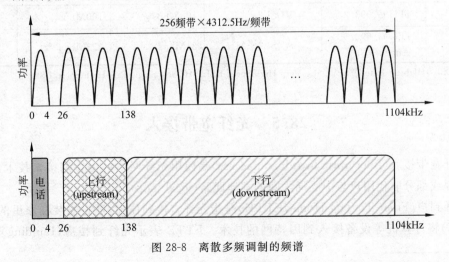

图 28-8 离散多频调制的频谱

28.4.4 ITU 的 DSL 标准概要

国际电信联盟(ITU)为 DSL 技术开发了许多标准,用于在各种环境下使用。表 28-6 是截至 2008 年开发的 DSL 标准,现在正在开发的 DSL 标准是 ADSL2＋＋(ADSL4)。

表 28-6　ITU DSL 标准概要[①]**(截至 2008 年)**

版本	标准	普通名称	下行速率	上行速率	核准日期
HDSL	ITU G.991.1	HDSL/2/4 (multi pair)	1.5~2.0Mbps	1.5~2.0Mbps	1998
ADSL	ITU G.992.1	ADSL (G.DMT)	6.144Mbps	640Kbps	1999
ADSL	ITU G.992.2	ADSL Lite (G.Lite)	1.5Mbps	0.5Mbps	1999
ADSL	ITU G.992.1 Annex A	ADSL over POTS	6.144Mbps	640Kbps	1999
VDSL	ITU G.993.1	VDSL	52Mbps	16Mbps	2001
ADSL2	ITU G.992.3 Annex J	ADSL2	8Mbps	800Kbps	2002
ADSL2	ITU G.992.3	ADSL2	8Mbps	800Kbps	2002
ADSL2	ITU G.992.4	Splitterless ADSL2	1.5Mbps	0.5Mbps	2002
ADSL2＋	ITU G.992.5	ADSL2＋	24Mbps	1.3Mbps	2003
SHDSL	ITU G.991.2	G.SHDSL (single pair)	2.3Mbps	2.3Mbps	2003
ADSL	ITU G.992.1 Annex B	ADSL over ISDN	12Mbps	1.8Mbps	2005
ADSL2	ITU G.992.3 Annex L	RE-ADSL2	5Mbps	0.8Mbps	2005
VDSL2	ITU G.993.2	VDSL2	100Mbps	100Mbps	2006
ADSL2＋	ITU G.992.5 Annex M	ADSL2＋M	24Mbps	3.3Mbps	2008

* HDSL：High Bit Rate DSL；VDSL：Very High Speed DSL；SHDSL：Single Pair High-Speed DSL

28.5　光纤宽带接入

光纤宽带接入(fiber-optic broadband access)是使用光纤网络的因特网接入技术,用光纤网络全部或部分取代用户与中心局之间的本地回路(local loop)。

光纤到户(Fiber-To-The-Home,FTTH)是指光纤直接到住宅,通过安装在家里的光网终端(ONT)将计算机等设备接入到因特网的技术。FTTB 表示光纤到楼房(Building),FTTD

---

① DoD UCR 2008：Digital Subscriber Line (DSL) Requirements。

表示光纤到办公桌（Desk），FTTC 表示光纤到达距离用户小于 300 米左右的区域边缘（Curb），FTTN 表示光纤到达距离用户大于 300 米的邻近节点（Node）。使用光纤进入这些场所的方法类似，目的相同，因此常用 FTTX(x)表示光纤宽带接入。

使用光纤提供的数据传输速率高、传输距离远。大多数高容量的因特网、电话网络（PSTN）和电缆电视（CATV）等骨干网都已经使用光纤作为传输媒体，而 FTTX 是真正实现称为"三网合一"的切实可行技术，光纤进入千家万户已是大势所趋。

28.5.1　光纤通信系统介绍

光纤通信始于 20 世纪 70 年代，经过数十年的研究与开发，使通信工业产生了革命性变革，从以铜线通信为主逐步过渡到光纤通信为主。光纤通信（fiber-optic communication）是通过光纤传输光脉冲的数据传输方法，光纤通信系统的基本框图如图 28-9 所示。

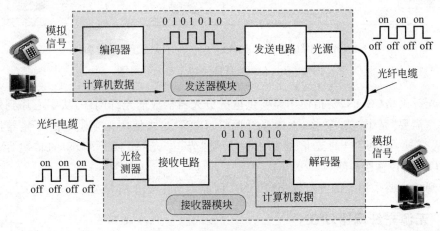

图 28-9　光纤通信系统框图

在发送端，发送电路将来自计算机的数字信号转换成光脉冲，如激光脉冲，通过耦合器将光耦合到光纤上传输；在接收端，也需要耦合器将来自光纤的光耦合到光电检测器，如 PIN 型光电二极管或雪崩光电二极管（APD），将光脉冲变成电信号，接收电路将电信号还原成数字信号后发送到计算机。光纤通信中的光纤系统方案如图 28-10 所示。

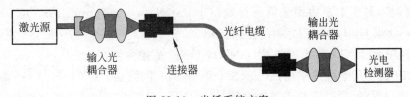

图 28-10　光纤系统方案

使用这种光纤通信，传输声音信号和电视信号的原理与传输计算机数据的原理相同，只是在传输之前，首先要把模拟声音和电视信号转换成数字信号。

28.5.2　有源与无源光纤网络

光纤网络（fiber-optic network）是指使用光纤作为传输媒体的网络。在光纤网络上，执行光纤信号分叉的设备称为分光器（optical splitter）或光分路器（Optical Branching Device，OBD）。光纤网络有两种基本结构，分别称为有源光纤网络（Active Optical Network，AON）和无源光纤网络（Passive Optical Network，PON），如图 28-11 所示。

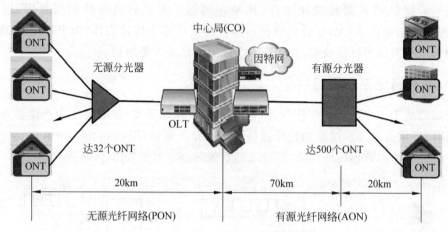

图 28-11　有源光纤网络与无源光纤网络

有源光纤网络（AON）是指使用需要供电的分光器构成的光纤网络，从中心局到用户的光信号在中途需要"光-电-光"转换；无源光纤网络（PON）是指使用无须供电的分光器构成的光纤网络，从交换局到用户的光信号在中途无须"光-电-光"转换。AON 的传输距离长（如90km），PON 的传输距离短（如 20km）。

光纤到户主要采用无源光纤网络（PON），因此本节主要介绍 PON。

28.5.3　无源光纤网络（PON）

1. PON 的结构

无源光纤网络（PON）采用点对多点（P2MP）的通信结构，如图 28-12 所示。无源光纤网络（PON）主要由如下部分组成：

（1）光线终端（Optical Line Termination，OLT）：PON 和公共网络之间的接口设备，一端与 PON 相连，另一端与因特网和电话网相连。OLT 有两个主要功能，一个是提供光信号与电信号之间的转换，另一个是协调光网络终端（Optical Network Terminator，ONT）、光网单元（Optical Network Unit，ONU）之间的多路复用。

（2）光网单元（ONU）和光网终端（ONT）：ONU 是指多用户（multiple-tenant）的光网单元，ONT 是 ITU-T 用于描述单用户（single-tenant）的光网终端。ONT 和 ONU 都是 PON 与用户之间的接口设备，通过它获得普通电话、网络电话、网络电视和其他媒体服务。

（3）无源分光器（passive splitter）：处于光线终端（OLT）和用户端的光网终端（ONT）和光网单元（ONU）之间，用于将单条光纤的光信号发送到连接用户的各条支路。一个分光器可连接的支路数目称为分光比率（split ratio），如 1∶32 表示一个分光器可分成 32 条支路。

（4）光纤（optical fiber）：用于传输光信号的媒体。

在光线终端（OLT）和光网终端（ONT）之间，由无源分光器和光纤电缆构成的网络称为光配送网络（Optical Distribution Network，ODN）。ODN 是无源的，不含电子器件和电源。

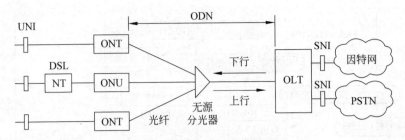

OLT (Optical Line Terminal): 交换局端的PON设备
ONT (Optical Network Terminal): 用户端的FFTH的PON设备
ONU (Optical Network Unit): 用户端FHHC的PON设备
ODN (Optical Distribution Network): OLT和ONU/OUT之间的传输网络
UNI (User Network Interface): 用户网络接口
SNI (Service Node Interface): 服务节点接口
NT (network termination): 网络终端

图 28-12　PON 的基本结构

2. PON 的类型

在不同的技术发展阶段,为适应不同的用户需求,开发了多种类型的 PON。如前所述,它们的基本概念相同,不同的是为它们制定的技术规范不同。

(1) APON/BPON: APON (ATM[①] PON)/ ATM 无源光纤网络是 ITU-T 为 PON 制定的技术标准,传输的数据使用异步传输模式(ATM)格式封装。BPON (broadband PON)/宽带无源光纤网络是增强型的 APON,下行速率可达 622Mbps,并有动态带宽分配等功能。

(2) EPON/GEPON: EPON (Ethernet PON)/以太网无源光纤网络,也称为 GEPON (Gigabit Ethernet PON)/千兆以太网无源光纤网络。EPON 是 IEEE 为 PON 制定的技术标准,传输的数据使用以太网格式封装,以代替 ATM 信元,在 PON 上构建快速以太网,上下行速率均为 1.25Gbps。

(3) GPON (Gigabit PON)/千兆无源光纤网络: ITU-T 为 PON 制定的技术标准,传输的数据使用基于 IP 的协议和通用封装方法(Generic Encapsulation Method,GEM)的帧格式,支持 ATM、以太网和 TDM 的数据传输。

在以上不同类型的 PON 中,GPON 和 EPON 已广泛用在 FTTX 中。

3. PON 的标准

制定 PON 标准的组织主要有 IEEE、ITU-T 和 FSAN(Full Service Access Network)。PON 标准从 20 世纪 90 年代中期开始制定,IEEE 以 Ethernet(以太网)标准为基础开发 EPON 系列标准,ITU-T 和 FSAN 兼顾多种标准(ATM,Ethernet,TDM)开发 GPON 系列标准,这两种不同的技术标准相互竞争又相互补充,如图 28-13 所示。

ITU-T/FSAN 和 IEEE 为 PON 开发了许多协议和标准,现在光纤宽带接入采用的技术

---

① ATM (Asynchronous Transfer Mode)译名为异步传输模式。ATM 是使用定长数据包的带宽动态分配的数据包交换技术,可实时传输数据、语音、电视等多媒体数据。数据被分割成许多称为"信元"的数据包,每个数据包的长度均为 53 字节,其中 5 个字节作为信元头,48 个字节用作有效载荷。这种数据包适合用于传输媒体的时分多路复用(TDM)技术,也适合用于数据网络的数据包交换技术。ATM 支持多种数据速率,如 1.5Mbps、25Mbps、100Mbps、155Mbps、622Mbps、2488Mbps 和 9953Mbps。ATM 是 1983 年贝尔实验室开发的技术,但直到 20 世纪 90 年代才被标准化。对应于 ISO/OSI 参考模型中的第一层和第二层。ATM 实际上并非"异步传输",使用"等时传输"可能更确切。

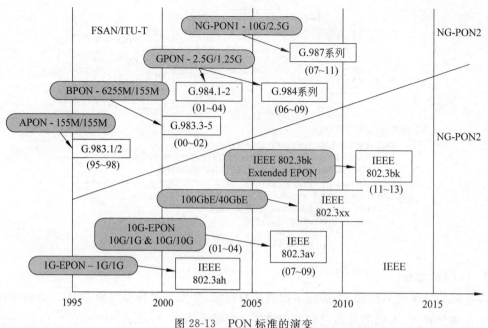

图 28-13　PON 标准的演变

标准主要有三种,ITU-T 为 BPON 制定的 G.983.x 系列标准,为 GPON 制定的 G.984.x 系列标准,IEEE 为 PON 制定的 EPON/GEPON (IEEE 802.3ah)标准,也称 EFM(Ethernet First Mile)标准。为便于比较,表 28-7 列出了这三种 PON 标准的摘要。

表 28-7　三种类型的 PON 标准

PON 类型	BPON(2000~2002)		EPON(2001~2004)			GPON(2001~2004)		
标准名	ITU G.983		IEEE 802.3ah(EFM)			ITU G.984		
上/下行速率	622Mbps/1.2Gbps		1.25/1.25Gbps			1.244/2.488Gbps,BPON 速率		
上行波长	1310nm		1310nm			1310nm		
下行波长	1490&1500nm		1500nm			1490&1500nm		
协议	ATM		Ethernet			ATM,Ethernet,TDM,GEM		
分光比率	16	32	16	32	…	16	32	…
最长距离	20km	10km	20km	10km		20km	10km	

28.5.4　GPON 与 EPON

　　PON 网络在 20 世纪 90 年代中期就可使用,21 世纪初期千兆位速率的 PON 迅速发展,并出现了两种不同技术的因特网接入方案,一种是 ITU-T 定义的 GPON(Gigabit Passive Optical Network),另一种是 IEEE 定义的 EPON(Ethernet Passive Optical Network)。

　　GPON 和 EPON 有许多相同之处,包括 GPON 和 EPON 的概念,光配送网络(ODN)的框架,点对多点(P2MP)的结构,采用的光波波长。GPON 和 EPON 的不同之处主要是使用的技术方案不同。GPON 利用(SONET/SDH)协议格式传输数据(见注),EPON 则利用以太网协议格式传输数据。

光纤网络主要由安装在中心局(CO)的光线终端(OLT)、安装在用户端的光网单元(ONU)/光网终端(ONT)和分光器组成。

注：SONET (Synchronous Optical Network)/同步光纤网络：在光纤载体上实现高速数据通信的网络，速率为 $n(n \geq 1) \times 51.84$Mbps，可高达 2.488Gbps。在欧洲，与 SONET 对应的是 SDH；SDH (Synchronous Digital Hierarchy)/同步数字分层结构：在光纤载体上实现高速数据传输的通信标准。对基本速率为 51.84 Mbps 的数据传输做了规定，也称 STS-1 (synchronous transport signal-level 1)。STS-3 和 STS-12 的速率分别是 STS-1 的 3 倍和 12 倍。STS-3 是传输异步传输模式(ATM)数据所需的最低传输率，也被称为 STM-1 (Synchronous Transport Module-Level 1)。

1. EPON 技术

以太网无源光纤网络(EPON)标准使用光纤将计算机或网络接入到因特网，通常有三种结构[1]，如图 28-14 所示。

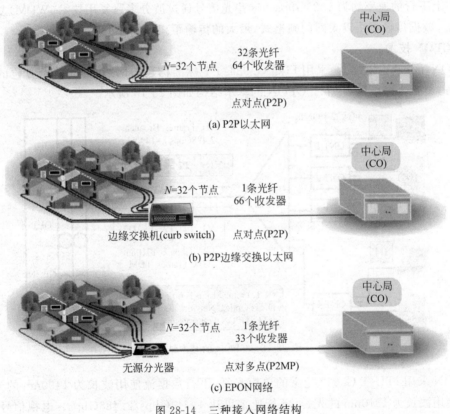

图 28-14　三种接入网络结构

图 28-14(a)所示的点对点(P2P)网络称为 P2P 以太网(Point to Point Ethernet)，用户的计算机与中心局的设备直接相连，就像电话网络那样，每部电话与交换机直接相连。P2P 以太网使用 N 条光纤连接 N 个节点，需要 2N 个光收发器。例如 N=32，需要 64 个光收发器。

---

[1]　Ethernet in the First Mile Alliance. Ethernet Passive Optical Network (EPON) Tutorial. 2004.

图 28-14(b)所示的点对点(P2P)网络称为边缘交换以太网(Curb-Switched Ethernet),通过边缘交换机(curb-switch)把用户的计算机或网络连接到中心局。P2P边缘交换以太网使用1条主干光纤,通过边缘交换机和光纤连接 N 个节点,使用 2N+2 个光收发器。由于边缘交换机需要供电,因此这种光配送网络(ODN)是有源光纤网络。

图 28-14(c)所示的点对多点(P2MP)网络称为 EPON/GEPON 网络,通过无源分光器把用户的计算机或网络连接到中心局。EPON 使用一条主干光纤和一个无源分光器,需要使用 N+1 个光收发器。

EPON(IEEE 802.3ah)规范定义了多个协议,包括多点控制协议(Multi-Point Control Protocol,MPCP)、点对点仿真(Point-to-Point Emulation,P2PE)以及与物理媒体相关(Physical Media Dependent,PMD)的子层规范。MPCP 在媒体接入控制(MAC)层上执行带宽轮询、带宽分配等功能;PMD 定义在物理层上传送和接收数据位的细节,例如,位(bit)的定时、信号编码和与物理媒体的互动,以及光纤、电缆和导线的特性。

EPON 网络的下行数据流使用的光波波长为 1490nm,上行数据流使用的光波波长为 1310nm,上下行的速率均为 1.25Gbps。这些光信号通过波分多路复用技术(WDM)复合到单条光纤上,数据传输采用以太网的帧格式,最大的传输距离为 20km。

2. GPON 技术

GPON(Gigabit PON)是采用 ITU G.984.1-7 标准构建的网络,可支持全方位的多媒体应用服务,覆盖半径可达 20km。GPON 的基本结构如图 28-15 所示。

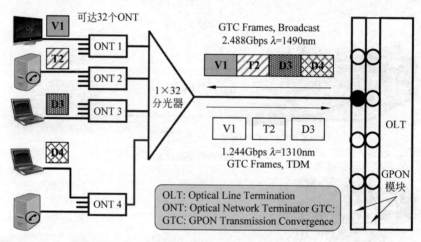

图 28-15　GPON 的基本结构

GPON 采用 ITU-T G.652 定义的单模光纤,下行数据流使用波长为 1490nm 的光,上行数据流使用波长为 1310nm 的光,上下行速率可达 1.244Gbps/2.488Gbps。电视信号使用波长为 1550nm 的光。这些光通过波分多路复用技术(WDM)复合到单条光纤上传输。

GPON 下行光携带的数据采用广播方式送到每个 ONT,但只有符合接收条件的用户才能收看。上行光携带的数据采用时分多路复用技术(TDM),将复合信号发送到 OLT。

GPON 定义的帧结构是用 GEM(GPON Encapsulation Method)方法生成的,称为 GEM 帧,由 GEM 帧组合的帧称为 GTC(GPON Transmission Convergence)帧,它的结构和多路复用技术如图 28-16 所示。GTC 帧的频率为 8kHz(周期为 125μs),可支持 TDM 专线服务。

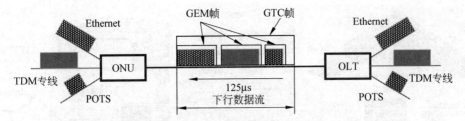

GEM: GPON Encapsulation Method GTC: GPON Transmission Convergence

图 28-16　GPON 的帧结构和多路复用技术

3. EPON 和 GPON 的分层模型

回顾 TCP/IP 参考模型,EPON 和 GPON 网络也可认为由 5 层组成,如图 28-17 所示。使用 PON 传输数据时,应用层、传输层和网络层上的协议都没有什么变化,只是链路层和物理层的接入和管理需要改变。

在 EPON 中,传输的数据使用本机的 Ethernet Frame 格式在 PON 网络上传输,这样就简化了分层和相关的管理。在 GPON 中,传输的数据需要两层封装,第一层是把 TDM 和 Ethernet Frame 封装成 GEM Frame,第二层是把 GEM Frame 和来自 ATM 适配层(ATM Adaptation Layer,AAL)的 ATM Cell 封装成 GTC Frame,然后在 PON 网络上传输。

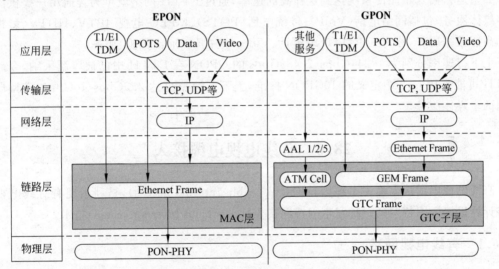

图 28-17　GPON 与 EPON 的分层模型①

28.5.5　光纤到户接入

作为 FTTX 的一个例子,采用 GPON 或 EPON 光纤到户(FTTH)的接入方案如图 28-18 所示。每户安装一个光网终端(ONT),通过光纤连接到邻近的分光器,分光器将几十户的光信号组合在一起,共享单条光纤,连接到中心局(CO)的光线终端(OLT)。

ONT 将光纤上的光信号转换成电线上的电信号,或者相反。使用 1490nm 的光接收声音

---

① 引自 http://www.fiberstore.com/comparison-of-epon-and-gpon-aid-457.html。

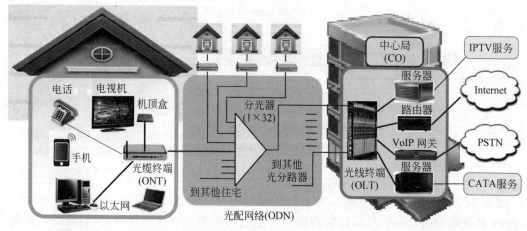

图 28-18　光纤到户接入方案

数据/计算机数据,使用 1310nm 的光发送声音数据/计算机数据,使用 1550nm 的光接收电视数据。每台 ONT 设备通常都可连接家中的以太网、电视机和电话机;OLT 通过路由器访问因特网,通过网关与 PSTN 相连,使用服务器提供其他服务。

如果运营商真正能使系统达到这样高的速率,通过 FTTH 网络就可为普通用户提供满意的多媒体服务,包括网络电话(VoIP)、传统电话(POTS)、MPEG 电视、IPTV、HDTV、影视点播和高速数据服务,称为三重(POTS/电话、Video/电视和 Data/数据)服务。

上下行速率分别为 1.244Gbps/2.488Gbps 的 GPON 在 FTTH 中已被广泛采纳,今后的FTTH 可能采用 G.987 定义的 10GPON 标准,上下行速率可达 2.5Gbps/10Gbps,支持质量更高的多媒体服务。

28.6　有线电视电缆接入

有线电视电缆接入称为电缆因特网接入(cable Internet access),是利用现有有线电视设施将计算机接入因特网的一种宽带因特网接入(broadband Internet access)技术。

28.6.1　有线电视网络

电视网络(television network)是使用有线或无线媒体将多个电视广播台或闭路电视设备连在一起构成的系统,用于向不同地区、城市和乡村的用户同时传输影视节目。电视网络的规模可以是国家级、地区级或当地级别的规模。

共用天线电视(Community Antenna Television,CATV)网络,也称电缆电视(cable TV)网络,简称为有线电视网络。CATV 网络是使用公共天线通过同轴电缆或光纤电缆,把电视节目传送到千家万户和办公室的电视网络。早期的有线电视网络现在称为传统的有线电视网络,其后的网络称为混合光纤-同轴电缆(Hybrid Fiber Coax,HFC)电视网络。

1. 传统有线电视网络

传统的有线电视网络(cable TV)如图 28-19 所示,图中的电缆前端(head end)是指CATV 共用天线所在的位置和设施,是有线电视公司的节目接收和转播站点。

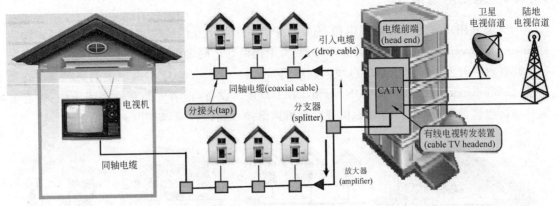

图 28-19 传统的有线电视网络

传统的有线电视网络的主要特性：从电缆前端到用户的住宅或单位都使用同轴电缆；传输的信号是模拟电视信号；用户与电缆前端的通信是单方向的；电缆前端的主要设备是模拟电视信号的转发装置；用户只能收看模拟电视。

2. HFC 有线电视网络

光纤-同轴电缆混合网络（HFC）是组合使用光纤和同轴电缆的网络，简称为"HFC 有线电视网络"，它是典型的有线电视或交互式电视网络，如图 28-20 所示。图中的光纤节点（fiber node）主要是指电光转换器，它将光信号转换电信号，或者相反；与传统有线电视的电缆前端相比，图中的地区电缆前端（Regional Cable Head-end，RCH）包含功能更多的设施，如转发数字电视和实现交换功能的设备。

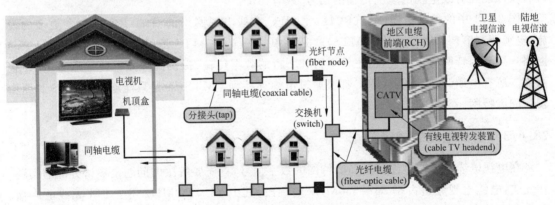

图 28-20 HFC 有线电视网络

HFC 有线电视网络主要特性：从有线电视的中央站点到地区站点使用光纤连接以提供高传输速率，从地区站点（图中的 RCH）到住户使用同轴电缆；传输的信号可以是模拟电视信号，也可以是数字电视信号；用户与 RCH 的通信是双向的，下行带宽较宽，上行带宽较窄；RHC 的设备包含模拟电视信号和数字电视信号的转发装置；用户可收看模拟电视和数字电视，还可以点播电视节目。

28.6.2　电视电缆接入

为充分利用现有的有线电视电缆剩余的频带,2004年专门成立了同轴电缆多媒体联盟(Multimedia over Coax Alliance,MoCA),致力于提供基于同轴电缆的宽带接入和家庭网络产品。现在已经开发了技术成熟的电缆调制解调器(Cable Modem,CM)和电缆调制解调器终端系统(Cable Modem Termination System,CMTS)接入设备,前者安装在住宅或单位,后者安装在地区电缆前端(RCH),将计算机或计算机网络接入到因特网,如图28-21所示。

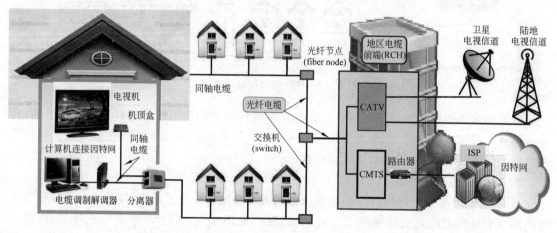

图 28-21　有线电视电缆接入

图28-21中的电缆调制解调器(CM)是通过同轴电缆收发数据的设备,把计算机使用的信号转换成能在有线电视电缆上传输的信号,或者相反。

图28-21中的地区电缆前端(RCH)比HFC有线电视网络的前端(RCH)包含更多的设施,电缆调制解调器终端系统(CMTS)就是其中的一个。CMTS是用于把电缆电视(CATV)网络连接到因特网的核心装置,主管上行和下行的数据传输,提供高速数据传输服务,如影视点播。所有电缆调制解调器(CM)都要通过电缆连接到CMTS,而且只能通过CMTS和路由器访问因特网。

28.6.3　电视电缆的频谱分配

在电视电缆上传输电视信号和因特网的数字信号,首先要解决的问题是频谱分配的问题。在北美,电缆电视频道占据54~550MHz的频段,其中88~108MHz用于FM无线电广播。每个频道的带宽为6MHz,包括保护频带(guard band);在欧洲,电视频道的低端为65MHz,每个频道的带宽为6~8MHz,因为PAL和SECAM制需要比较高的分辨率,其他的频谱分配与北美的频谱分配类似;我国电视采用的制式是欧洲的PAL制。

由于电视频道的低端没有使用,而现代的电缆又能在高于550MHz的频段上工作,因此就有可能利用这两端的频带传输因特网的数据。低端的频带(5~42MHz)用于上行数据传输,高端频带(如550~750MHz)用于下行数据传输。用于因特网接入的电缆频谱分配[①]如

---

① 引自 https://en.wikibooks.org/wiki/Communication_Networks/Cable。

图 28-22 所示。

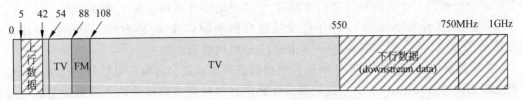

图 28-22　用于因特网接入的电缆频谱分配

　　每个 6MHz 或 8MHz 带宽的下行频道用 QAM-64(6 位)调制。以 6MHz 的频道为例,下行的数据率大约为 36Mbps,除了额外开销,有效载荷大约 27Mbps,总带宽约为 $(200/6)\times 27$ $= 891$Mbps。对于上行频道,采用四相相移键调制(QPSK),每个波特携带 2 位数据,上行数据率大约是 12Mbps,有效载荷大约是 9Mbps,总带宽为 $(37/6)\times 9 = 54$Mbps。在电缆前端(head-end)和电缆调制解调器之间的数据传输情况可用图 28-23 表示。

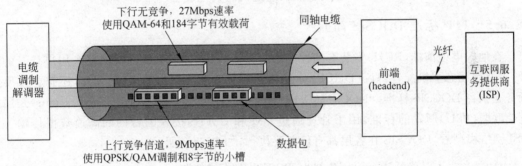

引自 Andrew S. Tanenbaum. *Computer Networks*. 2003

图 28-23　电缆调制解调器上下行的数据传输

28.6.4　电缆调制解调器结构

　　电缆调制解调器(CM)可以是一个单独的外部装置,也可以将 CM 的功能添加到标准的以太网网卡上,如 10BASE-T 网卡,还可以集成到机顶盒(STB)。尽管 CM 的类型不同,但它们的基本结构基本相同,如图 28-24 所示。

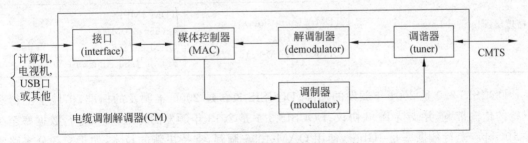

图 28-24　电缆调制解调器的基本结构

　　(1) 调谐器(tuner):连接到 CMTS 的模块。有些调谐器带分离器(splitter),将因特网数据和 CATV 节目分开。由于因特网数据使用 CATV 未用的频道,因此调谐器只用于接收用 QAM 调制的数字信号;有些调谐器是收发两用的双工器(diplexer),允许调谐器使用一组频率(如 42~850MHz 之间的频率)用于传输下行数据,另一组频率(如 5~42MHz 之间的频率)用于传输上行数据。无论何种类型的调谐器,它接收的信号都将它发送到解调器。

（2）解调器(demodulator)：用于还原接收到的调制信号,由模数(A/D)转换器、QAM-64/256 解调器、MPEG 同步器和里德-索洛蒙(RS)码纠错器组成。

（3）调制器(modulator)：用于将计算机的数据转换成适合传输的电信号。这个调制器也称突发调制器(burst modulator),这是因为计算机和因特网之间传输的大多数数据流不是恒定的。调制器主要由 QPSK/QAM 调制器、RS 纠错码生成器和数模(D/A)转换器组成。

（4）媒体接入控制器(MAC)：担负硬件和执行各种网络协议软件之间的连接任务。所有计算机网络设备都有媒体接入控制器(MAC),但电缆调制解调器(CM)中的 MAC 功能比其他设备的 MAC 更复杂,需要 CM 中的微处理器或用户系统的中央处理器(CPU)来承担。

（5）接口(interface)：电缆调制解调器(CM)与外部装置的接口。由于 CM 的类型不同,连接的装置也有所不同,但进出媒体接入控制器(MAC)的数据都要通过接口与其他装置连接,如以太网卡、USB 总线、PCI 总线、键盘、电视机或其他装置。

28.6.5 ITU 标准 DOCSIS 简介

在地区电缆前端(RCH)安装有高性能的服务器,除了管理电缆因特网接入用户登录的账号,以及用动态主机配置协议(DHCP)分配和管理所有电缆用户的 IP 地址外,还有更重要的任务是执行 DOCSIS 标准。DOCSIS(Data Over Cable Service Interface Specifications)是国际电信联盟(ITU)颁发的标准,用于管理通过 CM 和 CMTS 接入因特网的高速数据传输。从 OSI 网络模型看,DOCSIS 在各层都有任务要执行,如表 28-8 所示。

表 28-8　DOCSIS 2.0 标准结构

OSI 网络模型	DOCSIS	
高层(Higher Layers)	应用	DOCSIS 控制消息 (Control Messages)
传输层(Transport Layer)	TCP/UDP	
网络层(Network Layer)	IP	
数据链路层(Data Link Layer)	IEEE 802.2	
物理层(Physical Layer)	上行(upstream)	下行(downstream)
	TDMA (mini-slots) 5-42(65)MHz QPSK 或 QAM-8/16/32/64	TDM (MPEG) 42(65)-850MHz QAM-64/256 ITU-T J.83 Annex B(A)

DOCSIS 2.0 是 2001 年颁发的标准；DOCSIS 3.0 是 2006 年颁发的标准,扩展了上行和下行的传输带宽,并支持 IPv6 协议；DOCSIS 3.1 是 2013 年颁发的标准,支持下行数据率至少是 10Gbps,上行数据率是 1Gbps,使用 QAM-4096 调制,支持更新的技术,如正交频分多路复用技术(OFDM)。

28.6.6 电话线宽带与电视电缆宽带接入

电话宽带接入使用 ADSL 调制解调器,电视电缆接入使用电缆调制解调器(CM),它们是宽带因特网接入的竞争技术,技术开发的思路大同小异,最大的差别是利用现有的传输媒体不同,由此产生的传输系统的性能有差别。图 28-25 表示了它们之间的主要差别,并与以太网做比较,图中的数据仅供参考。

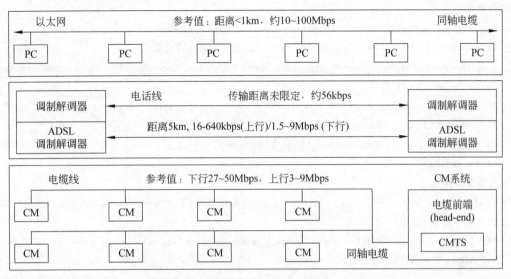

图 28-25   电话线宽带与电缆宽带接入比对

图上没有显示的一个差别是,使用电话线宽带接入的数据传输率几乎不受邻近用户数的影响,而使用电缆宽带接入的数据传输率随邻近用户数的增加会迅速降低。

练习与思考题

28.1   2015 年设定的因特网接入的宽带基准速度是多少?

28.2   使用拨号上网浏览网页时,能用座机打电话吗?

28.3   ADSL 的传输距离大约是多少?

28.4   现有 4 台电脑要通过电话网络接入到因特网,购买了二合一(ADSL＋无线路由器)的设备,请设计接入方案并画出接线图。

28.5   填空:离散多频调制(DMT)将双绞线频带＿＿＿＿＿＿ MHz 分成等带宽的＿＿＿＿＿＿个子通道,每个子通道的带宽为＿＿＿＿＿＿ kHz。通道＿＿＿＿＿＿用于传输电话信号,通道＿＿＿＿＿＿不用,通道＿＿＿＿＿＿(＿＿＿＿＿＿～＿＿＿＿＿＿ kHz)用于传输上行控制信号和数据,通道＿＿＿＿＿＿(＿＿＿＿＿＿～＿＿＿＿＿＿ kHz)用于传输下行控制信号和数据。

28.6   GPON 和 EPON 有什么相同之处?

28.7   GPON 和 EPON 有什么不同之处?

28.8   光纤网络由哪几部分组成?

28.9   用于因特网接入的电缆频谱分配:用于传输上行数据的频带是＿＿＿＿＿＿～＿＿＿＿＿＿ MHz,用于传输下行数据的频带是＿＿＿＿＿＿～＿＿＿＿＿＿ MHz 或更高。

28.10   传统有线电视网络的主要特性是什么?

28.11   HFC(混合光纤-同轴电缆)有线电视网络的主要特性是什么?

参考文献和站点

1. 综合参考

[1] List of device bit rates. https://en. wikipedia. org/wiki/List_of_device_bit_rates,2016.

[2] Internet access：http://en. wikipedia. org/wiki/Internet_access,2015.

[3] L. G. Kazovsky (Stanford University). Ning Cheng (Huawei Technologies Co. Ltd). Broadband Access Technologies：An Overview,2011.

[4] Nirwan Ansari, Jingjing Zhang. Media Access Control and Resource Allocation. Springer New York Heidelberg Dordrecht London,2013.

[5] Physical Layer-Part 3. Transmission Media. http://web. cs. wpi. edu/~rek/Undergrad_Nets/B07/PL_Media. pdf,2007.

2. 电话线宽带接入

[1] Paul Sabatino. Digital Subscriber Lines and Cable Modems. http://www. cse. wustl. edu/~jain/cis788-97/ftp/rbb. pdf,2004.

[2] Matthew J. Langlois. ADSL tutorial. https://www. iol. unh. edu/sites/default/files/knowledgebase/dsl/ADSL_Tutorial. pdf,2002.

[3] Sjöberg，Frank (April 2000). A VDSL Tutorial. http://pure. ltu. se/portal/files/901260/ltu-fr-0002-se. pdf,Retrieved 2014-01-20.

[4] Jeff Tyson. How Internet Infrastructure Works. http://computer. howstuffworks. com/internet/basics/internet-infrastructure1. htm,2015.

[5] Types of Broadband Connections. https://www. fcc. gov/encyclopedia/types-broadband-connections,2015.

[6] Digital Subscriber Line（DSL）Requirements. http://www. disa. mil/Network-Services/UCCO/~/media/Files/DISA/Services/UCCO/UCR2008-Change-2/Sec_5_3_1_Mod_2. pdf, 2008.

[7] EXFO Electro-Optical Engineering Inc. Local-Loop and DSL Testing Reference Guide. http://www. exfo. com/,2007.

[8] Fast Guide to DSL（Digital Subscriber Line）. http://whatis. techtarget. com/reference/Fast-Guide-to-DSL-Digital-Subscriber-Line,2015.

3. 光纤宽带接入

[1] Fiberstore. Comparison of EPON and GPON. http://www. fiberstore. com/comparison-of-epon-and-gpon-aid-457. html,2015.

[2] Internet Access Guide. http://www. conniq. com/InternetAccess_FTTH. htm.

[3] WDM PON：How Long Is It Going To Take. http://www. frost. com/prod/servlet/market-insight-print. page docid=184986442, 2009.

[4] Joseph P. Brenkosh，Jimmie V. Wolf. Deploying GPON Tutorial. http://www. fbcinc. com/e/nlit/,2015.

[5] Fiberstore. Passive Optical Network Tutorial. http://www. fiberstore. com/Passive-Optical-Network-Tutorial-aid-202. html,2013.

[6] Ethernet in the First Mile Alliance（EFMA）. Ethernet Passive Optical Network（EPON）Tutorial,2004.

4. 电缆宽带接入

[1] Lisa Minter. Tutorial：What is Broadband. http://massis. lcs. mit. edu/telecom-archives/TELECOM_Digest_Online2005-1/5326,html.

[2] Communication Networks/Cable: https://en. wikibooks. org/wiki/Communication_Networks/Cable,2012.

[3] Curt Franklin. How Cable Modems Work. http://lms. uni-mb. si/~ meolic/ptk-seminarske/ cablemodems1. pdf,2006.

[4] Rolf V. Østergaard. Cable Modem tutorial. http://www. todoprogramas. com/manuales/ficheros/2008/ 7. 8200. 6431. pdf, 2000.

[5] DOCSIS standards: ITU-T J. 112 for DOCSIS 1. 0, J. 122 for DOCSIS 2. 0, and J. 222 for DOCSIS 3. 0.

第 29 章　无线宽带接入

　　无线宽带接入（wireless broadband access）是指通过无线媒体将固定或移动设备以不低于宽带基准速度接入因特网。可提供无线宽带接入服务的网络种类繁多，本章主要介绍无线个人网（WPAN）、无线局域网（WLAN/Wi-Fi）和无线城域网（WMAN/WiMAX），可提供移动宽带接入服务的蜂窝网络在下一章介绍，这些无线网络是多媒体系统的重要组成部分。

29.1　无线网络简介

　　无线网络是使用无线媒体连接节点的计算机网络，与有线网络的主要差别是物理层和链路层协议。本节主要介绍网络类型、ISM 频带以及无线自组网的概念。

29.1.1　网络分类

　　无线网络的一种分类方法是将网络分成有网络基础设施（如路由器，交换机等）的网络和无网络基础设施的网络，将前者简称为无线网络，后者称为无线自组网。

　　按照无线网络的应用和覆盖的区域，无线网络大致可分成四种类型，如图 29-1 所示。

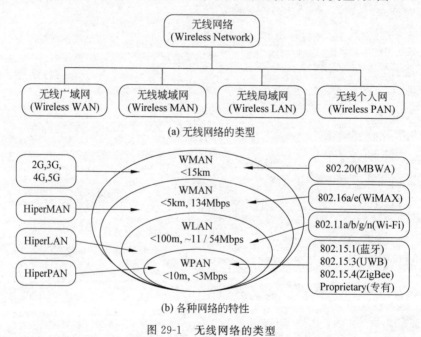

(a) 无线网络的类型

(b) 各种网络的特性

图 29-1　无线网络的类型

　　（1）无线个人网（Wireless Personal Area Network，WPAN）；

　　（2）无线局域网（Wireless Local Area Network，WLAN）；

　　（3）无线城域网（Wireless Metropolitan Area Network，WMAN）；

(4) 无线广域网(Wireless Wide Area Network,WWAN)。

无线广域网(WWAN)包含：(1)第二代(2G)、第三代(3G)、第四代(4G)和第五代(5G)蜂窝通信和卫星通信标准；(2)IEEE 802.20（MBWA）/移动宽带无线接入(Mobile Broadband Wireless Access)，这是 2008 年发布的提议标准,2011 年做了修改。

HiperMAN（High Performance Radio MAN）、HiperLAN（High Performance Radio LAN）和 HiperPAN（High Performance Radio PAN）是欧洲电信标准协会(ETSI)制定的高性能无线城域网、无线局域网和无线个人网的网络标准。IEEE 制定的无线网络标准和性能见表 29-1。

表 29-1　IEEE 802 无线网络技术标准

网络名称	IEEE 标准	流行名称	最大数据率
无线个人网(WPAN)	IEEE 802.15.1	Bluetooth	1Mbps（V.1.2） 3Mbps（V.2.0）
低速无线个人网(LR-WPAN)	IEEE 802.15.4	ZigBee	250kbps
无线局域网(WLAN)	IEEE 802.11	Wi-Fi	11Mbps(802.11b) 54Mbps(802.11g)
无线城域网(WMAN)	IEEE 802.16	WiMAX	134Mbps

图 29-1 上标出的传输距离引自当前已经开发并使用的无线网络技术标准，WPAN 覆盖的区域最小,方圆不到 10 米,WWAN 覆盖的范围最大,接近 15 千米。为对无线宽带接入技术的概貌更清晰,描述无线网络标准定义的传输距离、传输速率如图 29-2 所示。

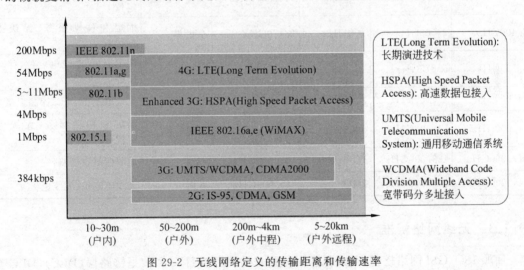

图 29-2　无线网络定义的传输距离和传输速率

29.1.2　ISM 频带

ISM 是 Industrial(工业)、Scientific(科研)和 Medical(医疗)首写字母的组合。ISM 频带(ISM band)是无线电频谱中的一部分。大多数无线宽带接入技术都使用 ISM 频带,无须授权就可使用,只需遵守发射功率的限制以及不对其他频段造成干扰即可。

ISM 频带在各国的规定并不统一。例如,美国联邦通信委员会(FCC)指定的 ISM 频带如

图 29-3 所示,用于无线网络和移动通信。其中,902~928MHz(用于工业)的频带通常简称为900MHz 频带,2.4~2.4835GHz(用于科研)的频带简称为 2.4GHz 频带,5.725~5.850GHz(用于医疗)的频带简称为 5.8GHz 频带。

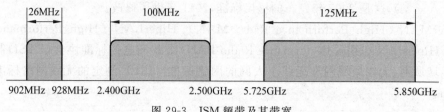

图 29-3　ISM 频带及其带宽

国际电信联盟无线电通讯部(ITU-R)规定的 ISM 频带[①]见表 29-2。

表 29-2　ITU-R 规定的 ISM 频带

频 率 范 围		带宽	中心频率	可用范围	应用举例
6.765MHz	6.795MHz	30kHz	6.780MHz	本地	固定和移动服务
13.553MHz	13.567MHz	14kHz	13.560MHz	全世界	固定和移动服务(除航空)
26.957MHz	27.283MHz	326kHz	27.120MHz	全世界	固定和移动服务(除航空)
40.660MHz	40.700MHz	40kHz	40.680MHz	全世界	固定和移动服务,地球探测
433.050MHz	434.790MHz	1.74MHz	433.920MHz	欧洲等区域	业余无线电,无线电定位
902.000MHz	928.000MHz	26MHz	915.000MHz	美洲等区域	固定和移动服务,无线电定位
2.400GHz	2.500GHz	100MHz	2.450GHz	全世界	固定和移动服务,无线电定位
5.725GHz	5.875GHz	150MHz	5.800GHz	全世界	固定卫星,无线电定位,移动服务
24.000GHz	24.250GHz	250MHz	24.125GHz	全世界	无线电定位,地球探测卫星
61.000GHz	61.500GHz	500MHz	61.250GHz	本地	固定和移动服务,无线电定位
122.000GHz	123.000GHz	1GHz	122.500GHz	本地	地球探测,空间研究
244.000GHz	246.000GHz	2GHz	245.000GHz	本地	无线电定位、无线电天文

29.1.3　无线网络标准

回顾 ISO/OSI 网络模型,其最低两层分别是物理层(PHY)和数据链路层(DLC),DLC 被划分成逻辑链路层(LLC)和媒体接入控制层(MAC)。IEEE 802 工作组为 WPAN、WLAN 和 WMAN 制定了一系列标准,这些标准规范的服务和协议属于数据链路层(DLC)和物理层(PHY),如图 29-4 所示。

---

① 引自 https://en.wikipedia.org/wiki/ISM_band. 2016。

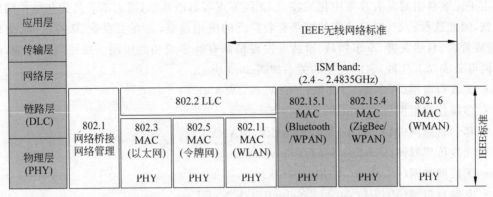

图 29-4　IEEE 无线网络标准

29.1.4　无线自组网

在没有网络基础设施(如路由器,交换机等)条件上构建的计算机网络称为 ad hoc network,多部词典都将它译为"自组网"。ad hoc 是拉丁语,意思是 for this purpose(为某种目的)。

无线自组网(Wireless Ad hoc Network,WANET)是使用无线链路构造的对等结构的计算机网络,也称"独立基本服务组(Independent Basic Service Set,IBSS)"。最早的无线自组网是 1970 年美国国防部高级研究计划局(DARPA)资助开发的包交换无线网络(Packet Radio Network,PRNET)。

在无线自组网中,如图 29-5 所示,网络内的节点可随意移动,并能以任意方式相互通信,不像常规的计算机网络那样,依靠已有的网络基础设施提供相互之间的通信。网络要具备这样的功能,就要求每个节点或称无线主机(wireless host)必须要有收发无线信号的收发器,而且具有像路由器那样的功能。自组网中的每个节点都参与路径选择和数据转发,能够将收到的数据包转发给与它相邻的所有节点,也就是节点具有执行洪泛算法(flooding algorithm)的功能。

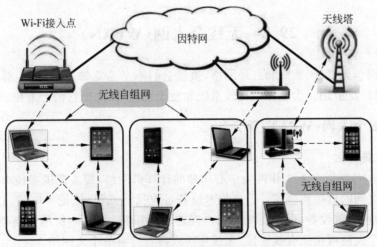

图 29-5　无线自组网的概念

由于无线自组网具有非集中化的特点,无线节点可自由移动,可以不去构建和维护网络基础设施,因此这种动态的、自适应的网络有着广泛的应用前景,如在工农业、医疗健康、交通管理、物流管理、自然灾害、军事领域、事故突发现场都有许多成功的应用。按照应用类型,无线自组网可分成如下几种,它们之间的关系如图 29-6 所示。

- 无线自组网(Wireless Ad hoc Network,WANET)
- 多媒体自组网(multimedia ad hoc network)
- 移动自组网(Mobile Ad hoc Network,MANET)
- 无线传感器网(wireless sensor network)
- 无线网格网(wireless mesh network)
- 车辆自组网(Vehicle Ad hoc Network,VANET)
- 基于因特网的移动自组网(Internet based Mobile ad hoc Network,iMANET)

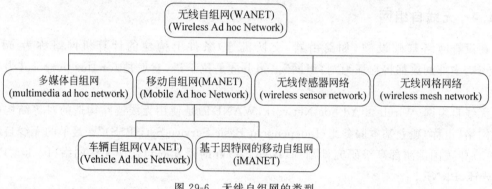

图 29-6　无线自组网的类型

这里需要特别说明的是,SON(Self-Organizing Network)的译名也是"自组织网络"。SON 可理解为使用自动化技术构造网络,旨在使移动无线接入网络的规划、配置、管理、优化、维护和故障排除更简单、更快捷。第三代合作伙伴计划(3rd Generation Partnership Project,3GPP)和下一代移动网络(Next Generation Mobile Networks,NGMN)组织为 SON 提出许多规范,SON 的功能和性能已被普遍接受。

29.2　无线个人网(WPAN)

无线个人网包含蓝牙、紫蜂和红外网络,虽然它们不全是宽带技术,也不都是用于因特网接入,但它们已广泛应用。为使知识比较系统和便于比较,因此把它们汇集在一起。

29.2.1　无线个人网(WPAN)简介

1. WPAN 是什么

个人网(PAN)是以个人工作区为中心构建的计算机网络,覆盖范围半径小于 10 米,用于信息技术设备之间的近距离通信。信息技术设备可包括台式机、笔记本电脑、打印机、平板电脑、手机或其他可穿戴设备,用导线或无线电互连,并可通过更高一层的网络把 PAN 网络连接到因特网。个人网可指用有线连接、无线连接或两者皆有的个人网络。

无线个人网(WPAN)是在具有无线通信功能的设备之间进行近距离通信的网络。近距离通信也称近场通信(Near Field Communication,NFC)。WPAN 是使用无线技术创建的个人网(PAN),同样可连接到局域网和因特网,其特点是距离短、功耗低、速率低、易于安装和维护。WPAN 通常用于将外部设备连接到计算机,而不用导线连接,外部设备是可支持无线通信的打印机、鼠标器、键盘、手机或家电。

2. WPAN 标准

为 WPAN 制定的 IEEE 802.15.1 和 802.15.4 是无线媒体接入控制(MAC)和物理层(PHY)规范,没有使用逻辑链路层(LLC)规范,参看图 29-4。为不同用户的来往信号共享通信链路,在物理层(PHY)采用时分复用(TDM)、频分复用(FDM)或码分复用(CDM)等复用技术,在数量链路层(DLC)采用 TDMA、FDMA、CDMA 或随机型 CSMA 多址接入方法。

IEEE 为无线个人网(WPAN)制定的系列标准见表 29-3。除了 IEEE 802.15.2,WPAN 网络的工作频带均为 ISM 频带。IEEE 802.15.2 是为无线个人网(WPAN)装置与其他网络(如 WLAN)装置和平共处(coexistence)制定的协议。

UWB WPAN(IEEE 802.15.3a)是低功耗超高速的超宽带(Ultra Wideband,UWB)短距离通信协议。开发该协议的基本思想是,宽频谱传输数据与窄频谱传输数据相比,在相同传输距离下消耗的功率比较低。UWB 的传输距离为 2 米时,数据传输率可达 500Mbps,10 米时可达 110Mbps。

表 29-3 IEEE 为 WPAN 制定的技术标准

任务组	标准名	主题	数据速率	用途
TG1	802.15.1	蓝牙技术	<3Mbps	使用微小型装置组建网络
TG2	802.15.2	IEEE 802.15 与 IEEE 802.11 共处	-	解决蓝牙与 802.11b 设备共处
TG3	802.15.3	高速 WPAN	55Mbps	低功耗、高速率和低成本的解决方案,802.15.3a 可替代 802.15.3
	802.15.3a	低功耗超高速(UWB-WPAN)	110Mbps	
TG4	802.15.4	ZigBee(LR-WPAN)	< 250kbps	低功耗、低速率的解决方案,802.15.4a 可替代 802.15.4
	802.15.4a	ZigBee 低功耗(LR-WPAN)		

29.2.2 蓝牙(Bluetooth)网络

1. 蓝牙是什么

蓝牙(Bluetooth)是低功耗、低成本的短距离通信协议。蓝牙源于爱立信(Ericsson)公司在 1994 年发明的技术,目的是用无线传输技术替代连接外部设备的 RS-232 电缆。蓝牙是蓝牙特殊兴趣小组(Bluetooth Special Interest Group,Bluetooth SIG)制定的协议,以 IEEE 802.15.1 标准为基础,添加其他功能构成无线个人网(WPAN)的一套协议。

蓝牙通信使用 ISM 频带中的 2.4GHz 频带和跳频扩谱技术(FHSS),在 10 米范围里的数据率可达到 3Mbps,适合用于微小型设备之间的通信。

蓝牙技术的应用极其广阔,尤其是在多媒体方面的应用,例如,无线耳机和手机之间的通信,打印机、数码相机、无线鼠标器、键盘与主控计算机之间的通信,计算机与计算机之间的通信。

2. 网络结构

蓝牙(IEEE 802.15.1)是自组网,网络结构可以是点对点、点对多点和散射结构,如图 29-7 中图(a)、(b)和(c)所示。图 29-7(c)是由在时间或空间上有重叠的两个或多个网络互连的网络,称为散射网(scatternet)。图 29-7(d)是点对多点的星型结构蓝牙网络。连接蓝牙设备入网可以不需要连接因特网的接入点,因为蓝牙设备自己可连接多达 8 个固定的或移动的设备,构成称为蓝牙微网(Bluetooth piconet)的计算机网络。在蓝牙微网中,一台设备作为主控设备或称主节点,其余作为从属设备或称从节点,构成主从关系。

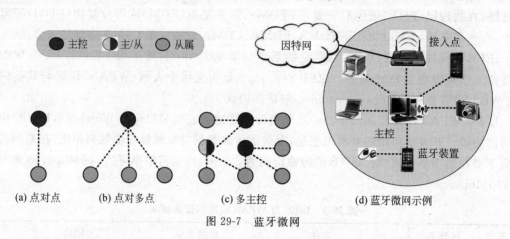

(a) 点对点   (b) 点对多点   (c) 多主控   (d) 蓝牙微网示例

图 29-7 蓝牙微网

蓝牙设备是配备有无线电模块的设备。无线电模块是软硬件结合的模块,除了收发无线电信号外,还包括设备之间传输数据的规则。目前具有蓝牙功能的设备很多,如移动电话、手持 PC、键盘、鼠标器、打印机、麦克风、耳机和显示器等。有些没有内置蓝牙功能的计算机,可使用蓝牙适配器与蓝牙设备通信,前提是计算机操作系统内置有蓝牙功能。

3. 协议结构

深入浅出介绍蓝牙网络系统的文章很多,如 Introduction to Bluetooth[①] 是其中的一个。如图 29-8 所示,蓝牙网络核心系统分成 4 层,每一层都与通信协议相关联。

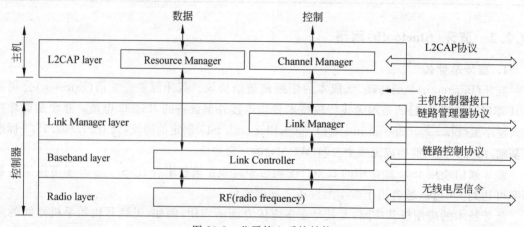

图 29-8 蓝牙核心系统结构

---

① Introduction to Bluetooth. http://www.althos.com/tutorial/Bluetooth-tutorial-link-manager-layer.html。

最上面的一层是 L2CAP layer,称为逻辑链路控制和适应协议层(Logical Link Control and Adaptation Protocol,L2CAP),由资源管理器(Resource Manager)和信道管理器(Chanel Manager)组成。L2CAP 处理高层协议的复合、大型数据包的分割和再组装,可提供无连接和面向连接的两种服务。

其下的 3 层分别是:(1)链路管理器层(Link Manager layer),包含一个链路管理器(Link Manager),执行链路管理器协议;(2)含有链路控制器(Link Controller)的基带层(Baseband layer),执行链路控制协议;(3)含有 RF(Radio Frequency)的无线电层,执行无线电层的信令。这 3 层组合在一起称为控制器(controller)。

主机与控制器之间的接口称为主机控制器接口(Host Controller Interface,HCI)。

蓝牙(IEEE 802.15.1)标准是规范链路层和物理层的技术标准,详见 2005 年版的 IEEE 802.15.1 Wireless Medium Access Control (MAC) and Physical Layer (PHY) Specifications for Wireless Personal Area Networks (WPANs)。

一个完整的应用通常需要使用蓝牙规范中定义的若干附加服务和高层协议。蓝牙的高层协议由 Bluetooth SIG 制定,详见 2010 年版的 Bluetooth Specification Version 4.0。

29.2.3 紫蜂(ZigBee)网络

1. 紫蜂是什么

紫蜂(ZigBee)是低功耗、低速率、低成本、短距离的无线通信协议,因与蜜蜂(bee)靠飞翔和翅膀"嗡嗡"(zig)抖动与同伴建立传递花粉的通信网络相似,故命名为 ZigBee 网络,译名为"紫蜂"网络。紫蜂(ZigBee)是 2001 年成立的 ZigBee 联盟开发的协议,它是以 IEEE 802.15.4 标准为基础,添加路由和其他网络功能构成的一套协议,可用于无线控制和监视系统。ZigBee 设想始于 1998 年,2003 年标准化,2006 年修订,正式名称为 ZigBee 2007 规范,2012 年发布 ZigBee 2012 规范,2013 年发布 ZigBee IP 规范。

ZigBee 在各国使用的 ISM 频带不同。全球大多数司法管辖区使用 2.4GHz,在中国使用 784MHz,在欧洲使用 868MHz,在美国和澳大利亚使用 915MHz。ZigBee 采用直接序列扩谱(DSSS)技术,定义的四种数据率为 20kbps、40kbps、100kbps 和 250kbps,请参看表 29-4。

表 29-4　ZigBee 协议的频谱、扩谱、调制及速率

物理层(MHz)	频带(MHz)	扩谱(kchip/s)	调制	位速率(kbps)	符号率(ksymbol/s)
868/915	868~868.6	300	BPSK	20	20
	902~928	600	BPSK	40	40
868/915(可选)	868~868.6	400	ASK	250	12.5
	902~928	1600	ASK	250	50
868/915(可选)	868~868.6	400	O-QPSK	100	25
	902~928	1000	O-QPSK	250	62.5
2450	2400~2483.5	2000	O-QPSK	250	62.5

按照 ZigBee 2012 规范,单个无线网格结构可支持多达 65 536 个节点(装置),在任何一个行业,都可用各种装置构成单个控制网络,如楼宇自动化、医疗保健、家居自动化、能源智能控

制、电信服务及零售服务等系统；按照 ZigBee 2012 规范，在多媒体应用方面的目标是在高清电视（HDTV）、数字视像机（Digital Video Recorder，DVR）、机顶盒（STB）、蓝光播放器和计算机之间互连成网络。

ZigBee 技术的特点是传输距离近（小于 100 米）、功耗低（电池寿命至少 100 天）、速率低（20～250kbps）和成本低，因为许多装置以收发命令为主，而不是以传送数据为主，不需要那么高的数据率，因此可广泛用在各行各业需要的传感器和执行器设备上，以建造各种各样的自动化系统。

2. 网络结构

ZigBee 协议定义了 ZigBee 逻辑设备和 ZigBee 物理设备，用来构造 Zigbee 网络。定义的逻辑设备有三种：网络协调器（coordinator）、路由器（router）和端设备（end device）。ZigBee 物理设备是 IEEE 802.15.4 定义的两种设备：全功能设备（Full-Function Devices，FFD）和简化功能设备（Reduced-Function Devices，RFD）。

用 ZigBee 逻辑设备可构造三种网络拓扑或称网络结构：星型（star）结构、网格（mesh）结构和簇树（cluster tree）结构，如图 29-9 所示，不同的应用需要选择不同的网络结构。

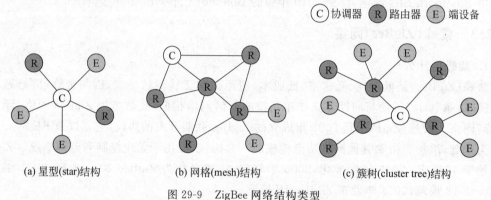

(a) 星型(star)结构   (b) 网格(mesh)结构   (c) 簇树(cluster tree)结构

图 29-9　ZigBee 网络结构类型

1）ZigBee 逻辑设备

网络协调器（C）：网络的根，每个网络一个，可以和其他 ZigBee 网络相连，负责启动网络、选择网络参数，如无线频率信道，设置其他运行参数，存储信息和安全密钥。

路由器（R）：网络的中间节点，承担网络协调器的功能，可连接到已经存在的网络，也能连接端设备（E）和其他路由器，通过它可扩展 ZigBee 网络，还可作为端设备（E）使用。

端设备（E）：低功耗或电池供电的设备，可收集来自传感器和开关的各种信息，可与父节点（协调器或路由器）对话，而且只能与协调器（C）或路由器（R）交换信息。

2）ZigBee 物理设备

全功能设备（FFD）：存储容量最大、计算能力最强的设备，执行 IEEE 802.15.4 标准中规定的所有功能，包括路由选择、网络协调等，可扮演协调器、路由器或端设备的角色。在 ZigBee 网络中，FFD 自始至终都要处在工作状态，因为它要时刻监听网络。

简化功能设备（RFD）：像传感器、执行器那样的端设备，用于记录温度数据、监测照明或控制设备等，执行的功能不多，不需要转发数据包。

使用 ZigBee 逻辑设备可帮助我们更好地理解 ZigBee 网络的结构。由于 ZigBee 物理设备中的全功能设备（FFD）集成了协调器（C）和路由器的功能，而简化功能设备（RFD）与端设备

(E)相当,因此许多文献只使用 FFD 和 RFD 来说明 ZigBee 网络的结构。

3. 协议结构

ZigBee 是全球性的一套通信协议,分成五个层次:应用/配置(Application/Profiles)、应用程序框架(Application Framework)、网络/安全层(Network/Security layers)、媒体接入控制层(Media Access Control layer)和物理层(Physical Layer),如图 29-10 所示。其中,IEEE 802.15.4 标准规范 ZigBee 网络的物理层和媒体接入控制(MAC);ZigBee 联盟平台定义网络结构、网络安全、应用框架以及应用编程接口(API),以确保包括 IEEE 802.05.4 在内的所有协议都符合 ZigBee 规范。

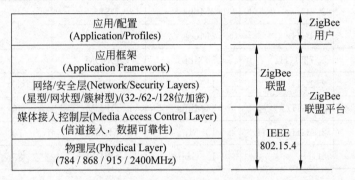

图 29-10 ZigBee 协议结构

29.2.4 红外通信

无线红外通信(wireless infrared communication)是使用红外线作为传输媒体的通信方式。1993 年成立的 IrDA(Infrared Data Association)/红外数据协会为无线红外通信制定了一套完整的技术规范。IrDA 协议用于解决近距离的数据传输,在几米范围里可达到 Mbps 量级的速率,用于袖珍装置的通信,如数码相机、笔记本电脑、打印机、医疗仪器、遥控器等。如需进一步了解红外光通信的概貌,可参阅维基百科(Wikipedia)中的词条 IrDA。

29.3 无线局域网(WLAN/Wi-Fi)

无线局域网(WALN)是使用无线传输媒体代替电缆或光纤的计算机局域网,市场上用 WiFi 或 Wi-Fi 作商标。当今无线局域网(WALN)如此流行的主要原因是它可连接到因特网,在有限的距离(如 100 米)内,数据传输速率高,可支持各种形式的多媒体应用,如可视电话、电视会议,接收实况转播等。此外,还有一个重要原因是容易安装和使用。因此无线局域网广泛用在住宅、学校、实验室、办公楼等场所。

29.3.1 无线局域网标准

现在已有多种无线局域网(WLAN)技术,并将大部分技术标准都归纳到 IEEE 802.11 系列,关键的几个无线局域网标准[①]见表 29-5。IEEE 802.11-1997 虽然已被淘汰,但现代的所有

---

① https://en.wikipedia.org/wiki/IEEE_802.11. 2016。

WLAN 标准几乎都是从这个标准导出的。

无线局域网(WLAN)和无线个人网(WPAN)使用相同的 ISM 频带,大多数调制技术都采用扩谱技术。许多技术人员认为,采用直接序列扩谱(DSSS)的性能比较好,采用跳频扩谱(FHSS)的噪声免疫能力比较强,采用正交频分多路复用(OFDM)的灵活性比较大。

表 29-5　Wi-Fi 联盟认证的 WLAN 关键标准

IEEE 标准	通信频率	最高速率	复用技术	传输距离(米)	
				室内	室外
802.11(1997)	2.4GHz	2Mbps	DSSS	20	100
	2.4GHz	2Mbps	FHSS		
802.11a(1999)	5.725GHz	54Mbps	OFDM	35	120
802.11b(1999)	2.4GHz	11Mbps	DSSS	30	140
802.11g(2003)	2.4GHz	54Mbps	OFDM	40	140
802.11n(2009)	2.4GHz,5GHz	135Mbps	MIMO	70	250
802.11ac(2013)	5GHz	1.3Gbps	OFDM	35	—

除了以上标准外,IEEE 802.11 工作组还制定了许多其他的无线网络标准,用于处理各种类型的通信。每种标准都指定频率范围、调制方法、复用技术和数据速率,详见 IEEE 802.11-2012。该标准的英文名称为 *Part* 11: *Wireless LAN Medium Access Control* (*MAC*) *and Physical Layer* (*PHY*) *Specifications*,2793 页。这是链路层和物理层的规范。

1999 年,无线设备厂商成立了非营利组织,称为"Wi-Fi(Wireless Fidelity)联盟",使用 IEEE 802.11 标准去测试和认证无线设备,并把他们的产品定义为无线局域网(WLAN)产品,使用"Wi-Fi"或"WiFi"作产品广告,得到市场的广泛认可,因此通常将 Wi-Fi 作为无线局域网(WLAN)的同义词。

29.3.2　无线局域网术语

在无线局域网(WLAN)标准中,有许多比较陌生的技术术语。在介绍无线局域网(WLAN)的结构之前,将比较常见和重要的网络构件名称简介如下。

1. 无线接入点(WAP,AP)

无线接入点(Wireless Access Point,WAP)是使用 IEEE 802.11 和相关标准把无线网络设备连接到有线高速网络的装置。WAP 常简写为 AP,它是由无线电收发器、天线和固化软件(固件)组成的无线网络设备。接入点(AP)通常要连接一个路由器(router),并把接入点(AP)作为一个部件集成到路由器,将这种"AP+router"的设备简称为无线路由器。

2. 无线台(STA)

无线台(Wireless Station,STA)是指能够执行 IEEE 802.11 规范的设备,如内置有执行该协议功能的台式机、笔记本电脑、智能手机等。一个无线台(STA)可指不移动的固定台,也可指移动的或便携式的移动台(MS)。在无线网络互连技术中,经常会遇到具有相同特性的设备但有多个不同的名称。例如,如无线台(STA)、无线节点(node)、无线主机(host)、无线客户机(client)，它们之间并没有严格界定，因此可以互换。

3. 基本服务集(BSS)及其标识(BSSID)

基本服务集(Basic Service Set，BSS)是无线局域网(WLAN)体系结构中的基本组成部件，由单个接入点(AP)和所有相关无线台(STA)组成。接入点(AP)是无线台(STA)的主控设备，最简单的 BSS 由一个接入点(AP)和一个无线台(STA)组成。

每个 BSS 都有唯一的基本服务集标识符(Basic Service Set Identification，BSSID)，它是无线接入点(AP)的 MAC 地址，用于标识这个无线网络的接入点(AP)及其无线台(STA)。

4. 无线局域网(WLAN)及其标识符(SSID)

由于多个无线局域网(WLAN)可在同一空间共存，因此每个无线局域网(WLAN)都需要一个唯一的网络名称(network name)，称为服务集标识符(Service Set Identifier，SSID)。

在一个无线局域网(WLAN)中的所有无线设备必须使用相同的 SSID 才能相互通信。由于 SSID 必须手工输入到设备，因此使用易于人阅读的最多 32 字节的字符串。网络管理员通常使用公共的 SSID，并向网络中的所有无线设备广播。例如，当你点击无线设备(如智能手机)上的无线(Wi-Fi)图标时，可看到所有可用的网络名称(SSID)列表，有些可免费接入，有些则需要用户输入密码。

5. 扩展服务集(ESS)及其标识(ESSID)

扩展服务集(Extended Service Set，ESS)是两个或两个以上互连的无线基本服务集(BSS)构成的集合。每个基本服务集(BSS)仍然有它自己的 BSSID，但它们共享相同的网络名称，即扩展服务集标识符(ESSID)，目的是便于移动台的漫游。

29.3.3 无线局域网结构

无线局域网(WLAN)主要由三种构件组成：(1)无线接入点(AP)；(2)用于连接接入点(AP)的互连装置，如交换机或路由器；(3)具有无线通信功能的无线台(STA)。

使用这些构件，WLAN 原则上可构造两种类型的网络：一种是没有接入点(AP)但所有无线台(STA)可直接相互通信的自组网(Ad hoc)，如图 29-11(a)所示；另一种是无线台(STA)只与接入点(AP)通信的基础结构网络(Infrastructure network)，并可细分成如图 29-11(b)、(c)和(d)所示的三种模式(mode)。

1. 自组网模式

自组网(Ad hoc)模式是一种没有接入点(AP)的无线局域网(WLAN)结构，如图 29-11(a)所示，使用无线台(STA)自身建立相互通信，构成独立基本服务集(Independent BSS，IBSS)。

2. 基础结构模式

如图 29-11(b)所示，WLAN 是只有一个基本服务集(BSS)构造的网络，即由单个接入点(AP)和相关无线台(STA)构成的网络。接入点(AP)是这个 WLAN 的核心，所有连接到这个网络的无线台(STA)之间的通信都要通过它，并使用相同的基本服务集标识符(BSSID)。

基础结构模式有三种形式的网络：(1)接入点(AP)通过调制解调器连接到高速宽带有线网络；(2)接入点(AP)直接连接到高速宽带有线网络；(3)使用两个接入点(AP)构成中继模式(repeater mode)的网络，一个接入点作为 WLAN 的根(root)，另一个作为 WLAN 的中继器(repeater)。中继器是在局域网环境下用来延长网络距离的网络互联设备，对信号具有放大再生功能，工作在 ISO/OSI 模型的物理层(PHY)。

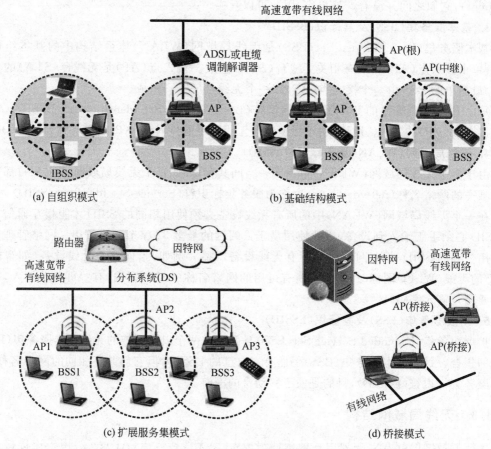

图 29-11　WLAN 网络结构

3. 扩展服务集模式

扩展服务集(ESS)模式是由多个基本服务集(BSS)构成的无线局域网,如图 29-11(c)所示,由 BSS1、BSS2 和 BSS3 组成。在这种结构中,一个无线台(STA)可加入或离开一个 BSS 网络,也可以从一个 BSS 网络移动到另一个 BSS 网络。

扩展服务集(ESS)网络是一个分布系统(Distributed System,DS),使用骨干网在接入点(AP)与接入点(AP)之间或接入点(AP)与骨干网之间转发数据。

4. 无线桥接模式

网桥(network bridge)是连接多个网段的网络设备。网段(network segment)是指在一个计算机网络中,每台设备都使用相同的物理层进行通信的那部分,使用扩展物理层的设备(如中继器、集线器)的那部分也属于同一网段。网络桥接是使用网桥把两个或两个以上的网段连接在一起构成一个网络的行为。

在 ISO/OSI 模型中,桥接协议是在链路层和物理层上执行,如图 29-12 所示。

如果通过无线链路把两个或多个局域网(LAN)网段连接在一起,这种桥接就称为无线桥接模式(bridge mode),如图 29-11(d)所示。在这个模式中,需要使用两个接入点(AP),它们之间可以相互通信。每个接入点(AP)作为桥或路由器,把自己所属的局域网(LAN)通过无线媒体连接在一起。

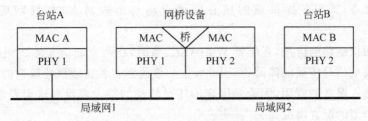

图 29-12　桥接的概念

无线桥接通常用于把网络覆盖范围扩展到物理缆线不能到达的地方。在基础结构模式中,中继模式的网络结构是无线桥接模式的一种变形,其主要目的也是延伸网络。

5. 无线网格网络

无线网格网络(Wireless Mesh Network,WMN)是由无线节点以网格形式组成的通信网络,是无线自组织的一种形式。无线网格网络(WMN)通常由网格客户机、网格路由器和网关组成。网格客户机是指笔记本电脑、蜂窝电话和其他无线装置,而网格路由器用于转发来自网关的网络包,网关可连接到因特网,但不是必需的。

无线网格网络(WMN)可用各种技术构建,包括 IEEE 802.11、IEEE 802.15、IEEE 802.16、蜂窝技术或它们的组合技术。

29.4　无线城域网(WMAN/WiMAX)

WiMAX(IEEE 802.16)是无线城域网(WMAN)的技术标准,提供宽带无线接入和网络互连服务,与 Wi-Fi 等技术相互竞争又相互补充。

29.4.1　WMAN/WiMAX 是什么

无线城域网(WMAN)是使用无线链路连接的覆盖城市和郊区的无线通信网络。为促进WMAN 技术的发展和使用,一些公司于 2001 年 6 月创建了一个称为"WiMAX Forum"的论坛,为此杜撰了一个术语,WiMAX(Worldwide Interoperability for Microwave Access),译名为"微波接入全球互通"。这个论坛促成了 IEEE 802.16 标准的开发,并把遵循该标准的产品称为 WiMAX 产品,这样 WiMAX 就转变成为 WMAN 的同义词。就像 Wi-Fi 那样,Wi-Fi 是无线局域网(WLAN)的同义词。

WiMAX 是无线通信标准(IEEE 802.16),设计用于提供数据速率为 $30\sim40$Mbps 的宽带无线接入(Broadband Wireless Access,BWA)服务,有 Fixed WiMAX 和 Mobile WiMAX 两个主要版本。Fixed WiMAX 是指使用 802.16d(2004)标准构建的无线通信系统,Fixed(固定)是指可为用户提供在服务提供商和固定位置(如办公楼或住宅)之间的连接服务,使用802.16m(2011)可将数据速率提高到 1Gbps;Mobile WiMAX 是指使用 802.16e(2005)构建的无线通信系统,Mobile(移动)是指可为使用移动设备的用户提供接入点之间的切换服务。

29.4.2　WiMAX 的应用

WiMAX 主要用于:(1)提供宽带接入服务,以解决访问因特网的"最后一英里"的瓶颈问题;(2)提供普通的连接服务,如在大城市中物理站点之间的连接;(3)提供回程链路(backhaul)服务,即服务提供商的核心网络设施与远程站点(如蜂窝塔)之间的链路服务。

对于创建回程链路的应用,在配置 WiMAX 设备时,在两个通信实体之间的视线距离内,不能有影响无线电信号传播的障碍物,因此收发装置通常安装在塔顶建筑物的顶上,数据速率也比较高。对接入服务的应用,无论是固定的还是移动的接入都没有这个要求。图 29-13 说明这两种应用类型的配置情况。

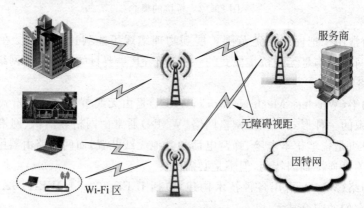

图 29-13　WiMAX 用于接入和创建回程链路的框图

在市场上,WiMAX 的竞争主要来自现存的和已广泛配置的无线系统,如通用移动通信系统(UMTS),CDMA2000,Wi-Fi 和第 4、5 代移动通信系统。

29.4.3　WiMAX 与 Wi-Fi

WiMAX 和 Wi-Fi 都是因特网宽带无线接入(BWA)方法,它们的特性不同,但彼此相互补充,如表 29-6 所示。

表 29-6　**WiMAX 与 Wi-Fi 的特性比较**[①]**(2014)**

特性	WiMAX(802.16a)	Wi-Fi (802.11b)	Wi-Fi (802.11a/g)
主要应用	宽带无线接入(BWA)	Wireless LAN	Wireless LAN
频带	2~11GHz	2.4GHz ISM	2.4GHz ISM (g);5GHz U-NII (a)
信道带宽	1.25~20MHz	25MHz	20MHz
半/全双工	全双工	半双工	半双工
复用技术	OFDM (256-channels)	DSSS	OFDM (64-channels)
带宽效率	<=5bps/Hz	<=0.44bps/Hz	<=2.7bps/Hz
调制	BPSK, QPSK, 16-, 64-, 256-QAM	QPSK	BPSK, QPSK, 16-, 64-QAM
前向纠错	卷积码,Reed-Solomon	None	卷积码
加密算法	3DES,可选 AES·	可选 RC4	可选 RC4 (AES in 802.11i)

①　引自 Worldwide Interoperability for Microwave access (WiMAX) Tutorial. Tutorials Point Pvt. Ltd. 2014。

特性	WiMAX(802.16a)	Wi-Fi (802.11b)	Wi-Fi (802.11a/g)
Mobility	Mobile WiMAX(802.16e)	开发中	开发中
接入协议	Request/Grant	CSMA/CA	CSMA/CA

* DES：Data Encryption Standard；3DES：Triple DES；AES：Advanced Encryption Standard

练习与思考题

29.1　无线网络大致可分成几种类型？

29.2　ISM 是什么？

29.3　调查我国为 ISM 指定的 ISM 频带，并用图表示。

29.4　无线自组网是什么？

29.5　个人网是什么？

29.6　无线个人网是什么？

29.7　蓝牙是什么？ 最高的数据速率是多少？ 主要用途是什么？

29.8　紫蜂(ZigBee)是什么？ 紫蜂(ZigBee)技术有什么特点？ 主要用途是什么？

29.9　无线局域网(WALN)是什么？ 无线局域网与 WiFi 有什么关系？

29.10　无线接入点(WAP)是什么？

29.11　打开你的手机设置，查看当前有哪些 Wi-Fi(无线局域网)，有你能用的 Wi-Fi 吗？

29.12　无线城域网是什么？ 主要用途是什么？

参考文献和站点

[1]　Wireless Networks. http://ccm. net/contents/834-wpan-wireless-personal-area-network，2014.

[2]　Nirwan Ansari，Jingjing Zhang. Media Access Control and Resource Allocation for Next Generation Passive Optical Networks，2013.

[3]　L. G. Kazovsky(Stanford University). Ning Cheng(Huawei Technologies Co). Broadband Access Technologies：An Overview，2011.

[4]　ISM band. https://en. wikipedia. org/wiki/ISM_band.

[5]　IEEE Computer Society IEEE. Part 15. 1：Wireless Medium Access Control (MAC) and Physical Layer (PHY) Specifications for Wireless Personal Area Networks (WPANs) (606 页)，2005.

[6]　Ala Al-Fuqaha. CS 6030：Wireless Networks. https://cs. wmich. edu/~alfuqaha/Fall09/cs6030/，2009.

[7]　Introduction to Bluetooth. http://www. tvdictionary. com/tutorial/bluetooth-tutorial-title-slide. html，2009.

[8]　Bluetooth SIG. Bluetooth Specification Version 4.0，2010.

[9]　ZigBee Standards Organization. ZigBee Specification (604 页)，2008.

[10]　IEEE Computer Society. Part 11：Wireless LAN Medium Access Control(MAC) and Physical Layer (PHY) Specifications(2793 页)，2012.

[11]　Bernhard H. Walke，Stefan Mangold，Lars Berlemann. IEEE 802 Wireless Systems. John Wiley & Sons Ltd，2006.

第 30 章　移动宽带接入

在过去的短短 20 多年里,蜂窝移动网络技术发展迅速,从模拟电话到数字电话,用户容量从小容量到大容量,因特网接入速度从低速(窄带)到高速(宽带),数据交换从电路交换走向数据包交换,直到进入全 IP 包交换。

移动宽带接入(mobile broadband access)是无线因特网接入(wireless Internet access)的市场术语。移动宽带接入是指通过第三代(3G)、第四代(4G)和第五代(5G)蜂窝移动网络,将移动设备以不低于宽带基准速度接入因特网。

为理解第三代(3G)技术及其以后的蜂窝网络如何接入到因特网,本章首先以较大的篇幅介绍蜂窝数字通信的基本概念和 2G 数字电话通信系统,因为它们是移动宽带接入因特网的基础,然后介绍 3G、4G 接入因特网的技术思想。

30.1　移动宽带接入参考模型

移动因特网接入始于 20 世纪 90 年代的第二代(2G)移动电话技术,移动宽带接入始于 21 世纪开始出现的 3G、4G 蜂窝移动电话技术。

30.1.1　移动接入过程

移动设备与因特网之间的接口实际上是一个无线通信系统,因此移动设备接入因特网的过程可用无线通信系统来表达。表达无线通信系统的一个简化框图如图 30-1 所示。

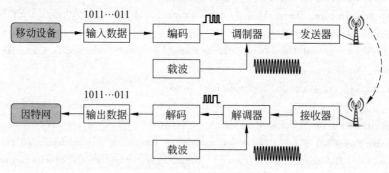

图 30-1　移动接入过程

在发送端,移动设备输入的数据(如 1011…011)经过编码产生数字信号,然后用数字信号去调制载波,调制器输出的信号通过发送器和天线发送到自由空间。在接收端,信号处理的过程与发送信号的过程相反,接收器输出的数据送到因特网。

30.1.2 宽带接入模型

移动宽带接入的简化参考模型①如图 30-2 所示。移动设备(如智能手机)实际上是具有无线通信功能的计算机,移动设备与因特网之间的设备可想象为一个中间节点,它具有执行三层网络协议(网络层、数据链路层和物理层)的功能,把因特网想象为主机,于是移动宽带接入就转化为三个协议层上的协议转换问题。

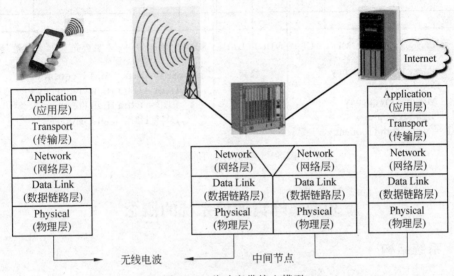

图 30-2　移动宽带接入模型

移动宽带接入对网络互联模型各层上的协议都有影响,如表 30-1 所示,有些协议要修改,移动宽带接入需要而原来没有的协议要开发。

表 30-1　移动宽带接入对互联网络造成的影响

网络互联模型	涉及需要修改或开发的协议
Application layer(应用层)	位置服务,多媒体应用,自适应应用
Transport layer(传输层)	拥挤和流量控制,服务质量(QoS)
Network layer(网络层)	寻址,路由,设备位置,蜂窝区切换
Data link layer(数据链路层)	认证,多路复用,媒体接入,媒体接入控制(MAC)
Physical layer(物理层)	加密,调制,干扰,天线,频率

30.1.3 蜂窝通信频谱

用于传输信号的通信频谱如图 30-3 所示,用于蜂窝通信的频谱是 VHF 和 UHF 频段,频率范围为 225～3700MHz。

各个国家和地址(如美国、欧洲和中国)使用的蜂窝通信频谱有差异;不同的手机制式(如

---

① 参考 Prof. Rolf Kraemer. Mobile Communications II from Cellular to Mobile Services. 2014。

GSM,CDMA,TD-SCDMA 和 LTE)使用的蜂窝通信频谱也有差异。

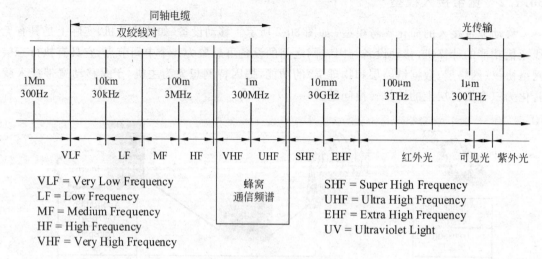

图 30-3　蜂窝通信的频谱

30.2　蜂窝通信系统的概念

30.2.1　系统结构

蜂窝通信系统也称蜂窝电话系统或移动通信系统。最初的系统是为移动客户提供语音服务,并将它连接到公共电话网络(PSTN),如图 30-4 所示。蜂窝(cell)是单个蜂窝塔覆盖的地区,如蜂窝 1,蜂窝 N;每个蜂窝都有基站(BS),站上安装有天线(蜂窝塔)和电子通信设备;基站受移动交换中心(Mobile Switching Center,MSC)控制。

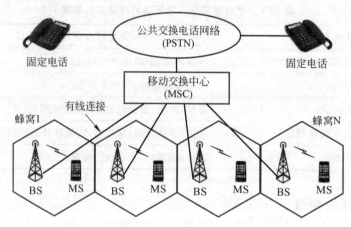

图 30-4　蜂窝通信系统

一个移动交换中心(MSC)可控制多个相邻的基站(BS),并协调这些基站之间以及基站与PSTN 电话中心交换局之间的通信。MSC 可跟踪用户即移动台(MS)的移动,并管理用户从一个蜂窝移到另一个蜂窝的通信。当用户在同一个 MSC 控制的两个蜂窝区之间移动时,

MSC 可处理直接切换;当用户从一个 MSC 控制的蜂窝区移动到另一个 MSC 控制的蜂窝区时,要从一个 MSC 切换到另一个 MSC。简而言之,MSC 的主要功能是建立蜂窝网络与公共交换电话网络之间的连接、管理用户呼叫建立/释放和处理用户的移动性。

注：基站(BS)这个术语在不同的应用中有不同的含义。(1)在移动通信系统中,基站是无线电信号收发电台,在蜂窝无线电覆盖区中,通过 MSC 与移动设备进行信息交换；(2)在无线局域网(WLAN)中,基站是指无线集线器或无线路由器,内置有无线电信号收发器,可以在有线网络和无线网络之间起网关的作用；(3)在陆地测量系统中,基站是指全球卫星定位系统(GPS)的接收器。

30.2.2 工作过程

打电话(call)：假设移动台 A(移动用户)要与移动台 B(被叫移动用户)通话,用户 A 输入电话号码按发送键后,移动台 A 开始扫描频带,找到信道后把电话号码发送到最近的基站(BS),基站把它发送到移动交换中心(MSC),MSC 把移动台 B 的电话号码发送给 PSTN 电话中心交换局。如果被叫移动用户 B 在网上,电话中心交换局将移动台 B 的电话号码发送给移动交换中心(MSC),MSC 向每个蜂窝发送查询信号,以搜索移动台 B 的位置,这个过程称为寻呼(paging)。移动台 B 一旦被找到,MSC 就发送响铃信号,当移动台 B 回应后,就给这个呼叫分配一个声音信道,语音通话就可开始。

切换(handover/handoff)：在通话期间,移动台从一个蜂窝区移动到另一个蜂窝区时,移动台接收的信号会变弱,移动交换中心(MSC)每隔几秒钟会监视信号电平,出现这种情况时,MSC 就寻找信号比较强的蜂窝,然后就从老的蜂窝切换到新的蜂窝。通常把属于同一种网络的两个不同无线接入点之间的切换称为水平切换(horizontal handover)。还有一种切换称为垂直切换(vertical handover),这种切换是在两种不同网络之间的切换,如在蜂窝网络、无线局域网和卫星网络之间的切换。

切换有硬切换(hard handoff)和软切换(soft handoff)两种方法。前者是先断开与老基站的连接,然后与新基站建立连接；后者是移动台可同时与两个基站通信,在保持与新基站通信的同时断开与老基站的连接。

漫游(roaming)：当移动台离开自己注册登记的服务区,也就是手机用户从一个蜂窝覆盖区移动到另一个区域时,移动通信系统继续向其提供服务的过程。漫游只能在网络制式兼容地区间进行,或已经签署双边漫游协议的地区或国家之间进行。实现漫游功能的技术相当复杂,首先要记录用户所在位置,在运营公司之间还要有一套利润结算办法。

30.2.3 蜂窝区域

在理论上,如果蜂窝的形状是正六边形,在由几个蜂窝覆盖的地区内既无间隙又不重叠,如图 30-5(a)所示。但实际情况并非如此,由于大多数蜂窝塔使用全向(omnidirectional)天线,以圆的形状发送信号,障碍物和电磁干扰会使信号衰减,使发送的信号形状发生变化,从而导致出现没有信号覆盖的区域或出现信号重叠的区域,如图 30-5(b)所示。

蜂窝大小不是一个固定值,可根据区域中的用户密度减小或加大。在农村地区,移动用户的密度较低,蜂窝覆盖区可大些,蜂窝数目就可少些；在大都市,移动用户的密度高,蜂窝覆盖区要小,蜂窝数目要多些。通常情况下,蜂窝的半径大约在 2~20 公里。

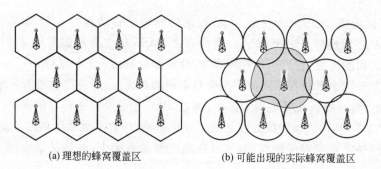

(a) 理想的蜂窝覆盖区　　　　　　　　(b) 可能出现的实际蜂窝覆盖区

图 30-5　蜂窝覆盖区

30.2.4　频率重用

蜂窝通信要遵循一个原则,相邻蜂窝使用不同的通信频率,这样可使在蜂窝边界区的频率干扰最小。然而,可用频率数目有限,因此频率资源需要重复使用。

根据这个原则,规划信号覆盖区时,把 N 个蜂窝当作一个簇(cluster),N 称为重用因子(reuse factor)。通常情况下,$N=3$、4、7 或 12。一个簇使用唯一的一套频率,簇中的每个蜂窝使用一种频率,如图 30-6 所示。当重复使用这样的簇时,一套频率可重用。

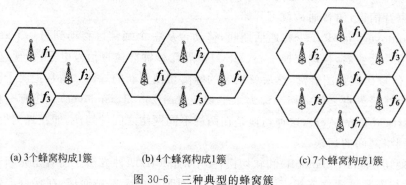

(a) 3个蜂窝构成1簇　　　　　(b) 4个蜂窝构成1簇　　　　　(c) 7个蜂窝构成1簇

图 30-6　三种典型的蜂窝簇

使用不同的重复因子 N,可以得到不同的重用模式。图 30-7 表示了使用 $N=3$ 和 $N=4$ 的两种重用模式。图 30-7(a)的重用频率间隔一个蜂窝,图 30-7(b)的重用频率相隔两个蜂窝。

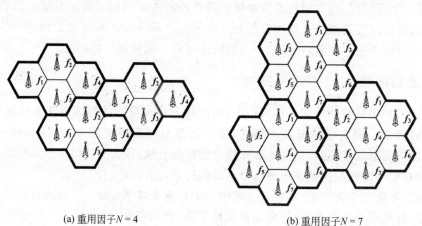

(a) 重用因子 $N=4$　　　　　　　　　(b) 重用因子 $N=7$

图 30-7　频率重用模式

30.3 蜂窝网络标准的演进

30.3.1 蜂窝技术代(G)的概念

通信工业将蜂窝技术分成若干代(generation),用 1G、2G、3G、4G、5G、…,以及技术代的中间版本,如 2.5G,3.5G 等表示,这样便于大众接受,易于市场推广,方便性能比较。前 4 代蜂窝技术的主要特性如表 30-2 所示。表中的 NMT(Nordic Mobile Telephone)是第一个全自动化的蜂窝电话系统,称为"北欧移动电话系统"。

代的演进标志新思路和新技术的出现。第一代(1G)蜂窝技术始于 20 世纪 70 年代,使用模拟信号通话;第二代(2G)始于 20 世纪 90 年代,使用数字信号通话;第三代(3G)始于 21 世纪初期,重点是增加高速数据服务,设计下行速度在 400kbps～2Mbps,支持访问万维网和多媒体应用;第四代(4G)始于 2007 年,重点是支持实时移动多媒体应用。

表 30-2 4 代蜂窝技术概况[①]

代	1G	2G		3G		4G	5G
开始使用	1981	1991	1995	2001	2002	2010	开发中
技术标准	NMT (FDMA)	GSM (T/FDMA)	IS-95 (CDMA)	WCDMA (UMTS)	HSPA (UMTS)	LTE (OFDMA)	单一标准
语音交换	电路交换	电路交换		电路交换		包交换	包交换
数据交换	电路交换	电路交换		包交换		包交换	包交换
数据带宽	-	14.4～64kbps		2Mbps		200Mbps	≥1Gbps
连接网络	PSTN	PSTN		PSTN/因特网		因特网	因特网
提供服务	移动电话	数字电话＋短信		＋移动多媒体		＋穿戴设备	＋智能穿戴

代的划分没有严格的界限,通常是综合技术和服务两个方面的变化来划分,如信道频带更宽、峰值数据速率更高、用户容量更大。

30.3.2 蜂窝技术代(G)的演进

概括来说,从模拟电话过渡到数字电话后,蜂窝技术主要朝向扩大移动用户容量和提高数据传输速率方向发展,目标是高速接入因特网,打通移动用户与因特网之间的通道。

蜂窝技术演进的第一步是将模拟电话(1G)变成数字电话并提供短信息服务(2G)。第二步是在 2G 和 2.5G 基础上提高网络速度,接入因特网并支持多媒体(3G)。第三步是在 3G 和 3.5G 基础上提高网络速度,支持移动多媒体和穿戴设备(4G)。第四步是在 4G 基础上提高网络速度,实现垂直漫游并支持智能穿戴设备(5G)。

蜂窝技术的演进是技术标准的演进。扩大移动用户容量主要体现在多址接入方法的演进,提高数据速率主要体现在编码调制方法的演进,将这些技术综合在一起成为标准。蜂窝技术在不同发展阶段上出现不同的标准,如 GSM、CDMA、WCDMA、CDMA2000、TD-SCDMA、

[①] 参考 https://en.wikipedia.org/wiki/Comparison_of_mobile_phone_standards。

它们被称为"手机制式"。蜂窝技术标准的演进如图 30-8 所示。

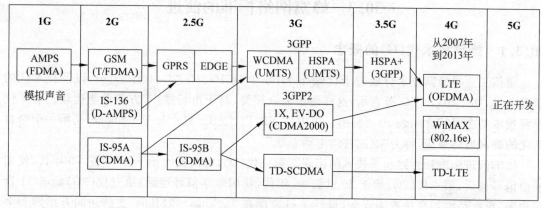

图 30-8　蜂窝技术标准的演进

30.3.3　3GPP 和 3GPP2

3GPP 和 3GPP2 都是致力于促进开发高速 3G 和 4G/LTE(Long Term Evolution)蜂窝通信系统的国际标准,通过高速无线网络传输多媒体内容。3GPP 以 GSM 系统为基础开发 3G 规范,3GPP2 以 CDMA 系统为基础开发 3G 规范,采用的技术虽然不同,但在增加用户容量和提高因特网接入速度方面是一致的。

1. 3GPP

第三代合作伙伴计划(3rd Generation Partnership Project,3GPP)是成立于 1998 年 12 月的标准化组织,称为"组织伙伴(Organizational Partners)"。其成员包括欧洲的电信标准协会(ETSI)、美国的电信行业解决方案联盟(ATIS)、中国的通信标准化协会(CCSA)、日本的无线电产业与商业协会(ARIB)和电信技术委员会(TTC)、韩国的电信技术协会(TTA)和印度电信标准发展学会(TSDSI)。

3GPP 有 4 个技术规范组(Technical Specification Groups,TSG):包括服务和系统结构(Service & Systems Aspects,SA)、无线接入网络(Radio Access Networks,RAN)、核心网络与终端(Core Network & Terminals,CT)和 GSM EDGE 无线接入网络(GSM EDGE Radio Access Networks,GERAN)。

3GPP 制定以 GSM 蜂窝通信网络为基础的标准,称为通用移动通信系统(Universal Mobile Telecommunications System,UMTS)规范。UMTS 规范中的第一个 3G 规范是 WCDMA(wideband code division multiple access)/宽带码分多址接入(空中接口),第二个是 HSPA(High Speed Packet Access)/高速数据包接入规范。

2. 3GPP2

第三代合作伙伴计划 2(3rd Generation Partnership Project 2,3GPP2)是成立于 1999 年 1 月的标准化组织,其成员包括美国电信工业协会(TIA)、中国的 CCSA、韩国的 TTA、日本的 ARIB 和 TTC。

3GPP2 制定 CDMA 为基础的 3G 规范 CDMA2000。3GPP2 的第一个 3G 规范是 CDMA2000 1X(IS-2000),第二个规范是 CDMA2000 1xEV-DO。CDMA2000 是 IMT-2000 标准框架中第一个要开发的 3G 技术规范。

IMT-2000(International Mobile Telecommunications-2000)是国际电信联盟(ITU)定义的全球性的第三代(3G)移动通信系统规范,其前称为未来公用陆地移动通信系统（Future Public Land Mobile Telecommunications System,FPLMTS）,始于 20 世纪 80 年代。IMT-2000 标准通过 3GPP 和 3GPP2 支持 WCDMA 和 CDMA2000 技术的开发。

30.4　第一代(1G)是模拟电话通信

在 20 世纪 70 年代,美国、日本和部分欧洲国家开始开发使用模拟信号调制载波的第一代蜂窝无线电话系统,具有自动交换、自动切换和漫游功能,它的技术性能如表 30-3 所示。

表 30-3　第一代典型蜂窝系统

蜂窝系统	NMT-450/NMT-900(欧洲)	AMPS(美国)	ETACS*（欧洲）	NTACS*（日本）
开始使用	1981	1983	1985	1988
使用频带	NMT-450： 　450～470MHz NMT-900： 　890～960MHz	前向链路： 　869～894MHz 反向链路： 　824～849MHz	前向链路： 　916～949MHz 反向链路： 　871～904MHz	前向链路： 　860～870MHz 反向链路： 　915～925MHz
信道带宽	NMT-450：25kHz NMT-900：12.5kHz	30kHz	25kHz	12.5kHz
多址接入	FDMA	FDMA	FDMA	FDMA
双工方法	FDD	FDD	FDD	FDD
声音调整	FM	FM	FM	FM
信道数目	NMT-450：200 NMT-900：1999	832	1240	400

* TACS：Total Access Communication Systems

先进移动电话服务(Advanced Mobile Phone Service,AMPS)是使用 FDMA 的模拟蜂窝电话系统,由美国 AT&T 贝尔实验室开发,于 1983 年首次在芝加哥城和郊区使用。基站使用全向天线,覆盖 5439 平方千米,用 10 个蜂窝塔,塔高 46～168m 之间。

AMPS 在 ISM 800-MHz 频带上运行,使用两个单独的模拟链路,频带 869～894MHz 用于传输下行信号,824～849MHz 用传输上行信号。每个频带分成 832 个 30kHz 的模拟信道,其中 5kHz 作为信道间隔,因此每个信道的带宽为 25kHz,如图 30-9 所示。

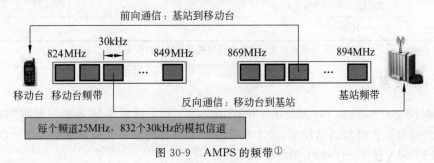

图 30-9　AMPS 的频带①

---

① Forouzan, Behrouz A. *Data communications and networking*. 4th ed. 2007。

30.5 第二代(2G)是数字电话通信

第二代(2G)是指 20 世纪 90 年代的蜂窝数字电话系统,使用 TDMA、FDMA 和 CDMA 空中接口,用于取代第一代(1G)蜂窝模拟电话系统。在 2G 系统基础上,添加数据网络 (GPRS,EDGE,IS-95B)构成 2.5G 网络,可把移动用户接入到因特网,但速度不超过 200kbps。

第二代(2G)技术是第三代(3G)、第四代(4G)的基础,因此这里以较大的篇幅介绍 2G 网络。为能够较深入理解其工作原理,添加了较多的插图和技术细节的描述。虽然对理解原理有帮助,但不要求掌握,尤其是普通读者对这些技术细节不一定要深究。

30.5.1 2G 是什么

2G 是移动通信工业发展过程中的第二代技术,开发第二代(2G)的主要目标是把模拟语音通信转换为数字语音通信,并逐步将移动网络接入到因特网。在开发过程中,涌现了三个主要的数字电话蜂窝系统:GSM、CDMA 和 D-AMPS 系统,如表 30-4 所示。

2G 系统采用频分双工(frequency division duplexing,FDD),而不是时分双工(Time Division Duplexing,TDD)。FDD 需要上行和下行两个无线信道,而 TDD 只用一个无线信道并分配两个相等的时间槽,实现上下行的数据传输。

表 30-4 第二代蜂窝技术标准

蜂窝标准	GSM	IS-54/IS-136(D-AMPS)	IS-95(CDMA)
开始使用	1990	1991	1993
使用频带	850/900MHz, 1.8/1.9GHz	850MHz/1.9GHz	850MHz/1.9GHz
信道带宽	200kHz	30kHz	1.25MHz
多址接入	TDMA/FDMA	TDMA/FDMA	CDMA
双工方法	FDD	FDD	FDD
声音调制	GMSK	$\pi/4$-QPSK	DSSS:BPSK,QPSK
数据演进	GPRS,EDGE	CDPD	IS-95-B
数据速率	GPRS:20~40kbps EDGE:80~120kbps	9.6kbps	IS-95B:<64kbps
用户面延迟*	600~700ms	>600ms	>600ms

* (user plane delay)可理解为 IP 数据包在用户设备和因特网服务器之间传输的往返时间。

30.5.2 GSM 系统

"GSM(Global System for Mobile Communication)/全球数字移动通信系统"是欧、亚两洲也是世界的第二代蜂窝通信标准,用于取代多个不兼容的第一代蜂窝通信网络。GSM 使用 TDMA 和 FDMA 技术,于 1991 年在芬兰开始使用。

1. 网络结构

GSM 网络可分为三个组成部分:移动台(Mobile Station,MS)、基站子系统(Base Station

Subsystem,BSS)和网络交换子系统(Network Switching Subsystem,NSS),如图 30-10 所示。

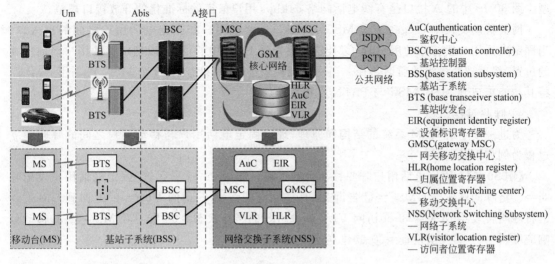

图 30-10 GSM 系统结构

1) 移动台(MS)/手机

移动台(MS)是移动用户的终端设备,由软硬件构成,可分为车载、便携和手持式。手持设备通常是指手机。移动台用于与基站建立无线链路,执行语音和数据传输。移动台是 2G 系统的用语,3G 系统的用语是用户设备(UE)。

2) 基站子系统(BSS)

基站子系统(BSS)主要由两个部分组成:基站控制器(Base Station Controller,BSC)和一个或多个基站收发器(Base Transceiver Station,BTS)。

BTS 是负责无线电信号收发的设备,因为它包含发射器、接收器、天线和天线塔,因此称为无线电基站(Radio Base Station,RBS),简称为基站(BS)。BTS 通过 Abis 接口连接 BSC,通过空中接口 Um 连接移动台(MS)。Abis 是 16kbps 用户信道的标准化的开放接口规范,Um 是移动用户接口规范,名称"Um"的来源与综合业务数字网络(ISDN)有关。这两个接口规范都是物理层的接口规范。

BSC 是基站和移动交换中心(MSC)之间的连接设备,通常控制几个基站,其主要功能是管理无线信道、实施呼叫和通信链路的建立和断开,控制辖区内移动台的蜂窝区切换。

3) 网络交换子系统(NSS)

网络交换子系统(NSS)是 GSM 的核心网络,用于执行电话呼叫交换和移动性管理,主要由移动交换中心(MSC)和处理用户呼叫所需的功能部件组成。

呼叫所需功能包括注册、鉴权、位置更新、基站切换、呼叫路由等。实现这些功能的辅助部件通常把它们当作数据库看待,并将它们归纳为 4 类登记簿:

(1) 访问者位置登记簿(Visitor Location Register,VLR),用于存储属于该 MSC 管辖的每个移动用户的信息;

(2) 归属位置登记簿(Home Location Register,HLR),用于维护移动用户当前所在物理区域的信息;

(3) 鉴权中心(Authentication Center,AuC),用于鉴别移动用户的通信权限;

（4）移动设备标识登记簿（equipment identity register，EIR），用于跟踪移动用户的设备类型。图 30-10 中的 A 接口是有线电话网络 64kbps 用户信道的标准化的开放接口规范。

网关移动交换中心（gateway MSC，GMSC）是移动用户和固定电话用户之间的出入口。当固定电话用户拨打移动用户时，GMSC 需要查看 HLR 中的信息，以确定移动用户当前所在的位置，然后选择最近的通话路径。当网络规模较小时，如只有 1～2 个 MSC，可不用 GMSC，将其功能集成到 MSC，MSC 与 PSTN 直接相连。

4）呼叫过程

为进一步了解 GSM 系统的结构和原理，现以固定电话用户与移动用户之间的呼叫建立过程为例加以说明。

【例 30.1】 固定电话用户呼叫移动台的过程。如图 30-11 所示，①固定电话用户发出呼叫⇒②将呼叫转发给 GMSC⇒③告诉 HLR 建立呼叫⇒④-⑤访问 VLR⇒⑥返回到 GMSC⇒⑦将呼叫转发给 MSC⇒⑧-⑨访问 VLR 获取 MS 的当前状态⇒⑩-⑪寻呼 MS⇒⑫-⑬移动台响应呼叫⇒⑭-⑮安全检查⇒⑯-⑰建立连接。

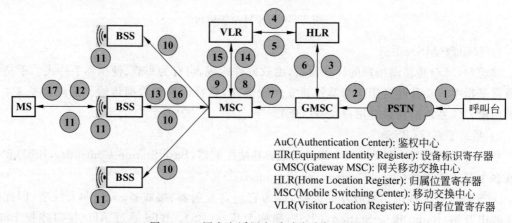

AuC(Authentication Center)：鉴权中心
EIR(Equipment Identity Register)：设备标识寄存器
GMSC(Gateway MSC)：网关移动交换中心
HLR(Home Location Register)：归属位置寄存器
MSC(Mobile Switching Center)：移动交换中心
VLR(Visitor Location Register)：访问者位置寄存器

图 30-11　固定电话用户呼叫移动台的过程

【例 30.2】 移动台呼叫固定电话用户的过程。如图 30-12 所示，移动台（MS）⇒①-②建立连接⇒③-④安全检查⇒⑤-⑧检查资源⇒⑨-⑩建立呼叫。

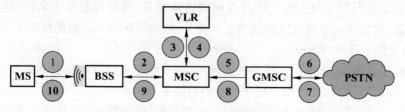

图 30-12　移动台发起呼叫的过程

2. 工作频带

GSM 使用 900MHz 或 1800MHz 的频带。使用 900MHz 时，GSM 将它分成两个带宽均为 25MHz 的频带，890～915MHz 用于上行，935～960MHz 用于下行，如图 30-13（a）所示，用于实现双工通信。每个频带分成 124 个信道，每个信道（频道）的带宽为 200kHz，并用保护带隔开。GSM 使用 FDMA 和 TDMA 接入方法，如图 30-13（b）所示，在每个信道上，使用 8 个时槽(time slot)组成一个 TDM 帧。上下两个信道组成一对,8 个用户共享一对 TDM 帧,因此同时通话的用户数可达 8×124=992 个。

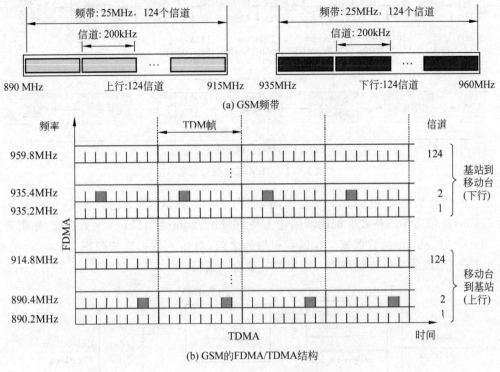

(a) GSM频带

(b) GSM的FDMA/TDMA结构

图 30-13　GSM 的频带和信道

3. 语音编码

GSM 系统支持如下三种语音格式:

(1) TCH-FR(Traffic Channel Full-rate,13kbps)/业务信道全速率格式:ETSI 06.10(ETS 300 961)标准中定义的标准格式,使用基于 LPC (linear predictive coding)/线性预测的RPE-LTP (regular pulse excitation-long term prediction)/规则脉冲激励-长期预测语音编码技术;

(2) TCH-HR(Traffic Channel Half-rate,5.6kbps)/业务信道半速率格式:使用 VSELP(vector sum excited linear prediction)/矢量和激励性预测编码,计算量较少但语音质量较低;

(3) TCH-HR(Traffic Channel Enhanced-rate,12.2kbps)/业务信道增强速率格式,使用AMR (adaptive multi rate)/自适应多速率编码技术,与全速率语音编码相比,语音质量高但计算量有所增加。

GSM 语音的处理过程如图 30-14 所示。由于无线信道易受各种干扰,从而导致传输的数据发生错误,因此语音编码数据和控制信号进入无线信道之前需要添加各种变换技术,以确保接收的信号能正确还原。

语音信号的采样频率为 8kHz,每 125μs 包含一个 13b(位)的样本。语音数据流分成段,2080b/20ms 为一段,经压缩编码后的数据速率为 260b/20ms (13kbps),压缩比 8:1;经过信道编码(卷积码)变成 456b/20ms(22.8kbps),经过交织(Interleaving)、突发格式化(burst formatting)、加密(不增加数据位)和调制载波,然后发送到无线链路上。

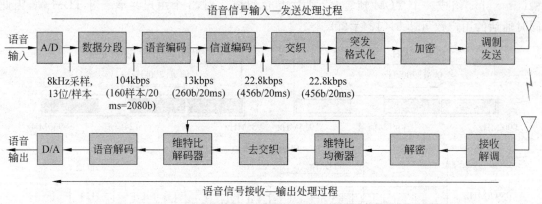

图 30-14　GSM 语音处理过程

语音的信道编码使用 $(2,1,5)$ 卷积码，如图 30-15 所示，图 30-15（a）是信道编码器，图 30-15（b）是信道编码格式。编码器的输入是 260bits/20ms＝13kbps 的数据流，输出是 456 bits/20ms＝22.8kbps 的数据流。在做卷积编码之前，对输入数据流按照图 30-15（b）的格式进行重新排序，添加 3 位校验位和 4 位尾位后做卷积编码。

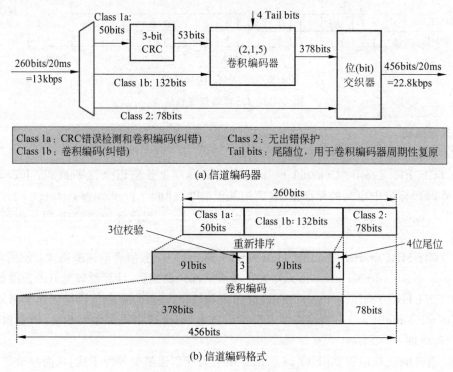

（a）信道编码器

（b）信道编码格式

图 30-15　GSM 语音信道编码

交织是把连续出错时间长的错误数据分散到多个语音段，便于接收端纠正错误，出错数据越分散，纠错越容易。第一个语音段的数据经过信道编码后的 456 位数据分成 8 组，每组 57 位，这是第一次交织，称为内部交织，如图 30-16 所示。为进一步分散可能出现的连续错误，可进行第二次交织，称为外部交织。交织方案很多，图 30-16 上显示了其中的一种。第一个语音段的 456 位数据交织后的第一组(1,9,…,449)跨越 8 组,与第二个语音段的第一组交织,以此类推,经过第二次交织后生成 8 个单帧。

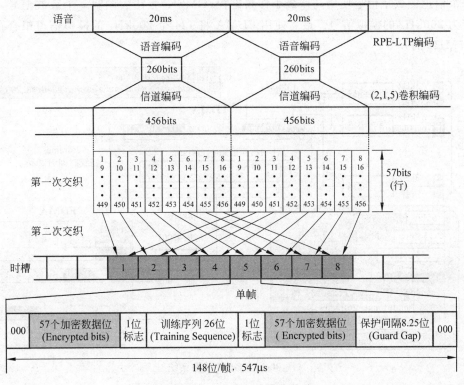

图 30-16　GSM 交织和突发格式

　　每个单帧包含 2 个 57 位的用户数据,再加用于控制传输的代码,合计 148 位/帧($547\mu s$),这样安排形成的格式称为突发格式(burst formatting)的帧,也称正常突发(normal burst)帧。用户数据加密(ciphering)是用加密算法修改 8 个连续交织块的内容,而不增加数据位;26 位长的训练序列(training sequence)用于定时参考和均衡信号,以适应基站收发器(BTS)和移动台(MS)之间物理信道的传输特性,与计算机网络中的同步字(syncword)、同步字符(sync character)或同步序列(sync sequence)具有相同的含义,都是用于数据传输的同步。由此可见,为纠正信号在传输过程中出现的错误,添加了许多冗余数据位,而真正用于传输用户数据的位数不多。

　　语音信号接收-输出的处理过程是语音信号输入-发送的逆过程。其中,维特比均衡器(Viterbi equalizer)用于修正频率信号畸变的电路,以减少维特比解码器(Viterbi decoder)译码时产生的错误。

4. 传输系统

　　GSM 使用 TDMA 和 FDMA 的传输系统如图 30-17[①] 所示。每个用户输入的模拟语音信号经过声音编码和压缩后,生成 13kbps 的数字信号,经过信道编码和突发格式化后形成的单帧为 148 位,在两帧加保护间隔 8.25 位后为 156.25 位/帧。每个信道(频道)使用 8 个时槽

---

① 引自 Data communications and networking. 4th By Forouzan。

(time slot),26 帧的持续时间为 120ms,因此每个信道的数据速率为:
$$26(帧)×8(槽/帧)×156.25(b/槽)/0.12(ms)=270.83kbps$$

每个信道的数字信号使用高斯最小移频键控(GMSK)方法去调制一个载波信号,产生一个频带为 200kHz 的模拟信号。最后使用 FDMA 将 124 个 200kHz 的模拟信道组合在一起,形成 25MHz 的频带。

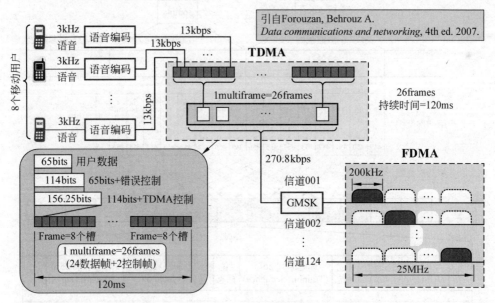

图 30-17   GSM 传输系统

注:GMSK(Gaussian Minimum Shift Keying)是在最小频移键控(Minimum Shift Keying,MSK)基础上开发的调制方法。由于在频移键控(Frequency-Shift Keying,FSK)调制中,相邻码元的调制频率不变或跳变一个固定的频率值时,相邻两种频率之间的相位往往是不连续的。MSK 对 FSK 做了改进,让分别代表 0 和代表 1 的两种频率之差等于符号率(波特率/数据率)的一半(1/2),于是用于表示 0 和 1 的波形严格相差半个载波周期,其相位能始终保持连续,因此 MSK 是一种连续相位的频移键控(continuous-phase frequency-shift keying)调制。在 GSM 传输系统中,每个信道的数据速率=270.83kbps,代表 1 和 0 的载波分别偏移 $±67.708(270.83/4)kHz$。在文章中通常用"调制系数(modulation index)"来表述,对 2-FSK 调制,定义为两个纯音的频率之差与符号率之比,并将调制系数=0.5 作为最小值。GMSK 调制则在 MSK 调制之前,数字信号用低通高斯滤波器(Gaussian filter)去整形,以减少相邻频率信道之间的干扰。

经过 GMSK 调制后得到 200kHz 的模拟信号,然后使用 FDMA 组合 124 个信道的信号,总的带宽为 25MHz。

5. 帧的结构

GSM 系统设计师为传输数据开发了多种格式的帧,包括 hyperframe(超大帧)、superframe(超帧)、multiframe(多帧)和 frame(帧),最小的帧是由 8 个时槽(time slot)组成的 TDM 帧,如图 30-18 所示,它们之间有如下关系:

• 1 hyperframe(超大帧)=2048 superframes(超帧)=3.48 小时

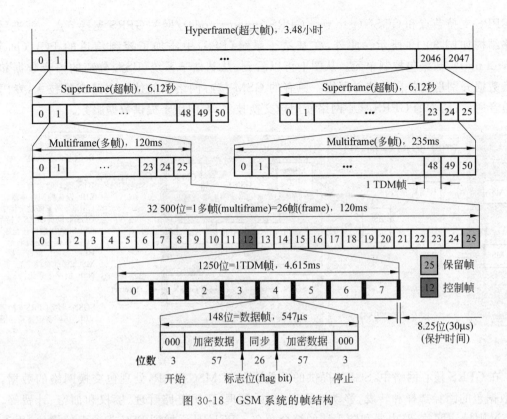

图 30-18 GSM 系统的帧结构

- 对语音：

  1 superframe(超帧)＝51 multiframes(多帧)＝6.12 秒(s)

  1 multiframes(多帧)＝26 TDM frames(TDM 帧)＝120 毫秒(ms)

- 对信令(signaling)：

  1 superframe(超帧)＝26 multiframes(多帧)＝6.12 秒(s)

  1 multiframes(多帧)＝51 TDM frames(TDM 帧)＝235 秒(s)

- 1 TDM frame(TDM 帧)＝8 time slots (时槽)＝4.615 毫秒(ms)

- 1 time slot(时槽)＝156.25 bit(位)＝ 0.577 毫秒(ms)

6. 因特网接入

GSM 是电路交换网络,不能直接接入到因特网(包交换网络)。为使移动用户能够使用手持设备享受因特网提供的服务,在原有 GSM 网络上,先后增加了两种因特网接入技术：GPRS (general packet radio service)/通用数据包无线服务和 EDGE(Enhanced Data rates for GSM Evolution)/增强 GSM 演进数据速率,称为 GPRS 核心网络和 EDGE 核心网络。

1) GPRS 核心网络

GPRS 是 GSM 系统为移动用户提供的数据服务,支持网页浏览、电子邮件和其他数据传输服务。GPRS 利用闲置的 TDMA 时间槽,增加相应的功能实体并对原有的基站子系统进行部分改造,达到传输包交换数据的目的,数据速度在 56～114kbps 范围里。GPRS 常被称为 2.5G 技术。

为配置 GPRS 核心网络,增加了两个核心部件：SGSN (serving GPRS support node)/服

务 GPRS 支持节点和 GGSN(gateway GPRS support node)/网关 GPRS 支持节点。演进后的网络结构如图 30-19 所示。此外,在基站子系统(BSS)中添加了控制信道的 PCU(packet control unit)/数据包控制单元。从图上可以看到,从基站子系统(BSS)分离的语音数据和包交换数据分别送到各自的核心网络。原有的 GSM 核心网络依然使用电路交换技术,专门用于语音通信;增添的 GPRS 核心网络使用包交换技术,专门用于提供数据服务。

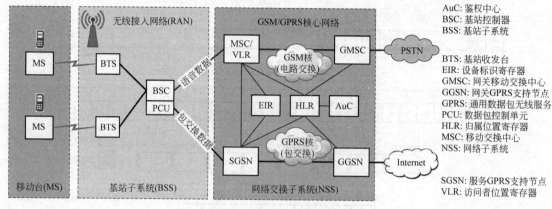

图 30-19　GSM/GPRS 网络结构

在 GPRS 核心网络中,SGSN 提供的功能类似于 MSC/VLR,处理包交换网络的数据,如 IP 数据包的路径选择和转发、移动性管理、会话管理、逻辑链路管理、鉴权和加密、计费等,而 GGSN 则扮演网关、路由器和防火墙的综合角色。PCU 是添加到 BSC 或独立的模块,用于区分是前往 GSM 网络的语音数据,还是前往 GPRS 网络的包交换数据。

2) EDGE 核心网络

EDGE 也称 EGPRS(Enhanced GPRS)/增强型 GPRS 网络,理论上的最大数据速率可达到 473.6kbps。EDGE 是迈向 3G 移动通信的过渡性技术方案,常被称为 2.75G 技术,它充分利用了现有 GSM 的网络资源,对网络软硬件做了一些改动,使运营商能够向移动用户提供诸如万维网浏览、电视电话会议等移动多媒体服务。

EDGE 提高数据传输率的方法是采用了 8PSK(3 位/符号)编码调制等技术,而网络结构与 GPRS 的网络结构相同。

30.5.3　D-AMPS 系统

D-AMPS(digital AMPS)是使用 TDMA 和 FDMA 的数字蜂窝电话系统,与 AMPS 后向兼容,即在一个蜂窝区内,既可用 AMPS 又可用 D-AMPS 电话。D-AMPS 的标准是 IS-54 (Interim Standard 54),修改后的版本是 IS-136。

D-AMPS 使用的频带和信道数与 AMPS 相同,824～849MHz 用于基站到手机(前向信道),869～894MHz 用于手机到基站(反向信道)。每个信道使用复杂的 PCM 编码和压缩技术,称为矢量和激励线性预测(VSELP)的语音编码法,生成 7.95kbps 的数字声音信号。

如图 30-20 所示,3 个 7.95kbps 的数字信号通过 TDMA 复合,系统每秒钟发送 25 帧,每帧 $(7950/25+6)\times6=324\times6=1944$ 位(bit),括号中的 6 为时间槽的位数,因此 TDMA 输出的速率为 48.6kbps。在 324 位中,只有 159 位来自声音数据,64 位用于控制,101 位用于纠错编码。

TDMA 复合输出的 48.6kbps 数字数据使用正交相移键控(QPSK)调制一个载波,生成一个带宽为 30kHz 的模拟信号,共享一个 25MHz 的频带(FDMA)。D-AMPS 的频率重用因子为 7。

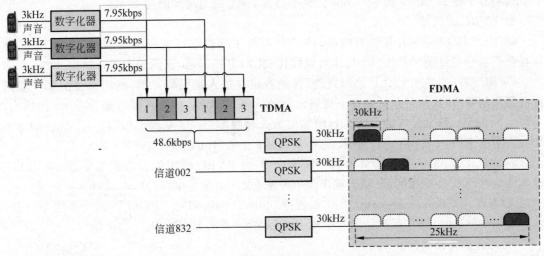

图 30-20　D-AMPS 数字蜂窝电话系统[①]

蜂窝数字包数据(Cellular Digital Packet Data,CDPD)是移动数据服务,利用 800～900MHz 之间未使用的带宽传输数据,速度可达 19.2kbps,后来已由速度更快的服务取代,如 1xRTT、EV-DO 和 UMTS/HSPA。

30.5.4　CDMA 系统

码分多址接入(CDMA)是美国高通公司(QUALCOMM)于 1993 年开发的数字无线通信技术,随后被电信工业协会(TIA)采纳,并作为 IS-95 (Interim Standard 95)标准的一部分。IS-95 是空中接口(air interface)标准,曾经是北美地区占主导地位的 2G 通信标准。IS-95A 的商标为 cdmaOne,1995 年秋首先在香港配置,次年在韩国和美国大规模配置,声音和数据的速率为 14.4kbps。增加数据网络后的标准是 IS-95B,数据速率可达 64kbps。

IS-95 使用 800-MHz 或 ISM 1900-MHz 频带。使用 800MHz 时,IS-95 规定,869～894MHz 为前向传输频带,824～849MHz 为反向传输频带,带宽均为 25MHz。在实际系统中,各个国家有所不同,如美国前向使用 870～890MHz,反向使用 825～845MHz,中国联通前向使用 870～880MHz,反向使用 825～835MHz。IS-95 使用频分双工(FDD)通信,收发信道间隔为 45MHz,采用 CDMA/FDMA 接入方式。

1. 语音编码

1) QCELP 编码器

IS-95 CDMA 使用 Qualcomm(高通)公司开发的声码器(voice encoder),称为 QCELP (Qualcomm Code Excited Linear Predictive)。在发送端对语音信号进行分析,提取它的特征参量,对特征参数进行编码和加密。在接收端使用收到的特征参量重构原始语音波形。

由于 QCELP 是对语音特征参数进行编码,因此输出的数据速率可以不同,当说话声音大

---

①　Forouzan, Behrouz A. *Data communications and networking*. 4th ed. 2007.

时输出的速率为 9.6kbps,声音小或无声时输出的速率为 1.2kbps。研究表明,在一个传输方向上,50% 的时间没有语音信号,处于暂停状态。QCELP 输出的中间速率 2.4kbps 和 4.8kbps 用于在 1.2kbps 和 9.6kbps 之间的过渡,速率的判决间隔为 20ms。

2) EVRC 编码器

QCELP 是 1994 年开发的声码器,1995 年开发了增强型可变速率编解码器(EVRC),使用松弛码激励线性预测算法(RCELP),以取代 QCELP 声码器,试图提高语音质量。

EVRC 编码器基于 CELP 编码方法,在语音信号进入编码器之前,使用自适应噪声取消滤波器取消噪声,这样可在低速率下提高语音的质量。EVRC 的输入是一帧为 20ms 的样本,采样率为 8kHz,每个样本为 16 位,每帧输出为 3 种速率之一:全速率(171b,8.55kbps)——Rate1、半速率(80b,4.0kbps)——Rate 1/2 或 1/8 速率(16b,0.8kbps)——Rate 1/8。

EVRC-B (Enhanced Variable Rate Codec B)是 EVRC 的增强型语音编码器。EVRC-B 输入的信号与 EVRC 相同,每帧的输出为 4 种速率之一:全速率(171b,8.55kbps)——Rate1、半速率(80b,4.0kbps)——Rate1/2、1/4 速率(40b,2.0kbps)——Rate1/4 或 1/8 速率(16b,0.8kbps)——Rate1/8。在产品性能指标中,用 8kbps 表示 EVRC-B。

3) 语音数据帧结构

虽然语音编码器是数据速率可变的,但无论数据速率是多少,在 CDMA 中,每帧的时长总是 20ms。8kbps 语音编码器在全速率模式下,帧的结构[1]如图 30-21 所示。一帧中包含 1 位标志位(表示这帧包含的是语音数据还是信令信息),171 个信息位,12 位 CRC 校验位/帧,8 位全 0 的尾位(tail bit),合计 192 位/20 毫秒/帧,数据率为 $192 \times 50 = 9600$bps。

语音编码器在其他速率模式下的帧的结构与全速率模式下的结构相同,只是所含的信息位、CRC 和尾位的数目不同。

图 30-21　CDMA 的语音帧结构

2. 传输信道

IS-95 将 25MHz 的频带分成 20 个 IS-95 频道,每个 IS-95 频道的带宽为 1.2288MHz,频道之间有间隔(保护频带)。所有 CDMA 频道实现精确同步的方法是使用全球卫星定位系统(GPS)提供的服务。

IS-95 使用了 Walsh 码、PN 长码和 PN 短码。在移动台与基站之间的物理链路用码长为 64 位的 64 个 Walsh 码创建 64 个信道,简写为"W0-W63",并将用 Walsh 码区分的物理信道称为逻辑信道。无线物理链路分成前向信道和反向信道,根据信道传输的消息类型再分成若干逻辑信道,如图 30-22 所示。

前向信道由如下逻辑信道组成:

• 导频信道(pilot channel):固定使用 W0;

• 寻呼信道(paging channels):使用 W1-W7,共 7 个;

---

① 参考网址: http://www.teletopix.org/cdma/how-frame-formats-in-cdma/。

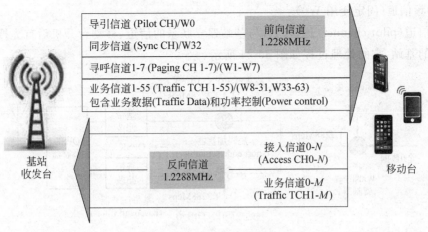

图 30-22　CDMA 的信道

- 同步信道(synchronizing channel)：固定使用 W32；
- 前向业务信道(forward traffic channels)：使用 W8-W31 和 W33-W63，共 55 个。

基站在前三个信道上连续不断地发送信息，在通话建立后用业务信道传输信息。

反向信道由如下逻辑信道组成：

- 接入信道(access channel)；
- 反向业务信道(reverse traffic channels)，(Traffic TCH1-M)。

以上六种类型的信道各司其职。笼统而言，移动台找基站通过导频信道，移动台与基站建立同步通过同步信道，移动台来电通知通过寻呼信道，移动台接电话和拨电话先用接入信道，移动台通话使用业务信道。

3. 前向信道

前向信道是基站向移动台传输控制消息和业务的信道。基站发送的信号至少由 4 个信道的信号复合而成，如图 30-23 所示。来自导频信道、同步信道、寻呼信道和业务信道的信号通过 CDMA 组合和 QPSK 调制后，生成带宽为 1.2288MHz 的信号。相同带宽的其他信号经过适当偏移，使用 FDMA 组合后的频带就为 25MHz。

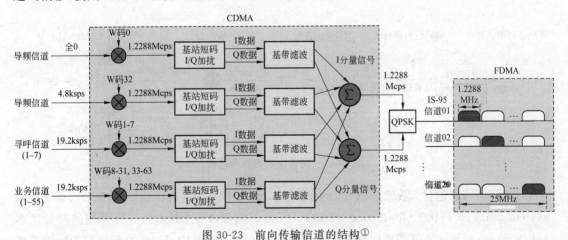

图 30-23　前向传输信道的结构[①]

---

① 参考 http://www.teletopix.org/cdma/how-forward-link-channel-format-in-cdma/。

1) 导频信道(固定使用 W0)

导频信道(pilot channel)是移动台与基站建立联系的信道,移动台开机后首先搜寻(调谐)信号最强的基站,它的处理过程如图 30-24 所示。

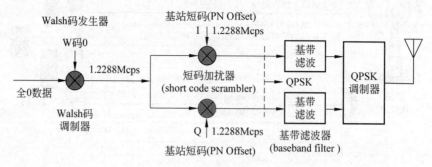

图 30-24 导频信道的处理过程[7]

Walsh 码调制器(⊗)的输入有两个,一个是基站连续不断发送的全 0 数据,另一个是 Walsh 码发生器输出的 64 位全 0 的 Walsh 码 0,码片速率为 1.2288Mcps,这个速率也是系统时钟,经过 Walsh 码调制器后的输出为全 0 的数字信号。

两个乘法器(⊗)构成的功能部件称为短码加扰器(short code scrambler)。Walsh 码调制器的输出分别与基站短码(PN Offset)的分量 I 和 Q 相乘,它们的输出通过基带滤波器后发送到 QPSK 调制器,经过调制再发送到无线链路上。

由此可见,导频信道输出的只是标识基站的短码。所有基站使用序列相同而偏移不同的 PN 短码序列。标识基站的短码有 $512(2^9)$ 个,每个短码的偏移时间为 $64(2^6)$ 个码片。这样有规律的信号容易被移动台捕获到。在搜索基站过程中,移动台记录所有基站的信号强度,选择信号最强的基站,然后去查看同步信道。

2) 同步信道(固定使用 W32)

同步信道(synchronizing channel)是基站重复发送同步消息的信道,为移动台提供精确的系统时间和系统配置信息。同步信道的处理过程如图 30-25 所示。

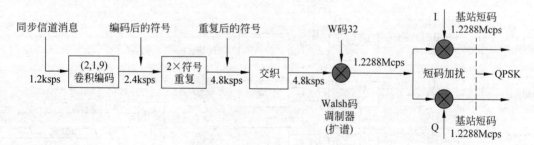

图 30-25 同步信道的处理过程

同步信道消息包含:系统标识 ID(system ID,SID)、网络 ID(network ID,NID)、系统时间(system time)、长码状态(long code status)、PN 短码偏移(PN Offset)、寻呼信道的符号速率(4.8/9.6ksps)、基站协议和地区时差(local time offset)等。其中,15 位的 SID 用于标识系统遵循的网络标准以及移动台是否在本地,16 位的 NID 是网络提供商为每个本地网络分配的号码,使用 SID 和 NID 可判断是否出现漫游,并可用来计费。

同步信道消息的速率为固定的 1.2ksps,通过编码效率 $R=1/2$ 的卷积编码器(1,2,9)后变成 2.4ksps 的速率,经过"2×符号重复(symbol repetition)"后的速率为 4.8ksps,交织器(interleaver)重排符号顺序,以对付突发错误,而不改变符号速率,使用 W 码 32 调制后的码片速率为 1.2288Mcps。其后进入短码加扰和 QPSK。

移动台与基站同步后通常不再使用同步信道,但当关机后重新开机时则需重新同步。

3) 寻呼信道(使用 W1-7)

移动台与基站建立同步后就等待接电话或拨电话。等待接电话时用寻呼信道,用以监听系统发出的寻呼信息和其他指令。

寻呼(paging)是基站寻找移动台的过程,设置寻呼信道的目的主要是用于向移动台发送来电呼叫的消息以及建立呼叫的控制消息。这些用于管理或控制用户信息的传输或检测和纠正错误的消息统称为开销信息(overhead information)。基站运行需要的所有参数和信令都在寻呼信道中处理。寻呼信道的处理过程如图 30-26 所示。

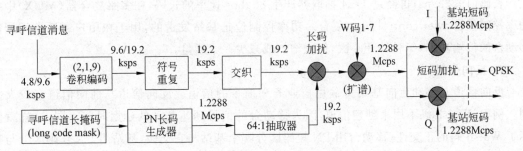

图 30-26 寻呼信道的处理过程

基站为移动台提供的消息包括来电显示、系统参数、接入参数、信道分配等,以及其他消息,如语音邮件和短信服务(SMS)标志、邻近的基站和扇区的消息。凡是建立呼叫的参数和信令以及其他开销信息都由寻呼信道处理。

寻呼信道的长掩码是使用公共长掩码(public long code mask)格式构造的,它涵盖了电子序列号(ESN)。使用公共长掩码的原因是,基站发送的消息是针对本区的所有移动台,而不是对特定的移动台。当相应的移动台响应呼叫后,将用其他的长掩码。

PN 长码生成器产生的长码通过 64:1 抽取器(1/64 decimator)后进入长码加扰器,对寻呼信道消息加扰,然后用 Walsh 码扩谱,再用 PN 短码加扰后送到 QPSK 调制器。

4) 前向业务信道(使用 W8~31,W33~63)

业务信道(traffic channels)有前向业务信道和反向业务信道之分。业务信道用于传输实际的用户数据,包括语音数据和其他业务数据,以及功率控制信息。业务信道使用码分信道 W8~W31 和 W33~W63,除 W0、W32 和至少一个寻呼信道外,理论上可用的信道数至少 55 个,最多 61 个。而实际的信道数取决于位于同一区域所有移动台产生的干扰状况,满负荷运行时的业务信道比理论值要少。业务信道的处理过程如图 30-27 所示。

声码器的输出有多种速率,经过卷积编码(1,2,9)、符号重复、交织和长码加扰后进入多路复合器(MUX)。对速率为 14.4kbps 的语音数据(图上未标),则使用编码效率为 $R=3/4$ 的

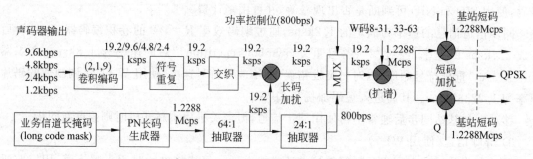

图 30-27　前向业务信道的处理过程

卷积编码,产生 19.2ksps 的输出。

前向和反向业务信道使用相同格式的公共长掩码。长掩码与基站和移动台的信息密切相关,PN 长码生成器输出的长码没有用来扩展信号的带宽,而是通过 1/64 抽取器产生 19.2ksps 的长码,与话音数据速率相匹配,然后通过两者异或操作对数据进行加扰。

长码(19.2ksps)再经过 1/24 抽取器产生 800bps 速率的长码,在多路复合器(MUX)中与功率控制位(power control bits)复合。功率控制位是基站发送的,用于在用户通话期间调整移动台的传输功率,每秒钟 800 次,每次增加或减少一个增量。

4. 反向信道

反向信道是移动台向基站传输用户业务和信令的信道。反向信道与前向信道有较大差别。例如,Walsh 码不用来创建信道,因为移动台的信号到达基站的延迟时间不同,这样就破坏了 Walsh 码的正交性;移动台用 PN 短码区分哪个基站与它交谈,基站用 PN 长码区分与哪个移动台交谈。反向链路上的信道格式如图 30-28 所示。

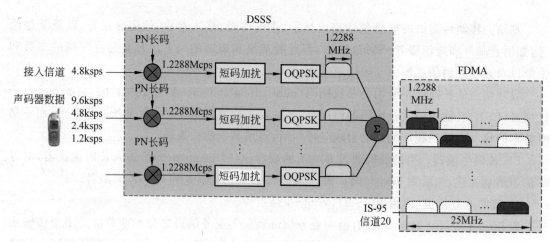

图 30-28　反向传输信道的结构[①]

反向信道只有接入和业务两种类型的信道,它们用各自的长掩码产生 PN 长码,用来对输入信号进行扩谱,通过短码加扰和 OQPSK 调制后生成带宽为 1.2288MHz 的信号。同一区

---

① Forouzan, Behrouz A. *Data communications and networking*. 4th ed. 2007。

域的移动台生成的信号带宽相同,用相同频率传输数字信号,但使用不同的 PN 码创建不同的逻辑信道。通过直接序列扩谱(DSSS)并经适当偏移,带宽相同的信号使用 FDMA 组合后的频带就为 25MHz。

反向信道不使用 QPSK 调制,而是使用称为 OQPSK(Offset quadrature phase-shift keying)/偏移 QPSK 的调制,其原因是因为在 QPSK 中,调制信号的相位跳变 180°时,波形幅度的跳变比较大,而把调制信号偏移半个符号周期后,相位变化不超过 90°,波形跳变幅度比较小,可提高信号的质量。

1) 接入信道(access channel)

接入信道用于移动台启动与基站之间的通信。移动台通过接入信道发起电话呼叫,或响应寻呼信道消息。接入信道的处理过程如图 30-29 所示。

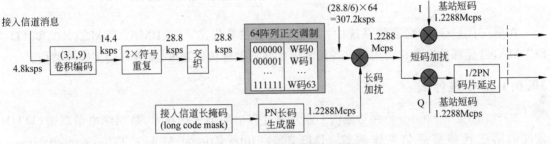

图 30-29　接入信道的处理过程

接入信道信息包括注册信息、呼叫起源、寻呼响应、鉴权响应和状态响应等,速率是固定的 4.8ksps,它通过(3,1,9)卷积编码后的速率为 14.4ksps,符号重复后变成 28.8ksps,经过交织后输出的速率未变,然后对数据符号使用 64 阵列的正交调制。

正交调制采用 Walsh 码,码长为 64 位,共有 64 个正交码,每 6 个符号位对应一个 Walsh 码,构成一个 64 阵列,通过查表实现 6∶64 的调制。在反向链路中采用 Walsh 码调制的目的不是为了区分逻辑信道,而是为了提高通信质量。调制后的速率为 28.8×64/6＝307.2ksps,然后用 PN 长码对它进行扩谱,扩谱后的速率为 1.2288Mcps。

在移动台上按下电话号码和通话键发起呼叫时,移动台使用接入信道长掩码与基站取得联系。这个长掩码是根据基站在同步信道和寻呼信道上发出的消息生成的,包含接入信道号、基站 ID 和基站短码(PN Offset)等信息。由于通话尚未建立,闭环功率控制还没有工作,移动台将用开环功率控制来估计初始的发射功率(图 30-29 上未标出)。

每当尝试接入后,移动台就在寻呼信道上倾听基站的响应。一旦基站检测到移动台的接入请求,就回应业务信道的配置消息,它包含移动台接入业务信道所需的所有信息。一旦移动台响应了业务信道的配置消息,基站和移动台就转到业务信道链路上开始对话。如果还需要交换其他消息,从这个时候起就通过业务信道传输。

2) 反向业务信道(traffic channels)

反向业务信道(traffic channels)在实际通话期间为用户向基站传输语音和其他数据的业务。反向业务信道的处理过程如图 30-30 所示。

反向业务信道的结构基本上与接入信道的结构相同。它们的主要差别是,除了处理的消息不同外,接入信道使用接入信道长掩码格式,业务信道使用公共长掩码格式。

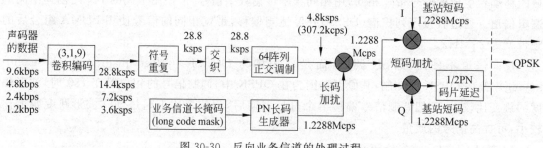

图 30-30 反向业务信道的处理过程

30.6 第三代(3G)是移动多媒体通信

在第三代(3G)蜂窝通信系统中,出现了三个主要标准:WCDMA、CDMA2000 和 TD-SCDMA,目标都是提高移动用户设备接入因特网的数据传输速度,实现移动多媒体通信。

30.6.1 3G 是什么

3G(third generation)是移动通信工业发展过程中的第三代技术,是国际电信联盟(ITU)定义的第三代蜂窝通信系统规范:IMT-2000(International Mobile Telecommunications-2000),译名为"国际移动通信-2000",其目标是建立一个全球性的移动网络标准,使用共同的频带,把移动网络接入到因特网,这样可在任何时间(anytime)和任何地方(anywhere),向移动用户提供高速度和高质量的移动多媒体服务,要求在户外环境下的数据速率不低于 144kbps,在户内环境下的数据速率不低于 2Mbps。

实现这个目标的关键是空中接口技术和宽带接入因特网技术。1999 年 ITU 为 IMT-2000 计划核准了 5 种空中接口,如图 30-31(a)所示。经过几年的实践和竞争,产生了三种不

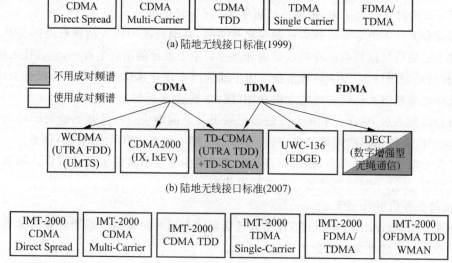

同的技术：WCDMA（欧洲）、CDMA2000（北美）和 TD-SCDMA（中国），2007 年 ITU 将这些新开发的技术作为 3G 的系统标准[①]，如图 30-31(b)所示。2015 年 ITU 将陆地无线接口标准归纳为 6 种类型(ITU-R M.1457-12. 2015)，如图 30-31(c)所示。

30.6.2　WCDMA

1. WCDMA 是什么

"WCDMA(wideband code division multiple access)/宽带码分多址接入"是第三代(3G)移动通信系统的空中接口标准，在宽频带上使用 CDMA 接入技术，可提供语音和高速的多媒体服务，数据速率可达 2Mbps。

WCDMA 网络放弃了 GSM 网络采用的 TDMA，改用 CDMA，但其核心网络继承了 GSM/GPRS 核心网络。WCDMA 是在 CDMA 基础上开发的，但它们之间有许多差别。例如，CDMA 使用 1.25MHz 带宽的信道，WCDMA 则使用 5MHz 带宽的信道；CDMA 的码片速率使用 1.2288Mcps，WCDMA 采用直接扩谱(direct spread, DS)的码分多址接入技术(DS-CDMA)，码片速率为 3.84Mcps。

WCDMA 的演进版本"HSPA(High Speed Packet Access)/高速包接入"服务是提高数据速率的规范，可提供数据速率更高的移动多媒体服务，支持文件扩展名为 .3GP 的 AAC 音乐、AMR(Adaptive Multi-Rate)语音、H.264/AVC 视像。

WCDMA 和 HSPA 都是通用移动通信系统(UMTS)中的 3G 规范，即 IMT-2000 规范。因此经常看到，WCDMA、HSPA 等技术术语与 UMTS 和 IMT-2000 联系在一起，甚至把它们当作同义词。了解这一背景对读者阅读文献会有帮助。

2. 网络结构

WCDMA 是通用移动通信系统(UMTS)使用的空中接口技术，因此常用 UMTS 系统结构来描述 WCDMA 网络，写成"3G UMTS/WCDMA"网络结构。UMTS 网络由用户设备(user equipment，UE)、通用陆地无线接入网络(Universal/UMTS Terrestrial Radio Access Network，UTRAN)和核心网络(core network，CN)组成，如图 30-32 所示。该图描绘的结构是 3GPP 发布的标准 Release99/Release 4 的网络结构。

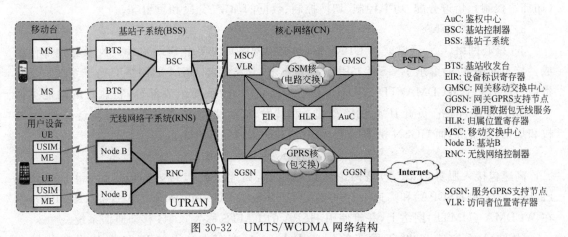

图 30-32　UMTS/WCDMA 网络结构

---

① 参考 http://www.3g.co.uk/PR/Oct2007/5316.htm. 2007。

Release 99 是 2000 年发布的标准,它是 GSM 蜂窝通信网络发展史上的一个里程碑,描述了 3G 网络的全套规范,其核心部分是用 CDMA 作为无线接入网络的空中接口。

Release 4 是 2001 年发布的标准,它扩展了核心网络,使它具有全 IP(all-IP)核心网络的特性。所谓全 IP 网络就是包括电话语音和视像在内的数据全部封装成 IP 包,然后再转发和传送,使以电路交换为核心的网络转向以 IP 为核心的接入网络。

1) 用户设备(UE)

从广义上讲,用户设备(UE)和移动台(MS)没有区别,本质上都是指移动用户使用的终端设备,通常是指手机,但它们的功能有很大差别。因此原来在 2G 网络中的用语移动台(MS),在 3G 网络出现后就使用用户设备(UE),以示区别。

UE 包含两个部分,一个是处理所有通信功能的移动设备(mobile equipment,ME),另一个是通用订户识别模块(Universal/UMTS subscriber identification module,USIM),用于用户身份识别,存储的信息包括用户的电话号码、手机的归属网络、安全密码等。

在 GSM 网络时代,SIM 是包含软件和硬件的卡。在 WCDMA 出现后,SIM 卡的软件功能增强后称为 USIM 模块,SIM 卡的硬件功能扩展后称为通用集成电路卡(universal integrated circuit card,UICC),也称 SIM 卡。

2) UTRAN 网络

由无线网络控制器(RNC)和一个或多个基站 B(Node B)构成的网络称为无线网络子系统(Radio Network Subsystem,RNS),由一个或多个 RNS 构成的网络称为通用陆地无线接入网络(UTRAN)。UTRAN 中的 RNC 和 Node B 可集成到一个装置,它是用户设备(UE)和公共网络之间的接口,用于将用户设备(UE)连接到 PSTN 网络和因特网。

无线网络子系统(RNS)中的基站 B(Node B)和无线网络控制器(RNC)在逻辑上分别与 GSM 基站子系统(BSS)中的基站(BTS)和基站控制器(BSC)相对应。但它们采用的技术不同,Node B 使用的空中接口技术是 WCDMA/TD-SCDMA 而不是 GSM 采用的 TDMA。

Node B 是直接与用户设备(UE)通信的硬件设备,包含无线电信号的发送器和接收器、调制器和解调器等部件,执行信道编码、交织、速率自适应、扩谱等功能;RNC 用于无线资源控制(如拥塞控制)、信道分配、功率控制、切换控制、数据的加密、分段和重组等。

3) 核心网络(CN)

3G 核心网络(CN)通常是指 GPRS 核(包交换网络),主要由 SGSN、GGSN 及其他部件组成。核心网络(CN)继承了 GSM/GPRS 核心技术,其结构与 GSM 的网络交换子系统(NSS)类似。SGSN 是 WCDMA/TD-SCDMA 核心网络(CN)的重要组成部分,它执行的功能类似于 GSM/GPRS 网络,负责 IP 包的路径选择和转发、移动性管理、会话管理、逻辑链路管理、鉴权和加密、计费等,而 GGSN 扮演网关、路由器和防火墙的综合角色。

3. HSPA

高速包接入服务(HSPA)是两个协议的组合,高速下行包接入(High Speed Downlink Packet Access,HSDPA)和高速上行包接入(High Speed Uplink Packet Access,HSUPA),用在 WCDMA (UMTS)网络上,并将使用 HSPA 的 UMTS 称为 3.5G 移动通信系统。

HSDPA 添加到 2002 年发布的标准 Release 5,HSUPA 添加到 2005 年发布的标准 Release 6。在理论上,HSDPA 可达 14Mbps,HSUPA 可达 5.7Mbps。

Evolved HSPA 或称 HSPA＋包含在 2007 年发布的 Release 7 中,下行速率可高达

42Mbps,上行速率可高达 22Mbps。HSPA＋降低了数据在网络上的延迟时间,提高了实时多媒体应用(如 VoIP)的服务质量(QoS)。在 2012 年发布的标准 Release 11 中[①],数据速率高达337.5Mbps。

提高数据速率采用的主要技术:(1)在传输层添加高速下行共享信道(High-Speed Downlink Shared Channel,HS-DSCH)传输;(2)根据无线信号的传输环境采用自适应调制和编码技术(adaptive modulation and coding,AMC),如 QPSK(1.8Mbps)、16QAM(3.6Mbps)或 64QAM(21.1Mbps);(3)纠正小错误后不需重传的混合自动重复请求重传(Hybrid Automatic Repeat Request,HARQ);(4)根据下行信道质量决定的快速包调度(fast packet scheduling);(5)使用多个发送和接收天线的多输入多输出(Multiple Input Multiple Output,MIMO)技术。

30.6.3 CDMA2000

1. CDMA2000 是什么

CDMA2000 是 3GPP2 开发的第三代(3G)移动通信标准。CDMA2000 是 IS-95(CDMA)系统的演进版本,也称 IMT CDMA-MC (multi-carrier),使用频带较宽的无线信道和增强型包传输协议,提供高速数据服务。CDMA2000 系统使用的带宽是 IS-95 无线信道带宽(1.25MHz)的 3、6、9 或 12 倍,用户的数据速率高于 2Mbps。单个 1.25MHz 的信道称为 1xRTT(Radio Transmission Technology)信道,3 倍 1.25MHz 的信道写成 3xRTT,以此类推,这种信道称为多信道(multichannel)。

CDMA2000 既是空中接口又是接入公共网络的核心网络。CDMA2000 表示开发阶段中出现的系列标准,其中最主要的标准是 CDMA2000 1X 和 CDMA2000 1xEV。

CDMA2000 采用的演进技术主要包括改进了语音编码、通道编码、调制方案和功率控制,增加了与原有 64 个正交的业务信道,以及更改链路层上的控制协议等。

2. CDMA2000 1X

CDMA2000 1X (IS-2000),也称 1x 或 1xRTT,是 CDMA2000 的空中接口标准,ITU 在1999 年作为 IMT-2000 标准。CDMA2000 1X 是世界上第一个 3G 商用系统,2000 年 10 月率先在韩国使用。1xRTT 表示 1 倍无线传输技术(1 times RTT),频带与 IS-95 相同,使用一对1.25MHz 的无线信道,使用执行频分双工(FDD)通信。

CDMA2000 1X 可在单个 1.25MHz 的信道上支持 33~40 个用户同时通话;在移动环境下,在单个 1.25MHz 的信道上,包交换的峰值数据速率可达 307kbps。1X Advanced 是CDMA2000 1X 的升级版,进一步扩大了容量,提高了数据速率。CDMA2000 1x 后向兼容 2Gcdmaone (IS-95A/B)系统和手机。

CDMA2000 支持的应用包括:使用电路交换的语音、短信服务(SMS)、铃声下载、多媒体消息服务(MMS)、游戏、基于 GPS 的位置服务、音乐和影视下载等。

3. CDMA2000 1X 网络结构

第三代(3G)网络系统 CDMA2000lx 高层的网络结构如图 30-33 所示,包含 3 个部分:移动设备、无线接入网络(RAN)和核心网络(CN)。CDMA20001X 的高层网络结构与 GSM/

---

① 见 https://en.wikipedia.org/wiki/High-Speed_Downlink_Packet_Access#Dual-Cell。

GPRS 网络类似,执行的功能相同,但使用的技术不同,因而系统的性能就不同。

无线接入网络(RAN)主要由基站收发器(BTS)和基站控制器(BSC)两个功能部件构成；核心网络(CN)由电路交换部件和包交换部件组成。电路交换部件由移动交换中心(MSC)和归属位置寄存器(HLR)组成,用于语音通话。

包交换部件称为包数据服务节点(Packet Data Serving Node,PDSN),由互通设备(Inter-Working Facility,IWF)和IP路由器(IP router)组成,用于传输数据。这两个功能部件都要用AAA(authentication,authorization,and accounting)服务器,即认证-授权-计费服务器。

图中的 R-P 表示无线接入网络(RAN)与包数据服务节点(PDSN)接口；IS-634 是蜂窝基站与移动交换中心(MSC)之间的接口标准,支持 IS-95 CDMA。

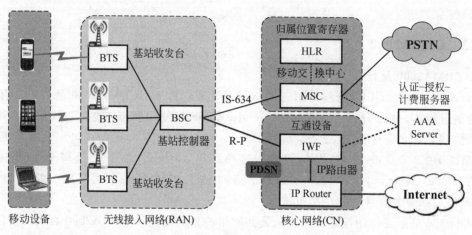

图 30-33　CDMA2000 1X 网络结构[①]

4. CDMA2000 1x EV

CDMA2000 1xEV 包含 1xEV-DO 和 1xEV-DV 两个标准。

(1) CDMA2000 1xEV-DO (Evolution-Data Optimized)是无线数据传输标准,用于宽带因特网接入。其中的"Optimized"原为"only",表示只是数据传输方面的演进。该标准使用包括码分多址接入(CDMA)和时分多路复用(TDM)在内的多路复用技术,使单个用户和整个系统的速率最大化。2002 年首次在韩国启用,在移动环境下,前向峰值数据速率可达 2.4Mbps,反向可达 153.6kbps。EV-DO 由 3GPP2 标准化,并作为 CDMA2000 系列标准中的一个成员,也用于卫星电话通信。

演进的技术包括动态速率控制、自适应编码和调制、混合自动重发请求(hybrid ARQ)以及数据传输的快速调度。

(2) CDMA2000 1xEV-DV(Evolution data and voice on one carrier)是与 1X 兼容的后续演进标准。顾名思义,EV-DV 是要把语音和数据放在同一个载波上传输,同时提供语音和多媒体数据服务,而且要求每个用户的峰值数据速率要高达 3.09Mbps。

30.6.4 TD-SCDMA

1. TD-SCDMA 是什么

"TD-SCDMA(Time Division-Synchronous Code Division Multiple Access)/时分同步码分多址接入"是第三代(3G)蜂窝移动通信标准之一。其中,TD 指时分双工(TDD),S 指同步(synchronous)。TD-SCDMA 有多个名称,如 UTRA-TDD LCR(UTRA TDD 1.28Mcps low chip rate)、UMTS-TDD、IMT-TD (IMT 2000 Time-Division)。

TD-SCDMA 源于 1998 年 6 月,中国电信科学技术研究院(CATT),现为大唐电信科技产业集团,在西门了公司的核心专利基础上提出了 3G 规范草案①,2000 年 5 月 ITU 接纳为第三代(3G)移动通信标准之一。TD-SCDMA 从提交规范草案到实际配置都得到我国政府的支持,因此在许多国内外文献中把 TD-SCDMA 称为 Chinese 3G 网络标准。它的成功开发可作为替换 WCDMA 和 CDMA2000 的选项。

我国政府为 TD-SCDMA 分配了 3 个工作频带:1880~1920MHz、2010~2025MHz 和 2300~2400MHz,共 155MHz。TD-SCDMA 采用时分双工通信(TDD),自适应的时分多址接入(TDMA)和同步型的码分多址接入(synchronous CMDA,SCDMA)。TD-SCDMA 支持用于电话通信的电路交换网络和用于接入因特网的包交换网络,数据速率可达 2Mbps。

2. 网络结构

TD-SCDMA 系统的结构完全遵循 3GPP 的规范,由用户设备(UE)、无线网络子系统(RNS)和核心网络(CN)组成,如图 30-34 所示,与 WCDMA 的网络结构(图 30-32)类似,它的主要功能也与 WCDMA 和 CDMA2000 类似。遵循 3GPP 25.41x 的规范,TD-SCDMA 分成电路交换(Circuit Switching,CS)和包交换(Packet Switching,PS)两个部分,分别与 GSM 核和 GPRS 核的交换子系统相对应。

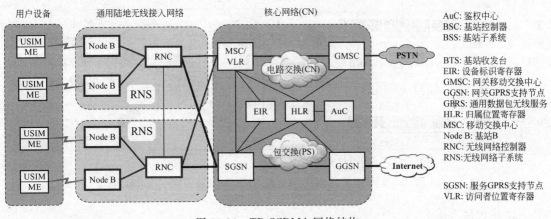

图 30-34　TD-SCDMA 网络结构

3. 技术亮点

2005 年在我国开始配置 TD-SCDMA 网络,2009 年正式为用户提供移动多媒体服务。相对于 WCDMA 和 CDMA2000,TD-SCDMA 在技术上有举世瞩目的创新,现仅从双工方式、接

---

① 参考 http://baike.baidu.com/中的词条:TD-SCDMA。

入方式和同步方式方面作简单介绍。

1) 使用时分双工

时分双工(TDD)是使用相同信道但用时槽分离上下行数据的传输方法,如图30-35(a)所示。例如,在1/1的TDD中,下行时槽与上行时槽交错且数目相等;在2/1的TDD中,下行时槽数目是上行时槽的两倍。频分双工(FDD)是使用成对信道分离上下行数据的传输方法,如图30-35(b)所示。

TD-SCDMA是空间接口技术规范。TD-SCDMA没有使用像WCDMA和CDMA2000那样的频分双工(FDD),而是使用时分双工(TDD),这是技术上的突出创新。使用TDD的优点可归纳成如下三个方面:

(1) 节省频谱,增加容量。由于TDD的下行和上行链路是同一个,不需要成对的频谱,可将节省下来的频谱资源用于扩大用户容量,增加频谱分配的灵活性。

(2) 适合不对称的数据服务。在实际应用(如浏览网页、下载影视节目)中,要求上行和下行的数据量和数据速率往往是不对称的。使用TDD,上行和下行的数据在相同频带上可使用不同的时槽数目,因此可动态调整上下行的时槽数目以适应不对称的数据服务。

(3) 易于使用波束成型技术(beamforming)。上行链路和下行链路使用相同的载波频率,这就意味在两个方向上的信道环境是相同的,因此基站可对来自上行信道的信号进行评估,以确定调整无线信道参数的方案,以提高传输系统的抗干扰性能。这种技术也就是智能天线系统使用的技术。

波束成型或称空间滤波是收发器使用多个天线(传感器阵列)时使用的信号处理技术,用于向特定区域传输定向信号。波束成型的概念如图30-35(c)所示,这是一个负反馈控制系统。基站通过对上行信道信号的估算,并将估算结果反馈给发射器,每个发射器根据估算结果去调整发射信号的相位和幅度,形成方向性波束,从而提高抗干扰性能。

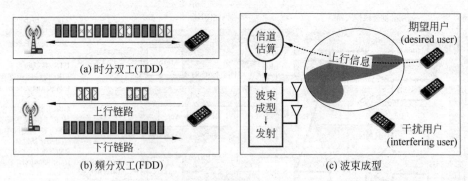

图30-35　时分双工(TDD)、频分双工(FDD)和波束成型技术概念

2) 多种接入技术

TD-SCDMA采用的多址接入方法称为TDMA/DS-CDMA技术。TD-SCDMA综合了时分多址接入(TDMA)、码分多址接入(CDMA)、频分多址接入(FDMA)的优点,开发了利用多种接入技术的无线信道结构,如图30-36所示。TD-SCDMA使用的码片速率为1.28Mcps,信道的最小频带为1.6MHz,限制每个时槽的用户数(码的数目)不超过16,这样可减少多址接入干扰(MAI),也可降低实现多用户检测和波束成型技术的复杂性。

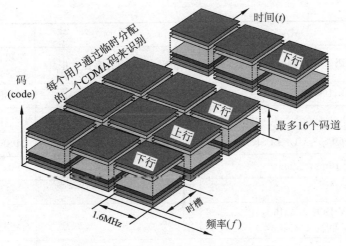

图 30-36　TD-SCDMA 无线信道结构[①]

3）在基站上同步

在 TD-SCDMA 中,S(同步)是指上行信号在基站的接收器上同步,即同一时槽的不同用户设备(UE)信号同时到达接收器,简称为上行同步(uplink synchronization)。上行同步可充分利用 Walsh 码的正交性,降低多址接入干扰(MAI),简化基站的解码设计方案。实现上行信号同步的方法是通过调整用户设备(UE)信号到达基站的时间来实现。由于每台用户设备(UE)的信号到达基站接收器是随机的,即到达时间不同步,基站利用每台用户设备(UE)发送的训练序列码(midamble code)来获取路径时延等信息,在下行链路上告诉用户设备(UE)如何调整到达基站的定时信号,调整的最小步长为 1/8chip,用这种方法实现在基站上的同步。

30.6.5　三种蜂窝通信技术摘要

第三代(3G)蜂窝通信系统主要有三种：CDMA2000、WCDMA 和 TD-SCDMA,表 30-5 列出了这三种系统使用的主要技术,通过比较它们的异同点,可加深对技术的理解。

表 30-5　三种 3G 系统的技术摘要[②]（2015 年 12 月）

手机制式	CDMA2000	WCDMA	TD-SCDMA
双工方式	FDD	FDD	TDD
最小带宽	$2 \times 1.25(1x)/\times 3.75(3x)$MHz	2×5MHz	1.6MHz
多址接入	DS-CDMA /MC-CDMA	DS-CDMA	TDMA/DS-CDMA
频率重用	1	1	1
码片速率	$1.2288(1x)/3.6864(3x)$Mcps	3.84Mcps	1.28Mcps

---

①　引自 B. Li,D. Xie,S. Cheng,J. Chen,P. Zhang,W. Zhu,B. Li；"Recent advances on TD-SCDMA in China," IEEE Comm. Mag,vol 43,pp 30-37,Jan 2005。

②　参考 B. Li,D. Xie,S. Cheng,J. Chen,P. Zhang,W. Zhu,B. Li；"Recent advances on TD-SCDMA in China," IEEE Comm. Mag,vol 43,pp 30-37,Jan 2005,更新了部分数据。

手机制式	CDMA2000	WCDMA	TD-SCDMA
信道编码	卷积码,turbo 码(高速数据)	卷积码,turbo 码(高速数据)	卷积码,turbo 码(高速数据)
扩谱码	Walsh,PN 码	OVSF	OVSF
扩谱因子	4-256	4-256	1,2,4,8,16
数据调制	DL：QPSK/UL：BPSK	DL：QPSK/UL：BPSK	QPSK/8-PSK(选项)
帧的长度	5ms, 10ms, 20ms	10ms,20ms（可选）	10ms（子帧 5ms）
时槽数/帧	16	15	7
最大数据率（理论值）	1x EV-DO：2.4Mbps 1xEV-DV：4.8Mbps	2Mbps	2Mbps
频谱利用率	1.0	0.4	1.25
功率控制	开环＋快速闭环(800Hz)	开环＋快速闭环(1600Hz)	开环＋快速闭环(200Hz)
接收器	Rake(耙式)	Rake(耙式)	联合检测(移动：Rake/耙式)
基站	GPS 同步	异步/同步	同步

30.7 第四代(4G)是智能多媒体通信

30.7.1 4G 是什么

4G(fourth generation)是第四代移动通信技术。2008 年 3 月国际电信联盟无线通信部(ITU-R)发布了第四代(4G)通信标准：IMT Advanced(International Mobile Telecommunications-Advanced)/高级国际移动通信标准。作为 IMT Advanced 的候选工业标准和系统有两个：LTE(长期演进)和 Mobile WiMAX(移动 WiMAX)。

4G(IMT Advanced)通信标准提出了 4G 系统要达到的要求：(1)速度：对高移动性通信(如在列车和汽车上),其峰值数据速率达到 100Mbps,而对低移动性通信(如在行走和静态下),其峰值数据速率达到 1Gbps。(2)功能：可支持现有的和潜在的应用,为移动用户提供语音、高速数据和移动多媒体服务,如支持高版本的移动 Web[1]、IP 电话、游戏、电视会议、高清晰度移动电视、3D 电视和云计算等。

支撑实现 4G(IMT Advanced)通信标准的标志性技术有三项：(1)语音和数据都采用包交换或称全 IP (all-IP)技术,不再支持传统的电路交换；(2)接入方法采用 OFDMA、SC-TDMA (Single Carrier FDMA)、OFDM-TDMA；(3)收发双方采用多天线的多输入多输出(MIMO)结构。实现 4G (IMT Advanced)通信标准的候选技术标准和系统目前有两个：LTE(长期演进)和 Mobile WiMAX(移动 WiMAX)。

---

[1] 移动 Web(mobile Web)是指移动设备(如智能手机)使用浏览器,通过无线网络接入到因特网,以获取因特网服务的技术。

在 2010 年开始使用 LTE(长期演进)和 Mobile WiMAX(移动 WiMAX)网络提供服务时,并没有到达 4G(IMT-Advanced)标准,支持低移动性的峰值速率远低于 1Gbps,但技术提供商和运营商联合给它们贴上了 4G 的商标。由于达到 4G 峰值速率需要相当一段时间,而且标准也在不断演进和完善,因此尽管 LTE 和 Mobile WiMAX 不是真正意义上的 4G(IMT-Advanced)标准,但还是常见用"4G LTE"作标牌,而把 LTE Advanced 作为真正意义上的 4G 标准。

30.7.2　LTE 是什么

"LTE(Long Term Evolution)/长期演进"是为移动设备提供高速数据传输的无线通信技术,被认为是第四代(4G)移动通信技术规范,市场名称为 4G LTE。

LTE 是 2004 年 3GPP 启动开发的通用移动通信系统(UMTS)技术规范。LTE 引入了正交频分复用(OFDM)和多输入多输出(MIMO)等空中接口技术,可显著增加频谱效率和数据传输速率。使用 20M 带宽、4×4 的 MIMO 和 64QAM 情况下,下行峰值速率的理论值可达 326Mbps,上行峰值速率可达 86Mbps,并可支持多种带宽。LTE 的基本技术规范见表 30-6。LTE 可支持全球主流 2G/3G 频段和新增频段,因而频谱分配更加灵活,系统容量和覆盖区域可显著提升。

表 30-6　LTE 的基本技术规范[①]

名　　称	技术与参数
双工方式	FDD:抗干扰能力较强,支持较高的移动速度 TDD:不用成对频带,频谱利用率较高,更适合不对称数据传输
接入方案	上行:SC-FDMA,能量效率高 下行:OFDMA,频谱效率高,有效对抗多径衰减
调制技术	上行:BPSK、QPSK、8PSK、16QAM 下行:QPSK、16QAM、64QAM
峰值速率	上行:50 (QPSK), 57 (16QAM), 86 (64QAM)Mbps 下行:100 (SISO), 172 (2×2 MIMO), 326 (4×4 MIMO)Mbps
频谱效率	下行:HSDPA 的 3~4 倍 上行:HSUPA 的 2~3 倍
数据类型	包交换数据,无电路交换数据
信道带宽	1.4,3,5,10,15,20MHz
移动性	0~15km/h (最佳),15~120km/h (高性能)
延迟时间	空闲到激活<100ms;数据包延迟约 10ms

LTE 是从 CDMA2000、WCDMA 和 TD-SCDMA 等 3G 技术演进而来的,如图 30-37 所示。LTE 系统支持双工方式的两种演进技术,LTE-FDD(=FD-LTE)/频分双工长期演进和 LTE-TDD(TD-LTE)/时分双工长期演进。它们的主要区别是在空中接口的物理层上,LTE-FDD 系统的上下行信道采用成对的频段,分别用于发送和接收数据,而 LTE-TDD 系统的上

---

① http://www.radio-electronics.com/info/cellulartelecomms/lte-long-term-evolution/3g-lte-basics.php。

下行信道则在相同频段不同时隙上收发数据。

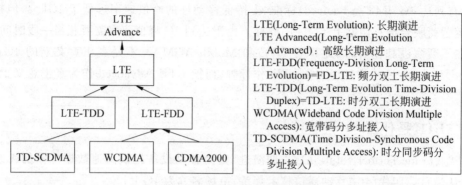

图 30-37　LTE 技术演进关系

LTE Advanced(LTE-A)是 LTE 增强版的移动通信标准。2009 年作为能够满足 IMT-Advanced 标准的候选 4G 系统提交给 ITU-T,2011 年 3GPP 将它作为演进标准,版本为 3GPP Release 10。LTE-A 提出了许多新的技术方案,提供的新功能包括紧急呼叫优先,增强乡村地区的服务和机器间(machine-to-machine,M2M)的传输能力等。

30.7.3　LTE 网络结构

LTE 的远期目标是简化和重新设计网络体系结构,成为全 IP 网络。因为 LTE 的接口与 2G 和 3G 网络互不兼容,所以 LTE 网络需要与原有网络分频段运营。

1. LTE 网络总体结构

LTE 是从多种 3G 技术演进而来的。以全球移动通信系统(GSM)为例,可看到 LTE 网络结构的演进过程:2G(GSM)→2.5G(GPRS/EDGE)→3G(WCDMA)→3.xG(HSPA)→3.xG(LTE)→4G(LTE Advance),如图 30-38(a)所示。因此,LTE 网络结构继承了 3.x G 的核心技术,除了不再支持电路交换外,总体结构变化不大。

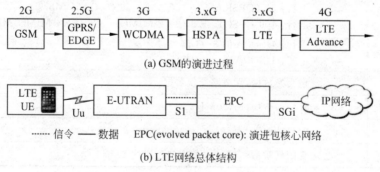

图 30-38　LTE 网络结构

粗略来看,LTE 网络主要由三大部件组成, LTE UE(LTE 用户设备)、E-UTRAN/"eUTRAN (evolved UMTS Terrestrial Radio Access Network)/演进通用移动通信系统陆地无线接入网络"和"SAE(system architecture evolution)/系统结构演进",现称为 EPC(evolved packet core)/演进包核心网络,如图 30-38(b)所示,部件之间的接口用 Uu、S1 和 SGi 标记。

LTE 网络的用户设备(LTE UE)与 WCDMA 网络的用户设备(UE)的功能有差别,但名称相同,因此常省略 LTE,而只用 UE 表示;演进包核心网络(EPC)与 LTE 网络外的包交换网络进行通信,如因特网和公司的专有网络。

2. E-UTRAN 接入网络结构

在 LTE 网络中,基站称为演进基站(evolved base station),用 eNoteB 或 eNB 表示,多个演进基站(eNB)组成 E-UTRAN 接入网络。E-UTRAN 的功能主要是处理用户设备和演进包核心网络(EPC)之间的通信,它的结构如图 30-39 所示。图中的三个基站(eNB)各自与所辖蜂窝区中的用户设备(UE)建立通信。

基站(eNB)支持两个主要功能:(1)使用 LTE 空中接口的模拟和数字信号处理功能,发送和接收所有用户设备的无线电信号;(2)通过向用户设备发送信令消息(如切换命令),可控制用户设备的所有低层操作。每个基站(eNB)通过 S1 接口与 EPC 连接,并可通过 X2 接口与相邻的基站(eNB)建立连接,主要用于在切换期间发送信令和转发数据包。

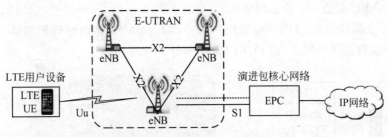

图 30-39　E-UTRAN 接入网络结构

LTE 网络的基站(eNB)可用符合 LTE 网络要求的宏蜂窝区基站(macrocell base station),它是可覆盖较大地理区域(2～8 公里)的大功率基站,简称为宏基站(macrocell)。LTE 网络的基站(eNB)也可用符合 LTE 网络要求的小型蜂窝区基站(small cell base station)。宏基站和小型基站的性能如表 30-7 所示。

表 30-7　小型蜂窝基站的性能[①](2014 年 2 月)

基站名称	Femtocell	Picocell	Micro/metrocell	Macrocell
室内/室外	室内	室内/室外	室外	室外
用户数	4～16	32～100	200	200～1000＋
最大输出功率	20～100mW	250mW	2～10W	40～100W
最大蜂窝半径	10～50m	200m	2km	10～40km
带宽	10MHz	20MHz	20,40MHz	60～75MHz
技术	3G/4G/Wi-Fi	3G/4G/Wi-Fi	3G/4G/Wi-Fi	3G/4G
MIMO	2×2	2×2	4×4	4×4
回程线路	DSL/电缆/光纤	微波	光纤/微波	光纤/微波

小型蜂窝区基站通常包含三种类型:俗称家庭基站的 femtocell(毫微微蜂窝区基站)、

---

① 引自 http://www.dailywireless.org/2014/02/26/ericsson-small-cells-on-lightpoles/。

picocell(微微蜂窝区基站)和 microcell/metrocell(微蜂窝区基站)。其中,"femto(10^{-15})/毫微微"、"pico(10^{-12})/微微"和"micro(10^{-6})/微"都是公制度量单位的前缀。

在 LTE 系统中,家庭基站名为 HeNB(Home eNode B),产业界把 femtocell 当作家庭基站。家庭基站是一种功率低、距离短、成本低的室内蜂窝基站,支持空中接口(UMTS、CDMA2000、WiMAX 和 LTE)规范和因特网接口(xDSL、电缆和光纤)规范。

在 2002 年,美国摩托罗拉(Motorola)公司的几位工程师开始介绍家庭基站(Home Base Station),2008 年发布了 2G 网络上使用的家庭基站,2009 年发布了 3G 网络上使用的家庭基站。家庭基站能够得到运营商提供的速率更高、成本更低的多媒体服务。由于越来越多的人使用智能手机通话和上网,而且大多数都在室内进行,因此在家庭或办公室使用低功率的蜂窝基站越来越普遍。

3. 演进包核(EPC)结构

演进包核(EPC)是在 3G 核心网络(CN)基础上演变来的,从高层看,它的结构如图 30-40 所示,主要由五个部件组成:HSS(归属用户服务器)、MME(移动性管理实体)、S-GW(服务网关)、P-GW(包数据网络网关)和 PCRF(策略和计费规则功能)。

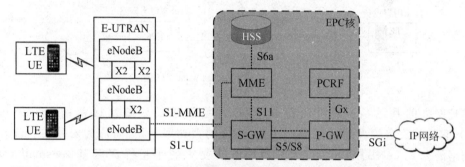

HSS (home subscriber server): 归属用户服务器;MME(mobility management entity): 移动性管理实体;
P-GW(packet data network gateway): 包数据网络网关;S-GW(serving gateway): 服务网关;
PCRF(policy and charging rules function): 策略和计费规则功能

图 30-40　演进包核(EPC)结构[①]

(1) HSS(归属用户服务器): HSS(home subscriber server)是一个带有中央数据库的计算系统,可存储和处理每个用户的信息、网络使用权限、用户设备位置等功能。HSS 是 3GPP 在 2002 年引入 IP 多媒体子系统(IP Multimedia System,IMS)时提出的概念,其功能与归属位置寄存器(HLR)类似,但功能更加强大,支持的接口和处理的信息更多。

(2) MME(移动性管理实体): MME(mobility management entity)是 LTE 网络的主控节点,移动性是指移动设备在不同的地理区域和移动速度下的运行能力。MME 通过发送信令并与(HSS)联合,可控制用户设备(UE)与 IP 网络之间的数据传输。MME 的功能包括:为 2G/3G 接入网络提供接口控制,空闲状态(Idle mode)的用户设备(UE)的位置跟踪、发送信令、优化寻呼、传输信道(bearer)激活或撤销、执行鉴权认证、为用户设备(UE)提供临时 ID 和选择最佳服务网关(S-GW)等。在法律许可范围内,MME 还可拦截、监听用户的通信。

---

① 引自 http://www.tutorialspoint.com/lte/lte_network_architecture.htm,2016。

(3) S-GW（服务网关）：S-GW（serving gateway）是在移动性管理实体（MME）控制下，协调和控制基站（eNoteB）和包数据网络网关（P-WG）之间转发数据包的设备。S-GW 当作路由器使用，其功能和作用与 3G 核心网中的 SGSN（服务 GPRS 支持节点）相当。

(4) P-GW（包数据网络网关）：P-GW（packet data network Gateway）是 LTE 网络通过 SGi 接口与包交换网络（如因特网）连接的网关设备。P-SW 网关的作用和功能与 3G 网络中的 GGSN（网关 GPRS 支持节点）类似，提供用户的会话管理和数据转发等功能。S5/S8 是服务网关（S-GW）和包数据网络网关（P-GW）之间的接口，如果它们在网络的内部，则使用 S5，否则使用 S8。

(5) PCRF（策略和计费规则功能）：PCRF（policy and charging rules function）是一个软件节点，用于配置和修改计费政策和参数，提供控制和执行计费政策和按流量计费的功能。使用 PCRF 后，可使运营商根据服务质量（QoS）提供差异化的网络服务。

4. 支持 2G/3G 无线接入

从 3G 演进到 4G 的过渡期间，LTE 还需要支持 3G 的无线接入网络（UTRAN）和 2G 的无线接入网络（GERAN（GSM EDGE）），如图 30-41 所示，E-UTRAN 和它们之间的切换时间也不能超过 300ms。

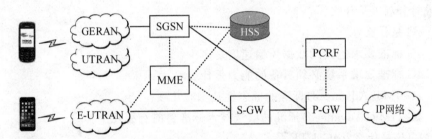

HSS (home subscriber server)：归属用户服务器；MME(mobility management entity)：移动性管理实体；
P-GW(packet data network gateway)：包数据网络网关；S-GW(serving gateway)：服务网关；
PCRF(policy and charging rules function)：策略和计费规则功能

图 30-41　支持 2G 和 3G 无线接入的 LTE 网络结构

30.7.4　移动 WiMAX

"Mobile WiMAX（源于 IEEE 802.16e-2005）/移动 WiMAX"是移动无线宽带接入（mobile wireless broadband access，MWBA）标准，也称 WiBro(Wireless Broadband)/无线宽带因特网接入技术。Mobile WiMAX 系统提供的下行峰值数据速率可达 128Mbps，上行峰值数据速率可达 56Mbps。Mobile WiMAX 使用 4G 标牌，从 2006 年开始先后在韩国、美国和俄罗斯等国家提供移动宽带接入服务。

Mobile WiMAX(IEEE 802.16m-2011)，也称 Mobile WiMAX Release 2，Wireless MAN-Advanced，是高级空中接口标准，移动时的峰值数据速率为 100Mbps，静态时的峰值数据速率为 1Gbps，瞄准 4G 标准 ITU-R IMT-Advanced 提出的必需要求。

Mobile WiMAX 采用的一些核心技术与 LTE 采用的技术类似，如 OFDMA，自适应天线（Adaptive antenna systems，AAS）和 MIMO。

练习与思考题

30.1 GSM 是什么？

30.2 GPRS 是什么？

30.3 IS-95 是什么？

30.4 开销信息(overhead information)是什么？

30.5 MSC 的主要功能是什么？

30.6 用你自己的语言描述：2G 是什么？2G 的主要目标是什么？

30.7 GSM 接入因特网采用了什么技术？

30.8 3G 是什么？3G 的目标是什么？

30.9 WCDMA 是什么？

30.10 CDMA2000 是什么？

30.11 TD-SCDMA 是什么？

30.12 TD-SCDMA 有哪些技术亮点？

30.13 时分双工是什么？

30.14 4G 是什么？

30.15 4G 标准要求达到的数据传输速度是多少？

30.16 4G 标准要求系统必须具备的能力是什么？

30.17 4G(IMT Advanced)标准的标志性技术有几项？

30.18 4G (IMT Advanced)标准的候选技术标准目前有哪几个？

30.19 LTE 是什么？4G LTE 是什么？

30.20 移动 WiMAX 是什么？

参考文献和站点

[1] Mobile access networks. https://en. wikipedia. org/wiki/Access_network,2016.

[2] Chris Pollett. Switching, Mobile Phones, Cable, Beginning Data Link Layer. http://www. cs. sjsu. edu/faculty/pollett/158a. 12. 07s/Lec21022007. pdf,2007.

[3] Ian Poole. GSM Radio Air Interface, GSM Slot & Burst. http://www. radio-electronics. com/info/cellulartelecomms/gsm_technical/gsm-radio-air-interface-slot-burst. php.

[4] Ian Poole. Modulation basics, part 2：Phase modulation. http://www. embedded. com/print/4017656,2008.

[5] Robert Akl, Manju Hegde, Alex Chandra. CCAP：CDMA Capacity Allocation and Planning. Washington University, Missouri, USA,April 1998.

[6] GSM tutorial. http://www. rfwireless-world. com/Tutorials/gsm-frame-structure. html,2012.

[7] John Danahy, Cui Yuguang. Nokia：CDMA Technology Information,1999-2004.

[8] Forouzan, Behrouz A. Data communications and networking, Chapter 16 Wireless WANs：Cellular Telephone and Satellite Networks. 4th ed. McGraw-Hill, 2007.

[9] Kaveh Pahlavan. Principles of Wireless networks. http://www. cwins. wpi. edu/publications/pown/

index. html, 2007.

[10] David Tipper. Digital Speech Processing. http://www. pitt. edu/~ dtipper/2720/2720 _ Slides7. pdf,2008.

[11] David Tipper. Global System for Mobile (GSM). http://www. pitt. edu/~ dtipper/2700/2700 _ Slides5K. pdf,2008.

[12] David Tipper. IS--95 (cdmaone). http://www. pitt. edu/~dtipper/2720/2720_Slides9. pdf,2008.

[13] Peter Chong. WCDMA Physical Layer (Chapter 6). http://www. comlab. hut. fi/opetus/238/lecture6_ ch6. pdf,2002.

[14] Harri Holma and Antti Toskala. Nokia Siemens Networks, Finland. WCDMA FOR UMTS: HSPA Evolution and LTE. Fifth Edition. John Wiley & Sons Ltd, 2010.

[15] Recommendation ITU-R M. 1457-12. Detailed specifications of the terrestrial radio interfaces of International Mobile Telecommunications-2000 (IMT-2000),2015.

[16] Ian Poole. GSM EDGE network architecture. http://www. radio-electronics. com/info/cellulartelecomms/ gsm-edge/network-architecture. php.

[17] Ilmenau University of Technology. Mobile Network Evolution-Part 1.

[18] 3G Tutorials: Introduction to 3G. http://www. 3glteinfo. com/3g-tutorials-introduction-to-3g/.

[19] Antti Toskala, Harri Holma, Troels Kolding, Frank Frederiksen and Preben Mogensen. High-speed Downlink Packet Access. http://www. pitt. edu/~dtipper/hsdpa. pdf,2002.

[20] Miguel A. Salas Natera et al. New Antenna Array Architectures for Satellite Communications. http:// cdn. intechopen. com/pdfs-wm/16873. pdf,2014.

[21] Toby Haynes. A Primer on Digital Beamforming. http://www. spectrumsignal. com/publications/ beamform_primer. pdf,1998.

[22] B. Li,D. Xie,S. Cheng,J. Chen,P. Zhang,W. Zhu,B. Li. Recent advances on TD-SCDMA in China, IEEE Comm. Mag,vol 43,pp 30-37,Jan 2005.

[23] Appendix D-University of Hull. Digital Modulation and GMSK. http://www. emc. york. ac. uk/ reports/linkpcp/appD. pdf,2001.

[24] Geoff Varrall and Roger Belcher. 3G Handset and Network Design. Wiley Publishing, Inc,2003.

[25] Miikka Poikselka, Georg Mayer, Hisham Khartabil and Aki Niemi. The IMS IP Multimedia Concepts and Services in the Mobile Domain. John wiley & Sons, Ltd,2004.

[26] Shyam Chakraborty , Janne Peisa , Tomas Frankkila , Per Synnergren , IMS Multimedia Telephony over Cellular Systems: VoIP Evolution in a Converged Telecommunication World John Wiley & Sons Ltd,2007.

第31章　智能手机与GPS

　　全球定位系统(GPS)是一个技术复杂、工程艰巨、耗资巨大、用途极广的定位系统,如今已成为多媒体系统不可或缺的部分。智能手机实际上是一个移动多媒体终端,极大地改变并继续改变我们的学习、工作和生活方式,我们需要对它有比较深入的了解。本章对智能手机做简单介绍后,主要介绍GPS的概念和定位原理。

31.1　智能手机简介

31.1.1　智能手机是什么

　　智能手机(smartphone)可简单地理解为带手机功能的手持电脑,是可打电话、可上网、可计算的移动设备。例如,第3代(3G)手机的智能程度虽然不高,但它还是被认为是智能手机。智能手机的重要标志是内置有移动操作系统(mobile OS),因此可支持各种各样的应用软件和智能技术。

　　第1代手机是模拟电话手机。第2代手机是数字电话手机,支持GSM、CDMA等制式,基本功能是打电话。第3代手机可认为是多媒体手机,支持WCDMA、CDMA2000、TD-SCDMA等制式,除了支持使用电路交换的语音通信外,还支持包交换的多媒体数据服务。第4代手机无疑是智能多媒体手机,支持LTE和Mobile WiMAX制式,语音和数据都使用包交换技术,提供具有相当智能的多媒体服务。

31.1.2　工作原理框图

　　典型的智能手机都包含如下组件:液晶触摸显示屏(LCD touch screen)、软件键盘、麦克风、扬声器、SIM或智能卡、电池、USB端口、照相机、天线、Wi-Fi、蓝牙(BT)、GPS、电源开关、各种传感器和GPS信号接收器等。大多数智能手机用户对这些组件及其功能都熟悉,但对智能手机内部的组件和功能可能没有去关心。

　　典型的智能手机都有如图31-1所示的基本模块[1],包括射频(RF)、基带(baseband)、应用程序(applications)和存储器(RAM,ROM)模块。这些模块是手机通话和接入因特网的必不可少的核心模块。详细的手机电路原理图可在手机器件供应商的网站上找到,这个框图也是根据那些图抽象而来的。

　　智能手机的核心无疑是CPU(中央处理器)和DSP(数字信号处理器),其他基本构造部件的功能说明如下。

1. 天线和Tx/Rx

　　天线是将电磁波转换成电信号或相反的金属体。在手机上使用的天线有各种类型,如微带贴片型、鞭状型和螺旋型。由于微带贴片天线具有体积小、重量轻、电气性能好、易于集成到其他组件,并能在多个频段下工作,包括GSM、CDMA、WCDMA、Mobile WiMAX、LTE、蓝牙

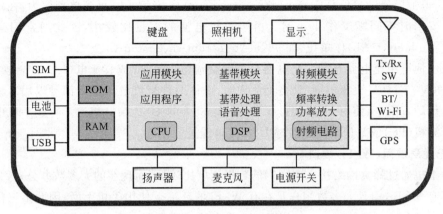

图 31-1 手机工作原理框图

(Bluetooth,BT)、Wi-Fi 和 GPS 的频段,因此被广泛用在手机上。

　　由于手机只有一个天线,用于发射和接收 RF 信号。手机上的发射器(Tx)用于发射上行的 RF 信号,接收器(Rx)用于接收基站发射的下行 RF 信号,因此要用 Tx/Rx 开关进行切换,并受处理基带信号和语音信号的数字信号处理器(DSP)控制。

2. 射频模块

　　每部手机都有射频(RF)模块,它包含将基带信号转换成 RF 信号和 RF 信号转换成基带信号的转换器,称为射频混频器(RF mixer),以及功率放大器等组件。例如,在 GSM 系统中,上行转换将基带信号(I 和 Q)转换成频率为 890~915MHz 的 RF 信号,下行转换将 RF 为 935~960MHz 的信号转换成基带信号(I 和 Q)。

3. 基带模块

　　基带(baseband)模块的基本功能是处理语音和数据,以及它们与 I/Q 基带信号之间的转换,使用 DSP(digital signal processor)和相关的辅助电路来执行。模拟语音信号使用模数转换器(ADC)转换成数字信号,数字语音信号使用数模转换器(DAC)转换成模拟语音信号,使用编解码器(codec)来压缩和解压缩数字信号,以适应各种不同速率的要求。在手机与基站的通信过程中,要执行许多协议。在信号传输过程中,不同手机制式(如 GSM、CDMA、WCDMA、LTE)有不同的错误检测(如 CRC)和前向纠错(FEC)方法。以上这些任务都在基带模块中完成。

4. 应用模块

　　手机上的各种多媒体应用都在应用模块中通过中央处理器(CPU)来执行。手机可支持的声音、图像和影视的文件格式繁多,如 MP3、MP4、JPEG、MPEG-1-MPEG-4;手机上可运行的软件数不胜数,如学习、教育、阅读新闻、播放音乐、观看影视、录音摄像、交友聊天、休闲娱乐等。在手机上管理硬件和应用软件的软件是移动操作系统(mobile OS),也就是手机操作系统,如 Android、iPhone OS(iOS)、Windows Phone。

5. 手机电池

　　电池是手机工作和保持其功能的唯一电源。电池是可充电电池,类型有多种,如镍镉(nickel cadmium,NiCd)电池、镍氢(nickel metal hydride,NiMH)电池。手机设计人员选择电池时,考虑的主要因素是电池体积、使用时间、待机时间和电池寿命。电池的电压通常是 3.6V

或 3.7V。电池容量的单位是安培小时(ampere-hour)，1 安培小时可简单理解为，在供电电流强度为 1 安培时不间断工作 1 小时。由于手机电池的容量比较小，因此通常用毫安小时(milliampere-hour，mAh)作单位，如 960mAh、1715mAh、2550mAh。

手机电池可用充电器充电。充电器是一个交流电(AC)变成直流电(DC)的转换器，它的输入是 220V 或 110V 交流电源(请看产品说明，确认两种交流电压是否都可以用)，输出是略高于 3.7 伏的直流电，使用 USB 接口线直接与手机上的 USB 端口相连。有些手机电池也可用个人计算机(PC)或笔记本电脑通过 USB 接口线进行充电。

6. 无线局域网(Wi-Fi)接口

由于手机通过蜂窝网络接入因特网的数据速度比较低，而现在的大多数办公室、公共场所和家庭都有 Wi-Fi，而且大多数用户是在有 Wi-Fi 的环境下使用手机上网，因此第三代以后的手机都配有 Wi-Fi 功能的组件。使用 Wi-Fi 接入可提高手机与其他计算装置(如 PC、笔记本电脑)和网络之间的数据传输速度。

为便于微小型设备之间的通信，手机配有蓝牙(BT)功能的组件。

7. GPS 模块

为便于对移动设备定位和用户出行导航，手机都配有全球定位系统(GPS)的组件。

8. 各种传感器

智能手机配有多种传感器和相关组件。这些传感器大致可分为三种类型：环境传感器、运动传感器和位置传感器，包括：

(1) 图像(image)传感器：用于照相和摄像，以再现真实世界；

(2) 光度计(photometer)：用于检测环境光的照明度，以调节显示器的显示；

(3) 红外光(infrared)传感器：用于用户的手势识别；

(4) 近距离(proximity)传感器：用于检测手机靠近耳朵通电话时，让触摸屏不显示，避免意外输入；

(5) 磁场强度计(magnetometer)：用于检测指南针所指的磁北方向，与 GPS 联合可确定用户的位置；

(6) 加速度计(accelerometer)：用于检测手机的加速度、倾斜和振动；

(7) 微型陀螺仪(gyroscope)：用于标识手机的上下、左右和旋转运动；

(8) 指纹(fingerprint)传感器：用于指纹辨识系统，为设备和移动支付等提供更高级别的安全验证；

(9) 有些手机还配置有气压计(barometer)和温度计(thermometer)等传感组件。

31.2　手机操作系统

31.2.1　手机操作系统是什么

手机上使用的操作系统是移动操作系统(mobile OS、MOS)。移动操作系统是一组计算机软件程序和例行程序，用于管理移动设备上的软硬件资源。管理的资源包括触摸屏、键盘、显示器、存储器、摄录像机、录音机、语音识别器、音乐播放器、影视播放器、用于传输语音和数据的网络连接，包括蜂窝、Wi-Fi、蓝牙等。

目前在手机上使用的操作系统主要有 Google 公司的 Android、苹果公司的 iOS、微软公司的 Windows Phone（WP）和诺基亚的 Symbian 等。虽然它们的结构不同、代码不同，但它们实现的功能大同小异。Android OS 是基于 Linux 操作系统核的源代码开放的移动操作系统，下面通过介绍 Android 的结构可以了解手机操作系统的概念和实现的功能。

31.2.2　Android 操作系统

Android OS 是由 4 层 5 部分软件组件构成的堆栈，如图 31-2 所示，分别是应用软件层（Applications）、应用框架层（Application Framework）、由库（Libraries）和 Android 运行库（Android Runtime）组成的本机库层（Native Libraries）和 Linux 内核层（Linux Kernel）。

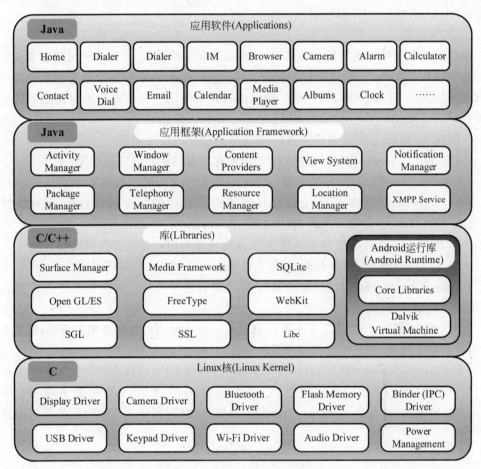

图 31-2　Android 操作系统结构①

Android OS 的设计目标是源代码开放、高度灵活和易于开发。Android OS 使用的程序设计语言有好几种，在应用软件层和应用框架层使用 Java，在运行环境层使用 C/C++，在 Linux 内核层使用 C。此外，为加快软件开发，还用了多种标记语言（如 HTML5、XML）。

利用 Android OS 的结构，可帮助我们从宏观上认识手机操作系统的概念，可指导我们如

---

① 引自 https://en.wikipedia.org/wiki/Android_(operating_system)。

何学习和实践。如果从事 Android 应用开发，可把重点放在应用程序层和应用框架层；如果从事 Android 系统开发，可把重点放在本机库层（系统库和 Android 运行库）；如果从事 Android 驱动开发，可把重点放在 Linux 内核层。

1. 应用程序层

应用软件层（Applications）包含开发人员预装的应用软件和用户安装的应用软件。应用软件用直观的图标和文字显示在手机屏幕上。

预装软件通常包含如下程序：Home（主屏），Dialer（电话），SMS/MMS（短信/多媒体短信），IM（即时通），Browser（浏览器），Camera（相机），Alarm（闹钟），Calculator（计算器），Contact（通讯簿），Voice Dial（语音拨号），Email（邮件），Calendar（日历），Media Player（媒体播放器），Albums（相册），Clock（时钟）。

2. 应用框架层

应用框架通常是一组通用的软件例程，或称应用程序构造块，开发人员可用它来设计应用软件的基本结构。Android 的应用框架层（Application Framework）包含运行和管理应用程序时所有必需的组件，开发人员可以在他们的应用软件中使用。应用框架层包含如下管理程序和服务程序。

（1）Activity Manager（活动管理器）：管理应用程序的生命周期；

（2）Window Manager（窗口管理器）：管理所有与窗口关联的应用程序；

（3）Content Providers（内容提供器）：管理应用程序之间的数据共享；

（4）View System（视图系统）：提供可用于应用程序的标准装饰件（widget），如按钮（Buttons）、列表（Lists）、网格（Grids）和文本框（Text Box）；

（5）Notification manager（通知管理器）：应用程序向用户显示警告或通知；

（6）Package Manager（软件包管理器）：管理所有 Android 的应用程序；

（7）Telephony Manager（电话管理器）：管理语音电话呼叫。如应用程序需要插入电话呼叫，可使用这个管理器；

（8）Resource Manager（资源管理器）：管理应用程序使用的各种类型的资源，提供非代码资源的访问，如字符串、颜色设置和用户界面布局；

（9）Location Manager（位置管理器）：应用程序接收 GPS 或蜂窝网提供的位置服务；

（10）XMPP Service（XMPP 服务）：用于设计即时通信一类的服务程序。XMPP（Extensible Messaging and Presence Protocol）是通信协议，用于基于 XML 的面向消息的中间件。

3. 本地库层

在介绍本地库层（Native Libraries Layer）运行环境之前，需要了解引擎（engine）这个术语。在计算技术中，引擎有两种含义：（1）针对特定应用的专用处理器，如图形处理器（graphics processor），处理速度要比通用处理器快得多；（2）执行非常具体和重复功能的软件，例如，反复响应用户查询的搜索引擎（search engine）或数据库引擎（database engine），转发电子邮件的 SMTP 引擎（SMTP engine），查找单词的词典引擎（dictionary engine），生成显示和打印文本和图像的渲染引擎（rendering engine）。

Android 的本地库分成 Android Libraries（库）和 Android Runtime（运行库）两个部分。

1) Android 库

Android 库用于多种类型媒体的管理和显示,包括如下软件:

(1) Surface Manager(表面管理器):表面创作程序,可为应用程序提供 2D 和 3D 表面;

(2) Media Framework(媒体框架):提供多种媒体的编解码器(codec),支持多种声音、视像格式的播放和录制,包含的格式包括 MPEG4、H. 264、MP3/4、AAC;支持多种静态图像格式,如 JPG、PNG、SVG;

(3) SQLite:功能强大的轻型关系型数据库(SQLite)引擎,用于存储和共享应用数据;

(4) OpenGL ES(OpenGL for Embedded Systems):嵌入式 3D 图像引擎。OpenGL (Open Graphics Library)是跨语言和跨平台的应用编程接口(API),用于 2D 和 3D 矢量图,ES 是它的子集;

(5) FreeType:位图(bitmap)和矢量图(vector)字体的显示;

(6) WebKit(Kernel of web browser):浏览器引擎,用于显示网页内容,可嵌入视图;

(7) SGL(Skia Graphics Library):2D 图像引擎,Skia 公司的源代码开放图形库;

(8) SSL(Secure Socket Layer):因特网的安全套接层,可提供加密、认证和消息完整性三个重要功能;

(9) Libc:C 语言标库,专门为嵌入式设备定制的库,通过 Linux 系统来调用。

2) Android 运行库

Android 运行库(Android Runtime,ART)包含核心库(Core Libraries)和 Dalvik 虚拟机 (Dalvik Virtual Machine,DVM)两个部分。核心库提供 Java 编程语言需要的所有功能,为 Android 应用开发人员使用 Java 编写 Android 应用程序时使用;Dalvik 虚拟机是专门为 Android 操作系统设计和优化的 Java 虚拟机,负责运行 Android 应用程序。

4. Linux 内核层

Linux 内核层(Linux Kernel)是硬件和软件堆栈之间的抽象层,提供 Android OS 的基本功能,如存储管理、进程管理、安全设置、网络堆栈(network stack)[①]和电源管理。

Linux 内核层包含所有硬件的驱动程序,使 Android 系统与设备之间的接口设计变得容易。设备驱动程序包括:

(1) Display Driver(显示驱动);

(2) Camera Driver(照相机驱动);

(3) Bluetooth Driver(蓝牙驱动);

(4) Flash Memory Driver(闪存驱动);

(5) Binder(IPC) Driver(粘合剂(进程间通信)驱动);

(6) USBD river(USB 驱动);

(7) Keypad Driver (按键驱动);

(8) Wi-Fi Driver(Wi-Fi 驱动);

(9) Audio Driver(声音驱动);

(10) Power Management (电源管理)。

---

① 网络堆栈(network stack)是执行网络协议以协调网络设备之间通信的功能集。

31.3 全球定位系统(GPS)简介

31.3.1 GPS 是什么

全球定位系统(Global Positioning System,GPS)是使用卫星和无线电进行定位和导航的系统,由卫星星座、地面测控系统和接收器组成,可精确地标定在地球上任何一个地点的时间和位置。GPS[1] 也称全球导航卫星系统(Global Navigation Satellite Systems,GNSS)。

GPS 已广泛用于定位、查找、导航、测量、时间校正和度假休闲等领域,对人类的活动产生非常深刻的影响。例如,智能手机上的位置服务(Location-Based Service,LBS)软件,就是联合利用了 GPS 的定位功能和地理信息系统(GIS)生成的电子地图,可为大众提供各种信息服务,如车船导航,当前位置附近的公交、美食、酒店、购物等信息。

GSP 是美国国防部在 1973 年开始实施的项目,于 1994 年全面建成并开始投入使用。GPS 由美国国防部运营,提供军用和民用两种服务。用于民用的标准定位服务(Standard Positioning Service,SPS)可由民众自由使用;用于军用的精确定位服务(Precise Positioning Service,PPS)仅供被授权的机构使用。过去民用的 GPS 定位精确度可达 20~30 米,现在已达到 2 米以下,最大误差不超过 5 米。军用的 GPS 定位精度比民用的定位精度高得多。

除了 GPS 外,还有其他的卫星导航系统在使用或正在开发。与 GPS 同时代开发的卫星导航系统是前苏联于 1976 年开始开发的俄罗斯全球导航卫星系统(Global Navigation Satellite System,GLONASS)。正在开发的卫星定位系统包括欧盟的 Galileo(伽利略)定位系统,中国的北斗卫星导航系统(BeiDou Navigation Satellite System)、印度的印度区域导航卫星系统(Indian Regional Navigation Satellite System)和日本准天顶卫星系统(Quasi-Zenith Satellite System)。

全球定位系统(GPS)由三个部分组成:空间部分、地面控制部分(主控站、监控站和地面天线)和用户部分,如图 31-3 所示。空间部分是卫星组成的星座,主要用于广播导航信号;控

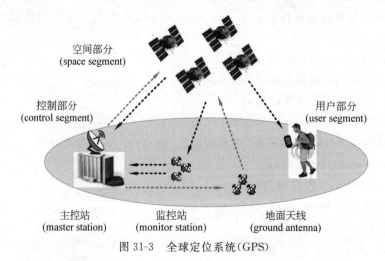

图 31-3　全球定位系统(GPS)

---

① GPS 的正式名称是 NAVSTAR-GPS(Navigation System with Timing And Ranging Global Positioning System),简称 Navistar。

制部分是分布在世界各地的控制站和天线,主要是维护整个系统的正常运行;用户部分是用于接收卫星广播信号的接收器,计算用户所在地点的当前时间和位置。

31.3.2　空间部分

全球定位系统(GPS)的空间部分是由 24 颗以上的卫星组成的星座。星座中的每颗卫星24 小时绕地球 2 圈。这些卫星向地球传输三种信息:卫星的编号、卫星的位置和发送信息时的时间。地球上的接收器利用这些信息测量它与卫星之间的距离,根据距离和卫星的位置,计算接收器所在地点的位置,即经度、纬度和海拔高度。

GPS 卫星分布在相隔 60° 的 6 个轨道平面上,每个轨道平面相对于赤道的倾斜角为 55°,在距离地球 20180 公里的高空上绕地球运行,如图 31-4(a)所示。每颗卫星绕地球旋转一圈的准确时间是 11 小时 58 分,确保在地球上任何地方至少能看到 4 颗卫星,如图 31-4(b)所示,通常可看到 5~8 颗,以便接收器能够计算所在地点的经度、纬度、海拔和时间。

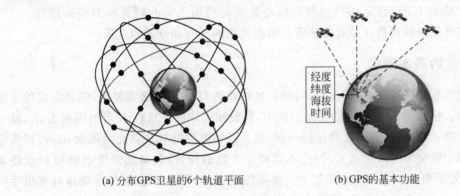

(a) 分布GPS卫星的6个轨道平面　　　　(b) GPS的基本功能

图 31-4　GPS 的卫星网络

第一颗卫星于 1978 年 2 月 22 日送入轨道,24 颗卫星的最后一颗于 1993 年 6 月 26 日送入轨道,完成了卫星网络的建造。在这期间和以后送入轨道的卫星用于替换旧卫星或备用。第一颗卫星已于 1985 年 7 月 17 日离退,1993 年 6 月 26 日发射的卫星已于 2014 年 5 月 19 日离退。到 2015 年 10 月,一共发射了 71 颗卫星。其中,在轨运行使用的 31 颗,离退的 36 颗,测试用的 1 颗,不健康的 1 颗,发射不成功的 2 颗。

卫星也称空间飞行器(Space Vehicle,SV),每颗卫星都装备有无线电收发器、计算机、原子时钟和辅助设备。原子时钟是定位和导航的基准点,它是已知的最精确的时钟,每百万年的误差不超过一秒。为维护原子时钟的准确性,位于美国科罗拉多州(Colorado)的地面站还要对它们进行定期调整。每颗卫星都将其准确的时间向地球广播。

31.3.3　控制部分

控制部分是由主控站、6 个专用监控站和 4 个专用地面天线站组成的系统。在图 31-3 中只表示了主控站、一个监控站和一个地面天线站。主控站位于美国科罗拉多州的施里弗(Schriever)空军基地,其余的监控站和地面天线站分布在世界各地。

主控站的主要任务是负责卫星定位系统的资源分配和调度、导航消息或称导航电文(navigation message)的生成、卫星网络的运行、系统状态和性能评估等;监控站的主要任务是跟踪每颗卫星和检测卫星发射的信号,并向主控站提供观测数据。根据采集到的数据,主控站使用轨道模型计算每颗卫星的轨道数据,然后将这些数据生成导航电文发送给每颗卫星,卫星生成广播信号后向地球广播。

31.3.4 用户部分

用户部分是指分布在世界各地使用内含 GPS 接收器的人群。GPS 接收器的形式各种各样,如手持式、背负式、车载型、船载型和机载型等。GPS 接收器用于跟踪和接收来自卫星的广播信号,测量与卫星的距离,处理来自卫星发送的数据,并将精确计算得到的三维坐标数据换成经度、纬度和海拔高度。

31.4 GPS 定位原理

全球定位系统(GPS)确定用户位置的核心思想是使用卫星的时钟和卫星的位置。GPS定位是利用卫星发送的消息让接收器确定其所在地点的时间和位置的过程。

31.4.1 定位的基本概念

定位的问题就是回答"你在哪里"的问题。虽然建造 GPS 系统非常复杂,但其定位的思想并不太难理解。在如图 31-5 所示的二维空间中,假设知道你的手机离 A 点的距离为 d_1,就可知道手机是在以 d_1 为半径的圆上的任何一点;如果还知道手机与 B 点的距离为 d_2,可以肯定手机是在这两个圆交叉的两个点上,但还不能确定手机的位置;如果还知道手机与 C 点距离为 d_3,就可肯定手机在 3 个圆的交叉点上。如果知道 A、B、C 的坐标,就能准确地计算出手机所在地点的坐标。使用这种几何原理确定位置的方法称为三边测量定位法(trilateration)。在三维空间中,这个几何定位原理同样适用。

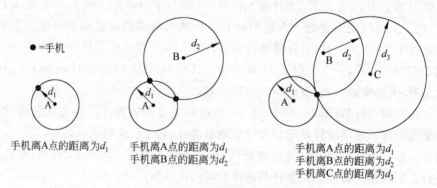

图 31-5　三边测量定位原理

31.4.2 用户与卫星的距离

从数学上看,距离＝时间×速度。其中,时间是卫星广播的测距信号到接收器收到这个信号时的传播时间;速度是电磁(无线电)信号的传播速度,在真空中的传播速度为光速。

GPS 的每颗卫星都在不断地向地球广播包含卫星时钟的信号。假设卫星发送测距信号

时的时钟为 t_1，用户接收器收到这个信号时的用户时钟为 t_2，那么用户与卫星之间的距离(R)可用下式计算：

$$用户与卫星的距离(R) = (卫星信号到用户的传播时间(\Delta t)) \times 光速(c)$$

其中，传播时间 Δt＝用户时钟(t_2)－卫星时钟(t_1)；光速(c)＝299 792 458m/s(米/秒)，即 1 米的位置精度＝1/299 792 458＝3.3ns(纳秒)。

用这种方法量测距离的前提是：(1)用户时钟与卫星时钟是同步的，它们的时钟精确度都非常高，而且非常稳定；(2)电磁信号的传播速度是恒定的光速。在没有考虑这两个因素对量测距离会产生影响的情况下，量测到的距离(range)称为伪距离(pseudorange)。

实际上，GPS 的每颗卫星都安装了精度高、稳定性好的原子时钟，这些原子时钟之间需要精确的同步，这项工作由地面控制站承担和维护；鉴于原子时钟的价格昂贵，接收器几乎都没有安装，而是采用需要经常调整的普通石英钟。因此在量测距离时，用户时钟与卫星时钟之间的偏差是一个必须考虑的问题，因为时钟偏差 1 微秒，位置精度就降低 300 米。解决这个问题的有效办法是把它当作一个未知数(b)，通过计算求得时钟的偏差。

用这种方法量测距离的另一个问题是电磁信号的传播速度。电磁信号通过真空时的速度是光速，但通过大气层时，它的速度会发生变化。为降低大气层造成的量测误差，通过卫星向接收器传送附加信息(如电离层参数)的方法，在计算距离时加以修正。

影响定位精确度的因素很多，为提高 GPS 的定位精确度，相继开发了许多新技术，例如，可将 15 米精度提高到 10 厘米的差分全球定位系统(Differential Global Positioning System，DGPS)，星基增强系统(Satellite Based Augmentation System，SBAS)，全球定位辅助系统(Assisted GPS，A-GPS)和高灵敏度全球定位系统(High Sensitivity-GPS，HSGPS)等。

31.4.3 卫星位置数据来源

确定用户在空间的位置(经度、纬度、海拔)需要求解表示用户位置(x,y,z)的 3 个未知数，加上时钟偏差(b)，总共 4 个未知数，需要一个由 4 个方程组成的方程组。如果用户能够收到至少 4 颗卫星的位置数据，就可计算出他所在地点的位置(参见导航方程)。

卫星的位置数据是地面主控站提供的。地面主控站收集各监测站的观测资料和气象信息，经过各种处理后，将各颗卫星的数据按规定格式编辑成导航电文，通过地面上的天线传给各颗卫星，卫星将导航电文生成 GPS 信号后向空中广播，接收器根据导航电文提供的轨道参数可计算卫星的位置。

31.4.4 GPS 信号

GPS 各颗卫星广播的无线电信号可使接收器确定其所在地点的时间和位置。GPS 信号包含测距信号(ranging signal)和导航电文(navigation message)。测距信号用于测量接收器到卫星的距离。导航电文包含特定时段的星历(ephemeris)数据和历书(almanac)数据。

1. 广播信号

所有在轨运行的卫星都在广播，为使 GPS 接收器能够区分是哪颗卫星，每颗卫星都有唯一号码，称为伪随机号(pseudorandom noise number，PRN)。PRN 不仅可用来标识卫星，还可用来量测接收器与卫星之间的伪距离，如图 31-6 所示，因此把 PRN 称为测距码。

GPS 测距码有两种：一种是粗测距码，简称为 C/A(coarse/acquisition，C/A)码，另一种

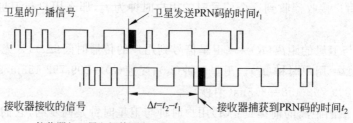

接收器与卫星之间的距离：$R=c(t_2-t_1)$

图 31-6　C/A 码测距原理

是精确定位码,简称为 P 码(precision code)。每颗卫星使用两种频道广播:

(1) 频道 L1:使用的广播频率为 1.57542GHz(波长 19cm),广播信号中包含 C/A 码,提供标准定位服务(SPS)。

(2) 频道 L2:使用的广播频率为 1.2276GHz(波长 24.4cm),广播信号中包含加密的 P 码,提供精确定位服务(PPS)。

PRN 既是卫星标识符又是测距码,24 颗卫星都使用这种码产生广播信号,因此要用相互正交的 PRN。GPS 系统使用 Gold 码生成器产生 PRN 码。C/A 码有 32 个,码长 1023 位,码片速率为 1.023Mcps,码元宽度相当于 293.05 米,周期为 1ms,每毫秒重复一次。

导航电文的数据速率为 50bps,用 C/A 码对它进行调制,如图 31-7 所示,然后用二相相移键控(BPSK)去调制频道 L1 频道的载波信号,载波频率为 1.57542GHz,这样就生成了卫星广播信号。将标识卫星和测距用的 PRN 码和导航电文综合在一起,生成卫星广播信号的这种技术就是码分多址接入技术(CDMA)的一个具体应用。

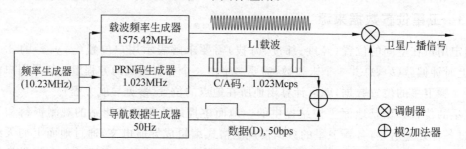

图 31-7　GPS 卫星广播信号的生成原理

P 码也是 PRN 码。P 码可被加密,加密后的 P 码称为 Y 码,常用 P(Y)表示。与粗测距码(C/A)不同的是,每颗卫星的 P 码长度为 6.1871×10^{12} 位,码片速率为 10.23Mcps,码元宽度相当于 29.30 米,7 天重复一次。由于 P 码太长,接收器可能不容易捕获到,因此可先用粗测距码(C/A)捕获,然后用 C/A 码捕获到的当前时间和近似位置再捕获 P 码。

L1 的载波由 C/A 码和 P 码调制,而 L2 的载波只用 P 码调制,产生 L1 和 L2 广播信号如图 31-8 所示。

GPS 卫星除了使用频道 L1(1575.42MHz)和 L2(1227.60MHz)广播测距码和导航电文外,已投入使用和计划开发使用的其他频道包括 L3(1381.05MHz)、L4(1379.913MHz)和 L5(1176.45MHz)。

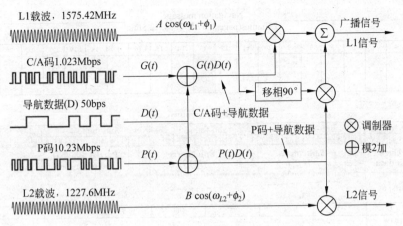

图 31-8　GPS 卫星广播的 L1 和 L2 信号

2. 导航电文

导航电文用于接收器计算卫星的当前位置和信号的传播时间。导航电文由 GPS 地面控制站负责上传到每颗卫星,卫星生成广播信号后向地球广播。导航电文包括:

- 星历(ephemeris)参数,用于计算在轨卫星的位置;
- 时间 (time)参数和时钟(clock)修正值,用于计算时钟偏移等;
- 卫星健康信息即卫星运行状态,用于确认导航数据集;
- 电离层(ionosphere)参数,用于提高测距精度;
- 历书(almanac),用于计算所有卫星的位置,可辅助接收器快速捕获卫星信号。

星历包含卫星的精确轨道位置和状态信息,数据更新周期短(如 2 小时);历书包含所有卫星的近似轨道位置和状态信息,数据更新周期长(如 6 天)。

有兴趣的读者可看如图 31-9 所示的导航电文的结构及如下说明。(1) 导航电文的基本单元是帧(frame),一个完整的导航电文由 25 帧(37500 位)组成,传输时间需要 750 秒(12 分 30 秒);(2)1 帧长度为 1500 位(30 秒),由 5 个子帧(sub-frame)组成;(3)每个子帧长 300 位(6 秒),各有 10 个码字,每个码字 30 位;(4)子帧 1、2、3 每 30 秒重复一次,子帧 4、5 各有 25 个页面(page),因此需要 12 分 30 秒才能收到一份完整的历书。

子帧 1 包含卫星时钟参数和卫星健康等数据;子帧 2、3 包含用于计算卫星位置的星历;子帧 4 包含第 25～32 颗 GPS 卫星的历书、世界标准时间(UTC)[①]和调整电离层折射的模型参数,卫星健康状态等;子帧 5 包含第 1～24 颗 GPS 卫星的历书和健康状态。由此可见,所有在轨卫星的历书数据可从一颗卫星发送的子帧 4、5 中得到。

每个子帧都有遥测码字(telemetry word,TLM),主要用于捕获导航电文,包含 8 位前同步位(10001011)、为被授权用户保留的 16 位和 6 位奇偶校验位;转换码字(handover word,HOW)的主要用途是,辅助接收器从 C/A 码测距转到 P 码测距。

以上介绍的导航电文是 L1 C/A 导航电文,称为传统(legacy)导航电文(navigation

---

① UTC (Universal Time Coordinated):世界标准时间,也称协调世界时间。从国际原子钟时间(International Atomic Time,TAI)导出的时间,添加了闰秒(leap seconds),可精确到 60ns～5ns,是世界各地通用的国际标准时间。世界标准时间在因特网上用于计算机的同步。也称 Coordinated Universal Time,Universal Coordinated Time。

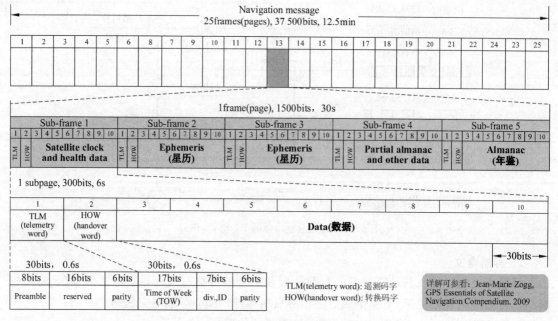

图 31-9　导航电文的结构

message，NAV)，发送的信号称为传统导航信号。后来采用的导航电文称为现代导航电文[16]，包括 L2-CNAV、CNAV-2、L5-CNAV 和 MNAV。MNAV 是军用导航电文，其余 4 种导航电文供民用。现代导航电文的类型与传统导航电文的类型相同，但修改了导航电文的结构和内容，提高了导航数据的传输速率。

31.4.5　导航方程

如前所述，知道信号的传输时间和传播速度，就可确定接收器与 GPS 卫星之间的距离。如图 31-10 所示，假设 GPS 卫星的位置用 (x_i, y_i, z_i) 表示，卫星发送信号时的时钟用 s_i 表示，接收器收到信号的时钟用 $\tilde{t}_i$ 表示，i 表示卫星 $1, 2, \cdots, n(n \geqslant 4)$，接收器时钟与卫星时钟的时钟偏移用 b 表示，导航信号的传输时间就等于 $\tilde{t}_i - b - s_i$。广播信号以光的速度(c)传播，接收器到卫星的量测距离可用下式计算：

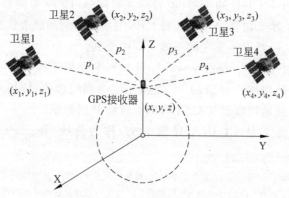

图 31-10　接收器的位置计算坐标系

$$R_i = (\tilde{t}_i - b - s_i)c = (\tilde{t}_i - s_i)c - bc = p_i - bc \qquad (31\text{-}1)$$

式中，$p_i = (\tilde{t}_i - s_i)c$ 为伪距。

在笛卡尔坐标系中，接收器到卫星的距离可用下式计算：

$$R_i = \sqrt{(x - x_i)^2 + (x - y_i)^2 + (x - z_i)^2}, i = 1, 2, \cdots, n \qquad (31\text{-}2)$$

与式 31-1 表示的距离相同，因此可得到如下的导航方程：

$$\sqrt{(x - x_i)^2 + (x - y_i)^2 + (x - z_i)^2} + bc = p_i, i = 1, 2, \cdots, n \qquad (31\text{-}3)$$

这个系统的方程有 4 个未知数，x、y、z 和 b，因此至少需要 4 个方程才能求解它们的值，这也就是使用 4 颗卫星数据的原因。如果 GPS 卫星和接收器精确同步，时钟偏移就为零，接收器使用 3 颗卫星的位置数据就可计算它所在的位置，但事实并非如此。

假设已经测量到接收器与 4 个卫星的伪距分别 p_i，而且已经知道 4 颗卫星的精确位置为 $(x_i, y_i, z_i), i = 1, 2, 3, 4$，该系统满足如下 4 个方程：

$$
\begin{aligned}
\sqrt{(x - x_1)^2 + (y - y_1)^2 + (z - z_1)^2} + bc &= p_1 \\
\sqrt{(x - x_2)^2 + (y - y_2)^2 + (z - z_2)^2} + bc &= p_2 \\
\sqrt{(x - x_3)^2 + (y - y_3)^2 + (z - z_3)^2} + bc &= p_3 \\
\sqrt{(x - x_4)^2 + (y - y_4)^2 + (z - z_4)^2} + bc &= p_4
\end{aligned}
\qquad (31\text{-}4)
$$

式 31-4 中，c 是光速，b 是时钟偏移，p_1、p_2、p_3、p_4 是伪距。

式 31-4 是多变量和非线性方程，需要专门的求解方法。通常的求解方法是将方程线性化后使用迭代法，如使用著名的牛顿法（Newton's method）。使用超过 4 个方程计算 4 个未知数时，可用最小二乘法（least squares）。参考文献[10][13]提供了详细的方程求解思路和例子，可帮助我们理解计算接收器的位置。

练习与思考题

31.1　智能手机是什么？

31.2　你使用的手机是第几代手机？使用什么制式？能支持哪些制式？

31.3　移动操作系统是什么？移动操作系统的用途是什么？你的手机使用什么操作系统？

31.4　GPS 是什么？GPS 的用途是什么？

31.5　访问"北斗卫星导航系统（http://www.beidou.gov.cn/wxdhzs.html）"网站，并阅读你感兴趣的文章。

参考文献和站点

[1]　GSM Mobile Phone. http://www.rfwireless-world.com/Articles/gsm-mobile-phone-basics.html, 2016.

[2]　Global Positioning System. https://en.wikipedia.org/wiki/Global_Positioning_System, 2016.

[3]　List of GPS satellites. https://en.wikipedia.org/wiki/List_of_GPS_satellites, 2016.

[4]　Jean-Marie Zogg, GPS Essentials of Satellite Navigation Compendium. http://www.ece.utah.edu/~ccharles/clinic/GPS%20Compendium.pdf, 2009.

[5] Peter H. Dana. Global Positioning System Overview. http://www. colorado. edu/geography/gcraft/notes/gps/gps_f. html,2000.

[6] Dan Kalman. An Underdetermined Linear System for GPS. http://www. american. edu/cas/mathstat/People/kalman/pdffiles/gps. pdf,2002.

[7] Jean-Marie Zogg. GPS Basic. u-blox ag,Switzerland,2002.

[8] TheGPS. http://www. math. tamu. edu/~dallen/physics/gps/gps. htm,2003.

[9] Dan Kalman. An Underdetermined Linear System for GPS. The College Mathematics Journal,Vol. 33 (2002),pp. 384-390. http://www. american. edu/cas/mathstat/People/kalman/pdffiles/gps. pdf.

[10] Geoffrey Blewitt. Basics of the GPS Technique. http://www. nbmg. unr. edu/staff/pdfs/Blewitt%20Basics%20of%20gps. pdf.

[11] John W. Betz,J. Blake Bullock,Richard Clark,etc. Understanding GPS Principles and Applications. Second Edition. Artech House,Inc,2006.

[12] GPS Navigation Message. http://www. navipedia. net/index. php/GPS_Navigation_Message,2015.

[13] 北斗卫星导航系统. http://www. beidou. gov. cn/wxdhzs. html.

第 32 章　多媒体传输技术

在计算机网络上传输声音和影视一直是网络应用研究和开发的重要方向。众多用户都渴望得到质量好、费用低的多媒体服务,如可视电话、网络电视、即时通信、新闻广播、电视会议、网络游戏、软件发行、协同工作和远程教学。

多媒体应用的主要问题是如何保障多媒体数据的传输质量,尤其是对那些实时互动的应用。保障传输质量的技术集中体现在多媒体传输和控制协议上,协议是技术的精华,智慧的结晶。多媒体应用开发需要了解协议的开发思想,需要深入研究协议的细节。如果有协议可用就先采纳,不完善的地方就改进;如果没有协议可循就要自己去开发,并将自己的研究成果变成协议。

本章在众多的因特网多媒体传输和控制协议中选择了几个基本协议作介绍。对于需要深入研究和产品开发的读者,请参阅本章所列的参考文献。

32.1　多媒体应用协议套

在 IP 网上的多媒体应用有两种类型的协议:会话协议和信令协议,它们构成了多媒体应用协议套。会话(session)的含义是指两台设备或两个站点之间的持续连接和多媒体数据交换,信令(signaling)的含义是通信双方建立和控制连接所需信息的交换方法。在多媒体协议套中,传输实时视听数据的协议主要靠 RTP,其余的是控制视听数据传输的控制协议。

32.1.1　多媒体应用协议

在互联网上传输非实时的多媒体数据,对数据的时延几乎没有什么限制,而且工作得很好。然而,像 IP 电视和 IP 电话这样的多媒体应用就要求时延短和抖动小,因此就需要不同的协议来提供所需的服务。现已开发了许多协议并在继续开发新协议,用来加强互联网的体系结构,从而改善实时多媒体的服务质量。

多媒体在网上的传输技术集中体现在网络工程特别工作组(IETF)已经开发和正在开发的协议上。支持实时视听数据传输的协议构成了互联网多媒体协议套(Internet multimedia protocol stack),其中的重要协议包括 RTP、RTCP、RTSP、RSVP、SIP、SDP 和 SAP,它们在整个 TCP/IP 协议套中的位置和相互关系如图 32-1 所示,这些重要协议将在本章做比较详细的介绍。

(1) 实时传输协议(Real-time Transport Protocol,RTP):位于应用层和 UDP 之间,用于传输包括声音和影视等实时数据的协议。实时传输协议早期主要针对网上的多媒体广播应用,如用于单播服务(单个广播源向单台接收机)和多播服务(单个广播源向多台接收机),通常与监视传输的 RTCP 联合使用。现在已广泛用在其他视听服务中。

(2) 实时控制协议(Real-Time Control Protocol, RTCP):与实时协议(RTP)一起工作的传输控制协议,用于在发送者和接收者之间交换控制实时数据传输的消息。RTCP 每隔一定

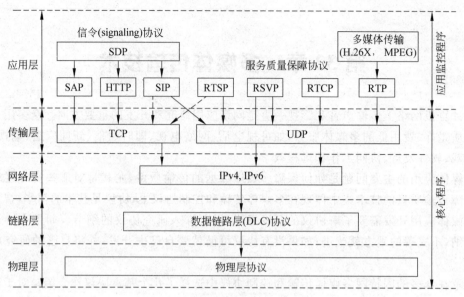

图 32-1 多媒体应用协议套

时间传送内含控制消息的数据包,用于测定向接收者传送的信息的质量。

(3) 实时流播协议(Real-Time Streaming Protocol,RTSP):网上传输实时、现场或存储的声音、影视和三维动画的控制协议,允许用户控制播放方式,如快播、慢播和暂停。

(4) 资源保留协议(Resource Reservation Protocol, RSVP):IETF 为"带宽按需调配"开发的传输协议,允许应用程序请求保留专用的带宽,可保障某种程度的服务质量(QoS)。

(5) 会话启动协议(Session Initiation Protocol,SIP):在 IP 网上建立呼叫协议。SIP 借助 HTTP 和 SMTP 等协议,为多媒体应用定义了分布式结构,用于网上多个用户之间发起、管理和结束任何形式的通话,包括电视、声音、文字、聊天、互动游戏和虚拟现实。SIP 与 H.323 类似,但比较简单,使用的资源也少,因此可能会替代 H.323。

(6) 会话描述协议(Session Description Protocol,SDP):描述流媒体初始化参数的格式,如会话通告和邀请参与会话。可与实时传输协议(RTP)和会话启动协议(SIP)联用。

(7) 会话通告协议(Session Announcement Protocol, SAP):用于向参与多播(multicast)的潜在主机发布广播会话消息。在主机中执行 SAP 协议的程序可监听公认的多播地址,并接收和组织广播源发送的所有广播通告。SAP 发布的广播通告使用会话描述协议(SDP)定义的格式,而实际的广播会话使用实时传输协议(RTP)。

有关网络多媒体技术和应用的文献和书籍很多,名词术语也很多,如因特网多媒体(Internet multimedia)、多媒体通信(multimedia communications)、IP 多媒体子系统(IP Multimedia Subsystem,IMS)、网上多媒体(multimedia on the Internet)、IP 网上多媒体(multimedia over IP)和多媒体无线网络(multimedia wireless networks)。知道这些技术术语对查阅技术资料是很有帮助的。

32.1.2 多媒体应用相关协议摘要

在 IP 网络上的多媒体应用协议非常多,而且在不断修改和开发新协议。表 32-1 列出了与多媒体应用相关的协议摘要,目的是开阔视野,对多媒体应用协议有个比较完整的了解。读者可先浏览一下,也可在阅读完本章内容之后作为复习总结。

表 32-1　多媒体应用相关协议摘要

协 议 名 称	主　　　题	RFC 号
会话描述、通告和启动(Session Description,Announcement and Invitation)		
SDP(Session Description Protocol)	会话描述协议	RFC 4566
SAP(Session Announcement Protocol)	会话通告协议	RFC 2974
SIP(Session Initiation Protocol)	会话启动协议	RFC 3261
媒体传输与编码类型(Media Transport and Codec Profiles)		
RTP (Real-Time Protocol) RTCP(Real-Time Control Protocol)	实时传输协议 实时控制协议	RFC 3550 RFC 3550
RTP AV Profile	视听会议的 RTP 配置	RFC 3551
RTP Payload Format for H. 261 Video Streams	H. 261 视像流的 RTP 载荷格式	RFC 4587
RTP Payload Format for JPEG-compressed Video		RFC 2435
多媒体服务器播放控制(Multimedia Server Playback Control)		
RTSP(Real-Time Streaming Protocol)	实时流播协议	RFC 2326
资源保留(Resource Reservation)		
RSVP(Resource Reservation Protocol)	资源保留协议	RFC 2205
Procedures for Modifying the Resource reSerVation Protocol (RSVP)	RSVP 的修改规程	RFC 3936
IP 多目标广播协议(IP Multicast Protocols)		
SSM(Overview of Source Specific Multicast)	特定广播源多目标广播方式概述	RFC 3569
IGMP(Internet Group Management)版本 2	网际机组管理协议	RFC 2236
CBT(Core Based Tree Multicast Routing)版本 2	核心基干树多目标广播路由协议	RFC 2189
PIM-DM (Protocol Independent Multicast-Dense Mode)	协议独立多目标广播-密集型路由	RFC 3973
MADCAP (MC Addressing Dynamic Client Allocation)	MC 地址动态客户分配	RFC 2907
MASC(Multicast Address-Set Claim)	多目标广播地址集请求协议	RFC 2909
BGMP(Border Gateway Multicast Protocol)	边界网关多目标广播协议	RFC 3913
区别服务(Differentiated Services)		
DiffServ Field	在 IP 包头中区分服务域的定义	RFC 2474
DiffServ Architecture	用于区分服务的结构	RFC 2475
实时传输的数据格式(Data Formats for Real Time Communications (w3c. org))		
XML(Extensible Markup Language)	可扩展标记语言	XML Schema

协 议 名 称	主 题	RFC 号
VoiceXML(Voice eXtensible Markup Language)	语音可扩展标记语言	VoiceXML
SMIL（Synchronized Multimedia Integration Language)	同步多媒体集成语言	SMIL 2.1
因特网的安全机制(Security Mechanisms for the Internet)		
Security	因特网的安全机制	RFC 3631

32.2 实时传输和控制协议

实时传输协议（RTP）和实时控制协议（RTCP）是为网上传送实时多媒体数据开发的协议。RTP 提供端对端的实时数据传输服务，RTCP 协议则用于监视和控制实时数据的传输。RTP 和 RTCP 协议的详细规范都定义在 RFC 3550/STD 65(2003)中，其后做了多次修改，最近的修改文件是 RFC 5104(2016)。

32.2.1 实时传输协议（RTP）

实时传输协议（RTP）为声音和视像数据定义标准的数据包，广泛用在包括声音点播（AoD）、影视点播（VoD）、因特网电话和电视会议的多媒体应用中。

1. RTP 协议概要

RTP 协议提供端对端的实时视听数据的传输，而对视听数据的压缩和编码格式没有限制，这样就可支持许多格式的声音和视像，如 PCM（脉冲编码调制）、MP3、GSM（全球数字移动通信系统）等格式的声音，MPEG、H. 264/AVC 等格式的影视。

RTP 允许给每个数据源分配单独的 RTP 数据包流。例如，有两个团体参与的电视会议，可能需要生成 4 个数据包流：给两台摄像机生成的视像各分配一个 RTP 数据包流，给两个麦克风生成的声音各分配一个 RTP 数据包流。许多流行编码技术（如 MPEG）在编码过程中都把声音和视像复合在一起以形成单一流媒体，可只生成一个 RTP 数据包流。

从字面上看，RTP（Real-time Transport Protocol)是实时传输协议，其实并非真正的实时传输。由于 RTP 数据包的封装是在发送端进行的，网上路由器并不区分哪个 IP 数据包运载的是 RTP 数据包，RTP 本身也不提供任何机制来确保把实时数据及时送到接收端，不保证在递送过程中不丢失数据包，也没有使用防止数据包次序被打乱的方法，只提供减少或消除抖动、视听数据同步和视听数据流复合的方法。因此，RTP 协议需要使用 RTCP 来提高服务质量。

2. RTP 协议原理

使用 RTP 协议的多媒体应用程序运行在应用层，执行 RTP 协议的程序运行在应用程序和 UDP 之间，目的是利用 UDP 的端口和检查和等功能。因此，RTP 既可看成应用层的子层，也可看成传输层的子层，如图 32-2 所示。由多媒体应用程序生成的视听数据块封装在 RTP 数据包中，每个 RTP 数据包封装在 UDP 数据包中，然后再封装在 IP 数据包中。

从应用开发角度来看，可把 RTP 执行程序看成是应用程序的一部分，将它集成到应用程序中。在发送端,必须把执行 RTP 协议的程序编写到创建 RTP 数据包的应用程序中,然后应用程序把 RTP 数据包发送到 UDP 套接口(socket),通过执行 UDP 协议的程序生成 UDP 数据包;同样,在接收端,RTP 数据包通过 UDP 套接口输入到应用程序,因此必须把执行 RTP 协议的程序编写到从 RTP 数据包抽出媒体数据的应用程序中。

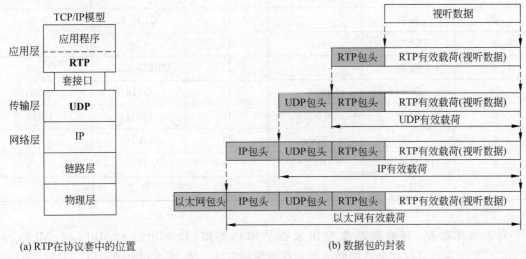

(a) RTP在协议套中的位置   (b) 数据包的封装

图 32-2   协议套中的 RTP 及其数据封装

现以用 RTP 传输声音为例来说明它的工作过程。假设发送的声音是 64kbps 的 PCM 编码声音,应用程序取 20ms 的编码数据作为一个数据块,即在一个数据块中有 160 个字节的声音数据。应用程序首先要为这块声音数据添加 RTP 包头,这个包头包括声音数据的类型、顺序号和时间戳,然后把 RTP 数据包送到 UDP 套接口,再被封装成 UDP 数据包。在接收端,应用程序从套接口处接收 RTP 数据包,根据 RTP 数据包头中的声音数据的类型、顺序号和时间戳,从中抽出声音数据块,将编码数据解压缩后就可播放。

3. RTP 数据包头结构

RTP 包头主要由 4 个域组成:有效载荷类型、顺序号、时间戳和同步源标识符。RTP 的包头结构如图 32-3 所示。

0 1 2 3 4 5 6 7	0 1 2 3 4 5 6 7	0 1 2 3 4 5 6 7	0 1 2 3 4 5 6 7
V=2 | P | X | CC	M | Payload Type(载荷类)	Sequence Number(顺序号)	
Timestamp(时间戳)			
Synchronization Source (SSRC) Identifier(同步源标识符)			
Contributing Source (CSRC) Identifiers(贡献源标识符)			
...			
Contributing Source (CSRC) Identifiers(贡献源标识符)			

图 32-3   RTP 数据包头结构

(1) 有效载荷类型域:7 位,可支持 128 种不同的有效载荷类型。

对于声音数据,这个域用来指示声音使用的编码类型,如 PCM、G.721 等。如果发送端在会话或广播的中途决定改变编码方法,发送端可以通过改变这个域的内容来通知接收端。表 32-2 列出了 RFC 3551(2003)指定的部分声音有效载荷类型。

表 32-2　RFC 3551 指定的部分声音有效载荷类型

PT	编码名称	*时钟(Hz)	PT	编码名称	*时钟(Hz)
0	PCM-μ率	8000	10	L16	44 100
1	保留		11	L16	44 100
2	保留		12	QCELP	8000
3	GSM	8000	13	CN	8000
4	G723	8000	14	MPEG-Audio	90 000
5	DVI4	8000	15	G728	8000
6	DVI4	16 000	16	DVI4	11 025
7	LPC	8000	17	DVI4	22 050
8	PCM-A率	8000	18	G729	8000
9	G722	8000	19	保留	

* 时钟用于产生时间戳。

　　对于视像数据，有效载荷类型用来指示编码类型，如 MPEG-1、MPEG-2、MPEG-4、H.261。发送端也可以在会话期间改变视像的编码方法。表 32-3 列出了 RFC 3551(2003)指定的部分视像有效载荷类型。

表 32-3　RFC 3551 指定的部分视像有效载荷类型

PT	编码名称	媒体类型	时钟率(Hz)	注释
26	JPEG	V	90 000	
27	未指定	V		
28	nv	V	90 000	Sun 公司的专有格式
29	未指定	V		
30	未指定	V		
31	H261	V	90 000	
32	MPV	V	90 000	MPEG-1 和 MPEG-2
33	MP2T	AV	90 000	MPEG-2 传输流
34	H263	V	90 000	

* 在 35-127 中,有些作为保留、未指定或动态指定

　　(2) 顺序号：16 位,每发送一个 RTP 数据包顺序号加 1。接收端可用它来检查数据包是否有丢失,并按顺序号来处理数据包。例如,接收端的应用程序接收一个 RTP 数据包流,这个 RTP 数据包在顺序号 86 和 89 之间有一个间隔,这就表明数据包 87 和 88 已经丢失,需要采取措施来处理。

　　(3) 时间戳：32 位,反映 RTP 数据包中第一个字节的采样时刻。接收端可用这个时间戳来去除由网络引起的数据包的抖动,并可为播放提供同步功能。

　　(4) 同步源标识符(SSRC)：32 位,随机选择的 32 位号码,用于标识 RTP 数据包流的起

源,在 RTP 会话期间的每个数据包中都有一个明确的 SSRC 号码。

（5）贡献源标识符（CSRC）：每个标识符用 32 位,用于标识有效载荷的贡献源。贡献源的数目最多为 15 个,其数目由 CC 域中的数值决定。

（6）其他域:①版本号（V）：2 位,标识 RTP 版本号。其中的 2 表示版本 2;②填充（P）：1 位,其值设置为 1,表示数据包结尾有附加的可用于加密的字节,但不属于有效载荷;③扩展（X）：1 位,其值设置为 1,表示有一个扩展包头;④贡献源数目（CC）：4 位;⑤标记（M）：1 位,用于标记事件,如视像帧的边界。

32.2.2 实时控制协议（RTCP）

英文术语 RTCP 有两种展开式:实时控制协议（Real-Time Control Protocol）和实时传输控制协议（Real Time Transport Control Protocol）。RTCP 和 RTP 是姐妹协议。由于 RTP 没有提供服务质量保障机制,因此应用程序要用 RTCP 来监视和控制实时数据的传输。

1. RTCP 协议概要

RTCP 的主要功能是为收发两端的应用程序提供有关会话传送质量的数据包。每个 RTCP 数据包不是封装声音数据或视像数据,而是封装收发两端的统计信息,包括实时数据的数据包数目、传输过程中丢失的数据包数目、数据包的抖动和往返的延迟时间等。这些数据包中的统计信息对发送端、接收端或网络管理员都是很有用的。RTCP 规范没有指定应用程序如何使用控制数据包中的信息,这完全取决于应用程序开发人员。例如,发送端可以根据这些数据包中的信息来修改视听数据编码器的输出速率,接收端可用来判断问题是本地的、区域性的还是全球性的,网络管理员也可用数据包中的信息来评估网络在多媒体应用中的性能。

使用 RTCP 提高实时数据传输质量的原理如图 32-4。在 RTP 会话期间,每个参与者周期性地向所有其他参与者发送 RTCP 控制数据包。对于使用 RTP 的互动应用或广播应用,属于这个会话的所有 RTP 和 RTCP 数据包都使用相同的网络地址（如广播地址）传送,但使用不同的端口号把 RTP 数据包和 RTCP 数据包区分开来,RTCP 用的端口号是 RTP 端口号加 1。收发两端的应用程序使用这些数据包中提供的信息来监视服务质量,以便决定下一步该做什么工作。

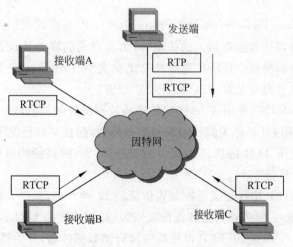

图 32-4　每个参与者周期性地发送 RTCP 控制数据包

当有许多接收者参与同一个会话时,RTCP 数据包的数目就非常多,这就要限制发送 RTCP 数据包的时间间隔,以减少网络上的交通。通常,执行 RTCP 协议的软件试图将 RTCP 的交通限制在会话带宽的 5%。例如,发送端以 2Mbps 的速率发送视像,RTCP 的交通将被限制在 100kbps 以内。

2. RTCP 数据包类型

实时控制协议(RTCP)定义了五种类型的控制数据包,用于携带各种控制信息。这些控制数据包统称为 RTCP 数据包(RTCP packet),它们使用与其他数据包相同的方法发送。

(1) SR(Sender report)/发送者报告:用于给参与者发送实时数据的传送摘要。传送摘要包括 RTP 流的同步源标识符,当前的时间,发送的数据包数目和发送的字节数等。

(2) RR(Receiver report)/接收者报告:用于接收来自参与者的统计信息,包括丢失的数据包、最后接收到的顺序号和平均的抖动间隔。

(3) SDES(Source description items)/RTP 源描述项:包含标识 RTP 源的标识符,称为规范名称(canonical name,简写为 CNAME)。由于同步源标识符(SSRC)是随机生成的,当出现冲突或应用程序重新启动时,SSRC 有可能变化,而接收者需用 CNAME 来跟踪。

(4) BYE(Goodbye)——再见。

(5) APP(Application-specific functions)——特定应用功能。

RTCP 本身不提供加密或认证方法,如有需要可使用 RTP 的扩展协议,称为安全实时传输协议(Secure Real-time Transport Protocol,SRTP),定义在 RFC 3711(2004)文件中,近期的修改文件是 RFC 6904(2013)。

在使用 RTCP 协议的过程中,如在 IPTV 这样的大型应用中,网上已有实践报告和文章指出,在两个 RTCP 报告之间会产生很长的时延,这可能会使发送者根据接收者报告的消息做出的评估与实际会话状况有出入,因此需要有比较好的方法来解决。

32.3　实时流播协议

32.3.1　RTSP 协议概要

实时流播协议(Real-Time Streaming Protocol,RTSP)是在应用层用来控制 RTP 会话的协议,用于控制实时多媒体数据在网上的传输,可为客户端的媒体播放器提供远程控制功能,如暂停、快播和从头开始播放。RTSP 是由哥伦比亚大学、Progressive Networks 和 Netscape 公司开发的协议,详细规范定义在 RFC 2326(1998)中。

在大多数情况下,RTSP 使用 TCP 协议传送播放器的控制消息,使用 UDP 协议传送视听数据。虽然 RTSP 使用 UDP 作为默认的视听数据传送,但在某些情况下,如防火墙阻止 UDP 交通时,RTSP 也可使用 TCP 协议传送视听数据。RTSP 协议使用 TCP 和 UDP 都可用的 544 端口,备用的端口号是 8544。

1998 年发布的 RTSP 协议定义了控制媒体流的 12 种方法,其中 8 种如下:

(1) SETUP(设置):服务器为媒体流配置资源(如媒体流的 URL),并启动 RTSP 会话;

(2) PLAY(播放):根据 SETUP 设置的资源启动数据传输,开始播放媒体流;

(3) PAUSE(暂停):暂停播放一个或多个媒体流,但不释放服务器资源;

(4) TEARDOWN(终止)：用于终止会话，释放与流播有关的所有资源；

(5) DESCRIBE(描述)：描述视听媒体流；

(6) RECORD(录制)：启动流媒体录制功能；

(7) ANNOUNCE(通告)：改变媒体对象的描述；

(8) REDIRECT(重定向)：告诉客户需要连接到另一个服务器地址。

32.3.2 RTSP 协议原理

RTSP 在语法和操作上与 HTTP 类似，但在 HTTP 协议的基础上添加了新的请求。HTTP 是无状态的协议，而 RTSP 是有状态的协议。

执行 RTSP 协议的程序实际上就是维护客户机和服务机的状态。图 32-5 是 RTSP 协议的简化状态图，客户机和服务机都有三个状态：(1)INIT(初态)：在客户机和服务机之间没有 RTSP 会话；(2)READY(准备态)：创建 RTSP 会话，准备传输数据；(3)PLAYING(播放态)：传输和播放流媒体。这些状态之间的转换通过执行各种方法实现。

图 32-5 RTSP 的简化状态图

使用 RTSP 协议的工作过程如图 32-6 所示，这也是对"边流边播"做进一步的说明。媒体播放器和媒体服务器之间的互动过程如下：

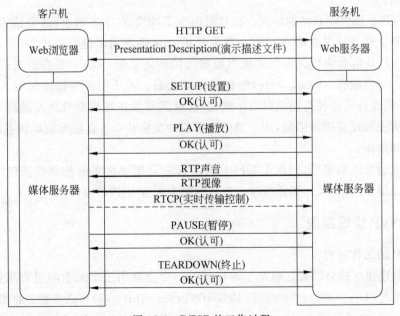

图 32-6 RTSP 的工作过程

（1）用户通过 Web 浏览器向 Web 服务器发送 HTTP GET 消息，请求提供视听媒体，而 Web 服务器把描述媒体流的演示描述（presentation description）文件发送给 Web 浏览器。

（2）Web 浏览器得到响应后打开媒体播放器，并将描述文件转发给媒体播放器。

（3）媒体播放器向媒体服务器发送 SETUP（设置）请求消息。

（4）媒体播放器得到媒体服务器的响应后发送 PLAY 请求消息。

（5）媒体服务器发送认可消息，并用 RTP/RTCP 向媒体播放器发送视听数据。

（6）如果媒体播放器向媒体服务器发送暂停 PAUSE 请求，服务器就暂停数据传输。

……

（n）媒体播放器发送 TEARDOWN 请求，终止 RTSP 会话。

32.4 资源保留协议

32.4.1 RSVP 协议概要

资源保留协议（RSVP）实际是资源保留设置协议（Resource Reservation Setup Protocol），是网上主机和路由器用来为多媒体应用保留网络资源（链路带宽和路由器缓存）的一套通信规则，定义在 RFC 2205（1997）文件中。RSVP 本身和相关的 RFC 文件多达 90 多个，近期的修改文件是 RFC 7699（2015）。主机用 RSVP 请求提出 QoS 要求，路由器用 RSVP 将 QoS 请求传送给视听数据流沿途的所有路由器，以保留网络资源。

（1）RSVP 是传输层协议。RSVP 不传送视听数据流，而是用来控制视听数据流在互联网上的传送，与网际控制消息协议（ICMP）和因特网机组成员协议（IGMP）的功能类似。

（2）RSVP 不是路由协议。路由协议的职责是负责选择转发数据包路径，而 RSVP 的职责是利用本地的路由表获得路径，按用户指定的服务质量（QoS）保障视听数据包从发送端顺利到达接收端。

（3）RSVP 是接收端启动的协议。接收端向发送端发送 QoS 请求，这个请求逆向传送给沿途的所有路由器直到发送端，RSVP 可将大量相同的 QoS 请求进行合并。

（4）RSVP 是信令协议。为保障视听数据流的传送质量，RSVP 要在沿途的路由器上创建和维护称为交换状态（switch state）的资源保留状态。由于用户可能随时加入或退出接收视听数据流，因此传送路径可能随时发生变化，这就需要发送端周期性地发送路径刷新消息，而接收端发送资源保留刷新消息，用于维护路由器的交换状态。在没有刷新状态消息时，过时的状态将自动删除。

资源保留的思想很简单，但在互联网上执行 RSVP 协议所需的控制数据包太多，这些额外开销占用了很多网络资源，因此通常在边缘网络上配置 RSVP 协议。

32.4.2 RSVP 协议原理

1. RSVP 的工作过程

RSVP 创建独立的会话来处理每个数据流。一个会话用三个元素的组合来描述：（1）数据包的目的地址（DestAddress）；（2）IP 协议 ID（ProtocolId）；（3）可选参数：通用的目的地端口号（DstPort）。这三个元素表示为（DestAddress，ProtocolId [，DstPort]）。

一个典型的 RSVP 会话过程如图 32-7 所示,包含如下事件顺序:

(1) 发送端周期性地向 SESSION(会话地址)发送 PATH(路径)消息,向接收者通告视听数据流的规范,在路由器中建立逆向路径,如图 32-7(a)所示;

(2) 在某些应用中,如果想加入会话,接收端的主机需先注册;

(3) 接收端周期性地向发送端发送 RESERVE(资源保留)消息,如图 32-7(b)所示,目的是要建立或更新资源保留请求。资源保留消息含有视听数据流的规范,用于沿途的路由器保留资源;

(4) 由于接收端周期性地发送 RESERVE 消息,在建立视听数据传送路径过程中,或在发送视听数据过程中,根据接收端来的 RESERVE 消息,路由器将不断修改资源保留状态和视听数据的传送路径,对相同的 RESERVE 消息进行合并,生成用于传输数据流的 RSVP 消息,传送到发送端,如图 32-7(c)所示;

(5) 当发送端收到 RSVP 消息后就开始发送视听数据。

图 32-7 RSVP 的工作原理

2. 资源如何保留

接入因特网的用户是多种多样的,有的使用 28.8kbps 速率接收数据,有的使用 128kbps 速率接收数据,而有的使用 10Mbps 甚至更高的速率接收数据。这里就出现一个问题,向这些接收数据速率不同的用户传送数据时,发送端到底应该使用什么样的数据速率才能使所有用户接收到。解决这个问题的一种方案是在发送端对声音或电视进行分层编码,每层声音或影视的数据速率各不相同,把它们都发送到网上,以此来满足各种不同用户的要求。发送端不一定要知道每个接收端接收数据的速率,只需要知道这些用户使用哪几种接收速率即可。

在建立资源保留过程中,每当保留消息到达一个路由器时,路由器就根据服务质量要求调用机器中的数据包调度程序进行设置,然后把这个消息送到上游路由器。路由器逆向保留的带宽数量要根据下流的保留带宽的数量来确定。例如,在图 32-7(c)中,假设接收端 R_1、R_2 和 R_3 的数据接收速率分别为 200kbps、100kbps 和 400kbps,在路由器 MR2 下的接收端的最高速率是 200kbps,因此 MR1 需要保留的带宽为 200kbps。路由器 MR2 把保留消息发送给路由器 MR1,MR1 下面有一个 400kbps 的接收端,因此 MR1 需要保留的带宽为 400kbps。

32.5 会话启动协议

32.5.1 SIP 协议概要

1. SIP 协议是什么

会话启动协议(SIP)是应用层上的信令协议,用于在 IP 网络上控制包括视像和语音的多媒体通信。SIP 借助超文本传输协议(HTTP)和简单邮件传送协议(SMTP),用于创建、管理和终止任何形式的互动会话,如网络电话呼叫、多媒体会议、互动游戏和聊天等。

1999 年发布的 SIP 规范(RFC 2543)源于美国哥伦比亚大学的教授 Henning Schulzrinne 和伦敦大学学院(UCL)的教授 Mark Handley 在 1996 年开始的研究工作。除开发了 SIP 协议外,教授 Schulzrinne 还与他人合作开发了实时传输协议(RTP)和实时流播协议(RTSP),用于控制多媒体数据的实时传输。

现在 SIP 已得到广泛认可和采纳。例如,1998 年 10 月确立的第三代合作伙伴计划(3rd Generation Partnership Project),在 2000 年 10 月将 SIP 作为它的信令协议,并作为 IP 多媒体子系统(IMS)结构中的永久性部件。IMS 是多媒体数据用 IP 协议打包传输的综合网络,用于连接 PSTN 网络以提供传统电话的服务。SIP 有如下特性:

(1) 易读性强:使用人容易阅读的文字描述 SIP 消息;

(2) 相对简单:只有 6 种基本方法,把它们组合在一起就可完成会话呼叫的控制;

(3) 独立于传输层:可由 UDP,TCP 和传输层的安全(TLS)等协议使用;

(4) 客户机/服务机结构:SIP 共享 HTTP 和 SMTP 的设计原理及 HTTP 状态码;

(5) 移动性强:可用统一资源标识符(URI)查找用户;

(6) 需要其他协议辅助:如使用会话描述协议(SDP)描述会话;

(7) 不提供服务质量(QoS)保障方法,但可与资源保留协议(RSVP)等协议联用。

2. SIP 及其相关文件

由于 SIP 在多媒体应用开发中的重要性,列出了 SIP 及其相关文件的编号,以便读者查阅。RFC 3261(SIP: Session Initiation Protocol)是 2002 年发布的 SIP 的提议标准,其后发布了许多更新文件,包括 RFC 3265(2002)、RFC 3853、RFC 4320、RFC 4916、RFC 5393、RFC 5621、RFC 5626、RFC 5630、RFC 5922、RFC 5954、RFC 6026、RFC 6141、RFC 6665、RFC 6878、RFC 7462、RFC 7463(2015)。与 SIP 密切相关的文件[①]包括:

RFC 3261(2002):SIP 协议的核心规范;

RFC 3262(2002):SIP 协议中 100～199 消息的可靠性;

RFC 3263(2002):使用 DNS 查找 SIP 服务器;

RFC 3264(2002):使用会话描述协议(SDP)的方法;

RFC 6665(2012):SIP 事件通告;

RFC 4566(2006):会话描述协议(SDP);

RFC 3311(2002):SIP 修改方法;

---

① 参阅 http://www.cs.columbia.edu/sip/drafts.html. 2008。

RFC 3361(2002)：使用动态主机配置协议(DHCP)查找外向 SIP 代理服务器；

RFC 3428(2002)：用于即时通的 SIP；

RFC 3515(2003)：SIP 调用(REFER)方法，如呼叫转移；

RFC 3550/STD 64(2003)：实时应用传输协议(RTP)；

RFC 2326(1998)：实时流播协议(RTSP)。

32.5.2 SIP 的请求和响应

SIP 可用于任何形式的多媒体会话，为便于理解 SIP 的请求和响应，现以 IP 电话为例说明 SIP 的请求和响应。

1. 使用 SIP 的基本呼叫方法

在 IP 电话系统中，使用 SIP 呼叫的基本方法如图 32-8 所示。在这个简单的通信系统中有两种设备：(1)用于来回传递消息的服务器，称为代理服务器(proxy server)，因为它使用 SIP 协议，因此称为 SIP 代理服务器；(2)通信双方使用的设备，称为用户代理，因为它可收发 SIP 请求，因此称为 SIP 用户代理(SIP user agent)，如 SIP 电话机，安装有 SIP 客户软件的计算机，移动电话机，个人数字助理(personal digital assistant，PDA)等。图中细实线表示 SIP 消息的通道，粗实线表示视听数据通道，粗虚线表示使用 RTP 协议的通信。

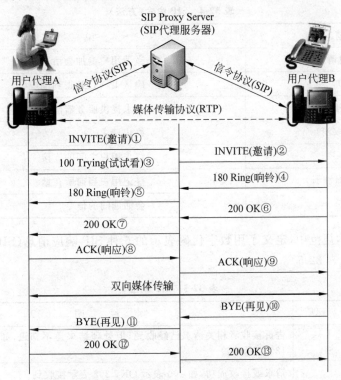

图 32-8　使用 SIP 的基本呼叫方法

用户 A 和用户 B 建立会话的过程与我们平常打电话的过程类似。不过，传统电话是通过电话交换机建立连接的线路交换技术实现的通话，而 SIP 电话则是通过 SIP 代理服务器建立连接的数据包交换技术实现的通话。使用 SIP 协议的通话过程可用图 32-8 说明，图中的①，②，…表示消息出现的先后次序，箭头的方向表示每个消息的传输方向，3 位数字的代码便于机器识别，代码后的名称易于人阅读。用户 A 和用户 B 通信的主要步骤如下：

(1) 用户 A 通过代理服务器向用户 B 发出通话 INVITE(邀请)，①和②；

(2) 代理服务器用代码 100(试试看)回应用户 A，③；

(3) 用户 B 用代码 180(响铃)通过代理服务器回应用户 A，④和⑤；

(4) 用户 B 用代码 200(OK)通过代理服务器响应用户 A，⑥和⑦；

(5) 用户 A 通过代理服务器向 B 发送 ACK(确认)，⑧和⑨；

(6) 用户 A 和用户 B 通过媒体传输协议(RTP)通话；

(7) 用户 B 通过代理服务器向用户 A 发送 BYE(再见)，⑩和⑪；

(8) 用户 A 通过代理服务器向用户 B 发送 OK，⑫和⑬；

(9) 整个过程结束。

2. SIP 的请求和响应

SIP 的请求和响应统称为消息。与 HTTP 协议类似，SIP 请求使用文字表示，SIP 响应使用 3 位数字表示。SIP 请求(SIP Request)称为命令或方法 method，方法可理解为执行命令的过程或子程序。在 2002 年提议的 SIP 基本规范(RFC 3261)中定义了 6 种 SIP 请求，见表 32-4，其后做了 10 多次修改，近期的修改文件是 RFC 7463(2015)。

表 32-4　SIP 命令(方法)

SIP 请求	说　　明
INVITE(邀请)	邀请用户参加会话
ACK(响应)	确认 INVITE 得到响应
OPTIONS(选项)	请求提供服务器能力的消息
CANCEL(取消)	终止请求
BYE(再见)	终止用户之间的连接
REGISTER(注册)	登记用户当前所在地
INFO(消息)	会话期间的信令

在 SIP 的基本规范中，定义了用数字代码表示的 6 种 SIP 响应消息(SIP Responses)，范围为 100～699，见表 32-5。

表 32-5　SIP 响应

代　　码	类　　型	说　　明
100～199	信息	告诉接收者相关请求已经收到，但处理结果还不知道，如 100 表示试试看，180 表示响铃
200～299	成功	请求或接收成功，如 200 表示 OK，202 表示接收到
300～399	重定位	表示用户所在地已经变动，如 302 表示临时移动
400～499	客户端有错	请求有错，如 404 表示没有找到，480 表示暂时不能响应，486 表示忙
500～599	服务器有错	服务器故障，如 501 不执行
600～699	不成功	请求不能完成，如 603 表示拒绝

32.5.3　SIP 服务器

为便于理解 SIP 服务器的类型和用途,现以梯形排列的服务器为例来说明。

1. 使用梯形排列的 SIP 会话

SIP 信令使用客户机-服务机的工作模式,典型的 SIP 请求与 SIP 响应工作模式如图 32-9 所示,代理服务器 1 和 2、用户代理 A 和 B 的排列称为 SIP 梯形(SIP Trapezoid)排列。代理服务器 1 和 2 用于帮助用户 A 和 B 建立会话。代理服务器 1 用于向外转发 SIP 请求,称为外向代理服务器(outbound proxy server),如何转发需要请教域名服务器(DNS)中的数据库。代理服务器 2 处理域内交通,因此称为内向代理服务器(inbound proxy server),它需要请教称为"位置服务器"中的数据库才能找到用户 B。

如图 32-9 所示,用户 A(Alice)和用户 B(Bob)之间的通话由用户 A 开始发出 INVITE(邀请),由于用户 A 不知道用户 B 在 IP 网上的位置,于是就将邀请发送给代理服务器 1。代理服务器 1 也不知道用户 B 的具体位置,于是告诉用户 A 试试看的同时,通过 DNS 服务器查找用户 B,并将用户 A 的邀请发送给代理服务器 2,代理服务器 2 找到用户 B 后就通知用户 B。余下的过程与前一节介绍的过程类似。

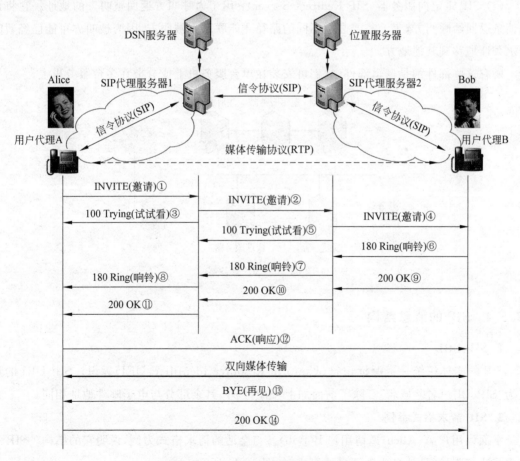

图 32-9　使用梯形排列的 SIP 会话

2. SIP 服务器

在互联网上建立多媒体会话需要多种服务器才能完成。例如,在大多数情况下,会话邀请人不知道被叫方的 IP 地址,但往往知道对方的电子邮件地址,在这种情况下就需要使用附加的服务器来完成地址转换。

建立多媒体会话的 SIP 服务器如图 32-10 所示,包括如下几种:

(1) SIP 代理服务器(SIP Proxy Server):用于解决 SIP 请求的传输路径,既担当服务机的角色又担当客户器(程序)的角色。它接收 SIP 消息,在需要时将 SIP 消息转发到另一个 SIP 代理服务器。SIP 代理服务器执行的功能可包括称为 AAA 的认证(authentication)、授权(authorization)和计费(accounting)、网络接入控制和转发路径的查找。SIP 请求可能是域内的,也可能是要通过地址变换等处理后转发到域外。

(2) SIP 注册服务器(SIP Registrar):用于解决用户的联系地址。它接收用户的注册请求,并更新位置数据库中用户的位置信息,与代理服务器或重定位服务器联用。

(3) SIP 位置服务器(SIP Location Server):存储用户注册地址的数据库,提供详细的用户地址信息。它由 SIP 重定位服务器或代理服务器用于获取被叫方当前的位置信息。

(4) SIP 重定向服务器(SIP Redirect Server):用于为呼叫方返回被叫方的地址。它将请求消息返回给呼叫方,表示需要尝试不同的路径才能联系上被叫方,因为被叫方可能已经暂时或永久性地移到其他地方。

所有这些部件都是逻辑部件,它们可安装在单台服务机上或分散在多台服务机上。

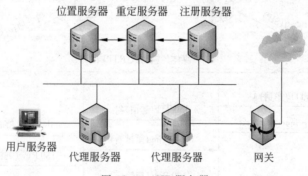

图 32-10　SIP 服务器

32.5.4　SIP 的消息结构

1. SIP URI

SIP 的实体用统一资源标识符(Uniform Resource Identifier,URI)标识。SIP URI 的形式为"SIP:用户名@域名"。除了前面加上"SIP:"外,其余部分与电子邮件地址相同。

2. SIP 请求格式举例

下面以用户 A(Alice)邀请用户 B(Bob)参与会话的请求格式为例,说明它的结构。SIP 的请求格式有起始行、消息头和消息体组成,如图 32-11 所示。

(1) 起始行:由方法(Method)、请求地址(Request-URI)和 SIP 版本(SIP-Version)组成。

本例中的方法为 INVITE,请求地址为 sip：bob@biloxi.com,SIP 版本为 2.0。

（2）消息头由下列部分组成：

- Via：包含呼叫方（如 Alice）期待接收响应的局域网地址（如 pc33.atlanta.com），以及标识呼叫的分支参数（branch parameter）；
- Max-Forward：用于限制请求到达被叫方所历经的路由段数目（如 70）；
- To：包含显示被叫方（如 Bob）的名字和 SIP URI（如 sip：bob@biloxi.com）；
- From：包含呼叫方（如 Alice）的名字和 SIP URI（如 sip：alice@atlanta.com），表示请求的起源。此外，还包括一个标签（tag）参数。标签参数是软件电话（softphone）添加的随机字符串（如 1928301774），作为对话的标识符；
- Call-ID：标识这个呼叫的全局唯一标识符，它是由随机字符串和安装了软件电话的主机名或 IP 地址组合生成的。Call-ID 与 To 域中的标签（本例未列出）和 From 域中的标签相结合可完全定义 Alice 和 Bob 之间的 P2P 关系，并称为对话（dialog）；
- CSeq（Command Sequence）：包含命令序列和方法名称。在对话中出现一个新的请求时 CSeq 序号加 1；
- Contact：包含 SIP：URI（如 sip：alice@pc33.atlanta.com），与 Alice 直接联系的路径；
- Content-Type：包含消息主题的说明。

（3）消息体（略）。

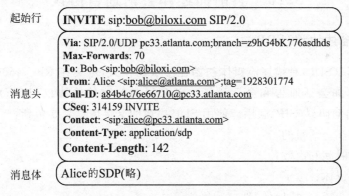

起始行
INVITE sip:<u>bob@biloxi.com</u> SIP/2.0

消息头
Via: SIP/2.0/UDP pc33.atlanta.com;branch=z9hG4bK776asdhds
Max-Forwards: 70
To: Bob <sip:<u>bob@biloxi.com</u>>
From: Alice <sip:<u>alice@atlanta.com</u>>;tag=1928301774
Call-ID: <u>a84b4c76e66710@pc33.atlanta.com</u>
CSeq: 314159 INVITE
Contact: <sip:<u>alice@pc33.atlanta.com</u>>
Content-Type: application/sdp
Content-Length: 142

消息体
Alice的SDP(略)

图 32-11　SIP 请求格式

3. SIP 消息结构

SIP 消息分成请求和响应消息,这两类消息的结构类似。图 32-12 表示请求和响应消息的结构和示例。如要深入了解请求和响应中各个域的含义和用法,请阅读 RFC 3261(SIP：Session Initiation Protocol)和 RFC 4566(SDP：Session Description Protocol)。

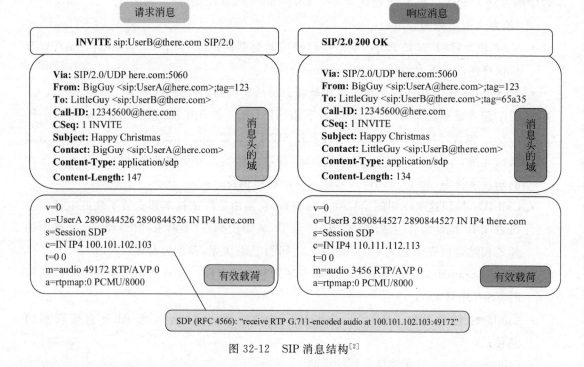

图 32-12　SIP 消息结构[2]

32.6　会话描述和会话通告协议

32.6.1　会话描述协议(SDP)

　　会话描述协议(SDP)是描述流媒体初始化参数的格式,定义在 RFC 4566(2006)中,用于描述多媒体会话,如会话通告和会话邀请。SDP 可与实时传输协议(RTP)、实时流播协议(RTSP)和会话启动协议(SIP)联用。使用 SDP 描述的文字信息主要包括:

- 会话名称和会话目的;
- 有效会话时间和次数;
- 会话用的媒体;
- 如何接收会话,包括地址、端口和格式等。

　　会话描述协议主要由会话描述、时间描述和媒体描述三个部分组成。在下面的介绍中,用星号(＊)表示的参数是选择性的描述参数。

1. 会话描述

```
v= (protocol version)  //协议版本
o= (owner/creator and session identifier)  //拥有者/创建者和会话标识符
  =<username><sess-id><sess-version><nettype><addrtype><unicast-address>
s= (session name)  //会话名称
i= * (session information)  //会话信息
u= * (URI of description)  //URI 描述
e= * (email address)  //电子邮件地址
```

p= * (phone number)　//电话号码

c = * (connection information,optional if included at session-level)　//连接信息

　=<nettype><addrtype><connection-address>

b = * (bandwidth information)=<bwtype>:<bandwidth>　//带宽信息

z = * (time zone adjustments)　//时区调整

　=<adjustment time><offset><adjustment time><offset>....

k = * (encryption key)　//密钥

　=<method>或<method>:<encryption key>

a = * (zero or more session attribute lines)　//会话属性行

　=<attribute>或<attribute>:<value>

2. 时间描述

t= (time the session is active)=<start-time><stop-time>　//会话有效时间

r = * (zero or more repeat times)　//重复次数

　=<repeat interval><active duration><offsets from start-time>

3. 媒体描述

m = (media name and transport address)　//媒体名称和传送地址

　=<media><port><proto><fmt>...

i = * (media title)　//媒体标题

c= * (connection information,not required if included in all media)　//连接信息

b= * (bandwidth information)　//带宽信息

k= * (encryption key)　//密钥

a= * (zero or more media attribute lines)　//媒体属性行

32.6.2　会话通告协议(SAP)

会话通告协议(SAP)是用于向参与多媒体会话的潜在用户发布会话消息的协议,定义在RFC 2974 (2000)文件中。在主机中执行 SAP 协议的程序可监听会话或广播地址,并接收和组织会话源或广播源发送的所有通告。SAP 发布的通告使用会话描述协议(SDP)定义的格式,实际的会话或广播使用实时传输协议(RTP)。会话通告协议的结构如图 32-13 所示。

0　　　3	4	5	6	7	8	9　　　　　　15	16　　　　　　　　　　　　　　31
V=1	A	R	T	E	C	Auth Len	Message Identifier Hash(消息标识符)
Originating source (32 or 128bits)(起源)							
Optional Authentication Data(可选认证数据)							
Optional timeout(可选超时)							
Optional payload type(可选载荷类型)							
Payload(有效载荷)							

图 32-13　会话通告协议的结构

图中各个域的含义如下:

- V:版本号。
- A:地址类型,0 表示 IPv4(32 位),1 表示 IPv6(128 位)。

- R：保留,设置为 0。
- T：消息类型,0 表示会话通告数据包,1 表示删除数据包。
- E：密码,1 表示 SAP 数据包的有效载荷是加密的,而且超时域必须加到数据包头,0 表示 SAP 数据包的有效载荷没有加密,超时域不必加到数据包头。
- C：压缩,1 表示有效载荷是压缩的,0 表示有效载荷没有压缩。
- Auth Len(Authentication Length)(认证长度)：8 位无符号整数,0 表示没有认证头。
- Message Identifier Hash(消息标识符)：与发信源相结合,提供表示通告的精确版本的全局标识符。
- Originating Source(发信源)：A＝0 表示 IPv4 地址,A＝1 表示 IPv6 地址。
- Timeout(超时)：指定会话开始时间和结束时间。
- Authentication data：数据包的数字签名。
- Payload Type(有效载荷类型)：描述有效载荷的格式。
- Payload(有效载荷)：会话描述或会话删除消息。

32.7 多播(多目标广播)简介

由于许多多媒体应用都有一个发送者向多个接收者传送多媒体流的特点,如电视广播(IPTV)、实况电视转播、电视会议、股票报价、新闻播报、远程教学和软件发行等,使用广播技术能够有效地节省网络带宽,因此多目标广播技术得到广泛应用。

本教材没有用"组播"、"多点传送"和"多点播送"这些容易被误认为收发关系颠倒的术语表示 multicast,而将它译为顾名就可思义的"多目标广播"。由于人们习惯于 2～3 个字构成的术语,因此将它简化为"多播"。同样,将 unicast 译为单播(单目标广播),anycast 译为选播(最近目标广播),broadcast 译为广播。在第 20 章"互联网络上的地址"中,虽然对这些概念作了介绍,鉴于多播的重要性,有关多播的 RFC 文件就多达 200 多个,因此本节对多播概念做进一步的解释。

假设亿万用户想在网上收看奥运会的实况转播,把实况传送到世界各地的方法有如下几种可供考虑和选择。

(1) 单播：最直观的方法是使用传统的 IP 寻址方法,每个数据包都使用一个唯一的 IP 地址,一次只给一个用户传送,如图 32-14(a)所示,图 32-14(b)是图 32-14(a)的简化图。把单一数据流只向一个接收者发送的技术称为单播(unicasting)。

(2) 广播：使用单播把相同内容传送给 N 个用户,就需要传输 N 个拷贝,不仅浪费链路带宽,而且还加重服务器的负担。一种解决方法是把数据同时发送给所有接收者,如图 32-14(c)所示。把单一数据流同时向网上所有接收者发送的技术称为广播(broadcasting)。

(3) 多播：如果不是向网上所有接收者广播,而是与接收者数目有限的一组或多组广播,可使用单个目标地和单个数据拷贝发送到属于同一个组的每个成员,如图 32-14(d)所示。把单一数据流同时向多个接收者发送的技术称为多播(multicasting)。由于广播都在 IP 网上进行,因此称为 IP 多播(IP Multicast)。

显而易见,单播是不可取的,广播和多播都是解决这个问题的方法。

许多多媒体应用都是针对特定用户群开发的,而且采用多播方法居多。实现多播有三个

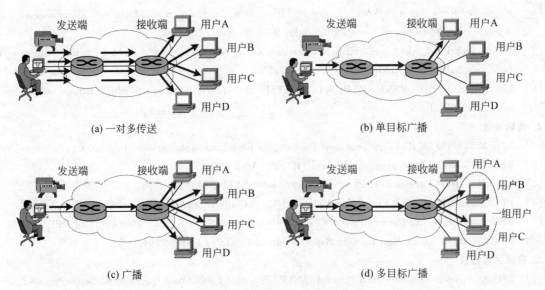

(a) 一对多传送

(b) 单目标广播

(c) 广播

(d) 多目标广播

图 32-14 多目标广播的概念

主要问题要解决：(1)地址问题：广播源要使用什么样的目标地址发送数据包；(2)接收主机如何加入多播组去接收广播数据；(3)路由器如何选择发送数据包的路径，这是最复杂的问题。过去解决这些问题的思路和实施方案可参看参考文献[1]～[7]，也可参看《多媒体技术基础》第 3 版中的 20.7"多目标广播"(p479～489)。

练习与思考题

32.1 目前网上多媒体应用协议套由哪些重要协议组成？

32.2 分别说明 RTP、RTCP、RTSP、RSVP、SIP、SDP 和 SAP 协议的用途。

32.3 传送视听数据使用什么协议？

32.4 控制实时视听数据使用什么协议？

32.5 资源保留协议(RSVP)保留什么资源？

32.6 会话启动协议(SIP)是什么？

32.7 会话描述协议(SDP)是什么？

参考文献和站点

1. 综合参考

[1] CE Department-Sharif University of Technology. Multimedia Systems. http://ce. sharif. edu/courses/90-91/2/ce342-1/index. php,2015.

[2] Prof. David Marshall. Multimedia (CM3106). http://www.cs. cf. ac. uk/Dave/Multimedia/,2015.

[3] CSC 8610/5930. Multimedia Technology. http://www. csc. villanova. edu/～tway/courses/csc8610/s2012/,2012.

[4] Internet Technical Resources. http://www. cs. columbia. edu/～hgs/internet/,2008.

[5] David Austerberry. The Technology of Video and Audio Streaming. Second Edition. Focal Press,2005.

[6] Kamisetty Rao, Zoran Bojkovic, Dragorad Milovanovic. Introduction to Multimedia Communications: Applications, Middleware, Networking. John Wiley & Sons, Inc,2006.

[7] Miikka Poikselka, Aki Niemi, Hisham Khartabil, Georg Mayer,The IMS: IP Multimedia Concepts and Services. 2nd Edition. John Wiley & Sons Ltd,2006.

[8] Multimedia Over IP: RSVP, RTP, RTCP, RTSP. http://www. cse. wustl. edu/~jain/cis788-97/ftp/ip_multimedia/,1998.

2. 传输协议

[1] RFC 3550/STD 64,RTP: A Transport Protocol for Real-Time Applications, July 2003.

[2] RFC 2326,Real Time Streaming Protocol (RTSP),April 1998.

[3] RFC 2435,RTP Payload Format for JPEG-compressed Video,October 1998.

[4] RFC 3551/STD 65,RTP Profile for Audio and Video Conferences with Minimal Control, July 2003.

[5] RFC 3605,Real Time Control Protocol (RTCP) attribute in Session Description Protocol (SDP), 2003.

[6] RFC 3711,The Secure Real-time Transport Protocol (SRTP), March 2004.

3. 资源保留协议

[1] RFC 2205,Resource ReSerVation Protocol (RSVP)—Version 1 Functional Specification, September 1997.

[2] RFC 3209,RSVP-TE: Extensions to RSVP for LSP Tunnels, December 2001.

[3] RFC 4495,A Resource Reservation Protocol (RSVP) Extension for the Reduction of Bandwidth of a Reservation Flow, May 2006.

4. 会话协议

[1] Rogelio Martínez Perea. Internet Multimedia Communications Using SIP: A Modern Approach Including Java Practice. Elsevier, Inc, 2008.

[2] Jiri Kuthan and Dorgham Sisalem. SIP: More Than You Ever Wanted to Know About. http://www. voipmechanic. com/documents/sip_tutorial. pdf, 2007.

[3] Henry Sinnreich, Alan B. Johnston. Internet Communications Using SIP: Delivering VoIP and Multimedia Services with Session Initiation Protocol, Second Edition. Wiley Publishing, Inc, 2006.

[4] Alan B. Johnston. SIP: Understanding the Session Initiation Protocol. 2nd ed. Artech House, Inc, 2004.

[5] RFC 3261,SIP: Session Initiation Protocol, June 2002.

[6] RFC 4566,SDP: Session Description Protocol, July 2006.

5. 多目标广播

[1] MulticastIntroduction. http://www. cisco. com/en/US/tech/tk828/tk363/tsd_technology_support_sub-protocol_home. html.

[2] RFC1075,Distance Vector Multicast Routing Protocol, November 1988.

[3] RFC 1112 part of STD 5,Host extensions for IP multicasting, August 1989.

[4] RFC3376,Internet Group Management Protocol, Version 3, October 2002.

[5] RFC4566,SDP: Session Description Protocol, July 2006.

[6] RFC4601,Protocol Independent Multicast-Sparse Mode (PIM-SM): Protocol Specification (Revised), August 2006.

[7] RFC5015, Bidirectional Protocol Independent Multicast (BIDIR-PIM), October 2007.

缩略语汇编

AAC（Advanced Audio Coding）	高级声音编码
AC-3（Audio Code Number 3）	声音编码代号 3
ACELP（Algebraic CELP）	代数 CELP
ACELP（Algebraic-Code-Excited Linear Prediction）	代数编码激励线性预测
ADC（Analog to Digital Converter）	模数转换器
ADM（Adaptive Delta Modulation）	自适应增量调制
ADPCM（Adaptive Differential Pulse Code Modulation）	自适应差分脉冲编码调制
AES（Audio Engineering Society）	声音工程协会
AM（Amplitude Modulation）	幅度调制
AMC（Adaptive Modulation and Coding）	自适应调制和编码
AMR（Adaptive Multi-rate）	自适应多速率编码器
ANSI（American National Standards Institute）	美国国家标准化协会
AoD（Audio on Demand）	声音点播
APC（Adaptive Predictive Coding）	自适应预测编码
APCM（Adaptive Pulse Code Modulation）	自适应脉冲编码调制
ARP（Address Resolution Protocol）	地址解析协议
ARPA（defense department's Advanced Research Projects Agency）	美国国防部高级研究计划署
ARPANET（Advanced Research Projects Agency NETwork）	美国国防部高级研究计划署网络，阿帕网
ASPEC（Adaptive Spectral Perceptual Entropy Coding of high quality musical signal）	高质量音乐信号自适应谱感知熵编码（技术）
ATC（Adaptive Transform Coding）	自适应变换编码
ATM（Asynchronous Transfer Mode）	异步传输模式
ATSC（Advanced Television Systems Committee）	美国高级电视系统委员会
ATV（Advanced TeleVision）	高级电视
AuC（Authentication Center）	鉴权中心
AVO（Audio-Visual Objects）	视听对象
BC（Backward Compatible）	后向兼容
BPF（Band-Pass Filter）	带通滤波器
BPL（Broadband over PowerLine）	输电线宽带
bpp（bits per pixel）	位每像素
bps（bit per sample）	位每样本
bps（bit per second）	位每秒
BPSK（Binary Phase Shift Keying）	二相相移键控
BSC（Base Station Controller）	基站控制器
BSS（Base Station Subsystem）	基站子系统

BTS (Base Transceiver Station)	基站收发台
CABAC (Context-Adaptive Binary Arithmetic Coding)	前后自适应二进制算术编码
CAV (Constant Angular Velocity)	恒定角速度
CAVLC (Context-Adaptive Variable Length Coding)	前后自适应可变长度编码
CBR (Constant Bit Rate)	恒定位速率
CBT (Core Based Tree)	核心基干树
CCIR (Comite Consultatif International des Radiocommunications/International Radio Consultative Committee)	国际无线电咨询委员会。现已纳入国际电信联盟ITU。以前的 CCIR 标准现在可在 ITU-R 或者 ITU-B 下找到
CCITT (Consultative Committee for International Telephony and Telegraphy/Comité Consultatif International Télégraphique et Téléphonique)	国际电报电话咨询委员会。现改为国际电信联盟远程通信标准部(ITU-TSS),继续负责数据通信和电信领域的技术推荐标准的制定工作
CD (Committee Draft)	委员会草案
CD (Compact Disc)	光盘;光盘系列产品的总称
CD-DA (Compact Disc-Digital Audio)	数字音乐光盘标准格式
CD-I (Compact Disc-Interactive)	只读光盘交互系统
CDM (Code Division Multiplexing)	码分多路复用
CDMA (Code Division Multiple Access)	码分多路接入
CD-MO (Compact Disk-Magneto Optical)	CD 型磁光盘
CD-R (CD-Recordable)	可录[写]CD 光盘存储器
CD-ROM (Compact Disc-Read Only Memory)	只读光盘存储器
CD-ROM/XA (CD-ROM eXtended Architecture)	CD-ROM 扩展结构标准
CD-RTOS (Compact Disc-Real-Time Operating System)	光盘实时操作系统
CD-WO (Compact Disk-Write Once)	CD 型写一次盘
CELP (Code Excited Linear Predictive)	码激励线性预测
CERN (Conseil Européen pour la Recherche Nucléaire, the European Laboratory for Particle Physics)	欧洲粒子物理研究所
CIE (Commission Internationale de l'Eclairage/ International Commission on Illumination)	国际照明委员会;CIE 颜色模型
CIF (Common Intermediate Format)	公用中分辨率图像格式
CIRC (Cross-Interleaved Read-solomon Code)	交叉交插里德-索罗蒙码
CLNP (ConnectionLess Network Protocol)	无连接网络协议
CLUT (Color Look-Up Table)	彩色查找表
CLV (Constant Linear Velocity)	恒定线速度
CMY (Cyan-Magenta-Yellow)	青色-品红-黄色
CMYK (Cyan-Magenta-Yellow-black inK)	青色-品红-黄色-黑色
CRC (Cyclic Redundancy Check)	循环冗余检测
CRT (Cathode Ray Tube)	阴极射线管
CS-ACELP (Conjugate-Structure Algebraic-Code-Excited Linear Prediction)	共轭结构代数码激励线性预测

CSMA/CD (Carrier Sense Multiple Access with Collision Detection)	带有检测冲突的载波侦听多路存取
CSNET (Computer Science NETwork)	计算机科学网络
CSS1 (Cascading Style Sheets，level 1)	层叠样式单版本 1
CTI (Computer-Telephony Integration)	计算机电话集成(平台)
CVBS (Composite Video Broadcast Signal)	复合电视广播信号
CWT (Continuous Wavelet Transform)	连续小波变换
DAB (Digital Audio Broadcasting)	数字声音广播
DAC (Digital to Analog Converter)	数模转换器
DAC (Digital to Analog Convertor)	数模转换器
DAT (Digital Audio Tape)	数字声音磁带
DBA (Digital Broadcast Audio)	数字广播声音
DCA (Document Content Architecture)	文档内容体系结构
DCC (Digital Compact Cassette)	小型数字合式磁带
DCE (Digital Circuit-terminating Equipment)	数字电路终端设备
DCT (Discrete Cosine Transform)	离散余弦变换
DDB (Device-Dependent Bitmap)	设备相关位图
DFT (Discrete Fourier Transform)	离散傅里叶变换
DIB (Device-Independent Bitmap)	设备无关位图
DPI (Dots Per Inch)	点每英寸
DIS (Draft International Standard)	国际标准草案
DMIF (Delivery Multimedia Integration Framework)	传输多媒体集成框架
DNS (Domain Name Server)	域名服务器
DNS (Domain Name Service)	域名服务
DNS (Domain Name System)	域名系统
DOM (Document Object Model)	文档对象模型
DPCM (Differential Pulse Code Modulation)	差分脉冲编码调制
DSP (Digital Signal Processor)	数字信号处理器
DSSSL (Document Style Semantics and Specification Language)	文档样式语义学和规范语言
DTD (Document Type Definition)	文档类型定义
DTE (Data Terminal Equipment)	数据终端设备
DTV (Digital TeleVision/Digital TV)	数字电视
DVB (Digital Video Broadcasting)	数字电视广播
DVD (Digital Versatile Disc)	DVD 盘,数字多能光盘
DVD (Digital Video Disc)	DVD 盘,数字视盘
DWT (Discrete Wavelet Transform)	离散小波变换
EBCOT (Embedded Block Coding with Optimized Truncation)	最佳截断嵌入码块编码
ECC (Error Correction Code)	错误校正码
EDC (Error Detection Code)	错误检测码
EDGE (Enhanced Data rates for Gsm Evolution)	增强 GSM 数据速率
EDTV(Enhanced Definition TeleVision)	增强清晰度电视

EFM Plus (Eight-to-Fourteen Modulation plus)	8 比特到 14 比特改进调制编码
EOI (End Of Image)	图像结束
EPC (Evolved Packet Core)	演进包核
EPS (Evolved Packet System)	演进包系统
E-UTRAN/eUTRAN (Evolved Umts Terrestrial Radio Access Network)	演进通用移动通信系统陆地无线接入网络
EVRC (Enhanced Variable Rate Codec)	增强可变速率编解码器
EZW (Embedded Zerotree Wavelet)	嵌入(式)零树小波
FDCT (Forward Discrete Cosine Transform)	正向离散余弦变换
FD-LTE = LTE-FDD (Frequency-Division Long-Term Evolution)	频分双工长期演进
FDM (Frequency Division Multiplexing)	频分多路复用(技术)
FDMA (Frequency Division Multiple Access)	频分多路接入
FFT (Fast Fourier Transform)	快速傅里叶变换
FM (Frequency Modulation)	频率调制,调频
FTP (File Transfer Protocol)	文件传送协议
GBR (Guaranteed Bit Rate)	担保位速率
GRAN (Gsm Radio Access Network)	GSM 无线接入网络
GGSN (Gateway Gprs Support Node)	网关 GPRS 支持节点
GIF (Graphics Interchange Format)	(CompuServe 公司开发的)图形文件交换格式
GML (Generalized Markup Language)	通用标记语言
GMSC (Gateway MSC)	网关移动交换中心
GPRS (General Packet Radio Service)	通用数据包无线服务
GPS(Global Positioning System)	全球定位系统
GSM (Global System/Standard for Mobile Communication)	全球移动通信系统(标准)
HARQ (Hybrid Automatic Repeat Request)	自动重复请求的快速重传
HDLC (High-level Data Link Control)	(IBM)高级数据链路控制规程
HDTV (High Definition TeleVision)	高清晰度数字电视
HEVC (High Efficiency Video Coding)	高效视像编码
HFC (Hybrid Fiber-coaxial Cable)	混合光纤同轴电缆
HFS (Hierarchical File System)	Apple Macintosh 计算机的分层文件结构
HLR (Home Location Register)	归属位置寄存器
HSB (Hue-Saturation-Brightness)	色调-饱和度-亮度
HSDPA (High Speed Downlink Packet Access)	高速下行数据包接入
HSI (Hue-Saturation-Intensity)	色调-饱和度-强度
HSL (Hue-Saturation-Lightness)	色调-饱和度-亮度
HSPA (High Speed Packet Access)	高速包接入
HSS (Home Subscriber Server)	归属用户服务器
HSV(Hue, Saturation and Value)	HSV 颜色模型,色调-饱和度-明度颜色模型
HTML (HyperText Markup Language)	超文本标记语言
HTTP (HyperText Transfer Protocol)	超文本传送协议
IAB (Internet Architecture Board)	因特网体系结构研究部

IANA (Internet Assigned Numbers Authority)	(IAB 所属的)因特网号码分配局
ICMP(Internet Control Messages Protocol)	网络互联控制消息协议
ICMPv6(Internet Control Management Protocol version 6)	网络互联控制消息协议版本 6
IEC (International Electrotechnical Commission)	国际电工技术委员会
IEEE (Institute of Electrical & Electronic Engineers)	电气和电子工程师协会
IETF (Internet Engineering Task Force)	因特网工程特别工作组
IGMP (Internet Group Management Protocol)	网络互联机组管理协议
IMS (Ip Multimedia core network Subsystem)	IP 多媒体核心网络子系统
IMS (Ip Multimedia Subsystem)	IP 多媒体子系统
IMTC (International Multimedia Teleconferencing Consortium)	国际多媒体电视会议协会
IP (Internet Protocol)	网络互联协议
IPTV (Internet Protocol TeleVision)	IP 电视
IPX (Internetwork Packet eXchange)	网间信息包交换协议
IRTF (Internet Research Task Force)	因特网研究特别工作组
IS (International Standard)	国际标准
ISDB (Integrated Services Digital Broadcasting)	(日本)综合业务数字广播
ISDN (Integrated Services Digital Network)	综合业务数字网
ISM (Industrial, Scientific, Medical)	工业,科研和医疗(首写字母的组合)
ISO (International Standards Organization)	国际标准化组织
ISO/OSI reference model (International Organization for Standardization/Open Systems Interconnection reference model)	国际标准化组织/开放系统互连参考模型
ISP (Internet Service Provider)	因特网服务提供者[公司]
ITSP (Internet Telephone Service Provider)	因特网电话服务提供者[公司]
ITU (International Telecommunication Union)	国际电信联盟
ITU-TSS (International Telecommunications Union-Telecommunications Standards Section)	国际电信联盟——远程通信标准部
IWF (Inter-Working Facility)	互通设备
IWF (Inter-Working Function)	互通功能
JFIF (Jpeg File Interchange Format)	JPEG 文件交换格式
JPEG (Joint Photographic Experts Group)	联合图像专家组;JPEG 图像数据压缩标准;JPEG 图像格式
LAN (Local Area Network)	局域网
LCD (Liquid Crystal Display)	液晶显示
LDAP (Lightweight Directory Access Protocol)	简便目录存取协议
LD-CELP (Low Delay CELP)	低延时码激励线性预测
LFE (Low Frequency Effects)	低频音效
LPC (Linear Predictive Coding)	线性预测编码
LTE (Long-Term Evolution)	长期演进
LTE-FDD	频分双工长期演进 (见 FD-LTE)

LTE-TDD = TD-LTE (Long-Term Evolution Time-Division Duplex)	时分双工长期演进
LV (Laser Vision)	LV 光盘(播放机)
LZW (Lempel-Ziv & Welch)	LZW 无损压缩算法
M2M (Machine to Machine)	机(器)对机(器)
MAC (Media Access Control)	媒体接入控制
MAE (Mean Absolute Error)	平均绝对误差
MAI (Multiple Access Interference)	多址接入干扰
MBE (MultiBand Excitation)	多带激励
MBone (Multicast Backbone)	多目标广播(多播)主干网
MDCT (Modified Discrete Cosine Transform)	改进离散余弦变换
MELP (Mixed Excitation Linear Prediction)	混合激励线性预测
MGMD (Multicast Group Membership Discovery)	多目标广播(多播)组成员资格发现协议
MH (Modified Huffman)	改进霍夫曼码
MIME (Multipurpose Internet Mail Extension protocol)	多用途互联网邮件扩充协议
MIMO (Multiple Input Multiple Output)	多输入多输出
MLD (Multicast Listener Discovery)	多目标广播(多播)接收者发现协议
MMCD (MultiMedia CD)	多媒体 CD 规范
MME (Mobility Management Entity)	移动性管理实体
MMR (Modified MR)	二次改进的霍夫曼码
MMS (Multimedia Messaging Service)	多媒体消息服务
mobile OS (Operating System)	移动操作系统
MOD (Magneto Optical Disc)	磁光盘
MOS (Mean Opinion Score)	主观平均判分法
MOSPF (Multicast Open Shortest Path First)	多目标广播(多播)开放最短路径优先协议
MPC (Multimedia PC)	多媒体个人计算机
MPE (Multi-Pulse Excited)	多脉冲激励
MPEG (Moving Picture Expert Group)	动图像专家组
MP-MLQ (MultiPulse Maximum Likelihood Quantization)	多脉冲最大似然量化
MSC (Mobile Switching Center)	移动交换中心
MSCDEX (MicroSoft CD-rom EXtension)	MSCDEX 程序,微软 CDROM 扩展程序
MSE (Mean Square Error)	均方差
MUSICAM (Masking pattern adapted Universal Subband Integrated Coding And Multiplexing)	自适应声音掩蔽特性的通用子带综合编码和复合技术
MVP (MultiView Profile)	多视角配置
NA (Numerical Aperture)	数值孔径
NBC (Non-Backward-Compatible)	非后向兼容
NFS (Network File System)	网络文件系统
NIC (Network Interface Cards)	网络接口卡
NMR (Noise-to-Mask Ratio)	噪声掩蔽比
NMSE (Normalized Mean Square Error)	规格化均方差
NNTP (Network News Transfer Protocol)	网络新闻传输协议
NSF (National Science Foundation)	美国国家科学基金会

NSS (Network Switching Subsystem)	网络交换子系统
NTSC (National Television System Committee)	美国国家电视标准委员会;(1952年该委员会定义的)NTSC彩色电视广播标准,正交平衡调幅制
OFDM (Orthogonal Frequency Division Multiplexing)	正交频分多路复用
OFDMA (Orthogonal Frequency Division Multiple Access)	正交频分多址接入法
OMC (Operation and Maintenance Center)	运营与维护中心
OSD (On-Screen Display)	图形菜单屏幕显示
OSPF (Open Shortest Path First)	开放最短路径优先协议
OSS (Operation Support Subsystem)	运行支持子系统
OUI (Organization Unique Identifier)	组织唯一标识符
P2P (Peer to Peer)	点对点
PAL (Phase-Alternative Line)	PAL制彩色电视广播标准,逐行倒相正交平衡调幅制
PARC (Palo Alto Research Center)	美国加州施乐公司(Xerox)的帕洛阿尔托研究中心
PBX (Private Branch (telephone) Exchange)	专用小型交换机
PCC (Policy and Charging Control)	策略与计费控制
PCD (Phase Change Disc)	相变光盘
PCF (Packet Control Function)	包交换控制功能
PCM (Pulse Code Modulation)	脉冲编码调制
PCME (Packet Circuit Multiplication Equipment)	信息包电路扩容设备
PCRF (Policy and Charging Rules Function)	策略和计费规则功能
PCU (Packet Control Unit)	数据包控制单元
PDN (Packet Data Network)	包数据网络
PDN (Public Data Network)	公共数据网
PDN-GW (Packet Data Network Gateway)	包数据网络网关
PDP (Packet Data Protocol)	包数据协议
PDSN (Packet Data Serving Node)	包数据服务节点
PDU (Protocol Data Unit)	协议数据单元
PES (Packetised Elementary Streams)	包化基本数据流
PIM (Protocol Independent Multicast)	协议独立多目标广播(多播)
PIM-DM (Protocol-Independent Multicast-Dense Mode)	协议独立多目标广播(多播)-密集型路由协议
PIM-SM (Protocol-Independent Multicast-Sparse Mode)	多目标广播(多播)-稀疏型路由协议
PLMN (Public Land Mobile Network)	公共陆地移动网络
PNG (Portable Network Graphic format)	PNG格式
POTS (Plain Old Telephone Service)	普通老式电话服务
PPP (Peer-Peer Protocol)	点对点协议
PRI (Primary Rate Interface)	主速率接口
PSD (Play Sequence Descriptor)	播放顺序描述符
PSNR (Peak Signal to Noise Ratio)	峰值信号噪声比
PSTN (Public Switched Telephone Network)	公众交换电话网

PVD (Primary Volume Descriptor)	基本卷号描述符
QAM (Quadrature Amplitude Modulation)	正交调幅
QCELP (Qualcomm Code-excited Linear Prediction)	高通码激励线性预测声音编码器
QCIF (Quarter-CIF)	1/4 公用中分辨率图像格式
QMF (Quadrature Mirror Filter)	正交镜像滤波器
QoS (Quality of Service)	服务质量
RAN (Radio Access Network)	无线接入网络
RARP (Reverse Address Resolution Protocol)	逆向地址解析协议
RCELP (Relaxed Code-Excited Linear Prediction)	宽松码激励线性预测
RELP(Residual-Excited Linear Prediction)	残余激励线性预测
RF (Radio Frequency)	无线电频率(信号)
RFC (Request For Comments)	征求评议文件
RGB (Red Green Blue)	红绿蓝(三基色)
RIFF (Resource Interchange File Format)	资源交换文件格式
RLC (Run-Length Coding)	行程长度编码
RLE (Run-Length Encoding)	行程长度编码
RNC (Radio Network Controller)	无线网络控制器
RNS (Radio Network Subsystem)	无线网络子系统
RPC (Remote Procedure Call)	远程过程调用
RPE (Regular-Pulse Excited)	间隔脉冲激励
RPE-LTP (Regular Pulse Excitation-Long Term Prediction)	规则脉冲激励/长时预测
RPM (Reverse Path Multicasting)	保留路径多目标广播(多播)技术
RS (Reed-Solomon code)	里德-索洛蒙码
RSPC (Reed Solomon Product Code)	里德-索洛蒙乘积码
RSVP (Resource Reservation Protocol)	资源保留协议
RTCP (Real-Time Control Protocol)	实时控制协议
RTF (Rich Text Format)	RTF 多信息文本格式
RTP (Real-time Transport Protocol)	实时传输协议
RTSP (Real-Time Streaming Protocol)	实时流放协议
S/MIME (Secure/Multipurpose Internet Mail Extensions)	安全/多用途因特网电子邮件扩充协议
SA (Structured Audio)	结构化声音
SAE (System Architecture Evolution)	系统结构演进,现称为 EPC
SAP (Session Announcement Protocol)	会话发布协议
SB-ADPCM (Sub-Band Adaptive Differential Pulse Code Modulation)	子带自适应差分脉冲编码调制
SBC (subband/Sub-Band Coding)	子带编码
SCN (Switched-Circuit Network)	线路交换网络
SD (Super Density digital video disc)	超高密度数字视盘规范
SDH (Synchronous Digital Hierarchy)	同步数字分层结构
SDM (Space-Division Multiplexing)	空分多路复用
SDP (Session Description Protocol)	会话描述协议

SDTV（Standard Definition TeleVision）	标准清晰度电视(标准)
SECAM（法文：SequEntial Coleur Avec Memoire）	(法国)彩色电视广播标准,顺序传送彩色与存储制
SGML（Standard Generalized Markup Language）	标准通用标记语言
SGSN（Serving Gprs Support Node）	服务 GPRS 支持节点
S-GW（Serving Gateway）	服务网关
SIF（Source Input Format）	源输入格式
SIF（Standard Image File）	标准图像文件
SIF（Standard Interchange Format）	标准图像交换格式
SIP（Session Initiation Protocol）	会话启动协议
SMIL（Synchronized Multimedia Integration Language）	同步多媒体集成语言
SMPTE（Society of Motion Picture and Television Engineers）	电影和电视工程师协会
SMR（Signal-to-Mask Ratio）	信号掩蔽比
SMTP（Simple Message Transfer Protocol）	简单邮件传输协议
SNHC（Synthetic/Natural Hybrid Coding）	合成对象/自然对象混合编码
SNMP（Simple Network Management Protocol）	简单网络管理协议
SNR（Signal Noise Ratio/Signal to Noise Ratio）	信号噪声比
SOAP（Simple Object Access Protocol）	简单对象存取协议
SOI（Start Of Image）	图像开始
SONET（Synchronous Optical NETwork）	同步光纤网络
SPIHT（Set Partitioning In Hierarchical Trees）	层树分集(编码)
SQCIF（Sub-Quarter Common Intermediate Format）	小 1/4 公用中分辨率格式
SSL（Secure Sockets Layer）	安全套接字层协议
STFT（Short Time Fourier Transform）	短时傅里叶变换
SVG（Scalable Vector Graphics）	可缩放矢量图形
S-VHS（Super Video Home System）	高档家用录像系统
S-Video（Separated Video-vhs）	分离式电视信号
TCP（Transfer Control Protocol）	传送控制协议
TCP/IP（Transfer Control Protocol/Internet Protocol）	传输控制协议/网络互联协议
TDAC（Time Domain Aliasing Cancellation）	时域混迭取消
TD-LTE	时分双工长期演进（见 LTE-TDD）
TDM（Time-Division Multiplexing）	时分多路复用(技术)
TDMA（Time Division Multiple Access）	时分多路接入
TD-SCDMA（Time Division-Synchronous Code Division Multiple Access）	时分同步码分多址接入
TFTP（Trivial File Transfer Protocol）	普通文件传输协议
TIA（Telecommunications Industry Association）	电信工业协会
TLS（Transport Layer Security）	传输层安全协议
TNS（Temporal Noise Shaping）	瞬时噪声定形
TTI（Transmission Time Interval）	传输时间间隔
TTL（Time To Live）	生存时间

TTS (Text-To-Speech/Text To Speech)	文语转换
UDF (Universal Disc Format)	通用光盘文件格式
UDP (User Datagram Protocol)	用户数据包协议
UE (User Equipment)	用户设备
UMTS (Universal Mobile Telecommunications System)	通用移动通信系统
URG (URGent pointer)	紧急指针
URL (Uniform Resource Locator)	统一资源地址
UTRA (Universal Terrestrial Radio Access)	通用地面无线接入
UTRAN (UMTS Terrestrial Radio Access Network)	UMTS 陆地无线接入网
UTRAN (Universal Terrestrial Radio Access Network)	通用陆地无线接入网络
VBI (Vertical Blanking Interval)	垂直消隐间隔
VCD (Video CD)	VCD 格式；VCD 盘
VFD (Vacuum Fluorescent Display)	真空荧光数码显示器
VGA (Video Graphics Array)	电视图形阵列
VHS (Video Home System)	家用录像系统
VLC (Variable-Length Coding)	可变长度编码
VLC (Variable-Length-Code)	可变长度码
VLR (Visitor Location Register)	访问者位置寄存器
VLSI (Very Large Scale Integration)	超大规模集成电路
VLVB (Very Low bit rate Video)	甚低速率电视图像
VM (Verification Model)	验证模型
VO (Video Objects)	电视图像对象
VoD (Video on Demand)	影视点播
VoIP (Voice over IP)	IP 电话（网络电话）
VOL (Video Object Layer)	电视图像对象层
VOP (Video Object Plane)	电视图像对象区
VQ (Vector Quantization)	矢量量化
VR (Virtual Reality)	虚拟现实
VRML (Virtual Reality Modelling Language)	虚拟现实造型语言
VSELP (Vector Sum Excited Linear Prediction)	矢量和激励线性预测
W3C (World Wide Web Consortium)	万维网协会
WAN (Wide Area Network)	广域网
WAP (Wireless Application Protocol)	无线应用协议
WC (Wavelet Coding)	小波编码技术
WCDMA (Wideband Code Division Multiple Access)	宽带码分多址接入
WiMAX (Worldwide interoperability for Microwave Access)	全球微波互联接入
WLAN (Wireless Local Area Network)	无线局域网
WMAN (Wireless Metropolitan Area Network)	无线城域网
WORM (Write-Once Read-Many)	WORM 光盘，一次写入多次读出光盘
WPAN (Wireless Personal Area Network)	无线个人网

WPS（Wireless Priority Service）	无线优先服务
WSDL（Web Services Description Language）	Web 服务描述语言
WWAN（Wireless Wide Area Network）	无线广域网
WWW（World Wide Web）	万维网
WYSIWYG（What You See Is What You Get）	所见即所得
XHTML（eXtensible Hypertext Markup Language）	可扩展超文本标记语言
XML（eXtensible Markup Language）	可扩展标记语言
XMPP（eXtensible Messaging and Presence Protocol）	可扩展消息和表示协议
XPath（Xml Path language）	XML 路径语言
XPointer（Xml Pointer language）	XML 指针语言
XSL（eXtensible Stylesheet Language）	可扩展样式语言
XSLT（XSL Transformation）	可扩展的样式语言转换语言
YIQ	YIQ 颜色模型（Y 代表亮度分量，I、Q 代表两个色差分量）
YUV	YUV 颜色模型（Y 代表亮度分量，U、V 代表两个色差分量）